Matrix Analysis
for Statistics

Second Edition

統計学のための
線形代数

James R. Schott
…………………［著］

豊田秀樹
………［編訳］

朝倉書店

Matrix Analysis for Statistics, Second Edition
James R. Schott

Asakura Publishing Company, Ltd.

編訳者まえがき

本書は，James R. Schott によって 2005 年に Wiley Series in Probability and Statistics から著された *Matrix Analysis for Statistics* の第 2 版の全訳である．

線形代数は理科系の学部の初年度に必修で開講されることが多く，数学の中では人口に膾炙する学習内容である．それは線形代数が多くの理科系の学問分野で重要な役割を果たしているからである．もちろん統計学も例外ではなく，多変数の内容を学習しようとすると線形代数の知識は必須のものとなる．ところが中級レベル以上の学習をしようとすると，一般的な教科書で解説されている線形代数の内容だけでは十分ではない．統計学はできあがっている線形代数を利用して記述されているばかりではなく，統計学の記述をするために進歩した線形代数の領域があるためである．編訳者らが原著の全訳に着手したのは，中級レベル以上の統計学を学習するための線形代数を解説した日本語の教科書が十分に用意されているとはいえない現状を鑑みたためである．

原著は 456 頁の教科書であるが，500 問を超える解答のない練習問題が章末に用意されていた．我々は本文の翻訳に 1 年，練習問題の略解の作成に 1 年を費やしたので，そのために翻訳期間は倍になってしまった．我々が略解の作成を試みた理由は，もちろん略解があった方が，教科書として使用した場合に便利さが断然増すと考えたからであるが，そればかりでなく略解を通じた内容自体が学術的記述として優れていると感じたからである．さらに略解の作成は，訳者の原著に対する理解を深め，結果として，略解作成以前よりも読みやすい翻訳文になったという副産物もあったように思う．

我が国における多変量統計の学習に，本書がほんの少しでも寄与できることを，訳者一同とともに切に願って筆を置くものである．

2011 年 8 月

豊 田 秀 樹

■編訳者
豊田秀樹　　早稲田大学文学学術院教授

■訳　者
尾崎幸謙　　統計数理研究所

室橋弘人　　お茶の水女子大学人間発達教育研究センター

中村健太郎　埼玉学園大学経営学部

川端一光　　独立行政法人国際交流基金日本語試験センター

福中公輔　　学校法人産業能率大学総合研究所

岩間徳兼　　早稲田大学メディアネットワークセンター

鈴川由美　　日本学術振興会，早稲田大学大学院文学研究科

久保沙織　　早稲田大学大学院文学研究科

池原一哉　　早稲田大学大学院文学研究科

阿部昌利　　株式会社帝国データバンク

大橋洸太郎　早稲田大学大学院文学研究科

秋山　隆　　早稲田大学大学院文学研究科

大久保治信　早稲田大学大学院文学研究科

序

長年にわたる統計学の発展の中で，行列に関する諸手法は単に統計学的問題をより簡潔に表現するための道具としての役割から，近年登場したより複雑な統計分析の発展・理解・利用のための極めて重要な部分を担うものへと変化してきた．それにより，行列解析の知識は統計学の大学院教育において欠かすことのできないものとなった．統計学を専攻する大学院生の行列に関する知識は，回帰分析，多変量解析，線形モデル，確率過程などのテーマに関する様々な授業から少しずつ得たものであることが非常に多い．このように方々の授業でバラバラに知識を得る代わりとなるのが，統計学で有用となる行列に関する諸手法全体を扱う授業である．本書はそのような授業を念頭において書かれている．本書はまた，極めて優秀な学生が集まっている発展的な学部の授業のためにも書かれており，統計学を応用的に使う人にとっても，統計学自体を研究する人にとっても有益となるだろう．

大学院課程で統計学を始める学生の多くは，それ以前に数学など他の分野で学位を取得している場合が多いので，統計学の初期知識はそれほどではないだろう．これを念頭において，私は本書で示されている統計学における諸テーマの事例をできる限りそれだけで自己完結するようにした．そのために，第 1 章では統計学の基本的な概念を扱った節を設け，統計学の応用例のほとんどを極めて容易に理解できるようにした．例えば，それらの事例の多くには最小 2 乗回帰や，平均ベクトルや共分散行列の基本的な概念が扱われている応用例が含まれている．したがって，統計学の入門の授業を受講していれば，本書の読者は統計学における知識を十分に得ているといえるだろう．さらなる事前知識として，学部レベルの行列や線形代数が必要となる．一方，微積分の知識も本書のいくつかの箇所，特に第 8 章で必要となる．

いくつかの節を選択的に省けば，本書の全 9 章は半期で扱うことが可能である．例えば，修士号を取得済みの学生を対象とした授業では，私は 2.10，3.5，3.7，4.8，5.4 から 5.7 節，8.6 節および，ほかにも数節を省くことが多い．

他の書物でもすでに扱われている内容の本を書く人は誰でも，これまでの書物の恩恵を受けることとなる．そしてそれは本書にも当てはまる．Basilevsky (1983)，Graybill (1983)，Healy (1986) と Searle (1982) はすべて統計学のための行列に関する書物であり，行列に関する自分の考えを構築する上で程度の差はあれ，私の助けとなった．

Graybill の書物にはとりわけ影響を受けた．それは，はじめは大学院生のとき，その後も研究者として駆け出しの時期によく参考にした書物だからである．ほかにも Horn and Johnson (1985, 1991)，第 8 章を書く上では特に Magnus and Neudecker (1988)，そして Magnus (1988) も極めて有益であった．

多くの有益な助言を与えていただいた匿名の査読者の人々，そしてこの仕事のはじめから終わりまでの間，私を支え励ましてくれた Mark Johnson には感謝の意を表したい．また，いくつかの間違いや誤字を注意深く指摘してくれた何人もの学生にも感謝している．彼らが一所懸命校正してくれたにもかかわらず，いくつかの間違いはまだ残っているはずだ．もし間違いを見つけたらどんなことでも構わないので，私に知らせてもらえれば幸いである．

Jim Schott

Orlando, Florida

第 2 版への序

第 2 版において大幅に変更を行ったのは 2×2 の形式の分割行列に関する章を加えたことである．この新しい章は第 7 章であり，初版の第 7 章でも 1 節を割いた行列式と逆行列が扱われている．分割行列に関する行列式と逆行列とともに，階数と一般化逆行列，そして分割行列の固有値という新しい概念に関する記述もこの章に加わった．

第 3 章の固有値で扱われる範囲も広がった．ウェイルの定理などが加わり，改編の中で，初版の第 3 章の最終節は 2 つの節に置き換わった．

ほかにも，定理や事例を含む細かな追加も本書では行われた．100 を超える新しい練習問題も加わった．

本書の第 2 版の執筆を通して，初版の間違いを修正する機会を得た．これらの間違いをご指摘くださった読者および，本書の改善のための助言を与えていただいた読者に感謝したい．

Jim Schott

Orlando, Florida
September 2004

目　　次

1

線形代数の基礎

1.1 導　　入

本章では，行列代数において扱われる基本的な演算，ならびに行列の基礎的な性質についての概説を行う．ほとんどの場合において，性質は証明を省いた形で提示される．ただし教育上有効であるときには，証明を述べることもある．また本章の最後では，確率変数，確率ベクトル，確率変数の期待値といった話題や，本書の他の部分において登場するいくつかの重要な分布について，簡単に論じる．

1.2 定義および表記法

特に断りのある場合を除いて，α のようなスカラー表記は実数を示す．そしてサイズ $m \times n$ の行列 (matrix) A という表記は，下に示すような $m \times n$ の長方形状にスカラーを配列したものを表す．

$$A = \begin{bmatrix} a_{11} & a_{12} & \cdots & a_{1n} \\ a_{21} & a_{22} & \cdots & a_{2n} \\ \vdots & \vdots & & \vdots \\ a_{m1} & a_{m2} & \cdots & a_{mn} \end{bmatrix}$$

以上の定義を簡略化して，$A = (a_{ij})$ と記すこともある．また，行列 A の (i, j) 要素を指すために，$(A)_{ij}$ という表記を用いる．すなわち，$a_{ij} = (A)_{ij}$ である．もし $m = n$ である場合，A は次数 (order) m の正方行列 (square matrix) と呼ばれる．これに対して $m \neq n$ であるとき，A は矩形行列 (rectangular matrix) と呼ばれる．また，$m \times 1$ の行列

$$\boldsymbol{a} = \begin{bmatrix} a_1 \\ a_2 \\ \vdots \\ a_m \end{bmatrix}$$

は列ベクトル (column vector)，もしくは単にベクトル (vector) と呼ばれる．このとき要素 a_i という表記は，$\boldsymbol{a}$ の i 番目の構成要素を指す．また逆に $1 \times n$ の行列は，行ベクトル (row vector) と呼ばれる．行列 A の i 番目の行，および j 番目の列は，それぞれ $(A)_{i \cdot}$ および $(A)_{\cdot j}$ によって示すものとする．なお本書を通して，基本的には大文字によって行列を，ボールド体の小文字によってベクトルを表す．

$m \times m$ 行列 A の対角要素 (diagonal elements) とは，$a_{11}, a_{22}, ..., a_{mm}$ のことを指している．もし A に含まれる対角要素以外の要素がすべて 0 である場合，A は対角行列 (diagonal matrix) と呼ばれ，その形状を $A = \mathrm{diag}(a_{11}, ..., a_{mm})$ という形で特定することが可能である．加えてすべての $i = 1, ..., m$ について $a_{ii} = 1$ である，すなわち $A = \mathrm{diag}(1, ..., 1)$ であるならば，行列 A は次数 m の単位行列 (identity matrix) と呼ばれ，$A = I_m$ と表される．次数が自明である場合，単に $A = I$ とすることもある．また $A = \mathrm{diag}(a_{11}, ..., a_{mm})$ である行列 A とスカラー b を用いた A^b という記法は，$\mathrm{diag}(a_{11}^b, ..., a_{mm}^b)$ であるような対角行列を示す．最後に，任意の $m \times m$ の行列 A に対して D_A という表記によって，A の対角要素に等しい対角要素をもつ対角行列を，$m \times 1$ のベクトル $\boldsymbol{a}$ に対して $D_{\boldsymbol{a}}$ という表記によって，対角要素が $\boldsymbol{a}$ の構成要素に等しいような対角行列を，それぞれ表すものとする．すなわち，$D_A = \mathrm{diag}(a_{11}, ..., a_{mm})$ であり，$D_{\boldsymbol{a}} = \mathrm{diag}(a_1, ..., a_m)$ である．

三角行列 (triangular matrix) とは，上三角行列もしくは下三角行列であるような正方行列のことを指す．上三角行列 (upper triangular matrix) とは，対角要素よりも下の要素がすべて 0 であるような行列である．これとは反対に下三角行列 (lower triangular matrix) とは，対角要素よりも上の要素がすべて 0 であるような行列である．また，狭義の (strictly) 上三角行列とは，上三角行列の対角要素がすべて 0 である行列を指す．狭義の下三角行列も同様である．

$m \times m$ である単位行列の i 番目の列を，$\boldsymbol{e}_i$ によって表すものとする．すなわち $\boldsymbol{e}_i$ は，i 番目の要素が 1，それ以外がすべて 0 であるような，サイズ $m \times 1$ のベクトルを示す．なお，文脈から m の値が自明でない場合には，特に $\boldsymbol{e}_{i,m}$ と表記することもある．また，(i, j) 要素が 1 である以外はすべての要素が 0 であるような $m \times m$ の行列を，E_{ij} によって示す．

スカラーのゼロは，0 と表記する．これに対して，すべての要素がゼロであるようなベクトルはゼロベクトル (null vector) と呼び，$\mathbf{0}$ によって表す．同様にすべての要素がゼロである行列はゼロ行列 (null matrix) と呼び，(0) と表す．また，すべの要素が 1 である $m \times 1$ のベクトルを，$\mathbf{1}_m$ という表記で示す．ベクトルのサイズが自明である場合には，省略して **1** とすることもある．

1.3 行列の和と積

2 つの行列 A と B の和は，両者の行の数が同一で，かつ列の数が同じ場合に定義される．すなわち，

$$A+B=(a_{ij}+b_{ij})$$

である．スカラー α と行列 A の積は，

$$\alpha A=A\alpha=(\alpha a_{ij})$$

である．行列 A による行列 B への前からの乗法 (premultiplication) は，A の列数が B の行数と等しい場合にのみ定義される．すなわち，A をサイズ $m\times p$，B を $p\times n$ とすると，$C=AB$ は $m\times n$ 行列となり，その (i,j) 要素である c_{ij} は，

$$c_{ij}=(A)_{i\cdot}(B)_{\cdot j}=\sum_{k=1}^{p}a_{ik}b_{kj}$$

によって与えられる．A による B への後ろからの乗法 (postmultiplication) BA も，B の列数が A の行数に等しい場合に同様に定義される．双方の積が定義されても，一般には $AB=BA$ とはならない．A が正方行列ならば，積 AA (簡略的に A^2 と表記する) が定義される．このとき，$A^2=A$ ならば A はベキ等行列 (idempotent matrix) と呼ばれる．

以下の定理 1.1 に示す行列の和と積に関する基本性質は，容易に確認することができる．

定理 1.1　α と β をスカラーとし，A，B，ならびに C を行列とする．このとき，関連する演算が定義される場合，以下の性質が成立する．

(a) $A+B=B+A$
(b) $(A+B)+C=A+(B+C)$
(c) $\alpha(A+B)=\alpha A+\alpha B$
(d) $(\alpha+\beta)A=\alpha A+\beta A$
(e) $A-A=A+(-A)=(0)$
(f) $A(B+C)=AB+AC$
(g) $(A+B)C=AC+BC$
(h) $(AB)C=A(BC)$

1.4 転　　置

$m \times n$ 行列 A の転置 (transpose) とは，A の行と列を入れ替えることで得られる $n \times m$ 行列 A' を指す．したがって，A' の (i,j) 要素は a_{ji} である．A がサイズ $m \times p$ で B が $p \times n$ であれば，$(AB)'$ の (i,j) 要素は

$$((AB)')_{ij} = (AB)_{ji} = (A)_{j\cdot}(B)_{\cdot i} = \sum_{k=1}^{p} a_{jk}b_{ki}$$
$$= (B')_{i\cdot}(A')_{\cdot j} = (B'A')_{ij}$$

と表すことができる．したがって，明らかに $(AB)' = B'A'$ である．この性質に加えて，転置に関わるいくつかの結果をまとめて定理 1.2 に示す．

定理 1.2　α と β をスカラーとし，A と B を行列とする．このとき，関連する演算が定義される場合，以下の性質が成立する．

(a) $(\alpha A)' = \alpha A'$
(b) $(A')' = A$
(c) $(\alpha A + \beta B)' = \alpha A' + \beta B'$
(d) $(AB)' = B'A'$

A のサイズが $m \times m$ の場合，すなわち A が正方行列のとき，A' も $m \times m$ である．このとき，$A = A'$ ならば A は対称行列 (symmetric matrix) と呼ばれる．一方，$A = -A'$ ならば，A は歪対称行列 (skew-symmetric matrix) と呼ばれる．

列ベクトルの転置は行ベクトルであり，特定の状況では，行列を列ベクトルと行ベクトルの積で表記することもある．例えば，1.2 節で定義された行列 E_{ij} は $E_{ij} = \boldsymbol{e}_i\boldsymbol{e}_j'$ と表現できる．より一般的には，$\boldsymbol{e}_{i,m}\boldsymbol{e}_{j,n}'$ によって，唯一の非ゼロ要素として (i,j) 要素に 1 をもつ $m \times n$ 行列を作成することができ，A が $m \times n$ 行列であるとき

$$A = \sum_{i=1}^{m}\sum_{j=1}^{n} a_{ij}\boldsymbol{e}_{i,m}\boldsymbol{e}_{j,n}'$$

と表現することができる．

1.5 ト　レ　ー　ス

トレース (trace) は正方行列でのみ定義される関数である．A を $m \times m$ 行列とするとき，A のトレースはその対角要素の和であり，$\mathrm{tr}(A)$ という表記を用いて，

$$\mathrm{tr}(A) = \sum_{i=1}^{m} a_{ii}$$

と定義される．仮に A を $m \times n$ 行列, B を $n \times m$ 行列とすると，AB は $m \times m$ 行列であり，そのトレースは

$$\begin{aligned}\mathrm{tr}(AB) &= \sum_{i=1}^{m}(AB)_{ii} = \sum_{i=1}^{m}(A)_{i\cdot}(B)_{\cdot i} = \sum_{i=1}^{m}\sum_{j=1}^{n} a_{ij}b_{ji} \\ &= \sum_{j=1}^{n}\sum_{i=1}^{m} b_{ji}a_{ij} = \sum_{j=1}^{n}(B)_{j\cdot}(A)_{\cdot j} \\ &= \sum_{j=1}^{n}(BA)_{jj} = \mathrm{tr}(BA)\end{aligned}$$

となる．定理 1.3 では，このトレースの性質が関連する他の性質とともに要約されている．

定理 1.3　α をスカラー，A, B を行列とする．α, A, B について適切な演算が定義できるならば, 以下の性質が成立する．

(a) $\mathrm{tr}(A') = \mathrm{tr}(A)$
(b) $\mathrm{tr}(\alpha A) = \alpha \mathrm{tr}(A)$
(c) $\mathrm{tr}(A + B) = \mathrm{tr}(A) + \mathrm{tr}(B)$
(d) $\mathrm{tr}(AB) = \mathrm{tr}(BA)$
(e) $\mathrm{tr}(A'A) = 0$ ならばそのときのみ $A = (0)$

1.6　行　列　式

行列式 (determinant) は正方行列において定義される関数である．A を $m \times m$ 行列とするとき，A の行列式は $|A|$ という表記を用いて，

$$\begin{aligned}|A| &= \sum(-1)^{f(i_1,\ldots,i_m)} a_{1i_1}a_{2i_2}\cdots a_{mi_m} \\ &= \sum(-1)^{f(i_1,\ldots,i_m)} a_{i_1 1}a_{i_2 2}\cdots a_{i_m m}\end{aligned}$$

によって与えられる．ここで和記号は整数の集合 $(1, \ldots, m)$ のすべての順列 $(i_1, \ldots, i_m)$ に適用される．関数 $f(i_1, \ldots, i_m)$ は $(i_1, \ldots, i_m)$ を $(1, \ldots, m)$ に変換するために必要な互換 (transposition) の回数に等しい．また互換とは 2 つの整数の交換である．f は一意ではないが，偶数あるいは奇数のいずれかに一意に定まるため，$|A|$ は一意に定義される．行列式は，行列 A の各行と各列から 1 つずつ要素を取り出すことで定義される m 項による積を，すべて算出するという点に注意されたい．

行列式の公式を利用するならば，$m = 1$ のとき $|A| = a_{11}$ となる．また A が 2×2 行列のとき

$$|A| = a_{11}a_{22} - a_{12}a_{21}$$

であり，A が 3×3 行列のとき，

$$|A| = a_{11}a_{22}a_{33} + a_{12}a_{23}a_{31} + a_{13}a_{21}a_{32} - a_{11}a_{23}a_{32} - a_{12}a_{21}a_{33} - a_{13}a_{22}a_{31}$$

となる．

A の余因子 (cofactor) を用いて，A の行列式について別の表現が可能である．要素 a_{ij} に対応する小行列式 (minor) を m_{ij} と表現する．m_{ij} は A の第 i 行，第 j 列を除いた $(m-1) \times (m-1)$ 行列における行列式である．

a_{ij} に対応する余因子は A_{ij} という表記を用いて $A_{ij} = (-1)^{i+j}m_{ij}$ で与えられる．すべての $i = 1, \ldots, m$ について，A の行列式は，第 i 行についての展開，

$$|A| = \sum_{j=1}^{m} a_{ij}A_{ij} \tag{1.1}$$

あるいは第 i 列についての展開，

$$|A| = \sum_{j=1}^{m} a_{ji}A_{ji} \tag{1.2}$$

によって求めることができる．

一方で，特定の行もしくは列の余因子を，異なる行もしくは列の要素に対応づける場合には展開式は 0 になる．すなわち $k \neq i$ のとき，

$$\sum_{j=1}^{m} a_{ij}A_{kj} = \sum_{j=1}^{m} a_{ji}A_{jk} = 0 \tag{1.3}$$

となる．

例 1.1　次の 5×5 行列について行列式を求める．

$$A = \begin{bmatrix} 2 & 1 & 2 & 1 & 1 \\ 0 & 0 & 3 & 0 & 0 \\ 0 & 0 & 2 & 2 & 0 \\ 0 & 0 & 1 & 1 & 1 \\ 0 & 1 & 2 & 2 & 1 \end{bmatrix}$$

A の第 1 列に対して余因子展開 (cofactor expansion) の公式を用いると，

$$|A| = 2\begin{vmatrix} 0 & 3 & 0 & 0 \\ 0 & 2 & 2 & 0 \\ 0 & 1 & 1 & 1 \\ 1 & 2 & 2 & 1 \end{vmatrix}$$

となる．次に 4×4 行列の第 1 列に対して同様の展開公式を用いると

$$|A| = 2(-1)\begin{vmatrix} 3 & 0 & 0 \\ 2 & 2 & 0 \\ 1 & 1 & 1 \end{vmatrix}$$

となる．上記の 3×3 行列の行列式は 6 であるから，

$$|A| = 2(-1)(6) = -12$$

を得る．

定理 1.4 に示される行列式の性質は，行列式の定義と (1.1) 式そして (1.2) 式の展開公式の定義から容易に確証できる．

定理 1.4 α をスカラー，A を $m \times m$ 行列とする．このとき以下の性質が成立する．

(a) $|A'| = |A|$
(b) $|\alpha A| = \alpha^m |A|$
(c) A が対角行列ならば $|A| = a_{11} \cdots a_{mm} = \prod_{i=1}^m a_{ii}$
(d) A のある行 (または列) のすべての要素が 0 ならば $|A| = 0$
(e) A の 2 つの行 (または列) が比の関係にあるならば $|A| = 0$
(f) A の 2 つの行 (または列) を交換すると $|A|$ の符合は変化する．
(g) A の行 (または列) のすべての要素に α が乗じられている場合，その行列式は α が乗じられた値になる．
(h) ある 1 つの行 (または列) を何倍かしたものを，他の行 (または列) に加算しても，A の行列式は変わらない．

列ベクトルがそれぞれ，$\boldsymbol{c}_1, \ldots, \boldsymbol{c}_m$ である $m \times m$ 行列 C を考える．すなわち $C = (\boldsymbol{c}_1, \ldots, \boldsymbol{c}_m)$ である．いま，ベクトル $\boldsymbol{b} = (b_1, \ldots, b_m)'$ と行列 $A = (\boldsymbol{a}_1, \ldots, \boldsymbol{a}_m)$ について，

$$\boldsymbol{c}_1 = A\boldsymbol{b} = \sum_{i=1}^m b_i \boldsymbol{a}_i$$

が成り立つと仮定する．このとき C の第 1 列について，余因子展開により行列式を求めるならば

$$\begin{aligned} |C| &= \sum_{j=1}^m c_{j1} C_{j1} = \sum_{j=1}^m \left(\sum_{i=1}^m b_i a_{ji} \right) C_{j1} \\ &= \sum_{i=1}^m b_i \left(\sum_{j=1}^m a_{ji} C_{j1} \right) = \sum_{i=1}^m b_i |(\boldsymbol{a}_i, \boldsymbol{c}_2, \ldots, \boldsymbol{c}_m)| \end{aligned}$$

となる．したがって C の行列式は m 個の行列式の線形結合 (linear combination) である．次に，B が $m\times m$ 行列であり，$C=AB$ と定義するならば，C の各列における先の導出を適用することで，

$$\begin{aligned}|C| &= \left|\left(\sum_{i_1=1}^{m} b_{i_1 1}\boldsymbol{a}_{i_1},\ldots,\sum_{i_m=1}^{m} b_{i_m m}\boldsymbol{a}_{i_m}\right)\right| \\ &= \sum_{i_1=1}^{m}\cdots\sum_{i_m=1}^{m} b_{i_1 1}\cdots b_{i_m m}|(\boldsymbol{a}_{i_1},\ldots,\boldsymbol{a}_{i_m})| \\ &= \sum b_{i_1 1}\cdots b_{i_m m}|(\boldsymbol{a}_{i_1},\ldots,\boldsymbol{a}_{i_m})|\end{aligned}$$

が成り立つことがわかる．ここで最後の式の和は $(1,\ldots,m)$ のすべての順列にのみ適用される．なぜなら定理 1.4(e) よりすべての $j\neq k$ について，$i_j=i_k$ のとき

$$|(\boldsymbol{a}_{i_1},\ldots,\boldsymbol{a}_{i_m})|=0$$

が成り立つからである．最後に $|(\boldsymbol{a}_{i_1},\cdots,\boldsymbol{a}_{i_m})|$ の列を再整理し，定理 1.4(f) を利用することで

$$|C|=\sum b_{i_1 1}\cdots b_{i_m m}(-1)^{f(i_1,\ldots,i_m)}|(\boldsymbol{a}_1,\ldots,\boldsymbol{a}_m)|=|B||A|$$

を得る．この非常に便利な性質は定理 1.5 に要約される．

定理 1.5 A と B が互いに次数の等しい正方行列ならば，

$$|AB|=|A||B|$$

が成り立つ．

1.7 逆　行　列

$m\times m$ 行列 A において，$|A|\neq 0$ の場合を非特異行列 (nonsingular matrix)，$|A|=0$ の場合を特異行列 (singular matrix) という．もし A が非特異行列であるならば，A の逆行列 (inverse matrix) と呼ばれ，かつ A^{-1} と表記される非特異行列が存在し，それは

$$AA^{-1}=A^{-1}A=I_m \tag{1.4}$$

のような性質をもつ．この逆行列は一意である．なぜなら，仮に B が (1.4) 式の性質を満たすような他の $m\times m$ 行列であるとすると，$BA=I_m$ となり，よって

$$B=BI_m=BAA^{-1}=I_mA^{-1}=A^{-1}$$

となるからである．以下の定理 1.6 にあるような逆行列の基本的な性質は，(1.4) 式を用いることで容易に確かめることができる．

定理 1.6 α はゼロではないスカラーであり，A と B を $m\times m$ の非特異行列とする．このとき以下の性質が成り立つ．

(a) $(\alpha A)^{-1} = \alpha^{-1}A^{-1}$
(b) $(A')^{-1} = (A^{-1})'$
(c) $(A^{-1})^{-1} = A$
(d) $|A^{-1}| = |A|^{-1}$
(e) $A = \mathrm{diag}(a_{11}, \ldots, a_{mm})$ のとき $A^{-1} = \mathrm{diag}(a_{11}^{-1}, \ldots, a_{mm}^{-1})$
(f) $A = A'$ のとき $A^{-1} = (A^{-1})'$
(g) $(AB)^{-1} = B^{-1}A^{-1}$

A の行列式の場合と同様に，A の逆行列は A の余因子を使って表現できる．$A_\#$ を A の余因子行列を転置したものとしよう．これを A の随伴行列 (adjoint) と呼ぶ．すなわち，$A_\#$ の (i,j) 要素は a_{ji} の余因子 A_{ji} である．よって，

$$AA_\# = A_\# A = \mathrm{diag}(|A|, \ldots, |A|) = |A|I_m$$

の等式が成り立つ．なぜなら (1.1) 式と (1.2) 式より $(A)_{i\cdot}(A_\#)_{\cdot i} = (A_\#)_{i\cdot}(A)_{\cdot i} = |A|$ がただちに成り立ち，かつ (1.3) 式より $i \neq j$ において $(A)_{i\cdot}(A_\#)_{\cdot j} = (A_\#)_{i\cdot}(A)_{\cdot j} = 0$ となるからである．上記の式が成り立ち，かつ $|A| \neq 0$ の条件が満たされるとき，

$$A^{-1} = |A|^{-1}A_\#$$

となる．したがって，例えばもし A が 2×2 の非特異行列なら，

$$A^{-1} = |A|^{-1}\begin{bmatrix} a_{22} & -a_{12} \\ -a_{21} & a_{11} \end{bmatrix}$$

となる．同様に，$m = 3$ のとき，

$$A_\# = \begin{bmatrix} a_{22}a_{33} - a_{23}a_{32} & -(a_{12}a_{33} - a_{13}a_{32}) & a_{12}a_{23} - a_{13}a_{22} \\ -(a_{21}a_{33} - a_{23}a_{31}) & a_{11}a_{33} - a_{13}a_{31} & -(a_{11}a_{23} - a_{13}a_{21}) \\ a_{21}a_{32} - a_{22}a_{31} & -(a_{11}a_{32} - a_{12}a_{31}) & a_{11}a_{22} - a_{12}a_{21} \end{bmatrix}$$

と表現でき，$A^{-1} = |A|^{-1}A_\#$ として逆行列を得る．

定理 1.6 の (g) で与えられた行列積の逆行列と逆行列の積との関係は非常に有用である．残念なことに，和の逆行列と逆行列の和との間には，そのような有用な関係は存在しない．しかしながら，しばしば有用となる定理 1.7 を紹介しよう．

定理 1.7 A と B は非特異行列であると仮定し，A は $m \times m$，B は $n \times n$ であるとする．このとき任意の $m \times n$ 行列 C と任意の $n \times m$ 行列 D において，$A + CBD$ が非特異行列であるならば，以下の式が成り立つ．

$$(A + CBD)^{-1} = A^{-1} - A^{-1}C(B^{-1} + DA^{-1}C)^{-1}DA^{-1}$$

証明 この証明は上記で与えられた $(A + CBD)^{-1}$ に対して，単純に $(A + CBD)(A +$

$CBD)^{-1} = I_m$ を確認するだけである．以下のように展開し，結果を得る．

$$\begin{aligned}
&(A+CBD)\{A^{-1} - A^{-1}C(B^{-1}+DA^{-1}C)^{-1}DA^{-1}\} \\
&\quad = I_m - C(B^{-1}+DA^{-1}C)^{-1}DA^{-1} + CBDA^{-1} \\
&\qquad - CBDA^{-1}C(B^{-1}+DA^{-1}C)^{-1}DA^{-1} \\
&\quad = I_m - C\{(B^{-1}+DA^{-1}C)^{-1} - B \\
&\qquad + BDA^{-1}C(B^{-1}+DA^{-1}C)^{-1}\}DA^{-1} \\
&\quad = I_m - C\{B(B^{-1}+DA^{-1}C)(B^{-1}+DA^{-1}C)^{-1} - B\}DA^{-1} \\
&\quad = I_m - C\{B - B\}DA^{-1} = I_m
\end{aligned}$$

□

定理 1.7 において，$(A+CBD)^{-1}$ の展開式中には $B^{-1}+DA^{-1}C$ の逆行列が含まれている．定理 1.7 で設定している条件が，この逆行列が存在しているということを示すことができる (練習問題 7.11 を参照)．もし $m = n$ であり，かつ C と D が単位行列であるならば，定理 1.7 における系 1.7.1 を得る．

系 1.7.1 A，B，$A+B$ はすべて $m \times m$ の非特異行列であると仮定する．このとき以下が成り立つ．

$$(A+B)^{-1} = A^{-1} - A^{-1}(B^{-1}+A^{-1})^{-1}A^{-1}$$

また，$n = 1$ のとき，定理 1.7 より系 1.7.2 を得る．

系 1.7.2 A を $m \times m$ の非特異行列であるとする．もし $\boldsymbol{c}$ と $\boldsymbol{d}$ がともに $m \times 1$ のベクトル，$A + \boldsymbol{cd}'$ が非特異行列であるとするならば，以下のようになる．

$$(A+\boldsymbol{cd}')^{-1} = A^{-1} - A^{-1}\boldsymbol{cd}'A^{-1}/(1+\boldsymbol{d}'A^{-1}\boldsymbol{c})$$

例 1.2 m が n の値よりも大きく A の逆行列の計算が非常に簡単なら，定理 1.7 は特に有用になる．例えば，$A = I_5$，

$$B = \begin{bmatrix} 1 & 1 \\ 1 & 2 \end{bmatrix}, \qquad C = \begin{bmatrix} 1 & 0 \\ 2 & 1 \\ -1 & 1 \\ 0 & 2 \\ 1 & 1 \end{bmatrix}, \qquad D' = \begin{bmatrix} 1 & -1 \\ -1 & 2 \\ 0 & 1 \\ 1 & 0 \\ -1 & 1 \end{bmatrix}$$

とすると，ここから

$$G = A + CBD = \begin{bmatrix} 1 & 1 & 1 & 1 & 0 \\ -1 & 6 & 4 & 3 & 1 \\ -1 & 2 & 2 & 0 & 1 \\ -2 & 6 & 4 & 3 & 2 \\ -1 & 4 & 3 & 2 & 2 \end{bmatrix}$$

が得られる．この 5×5 行列の逆行列を直接計算するのは若干面倒である．しかしながら定理 1.7 を利用することで，この計算はかなり容易になる．明らかに $A^{-1} = I_5$ であり，

$$B^{-1} = \begin{bmatrix} 2 & -1 \\ -1 & 1 \end{bmatrix}$$

であるから，

$$(B^{-1} + DA^{-1}C) = \begin{bmatrix} 2 & -1 \\ -1 & 1 \end{bmatrix} + \begin{bmatrix} -2 & 0 \\ 3 & 4 \end{bmatrix} = \begin{bmatrix} 0 & -1 \\ 2 & 5 \end{bmatrix}$$

となり，ゆえに

$$(B^{-1} + DA^{-1}C)^{-1} = \begin{bmatrix} 2.5 & 0.5 \\ -1 & 0 \end{bmatrix}$$

である．したがって，最終的に以下を得ることができる．

$$\begin{aligned} G^{-1} &= I_5 - C(B^{-1} + DA^{-1}C)^{-1}D \\ &= \begin{bmatrix} -1 & 1.5 & -0.5 & -2.5 & 2 \\ -3 & 3 & -1 & -4 & 3 \\ 3 & -2.5 & 1.5 & 3.5 & -3 \\ 2 & -2 & 0 & 3 & -2 \\ -1 & 0.5 & -0.5 & -1.5 & 2 \end{bmatrix} \end{aligned}$$

1.8 分 割 行 列

行列を部分行列 (submatrix) に分割することが有益だと気づくことが時折あるだろう．例えば，A は $m \times n$ であり，m_1, m_2, n_1, n_2 は $m = m_1 + m_2, n = n_1 + n_2$ となるような正の整数とする．このとき，A を分割行列 (partitioned matrix) として記述する 1 つの方法は

$$A = \begin{bmatrix} A_{11} & A_{12} \\ A_{21} & A_{22} \end{bmatrix}$$

である．ここで A_{11} は $m_1 \times n_1$，A_{12} は $m_1 \times n_2$，A_{21} は $m_2 \times n_1$，A_{22} は $m_2 \times n_2$ である．すなわち，A_{11} は A の上から m_1 行，左から n_1 列で構成された行列であり，A_{12} は A の上から m_1 行，右から n_2 列で構成された行列であり，それ以降も同様である．そして，分割行列に含まれる部分行列の観点から行列演算を表現することが可能である．例えば，B は以下のように分割される $n \times p$ の行列であるとする．

$$B = \begin{bmatrix} B_{11} & B_{12} \\ B_{21} & B_{22} \end{bmatrix}$$

ここで B_{11} は $n_1 \times p_1$，B_{12} は $n_1 \times p_2$，B_{21} は $n_2 \times p_1$，B_{22} は $n_2 \times p_2$ であり，$p = p_1 + p_2$ である．このとき，B の A による前からの乗法は分割行列を用いた形式で

$$AB = \begin{bmatrix} A_{11}B_{11} + A_{12}B_{21} & A_{11}B_{12} + A_{12}B_{22} \\ A_{21}B_{11} + A_{22}B_{21} & A_{21}B_{12} + A_{22}B_{22} \end{bmatrix}$$

のように表現することが可能である．

上記のような 2×2 の分割形式以外の方法でも行列を分割することができる．例えば，A の列のみを分割することができ，そのとき以下の表現を得る．

$$A = \begin{bmatrix} A_1 & A_2 \end{bmatrix}$$

ここで A_1 は $m \times n_1$，A_2 は $m \times n_2$ である．より一般的な状況は A の行を r 個の集まりに，また，A の列を c 個の集まりに分割する状況であり，その結果 A は

$$A = \begin{bmatrix} A_{11} & A_{12} & \cdots & A_{1c} \\ A_{21} & A_{22} & \cdots & A_{2c} \\ \vdots & \vdots & & \vdots \\ A_{r1} & A_{r2} & \cdots & A_{rc} \end{bmatrix}$$

と記述されうる．ここで部分行列 A_{ij} は $m_i \times n_j$ であり，正の整数 $m_1, \ldots, m_r$ と $n_1, \ldots, n_c$ について以下が成り立つ．

$$\sum_{i=1}^{r} m_i = m, \qquad \sum_{j=1}^{c} n_j = n$$

もし，$r = c$ で，各 i に関して A_{ii} が正方行列であり，$i \neq j$ のすべての i, j について A_{ij} がゼロ行列ならば，この行列 A はブロック対角な (block diagonal) 形式にあると表現される．この場合，$A = \mathrm{diag}(A_{11}, \ldots, A_{rr})$ と記述することにする．つまり，

$$\mathrm{diag}(A_{11}, \ldots, A_{rr}) = \begin{bmatrix} A_{11} & (0) & \cdots & (0) \\ (0) & A_{22} & \cdots & (0) \\ \vdots & \vdots & & \vdots \\ (0) & (0) & \cdots & A_{rr} \end{bmatrix}$$

である．

例 1.3 転置積 AA' を計算したいとする．ここで 5×5 行列 A が

$$A=\begin{bmatrix} 1 & 0 & 0 & 1 & 1 \\ 0 & 1 & 0 & 1 & 1 \\ 0 & 0 & 1 & 1 & 1 \\ -1 & -1 & -1 & 2 & 0 \\ -1 & -1 & -1 & 0 & 2 \end{bmatrix}$$

と与えられている．この計算は A が

$$A=\begin{bmatrix} I_3 & \mathbf{1}_3\mathbf{1}_2' \\ -\mathbf{1}_2\mathbf{1}_3' & 2I_2 \end{bmatrix}$$

と記述されるとみなすことにより簡略化されうる．結果として，以下を得る．

$$\begin{aligned} AA' &= \begin{bmatrix} I_3 & \mathbf{1}_3\mathbf{1}_2' \\ -\mathbf{1}_2\mathbf{1}_3' & 2I_2 \end{bmatrix}\begin{bmatrix} I_3 & -\mathbf{1}_3\mathbf{1}_2' \\ \mathbf{1}_2\mathbf{1}_3' & 2I_2 \end{bmatrix} \\ &= \begin{bmatrix} I_3+\mathbf{1}_3\mathbf{1}_2'\mathbf{1}_2\mathbf{1}_3' & -\mathbf{1}_3\mathbf{1}_2'+2\mathbf{1}_3\mathbf{1}_2' \\ -\mathbf{1}_2\mathbf{1}_3'+2\mathbf{1}_2\mathbf{1}_3' & \mathbf{1}_2\mathbf{1}_3'\mathbf{1}_3\mathbf{1}_2'+4I_2 \end{bmatrix} \\ &= \begin{bmatrix} I_3+2\mathbf{1}_3\mathbf{1}_3' & \mathbf{1}_3\mathbf{1}_2' \\ \mathbf{1}_2\mathbf{1}_3' & 3\mathbf{1}_2\mathbf{1}_2'+4I_2 \end{bmatrix} \\ &= \begin{bmatrix} 3 & 2 & 2 & 1 & 1 \\ 2 & 3 & 2 & 1 & 1 \\ 2 & 2 & 3 & 1 & 1 \\ 1 & 1 & 1 & 7 & 3 \\ 1 & 1 & 1 & 3 & 7 \end{bmatrix} \end{aligned}$$

1.9 行列の階数

$m\times n$ 行列 A の階数に関する最初の定義は部分行列の観点から与えられる．一般的に，A のいくつかの行あるいは列を削除して得られる行列は A の部分行列と呼ばれる．A の $r\times r$ 部分行列の行列式は次数 r の小行列式と呼ばれる．例えば $m\times m$ 行列 A に対し，a_{ij} の小行列式と呼ばれるものはすでに定義した．これは次数 $m-1$ の小行列式の例である．いま，もし次数 r の小行列式のうち少なくとも 1 つが非ゼロであり，次数 $r+1$ のすべての小行列式が (もしあれば) ゼロであるならば，ゼロ行列でない $m\times n$ 行列 A の階数 (rank) は r であり，$\mathrm{rank}(A)=r$ と表す．A がゼロ行列であれば $\mathrm{rank}(A)=0$ である．$\mathrm{rank}(A)=\min(m,n)$ のとき，A は最大階数 (full rank) をもつという．特に，

$\text{rank}(A) = m$ のとき，A は最大行階数 (full row rank) をもち，$\text{rank}(A) = n$ のとき，A は最大列階数 (full column rank) をもつという．

行列 A の階数は以下の基本変形 (elementary transformation) と呼ばれる操作によって変化しない．

(a) A の 2 つの行 (または列) の交換
(b) A の行 (または列) の非ゼロのスカラー倍
(c) A の行 (または列) のスカラー倍を A の別の行 (または列) に足す

A に関する任意の基本変形は，基本変形行列と呼ばれる行列による A の乗法として表すことができる．A の行の基本変形は基本変形行列による A の前からの乗法によって与えられる．列の基本変形では後ろからの乗法となる．基本変形行列は非特異であり，任意の非特異行列は基本変形行列の積として表すことができる．したがって，定理 1.8 が成り立つ．

定理 1.8　A を $m \times n$ 行列，B を $m \times m$ 行列，C を $n \times n$ 行列とする．B と C が非特異行列であるならば，以下が成り立つ．

$$\text{rank}(BAC) = \text{rank}(BA) = \text{rank}(AC) = \text{rank}(A)$$

基本変形行列を使うことによって，任意の行列 A は A と同じ階数をもつより単純な形の別の行列に変形することができる．

定理 1.9　A が階数 $r > 0$ の $m \times n$ 行列であるならば，$H = BAC$ かつ $A = B^{-1}HC^{-1}$ となる非特異 $m \times m$ 行列 B と $n \times n$ 行列 C が存在する．ここで H は以下によって与えられる．

(a) $r = m = n$ ならば I_r　　(b) $r = m < n$ ならば $\begin{bmatrix} I_r & (0) \end{bmatrix}$

(c) $r = n < m$ ならば $\begin{bmatrix} I_r \\ (0) \end{bmatrix}$　　(d) $r < m, r < n$ ならば $\begin{bmatrix} I_r & (0) \\ (0) & (0) \end{bmatrix}$

系 1.9.1 は定理 1.9 から即座に得られる結果である．

系 1.9.1　A を $\text{rank}(A) = r > 0$ の $m \times n$ 行列とする．このとき，$\text{rank}(F) = \text{rank}(G) = r$ かつ $A = FG$ であるような $m \times r$ 行列 F と $r \times n$ 行列 G が存在する．

1.10　直　交　行　列

$m \times 1$ ベクトル $\boldsymbol{p}$ が $\boldsymbol{p}'\boldsymbol{p} = 1$ であるならば，$\boldsymbol{p}$ は正規化ベクトル (normalized vector) もしくは単位ベクトル (unit vector) と呼ばれる．$m \times 1$ ベクトル $\boldsymbol{p}_1, \ldots, \boldsymbol{p}_n$ $(n \leq m)$ は，すべての $i \neq j$ に対し $\boldsymbol{p}_i'\boldsymbol{p}_j = 0$ であるならば，直交 (orthogonal) していると

いう．さらに，$\boldsymbol{p}_i$ それぞれが正規化ベクトルであるならば，そのベクトルは正規直交 (orthonormal) であるという．列が正規直交なベクトルの集合からなる $m \times m$ 行列 P は直交行列 (orthogonal matrix) と呼ばれる．したがって，

$$P'P = I_m$$

となる．両辺の行列式をとると，

$$|P'P| = |P'||P| = |P|^2 = |I_m| = 1$$

であることがわかる．したがって，$|P| = +1$ あるいは -1 であることから P は非特異であり，$P'P = I_m$ であることに加え，$P^{-1} = P'$ および $PP' = I_m$ が成り立つ．つまり，P の行もまた，$m \times 1$ ベクトルの正規直交集合を形成している．直交行列のいくつかの基本的な性質をまとめて定理 1.10 に示す．

定理 1.10 P と Q を $m \times m$ の直交行列とし，A を $m \times m$ 行列とする．このとき以下が成り立つ．

(a) $|P| = \pm 1$
(b) $|P'AP| = |A|$
(c) PQ は直交行列である．

$m \neq n$ であれば，$m \times n$ 行列 P は $P'P = I_n$ あるいは $PP' = I_m$ という恒等式のうち (両方ではなく) 一方を満たすということに注意が必要である．そのような行列はしばしば準直交行列 (semiorthogonal matrix) と呼ばれる．

$m \times m$ 行列 P は，P のそれぞれの行かつそれぞれの列に関して唯一 1 という要素をもち，残りのすべての要素が 0 である場合に，置換行列 (permutation matrix) と呼ばれる．結果として，P の列は I_m の列 $\boldsymbol{e}_1, \ldots, \boldsymbol{e}_m$ をある順に配したものとなる．このとき，$P'P$ の (h, h) 要素はある i に関して $\boldsymbol{e}_i'\boldsymbol{e}_i = 1$ であり，かつ $P'P$ の (h, l) 要素は $h \neq l$ ならばある $i \neq j$ に関して $\boldsymbol{e}_i'\boldsymbol{e}_j = 0$ であることに注意が必要である．すなわち，置換行列は特別な直交行列である．I_m の列の並べ替えは $m!$ 通りあるので，$m!$ 通りの異なる次数 m の置換行列がある．また A が $m \times m$ であれば，PA は A の行を並べ替えた $m \times m$ 行列を，AP は A の列を並べ替えた $m \times m$ 行列を作り出す．

1.11 2 次 形 式

$\boldsymbol{x}$ は $m \times 1$ ベクトル，$\boldsymbol{y}$ は $n \times 1$ ベクトル，そして A は $m \times n$ 行列とする．このとき

$$\boldsymbol{x}'A\boldsymbol{y} = \sum_{i=1}^{m} \sum_{j=1}^{n} x_i y_j a_{ij}$$

によって与えられる $\boldsymbol{x}$ と $\boldsymbol{y}$ の関数は，$\boldsymbol{x}$ と $\boldsymbol{y}$ に関する双線形形式 (bilinear form) と呼ばれることがある．この特別な場合である $m = n$ かつ $\boldsymbol{x} = \boldsymbol{y}$ のとき，つまり A のサイズが $m \times m$ の場合について注目すると，上式は $\boldsymbol{x}$ の関数に帰着する．

$$f(\boldsymbol{x}) = \boldsymbol{x}' A \boldsymbol{x} = \sum_{i=1}^{m} \sum_{j=1}^{m} x_i x_j a_{ij}$$

これは，$\boldsymbol{x}$ に関する 2 次形式 (quadratic form) と呼ばれ，このとき，A は 2 次形式の行列であるという．常に，A は対称行列であると仮定する．なぜなら，もし A が対称行列でなくても，$f(\boldsymbol{x})$ をそのままに，対称行列 $B = \frac{1}{2}(A + A')$ によって A を置き換えることが可能となるためである．つまり，

$$\begin{aligned} \boldsymbol{x}' B \boldsymbol{x} &= \frac{1}{2} \boldsymbol{x}'(A + A')\boldsymbol{x} = \frac{1}{2}(\boldsymbol{x}' A \boldsymbol{x} + \boldsymbol{x}' A' \boldsymbol{x}) \\ &= \frac{1}{2}(\boldsymbol{x}' A \boldsymbol{x} + \boldsymbol{x}' A \boldsymbol{x}) = \boldsymbol{x}' A \boldsymbol{x} \end{aligned}$$

となる．これは，$\boldsymbol{x}' A' \boldsymbol{x} = (\boldsymbol{x}' A' \boldsymbol{x})' = \boldsymbol{x}' A \boldsymbol{x}$ だからである．例として，以下の関数を考えてみよう．

$$f(\boldsymbol{x}) = x_1^2 + 3x_2^2 + 2x_3^2 + 2x_1 x_2 - 2x_2 x_3$$

ここで $\boldsymbol{x}$ のサイズは 3×1 である．このとき $f(\boldsymbol{x}) = \boldsymbol{x}' A \boldsymbol{x}$ を満たす対称行列 A は以下である．

$$A = \begin{bmatrix} 1 & 1 & 0 \\ 1 & 3 & -1 \\ 0 & -1 & 2 \end{bmatrix}$$

あらゆる対称行列 A と，それに関連する 2 次形式は，以下の 5 つのカテゴリのいずれかに分類される．

(a) あらゆる $\boldsymbol{x} \neq \boldsymbol{0}$ に対して $\boldsymbol{x}' A \boldsymbol{x} > 0$ であれば，A は正定値 (positive definite) である．

(b) あらゆる $\boldsymbol{x}$ に対して $\boldsymbol{x}' A \boldsymbol{x} \geq 0$ であり，ある $\boldsymbol{x} \neq \boldsymbol{0}$ に対して $\boldsymbol{x}' A \boldsymbol{x} = 0$ であれば，A は半正定値 (positive semidefinite) である．

(c) あらゆる $\boldsymbol{x} \neq \boldsymbol{0}$ に対して $\boldsymbol{x}' A \boldsymbol{x} < 0$ であれば，A は負定値 (negative definite) である．

(d) あらゆる $\boldsymbol{x}$ に対して $\boldsymbol{x}' A \boldsymbol{x} \leq 0$ であり，ある $\boldsymbol{x} \neq \boldsymbol{0}$ に対して $\boldsymbol{x}' A \boldsymbol{x} = 0$ であれば，A は半負定値 (negative semidefinite) である．

(e) ある $\boldsymbol{x}$ に対して $\boldsymbol{x}' A \boldsymbol{x} > 0$ であり，別のある $\boldsymbol{x}$ に対して $\boldsymbol{x}' A \boldsymbol{x} < 0$ であれば，A は不定値 (indefinite) である．

なお，ゼロ行列は半正定値であり，かつ半負定値であるということに注意されたい．

正定値行列および負定値行列は非特異であり，一方で，半正定値行列および半負定値行列は特異である．正定値あるいは半正定値の対称行列を指すために，非負定値 (non-negative definite) という用語が使われることもある．もし $A = BB'$ ならば，$m \times m$ 行列 B は $m \times m$ 非負定値行列 A の平方根 (square root) と呼ばれる．このような行列 B を $A^{1/2}$ と表記することもある．さらに B もまた対称であれば，すなわち $A = B^2$ となり，B は A の対称平方根 (symmetric square root) と呼ばれる．

2 次形式は推測統計において極めて重要な役割を担う．第 10 章では，統計学において特に興味の中心となるような，2 次形式に関連する最も重要な結果を展開する．

1.12 複 素 行 列

本書では，主として実数 (real number) または実変数 (real variable) からなるベクトルや行列の分析を扱う．しかしながら，ある行列を別の行列の積の形式に分解 (decomposition) する場合のような実行列の分析が，結果として複素数 (complex number) を含む行列を導くような場合がある．そこで，本節では，複素数に関する基本的な表記法や用語について簡単に要約する．

複素数 c は以下のように表記される．

$$c = a + ib$$

a と b は実数であり，i は虚数 (imaginary number) $\sqrt{-1}$ を表す．実数 a と b はそれぞれ c の実部 (real part) と虚部 (imaginary part) と呼ばれる．b が 0 の場合にのみ，c は実数となる．もし，2 つの複素数 $c_1 = a_1 + ib_1$ と $c_2 = a_2 + ib_2$ があるとき，これらの和は

$$c_1 + c_2 = (a_1 + a_2) + i(b_1 + b_2)$$

によって求めることができる．それに対して，これらの積は

$$c_1 c_2 = a_1 a_2 - b_1 b_2 + i(a_1 b_2 + a_2 b_1)$$

によって求められる．複素数 $c = a + ib$ に対応する別の複素数は $\bar{c}$ と表記され，c の複素共役 (complex conjugate) という．c の複素共役は $\bar{c} = a - ib$ と表現され，$c\bar{c} = a^2 + b^2$ を満たす．つまり，ある複素数とその複素共役との積は実数となる．

複素数は，一方の軸が実軸 (real axis) であり，もう一方の軸が複素軸 (complex axis) または虚軸 (imaginary axis) である複素平面 (complex plane) 上の点として表現することができる．複素数 $c = a + ib$ は複素平面上の点 (a, b) によって示される．複素数を表すためのもう 1 つの方法として，極座標 (r, θ) を用いることもできる．r は原点から点 (a, b) までの直線の長さであり，θ はその直線と実軸とが正領域においてなす角度で

ある．a, b, r, θ の関係は以下の式で表される．

$$a = r\cos(\theta), \quad b = r\sin(\theta)$$

c を極座標の観点からとらえると，

$$c = r\cos(\theta) + ir\sin(\theta)$$

となり，これはオイラーの公式によって $c = re^{i\theta}$ と簡潔に表現される．複素数 c の絶対値 (absolute value) はモジュラス (modulus) とも呼ばれ，r として定義される．もちろん，絶対値は非負の実数であり，$a^2 + b^2 = r^2$ より，

$$|c| = |a + ib| = \sqrt{a^2 + b^2}$$

を得る．さらに，

$$\begin{aligned} |c_1 c_2| &= \sqrt{(a_1 a_2 - b_1 b_2)^2 + (a_1 b_2 + a_2 b_1)^2} \\ &= \sqrt{(a_1^2 + b_1^2)(a_2^2 + b_2^2)} = |c_1||c_2| \end{aligned}$$

が成り立つ．この恒等式を繰り返し用いることにより，いかなる複素数 c，そしていかなる正の整数 n に関しても $|c^n| = |c|^n$ が成り立つことがわかる．

複素数 c とその複素共役と，c の絶対値との関係を示す有用な恒等式として，

$$c\bar{c} = |c|^2$$

がある．この恒等式を 2 つの複素数の和 $c_1 + c_2$ に適用する．ただし，$c_1\bar{c}_2 + \bar{c}_1 c_2 \leq 2|c_1||c_2|$ であることに留意すると，

$$\begin{aligned} |c_1 + c_2|^2 &= (c_1 + c_2)\overline{(c_1 + c_2)} = (c_1 + c_2)(\bar{c}_1 + \bar{c}_2) \\ &= c_1\bar{c}_1 + c_1\bar{c}_2 + c_2\bar{c}_1 + c_2\bar{c}_2 \\ &\leq |c_1|^2 + 2|c_1||c_2| + |c_2|^2 \\ &= (|c_1| + |c_2|)^2 \end{aligned}$$

となる．この結果により，三角不等式 (triangle inequality) として知られる重要な不等式 $|c_1 + c_2| \leq |c_1| + |c_2|$ が導かれる．

複素行列 (complex matrix) とは，その要素が複素数である行列のことである．結果として，複素行列は実行列 (real matrix) と虚行列 (imaginary matrix) との和として記述することができる．A, B をともに $m \times n$ の実行列とすると，$m \times n$ 複素行列 C は

$$C = A + iB$$

と表現される．C の複素共役は，C の要素の複素共役を要素としてもつ行列であり，$\bar{C}$

と表記される.

$$\bar{C} = A - iB$$

C の共役転置 (conjugate transpose) は, $C^* = \bar{C}'$ である. 複素行列 C が正方であり, かつ $C^* = C$ より, $c_{ij} = \bar{c}_{ji}$ であれば, C はエルミート行列 (Hermitian matrix) という. さらに, C がエルミート行列で, かつ実行列ならば, C は対称行列である. $C^*C = I_m$ ならば, $m \times m$ 行列 C はユニタリ行列 (unitary matrix) と呼ばれる. もし C が実行列ならば $C^* = C'$ となることから, これは直交行列の概念の複素行列への一般化とみなすことができる.

1.13　確率ベクトルと関連する統計的諸概念

本節では, 後に本書において必要となる分布理論に関するいくつかの基本的な定義と結果を概観する. この話題に関するより包括的な内容に関しては, Casella and Berger(2002) や Lindgren(1993) などの統計理論に関する本を参照されたい. 大文字によって行列を, ボールド体の小文字によってベクトルを, 小文字によってスカラーを表記するこれまでの表記法と一貫させるため, 1 つの確率変数 (random variable) を表す際に, より一般的な大文字による表記に代わって, 小文字を使用することにする.

取りうる値の集合 R_x が可算的な集合 (countable set) である場合, 確率変数 x を離散型確率変数 (discrete random variable) という. この場合, 確率変数 x は, $t \in R_x$ に関して $p_x(t) = P(x = t)$, $t \notin R_x$ に関して $p_x(t) = 0$ を満たす確率関数 (probability function) $p_x(t)$ をもつ. 一方, 連続型確率変数 (continuous random variable) x は非可算的な無限集合 (infinite set)R_x をその分布の範囲 (range) としてもつ. 連続型確率変数 x には, $t \in R_x$ に関して $f_x(t) > 0$, $t \notin R_x$ に関して $f_x(t) = 0$ を満たす密度関数 (density function) $f_x(t)$ が対応する. B を実数直線の部分集合であるとすると, x に対する確率は積分によって得られる.

$$P(x \in B) = \int_B f_x(t)dt$$

離散型および連続型確率変数 x において, $P(x \in R_x) = 1$ を得る.

x の実数値関数 (real-value function) $g(x)$ の期待値 (expected value, expectation) は, $g(x)$ による観測値の平均を与える. この期待値は, $E[g(x)]$ と表記され, x が離散型確率変数の場合は,

$$E[g(x)] = \sum_{t \in R_x} g(t)p_x(t)$$

によって与えられ, x が連続型確率変数の場合は

$$E[g(x)] = \int_{-\infty}^{\infty} g(t)f_x(t)dt$$

となる．期待値演算子の性質は，和や積分の性質からただちに得られる．例えば，x を確率変数とし，α と β を定数とするとき，期待値演算子は

$$E(\alpha) = \alpha$$

という性質を満たし，また，g_1 と g_2 を実数値関数とすると，

$$E[\alpha g_1(x) + \beta g_2(x)] = \alpha E[g_1(x)] + \beta E[g_2(x)]$$

となる．$E(x^k), k = 1, 2, \ldots$ によって与えられる確率変数 x の期待値の集合は，x の積率 (moment) として知られている．これらの積率は，記述的，および理論的な目的の両方において重要である．最初のいくつかの積率は，x の分布のある特徴を記述するために使用される．例えば，1 次のモーメントである x の平均 (mean) $\mu_x = E(x)$ は分布の中心的な値を示す．x の分散 (variance) は，σ_x^2 または $\mathrm{var}(x)$ と表記され，以下のように定義され，

$$\sigma_x^2 = \mathrm{var}(x) = E[(x - \mu_x)^2] = E(x^2) - \mu_x^2$$

x の 1 次と 2 次のモーメントに関する関数である．分散は，中心の値 μ_x に関して x の観測値のバラツキの程度を与える．期待値の性質を利用すると，以下のことが容易に確認できる．

$$\mathrm{var}(\alpha + \beta x) = \beta^2 \mathrm{var}(x)$$

確率変数 x のすべての積率は，x の積率母関数 (moment generating function) と呼ばれる関数から得ることができる．この関数は，特定の期待値として定義される．具体的には，x の積率母関数 $m_x(t)$ は，0 の近傍において，t の値に関して期待値が存在することを仮定すると，

$$m_x(t) = E(e^{tx})$$

によって与えられる．仮定が満たされなければ，積率母関数は存在しない．x の積率母関数が存在するならば，そのとき，以下の性質のため，いかなる積率も得ることができる．

$$\left.\frac{d^k}{dt^k} m_x(t)\right|_{t=0} = E[x^k]$$

さらに重要なことは，積率母関数はある条件の下で x の分布を特定し，どの 2 つの異なる分布も同じ積率母関数をもつことはないということである．

本書の後半で出てくるいくつかの特別な分布族に焦点を当てよう．確率変数 x の密度関数が以下の式で与えられるとき，確率変数 x は平均 μ，分散 σ^2 をもつ単変量の正規分布 (normal distribution) に従うといい，$x \sim N(\mu, \sigma^2)$ と表される．

$$f_x(t) = \frac{1}{\sqrt{2\pi}\sigma} e^{-(t-\mu)^2/2\sigma^2}, \quad -\infty < t < \infty$$

正規分布に対応する積率母関数は以下である．

$$m_x(t) = e^{\mu t + \sigma^2 t^2/2}$$

正規分布族の中で特別なものに，標準正規分布 (standard normal distribution) $N(0,1)$ がある．この分布の重要性は，もし $x \sim N(\mu, \sigma^2)$ ならば，標準化 (standardizing transformation) $z = (x-\mu)/\sigma$ によって得られる確率変数 z が標準正規分布に従うということである．$z \sim N(0,1)$ の積率母関数を微分することによって，z の 6 次までの積率を確認することは容易であり，それぞれ $0, 1, 0, 3, 0, 15$ である．これは第 10 章で必要となる．

r を正の整数とするとき，以下の密度関数に従う確率変数 v は，自由度 (degrees of freedom) r の χ^2 分布 (chi-squared distribution) に従い，$v \sim \chi^2_r$ と表記する．

$$f_v(t) = \frac{t^{(r/2)-1} e^{-t/2}}{2^{r/2}\Gamma(r/2)}, \quad t > 0$$

ここで，$\Gamma(r/2)$ は $r/2$ で評価されたガンマ関数 (gamma function) である．v の積率母関数は，$t < \frac{1}{2}$ に関して $m_v(t) = (1-2t)^{-r/2}$ で与えられる．χ^2 分布の重要性は，正規分布との関係性から生じる．もし，$z \sim N(0,1)$ ならば，$z^2 \sim \chi^2_1$ になる．さらに，$i = 1, \ldots, r$ において，独立な確率変数 $z_1, \ldots, z_r$ が $z_i \sim N(0,1)$ ならば，そのとき

$$\sum_{i=1}^{r} z_i^2 \sim \chi^2_r \tag{1.5}$$

となる．上述した χ^2 分布はしばしば中心 χ^2 分布 (central chi-squared distribution) と呼ばれる．なぜならば，それは，非心 χ^2 分布 (noncentral chi-squared distribution) として知られる，より一般的な分布族の特殊なケースのためである．非心 χ^2 分布も同様に，正規分布と関連がある．$x_1, \ldots, x_r$ が $x_i \sim N(\mu_i, 1)$ に従う互いに独立な確率変数であるとき

$$\sum_{i=1}^{r} x_i^2 \sim \chi^2_r(\lambda) \tag{1.6}$$

となる．$\chi^2_r(\lambda)$ は，自由度 r と非心母数 (noncentrality parameter)

$$\lambda = \frac{1}{2}\sum_{i=1}^{r} \mu_i^2$$

をもつ非心 χ^2 分布を表す．つまり，ここでは示さないが，非心 χ^2 分布の密度関数は，母数 r だけでなく母数 λ にも依存する．すべての i に関して $\mu_i = 0$ のとき，(1.6) 式が (1.5) 式となるため，$\lambda = 0$ のとき，非心 χ^2 分布 $\chi^2_r(\lambda)$ は中心 χ^2 分布 χ^2_r と一致することが確認できる．

χ^2 分布に関連する分布として，自由度 r_1, r_2 をもつ F 分布 (F distribution) があり，

F_{r_1,r_2} と表記する．$y \sim F_{r_1,r_2}$ ならば，y の密度関数は，

$$f_y(t) = \frac{\Gamma\{(r_1+r_2)/2\}}{\Gamma(r_1/2)\Gamma(r_2/2)} \left(\frac{r_1}{r_2}\right)^{r_1/2} t^{(r_1-2)/2} \left(1+\frac{r_1}{r_2}t\right)^{-(r_1+r_2)/2}, \quad t > 0$$

である．この分布の重要性は，以下の事実に起因する．それは，v_1 と v_2 を，$v_1 \sim \chi^2_{r_1}$，$v_2 \sim \chi^2_{r_2}$ の互いに独立な確率変数とするとき，その比

$$t = \frac{v_1/r_1}{v_2/r_2}$$

が自由度 r_1, r_2 をもつ F 分布に従うということである．

確率変数の概念は，確率ベクトル (random vector) へと拡張することができる．関連のある確率変数 $x_1, \ldots, x_m$ の列は，すべての確率変数が離散型の場合は，同時または多変量確率関数 (joint or multivariate probability function) $p_x(\boldsymbol{t})$ によって，すべての確率変数が連続型である場合には多変量密度関数 (multivariate density function) $f_x(\boldsymbol{t})$ によってモデル化される．ここで，$\boldsymbol{x} = (x_1, \ldots, x_m)'$，$\boldsymbol{t} = (t_1, \ldots, t_m)'$ である．例えば，確率変数が連続型であり，B が R^m 内の領域 (region) を表すとすると，x が B に含まれるの確率は以下で与えられる．

$$P(\boldsymbol{x} \in B) = \int \cdots \int_B f_{\boldsymbol{x}}(\boldsymbol{t}) dt_1 \cdots dt_m$$

一方，$\boldsymbol{x}$ の実数値関数 $g(\boldsymbol{x})$ の期待値は，以下によって与えられる．

$$E[g(\boldsymbol{x})] = \int_{-\infty}^{\infty} \cdots \int_{-\infty}^{\infty} g(\boldsymbol{t}) f_{\boldsymbol{x}}(\boldsymbol{t}) dt_1 \cdots dt_m$$

確率変数 $x_1, \ldots, x_m$ は，同時確率関数または同時密度関数が，周辺確率関数 (marginal probability function) または周辺密度関数 (marginal density function) の積に分解できるならばそのときのみ，独立である (independent) という．この独立の概念に関しては，前で述べている．つまり，連続型の場合には，すべての $\boldsymbol{t}$ において，以下が成り立つならばそのときのみ，$x_1, \ldots, x_m$ は独立である．

$$f_{\boldsymbol{x}}(\boldsymbol{t}) = f_{x_1}(t_1) \cdots f_{x_m}(t_m)$$

$\boldsymbol{x}$ の平均ベクトル (mean vector) は x_i の期待値のベクトルであり，$\boldsymbol{\mu}$ で表される．すなわち

$$\boldsymbol{\mu} = (\mu_1, \ldots, \mu_m)' = E(\boldsymbol{x}) = [E(x_1), \ldots, E(x_m)]'$$

である．x_i と x_j の線形関係の指標は x_i と x_j の共分散 (covariance) によって与えられ，$\mathrm{cov}(x_i, x_j)$ もしくは σ_{ij} と表す．そして

$$\sigma_{ij} = \mathrm{cov}(x_i, x_j) = E\left[(x_i - \mu_i)(x_j - \mu_j)\right] = E(x_i x_j) - \mu_i \mu_j \qquad (1.7)$$

と定義される．$i=j$ のときには，$\sigma_{ii}=\sigma_i^2=\mathrm{var}(x_i)$ となり，この共分散は x_i の分散へ縮退する．$i \neq j$ かつ x_i と x_j が独立のときには，$E(x_i x_j)=\mu_i\mu_j$ より，$\mathrm{cov}(x_i,x_j)=0$ となる．また $\alpha_1,\alpha_2,\beta_1,\beta_2$ をスカラーとすると

$$\mathrm{cov}(\alpha_1+\beta_1 x_i, \alpha_2+\beta_2 x_j)=\beta_1\beta_2\mathrm{cov}(x_i,x_j)$$

が成り立つ．(i,j) 要素が σ_{ij} である行列 Ω を，$\boldsymbol{x}$ の分散共分散行列 (variance-covariance matrix) もしくは単に共分散行列と呼ぶ．この行列は $\mathrm{var}(\boldsymbol{x})$ や $\mathrm{cov}(\boldsymbol{x},\boldsymbol{x})$ と表現されることもある．明らかに $\sigma_{ij}=\sigma_{ji}$ であることから Ω は対称行列である．(1.7) 式を用いると，Ω の行列演算式

$$\Omega=\mathrm{var}(\boldsymbol{x})=E\left[(\boldsymbol{x}-\boldsymbol{\mu})(\boldsymbol{x}-\boldsymbol{\mu})'\right]=E(\boldsymbol{x}\boldsymbol{x}')-\boldsymbol{\mu}\boldsymbol{\mu}'$$

を得ることができる．もし $\boldsymbol{\alpha}$ が定数で構成される $m\times 1$ ベクトルであり，確率変数 $y=\boldsymbol{\alpha}'\boldsymbol{x}$ とすると

$$\begin{aligned}E(y)=E(\boldsymbol{\alpha}'\boldsymbol{x})=E\left(\sum_{i=1}^m \alpha_i x_i\right)&=\sum_{i=1}^m \alpha_i E(x_i)\\&=\sum_{i=1}^m \alpha_i\mu_i=\boldsymbol{\alpha}'\boldsymbol{\mu}\end{aligned}$$

である．さらに $\boldsymbol{\beta}$ も定数で構成されるもう 1 つの $m\times 1$ ベクトルであり，$w=\boldsymbol{\beta}'\boldsymbol{x}$ とすると

$$\begin{aligned}\mathrm{cov}(y,w)=\mathrm{cov}(\boldsymbol{\alpha}'\boldsymbol{x},\boldsymbol{\beta}'\boldsymbol{x})&=\mathrm{cov}\left(\sum_{i=1}^m \alpha_i x_i,\sum_{j=1}^m \beta_j x_j\right)\\&=\sum_{i=1}^m\sum_{j=1}^m \alpha_i\beta_j\mathrm{cov}(x_i,x_j)=\sum_{i=1}^m\sum_{j=1}^m \alpha_i\beta_j\sigma_{ij}=\boldsymbol{\alpha}'\Omega\boldsymbol{\beta}\end{aligned}$$

と導かれる．特に $\mathrm{var}(y)=\mathrm{cov}(y,y)=\boldsymbol{\alpha}'\Omega\boldsymbol{\alpha}$ である．これは任意の $\boldsymbol{\alpha}$ に対し成り立ち，分散は常に非負であるため，Ω は必ず非負定値行列となる．より一般に，A を定数からなる $p\times m$ 行列として，$\boldsymbol{y}=A\boldsymbol{x}$ ならば，以下が成り立つ．

$$E(\boldsymbol{y})=E(A\boldsymbol{x})=AE(\boldsymbol{x})=A\boldsymbol{\mu} \tag{1.8}$$

$$\begin{aligned}\mathrm{var}(\boldsymbol{y})&=E\left[\{\boldsymbol{y}-E(\boldsymbol{y})\}\{\boldsymbol{y}-E(\boldsymbol{y})\}'\right]=E\left[(A\boldsymbol{x}-A\boldsymbol{\mu})(A\boldsymbol{x}-A\boldsymbol{\mu})'\right]\\&=E\left[A(\boldsymbol{x}-\boldsymbol{\mu})(\boldsymbol{x}-\boldsymbol{\mu})'A'\right]=A\left\{E\left[(\boldsymbol{x}-\boldsymbol{\mu})(\boldsymbol{x}-\boldsymbol{\mu})'\right]\right\}A'\\&=A\Omega A'\end{aligned} \tag{1.9}$$

つまり変換されたベクトル $A\boldsymbol{x}$ の平均ベクトルと共分散行列は，それぞれ $A\boldsymbol{\mu}$, $A\Omega A'$ である．$\boldsymbol{v}$ と $\boldsymbol{w}$ が確率ベクトルであるなら，$\boldsymbol{v}$ の成分と $\boldsymbol{w}$ の成分の共分散行列は

$$\text{cov}(\boldsymbol{v}, \boldsymbol{w}) = E(\boldsymbol{v}\boldsymbol{w}') - E(\boldsymbol{v})E(\boldsymbol{w})'$$

によって与えられる．特に $\boldsymbol{v} = A\boldsymbol{x}, \boldsymbol{w} = B\boldsymbol{x}$ である場合には以下が成り立つ．

$$\text{cov}(\boldsymbol{v}, \boldsymbol{w}) = A\text{cov}(\boldsymbol{x}, \boldsymbol{x})B' = A\text{var}(\boldsymbol{x})B' = A\Omega B'$$

x_i, x_j 間の線形関係を，x_i, x_j の測定の尺度に影響されずに測る指標として，相関係数 (correlation coefficient) がある．相関係数 ρ_{ij} は以下によって定義される．

$$\rho_{ij} = \frac{\text{cov}(x_i, x_j)}{\sqrt{\text{var}(x_i)\text{var}(x_j)}} = \frac{\sigma_{ij}}{\sqrt{\sigma_{ii}\sigma_{jj}}}$$

$i = j$ のときには，$\rho_{ij} = 1$ である．(i, j) 要素に ρ_{ij} をもつ行列を相関行列 (correlation matrix) と呼び，P で表す．相関行列は，対応する共分散行列 Ω と対角行列 $D_\Omega^{-1/2} = \text{diag}(\sigma_{11}^{-1/2}, \ldots, \sigma_{mm}^{-1/2})$ によって表現可能である．すなわち

$$P = D_\Omega^{-1/2}\Omega D_\Omega^{-1/2} \tag{1.10}$$

である．また任意の $m \times 1$ ベクトル $\boldsymbol{\alpha}$ に対して

$$\boldsymbol{\alpha}'P\boldsymbol{\alpha} = \boldsymbol{\alpha}'D_\Omega^{-1/2}\Omega D_\Omega^{-1/2}\boldsymbol{\alpha} = \boldsymbol{\beta}'\Omega\boldsymbol{\beta}$$

が成り立つ．ここで $\boldsymbol{\beta} = D_\Omega^{-1/2}\boldsymbol{\alpha}$ であり，Ω が非負定値行列であることから P も非負定値行列となる．特に，$\boldsymbol{e}_i$ が $m \times m$ 単位行列の i 列目であるとすると，次の 2 つを導くことができる．

$$\begin{aligned}(\boldsymbol{e}_i + \boldsymbol{e}_j)'P(\boldsymbol{e}_i + \boldsymbol{e}_j) &= (P)_{ii} + (P)_{ij} + (P)_{ji} + (P)_{jj} \\ &= 2(1 + \rho_{ij}) \geq 0\end{aligned}$$

そして

$$\begin{aligned}(\boldsymbol{e}_i - \boldsymbol{e}_j)'P(\boldsymbol{e}_i - \boldsymbol{e}_j) &= (P)_{ii} - (P)_{ij} - (P)_{ji} + (P)_{jj} \\ &= 2(1 - \rho_{ij}) \geq 0\end{aligned}$$

ここから，$-1 \leq \rho_{ij} \leq 1$ という不等式を得ることができる．

通常，平均や分散，共分散は未知であるから，標本から推定しなければならない．いま $x_1, \ldots, x_n$ が平均 μ，分散 σ^2 のある分布に従う確率変数 x からのランダム標本 (random sample) を表すとする．これらの量は標本平均 (sample mean) や標本分散 (sample variance) で推定され

$$\bar{x} = \frac{1}{n}\sum_{i=1}^{n} x_i$$

$$s^2 = \frac{1}{n-1}\sum_{i=1}^{n}(x_i - \bar{x})^2 = \frac{1}{n-1}\left(\sum_{i=1}^{n} x_i^2 - n\bar{x}^2\right)$$

によって与えられる．多変量の場合でも以下のとおり同様に $\boldsymbol{\mu}$ と Ω の推定量を考えることができる．$\boldsymbol{x}_1, \ldots, \boldsymbol{x}_n$ が，平均ベクトル $\boldsymbol{\mu}$ と共分散行列 Ω をもつ $m \times 1$ 確率ベクトル $\boldsymbol{x}$ からのランダム標本を表すとする．このとき，標本平均ベクトルと標本共分散行列は

$$\bar{\boldsymbol{x}} = \frac{1}{n}\sum_{i=1}^{n} \boldsymbol{x}_i$$

$$S = \frac{1}{n-1}\sum_{i=1}^{n}(\boldsymbol{x}_i - \bar{\boldsymbol{x}})(\boldsymbol{x}_i - \bar{\boldsymbol{x}})' = \frac{1}{n-1}\left(\sum_{i=1}^{n}\boldsymbol{x}_i\boldsymbol{x}_i' - n\bar{\boldsymbol{x}}\bar{\boldsymbol{x}}'\right)$$

によって与えられる．この標本共分散行列を (1.10) 式に用いると，相関行列 P の推定量を得ることができる．対角行列 $D_S^{-1/2} = \mathrm{diag}(s_{11}^{-1/2}, \ldots, s_{mm}^{-1/2})$ とすると相関行列は，以下によって定義される標本相関行列で推定される．

$$R = D_S^{-1/2} S D_S^{-1/2}$$

今後とりわけよく扱う同時分布の 1 つに多変量正規分布 (multivariate normal distribution) がある．この分布は独立した複数の標準正規確率変数で定義することができる．$z_1, \ldots, z_m$ が独立に $N(0,1)$ に従い，$\boldsymbol{z} = (z_1, \ldots, z_m)'$ とすると，$\boldsymbol{z}$ の密度関数は

$$f(\boldsymbol{z}) = \prod_{i=1}^{m}\frac{1}{\sqrt{2\pi}}\exp\left(-\frac{1}{2}z_i^2\right) = \frac{1}{(2\pi)^{m/2}}\exp\left(-\frac{1}{2}\boldsymbol{z}'\boldsymbol{z}\right)$$

によって与えられる．$E(\boldsymbol{z}) = \boldsymbol{0}, \mathrm{var}(\boldsymbol{z}) = I_m$ であることから，この特別な m 次元の多変量正規分布は多変量標準正規分布 (standard multivariate normal distribution) として知られており，$N_m(\boldsymbol{0}, I_m)$ で表される．$\boldsymbol{\mu}$ が定数で構成される $m \times 1$ ベクトル，T が $m \times m$ 非特異行列であるとき，$\boldsymbol{x} = \boldsymbol{\mu} + T\boldsymbol{z}$ は平均ベクトル $\boldsymbol{\mu}$，共分散行列 $\Omega = TT'$ の m 次元多変量正規分布に従う．これは $\boldsymbol{x} \sim N_m(\boldsymbol{\mu}, \Omega)$ と表記される．例えば $m = 2$ のとき，ベクトル $\boldsymbol{x} = (x_1, x_2)'$ は 2 変量の正規分布に従い，その密度を $\boldsymbol{x} = \boldsymbol{\mu} + T\boldsymbol{z}$ の変換を用いて導いたのが以下である．すべての $\boldsymbol{x} \in R^2$ に対して

$$f(\boldsymbol{x}) = \frac{1}{2\pi\sqrt{\sigma_{11}\sigma_{22}(1-\rho^2)}}\exp\Biggl(-\frac{1}{2(1-\rho^2)}\Biggl\{\frac{(x_1-\mu_1)^2}{\sigma_{11}} - 2\rho\left(\frac{x_1-\mu_1}{\sqrt{\sigma_{11}}}\right)\left(\frac{x_2-\mu_2}{\sqrt{\sigma_{22}}}\right) + \frac{(x_2-\mu_2)^2}{\sigma_{22}}\Biggr\}\Biggr) \tag{1.11}$$

である．ここで $\rho = \rho_{12}$ は相関係数である．$\rho = 0$ のとき，この密度は周辺密度の積に分解可能であるから，$\rho = 0$ ならばそのときのみ x_1 と x_2 は独立である．(1.11) 式で与えられる密度関数は複雑にみえるが，行列表記によって簡潔に表すことができる．この密度が

$$f(\boldsymbol{x}) = \frac{1}{2\pi|\Omega|^{1/2}}\exp\left\{-\frac{1}{2}(\boldsymbol{x}-\boldsymbol{\mu})'\Omega^{-1}(\boldsymbol{x}-\boldsymbol{\mu})\right\} \tag{1.12}$$

と等しいことは簡単に確かめられる．また m 変量正規確率ベクトルの密度関数は (1.12) 式とよく似ており，もし $\boldsymbol{x} \sim N(\boldsymbol{\mu}, \Omega)$ なら，すべての $\boldsymbol{x} \in R^m$ に対してその密度は以下によって与えられる．

$$f(\boldsymbol{x}) = \frac{1}{(2\pi)^{m/2}|\Omega|^{1/2}} \exp\left\{-\frac{1}{2}(\boldsymbol{x}-\boldsymbol{\mu})'\Omega^{-1}(\boldsymbol{x}-\boldsymbol{\mu})\right\} \tag{1.13}$$

もし Ω が半正定値行列ならば，そのとき $\boldsymbol{x} \sim N_m(\boldsymbol{\mu}, \Omega)$ は特異正規分布 (singular normal distribution) に従うといわれる．この場合 Ω^{-1} が存在しないため，多変量正規確率密度は (1.13) 式で与えられるような形で表すことができない．しかしそれでも確率ベクトル $\boldsymbol{x}$ は独立な標準正規確率変数を用いて表現することができる．$\text{rank}(\Omega) = r$ で，かつ U は $UU' = \Omega$ を満たす $m \times r$ 行列とする．このとき $\boldsymbol{z} \sim N_r(\boldsymbol{0}, I_r)$ の下で $\boldsymbol{x}$ が $\boldsymbol{\mu} + U\boldsymbol{z}$ と同じように分布しているなら，$\boldsymbol{x} \sim N_m(\boldsymbol{\mu}, \Omega)$ である．

多変量正規分布の重要な性質として，多変量正規ベクトルの線形変換が別の多変量正規ベクトルを生成することがあげられる．つまり，$\boldsymbol{x} \sim N_m(\boldsymbol{\mu}, \Omega)$ でかつ A が $p \times m$ の定数行列であるとき $\boldsymbol{y} = A\boldsymbol{x}$ は p 変量正規分布に従うという性質である．特に，(1.8) 式と (1.9) 式から $\boldsymbol{y} \sim N_p(A\boldsymbol{\mu}, A\Omega A')$ となることがわかる．

次に多変量正規分布の拡張として球形と楕円形の分布を考える．特に，球形分布 (spherical distribution) は標準多変量正規分布 $N_m(\boldsymbol{0}, I_m)$ の拡張形であり，楕円分布 (elliptical distribution) は多変量正規分布 $N_m(\boldsymbol{\mu}, \Omega)$ の拡張形である．すべての $m \times m$ 直交行列 P について $m \times 1$ 確率ベクトル $\boldsymbol{x}$ と $P\boldsymbol{x}$ が同じ分布に従うとき，$\boldsymbol{x}$ は球形分布に従う．もし $\boldsymbol{x}$ が密度関数をもった球形分布であるならば，この密度関数はただ $\boldsymbol{x}'\boldsymbol{x}$ の値を通してのみ $\boldsymbol{x}$ に依存する．すなわち $\boldsymbol{x}$ の密度関数は，ある関数 g を利用して $g(\boldsymbol{x}'\boldsymbol{x})$ と書き表すことができる．"球形" 分布という言葉は，球面 $\boldsymbol{x}'\boldsymbol{x} = c$ 上のすべての $\boldsymbol{x}$ において密度関数が同じであることに起因している．ここで c は非負の定数である．$\boldsymbol{z} \sim N_m(\boldsymbol{0}, I_m)$ はどの $m \times m$ 直交行列 P についても $P\boldsymbol{z} \sim N_m(\boldsymbol{0}, I_m)$ となるので，明らかに球形分布に従う．非正規な球形分布の例として一様分布 (uniform distribution) があげられる．つまり，$\boldsymbol{u}$ が R^m 内の単位球面の表面上で無作為に選ばれた点ならば，$\boldsymbol{u}$ は球形分布に従う．事実，$m \times 1$ 確率ベクトル $\boldsymbol{x}$ が球形分布に従うとき，それは以下のように表される．

$$\boldsymbol{x} = w\boldsymbol{u} \tag{1.14}$$

ここで $\boldsymbol{u}$ は m 次元の単位球面上で一様に分布しており，かつ w は非負の確率変数であり，$\boldsymbol{u}$ と w は独立に分布している．$\boldsymbol{z}$ が分布 $N_m(\boldsymbol{0}, I_m)$ に従う場合，(1.14) 式が次の形になることが簡単に証明できる．

$$\boldsymbol{z} = v\boldsymbol{u}$$

このとき $v^2 \sim \chi^2_m$ である．したがって，もし $m \times 1$ 確率ベクトル $\boldsymbol{x}$ が球形分布に従うならば，それはまた

$$\boldsymbol{x} = w\boldsymbol{u} = wv^{-1}\boldsymbol{z} = s\boldsymbol{z}$$

と表現される．ここで $\boldsymbol{z}$ は $N_m(\boldsymbol{0}, I_m)$ に従い，$s = wv^{-1}$ は非負の確率変数であり，そして $\boldsymbol{z}$ と s は独立に分布している．混入正規分布 (contaminated normal distribution) と多変量 t 分布 (multivariate t distribution) は球形分布のまた別の例である．混入正規分布に従う確率ベクトル $\boldsymbol{x}$ は $\boldsymbol{x} = s\boldsymbol{z}$ と表される．このとき s は $\boldsymbol{z} \sim N_m(\boldsymbol{0}, I_m)$ とは独立であり，確率 p と $1-p$ で σ か 1 の値をとる．そして σ は $\sigma \neq 1$ の正の定数である．もし $\boldsymbol{z} \sim N_m(\boldsymbol{0}, I_m)$ が $v^2 \sim \chi_n^2$ と独立であるなら，確率ベクトル $\boldsymbol{x} = n^{1/2}\boldsymbol{z}/v$ は自由度 n の多変量 t 分布に従う．

今度は $N_m(\boldsymbol{0}, I_m)$ から $N_m(\boldsymbol{\mu}, \Omega)$ への手続きと同じように球形分布を楕円分布に一般化していく．$m \times 1$ 確率ベクトル $\boldsymbol{y}$ が

$$\boldsymbol{y} = \boldsymbol{\mu} + T\boldsymbol{x}$$

と表現されうるならば，$\boldsymbol{y}$ は母数 $\boldsymbol{\mu}$ と Ω をもつ楕円分布に従う．ここで，T は $m \times r$ であり，$TT' = \Omega$,rank$(\Omega) = r$ である．そして $r \times 1$ 確率ベクトル $\boldsymbol{x}$ は球形分布に従っている．(1.14) 式を用いると，以下のように表せる．

$$\boldsymbol{y} = \boldsymbol{\mu} + wT\boldsymbol{u}$$

ここで確率変数 $w \geq 0$ は $\boldsymbol{u}$ と独立であり，$\boldsymbol{u}$ は r 次元の単位球面上に一様に分布している．もし Ω が非特異でかつ $\boldsymbol{y}$ に密度が定義される場合，密度関数はただ $(\boldsymbol{y}-\boldsymbol{\mu})'\Omega^{-1}(\boldsymbol{y}-\boldsymbol{\mu})$ の値を通してのみ $\boldsymbol{y}$ に依存する．つまり，楕円球面 $(\boldsymbol{y}-\boldsymbol{\mu})'\Omega^{-1}(\boldsymbol{y}-\boldsymbol{\mu}) = c$ 上のすべての $\boldsymbol{y}$ において密度が同じである．ここで c は非負の定数である．球面分布と楕円分布に関するより詳細な議論は Fang, et al.(1990) にみられる．

統計学において最も広く使われる手法の 1 つに回帰分析 (regression analysis) がある．ここではこの分析について簡潔に叙述し，後に本書で展開される行列の方法のいくつかを説明するために回帰分析を使用する．回帰分析に関するよい文献には Neter, et al.(1990), Rencher(1999) や Sen and Srivastava(1990) がある．典型的な回帰の問題では特に，ある反応変数 (response variable) y と k 個の説明変数 (explanatory variables) $x_1, \ldots, x_k$ との関係性について研究することに興味がある場合が多い．例えば y がある製造工程によって作られた製品の生産量であり，説明変数は気温や湿度，圧力等の生産過程に影響を与える種々の条件である．x_j と y を関連づけるモデルは

$$y = \beta_0 + \beta_1 x_1 + \cdots + \beta_k x_k + \epsilon \tag{1.15}$$

のように与えられる．ここで $\beta_0, \ldots, \beta_k$ は未知の母数であり，ϵ はランダム誤差 (random error) であり，$E(\epsilon) = 0$ の確率変数である．通常の最小 2 乗回帰 (ordinary least squares regression) として知られるものにおいては，誤差が共通の分散 σ^2 をもつ独立な確率変数であるという仮定もおく．つまり，ϵ_i と ϵ_j が反応変数 y_i と y_j に対応したラ

ンダム誤差ならば，$\mathrm{var}(\epsilon_i) = \mathrm{var}(\epsilon_j) = \sigma^2$ かつ $\mathrm{cov}(\epsilon_i, \epsilon_j) = 0$ となる．(1.15) 式で与えられるモデルは母数の線形関数であるので，線形モデルの 1 つの例である．ただ，x_j においては線形である必要はなく $x_2 = x_1^2$ と考えてもよい．母数は未知であるので推定されなければならず，y のいくつかの観測値やそれに対応した x_j の観測値によって推定は可能となるのである．したがって i 番目の観測値について，説明変数は値 $x_{i1}, \ldots, x_{ik}$ に設定され，反応 y_i を生じさせるのだと仮定し，これが $i = 1, \ldots, N$ についてなされる．ここで，$N > k + 1$ である．もし (1.15) 式のようなモデルが成立するならば，それぞれの i に対して

$$y_i = \beta_0 + \beta_1 x_{i1} + \cdots + \beta_k x_{ik}$$

がおおよそ成り立つはずである．これは行列方程式として記述することも可能であり，

$$\boldsymbol{y} = \boldsymbol{X}\boldsymbol{\beta}$$

となる．このとき以下のように定める．

$$\boldsymbol{y} = \begin{bmatrix} y_1 \\ y_2 \\ \vdots \\ y_N \end{bmatrix}, \qquad \boldsymbol{\beta} = \begin{bmatrix} \beta_0 \\ \beta_1 \\ \vdots \\ \beta_k \end{bmatrix}, \qquad X = \begin{bmatrix} 1 & x_{11} & \cdots & x_{1k} \\ 1 & x_{21} & \cdots & x_{2k} \\ \vdots & \vdots & & \vdots \\ 1 & x_{N1} & \cdots & x_{Nk} \end{bmatrix}$$

β_j を推定する方法の 1 つで，このテキストでたびたび登場するものに最小 2 乗法 (method of least squares) がある．もし，$\hat{\boldsymbol{\beta}} = (\hat{\beta}_1, \ldots, \hat{\beta}_k)'$ が母数ベクトル $\boldsymbol{\beta}$ の推定値であるならば，そのとき $\hat{\boldsymbol{y}} = X\hat{\boldsymbol{\beta}}$ は予測値のベクトルであり，それゆえ $\boldsymbol{y} - \hat{\boldsymbol{y}}$ は誤差または実際の反応と予測値との偏差のベクトルを示す．そして，

$$f(\hat{\boldsymbol{\beta}}) = (\boldsymbol{y} - X\hat{\boldsymbol{\beta}})'(\boldsymbol{y} - X\hat{\boldsymbol{\beta}})$$

はそれらの誤差の平方和を与える．最小 2 乗法は関数 $f(\hat{\boldsymbol{\beta}})$ を最小化するような，任意のベクトルを $\hat{\boldsymbol{\beta}}$ として選択する．後にそのような任意のベクトルは線形方程式系を満たすことを確認する．それは時に正規方程式として称され，以下の形をとる．

$$X'X\hat{\boldsymbol{\beta}} = X'\boldsymbol{y}$$

もし X が最大列階数をもつ，すなわち $\mathrm{rank}(X) = k + 1$ ならば $(X'X)^{-1}$ が存在する．それゆえ $\boldsymbol{\beta}$ の最小 2 乗推定量は一意に定まり，

$$\hat{\boldsymbol{\beta}} = (X'X)^{-1}X'\boldsymbol{y}$$

として与えられる．

練習問題

1.1 A を $m \times m$ のベキ等な行列とする．以下を示せ．

(a) $I_m - A$ はベキ等である.

(b) B が任意の $m \times m$ 非特異行列であるとき，BAB^{-1} はベキ等である.

1.2　A と B を $m \times m$ の対称行列とする．AB が対称ならばそのときのみ $AB = BA$ であることを示せ.

1.3　定理 1.3(e) を証明せよ．A を $m \times n$ 行列とするとき，$\mathrm{tr}(A'A) = 0$ ならばそのときのみ $A = (0)$ であることを示せ.

1.4　もし $\boldsymbol{x}$ と $\boldsymbol{y}$ が $m \times 1$ のベクトルであるとするならば，$\mathrm{tr}(\boldsymbol{x}\boldsymbol{y}') = \boldsymbol{x}'\boldsymbol{y}$ であることを示せ．もし A と B が $m \times m$ 行列であり，B が非特異であるとするならば，$\mathrm{tr}(BAB^{-1}) = \mathrm{tr}(A)$ であることを示せ.

1.5　A，B，ならびに C を $m \times m$ 行列であるとする．これらが対称行列であるならば，$\mathrm{tr}(ABC) = \mathrm{tr}(ACB)$ となることを示せ.

1.6　定理 1.4 を証明せよ.

1.7　任意の正方行列は対称行列と歪対称行列の和として記述することが可能であることを示せ.

1.8　A と B を $m \times m$ 対称行列であるとする．$AB - BA$ は歪対称行列となることを示せ.

1.9　A を $m \times m$ 歪対称行列であるとする．このとき $-A^2$ が非負定値行列であることを示せ.

1.10　A, B, C をそれぞれ以下のような $m \times m$ 行列とするとき，$|A| = |B| + |C|$ であることを証明せよ.

$$A = \begin{bmatrix} b_{11} + c_{11} & b_{12} + c_{12} & \cdots & b_{1m} + c_{1m} \\ a_{21} & a_{22} & \cdots & a_{2m} \\ \vdots & \vdots & & \vdots \\ a_{m1} & a_{m2} & \cdots & a_{mm} \end{bmatrix},$$

$$B = \begin{bmatrix} b_{11} & b_{12} & \cdots & b_{1m} \\ a_{21} & a_{22} & \cdots & a_{2m} \\ \vdots & \vdots & & \vdots \\ a_{m1} & a_{m2} & \cdots & a_{mm} \end{bmatrix},$$

$$C = \begin{bmatrix} c_{11} & c_{12} & \cdots & c_{1m} \\ a_{21} & a_{22} & \cdots & a_{2m} \\ \vdots & \vdots & & \vdots \\ a_{m1} & a_{m2} & \cdots & a_{mm} \end{bmatrix}$$

1.11 定理 1.6 を証明せよ.

1.12 A, B は $AB = (0)$ を満たす非ゼロな $m \times m$ 行列とする. このとき A, B はともに特異行列であることを示せ.

1.13 次のような 4×4 行例を考える.

$$A = \begin{bmatrix} 1 & 2 & 1 & 1 \\ 0 & 1 & 2 & 0 \\ 1 & 2 & 2 & 1 \\ 0 & -1 & 1 & 2 \end{bmatrix}$$

A の最初の行へ余因子展開公式を用いることで, A の行列式を求めよ.

1.14 直前の問題の行列 A において, $i = 1$, $k = 2$ のとき (1.3) 式が成り立つことを確かめよ.

1.15 λ をある変数, A を $m \times m$ 行列とし, λ の関数として $A - \lambda I_m$ の行列式を考える. このとき, この行列式は λ のどのような関数か.

1.16 練習問題 1.13 の A で与えられた行列の随伴行列を求めよ. そしてこれを用いて A の逆行列を求めよ.

1.17 基本変形を用いて, 練習問題 1.13 で与えられた行列 A について $BAC = I_4$ を満たすような行列 B と C を定めよ. また, B と C を用いて, A の逆行列を計算せよ. つまり, 方程式 $BAC = I_4$ の両側で逆行列をとり, A^{-1} について解け.

1.18 以下の行列の逆行列を計算せよ.

(a) $I_m + \mathbf{1}_m \mathbf{1}_m'$
(b) $I_m + \boldsymbol{e}_1 \mathbf{1}_m'$

1.19 三角行列の行列式が対角要素の積であることを示せ. また, 下三角行列の逆行列が下三角行列となることを示せ.

1.20 $\boldsymbol{a}$ と $\boldsymbol{b}$ を $m \times 1$ ベクトル, D を $m \times m$ 対角行列とする. 系 1.7.2 を用いて, $D + \alpha \boldsymbol{a}\boldsymbol{b}'$ の逆行列を表現せよ. ただし, α はスカラーである.

1.21 $A_{\#}$ を $m \times m$ 行列 A の随伴行列とする. このとき以下を示せ.

(a) $|A_\#| = |A|^{m-1}$

(b) α はスカラーであり，$(\alpha A)_\# = \alpha^{m-1}A_\#$

1.22　$m \times m$ 分割行列

$$A = \begin{bmatrix} A_{11} & (0) \\ A_{21} & A_{22} \end{bmatrix}$$

を考える．ただし，$m_1 \times m_1$ 行列 A_{11} および $m_2 \times m_2$ 行列 A_{22} は非特異である．A_{11}，A_{22} および A_{21} の観点から，A^{-1} の表現を導け．

1.23　A を以下のように定義する．

$$A = \begin{bmatrix} A_{11} & A_{12} \\ A'_{12} & A_{22} \end{bmatrix}$$

ここで，A_{11} は $m_1 \times m_1$，A_{22} は $m_2 \times m_2$，A_{12} は $m_1 \times m_2$ である．もし A が正定値ならば，A_{11} と A_{22} もまた正定値であることを示せ．

1.24　以下の 4×4 行列 A の階数を求めよ．

$$A = \begin{bmatrix} 2 & 0 & 1 & -1 \\ 1 & -1 & 1 & -1 \\ 1 & -1 & 2 & 0 \\ 2 & 0 & 0 & -2 \end{bmatrix}$$

1.25　基本変形を用いて練習問題 1.24 における行列 A を定理 1.9 で与えられた形式をもつ行列 H に変換し，$BAC = H$ となるような行列 B および C を求めよ．

1.26　定理 1.10(b) および (c) を証明せよ．

1.27　次数 3 の置換行列をすべて列挙せよ．

1.28　3×3 行列

$$P = \frac{1}{\sqrt{6}} \begin{bmatrix} \sqrt{2} & \sqrt{2} & \sqrt{2} \\ \sqrt{3} & -\sqrt{3} & 0 \\ p_{31} & p_{32} & p_{33} \end{bmatrix}$$

を考える．P が直交行列となるような p_{31}, p_{32}, p_{33} の値を見つけよ．また，見つけた解は一意であるかどうか示せ．

1.29　$m \times m$ 直交行列 P が $P = [P_1 \quad P_2]$ のように分割されると仮定する．ここで，P_1 は $m \times m_1$，P_2 は $m \times m_2$ であり，$m_1 + m_2 = m$ である．$P'_1P_1 = I_{m_1}$，$P'_2P_2 = I_{m_2}$，および $P_1P'_1 + P_2P'_2 = I_m$ であることを示せ．

1.30　A, B, C をそれぞれ $m \times n$ 行列, $n \times p$ 行列, $n \times n$ 行列であるとする．一方，$\boldsymbol{x}$ は $n \times 1$ ベクトルである．このとき以下を示せ．

(a) $A = (0)$ の場合かつその場合に限り，$\boldsymbol{x}$ のすべての場合において，$A\boldsymbol{x} = \boldsymbol{0}$ である．
(b) $A'A\boldsymbol{x} = \boldsymbol{0}$ の場合かつその場合に限り，$A\boldsymbol{x} = \boldsymbol{0}$ である．
(c) $A'A = (0)$ ならば $A = (0)$ である．
(d) $A'AB = (0)$ の場合かつその場合に限り，$AB = (0)$ である．
(e) $C' = -C$ の場合かつその場合に限り，すべての $\boldsymbol{x}$ において $\boldsymbol{x}'C\boldsymbol{x} = 0$ である．

1.31　以下のそれぞれにおいて，その恒等式が成立するような 3×3 対称行列 A を求めよ．

(a) $\boldsymbol{x}'A\boldsymbol{x} = x_1^2 + 2x_2^2 - x_3^2 + 4x_1x_2 - 6x_1x_3 + 8x_2x_3$
(b) $\boldsymbol{x}'A\boldsymbol{x} = 3x_1^2 + 5x_2^2 + 2x_3^2 + 2x_1x_2 + 2x_1x_3 + 4x_2x_3$
(c) $\boldsymbol{x}'A\boldsymbol{x} = 2x_1x_2 + 2x_1x_3 + 2x_2x_3$

1.32　$\boldsymbol{x}$ を 4×1 ベクトルとする．このとき以下に示す対称行列 A_1 と A_2 を求めよ．

$$\boldsymbol{x}'A_1\boldsymbol{x} = (x_1 + x_2 - 2x_3)^2 + (x_3 - x_4)^2$$
$$\boldsymbol{x}'A_2\boldsymbol{x} = (x_1 - x_2 - x_3)^2 + (x_1 + x_2 - x_4)^2$$

1.33　A を $m \times m$ 行列とし, $T'T = A$ となるような $n \times m$ 実行列 T が存在すると仮定する．このとき，A が必ず非負定値行列となることを示せ．

1.34　非負定値行列の対角要素は必ず非負になることを証明せよ．すなわち，負の対角要素をもつ対称行列は非負定値行列にならないことを示せ．またその逆は真ではないことを証明せよ．すなわち，非負の対角要素をもつ対称行列が，常に非負定値行列となるわけではないこと示せ．

1.35　A を $m \times m$ の非負定値行列とし, B を $n \times m$ 行列とする．このとき BAB' が非負定値行列であることを証明せよ．

1.36　A を

$$A = \begin{bmatrix} 5 & 1 \\ 1 & 4 \end{bmatrix}$$

と定義する．A の上三角平方根行列を求めよ．すなわち，$BB' = A$ を満たす 2×2 上三角行列 B を求めよ．

1.37　標準正規積率母関数 $m_z(t) = e^{t^2/2}$ を用いて，標準正規分布の最初の 6 つの積率が，0,1,0,3,0,15 であることを示せ．

1.38　期待値演算子の性質を用いて，確率変数 x_1 と x_2，ならびにスカラー α_1，α_2，β_1，β_2 に対し，以下を示せ．

$$\mathrm{cov}(\alpha_1 + \beta_1 x_1, \alpha_2 + \beta_2 x_2) = \beta_1 \beta_2 \, \mathrm{cov}(x_1, x_2)$$

1.39　標本 $\boldsymbol{x}_1, \ldots, \boldsymbol{x}_n$ から計算された共分散行列を S とする．ただし，$\boldsymbol{x}_i$ は $m \times 1$ である．$m \times n$ の行列 X を $X = (\boldsymbol{x}_1, \ldots, \boldsymbol{x}_n)$ と定義する．このとき，$S = (n-1)^{-1} XAX'$ を満たすような対称行列 A の行列表現を見つけよ．

1.40　$\boldsymbol{x} \sim N_m(\boldsymbol{\mu}, \Omega)$ のとき，$(\boldsymbol{x} - \boldsymbol{\mu})' \Omega^{-1} (\boldsymbol{x} - \boldsymbol{\mu}) \sim \chi_m^2$ を証明せよ．ただし，Ω は正定値である．

1.41　$\boldsymbol{x} \sim N_3(\boldsymbol{\mu}, \Omega)$ とする．ここで，

$$\boldsymbol{\mu} = \begin{bmatrix} 1 \\ 2 \\ 3 \end{bmatrix}, \quad \Omega = \begin{bmatrix} 2 & 1 & -1 \\ 1 & 2 & 1 \\ -1 & 1 & 3 \end{bmatrix}$$

である．そして，3×3 行列 A と 2×3 行列 B を以下とする．

$$A = \begin{bmatrix} 2 & 2 & 1 \\ 1 & 0 & -1 \\ 0 & 1 & -1 \end{bmatrix}, \quad B = \begin{bmatrix} 1 & 1 & 1 \\ -1 & 1 & 0 \end{bmatrix}$$

(a) $\boldsymbol{x}$ の相関行列を求めよ．
(b) $u = \mathbf{1}_3' \boldsymbol{x}$ の分布を求めよ．
(c) $\boldsymbol{v} = A\boldsymbol{x}$ の分布を求めよ．
(d) 以下の分布を求めよ．

$$\boldsymbol{w} = \begin{bmatrix} A\boldsymbol{x} \\ B\boldsymbol{x} \end{bmatrix}$$

(e) (b),(c),(d) で得られた分布のうち，特異な分布はどれだろうか．

1.42　$\boldsymbol{x}$ が平均ベクトル $\boldsymbol{\mu}$, 共分散行列 Ω に従う $m \times 1$ の確率ベクトルであると仮定する．ここで $n \times m$ の定数行列 A と，$m \times 1$ の定数ベクトル $\boldsymbol{c}$ を用いた，以下の表現を導け．

(a) $E[A(\boldsymbol{x} + \boldsymbol{c})]$
(b) $\mathrm{var}[A(\boldsymbol{x} + \boldsymbol{c})]$

1.43 1.13 節で示された確率の表現を利用して，混入正規分布に従う確率ベクトル $\boldsymbol{x}$ が，$E(\boldsymbol{x}) = \mathbf{0}$, $\mathrm{var}(\boldsymbol{x}) = \{1 + p(\sigma^2 - 1)\}I_m$ であることを示せ.

1.44 $\boldsymbol{x}$ が 1.13 節で論じられたような自由度 n の多変量 t 分布に従っているとき，$E(\boldsymbol{x}) = \mathbf{0}$, $n > 2$ のとき $\mathrm{var}(\boldsymbol{x}) = \frac{n}{n-2}I_m$ であることを示せ.

2

ベクトル空間

2.1 導　　入

統計学では一般に，観測値は異なる変数の値のベクトル形式で表される．例えばある標本における被験者の身長や体重，年齢等の記録がこれに当たる．推定や仮説検定では母数のベクトルについての推論に興味がもたれる場合が多く，結果的に本章で扱うベクトル空間は統計学において重要な応用性を有している．加えて 2.3 節で議論される線形独立や線形従属の概念は行列の階数の決定や理解に大変有益であるだろう．

2.2 定　　義

ベクトル空間とはいくつかの特別な条件を満たしているベクトルの集まりのことをいう．特に，その集まりはベクトル間の加法とベクトルとスカラーの積に関して閉じている．

定義 2.1　S を以下の条件を満たす $m \times 1$ ベクトルの集まりとする．

(a) $\boldsymbol{x}_1 \in S$ かつ $\boldsymbol{x}_2 \in S$ のとき，$\boldsymbol{x}_1 + \boldsymbol{x}_2 \in S$
(b) $\boldsymbol{x} \in S$ かつ α が任意の実スカラーであるとき，$\alpha\boldsymbol{x} \in S$

このとき S は m 次元空間のベクトル空間 (vector space) と呼ばれる．もし S が m 次元空間の別のベクトル空間 T の部分集合であるなら，そのとき S は T のベクトル部分空間 (vector subspace) と呼ばれ，$S \subseteq T$ と表記される．

定義 2.1(b) における $\alpha = 0$ の選択は，ゼロベクトル $\boldsymbol{0} \in S$ を意味している．すなわちすべてのベクトル空間はゼロベクトルを含んでいる．事実，ゼロベクトルのみから構成される集合 $S = \{\boldsymbol{0}\}$ はそれ自身がベクトル空間である．また注目すべきは，定義 (a), (b) は，もし $\boldsymbol{x}_1 \in S, \boldsymbol{x}_2 \in S$ かつ α_1 と α_2 が任意の実数であるとき，$(\alpha_1\boldsymbol{x}_1 + \alpha_2\boldsymbol{x}_2) \in S$ が成り立つことを意味するのに等しいということである．これは 2 つ以上の n 個のベクトルについても容易に一般化される．つまり，もし $\alpha_1, \ldots, \alpha_n$ が実スカラーであり，かつ $\boldsymbol{x}_1, \ldots, \boldsymbol{x}_n$ が，すべての i について $x_i \in S$ を満たすベクトルであるとき，S がベクトル空間であるためには以下が成り立たなければならない.

$$\sum_{i=1}^{n} \alpha_i \boldsymbol{x}_i \in S \tag{2.1}$$

(2.1) 式の左辺はベクトル $\boldsymbol{x}_1, \ldots, \boldsymbol{x}_n$ の線形結合 (linear combination) と呼ばれる. ベクトル空間は線形結合の形式で閉じているため, 線形空間 (linear space) として言及されることがある.

例 2.1 以下によって与えられるベクトルの集合を考える.

$$S_1 = \{(a, 0, a)' : -\infty < a < \infty\},$$
$$S_2 = \{(a, b, a+b)' : -\infty < a < \infty, -\infty < b < \infty\},$$
$$S_3 = \{(a, a, a)' : a \geq 0\}$$

ここで, a_1 と a_2 は任意のスカラーの下で $\boldsymbol{x}_1 = (a_1, 0, a_1)', \boldsymbol{x}_2 = (a_2, 0, a_2)'$ としよう. すると $\boldsymbol{x}_1 \in S_1, \boldsymbol{x}_2 \in S_1$ であり,

$$\alpha_1 \boldsymbol{x}_1 + \alpha_2 \boldsymbol{x}_2 = (\alpha_1 a_1 + \alpha_2 a_2, 0, \alpha_1 a_1 + \alpha_2 a_2)' \in S_1$$

である. このため, S_1 はベクトル空間となる. 同様の議論によって S_2 もまたベクトル空間である. さらに S_1 は $b = 0$ のときの S_2 のすべてのベクトルからなるので, S_1 は S_2 の部分集合となる. したがって S_1 は S_2 のベクトル部分空間となる. 一方 S_3 はベクトル空間ではない. なぜなら, たとえば $\alpha = -1, x = (1, 1, 1)'$ のとき $\boldsymbol{x} \in S_3$ ではあるものの,

$$\alpha \boldsymbol{x} = -(1, 1, 1)' \notin S_3$$

となるためである.

ベクトル空間 $\{\mathbf{0}\}$ を除いたすべてのベクトル空間は無限に多くのベクトルを含んでいる. しかし線形結合の形成の過程を利用することにより, ベクトル空間内のそれぞれのベクトルを, ベクトルの有限な集合に含まれるベクトルの線形結合によって表現できる限り, ベクトル空間はこの集合によって表現可能である.

定義 2.2 $\{\boldsymbol{x}_1, \ldots, \boldsymbol{x}_n\}$ をベクトル空間 S における $m \times 1$ のベクトルの集合とする. もし S におけるベクトルがそれぞれベクトル $\boldsymbol{x}_1, \ldots, \boldsymbol{x}_n$ の線形結合として表現されうるなら, その集合 $\{\boldsymbol{x}_1, \ldots, \boldsymbol{x}_n\}$ はベクトル空間 S を張る (span), あるいは生成する (generate), といわれる. そして $\{\boldsymbol{x}_1, \ldots, \boldsymbol{x}_n\}$ は S の張る集合 (spanning set of S) と呼ばれる.

ベクトル空間 S を張る集合は $S = \{\mathbf{0}\}$ でない限り一意には定まらない. なぜならば $(a, b, a+b)' = a(1, 0, 1)' + b(0, 1, 1)'$ なので, まず $\{(1, 0, 1)', (0, 1, 1)'\}$ が例 2.1 で定

義されたベクトル空間 S_2 を張る集合であることが容易にみてとれる．しかしながら，少なくとも 2 つの，S の定義を満たすベクトルからなる任意の集合も，それらのうち，少なくとも 2 つのベクトルが互いに定数倍でない非ゼロベクトルである限り，張る集合となるだろう．例えば $\{(1,1,2)', (1,-1,0)', (2,3,5)'\}$ もまた S_2 を張る集合である．

ベクトル空間 S から $\{\boldsymbol{x}_1,\ldots,\boldsymbol{x}_n\}$ のベクトルの集合を選んだとしよう．一般に，すべての $\boldsymbol{x} \in S$ が $\boldsymbol{x}_1,\ldots,\boldsymbol{x}_n$ の線形結合であるとは限らない．それゆえに $\{\boldsymbol{x}_1,\ldots,\boldsymbol{x}_n\}$ は S を張る集合ではない可能性がある．しかしながらこの集合は S の部分空間となるようなあるベクトル空間を張るには違いない．

定理 2.1　$\{\boldsymbol{x}_1,\ldots,\boldsymbol{x}_n\}$ がベクトル空間 S における $m \times 1$ ベクトルの集合であるとし，かつ W はこれらのベクトルのすべての可能な線形結合の集合であるとする．すなわち，

$$W = \left\{\boldsymbol{x} : \boldsymbol{x} = \sum_{i=1}^{n} \alpha_i \boldsymbol{x}_i, -\infty < \alpha_i < \infty \quad \text{for all } i\right\}$$

このとき W は S のベクトル部分空間である．

証明　ベクトル $\boldsymbol{x}_1,\ldots,\boldsymbol{x}_n$ が S に含まれ，かつ S は線形結合の形式に関して閉じているので，明らかに W は S の部分集合である．W が S の部分空間であることを証明するためには W に含まれる任意のベクトル $\boldsymbol{u}$ と $\boldsymbol{v}$，および任意のスカラー a と b について，$a\boldsymbol{u}+b\boldsymbol{v}$ が W に含まれることを示さなければならない．$\boldsymbol{u}$ と $\boldsymbol{v}$ は W に含まれるため，W の定義から以下を満たすスカラー $c_1,\ldots,c_n$ とスカラー $d_1,\ldots,d_n$ が存在するはずである．

$$\boldsymbol{u} = \sum_{i=1}^{n} c_i \boldsymbol{x}_i, \quad \boldsymbol{v} = \sum_{i=1}^{n} d_i \boldsymbol{x}_i$$

このとき以下が成り立つ．

$$a\boldsymbol{u} + b\boldsymbol{v} = a\left(\sum_{i=1}^{n} c_i \boldsymbol{x}_i\right) + b\left(\sum_{i=1}^{n} d_i \boldsymbol{x}_i\right) = \sum_{i=1}^{n} (ac_i + bd_i)\boldsymbol{x}_i$$

したがって $a\boldsymbol{u}+b\boldsymbol{v}$ は $\boldsymbol{x}_1,\ldots,\boldsymbol{x}_n$ の線形結合であり，ゆえに $a\boldsymbol{u}+b\boldsymbol{v} \in W$ である．□

ベクトルのサイズ，長さの情報や 2 つのベクトル間の距離はベクトル空間を扱う上で重要な概念である．長さや距離に関しては標準的なユークリッドの公式が最も親しみ深いが，これらの長さや距離についてはほかにも多数の定義の仕方が存在する．また，これらの長さと距離の測度はしばしば内積 (inner product) と呼ばれるベクトルの積を含んでいる．

定義 2.3　S をベクトル空間とする．いかなる $\boldsymbol{x}, \boldsymbol{y}, \boldsymbol{z}$ も S に含まれ，c が任意のスカ

ラーであるとき，すべての $\boldsymbol{x} \in S$，$\boldsymbol{y} \in S$ について関数 $\langle \boldsymbol{x}, \boldsymbol{y} \rangle$ は以下を満たすならば，内積として定義される．

(a) $\langle \boldsymbol{x}, \boldsymbol{x} \rangle \geq 0$ であり，$\langle \boldsymbol{x}, \boldsymbol{x} \rangle = 0$ であるならばそのときのみ $\boldsymbol{x} = \boldsymbol{0}$
(b) $\langle \boldsymbol{x}, \boldsymbol{y} \rangle = \langle \boldsymbol{y}, \boldsymbol{x} \rangle$
(c) $\langle \boldsymbol{x} + \boldsymbol{y}, \boldsymbol{z} \rangle = \langle \boldsymbol{x}, \boldsymbol{z} \rangle + \langle \boldsymbol{y}, \boldsymbol{z} \rangle$
(d) $\langle c\boldsymbol{x}, \boldsymbol{y} \rangle = c \langle \boldsymbol{x}, \boldsymbol{y} \rangle$

内積に関する有意義な結果はコーシー–シュワルツの不等式 (Cauchy-Schwarz inequality) によって与えられる．

定理 2.2 もし $\boldsymbol{x}$ と $\boldsymbol{y}$ がベクトル空間 S に含まれ，$\langle \boldsymbol{x}, \boldsymbol{y} \rangle$ が S 上で定義される内積であるならば

$$\langle \boldsymbol{x}, \boldsymbol{y} \rangle^2 \leq \langle \boldsymbol{x}, \boldsymbol{x} \rangle \langle \boldsymbol{y}, \boldsymbol{y} \rangle \tag{2.2}$$

である．等号成立は一方のベクトルが他方のベクトルのスカラー倍であるとき，かつそのときに限る．

証明 $\boldsymbol{x} = \boldsymbol{0}$ の場合，結果は自明である．なぜならこのとき $\langle \boldsymbol{x}, \boldsymbol{y} \rangle = \langle \boldsymbol{x}, \boldsymbol{x} \rangle = 0$ より (2.2) 式は等号が成立し，$\alpha = 0$ として $\boldsymbol{x} = \alpha \boldsymbol{y}$ が簡単に示されるからである．$\boldsymbol{x} \neq \boldsymbol{0}$ の場合を考える．いま $a = \langle \boldsymbol{x}, \boldsymbol{x} \rangle, b = 2 \langle \boldsymbol{x}, \boldsymbol{y} \rangle, c = \langle \boldsymbol{y}, \boldsymbol{y} \rangle$ とすると，定義 2.3 を用いることで，任意のスカラー t に対して

$$\begin{aligned} 0 \leq \langle t\boldsymbol{x} + \boldsymbol{y}, t\boldsymbol{x} + \boldsymbol{y} \rangle &= \langle \boldsymbol{x}, \boldsymbol{x} \rangle t^2 + 2 \langle \boldsymbol{x}, \boldsymbol{y} \rangle t + \langle \boldsymbol{y}, \boldsymbol{y} \rangle \\ &= at^2 + bt + c \end{aligned} \tag{2.3}$$

を得る．したがって 2 次式 $at^2 + bt + c$ は，実数根 (real root) をもたないか，または実数の重根 (repeated real root) をもつかである．これは判別式 $b^2 - 4ac$ が必ず非正であることを意味し，ここから不等式

$$b^2 \leq 4ac$$

を導くことができる．この不等式は $\langle \boldsymbol{x}, \boldsymbol{y} \rangle^2 \leq \langle \boldsymbol{x}, \boldsymbol{x} \rangle \langle \boldsymbol{y}, \boldsymbol{y} \rangle$ に簡略化され，求める結果である．ここで一方のベクトルが他方のベクトルのスカラー倍であるならば，ある α について $\boldsymbol{y} = \alpha \boldsymbol{x}$ が成り立つはずであり，(2.2) 式の等号を導くのは明らかである．逆に，(2.2) 式の等号の成立は，ある t に対する (2.3) 式の等号の成立に対応しており，これは $t\boldsymbol{x} + \boldsymbol{y} = \boldsymbol{0}$，すなわち $\boldsymbol{y}$ が $\boldsymbol{x}$ のスカラー倍であるときのみ成り立つ．よって証明が完了する． □

最も一般的な内積は，$\langle \boldsymbol{x}, \boldsymbol{y} \rangle = \boldsymbol{x}'\boldsymbol{y}$ によって与えられるユークリッド内積 (Euclidean inner product) である．コーシー–シュワルツの不等式にこの内積を適用すると，任意

の $m \times 1$ ベクトル $\boldsymbol{x}, \boldsymbol{y}$ に対して

$$\left(\sum_{i=1}^{m} x_i y_i\right)^2 \leq \left(\sum_{i=1}^{m} x_i^2\right)\left(\sum_{i=1}^{m} y_i^2\right)$$

を得る．等号成立は一方のベクトルが他方のベクトルのスカラー倍であるとき，かつそのときに限る．

ベクトルノルム (vector norm) と距離関数 (distance function) によって，ベクトルの長さや 2 つのベクトルの距離を測ることができる．

定義 2.4　S における任意のベクトル $\boldsymbol{x}, \boldsymbol{y}$ について以下であるならば，関数 $\|\boldsymbol{x}\|$ はベクトル空間 S 上で定義されるベクトルノルムである．

(a) $\|\boldsymbol{x}\| \geq 0$
(b) $\|\boldsymbol{x}\| = 0$ ならばそのときのみ $\boldsymbol{x} = \boldsymbol{0}$
(c) 任意のスカラー c に対して $\|c\boldsymbol{x}\| = |c|\,\|\boldsymbol{x}\|$
(d) $\|\boldsymbol{x} + \boldsymbol{y}\| \leq \|\boldsymbol{x}\| + \|\boldsymbol{y}\|$

定義 2.5　S における任意のベクトル $\boldsymbol{x}, \boldsymbol{y}, \boldsymbol{z}$ について以下であるならば，関数 $d(\boldsymbol{x}, \boldsymbol{y})$ はベクトル空間 S 上で定義される距離関数である．

(a) $d(\boldsymbol{x}, \boldsymbol{y}) \geq 0$
(b) $d(\boldsymbol{x}, \boldsymbol{y}) = 0$ ならばそのときのみ $\boldsymbol{x} = \boldsymbol{y}$
(c) $d(\boldsymbol{x}, \boldsymbol{y}) = d(\boldsymbol{y}, \boldsymbol{x})$
(d) $d(\boldsymbol{x}, \boldsymbol{z}) \leq d(\boldsymbol{x}, \boldsymbol{y}) + d(\boldsymbol{y}, \boldsymbol{z})$

定義 2.4, 定義 2.5 の性質 (d) は三角不等式 (triangle inequality) として知られている．これは 2 次元幾何の有名な関係を一般化したものである．ベクトルノルムと距離関数を定義する一般的な方法の 1 つとして，内積によるものがある．任意の内積 $\langle \boldsymbol{x}, \boldsymbol{y} \rangle$ について，それぞれの関数 $\|x\| = \langle \boldsymbol{x}, \boldsymbol{x} \rangle^{1/2}$，$d(\boldsymbol{x}, \boldsymbol{y}) = \langle \boldsymbol{x} - \boldsymbol{y}, \boldsymbol{x} - \boldsymbol{y} \rangle^{1/2}$ が定義 2.4 と定義 2.5 を満たすことを確かめられるだろう．

実数要素からなるすべての $m \times 1$ ベクトルで構成されるベクトル空間を R^m で表す．すなわち $R^m = \{(x_1, \ldots, x_m)' : -\infty < x_i < \infty, i = 1, \ldots, m\}$ である．このベクトル空間においてユークリッド距離関数 (Euclidean distance function) $d_I(\boldsymbol{x}, \boldsymbol{y}) = \|\boldsymbol{x} - \boldsymbol{y}\|_2$ が通常用いられている．ここで $\|\boldsymbol{x}\|_2$ は

$$\|\boldsymbol{x}\|_2 = (\boldsymbol{x}'\boldsymbol{x})^{1/2} = \left(\sum_{i=1}^{m} x_i^2\right)^{1/2}$$

で与えられるユークリッドノルム (Euclidean norm) であり，ユークリッド内積 $\langle \boldsymbol{x}, \boldsymbol{y} \rangle = \boldsymbol{x}'\boldsymbol{y}$ に基づいている．また，この距離公式は 2 次元，3 次元幾何での距離を求めるため

に，よく用いられている公式を一般化したものである．上述の距離関数を伴う空間はユークリッド m 次元空間 (Euclidean m-dimensional space) と呼ばれている．なお本書でベクトル空間 R^m を用いる際に想定している距離は，特に断りがない限り，常にこのユークリッド距離である．ただし，非ユークリッド距離関数 (non-Euclidean distance function) の方が適切な場面が，統計学においては多々ある．

例 2.2　$m \times 1$ ベクトル $\boldsymbol{x}, \boldsymbol{\mu}$ 間の距離を求めたいとする．$\boldsymbol{x}$ は平均ベクトル $\boldsymbol{\mu}$ と共分散行列 Ω をもつ分布からの観測値である．ここでもし共分散構造の効果を考慮するならば，ユークリッド距離を考えるのは $\Omega = I_m$ である場合を除いて適さない．例えば $m = 2$，$\Omega = \mathrm{diag}(0.5, 2)$ であるとき，$\boldsymbol{x}$ の第 1 要素の分散は第 2 要素の分散よりも小さいのだから，$(x_1 - \mu_1)^2$ で大きい値がみられた場合，それは $(x_2 - \mu_2)^2$ で同じ値がみられるよりも，より遠いのである．つまり，距離の定義において $(x_2 - \mu_2)^2$ よりも $(x_1 - \mu_1)^2$ に，より重みを加えるのが妥当であるように思われる．そこで，より適切な距離関数が

$$d_\Omega(\boldsymbol{x}, \boldsymbol{\mu}) = \{(\boldsymbol{x} - \boldsymbol{\mu})'\Omega^{-1}(\boldsymbol{x} - \boldsymbol{\mu})\}^{1/2}$$

によって与えられる．これは $\boldsymbol{x}, \boldsymbol{\mu}$ 間のマハラノビス距離 (Mahalanobis distance) と呼ばれる．この関数はときどき，距離尺度 Ω における $\boldsymbol{x}, \boldsymbol{\mu}$ 間の距離として利用され，判別分析の名で知られる多変量解析の一手法において役立っている (McLachlan,1992 や Huberty,1994 を参照)．もし $\Omega = I_m$ であるならば，この距離関数はユークリッド距離関数と一致することに注意されたい．$\Omega = \mathrm{diag}(0.5, 2)$ に対して，この距離関数は以下のように整理される．

$$d_\Omega(\boldsymbol{x}, \boldsymbol{\mu}) = \{2(x_1 - \mu_1)^2 + 0.5(x_2 - \mu_2)^2\}^{1/2}$$

2 つ目の例として再び $m = 2$，しかし今度は

$$\Omega = \begin{bmatrix} 1 & 0.5 \\ 0.5 & 1 \end{bmatrix}$$

の場合を考えてみよう．正の相関関係より，$(x_1 - \mu_1)$ と $(x_2 - \mu_2)$ は同じ符号をもつ傾向にあることが示唆されている．これがマハラノビス距離では

$$d_\Omega(\boldsymbol{x}, \boldsymbol{\mu}) = \left(\frac{4}{3}\{(x_1 - \mu_1)^2 + (x_2 - \mu_2)^2 - (x_1 - \mu_1)(x_2 - \mu_2)\}\right)^{1/2}$$

のように，最後の項 $(x_1 - \mu_1)(x_2 - \mu_2)$ が負か正かによって距離の増加と減少が決まることを通して，反映されている．この距離関数の構造に関しては第 4 章でより詳細にみていくことにする．

次に 2 つの $m \times 1$ 非ゼロベクトル $\boldsymbol{x}, \boldsymbol{y}$ 間の角度について考えてみよう．ここでは $m = 2$ とする．$\boldsymbol{x}, \boldsymbol{y}$ 間の角度といったときは，ベクトル間で形成される 2 つの角度のう

ち，小さい方を常に指すものとする．例えば図 2.1 では $\theta_* = 2\pi - \theta$ の反対側の θ が，その角度に相当する．図 2.1 において $\boldsymbol{x}$ は第 1 軸と重なっており $\boldsymbol{x} = (a, 0)'$ である．一方 $\boldsymbol{y} = (b\cos\theta, b\sin\theta)'$ であり，$a = (\boldsymbol{x}'\boldsymbol{x})^{1/2}, b = (\boldsymbol{y}'\boldsymbol{y})^{1/2}$ は $\boldsymbol{x}, \boldsymbol{y}$ それぞれの長さを表している．$\boldsymbol{x}, \boldsymbol{y}$ 間の 2 乗距離は以下によって与えられる．

$$\begin{aligned} c^2 &= (\boldsymbol{y} - \boldsymbol{x})'(\boldsymbol{y} - \boldsymbol{x}) = (b\cos\theta - a)^2 + (b\sin\theta - 0)^2 \\ &= a^2 + b^2(\cos^2\theta + \sin^2\theta) - 2ab\cos\theta \\ &= a^2 + b^2 - 2ab\cos\theta \end{aligned}$$

この恒等式は余弦定理 (law of cosines) と呼ばれている．これを $\cos\theta$ について解くと

$$\cos\theta = \frac{a^2 + b^2 - c^2}{2ab}$$

を得る．上式の a, b, c を $\boldsymbol{x}, \boldsymbol{y}$ を用いて表現し直すと

$$\cos\theta = \frac{\boldsymbol{x}'\boldsymbol{y}}{(\boldsymbol{x}'\boldsymbol{x})^{1/2}(\boldsymbol{y}'\boldsymbol{y})^{1/2}}$$

が得られる．この式はすべての m において成り立ち，またベクトル $\boldsymbol{x}, \boldsymbol{y}$ の方向にも依存しない．

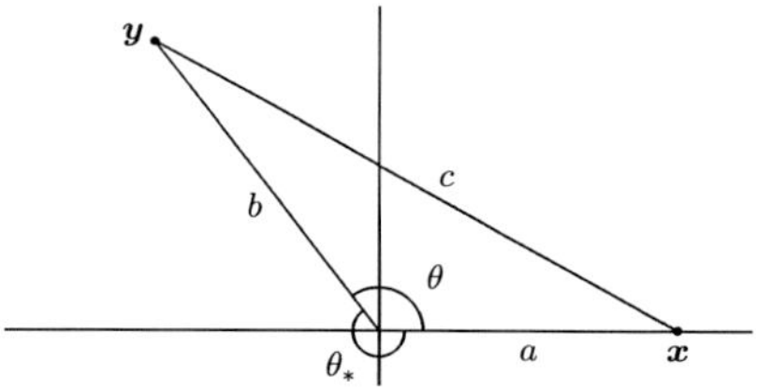

図 **2.1**　$\boldsymbol{x}$ と $\boldsymbol{y}$ の間の角度

その他のよく使われるベクトルノルムの例示をもって，本節を終わろう．合計ノルム (sum norm) と呼ばれるノルム $\|\boldsymbol{x}\|_1$ は

$$\|\boldsymbol{x}\|_1 = \sum_{i=1}^{m} |x_i|$$

で定義される．合計ノルムとユークリッドノルム $\|\boldsymbol{x}\|_2$ は，$p \geq 1$ としたときの

$$\|\boldsymbol{x}\|_p = \left\{ \sum_{i=1}^{m} |x_i|^p \right\}^{1/p}$$

で与えられるノルム族である．さらなるベクトルノルムの一例に

$$\|\boldsymbol{x}\|_\infty = \max_{1 \le i \le m} |x_i|$$

で与えられる無限大ノルム (infinity norm) または最大値ノルム (max norm) がある．これまで実数ベクトルにのみ注目してきたが，これらのノルムは複素ベクトルに対しても用いられる．しかし，その場合には p が偶数であっても $\|\boldsymbol{x}\|_p$ の式中に出てくる絶対値が必要となる．特に，実数ベクトルと同様に複素ベクトルに対しても妥当であるユークリッドノルムは以下である．

$$\|\boldsymbol{x}\|_2 = \left\{ \sum_{i=1}^{m} |x_i|^2 \right\}^{1/2}$$

2.3 線形独立と線形従属

ベクトルの線形結合の形成が，ベクトル空間の基本的な操作であることをみてきた．この操作は，あるベクトル空間を張るベクトルの集合とそのベクトル空間との関係を確立させるものである．多くの状況において，ベクトル空間の検討は，単にそのベクトル空間を張る集合の検討に要約される．この場合，可能な限り張る集合を小さくすることは有効である．これを行うために，まず，線形独立 (linear independence) と線形従属 (linear dependence) の概念を理解する必要がある．

定義 2.6 $m \times 1$ ベクトルの集合 $\{\boldsymbol{x}_1, \ldots, \boldsymbol{x}_n\}$ は，以下の方程式の解が $\alpha_1 = \cdots = \alpha_n = 0$ によってのみ与えられるとき，線形独立集合と呼ばれる．

$$\sum_{i=1}^{n} \alpha_i \boldsymbol{x}_i = \mathbf{0}$$

他の解が存在するならば，この集合は，線形従属集合と呼ばれる．

例 2.3 3つのベクトル $\boldsymbol{x}_1 = (1,1,1)'$，$\boldsymbol{x}_2 = (1,0,-1)'$，$\boldsymbol{x}_3 = (3,2,1)'$ を考えてみよう．これらのベクトルが線形独立かを決定するために，$\alpha_1\boldsymbol{x}_1 + \alpha_2\boldsymbol{x}_2 + \alpha_3\boldsymbol{x}_3 = \mathbf{0}$ という連立方程式，または同等に以下の式を解く．

$$\begin{aligned} \alpha_1 + \alpha_2 + 3\alpha_3 &= 0 \\ \alpha_1 + 2\alpha_3 &= 0 \\ \alpha_1 - \alpha_2 + \alpha_3 &= 0 \end{aligned}$$

これらの方程式は，$\alpha_2 = 0.5\alpha_1$ と $\alpha_3 = -0.5\alpha_1$ という制約を生み出す．したがって，任意のスカラー α に対して，解は $\alpha_1 = \alpha, \alpha_2 = 0.5\alpha, \alpha_3 = -0.5\alpha$ によって与えられ，ベクトルは線形従属である．一方，これらのベクトルの任意の組は線形独立である．つまり，$\{\boldsymbol{x}_1, \boldsymbol{x}_2\}, \{\boldsymbol{x}_1, \boldsymbol{x}_3\}, \{\boldsymbol{x}_2, \boldsymbol{x}_3\}$ はそれぞれ線形独立なベクトルの集合である．

定理 2.3 の証明は読者に残しておこう.

定理 2.3　$\{\boldsymbol{x}_1, \ldots, \boldsymbol{x}_n\}$ を $m \times 1$ ベクトルの集合とする. このとき, 以下が成り立つ.

(a) もし集合の中にゼロベクトル $\mathbf{0}$ があれば, その集合は線形従属である.
(b) ベクトルの集合が線形独立ならば, いかなる空でないその部分集合もまた線形独立である.
(c) ベクトルの集合が線形従属ならば, それを部分集合として含むいかなる他の集合も線形従属である.

定義 2.6 において, $n = 1$, つまり, 集合に 1 つのベクトルしかないならば, ベクトルが $\mathbf{0}$ でない限り, 集合は線形独立であることに注意が必要である. $n = 2$ のとき, ベクトルの 1 つがゼロベクトルではないならば, もしくはどちらかのベクトルが, もう一方のベクトルの非ゼロのスカラー倍でないならば, 集合は線形独立である. つまり, 2 つのベクトルの集合は, 少なくともベクトルの 1 つが他のベクトルのスカラー倍であるならばそのときのみ線形従属である. 一般に, 定理 2.4 におけるような以下の結果を得る.

定理 2.4　$m \times 1$ ベクトルの集合 $\{\boldsymbol{x}_1, \ldots, \boldsymbol{x}_n\}$ は, 集合内の少なくとも 1 つのベクトルが, 残りのベクトルの線形結合として表現できるならば, そのときのみ線形従属集合である. ここで $n > 1$ とする.

証明　集合内のベクトルの 1 つがゼロベクトルであれば, 結果は明らかである. なぜなら, そのとき, 集合は線形従属のはずであり, $m \times 1$ のゼロベクトルは, $m \times 1$ の任意のベクトルの集合の線形結合だからである. いま, 集合がゼロベクトルを含まないことを仮定しよう. まず, n 本のベクトルのうち 1 つ, 例えば $\boldsymbol{x}_n$ が他のベクトルの線形結合として表現できるとする. つまり, $\boldsymbol{x}_n = \alpha_1 \boldsymbol{x}_1 + \cdots + \alpha_{n-1} \boldsymbol{x}_{n-1}$ となるようなスカラー $\alpha_1, \ldots, \alpha_{n-1}$ を見つけることができる. しかし, このことは, $\alpha_n = -1$ と定めると, 以下のように

$$\sum_{i=1}^{n} \alpha_i \boldsymbol{x}_i = \mathbf{0} \tag{2.4}$$

と導かれ, ベクトル $\boldsymbol{x}_1, \ldots, \boldsymbol{x}_n$ は線形従属である. 逆に, いま, ベクトル $\boldsymbol{x}_1, \ldots, \boldsymbol{x}_n$ が線形従属であると仮定すると, α_i の少なくとも 1 つ, 例えば α_n がゼロでない $\alpha_1, \ldots, \alpha_n$ の選択において, (2.4) 式は成り立つ. したがって, この場合, (2.4) 式を $\boldsymbol{x}_n$ について解くと以下を得る.

$$\boldsymbol{x}_n = \sum_{i=1}^{n-1} \left(\frac{-\alpha_i}{\alpha_n} \right) \boldsymbol{x}_i$$

ゆえに, $\boldsymbol{x}_n$ は $\boldsymbol{x}_1, \ldots, \boldsymbol{x}_{n-1}$ の線形結合である. 以上で, 証明を完了する. □

後に必要となる 2 つの付加的な結果を証明して, 本節を締めくくることにする. これ

らの定理の 1 つ目は，行列の列に関して言及されるが，行列の行に関しても適用できることに注意が必要である．

定理 2.5 列に $\boldsymbol{x}_1, \ldots, \boldsymbol{x}_m$ をもつ $m \times m$ 行列 X を考える．このとき，$|X| \neq 0$ であるならばそのときのみベクトル $\boldsymbol{x}_1, \ldots, \boldsymbol{x}_m$ は線形独立である．

証明 $|X| = 0$ であるならば，$\mathrm{rank}(X) = r < m$ であり，また，定理 1.9 より非特異 $m \times m$ 行列 U と $m \times r$ 行列 V_1 を含む $V = [V_1 \quad V_2]$ が存在し，以下が得られる．

$$XU = V \begin{bmatrix} I_r & (0) \\ (0) & (0) \end{bmatrix} = [V_1 \quad (0)]$$

ここで，U の最後の列は，$\boldsymbol{x}_1, \ldots, \boldsymbol{x}_m$ の線形結合がゼロベクトルとなるような係数を与えるだろう．したがって，これらのベクトルが線形独立であるためには，$|X| \neq 0$ でなければならない．逆に，$\boldsymbol{x}_1, \ldots, \boldsymbol{x}_m$ が線形従属であるならば，$X\boldsymbol{u} = \boldsymbol{0}$ を満たすベクトル $\boldsymbol{u} \neq \boldsymbol{0}$ を見つけ，$\boldsymbol{u}$ を最終列にもつ非特異行列 U を構成することができる．この場合，$XU = [W \quad \boldsymbol{0}]$ で，W は $m \times (m-1)$ の行列であり，U は非特異であるから，以下を得る．

$$\mathrm{rank}(X) = \mathrm{rank}(XU) = \mathrm{rank}([W \quad \boldsymbol{0}]) \leq m - 1$$

ゆえに，$|X| \neq 0$ ならば，$\mathrm{rank}(X) = m$ であり，そのとき，$\boldsymbol{x}_1, \ldots, \boldsymbol{x}_m$ は線形独立であるに違いない． □

定理 2.6 $m \times 1$ ベクトルの集合 $\{\boldsymbol{x}_1, \ldots, \boldsymbol{x}_n\}$ は，$n > m$ のとき，線形従属である．

証明 ベクトルの部分集合 $\{\boldsymbol{x}_1, \ldots, \boldsymbol{x}_m\}$ を考える．これが線形従属集合であるならば，定理 2.3(c) より，集合 $\{\boldsymbol{x}_1, \ldots, \boldsymbol{x}_n\}$ も線形従属であることが導かれる．したがって，$\boldsymbol{x}_1, \ldots, \boldsymbol{x}_m$ が線形独立であるときに，他のベクトルの 1 つ，例えば $\boldsymbol{x}_{m+1}$ が $\boldsymbol{x}_1, \ldots, \boldsymbol{x}_m$ の線形結合で表現できることを示せば，証明は完了する．$\boldsymbol{x}_1, \ldots, \boldsymbol{x}_m$ が線形独立であるとき，前の定理より，X を各列に $\boldsymbol{x}_1, \ldots, \boldsymbol{x}_m$ をもつような $m \times m$ の行列とすると，$|X| \neq 0$ であり，ゆえに X^{-1} が存在する．$\boldsymbol{\alpha} = X^{-1}\boldsymbol{x}_{m+1}$ として，$\boldsymbol{x}_{m+1} = \boldsymbol{0}$ でない限り $\boldsymbol{\alpha} \neq \boldsymbol{0}$ であり，$\boldsymbol{x} = \boldsymbol{0}$ ならば，定理 2.3(a) より，定理は自明に正しいことに注意しよう．以上から，

$$\sum_{i=1}^{m} \alpha_i \boldsymbol{x}_i = X\boldsymbol{\alpha} = XX^{-1}\boldsymbol{x}_{m+1} = \boldsymbol{x}_{m+1}$$

が得られる．したがって，集合 $\{\boldsymbol{x}_1, \ldots, \boldsymbol{x}_{m+1}\}$ は線形従属であり，ゆえに，集合 $\{\boldsymbol{x}_1, \ldots, \boldsymbol{x}_n\}$ も線形従属である． □

2.4 基底と次元

次元 (dimension) は，幾何学からなじみ深い概念である．例えば，直線は 1 次元領域として，平面は 2 次元領域として認識される．本節では，この概念をベクトル空間に一般化する．ベクトル空間の次元は，そのベクトル空間を張っている集合を考察することによって決定できる．特に，張る集合が必要とするベクトルの最小数を見つけることが可能でなくてはならない．

定義 2.7 $\{\boldsymbol{x}_1, \ldots, \boldsymbol{x}_n\}$ をベクトル空間 S に含まれる $m \times 1$ ベクトルの集合とする．もしこの集合がベクトル空間 S を張り，ベクトル $\boldsymbol{x}_1, \ldots, \boldsymbol{x}_n$ が線形独立であれば，この集合は S の基底 (basis) であるという．

ゼロベクトル $\mathbf{0}$ のみからなるベクトル空間を除いて，あらゆるベクトル空間は基底をもつ．あるベクトル空間の基底は一意に定義することはできないが，ある基底におけるベクトルの数は一意である (練習問題 2.15 参照)．そしてこのベクトルの数がそのベクトル空間の次元を与える．

定義 2.8 もしベクトル空間 S が $\{\mathbf{0}\}$ ならば，$\dim(S)$ によって表される S の次元はゼロであると定義される．さもなければ，ベクトル空間 S の次元は S の任意の基底におけるベクトルの数である．

例 2.4 $m \times 1$ ベクトルの集合 $\{\boldsymbol{e}_1, \ldots, \boldsymbol{e}_m\}$ を考えてみよう．ここで，各 i に関して $\boldsymbol{e}_i$ はその唯一の非ゼロ要素が i 番目の要素であり，それが 1 であるベクトルとして定義される．いま，$\boldsymbol{e}_i$ の線形結合

$$\sum_{i=1}^{m} \alpha_i \boldsymbol{e}_i = (\alpha_1, \ldots, \alpha_m)'$$

は $\alpha_1 = \cdots = \alpha_m = 0$ のときのみ $\mathbf{0}$ となる．よってベクトル $\boldsymbol{e}_1, \ldots, \boldsymbol{e}_m$ は線形独立である．さらに，$\boldsymbol{x} = (x_1, \ldots, x_m)'$ が R^m の中の任意のベクトルであるならば，以下となる．

$$\boldsymbol{x} = \sum_{i=1}^{m} x_i \boldsymbol{e}_i$$

つまり $\{\boldsymbol{e}_1, \ldots, \boldsymbol{e}_m\}$ は R^m を張る．したがって $\{\boldsymbol{e}_1, \ldots, \boldsymbol{e}_m\}$ は m 次元空間 R^m の基底であり，実際，m 個の $m \times 1$ ベクトルのいかなる線形独立な集合も R^m の基底となるだろう．例えば，もし $m \times 1$ ベクトル $\boldsymbol{\gamma}_i$ の最初から i 番目までの要素が 1 で残りの要素がすべて 0 であるとき，$\{\boldsymbol{\gamma}_1, \ldots, \boldsymbol{\gamma}_m\}$ もまた R^m の基底である．

もし，ベクトル空間 S を張る集合が存在し，その張る集合が基底でないならば，縮退

した集合も依然 S を張る集合となるように，集合から少なくとも1つのベクトルを除くことができる．

定理 2.7 $V = \{\boldsymbol{x}_1, \ldots, \boldsymbol{x}_r\}$ がベクトル空間 $S \neq \{\boldsymbol{0}\}$ を張っていて，V がベクトルの線形従属な集合であれば，同様に S を張るような V の部分集合が存在する．

証明 V が線形従属な集合なので，定理 2.4 より，ある1つのベクトルは残りのベクトルの線形結合によって表現できる．表記上の簡便のため，スカラー $\alpha_1, \ldots, \alpha_{r-1}$ が存在して，$\boldsymbol{x}_r$ が $\boldsymbol{x}_r = \sum_{i=1}^{r-1} \alpha_i \boldsymbol{x}_i$ となるように，$\boldsymbol{x}_i$ を区別すると仮定する．いま，V は S を張っているので，もし $\boldsymbol{x} \in S$ ならばスカラー $\beta_1, \ldots, \beta_r$ が存在し，以下となる．

$$\begin{aligned}\boldsymbol{x} &= \sum_{i=1}^{r} \beta_i \boldsymbol{x}_i = \beta_r \boldsymbol{x}_r + \sum_{i=1}^{r-1} \beta_i \boldsymbol{x}_i \\ &= \beta_r \sum_{i=1}^{r-1} \alpha_i \boldsymbol{x}_i + \sum_{i=1}^{r-1} \beta_i \boldsymbol{x}_i = \sum_{i=1}^{r-1} (\beta_r \alpha_i + \beta_i) \boldsymbol{x}_i\end{aligned}$$

よって，$\{\boldsymbol{x}_1, \ldots, \boldsymbol{x}_{r-1}\}$ が空間 S を張ることが示されたので，証明を終える． □

例 2.5 ベクトル $\boldsymbol{x}_1 = (1, 1, 1)'$，$\boldsymbol{x}_2 = (1, 0, -1)'$ そして $\boldsymbol{x}_3 = (3, 2, 1)'$ によって張られるベクトル空間 S を考える．例 2.3 では，$\{\boldsymbol{x}_1, \boldsymbol{x}_2, \boldsymbol{x}_3\}$ がベクトルの線形従属な集合であることを確認しており，よってこの集合は S の基底ではない．$\boldsymbol{x}_3 = 2\boldsymbol{x}_1 + \boldsymbol{x}_2$ となるため，張る集合から $\boldsymbol{x}_3$ を除くことができる．つまり $\{\boldsymbol{x}_1, \boldsymbol{x}_2\}$ と $\{\boldsymbol{x}_1, \boldsymbol{x}_2, \boldsymbol{x}_3\}$ は同じベクトル空間を張っているに違いない．集合 $\{\boldsymbol{x}_1, \boldsymbol{x}_2\}$ は線形独立で，そのため $\{\boldsymbol{x}_1, \boldsymbol{x}_2\}$ は S の基底であり，S は2次元の部分空間である．つまり R^3 における1つの平面である．$\boldsymbol{x}_1$ は $\boldsymbol{x}_2$ と $\boldsymbol{x}_3$ との線形結合であり，$\boldsymbol{x}_2$ は $\boldsymbol{x}_1$ と $\boldsymbol{x}_3$ との線形結合であるため，この場合，もともとの張る集合から $\boldsymbol{x}_i$ のうちどれを除くかは問題ではない，ということに注意が必要である．すなわち，$\{\boldsymbol{x}_1, \boldsymbol{x}_3\}$ あるいは $\{\boldsymbol{x}_2, \boldsymbol{x}_3\}$ もまた S の基底である．

関連する例として，ベクトル $\boldsymbol{y}_1 = (1, 1, 1, 0)'$，$\boldsymbol{y}_2 = (1, 0, -1, 0)'$，$\boldsymbol{y}_3 = (3, 2, 1, 0)'$ そして $\boldsymbol{y}_4 = (0, 0, 0, 1)'$ によって張られるベクトル空間 S_* についても考えてみよう．これら4つの $\boldsymbol{y}_i$ ベクトルからなる集合は線形従属なので，このベクトルの中の1つを除くことができる．しかしながら，$\boldsymbol{y}_1$，$\boldsymbol{y}_2$，$\boldsymbol{y}_3$ はそれぞれその他の $\boldsymbol{y}_i$ の線形結合として書き表すことができるが，$\boldsymbol{y}_4$ はできない．そのため，$\boldsymbol{y}_4$ 以外であれば集合の中からどの1つの $\boldsymbol{y}_i$ を除いてもよい．

ベクトル空間中のあらゆるベクトル $\boldsymbol{x}$ は，張る集合に含まれるベクトルの線形結合として表現可能である．しかしながら，一般に，2つ以上の線形結合が，ある特定の $\boldsymbol{x}$ を表すかもしれない．次の結果は，張る集合が基底の場合には，これが成立しないことを示している．

定理 2.8 $m \times 1$ ベクトルの集合 $\{\boldsymbol{x}_1, \ldots, \boldsymbol{x}_n\}$ はベクトル空間 S の基底であると仮定

する．このとき，任意の $\boldsymbol{x} \in S$ はベクトル $\boldsymbol{x}_1, \ldots, \boldsymbol{x}_n$ の線形結合として一意に表現される．

証明 ベクトル $\boldsymbol{x}_1, \ldots, \boldsymbol{x}_n$ は S を張り，かつ $\boldsymbol{x} \in S$ なので，以下のようなスカラー $\alpha_1, \ldots, \alpha_n$ が存在するはずである．

$$\boldsymbol{x} = \sum_{i=1}^{n} \alpha_i \boldsymbol{x}_i$$

ここでは，上記の表現が一意であることを証明しさえすればよい．仮に，一意ではないと仮定すると，上式とは別のスカラーの集合 $\beta_1, \ldots, \beta_n$ が以下のように存在することになる．

$$\boldsymbol{x} = \sum_{i=1}^{n} \beta_i \boldsymbol{x}_i$$

しかし，この結果は以下を意味する．

$$\sum_{i=1}^{n} (\alpha_i - \beta_i)\boldsymbol{x}_i = \sum_{i=1}^{n} \alpha_i \boldsymbol{x}_i - \sum_{i=1}^{n} \beta_i \boldsymbol{x}_i = \boldsymbol{x} - \boldsymbol{x} = \boldsymbol{0}$$

$\{\boldsymbol{x}_1, \ldots, \boldsymbol{x}_n\}$ は基底であるため，ベクトル $\boldsymbol{x}_1, \ldots, \boldsymbol{x}_n$ は線形独立でなくてはならず，すべての i について $\alpha_i - \beta_i = 0$ である必要がある．よって，$i = 1, \ldots, n$ において $\alpha_i = \beta_i$ でなくてはならないため，表現は一意である． □

ベクトル空間とその基底に関して，さらなる有用な結果を定理 2.9 にまとめた．ただし証明は読者に委ねる．

定理 2.9 任意のベクトル空間 S に関して，以下の性質が成り立つ．

(a) ベクトル空間 S の任意の 2 つの基底は，等しい数のベクトルをもたなくてはならない．
(b) $\{\boldsymbol{x}_1, \ldots, \boldsymbol{x}_n\}$ がベクトル空間 S に含まれる線形独立なベクトルの集合であり，S の次元が n であれば，$\{\boldsymbol{x}_1, \ldots, \boldsymbol{x}_n\}$ は S の基底である．
(c) 集合 $\{\boldsymbol{x}_1, \ldots, \boldsymbol{x}_n\}$ がベクトル空間 S を張り，S の次元が n であれば，集合 $\{\boldsymbol{x}_1, \ldots, \boldsymbol{x}_n\}$ は線形独立でなくてはならず，ゆえに S の基底である．
(d) ベクトル空間 S の次元が n であり，$r < n$ として，線形独立なベクトル $\{\boldsymbol{x}_1, \ldots, \boldsymbol{x}_r\}$ の集合が S に含まれるならば，この集合を部分集合として含む S の基底が存在する．

2.5 行列の階数と線形独立

これまではしばしば張る集合のうちの 1 つを通してベクトル空間を扱うことをみてきた．多くの場合ベクトル空間は，張る集合として，ある行列の行か列のどちらかのベクトルである．定義 2.9 では，そのような状況に適した用語を定義する．

定義 2.9　X を $m \times n$ 行列とする．X の m 個の行ベクトルによって張られた R^n の部分空間は X の行空間 (row space) と呼ばれる．X の n 個の列ベクトルによって張られた R^m の部分空間は X の列空間 (column space) と呼ばれる．

X の列空間は時に X のレンジ (range) とも呼ばれ，$R(X)$ と表す．つまり，$R(X)$ は以下によって与えられるベクトル空間である．

$$R(X) = \{\boldsymbol{y} : \boldsymbol{y} = X\boldsymbol{a}, \boldsymbol{a} \in R^n\}$$

X の行空間は $R(X')$ と表すこともあるということに注意が必要である．

定理 2.5 の結果として，正方行列の列空間の次元，つまり線形独立な列ベクトルの数は，それが非特異である場合には，その行列の階数と一致する．定理 2.10 では，行列の線形独立な列の数とその行列の階数とのこのような関係が常に成り立つことが示される．

定理 2.10　X を $m \times n$ 行列とする．r が X の線形独立な行の数であり，c が X の線形独立な列の数であるとするならば，$\mathrm{rank}(X) = r = c$ である．

証明　ここでは $\mathrm{rank}(X) = r$ であることを証明すればよい．これは，$\mathrm{rank}(X) = c$ を証明するためには，その証明を X' に対して行えばよいからである．X の最初の r 行は線形独立であると仮定する．なぜなら，もしそうでなければ，X に対する行の基本変形によって X と同じ階数をもつそのような行列を作り出すことが可能となるからである．したがって，X の残りの行は最初の r 行の線形結合として表現できる．つまり，もし X_1 が X の最初の r 行からなる $r \times n$ の行列であるとすると，$(m-r) \times r$ 行列 A が存在し，以下が成り立つ．

$$X = \begin{bmatrix} X_1 \\ AX_1 \end{bmatrix} = \begin{bmatrix} I_r \\ A \end{bmatrix} X_1$$

いま，定理 2.6 から，X_1 の各列は $r \times 1$ ベクトルなので X_1 には高々r 個の線形独立な列しかないということがわかっている．したがって，X_1 の最後の $n-r$ 列は最初の r 列の線形結合として表現可能であることを仮定してよい．なぜなら，そうでない場合には，X_1 に対する列の基本変形によって X_1 と同じ階数をもつそのような行列を作り出すことができるからである．結果として，もし X_{11} が X_1 の最初の r 列をもつ $r \times r$ 行列であるならば，以下を満たすような $r \times (n-r)$ 行列 B が存在する．

$$X = \begin{bmatrix} I_r \\ A \end{bmatrix} \begin{bmatrix} X_{11} & X_{11}B \end{bmatrix} = \begin{bmatrix} I_r \\ A \end{bmatrix} X_{11} \begin{bmatrix} I_r & B \end{bmatrix}$$

もし，$m \times m$ 行列 U と $n \times n$ 行列 V を

$$U = \begin{bmatrix} I_r & (0) \\ -A & I_{m-r} \end{bmatrix}, \qquad V = \begin{bmatrix} I_r & -B \\ (0) & I_{n-r} \end{bmatrix}$$

と定義すると，以下を得る．

$$UXV = \begin{bmatrix} X_{11} & (0) \\ (0) & (0) \end{bmatrix}$$

三角行列の行列式はその対角要素の積と等しくなるので $|U| = |V| = 1$ であり，したがって U と V は非特異であるため，以下が成り立つ．

$$\text{rank}(X) = \text{rank}(UXV) = \text{rank}(X_{11})$$

最終的に，$\text{rank}(X_{11}) = r$ でなければならない．なぜなら，もしそうでなければ定理 2.5 より，X_{11} の行は線形従属となり，すでに述べた $X_1 = [X_{11} \quad X_{11}B]$ の行が線形独立であることと矛盾してしまうからである．□

例 2.6　定理 2.10 から推測される結果として，ある行列の列空間の次元は行空間の次元と同一であることがわかる．しかしながら，これは 2 つのベクトル空間が同一であるということを意味するわけではない．簡単な例として，以下のような行列を考える．

$$X = \begin{bmatrix} 0 & 0 & 1 \\ 0 & 1 & 0 \\ 0 & 0 & 0 \end{bmatrix}$$

この行列の階数は 2 である．X の列空間は $(a, b, 0)'$ という形のすべてのベクトルを含む R^3 の 2 次元部分空間である．一方で，X の行空間は，$(0, a, b)'$ という形のすべてのベクトルを含む R^3 の 2 次元部分空間である．もし X が正方行列でなければ，列空間と行空間は異なるユークリッド空間の部分空間となる．例えば，もし

$$X = \begin{bmatrix} 1 & 0 & 0 & 1 \\ 0 & 1 & 0 & 1 \\ 0 & 0 & 1 & 1 \end{bmatrix}$$

であるならば，列空間は R^3 であり，一方で行空間は $(a, b, c, a+b+c)'$ という形のすべてのベクトルを含む R^4 の 3 次元部分空間である．

行列の線形独立な行または列の数という観点から行列の階数を定式化することは，部分行列という観点から定義したはじめのものよりもしばしば取り扱いやすい．このことは行列の階数に関する定理 2.11 の証明において示される．

定理 2.11　A を $m \times n$ 行列とすると，以下の性質が成り立つ．

(a) B が $n \times p$ 行列であるならば，$\text{rank}(AB) \leq \min\{\text{rank}(A), \text{rank}(B)\}$

(b) B が $m \times n$ 行列であるならば，$\text{rank}(A+B) \leq \text{rank}(A) + \text{rank}(B)$ かつ $\text{rank}(A+B) \geq |\text{rank}(A) - \text{rank}(B)|$

(c) $\mathrm{rank}(A) = \mathrm{rank}(A') = \mathrm{rank}(AA') = \mathrm{rank}(A'A)$

証明 B を $n \times p$ 行列とすると，以下のように表せることに注目する．

$$(AB)_{\cdot i} = \sum_{j=1}^{n} b_{ji}(A)_{\cdot j}$$

つまり，AB のそれぞれの列は A の列の線形結合として表現でき，AB における線形独立な列の数は高々 A における線形独立な列の数しかない．したがって，$\mathrm{rank}(AB) \leq \mathrm{rank}(A)$ である．同様に，AB のそれぞれの行は B の行の線形結合として表現でき，ゆえに $\mathrm{rank}(AB) \leq \mathrm{rank}(B)$ となる．その結果，(a) が証明される．(b) を証明するためには，分割行列を用いて以下のように表現できることに注目する．

$$A + B = [\ A \quad B\ ] \begin{bmatrix} I_n \\ I_n \end{bmatrix}$$

(a) を用いると以下がわかる．

$$\mathrm{rank}(A + B) \leq \mathrm{rank}([\ A \quad B\ ]) \leq \mathrm{rank}(A) + \mathrm{rank}(B)$$

ここで，最後の不等式は，$[A \quad B]$ の線形独立な列の数は A および B における線形独立な列の数の和を超えることはないという容易に証明される事実 (練習問題 2.23) から成立する．したがって (b) における最初の不等式が証明される．A と $-B$ に対してこの不等式を当てはめると，$\mathrm{rank}(-B) = \mathrm{rank}(B)$ であることから，以下のような結果も得ることができる．

$$\mathrm{rank}(A - B) \leq \mathrm{rank}(A) + \mathrm{rank}(B) \tag{2.5}$$

(2.5) 式における A を $A + B$ で置き換えると，

$$\mathrm{rank}(A + B) \geq \mathrm{rank}(A) - \mathrm{rank}(B)$$

となり，(2.5) 式における B を $A + B$ で置き換えると，

$$\mathrm{rank}(A + B) \geq \mathrm{rank}(B) - \mathrm{rank}(A)$$

となる．これら 2 つの不等式を組み合わせることによって，(b) における 2 つ目の不等式を得る．(c) を証明する際には，$\mathrm{rank}(A) = \mathrm{rank}(A')$ という結果がただちに得られることに注目する．ここでは，$\mathrm{rank}(A) = \mathrm{rank}(A'A)$ であることを証明すれば十分である．なぜなら，これを A' に対して用いれば $\mathrm{rank}(A') = \mathrm{rank}\{(A')'A'\} = \mathrm{rank}(AA')$ であることを証明することができるからである．もし $\mathrm{rank}(A) = r$ であるならば，最大列階数 $m \times r$ 行列 A_1 が存在する．つまり場合によっては A の列のいくつかを交換した後，$A = [A_1 \quad A_1C] = A_1[I_r \quad C]$ となる．ここで C は $r \times (n - r)$ 行列である．結

果として，

$$A'A = \begin{bmatrix} I_r \\ C' \end{bmatrix} A_1'A_1 [\ I_r \quad C\ ]$$

となる．以下の点に注目する．

$$E = \begin{bmatrix} I_r & (0) \\ -C' & I_{n-r} \end{bmatrix} \text{ならば，} \quad EA'AE' = \begin{bmatrix} A_1'A_1 & (0) \\ (0) & (0) \end{bmatrix}$$

三角行列 E は $|E| = 1$ であるので非特異であり，したがって $\text{rank}(A'A) = \text{rank}(EA'AE) = \text{rank}(A_1'A_1)$ となる．もし $A_1'A_1$ が最大階数よりも小さければ，定理 2.5 より，その列は線形従属であり，$A_1'A_1\boldsymbol{x} = \boldsymbol{0}$ となるような $r \times 1$ ベクトル $\boldsymbol{x} \neq \boldsymbol{0}$ を見つけることができる．したがって $\boldsymbol{x}'A_1'A_1\boldsymbol{x} = (A_1\boldsymbol{x})'(A_1\boldsymbol{x}) = 0$ となる．しかしながら，任意の実ベクトル $\boldsymbol{y}$ に対して，$\boldsymbol{y} = 0$ である場合のみ $\boldsymbol{y}'\boldsymbol{y} = 0$ となるので，$A_1\boldsymbol{x} = \boldsymbol{0}$ となる．しかしこれは $\text{rank}(A_1) = r$ であることと矛盾するため，$\text{rank}(A'A) = \text{rank}(A_1'A_1) = r$ でなければならない．□

定理 2.12 では，分割行列の階数とその部分行列の階数の関係について述べられる．この証明は複雑ではないため，読者に委ねる．

定理 2.12　A, B, C を以下の分割行列が定義される任意の行列とする．このとき，以下となる．

(a) $\text{rank}([A \quad B]) \geq \max\{\text{rank}(A), \text{rank}(B)\}$

(b) $$\text{rank}\left(\begin{bmatrix} A & (0) \\ (0) & B \end{bmatrix}\right) = \text{rank}\left(\begin{bmatrix} (0) & B \\ A & (0) \end{bmatrix}\right) = \text{rank}(A) + \text{rank}(B)$$

(c) $$\text{rank}\left(\begin{bmatrix} A & (0) \\ C & B \end{bmatrix}\right) = \text{rank}\left(\begin{bmatrix} C & B \\ A & (0) \end{bmatrix}\right) = \text{rank}\left(\begin{bmatrix} B & C \\ (0) & A \end{bmatrix}\right) = \text{rank}\left(\begin{bmatrix} (0) & A \\ B & C \end{bmatrix}\right) \geq \text{rank}(A) + \text{rank}(B)$$

定理 2.13 では，3 つの行列の積の階数に関する有益な不等式を与える．

定理 2.13　A, B, C をそれぞれ $p \times m, m \times n, n \times q$ 行列とすると，以下が成り立つ．

$$\text{rank}(ABC) \geq \text{rank}(AB) + \text{rank}(BC) - \text{rank}(B)$$

証明 定理 2.12(c) より，

$$\operatorname{rank}\left(\begin{bmatrix} B & BC \\ AB & (0) \end{bmatrix}\right) \geq \operatorname{rank}(AB) + \operatorname{rank}(BC) \tag{2.6}$$

となる．しかしながら，

$$\begin{bmatrix} B & BC \\ AB & (0) \end{bmatrix} = \begin{bmatrix} I_m & (0) \\ A & I_p \end{bmatrix} \begin{bmatrix} B & (0) \\ (0) & -ABC \end{bmatrix} \begin{bmatrix} I_n & C \\ (0) & I_q \end{bmatrix}$$

となり，明らかに右辺の最初と最後の行列は非特異であるから，

$$\begin{aligned} \operatorname{rank}\left(\begin{bmatrix} B & BC \\ AB & (0) \end{bmatrix}\right) &= \operatorname{rank}\left(\begin{bmatrix} B & (0) \\ (0) & -ABC \end{bmatrix}\right) \\ &= \operatorname{rank}(B) + \operatorname{rank}(ABC) \end{aligned} \tag{2.7}$$

もまた成り立たなくてはならない．(2.6) 式および (2.7) 式より，求められる結果を得る． □

定理 2.13 の特別な場合として，$n = m$ であり，B が $m \times m$ の単位行列であるとき，結果として得られる不等式は行列の積の階数に対する下限を与える．これは定理 2.11(a) で与えられた上限を補足するものである．

系 2.13.1 A を $m \times n$ 行列，B を $n \times p$ 行列とすると，以下が成り立つ．

$$\operatorname{rank}(AB) \geq \operatorname{rank}(A) + \operatorname{rank}(B) - n$$

2.6 正規直交基底と射影

ベクトル空間 S の基底に含まれる各ベクトルが，基底内の他のすべてのベクトルに直交しているとき，その基底は直交基底 (orthogonal basis) と呼ばれる．この場合，それらのベクトルをベクトル空間 S の座標軸 (coordinate axis) の集合とみなすことができる．また，直交基底に含まれる各ベクトルの長さを 1 に調整することが有用なこともあり，その場合には正規直交基底 (orthonormal basis) を得ることができる．

集合 $\{\boldsymbol{x}_1, \ldots, \boldsymbol{x}_r\}$ がベクトル空間 S の基底を形成しており，S の正規直交基底を得たいとする．$r = 1$ でない限り，正規直交基底は一意ではなく，多くの異なった正規直交基底を構成することが可能である．ある基底 $\{\boldsymbol{x}_1, \ldots, \boldsymbol{x}_r\}$ から正規直交基底を得る 1 つの方法はグラム–シュミットの正規直交化法 (Gram-Schmidt orthonormalization) と呼ばれるものである．まず，

$$\boldsymbol{y}_1 = \boldsymbol{x}_1$$

$$\boldsymbol{y}_2 = \boldsymbol{x}_2 - \frac{\boldsymbol{x}_2'\boldsymbol{y}_1}{\boldsymbol{y}_1'\boldsymbol{y}_1}\boldsymbol{y}_1$$

$$\vdots$$

$$\boldsymbol{y}_r = \boldsymbol{x}_r - \frac{\boldsymbol{x}_r'\boldsymbol{y}_1}{\boldsymbol{y}_1'\boldsymbol{y}_1}\boldsymbol{y}_1 - \cdots - \frac{\boldsymbol{x}_r'\boldsymbol{y}_{r-1}}{\boldsymbol{y}_{r-1}'\boldsymbol{y}_{r-1}}\boldsymbol{y}_{r-1} \tag{2.8}$$

によって与えられる直交ベクトルの集合 $\{\boldsymbol{y}_1, \ldots, \boldsymbol{y}_r\}$ を構成し，それから，各 i について

$$\boldsymbol{z}_i = \frac{\boldsymbol{y}_i}{(\boldsymbol{y}_i'\boldsymbol{y}_i)^{1/2}}$$

によって正規直交ベクトル $\{\boldsymbol{z}_1, \ldots, \boldsymbol{z}_r\}$ を構成する．ここで，$\boldsymbol{x}_1, \ldots, \boldsymbol{x}_r$ が線形独立であることによって $\boldsymbol{y}_1, \ldots, \boldsymbol{y}_r$ の線形独立が保証されることに注意されたい．以上より定理 2.14 を得る．

定理 2.14　ゼロ次元ベクトル空間 $\{\boldsymbol{0}\}$ を除き，あらゆる r 次元のベクトル空間は正規直交基底をもつ．

もし，$\{\boldsymbol{z}_1, \ldots, \boldsymbol{z}_r\}$ がベクトル空間 S の基底であり，$\boldsymbol{x} \in S$ であるならば，定理 2.8 より，$\boldsymbol{x}$ は $\boldsymbol{x} = \alpha_1\boldsymbol{z}_1 + \cdots + \alpha_r\boldsymbol{z}_r$ の形で一意に表現されうる．$\{\boldsymbol{z}_1, \ldots, \boldsymbol{z}_r\}$ が正規直交基底であるとき，スカラー $\alpha_1, \ldots, \alpha_r$ の各々は簡単な形で表される．すなわち，$\boldsymbol{x}$ についての上記の等式に $\boldsymbol{z}_i'$ を前から掛けることによって，恒等式 $\alpha_i = \boldsymbol{z}_i'\boldsymbol{x}$ を得る．

例 2.7　3 次元ベクトル空間 S の正規直交基底を見つけることにする．ベクトル空間 S は基底として $\{\boldsymbol{x}_1, \boldsymbol{x}_2, \boldsymbol{x}_3\}$ をもつ．ここで，

$$\boldsymbol{x}_1 = \begin{bmatrix} 1 \\ 1 \\ 1 \\ 1 \end{bmatrix}, \quad \boldsymbol{x}_2 = \begin{bmatrix} 1 \\ -2 \\ 1 \\ -2 \end{bmatrix}, \quad \boldsymbol{x}_3 = \begin{bmatrix} 3 \\ 1 \\ 1 \\ -1 \end{bmatrix}$$

である．直交化された $\boldsymbol{y}_i$ はそれぞれ，$\boldsymbol{y}_1 = (1, 1, 1, 1)'$，

$$\boldsymbol{y}_2 = \begin{bmatrix} 1 \\ -2 \\ 1 \\ -2 \end{bmatrix} - \frac{(-2)}{4}\begin{bmatrix} 1 \\ 1 \\ 1 \\ 1 \end{bmatrix} = \begin{bmatrix} 3/2 \\ -3/2 \\ 3/2 \\ -3/2 \end{bmatrix},$$

$$\boldsymbol{y}_3 = \begin{bmatrix} 3 \\ 1 \\ 1 \\ -1 \end{bmatrix} - \frac{(4)}{(4)}\begin{bmatrix} 1 \\ 1 \\ 1 \\ 1 \end{bmatrix} - \frac{(6)}{(9)}\begin{bmatrix} 3/2 \\ -3/2 \\ 3/2 \\ -3/2 \end{bmatrix} = \begin{bmatrix} 1 \\ 1 \\ -1 \\ -1 \end{bmatrix}$$

によって与えられる．そして，これらのベクトルを正規化することによって，以下の正規直交基底 $\{\boldsymbol{z}_1, \boldsymbol{z}_2, \boldsymbol{z}_3\}$ を得る．

$$\boldsymbol{z}_1 = \begin{bmatrix} 1/2 \\ 1/2 \\ 1/2 \\ 1/2 \end{bmatrix}, \quad \boldsymbol{z}_2 = \begin{bmatrix} 1/2 \\ -1/2 \\ 1/2 \\ -1/2 \end{bmatrix}, \quad \boldsymbol{z}_3 = \begin{bmatrix} 1/2 \\ 1/2 \\ -1/2 \\ -1/2 \end{bmatrix}$$

したがって，任意の $\boldsymbol{x} \in S$ に関して，$\boldsymbol{x} = \alpha_1\boldsymbol{z}_1 + \alpha_2\boldsymbol{z}_2 + \alpha_3\boldsymbol{z}_3$ が成り立つ．ここで $\alpha_i = \boldsymbol{x}'\boldsymbol{z}_i$ である．例えば，$\boldsymbol{x}_3'\boldsymbol{z}_1 = 2, \boldsymbol{x}_3'\boldsymbol{z}_2 = 2, \boldsymbol{x}_3'\boldsymbol{z}_3 = 2$ であるので，$\boldsymbol{x}_3 = 2\boldsymbol{z}_1 + 2\boldsymbol{z}_2 + 2\boldsymbol{z}_3$ となる．

さて，以下の定理 2.15 は，S が R^m のベクトル部分空間であり，$\boldsymbol{x} \in R^m$ である場合に，どのようにしたらベクトル $\boldsymbol{x}$ を S 内のあるベクトルと，その他もう 1 つのベクトルの和へと分解できるかを示すものである．

定理 2.15 $\{\boldsymbol{z}_1, \ldots, \boldsymbol{z}_r\}$ を，R^m のベクトル部分空間 S の正規直交基底であるとする．このとき，$\boldsymbol{x} \in R^m$ を

$$\boldsymbol{x} = \boldsymbol{u} + \boldsymbol{v}$$

として一意に表現することができる．ここで，$\boldsymbol{u} \in S$ であり，$\boldsymbol{v}$ は S 内のあらゆるベクトルに直交するベクトルである．

証明 定理 2.9(d) より，集合 $\{\boldsymbol{z}_1, \ldots, \boldsymbol{z}_m\}$ が m 次元ユークリッド空間 R^m の正規直交基底となるような，ベクトル $\boldsymbol{z}_{r+1}, \ldots, \boldsymbol{z}_m$ を見つけることができる．定理 2.8 よりまた，

$$\boldsymbol{x} = \sum_{i=1}^{m} \alpha_i \boldsymbol{z}_i$$

を成立させるようなスカラーの一意な集合 $\alpha_1, \ldots, \alpha_m$ が存在する．したがって，$\boldsymbol{u} = \alpha_1\boldsymbol{z}_1 + \cdots + \alpha_r\boldsymbol{z}_r, \boldsymbol{v} = \alpha_{r+1}\boldsymbol{z}_{r+1} + \cdots + \alpha_m\boldsymbol{z}_m$ とすれば，$\boldsymbol{x} = \boldsymbol{u} + \boldsymbol{v}$ を一意に得る．ここで，$\boldsymbol{u} \in S$ であり，ベクトル $\boldsymbol{z}_1, \ldots, \boldsymbol{z}_m$ の直交性により $\boldsymbol{v}$ は S 内のあらゆるベクトルに直交することになる． □

定理 2.15 における $\boldsymbol{u}$ は，S 上への $\boldsymbol{x}$ の直交射影 (orthogonal projection) として知られている．$m = 3$ のときには，簡単な幾何学的な描画によって直交射影を視覚化することができる．例えば，$\boldsymbol{x}$ が 3 次元空間内のある点であり，S は 2 次元の部分空間であるとすると，$\boldsymbol{x}$ の直交射影 $\boldsymbol{u}$ は平面 S と，平面 S への垂線でありかつ $\boldsymbol{x}$ を通る直線との交点となるだろう．

例 2.8 R^2 と R^3 の射影に関していくつかの例をみてみよう．まず，ベクトル $\boldsymbol{y} = (1, 1)'$

によって張られる空間 S_1 について考える．つまり，S_1 は R^2 内の直線である．$\boldsymbol{y}$ を正規化すると，$\boldsymbol{z}_1=(1/\sqrt{2},1/\sqrt{2})'$ を得る．そして，$\boldsymbol{z}_2=(1/\sqrt{2},-1/\sqrt{2})'$ とすれば，集合 $\{\boldsymbol{z}_1,\boldsymbol{z}_2\}$ は R^2 の正規直交基底である．S_1 上への $\boldsymbol{x}=(1,2)'$ の射影をみることにしよう．連立方程式 $\boldsymbol{x}=\alpha_1\boldsymbol{z}_1+\alpha_2\boldsymbol{z}_2$ を解くと，$\alpha_1=3/\sqrt{2}$, $\alpha_2=-1/\sqrt{2}$ であることがわかる．図 2.2 に描かれている，S_1 上への $\boldsymbol{x}$ の直交射影は $\boldsymbol{u}=\alpha_1\boldsymbol{z}_1=(3/2,3/2)'$ によって与えられる．一方，$\boldsymbol{v}=\alpha_2\boldsymbol{z}_2=(-1/2,1/2)'$ である．続いて，$\boldsymbol{y}_1=(3,1,1)'$ と $\boldsymbol{y}_2=(1,7,2)'$ のベクトルによって張られる空間 S_2 について考える．つまり，S_2 は R^3 内の平面である．$\boldsymbol{z}_1=(3/\sqrt{11},1/\sqrt{11},1/\sqrt{11})'$, $\boldsymbol{z}_2=(-5/\sqrt{198},13/\sqrt{198},2/\sqrt{198})'$ とすれば，$\{\boldsymbol{z}_1,\boldsymbol{z}_2\}$ は S_2 の正規直交基底であり，$\boldsymbol{z}_3=(1/\sqrt{18},1/\sqrt{18},-4/\sqrt{18})'$ と定めると集合 $\{\boldsymbol{z}_1,\boldsymbol{z}_2,\boldsymbol{z}_3\}$ が R^3 の正規直交基底であることは容易に確認できる．S_2 上への $\boldsymbol{x}=(4,4,4)'$ の射影をみることにしよう．連立方程式 $\boldsymbol{x}=\alpha_1\boldsymbol{z}_1+\alpha_2\boldsymbol{z}_2+\alpha_3\boldsymbol{z}_3$ を解くと，$\alpha_1=20/\sqrt{11}$, $\alpha_2=40/\sqrt{198}$, $\alpha_3=-8/\sqrt{18}$ であることがわかる．図 2.3 に描かれているように，S_2 上への $\boldsymbol{x}$ の直交射影は $\boldsymbol{u}=\alpha_1\boldsymbol{z}_1+\alpha_2\boldsymbol{z}_2=(4.44,4.44,2.22)'$ によって与えられる．一方，$\boldsymbol{v}=(-0.44,-0.44,1.78)'$ である．

直交射影 $\boldsymbol{u}$ は $\boldsymbol{x}$ に最も近い S 内の点であるということから，多くの応用において重要となる．つまり，$\boldsymbol{y}$ が S 内の任意の点であり，d_I がユークリッド距離関数であるとすると，$d_I(\boldsymbol{x},\boldsymbol{u})\le d_I(\boldsymbol{x},\boldsymbol{y})$ が成り立つ．確認はごく簡単である．$\boldsymbol{u}$ と $\boldsymbol{y}$ は S に含まれるので，$\boldsymbol{x}=\boldsymbol{u}+\boldsymbol{v}$ という分解からベクトル $\boldsymbol{u}-\boldsymbol{y}$ は $\boldsymbol{v}=\boldsymbol{x}-\boldsymbol{u}$ と直交することにな

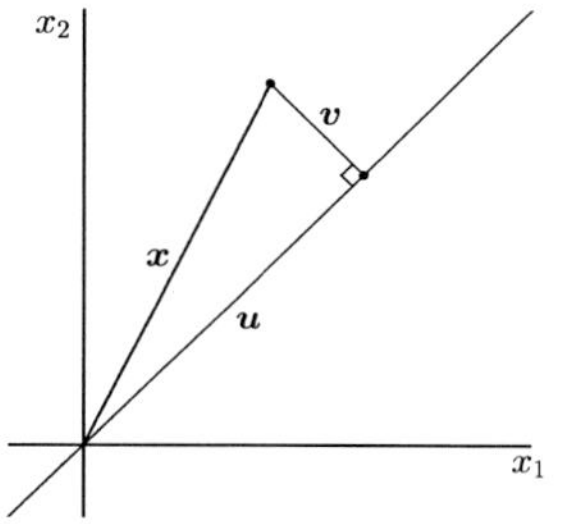

図 **2.2**　R^2 の 1 次元部分空間上への $\boldsymbol{x}$ の射影

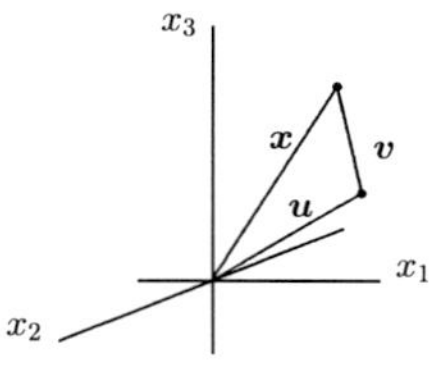

図 **2.3**　R^3 の 2 次元部分空間上への $\boldsymbol{x}$ の射影

る．したがって，$(\boldsymbol{x}-\boldsymbol{u})'(\boldsymbol{u}-\boldsymbol{y})=0$ が成立する．結果として

$$\begin{aligned}\{d_I(\boldsymbol{x},\boldsymbol{y})\}^2 &= (\boldsymbol{x}-\boldsymbol{y})'(\boldsymbol{x}-\boldsymbol{y})\\ &= \{(\boldsymbol{x}-\boldsymbol{u})+(\boldsymbol{u}-\boldsymbol{y})\}'\{(\boldsymbol{x}-\boldsymbol{u})+(\boldsymbol{u}-\boldsymbol{y})\}\\ &= (\boldsymbol{x}-\boldsymbol{u})'(\boldsymbol{x}-\boldsymbol{u})+(\boldsymbol{u}-\boldsymbol{y})'(\boldsymbol{u}-\boldsymbol{y})+2(\boldsymbol{x}-\boldsymbol{u})'(\boldsymbol{u}-\boldsymbol{y})\\ &= (\boldsymbol{x}-\boldsymbol{u})'(\boldsymbol{x}-\boldsymbol{u})+(\boldsymbol{u}-\boldsymbol{y})'(\boldsymbol{u}-\boldsymbol{y})\\ &= \{d_I(\boldsymbol{x},\boldsymbol{u})\}^2+\{d_I(\boldsymbol{u},\boldsymbol{y})\}^2\end{aligned}$$

となり，$\{d_I(\boldsymbol{u},\boldsymbol{y})\}^2 \geq 0$ であるので，上式の関係から $d_I(\boldsymbol{x},\boldsymbol{u}) \leq d_I(\boldsymbol{x},\boldsymbol{y})$ が成立する．

例 **2.9**　単回帰分析では，モデル

$$y=\beta_0+\beta_1 x+\epsilon$$

によって，応答変数 y を 1 つの説明変数 x と関連づける．すなわち，このモデルが正しければ，観測された順序対 (x,y) は x,y 平面内のある直線付近に密集するはずである．N 個の観測値対 $(x_i,y_i), i=1,\ldots,N$ があるものとし，$N\times 1$ ベクトル $\boldsymbol{y}=(y_1,\ldots,y_N)'$ と $N\times 2$ 行列

$$X=\begin{bmatrix}1 & x_1\\ 1 & x_2\\ \vdots & \vdots\\ 1 & x_N\end{bmatrix}=\begin{bmatrix}\mathbf{1}_N & \boldsymbol{x}\end{bmatrix}$$

を構成する．$\boldsymbol{\beta}=(\beta_0,\beta_1)'$ の最小 2 乗推定量 $\hat{\boldsymbol{\beta}}$ は

$$(\boldsymbol{y}-\hat{\boldsymbol{y}})'(\boldsymbol{y}-\hat{\boldsymbol{y}})=(\boldsymbol{y}-X\hat{\boldsymbol{\beta}})'(\boldsymbol{y}-X\hat{\boldsymbol{\beta}})$$

によって与えられる誤差平方和を最小にする．

第 9 章では，微分法を用いた $\hat{\boldsymbol{\beta}}$ の求め方をみることになるが，ここでは，射影の幾何学的な性質を利用して，$\hat{\boldsymbol{\beta}}$ を決定しよう．$\hat{\boldsymbol{\beta}}$ の任意の選択に対して，$\hat{\boldsymbol{y}}=X\hat{\boldsymbol{\beta}}$ は X の列によって張られた，R^N の部分空間，すなわち，$\mathbf{1}_N$ と $\boldsymbol{x}$ の 2 つのベクトルによって張られた平面内の 1 点を与える．したがって，$\boldsymbol{y}$ との距離を最小とする点 $\hat{\boldsymbol{y}}$ は，$\mathbf{1}_N$ と $\boldsymbol{x}$ によって張られたこの平面上への $\boldsymbol{y}$ の直交射影によって与えられることになる．また，このことは，$\boldsymbol{y}-\hat{\boldsymbol{y}}$ が $\mathbf{1}_N$ と $\boldsymbol{x}$ の両方ともに直交していなければならないことを意味する．この結果によって以下の 2 つの正規方程式が導かれる．

$$\begin{aligned}0 &= (\boldsymbol{y}-\hat{\boldsymbol{y}})'\mathbf{1}_N=\boldsymbol{y}'\mathbf{1}_N-\hat{\boldsymbol{\beta}}'X'\mathbf{1}_N\\ &= \sum_{i=1}^N y_i-\hat{\beta}_0 N-\hat{\beta}_1\sum_{i=1}^N x_i\end{aligned}$$

$$\begin{aligned}0 &= (\boldsymbol{y}-\hat{\boldsymbol{y}})'\boldsymbol{x} = \boldsymbol{y}'\boldsymbol{x} - \hat{\boldsymbol{\beta}}'X'\boldsymbol{x}\\ &= \sum_{i=1}^{N} x_i y_i - \hat{\beta}_0 \sum_{i=1}^{N} x_i - \hat{\beta}_1 \sum_{i=1}^{N} x_i^2\end{aligned}$$

そして，$\hat{\beta}_0$ および $\hat{\beta}_1$ について同時に解くと，以下を得る．

$$\hat{\beta}_1 = \frac{\sum_{i=1}^{N} x_i y_i - N\bar{x}\bar{y}}{\sum_{i=1}^{N} x_i^2 - N\bar{x}^2}, \quad \hat{\beta}_0 = \bar{y} - \hat{\beta}_1\bar{x}$$

また，もし仮説 $\beta_1 = 0$ を検定したい場合には，通常，x の項を除いた縮退モデル

$$y = \beta_0 + \epsilon$$

を考える．この場合の最小 2 乗推定では β_0 の推定値だけを求める．このとき，予測値のベクトルは $\hat{\boldsymbol{y}} = \hat{\beta}_0\mathbf{1}_N$ を満たす．つまり，$\hat{\beta}_0$ の任意の選択に対して $\hat{\boldsymbol{y}}$ は原点と $\mathbf{1}_N$ を通る直線上の点によって与えられる．したがって，もし $\hat{\boldsymbol{y}}$ が誤差平方和つまり $\boldsymbol{y}$ との距離を最小化することになるならば，この直線上への $\boldsymbol{y}$ の直交射影によって $\hat{\boldsymbol{y}}$ は得られるはずである．結果的に，

$$0 = (\boldsymbol{y}-\hat{\boldsymbol{y}})'\mathbf{1}_N = (\boldsymbol{y}-\hat{\beta}_0\mathbf{1}_N)'\mathbf{1}_N = \sum_{i=1}^{N} y_i - \hat{\beta}_0 N$$

もしくは，単純化して以下を得る．

$$\hat{\beta}_0 = \bar{y}$$

定理 2.15 のベクトル $\boldsymbol{v}$ は，$\boldsymbol{x}$ の S に直交する要素と呼ばれる．それは，S の直交補空間 (orthogonal complement) として知られるものに属するベクトルである．

定義 2.10　S を R^m のベクトル部分空間であるとする．$S^{\perp}$ によって表される S の直交補空間とは S 内のあらゆるベクトルに直交する，R^m 内のすべてのベクトルの集まりのことである．すなわち，$S^{\perp} = \{\boldsymbol{x} : \boldsymbol{x} \in R^m$，かつすべての $\boldsymbol{y} \in S$ について $\boldsymbol{x}'\boldsymbol{y} = 0\}$ である．

定理 2.16　S が R^m のベクトル部分空間であるならば，その直交補空間 $S^{\perp}$ もまた R^m のベクトル部分空間である．

証明　$\boldsymbol{x}_1 \in S^{\perp}$ かつ $\boldsymbol{x}_2 \in S^{\perp}$ とする．したがって，任意の $\boldsymbol{y} \in S$ について $\boldsymbol{x}_1'\boldsymbol{y} = \boldsymbol{x}_2'\boldsymbol{y} = 0$ である．結果として，任意の $\boldsymbol{y} \in S$ および，任意のスカラー α_1, α_2 について，

$$(\alpha_1\boldsymbol{x}_1 + \alpha_2\boldsymbol{x}_2)'\boldsymbol{y} = \alpha_1\boldsymbol{x}_1'\boldsymbol{y} + \alpha_2\boldsymbol{x}_2'\boldsymbol{y} = 0$$

を得る．ゆえに，$(\alpha_1 \boldsymbol{x}_1 + \alpha_2 \boldsymbol{x}_2) \in S^\perp$ であり，以上より $S^\perp$ はベクトル空間である．□

以下の定理 2.17 が最終的に意味するところは，S が R^m のベクトル部分空間であり，S の次元が r ならば，$S^\perp$ の次元は $m-r$ であるということである．

定理 2.17　$\{\boldsymbol{z}_1, \ldots, \boldsymbol{z}_m\}$ が R^m の正規直交基底であり，$\{\boldsymbol{z}_1, \ldots, \boldsymbol{z}_r\}$ がベクトル部分空間 S の正規直交基底であるとする．このとき，$\{\boldsymbol{z}_{r+1}, \ldots, \boldsymbol{z}_m\}$ は $S^\perp$ の正規直交基底である．

証明　T を $\{\boldsymbol{z}_{r+1}, \ldots, \boldsymbol{z}_m\}$ によって張られるベクトル空間であるとする．定理の証明のためには，このベクトル空間 T が $S^\perp$ と等しいことを示せばよい．もし，$\boldsymbol{x} \in T$ かつ $\boldsymbol{y} \in S$ であるならば，$\boldsymbol{y} = \alpha_1 \boldsymbol{z}_1 + \cdots + \alpha_r \boldsymbol{z}_r$ と $\boldsymbol{x} = \alpha_{r+1} \boldsymbol{z}_{r+1} + \cdots + \alpha_m \boldsymbol{z}_m$ となるようなスカラー $\alpha_1, \ldots, \alpha_m$ が存在する．$\boldsymbol{z}_i$ の直交性の結果として，$\boldsymbol{x}'\boldsymbol{y} = 0$ である．ゆえに $\boldsymbol{x} \in S^\perp$ であり，したがって $T \subseteq S^\perp$ がいえる．今度は，$\boldsymbol{x} \in S^\perp$ であるとする．$\boldsymbol{x}$ は R^m にも含まれるので，$\boldsymbol{x} = \alpha_1 \boldsymbol{z}_1 + \cdots + \alpha_m \boldsymbol{z}_m$ となるようなスカラー $\alpha_1, \ldots, \alpha_m$ が存在する．ここでもし，$\boldsymbol{y} = \alpha_1 \boldsymbol{z}_1 + \cdots + \alpha_r \boldsymbol{z}_r$ とすれば，$\boldsymbol{y} \in S$ であり，また $\boldsymbol{x} \in S^\perp$ であるから $\boldsymbol{x}'\boldsymbol{y} = \alpha_1^2 + \cdots + \alpha_r^2 = 0$ とならなければならない．しかし，これは $\alpha_1 = \cdots = \alpha_r = 0$ である場合に限り成立する．そしてこのとき $\boldsymbol{x} = \alpha_{r+1} \boldsymbol{z}_{r+1} + \cdots + \alpha_m \boldsymbol{z}_m$ となり，ゆえに $\boldsymbol{x} \in T$ である．以上より $S^\perp \subseteq T$ もいえ，したがって $T = S^\perp$ が成立する．□

2.7　射　影　行　列

$m \times 1$ ベクトル $\boldsymbol{x}$ のベクトル空間 S 上への直交射影は便利なことに行列形式で表現可能である．$\{\boldsymbol{z}_1, \ldots, \boldsymbol{z}_m\}$ が R^m における正規直交基底であるのに対し，$\{\boldsymbol{z}_1, \ldots, \boldsymbol{z}_r\}$ を S における任意の正規直交基底とする．$\alpha_1, \ldots, \alpha_m$ を以下の関係を満たしている定数とする．

$$\boldsymbol{x} = (\alpha_1 \boldsymbol{z}_1 + \cdots + \alpha_r \boldsymbol{z}_r) + (\alpha_{r+1} \boldsymbol{z}_{r+1} + \cdots + \alpha_m \boldsymbol{z}_m) = \boldsymbol{u} + \boldsymbol{v}$$

ここで $\boldsymbol{u}$と$\boldsymbol{v}$ は前節で定義されたものと同様である．また，$\boldsymbol{\alpha} = (\boldsymbol{\alpha}_1', \boldsymbol{\alpha}_2')'$，$Z = [Z_1 \quad Z_2]$ と表記する．ここで $\boldsymbol{\alpha}_1 = (\alpha_1, \ldots, \alpha_r)'$，$\boldsymbol{\alpha}_2 = (\alpha_{r+1}, \ldots, \alpha_m)'$，$Z_1 = (\boldsymbol{z}_1, \ldots, \boldsymbol{z}_r)$，$Z_2 = (\boldsymbol{z}_{r+1}, \ldots, \boldsymbol{z}_m)$ である．このとき上記で与えられた $\boldsymbol{x}$ の式は以下のように書き換えることができる．

$$\boldsymbol{x} = Z\boldsymbol{\alpha} = Z_1\boldsymbol{\alpha}_1 + Z_2\boldsymbol{\alpha}_2$$

すなわち $\boldsymbol{u} = Z_1\boldsymbol{\alpha}_1$ であり，$\boldsymbol{v} = Z_2\boldsymbol{\alpha}_2$ である．$\boldsymbol{z}_i$ のもつ直交正規性の結果，$Z_1'Z_1 = I_r$ と $Z_1'Z_2 = (0)$ が得られ，ゆえに

$$Z_1Z_1'\boldsymbol{x} = Z_1Z_1'Z\boldsymbol{\alpha} = Z_1Z_1'\,[Z_1 \quad Z_2]\begin{bmatrix} \boldsymbol{\alpha}_1 \\ \boldsymbol{\alpha}_2 \end{bmatrix}$$

$$= [Z_1 \quad (0)] \begin{bmatrix} \boldsymbol{\alpha}_1 \\ \boldsymbol{\alpha}_2 \end{bmatrix} = Z_1 \boldsymbol{\alpha}_1 = \boldsymbol{u}$$

となる．以上より定理 2.18 が導かれる．

定理 2.18　$m \times r$ 行列 Z_1 の列はベクトル空間 S における正規直交基底をなしているとする．ここで S は R^m の部分空間である．このとき $\boldsymbol{x} \in R^m$ ならば，$\boldsymbol{x}$ の S 上への直交射影は $Z_1 Z_1' \boldsymbol{x}$ によって与えられる．

定理 2.18 で登場した行列 $Z_1 Z_1'$ はベクトル空間 S に対する射影行列 (projection matrix) と呼ばれ，P_S と表記されることもある．同様に，$Z_2 Z_2'$ は $S^{\perp}$ に対する射影行列であり，$ZZ' = I_m$ は R^m における射影行列である．ここで $ZZ' = Z_1 Z_1' + Z_2 Z_2'$ であるので，あるベクトル部分空間に対する射影行列とその直交補空間に対する射影行列との関係を表している $Z_2 Z_2' = I_m - Z_1 Z_1'$ という単純な式が得られる．ベクトル空間は一意な正規直交基底をもたないが，これらの正規直交基底から生成された射影行列は一意である．

定理 2.19　$m \times r$ 行列 Z_1 と W_1 のそれぞれにおいて，各列は r 次元ベクトル空間 S における正規直交基底をなしていると仮定する．このとき $Z_1 Z_1' = W_1 W_1'$ である．

証明　Z_1 の列は S を張り，かつ W_1 の各列は S の中に含まれるので，W_1 の各列は Z_1 の列の線形結合として表記できる．すなわち $W_1 = Z_1 P$ となるような $r \times r$ 行列 P が存在する．しかしながら W_1, Z_1 各行列において，その列は正規直交であるので，$Z_1' Z_1 = W_1' W_1 = I_r$ である．したがって，

$$I_r = W_1' W_1 = P' Z_1' Z_1 P = P' I_r P = P' P$$

であり，ゆえに P は直交行列である．結果として P もまた $PP' = I_r$ を満たし，

$$W_1 W_1' = Z_1 P P' Z_1' = Z_1 I_r Z_1' = Z_1 Z_1'$$

である．証明終了． □

射影行列を利用してグラム–シュミットの正規直交化法を見直してみよう．この手法ではベクトルの初期線形独立集合 $\{\boldsymbol{x}_1, \ldots, \boldsymbol{x}_r\}$ から，それを直交集合 $\{\boldsymbol{y}_1, \ldots, \boldsymbol{y}_r\}$ に変形し，さらにそれを正規直交集合 $\{\boldsymbol{z}_1, \ldots, \boldsymbol{z}_r\}$ に変形する．$i = 1, \ldots, r-1$ において，ベクトル $\boldsymbol{y}_{i+1}$ が以下のように表現できるということを確認するのは容易である．

$$\boldsymbol{y}_{i+1} = \left(I_m - \sum_{j=1}^{i} \boldsymbol{z}_j \boldsymbol{z}_j' \right) \boldsymbol{x}_{i+1}$$

つまり $Z_{(i)} = (\boldsymbol{z}_1, \ldots, \boldsymbol{z}_i)$ としたとき，$\boldsymbol{y}_{i+1} = \left(I_m - Z_{(i)} Z_{(i)}' \right) \boldsymbol{x}_{i+1}$ である．したがっ

て $(i+1)$ 番目の直交ベクトル $\boldsymbol{y}_{i+1}$ は，$(i+1)$ 番目の元のベクトルの，最初の i 個の直交ベクトル $\boldsymbol{y}_1, \ldots, \boldsymbol{y}_i$ によって張られたベクトル空間の直交補空間上への射影として得られる．

グラム–シュミットの正規直交化法は与えられた基底 $\{\boldsymbol{x}_1, \ldots, \boldsymbol{x}_r\}$ からベクトル空間 S における正規直交基底を得るための 1 つの方法である．一般的に，$m \times r$ 行列 $X_1 = (\boldsymbol{x}_1, \ldots, \boldsymbol{x}_r)$ を定義する場合，A を

$$Z_1' Z_1 = A' X_1' X_1 A = I_r$$

となる任意の $r \times r$ 行列とすると，

$$Z_1 = X_1 A \tag{2.9}$$

の列は S における正規直交基底をなすだろう．$\text{rank}(X_1) = \text{rank}(Z_1) = r$ でなければならないので，行列 A は非特異行列である．ゆえに A^{-1} が存在し，$X_1' X_1 = (A^{-1})' A^{-1}$ あるいは $(X_1' X_1)^{-1} = AA'$ である．すなわち，A は $(X_1' X_1)^{-1}$ の平方根行列 (square root matrix) である．結果，以下のような X_1 に関するベクトル空間 S 上への射影行列 P_S の式が得られる．

$$P_S = Z_1 Z_1' = X_1 A A' X_1' = X_1 (X_1' X_1)^{-1} X_1' \tag{2.10}$$

(2.8) 式で与えられたグラム–シュミット方程式は，行列を使って $Y_1 = X_1 T$ のように書けるということに注意が必要である．ここで $Y_1 = (\boldsymbol{y}_1, \ldots, \boldsymbol{y}_r)$，$X_1 = (\boldsymbol{x}_1, \ldots, \boldsymbol{x}_r)$ であり，T は各対角要素が 1 である $r \times r$ 上三角行列である．このとき，Z_1 を生成するための正規化は $Z_1 = X_1 T D^{-1}$ のように書くことができる．ここで D は i 番目の対角要素に $\boldsymbol{y}_i' \boldsymbol{y}_i$ の正の平方根をもつ対角行列である．結果的に，行列 $A = TD^{-1}$ が正の対角要素をもつ上三角行列になる．したがってグラム–シュミットの正規直交化は，行列 A が正の対角要素をもつ $(X_1' X_1)^{-1}$ の上三角平方根行列となるように選択された (2.9) 式の特別な場合である．

例 2.10　例 2.7 より基底 $\{\boldsymbol{x}_1, \boldsymbol{x}_2, \boldsymbol{x}_3\}$ を用いて，以下のような行列 X_1 を作る．

$$X_1 = \begin{bmatrix} 1 & 1 & 3 \\ 1 & -2 & 1 \\ 1 & 1 & 1 \\ 1 & -2 & -1 \end{bmatrix}$$

このとき以下を確認することは容易である．

$$X_1' X_1 = \begin{bmatrix} 4 & -2 & 4 \\ -2 & 10 & 4 \\ 4 & 4 & 12 \end{bmatrix}, \quad (X_1' X_1)^{-1} = \frac{1}{36} \begin{bmatrix} 26 & 10 & -12 \\ 10 & 8 & -6 \\ -12 & -6 & 9 \end{bmatrix}$$

したがって，$\{\boldsymbol{x}_1, \boldsymbol{x}_2, \boldsymbol{x}_3\}$ によって張られたベクトル空間 S に対する射影行列は以下によって与えられる．

$$P_S = X_1(X_1'X_1)^{-1}X_1' = \frac{1}{4}\begin{bmatrix} 3 & 1 & 1 & -1 \\ 1 & 3 & -1 & 1 \\ 1 & -1 & 3 & 1 \\ -1 & 1 & 1 & 3 \end{bmatrix}$$

当然のことながら，これは $Z_1 Z_1'$ と同等である．ここで $Z_1 = (\boldsymbol{z}_1, \boldsymbol{z}_2, \boldsymbol{z}_3)$ であり，例 2.7 においてグラム–シュミットの正規直交化で得られるベクトルである．いま，$\boldsymbol{x} = (1, 2, -1, 0)'$ ならば，$\boldsymbol{x}$ の $\boldsymbol{S}$ 上への射影は $X_1(X_1'X_1)^{-1}X_1'\boldsymbol{x} = \boldsymbol{x}$ である．よって $\boldsymbol{x} = \boldsymbol{x}_3 - \boldsymbol{x}_1 - \boldsymbol{x}_2 \in S$ より，$\boldsymbol{x}$ の射影は $\boldsymbol{x}$ に等しい．一方，$\boldsymbol{x} = (1, -1, 2, 1)'$ の場合，$\boldsymbol{x}$ の射影は $\boldsymbol{u} = X_1(X_1'X_1)^{-1}X_1'\boldsymbol{x} = \left(\frac{3}{4}, -\frac{3}{4}, \frac{9}{4}, \frac{3}{4}\right)'$ によって与えられる．S に直交する $\boldsymbol{x}$ の成分，言い換えれば，$\boldsymbol{x}$ の $S^{\perp}$ 上への直交射影は $\left\{I_4 - X_1(X_1'X_1)^{-1}X_1'\right\}\boldsymbol{x} = \boldsymbol{x} - X_1(X_1'X_1)^{-1}X_1'\boldsymbol{x} = \boldsymbol{x} - \boldsymbol{u} = \left(\frac{1}{4}, -\frac{1}{4}, -\frac{1}{4}, \frac{1}{4}\right)'$ である．これは以下のように定理 2.15 で示された分解となっている．

$$\boldsymbol{x} = \begin{bmatrix} 1 \\ -1 \\ 2 \\ 1 \end{bmatrix} = \frac{1}{4}\begin{bmatrix} 3 \\ -3 \\ 9 \\ 3 \end{bmatrix} + \frac{1}{4}\begin{bmatrix} 1 \\ -1 \\ -1 \\ 1 \end{bmatrix} = \boldsymbol{u} + \boldsymbol{v}$$

例 2.11　例 2.9 で示されたことのいくつかを，k 個の説明変数 $x_1, \ldots, x_k$ を応答変数 y に関連づけた

$$y = \beta_0 + \beta_1 x_1 + \cdots + \beta_k x_k + \epsilon$$

のような重回帰モデルへと一般化しよう．観測対象が N 個のとき，本モデルは

$$\boldsymbol{y} = X\boldsymbol{\beta} + \boldsymbol{\epsilon}$$

として表記できる．ここで $\boldsymbol{y}$ は $N \times 1$，X は $N \times (k+1)$，$\boldsymbol{\beta}$ は $(k+1) \times 1$，$\boldsymbol{\epsilon}$ は $N \times 1$ である．対して，予測値のベクトルは

$$\hat{\boldsymbol{y}} = X\hat{\boldsymbol{\beta}}$$

によって与えられる．ここで $\hat{\boldsymbol{\beta}}$ は $\boldsymbol{\beta}$ の推定値である．明らかに任意の $\hat{\boldsymbol{\beta}}$ において，$\hat{\boldsymbol{y}}$ は X の列によって張られた R^N の部分空間における点である．$\boldsymbol{\beta}$ の最小 2 乗推定値となるためには，$\hat{\boldsymbol{\beta}}$ はこの部分空間の中で $\hat{\boldsymbol{y}} = X\hat{\boldsymbol{\beta}}$ がベクトル $\boldsymbol{y}$ に最も近い点を生じるようにしなければならない．なぜならこれが，誤差平方和

$$(\boldsymbol{y} - X\hat{\boldsymbol{\beta}})'(\boldsymbol{y} - X\hat{\boldsymbol{\beta}})$$

を最小化することになるからである．したがって，$X\hat{\boldsymbol{\beta}}$ は X の列によって張られた空間上への $\boldsymbol{y}$ の直交射影でなければならない．もし X が最大列階数であるならば，この空間には射影行列 $X(X'X)^{-1}X'$ が存在し，ゆえに求める射影は

$$X\hat{\boldsymbol{\beta}} = X(X'X)^{-1}X'\boldsymbol{y}$$

である．この方程式に前から $(X'X)^{-1}X'$ を掛け，最小 2 乗推定量

$$\hat{\boldsymbol{\beta}} = (X'X)^{-1}X'\boldsymbol{y}$$

を得る．さらに，予測モデル $\hat{\boldsymbol{y}} = X\hat{\boldsymbol{\beta}}$ の誤差平方和 (SSE) は

$$\begin{aligned}
\mathrm{SSE}_1 &= (\boldsymbol{y} - X\hat{\boldsymbol{\beta}})'(\boldsymbol{y} - X\hat{\boldsymbol{\beta}}) \\
&= (\boldsymbol{y} - X(X'X)^{-1}X'\boldsymbol{y})'(\boldsymbol{y} - X(X'X)^{-1}X'\boldsymbol{y}) \\
&= \boldsymbol{y}'(I_N - X(X'X)^{-1}X')^2\boldsymbol{y} \\
&= \boldsymbol{y}'(I_N - X(X'X)^{-1}X')\boldsymbol{y}
\end{aligned}$$

と表記でき，ゆえにこの平方和は X の列空間に対する直交補空間上への $\boldsymbol{y}$ の射影の長さの 2 乗を表しているということがわかる．いま，$\boldsymbol{\beta}$ と X が $\boldsymbol{\beta} = (\boldsymbol{\beta}_1', \boldsymbol{\beta}_2')'$ および $X = (X_1, X_2)$ のように分割されていると仮定する．ここで X_1 の列数は $\boldsymbol{\beta}_1$ における要素数と同じである．このとき $\boldsymbol{\beta}_2 = \mathbf{0}$ かどうかを決定したい．もし X_1 の列が X_2 の列に直交しているなら，$X_1'X_2 = (0)$ であり，

$$(X'X)^{-1} = \begin{bmatrix} (X_1'X_1)^{-1} & (0) \\ (0) & (X_2'X_2)^{-1} \end{bmatrix}$$

である．ゆえに，$\hat{\boldsymbol{\beta}}$ は $\hat{\boldsymbol{\beta}} = (\hat{\boldsymbol{\beta}}_1', \hat{\boldsymbol{\beta}}_2')'$ のように分割できる．ここで $\hat{\boldsymbol{\beta}}_1 = (X_1'X_1)^{-1}X_1'\boldsymbol{y}$，$\hat{\boldsymbol{\beta}}_2 = (X_2'X_2)^{-1}X_2'\boldsymbol{y}$ である．さらに予測モデル $\hat{\boldsymbol{y}} = X\hat{\boldsymbol{\beta}}$ の誤差平方和は以下のように分解できる．

$$\begin{aligned}
(\boldsymbol{y} - X\hat{\boldsymbol{\beta}})'(\boldsymbol{y} - X\hat{\boldsymbol{\beta}}) &= \boldsymbol{y}'(I_N - X(X'X)^{-1}X')\boldsymbol{y} \\
&= \boldsymbol{y}'(I_N - X_1(X_1'X_1)^{-1}X_1' - X_2(X_2'X_2)^{-1}X_2')\boldsymbol{y}
\end{aligned}$$

一方，縮小モデル

$$\boldsymbol{y} = X_1\boldsymbol{\beta}_1 + \boldsymbol{\epsilon}$$

における $\boldsymbol{\beta}_1$ の最小 2 乗推定量は $\hat{\boldsymbol{\beta}}_1 = (X_1'X_1)^{-1}X_1'\boldsymbol{y}$ である．対して，その誤差平方和は

$$\begin{aligned}
\mathrm{SSE}_2 &= (\boldsymbol{y} - X_1\hat{\boldsymbol{\beta}}_1)'(\boldsymbol{y} - X_1\hat{\boldsymbol{\beta}}_1) \\
&= \boldsymbol{y}'(I_N - X_1(X_1'X_1)^{-1}X_1')\boldsymbol{y}
\end{aligned}$$

によって与えられる．したがって，$\mathrm{SSE}_2 - \mathrm{SSE}_1 = \boldsymbol{y}'X_2(X_2'X_2)^{-1}X_2'\boldsymbol{y}$ の項は，モデル $\boldsymbol{y} = X\boldsymbol{\beta} + \boldsymbol{\epsilon} = X_1\boldsymbol{\beta}_1 + X_2\boldsymbol{\beta}_2 + \boldsymbol{\epsilon}$ の中に $X_2\boldsymbol{\beta}_2$ という項を含むことに起因する誤差平方和の減少量を示している．ゆえに，その相対的な大きさは $\boldsymbol{\beta}_2 = \boldsymbol{0}$ かどうかを決定するのに役立つだろう．もし $\boldsymbol{\beta}_2 = \boldsymbol{0}$ なら，y の N 個の観測対象は，R^N における X_1 の列空間に関して，この部分空間から他の任意の方向よりもある 1 つの方向に逸脱することなく，無作為に集められた集団を形成しているだろう．対して，$\boldsymbol{\beta}_2 \neq \boldsymbol{0}$ であるならば，X の列空間に直交する方向よりも X_2 の列空間の中の方向により大きな散らばりをもつことが期待されるだろう．いま，X の列空間の次元は $k+1$ であるので，SSE_1 は $N-k-1$ 個の直交方向での偏差平方和である．対して，$\mathrm{SSE}_2 - \mathrm{SSE}_1$ は k_2 個の直交方向での偏差平方和となる．ここで k_2 は $\boldsymbol{\beta}_2$ における成分の数である．したがって，$\mathrm{SSE}_1/(N-k-1)$ と $(\mathrm{SSE}_2 - \mathrm{SSE}_1)/k_2$ は，$\boldsymbol{\beta}_2 = \boldsymbol{0}$ なら似たような大きさとなり，$\boldsymbol{\beta}_2 \neq \boldsymbol{0}$ なら後者が前者よりも大きくなる．結果として $\boldsymbol{\beta}_2$ に関しては，統計量

$$F = \frac{(\mathrm{SSE}_2 - \mathrm{SSE}_1)/k_2}{\mathrm{SSE}_1/(N-k-1)} \tag{2.11}$$

の値に基づいて決定することができる．第 10 章で導く結果を用いて，もし $\boldsymbol{\epsilon} \sim N_N(\boldsymbol{0}, \sigma^2 I_N)$ かつ $\boldsymbol{\beta}_2 = \boldsymbol{0}$ ならば，$F \sim F_{k_2, N-k-1}$ であるということを示すことができる．

$X_1'X_2 \neq (0)$ のとき，$(\mathrm{SSE}_2 - \mathrm{SSE}_1)$ は $\boldsymbol{y}'X_2(X_2'X_2)^{-1}X_2'\boldsymbol{y}$ に縮退しない．なぜならこの場合，$\hat{\boldsymbol{y}}$ は X_1 の列空間上への $\boldsymbol{y}$ の射影と X_2 の列空間上への $\boldsymbol{y}$ の射影との和にならないからである．モデル中に項 $X_2\boldsymbol{\beta}_2$ が含まれる効果を厳密に評価するためには，X_1 の列空間上への $\boldsymbol{y}$ の射影と X_1 の列空間に直交する X_2 の列空間の部分空間上への $\boldsymbol{y}$ の射影との和に，$\hat{\boldsymbol{y}}$ を分解する必要がある．ここで後者の部分空間は

$$X_{2*} = (I_N - X_1(X_1'X_1)^{-1}X_1')X_2$$

の列によって張られている．なぜなら $(I_N - X_1(X_1'X_1)^{-1}X_1')$ は X_1 の列空間の直交補空間に対する射影行列だからである．したがって，予測値 $\hat{\boldsymbol{y}} = X\hat{\boldsymbol{\beta}}$ のベクトルは

$$\hat{\boldsymbol{y}} = X_1(X_1'X_1)^{-1}X_1'\boldsymbol{y} + X_{2*}(X_{2*}'X_{2*})^{-1}X_{2*}'\boldsymbol{y}$$

のように表記できる．さらに誤差平方和は

$$\boldsymbol{y}'(I_N - X_1(X_1'X_1)^{-1}X_1' - X_{2*}(X_{2*}'X_{2*})^{-1}X_{2*}')\boldsymbol{y}$$

によって与えられ，モデル $\boldsymbol{y} = X\boldsymbol{\beta} + \boldsymbol{\epsilon}$ の中に項 $X_2\boldsymbol{\beta}_2$ が含まれることに起因する誤差平方和の減少量は以下になる．

$$\boldsymbol{y}'X_{2*}(X_{2*}'X_{2*})^{-1}X_{2*}'\boldsymbol{y}$$

最小 2 乗推定量は，ここまでの例では一意であったが，常に一意というわけではない．

例えば，モデル $\boldsymbol{y} = X\boldsymbol{\beta} + \boldsymbol{\epsilon}$ における，$\boldsymbol{\beta}$ の最小 2 乗推定量の話に戻ろう．ただしここでは，X は最大列階数ではないとする．前述のように，$\hat{\boldsymbol{y}} = X\hat{\boldsymbol{\beta}}$ は X の列によって張られた空間上への $\boldsymbol{y}$ の直交射影によって与えられるだろう．しかしながら $X'X$ は特異行列であるので，必要となる射影行列を $X(X'X)^{-1}X'$ として表現することはできない．X の列空間の射影行列を $P_{R(X)}$ と表記するならば，$\boldsymbol{\beta}$ の最小 2 乗推定量は以下を満たす任意のベクトル $\hat{\boldsymbol{\beta}}$ となる．

$$X\hat{\boldsymbol{\beta}} = P_{R(X)}\boldsymbol{y}$$

X は最大列階数ではないので，X の列は線形従属となり，ゆえに $X\boldsymbol{a} = \boldsymbol{0}$ を満たす非ゼロベクトル $\boldsymbol{a}$ を見つけることが可能である．この場合，もし $\hat{\boldsymbol{\beta}}$ が $\boldsymbol{\beta}$ の最小 2 乗推定量であるならば，

$$X(\hat{\boldsymbol{\beta}} + \boldsymbol{a}) = P_{R(X)}\boldsymbol{y}$$

より $\hat{\boldsymbol{\beta}} + \boldsymbol{a}$ もまた最小 2 乗推定量になる．ゆえに，最小 2 乗推定量は一意ではない．

もし $m \times r$ 行列 Z_1 の列がベクトル空間 S において正規直交基底となるならば，S に対する射影行列は Z_1Z_1' によって与えられるということがわかった．明らかにこの射影行列は対称行列であり，$Z_1'Z_1 = I_r$ より，ベキ等行列でもある．すなわち，すべての射影行列は対称行列であり，かつベキ等行列である．定理 2.20 ではこの逆，すなわちすべての対称なベキ等行列は，あるベクトル空間に対する射影行列であるということを証明する．

定理 2.20　P を階数 r の対称な $m \times m$ ベキ等行列とする．このとき P が射影行列となる r 次元ベクトル空間が存在する．

証明　系 1.9.1 より，$\text{rank}(F) = \text{rank}(G) = r$ かつ $P = FG$ となるような，$m \times r$ 行列 F と $r \times m$ 行列 G が存在する．P はベキ等行列であるので，

$$FGFG = FG$$

となる．これは

$$F'FGFGG' = F'FGG' \tag{2.12}$$

ということを意味している．F と G' は最大列階数であるので，行列 $F'F$ と GG' は非特異である．(2.12) 式に $(F'F)^{-1}$ を前から，$(GG')^{-1}$ を後ろから掛けることで，$GF = I_r$ を得る．この結果と $P = FG$ の対称性を利用して，

$$F = FGF = (FG)'F = G'F'F$$

ということがわかる．ここから $G' = F(F'F)^{-1}$ が導かれる．したがって，$P = FG =$

$F(F'F)^{-1}F'$ である．この結果と (2.10) 式を比較することで，P は F の列によって張られたベクトル空間に対する射影行列でなければならないということがわかる．証明終了． □

例 2.12 以下のような 3×3 行列を考える．

$$P = \frac{1}{6}\begin{bmatrix} 5 & -1 & 2 \\ -1 & 5 & 2 \\ 2 & 2 & 2 \end{bmatrix}$$

明らかに P は対称行列であり，ベキ等行列であることを確認するのも容易である．ゆえに P は射影行列である．この射影行列に対応するベクトル空間 S を考えよう．まず，P の最初の 2 つの列は線形独立であるが，第 3 列目は最初の 2 つの列の平均であるということに注意が必要である．したがって，$\mathrm{rank}(P) = 2$ である．ゆえに，P に対応するベクトル空間の次元は 2 である．任意の $\boldsymbol{x} \in R^3$ において，$P\boldsymbol{x}$ は S におけるベクトルを生成する．特に，$P\boldsymbol{e}_1$ と $P\boldsymbol{e}_2$ は S の中に存在する．これら 2 つのベクトルは線形独立であり，かつ S の次元は 2 であることから，S における基底となる．結果として，S は $(5a-b, 5b-a, 2a+2b)'$ の形で表されるすべてのベクトルを含んでいる．

2.8 線形変換と連立線形方程式

もし S が R^m のベクトル部分空間であり，対応する射影行列 P_S をもつならば，任意の $\boldsymbol{x} \in R^m$ について，$\boldsymbol{u} = \boldsymbol{u}(\boldsymbol{x}) = P_S\boldsymbol{x}$ は S 上への $\boldsymbol{x}$ の直交射影であることを前節にて確認した．これはすなわち，各々の $\boldsymbol{x} \in R^m$ を $\boldsymbol{u} \in S$ へと変換するということである．この関数 $\boldsymbol{u}(\boldsymbol{x}) = P_S\boldsymbol{x}$ は，S への R^m の線形変換 (linear transformation) の一例である．

定義 2.11 ベクトル空間 T 内のすべての $\boldsymbol{x}$ について定義される関数を $\boldsymbol{u}$ とする．ここで，任意の $\boldsymbol{x} \in T$ について $\boldsymbol{u} = \boldsymbol{u}(\boldsymbol{x}) \in S$ であり，S もまたベクトル空間である．このとき，2 つの任意のスカラー α_1 と α_2，そして 2 つの任意のベクトル $\boldsymbol{x}_1 \in T$ と $\boldsymbol{x}_2 \in T$ について

$$\boldsymbol{u}(\alpha_1\boldsymbol{x}_1 + \alpha_2\boldsymbol{x}_2) = \alpha_1\boldsymbol{u}(\boldsymbol{x}_1) + \alpha_2\boldsymbol{u}(\boldsymbol{x}_2)$$

が成り立つならば，$\boldsymbol{u}$ で定義されるこの変換は S への T の線形変換である．

以降では $\boldsymbol{u} = A\boldsymbol{x}$ という形式の行列変換 (matrix transformation) について議論する．ここで $\boldsymbol{x}$ は T と表される R^n の部分空間に，$\boldsymbol{u}$ は S と表される R^m の部分空間にそれぞれ含まれている．また A は $m \times n$ 行列である．この式は S への T の変換を定義しており，スカラー α_1, α_2，そして $n \times 1$ ベクトル $\boldsymbol{x}_1, \boldsymbol{x}_2$ について，ただちに

$$A(\alpha_1 \boldsymbol{x}_1 + \alpha_2 \boldsymbol{x}_2) = \alpha_1 A\boldsymbol{x}_1 + \alpha_2 A\boldsymbol{x}_2 \tag{2.13}$$

を導くから，その変換は線形である．事実，すべての線形変換は行列変換として表現できる．本節の冒頭で議論した直交射影についていえば，$A = P_S$ となる．したがって $n = m$ であり，R^m へ射影する R^m の線形変換が与えられる．あるいは，より明確にいえば S へ射影する R^m の線形変換が与えられたことになる．特に，例 2.11 で議論された重回帰問題では，任意の $N \times 1$ の観測値のベクトル $\boldsymbol{y}$ について，予測値あるいは当てはめ値のベクトルは $\hat{\boldsymbol{y}} = X(X'X)^{-1}X'\boldsymbol{y}$ によって与えられることを確認した．この場合は $\boldsymbol{y} \in R^N$ そして $\hat{\boldsymbol{y}} \in R(X)$ であるから，$R(X)$ への R^N の線形変換を得ている．

(2.13) 式より，S が集合 $\{\boldsymbol{u} : \boldsymbol{u} = A\boldsymbol{x};\ \boldsymbol{x} \in T\}$ となるように具体的に定義されるならば，T がベクトル空間であるということが，S もまたベクトル空間となることを保証することは明らかである．加えて，ベクトル $\boldsymbol{x}_1, \ldots, \boldsymbol{x}_r$ が T を張るならば，$A\boldsymbol{x}_1, \ldots, A\boldsymbol{x}_r$ は S を張る．特に，T が R^n であるならば，$\boldsymbol{e}_1, \ldots, \boldsymbol{e}_n$ が R^n を張るので，$(A)_{\cdot 1}, \ldots, (A)_{\cdot n}$ が S を張る．すなわち A の列によって張られているので，S は A の列空間，つまり範囲である．

行列 A が最大列階数でないとき，$A\boldsymbol{x} = \boldsymbol{0}$ を満たす非ゼロベクトル $\boldsymbol{x}$ が存在する．そのようなベクトルすべての集合は変換 $A\boldsymbol{x}$ のゼロ空間 (null space)，あるいは単純に行列 A のゼロ空間と呼ばれる．

定理 2.21　S への R^n の線形変換が $\boldsymbol{u} = A\boldsymbol{x}$ によって与えられているとする．ここで $\boldsymbol{x} \in R^n$ であり，A は $m \times n$ 行列である．このとき，集合

$$N(A) = \{\boldsymbol{x} : A\boldsymbol{x} = \boldsymbol{0},\ \boldsymbol{x} \in R^n\}$$

で定義される A のゼロ空間はベクトル空間である．

証明　$\boldsymbol{x}_1$ と $\boldsymbol{x}_2$ が $N(A)$ に含まれ，$A\boldsymbol{x}_1 = A\boldsymbol{x}_2 = \boldsymbol{0}$ が成立するとしよう．このとき任意のスカラー α_1 と α_2 について，

$$A(\alpha_1 \boldsymbol{x}_1 + \alpha_2 \boldsymbol{x}_2) = \alpha_1 A\boldsymbol{x}_1 + \alpha_2 A\boldsymbol{x}_2 = \alpha_1(\boldsymbol{0}) + \alpha_2(\boldsymbol{0}) = \boldsymbol{0}$$

が成り立つ．したがって，$(\alpha_1 \boldsymbol{x}_1 = \alpha_2 \boldsymbol{x}_2) \in N(A)$ であり，$N(A)$ はベクトル空間である． □

行列 A のゼロ空間は 2.6 節で議論した直交補空間の概念と関連している．実際に，行列 A のゼロ空間は A の行空間の直交補空間と同じものである．同様に，行列 A' のゼロ空間は A の列空間の直交補空間と同じものである．次の定理 2.22 は定理 2.17 からただちに導かれる結果である．

定理 2.22　A を $m \times n$ 行列とする．もし，A の行空間の次元が r_1 であり，A のゼロ空間の次元が r_2 であるならば，$r_1 + r_2 = n$ である．

行列 A の階数は A の行空間の次元と等しいので，上述の定理は

$$\mathrm{rank}(A) = n - \dim\{N(A)\} \tag{2.14}$$

として等価に表現できる．ある行列の階数と，その行列のゼロ空間の次元との関係は，ある特定の状況において階数を決定する際に有用である．

例 2.13 (2.14) 式の効用を例示するために，定理 2.11(c) で与えられた恒等式 $\mathrm{rank}(A) = \mathrm{rank}(A'A)$ の別証明を行う．$\boldsymbol{x}$ は A のゼロ空間内にあり，$A\boldsymbol{x} = \mathbf{0}$ が成り立つと仮定しよう．このとき，明らかに $A'A\boldsymbol{x} = \mathbf{0}$ でなければならないが，これは $\boldsymbol{x}$ が $A'A$ のゼロ空間にも含まれることを意味している．したがって，$\dim\{N(A)\} \leq \dim\{N(A'A)\}$，あるいは同等に

$$\mathrm{rank}(A) \geq \mathrm{rank}(A'A) \tag{2.15}$$

が成り立つ．一方，$\boldsymbol{x}$ が $A'A$ のゼロ空間に含まれるならば，$A'A\boldsymbol{x} = \mathbf{0}$ である．$\boldsymbol{x}'$ の前からの乗法によって，$\boldsymbol{x}'A'A\boldsymbol{x} = 0$ が得られるが，これは $A\boldsymbol{x} = \mathbf{0}$ が成り立つときのみ満たされる．したがって，$\boldsymbol{x}$ は A のゼロ空間にも含まれ，$\dim\{N(A)\} \geq \dim\{N(A'A)\}$，あるいは同等に

$$\mathrm{rank}(A) \leq \mathrm{rank}(A'A) \tag{2.16}$$

が成り立つ．(2.15) 式と (2.16) 式を併合することで，$\mathrm{rank}(A) = \mathrm{rank}(A'A)$ を得る．

A が $m \times m$ 非特異行列で，$\boldsymbol{x} \in R^m$ であるとき，$\boldsymbol{u} = A\boldsymbol{x}$ は R^m 上への R^m の 1 対 1 変換 (one-to-one transformation) を定義する．この変換は，R^m 内の各点からの R^m 内の別の点への移動，あるいは座標軸の移動としてとらえることができる．例えば，単位行列 I_m の列 $\boldsymbol{e}_1, \ldots, \boldsymbol{e}_m$ で定義される基準座標軸 (standard coordinate axis) を移動の始点とするならば，任意の $\boldsymbol{x} \in R^m$ について，$\boldsymbol{x} = x_1\boldsymbol{e}_1 + \cdots + x_m\boldsymbol{e}_m$ であるから，$\boldsymbol{x}$ の成分はこれらの基準座標軸に対応する点 $\boldsymbol{x}$ の座標を与える．一方，$\boldsymbol{x}_1, \ldots, \boldsymbol{x}_m$ が R^m の別の基底であるなら，定理 2.8 よりスカラー $u_1, \ldots, u_m$ が存在し，$\boldsymbol{u} = (u_1, \ldots, u_m)'$，そして $X = (\boldsymbol{x}_1, \ldots, \boldsymbol{x}_m)$ とするとき，

$$\boldsymbol{x} = \sum_{i=1}^{m} u_i\boldsymbol{x}_i = X\boldsymbol{u}$$

が成り立つ．すなわち，$\boldsymbol{u} = (u_1, \ldots, u_m)'$ は座標軸 $\boldsymbol{x}_1, \ldots, \boldsymbol{x}_m$ に対応する点 $\boldsymbol{x}$ の座標を与える．基準座標系 (standard coordinate system) から座標軸 $\boldsymbol{x}_1, \ldots, \boldsymbol{x}_m$ で定義される 1 つの座標系への変換は，$A = X^{-1}$ とするとき，行列変換 $\boldsymbol{u} = A\boldsymbol{x}$ で与えられる．原点から $\boldsymbol{u}$ までのユークリッド距離の 2 乗，すなわち

$$\boldsymbol{u}'\boldsymbol{u} = (A\boldsymbol{x})'(A\boldsymbol{x}) = \boldsymbol{x}'A'A\boldsymbol{x}$$

は，行列 A あるいは同等に X が直交行列であるならばそのときのみ，どのような $\boldsymbol{x}$ を選択しても，原点から $\boldsymbol{x}$ までのユークリッド距離の 2 乗と同じになることに注意されたい．この場合，$\boldsymbol{x}_1, \ldots, \boldsymbol{x}_m$ は R^m の正規直交基底を形成する．そのため，この変換は基準座標軸を $\boldsymbol{x}_1, \ldots, \boldsymbol{x}_m$ によって定義される新しい直交軸の集合によって置き換える．

例 2.14　直交変換 (orthogonal transformation) は A の行列式が $+1$ あるいは -1 のどちらの値をとるかによって，次の 2 種類に分けられる．$|A| = 1$ ならば，新しい軸は基準軸の回転 (rotation) によって得られる．例えば，固定角 θ について，

$$A = \begin{bmatrix} \cos\theta & -\sin\theta & 0 \\ \sin\theta & \cos\theta & 0 \\ 0 & 0 & 1 \end{bmatrix}$$

という回転を定義しよう．したがって $|A| = \cos^2\theta + \sin^2\theta = 1$ である．このとき $\boldsymbol{u} = A\boldsymbol{x}$ で与えられる変換は，基準軸 $\boldsymbol{e}_1, \boldsymbol{e}_2, \boldsymbol{e}_3$ を新しい軸 $\boldsymbol{x}_1 = (\cos\theta, -\sin\theta, 0)'$, $\boldsymbol{x}_2 = (\sin\theta, \cos\theta, 0)'$, $\boldsymbol{x}_3 = \boldsymbol{e}_3$ に変換する．この変換は角度 θ を通じた $\boldsymbol{e}_1$ と $\boldsymbol{e}_2$ の回転を簡潔に表現している．次に，

$$A = \begin{bmatrix} \cos\theta & -\sin\theta & 0 \\ \sin\theta & \cos\theta & 0 \\ 0 & 0 & -1 \end{bmatrix}$$

という回転を定義するならば，$|A| = (\cos^2\theta + \sin^2\theta) \cdot (-1) = -1$ となる．いま，$\boldsymbol{u} = A\boldsymbol{x}$ で与えられる変換は，基準軸を新しい軸 $\boldsymbol{x}_1 = (\cos\theta, -\sin\theta, 0)'$, $\boldsymbol{x}_2 = (\sin\theta, \cos\theta, 0)'$, $\boldsymbol{x}_3 = -\boldsymbol{e}_3$ に変換する．これらの軸は角度 θ を通じて $\boldsymbol{e}_1$，$\boldsymbol{e}_2$ を回転し，かつ $\boldsymbol{x}_1, \boldsymbol{x}_2$ 平面に関して $\boldsymbol{e}_3$ を反射させることで得られる．

直交変換は一般的に用いられる変換であるが，非特異変換 (nonsingular transformation)，非直交変換 (nonorthogonal transformation) が有用となる場合もある．

例 2.15　いくつかの 3 次元ベクトル $\boldsymbol{x}_1, \ldots, \boldsymbol{x}_r$ を考え，それらが同じ正定値共分散行列 Ω をもつ分布からの観測対象であるとする．これらのベクトルが互いにどの程度異なっているのかに関心がある場合，R^3 内にそれらの点を描くことは有用であるだろう．しかしながら，例 2.2 で議論したように，Ω が単位行列でない場合にはユークリッド距離を用いるのは適切でなく，観測された r 点間の違いを比較し，解釈することは困難となる．しかし，適切な変換を行うことでこの困難を解決できる．第 3 章と第 4 章で論じるように，Ω は正定値であるため，非特異行列 T が存在し，$\Omega = TT'$ が成り立つ．$\boldsymbol{u}_i = T^{-1}\boldsymbol{x}_i$ とすると，$\boldsymbol{x}_i$ と $\boldsymbol{x}_j$ との間の，例 2.2 で定義されたマハラノビス距離は，

$$\begin{aligned} d_\Omega(\boldsymbol{x}_i, \boldsymbol{x}_j) &= \left\{(\boldsymbol{x}_i - \boldsymbol{x}_j)'\Omega^{-1}(\boldsymbol{x}_i - \boldsymbol{x}_j)\right\}^{1/2} \\ &= \left\{(\boldsymbol{x}_i - \boldsymbol{x}_j)'T^{-1\prime}T^{-1}(\boldsymbol{x}_i - \boldsymbol{x}_j)\right\}^{1/2} \end{aligned}$$

$$
\begin{aligned}
&= \left\{(T^{-1}\boldsymbol{x}_i - T^{-1}\boldsymbol{x}_j)'(T^{-1}\boldsymbol{x}_i - T^{-1}\boldsymbol{x}_j)\right\}^{1/2} \\
&= \left\{(\boldsymbol{u}_i - \boldsymbol{u}_j)'(\boldsymbol{u}_i - \boldsymbol{u}_j)\right\}^{1/2} = d_I(\boldsymbol{u}_i, \boldsymbol{u}_j)
\end{aligned}
$$

となり，一方で $\boldsymbol{u}_i$ の分散は

$$
\begin{aligned}
\mathrm{var}(\boldsymbol{u}_i) &= \mathrm{var}(T^{-1}\boldsymbol{x}_i) = T^{-1}\{\mathrm{var}(\boldsymbol{x}_i)\}T^{-1\prime} \\
&= T^{-1}\Omega T^{-1\prime} = T^{-1}TT'T^{-1\prime} = I_3
\end{aligned}
$$

によって与えられる．すなわち，$\boldsymbol{u}_i = T^{-1}\boldsymbol{x}_i$ という変換は，各点間の距離の適切な測度がユークリッド距離関数となるようなベクトルを生成するのである．

例 2.16 と例 2.17 において，回帰分析でしばしば有効ないくつかの変換について議論する．

例 2.16　いくつかの状況で有用な単純な変換は，数値を原点に中心化するものである．例えば，$\bar{x}$ を $\boldsymbol{x} = (x_1, \ldots, x_N)'$ の成分の平均とすると，

$$
\boldsymbol{v} = (I_N - N^{-1}\mathbf{1}_N\mathbf{1}_N')\boldsymbol{x} = \begin{bmatrix} x_1 - \bar{x} \\ x_2 - \bar{x} \\ \vdots \\ x_N - \bar{x} \end{bmatrix}
$$

の各成分の平均は 0 となる．この変換は，回帰分析において各説明変数を中心化するためにしばしば用いられる．すなわち，重回帰モデル

$$
\begin{aligned}
\boldsymbol{y} = X\boldsymbol{\beta} + \boldsymbol{\epsilon} &= [\mathbf{1}_N \quad X_1]\begin{bmatrix} \beta_0 \\ \boldsymbol{\beta}_1 \end{bmatrix} + \boldsymbol{\epsilon} \\
&= \beta_0\mathbf{1}_N + X_1\boldsymbol{\beta}_1 + \boldsymbol{\epsilon}
\end{aligned}
$$

は，次のように再表現できる．

$$
\begin{aligned}
\boldsymbol{y} &= \beta_0\mathbf{1}_N + \{N^{-1}\mathbf{1}_N\mathbf{1}_N' + (I_N - N^{-1}\mathbf{1}_N\mathbf{1}_N')\}X_1\boldsymbol{\beta}_1 + \boldsymbol{\epsilon} \\
&= \gamma_0\mathbf{1}_N + V_1\boldsymbol{\beta}_1 + \boldsymbol{\epsilon} = V\boldsymbol{\gamma} + \boldsymbol{\epsilon}
\end{aligned}
$$

ここで，$V = [\mathbf{1}_N \quad V_1] = [\mathbf{1}_N \quad (I_N - N^{-1}\mathbf{1}_N\mathbf{1}_N')X_1]$ であり，$\boldsymbol{\gamma} = (\gamma_0, \boldsymbol{\beta}_1')' = (\beta_0 + N^{-1}\mathbf{1}_N'X_1\boldsymbol{\beta}_1, \boldsymbol{\beta}_1')'$ である．V_1 の列は $\mathbf{1}_N$ に対して直交しているので，$\boldsymbol{\gamma}$ の最小 2 乗推定量は

$$
\begin{aligned}
\hat{\boldsymbol{\gamma}} = \begin{bmatrix} \hat{\gamma}_0 \\ \hat{\boldsymbol{\beta}}_1 \end{bmatrix} &= (V'V)^{-1}V'\boldsymbol{y} \\
&= \begin{bmatrix} N^{-1} & \mathbf{0}' \\ \mathbf{0} & (V_1'V_1)^{-1} \end{bmatrix} \begin{bmatrix} \sum y_i \\ V_1'\boldsymbol{y} \end{bmatrix}
\end{aligned}
$$

$$= \begin{bmatrix} \bar{y} \\ (V_1'V_1)^{-1}V_1'\boldsymbol{y} \end{bmatrix}$$

のように単純化される．したがって，$\hat{\gamma}_0 = \bar{y}$ である．推定量 $\hat{\boldsymbol{\beta}}_1$ は，行列 $[\boldsymbol{y} \quad X_1]$ の行を構成する N 本の $(k+1)\times 1$ ベクトルから計算される標本共分散行列によって巧みに表現することができる．この共分散行列を S で表し，

$$S = \begin{bmatrix} s_{11} & \boldsymbol{s}_{21}' \\ \boldsymbol{s}_{21} & S_{22} \end{bmatrix}$$

のように分割すると，$(N-1)^{-1}V_1'V_1 = S_{22}$ となり，$V_1'\mathbf{1}_N = \mathbf{0}$ であるから

$$(N-1)^{-1}V_1'\boldsymbol{y} = (N-1)^{-1}V_1'(\boldsymbol{y} - \bar{y}\mathbf{1}_N) = \boldsymbol{s}_{21}$$

となる．結果として，$\hat{\boldsymbol{\beta}}_1 = S_{22}^{-1}\boldsymbol{s}_{21}$ を得る．一方，元の回帰モデルに対するその他の調整法には，説明変数の標準化がある．この場合，モデルは

$$\boldsymbol{y} = \delta_0\mathbf{1}_N + Z_1\boldsymbol{\delta}_1 + \boldsymbol{\epsilon} = Z\boldsymbol{\delta} + \boldsymbol{\epsilon}$$

となる．ここで，$\boldsymbol{\delta} = (\delta_0, \boldsymbol{\delta}_1')'$，$Z = [\mathbf{1}_N \quad Z_1]$，$\delta_0 = \gamma_0$，$Z_1 = V_1 D_{S_{22}}^{-1/2}$ であり，$\boldsymbol{\delta}_1 = D_{S_{22}}^{1/2}\boldsymbol{\beta}_1$ である．最小 2 乗推定量は $\hat{\delta}_0 = \bar{y}$，$\hat{\boldsymbol{\delta}}_1 = R_{22}^{-1}\boldsymbol{r}_{21}$ である．ここでは，行列 $[\boldsymbol{y} \quad X_1]$ の列を構成する N 本の $(k+1)\times 1$ ベクトルから計算される相関行列 R を，S の場合と同様の方法で分割している．

上述した説明変数の中心化は，X_1 の列に対する線形変換が関わっている．ある状況では，X_1，V_1，または Z_1 の行について線形変換を実行した方が有利である場合もある．例えば，T を $k\times k$ の非特異行列とし，$W_1 = Z_1 T$，$\alpha_0 = \delta_0$，$\boldsymbol{\alpha}_1 = T^{-1}\boldsymbol{\delta}_1$ と定義すると，モデル

$$\boldsymbol{y} = \delta_0\mathbf{1}_N + Z_1\boldsymbol{\delta}_1 + \boldsymbol{\epsilon} = Z\boldsymbol{\delta} + \boldsymbol{\epsilon}$$

は

$$\boldsymbol{y} = \alpha_0\mathbf{1}_N + W_1\boldsymbol{\alpha}_1 + \boldsymbol{\epsilon} = W\boldsymbol{\alpha} + \boldsymbol{\epsilon}$$

と表せる．ここで，$W = [\mathbf{1}_N \quad W_1]$ である．この 2 番目のモデルは最初のモデルとは異なる説明変数の組を用いている．すなわち，その i 番目の説明変数は，最初のモデルの説明変数と T の i 列によって与えられる係数との線形結合である．しかし，2 つのモデルは，データに適合させた後の値において同一の結果を与える．このことを確認するため，

$$T_* = \begin{bmatrix} 1 & \mathbf{0}' \\ \mathbf{0} & T \end{bmatrix}$$

とすると，$W = ZT_*$ であり，2 番目のモデルからの予測値のベクトル

$$\hat{\boldsymbol{y}} = W\hat{\boldsymbol{\alpha}} = W(W'W)^{-1}W'\boldsymbol{y} = ZT_*(T_*'Z'ZT_*)^{-1}T_*'Z'\boldsymbol{y}$$
$$= ZT_*T_*^{-1}(Z'Z)^{-1}T_*^{-1\prime}T_*'Z'\boldsymbol{y} = Z(Z'Z)^{-1}Z'\boldsymbol{y}$$

が，最初のモデルから得られるものと同一となることに注意が必要である．

例 2.17　重回帰モデル

$$\boldsymbol{y} = X\boldsymbol{\beta} + \boldsymbol{\epsilon}$$

を考える．ここでは，$\mathrm{var}(\boldsymbol{\epsilon}) \neq \sigma^2 I_N$ である．この場合，$\boldsymbol{\beta}$ の先述した推定量 $\hat{\boldsymbol{\beta}} = (X'X)^{-1}X'\boldsymbol{y}$ は，ここでも $\boldsymbol{\beta}$ の最小 2 乗推定量であるが，$\mathrm{var}(\boldsymbol{\epsilon}) = \sigma^2 I_N$ のとき成立するいくつかの最適な性質は保持されない．これらの性質の 1 つは，後の例 3.14 において説明する．本例では，ϵ_i が無相関であることは変わりがないものの，その分散がすべて同一であるわけではない状況を考える．すなわち，$\mathrm{var}(\boldsymbol{\epsilon}) = \Omega = \sigma^2 C$ である．ここで，$C = \mathrm{diag}(c_1^2, \ldots, c_N^2)$ であり，c_i は既知の定数である．この特別な状況での回帰の問題は，しばしば重み付最小 2 乗回帰 (weighted least squares regression) と呼ばれる．$\boldsymbol{\beta}$ の重み付最小 2 乗推定量 (weighted least squares estimator) は，通常の最小 2 乗回帰 (ordinary least squares regression) が適用できるような簡単な変換を行うことによって得られる．行列を $C^{-1/2} = \mathrm{diag}(c_1^{-1}, \ldots, c_N^{-1})$ と定義し，モデルに $C^{-1/2}$ を前から掛けることによって元の回帰問題を変換する．すなわち，新しいモデルの方程式は

$$C^{-1/2}\boldsymbol{y} = C^{-1/2}X\boldsymbol{\beta} + C^{-1/2}\boldsymbol{\epsilon}$$

となる．または，同等に

$$\boldsymbol{y}_* = X_*\boldsymbol{\beta} + \boldsymbol{\epsilon}_*$$

である．ここで，$\boldsymbol{y}_* = C^{-1/2}\boldsymbol{y}$，$X_* = C^{-1/2}X$，$\boldsymbol{\epsilon}_* = C^{-1/2}\boldsymbol{\epsilon}$ である．$\boldsymbol{\epsilon}_*$ の共分散行列は

$$\mathrm{var}(\boldsymbol{\epsilon}_*) = \mathrm{var}(C^{-1/2}\boldsymbol{\epsilon}) = C^{-1/2}\,\mathrm{var}(\boldsymbol{\epsilon})C^{-1/2}$$
$$= C^{-1/2}\left\{\sigma^2 C\right\}C^{-1/2} = \sigma^2 I_N$$

となる．したがって，変換後のモデルに対して通常の最小 2 乗回帰が適用できるので，$\boldsymbol{\beta}$ の最小 2 乗推定量を

$$\hat{\boldsymbol{\beta}} = (X_*'X_*)^{-1}X_*'\boldsymbol{y}_*$$

と表現できる．この方程式を元のモデルの項 X と $\boldsymbol{y}$ で書き直すと以下を得る．

$$\hat{\boldsymbol{\beta}} = (X'C^{-1/2}C^{-1/2}X)^{-1}X'C^{-1/2}C^{-1/2}\boldsymbol{y}$$
$$= (X'C^{-1}X)^{-1}X'C^{-1}\boldsymbol{y}$$

線形変換に関するよく知られた適用例は，既知の定数からなる行列 A とベクトル $\boldsymbol{u}$，ならびに変数ベクトル $\boldsymbol{x}$ があるとき，$A\boldsymbol{x} = \boldsymbol{u}$ を満たすすべての $\boldsymbol{x}$ を決定したいような状況である．すなわち，m 本から構成される連立方程式

$$a_{11}x_1 + \cdots + a_{1n}x_n = u_1$$
$$\vdots$$
$$a_{m1}x_1 + \cdots + a_{mn}x_n = u_m$$

を同時に満たす解 $x_1, \ldots, x_n$ を見つけたい．例えば，重回帰モデルにおける母数ベクトル $\boldsymbol{\beta}$ の最小 2 乗推定量が，方程式 $X\hat{\boldsymbol{\beta}} = X(X'X)^{-1}X'\boldsymbol{y}$ を満たすことを例 2.11 において確認した．すなわち，ここでは，$A = X$，$\boldsymbol{u} = X(X'X)^{-1}X'\boldsymbol{y}$，$\boldsymbol{x} = \hat{\boldsymbol{\beta}}$ である．一般に，$\boldsymbol{u} = \boldsymbol{0}$ ならば，この連立方程式は同次系 (homogeneous system) と呼ばれ，この場合の $A\boldsymbol{x} = \boldsymbol{u}$ のすべての解の集合は，単に A のゼロ空間で与えられる．結果として，A が最大列階数をもつならば，$\boldsymbol{x} = \boldsymbol{0}$ が唯一の解である．一方，A の階数が最大列階数より少なければ，無限に多くの解が存在することとなる．非同次系 (nonhomogeneous system) とは，$\boldsymbol{u} \neq \boldsymbol{0}$ であるような連立方程式を指す．同次系は常に少なくとも 1 つの解 $\boldsymbol{x} = \boldsymbol{0}$ をもつが，非同次系は解が存在しない場合もある．解をもたない連立方程式は不能方程式系 (inconsistent system of equations) と呼ばれる一方，解が存在する系は可解系 (consistent system) と呼ばれる*1)．$\boldsymbol{u} \neq \boldsymbol{0}$，かつ，ある $\boldsymbol{x}$ に対して $A\boldsymbol{x} = \boldsymbol{u}$ が成立するならば，$\boldsymbol{u}$ は A の列の線形結合となるはずである．すなわち，非同次方程式系 $A\boldsymbol{x} = \boldsymbol{u}$ は，$\boldsymbol{u}$ が A の列空間に存在する場合，かつその場合に限って可解である．

連立方程式を解く際に関わる数学は，行列代数の方法を使うことで最も簡便に扱うことができる．例えば，最も単純な連立方程式の非同族系の 1 つとして，行列 A が正方行列で，非特異である場合を考える．このとき，A^{-1} が存在するから，連立方程式 $A\boldsymbol{x} = \boldsymbol{u}$ は，一意の解をもち，それが $\boldsymbol{x} = A^{-1}\boldsymbol{u}$ で与えられることがわかる．同様に，行列 A が特異行列か，または正方行列ですらない場合にも，行列代数の方法は，連立方程式が可解かどうかを決定するのに利用することができる．また，もし可解ならば，解を行列表記で得ることが可能である．線形方程式の一般的な連立方程式の解に関する定理は第 6 章において展開される．

2.9　ベクトル空間の共通部分と和

本節では，与えられた 2 つ以上のベクトル部分空間から別のベクトル部分空間を構成するための，一般的な方法について論じていく．まず最初に取り上げるのは，集合論においてなじみ深い操作の 1 つを利用する手法である．

*1)　(訳注) consistent には「無矛盾」という数学概念の意味がある．しかしここでは，inconsistent に対して「不能」とする訳がみられることも考慮し，意味が明確に対応する「可解」という訳を採用した．

定義 2.12 S_1 と S_2 が R^m のベクトル部分空間であるとする．このとき以下によって定義されるベクトル部分空間 $S_1 \cap S_2$ を，S_1 と S_2 の共通部分 (intersection) と呼ぶ．

$$S_1 \cap S_2 = \{\boldsymbol{x} \in R^m : \boldsymbol{x} \in S_1 \text{ and } \boldsymbol{x} \in S_2\}$$

この定義では，S_1 と S_2 がベクトル部分空間であるならば，集合 $S_1 \cap S_2$ もベクトル部分空間であるといっている点に注意が必要である．これは，以下の事実から簡単に確認することができる．もし $\boldsymbol{x}_1, \boldsymbol{x}_2$ が $S_1 \cap S_2$ に含まれているならば，$\boldsymbol{x}_1 \in S_1$, $\boldsymbol{x}_2 \in S_1$ かつ $\boldsymbol{x}_1 \in S_2$, $\boldsymbol{x}_2 \in S_2$ となっているはずである．したがって S_1 と S_2 がベクトル空間であるから，任意のスカラー α_1, α_2 を用いて構成される $\alpha_1\boldsymbol{x}_1 + \alpha_2\boldsymbol{x}_2$ もまた S_1 と S_2 の双方，すなわち $S_1 \cap S_2$ に含まれることになる．なお定義 2.12 は，自明な形により r 個のベクトル空間 $S_1, \ldots, S_r$ の共通部分 $S_1 \cap \cdots \cap S_r$ に拡張することが可能である．

集合論における別の操作に，S_1 と S_2 の要素を統合する合併 (union) と呼ばれるものがある．S_1 と S_2 の合併の定義は，以下のとおりである．

$$S_1 \cup S_2 = \{\boldsymbol{x} \in R^m : \boldsymbol{x} \in S_1 \text{ or } \boldsymbol{x} \in S_2\}$$

もし S_1 と S_2 がベクトル部分空間であるならば，$S_1 \subseteq S_2$ または $S_2 \subseteq S_1$ である場合にのみ，$S_1 \cup S_2$ もベクトル部分空間となる．したがって，次に述べるような S_1 と S_2 の組み合わせが，$S_1 \cup S_2$ を含む可能な限り最小の次元であるベクトル空間を充足することは，容易に示すことができる．

定義 2.13 S_1 と S_2 が R^m のベクトル部分空間であるとする．このとき以下によって定義されるベクトル空間 $S_1 + S_2$ を，S_1 と S_2 の和 (sum) と呼ぶ．

$$S_1 + S_2 = \{\boldsymbol{x}_1 + \boldsymbol{x}_2 : \boldsymbol{x}_1 \in S_1, \boldsymbol{x}_2 \in S_2\}$$

この定義もまた，r 個のベクトル空間 $S_1, \ldots, S_r$ の和 $S_1 + \cdots + S_r$ に容易に拡張することが可能である．また，以下に述べる定理 2.23 の証明は，問題として読者に委ねる．

定理 2.23 S_1 と S_2 が R^m のベクトル部分空間であるとき，以下が成り立つ．

$$\dim(S_1 + S_2) = \dim(S_1) + \dim(S_2) - \dim(S_1 \cap S_2)$$

例 2.18 S_1 と S_2 が，それぞれ基底として $\{\boldsymbol{x}_1, \boldsymbol{x}_2, \boldsymbol{x}_3\}$ および $\{\boldsymbol{y}_1, \boldsymbol{y}_2\}$ をもつような，R^5 のベクトル部分空間であるとする．また，これらの基底の内容は以下のとおりである．

$$\boldsymbol{x}_1 = (1, 0, 0, 1, 0)'$$
$$\boldsymbol{x}_2 = (0, 0, 1, 0, 1)'$$
$$\boldsymbol{x}_3 = (0, 1, 0, 0, 0)'$$

$$\boldsymbol{y}_1 = (1, 0, 0, 1, 1)'$$
$$\boldsymbol{y}_2 = (0, 1, 1, 0, 0)'$$

ここで，$S_1 + S_2$ と $S_1 \cap S_2$ の基底を求めたいとする．まず，明らかに $S_1 + S_2$ は集合 $\{\boldsymbol{x}_1, \boldsymbol{x}_2, \boldsymbol{x}_3, \boldsymbol{y}_1, \boldsymbol{y}_2\}$ によって張られていることがわかる．ただし $\boldsymbol{y}_2 = \boldsymbol{x}_1 + \boldsymbol{x}_2 + \boldsymbol{x}_3 - \boldsymbol{y}_1$ であり，$\alpha_1\boldsymbol{x}_1 + \alpha_2\boldsymbol{x}_2 + \alpha_3\boldsymbol{x}_3 + \alpha_4\boldsymbol{y}_1 = \boldsymbol{0}$ を満たすような定数 α_1, α_2, α_3, α_4 は，$\alpha_1 = \alpha_2 = \alpha_3 = \alpha_4 = 0$ 以外に存在しないことが容易に確認できる．したがって $S_1 + S_2$ の基底は $\{\boldsymbol{x}_1, \boldsymbol{x}_2, \boldsymbol{x}_3, \boldsymbol{y}_1\}$ であり，$\dim(S_1 + S_2) = 4$ となる．よって定理 2.23 から $\dim(S_1 \cap S_2) = 3 + 2 - 4 = 1$ と導かれるので，$S_1 \cap S_2$ の任意の基底は 1 つのベクトルによって表されることがわかる．これを知るためには，$\boldsymbol{x}$ と $\boldsymbol{y}$ の従属関係が手がかりとなる．すなわち，

$$\alpha_1\boldsymbol{x}_1 + \alpha_2\boldsymbol{x}_2 + \alpha_3\boldsymbol{x}_3 = \beta_1\boldsymbol{y}_1 + \beta_2\boldsymbol{y}_2$$

を満たすような α_1, α_2, α_3, β_1, β_2 がわかればよい．ここで $\boldsymbol{x}_1 + \boldsymbol{x}_2 + \boldsymbol{x}_3 = \boldsymbol{y}_1 + \boldsymbol{y}_2$ であるから，$\boldsymbol{y}_1 + \boldsymbol{y}_2 = (1, 1, 1, 1, 1)'$ が $S_1 \cap S_2$ の基底であることが導かれる．

S_1 と S_2 が $S_1 \cap S_2 = \{\boldsymbol{0}\}$ という関係にあるとき，S_1 と S_2 の和として求められるベクトル空間を S_1 と S_2 の直和 (direct sum) と呼び，$S_1 \oplus S_2$ と表記することがある．この特別な場合にのみ，各 $\boldsymbol{x} \in S_1 \oplus S_2$ は，$\boldsymbol{x}_1 \in S_1$ と $\boldsymbol{x}_2 \in S_2$ を用いて $\boldsymbol{x} = \boldsymbol{x}_1 + \boldsymbol{x}_2$ と一意に表すことが可能になる．さらに特殊な状況として，S_1 と S_2 が直交ベクトル空間である，すなわち任意の $\boldsymbol{x}_1 \in S_1$ と $\boldsymbol{x}_2 \in S_2$ について，$\boldsymbol{x}_1'\boldsymbol{x}_2 = 0$ が成立している状態を考えてみよう．このとき $\boldsymbol{x} \in S_1 \oplus S_2$ に関する一意な表現 $\boldsymbol{x} = \boldsymbol{x}_1 + \boldsymbol{x}_2$ は，$\boldsymbol{x}_1$ が $\boldsymbol{x}$ の S_1 上への直交射影，$\boldsymbol{x}_2$ が $\boldsymbol{x}$ の S_2 上への直交射影という形で定まる．例えば R^m における任意のベクトル部分空間 S を考えると，$R^m = S \oplus S^{\perp}$ であるから，任意の $\boldsymbol{x} \in R^m$ について以下が成立する．

$$\boldsymbol{x} = P_S\boldsymbol{x} + P_{S^{\perp}}\boldsymbol{x}$$

一般的に，ベクトル空間 S が r 個のベクトル空間 $S_1, \ldots, S_r$ の和であり，かつすべての $i \neq j$ について $S_i \cap S_j = \{\boldsymbol{0}\}$ であるならば，S は $S_1, \ldots, S_r$ の直和と呼ばれ，$S = S_1 \oplus \cdots \oplus S_r$ と表記される．

例 2.19　ベクトル空間 $S_1, \ldots, S_m$ は，各 S_i が $\{\boldsymbol{e}_i\}$ によって張られているものとする．ただし $\boldsymbol{e}_i$ とは，一般的な定義どおりに $m \times m$ 単位行列の i 番目の列を表している．さらに 2 つ目のベクトル空間の列 $T_1, \ldots, T_m$ として，$i \leq m - 1$ については T_i が $\{\boldsymbol{e}_i, \boldsymbol{e}_{i+1}\}$ によって張られているのに対し，T_m は $\{\boldsymbol{e}_1, \boldsymbol{e}_m\}$ によって張られているような空間を考える．すると，$R^m = S_1 + \cdots + S_m$ であると同時に，$R^m = T_1 + \cdots + T_m$ でもある．しかし $R^m = S_1 \oplus \cdots \oplus S_m$ ではあるが，$R^m = T_1 \oplus \cdots \oplus T_m$ であるとは限らない．なぜなら，すべての $i \neq j$ について $T_i \cap T_j = \{\boldsymbol{0}\}$ が成立してはいないから

である．したがって，R^m に含まれる任意の $\boldsymbol{x} = (x_1, \ldots, x_m)'$ は，各空間 $S_1, \ldots, S_m$ に由来するベクトルの和としてならば，

$$\boldsymbol{x} = x_1\boldsymbol{e}_1 + \cdots + x_m\boldsymbol{e}_m$$

のような形で一意に表すことができる．ここで，$\boldsymbol{e}_i \in S_i$ である．しかし $T_1, \ldots, T_m$ に基づく分解は，一意には定まらない．例えば上の式を満たすような和は，$\boldsymbol{e}_1 \in T_1$, $\boldsymbol{e}_2 \in T_2, \ldots$, $\boldsymbol{e}_m \in T_m$ と，$\boldsymbol{e}_2 \in T_1$, $\boldsymbol{e}_3 \in T_2, \ldots$, $\boldsymbol{e}_m \in T_{m-1}$, $\boldsymbol{e}_1 \in T_m$ の，どちらの選び方をしても構成することができる．また，$\boldsymbol{x}$ の空間 $S_1, \ldots, S_m$ 上への直交射影の和は $\boldsymbol{x}$ になるが，空間 $T_1, \ldots, T_m$ 上への $\boldsymbol{x}$ の直交射影の和は $2\boldsymbol{x}$ となってしまう．最後に 3 つ目のベクトル空間の列 $U_1, \ldots, U_m$ として，U_i が $\boldsymbol{\gamma}_i = \boldsymbol{e}_1 + \cdots + \boldsymbol{e}_i$ に基づく基底 $\{\boldsymbol{\gamma}_i\}$ をもっているような場合を考える．このとき，明らかに $i \neq j$ について $U_i \cap U_j = \{\boldsymbol{0}\}$ であるから，$R^m = U_1 \oplus \cdots \oplus U_m$ であり，各 $\boldsymbol{x} \in R^m$ は $\boldsymbol{x}_i \in U_i$ に基づく $\boldsymbol{x} = \boldsymbol{x}_1 + \cdots + \boldsymbol{x}_m$ という一意の分解をもつことになる．しかしこの場合，U_i の集合は直交ベクトル空間ではないため，$\boldsymbol{x}$ の分解が $\boldsymbol{x}$ の空間 $U_1, \ldots, U_m$ 上への直交射影の和になるわけではない．

2.10 凸　集　合

凸集合 (convex set) はベクトル空間の部分集合の特別なものとして知られている．このような集合は，その集合内の任意の他の 2 点をつなげる線分上のすべての点をその集合内に含むという性質をもっている．以下は定義 2.14 である．

定義 2.14　任意の $\boldsymbol{x}_1 \in S$ と $\boldsymbol{x}_2 \in S$ に対して以下が成り立つならば集合 $S \subseteq R^m$ は凸集合と呼ばれる．ここで，c は $0 < c < 1$ を満たす任意のスカラーである．

$$c\boldsymbol{x}_1 + (1-c)\boldsymbol{x}_2 \in S$$

凸集合であるための条件は，ベクトル空間であるための条件と似ている．つまり，S がベクトル空間であるためには，任意の $\boldsymbol{x}_1 \in S$，$\boldsymbol{x}_2 \in S$，そして任意の α_1 と α_2 に対して $\alpha_1\boldsymbol{x}_1 + \alpha_2\boldsymbol{x}_2 \in S$ である必要がある．一方，S が凸集合であるためには，α_1 と α_2 が非負かつ $\alpha_1 + \alpha_2 = 1$ のときに限りそれが成立すればよい．したがって，任意のベクトル空間は凸集合である．しかし，ベクトル空間ではないが実際には凸集合であるような類似した集合も多く存在する．例えば，R 内の区間，R^2 内の長方形，そして R^m 内の楕円形領域はすべて凸集合の例である．$\boldsymbol{x}_1$ と $\boldsymbol{x}_2$ の線形結合 $\alpha_1\boldsymbol{x}_1 + \alpha_2\boldsymbol{x}_2$ は，$\alpha_1 + \alpha_2 = 1$ かつ，各 i について $\alpha_i \geq 0$ のとき，凸結合 (convex combination) と呼ばれる．より一般的には，$\alpha_1 + \cdots + \alpha_r = 1$ かつ，各 i について $\alpha_i \geq 0$ のとき，$\alpha_1\boldsymbol{x}_1 + \cdots + \alpha_r\boldsymbol{x}_r$ はベクトル $\boldsymbol{x}_1, \ldots, \boldsymbol{x}_r$ の凸結合と呼ばれる．したがって，単純な帰納的推論によって，S 内のベクトルのすべての凸結合に関して閉じているとき，かつそのときに限り，集合

S は凸であることがわかるだろう.

定理 2.24 は凸集合の共通部分と，凸集合の和は凸集合であることを示している．その証明は練習問題として残しておく.

定理 2.24 S_1 と S_2 は凸集合であるとする．ここで，各 i について $S_i \subseteq R^m$ である．このとき以下の 2 つの集合は凸である.

(a) $S_1 \cap S_2$
(b) $S_1 + S_2 = \{\boldsymbol{x}_1 + \boldsymbol{x}_2 : \boldsymbol{x}_1 \in S_1,\ \boldsymbol{x}_2 \in S_2\}$

任意の集合 S に対して，S を含むすべての凸集合の共通部分として定義される集合 $C(S)$ は S の凸包 (convex hull) と呼ばれる．したがって，定理 2.24(a) を一般化すれば，$C(S)$ は S を含む最小の凸集合といえる.

任意の $\delta > 0$ に対して集合 $S_\delta = \{\boldsymbol{x} : \boldsymbol{x} \in R^m,\ (\boldsymbol{x} - \boldsymbol{a})'(\boldsymbol{x} - \boldsymbol{a}) < \delta\}$ が $\boldsymbol{a}$ とは異なる S の内の点を少なくとも 1 つ含むならば，点 $\boldsymbol{a}$ は集合 $S \subseteq R^m$ の極限点 (limit point) あるいは集積点 (accumulation point) である．閉集合はすべてのその極限点を含んだ集合である．S が集合であるとき，$\bar{S}$ はその閉包 (closure) である．つまり，S_0 を S のすべての極限点の集合とすると，$\bar{S} = S \cup S_0$ である．定理 2.25 では，S の凸性は $\bar{S}$ の凸性を保証することが示される.

定理 2.25 $S \subseteq R^m$ が凸集合であるならば，その閉包 $\bar{S}$ もまた凸集合である.

証明 集合 $B_n = \{\boldsymbol{x} : \boldsymbol{x} \in R^m,\ \boldsymbol{x}'\boldsymbol{x} \leq n^{-1}\}$ が凸集合であることは容易に証明される．ここで，n は正の整数である．よって，定理 2.24(b) から $C_n = S + B_n$ もまた凸集合である．定理 2.24(a) で与えられた結果の一般化から，

$$A = \bigcap_{n=1}^{\infty} C_n$$

もまた凸集合となる．$A = \bar{S}$ であることがわかれば結果は成り立つ. □

凸集合に関する最も重要な結果の 1 つは分離超平面定理 (separating hyperplane theorem) として知られる定理である．R^m に含まれる超平面は $T = \{\boldsymbol{x} : \boldsymbol{x} \in R^m,\ \boldsymbol{a}'\boldsymbol{x} = c\}$ という形式の集合である．ここで $\boldsymbol{a}$ は $m \times 1$ ベクトル，c はスカラーである．したがって，$m = 2$ ならば，T は R^2 に含まれる直線を表し，$m = 3$ ならば，T は R^3 に含まれる平面となる．2 つの凸集合 S_1 と S_2 は，それらの共通部分が空集合であるならば，超平面によって分離されることを分離超平面定理は示している．つまり，S_1 を一方に含み，S_2 を他方に含むような 2 つの部分に R^m を分けるような超平面が存在することをこの定理は示している．この結果を証明する前に，準備段階としていくつかの結果を得る必要がある．最初の結果は，集合の 1 つが 1 点 $\mathbf{0}$ を含むような分離超平面定理の特別な場合である.

定理 2.26 S を R^m の空でない閉じた凸部分集合とし，$\mathbf{0} \notin S$ とする．するとすべての $\boldsymbol{x} \in S$ に対して $\boldsymbol{a}'\boldsymbol{x} > 0$ となるような $m \times 1$ ベクトル $\boldsymbol{a}$ が存在する．

証明 $\boldsymbol{a}$ は S に含まれる点であり，以下を満たすとする．

$$\boldsymbol{a}'\boldsymbol{a} = \inf_{\boldsymbol{x} \in S} \boldsymbol{x}'\boldsymbol{x}$$

ここで，inf は最大下界 (infimum, greatest lower bound) を示す．そのような $\boldsymbol{a} \in S$ が存在することは S が閉じており空集合でないという事実の結果である．加えて，$\mathbf{0} \notin S$ であるから，$\boldsymbol{a} \neq \mathbf{0}$ である．c を任意のスカラーとして $\boldsymbol{x}$ を S に含まれる $\boldsymbol{a}$ 以外の任意のベクトルとし，ベクトル $c\boldsymbol{x} + (1-c)\boldsymbol{a}$ について考える．c の関数としてのこのベクトルの長さの 2 乗は以下で与えられる．

$$\begin{aligned} f(c) &= \{c\boldsymbol{x} + (1-c)\boldsymbol{a}\}'\{c\boldsymbol{x} + (1-c)\boldsymbol{a}\} \\ &= \{c(\boldsymbol{x} - \boldsymbol{a}) + \boldsymbol{a}\}'\{c(\boldsymbol{x} - \boldsymbol{a}) + \boldsymbol{a}\} \\ &= c^2(\boldsymbol{x} - \boldsymbol{a})'(\boldsymbol{x} - \boldsymbol{a}) + 2c\boldsymbol{a}'(\boldsymbol{x} - \boldsymbol{a}) + \boldsymbol{a}'\boldsymbol{a} \end{aligned}$$

この 2 次関数 $f(c)$ の 2 階微分は正であるから，この関数は以下の点において一意な最小値をもっていることがわかる．

$$c_* = -\frac{\boldsymbol{a}'(\boldsymbol{x} - \boldsymbol{a})}{(\boldsymbol{x} - \boldsymbol{a})'(\boldsymbol{x} - \boldsymbol{a})}$$

いま，S は凸であるから，$0 \leq c \leq 1$ のとき $\boldsymbol{x}_c = c\boldsymbol{x} + (1-c)\boldsymbol{a} \in S$ である．したがって，$\boldsymbol{a}$ が定義された経緯を考えれば，$0 \leq c \leq 1$ に対して $\boldsymbol{x}_c'\boldsymbol{x}_c = f(c) \geq f(0) = \boldsymbol{a}'\boldsymbol{a}$ をもたねばならない．しかし，$f(c)$ は 2 次構造であるから，これはすべての $c > 0$ に対して $f(c) > f(0)$ であることを意味している．言い換えるならば，$c_* \leq 0$ であり，これは以下が成立することを意味する．

$$\boldsymbol{a}'(\boldsymbol{x} - \boldsymbol{a}) \geq 0$$

すなわち以下となる．

$$\boldsymbol{a}'\boldsymbol{x} \geq \boldsymbol{a}'\boldsymbol{a} > 0$$

これでこの定理は証明された． □

集合 $S_\delta = \{\boldsymbol{x} : \boldsymbol{x} \in R^m,\ (\boldsymbol{x} - \boldsymbol{x}_*)'(\boldsymbol{x} - \boldsymbol{x}_*) < \delta\}$ が S の部分集合であるようなある $\delta > 0$ が存在するならば，点 $\boldsymbol{x}_*$ は S の内点 (interior point) である．一方，もし各 $\delta > 0$ に対して，集合 S_δ が少なくとも S 内に 1 点そして，少なくとも S 外に 1 点を含むならば，$\boldsymbol{x}_*$ は S の境界点である．定理 2.27 では集合 S と集合 $\bar{S}$ はもし S が凸であるならば同じ内点をもつことが示される．

定理 2.27　S は R^m の凸部分集合であるとする．一方，T は R^m の開部分集合 (open subset) とする．もし $T \subset \bar{S}$ ならば $T \subset S$ である．

証明　$\boldsymbol{x}_*$ を T 内の任意の点であるとし，以下の集合を定義する．

$$S_* = \{\boldsymbol{x} : \boldsymbol{x} = \boldsymbol{y} - \boldsymbol{x}_*,\ \boldsymbol{y} \in S\},\quad T_* = \{\boldsymbol{x} : \boldsymbol{x} = \boldsymbol{y} - \boldsymbol{x}_*,\ \boldsymbol{y} \in T\}$$

定理 2.27 の条件から，S_* が凸集合であり，T_* は開部分集合であり，そして $T_* \subset \bar{S}_*$ である．$\mathbf{0} \in S_*$ であることを示せば証明は完了する．なぜなら，これは $\boldsymbol{x}_* \in S$ を意味するからである．$\mathbf{0} \in T_*$ であり T_* は開部分集合であるから，ベクトル $\epsilon\boldsymbol{e}_1, \ldots, \epsilon\boldsymbol{e}_m, -\epsilon\mathbf{1}_m$ がそれぞれ T_* に含まれるような $\epsilon > 0$ を見つけることが可能である．これらのベクトルもまた $\bar{S}_*$ に含まれなければならないから，$\boldsymbol{x}_{ij} \in S_*$ かつ，$j \to \infty$ となるにしたがって，$i = 1, \ldots, m$ に対して $\boldsymbol{x}_{ij} \to \epsilon\boldsymbol{e}_i$ であり，$i = m+1$ に対して $\boldsymbol{x}_{ij} \to -\epsilon\mathbf{1}_m$ であるような列 $\boldsymbol{x}_{i1}, \boldsymbol{x}_{i2}, \ldots$ を見つけることが可能である．$j \to \infty$ となるにしたがって，$X_j \to \epsilon I_m$ となるような $m \times m$ 行列 $X_j = (\boldsymbol{x}_{1j}, \ldots, \boldsymbol{x}_{mj})$ を定義する．すると，すべての $j > N_1$ に対して X_j が非特異となるような整数 N_1 が存在することになる．$j > N_1$ に対して，

$$\boldsymbol{y}_j \to (\epsilon I_m)^{-1}(-\epsilon\mathbf{1}_m) = -\mathbf{1}_m$$

となるような

$$\boldsymbol{y}_j = X_j^{-1}\boldsymbol{x}_{m+1,j} \tag{2.17}$$

を定義する．したがって，すべての $j > N_2$ に対して $\boldsymbol{y}_j$ のすべての成分が負であるようなある整数 $N_2 \geq N_1$ が存在する．しかし (2.17) 式から，以下が得られる．

$$\boldsymbol{x}_{m+1,j} - X_j\boldsymbol{y}_j = \begin{bmatrix} X_j & \boldsymbol{x}_{m+1,j} \end{bmatrix} \begin{bmatrix} -\boldsymbol{y}_j \\ 1 \end{bmatrix} = \mathbf{0}$$

この同じ方程式はベクトル $(-\boldsymbol{y}_j', 1)'$ を単位ベクトル $(\boldsymbol{y}_j'\boldsymbol{y}_j + 1)^{-1/2}(-\boldsymbol{y}_j', 1)'$ で置き換えても成立する．したがって，$\mathbf{0}$ はそれぞれが S_* に含まれる $[X_j \quad \boldsymbol{x}_{m+1,j}]$ の列の凸結合である．ゆえに S_* は凸集合であるから $\mathbf{0} \in S_*$ である．□

定理 2.28 はしばしば支持超平面定理 (supporting hyperplane theorem) と呼ばれる．この定理は，凸集合 S 内の任意の境界点に対して，その点を通り，S のいかなる点も超平面の片側に含まれないような超平面が存在することを述べている．

定理 2.28　S が R^m の凸部分集合であり，$\boldsymbol{x}_*$ は S に含まれていないか，あるいは S に含まれているならば S の境界点であるかのどちらかとする．このとき，すべての $\boldsymbol{x} \in S$ に対して $\boldsymbol{b}'\boldsymbol{x} \geq \boldsymbol{b}'\boldsymbol{x}_*$ となるような $m \times 1$ ベクトル $\boldsymbol{b} \neq \mathbf{0}$ が存在する．

証明　定理 2.27 から，$\boldsymbol{x}_*$ もまた $\bar{S}$ に含まれていないか，あるいは $\bar{S}$ に含まれているな

らば $\bar{S}$ の境界点でなければならないことになる．したがって，$i \to \infty$ となるにしたがって，$\boldsymbol{x}_i \to \boldsymbol{x}_*$ となり，各 $\boldsymbol{x}_i \notin \bar{S}$ であるようなベクトルの列 $\boldsymbol{x}_1, \boldsymbol{x}_2, \ldots$ が存在する．各 $\boldsymbol{x}_i$ に対応させて，集合 $S_i = \{\boldsymbol{y} : \boldsymbol{y} = \boldsymbol{x} - \boldsymbol{x}_i, \boldsymbol{x} \in S\}$ を定義する．ここで $\boldsymbol{x}_i \notin \bar{S}$ であるから $\mathbf{0} \notin \bar{S}_i$ となることに注意してほしい．したがって，定理 2.25 より，$\bar{S}_i$ は閉じており，凸であるから，定理 2.26 より，すべての $\boldsymbol{y} \in \bar{S}_i$ に対して $\boldsymbol{a}_i'\boldsymbol{y} > 0$ となるような $m \times 1$ ベクトル $\boldsymbol{a}_i$ が存在する．あるいは同じことであるが，すべての $\boldsymbol{x} \in \bar{S}$ に対して $\boldsymbol{a}_i'(\boldsymbol{x} - \boldsymbol{x}_i) > 0$ となるような $m \times 1$ ベクトル $\boldsymbol{a}_i$ が存在する．これは $\boldsymbol{b}_i'(\boldsymbol{x} - \boldsymbol{x}_i) > 0$ と書き換えることも可能である．ここで $\boldsymbol{b}_i = (\boldsymbol{a}_i'\boldsymbol{a}_i)^{-1/2}\boldsymbol{a}_i$ である．いま，$\boldsymbol{b}_i'\boldsymbol{b}_i = 1$ であるから，列 $\boldsymbol{b}_1, \boldsymbol{b}_2, \ldots$ は有界数列 (bounded sequence) である．したがって，これは収束部分列 (convergent subsequence) をもっている．つまり，$j \to \infty$ となるにしたがって，$\boldsymbol{b}_{i_j} \to \boldsymbol{b}$ となるような正の整数 $i_1 < i_2 < \cdots$ とある $m \times 1$ 単位ベクトル $\boldsymbol{b}$ が存在する．したがって，$j \to \infty$ となるにしたがって，$\boldsymbol{b}_{i_j}'(\boldsymbol{x} - \boldsymbol{x}_{i_j}) \to \boldsymbol{b}'(\boldsymbol{x} - \boldsymbol{x}_*)$ となる．そして，すべての $\boldsymbol{x} \in S$ に対して $\boldsymbol{b}_{i_j}'(\boldsymbol{x} - \boldsymbol{x}_{i_j}) > 0$ であるから，すべての $\boldsymbol{x} \in S$ に対して $\boldsymbol{b}'(\boldsymbol{x} - \boldsymbol{x}_*) \geq 0$ でなければならない．これでこの定理は証明された．□

これで分離超平面定理を証明する準備が整った．

定理 2.29　S_1 と S_2 は $S_1 \cap S_2 = \emptyset$ であるような R^m の凸部分集合とする．このとき，すべての $\boldsymbol{x}_1 \in S_1$ とすべての $\boldsymbol{x}_2 \in S_2$ に対して $\boldsymbol{b}'\boldsymbol{x}_1 \geq \boldsymbol{b}'\boldsymbol{x}_2$ となるような $m \times 1$ ベクトル $\boldsymbol{b} \neq \mathbf{0}$ が存在する．

証明　S_2 は凸であるから，集合 $S_{2*} = \{\boldsymbol{x} : -\boldsymbol{x} \in S_2\}$ が凸であることは明らかである．したがって，定理 2.24 から，以下の集合もまた凸である．

$$S = S_1 + S_{2*} = \{\boldsymbol{x} : \boldsymbol{x} = \boldsymbol{x}_1 - \boldsymbol{x}_2, \boldsymbol{x}_1 \in S_1, \boldsymbol{x}_2 \in S_2\}$$

加えて，$S_1 \cap S_2 = \emptyset$ であるから $\mathbf{0} \notin S$ である．したがって，定理 2.28 を利用すれば，すべての $\boldsymbol{x} \in S$ に対して $\boldsymbol{b}'\boldsymbol{x} \geq 0$ となるような $m \times 1$ ベクトル $\boldsymbol{b} \neq \mathbf{0}$ が見つかる．しかし，この結果は，期待されたように，すべての $\boldsymbol{x}_1 \in S_1$ とすべての $\boldsymbol{x}_2 \in S_2$ に対して $\boldsymbol{b}'(\boldsymbol{x}_1 - \boldsymbol{x}_2) \geq 0$ であることを意味する．□

$f(x)$ は $x = 0$ に対して対称で，唯一の最大値を $x = 0$ においてもつような非負関数とする．言い換えるならば，すべての x に対して $f(x) = f(-x)$ かつ，もし $0 \leq c \leq 1$ であるならば $f(x) \leq f(cx)$ となる．明らかに，$f(x)$ をある固定された長さの区間について積分したものは，その区間が 0 を中心としているならば最大化されるだろう．これは，任意の y，$a > 0$，および $0 \leq c \leq 1$ に対して以下のように表現される．

$$\int_{-a}^{a} f(x + cy)dx \geq \int_{-a}^{a} f(x + y)dx$$

この結果は，確率変数の確率に関して重要な応用的意味をもつ．次に示すのは，R^1 の

区間を R^m の対称な凸集合と置き換えて $m \times 1$ ベクトル $\boldsymbol{x}$ の関数 $f(\boldsymbol{x})$ に関する結果に一般化したものである．この一般化は Anderson(1955) による．この結果の確率ベクトルの確率に対する簡単ないくつかの応用に関しては練習問題 2.61 を参照してほしい．この結果のさらなる拡張および応用については Anderson(1996) および Perlman(1990) を参照してほしい．

定理 2.30　S は R^m の凸部分集合であり，$\mathbf{0}$ に関して対称であると仮定する．したがって $\boldsymbol{x} \in S$ であるならば $-\boldsymbol{x} \in S$ でもある．$f(\boldsymbol{x}) \geq 0$ は $f(\boldsymbol{x}) = f(-\boldsymbol{x})$ となる関数，$S_\alpha = \{\boldsymbol{x} : f(\boldsymbol{x}) \geq \alpha\}$ は任意の正の α に対して凸であり，$\int_S f(\boldsymbol{x})d\boldsymbol{x} < \infty$ とする．すると，以下は $0 \leq c \leq 1$ と $\boldsymbol{y} \in R^m$ に対して成立する．

$$\int_S f(\boldsymbol{x} + c\boldsymbol{y})d\boldsymbol{x} \geq \int_S f(\boldsymbol{x} + \boldsymbol{y})d\boldsymbol{x}$$

凸集合に関するより包括的な議論は Berkovitz(2002)，Kelly and Weiss(1979)，Lay(1982)，そして Rockafellar(1970) で行われている．一方，Ferguson(1967) では分離超平面定理の統計的決定理論に対するいくつかの応用が行われている．

練習問題

2.1　以下のベクトル集合がそれぞれベクトル空間か判定せよ．

(a) $\{(a, b, a+b, 1)' : -\infty < a < \infty, -\infty < b < \infty\}$
(b) $\{(a, b, c, a+b-2c)' : -\infty < a < \infty, -\infty < b < \infty, -\infty < c < \infty\}$
(c) $\{(a, b, c, 1-a-b-c)' : -\infty < a < \infty, -\infty < b < \infty, -\infty < c < \infty\}$

2.2　次のベクトル空間を考える．

$$S = \{(a, a+b, a+b, -b)' : -\infty < a < \infty, -\infty < b < \infty\}$$

以下のどのベクトル集合が S の張る集合であるか判定せよ．

(a) $\{(1, 0, 0, 1)', (1, 2, 2, -1)'\}$
(b) $\{(1, 1, 0, 0)', (0, 0, 1, -1)'\}$
(c) $\{(2, 1, 1, 1)', (3, 1, 1, 2)', (3, 2, 2, 1)'\}$
(d) $\{(1, 0, 0, 0)', (0, 1, 1, 0)', (0, 0, 0, 1)'\}$

2.3　ベクトル $\boldsymbol{x} = (1, 1, 1, 1)'$ は練習問題 2.2 で与えられたベクトル空間 S 内のベクトルであるか，またベクトル $\boldsymbol{y} = (4, 1, 1, 3)'$ は S 内にあるかどうか示せ．

2.4　$\{\boldsymbol{x}_1, \ldots, \boldsymbol{x}_r\}$ をベクトル空間 S 内のベクトル集合とし，W はこれらのベクトルのすべての可能な線形結合から成り立つベクトル部分空間とする．W が $\{\boldsymbol{x}_1, \ldots, \boldsymbol{x}_r\}$ を含む S の最小の部分空間であることを証明せよ．つまり，もし V が $\{\boldsymbol{x}_1, \ldots, \boldsymbol{x}_r\}$ を

含む別のベクトル部分空間としたときに，W が V の部分空間であることを示せ．

2.5 $\boldsymbol{x}$ は以下で与えられる平均ベクトル $\boldsymbol{\mu}$ と共分散行列 Ω の分布をもつ確率ベクトルとする．

$$\boldsymbol{\mu} = \begin{bmatrix} 1 \\ 1 \end{bmatrix}, \quad \Omega = \begin{bmatrix} 1 & -0.5 \\ -0.5 & 1 \end{bmatrix}$$

$\boldsymbol{x}_1 = (2,2)'$ と $\boldsymbol{x}_2 = (2,0)'$ をこの分布からの 2 つの観測値とする．これら 2 つの観測値のうち，どちらがより平均に近いかマハラノビス距離関数を使用して判定せよ．

2.6 コーシー–シュワルツの不等式を使用して三角不等式を証明せよ．つまり，$m \times 1$ ベクトル $\boldsymbol{x}$ ならびに $\boldsymbol{y}$ に対して，

$$\{(\boldsymbol{x}+\boldsymbol{y})'(\boldsymbol{x}+\boldsymbol{y})\}^{1/2} \le (\boldsymbol{x}'\boldsymbol{x})^{1/2} + (\boldsymbol{y}'\boldsymbol{y})^{1/2}$$

が成り立つことを示せ．

2.7 2.2 節で定義された関数 $\|\boldsymbol{x}\|_p$ ならびに $\|\boldsymbol{x}\|_\infty$ が，実際にベクトルノルムであることを示せ．

2.8 定理 2.3 を証明せよ．

2.9 以下のベクトルの集合のうち，線形独立であるのはどれか．

(a) $\{(1,-1,2)', (3,1,1)'\}$
(b) $\{(4,-1,2)', (3,2,3)', (2,5,4)'\}$
(c) $\{(1,2,3)', (2,3,1)', (-1,1,1)'\}$
(d) $\{(1,-1,-1)', (2,4,3)', (3,3,5)', (7,0,1)'\}$

2.10 ベクトルの集合 $\{(1,2,2,2)', (1,2,1,2)', (1,1,1,1)'\}$ が線形独立であることを示せ．

2.11 以下のベクトルの集合を考える $\{(2,1,4,3)', (3,0,5,2)', (0,3,2,5)', (4,2,8,6)'\}$．

(a) これらのベクトル集合が線形従属であることを示せ．
(b) これらの 4 つのベクトルの集合から線形独立となるような，2 つのベクトルからなる部分集合を見つけよ．

2.12 以下のベクトルの集合の内 R^4 の基底をもつものはどれか．

(a) $\{(0,1,0,1)', (1,1,0,0)', (0,0,1,1)'\}$
(b) $\{(2,2,2,1)', (2,1,1,1)', (3,2,1,1)', (1,1,1,1)'\}$
(c) $\{(2,0,1,1)', (3,1,2,2)', (2,1,1,2)', (2,1,2,1)'\}$

2.13 $\boldsymbol{x}_1 = (2, -3, 2)', \boldsymbol{x}_2 = (4, 1, 1)'$ としたとき，$\{\boldsymbol{x}_1, \boldsymbol{x}_2, \boldsymbol{x}_3\}$ が R^3 の基底となるような $\boldsymbol{x}_3$ を見つけよ．

2.14 ベクトル空間 S が $\boldsymbol{x}_1 = (1, -2, 1)', \boldsymbol{x}_2 = (2, 1, 1)', \boldsymbol{x}_3 = (8, -1, 5)'$ によって張られている集合であるとする．

(a) S の次元が 2 であることを示し，その基底 $\{\boldsymbol{z}_1, \boldsymbol{z}_2\}$ を見つけよ．

(b) S に含まれる $\boldsymbol{x} = (1, 3, 0)'$ が，$\boldsymbol{x} = \alpha_1 \boldsymbol{z}_1 + \alpha_2 \boldsymbol{z}_2$ となるようなスカラー α_1, α_2 を見つけよ．

(c) (b) で与えられた $\boldsymbol{x}$ について $\boldsymbol{x} = \alpha_1 \boldsymbol{x}_1 + \alpha_2 \boldsymbol{x}_2 + \alpha_3 \boldsymbol{x}_3$ となるようなスカラー $\alpha_1, \alpha_2, \alpha_3$ を 2 組見つけよ．

2.15 $\{\boldsymbol{x}_1, \ldots, \boldsymbol{x}_r\}$ がベクトル空間 S の 1 つの基底であるとき，S からの，r 本のベクトルより多く含まれているすべての集合は線形従属となることを示せ．またこのとき S の基底におけるベクトルの数が一意に規定されることに注意せよ．

2.16 定理 2.9 の (b)〜(d) を証明せよ．

2.17 もし直交ベクトルの集合がゼロベクトルを含まないならば，その集合は線形独立であることを証明せよ．

2.18 $\boldsymbol{x}_1$ と $\boldsymbol{x}_2$ が線形独立であるとし，$\boldsymbol{y}_1 = a\boldsymbol{x}_1 + b\boldsymbol{x}_2$ と $\boldsymbol{y}_2 = c\boldsymbol{x}_1 + d\boldsymbol{x}_2$ を定義する．このとき $ad \neq bc$ ならばそのときのみ，$\boldsymbol{y}_1$ と $\boldsymbol{y}_2$ が線形独立であることを証明せよ．

2.19 練習問題 2.2 で与えられたベクトル空間の基底を求め，このベクトル空間の次元数を決定せよ．また，同一のベクトル空間に対して異なった 2 つ目の基底を求めよ．ただし，2 つ目の基底に含まれるベクトルはいずれも 1 つ目の基底に含まれるベクトルのスカラー倍ではないとする．

2.20 例 2.4 で与えられたベクトルの集合 $\{\boldsymbol{\gamma}_1, \ldots, \boldsymbol{\gamma}_m\}$ は R^m の基底であることを示せ．

2.21 A を $m \times n$ 行列，B を $n \times p$ 行列とする．このとき，以下を示せ．

(a) $R(AB) \subseteq R(A)$

(b) $\text{rank}(AB) = \text{rank}(A)$ ならば $R(AB) = R(A)$

2.22 A と B を $m \times n$ 行列とする．$R(B) \subseteq R(A)$ ならばそのときのみ $AC = B$ を満たすような $n \times n$ 行列 C が存在することを示せ．

2.23 A を $m \times n$ 行列，B を $m \times p$ 行列とする．このとき，以下を証明せよ．

$$\text{rank}([A\ B]) \leq \text{rank}(A) + \text{rank}(B)$$

2.24　定理 2.12 の結果を証明せよ.

2.25　$\boldsymbol{x}$ を $m \times 1$ 非ゼロベクトル，$\boldsymbol{y}$ を $n \times 1$ 非ゼロベクトルとする．$\boldsymbol{x}\boldsymbol{y}'$ の階数はいくつか.

2.26　A，B，C はそれぞれサイズ $p \times n$，$m \times q$，$m \times n$ の行列とする．もし $C = FA + BG$ を満たすような $m \times p$ 行列 F と $q \times n$ 行列 G が存在するならば，以下が成立することを証明せよ.

$$\operatorname{rank}\left(\begin{bmatrix} C & B \\ A & (0) \end{bmatrix}\right) = \operatorname{rank}(A) + \operatorname{rank}(B)$$

2.27　A は $m \times n$ 行列，B は $\operatorname{rank}(B) = n$ の $n \times p$ 行列とする．$\operatorname{rank}(A) = \operatorname{rank}(AB)$ を示せ.

2.28　A と B が $m \times m$ 行列のとき，$\operatorname{rank}(AB) = \operatorname{rank}(BA)$ が必ずしも成り立たないことの具体例を示せ.

2.29　例 2.7 と例 2.10 を参照し，$Z_1 = (\boldsymbol{z}_1, \boldsymbol{z}_2, \boldsymbol{z}_3)$ および $X_1 = (\boldsymbol{x}_1, \boldsymbol{x}_2, \boldsymbol{x}_3)$ のとき，$Z_1 = X_1 A$ を満たすような行列 A を求めよ．また，$AA' = (X_1' X_1)^{-1}$ を示せ.

2.30　S は $\boldsymbol{x}_1 = (1, 2, 1, 2)'$，$\boldsymbol{x}_2 = (2, 3, 1, 2)'$，$\boldsymbol{x}_3 = (3, 4, -1, 0)'$，$\boldsymbol{x}_4 = (3, 4, 0, 1)'$ によって張られているベクトル空間とする.

(a) S の基底を求めよ.
(b) (a) で求めた基底に対して，グラム–シュミットの方法を用いて S の正規直交基底を決定せよ.
(c) $\boldsymbol{x} = (1, 0, 0, 1)'$ の S 上への直交射影を求めよ.
(d) S に直交する $\boldsymbol{x}$ の成分を求めよ.

2.31　(2.10) 式を用いて練習問題 2.30 で与えられたベクトル空間 S の射影行列を決定せよ．この射影行列を用いて S に対する $\boldsymbol{x} = (1, 0, 0, 1)'$ の直交射影を計算せよ.

2.32　ベクトル $\boldsymbol{x}_1 = (1, 2, 3)', \boldsymbol{x}_2 = (1, 1, -1)'$ によって張られたベクトル空間を S とする．点 $\boldsymbol{x} = (1, 1, 1)'$ に最も近い S における点を見つけよ.

2.33　$\{\boldsymbol{z}_1, \ldots, \boldsymbol{z}_r\}$ をベクトル空間 S に対する正規直交基底であるとする．$\boldsymbol{x} \in S$ であるならば以下が成り立つことを示せ.

$$\boldsymbol{x}'\boldsymbol{x} = (\boldsymbol{x}'\boldsymbol{z}_1)^2 + \cdots + (\boldsymbol{x}'\boldsymbol{z}_r)^2$$

2.34　S が以下の射影行列をもつ R^4 のベクトル部分空間であるとする.

$$P_S = \frac{1}{10}\begin{bmatrix} 6 & -2 & -2 & -4 \\ -2 & 9 & -1 & -2 \\ -2 & -1 & 9 & -2 \\ -4 & -2 & -2 & 6 \end{bmatrix}$$

(a) S の次元はいくつか.
(b) S の基底を求めよ.

2.35 P_1 と P_2 を $m \times m$ 射影行列とするとき，以下を示せ.

(a) $P_1P_2 = P_2P_1 = (0)$ であればそのときのみ $P_1 + P_2$ は射影行列である.
(b) $P_1P_2 = P_2P_1 = P_2$ であればそのときのみ $P_1 - P_2$ は射影行列である.

2.36 ベクトル空間 $S = \{\boldsymbol{u} : \boldsymbol{u} = A\boldsymbol{x}, \boldsymbol{x} \in R^4\}$ を考える．ここで A は以下で与えられる 4×4 行列である.

$$A = \begin{bmatrix} 1 & 2 & 0 & 1 \\ 1 & 1 & 2 & 2 \\ 1 & 0 & 4 & 3 \\ 1 & 3 & -2 & 0 \end{bmatrix}$$

(a) S の次元を求め，基底を見つけよ.
(b) S のゼロ空間 $N(A)$ の次元を求め，その基底を見つけよ.
(c) ベクトル $(3, 5, 2, 4)'$ は S に含まれるか.
(d) ベクトル $(1, 1, 1, 1)'$ は $N(A)$ に含まれるか.

2.37 $\boldsymbol{x} \in R^n$ とし，$\boldsymbol{u}(\boldsymbol{x})$ は R^n の R^m への線形変換であると仮定する．R^n の標準基底 $\{\boldsymbol{e}_1, \ldots, \boldsymbol{e}_n\}$ と $m \times 1$ ベクトル $\boldsymbol{u}(\boldsymbol{e}_1), \ldots, \boldsymbol{u}(\boldsymbol{e}_n)$ を用いて，すべての $\boldsymbol{x} \in R^n$ について，$m \times n$ 行列 A が存在し

$$\boldsymbol{u}(\boldsymbol{x}) = A\boldsymbol{x}$$

と表せることを証明せよ.

2.38 T を R^n のベクトル部分空間であるとし，S は以下によって与えられる R^m の部分空間であると仮定する.

$$S = \{\boldsymbol{u}(\boldsymbol{x}) : \boldsymbol{x} \in T\}$$

ここで，$\boldsymbol{u}$ によって定義される変換は線形である．すべての $\boldsymbol{x} \in T$ について，$m \times n$ 行列 A が存在し

$$\boldsymbol{u}(\boldsymbol{x}) = A\boldsymbol{x}$$

と表せることを証明せよ．

2.39 T を 2 つのベクトル $\boldsymbol{x}_1 = (1, 1, 0)'$ と $\boldsymbol{x}_2 = (0, 1, 1)'$ によって張られるベクトル空間であるとする．また，S を $S = \{\boldsymbol{u}(\boldsymbol{x}) : \boldsymbol{x} \in T\}$ として定義されるベクトル空間であるとする．ここで関数 $\boldsymbol{u}$ は $\boldsymbol{u}(\boldsymbol{x}_1) = (2, 3, 1)'$ と $\boldsymbol{u}(\boldsymbol{x}_2) = (2, 5, 3)'$ を満たす線形変換を定義する．すべての $\boldsymbol{x} \in T$ について $\boldsymbol{u}(\boldsymbol{x}) = A\boldsymbol{x}$ となるような行列 A を 1 つ見つけよ．

2.40 すべての $\boldsymbol{x} \in R^m$ において以下によって定められる線形変換について考える．

$$\boldsymbol{u}(\boldsymbol{x}) = \begin{bmatrix} x_1 - \bar{x} \\ x_2 - \bar{x} \\ \vdots \\ x_m - \bar{x} \end{bmatrix}$$

ここで，$\bar{x} = (1/m) \sum x_i$ である．$\boldsymbol{u}(\boldsymbol{x})$=A$\boldsymbol{x}$となるような行列 A を求めよ．そして，A のレンジの次元とゼロ空間の次元を決定せよ．

2.41 統計学の入門コースでは，学生は 100 点満点の試験を 3 回受けた後，150 点満点の最終試験を受けなければならない．変数 x_1, x_2, x_3, y をもつ試験において，得点 y を特定しよう．つまり x_1, x_2, x_3 がわかったときに，y の値を推定できるようにしたい．学生が 32 人のあるクラスでは，以下のようなテスト得点が得られた．

(a) 以下の重回帰モデルにおいて，$\boldsymbol{\beta} = (\beta_0, \beta_1, \beta_2, \beta_3)'$ の最小 2 乗推定値を求めよ．

学生	x_1	x_2	x_3	y	学生	x_1	x_2	x_3	y
1	87	89	92	111	17	72	76	96	116
2	72	85	77	99	18	73	70	52	78
3	67	79	54	82	19	73	61	86	101
4	79	71	68	136	20	73	83	76	82
5	60	67	53	73	21	97	99	97	141
6	83	84	92	107	22	84	92	86	112
7	82	88	76	106	23	82	68	73	62
8	87	68	91	128	24	61	59	77	56
9	88	66	65	95	25	78	73	81	137
10	62	68	63	108	26	84	73	68	118
11	100	100	100	142	27	57	47	71	108
12	87	82	80	89	28	87	95	84	121
13	72	94	76	109	29	62	29	66	71
14	86	92	98	140	30	77	82	81	123
15	85	82	62	117	31	52	66	71	102
16	62	50	71	102	32	95	99	96	130

$$y = \beta_0 + \beta_1 x_1 + \beta_2 x_2 + \beta_3 x_3 + \epsilon$$

(b) 以下のモデルにおいて，$\boldsymbol{\beta}_1 = (\beta_0, \beta_1, \beta_2)'$ とする最小 2 乗推定値を求めよ.

$$y = \beta_0 + \beta_1 x_1 + \beta_2 x_2 + \epsilon$$

(c) (a) で与えられたモデルに変数 x_3 を含むことに起因する誤差平方和の減少量を計算せよ.

2.42　k 個の異なる処遇に対応する応答 y の独立標本があると仮定する．そして，i 番目の処遇は標本サイズ n_i の応答をもっている．i 番目の処遇からの j 番目の観測値を y_{ij} と表記すると，モデル

$$y_{ij} = \mu_i + \epsilon_{ij}$$

は 1 要因分類モデルとして知られている．ここで μ_i は処遇 i における応答の期待値を表しており，一方 ϵ_{ij} は $N(0, \sigma^2)$ の独立同分布に従っている.

(a) $\boldsymbol{\beta} = (\mu_1, \ldots, \mu_k)'$ とした場合，$\boldsymbol{y}, X, \boldsymbol{\epsilon}$ を定義することで，$\boldsymbol{y} = X\boldsymbol{\beta} + \boldsymbol{\epsilon}$ のような行列形式でこのモデルを表記せよ.

(b) $\boldsymbol{\beta}$ の最小 2 乗推定量を求めよ．また，推定値を当てはめたモデルにおける誤差平方和が以下によって与えられることを示せ.

$$\text{SSE}_1 = \sum_{i=1}^{k} \sum_{j=1}^{n_i} (y_{ij} - \bar{y}_i)^2$$

ここで

$$\bar{y}_i = \sum_{j=1}^{n_i} y_{ij}/n_i$$

である.

(c) $\mu_1 = \cdots = \mu_k = \mu$ ならば，縮退モデル

$$y_{ij} = \mu + \epsilon_{ij}$$

はすべての i と j において成立する．μ の最小 2 乗推定量と当てはめた縮退モデルにおける誤差平方和 SSE_2 を求めよ．また $\text{SSE}_2 - \text{SSE}_1$，これは処遇における平方和として言及され，SST と表記されるものであるが，これが以下のように表現されることを示せ.

$$\text{SST} = \sum_{i=1}^{k} n_i (\bar{y}_i - \bar{y})^2$$

ここで

$$\bar{y} = \sum_{i=1}^{k} n_i \bar{y}_i / n, \qquad n = \sum_{i=1}^{k} n_i$$

である．

(d) (2.11) 式で与えられた F 統計量が以下の形式で表せることを示せ．

$$F = \frac{\mathrm{SST}/(k-1)}{\mathrm{SSE}_1/(n-k)}$$

2.43 モデル $\boldsymbol{y} = X\boldsymbol{\beta} + \boldsymbol{\epsilon}$ を仮定し，

$$(\boldsymbol{y} - X\hat{\boldsymbol{\beta}})'(\boldsymbol{y} - X\hat{\boldsymbol{\beta}})$$

を最小化するように，推定量 $\hat{\boldsymbol{\beta}}$ を求めたい．このとき $\hat{\boldsymbol{\beta}}$ は $A\hat{\boldsymbol{\beta}} = \boldsymbol{0}$ を満たす制約を条件とする．ここで X は最大列階数であり，A は最大行階数である．

(a) $S = \left\{\boldsymbol{y} : \boldsymbol{y} = X\hat{\boldsymbol{\beta}}, A\hat{\boldsymbol{\beta}} = \boldsymbol{0}\right\}$ がベクトル空間であることを示せ．

(b) C を列が A のゼロ空間における基底を形成する任意の行列であるとする．すなわち，C は恒等式 $C(C'C)^{-1}C' = I - A'(AA')^{-1}A$ を満たす．最小 2 乗推定量の幾何学的性質を用いて，制約された最小 2 乗推定量 $\hat{\boldsymbol{\beta}}$ が以下によって与えられることを示せ．

$$\hat{\boldsymbol{\beta}} = C(C'X'XC)^{-1}C'X'\boldsymbol{y}$$

2.44 S_1 と S_2 を R^m のベクトル部分空間とする．$S_1 + S_2$ もまた R^m のベクトル部分空間でなければならないということを示せ．

2.45 S_1 を $\boldsymbol{x}_1, \boldsymbol{x}_2, \boldsymbol{x}_3$ によって張られたベクトル空間であるとする．ここで $\boldsymbol{x}_1 = (1,1,1,1)', \boldsymbol{x}_2 = (1,2,2,2)', \boldsymbol{x}_3 = (1,0,-2,-2)'$ である．S_2 を $\boldsymbol{y}_1, \boldsymbol{y}_2, \boldsymbol{y}_3$ によって張られたベクトル空間であるとする．ここで $\boldsymbol{y}_1 = (1,3,5,5)', \boldsymbol{y}_2 = (1,2,3,6)', \boldsymbol{y}_3 = (0,1,4,7)'$ である．$S_1 + S_2$ における基底と $S_1 \cap S_2$ における基底を求めよ．

2.46 S_1 と S_2 を R^m のベクトル部分空間とする．$S_1 + S_2$ は $S_1 \cup S_2$ を含む最小次元のベクトル空間であることを証明せよ．すなわち，T が $S_1 \cup S_2 \subseteq T$ を満たすベクトル空間ならば，$S_1 + S_2 \subseteq T$ であることを証明せよ．

2.47 定理 2.23 を証明せよ．

2.48 S_1 と S_2 を R^m のベクトル部分空間とする．また $\{\boldsymbol{x}_1, \ldots, \boldsymbol{x}_r\}$ は S_1 を張り，

$\{\boldsymbol{y}_1,\ldots,\boldsymbol{y}_h\}$ は S_2 を張ると仮定する．このとき $\{\boldsymbol{x}_1,\ldots,\boldsymbol{x}_r,\boldsymbol{y}_1,\ldots,\boldsymbol{y}_h\}$ はベクトル空間 $S_1{+}S_2$ を張ることを証明せよ．

2.49　S_1 を以下で張られるベクトル空間とする．

$$\boldsymbol{x}_1=\begin{bmatrix}3\\1\\3\\1\end{bmatrix},\quad \boldsymbol{x}_2=\begin{bmatrix}1\\1\\3\\1\end{bmatrix},\quad \boldsymbol{x}_3=\begin{bmatrix}2\\1\\2\\1\end{bmatrix}$$

一方，S_2 を以下で張られるベクトル空間とする．

$$\boldsymbol{x}_1=\begin{bmatrix}3\\0\\5\\1\end{bmatrix},\quad \boldsymbol{x}_2=\begin{bmatrix}1\\2\\3\\1\end{bmatrix},\quad \boldsymbol{x}_3=\begin{bmatrix}1\\-4\\-1\\-3\end{bmatrix}$$

このとき，次を求めよ．

(a) S_1 と S_2 の基底
(b) S_1+S_2 の次元
(c) S_1+S_2 の基底
(d) S_1+S_2 の次元
(e) $S_1\cap S_2$ の基底

2.50　S_1 と S_2 を $\dim(S_1)=r_1$，$\dim(S_2)=r_2$ の R^m 内の部分ベクトル空間とする．

(a) $\dim(S_1+S_2)$ がとりうる最小と最大の値を m と r_1，r_2 を用いて表せ．
(b) $\dim(S_1\cap S_2)$ がとりうる最小と最大の値を求めよ．

2.51　T をベクトル $\{(1,1,1)',(2,1,2)'\}$ によって張られるベクトル空間とする．$R^3=T\oplus S_1$ となるようなベクトル空間 S_1 を求めよ．また，$R^3=T\oplus S_2$ かつ $S_1\cap S_2=\{\mathbf{0}\}$ となる別のベクトル空間 S_2 を求めよ．

2.52　S_1 をベクトル $\{(1,1,-2,0)',(2,0,1,-3)'\}$ によって張られるベクトル空間とし，S_2 をベクトル $\{(1,1,1,-3)',(1,1,1,1)'\}$ によって張られるベクトル空間とする．$R^4=S_1+S_2$ を証明せよ．これは直和か．すなわち，$R^4=S_1\oplus S_2$ と表記できるか，また S_1 と S_2 は直交ベクトル空間であるか確認せよ．

2.53　S_1 と S_2 を R^m 内の部分ベクトル空間とし，$T=S_1+S_2$ とする．この和が直和である，つまり $T=S_1\oplus S_2$ であるのは，以下と同値であることを証明せよ．

$$\dim(T)=\dim(S_1)+\dim(S_2)$$

2.54 直交射影の概念とその射影行列は直交ではない射影に拡張できる．ベクトル空間 $S \subseteq R^m$ 上への直交射影の場合には，R^m は $R^m = S \oplus S^\perp$ と分解される．S への直交射影行列は，すべての $\boldsymbol{y} \in R^m$ に対して $P\boldsymbol{y} \in S$ と $(\boldsymbol{y} - P\boldsymbol{y}) \in S^\perp$，すべての $\boldsymbol{x} \in S$ に対して $P\boldsymbol{x} = \boldsymbol{x}$ を満たす行列 P である．S が最大階数行列 X の列空間ならば，このとき $S^\perp$ は X' のゼロ空間となる．そして，前出の射影行列は $P = X(X'X)X^{-1}$ で与えられる．R^m は $R^m = S \oplus T$ と分解することを考えてみる．ここで S は上で述べたものと同じであるが，T は最大階数行列 Y' のゼロ空間である．S と T は必ずしも互いに直交するベクトル空間ではないことに注意してほしい．このとき，すべての $\boldsymbol{y} \in R^m$ に対して $Q\boldsymbol{y} \in S$ と $(\boldsymbol{y} - Q\boldsymbol{y}) \in T$，すべての $\boldsymbol{x} \in S$ に対して $Q\boldsymbol{x} = \boldsymbol{x}$ を満たす射影行列 Q を見つけたいとする．

(a) Q はベキ等行列であるとき，かつそのときのみ射影行列であることを証明せよ．
(b) Q は $Q = X(Y'X)^{-1}Y'$ と表されることを証明せよ．

2.55 以下の集合を凸集合とそうでないものに分類せよ．

(a) $S_1 = \{(x_1, x_2)' : x_1^2 + x_2^2 \leq 1\}$
(b) $S_2 = \{(x_1, x_2)' : x_1^2 + x_2^2 = 1\}$
(c) $S_3 = \{(x_1, x_2)' : 0 \leq x_1 \leq x_2 \leq 1\}$

2.56 定理 2.24 を証明せよ．

2.57 S_1 と S_2 が R^m の凸集合のとき，$S_1 \cup S_2$ は必ずしも凸ではないことを証明せよ．

2.58 任意の正のスカラー n について，集合 $B_n = \left\{\boldsymbol{x} : \boldsymbol{x} \in R^m, \boldsymbol{x}'\boldsymbol{x} \leq n^{-1}\right\}$ が凸であることを示せ．

2.59 任意の集合 $S \subseteq R^m$ について，その凸包 $C(S)$ が S に含まれるベクトルによるすべての凸結合によって構成されていることを示せ．

2.60 S が，R^m の空ではない部分集合であると仮定する．このとき S の凸包に含まれるすべてのベクトルが，S に含まれる $m+1$ 個以下のベクトルの凸結合によって表現可能であることを証明せよ．

2.61 $\boldsymbol{x}$ は $m \times 1$ の確率変数ベクトルであり，その密度関数 $f(\boldsymbol{x})$ は $f(\boldsymbol{x}) = f(-\boldsymbol{x})$，かつすべての正の数 α に対して集合 $\{\boldsymbol{x} : f(\boldsymbol{x}) \geq \alpha\}$ が凸であるものとする．また S は，$\boldsymbol{0}$ について対称な R^m の凸部分集合であると仮定する．このとき，以下を証明せよ．

(a) 任意の定数ベクトル $\boldsymbol{y} \in S$ について，$0 \leq c \leq 1$ において $P(\boldsymbol{x} + c\boldsymbol{y} \in S) \geq P(\boldsymbol{x} + \boldsymbol{y} \in S)$ である．
(b) (a) の不等式は，$\boldsymbol{y}$ が $\boldsymbol{x}$ とは独立な分布に従う $m \times 1$ 確率変数ベクトルであっても成立する．

(c) $\boldsymbol{x} \sim N_m(\mathbf{0}, \Omega)$ であるとき，この密度関数はこの問題における条件を満たしている．

(d) $\boldsymbol{x}$ と $\boldsymbol{y}$ がそれぞれ独立に $\boldsymbol{x} \sim N_m(\mathbf{0}, \Omega_1)$，$\boldsymbol{y} \sim N_m(\mathbf{0}, \Omega_2)$ と分布しており，$\Omega_1 - \Omega_2$ が非負定値であるならば，$P(\boldsymbol{x} \in S) \leq P(\boldsymbol{y} \in S)$ が成り立つ．

3

固有値と固有ベクトル

3.1 導　　入

固有値と固有ベクトルは正方行列の要素について陰に定義された特別な関数である．正方行列の分析を含む様々な応用において，その分析から得られる多くの重要な情報は固有値と固有ベクトルによって与えられるが，それらは本章で展開される性質によるものである．しかしながらそれらの性質に触れる前に，まずは固有値と固有ベクトルがどのように定義され，またどのように計算されうるものであるかを理解しなければならない．

3.2 固有値，固有ベクトル，固有空間

もし A が $m \times m$ 行列であるならば，ある $m \times 1$ ベクトル $\boldsymbol{x} \neq \boldsymbol{0}$ について，以下の方程式を満たすような任意のスカラー λ は A の固有値 (eigenvalue) と呼ばれる．

$$A\boldsymbol{x} = \lambda\boldsymbol{x} \tag{3.1}$$

ベクトル $\boldsymbol{x}$ は固有値 λ に対応する A の固有ベクトル (eigenvector) と呼ばれ，(3.1) 式は A の固有値・固有ベクトル方程式 (eigenvalue-eigenvector equation) と呼ばれる．固有値と固有ベクトルは，潜在的な根 (latent root) と潜在的なベクトル (latent vector)，または特性根 (characteristic root) と特性ベクトル (characteristic vector) と呼ばれることもある．(3.1) 式は次の式として同等に表すことができる．

$$(A - \lambda I_m)\boldsymbol{x} = \boldsymbol{0} \tag{3.2}$$

もし $|A - \lambda I_m| \neq 0$ ならばそのとき $(A - \lambda I_m)^{-1}$ は存在し，そのためこの逆行列を (3.2) 式に前から掛けるとすでに述べた $\boldsymbol{x} \neq \boldsymbol{0}$ という前提に矛盾することに注意してほしい．よって任意の固有値 λ は次の行列式の方程式を必ず満たすことになる．

$$|A - \lambda I_m| = 0$$

この式は A の特性方程式 (characteristic equation) として知られている．行列式の定義を用いれば，すぐにこの特性方程式が λ の m 次の多項式であるとみることができる

だろう．つまり上述の特性方程式は以下の式と等しく，同時に以下の式を満たすようなスカラー $\alpha_1, \ldots, \alpha_{m-1}$ が存在することを意味する．

$$(-\lambda)^m + \alpha_{m-1}(-\lambda)^{m-1} + \cdots + \alpha_1(-\lambda) + \alpha_0 = 0$$

m 次の多項式は m 個の根をもつため，$m \times m$ 行列は m 個の固有値をもつ．すなわち当該の特性方程式を満たす m 個のスカラー $\lambda_1, \ldots, \lambda_m$ が存在するということになる．すべての A の固有値が実数であるとき，行列 A の i 番目に大きな固有値を $\lambda_i(A)$ と表記することが便利であることが多い．つまりこの場合，順番に並べられた A の固有値は $\lambda_1(A) \geq \cdots \geq \lambda_m(A)$ と記述される．

特性方程式は行列 A の固有値を得るために利用することができる．そしてこれらの固有値は，固有値・固有ベクトル方程式において，それらに対応する固有ベクトルを得るために利用される．

例 3.1 以下の 3×3 行列 A の固有値と固有ベクトルを見つけていく．

$$A = \begin{bmatrix} 5 & -3 & 3 \\ 4 & -2 & 3 \\ 4 & -4 & 5 \end{bmatrix}$$

このとき A の特性方程式は次のように表される．

$$\begin{aligned} |A - \lambda I_3| &= \begin{vmatrix} 5-\lambda & -3 & 3 \\ 4 & -2-\lambda & 3 \\ 4 & -4 & 5-\lambda \end{vmatrix} \\ &= -(5-\lambda)^2(2+\lambda) - 3(4)^2 - 4(3)^2 \\ &\quad + 3(4)(2+\lambda) + 3(4)(5-\lambda) + 3(4)(5-\lambda) \\ &= -\lambda^3 + 8\lambda^2 - 17\lambda + 10 \\ &= -(\lambda-5)(\lambda-2)(\lambda-1) = 0 \end{aligned}$$

よって A の 3 つの固有値は 1, 2, 5 である．固有値 $\lambda = 5$ に対応する A の固有ベクトルを求めるには，方程式 $A\boldsymbol{x} = 5\boldsymbol{x}$，つまり以下の連立方程式を $\boldsymbol{x}$ について解かなくてはならない．

$$\begin{aligned} 5x_1 - 3x_2 + 3x_3 &= 5x_1 \\ 4x_1 - 2x_2 + 3x_3 &= 5x_2 \\ 4x_1 - 4x_2 + 5x_3 &= 5x_3 \end{aligned}$$

1 番目と 3 番目の方程式から $x_2 = x_3$，$x_1 = x_2$ がわかるので，これを 2 番目の方程式内で適用すると $x_2 = x_2$ となる．よって $x = 2$ は任意であり，ベクトル $(1, 1, 1)'$ のような，$x_1 = x_2 = x_3$ である任意の $\boldsymbol{x}$ が A の固有値 5 に対応する固有ベクトルである．同様に方程式 $A\boldsymbol{x} = \lambda\boldsymbol{x}$ を解くことによって，$\lambda = 2$ の場合は $(1, 1, 0)'$ が固有値 2 に対応する固有ベクトルであり，$\lambda = 1$ の場合は $(0, 1, 1)'$ が固有値 1 に対応する固有ベクトルであるということがわかる．

もし非ゼロのベクトル $\boldsymbol{x}$ が与えられた固有値 λ について (3.1) 式を満たすならば，そのとき任意の非ゼロのスカラー α について $\alpha\boldsymbol{x}$ もその式を満たすことに注意されたい．よって固有ベクトルはある尺度の制約を施されない限りは一意に定義されない．制約を施した例として，例えばまず $\boldsymbol{x}'\boldsymbol{x} = 1$ を満たすような固有ベクトル $\boldsymbol{x}$ のみを考える．この場合，前述の例についてそれぞれ固有値 $\lambda = 5, 2, 1$ に対応する 3 つの正規化された固有ベクトル $(1/\sqrt{3}, 1/\sqrt{3}, 1/\sqrt{3})', (1/\sqrt{2}, 1/\sqrt{2}, 0)', (0, 1/\sqrt{2}, 1/\sqrt{2})'$ を得るだろう．それぞれの固有ベクトルに -1 を掛けた場合は別の正規化された固有ベクトルを生成してしまうので，これらの正規化された固有ベクトルは符号を除いて一意に定まる．

次の例 3.2 は実行列が複素数の固有値と固有ベクトルをもちうることを示している．

例 3.2　次の行列 A を考える．

$$A = \begin{bmatrix} 1 & 1 \\ -2 & -1 \end{bmatrix}$$

この行列の特性方程式は以下となる．

$$\begin{aligned} |A - \lambda I_2| &= \begin{vmatrix} 1-\lambda & 1 \\ -2 & -1-\lambda \end{vmatrix} \\ &= -(1-\lambda)(1+\lambda) + 2 \\ &= \lambda^2 + 1 = 0 \end{aligned}$$

よって A の固有値は $i = \sqrt{-1}$ と $-i$ となる．固有値 i に対応する固有ベクトルを求めるために $\boldsymbol{x} = (x_1, x_2)' = (y_1 + iz_1, y_2 + iz_2)'$ とし，方程式 $A\boldsymbol{x} = i\boldsymbol{x}$ を利用して y_1, y_2, z_1, z_2 について解く．結果として，任意の実スカラー $\alpha \neq 0$ について，$\boldsymbol{x} = (\alpha + i\alpha, -2\alpha)'$ が固有値 i に対応する固有ベクトルであることに気がつくだろう．同様に，固有値 $-i$ に対応する固有ベクトルは $\boldsymbol{x} = (\alpha - i\alpha, -2\alpha)'$ という形をとることがわかる．

行列 A の m 個の固有値はすべて異なる値である必要はない．なぜならその特性方程式は重根をもつ可能性があるためである．ある特性方程式について，解として 1 回だけ現れるような固有値は単一固有値 (simple eigenvalue, distinct eigenvalue) と呼ばれる．一方そうでない場合には重複固有値 (multiple eigenvalue) と呼ばれ，そしてその重複度，より正確にいえばその代数的重複度 (algebraic multiplicity) は，その重根の数によって与えられる．

ある特定の固有値に対応するすべての固有ベクトルの集合が役立つ場合がある．特定の固有値 λ に対応するすべての固有ベクトルを自明のベクトル $\mathbf{0}$ とともに集めたものを $S_A(\lambda)$ と表し，これを λ に対応する A の固有空間 (eigenspace) と呼ぶ．すなわち $S_A(\lambda)$ は，$S_A(\lambda) = \{\boldsymbol{x} : \boldsymbol{x} \in R^m \text{ and } A\boldsymbol{x} = \lambda\boldsymbol{x}\}$ によって与えられる．

定理 3.1　$S_A(\lambda)$ が固有値 λ に対応する $m \times m$ 行列 A の固有空間であるならば，そのとき $S_A(\lambda)$ は R^m のベクトル部分空間である．

証明　定義より，もし $\boldsymbol{x} \in S_A(\lambda)$ であるならばそのとき $A\boldsymbol{x} = \lambda\boldsymbol{x}$ となる．それゆえに，もし $\boldsymbol{x} \in S_A(\lambda)$ かつ $\boldsymbol{y} \in S_A(\lambda)$ であるならば，そのとき任意のスカラー α, β について以下の式が得られる．

$$A(\alpha\boldsymbol{x} + \beta\boldsymbol{y}) = \alpha A\boldsymbol{x} + \beta A\boldsymbol{y} = \alpha(\lambda\boldsymbol{x}) + \beta(\lambda\boldsymbol{y}) = \lambda(\alpha\boldsymbol{x} + \beta\boldsymbol{y})$$

結果として $(\alpha\boldsymbol{x} + \beta\boldsymbol{y}) \in S_A(\lambda)$ であり，それゆえに $S_A(\lambda)$ はベクトル空間となる．　□

例 3.3　次の 3×3 行列 A を考える．

$$A = \begin{bmatrix} 2 & -1 & 0 \\ 0 & 1 & 0 \\ 0 & 0 & 1 \end{bmatrix}$$

この行列の特性方程式は以下となる．

$$\begin{vmatrix} 2-\lambda & -1 & 0 \\ 0 & 1-\lambda & 0 \\ 0 & 0 & 1-\lambda \end{vmatrix} = (1-\lambda)^2(2-\lambda) = 0$$

よって A の固有値は重複度 2 の重解 1 と 2 になる．固有値 1 に対応する固有空間 $S_A(1)$ を求めるために，方程式 $A\boldsymbol{x} = \boldsymbol{x}$ を $\boldsymbol{x}$ について解く．すると 2 つの線形独立な解が得られるが，この確認，すなわち $A\boldsymbol{x} = \boldsymbol{x}$ を満たす任意の解が 2 つのベクトル $\boldsymbol{x}_1 = (0, 0, 1)', \boldsymbol{x}_2 = (1, 1, 0)'$ の線形結合であることについては，これを読者に残しておく．このため $S_A(1)$ は基底 $\{\boldsymbol{x}_1, \boldsymbol{x}_2\}$ によって張られた部分空間，すなわち R^3 内の平面となる．同様に固有空間 $S_A(2)$ を見つけ出す．$A\boldsymbol{x} = 2\boldsymbol{x}$ を解くと $\boldsymbol{x}$ が $(1, 0, 0)'$ のスカラー倍でなければならないことに気がつく．それゆえに $S_A(2)$ は R^3 内で $\{(a, 0, 0)' : -\infty < a < \infty\}$ によって与えられる直線となる．

例 3.3 では時として λ のそれぞれの値について，λ の幾何学的重複度 (geometoric multiplicity) として言及されるような $\dim\{S(\lambda)\}$ は，対応する λ の代数的重複度と同じ値になっていた．この事実は常に当てはまるというものではない．本書で単に重複度という言葉を使うときには，だいたいの場合，代数的重複度を指している．例 3.4 は $\dim\{S(\lambda)\}$ が，固有値 λ の重複度より少なくなりうるものを説明する．

例 3.4 以下の 3×3 行列を考える．

$$A = \begin{bmatrix} 1 & 2 & 3 \\ 0 & 1 & 0 \\ 0 & 2 & 1 \end{bmatrix}$$

$|A - \lambda I_3| = (1-\lambda)^3$ より，A は重複度 3 の固有値 1 をもつ．固有値・固有ベクトル方程式 $A\boldsymbol{x} = \lambda\boldsymbol{x}$ は，$\boldsymbol{x} = (a, 0, 0)'$ の形をとるベクトルのみが解となるような以下の 3 つの方程式を生成する．

$$\begin{aligned} x_1 + 2x_2 + 3x_3 &= x_1 \\ x_2 &= x_2 \\ 2x_2 + x_3 &= x_3 \end{aligned}$$

よって固有値 1 の重複度が 3 でありながら，対応する固有空間 $S_A(1) = \{(a, 0, 0)' : -\infty < a < \infty\}$ は，ただ 1 次元となる．

3.3 固有値と固有ベクトルの基本的性質

本節では，固有値に関するいくつかの有用な結果を示す．定理 3.2 に示した結果の証明は練習問題として読者に委ねるが，特性方程式や固有値・固有ベクトル方程式を用いることで簡単に証明される．

定理 3.2 A を $m \times m$ 行列とすると，以下の性質が成り立つ．

(a) A' の固有値は A の固有値と等しい．
(b) A が特異行列であるならばそのときのみ，少なくとも 1 つの A の固有値は 0 に等しい．
(c) A が三角行列であるならば，A の対角要素は A の固有値である．
(d) B が $m \times m$ の非特異行列であるならば，BAB^{-1} の固有値は A の固有値と等しい．
(e) A が直交行列であるならば，A の各固有値のモジュラスは 1 に等しい．

例 3.4 では固有値 λ に対応する固有空間の次元数が λ の重複度より小さくなりうることを確認した．定理 3.3 は，r を λ の重複度とすると，$\dim\{S_A(\lambda)\} \neq r$ ならば $\dim\{S_A(\lambda)\} < r$ となることを示したものである．

定理 3.3 $m \times m$ 行列 A における重複度 $r \geq 1$ の固有値を λ とすると，以下が成り立つ．

$$1 \leq \dim\{S_A(\lambda)\} \leq r$$

証明 もし λ が A の固有値であるならば，固有値の定義から固有値・固有ベクトル方程式 $A\boldsymbol{x} = \lambda\boldsymbol{x}$ を満たす $\boldsymbol{x} \neq \mathbf{0}$ が存在するため，$\dim\{S_A(\lambda)\} \geq 1$ が明らかである．いま $k = \dim\{S_A(\lambda)\}$ とおき，$\boldsymbol{x}_1, \ldots, \boldsymbol{x}_k$ は λ に対応する線形独立な固有ベクトルであるとする．これらの k 本のベクトルを 1 列目から k 列目にもつ $m \times m$ の非特異行列 X を形成する．つまり $X_1 = (\boldsymbol{x}_1, \ldots, \boldsymbol{x}_k)$，$X_2$ を $m \times (m-k)$ 行列とすると，$X = [X_1 \quad X_2]$ という構造をもつ．X_1 の各列は固有値 λ に対応する A の固有ベクトルであるから，$AX_1 = \lambda X_1$ が成り立ち，そして

$$X^{-1}X_1 = \begin{bmatrix} I_k \\ (0) \end{bmatrix}$$

が $X^{-1}X = I_m$ という事実より導かれる．結果として，次を得る．

$$\begin{aligned} X^{-1}AX &= X^{-1}[AX_1 \quad AX_2] \\ &= X^{-1}[\lambda X_1 \quad AX_2] \\ &= \begin{bmatrix} \lambda I_k & B_1 \\ (0) & B_2 \end{bmatrix} \end{aligned}$$

ここで B_1 と B_2 は行列 $X^{-1}AX_2$ を分割した行列を表している．もし μ が $X^{-1}AX$ の固有値であるならば

$$\begin{aligned} 0 = |X^{-1}AX - \mu I_m| &= \begin{vmatrix} (\lambda-\mu)I_k & B_1 \\ (0) & B_2 - \mu I_{m-k} \end{vmatrix} \\ &= (\lambda-\mu)^k |B_2 - \mu I_{m-k}| \end{aligned}$$

となる．最後の等式は行列式に対する余因子展開公式を繰り返し用いることで得られる．これより λ は少なくとも重複度 k を有する $X^{-1}AX$ の固有値でなければならない．したがって証明は完了する．なぜなら定理 3.2(d) より，$X^{-1}AX$ の固有値と A の固有値は等しいからである． □

今度は，行列の固有値と固有ベクトルの両方を含んでいる定理 3.4 を証明しよう．

定理 3.4 $m \times m$ 行列 A の固有値を λ とし，対応する固有ベクトルを $\boldsymbol{x}$ とすると，以下が成り立つ．

(a) $n \geq 1$ が整数であるならば，λ^n は固有ベクトル $\boldsymbol{x}$ に対応する A^n の固有値である．

(b) A が非特異行列であるならば，λ^{-1} は固有ベクトル $\boldsymbol{x}$ に対応する A^{-1} の固有値である．

証明 (a) は帰納法により証明される．$n = 1$ のとき，λ と $\boldsymbol{x}$ の定義より (a) は明らかに成立する．(a) が $n-1$ に対しても成り立つと仮定すると $A^{n-1}\boldsymbol{x} = \lambda^{n-1}\boldsymbol{x}$ である．

このことに注目すると

$$
\begin{aligned}
A^n \boldsymbol{x} &= A(A^{n-1}\boldsymbol{x}) = A(\lambda^{n-1}\boldsymbol{x}) \\
&= \lambda^{n-1}(A\boldsymbol{x}) = \lambda^{n-1}(\lambda\boldsymbol{x}) = \lambda^n \boldsymbol{x}
\end{aligned}
$$

が導かれる．よって (a) の帰納的証明が完了する．(b) を証明しよう．固有値・固有ベクトル方程式

$$A\boldsymbol{x} = \lambda\boldsymbol{x}$$

に前から A^{-1} を掛けることで次の方程式を得る．

$$\boldsymbol{x} = \lambda A^{-1}\boldsymbol{x} \tag{3.3}$$

A は非特異であるため，定理 3.2(b) から $\lambda \neq 0$ が既知である．よって (3.3) 式の両辺を λ で割ることで

$$A^{-1}\boldsymbol{x} = \lambda^{-1}\boldsymbol{x}$$

を得る．これは固有値 λ^{-1} と固有ベクトル $\boldsymbol{x}$ をもつ A^{-1} についての固有値・固有ベクトル方程式である． □

行列のトレースや行列式は，その行列の固有値と，単純かつ便利な関係を有する．これらの関係が定理 3.5 において示されている．

定理 3.5　固有値 $\lambda_1, \ldots, \lambda_m$ をもった $m \times m$ 行列を A とすると，以下が成り立つ．

(a) $\mathrm{tr}(A) = \sum_{i=1}^{m} \lambda_i$
(b) $|A| = \prod_{i=1}^{m} \lambda_i$

証明　特性方程式 $|A - \lambda I_m| = 0$ は多項式

$$(-\lambda)^m + \alpha_{m-1}(-\lambda)^{m-1} + \cdots + \alpha_1(-\lambda) + \alpha_0 = 0 \tag{3.4}$$

の形式で表現できたことを思い出してほしい．まず係数 α_0 と α_{m-1} を特定しよう．α_0 は $\lambda = 0$ のときの (3.4) 式の左辺の値を求めることによって決定できる．すなわち，$\alpha_0 = |A - (0)I_m| = |A|$ である．α_{m-1} を得るためには，行列式はその定義から整数 $(1, 2, \ldots, m)$ のすべての置換 (permutation) の項の総和として表現されていたことを思い出してほしい．α_{m-1} は $(-\lambda)^{m-1}$ の係数であるから，この項を特定するには，置換の和のうち $(A - \lambda I_m)$ の対角要素を少なくとも $m-1$ 個含む項のみ考えればよい．ただし，置換の和の各々の項は行列 $(A - \lambda I_m)$ の m 個の要素の積に適切な符号をつけたものであり，$(A - \lambda I_m)$ の各行から 1 つずつ，かつ各列からも 1 つずつとなるように選ばれた要素から成り立っている．それゆえ，置換の和のうち $(A - \lambda I_m)$ の対角要素を少

なくとも $m-1$ 個含む唯一の項が，すべての対角要素の積を含む項となる．この項は，符号を決める項が $+1$ である偶置換 (even permutation) である．したがって α_{m-1} は

$$(\alpha_{11}-\lambda)(\alpha_{22}-\lambda)\cdots(\alpha_{mm}-\lambda)$$

における $(-\lambda)^{m-1}$ の係数であり，これは $a_{11}+a_{22}+\cdots+a_{mm}$ あるいは単に $\mathrm{tr}(A)$ となることが明らかである．さて，$\alpha_0=|A|$ と $\alpha_{m-1}=\mathrm{tr}(A)$ を A の固有値と結びつけるために，$\lambda_1,\ldots,\lambda_m$ は m 次多項式である特性方程式の根であることに注目すると

$$(\lambda_1-\lambda)(\lambda_2-\lambda)\cdots(\lambda_m-\lambda)=0$$

が導かれる．この式の左辺を展開し，(3.4) 式の項に対応する項をそれぞれ照合すると

$$|A|=\prod_{i=1}^{m}\lambda_i, \qquad \mathrm{tr}(A)=\sum_{i=1}^{m}\lambda_i$$

が得られる．よって証明は完了する． □

固有値に関する，行列のトレースと行列式の公式の有用性は，定理 3.6 の証明の際に実証される．

定理 3.6 A を $m\times m$ の非特異対称行列とし，$\boldsymbol{c}$ と $\boldsymbol{d}$ を $m\times 1$ ベクトルとする．このとき，以下が成り立つ．

$$|A+\boldsymbol{c}\boldsymbol{d}'|=|A|(1+\boldsymbol{d}'A^{-1}\boldsymbol{c})$$

証明 A は非特異であるから，$\boldsymbol{b}=A^{-1}\boldsymbol{c}$ とすると，以下を得る．

$$|A+\boldsymbol{c}\boldsymbol{d}'|=|A(I_m+A^{-1}\boldsymbol{c}\boldsymbol{d}')|=|A||I_m+\boldsymbol{b}\boldsymbol{d}'|$$

$\boldsymbol{d}$ に直交する任意の $\boldsymbol{x}$ に対して，

$$(I_m+\boldsymbol{b}\boldsymbol{d}')\boldsymbol{x}=\boldsymbol{x}$$

を得る．つまり，$I_m+\boldsymbol{b}\boldsymbol{d}'$ の固有値の 1 つは 1 であり，少なくとも重複度は $m-1$ である．なぜなら，$\boldsymbol{d}$ に直交する $m-1$ 個の線形独立なベクトルが存在するためである．しかし，$\mathrm{tr}(I_m+\boldsymbol{b}\boldsymbol{d}')=m+\boldsymbol{d}'\boldsymbol{b}$ であり，これは，1 に等しい固有値がちょうど $m-1$ 個であるのに対し，最後の固有値は $1+\boldsymbol{d}'\boldsymbol{b}$ によって与えられることを意味する．これらの固有値の積をとると，$|I_m+\boldsymbol{b}\boldsymbol{d}'|=(1+\boldsymbol{d}'\boldsymbol{b})$ となる．$\boldsymbol{d}'\boldsymbol{b}=\boldsymbol{d}'A^{-1}\boldsymbol{c}$ であるから，結果が導かれる． □

定理 3.7 は，固有ベクトルの集合が線形独立となるための十分条件を与える．

定理 3.7 $\boldsymbol{x}_1,\ldots,\boldsymbol{x}_r$ を $m\times m$ 行列 A の固有ベクトルとしよう．ただし，$r\leq m$ で

ある．対応する固有値 $\lambda_1, \ldots, \lambda_r$ がすべての $i \neq j$ に関して $\lambda_i \neq \lambda_j$ となるような場合，ベクトル $\boldsymbol{x}_1, \ldots, \boldsymbol{x}_r$ は線形独立である．

証明　証明は背理法によって，つまり，ベクトル $\boldsymbol{x}_1, \ldots, \boldsymbol{x}_r$ が線形従属であると仮定することから始める．$\boldsymbol{x}_1, \ldots, \boldsymbol{x}_h$ が線形独立となるような最大の整数を h とする．$\boldsymbol{x}_1$ は固有ベクトルであり，$\mathbf{0}$ に等しくならないため，そのような集合を見つけることは可能であり，ゆえにそれは線形独立である．ベクトル $\boldsymbol{x}_1, \ldots, \boldsymbol{x}_{h+1}$ は線形従属のはずである．そして，どの固有ベクトルもゼロベクトルではないため，少なくとも 2 つはゼロでなく，以下を満たすようなスカラー $\alpha_1, \ldots, \alpha_{h+1}$ が存在する．

$$\alpha_1 \boldsymbol{x}_1 + \cdots + \alpha_{h+1} \boldsymbol{x}_{h+1} = \mathbf{0}$$

この方程式の左辺に前から $(A - \lambda_{h+1} I_m)$ を掛けると，

$$\begin{aligned}
&\alpha_1 (A - \lambda_{h+1} I_m) \boldsymbol{x}_1 + \cdots + \alpha_{h+1} (A - \lambda_{h+1} I_m) \boldsymbol{x}_{h+1} \\
&\quad = \alpha_1 (A\boldsymbol{x}_1 - \lambda_{h+1} \boldsymbol{x}_1) + \cdots + \alpha_{h+1} (A\boldsymbol{x}_{h+1} - \lambda_{h+1} \boldsymbol{x}_{h+1}) \\
&\quad = \alpha_1 (\lambda_1 - \lambda_{h+1}) \boldsymbol{x}_1 + \cdots + \alpha_h (\lambda_h - \lambda_{h+1}) \boldsymbol{x}_h
\end{aligned}$$

が得られ，これもまた $\mathbf{0}$ に等しくなるはずである．しかし，$\boldsymbol{x}_1, \ldots, \boldsymbol{x}_h$ は線形独立のため，以下が導かれる．

$$\alpha_1 (\lambda_1 - \lambda_{h+1}) = \cdots = \alpha_h (\lambda_h - \lambda_{h+1}) = 0$$

少なくともスカラー $\alpha_1, \ldots, \alpha_h$ の 1 つはゼロでなく，かつ，例えば α_i が非ゼロのスカラーの 1 つであるならば，そのとき $\lambda_i = \lambda_{h+1}$ を得る．この結果は，定理の条件と矛盾するため，ベクトル $\boldsymbol{x}_1, \ldots, \boldsymbol{x}_r$ は線形独立でなければならない．□

$m \times m$ 行列 A の固有値 $\lambda_1, \ldots, \lambda_m$ が相互に異なるならば，定理 3.7 から λ_i に対応する固有ベクトル $\boldsymbol{x}_i$ からなる行列 $X = (\boldsymbol{x}_1, \ldots, \boldsymbol{x}_m)$ は非特異である．また，固有値・固有ベクトル方程式 $A\boldsymbol{x}_i = \lambda_i \boldsymbol{x}_i$ から，対角行列 $\Lambda = \mathrm{diag}(\lambda_1, \ldots, \lambda_m)$ を定義すると，$AX = X\Lambda$ となる．この方程式に前から X^{-1} を掛けることによって，恒等式 $X^{-1}AX = \Lambda$ が得られる．非特異行列による後ろからの乗法とその逆行列による前からの乗法によって対角行列へと変形されうる正方行列は，対角化可能 (diagonalizable) であるという．つまり，相互に異なる固有値をもつ正方行列は対角化可能である．

X が非特異であるとき，方程式 $AX = X\Lambda$ は $A = X\Lambda X^{-1}$ としても書き換えられる．つまり，この場合において，A はその固有値とそれに対応する線形独立な固有ベクトルの任意の集合から決定されうる．

例 3.5　固有値 1 と 2 をもち，それに対応する固有ベクトルが以下の行列の列として与えられた 2×2 行列 A を考えよう．

$$X = \begin{bmatrix} 5 & 3 \\ 3 & 2 \end{bmatrix}$$

$|X| = 1$ であるから，X は非特異であり，

$$X^{-1} = \begin{bmatrix} 2 & -3 \\ -3 & 5 \end{bmatrix}$$

となる．したがって，A を計算するのに十分な情報が得られる．つまり，以下のようになる．

$$A = X\Lambda X^{-1} = \begin{bmatrix} 5 & 3 \\ 3 & 2 \end{bmatrix} \begin{bmatrix} 1 & 0 \\ 0 & 2 \end{bmatrix} \begin{bmatrix} 2 & -3 \\ -3 & 5 \end{bmatrix}$$
$$= \begin{bmatrix} -8 & 15 \\ -6 & 11 \end{bmatrix}$$

次に，2 つの固有値が 0 に等しいが，線形独立な固有ベクトルを 1 つだけもち，それは $\boldsymbol{e}_1 = (1, 0)'$ の任意の非ゼロのスカラー倍であるような 2×2 の行列 B を考えてみよう．固有値・固有ベクトル方程式 $B\boldsymbol{e}_1 = \mathbf{0}$ は，$b_{11} = b_{21} = 0$ であることを意味し，B の特性方程式は，以下のようになる．

$$\begin{vmatrix} -\lambda & b_{12} \\ 0 & b_{22} - \lambda \end{vmatrix} = -\lambda(b_{22} - \lambda) = 0$$

B の固有値は両方とも 0 であるため，$b_{22} = 0$ となり，B は以下のような形式となる．

$$B = \begin{bmatrix} 0 & b_{12} \\ 0 & 0 \end{bmatrix}$$

ただし，$b_{12} \neq 0$ である．なぜなら，そうでなければ，B は 2 つの線形独立な固有ベクトルをもつことになるためである．しかし，b_{12} の値は決められないことに注意が必要である．

行列が対角化可能であるとき，明らかにその行列の階数は非ゼロの固有値の数に等しくなる．なぜならば，定理 1.8 より以下が導かれるためである．

$$\mathrm{rank}(A) = \mathrm{rank}(X^{-1}AX) = \mathrm{rank}(\Lambda)$$

もし行列が対角化可能でなければ，非ゼロの固有値の数と正方行列の階数とのこの関係は必ずしも成り立たない．

例 3.6　以下の 2×2 の行列を考えよう．

$$A = \begin{bmatrix} 1 & 1 \\ 0 & 0 \end{bmatrix}, \qquad B = \begin{bmatrix} 0 & 1 \\ 0 & 0 \end{bmatrix}$$

明らかに，A と B の階数は 1 である．A の特性方程式は単純に $\lambda(1-\lambda)=0$ となるので，A の固有値は 0 と 1 であり，したがって，この場合，$\mathrm{rank}(A)$ は非ゼロの固有値の数と等しくなる．B の特性方程式は単純に $\lambda^2=0$ となるため，B は重複度 2 の固有値 0 をもつ．ゆえに，B の階数は非ゼロの固有値の数を超えることになる．

ケーリー–ハミルトンの定理 (Cayley-Hamilton theorem) として知られる定理 3.8 では，行列が自身の特性方程式を満たすことについて述べる．この結果の証明は Hammarling(1970) においてみられる．

定理 3.8 A を固有値 $\lambda_1,\ldots,\lambda_m$ をもつ $m\times m$ 行列とする．このとき，以下が成り立つ．

$$\prod_{i=1}^{m}(A-\lambda_i I_m)=(0)$$

つまり，もし $(-\lambda)^m+\alpha_{m-1}(-\lambda)^{m-1}+\cdots+\alpha_1(-\lambda)+\alpha_0=0$ が A の特性方程式であるならば，このとき以下が成り立つ．

$$(-A)^m+\alpha_{m-1}(-A)^{m-1}+\cdots+\alpha_1(-A)+\alpha_0 I_m=(0)$$

3.4 対 称 行 列

統計学における固有値や固有ベクトルに関連する応用の多くは，対称行列を扱うものである．そして，対称行列は固有値や固有ベクトルに関して，いくつかの特によい性質をもっている．本節では，これらの性質について展開する．

行列そのものが実行列であっても，その行列は複素固有値をもちうるということをすでにみてきた．しかし，対称行列においてはそうではない．

定理 3.9 A を $m\times m$ 実対称行列 (real symmetric matrix) とする．このとき，A の固有値は実数であり，任意の固有値に対応する実数の固有ベクトルが存在する．

証明 $\lambda=\alpha+i\beta$ を A の固有値とし，$\boldsymbol{x}=\boldsymbol{y}+i\boldsymbol{z}$ をそれに対応する固有ベクトルとする．ただし $i=\sqrt{-1}$ である．まずはじめに $\beta=0$ を示す．λ と $\boldsymbol{x}$ の表現を固有値・固有ベクトル方程式 $A\boldsymbol{x}=\lambda\boldsymbol{x}$ に代入すると，

$$A(\boldsymbol{y}+i\boldsymbol{z})=(\alpha+i\beta)(\boldsymbol{y}+i\boldsymbol{z}) \tag{3.5}$$

となる．(3.5) 式に，前から $(\boldsymbol{y}-i\boldsymbol{z})'$ を掛けると，

$$(\boldsymbol{y}-i\boldsymbol{z})'A(\boldsymbol{y}+i\boldsymbol{z})=(\alpha+i\beta)(\boldsymbol{y}-i\boldsymbol{z})'(\boldsymbol{y}+i\boldsymbol{z})$$

を得る．A の対称性から $\boldsymbol{y}'A\boldsymbol{z} = \boldsymbol{z}'A\boldsymbol{y}$ なので，上式は以下のように簡略化される．

$$\boldsymbol{y}'A\boldsymbol{y} + \boldsymbol{z}'A\boldsymbol{z} = (\alpha + i\beta)(\boldsymbol{y}'\boldsymbol{y} + \boldsymbol{z}'\boldsymbol{z})$$

ここで，$\boldsymbol{x} \neq \boldsymbol{0}$ は $(\boldsymbol{y}'\boldsymbol{y} + \boldsymbol{z}'\boldsymbol{z}) > 0$ を意味し，上式の左辺は実数なので，結果として $\beta = 0$ でなくてはならない．(3.5) 式に $\beta = 0$ を代入すると，

$$A\boldsymbol{y} + iA\boldsymbol{z} = \alpha\boldsymbol{y} + i\alpha\boldsymbol{z}$$

となる．よって，$\boldsymbol{y}$ と $\boldsymbol{z}$ がそれぞれ $A\boldsymbol{y} = \alpha\boldsymbol{y}$，$A\boldsymbol{z} = \alpha\boldsymbol{z}$ を満たし，その少なくとも 1 つは $\boldsymbol{0}$ でない限り，つまり $\boldsymbol{x} \neq \boldsymbol{0}$ である限りにおいて，$\boldsymbol{x} = \boldsymbol{y} + i\boldsymbol{z}$ は $\lambda = \alpha$ に対応する A の固有ベクトルとなるだろう．実固有ベクトルは，$A\boldsymbol{y} = \alpha\boldsymbol{y}$ となるような $\boldsymbol{y} \neq \boldsymbol{0}$ の選択と $\boldsymbol{z} = \boldsymbol{0}$ によって構成される．□

関連する固有値がすべて互いに異なるものであれば，$m \times m$ 行列 A の固有ベクトルの集合は，線形独立であった．いま，A が対称であれば，さらにもう少し多くのことがいえる，ということを示す．$\boldsymbol{x}$ と $\boldsymbol{y}$ はそれぞれ固有値 λ と γ に対応する固有ベクトルであると仮定する．ただし $\lambda \neq \gamma$ である．A は対称なので，

$$\begin{aligned}\lambda\boldsymbol{x}'\boldsymbol{y} &= (\lambda\boldsymbol{x})'\boldsymbol{y} = (A\boldsymbol{x})'\boldsymbol{y} = \boldsymbol{x}'A'\boldsymbol{y}\\ &= \boldsymbol{x}'(A\boldsymbol{y}) = \boldsymbol{x}'(\gamma\boldsymbol{y}) = \gamma\boldsymbol{x}'\boldsymbol{y}\end{aligned}$$

となる．$\lambda \neq \gamma$ より，$\boldsymbol{x}'\boldsymbol{y} = 0$ でなくてはならない．つまり，異なる固有値に対応する固有ベクトルは直交していなくてはならない．したがって，A の m 個の固有値がすべて異なる値であるならば，それらに対応する固有ベクトルの集合は互いに直交するベクトルの集まりとなるだろう．A が重複固有値をもつ場合であってもこのことが成り立ちうることを以下で示す．ただし，これを証明する前に，まず定理 3.10 が必要になるだろう．

定理 3.10　A を $m \times m$ 対称行列とし，$\boldsymbol{x}$ を任意の $m \times 1$ 非ゼロベクトルとする．このとき $r \geq 1$ に対して，ベクトル $\boldsymbol{x}, A\boldsymbol{x}, \ldots, A^{r-1}\boldsymbol{x}$ によって張られるベクトル空間は，A の固有ベクトルを包含している．

証明　$\boldsymbol{x}, A\boldsymbol{x}, \ldots, A^r\boldsymbol{x}$ が線形従属な集合となるための最小の整数を r とする．このとき，

$$\alpha_0\boldsymbol{x} + \alpha_1 A\boldsymbol{x} + \cdots + \alpha_r A^r\boldsymbol{x} = (\alpha_0 I_m + \alpha_1 A + \cdots + A^r)\boldsymbol{x} = \boldsymbol{0}$$

を満たすような，すべてがゼロであるとは限らないスカラー $\alpha_0, \ldots, \alpha_r$ が存在する．ここで，一般性を失うことなく，$\alpha_r = 1$ とした．なぜなら，そのように r を選ぶことにより，α_r はゼロでないことが保証されるからである．括弧の中の表現は，A における r 次行列多項式 (rth-degree matrix polynominal) であり，スカラー多項式が因子分解される場合と同様のやり方で因子分解することができる．すなわち，以下のように書き表される．

$$(A-\gamma_1 I_m)(A-\gamma_2 I_m)\cdots(A-\gamma_r I_m)$$

ここで $\gamma_1,\ldots,\gamma_r$ は $\alpha_0=(-1)^r\gamma_1\gamma_2\cdots\gamma_r,\ldots,\alpha_{r-1}=-(\gamma_1+\gamma_2+\cdots+\gamma_r)$ を満たす多項式の根である.

$$\begin{aligned}\boldsymbol{y}&=(A-\gamma_2 I_m)\cdots(A-\gamma_r I_m)\boldsymbol{x}\\&=(-1)^{r-1}\gamma_2\cdots\gamma_r\boldsymbol{x}+\cdots+A^{r-1}\boldsymbol{x}\end{aligned}$$

とすると，このとき $\boldsymbol{y}\neq\mathbf{0}$ であることに注意されたい．なぜなら，もしそうでなければ，r の定義に反して，$\boldsymbol{x},A\boldsymbol{x},\ldots,A^{r-1}\boldsymbol{x}$ が線形従属な集合になってしまうからである．したがって，$\boldsymbol{y}$ は $\boldsymbol{x},A\boldsymbol{x},\ldots,A^{r-1}\boldsymbol{x}$ によって張られる空間に含まれており，

$$(A-\gamma_1 I_m)\boldsymbol{y}=(A-\gamma_1 I_m)(A-\gamma_2 I_m)\cdots(A-\gamma_r I_m)\boldsymbol{x}=\mathbf{0}$$

となる．結果として，$\boldsymbol{y}$ は固有値 γ_1 に対応する A の固有ベクトルであり，証明は完了した． □

定理 3.11 $m\times m$ 行列 A が対称であれば，A の m 個の固有ベクトルの集合を正規直交となるように構成することができる．

証明 $1\leq h<m$ において，もし，固有ベクトルの正規直交な集合 $\boldsymbol{x}_1,\ldots,\boldsymbol{x}_h$ が得られれば，これらのベクトルそれぞれと直交するような別の正規化された固有ベクトル $\boldsymbol{x}_{h+1}$ を求めることができるということを，はじめに示す．ベクトル $\boldsymbol{x}_1,\ldots,\boldsymbol{x}_h$ のそれぞれと直交する任意のベクトル $\boldsymbol{x}$ を選ぶ．ここで留意すべきは，任意の正の整数 k に対して，$A^k\boldsymbol{x}$ もまた $\boldsymbol{x}_1,\ldots,\boldsymbol{x}_h$ に直交しているという点である．なぜなら，もし λ_i が $\boldsymbol{x}_i$ に対応する固有値であるなら，A の対称性および定理 3.4(a) から

$$\boldsymbol{x}_i'A^k\boldsymbol{x}=\{(A^k)'\boldsymbol{x}_i\}'\boldsymbol{x}=(A^k\boldsymbol{x}_i)'\boldsymbol{x}=\lambda_i^k\boldsymbol{x}_i'\boldsymbol{x}=0$$

となるためである．前述の定理より，ある r においてベクトル $\boldsymbol{x},A\boldsymbol{x},\ldots,A^{r-1}\boldsymbol{x}$ によって張られる空間は A の固有ベクトル，例えば $\boldsymbol{y}$ を含むことが示されている．このベクトル $\boldsymbol{y}$ もまた $\boldsymbol{x}_1,\ldots,\boldsymbol{x}_h$ と直交するベクトルの集合によって張られるベクトル空間に含まれるので，$\boldsymbol{x}_1,\ldots,\boldsymbol{x}_h$ と直交していなくてはならない．よって，$\boldsymbol{x}_{h+1}=(\boldsymbol{y}'\boldsymbol{y})^{-1/2}\boldsymbol{y}$ を得る．任意の A の固有ベクトルから始めて，先述の議論を $m-1$ 回繰り返すことにより，定理は証明される． □

$\boldsymbol{x}_1,\ldots,\boldsymbol{x}_m$ が証明において述べられたような正規直交ベクトルであるとき，$m\times m$ 行列 $X=(\boldsymbol{x}_1,\ldots,\boldsymbol{x}_m)$ とし，さらに $\Lambda=\mathrm{diag}(\lambda_1,\ldots,\lambda_m)$ とすると，$i=1,\ldots,m$ における固有値・固有ベクトル方程式 $A\boldsymbol{x}_i=\lambda_i\boldsymbol{x}_i$ は，まとめて行列方程式 $AX=X\Lambda$ として表すことができる．X の各列は正規直交ベクトルなので，X は直交行列である．上述の行列方程式に対する X' の前からの乗算によって，$X'AX=\Lambda$ という関係を得

る．あるいは同等に

$$A = X\Lambda X'$$

となる．これは A のスペクトル分解 (spectral decomposition) として知られている．4.2 節で後にみるように，このスペクトル分解の非常に有用な一般化は特異値分解 (singular value decomposition) として知られており，任意の $m \times n$ 行列 A に対して成り立つ．特に，$A = PDQ'$ となるような，それぞれ $m \times m$ および $n \times n$ の直交行列 P と Q，そして $i \neq j$ ならば $d_{ij} = 0$ の $m \times n$ 行列 D が存在する．

定理 3.2(d) より，A の固有値は Λ の固有値と同じであり，それは Λ の対角要素であるということに注意が必要である．よって，もし λ が重複度 $r > 1$ の A の重複固有値ならば，Λ の r 個の対角要素は λ と等しく，r 個の固有ベクトル，つまり $\boldsymbol{x}_1, \ldots, \boldsymbol{x}_r$ はこの固有値 λ に対応する．したがって，λ に対応する A の固有空間 $S_A(\lambda)$ の次元は重複度 r と一致する．ただし，この固有値に対応する正規直交固有ベクトルの集合は，一意ではない．$S_A(\lambda)$ に対する正規直交基底はいずれも，固有値 λ と対応する固有ベクトルは r 個の正規直交ベクトルの集合となるだろう．例えば，仮に $X_1 = (\boldsymbol{x}_1, \ldots, \boldsymbol{x}_r)$ とし，Q を $r \times r$ 直交行列とすると，$Y_1 = X_1 Q$ の列もまた λ に対応する正規直交固有ベクトルの集合を構成する．

例 3.7　統計学における固有解析 (eigenanalysis) の適用の 1 つは，説明変数がほぼ線形従属であるような回帰分析に関連する問題を克服することを含む．この状況は，しばしば多重共線性 (multicollinearity) といわれる．この場合，説明変数のいくつかが応答変数について冗長な情報を与えている．結果として，モデル $\boldsymbol{y} = X\boldsymbol{\beta} + \boldsymbol{\epsilon}$ における $\boldsymbol{\beta}$ の最小 2 乗推定量

$$\hat{\boldsymbol{\beta}} = (X'X)^{-1}X'\boldsymbol{y}$$

は，不正確になるだろう．なぜなら，$X'X$ がほぼ特異であるために，$\boldsymbol{\beta}$ の共分散行列

$$\begin{aligned}\mathrm{var}(\hat{\boldsymbol{\beta}}) &= (X'X)^{-1}X'\{\mathrm{var}(\boldsymbol{y})\}X(X'X)^{-1}\\ &= (X'X)^{-1}X'\{\sigma^2 I\}X(X'X)^{-1}\\ &= \sigma^2(X'X)^{-1}\end{aligned}$$

がいくつかの大きな要素をもつ傾向があるからである．もし，説明変数の中の 1 つ，例えば x_j が，別の説明変数，例えば x_l のほぼスカラー倍であるというだけの理由でほぼ線形従属になっているのであれば，単にモデルからこれらの説明変数の中の 1 つを除くことができるだろう．しかしながらほとんどの場合，ほぼ線形従属であるという状況は，このように単純ではない．固有解析を用いると，どんなタイプの従属も明らかにすることができるということをみてみよう．例 2.16 で議論した以下のモデルが得られるように，説明変数を標準化したと仮定する．

$$\boldsymbol{y} = \delta_0 \mathbf{1}_N + Z_1 \boldsymbol{\delta}_1 + \boldsymbol{\epsilon}$$

$\Lambda = \mathrm{diag}(\lambda_1, \ldots, \lambda_k)$ は $Z_1' Z_1$ の固有値を降順に含んでいるとし，U はその列に，固有値と対応する，正規化された $Z_1' Z_1$ の固有ベクトルをもつ直交行列であるとする．すなわち，$Z_1' Z_1 = U \Lambda U'$ である．例 2.16 で示されたように，$\boldsymbol{y}$ の推定は，説明変数の非特異変換によって影響を受けることはない．つまり，ちょうど以下のモデルを用いてうまく説明することができる．

$$\boldsymbol{y} = \alpha_0 \mathbf{1}_N + W_1 \boldsymbol{\alpha}_1 + \boldsymbol{\epsilon}$$

ただし，$\alpha_0 = \delta_0, \boldsymbol{\alpha}_1 = T^{-1}\boldsymbol{\delta}_1, W_1 = Z_1 T$，そして T は非特異行列である．主成分回帰 (principal component regression) と呼ばれる手法は，標準化された説明変数と母数ベクトルに関する直交変換 $W_1 = Z_1 U$ および $\boldsymbol{\alpha}_1 = U'\boldsymbol{\delta}_1$ を用いることで，多重共線性に関連する問題を扱う．k 個の新たな説明変数を主成分という．すなわち，W_1 の第 i 列に対応する変数は第 i 主成分と呼ばれる．$W_1' W_1 = U' Z_1' Z_1 U = \Lambda$，そして $\mathbf{1}_N' W_1 = \mathbf{1}_N' Z_1 U = \mathbf{0}' U = \mathbf{0}'$ なので，$\boldsymbol{\alpha}_1$ の最小 2 乗推定値は

$$\hat{\boldsymbol{\alpha}}_1 = (W_1' W_1)^{-1} W_1' \boldsymbol{y} = \Lambda^{-1} W_1' \boldsymbol{y}$$

となる．これに対して，その共分散行列は以下のように簡略化できる．

$$\mathrm{var}(\hat{\boldsymbol{\alpha}}_1) = \sigma^2 (W_1' W_1)^{-1} = \sigma^2 \Lambda^{-1}$$

もし $Z_1' Z_1$ がほぼ特異で，それゆえ $W_1' W_1$ もまたほぼ特異であるならば，λ_i の中の少なくとも 1 つは非常に小さくなる一方で，それに対応する α_i の分散は非常に大きくなるだろう．説明変数は標準化されているので，$W_1' W_1$ は，N 個の観測対象から算出された主成分の標本相関行列の $N-1$ 倍である．よって，$\lambda_i \approx 0$ ならば，第 i 主成分は観測対象にかかわらずほとんど一定であり，そのため $\boldsymbol{y}$ の推定にはほとんど寄与しない．$i = k-r+1, \ldots, k$ において $\lambda_i \approx 0$ ならば，最後の r 個の主成分をモデルから取り除くことによって，多重共線性に関連する問題を回避することができる．つまり，W_1 と $\boldsymbol{\alpha}_1'$ の最後の r 列を取り除くことで，W_{11} と $\boldsymbol{\alpha}_{11}'$ が得られるとき，主成分回帰モデルは以下となる．

$$\boldsymbol{y} = \alpha_0 \mathbf{1}_N + W_{11} \boldsymbol{\alpha}_{11} + \boldsymbol{\epsilon}$$

$\Lambda_1 = \mathrm{diag}(\lambda_1, \ldots, \lambda_{k-r})$ とすると，$\boldsymbol{\alpha}_{11}$ の最小 2 乗推定値は

$$\hat{\boldsymbol{\alpha}}_{11} = (W_{11}' W_{11})^{-1} W_{11}' \boldsymbol{y} = \Lambda_1^{-1} W_{11}' \boldsymbol{y}$$

と書き表すことができる．主成分の直交性により，$\hat{\boldsymbol{\alpha}}_{11}$ は，$\hat{\boldsymbol{\alpha}}_1$ の最初から $k-r$ 個の成分と一致することに注意されたい．もともとの標準化モデルにおける $\boldsymbol{\delta}_1$ の主成分回帰の推定値を求めるために，推定値 $\hat{\boldsymbol{\alpha}}_{11}$ を用いることができる．ここで，$\boldsymbol{\delta}_1$ と $\boldsymbol{\alpha}_1$ は

恒等式 $\boldsymbol{\delta}_1 = U\boldsymbol{\alpha}_1$ を通して関連していたことを思い出そう．最後の r 個の主成分を取り除くことで，この恒等式を $\boldsymbol{\delta}_1 = U\boldsymbol{\alpha}_{11}$ と置き換える．ただし，$U = [U_1 \quad U_2]$ であり，U_1 の次数は $k \times (k-r)$ である．したがって，$\boldsymbol{\delta}_1$ の主成分回帰の推定値は以下となる．

$$\hat{\boldsymbol{\delta}}_{1*} = U_1\hat{\boldsymbol{\alpha}}_{11} = U_1\Lambda_1^{-1}W_{11}'\boldsymbol{y}$$

行列 A の正規直交固有ベクトルの集合は，A の固有射影 (eigenprojection) を求めるために用いられることがある．

定義 3.1 λ を重複度 $r \geq 1$ の $m \times m$ 対称行列 A の固有値とする．もし $\boldsymbol{x}_1, \ldots, \boldsymbol{x}_r$ が λ に対応する正規直交固有ベクトルの集合であれば，固有値 λ に対応する A の固有射影は以下で与えられる．

$$P_A(\lambda) = \sum_{i=1}^{r} \boldsymbol{x}_i\boldsymbol{x}_i'$$

この固有射影 $P_A(\lambda)$ は単に，ベクトル空間 $S_A(\lambda)$ への射影行列である．したがって，任意の $\boldsymbol{x} \in R^m$ について，$\boldsymbol{y} = P_A(\lambda)\boldsymbol{x}$ は固有空間 $S_A(\lambda)$ 上への $\boldsymbol{x}$ の直交射影を与える．前述のように，X_1 を $X_1 = (\boldsymbol{x}_1, \ldots, \boldsymbol{x}_r)$ と定義すると，$P_A(\lambda) = X_1X_1'$ となる．固有ベクトル $\boldsymbol{x}_1, \ldots, \boldsymbol{x}_r$ の集合は一意ではないが，$P_A(\lambda)$ は一意であることに注意されたい．例えば，Q を任意の $r \times r$ 直交行列とし，もし $Y_1 = X_1Q$ ならば，Y_1 の列は，λ に対応する正規直交固有ベクトルの別の集合を構成するが，以下が成り立つ．

$$\begin{aligned} Y_1Y_1' &= (X_1Q)(X_1Q)' = X_1QQ'X_1' \\ &= X_1I_rX_1' = X_1X_1' = P_A(\lambda) \end{aligned}$$

“スペクトル分解” という用語は，同じ値の重複を除いた A のすべての固有値の集合に対する “A のスペクトル集合”(spectral set) という用語に由来する．$m \times m$ 行列 A がスペクトル集合 $\{\mu_1, \ldots, \mu_k\}$ をもつと仮定しよう．ただし，μ_i の中のいくつかは重複固有値に対応している可能性があるため，$k \leq m$ である．μ_i の集合は，μ_i においては同じ値の重複を認めないという点で，λ_i の集合とは異なるかもしれない．すなわち，もし A が固有値 $\lambda_1 = 3, \lambda_2 = 2, \lambda_3 = 2, \lambda_4 = 1$ をもつ 4×4 行列であるならば，A のスペクトル集合は $\{3, 2, 1\}$ である．X と Λ をすでに定義したのと同様に用いると，スペクトル分解は

$$A = X\Lambda X' = \sum_{i=1}^{m} \lambda_i\boldsymbol{x}_i\boldsymbol{x}_i' = \sum_{i=1}^{k} \mu_iP_A(\mu_i)$$

となり，A は複数項の和に分解され，その各々がスペクトル集合のそれぞれの値に対応している．分解を $A = \sum_{i=1}^{k} \mu_iP_A(\mu_i)$ と表記するとき，ベクトル空間の射影行列の一

意性により，和の中の項は一意に定義されるということに注意が必要である．一方で，分解 $A = \sum_{i=1}^{m} \lambda_i \boldsymbol{x}_i \boldsymbol{x}_i'$ は，λ_i がすべて異なる値でない限り，一意に定義される項をもたない．

例 3.8 以下のような 3×3 対称行列 A を考える．

$$A = \begin{bmatrix} 5 & -1 & -1 \\ -1 & 5 & -1 \\ -1 & -1 & 5 \end{bmatrix}$$

この行列の特性方程式を解くことで，A が単一固有値 3 と，重複度 2 の重複固有値 6 をもつことは容易に確かめることができる．固有値 3 に対応する (符号を除いて) 一意の単位固有ベクトルは $(1/\sqrt{3}, 1/\sqrt{3}, 1/\sqrt{3})'$ に等しく，一方で 6 に対応する正規直交固有ベクトルの集合は $(-2/\sqrt{6}, 1/\sqrt{6}, 1/\sqrt{6})'$ と $(0, 1/\sqrt{2}, -1/\sqrt{2})'$ で与えられることがわかる．したがって，A のスペクトル分解が以下によって与えられる．

$$\begin{bmatrix} 5 & -1 & -1 \\ -1 & 5 & -1 \\ -1 & -1 & 5 \end{bmatrix} = \begin{bmatrix} 1/\sqrt{3} & -2/\sqrt{6} & 0 \\ 1/\sqrt{3} & 1/\sqrt{6} & 1/\sqrt{2} \\ 1/\sqrt{3} & 1/\sqrt{6} & -1/\sqrt{2} \end{bmatrix} \begin{bmatrix} 3 & 0 & 0 \\ 0 & 6 & 0 \\ 0 & 0 & 6 \end{bmatrix}$$
$$\times \begin{bmatrix} 1/\sqrt{3} & 1/\sqrt{3} & 1/\sqrt{3} \\ -2/\sqrt{6} & 1/\sqrt{6} & 1/\sqrt{6} \\ 0 & 1/\sqrt{2} & -1/\sqrt{2} \end{bmatrix}$$

そして，A の 2 つの固有射影は以下のとおりとなる．

$$P_A(3) = \begin{bmatrix} 1/\sqrt{3} \\ 1/\sqrt{3} \\ 1/\sqrt{3} \end{bmatrix} \begin{bmatrix} 1/\sqrt{3} & 1/\sqrt{3} & 1/\sqrt{3} \end{bmatrix} = \frac{1}{3} \begin{bmatrix} 1 & 1 & 1 \\ 1 & 1 & 1 \\ 1 & 1 & 1 \end{bmatrix}$$

$$P_A(6) = \begin{bmatrix} -2/\sqrt{6} & 0 \\ 1/\sqrt{6} & 1/\sqrt{2} \\ 1/\sqrt{6} & -1/\sqrt{2} \end{bmatrix} \begin{bmatrix} -2/\sqrt{6} & 1/\sqrt{6} & 1/\sqrt{6} \\ 0 & 1/\sqrt{2} & -1/\sqrt{2} \end{bmatrix}$$
$$= \frac{1}{3} \begin{bmatrix} 2 & -1 & -1 \\ -1 & 2 & -1 \\ -1 & -1 & 2 \end{bmatrix}$$

行列の階数とその行列の非ゼロの固有値の数との関係は対称行列に関して厳密なものとなる．

定理 3.12 $m \times m$ 行列 A は r 個の非ゼロの固有値をもつとする．このとき，A が対称行列であるならば，$\mathrm{rank}(A) = r$ である．

証明 $A = X\Lambda X'$ が A のスペクトル分解であるならば，対角行列 Λ は r 個の非ゼロの対角要素をもち，以下が成り立つ．

$$\mathrm{rank}(A) = \mathrm{rank}(X\Lambda X') = \mathrm{rank}(\Lambda)$$

なぜなら，非特異行列による行列の乗法は階数に影響しないからである．明らかに対角行列の階数は非ゼロである対角要素の数に等しい．したがって結果を得る． □

統計学における固有値と固有ベクトルの適用で最も重要なものに，共分散行列や相関行列の分析がある．

例 3.9 時として行列は，それとわかれば固有値と固有ベクトルの計算をはかどらせるために使うことのできる特定の構造をもつことがある．この例では，$m \times m$ の共分散行列がときどきもつある構造について考える．この構造は分散や相関が 1 つの値をとるものである．つまり，共分散行列は以下のような形になる．

$$\Omega = \sigma^2 \begin{bmatrix} 1 & \rho & \cdots & \rho \\ \rho & 1 & \cdots & \rho \\ \vdots & \vdots & & \vdots \\ \rho & \rho & \cdots & 1 \end{bmatrix}$$

あるいは，Ω は $\Omega = \sigma^2\{(1-\rho)I_m + \rho\mathbf{1}_m\mathbf{1}_m'\}$ と表すこともできるので，ベクトル $\mathbf{1}_m$ の関数である．このベクトルは以下の式が成り立つため，Ω の固有値解析においても極めて重要な役割を果たす．

$$\Omega\mathbf{1}_m = \sigma^2\{(1-\rho)\mathbf{1}_m + \rho\mathbf{1}_m\mathbf{1}_m'\mathbf{1}_m\} = \sigma^2\{(1-\rho) + m\rho\}\mathbf{1}_m$$

よって，$\mathbf{1}_m$ は固有値 $\sigma^2\{(1-\rho) + m\rho\}$ に対応する Ω の固有ベクトルである．Ω の残りの固有値は，もし $\boldsymbol{x}$ が $\mathbf{1}_m$ に直交する任意の $m \times 1$ ベクトルであるならば，

$$\Omega\boldsymbol{x} = \sigma^2\{(1-\rho)\boldsymbol{x} + \rho\mathbf{1}_m\mathbf{1}_m'\boldsymbol{x}\} = \sigma^2(1-\rho)\boldsymbol{x}$$

であり，したがって $\boldsymbol{x}$ は固有値 $\sigma^2(1-\rho)$ に対応する Ω の固有ベクトルであることから特定される．$\mathbf{1}_m$ に対しては $m-1$ 個の線形独立なベクトルがあるので，固有値 $\sigma^2(1-\rho)$ の重複度は $m-1$ である．これら 2 つの異なる固有値の順序は ρ の値に依存する．つまり $\sigma^2\{(1-\rho)+m\rho\}$ は ρ が正の場合のみ $\sigma^2(1-\rho)$ よりも大きくなる．

例 3.10 共分散行列は任意の対称な非負定値行列となりうる．よって，任意の m 個の非負の数の集合と任意の m 個の $m \times 1$ 正規直交ベクトルに対して，これらの数やベクトルを固有値，固有ベクトルとした $m \times m$ 共分散行列を構成することができる．一方

で，相関行列はさらに対角要素がそれぞれ 1 でなければならないという制約があり，この追加の制約が相関行列の固有値解析に影響を与える．つまり，相関行列に対してはよりいっそう制限された固有値と固有ベクトルの集合があると考えられる．極端な例として，以下のような形をとらなければならない 2×2 相関行列を考える．

$$P = \begin{bmatrix} 1 & \rho \\ \rho & 1 \end{bmatrix}$$

ここで，P は非負定値でなければならないため，$-1 \leq \rho \leq 1$ である．特性方程式 $|P - \lambda I_2| = 0$ によってただちに 2 つの固有値 $1+\rho$ と $1-\rho$ を得る．固有値・固有ベクトル方程式 $P\boldsymbol{x} = \lambda\boldsymbol{x}$ においてこれらを用いることで，ρ の値にかかわらず $(1/\sqrt{2}, 1/\sqrt{2})'$ が $1+\rho$ に対応する固有ベクトルでなければならないのに対して，$(1/\sqrt{2}, -1/\sqrt{2})'$ は $1-\rho$ に対応する固有ベクトルでなければならないということがわかる．したがって，符号の変化を無視すれば，$\rho \neq 0$ のとき 2×2 相関行列に対し正規直交固有ベクトルはただ 1 つの集合しかない．この正規直交固有ベクトルの考えられる集合の数は次数 m が大きくなるにつれて増える．相関行列の分析のシミュレーション研究のような状況においては，固有値や固有ベクトルに関してある特定の構造をもつ相関行列を構成したいことがあるだろう．例えば 3 つの異なる固有値をもち，そのうちの 1 つが重複度 $m-2$ であるような $m \times m$ 相関行列を構成したいとしよう．したがって，この相関行列は以下のように表すことができる．

$$P = \lambda_1 \boldsymbol{x}_1 \boldsymbol{x}_1' + \lambda_2 \boldsymbol{x}_2 \boldsymbol{x}_2' + \sum_{i=3}^{m} \lambda \boldsymbol{x}_i \boldsymbol{x}_i'$$

ここで λ_1, λ_2 と λ は P の異なる固有値であり，$\boldsymbol{x}_1, \ldots, \boldsymbol{x}_m$ はそれに対応する正規化された固有ベクトルである．P は非負定値であるから，$\lambda_1 \geq 0, \lambda_2 \geq 0, \lambda \geq 0$ でなければならないが，$\mathrm{tr}(P) = m$ は $\lambda = (m - \lambda_1 - \lambda_2)/(m-2)$ であることを意味している．P は以下のように表すことができることに注意が必要である．

$$P = (\lambda_1 - \lambda)\boldsymbol{x}_1 \boldsymbol{x}_1' + (\lambda_2 - \lambda)\boldsymbol{x}_2 \boldsymbol{x}_2' + \lambda I_m$$

したがって，$(P)_{ii} = 1$ は

$$(\lambda_1 - \lambda)x_{i1}^2 + (\lambda_2 - \lambda)x_{i2}^2 + \lambda = 1$$

と表すことができることを意味する．これは以下の式と同等である．

$$x_{i2}^2 = \frac{1 - \lambda - (\lambda_1 - \lambda)x_{i1}^2}{(\lambda_2 - \lambda)}$$

そしてこれらの制約は特定の行列を構成するために用いることができる．例えば，固有値 $\lambda_1 = 2, \lambda_2 = 1$, 重複度 2 の$\lambda = 0.5$ をもつ 4×4 相関行列を構成したい場合を考えよう．$\boldsymbol{x}_1 = (0.5, 0.5, 0.5, 0.5)'$ を選択すると，$x_{i2}^2 = 0.25$ でなければならず，$\boldsymbol{x}_1$ と $\boldsymbol{x}_2$

の直交性から，$\boldsymbol{x}_2$ は $\boldsymbol{x}_1$ の成分のうち 2 つにマイナスをつけることによって x_1 から得られる任意のベクトルである．例えば，$\boldsymbol{x}_2 = (0.5, -0.5, 0.5, -0.5)'$ とすると，以下となる．

$$P = \begin{bmatrix} 1 & 0.25 & 0.50 & 0.25 \\ 0.25 & 1 & 0.25 & 0.50 \\ 0.50 & 0.25 & 1 & 0.25 \\ 0.25 & 0.50 & 0.25 & 1 \end{bmatrix}$$

3.5 固有値と固有射影の連続性

本節での最初の結果は，2 つの行列の要素の絶対差の関数によって 2 つの行列の固有値間の絶対差を境界づけるものである．定理 3.13 の証明は Ostrowski(1973) で示されている．他の類似した制限については Elsner(1982) を参照されたい．

定理 3.13 A と B をそれぞれ固有値 $\lambda_1, \ldots, \lambda_m, \gamma_1, \ldots, \gamma_m$ をもつ $m \times m$ 行列であるとする．以下の 2 つの式を定義する．

$$M = \max_{1 \leq i \leq m, 1 \leq j \leq m} (|a_{ij}|, |b_{ij}|)$$

$$\delta(A, B) = \frac{1}{m} \sum_{i=1}^{m} \sum_{j=1}^{m} |a_{ij} - b_{ij}|$$

このとき以下が成り立つ．

$$\max_{1 \leq i \leq m} \min_{1 \leq j \leq m} |\lambda_i - \gamma_j| \leq (m+2) M^{1-1/m} \delta(A, B)^{1/m}$$

定理 3.13 によって任意の行列 A の固有値に関する有益な結果を得ることができる．$B_1, B_2, \ldots$ を $n \to \infty$ に従って $B_n \to A$ となるような $m \times m$ 行列の数列とし，$\delta(A, B_n)$ を定理 3.13 で定義されたものとする．$n \to \infty$ に従って $B_n \to A$ となることから，$n \to \infty$ に従って $\delta(A, B_n) \to 0$ となる．よって，$\gamma_{1,n}, \ldots, \gamma_{m,n}$ が B_n の固有値であるならば，定理 3.13 より，$n \to \infty$ に従って以下が成り立つ．

$$\max_{1 \leq i \leq m} \min_{1 \leq j \leq m} |\lambda_i - \gamma_{j,n}| \to 0$$

言い換えれば，B_n が A にかなり近いのであれば，それぞれの i に対して $\gamma_{j,n}$ が λ_i に近くなるようなある j が存在する．より厳密には，$B_n \to A$ に従って B_n の固有値は A の固有値に収束する．したがって，定理 3.14 が導かれる．

定理 3.14 $\lambda_1, \ldots, \lambda_m$ を $m \times m$ 行列 A の固有値とする．このとき，それぞれの i に

対して，λ_i は A の要素の連続関数となる．

定理 3.15 では対称行列 A の固有射影 $P_A(\lambda)$ の連続性を取り扱う．この問題に対する詳細にわたる扱いは，非対称行列の固有射影の連続性に関するより一般的な問題と同様に Kato(1982) にみることができる．

定理 3.15　A を $m \times m$ 対称行列とし，λ はその固有値の 1 つであるとする．このとき固有値 λ に対する固有射影 $P_A(\lambda)$ は，A の要素の連続関数である．

例 3.11　以下の行列を考える．

$$A = \begin{bmatrix} 2 & 0 & 0 \\ 0 & 1 & 0 \\ 0 & 0 & 1 \end{bmatrix}$$

これは明らかに単一固有値 2 と重複度 2 の固有値 1 をもつ．$B_1, B_2, \ldots$ を $n \to \infty$ に従って $B_n \to A$ となるような 3×3 行列の系列であるとする．$\gamma_{1,n} \geq \gamma_{2,n} \geq \gamma_{3,n}$ を B_n の固有値とし，$\boldsymbol{x}_{1,n}, \boldsymbol{x}_{2,n}, \boldsymbol{x}_{3,n}$ をこれらに対応する正規直交固有ベクトルの集合とする．定理 3.14 は $n \to \infty$ に従って，

$$\gamma_{1,n} \to 2 \qquad \text{and} \qquad \gamma_{i,n} \to 1 \qquad \text{for } i = 2, 3$$

となることを意味している．一方で，定理 3.15 は $n \to \infty$ に従って，

$$P_{1,n} \to P_A(2) \qquad P_{2,n} \to P_A(1)$$

となることを示している．ここで，

$$P_{1,n} = \boldsymbol{x}_{1,n}\boldsymbol{x}'_{1,n} \qquad P_{2,n} = \boldsymbol{x}_{2,n}\boldsymbol{x}'_{2,n} + \boldsymbol{x}_{3,n}\boldsymbol{x}'_{3,n}$$

である．例えば以下を考えると，明らかに $B_n \to A$ である．

$$B_n = \begin{bmatrix} 2 & 0 & n^{-1} \\ 0 & 1 & 0 \\ n^{-1} & 0 & 1 \end{bmatrix}$$

B_n の特性方程式は次のように簡略化される．

$$\lambda^3 - 4\lambda^2 + (5 - n^{-2})\lambda - 2 + n^{-2} = (\lambda - 1)(\lambda^2 - 3\lambda + 2 - n^{-2}) = 0$$

したがって，B_n の固有値は以下となる．

$$1, \qquad \frac{3}{2} - \frac{\sqrt{1 + 4n^{-2}}}{2}, \qquad \frac{3}{2} + \frac{\sqrt{1 + 4n^{-2}}}{2}$$

これらは，やはりそれぞれ 1,1,2 に収束する．以下の式の確認は読者の問題としてとっ

ておく.

$$P_{1,n} \to \begin{bmatrix} 1 & 0 & 0 \\ 0 & 0 & 0 \\ 0 & 0 & 0 \end{bmatrix} = P_A(2), \qquad P_{2,n} \to \begin{bmatrix} 0 & 0 & 0 \\ 0 & 1 & 0 \\ 0 & 0 & 1 \end{bmatrix} = P_A(1)$$

3.6　固有値の極値特性

固有値が多くの応用において大きな役割を果たす理由の 1 つは，2 次形式を含んだ関数の最大値や最小値として固有値が表現されうるということにある．本節では，固有値に関する極値特性のうちのいくつかを得る．

A を $m \times m$ の固定された対称行列とし，$\boldsymbol{x} \neq \boldsymbol{0}$ の関数としての 2 次形式 $\boldsymbol{x}'A\boldsymbol{x}$ について考える．α が非ゼロのスカラーならば，$(\alpha\boldsymbol{x})'A(\alpha\boldsymbol{x}) = \alpha^2\boldsymbol{x}'A\boldsymbol{x}$ であり，適当な α を選択することで，$\boldsymbol{x}'A\boldsymbol{x}$ が負か正かにより，その 2 次形式を恣意的に小さくも大きくもすることができる．したがって，$\boldsymbol{x}$ を変化させるときの $\boldsymbol{x}'A\boldsymbol{x}$ の変動に関する性質について，意味ある結果を得るためには $\boldsymbol{x}$ における尺度変化の影響を除くことが必須である．そして，以下で与えられる，一般にレイリー商 (Rayleigh quotient) と称されるものを構成することによってその影響は除かれる．

$$R(\boldsymbol{x}, A) = \frac{\boldsymbol{x}'A\boldsymbol{x}}{\boldsymbol{x}'\boldsymbol{x}}$$

$R(\alpha\boldsymbol{x}, A) = R(\boldsymbol{x}, A)$ であることに注意してほしい．最初の結果では，$R(\boldsymbol{x}, A)$ の大域的最大化および最小化について扱う．

定理 3.16　A を，順序づけられた固有値 $\lambda_1 \geq \cdots \geq \lambda_m$ をもつ $m \times m$ 対称行列とする．任意の $m \times 1$ ベクトル $\boldsymbol{x} \neq \boldsymbol{0}$ に関して

$$\lambda_m \leq \frac{\boldsymbol{x}'A\boldsymbol{x}}{\boldsymbol{x}'\boldsymbol{x}} \leq \lambda_1 \tag{3.6}$$

となる．とりわけ以下の等式が成立する．

$$\lambda_m = \min_{\boldsymbol{x} \neq \boldsymbol{0}} \frac{\boldsymbol{x}'A\boldsymbol{x}}{\boldsymbol{x}'\boldsymbol{x}}, \qquad \lambda_1 = \max_{\boldsymbol{x} \neq \boldsymbol{0}} \frac{\boldsymbol{x}'A\boldsymbol{x}}{\boldsymbol{x}'\boldsymbol{x}} \tag{3.7}$$

証明　$A = X\Lambda X'$ は A のスペクトル分解であるとする．ここで，$X = (\boldsymbol{x}_1, \ldots, \boldsymbol{x}_m)$ の列は A についての正規化された固有ベクトルであり，$\Lambda = \mathrm{diag}(\lambda_1, \ldots, \lambda_m)$ である．$\boldsymbol{y} = X'\boldsymbol{x}$ とするならば

$$\frac{\boldsymbol{x}'A\boldsymbol{x}}{\boldsymbol{x}'\boldsymbol{x}} = \frac{\boldsymbol{x}'X\Lambda X'\boldsymbol{x}}{\boldsymbol{x}'XX'\boldsymbol{x}} = \frac{\boldsymbol{y}'\Lambda\boldsymbol{y}}{\boldsymbol{y}'\boldsymbol{y}} = \frac{\sum_{i=1}^m \lambda_i y_i^2}{\sum_{i=1}^m y_i^2}$$

となり，

$$\lambda_m \sum_{i=1}^{m} y_i^2 \leq \sum_{i=1}^{m} \lambda_i y_i^2 \leq \lambda_1 \sum_{i=1}^{m} y_i^2$$

という事実から (3.6) 式が成立する．そして，(3.7) 式は (3.6) 式における限界値が得られるように $\boldsymbol{x}$ を選択することにより確認される．たとえば，下限は $\boldsymbol{x} = \boldsymbol{x}_m$ とすることで得られる．それに対して上限に関する不等式は $\boldsymbol{x} = \boldsymbol{x}_1$ とすることで成立する． □

任意の非ゼロの $\boldsymbol{x}$ に関して，$\boldsymbol{z} = (\boldsymbol{x}'\boldsymbol{x})^{-1/2}\boldsymbol{x}$ は単位ベクトルであるので，すべての単位ベクトル $\boldsymbol{z}$ にわたって $\boldsymbol{z}'A\boldsymbol{z}$ の最小化もしくは最大化を行うことによってもまた λ_m と λ_1 がそれぞれ得られること，すなわち，

$$\lambda_m = \min_{\boldsymbol{z}'\boldsymbol{z}=1} \boldsymbol{z}'A\boldsymbol{z}, \qquad \lambda_1 = \max_{\boldsymbol{z}'\boldsymbol{z}=1} \boldsymbol{z}'A\boldsymbol{z}$$

となることには留意されたい．

定理 3.17 では，対称行列 A の各固有値がレイリー商 $R(\boldsymbol{x}, A)$ の制約付最大値もしくは制約付最小値として表現されうることが示される．

定理 3.17 A を，固有値 $\lambda_1 \geq \lambda_2 \geq \cdots \geq \lambda_m$ とそれに対応する正規直交固有ベクトルの集合 $\boldsymbol{x}_1, \ldots, \boldsymbol{x}_m$ をもつ $m \times m$ 対称行列であるとする．また，$h = 1, \ldots, m$ について，S_h と T_h はそれぞれ $X_h = (\boldsymbol{x}_1, \ldots, \boldsymbol{x}_h)$ と $Y_h = (\boldsymbol{x}_h, \ldots, \boldsymbol{x}_m)$ の列によって張られるベクトル空間であると定義する．このとき以下が成立する．

$$\lambda_h = \min_{\substack{\boldsymbol{x} \in S_h \\ \boldsymbol{x} \neq \boldsymbol{0}}} \frac{\boldsymbol{x}'A\boldsymbol{x}}{\boldsymbol{x}'\boldsymbol{x}} = \min_{\substack{Y'_{h+1}\boldsymbol{x}=\boldsymbol{0} \\ \boldsymbol{x} \neq \boldsymbol{0}}} \frac{\boldsymbol{x}'A\boldsymbol{x}}{\boldsymbol{x}'\boldsymbol{x}}$$

また

$$\lambda_h = \max_{\substack{\boldsymbol{x} \in T_h \\ \boldsymbol{x} \neq \boldsymbol{0}}} \frac{\boldsymbol{x}'A\boldsymbol{x}}{\boldsymbol{x}'\boldsymbol{x}} = \max_{\substack{X'_{h-1}\boldsymbol{x}=\boldsymbol{0} \\ \boldsymbol{x} \neq \boldsymbol{0}}} \frac{\boldsymbol{x}'A\boldsymbol{x}}{\boldsymbol{x}'\boldsymbol{x}}$$

証明 最小値に関する結果について証明を行う．最大値についての証明の手続きは同様である．$X = (\boldsymbol{x}_1, \ldots, \boldsymbol{x}_m)$ そして $\Lambda = \mathrm{diag}(\lambda_1, \ldots, \lambda_m)$ とする．$X'AX = \Lambda$ かつ $X'X = I_m$ であるので，$X'_hX_h = I_h$ および $X'_hAX_h = \Lambda_h$ が成り立つことに注意する．ここで，$\Lambda_h = \mathrm{diag}(\lambda_1, \ldots, \lambda_h)$ である．そして，$\boldsymbol{x} \in S_h$ ならばそのときのみ $\boldsymbol{x} = X_h\boldsymbol{y}$ となるような $h \times 1$ ベクトル $\boldsymbol{y}$ が存在する．結果として，

$$\min_{\substack{\boldsymbol{x} \in S_h \\ \boldsymbol{x} \neq \boldsymbol{0}}} \frac{\boldsymbol{x}'A\boldsymbol{x}}{\boldsymbol{x}'\boldsymbol{x}} = \min_{\boldsymbol{y} \neq \boldsymbol{0}} \frac{\boldsymbol{y}'X'_hAX_h\boldsymbol{y}}{\boldsymbol{y}'X'_hX_h\boldsymbol{y}} = \min_{\boldsymbol{y} \neq \boldsymbol{0}} \frac{\boldsymbol{y}'\Lambda_h\boldsymbol{y}}{\boldsymbol{y}'\boldsymbol{y}} = \lambda_h$$

を得る．ここで，最後の等式は定理 3.16 から成立する．定理中の 2 番目の最小化の項は，1 番目の項と，Y'_{h+1} のゼロ空間が S_h であるという事実からただちに成立する． □

例 3.12 および例 3.13 は多くの応用において固有値の極値特性がどうして重要である

かについて示している.

例 3.12 k 個の異なったグループからの各個人について m 個の同じ変数が測定され，目標は k 個のグループの平均における差異を同定することであるとする．複数の $m\times 1$ ベクトル $\boldsymbol{\mu}_1,\dots,\boldsymbol{\mu}_k$ は k 個のグループの平均ベクトルを表しており，$\boldsymbol{\mu}=(\boldsymbol{\mu}_1+\cdots+\boldsymbol{\mu}_k)/k$ は複数の平均ベクトルの平均であるとする．グループ平均の差異について検討するために，グループ平均についての平均からの偏差 $(\boldsymbol{\mu}_i-\boldsymbol{\mu})$ を使うことにする．特に以下によって与えられる平方和積和行列 (sum of squares and cross products matrix) を構成する.

$$A=\sum_{i=1}^{k}(\boldsymbol{\mu}_i-\boldsymbol{\mu})(\boldsymbol{\mu}_i-\boldsymbol{\mu})'$$

ある特定の単位ベクトル $\boldsymbol{x}$ について，$\boldsymbol{x}'A\boldsymbol{x}$ は $\boldsymbol{x}$ の方向における k 個のグループ間の差異に関する指標を与えることに留意されたい．この値が 0 であることはグループがこの方向において同一の平均を有していることを表す．一方，$\boldsymbol{x}'A\boldsymbol{x}$ の値が大きくなるほど，この同じ方向においてグループ間に大きな差異があることを意味する．$\boldsymbol{x}_1,\dots,\boldsymbol{x}_m$ が，A の順序づけられた固有値 $\lambda_1\geq\cdots\geq\lambda_m$ に対応する正規化された固有ベクトルであるならば，定理 3.16 と定理 3.17 より，全体平均からの偏差という点における k 個のグループ間の最も大きな差異は $\boldsymbol{x}_1$ によって与えられる方向に生じる．$\boldsymbol{x}_1$ に直交するすべての方向の中で，$\boldsymbol{x}_2$ は k 個のグループ間の差異が最も大きくなる方向を与える．そして以降も同様である．もし，複数ある固有値のうちのいくつかがそれ以外に比べて相対的にとても小さいならば，グループ平均の差異に関する問題の次元を効率的に減らすことができるだろう．例えば $\lambda_3,\dots,\lambda_m$ のすべてが λ_1 と λ_2 に比べて相対的に非常に小さいと想定する．このとき，グループ平均間の本質的な差異のすべてが $\boldsymbol{x}_1$ と $\boldsymbol{x}_2$ によって張られた平面に見出されるだろう．例 4.11 において，正準変量分析 (canonical variate analysis) と呼ばれる統計的手法について議論することになる．その手法はこの種の次元縮退の処理を利用している.

例 3.13 例 3.12 では，平均に焦点を当てた．この例においては，分散に注目した手法をみることにする．主成分分析 (principal components analysis) と呼ばれる手法は Hotelling(1933) によって提案された．この話題についての優れた参考文献として Jackson(1991) や Jolliffe(2002) がある．$\boldsymbol{x}$ を共分散行列 Ω をもつ $m\times 1$ の確率ベクトルであるとする．そして，$\boldsymbol{a}_1'\boldsymbol{x}$ の分散をできる限り大きくするような $m\times 1$ ベクトル $\boldsymbol{a}_1$ を見つけ出したいと想定する．しかしながら，1.13 節から

$$\mathrm{var}(\boldsymbol{a}_1'\boldsymbol{x})=\boldsymbol{a}_1'\{\mathrm{var}(\boldsymbol{x})\}\boldsymbol{a}_1=\boldsymbol{a}_1'\Omega\boldsymbol{a}_1 \tag{3.8}$$

ということがわかっている．明らかに，あるスカラー α とあるベクトル $\boldsymbol{c}\neq\boldsymbol{0}$ について $\boldsymbol{a}_1=\alpha\boldsymbol{c}$ とし，$\alpha\to\infty$ とすれば上記の分散を恣意的に大きくすることが可能である.

そこで，ある制約を課すことにより $\boldsymbol{a}_1$ の尺度の効果を取り除く．例えば，$\boldsymbol{a}_1'\boldsymbol{a}_1 = 1$ を満たす $\boldsymbol{a}_1$ に関するあらゆる選択について (3.8) 式を最大化することを考えることができる．この場合，R^m 内における直線としてのある方向を探している．この直線は，直線上に射影された $\boldsymbol{x}$ の観測値のバラツキが最大化されるようなものである．定理 3.16 からこの方向は Ω の最も大きな固有値に対応する正規化された固有ベクトルによって与えられる．続いて，2 つ目の方向も見つけたいものと考えよう．これは，$\boldsymbol{a}_1$ に直交し，$\boldsymbol{a}_2'\boldsymbol{a}_2 = 1$ を満たし，$\mathrm{var}(\boldsymbol{a}_2'\boldsymbol{x})$ が最大化されるような $\boldsymbol{a}_2$ として与えられる．定理 3.17 から，この 2 番目の方向は Ω の 2 番目に大きな固有値に対応する正規化された固有ベクトルによって与えられる．このようにして続けると，Ω の正規直交固有ベクトルの集合 $\boldsymbol{a}_1, \ldots, \boldsymbol{a}_m$ によって定められる m 個の方向を得られる．実のところ，ここまで行ってきたことはもともとの軸を新しい直交軸の集合とする回転を見つけ出すことである．ここで，連続的な値をとる各軸はその軸に対する $\boldsymbol{x}$ の観測値間の散らばりを最大化するように選択される．変換されたベクトル $(\boldsymbol{a}_1'\boldsymbol{x}, \ldots, \boldsymbol{a}_m'\boldsymbol{x})'$ の要素は，Ω の主成分 (principal component) と呼ばれ，それらは無相関となる．なぜならば $i \neq j$ について以下となるからである．

$$\mathrm{cov}(\boldsymbol{a}_i'\boldsymbol{x}, \boldsymbol{a}_j'\boldsymbol{x}) = \boldsymbol{a}_i'\Omega\boldsymbol{a}_j = \boldsymbol{a}_i'(\lambda_j\boldsymbol{a}_j) = \lambda_j\boldsymbol{a}_i'\boldsymbol{a}_j = 0$$

いくつかの特別な例として，まずはじめに以下によって与えられる 4×4 の共分散行列を考える．

$$\Omega = \begin{bmatrix} 4.65 & 4.35 & 0.55 & 0.45 \\ 4.35 & 4.65 & 0.45 & 0.55 \\ 0.55 & 0.45 & 4.65 & 4.35 \\ 0.45 & 0.55 & 4.35 & 4.65 \end{bmatrix}$$

Ω の固有値は 10,8,0.4,0.2 であり，最初の 2 つの値が $\boldsymbol{x}$ の全バラツキの大きな割合 $(18/18.6 = 0.97)$ を占めている．このことは，$\boldsymbol{x}$ の観測値は R^4 における点として現れてはいるが，これら点間のほぼすべての散らばりが平面に制限されるということを意味している．この平面は Ω における最初の 2 つの正規固有ベクトル $(0.5, 0.5, 0.5, 0.5)'$ と $(0.5, 0.5, -0.5, -0.5)'$ によって張られている．2 番目の例として，以下のような共分散行列を考える．

$$\Omega = \begin{bmatrix} 59 & 5 & 2 \\ 5 & 35 & -10 \\ 2 & -10 & 56 \end{bmatrix}$$

この行列は重複固有値をもつ．具体的にいうと，その固有値は 60 と 30 であり，重複度はそれぞれ 2 と 1 である．Ω の最大固有値が重複するので，$\mathrm{var}(\boldsymbol{a}_1'\boldsymbol{x})$ を最大化する 1 つの方向 $\boldsymbol{a}_1$ は存在しない．その代わりに，観測値 $\boldsymbol{x}$ はベクトル $(1, 1, -2)'$ とベクトル

$(2,0,1)'$ によって張られる固有空間 $S_\Omega(60)$ で与えられる平面においてすべての方向に同じ広がりをもつ．その結果，観測値 $\boldsymbol{x}$ の点はこの平面上に円形パターンを生成する．

定理 3.18 はクーラン–フィッシャーのミニマックス定理 (Courant-Fischer min-max theorem) として知られているものであり，A の最大・最小以外の中間部分にある固有値の代替式を，レイリー商 $R(\boldsymbol{x}, A)$ の制限付最小値と制限付最大値で表現する．

定理 3.18 A を固有値 $\lambda_1 \geq \lambda_2 \geq \cdots \geq \lambda_m$ をもつ $m \times m$ 対称行列とする．また $h = 1, \ldots, m$ において，B_h を $B_h' B_h = I_{h-1}$ を満たす任意の $m \times (h-1)$ 行列，C_h を $C_h' C_h = I_{m-h}$ を満たす任意の $m \times (m-h)$ 行列とする．このとき，

$$\lambda_h = \min_{B_h} \max_{\substack{B_h'\boldsymbol{x}=\boldsymbol{0} \\ \boldsymbol{x}\neq\boldsymbol{0}}} \frac{\boldsymbol{x}'A\boldsymbol{x}}{\boldsymbol{x}'\boldsymbol{x}} \tag{3.9}$$

あるいはそれと同等に

$$\lambda_h = \max_{C_h} \min_{\substack{C_h'\boldsymbol{x}=\boldsymbol{0} \\ \boldsymbol{x}\neq\boldsymbol{0}}} \frac{\boldsymbol{x}'A\boldsymbol{x}}{\boldsymbol{x}'\boldsymbol{x}} \tag{3.10}$$

である．

証明 まず最初に (3.9) 式で与えられるミニマックスによる結果を証明する．$X_h = (\boldsymbol{x}_1, \ldots, \boldsymbol{x}_h)$ とする．ここで $\boldsymbol{x}_1, \ldots, \boldsymbol{x}_h$ は固有値 $\lambda_1, \ldots, \lambda_h$ に対応する A の正規直交固有ベクトルの集合である．X_{h-1} は $X_{h-1}' X_{h-1} = I_{h-1}$ を満たす $m \times (h-1)$ 行列であるので以下のようになる．

$$\min_{B_h} \max_{\substack{B_h'\boldsymbol{x}=\boldsymbol{0} \\ \boldsymbol{x}\neq\boldsymbol{0}}} \frac{\boldsymbol{x}'A\boldsymbol{x}}{\boldsymbol{x}'\boldsymbol{x}} \leq \max_{\substack{X_{h-1}'\boldsymbol{x}=\boldsymbol{0} \\ \boldsymbol{x}\neq\boldsymbol{0}}} \frac{\boldsymbol{x}'A\boldsymbol{x}}{\boldsymbol{x}'\boldsymbol{x}} = \lambda_h \tag{3.11}$$

ここで最右辺の等式は定理 3.17 による．いま，$B_h' B_h = I_{h-1}$ を満たす任意の B_h において，行列 $B_h' X_h$ のサイズは $(h-1) \times h$ であり，ゆえにその列は線形従属でなければならない．その結果，$B_h' X_h \boldsymbol{y} = \boldsymbol{0}$ となるような $h \times 1$ の非ゼロベクトル $\boldsymbol{y}$ を求めることができる．$X_h \boldsymbol{y}$ は $\boldsymbol{x}$ における選択肢の 1 つであるので，以下のようになることがわかる．

$$\max_{\substack{B_h'\boldsymbol{x}=\boldsymbol{0} \\ \boldsymbol{x}\neq\boldsymbol{0}}} \frac{\boldsymbol{x}'A\boldsymbol{x}}{\boldsymbol{x}'\boldsymbol{x}} \geq \frac{\boldsymbol{y}'X_h'AX_h\boldsymbol{y}}{\boldsymbol{y}'X_h'X_h\boldsymbol{y}} = \frac{\boldsymbol{y}'\Lambda_h\boldsymbol{y}}{\boldsymbol{y}'\boldsymbol{y}} \geq \lambda_h \tag{3.12}$$

ここで $\Lambda_h = \mathrm{diag}(\lambda_1, \ldots, \lambda_h)$ であり，最右辺の不等式は (3.6) 式による．あらゆる B_h における (3.12) 式の最小化は以下のようになる．

$$\min_{B_h} \max_{\substack{B_h'\boldsymbol{x}=\boldsymbol{0} \\ \boldsymbol{x}\neq\boldsymbol{0}}} \frac{\boldsymbol{x}'A\boldsymbol{x}}{\boldsymbol{x}'\boldsymbol{x}} \geq \lambda_h$$

したがって，(3.11) 式とあわせて，(3.9) 式が証明される．(3.10) 式の方の証明も同様にしてなされる．$Y_h = (\boldsymbol{x}_h, \dots, \boldsymbol{x}_m)$ とする．ここで $\boldsymbol{x}_h, \dots, \boldsymbol{x}_m$ は固有値 $\lambda_h, \dots, \lambda_m$ に対応する A の正規直交固有ベクトルの集合である．Y_{h+1} は $Y'_{h+1}Y_{h+1} = I_{m-h}$ を満たす $m \times (m-h)$ 行列であるので，以下のように表すことができる．

$$\max_{C_h} \min_{\substack{C'_h \boldsymbol{x}=\boldsymbol{0} \\ \boldsymbol{x}\neq\boldsymbol{0}}} \frac{\boldsymbol{x}'A\boldsymbol{x}}{\boldsymbol{x}'\boldsymbol{x}} \geq \min_{\substack{Y'_{h+1}\boldsymbol{x}=\boldsymbol{0} \\ \boldsymbol{x}\neq\boldsymbol{0}}} \frac{\boldsymbol{x}'A\boldsymbol{x}}{\boldsymbol{x}'\boldsymbol{x}} = \lambda_h \tag{3.13}$$

ここで最右辺の等式は定理 3.17 による．$C'_hC_h = I_{m-h}$ を満たす任意の C_h において，行列 C'_hY_h のサイズは $(m-h) \times (m-h+1)$ であり，ゆえに C'_hY_h の列は線形従属でなければならない．したがって，$C'_hY_h\boldsymbol{y} = \boldsymbol{0}$ を満たす $(m-h+1) \times 1$ の非ゼロベクトル $\boldsymbol{y}$ が存在する．$Y_h\boldsymbol{y}$ は $\boldsymbol{x}$ における選択肢の 1 つであるので，以下が成立する．

$$\min_{\substack{C'_h \boldsymbol{x}=\boldsymbol{0} \\ \boldsymbol{x}\neq\boldsymbol{0}}} \frac{\boldsymbol{x}'A\boldsymbol{x}}{\boldsymbol{x}'\boldsymbol{x}} \leq \frac{\boldsymbol{y}'Y'_hAY_h\boldsymbol{y}}{\boldsymbol{y}'Y'_hY_h\boldsymbol{y}} = \frac{\boldsymbol{y}'\Delta_h\boldsymbol{y}}{\boldsymbol{y}'\boldsymbol{y}} \leq \lambda_h \tag{3.14}$$

ここで $\Delta_h = \mathrm{diag}(\lambda_h, \dots, \lambda_m)$ であり，最右辺の不等式は (3.6) 式による．あらゆる C_h における (3.14) 式の最大化は以下のようになる．

$$\max_{C_h} \min_{\substack{C'_h \boldsymbol{x}=\boldsymbol{0} \\ \boldsymbol{x}\neq\boldsymbol{0}}} \frac{\boldsymbol{x}'A\boldsymbol{x}}{\boldsymbol{x}'\boldsymbol{x}} \leq \lambda_h$$

このとき (3.13) 式とあわせて，(3.10) 式となることがわかる．□

系 3.18.1　A を固有値 $\lambda_1 \geq \lambda_2 \geq \cdots \geq \lambda_m$ をもつ $m \times m$ 対称行列とする．$h = 1, \dots, m$ において，B_h を任意の $m \times (h-1)$ 行列，C_h を任意の $m \times (m-h)$ 行列とする．このとき以下である．

$$\lambda_h \leq \max_{\substack{B'_h \boldsymbol{x}=\boldsymbol{0} \\ \boldsymbol{x}\neq\boldsymbol{0}}} \frac{\boldsymbol{x}'A\boldsymbol{x}}{\boldsymbol{x}'\boldsymbol{x}}$$

$$\lambda_h \geq \min_{\substack{C'_h \boldsymbol{x}=\boldsymbol{0} \\ \boldsymbol{x}\neq\boldsymbol{0}}} \frac{\boldsymbol{x}'A\boldsymbol{x}}{\boldsymbol{x}'\boldsymbol{x}}$$

証明　$B'_hB_h = I_{h-1}$，$C'_hC_h = I_{m-h}$ ならば，定理 3.18 よりこの 2 つの不等式はただちに成り立つ．よって任意の B_h と C_h において，これらが成り立つことを証明する必要がある．$B'_hB_h = I_{h-1}$ のとき，集合 $S_{B_h} = \{\boldsymbol{x} : \boldsymbol{x} \in R^m, B'_h\boldsymbol{x} = \boldsymbol{0}\}$ は B_h の列を正規直交基底としてもつベクトル空間の直交補空間である．したがって最初の不等式は，R^m の任意の $(m-h+1)$ 次元ベクトル部分空間において $\boldsymbol{x} \neq \boldsymbol{0}$ 全体にわたり最大化するときに成立する．結果としてこの不等式は，任意の $m \times (h-1)$ 行列 B_h の場合にもまた成立する．なぜなら，この場合，$\mathrm{rank}(B_h) \leq h-1$ ということが，少なくとも

次元 $m-h+1$ のベクトル部分空間にわたって最大化が行われるということを保証するからである．2 番目の不等式に対しても同様の議論を適用する． □

以下の定理 3.18 の拡張に関する証明は練習問題として読者に委ねる．

系 3.18.2 A を固有値 $\lambda_1 \geq \lambda_2 \geq \cdots \geq \lambda_m$ をもつ $m \times m$ 対称行列とする．また $i_1, \ldots, i_k$ を $1 \leq i_1 < \cdots < i_k \leq m$ を満たす整数とする．B_{i_j} が $m \times (i_j - 1)$，$B'_{i_j} B_{i_j} = I_{i_j - 1}$，$h = j+1, \ldots, k$ において $B_{i_h} B'_{i_h} B_{i_j} = B_{i_j}$ となるように行列 $B_{i_1}, \ldots, B_{i_k}$ を定義する．また，C_{i_j} が $m \times (m - i_j)$，$C'_{i_j} C_{i_j} = I_{m - i_j}$，$h = 1, \ldots, j$ において $C_{i_h} C'_{i_h} C_{i_j} = C_{i_j}$ となるように行列 $C_{i_1}, \ldots, C_{i_k}$ を定義する．このとき以下である．

$$\sum_{j=1}^{k} \lambda_{i_j} = \min_{B_{i_1}, \ldots, B_{i_k}} \max_{\substack{B'_{i_1} \boldsymbol{x}_1 = \cdots = B'_{i_k} \boldsymbol{x}_k = \mathbf{0} \\ \boldsymbol{x}_1 \neq \mathbf{0}, \ldots, \boldsymbol{x}_k \neq \mathbf{0} \\ \boldsymbol{x}'_h \boldsymbol{x}_l = 0, h \neq l}} \sum_{j=1}^{k} \frac{\boldsymbol{x}'_j A \boldsymbol{x}_j}{\boldsymbol{x}'_j \boldsymbol{x}_j}$$

$$\sum_{j=1}^{k} \lambda_{i_j} = \max_{C_{i_1}, \ldots, C_{i_k}} \min_{\substack{C'_{i_1} \boldsymbol{x}_1 = \cdots = C'_{i_k} \boldsymbol{x}_k = \mathbf{0} \\ \boldsymbol{x}_1 \neq \mathbf{0}, \ldots, \boldsymbol{x}_k \neq \mathbf{0} \\ \boldsymbol{x}'_h \boldsymbol{x}_l = 0, h \neq l}} \sum_{j=1}^{k} \frac{\boldsymbol{x}'_j A \boldsymbol{x}_j}{\boldsymbol{x}'_j \boldsymbol{x}_j}$$

3.7 対称行列の固有値に関する付加的定理

A を $m \times m$ 対称行列とし，H を $H'H = I_h$ が成り立つ $m \times h$ 行列とする．A の固有値を $H'AH$ の固有値と比較することに関心がある状況がある．比較の中には，定理 3.18 からただちに帰結するものがある．例えば，(3.9) 式から

$$\lambda_1(H'AH) \geq \lambda_{m-h+1}(A)$$

となり，(3.10) 式から

$$\lambda_h(H'AH) \leq \lambda_h(A)$$

を得る．上記 2 つに加えて，A と $H'AH$ の固有値に関わるいくつかの不等式は，ポアンカレの分離定理 (Poincaré separation theorem)(Poincaré, 1890; Fan, 1949 も参照のこと) として知られる定理 3.19 によって与えられる．

定理 3.19 A を $m \times m$ 対称行列とし，H を $H'H = I_h$ が成り立つ $m \times h$ 行列とする．このとき，$i = 1, \ldots, h$ に対して以下が成り立つ．

$$\lambda_{m-h+i}(A) \leq \lambda_i(H'AH) \leq \lambda_i(A)$$

証明 $\lambda_i(H'AH)$ の下限を決定するために，$Y_n = (\boldsymbol{x}_n, \ldots, \boldsymbol{x}_m)$ とする．ここで，$n = m - h + i + 1$ であり，$\boldsymbol{x}_1, \ldots, \boldsymbol{x}_m$ は，固有値 $\lambda_1(A) \geq \cdots \geq \lambda_m(A)$ に対応する A の正規直交固有ベクトルの集合である．このとき以下が成立する．

$$\begin{aligned}\lambda_{m-h+i}(A) = \lambda_{n-1}(A) &= \min_{\substack{Y_n'\boldsymbol{x}=\boldsymbol{0}\\ \boldsymbol{x}\neq\boldsymbol{0}}} \frac{\boldsymbol{x}'A\boldsymbol{x}}{\boldsymbol{x}'\boldsymbol{x}} \leq \min_{\substack{Y_n'\boldsymbol{x}=\boldsymbol{0}\\ \boldsymbol{x}=H\boldsymbol{y}\\ \boldsymbol{y}\neq\boldsymbol{0}}} \frac{\boldsymbol{x}'A\boldsymbol{x}}{\boldsymbol{x}'\boldsymbol{x}}\\ &= \min_{\substack{Y_n'H\boldsymbol{y}=\boldsymbol{0}\\ \boldsymbol{y}\neq\boldsymbol{0}}} \frac{\boldsymbol{y}'H'AH\boldsymbol{y}}{\boldsymbol{y}'\boldsymbol{y}} \leq \lambda_{h-(m-n+1)}(H'AH)\\ &= \lambda_i(H'AH)\end{aligned}$$

ここで，2 番目の等式は，定理 3.17 から導かれる．最後の不等式は，$H'AH$ の次数が h，$Y_n'H$ の次数が $(m-n+1)\times h$ であることに留意して，系 3.18.1 を適用することで得られる．$\lambda_i(H'AH)$ の上限は，$X_{i-1} = (\boldsymbol{x}_1, \ldots, \boldsymbol{x}_{i-1})$ とし，

$$\begin{aligned}\lambda_i(A) &= \max_{\substack{X_{i-1}'\boldsymbol{x}=\boldsymbol{0}\\ \boldsymbol{x}\neq\boldsymbol{0}}} \frac{\boldsymbol{x}'A\boldsymbol{x}}{\boldsymbol{x}'\boldsymbol{x}} \geq \max_{\substack{X_{i-1}'\boldsymbol{x}=\boldsymbol{0}\\ \boldsymbol{x}=H\boldsymbol{y}\\ \boldsymbol{y}\neq\boldsymbol{0}}} \frac{\boldsymbol{x}'A\boldsymbol{x}}{\boldsymbol{x}'\boldsymbol{x}}\\ &= \max_{\substack{X_{i-1}'H\boldsymbol{y}=\boldsymbol{0}\\ \boldsymbol{y}\neq\boldsymbol{0}}} \frac{\boldsymbol{y}'H'AH\boldsymbol{y}}{\boldsymbol{y}'\boldsymbol{y}} \geq \lambda_i(H'AH)\end{aligned}$$

という展開から証明される．最初の等式は定理 3.17 から導かれ，最後の不等式は系 3.18.1 から得られる． □

定理 3.19 は定理 3.20 を証明するために利用することができる．

定理 3.20 A を $m \times m$ 対称行列とし，A_k をその $k \times k$ 主部分行列とする．つまり，A_k は A の後ろ $m-k$ 行と列を除いて得られる行列である．このとき，$i = 1, \ldots, k$ に対して以下が成り立つ．

$$\lambda_{m-i+1}(A) \leq \lambda_{k-i+1}(A_k) \leq \lambda_{k-i+1}(A)$$

しばしばウェイルの定理 (Weyl's Theorem) と呼ばれる定理 3.21 によって，2 つの対称行列の固有値と，これらの和の固有値とを関連づける不等式が与えられる．

定理 3.21 A と B を $m \times m$ 対称行列とする．このとき，$h = 1, \ldots, m$ に対して以下が成り立つ．

$$\lambda_h(A) + \lambda_m(B) \leq \lambda_h(A+B) \leq \lambda_h(A) + \lambda_1(B)$$

証明 B_h を $B_h'B_h = I_{h-1}$ が成り立つ $m \times (h-1)$ 行列とする．このとき，(3.9) 式を

用いると,

$$\begin{aligned}\lambda_h(A+B) &= \min_{B_h} \max_{\substack{B_h'\boldsymbol{x}=\boldsymbol{0}\\ \boldsymbol{x}\neq\boldsymbol{0}}} \frac{\boldsymbol{x}'(A+B)\boldsymbol{x}}{\boldsymbol{x}'\boldsymbol{x}}\\ &= \min_{B_h} \max_{\substack{B_h'\boldsymbol{x}=\boldsymbol{0}\\ \boldsymbol{x}\neq\boldsymbol{0}}} \left(\frac{\boldsymbol{x}'A\boldsymbol{x}}{\boldsymbol{x}'\boldsymbol{x}} + \frac{\boldsymbol{x}'B\boldsymbol{x}}{\boldsymbol{x}'\boldsymbol{x}}\right)\\ &\geq \min_{B_h} \max_{\substack{B_h'\boldsymbol{x}=\boldsymbol{0}\\ \boldsymbol{x}\neq\boldsymbol{0}}} \left(\frac{\boldsymbol{x}'A\boldsymbol{x}}{\boldsymbol{x}'\boldsymbol{x}} + \lambda_m(B)\right)\\ &= \min_{B_h} \max_{\substack{B_h'\boldsymbol{x}=\boldsymbol{0}\\ \boldsymbol{x}\neq\boldsymbol{0}}} \left(\frac{\boldsymbol{x}'A\boldsymbol{x}}{\boldsymbol{x}'\boldsymbol{x}}\right) + \lambda_m(B)\\ &= \lambda_h(A) + \lambda_m(B)\end{aligned}$$

となる. ここで, 不等式は (3.6) 式を適用することで導かれ, 最後の等式には (3.9) 式が利用されている. 上限は (3.10) 式を使って同様に得られる. □

定理 3.21 で示された不等式は一般化することが可能である. 一般化された不等式を導く前に, B の階数について情報があるときに, $A+B$ の固有値と A の固有値を結びつけるいくつかの不等式をまず示す.

定理 3.22　A と B を $m \times m$ 対称行列とし, $\text{rank}(B) \leq r$ を仮定する. このとき, $h = 1, \ldots, m-r$ に対して以下が成り立つ.

(a) $\lambda_{h+r}(A) \leq \lambda_h(A+B)$
(b) $\lambda_{h+r}(A+B) \leq \lambda_h(A)$

証明　B は対称で, その階数は高々 r であるから,

$$B = \sum_{i=1}^{r} \gamma_i \boldsymbol{y}_i \boldsymbol{y}_i'$$

のように表現することが可能である. ここで, $\boldsymbol{y}_1, \ldots, \boldsymbol{y}_r$ は正規直交ベクトルである. B_h と B_{h+r} を $B_h'B_h = I_{h-1}$, $B_{h+r}'B_{h+r} = I_{h+r-1}$ を満たす $m \times (h-1)$, $m \times (h+r-1)$ 行列とし, $Y_r = (\boldsymbol{y}_1, \ldots, \boldsymbol{y}_r)$, $B_* = (B_h, Y_r)$ とする. (3.9) 式を用いると, $h = 1, \ldots, m-r$ ならば

$$\begin{aligned}\lambda_h(A+B) &= \min_{B_h} \max_{\substack{B_h'\boldsymbol{x}=\boldsymbol{0}\\ \boldsymbol{x}\neq\boldsymbol{0}}} \frac{\boldsymbol{x}'(A+B)\boldsymbol{x}}{\boldsymbol{x}'\boldsymbol{x}}\\ &\geq \min_{B_h} \max_{\substack{B_h'\boldsymbol{x}=\boldsymbol{0}, Y_r'\boldsymbol{x}=\boldsymbol{0}\\ \boldsymbol{x}\neq\boldsymbol{0}}} \frac{\boldsymbol{x}'(A+B)\boldsymbol{x}}{\boldsymbol{x}'\boldsymbol{x}}\end{aligned}$$

$$
\begin{aligned}
&= \min_{B_h} \max_{\substack{B_*'\boldsymbol{x}=\boldsymbol{0}\\ \boldsymbol{x}\neq\boldsymbol{0}}} \frac{\boldsymbol{x}'A\boldsymbol{x}}{\boldsymbol{x}'\boldsymbol{x}} \\
&= \min_{B_h'Y_r=(0)} \max_{\substack{B_*'\boldsymbol{x}=\boldsymbol{0}\\ \boldsymbol{x}\neq\boldsymbol{0}}} \frac{\boldsymbol{x}'A\boldsymbol{x}}{\boldsymbol{x}'\boldsymbol{x}} \\
&\geq \min_{B_{h+r}} \max_{\substack{B_{h+r}'\boldsymbol{x}=\boldsymbol{0}\\ \boldsymbol{x}\neq\boldsymbol{0}}} \frac{\boldsymbol{x}'A\boldsymbol{x}}{\boldsymbol{x}'\boldsymbol{x}} \\
&= \lambda_{h+r}(A)
\end{aligned}
$$

となる．3 番目の等式が正しいのは次のように確認される．まず，最小値を，B_* が最大階数をもつような B_h にわたってのものとして限定することができる．もし B_* が最大階数でなければ，$\{\boldsymbol{x} : B_*'\boldsymbol{x} = \boldsymbol{0}\}$ は，B_* が最大階数をもつような B_h を選択したときの $\{\boldsymbol{x} : B_*'\boldsymbol{x} = \boldsymbol{0}\}$ という形式の部分空間を含むからである．次に，B_* が最大階数をもつように B_h を選択すると，B_*' のゼロ空間，すなわち $\{\boldsymbol{x} : B_*'\boldsymbol{x} = \boldsymbol{0}\}$ は，$B_h'Y_r = (0)$ を満たす B_h を選択したときの B_*' のゼロ空間と同一になる．これによって (a) が成立する．(3.10) 式を使った同様の方法で (b) を得る．C_h と C_{h+r} を $C_h'C_h = I_{m-h}$, $C_{h+r}'C_{h+r} = I_{m-h-r}$ を満たす $m\times(m-h)$, $m\times(m-h-r)$ 行列とし，$C_* = (C_{h+r}, Y_r)$ と定義する．このとき，$h = 1, \ldots, m-r$ に対して，

$$
\begin{aligned}
\lambda_{h+r}(A+B) &= \max_{C_{h+r}} \min_{\substack{C_{h+r}'\boldsymbol{x}=\boldsymbol{0}\\ \boldsymbol{x}\neq\boldsymbol{0}}} \frac{\boldsymbol{x}'(A+B)\boldsymbol{x}}{\boldsymbol{x}'\boldsymbol{x}} \\
&\leq \max_{C_{h+r}} \min_{\substack{C_{h+r}'\boldsymbol{x}=\boldsymbol{0}, Y_r'\boldsymbol{x}=\boldsymbol{0}\\ \boldsymbol{x}\neq\boldsymbol{0}}} \frac{\boldsymbol{x}'(A+B)\boldsymbol{x}}{\boldsymbol{x}'\boldsymbol{x}} \\
&= \max_{C_{h+r}} \min_{\substack{C_*'\boldsymbol{x}=\boldsymbol{0}\\ \boldsymbol{x}\neq\boldsymbol{0}}} \frac{\boldsymbol{x}'A\boldsymbol{x}}{\boldsymbol{x}'\boldsymbol{x}} \\
&= \max_{C_{h+r}'Y_r=(0)} \min_{\substack{C_*'\boldsymbol{x}=\boldsymbol{0}\\ \boldsymbol{x}\neq\boldsymbol{0}}} \frac{\boldsymbol{x}'A\boldsymbol{x}}{\boldsymbol{x}'\boldsymbol{x}} \\
&\leq \max_{C_h} \min_{\substack{C_h'\boldsymbol{x}=\boldsymbol{0}\\ \boldsymbol{x}\neq\boldsymbol{0}}} \frac{\boldsymbol{x}'A\boldsymbol{x}}{\boldsymbol{x}'\boldsymbol{x}} \\
&= \lambda_h(A)
\end{aligned}
$$

となるため，証明は完結する． □

以上から，定理 3.21 に示した不等式の一般化を与える準備が整った．

定理 3.23 A と B を $m \times m$ 対称行列とし，h と i を 1 から m の閉区間内の整数とする．このとき次が成り立つ．

(a) $h+i \leq m+1$ ならば，$\lambda_{h+i-1}(A+B) \leq \lambda_h(A)+\lambda_i(B)$

(b) $h+i \geq m+1$ ならば，$\lambda_{h+i-m}(A+B) \geq \lambda_h(A)+\lambda_i(B)$

証明 $\boldsymbol{x}_1,\ldots,\boldsymbol{x}_m$ を固有値 $\lambda_1(A) \geq \cdots \geq \lambda_m(A)$ に対応する正規直交固有ベクトルの集合とする．また $\boldsymbol{y}_1,\ldots,\boldsymbol{y}_m$ を固有値 $\lambda_1(B) \geq \cdots \geq \lambda_m(B)$ に対応する正規直交固有ベクトルの集合とする．もし $A_h=\sum_{j=1}^{h-1}\lambda_j(A)\boldsymbol{x}_j\boldsymbol{x}_j'$，そして $B_i=\sum_{j=1}^{i-1}\lambda_j(B)\boldsymbol{y}_j\boldsymbol{y}_j'$ と定義するならば，明らかに $\text{rank}(A_h) \leq h-1$, $\text{rank}(B_i) \leq i-1$, そして $\text{rank}(A_h+B_i) \leq h+i-2$ である．したがって，$h=1$，$r=h+i-2$ として定理 3.22(a) を適用することで次式が得られる．

$$\begin{aligned}\lambda_1(A-A_h+B-B_i) &= \lambda_1((A+B)-(A_h+B_i))\\ &\geq \lambda_{1+h+i-2}(A+B)\\ &= \lambda_{h+i-1}(A+B)\end{aligned} \tag{3.15}$$

また定理 3.21 より

$$\lambda_1(A-A_h+B-B_i) \leq \lambda_1(A-A_h)+\lambda_1(B-B_i) \tag{3.16}$$

が成り立つ．ここで，

$$A-A_h=\sum_{j=h}^{m}\lambda_j(A)\boldsymbol{x}_j\boldsymbol{x}_j', \quad B-B_i=\sum_{j=i}^{m}\lambda_j(B)\boldsymbol{y}_j\boldsymbol{y}_j'$$

であるから，

$$\lambda_1(A-A_h)=\lambda_h(A), \quad \lambda_1(B-B_i)=\lambda_i(B) \tag{3.17}$$

が成り立つことに注意されたい．次に，(3.15) 式，(3.16) 式そして (3.17) 式を統合することで，

$$\begin{aligned}\lambda_h(A)+\lambda_i(B) &= \lambda_1(A-A_h)+\lambda_1(B-B_i)\\ &\geq \lambda_1(A-A_h+B-B_i)\\ &= \lambda_1((A+B)-(A_h+B_i))\\ &\geq \lambda_{h+i-1}(A+B)\end{aligned}$$

を得る．よって，(a) の不等式について証明することができた．(b) の不等式は (a) の不等式について，$-A$, $-B$ を適用することで与えられる．すなわち，

$$\lambda_{h+i-1}(-A-B) \leq \lambda_h(-A)+\lambda_i(-B)$$

とするならば，これは

$$-\lambda_{m-(h+i-1)+1}(A+B) \leq -\lambda_{m-h+1}(A)-\lambda_{m-i+1}(B)$$

か，あるいは同等に

$$\lambda_{m-h-i+2}(A+B) \geq \lambda_{m-h+1}(A) + \lambda_{m-i+1}(B)$$

と表現することが可能である．$k = m-h+1, l = m-i+1$ のとき $k+l-m = m-h-i+2$ であるから，最後の不等式は (b) の不等式に等しい． □

先の定理で与えられた 2 つの不等式は固有値の和の限界を求める際に利用することができる．例えば，定理 3.21 より次式がただちに成り立つ．

$$\sum_{h=1}^{k} \lambda_h(A) + k\lambda_m(B) \leq \sum_{h=1}^{k} \lambda_h(A+B) \leq \sum_{h=1}^{k} \lambda_h(A) + k\lambda_1(B)$$

Wielandt(1955) による定理 3.24 は $A+B$ の固有値の和に関して厳しい限界を与える．

定理 3.24 A と B を $m \times m$ 対称行列とし，$i_1, \ldots, i_k$ を $1 \leq i_1 < \cdots < i_k \leq m$ を満たす整数とする．このとき，$k = 1, \ldots, m$ について次式が成り立つ．

$$\sum_{j=1}^{k} \{\lambda_{i_j}(A) + \lambda_{m-k+j}(B)\} \leq \sum_{j=1}^{k} \lambda_{i_j}(A+B) \leq \sum_{j=1}^{k} \{\lambda_{i_j}(A) + \lambda_j(B)\}$$

証明 まず，系 3.18.2 から特定の行列 $C_{i_1}, \ldots, C_{i_k}$ が存在し，このとき

$$\sum_{j=1}^{k} \lambda_{i_j}(A+B) = \min_{\substack{C'_{i_1}\boldsymbol{x}_1 = \cdots = C'_{i_k}\boldsymbol{x}_k = \boldsymbol{0} \\ \boldsymbol{x}_1 \neq \boldsymbol{0}, \ldots, \boldsymbol{x}_k \neq \boldsymbol{0} \\ \boldsymbol{x}'_h \boldsymbol{x}_l = 0, h \neq l}} \sum_{j=1}^{k} \frac{\boldsymbol{x}'_j(A+B)\boldsymbol{x}_j}{\boldsymbol{x}'_j\boldsymbol{x}_j} \tag{3.18}$$

が成立することに注意しよう．ただし C_{i_j} はサイズ $m \times (m-i_j)$ 行列であり，$C'_{i_j}C_{i_j} = I_{m-i_j}$，そして $h = 1, \ldots, j$ について $C_{i_h}C'_{i_h}C_{i_j} = C_{i_j}$ が成り立つ．次に，$\boldsymbol{y}_1, \ldots, \boldsymbol{y}_k$ を，$h \neq l$ について $\boldsymbol{y}'_h\boldsymbol{y}_l = 0$，$C'_{i_1}\boldsymbol{y}_1 = \cdots = C'_{i_k}\boldsymbol{y}_k = \boldsymbol{0}$, そして

$$\sum_{j=1}^{k} \boldsymbol{y}'_j A \boldsymbol{y}_j = \min_{\substack{C'_{i_1}\boldsymbol{x}_1 = \cdots = C'_{i_k}\boldsymbol{x}_k = \boldsymbol{0} \\ \boldsymbol{x}_1 \neq \boldsymbol{0}, \ldots, \boldsymbol{x}_k \neq \boldsymbol{0} \\ \boldsymbol{x}'_h \boldsymbol{x}_l = 0, h \neq l}} \sum_{j=1}^{k} \frac{\boldsymbol{x}'_j A \boldsymbol{x}_j}{\boldsymbol{x}'_j\boldsymbol{x}_j} \tag{3.19}$$

を満たすような $m \times 1$ の単位ベクトルとする．(3.18) 式より次式が成り立つ．

$$\begin{aligned}\sum_{j=1}^{k} \lambda_{i_j}(A+B) &\leq \sum_{j=1}^{k} \boldsymbol{y}'_j(A+B)\boldsymbol{y}_j \\ &= \sum_{j=1}^{k} \boldsymbol{y}'_j A \boldsymbol{y}_j + \sum_{j=1}^{k} \boldsymbol{y}'_j B \boldsymbol{y}_j \end{aligned} \tag{3.20}$$

$\boldsymbol{y}_j$ は (3.19) 式を満たすように選択されるので，系 3.18.2 をそのまま適用することによ

り次式を得る.

$$\sum_{j=1}^{k} \boldsymbol{y}_j' A \boldsymbol{y}_j \leq \sum_{j=1}^{k} \lambda_{i_j}(A) \tag{3.21}$$

次に $\boldsymbol{y}_{k+1}, \ldots, \boldsymbol{y}_m$ を単位ベクトルとする. ただし $\boldsymbol{y}_1, \ldots, \boldsymbol{y}_m$ はベクトルの正規直交集合である. また $i = 1, \ldots, k$ についてサイズ $m \times (m-i)$ の行列 $C_{*i} = (\boldsymbol{y}_{i+1}, \ldots, \boldsymbol{y}_m)$ を定義する. このとき,

$$\sum_{j=1}^{k} \boldsymbol{y}_j' B \boldsymbol{y}_j = \min_{\substack{C_{*1}'\boldsymbol{x}_1 = \cdots = C_{*k}'\boldsymbol{x}_k = \boldsymbol{0} \\ \boldsymbol{x}_1 \neq \boldsymbol{0}, \ldots, \boldsymbol{x}_k \neq \boldsymbol{0} \\ \boldsymbol{x}_h' \boldsymbol{x}_l = 0, h \neq l}} \sum_{j=1}^{k} \frac{\boldsymbol{x}_j' B \boldsymbol{x}_j}{\boldsymbol{x}_j' \boldsymbol{x}_j}$$

が成り立ち, かつ系 3.18.2 を再び適用することで

$$\sum_{j=1}^{k} \boldsymbol{y}_j' B \boldsymbol{y}_j \leq \sum_{j=1}^{k} \lambda_j(B) \tag{3.22}$$

が導かれる. (3.21) 式, (3.22) 式を (3.20) 式で用いることで求める上限が得られる. 下限についても, 系 3.18.2 において与えられたミニマックス恒等式 (min-max identity) を用いることによって同様の手続きで導出することができる. □

定理 3.24 を利用した多数の応用では, $A+B$ に関する最も大きな k 個の固有値の和を扱う. 定理 3.24 に関するこの特別なケースについては, 系として次に特記しておこう.

系 3.24.1　A と B を $m \times m$ 対称行列とする. このとき, $k = 1, \ldots, m$ について次式が成り立つ.

$$\sum_{i=1}^{k} \lambda_i(A) + \sum_{i=1}^{k} \lambda_{m-k+i}(B) \leq \sum_{i=1}^{k} \lambda_i(A+B) \leq \sum_{i=1}^{k} \lambda_i(A) + \sum_{i=1}^{k} \lambda_i(B)$$

固有値に関するいくつかの付加的結果については Bellman(1970) あるいは Horn & Johnson(1985) でも議論されている.

3.8 非負定値行列

第 1 章では, 対称行列 A が正定値もしくは半正定値行列であるための条件を, 2 次形式 $\boldsymbol{x}'A\boldsymbol{x}$ のとりうる値によって分類した. ここでは同じ条件を, A の固有値を用いても表現可能であることを示す.

定理 3.25　$\lambda_1, \ldots, \lambda_m$ が $m \times m$ 対称行列 A の固有値であるとする. このとき, 以下の 2 つが成り立つ.

(a) すべての i について $\lambda_i > 0$ のとき，かつそのときに限り，A は正定値である
(b) すべての i について $\lambda_i \geq 0$ であり，かつ少なくとも 1 つの i について $\lambda_i = 0$ であるとき，かつそのときに限り，A は半正定値である

証明 $X = (\boldsymbol{x}_1, \ldots, \boldsymbol{x}_m)$ の列が，A の固有値 $\lambda_1, \ldots, \lambda_m$ に対応する正規直交固有ベクトルの集合であるとする．すなわち，$\Lambda = \mathrm{diag}(\lambda_1, \ldots, \lambda_m)$ を用いれば，$A = X\Lambda X'$ と表すことができる状況を考える．ここで，もし A が正定値であるならば，すべての $\boldsymbol{x} \neq \boldsymbol{0}$ に対して $\boldsymbol{x}'A\boldsymbol{x} > 0$ となるはずである．したがって特定の $\boldsymbol{x} = \boldsymbol{x}_i$ を選べば，以下が成立する．

$$\boldsymbol{x}_i'A\boldsymbol{x}_i = \boldsymbol{x}_i'(\lambda_i \boldsymbol{x}_i) = \lambda_i \boldsymbol{x}_i'\boldsymbol{x}_i = \lambda_i > 0$$

逆に，もしすべての i について $\lambda_i > 0$ であるならば，任意の $\boldsymbol{x} \neq \boldsymbol{0}$ を用いて $\boldsymbol{y} = X'\boldsymbol{x}$ を定義すると，

$$\boldsymbol{x}'A\boldsymbol{x} = \boldsymbol{x}'X\Lambda X'\boldsymbol{x} = \boldsymbol{y}'\Lambda\boldsymbol{y} = \sum_{i=1}^{m} y_i^2 \lambda_i \tag{3.23}$$

が正になるはずであることがわかる．なぜならすべての λ_i は正であり，かつ $\boldsymbol{y} \neq \boldsymbol{0}$ より，少なくとも 1 つの y_i^2 も正だからである．以上より，定理の (a) が証明される．同様の論証により，すべての i について $\lambda_i \geq 0$ であるとき，かつそのときに限り，A が非負定値となることも導くことができる．したがって定理の (b) を証明するためには，少なくとも 1 つの $\lambda_i = 0$ であるとき，かつそのときに限り，ある $\boldsymbol{x} \neq \boldsymbol{0}$ について $\boldsymbol{x}'A\boldsymbol{x} = 0$ となることを示せばよい．(3.23) 式より，もし $\boldsymbol{x}'A\boldsymbol{x} = 0$ であるならば，$y_i^2 > 0$ より，すべての i に対して $\lambda_i = 0$ であることが導かれる．逆に，もしある i について $\lambda_i = 0$ であるならば，$\boldsymbol{x}_i'A\boldsymbol{x}_i = \lambda_i = 0$ となる． □

正方行列は固有値が 0 のとき，かつそのときに限り特異となることから，定理 3.25 より，正定値行列は非特異，半正定値行列は特異であることがただちに導かれる．

例 3.14 以下のモデルにおける $\boldsymbol{\beta}$ の最小 2 乗推定量 $\hat{\boldsymbol{\beta}} = (X'X)^{-1}X'\boldsymbol{y}$ について考える．

$$\boldsymbol{y} = X\boldsymbol{\beta} + \boldsymbol{\epsilon}$$

ただし $\boldsymbol{\beta}$ は $(k+1) \times 1$ のベクトルであり，$E(\boldsymbol{\epsilon}) = \boldsymbol{0}$ かつ $\mathrm{var}(\boldsymbol{\epsilon}) = \sigma^2 I_N$ である．このとき，任意の $(k+1) \times 1$ ベクトル $\boldsymbol{c}$ について，$\boldsymbol{c}'\hat{\boldsymbol{\beta}}$ が $\boldsymbol{c}'\boldsymbol{\beta}$ の最良線形不偏推定量 (best linear unbiased estimator) であることを証明する．まず，推定量 t が $\boldsymbol{c}'\boldsymbol{\beta}$ の不偏推定量となるためには，$E(t) = \boldsymbol{c}'\boldsymbol{\beta}$ でなければならない．これについては，$E(\boldsymbol{\epsilon}) = \boldsymbol{0}$ であることから

$$E(\boldsymbol{c}'\hat{\boldsymbol{\beta}}) = \boldsymbol{c}'(X'X)^{-1}X'E(\boldsymbol{y})$$

$$\begin{aligned}&= \boldsymbol{c}'(X'X)^{-1}X'X\boldsymbol{\beta}\\&= \boldsymbol{c}'\boldsymbol{\beta}\end{aligned}$$

が導かれるので，明らかに $\boldsymbol{c}'\hat{\boldsymbol{\beta}}$ は不偏である．続いて $\boldsymbol{c}'\hat{\boldsymbol{\beta}}$ が最良線形不偏推定量であることを示すためには，この推定量が $\boldsymbol{c}'\boldsymbol{\beta}$ の不偏推定量の中で，少なくとも最小の分散をもつことを証明しなければならない．そこで，$\boldsymbol{a}'\boldsymbol{y}$ が $\boldsymbol{c}'\boldsymbol{\beta}$ の任意の線形不偏推定量であると仮定する．すなわち，どんな $\boldsymbol{\beta}$ の値に対しても，

$$\boldsymbol{c}'\boldsymbol{\beta} = E(\boldsymbol{a}'\boldsymbol{y}) = \boldsymbol{a}'E(\boldsymbol{y}) = \boldsymbol{a}'X\boldsymbol{\beta}$$

が成り立っているものとする．しかしこれは，

$$\boldsymbol{c}' = \boldsymbol{a}'X$$

であることにほかならない．そして例 3.7 でみたように，$\mathrm{var}(\hat{\boldsymbol{\beta}}) = \sigma^2(X'X)^{-1}$ である．したがって，

$$\begin{aligned}\mathrm{var}(\boldsymbol{c}'\hat{\boldsymbol{\beta}}) &= \boldsymbol{c}'\{\mathrm{var}(\hat{\boldsymbol{\beta}})\}\boldsymbol{c} = \boldsymbol{c}'\{\sigma^2(X'X)^{-1}\}\boldsymbol{c}\\&= \sigma^2\boldsymbol{a}'X(X'X)^{-1}X'\boldsymbol{a}\end{aligned}$$

となる．一方で，

$$\mathrm{var}(\boldsymbol{a}'\boldsymbol{y}) = \boldsymbol{a}'\{\mathrm{var}(\boldsymbol{y})\}\boldsymbol{a} = \boldsymbol{a}'\{\sigma^2 I_N\}\boldsymbol{a} = \sigma^2\boldsymbol{a}'\boldsymbol{a}$$

である．したがって推定量の分散の差は，

$$\begin{aligned}\mathrm{var}(\boldsymbol{a}'\boldsymbol{y}) - \mathrm{var}(\boldsymbol{c}'\hat{\boldsymbol{\beta}}) &= \sigma^2\boldsymbol{a}'\boldsymbol{a} - \sigma^2\boldsymbol{a}'X(X'X)^{-1}X'\boldsymbol{a}\\&= \sigma^2\boldsymbol{a}'(I_N - X(X'X)^{-1}X')\boldsymbol{a}\end{aligned}$$

と導かれる．しかし

$$\{I_N - X(X'X)^{-1}X'\}^2 = \{I_N - X(X'X)^{-1}X'\}$$

であることから，定理 3.4 を用いると，$I_N - X(X'X)^{-1}X'$ の固有値はすべて 0 か 1 であることがわかる．したがって定理 3.25 より $I_N - X(X'X)^{-1}X'$ は非負定値であり，よって

$$\mathrm{var}(\boldsymbol{a}'\boldsymbol{y}) - \mathrm{var}(\boldsymbol{c}'\hat{\boldsymbol{\beta}}) \geq 0$$

となり，求める結果を得る．

転置行列との積をとるという演算において，対称行列が頻繁に登場する．もし T が $m \times n$ 行列であるならば，$T'T$ と TT' の双方が対称行列となる．以下の 2 つの定理で

は，この 2 種類の対称行列の固有値が非負であり，かつ正の固有値の値が等しくなることを示す．

定理 3.26 行列 T はサイズが $m \times n$，階数が $\mathrm{rank}(T) = r$ であるとする．このとき $T'T$ は r 個の正の固有値をもつ．また，もし $r = n$ であるならば $T'T$ は正定値，$r < n$ であるならば半正定値となる．

証明 任意の非ゼロである $n \times 1$ ベクトル $\boldsymbol{x}$ を用いて，$\boldsymbol{y} = T\boldsymbol{x}$ とおく．このとき，

$$\boldsymbol{x}'T'T\boldsymbol{x} = \boldsymbol{y}'\boldsymbol{y} = \sum_{i=1}^{m} y_i^2$$

は，明らかに非負である．よって $T'T$ は非負定値であるから，定理 3.25 より，その固有値すべてが非負の値であることがわかる．また，もし $\boldsymbol{x}$ が $T'T$ の固有値 0 に対応する固有ベクトルであった場合には上式が 0 に等しくなるが，これは $\boldsymbol{y} = T\boldsymbol{x} = \boldsymbol{0}$ のときにしか起こりえない．このとき $\mathrm{rank}(T) = r$ であるから，$T\boldsymbol{x} = \boldsymbol{0}$ を満たす $n - r$ 個の線形独立な $\boldsymbol{x}$ の集合を見つけられるはずである．この集合は T のゼロ空間の任意の基底にほかならないので，したがって，値が 0 である $T'T$ の固有値の数は $n - r$ に等しいということになる．以上より，求める結果を得る． □

定理 3.27 行列 T はサイズが $m \times n$，階数が $\mathrm{rank}(T) = r$ であるとする．このとき $T'T$ の正の固有値は，TT' の正の固有値と等しい．

証明 $\lambda > 0$ が，$T'T$ の重複度 h の固有値であるとする．$n \times n$ 行列 $T'T$ は対称行列であるから，その各列が正規直交しており

$$T'TX = \lambda X$$

を満たすような $n \times h$ 行列 X を定めることができる．ここで $Y = TX$ とすると，以下を得る．

$$TT'Y = TT'TX = T(\lambda X) = \lambda TX = \lambda Y$$

よって，λ は TT' の固有値でもある．TT' の固有値の重複度も，

$$\begin{aligned}\mathrm{rank}(Y) &= \mathrm{rank}(TX) = \mathrm{rank}((TX)'TX)\\ &= \mathrm{rank}(X'T'TX) = \mathrm{rank}(\lambda X'X)\\ &= \mathrm{rank}(\lambda I_h) = h\end{aligned}$$

より，同様に h となる．以上より，証明は完了である． □

次に述べる対称行列の固有値に関する重要な単調性の証明では，クーラン–フィッシャーのミニマックス定理を利用する．

定理 3.28 $m \times m$ の対称行列 A と，$m \times m$ の非負定値行列 B があるとする．このとき $h = 1, \ldots, m$ において，

$$\lambda_h(A+B) \geq \lambda_h(A)$$

という関係が成り立つ．また B が正定値であるならば，厳密な不等号が成立する．

証明 $B_h' B_h = I_{h-1}$ を満たすような任意の $m \times (h-1)$ 行列 B_h を考える．このとき，以下の関係が成立する．

$$\begin{aligned}
\max_{\substack{B_h'\boldsymbol{x}=\boldsymbol{0}\\ \boldsymbol{x}\neq\boldsymbol{0}}} \frac{\boldsymbol{x}'(A+B)\boldsymbol{x}}{\boldsymbol{x}'\boldsymbol{x}} &= \max_{\substack{B_h'\boldsymbol{x}=\boldsymbol{0}\\ \boldsymbol{x}\neq\boldsymbol{0}}} \left(\frac{\boldsymbol{x}'A\boldsymbol{x}}{\boldsymbol{x}'\boldsymbol{x}} + \frac{\boldsymbol{x}'B\boldsymbol{x}}{\boldsymbol{x}'\boldsymbol{x}} \right) \\
&\geq \max_{\substack{B_h'\boldsymbol{x}=\boldsymbol{0}\\ \boldsymbol{x}\neq\boldsymbol{0}}} \frac{\boldsymbol{x}'A\boldsymbol{x}}{\boldsymbol{x}'\boldsymbol{x}} + \min_{\substack{B_h'\boldsymbol{x}=\boldsymbol{0}\\ \boldsymbol{x}\neq\boldsymbol{0}}} \frac{\boldsymbol{x}'B\boldsymbol{x}}{\boldsymbol{x}'\boldsymbol{x}} \\
&\geq \max_{\substack{B_h'\boldsymbol{x}=\boldsymbol{0}\\ \boldsymbol{x}\neq\boldsymbol{0}}} \frac{\boldsymbol{x}'A\boldsymbol{x}}{\boldsymbol{x}'\boldsymbol{x}} + \min_{\boldsymbol{x}\neq\boldsymbol{0}} \frac{\boldsymbol{x}'B\boldsymbol{x}}{\boldsymbol{x}'\boldsymbol{x}} \\
&= \max_{\substack{B_h'\boldsymbol{x}=\boldsymbol{0}\\ \boldsymbol{x}\neq\boldsymbol{0}}} \frac{\boldsymbol{x}'A\boldsymbol{x}}{\boldsymbol{x}'\boldsymbol{x}} + \lambda_m(B) \\
&\geq \max_{\substack{B_h'\boldsymbol{x}=\boldsymbol{0}\\ \boldsymbol{x}\neq\boldsymbol{0}}} \frac{\boldsymbol{x}'A\boldsymbol{x}}{\boldsymbol{x}'\boldsymbol{x}}
\end{aligned}$$

ただし最後の等式は，定理 3.16 から導かれるものである．また最後の不等号は，B が正定値の場合にのみ厳密なものとなる．なぜならこのとき，$\lambda_m(B) > 0$ だからである．続いて，上式の両辺を $B_h' B_h = I_{h-1}$ を満たすような B_h について最小化し，定理 3.18 の (3.9) 式を適用すれば，

$$\begin{aligned}
\lambda_h(A+B) &= \min_{B_h} \max_{\substack{B_h'\boldsymbol{x}=\boldsymbol{0}\\ \boldsymbol{x}\neq\boldsymbol{0}}} \frac{\boldsymbol{x}'(A+B)\boldsymbol{x}}{\boldsymbol{x}'\boldsymbol{x}} \\
&\geq \min_{B_h} \max_{\substack{B_h'\boldsymbol{x}=\boldsymbol{0}\\ \boldsymbol{x}\neq\boldsymbol{0}}} \frac{\boldsymbol{x}'A\boldsymbol{x}}{\boldsymbol{x}'\boldsymbol{x}} = \lambda_h(A)
\end{aligned}$$

を得る．以上より，証明は完了である． □

ただし，$\lambda_h(A+B)$ と $\lambda_h(A) + \lambda_h(B)$ の大小関係については，常に成り立つような法則があるわけではないことに注意してほしい．例えば，$A = \mathrm{diag}(1,2,3,4)$, $B = \mathrm{diag}(8,6,4,2)$ のとき，

$$\lambda_2(A+B) = 8 < \lambda_2(A) + \lambda_2(B) = 3 + 6 = 9$$

であるのに対して，以下を得る．

$$\lambda_3(A+B) = 7 > \lambda_3(A) + \lambda_3(B) = 2 + 4 = 6$$

例 3.12 では，

$$A = \sum_{i=1}^{k} (\boldsymbol{\mu}_i - \boldsymbol{\mu})(\boldsymbol{\mu}_i - \boldsymbol{\mu})'$$

の固有値と固有ベクトルを用いて，グループ平均 $\boldsymbol{\mu}_1, \ldots, \boldsymbol{\mu}_k$ の違いを分析する方法について論じた．例えば，A の最大固有値に対応する固有ベクトル $\boldsymbol{x}_1$ は

$$\frac{\boldsymbol{x}_1' A \boldsymbol{x}_1}{\boldsymbol{x}_1' \boldsymbol{x}_1}$$

を最大化するものであるため，グループ平均間の散らばりが最大になるような方向を与えるものと考えることができる．ここで $\boldsymbol{x}_1'\boldsymbol{x}_1$ によって割り算を行っているのは，尺度の影響を取り除くためである．しかし，各グループにおける共分散行列が単位行列以外の行列であった場合，この処置が不適切なものである可能性が出てくる．例えば，各グループが共通の共分散行列 B をもっていると仮定しよう．共分散行列 B をもつ確率変数ベクトル $\boldsymbol{y}$ があったとすると，$\boldsymbol{x}$ によって定義される方向における $\boldsymbol{y}$ のバラツキの程度は，$\mathrm{var}(\boldsymbol{x}'\boldsymbol{y}) = \boldsymbol{x}'B\boldsymbol{x}$ となる．ここで，そもそものバラツキが大きい方向におけるグループ間の差は，バラツキが少ない方向においてみられる差よりも，重要性が低いと考えられる．そこで，このバラツキの差を，比率

$$\frac{\boldsymbol{x}' A \boldsymbol{x}}{\boldsymbol{x}' B \boldsymbol{x}}$$

を用いることで修正する．この比率を最大化するような $\boldsymbol{x}_1$ は，バラツキの差を補正した上で最もグループ平均の差が大きくなるような，R^m の 1 次元部分空間を特定することになる．$\boldsymbol{x}_1$ を見つけることができたら，続いて $\boldsymbol{x}_1'\boldsymbol{y}$ と $\boldsymbol{x}_2'\boldsymbol{y}$ が無相関である範囲の中で，上記の比率を最大化するようなベクトル $\boldsymbol{x}_2$ を探す．こうして得られるベクトル $\boldsymbol{x}_2$ は，$\boldsymbol{x}_1' B \boldsymbol{x}_2 = 0$ という制約の下で，比率を最大化するものとなる．同様の手続きを続ければ m 本のベクトル $\boldsymbol{x}_1, \ldots, \boldsymbol{x}_m$ を定めることが可能であり，これら各々が，上述の比率における m 個の極値 $\lambda_1, \ldots, \lambda_m$ を与えることになる．これらの極値の値を特定するのが，次の定理である．

定理 3.29　A と B はともに $m \times m$ 行列であり，かつ A は対称行列，B は正定値行列であるとする．このとき $B^{-1}A$ の固有値 $\lambda_1(B^{-1}A) \geq \cdots \geq \lambda_m(B^{-1}A)$ は実数であり，これらの固有値に対応する線形独立な固有ベクトルの集合 $\boldsymbol{x}_1, \ldots, \boldsymbol{x}_m$ が存在する．また，$h = 1, \ldots, m$ について $X_h = (\boldsymbol{x}_1, \ldots, \boldsymbol{x}_h)$, $Y_h = (\boldsymbol{x}_h, \ldots, \boldsymbol{x}_m)$ とすると，以下が成り立つ．

$$\lambda_h(B^{-1}A) = \min_{\substack{Y_{h+1}' B\boldsymbol{x} = \boldsymbol{0} \\ \boldsymbol{x} \neq \boldsymbol{0}}} \frac{\boldsymbol{x}' A \boldsymbol{x}}{\boldsymbol{x}' B \boldsymbol{x}}$$

$$\lambda_h(B^{-1}A) = \max_{\substack{X'_{h-1}B\boldsymbol{x}=\boldsymbol{0} \\ \boldsymbol{x}\neq\boldsymbol{0}}} \frac{\boldsymbol{x}'A\boldsymbol{x}}{\boldsymbol{x}'B\boldsymbol{x}}$$

ただし最小化と最大化は，$h = m$ と $h = 1$ のときには，すべての $\boldsymbol{x} \neq \boldsymbol{0}$ について行われることになる点に注意が必要である．

証明　B のスペクトル分解を $B = PDP'$ とする．すなわち，定理 3.25 から B の固有値 $d_1, \ldots, d_m$ はすべて正の値であり，かつ $D = \mathrm{diag}(d_1, \ldots, d_m)$ である．ここで $D^{1/2} = \mathrm{diag}(d_1^{1/2}, \ldots, d_m^{1/2})$ を用いて $T = PD^{1/2}P'$ とすると，$B = TT = T^2$ であり，T は B と同様の対称で非特異な行列ということになる．このとき定理 3.2(d) より，$B^{-1}A$ の固有値は $T^{-1}AT^{-1}$ のそれと同じであり，かつ $T^{-1}AT^{-1}$ が対称行列であることから，これらの固有値は実数であることがわかる．また $T^{-1}AT^{-1}$ の対称性から，この行列は正規直交な固有ベクトルの集合 $\boldsymbol{y}_1, \ldots, \boldsymbol{y}_m$ をもっているはずである．ここで，$\lambda_i = \lambda_i(B^{-1}A) = \lambda_i(T^{-1}AT^{-1})$ という表記を用いれば，$T^{-1}AT^{-1}\boldsymbol{y}_i = \lambda_i\boldsymbol{y}_i$ と表せることに注意してほしい．したがって

$$T^{-1}T^{-1}AT^{-1}\boldsymbol{y}_i = \lambda_i T^{-1}\boldsymbol{y}_i$$

であり，また

$$B^{-1}A(T^{-1}\boldsymbol{y}_i) = \lambda_i(T^{-1}\boldsymbol{y}_i)$$

である．よって $\boldsymbol{x}_i = T^{-1}\boldsymbol{y}_i$ は $B^{-1}A$ の固有値 $\lambda_i = \lambda_i(B^{-1}A)$ に対応した固有ベクトルであり，$\boldsymbol{y}_i = T\boldsymbol{x}_i$ であることがわかる．$\boldsymbol{y}_1, \ldots, \boldsymbol{y}_m$ が正規直交であることから，ベクトル $\boldsymbol{x}_1, \ldots, \boldsymbol{x}_m$ が線形独立であることは明らかである．よって，あとは最小化や最大化を含む恒等式のみを証明すればよい．ここでは最小化を含む方についてのみ証明を行うが，最大化を含む方についても手続きは同様である．まず $\boldsymbol{y} = T\boldsymbol{x}$ を代入することで，以下の式が導かれる．

$$\begin{aligned} \min_{\substack{Y'_{h+1}B\boldsymbol{x}=\boldsymbol{0} \\ \boldsymbol{x}\neq\boldsymbol{0}}} \frac{\boldsymbol{x}'A\boldsymbol{x}}{\boldsymbol{x}'B\boldsymbol{x}} &= \min_{\substack{Y'_{h+1}TT\boldsymbol{x}=\boldsymbol{0} \\ \boldsymbol{x}\neq\boldsymbol{0}}} \frac{\boldsymbol{x}'TT^{-1}AT^{-1}T\boldsymbol{x}}{\boldsymbol{x}'TT\boldsymbol{x}} \\ &= \min_{\substack{Y'_{h+1}T\boldsymbol{y}=\boldsymbol{0} \\ \boldsymbol{y}\neq\boldsymbol{0}}} \frac{\boldsymbol{y}'T^{-1}AT^{-1}\boldsymbol{y}}{\boldsymbol{y}'\boldsymbol{y}} \end{aligned} \tag{3.24}$$

ここで，$Y'_{h+1}T$ の行は $T^{-1}AT^{-1}$ の固有ベクトル $T\boldsymbol{x}_{h+1}, \ldots, T\boldsymbol{x}_m$ の転置になっているから，定理 3.17 より (3.24) 式は $\lambda_h(T^{-1}AT^{-1})$ に等しいことがわかる．これはすでにみたように，$\lambda_h(B^{-1}A)$ と等しい．□

固有値 $\lambda_i = \lambda_i(B^{-1}A)$ に対応する $B^{-1}A$ の固有ベクトルを $\boldsymbol{x}_i$ とするとき，

$$B^{-1}A\boldsymbol{x}_i = \lambda_i\boldsymbol{x}_i$$

あるいは同等に，以下も成立することに注意してほしい．

$$A\boldsymbol{x}_i = \lambda_i B\boldsymbol{x}_i \tag{3.25}$$

(3.25) 式は A の固有値・固有ベクトル方程式に似ているが，式の右辺の $\boldsymbol{x}_i$ に B が掛けられている点が異なる．(3.25) 式を満たす固有値は，B の尺度における A の固有値としばしばいわれる．(3.25) 式の前から $\boldsymbol{x}_i'$ を掛けて，λ_i について解くと以下を得る．

$$\lambda_i(B^{-1}A) = \frac{\boldsymbol{x}_i'A\boldsymbol{x}_i}{\boldsymbol{x}_i'B\boldsymbol{x}_i}$$

つまり，定理 3.29 で与えられた極値が $B^{-1}A$ の固有ベクトルとして得られる．

定理 3.17 の結果が定理 3.18 で一般化されたことと同じように，定理 3.29 で得られた結果を一般化することが可能である．

定理 3.30 A と B を $m \times m$ 行列とし，A は対称行列，B は正定値行列とする．$h = 1, \ldots, m$ に対して，B_h は任意の $m \times (h-1)$ 行列，C_h は任意の $m \times (m-h)$ 行列であり，$B_h'B_h = I_{h-1}$ と $C_h'C_h = I_{m-h}$ を満たすとする．すると，

$$\lambda_h(B^{-1}A) = \min_{B_h} \max_{\substack{B_h'\boldsymbol{x}=\boldsymbol{0} \\ \boldsymbol{x}\neq\boldsymbol{0}}} \frac{\boldsymbol{x}'A\boldsymbol{x}}{\boldsymbol{x}'B\boldsymbol{x}}$$

$$\lambda_h(B^{-1}A) = \max_{C_h} \min_{\substack{C_h'\boldsymbol{x}=\boldsymbol{0} \\ \boldsymbol{x}\neq\boldsymbol{0}}} \frac{\boldsymbol{x}'A\boldsymbol{x}}{\boldsymbol{x}'B\boldsymbol{x}}$$

となる．ここで，内側の最大化と最小化はそれぞれ $h = 1$ と $h = m$ のとき，すべての $\boldsymbol{x} \neq \boldsymbol{0}$ に関して行われる．

定理 3.29 の証明は，行列 A と B を同時に対角化する方法を示している．$T^{-1}AT^{-1}$ は対称行列であるから，$Q\Lambda Q'$ の形で表現される．ここで，Q は直交行列であり，Λ は対角行列 $\mathrm{diag}(\lambda_1(T^{-1}AT^{-1}), \ldots, \lambda_m(T^{-1}AT^{-1}))$ である．行列 $C = Q'T^{-1}$ は非特異である．なぜなら，Q と T^{-1} は非特異であり，かつ以下だからである．

$$CAC' = Q'T^{-1}AT^{-1}Q = Q'Q\Lambda Q'Q = \Lambda$$

$$CBC' = Q'T^{-1}TTT^{-1}Q = Q'Q = I_m$$

同等に，もし $G = C^{-1}$ であるならば，$A = G\Lambda G'$ と $B = GG'$ を得る．この同時対角化は次の定理 3.31 の結果を証明するときに有用である．関連する他の結果については Olkin and Tomsky(1981) を参照のこと．

定理 3.31 A を $m \times m$ 対称行列，そして B を $m \times m$ 正定値行列とする．F を最大列階数をもつ任意の $m \times h$ 行列とすると，$i = 1, \ldots, h$ に対して以下が成立する．

$$\lambda_i((F'BF)^{-1}(F'AF)) \leq \lambda_i(B^{-1}A)$$

さらに以下も成立する.

$$\max_F \lambda_i((F'BF)^{-1}(F'AF)) = \lambda_i(B^{-1}A)$$

証明　2つ目の方程式は1つ目の方程式を意味的に含んでいるので，ここでは2つ目の方程式の証明のみを行う．$m \times m$ の非特異行列 G は，$B = GG'$ そして $A = G\Lambda G'$ とする．ここで，$\Lambda = \mathrm{diag}(\lambda_1(B^{-1}A), \ldots, \lambda_m(B^{-1}A))$ である．すると，以下となる．

$$\begin{aligned}\max_F \lambda_i((F'BF)^{-1}(F'AF)) &= \max_F \lambda_i((F'GG'F)^{-1}(F'G\Lambda G'F)) \\ &= \max_E \lambda_i((E'E)^{-1}(E'\Lambda E))\end{aligned}$$

ここで，最後の最大化もまた階数 h のすべての $m \times h$ 行列に関して行われる．なぜなら，$E = G'F$ は F と同じ階数をもたなければならないからである．E の階数は h であるから，$h \times h$ 行列 $E'E$ は非特異な対称行列である．定理 3.29 の証明でみたとおり，このような行列はある非特異な $h \times h$ 対称行列 T に対して $E'E = TT$ と表現される．したがって，以下が成立する．

$$\begin{aligned}\max_E \lambda_i((E'E)^{-1}(E'\Lambda E)) &= \max_E \lambda_i((TT)^{-1}(E'\Lambda E)) \\ &= \max_E \lambda_i(T^{-1}E'\Lambda ET^{-1})\end{aligned}$$

ここで，最後の等式は定理 3.2(d) によって成立する．いま，階数 h の $m \times h$ 行列 $H = ET^{-1}$ を定義すると，以下となる．

$$H'H = T^{-1}E'ET^{-1} = T^{-1}TTT^{-1} = I_h$$

したがって，

$$\max_E \lambda_i(T^{-1}E'\Lambda ET^{-1}) = \max_H \lambda_i(H'\Lambda H) = \lambda_i(B^{-1}A)$$

となる．ここで，最後の等式が成立するのは定理 3.20 と，$H' = [I_h \quad (0)]$ と選ぶと等式が成り立つという事実からである．　□

例 3.15　多くの多変量解析手法は対応する単変量解析手法の一般化あるいは拡張である．本例では，単変量の1要因分類モデル (one-way classification model) として知られる分析手法から話を始める．ここでは，k 個の異なった母集団あるいは処遇から，反応 y について，i 番目の母集団からサンプルサイズ n_i の独立な標本が得られているとする．i 番目のサンプルにおける j 番目の観測値を，

$$y_{ij} = \mu_i + \epsilon_{ij}$$

と表現する．ここで，μ_i は定数であり，ϵ_{ij} は $N(0, \sigma^2)$ に互いに独立に同一の分布に従っ

ている (independent and identically distributed). 分析の目的は, μ_i はすべて等しいかどうかを決定することである. つまり, 帰無仮説 (null hypothesis) $H_0 : \mu_1 = \cdots = \mu_k$ を対立仮説 (alternative hypothesis) H_1 : 少なくとも 2 つの μ_i は等しくない, に対して検定することである. 分散分析 (analysis of variance) では, 処遇間のバラツキ

$$\mathrm{SST} = \sum_{i=1}^{k} n_i(\bar{y}_i - \bar{y})^2$$

を処遇内のバラツキ

$$\mathrm{SSE} = \sum_{i=1}^{k}\sum_{j=1}^{n_i}(y_{ij} - \bar{y}_i)^2$$

に対して比較する (練習問題 2.42 参照). ここで,

$$\bar{y}_i = \sum_{j=1}^{n_i} y_{ij}/n_i, \quad \bar{y} = \sum_{i=1}^{k} n_i\bar{y}_i/n, \quad n = \sum_{i=1}^{k} n_i$$

である. SST は処遇の平方和, SSE は誤差平方和と呼ばれる. 仮説 H_0 は以下の統計量が自由度 $k-1$ と $n-k$ の F 分布における適切な分位値 (quantile) を超える場合に棄却される.

$$F = \frac{SST/(k-1)}{SSE/(n-k)}$$

いま, 各観測対象について 1 つの応答変数を得るのではなく, 各観測対象について異なる m 個の応答変数の値を得るとする. $\boldsymbol{y}_{ij}$ を i 番目の処遇における j 番目の観測対象から得られた $m \times 1$ ベクトルの反応とすると, 次のような多変量 1 要因分類モデルが与えられる.

$$\boldsymbol{y}_{ij} = \boldsymbol{\mu}_i + \boldsymbol{\epsilon}_{ij}$$

ここで, $\boldsymbol{\mu}_i$ は $m \times 1$ ベクトルの定数であり, 各 $\boldsymbol{\epsilon}_{ij}$ は独立に $N_m(\mathbf{0}, \Omega)$ に従っている. 処遇間のバラツキと処遇内のバラツキの測度は次の行列で与えられる.

$$B = \sum_{i=1}^{k} n_i(\bar{\boldsymbol{y}}_i - \bar{\boldsymbol{y}})(\bar{\boldsymbol{y}}_i - \bar{\boldsymbol{y}})', \quad W = \sum_{i=1}^{k}\sum_{j=1}^{n_i}(\boldsymbol{y}_{ij} - \bar{\boldsymbol{y}}_i)(\boldsymbol{y}_{ij} - \bar{\boldsymbol{y}}_i)'$$

帰無仮説 $H_0 : \boldsymbol{\mu}_1 = \cdots = \boldsymbol{\mu}_k$ の, 対立仮説 H_1 : 少なくとも 2 つの $\boldsymbol{\mu}_i$ は等しくない, に対する検定のための 1 つの方法に結び･交わり法 (union-intersection procedure) と呼ばれるものがある. この手法の基本的考え方は, 仮説 H_0 と H_1 を単変量の検定に次のように分解することである. $\boldsymbol{c}$ を任意の $m \times 1$ ベクトルとし, 仮説 $H_0(\boldsymbol{c}) : \boldsymbol{c}'\boldsymbol{\mu}_1 = \cdots = \boldsymbol{c}'\boldsymbol{\mu}_k$ を設定する. すると, $H_0(\boldsymbol{c})$ のすべての $\boldsymbol{c} \in R^m$ に関する共通部分は仮説 H_0 となる. 加えて, 仮説 $H_1(\boldsymbol{c})$: 少なくとも 2 つの $\boldsymbol{c}'\boldsymbol{\mu}_i$ は等しくない, を設定する. すると, $H_1(\boldsymbol{c})$

のすべての $\boldsymbol{c} \in R^m$ に関する和集合は仮説 H_1 となる．したがって，少なくとも 1 つの $\boldsymbol{c}$ について $H_0(\boldsymbol{c})$ を棄却するとき，かつそのときに限り，仮説 H_0 を棄却する．いま，帰無仮説 $H_0(\boldsymbol{c})$ は単変量 1 要因分類モデルを含んでおり，$\boldsymbol{c}'\boldsymbol{y}_{ij}$ は応答変数であるから，次の F 統計量が大きな値の場合に $H_0(\boldsymbol{c})$ を棄却する．

$$F(\boldsymbol{c}) = \frac{\mathrm{SST}(\boldsymbol{c})/(k-1)}{\mathrm{SSE}(\boldsymbol{c})/(n-k)}$$

ここで，$\mathrm{SST}(\boldsymbol{c})$ と $\mathrm{SSE}(\boldsymbol{c})$ は，それぞれ処遇と誤差に関する応答変数 $\boldsymbol{c}'\boldsymbol{y}_{ij}$ について計算された平方和である．少なくとも 1 つの $\boldsymbol{c}$ について $H_0(\boldsymbol{c})$ が棄却されるならば H_0 は棄却されるため，少なくとも 1 つの $\boldsymbol{c}$ について $F(\boldsymbol{c})$ あるいは同等に，以下が十分に大きな場合に H_0 を棄却するべきである．

$$\max_{\boldsymbol{c} \neq \boldsymbol{0}} F(\boldsymbol{c})$$

定数 $(k-1)$ と $(n-k)$ を省略して，平方和 $\mathrm{SST}(\boldsymbol{c})$ と $\mathrm{SSE}(\boldsymbol{c})$ が B と W を使って以下のように表現されることに注意すると，

$$\mathrm{SST}(\boldsymbol{c}) = \boldsymbol{c}'B\boldsymbol{c}, \quad \mathrm{SSE}(\boldsymbol{c}) = \boldsymbol{c}'W\boldsymbol{c}$$

以下の値が大きな場合に H_0 を棄却するということに気づくだろう．

$$\max_{\boldsymbol{c} \neq \boldsymbol{0}} \frac{\boldsymbol{c}'B\boldsymbol{c}}{\boldsymbol{c}'W\boldsymbol{c}} = \lambda_1(W^{-1}B) \tag{3.26}$$

ここで，右辺は定理 3.29 によって成立する．したがって，$u_{1-\alpha}$ が最大固有値 $\lambda_1(W^{-1}B)$ の分布の $(1-\alpha)$ 番目の分位値 (例えば，Morrison, 2005 参照) であるならば，つまり，

$$P[\lambda_1(W^{-1}B) \leq u_{1-\alpha} | H_0] = 1 - \alpha \tag{3.27}$$

であるならば，$\lambda_1(W^{-1}B) > u_{1-\alpha}$ のとき H_0 を棄却する．結び・交わり法の長所の 1 つは，同時信頼区間 (simultaneous confidence interval) が自然に得られることである．(3.26) 式と (3.27) 式から，任意の平均ベクトル $\boldsymbol{\mu}_1, \ldots, \boldsymbol{\mu}_k$ に対して，確率 $1-\alpha$ で，直ちに以下の不等式がすべての $m \times 1$ ベクトル $\boldsymbol{c}$ について成立する．

$$\frac{\sum_{i=1}^{k} n_i \boldsymbol{c}'\{(\bar{\boldsymbol{y}}_i - \bar{\boldsymbol{y}}) - (\boldsymbol{\mu}_i - \boldsymbol{\mu})\}\{(\bar{\boldsymbol{y}}_i - \bar{\boldsymbol{y}}) - (\boldsymbol{\mu}_i - \boldsymbol{\mu})\}'\boldsymbol{c}}{\boldsymbol{c}'W\boldsymbol{c}} \leq u_{1-\alpha} \tag{3.28}$$

ここで，

$$\boldsymbol{\mu} = \sum_{i=1}^{k} n_i \boldsymbol{\mu}_i / n$$

である．シェッフェの方法 (Scheffé's method)(Scheffé, 1953 あるいは Miller, 1981 参照) を (3.28) 式に適用すると，次の不等式を得る．

$$\sum_{i=1}^{k}\sum_{j=1}^{m} a_i c_j \bar{y}_{ij} - \sqrt{u_{1-\alpha}\boldsymbol{c}'W\boldsymbol{c}\left(\sum_{i=1}^{k} a_i^2/n_i\right)}$$
$$\leq \sum_{i=1}^{k}\sum_{j=1}^{m} a_i c_j \mu_{ij}$$
$$\leq \sum_{i=1}^{k}\sum_{j=1}^{m} a_i c_j \bar{y}_{ij} + \sqrt{u_{1-\alpha}\boldsymbol{c}'W\boldsymbol{c}\left(\sum_{i=1}^{k} a_i^2/n_i\right)}$$

上式は確率 $1-\alpha$ で，すべての $m\times 1$ ベクトル $\boldsymbol{c}$ と，$\boldsymbol{a}'\boldsymbol{1}_k = 0$ を満たすすべての $k\times 1$ ベクトル $\boldsymbol{a}$ について成立する．

本節で得られる残りの結果は，行列の積の固有値と個々の行列の固有値の積の関係についてである．Anderson and Das Gupta(1963) による定理 3.32 は，行列の積の単一の固有値についての限界値を与える．

定理 3.32 A を $m\times m$ 非負定値行列，B を $m\times m$ 正定値行列とする．i, j, k を 1 から m の閉区間内の，$j+k \leq i+1$ を満たす整数とすると，以下が成り立つ．

(a) $\lambda_i(AB) \leq \lambda_j(A)\lambda_k(B)$
(b) $\lambda_{m-i+1}(AB) \geq \lambda_{m-j+1}(A)\lambda_{m-k+1}(B)$

証明 $m\times(j-1)$ 行列 H_1 の各列は $\lambda_1(A), \ldots, \lambda_{j-1}(A)$ に対応する A の正規直交固有ベクトルとし，$m\times(k-1)$ 行列 H_2 の各列は $\lambda_1(B), \ldots, \lambda_{k-1}(B)$ に対応する B の正規直交固有ベクトルとする．$H = [H_1 \quad H_2]$ となるような $m\times(j+k-2)$ 行列 H を定義する．すると，

$$\begin{aligned}
\lambda_i(AB) &\leq \lambda_{j+k-1}(AB) \\
&\leq \max_{\substack{H'\boldsymbol{x}=\boldsymbol{0}\\ \boldsymbol{x}\neq\boldsymbol{0}}} \frac{\boldsymbol{x}'A\boldsymbol{x}}{\boldsymbol{x}'B^{-1}\boldsymbol{x}} \\
&= \max_{\substack{H'\boldsymbol{x}=\boldsymbol{0}\\ \boldsymbol{x}\neq\boldsymbol{0}}} \frac{\boldsymbol{x}'A\boldsymbol{x}}{\boldsymbol{x}'\boldsymbol{x}}\frac{\boldsymbol{x}'\boldsymbol{x}}{\boldsymbol{x}'B^{-1}\boldsymbol{x}} \\
&\leq \max_{\substack{H'\boldsymbol{x}=\boldsymbol{0}\\ \boldsymbol{x}\neq\boldsymbol{0}}} \frac{\boldsymbol{x}'A\boldsymbol{x}}{\boldsymbol{x}'\boldsymbol{x}} \max_{\substack{H'\boldsymbol{x}=\boldsymbol{0}\\ \boldsymbol{x}\neq\boldsymbol{0}}} \frac{\boldsymbol{x}'\boldsymbol{x}}{\boldsymbol{x}'B^{-1}\boldsymbol{x}} \\
&\leq \max_{\substack{H_1'\boldsymbol{x}=\boldsymbol{0}\\ \boldsymbol{x}\neq\boldsymbol{0}}} \frac{\boldsymbol{x}'A\boldsymbol{x}}{\boldsymbol{x}'\boldsymbol{x}} \max_{\substack{H_2'\boldsymbol{x}=\boldsymbol{0}\\ \boldsymbol{x}\neq\boldsymbol{0}}} \frac{\boldsymbol{x}'\boldsymbol{x}}{\boldsymbol{x}'B^{-1}\boldsymbol{x}} \\
&= \lambda_j(A)\lambda_k(B)
\end{aligned}$$

となる．ここで，2 つ目の不等式は定理 3.30 から成立し，最後の等式は定理 3.17 から

成立する．これで，(a) で与えられた不等式が証明された．(b) の不等式は (a) の不等式から次のように得られる．$A_* = TAT$ とする．ここで T は $B = T^2$ を満たす対称行列である．すると，A は非負定値であるから，A_* も非負定値である．(a) を A_* と B^{-1} に適用し，$\lambda_i(A_*B^{-1}) = \lambda_i(A)$ と $\lambda_j(A_*) = \lambda_j(AB)$ を使用すると，以下を得る．

$$\lambda_i(A) \leq \lambda_j(AB)\lambda_k(B^{-1})$$

$\lambda_k(B^{-1}) = \lambda_{m-k+1}^{-1}(B)$ であるから，これは

$$\lambda_j(AB) \geq \lambda_i(A)\lambda_{m-k+1}(B) \tag{3.29}$$

となる．各 (i, j, k) はこの定理で与えられた制約を満たし，また，(i_*, j_*, k) についてもこの制約を満たす．ここで，$i_* = m - j + 1$ そして，$j_* = m - i + 1$ である．これらの置き換えを (3.29) 式に対して行えば (b) を得る．□

次の結果は，行列の積の固有値の限界値を与える．この結果の証明については Lidskiǐ(1950) を参照せよ．

定理 3.33　A と B は $m \times m$ 非負定値行列とする．$i_1, \ldots, i_k$ が $1 \leq i_1 < \cdots < i_k \leq m$ を満たす整数であるとき，$k = 1, \ldots, m$ について以下が成立する．等号が成立するのは $k = m$ のときである．

$$\prod_{j=1}^{k} \lambda_{i_j}(AB) \leq \prod_{j=1}^{k} \lambda_{i_j}(A)\lambda_j(B)$$

定理 3.34 では，行列の積の転置の固有値の限界値が与えられる．この限界値の証明については Marshall and Olkin(1979) とそこに含まれる引用文献を参照せよ．

定理 3.34　A と B は $m \times m$ 非負定値行列とする．すると，以下が成立する．

$$\sum_{i=1}^{m} \lambda_i(A)\lambda_{m-i+1}(B) \leq \sum_{i=1}^{m} \lambda_i(AB) \leq \sum_{i=1}^{m} \lambda_i(A)\lambda_i(B)$$

最後の結果は，行列の積の固有値の部分和 (partial sum) の下限を与える．この証明は読者に委ねる．

定理 3.35　A と B は $m \times m$ 非負定値行列とする．すると，$k = 1, \ldots, m$ について以下が成立する．

$$\sum_{i=1}^{k} \lambda_i(AB) \geq \sum_{i=1}^{k} \lambda_i(A)\lambda_{m-i+1}(B)$$

練習問題

3.1　以下の 3×3 行列を考える．

$$A = \begin{bmatrix} 9 & -3 & -4 \\ 12 & -4 & -6 \\ 8 & -3 & -3 \end{bmatrix}$$

(a) A の固有値を得よ．
(b) 各固有値に対応する正規化された固有ベクトルを得よ．
(c) $\mathrm{tr}(A^{10})$ を得よ．

3.2　練習問題 3.1 で与えられた行列 A について，A' の固有値を見つけよ．A' の固有空間を決定し，これらを A のものと比較せよ．

3.3　以下で与えられる 3×3 行列 A を考える．

$$A = \begin{bmatrix} 1 & -2 & 0 \\ 1 & 4 & 0 \\ 0 & 0 & 2 \end{bmatrix}$$

(a) A の固有値を求めよ．
(b) 各々の λ に対応する固有空間 $S_A(\lambda)$ を定めよ．
(c) (b) で得られた固有空間を記述せよ．

3.4　次のような 4×4 行例を考える．

$$A = \begin{bmatrix} 0 & 0 & 2 & 0 \\ 1 & 0 & 1 & 0 \\ 0 & 1 & -2 & 0 \\ 0 & 0 & 0 & 1 \end{bmatrix}$$

(a) A の固有値を求めよ．
(b) A の固有空間を求めよ．

3.5　$m \times m$ 行列 A が，固有値 $\lambda_1, \ldots, \lambda_m$ とそれに対応する固有ベクトル $\boldsymbol{x}_1, \ldots, \boldsymbol{x}_m$ をもつならば，行列 $(A + \gamma I_m)$ が固有値 $\lambda_1 + \gamma, \ldots, \lambda_m + \gamma$ とそれに対応する固有ベクトル $\boldsymbol{x}_1, \ldots, \boldsymbol{x}_m$ をもつことを示せ．

3.6　例 3.7 において，多重共線性に関連する問題を克服するための手段として主成分回帰を利用することについて議論した．リッジ回帰 (ridge regression) と呼ばれるもう 1 つの方法では，標準化されたモデルにおける通常の最小 2 乗推定量 $\hat{\boldsymbol{\delta}}_1 = (Z_1'Z_1)^{-1}Z_1'\boldsymbol{y}$ を $\hat{\boldsymbol{\delta}}_{1\gamma} = (Z_1'Z_1 + \gamma I_k)^{-1}Z_1'\boldsymbol{y}$ で置換する．ここで γ は小さい正の数である．γI_k を加えることで，$Z_1'Z_1$ の各固有値を γ ぶんだけ増やすため，この修正により $Z_1'Z_1$ がほぼ特異であることの影響が減少するだろう．

(a) $N > 2k+1$ ならば，

$$\boldsymbol{y} = \delta_0 \mathbf{1}_N + (Z_1 + W)\boldsymbol{\delta}_1 + \boldsymbol{\epsilon}$$

というモデルにおいて，$\hat{\boldsymbol{\delta}}_{1\gamma}$ が $\boldsymbol{\delta}_1$ の通常の最小 2 乗推定量となるような $N \times k$ 行列 W が存在することを示せ．つまり，説明変数に関する値の行列 Z_1 に W ぶんだけ摂動が加わった後には，$\hat{\boldsymbol{\delta}}_{1\gamma}$ を $\boldsymbol{\delta}_1$ の通常の最小 2 乗推定量とみなすことができるということである．

(b) 以下のモデルにおいて $\hat{\boldsymbol{\delta}}_{1\gamma}$ が $\boldsymbol{\delta}_1$ の通常の最小 2 乗推定量となるような $k \times k$ 行列 U が存在することを示せ．

$$\begin{bmatrix} \boldsymbol{y} \\ \mathbf{0} \end{bmatrix} = \begin{bmatrix} \delta_0 \mathbf{1}_N \\ \mathbf{0} \end{bmatrix} + \begin{bmatrix} Z_1 \\ U \end{bmatrix} \boldsymbol{\delta}_1 + \begin{bmatrix} \boldsymbol{\epsilon} \\ \boldsymbol{\epsilon}_* \end{bmatrix}$$

ただし，$\mathbf{0}$ は $k \times 1$ ゼロベクトルであり，$\boldsymbol{\epsilon}_* \sim N_k(\mathbf{0}, \sigma^2 I_k)$ で，$\boldsymbol{\epsilon}_*$ は $\boldsymbol{\epsilon}$ と独立である．上記を示すことで，リッジ回帰推定量もまた，反応変数としてそれぞれゼロをもち，説明変数の値として U の中の小さな値をもつような，k 個の観測値を加えた後に得られる最小 2 乗推定量とみなすことができる．

3.7　例 3.7 および練習問題 3.6 を参照せよ．

(a) 主成分回帰推定量 $\hat{\boldsymbol{\delta}}_{1*}$ およびリッジ回帰推定量 $\hat{\boldsymbol{\delta}}_{1\gamma}$ の期待値を求めよ．それによって，それぞれが $\boldsymbol{\delta}_1$ の不偏推定量ではないことを示せ．

(b) $\hat{\boldsymbol{\delta}}_{1*}$ の共分散行列を求め，$\boldsymbol{\delta}_1$ の通常の最小 2 乗推定量を $\hat{\boldsymbol{\delta}}_1$ としたとき，$\mathrm{var}(\hat{\boldsymbol{\delta}}_1) - \mathrm{var}(\hat{\boldsymbol{\delta}}_{1*})$ が非負定値行列であることを示せ．

(c) $\hat{\boldsymbol{\delta}}_{1\gamma}$ の共分散行列を求め，$\mathrm{tr}\{\mathrm{var}(\hat{\boldsymbol{\delta}}_1) - \mathrm{var}(\hat{\boldsymbol{\delta}}_{1\gamma})\}$ が非負であることを示せ．

3.8　A と B が $m \times m$ 行列であり，2 つのうち少なくとも 1 つが非特異ならば，AB の固有値と BA の固有値が等しくなることを示せ．

3.9　λ が $m \times m$ 実行列 A の実固有値であるならば，その固有値 λ に対応する A の実固有ベクトルが存在するということを示せ．

3.10　A を $m \times n$ 行列, B を $n \times m$ 行列とする．$AB\boldsymbol{x} = \lambda \boldsymbol{x}$ であるならば，λ に対応する BA の固有ベクトルは $B\boldsymbol{x}$ であることを証明せよ．ただし $\lambda \neq 0$, $\boldsymbol{x} \neq 0$ である．すなわち，$\lambda \neq 0$ に対応する AB の独立な固有ベクトルの数と，λ に対応する BA の線形独立な固有ベクトルの数が等しいことを示すことで，AB と BA が同じ非ゼロの固有値をもつことを示せ．

3.11　定理 3.2 で与えられた結果を証明せよ．

3.12　$m \times m$ 行列 A と C が，ある非特異行列 B に対して $C = BAB^{-1}$ を満たすならば，このとき A と C は同じ固有値をもつことが定理 3.2(d) からわかっている．この逆は真ではないことを例をあげることによって示せ．つまり，同じ固有値をもっているが，どのような B に対しても $C = BAB^{-1}$ を満たさないような A と C を求めよ．

3.13 $m \times m$ 行列 A の単一固有値を λ とする．このとき，$\mathrm{rank}(A - \lambda I_m) = m - 1$ であることを示せ．

3.14 もし A がある $m \times m$ 行列であり，$\mathrm{rank}(A - \lambda I_m) = m - 1$ ならば，λ は行列 A の少なくとも重複度 1 をもつ固有値であることを示せ．

3.15 A を $m \times m$ 行列とする．

(a) A が非負定値行列であるならば，A^2 もまた非負定値行列であることを示せ．
(b) A が正定値行列であるならば，A^{-1} は正定値行列であることを示せ．

3.16 以下の $m \times m$ 行列 A を考える．

$$A = \begin{bmatrix} 1 & 1 & 0 & \cdots & 0 \\ 0 & 1 & 1 & \cdots & 0 \\ \vdots & \vdots & \vdots & & \vdots \\ 0 & 0 & 0 & \cdots & 1 \\ 0 & 0 & 0 & 0 & 1 \end{bmatrix}$$

この行列は，対角要素とそのすぐ上に要素 1 をもっている．A の固有値と固有ベクトルを求めよ．

3.17 $\boldsymbol{x}$ と $\boldsymbol{y}$ を $m \times 1$ ベクトルとする．

(a) 行列 $\boldsymbol{x}\boldsymbol{y}'$ の固有値と固有ベクトルを求めよ．
(b) $c = 1 + \boldsymbol{x}'\boldsymbol{y} \neq 0$ ならば，$I_m + \boldsymbol{x}\boldsymbol{y}'$ は逆行列をもち，$(I_m + \boldsymbol{x}\boldsymbol{y}')^{-1} = I_m - c^{-1}\boldsymbol{x}\boldsymbol{y}'$ であることを示せ．

3.18 A を固有値 $\lambda_1, \ldots, \lambda_m$ とそれに対応する固有ベクトル $\boldsymbol{x}_1, \ldots, \boldsymbol{x}_m$ をもつ $m \times m$ 非特異行列とする．$(I_m + A)$ が非特異ならば，以下の行列の固有値と固有ベクトルを見つけよ．

(a) $(I_m + A)^{-1}$
(b) $A + A^{-1}$
(c) $I_m + A^{-1}$

3.19 A は $m \times m$ 非特異行列であり，A の各行の要素の和が 1 であると仮定する．このとき A^{-1} の行和もまた 1 になることを示せ．

3.20 $m \times m$ 非特異行列 A は $I_m + A$ が非特異行列であり，以下の行列を定義する．

$$B = (I_m + A)^{-1} + (I_m + A^{-1})^{-1}$$

(a) $\boldsymbol{x}$ が A の固有値 λ に対応する固有ベクトルであるならば，$\boldsymbol{x}$ は B の固有値 1 に対応する固有ベクトルであることを示せ．
(b) 定理 1.7 を用いて $B = I_m$ であることを示せ．

3.21 以下の 2×2 行列について考える．

$$A = \begin{bmatrix} 4 & 2 \\ 3 & 5 \end{bmatrix}$$

(a) A に関する特性方程式を見つけよ．
(b) (a) で得られた特性方程式の λ を A に置き換え，最終的な行列がゼロ行列であることを示すことによって定理 3.8 を実証せよ．
(c) (b) の行列多項式を整理し，A と I_m の線形結合としての A^2 の表現を得よ．
(d) 同様にして，A と I_m の線形結合としての A^3 と A^{-1} の表現を得よ．

3.22 以下のような一般的な 2×2 行列を考える．

$$A = \begin{bmatrix} a_{11} & a_{12} \\ a_{21} & a_{22} \end{bmatrix}$$

(a) A の特性方程式を求めよ．
(b) A の要素を用いて，A の 2 つの固有値を表現せよ．
(c) どのようなときにこれらの固有値は実数となるか示せ．

3.23 A を $m \times m$ 行列，任意のスカラー λ について $A\boldsymbol{x} = \lambda\boldsymbol{x}$ を満たす $m \times 1$ 非ゼロベクトル $\boldsymbol{x}$ は，より正確には λ に対応する A の右固有ベクトル (right eigenvector) と呼ばれる．$\boldsymbol{y}'A = \mu\boldsymbol{y}'$ を満たす $m \times 1$ ベクトル $\boldsymbol{y}$ は μ に対応する A の左固有ベクトル (left eigenvector) と呼ばれる．$\lambda \neq \mu$ であるとき，$\boldsymbol{x}$ は $\boldsymbol{y}$ に直交することを証明せよ．

3.24 行列 $\mathbf{1}_m\mathbf{1}_m'$ の固有値と固有ベクトルを求めよ．

3.25 ある 3×3 行列 A は固有値 1,2,3 をもっており，対応する固有ベクトルは $(1,1,1)'$, $(1,2,0)'$, $(2,-1,6)'$ である．A を求めよ．

3.26 $m \times m$ 行列 $A = \alpha I_m + \beta\mathbf{1}_m\mathbf{1}_m'$ について，以下の問いに答えよ．ただし，α と β はスカラーとする．

(a) A の固有値と固有ベクトルを求めよ．
(b) A の固有空間と，それに対応する固有射影を定めよ．
(c) どのような α と β の値の下において，A が非特異となるか．
(d) (a) を用いて，もし A が非特異であるならば以下が成り立つことを示せ．

$$A^{-1} = \alpha^{-1}I_m - \frac{\beta}{\alpha(\alpha + m\beta)}\mathbf{1}_m\mathbf{1}_m'$$

(e) A の行列式が $\alpha^{m-1}(\alpha + m\beta)$ であることを示せ.

3.27 $m \times m$ 行列 $A = \alpha I_m + \beta \mathbf{c}\mathbf{c}'$ を考えたとき，ここで α と β はスカラーであり，$\mathbf{c} \neq \mathbf{0}$ は $m \times 1$ ベクトルであるとする.

(a) A の固有値と固有ベクトルを得よ.
(b) A の行列式を得よ.
(c) A を非特異としたとき，A の逆行列の式を得よ.

3.28 A を以下によって与えられる 3×3 行列とする.

$$A = \begin{bmatrix} 2 & -1 & 0 \\ -1 & 1 & 1 \\ 0 & 1 & 2 \end{bmatrix}$$

(a) A の固有値と，関連した正規化された固有ベクトルを見つけよ.
(b) A の階数はいくつか.
(c) A の固有空間と，関連した固有射影を見つけよ.
(d) $\mathrm{tr}(A^4)$ を見つけよ.

3.29 固有ベクトル $(1, 1, 2)'$, $(4, -2, -1)'$, $(1, 3, -2)'$ に対応する，固有値がそれぞれ 18, 21, 28 であるような 3×3 対称行列を 1 つ求めよ.

3.30 A が固有値 $\lambda_1, \ldots, \lambda_m$ をもつ $m \times m$ 対称行列であるならば，以下が成り立つことを示せ.

$$\sum_{i=1}^{m} \sum_{j=1}^{m} a_{ij}^2 = \sum_{i=1}^{m} \lambda_i^2$$

3.31 $-(m-1)^{-1} < \rho < 1$ ならばそのときのみ，行列 $A = (1-\rho)I_m + \rho \mathbf{1}_m \mathbf{1}_m'$ が正定値であることを示せ.

3.32 A がその固有値が自身の対角要素に等しい $m \times m$ 対称行列であるならば，A が対角行列でなくてはならないことを示せ.

3.33 定理 3.28 の逆は成り立たないことを示せ．つまり，$i = 1, \ldots, m$ について $\lambda_i(A+B) \geq \lambda_i(A)$ が成り立つが，B は非負定値ではないような対称行列 A および B を見つけよ.

3.34 A を $\mathrm{rank}(A) = r$ の $m \times n$ 行列であるとする．$A'A$ のスペクトル分解を用いて

$$AX = (0), \qquad X'X = I_{n-r}$$

となる $n \times (n-r)$ 行列 X が存在することを示せ．また，同様にして

$$YA = (0), \qquad YY' = I_{m-r}$$

となる $(m-r) \times m$ 行列 Y が存在することを示せ．

3.35　A を以下によって与えられる 2×3 行列とする．

$$A = \begin{bmatrix} 6 & 4 & 4 \\ 3 & 2 & 2 \end{bmatrix}$$

前問で与えられた条件を満たす行列 X と行列 Y を求めよ．

3.36　任意の整数 k について $A^k = (0)$ であるとき，$m \times m$ 行列 A はゼロベキ等と呼ばれる．

(a) ゼロベキ等行列のすべての固有値は 0 となることを証明せよ
(b) ゼロ行列以外でゼロベキ等となるような行列を求めよ

3.37　$n \to \infty$ に従って

$$P_{1,n} \to \begin{bmatrix} 1 & 0 & 0 \\ 0 & 0 & 0 \\ 0 & 0 & 0 \end{bmatrix}, \quad P_{2,n} \to \begin{bmatrix} 0 & 0 & 0 \\ 0 & 1 & 0 \\ 0 & 0 & 1 \end{bmatrix}$$

であることを示し，例 3.11 の詳細を補完せよ．

3.38　系 3.18.2 を証明せよ．

3.39　定理 3.21 が，行列 A, B が対称でない場合には必ずしも成立しないことを，例をあげて示せ．

3.40　定理 3.20 を証明せよ．

3.41　定理 3.28 の証明には定理 3.18 の (3.9) 式を使用した．定理 3.18 の (3.9) 式を使用することによって，定理 3.28 の別の証明を得よ．

3.42　A は $\lambda_1(A) > 0$ であるような対称行列とする．このとき以下を示せ．

$$\lambda_1(A) = \max_{\boldsymbol{x}'A\boldsymbol{x}=1} \frac{1}{\boldsymbol{x}'\boldsymbol{x}}$$

3.43　A を $m \times m$ 対称行列，B を $m \times m$ 正定値行列とすると．このとき F が最大列階数をもつ $m \times h$ 行列であるならば，以下が成り立つことを証明せよ．

(a) $i = 1, \ldots, h$ について，$\lambda_{h-i+1}((F'BF)^{-1}(F'AF)) \geq \lambda_{m-i+1}(B^{-1}A)$
(b) $\min_F \lambda_1((F'BF)^{-1}(F'AF)) = \lambda_{m-h+1}(B^{-1}A)$
(c) $\min_F \lambda_h((F'BF)^{-1}(F'AF)) = \lambda_m(B^{-1}A)$

3.44 A を固有値 $\lambda_1, \ldots, \lambda_m$ とそれに対応する固有ベクトル $\boldsymbol{x}_1, \ldots, \boldsymbol{x}_m$ をもつ $m \times m$ 行列とし，一方，B を固有値 $\gamma_1, \ldots, \gamma_n$ とそれに対応する固有ベクトル $\boldsymbol{y}_1, \ldots, \boldsymbol{y}_n$ をもつ $n \times n$ 行列とする．以下に示す $(m+n) \times (m+n)$ 行列の固有値と固有ベクトルを求めよ．

$$C = \begin{bmatrix} A & (0) \\ (0) & B \end{bmatrix}$$

以下に示す行列の固有値と固有ベクトルを，正方行列 $C_1, \ldots, C_r$ の固有値と固有ベクトルの観点から得ることによって，この結果を一般化せよ．

$$C = \begin{bmatrix} C_1 & (0) & \cdots & (0) \\ (0) & C_2 & \cdots & (0) \\ \vdots & \vdots & & \vdots \\ (0) & (0) & \cdots & C_r \end{bmatrix}$$

3.45 T を以下のような行列とする．

$$T = \begin{bmatrix} 1 & -1 & 2 \\ 2 & 1 & 1 \end{bmatrix}$$

(a) TT' の固有値と，対応する固有ベクトルを求めよ．
(b) $T'T$ の固有値と，対応する固有ベクトルを求めよ．

3.46 A を $m \times m$ 対称行列とする．k が正の整数であるとき，A^{2k} は非負定値であることを示せ．

3.47 A が非負定値行列であり，ある i について $a_{ii} = 0$ ならば，すべての j について $a_{ij} = a_{ji} = 0$ となることを示せ．

3.48 A を $m \times m$ 正定値行列とし，B を $m \times m$ 非負定値行列とする．

(a) A のスペクトル分解を用いて以下を示せ．

$$|A + B| \geq |A|$$

このとき $B = (0)$ の場合かつその場合に限り等式が成立する．
(b) もし B も正定値であり，$A - B$ が非負定値であるならば，$|A| \geq |B|$ となり，$A = B$ の場合かつその場合に限り等式が成立するということを示せ．

3.49 A は $m \times m$ 対称行列であり，固有値 $\lambda_1, \ldots, \lambda_m$ とこれに対応する固有ベクトル $\boldsymbol{x}_1, \ldots, \boldsymbol{x}_m$ をもつと仮定する．一方，B は $m \times m$ 対称行列であり，固有値 $\gamma_1, \ldots, \gamma_m$ とこれに対応する固有ベクトル $\boldsymbol{x}_1, \ldots, \boldsymbol{x}_m$ をもつと仮定する．すなわち，A と B は共通の固有ベクトルをもつ．

(a) $A+B$ の固有値と固有ベクトルを求めよ．

(b) AB の固有値と固有ベクトルを求めよ．

(c) $AB=BA$ を証明せよ．

3.50 $\boldsymbol{x}_1,\ldots,\boldsymbol{x}_r$ を $m\times m$ 対称行列 A の r までの降順な固有値 $\gamma_1,\ldots,\gamma_r$ に対応する正規直交固有ベクトルの集合とする．$\gamma_r>\gamma_{r+1}$ を仮定する．また，P を固有値 $\gamma_1,\ldots,\gamma_r$ に関する A の全体固有射影行列とする．すなわち，

$$P=\sum_{i=1}^{r}\boldsymbol{x}_i\boldsymbol{x}_i'$$

である．

一方，B を別の $m\times m$ 対称行列とし，その r までの降順な固有値を $\mu_1,\ldots,\mu_r$ で表す．ここで，$\mu_r>\mu_{r+1}$ であり，対応する正規直交固有ベクトルは $\boldsymbol{y}_1,\ldots,\boldsymbol{y}_r$ で与えられる．Q を

$$Q=\sum_{i=1}^{r}\boldsymbol{y}_i\boldsymbol{y}_i'$$

であるような，固有値 $\mu_1,\ldots,\mu_r$ に関する B の全体固有射影とする．

(a) $P=Q$ であることと以下が同値であることを示せ．

$$\sum_{i=1}^{r}\{\gamma_i+\mu_i-\lambda_i(A+B)\}=0$$

(b) $X=(\boldsymbol{x}_1,\ldots,\boldsymbol{x}_m)$ とする．ここで，$\boldsymbol{x}_{r+1},\ldots,\boldsymbol{x}_m$ は A の $m-r$ 番以降に小さい固有値に対応する正規直交固有ベクトルの集合である．$P=Q$ ならば，$X'BX$ が

$$\begin{bmatrix} U & (0) \\ (0) & V \end{bmatrix}$$

というブロック対角形式であることを示せ．ここで，U は $r\times r$，V は $(m-r)\times(m-r)$ である．また，逆は成立しないことを示せ．

3.51 $\lambda_1\geq\cdots\geq\lambda_m$ を $m\times m$ 対称行列 A の固有値，$\boldsymbol{x}_1,\ldots,\boldsymbol{x}_m$ を対応する直交固有ベクトルの集合とする．ある k に対して，固有値 $\lambda_k,\ldots,\lambda_m$ に対応する固有射影の総計を以下のように定義する．

$$P=\sum_{i=k}^{m}\boldsymbol{x}_i\boldsymbol{x}_i'$$

$P(A-\lambda I_m)P=(0)$ であるときかつそのときのみ $\lambda_k=\cdots\lambda_m=\lambda$ であることを証明

せよ．

3.52　$m \times m$ の対称行列 $A_1, \ldots, A_k$ について，A_i の固有値のうち 1 つを τ_i によって表すものとする．ここで，正規直交である $m \times 1$ ベクトルの組 $\boldsymbol{x}_1, \ldots, \boldsymbol{x}_r$ を考え，

$$P = \sum_{i=1}^{r} \boldsymbol{x}_i \boldsymbol{x}_i'$$

と定義する．このとき，すべての固有値 τ_i の重複度が r であり，かつ対応する固有ベクトルが $\boldsymbol{x}_1, \ldots, \boldsymbol{x}_r$ であるならば，以下が成り立つことを示せ．

$$P \left\{ \sum_{i=1}^{k} (A_i - \tau_i I_m)^2 \right\} P = (0)$$

3.53　$\lambda_1 \geq \cdots \geq \lambda_m$ を $m \times m$ 対称行列 A の固有値とする．

(a) もし B が $m \times r$ 行列ならば，以下を示せ．

$$\min_{B'B=I_r} \operatorname{tr}(B'AB) = \sum_{i=1}^{r} \lambda_{m-i+1}$$

$$\max_{B'B=I_r} \operatorname{tr}(B'AB) = \sum_{i=1}^{r} \lambda_i$$

(b) $r = 1, \ldots, m$ について，以下を示せ．

$$\sum_{i=1}^{r} \lambda_{m-i+1} \leq \sum_{i=1}^{r} a_{ii} \leq \sum_{i=1}^{r} \lambda_i$$

3.54　$\lambda_1 \geq \cdots \geq \lambda_m$ を $m \times m$ 正定値行列 A の固有値であるとする．

(a) B が $m \times r$ 行列であるならば

$$\min_{B'B=I_r} |B'AB| = \prod_{i=1}^{r} \lambda_{m-i+1}$$

および

$$\max_{B'B=I_r} |B'AB| = \prod_{i=1}^{r} \lambda_i$$

が成り立つことを示せ．

(b) A_r を A のはじめの r 行とはじめの r 列からなる $r \times r$ 部分行列であるとする．$r = 1, \ldots, m$ について

$$\prod_{i=1}^{r} \lambda_{m-i+1} \leq |A_r| \leq \prod_{i=1}^{r} \lambda_i$$

が成り立つことを示せ．

3.55 $m \times m$ 非負定値行列 A と，$m \times m$ 正定値行列 B, C を考える．もし i, j, k が 1 から m までの閉区間内の整数であり，かつ $j + k \leq i + 1$ であるならば，以下が成り立つことを示せ．

(a) $\lambda_i(AB) \leq \lambda_j(AC^{-1})\lambda_k(CB)$
(b) $\lambda_{m-i+1}(AB) \geq \lambda_{m-j+1}(AC^{-1})\lambda_{m-k+1}(CB)$

3.56 A, B を $m \times m$ 正定値行列とする．$i = 1, \ldots, m$ について以下を示せ．

$$\frac{\lambda_i^2(AB)}{\lambda_1(A)\lambda_1(B)} \leq \lambda_i(A)\lambda_i(B) \leq \frac{\lambda_i^2(AB)}{\lambda_m(A)\lambda_m(B)}$$

3.57 定理 3.34 と練習問題 3.53(a) の結果を用いて，定理 3.35 を証明せよ．

4

行列の因数分解と行列ノルム

4.1 導　　入

本章ではいくつかの特別な構造や，標準形をもった別の行列の積の形として，与えられた行列 A を表現する有用な方法をみていく．多くの応用においてこのような行列 A の分解は，興味のある行列 A の重要な特徴を明らかにする．これらの分解は数学的進歩を促進し，特別な場合からの結果をより一般的な状況へ一般化するのを容易にする点で多変量分布論において特に役立つ．さらに本章では数学的な性質や因数分解の結果だけでなく，その分解が存在する条件についても焦点が当てられる．これらの分解における行列の数値計算についての詳細は，計算的手法に関する文献の中にみることができるだろう．有益な参考文献としては，Golub and Van Loan (1996), Press, et al. (1992), Stewart (1998, 2001) があげられる．

4.2 特異値分解

はじめに紹介する分解としては，いずれのサイズの行列についても扱うことができる点で特異値分解 (singular value decomposition) が最も役立つということができる．すなわち，これに続くその他の分解は正方行列にしか適用することができない．この特異値分解は次章において，非特異正方行列の逆行列の概念を任意の行列に一般化するときに特に役立つだろう．

定理 4.1　もし A が階数 $r > 0$ の $m \times n$ 行列であるならば，$A = PDQ', D = P'AQ$ と表せるような，それぞれ $m \times m, n \times n$ の直交行列 P と Q が存在する．ここで $m \times n$ 行列 D は以下によって与えられる．

(a)　$r = m = n$ ならば, Δ　　(b)　$r = m < n$ ならば, $\begin{bmatrix} \Delta & (0) \end{bmatrix}$

(c)　$r = n < m$ ならば, $\begin{bmatrix} \Delta \\ (0) \end{bmatrix}$　　(d)　$r < m, r < n$ ならば, $\begin{bmatrix} \Delta & (0) \\ (0) & (0) \end{bmatrix}$

そして Δ は正の対角要素をもつ $r \times r$ 対角行列である．Δ^2 の対角要素は $A'A$ と AA' の正の固有値である．

証明 $r < m, r < n$, すなわち (d) の場合を証明する．(a)～(c) の場合の証明は，この証明にただ表記上の変更をすればよい．Δ^2 を $r \times r$ の対角行列であるとする．ただしその対角要素は定理 3.27 によって AA' の正の固有値と同一であると示された，r 個の $A'A$ の正の固有値であるとする．次に Δ を対角要素が Δ^2 の対角要素の正の平方根に対応するような対角行列と定義する．$A'A$ は $n \times n$ 対称行列なので，以下に示すような $n \times n$ 直交行列 Q を見つけることができる．

$$Q'A'AQ = \begin{bmatrix} \Delta^2 & (0) \\ (0) & (0) \end{bmatrix}$$

Q_1 が $n \times r$ の下で，Q を $Q = [Q_1 \quad Q_2]$ と分割すると上記の恒等式は次の 2 つの式を意味する．

$$Q_1'A'AQ_1 = \Delta^2 \tag{4.1}$$

$$Q_2'A'AQ_2 = (0) \tag{4.2}$$

(4.2) 式から以下が得られることに注意する．

$$AQ_2 = (0) \tag{4.3}$$

いま，$P = [P_1 \quad P_2]$ は $m \times m$ 直交行列であるとする．ここで，$m \times r$ 行列 $P_1 = AQ_1\Delta^{-1}$ であり，P_2 は P を直交行列にする任意の行列である．したがって $P_2'P_1 = P_2'AQ_1\Delta^{-1} = (0)$ か，または等価に以下のようにならなければならない．

$$P_2'AQ_1 = (0) \tag{4.4}$$

(4.1) 式，(4.3) 式と (4.4) 式を使って，次を得ることができる．

$$\begin{aligned} P'AQ &= \begin{bmatrix} P_1'AQ_1 & P_1'AQ_2 \\ P_2'AQ_1 & P_2'AQ_2 \end{bmatrix} \\ &= \begin{bmatrix} \Delta^{-1}Q_1'A'AQ_1 & \Delta^{-1}Q_1'A'AQ_2 \\ P_2'AQ_1 & P_2'AQ_2 \end{bmatrix} \\ &= \begin{bmatrix} \Delta^{-1}\Delta^2 & \Delta^{-1}Q_1'A'(0) \\ (0) & P_2'(0) \end{bmatrix} \\ &= \begin{bmatrix} \Delta & (0) \\ (0) & (0) \end{bmatrix} \end{aligned}$$

よって証明は完成された． □

Δ の対角要素，すなわち $A'A$ と AA' の正の固有値の正の平方根は A の特異値と呼ばれる．Q の列が $A'A$ の固有ベクトルからなる正規直交集合を形成することは定理 4.1 の証明から明らかであり，それゆえ次式のように表すことができる．

$$A'A = QD'DQ' \tag{4.5}$$

また，以下の式のように表せるので P の列が AA' の固有ベクトルからなる正規直交集合を形成する点にも注意することが重要である．

$$AA' = PDQ'QD'P' = PDD'P' \tag{4.6}$$

もし再び P, Q を P_1 が $m \times r$，Q_1 が $n \times r$ の下で，それぞれ $P = [P_1 \quad P_2]$ と $Q = [Q_1 \quad Q_2]$ と分割するならば，そのとき特異値分解は次の系のように再び記述することができる．

系 4.1.1 もし A が階数 $r > 0$ の $m \times n$ 行列ならば，そのとき $P_1'P_1 = Q_1'Q_1 = I_r$ および $A = P_1 \Delta Q_1'$ となるような，$m \times r$ および $n \times r$ の各行列 P_1, Q_1 が存在する．ただし Δ は正の対角要素をもつ $r \times r$ の対角行列である．

(4.5) 式，(4.6) 式から，P_1 と Q_1 は，それぞれ以下の式を満たす半直交行列となる．

$$P_1'AA'P_1 = \Delta^2, \quad Q_1'A'AQ_1 = \Delta^2 \tag{4.7}$$

しかし分解 $A = P_1 \Delta Q_1'$ において，(4.7) 式を満たす半直交行列 P_1 の選択は行列 Q_1 の選択に依存する．これは定理 4.1 の証明において，(4.7) 式を満たす任意の半直交行列 Q_1 がはじめに選ばれ，次いで P_1 の選択が $P_1 = AQ_1\Delta^{-1}$ によって与えられたことから明らかである．代わりに，はじめに (4.7) 式を満たす半直交行列 P_1 を選び，それから $Q_1 = A'P_1\Delta^{-1}$ を選ぶこともできただろう．

行列 A の構造に関する多くの情報がその行列の特異値分解から得られる．特異値の個数は A の階数を示し，P_1 と Q_1 の列はそれぞれ行列 A の列空間と行空間の正規直交基底となる．同様に P_2 の列は行列 A' のゼロ空間を張り，Q_2 の列は行列 A のゼロ空間を張る．

定理 4.1 と系 4.1.1 は基本変形の性質として述べられていた定理 1.9 と系 1.9.1 に関係している．定理 1.9 と系 1.9.1 は，定理 4.1 と系 4.1.1 からただちに導けることが簡単に確認できる．

例 4.1 以下の 4×3 行列についての特異値分解をみていく．

$$A = \begin{bmatrix} 2 & 0 & 1 \\ 3 & -1 & 1 \\ -2 & 4 & 1 \\ 1 & 1 & 1 \end{bmatrix}$$

はじめに，この行列の固有解析によって以下の $A'A$ は正規固有ベクトル $(1/\sqrt{2}, -1/\sqrt{2}, 0)'$, $(1/\sqrt{3}, 1/\sqrt{3}, 1/\sqrt{3})'$, $(1/\sqrt{6}, 1/\sqrt{6}, -2/\sqrt{6})'$ にそれぞれ対応する固有値，28，12，0 をもつことがわかる．

$$A'A = \begin{bmatrix} 18 & -10 & 4 \\ -10 & 18 & 4 \\ 4 & 4 & 4 \end{bmatrix}$$

これらの固有ベクトルを 3×3 直交行列 Q の列とする．すると明らかに $\mathrm{rank}(A) = 2$ であり，そして A の 2 つの特異値は $\sqrt{28}, \sqrt{12}$ である．よって 4×2 行列 P_1 は以下によって与えられる．

$$P_1 = AQ_1\Delta^{-1} = \begin{bmatrix} 2 & 0 & 1 \\ 3 & -1 & 1 \\ -2 & 4 & 1 \\ 1 & 1 & 1 \end{bmatrix} \begin{bmatrix} 1/\sqrt{2} & 1/\sqrt{3} \\ -1/\sqrt{2} & 1/\sqrt{3} \\ 0 & 1/\sqrt{3} \end{bmatrix}$$
$$\times \begin{bmatrix} 1/\sqrt{28} & 0 \\ 0 & 1/\sqrt{12} \end{bmatrix}$$
$$= \begin{bmatrix} 1/\sqrt{14} & 1/2 \\ 2/\sqrt{14} & 1/2 \\ -3/\sqrt{14} & 1/2 \\ 0 & 1/2 \end{bmatrix}$$

4×2 の行列 P_2 は $P_1'P_2 = (0)$ と $P_2'P_2 = I_2$ を満たす任意の行列でよい．例えば $(1/\sqrt{12}, 1/\sqrt{12}, 1/\sqrt{12}, -3/\sqrt{12})'$ と $(-5/\sqrt{42}, 4/\sqrt{42}, 1/\sqrt{42}, 0)'$ が P_2 の列として選ばれうる．以上より A の特異値分解は次のように表すことができる．

$$\begin{bmatrix} 1/\sqrt{14} & 1/2 & 1/\sqrt{12} & -5/\sqrt{42} \\ 2/\sqrt{14} & 1/2 & 1/\sqrt{12} & 4/\sqrt{42} \\ -3/\sqrt{14} & 1/2 & 1/\sqrt{12} & 1/\sqrt{42} \\ 0 & 1/2 & -3/\sqrt{12} & 0 \end{bmatrix} \begin{bmatrix} \sqrt{28} & 0 & 0 \\ 0 & \sqrt{12} & 0 \\ 0 & 0 & 0 \\ 0 & 0 & 0 \end{bmatrix}$$
$$\times \begin{bmatrix} 1/\sqrt{2} & -1/\sqrt{2} & 0 \\ 1/\sqrt{3} & 1/\sqrt{3} & 1/\sqrt{3} \\ 1/\sqrt{6} & 1/\sqrt{6} & -2/\sqrt{6} \end{bmatrix}$$

または系 4.1.1 の形式をとって以下のように表すこともできる．

$$\begin{bmatrix} 1/\sqrt{14} & 1/2 \\ 2/\sqrt{14} & 1/2 \\ -3/\sqrt{14} & 1/2 \\ 0 & 1/2 \end{bmatrix} \begin{bmatrix} \sqrt{28} & 0 \\ 0 & \sqrt{12} \end{bmatrix} \begin{bmatrix} 1/\sqrt{2} & -1/\sqrt{2} & 0 \\ 1/\sqrt{3} & 1/\sqrt{3} & 1/\sqrt{3} \end{bmatrix}$$

行列 P を決める他の方法として，P の列が次の行列 AA' の固有ベクトルであるという事実を利用することができる．

$$AA' = \begin{bmatrix} 5 & 7 & -3 & 3 \\ 7 & 11 & -9 & 3 \\ -3 & -9 & 21 & 3 \\ 3 & 3 & 3 & 3 \end{bmatrix}$$

しかし行列 P をこのような方法で構成した場合，分解 $A = P_1 \Delta Q_1'$ が P_1 のそれぞれの列に対して正しい符号となっているかを確認しなければならない．

ベクトルの特異値分解は非常に簡単に構成できる．次の例では，このことについての説明を行う．

例 4.2 $\boldsymbol{x}$ を $m \times 1$ の非ゼロベクトルとすると，その特異値分解は以下のような形で表すことができる．

$$\boldsymbol{x} = P\boldsymbol{d}q$$

ここで P は $m \times m$ 直交行列であり，$\boldsymbol{d}$ は最初の要素だけが非ゼロであるような $m \times 1$ ベクトルであり，かつ q は $q^2 = 1$ を満たすスカラーである．$\boldsymbol{x}$ の唯一の特異値は λ によって与えられ，ここで $\lambda^2 = \boldsymbol{x}'\boldsymbol{x}$ である．もし $\boldsymbol{x}_* = \lambda^{-1}\boldsymbol{x}$ と定めるなら $\boldsymbol{x}_*'\boldsymbol{x}_* = 1$ であり，かつ以下の式のように $\boldsymbol{x}\boldsymbol{x}'\boldsymbol{x}_*$ が変形できることに注意が必要である．

$$\boldsymbol{x}\boldsymbol{x}'\boldsymbol{x}_* = \boldsymbol{x}\boldsymbol{x}'(\lambda^{-1}\boldsymbol{x}) = (\lambda^{-1}\boldsymbol{x})\boldsymbol{x}'\boldsymbol{x} = \lambda^2\boldsymbol{x}_*$$

このため $\boldsymbol{x}_*$ は唯一の正の固有値 λ^2 に対応する $\boldsymbol{x}\boldsymbol{x}'$ の正規固有ベクトルである．$\boldsymbol{x}_*$ に直交する任意の非ゼロのベクトルは，重複固有値 0 に対応する $\boldsymbol{x}\boldsymbol{x}'$ の固有ベクトルである．よってもし $\boldsymbol{d} = (\lambda, 0, \ldots, 0)', q = 1$ とし，そして $P = (\boldsymbol{x}_*, \boldsymbol{p}_2, \ldots, \boldsymbol{p}_m)$ が $\boldsymbol{x}_*$ を最初の列とする任意の直交行列とするならば，そのとき以下のようになる．

$$P\boldsymbol{d}q = [\boldsymbol{x}_*, \boldsymbol{p}_2, \ldots, \boldsymbol{p}_m] \begin{bmatrix} \lambda \\ 0 \\ \vdots \\ 0 \end{bmatrix} 1 = \lambda\boldsymbol{x}_* = \boldsymbol{x}$$

行列 A が $m \times m$ 対称行列であるとき，その特異値は A の固有値に直接的に関係している．このことは $AA' = A^2$ であり，A^2 の固有値がそれぞれ A の固有値の 2 乗になっていることからわかる．よって A の特異値は A の固有値の絶対値によって与えられる．もし P の列が A の正規直交固有ベクトルの集合であるならば，そのとき定理 4.1 にお

ける行列 Q は基本的に P と等しい．ただし負の固有値に対応する Q の任意の列は P の対応する列に -1 を掛けたものとなる．もし A が非負定値ならば A の特異値は A の正の固有値に等しくなり，そして事実 A の特異値分解は次節で議論される A のスペクトル分解と単に等しいものになる．ただし対称行列に関する固有値と特異値の間のこの素晴らしい関係は，一般的な正方行列には引き継がれない．

例 4.3　以下のような 2×2 行列を考える．

$$A = \begin{bmatrix} 6 & 6 \\ -1 & 1 \end{bmatrix}$$

すると

$$AA' = \begin{bmatrix} 72 & 0 \\ 0 & 2 \end{bmatrix}, \qquad A'A = \begin{bmatrix} 37 & 35 \\ 35 & 37 \end{bmatrix},$$

である．このとき A の特異値は明らかに $\sqrt{72} = 6\sqrt{2}$ と $\sqrt{2}$ である．72 と 2 に対応する正規化された AA' の固有ベクトルは，それぞれ $(1,0)'$ と $(0,1)'$ である．一方 $A'A$ についてはそれぞれ $(1/\sqrt{2}, 1/\sqrt{2})'$ と $(-1/\sqrt{2}, 1/\sqrt{2})'$ である．したがって A の特異値分解は

$$\begin{bmatrix} 1 & 0 \\ 0 & 1 \end{bmatrix} \begin{bmatrix} 6\sqrt{2} & 0 \\ 0 & \sqrt{2} \end{bmatrix} \begin{bmatrix} 1/\sqrt{2} & 1/\sqrt{2} \\ -1/\sqrt{2} & 1/\sqrt{2} \end{bmatrix}$$

と表現することができる．他方，固有解析より A の固有値は 4 と 3 であることがわかる．また，それに伴う正規化された固有ベクトルは $(3/\sqrt{10}, -1/\sqrt{10})'$ と $(2\sqrt{5}, -1/\sqrt{5})'$ である．

最小 2 乗回帰への特異値分解の適用を説明する例 4.4 をもってこの節を終える．さらなる詳細や統計学における特異値分解のその他の応用に関しては，Mandel(1982) や Eubank and Webster(1985)，Nelder(1985) を参照されたい．

例 4.4　この例では，例 3.7 で初出の多重共線性の問題をさらに吟味しよう．標準化された回帰モデル

$$\boldsymbol{y} = \delta_0 \mathbf{1}_N + Z_1 \boldsymbol{\delta}_1 + \boldsymbol{\epsilon}$$

が与えられているとする．δ_0 の最小 2 乗推定量が $\bar{y}$ であることは例 2.16 で確認済みである．当てはめられたモデル $\hat{\boldsymbol{y}} = \bar{y}\mathbf{1}_N + Z_1\hat{\boldsymbol{\delta}}_1$ は空間 R^{k+1} 内の超平面上に点を与える．ここで $(k+1)$ 本の軸は，k 個の標準化された説明変数と 1 つの当てはめられた応答変数に対応している．いま，$Z_1 = VDU'$ は $N \times k$ 行列 Z_1 の特異値分解であるとする．つまり，V は $N \times N$ 直交行列，U は $k \times k$ 直交行列であり，D は $Z_1'Z_1$ の固有値の平方根を対角要素に配し，それ以外は 0 である $N \times k$ 行列である．モデル

$\boldsymbol{y} = \delta_0 \mathbf{1}_N + Z_1 \boldsymbol{\delta}_1 + \boldsymbol{\epsilon}$ は，例 2.16 のように $\alpha_0 = \delta_0, \boldsymbol{\alpha}_1 = U' \boldsymbol{\delta}_1, W_1 = VD$ と定義することで，$\boldsymbol{y} = \alpha_0 \mathbf{1}_N + W_1 \boldsymbol{\alpha}_1 + \boldsymbol{\epsilon}$ と書き換えることができる．D の対角要素のうち，ちょうど r 個，特に最後の r 個が 0 であり，それゆえ U と V と D を適切に分割することで，$Z_1 = V_1 D_1 U_1'$ を得られると仮定する．ここで D_1 は $(k-r) \times (k-r)$ 対角行列である．このことは，Z_1 の行空間が R^k の $(k-r)$ 次元部分空間であり，その部分空間は U_1 の列によって張られていることを意味している．つまり上述の当てはめられた回帰超平面 (regression hyperplane) 上の点は，k 次元の標準化された説明変数空間上に射影されたとき，実質的には $(k-r)$ 次元部分空間にとどまるのである．また，モデル $\boldsymbol{y} = \alpha_0 \mathbf{1}_N + W_1 \boldsymbol{\alpha}_1 + \boldsymbol{\epsilon}$ は

$$\boldsymbol{y} = \alpha_0 \mathbf{1}_N + W_{11} \boldsymbol{\alpha}_{11} + \boldsymbol{\epsilon} \tag{4.8}$$

に簡約される．ここで $W_{11} = V_1 D_1, \boldsymbol{\alpha}_{11} = U_1' \boldsymbol{\delta}_1$ であり，$(k-r) \times 1$ ベクトル $\boldsymbol{\alpha}_{11}$ の最小 2 乗推定量は $\hat{\boldsymbol{\alpha}}_{11} = (W_{11}' W_{11})^{-1} W_{11}' \boldsymbol{y} = D_1^{-1} V_1' \boldsymbol{y}$ によって与えられる．また $\hat{\boldsymbol{\alpha}}_{11} = U_1' \hat{\boldsymbol{\delta}}_1$ でなければならないことより，$\hat{\boldsymbol{\alpha}}_{11}$ は $\boldsymbol{\delta}_1$ の最小 2 乗推定量を得るためにも利用できる．さらに $\hat{\boldsymbol{\delta}}_{11}$ を $(k-r) \times 1$ ベクトルとして，$\hat{\boldsymbol{\delta}}_1 = (\hat{\boldsymbol{\delta}}_{11}', \hat{\boldsymbol{\delta}}_{12}')'$，$U_1' = (U_{11}', U_{12}')$ と分割すると次のような関係を得られる．

$$\hat{\boldsymbol{\alpha}}_{11} = U_{11}' \hat{\boldsymbol{\delta}}_{11} + U_{12}' \hat{\boldsymbol{\delta}}_{12}$$

この式に $U_{11}'^{-1}$ を前から掛けると (もし U_{11} が非特異でなかったとしても，非特異になるように $\boldsymbol{\delta}_1$ と U_1 を配列し直すことができる)，以下となる．

$$\hat{\boldsymbol{\delta}}_{11} = U_{11}'^{-1} \hat{\boldsymbol{\alpha}}_{11} - U_{11}'^{-1} U_{12}' \hat{\boldsymbol{\delta}}_{12}$$

これより，$\boldsymbol{\delta}_1$ の最小 2 乗推定量は一意でないことがわかる．なぜなら $\hat{\boldsymbol{\delta}}_{11}$ が上の恒等式を満たしている限り，任意に選択した $\hat{\boldsymbol{\delta}}_{12}$ に対して，$\hat{\boldsymbol{\delta}}_1 = (\hat{\boldsymbol{\delta}}_{11}', \hat{\boldsymbol{\delta}}_{12}')'$ は最小 2 乗推定量となるからである．今度は，$k \times 1$ ベクトル $\boldsymbol{z}$ で与えられる値を標準化された説明変数としてもつ観測対象に対応している応答変数 y の推定が目的であると想定しよう．最小 2 乗推定値 $\hat{\boldsymbol{\delta}}_1$ を用いることで，推定値 $\hat{y} = \bar{y} + \boldsymbol{z}' \hat{\boldsymbol{\delta}}_1$ が得られる．この推定された応答変数は $\hat{\boldsymbol{\delta}}_1$ と同じように一意ではないかもしれない．なぜなら，$\boldsymbol{z}_1$ を $(k-r) \times 1$ ベクトルとして，$\boldsymbol{z}$ を $\boldsymbol{z}' = (\boldsymbol{z}_1', \boldsymbol{z}_2')$ と分割すると

$$\begin{aligned} \hat{y} &= \bar{y} + \boldsymbol{z}' \hat{\boldsymbol{\delta}}_1 = \bar{y} + \boldsymbol{z}_1' \hat{\boldsymbol{\delta}}_{11} + \boldsymbol{z}_2' \hat{\boldsymbol{\delta}}_{12} \\ &= \bar{y} + \boldsymbol{z}_1' U_{11}'^{-1} \hat{\boldsymbol{\alpha}}_{11} + (\boldsymbol{z}_2' - \boldsymbol{z}_1' U_{11}'^{-1} U_{12}') \hat{\boldsymbol{\delta}}_{12} \end{aligned}$$

となるからである．つまり

$$(\boldsymbol{z}_2' - \boldsymbol{z}_1' U_{11}'^{-1} U_{12}') = \mathbf{0}' \tag{4.9}$$

であるならばそのときのみ，$\hat{y}$ は任意の $\hat{\boldsymbol{\delta}}_{12}$ には依存しないので $\hat{y}$ は一意となる．そし

てこのとき唯一の推定値は $\hat{y} = \bar{y} + \boldsymbol{z}_1' U_{11}'^{-1} \hat{\boldsymbol{\alpha}}_{11}$ によって与えられる．(4.9) 式を満たすすべてのベクトル $\boldsymbol{z} = (\boldsymbol{z}_1', \boldsymbol{z}_2')'$ の集合が単に U_1 の列空間であることは簡単に確かめられる．それゆえ，$\hat{\boldsymbol{\delta}}_1$ を計算するために得られる標準化された説明変数で成り立つすべてのベクトルの集まりによって張られた空間に，標準化された説明変数 $\boldsymbol{z}$ が含まれているときのみ，$y = \delta_0 + \boldsymbol{z}'\boldsymbol{\delta}_1$ は一意に推定されるのである．

典型的な多重共線性の問題に際して，Z_1 は最大階数となるため行列 D は対角要素に 0 をもたないが，代わりに他の値に比べて値がとても小さい r 個の要素を対角要素にもつ．この場合 Z_1 の行空間が R^k のすべてであるが，Z_1 の行に対応する点はすべて R^k の $(k-r)$ 次元部分集合 S に近接している．なお厳密にいうと S は U_1 の列によって張られた空間である．これらの点に対応する応答変数の値の小さな変動は，S の外側に (というより離れて) 位置しているベクトル $\boldsymbol{z}$ についての当てはめられた回帰超平面 $\hat{y} = \bar{y} + \boldsymbol{z}'\hat{\boldsymbol{\delta}}_1$ の位置を，実質的に変化させる．例えば $k = 2, r = 1$ ならば，Z_1 の行に対応する点はすべて S に近接しているが，この場合，S は z_1, z_2 平面上の直線であり，そして $\hat{y} = \bar{y} + \boldsymbol{z}'\hat{\boldsymbol{\delta}}_1$ は z_1, z_2 平面を拡張した R^3 中の平面によって与えられる．この平面と z_1, z_2 平面に垂直でかつ直線 S を通る平面の交点として形成された直線によって，当てはめられた回帰平面の傾きとあわせて，当てはめられた回帰平面 $\hat{y} = \bar{y} + \boldsymbol{z}'\hat{\boldsymbol{\delta}}_1$ は定められる．応答変数の値の小さな変動は，交点の直線の位置と平面の傾きの両方に小さな変動を引き起こす．しかし回帰平面の傾きは，わずかな変動でさえ S から離れたベクトル $\boldsymbol{z}$ についてのこの平面の表面に大きな変動をもたらす．この傾きの不都合な影響は，主成分回帰を用いることによって打ち消すことができる．例 3.7 でみたように主成分回帰は (4.8) 式のモデルを利用しており，よって推定された応答変数は $\hat{y} = \bar{y} + \boldsymbol{z}'U_1 D_1^{-1} V_1' \boldsymbol{y}$ で与えられるだろう．この回帰モデルは理論的に $\boldsymbol{z} \in S$ においてのみ成り立っているから，このモデルを $\boldsymbol{z} \notin S$ において用いると，y の推定に対して偏りを生じさせることになる．主成分回帰の利点は，平均 2 乗誤差 (mean squared error) を減らすように推定値の分散を大きく減じることによって，この偏りが補正される可能性があるということである (練習問題 4.11 参照)．ただし，ベクトル $\boldsymbol{z}$ が S から遠く離れているときは，通常の最小 2 乗回帰の場合でも主成分回帰の場合でも，得られる y の予測値の質が悪いことが明らかである．

4.3　対称行列のスペクトル分解

第 3 章で簡単に議論された対称行列のスペクトル分解は，特異値分解の特別な場合にすぎない．定理 4.2 においてこの結果をまとめる．

定理 4.2　A を固有値 $\lambda_1, \ldots, \lambda_m$ をもつ $m \times m$ 対称行列とし，$\boldsymbol{x}_1, \ldots, \boldsymbol{x}_m$ をこれらの固有値に対応する正規直交固有ベクトルの集合と仮定する．そのとき，もし $\Lambda = \mathrm{diag}(\lambda_1, \ldots, \lambda_m)$，$X = (\boldsymbol{x}_1, \ldots, \boldsymbol{x}_m)$ とすると，以下が成り立つ．

$$A = X\Lambda X'$$

非負定値行列 A の平方根行列 (square root matrix) を見つけるために，A のスペクトル分解を利用することができる．つまり，$A = A^{1/2}A^{1/2}$ となる $m \times m$ 非負定値行列 $A^{1/2}$ を見つけたいとする．定理 4.2 のように Λ と X を定義し，$\Lambda^{1/2} = \mathrm{diag}(\lambda_1^{1/2}, \ldots, \lambda_m^{1/2})$，$A^{1/2} = X\Lambda^{1/2}X'$ とすると，このとき $X'X = I_m$ であるから，

$$\begin{aligned} A^{1/2}A^{1/2} &= X\Lambda^{1/2}X'X\Lambda^{1/2}X' = X\Lambda^{1/2}\Lambda^{1/2}X' \\ &= X\Lambda X' = A \end{aligned}$$

となる．$(A^{1/2})' = (X\Lambda^{1/2}X')' = X\Lambda^{1/2}X' = A^{1/2}$ であることに注意する．したがって，$X\Lambda^{1/2}X'$ は A の対称平方根行列と呼ばれる．A が非負定値でないとするならば，A のいくつかの固有値が負のとき，$A^{1/2}$ が複素行列になることにも注意が必要である．

非負定値の平方根行列 $A^{1/2}$ が一意に定まることを示すのは容易である．3.4 節では，A のスペクトル分解は以下のように書き表せることを確認した．

$$A = \sum_{i=1}^{k} \mu_i P_A(\mu_i)$$

ここで，$\mu_1, \ldots, \mu_k$ は A のスペクトル値 (spectral value) である．A の固有射影は一意に定まり，$\{P_A(\mu_i)\}' = P_A(\mu_i)$，$\{P_A(\mu_i)\}^2 = P_A(\mu_i)$，また $i \neq j$ に関して $P_A(\mu_i)P_A(\mu_j) = (0)$ を満たす．B を以下のスペクトル分解の式で与えられるもう 1 つの $m \times m$ 非負定値行列としよう．

$$B = \sum_{j=1}^{r} \gamma_j P_B(\gamma_j)$$

$A = B^2$ ならば，そのとき以下が成り立つ．

$$A = \sum_{j=1}^{r} \gamma_j^2 P_B(\gamma_j)$$

これより，$r = k$ で，各々の i とある j に関して，$\mu_i = \gamma_j^2$，$P_A(\mu_j) = P_B(\gamma_j)$ でなければならないことが導かれる．これは，

$$B = \sum_{j=1}^{k} \mu_i^{1/2} P_A(\mu_i)$$

であることを意味し，上述した $A^{1/2} = X\Lambda^{1/2}X'$ という表現と同等である．

$A^{1/2}$ が対称行列であることに限定しなければ，平方根行列の集合を拡張できる．つまり，$A = A^{1/2}(A^{1/2})'$ を満たす任意の行列 $A^{1/2}$ を考えてみよう．Q を任意の $m \times m$ 直交行列とすると，以下の式から，$A^{1/2} = X\Lambda^{1/2}Q'$ は平方根行列となる．

$$\begin{aligned}A^{1/2}A^{1/2\prime} &= X\Lambda^{1/2}Q'Q\Lambda^{1/2}X' = X\Lambda^{1/2}\Lambda^{1/2}X' \\ &= X\Lambda X' = A\end{aligned}$$

$A^{1/2}$ が非負の対角要素をもつ下三角行列であるとき，分解 $A = A^{1/2}A^{1/2\prime}$ は A のコレスキー分解 (Cholesky decomposition) として知られる．定理 4.3 においてそのような分解の存在を確立する．

定理 4.3　A を $m\times m$ 非負定値行列とする．このとき，非負の対角要素をもち，$A = TT'$ となるような $m \times m$ の下三角行列 T が存在する．さらに，A が正定値行列であるならば，このとき行列 T は一意で正の対角要素をもつ．

証明　正定値行列に関する結果を証明する．証明は帰納法によって行う．$m = 1$ のとき，明らかに定理は成立する．なぜならこの場合，A は正のスカラーであり，T は A の正の平方根によって一意に与えられるためである．いま，すべての $(m-1)\times(m-1)$ 正定値行列に関して，定理が成り立つと仮定しよう．A を以下のように分割する．ただし，A_{11} は $(m-1)\times(m-1)$ である．

$$A = \begin{bmatrix} A_{11} & \boldsymbol{a}_{12} \\ \boldsymbol{a}'_{12} & a_{22} \end{bmatrix}$$

A が正定値行列であるならば，A_{11} は正定値行列でなければならないため，正の対角要素をもち，$A_{11} = T_{11}T'_{11}$ を満たす $(m-1)\times(m-1)$ の一意な下三角行列 T_{11} が存在することがわかる．以下のような $(m-1)\times 1$ の一意なベクトル $\boldsymbol{t}_{12}$ と一意な正のスカラー t_{22} が存在することを示せば，証明は完了する．

$$\begin{aligned}\begin{bmatrix} A_{11} & \boldsymbol{a}_{12} \\ \boldsymbol{a}'_{12} & a_{22} \end{bmatrix} &= \begin{bmatrix} T_{11} & \boldsymbol{0} \\ \boldsymbol{t}'_{12} & t_{22} \end{bmatrix}\begin{bmatrix} T'_{11} & \boldsymbol{t}_{12} \\ \boldsymbol{0}' & t_{22} \end{bmatrix} \\ &= \begin{bmatrix} T_{11}T'_{11} & T_{11}\boldsymbol{t}_{12} \\ \boldsymbol{t}'_{12}T'_{11} & \boldsymbol{t}'_{12}\boldsymbol{t}_{12} + t_{22}^2 \end{bmatrix}\end{aligned}$$

つまり，$\boldsymbol{a}_{12} = T_{11}\boldsymbol{t}_{12}$，$a_{22} = \boldsymbol{t}'_{12}\boldsymbol{t}_{12} + t_{22}^2$ でなければならない．T_{11} は非特異でなければならないため，$\boldsymbol{t}_{12}$ の選択は，$\boldsymbol{t}_{12} = T_{11}^{-1}\boldsymbol{a}_{12}$ によって一意に与えられ，また，t_{22}^2 は以下を満たさなければならない．

$$\begin{aligned}t_{22}^2 &= a_{22} - \boldsymbol{t}'_{12}\boldsymbol{t}_{12} = a_{22} - \boldsymbol{a}'_{12}(T_{11}^{-1})'T_{11}^{-1}\boldsymbol{a}_{12} \\ &= a_{22} - \boldsymbol{a}'_{12}(T_{11}T'_{11})^{-1}\boldsymbol{a}_{12} = a_{22} - \boldsymbol{a}'_{12}A_{11}^{-1}\boldsymbol{a}_{12}\end{aligned}$$

A は正定値行列であるため，$a_{22} - \boldsymbol{a}'_{12}A_{11}^{-1}\boldsymbol{a}_{12}$ は正数になることに注意が必要である．なぜなら，$\boldsymbol{x} = (\boldsymbol{x}'_1, -1)' = (\boldsymbol{a}'_{12}A_{11}^{-1}, -1)'$ とすると，このとき以下が成り立つためである．

$$\boldsymbol{x}'A\boldsymbol{x} = \boldsymbol{x}'_1A_{11}\boldsymbol{x}_1 - 2\boldsymbol{x}'_1\boldsymbol{a}_{12} + a_{22}$$

$$= \boldsymbol{a}_{12}' A_{11}^{-1} A_{11} A_{11}^{-1} \boldsymbol{a}_{12} - 2\boldsymbol{a}_{12}' A_{11}^{-1} \boldsymbol{a}_{12} + a_{22}$$
$$= a_{22} - \boldsymbol{a}_{12}' A_{11}^{-1} \boldsymbol{a}_{12}$$

したがって，$t_{22} > 0$ は $t_{22} = (a_{22} - \boldsymbol{a}_{12}' A_{11}^{-1} \boldsymbol{a}_{12})^{1/2}$ によって一意に与えられる． □

一般に QR 分解 (QR factorization) として知られる次の分解は，半正定値行列の場合に定理 4.3 の三角分解 (triangular factorization) を確立するために用いられる．

定理 4.4 A を $m \times n$ 行列とする．ただし，$m \geq n$ である．$A = QR$ となるような，$n \times n$ 上三角行列 R と，$Q'Q = I_n$ を満たす $m \times n$ 行列 Q が存在する．

定理 4.4 の証明は Horn and Johnson(1985) を参照されたい．A が半正定値行列で，$A = A^{1/2}(A^{1/2})'$ であるならば，半正定値行列に関する定理 4.3 の三角分解は，$(A^{1/2})'$ の QR 分解を用いることで証明されうる．

例 4.5 $m \times 1$ 確率ベクトル $\boldsymbol{x}$ は平均ベクトル $\boldsymbol{\mu}$ と正定値共分散行列 Ω をもつと仮定する．Ω の平方根行列を利用することで，変換後の確率ベクトルが標準化されるように，つまり，平均ベクトル $\mathbf{0}$ と共分散行列 I_m をもつように，$\boldsymbol{x}$ の線形変換を決定することができる．もし，$\Omega = \Omega^{1/2}(\Omega^{1/2})'$ を満たすような任意の行列を $\Omega^{1/2}$ とし，$\Omega^{-1/2} = (\Omega^{1/2})^{-1}$ のとき $\boldsymbol{z} = \Omega^{-1/2}(\boldsymbol{x} - \boldsymbol{\mu})$ とおくと，1.13 節の (1.8) 式および (1.9) 式から

$$E(\boldsymbol{z}) = E\{\Omega^{-1/2}(\boldsymbol{x} - \boldsymbol{\mu})\} = \Omega^{-1/2}\{E(\boldsymbol{x} - \boldsymbol{\mu})\}$$
$$= \Omega^{-1/2}(\boldsymbol{\mu} - \boldsymbol{\mu}) = \mathbf{0}$$

$$\begin{aligned}\operatorname{var}(\boldsymbol{z}) &= \operatorname{var}\{\Omega^{-1/2}(\boldsymbol{x} - \boldsymbol{\mu})\} \\ &= \Omega^{-1/2}\{\operatorname{var}(\boldsymbol{x} - \boldsymbol{\mu})\}(\Omega^{-1/2})' \\ &= \Omega^{-1/2}\{\operatorname{var}(\boldsymbol{x})\}(\Omega^{-1/2})' \\ &= \Omega^{-1/2}\Omega(\Omega^{-1/2})' = I_m\end{aligned}$$

となる．$\boldsymbol{z}$ の共分散行列は単位行列なので，この分布に従う観測対象間の距離に関してユークリッド距離関数は意味のある測度となるだろう．上で定義された線形変換を用いることにより，$\boldsymbol{z}$ の観測対象間の距離と $\boldsymbol{x}$ の観測対象間の距離を関連づけることができる．例えば，観測対象 $\boldsymbol{z}$ とその期待値 $\mathbf{0}$ とのユークリッド距離は以下のようになる．

$$\begin{aligned}d_I(\boldsymbol{z}, \mathbf{0}) &= \{(\boldsymbol{z} - \mathbf{0})'(\boldsymbol{z} - \mathbf{0})\}^{1/2} = (\boldsymbol{z}'\boldsymbol{z})^{1/2} \\ &= \{(\boldsymbol{x} - \boldsymbol{\mu})'(\Omega^{-1/2})'\Omega^{-1/2}(\boldsymbol{x} - \boldsymbol{\mu})\}^{1/2} \\ &= \{(\boldsymbol{x} - \boldsymbol{\mu})'\Omega^{-1}(\boldsymbol{x} - \boldsymbol{\mu})\}^{1/2}\end{aligned}$$

$$= d_\Omega(\boldsymbol{x}, \boldsymbol{\mu})$$

ここで，d_Ω は 2.2 節で定義されたマハラノビス距離関数である．同様に，もし $\boldsymbol{x}_1$ と $\boldsymbol{x}_2$ が $\boldsymbol{x}$ の分布から得られた 2 つの観測対象であり，$\boldsymbol{z}_1$ と $\boldsymbol{z}_2$ がそれに対応する変換されたベクトルであるならば，$d_I(\boldsymbol{z}_1, \boldsymbol{z}_2) = d_\Omega(\boldsymbol{x}_1, \boldsymbol{x}_2)$ である．マハラノビス距離とユークリッド距離とのこの関係は，マハラノビス距離関数の解釈をより明白なものにするだろう．マハラノビス距離は距離を 2 段階で計算しているにすぎない．つまり，第 1 段階では相関や異なる分散の影響を取り除くために点を変換し，第 2 段階では単にそれらの変換された点の間のユークリッド距離を計算する．

例 4.6　例 2.17 では，以下のように表現される重回帰モデルにおける $\boldsymbol{\beta}$ の重み付最小 2 乗推定量を導いた．ただし，$\mathrm{var}(\boldsymbol{\epsilon}) = \sigma^2 \mathrm{diag}(c_1^2, \ldots, c_N^2)$，そして $c_1^2, \ldots, c_N^2$ は既知の定数である．

$$\boldsymbol{y} = X\boldsymbol{\beta} + \boldsymbol{\epsilon}$$

ここで，$\mathrm{var}(\boldsymbol{\epsilon}) = \sigma^2 C$ であり，この C が既知の $N \times N$ 正定値行列であるような，一般化最小 2 乗回帰 (generalized least squares regression) と呼ばれることもある，より一般的な回帰問題について考える．このように一般化最小 2 乗回帰では，ランダム誤差は相異なる分散をもつばかりではなく，互いに相関をもつ可能性があり，重み付最小 2 乗回帰は単に一般化最小 2 乗回帰の特別な場合である．重み付最小 2 乗回帰のときと同様に，ここでも，問題を通常の最小 2 乗回帰に変換するという方法をとる．つまり，変換後のモデルにおけるランダム誤差のベクトルがその共分散行列として $\sigma^2 I_N$ をもつようにモデルを変換したい．このことは C の任意の平方根行列を用いることによって達成される．T を $TT' = C$，あるいは同等に $T'^{-1}T^{-1} = C^{-1}$ が成り立つような任意の $N \times N$ 行列とする．いま，はじめに示した回帰モデルを以下のモデルに変換する．

$$\boldsymbol{y}_* = X_*\boldsymbol{\beta} + \boldsymbol{\epsilon}_*$$

ただし，$\boldsymbol{y}_* = T^{-1}\boldsymbol{y}$，$X_* = T^{-1}X$，そして $\boldsymbol{\epsilon}_* = T^{-1}\boldsymbol{\epsilon}$ であり，$E(\boldsymbol{\epsilon}_*) = T^{-1}E(\boldsymbol{\epsilon}) = \boldsymbol{0}$ および

$$\begin{aligned}
\mathrm{var}(\boldsymbol{\epsilon}_*) &= \mathrm{var}(T^{-1}\boldsymbol{\epsilon}) = T^{-1}\{\mathrm{var}(\boldsymbol{\epsilon})\}T'^{-1} \\
&= T^{-1}(\sigma^2 C)T'^{-1} = \sigma^2 T^{-1}TT'T'^{-1} \\
&= \sigma^2 I_N
\end{aligned}$$

となることに注意が必要である．よって，モデル $\boldsymbol{y} = X\boldsymbol{\beta} + \boldsymbol{\epsilon}$ における $\boldsymbol{\beta}$ の一般化最小 2 乗推定量 (generalized least squares estimator) $\hat{\boldsymbol{\beta}}_*$ は，モデル $\boldsymbol{y}_* = X_*\boldsymbol{\beta} + \boldsymbol{\epsilon}_*$ における $\boldsymbol{\beta}$ の通常の最小 2 乗推定量によって与えられ，以下のように表現される．

$$\hat{\boldsymbol{\beta}}_* = (X_*'X_*)^{-1}X_*'\boldsymbol{y}_* = (X'T'^{-1}T^{-1}X)^{-1}X'T'^{-1}T^{-1}\boldsymbol{y}$$

$$= (X'C^{-1}X)^{-1}X'C^{-1}\boldsymbol{y}$$

時として，行列 A は転置積 BB' の形式で表されることがある．ただし，$m \times r$ 行列 B において $r < m$ なので，平方根行列とは異なり B は正方ではない．このことが次の定理 4.5 の主題であるが，その証明は練習問題として読者に委ねる．

定理 4.5　A を $\mathrm{rank}(A) = r$ の $m \times m$ 非負定値行列とする．このとき，$A = BB'$ となるような，階数 r の $m \times r$ 行列 B が存在する．

この非負定値行列 A の転置積形式 $A = BB'$ は，一意ではない．しかし，もし C が次数 $m \times n$ で $n \geq r$ の B とは別の行列であり，$A = CC'$ ならば，B と C の間には明確な関係性がある．このことを次の定理で確立する．

定理 4.6　B は $m \times h$ 行列，C は $m \times n$ 行列であり，$h \leq n$ と仮定する．$QQ' = I_h$ かつ $C = BQ$ となるような $h \times n$ 行列 Q が存在するならばそのときのみ $BB' = CC'$ が成立する．

証明　もし，$QQ' = I_h$ で $C = BQ$ ならば，明らかに

$$CC' = BQ(BQ)' = BQQ'B' = BB'$$

である．反対に，$BB' = CC'$ と仮定する．$h < n$ ならば，B_* が $m \times n$ で $B_*B_*' = BB'$ となるように行列 $B_* = [B \quad (0)]$ を形成することができるので，$h = n$ を仮定することとする．このとき，$C = B_*Q_*$ となるような $n \times n$ 直交行列 Q_* の存在を証明することは，Q を Q_* の最初の h 行とみなすと $C = BQ$ を導くことになるだろう．いま，BB' の対称性から

$$BB' = CC' = X \begin{bmatrix} \Lambda & (0) \\ (0) & (0) \end{bmatrix} X' = X_1 \Lambda X_1'$$

となるような直交行列 X が存在する．ただし $\mathrm{rank}(BB') = r$ であり，$r \times r$ 対角行列 Λ は，非負定値行列 BB' の正の固有値を含む．ここで，X は $X = [X_1 \quad X_2]$ と分割される．この X_1 は $m \times r$ である．次の 2 つの行列

$$\begin{aligned} E &= \begin{bmatrix} \Lambda^{-1/2} & (0) \\ (0) & I_{m-r} \end{bmatrix} X'B \\ &= \begin{bmatrix} \Lambda^{-1/2}X_1'B \\ X_2'B \end{bmatrix} = \begin{bmatrix} E_1 \\ E_2 \end{bmatrix} \end{aligned} \tag{4.10}$$

$$F = \begin{bmatrix} \Lambda^{-1/2} & (0) \\ (0) & I_{m-r} \end{bmatrix} X'C$$

$$= \begin{bmatrix} \Lambda^{-1/2}X_1'C \\ X_2'C \end{bmatrix} = \begin{bmatrix} F_1 \\ F_2 \end{bmatrix} \tag{4.11}$$

を形成することにより,

$$EE' = FF' = \begin{bmatrix} I_r & (0) \\ (0) & (0) \end{bmatrix}$$

となる. つまり, $E_1E_1' = F_1F_1' = I_r$, $E_2E_2' = F_2F_2' = (0)$, そして $E_2 = F_2 = (0)$ である. ここで, E_3 と F_3 は, $E_* = [E_1' \quad E_3']'$ と $F_* = [F_1' \quad F_3']'$ がいずれも直交行列となるような, 任意の $(h-r) \times h$ 行列とする. 結果として, もし $Q = E_*'F_*$ ならば $QQ' = E_*'F_*F_*'E_* = E_*'E_* = I_h$ となり, Q は直交行列となる. E_* は直交行列なので, $E_1E_3' = (0)$ であり, ゆえに

$$EQ = EE_*'F_* = \begin{bmatrix} E_1 \\ (0) \end{bmatrix} [\ E_1' \quad E_3'\ ] \begin{bmatrix} F_1 \\ F_3 \end{bmatrix}$$
$$= \begin{bmatrix} I_r & (0) \\ (0) & (0) \end{bmatrix} \begin{bmatrix} F_1 \\ F_3 \end{bmatrix} = \begin{bmatrix} F_1 \\ (0) \end{bmatrix} = F$$

となる. しかしながら, (4.10) 式と (4.11) 式より $EQ = F$ は

$$\begin{bmatrix} \Lambda^{-1/2} & (0) \\ (0) & I_{m-r} \end{bmatrix} X'BQ = \begin{bmatrix} \Lambda^{-1/2} & (0) \\ (0) & I_{m-r} \end{bmatrix} X'C$$

と表現できる. $XX' = I_m$ なので, 上式に前から

$$X \begin{bmatrix} \Lambda^{1/2} & (0) \\ (0) & I_{m-r} \end{bmatrix}$$

を掛けることで, 題意が得られる. □

4.4 正方行列の対角化

スペクトル分解の定理から, 適切に選ばれた直交行列による後ろからの乗法と, その転置による前からの乗法を行うことによって, すべての対称行列は対角行列に変換することができる. この結果はたいへん有益で扱いやすい対称行列と固有値, 固有ベクトルとの関係を与えるものである. 本節では, 一般的な正方行列に対するこの関係の一般化について吟味する. まずは定義 4.1 から始めることにする.

定義 4.1　$m \times m$ 行列 A と B は, $A = CBC^{-1}$ となるような非特異行列 C が存在するならば, 相似な行列 (similar matrix) であるといわれる.

定理 3.2(d) より, 相似である行列は等しい固有値をもつ. しかしながら, その逆は真

ではない．例えば，

$$A=\begin{bmatrix}0&1\\0&0\end{bmatrix},\qquad B=\begin{bmatrix}0&0\\0&0\end{bmatrix}$$

であるとき，A と B の固有値は等しい．なぜならそれぞれ重複度 2 の固有値 0 をもつからである．しかし明らかに，$A=CBC^{-1}$ を満たす非特異行列 C は存在しない．

定理 4.2 に示されたスペクトル分解の定理により，すべての対称行列は対角行列に相似であるということがわかる．残念ながら，同じことがすべての正方行列にいえるわけではない．対角行列 Λ の対角要素が A の固有値であり，それに対応する固有ベクトルが X の列であるならば，固有値・固有ベクトル方程式 $AX=X\Lambda$ はただちに恒等式 $X^{-1}AX=\Lambda$ を導く．ただし X が非特異の場合に限る．言い換えれば，$m\times m$ 行列の対角化は単に m 個の線形独立な固有ベクトルの集合の存在に依存する．したがって以下の結果を得る．これは 3.3 節ですでに述べられたように，定理 3.7 からただちに得られるものである．

定理 4.7 $m\times m$ 行列 A はそれぞれ異なる固有値 $\lambda_1,\dots,\lambda_m$ をもつと仮定する．$\boldsymbol{x}_1,\dots,\boldsymbol{x}_m$ が $\lambda_1,\dots,\lambda_m$ に対応する A の固有ベクトルであるとき，$\Lambda=\mathrm{diag}(\lambda_1,\dots,\lambda_m)$ であり，$X=(\boldsymbol{x}_1,\dots,\boldsymbol{x}_m)$ であるならば，以下が成り立つ．

$$X^{-1}AX=\Lambda \tag{4.12}$$

定理 4.7 は一般的な正方行列が対角化可能であるための十分条件ではあるが必要条件ではない．つまり，重複固有値をもつ非対称行列には対角行列に相似なものもある．次の定理では行列が対角化可能であるための必要十分条件を示す．

定理 4.8 $m\times m$ 行列 A の固有値 $\lambda_1,\dots,\lambda_m$ は h 個の異なる値 $\mu_1,\dots,\mu_h$ からなり，それぞれの重複度は $r_1+\cdots+r_h=m$ となるような $r_1,\dots,r_h$ であると仮定する．このとき，$i=1,\dots,h$ に対して $\mathrm{rank}(A-\mu_iI_m)=m-r_i$ であるとき，かつそのときに限り，A は m 個の線形独立な固有ベクトルの集合をもち，したがって対角化可能である．

証明 まずはじめに，A が対角化可能であるとする．したがって，通常の表記を用いれば $X^{-1}AX=\Lambda$ もしくはそれと同等に $A=A\Lambda X^{-1}$ となる．このとき以下が成り立つ．

$$\begin{aligned}\mathrm{rank}(A-\mu_iI_m)&=\mathrm{rank}(X\Lambda X^{-1}-\mu_iI_m)\\&=\mathrm{rank}\{X(\Lambda-\mu_iI_m)X^{-1}\}\\&=\mathrm{rank}(\Lambda-\mu_iI_m)\end{aligned}$$

最後の等式は，行列の階数は非特異行列を掛けても変化しないという事実から得られるものである．いま，μ_i は重複度 r_i をもつので，対角行列 $(\Lambda-\mu_iI_m)$ はちょうど $m-r_i$ 個の非ゼロ対角要素をもつ．これは $\mathrm{rank}(A-\mu_iI_m)=m-r_i$ であることを保証するものである．反対に，いま $i = 1, \ldots, h$ に対して $\text{rank}(A - \mu_i I_m) = m - r_i$ であるとする．このことは $A - \mu_i I_m$ のゼロ空間の次元が $m - (m - r_i) = r_i$ であることを意味し，したがって以下の等式を満たす r_i 個の線形独立なベクトルを得ることができる．

$$(A - \mu_i I_m)\boldsymbol{x} = \mathbf{0}$$

しかしながら，任意のそのような $\boldsymbol{x}$ は固有値 μ_i に対応する A の固有ベクトルである．したがって，固有値 μ_i に対応する r_i 個の線形独立な固有ベクトルの集合を得ることができる．定理 3.7 から，異なる固有値に対応する固有ベクトルは線形独立であることがわかっている．結果として，A の任意の m 個の固有ベクトルの集合もまた，個々の i に対して μ_i に対応する r_i 個の線形独立な固有ベクトルをもち，線形独立となる．したがって A は対角化可能であり，証明は完了する．□

第 3 章においてみたように，対称行列の階数は非ゼロである固有値の数に等しい．(4.12) 式で与えられた対角の分解から，ただちに次の定理 4.9 に示されるこの結果の一般化を得る．

定理 4.9　A を $m \times m$ 行列とする．A が対角化可能ならば，A の階数は A の非ゼロの固有値の数に等しい．

定理 4.9 の逆は真ではない．つまり，行列の階数と非ゼロである固有値の数が等しくなるためにその行列が対角化可能である必要はない．

例 4.7　A, B, C をそれぞれ以下で与えられる 2×2 の行列であるとする．

$$A = \begin{bmatrix} 1 & 1 \\ 4 & 1 \end{bmatrix}, \qquad B = \begin{bmatrix} 0 & 1 \\ 0 & 0 \end{bmatrix}, \qquad C = \begin{bmatrix} 1 & 1 \\ 0 & 1 \end{bmatrix}$$

A の特性方程式は $(\lambda - 3)(\lambda + 1) = 0$ となるため，その固有値は $\lambda = 3, -1$ となる．この固有値は単一固有値であるため，A は対角化可能である．これら 2 つの固有値に対応する固有ベクトルは $\boldsymbol{x}_1 = (1, 2)'$ および $\boldsymbol{x}_2 = (1, -2)'$ であり，A の対角化は以下によって与えられる．

$$\begin{bmatrix} 1/2 & 1/4 \\ 1/2 & -1/4 \end{bmatrix} \begin{bmatrix} 1 & 1 \\ 4 & 1 \end{bmatrix} \begin{bmatrix} 1 & 1 \\ 2 & -2 \end{bmatrix} = \begin{bmatrix} 3 & 0 \\ 0 & -1 \end{bmatrix}$$

明らかに A の階数は 2 であり，これは A の非ゼロの固有値の数と同じである．B の特性方程式は $\lambda^2 = 0$ となるので，B は重複度 $r = 2$ の固有値 $\lambda = 0$ をもつ．$\text{rank}(B - \lambda I_2) = \text{rank}(B) = 1 \neq 0 = m - r$ であるので，B は 2 つの線形独立な固有ベクトルをもたない．方程式 $B\boldsymbol{x} = \lambda\boldsymbol{x} = \mathbf{0}$ は $\boldsymbol{x}$ に対してただ 1 つの線形独立な解をもつ．つまり，$(a, 0)'$ という形のベクトルである．したがって B は対角化可能ではない．B の階数は 1 であり，これはその非ゼロの固有値の数よりも大きいということにもまた注意が必要である．最後に C をみると，これは特性方程式が $(1-\lambda)^2 = 0$ となるため，重複度 $r = 2$ の固有値 $\lambda = 1$ をもつ．この行列は $\mathrm{rank}(C-\lambda I_2) = \mathrm{rank}(C-I_2) = \mathrm{rank}(B) = 1 \neq 0 = m-r$ であるから，対角化可能ではない．C の任意の固有ベクトルはベクトル $\boldsymbol{x} = (1,0)'$ のスカラー倍である．しかし，たとえ C が対角化可能ではなくともその階数は 2 であり，これはその非ゼロな固有値の数と同じであるということに気づくだろう．

定理 4.10 では，行列 A の階数と非ゼロの固有値の数との関係が固有値 0 に対する固有空間の次元で決まることが示される．

定理 4.10 A を $m \times m$ 行列とし，A の固有値が 0 のとき，固有値 0 に対応する固有空間の次元を k とする．また A の固有値が 0 でない場合は $k = 0$ とする．このとき以下が成り立つ．

$$\mathrm{rank}(A) = m - k$$

証明 定理 2.22 より以下となる．

$$\mathrm{rank}(A) = m - \dim\{N(A)\}$$

ここで，$N(A)$ は A のゼロ空間である．しかし A のゼロ空間は $A\boldsymbol{x} = \boldsymbol{0}$ を満たすすべてのベクトル $\boldsymbol{x}$ からなるため $N(A)$ は $S_A(0)$ と同じになり，結果が得られる． □

行列 A の非ゼロの固有値の数は，A が対角行列に相似であるならば A の階数に等しくなることをこれまでみてきた．つまり，A が対角化可能であるということは，この階数と非ゼロの固有値の数との厳密な関係の十分条件である．この関係が存在するための次の必要十分条件は，定理 4.10 の直接の結果である．

系 4.10.1 A を $m \times m$ 行列とし，m_0 でその固有値 0 の重複度を表すとする．このとき以下の式が成り立ち，かつそのときに限り A の階数は A の非ゼロの固有値の数に等しい．

$$\dim\{S_A(0)\} = m_0$$

例 4.8 例 4.7 では，以下の 2 つの行列

$$B = \begin{bmatrix} 0 & 1 \\ 0 & 0 \end{bmatrix}, \qquad C = \begin{bmatrix} 1 & 1 \\ 0 & 1 \end{bmatrix}$$

はそれぞれ重複度 2 をもつ単一固有値に対応するただ 1 つの線形独立な固有ベクトルしかもっていないため，対角化可能ではないことを示した．B に関するこの固有値は 0 であり，したがって以下のようになる．

$$\mathrm{rank}(B) = 2 - \dim\{S_B(0)\} = 2 - 1 = 1$$

一方で，0 は C の固有値ではないので，$\dim\{S_C(0)\} = 0$ となり C の階数はその非ゼロの固有値の数，つまり 2 に等しくなる．

4.5 ジョルダン分解

正方行列 A の続いての分解は，A と相似な行列を見つける試みとして評されうるものである．その相似な行列は，対角行列とならない場合でも，できるだけ対角な行列となる．以下の定義 4.2 から始める．

定義 4.2　$h > 1$ について，$h \times h$ 行列 $J_h(\lambda)$ は，以下の形をとるとき，ジョルダンブロック行列 (Jordan block matrix) といわれる．

$$J_h(\lambda) = \lambda I_h + \sum_{i=1}^{h-1} \boldsymbol{e}_i \boldsymbol{e}'_{i+1} = \begin{bmatrix} \lambda & 1 & 0 & \cdots & 0 \\ 0 & \lambda & 1 & \cdots & 0 \\ 0 & 0 & \lambda & \cdots & 0 \\ \vdots & \vdots & \vdots & & \vdots \\ 0 & 0 & 0 & \cdots & \lambda \end{bmatrix}$$

ここで，$\boldsymbol{e}_i$ は I_h の i 番目の列である．$h = 1$ のときは，$J_1(\lambda) = \lambda$ となる．

例 4.7 および例 4.8 における行列 B と C はどちらも 2×2 ジョルダンブロック行列である．とりわけ，$B = J_2(0)$ と $C = J_2(1)$ である．これらの行列のどちらも対角行列に相似な行列とならないことを確認した．ジョルダンブロック行列についてこれは一般的に真である．すなわち，もし $h > 1$ ならば，$J_h(\lambda)$ は対角化可能でない．このことを確認するためには，$J_h(\lambda)$ が三角行列であるので対角要素は固有値であり，$J_h(\lambda)$ は重複度 h の 1 つの固有値 λ をもつということに注意すればよい．しかしながら，$J_h(\lambda)\boldsymbol{x} = \lambda\boldsymbol{x}$ の解は任意な x_1 と，$x_2 = \cdots = x_h = 0$ をもつ．つまり，$J_h(\lambda)$ はただ 1 つの線形独立な固有ベクトルをもち，それは $\boldsymbol{x} = (x_1, 0, \ldots, 0)'$ の形をしている．

以下では，ジョルダン分解定理 (Jordan decomposition theorem) について述べる．この結果の証明については Horn and Johnson(1985) を参照のこと．

定理 4.11　A を $m \times m$ 行列とする．このとき，非特異行列 B が存在し，以下が成立する．

$$\begin{aligned} B^{-1}AB = J &= \mathrm{diag}(J_{h_1}(\lambda_1), \ldots, J_{h_r}(\lambda_r)) \\ &= \begin{bmatrix} J_{h_1}(\lambda_1) & (0) & \cdots & (0) \\ (0) & J_{h_2}(\lambda_2) & \cdots & (0) \\ \vdots & \vdots & & \vdots \\ (0) & (0) & \cdots & J_{h_r}(\lambda_r) \end{bmatrix} \end{aligned}$$

ここで，$h_1 + \cdots + h_r = m$ である．また，$\lambda_1, \ldots, \lambda_r$ は A の固有値であり，相異なる必要はない．

定理 4.11 の行列 J はすべての i について $h_i = 1$ ならば対角行列となる．$h_i \times h_i$ 行列 $J_{h_i}(\lambda_i)$ はただ 1 つの線形独立な固有ベクトルをもつので，ジョルダン標準形 (Jordan canonical form) $J = \mathrm{diag}(J_{h_1}(\lambda_1), \ldots, J_{h_r}(\lambda_r))$ は r 個の線形独立な固有ベクトルをもつ．したがって，少なくとも 1 つの i について $h_i > 1$ ならば，J は対角行列とはならず，実際，J は対角化可能ではない．ベクトル $\boldsymbol{y}_i = B\boldsymbol{x}_i$ が λ_i に対応する A の固有ベクトルであるならば，そのときに限り，ベクトル $\boldsymbol{x}_i$ が固有値 λ_i に対応する J の固有ベクトルである．例えば，$\boldsymbol{x}_i$ が $J\boldsymbol{x}_i = \lambda_i\boldsymbol{x}_i$ を満たすならば

$$A\boldsymbol{y}_i = (BJB^{-1})B\boldsymbol{x}_i = BJ\boldsymbol{x}_i = \lambda_i B\boldsymbol{x}_i = \lambda_i\boldsymbol{y}_i$$

となる．したがって，r は A の線形独立な固有ベクトルの数も示しており，J が対角行列である場合に限り A は対角化可能である．

例 4.9 A は重複度 4 の固有値 λ をもつ 4×4 行列であると考える．このとき A は以下に示す 5 つのジョルダン標準形のうちの 1 つに相似な行列である．

$$\mathrm{diag}(J_1(\lambda), J_1(\lambda), J_1(\lambda), J_1(\lambda)) = \begin{bmatrix} \lambda & 0 & 0 & 0 \\ 0 & \lambda & 0 & 0 \\ 0 & 0 & \lambda & 0 \\ 0 & 0 & 0 & \lambda \end{bmatrix}$$

$$\mathrm{diag}(J_2(\lambda), J_1(\lambda), J_1(\lambda)) = \begin{bmatrix} \lambda & 1 & 0 & 0 \\ 0 & \lambda & 0 & 0 \\ 0 & 0 & \lambda & 0 \\ 0 & 0 & 0 & \lambda \end{bmatrix}$$

$$\mathrm{diag}(J_3(\lambda), J_1(\lambda)) = \begin{bmatrix} \lambda & 1 & 0 & 0 \\ 0 & \lambda & 1 & 0 \\ 0 & 0 & \lambda & 0 \\ 0 & 0 & 0 & \lambda \end{bmatrix}$$

$$\mathrm{diag}(J_2(\lambda), J_2(\lambda)) = \begin{bmatrix} \lambda & 1 & 0 & 0 \\ 0 & \lambda & 0 & 0 \\ 0 & 0 & \lambda & 1 \\ 0 & 0 & 0 & \lambda \end{bmatrix}$$

$$J_4(\lambda) = \begin{bmatrix} \lambda & 1 & 0 & 0 \\ 0 & \lambda & 1 & 0 \\ 0 & 0 & \lambda & 1 \\ 0 & 0 & 0 & \lambda \end{bmatrix}$$

1 番目に与えられた形は対角行列である．したがって，これは A が固有値 λ に対応する 4 つの線形独立な固有ベクトルをもつ場合に A と相似な行列である．2 番目および最後の形はそれぞれ，A が 3 つおよび 1 つの線形独立な固有ベクトルをもつ場合に A と相似な行列である．そして，もし A が 2 つの線形独立な固有ベクトルをもつならば，3 番目もしくは 4 番目に与えられた行列のどちらかと A は相似である．

4.6　シューア分解

次の結果は任意の正方行列 A に対するスペクトル分解定理のもう 1 つの一般化とみなすことができる．対角化定理やジョルダン分解は対角行列あるいは対角行列に近い行列を得ることを目的としたスペクトル分解の一般化であった．いま，代わりに，スペクトル分解定理で使用された直交行列に焦点を当ててみよう．特に，話を直交行列 X のみに限定する場合，$X'AX$ の結果として得られる最も単純な構造は何だろうか．任意の実正方行列 A の一般的な場合においては，X^*AX が三角行列であるような X を見つけられるということがわかっている．そこでは X の選択肢を広げ，すべてのユニタリ行列を含めた．ただし実ユニタリ行列は直交行列であり，一般に $X^*X = I$ であるならば X はユニタリ行列であるということを思い出そう．ここで X^* は X の複素共役転置行列である．シューア分解 (Schur decomposition) と呼ばれることもあるこの分解は定理 4.12 で与えられる．

定理 4.12　A を $m \times m$ 行列とする．このとき以下のようになる $m \times m$ ユニタリ行列 X が存在する．

$$X^*AX = T$$

ここで T はその対角要素に A の固有値をもつ上三角行列である．

証明　$\lambda_1, \ldots, \lambda_m$ を A の固有値とする．また，$\boldsymbol{y}_1$ を λ_1 に対応する A の固有ベクトルとし，$\boldsymbol{y}_1^*\boldsymbol{y}_1 = 1$ のように正規化されているものとする．さらに Y をその最初の列に $\boldsymbol{y}_1$ をもつ任意の $m \times m$ ユニタリ行列とする．Y を $Y = [\boldsymbol{y}_1 \quad Y_2]$ のように分割形式で表記すると，$A\boldsymbol{y}_1 = \lambda_1\boldsymbol{y}_1$ および $Y_2^*\boldsymbol{y}_1 = \boldsymbol{0}$ なので，以下となることがわかる．

$$\begin{aligned} Y^*AY &= \begin{bmatrix} \boldsymbol{y}_1^*A\boldsymbol{y}_1 & \boldsymbol{y}_1^*AY_2 \\ Y_2^*A\boldsymbol{y}_1 & Y_2^*AY_2 \end{bmatrix} = \begin{bmatrix} \lambda_1\boldsymbol{y}_1^*\boldsymbol{y}_1 & \boldsymbol{y}_1^*AY_2 \\ \lambda_1Y_2^*\boldsymbol{y}_1 & Y_2^*AY_2 \end{bmatrix} \\ &= \begin{bmatrix} \lambda_1 & \boldsymbol{y}_1^*AY_2 \\ \boldsymbol{0} & B \end{bmatrix} \end{aligned}$$

ここで $(m-1) \times (m-1)$ 行列 $B = Y_2^*AY_2$ である．上記の恒等式と行列式における余因子展開公式を用いることで，Y^*AY の特性方程式は以下となる．

$$(\lambda_1 - \lambda)|B - \lambda I_{m-1}| = 0$$

また定理 3.2(d) により，Y^*AY の固有値は A の固有値と同じであるので，B の固有値は $\lambda_2, \ldots, \lambda_m$ でなければならない．$m = 2$ のとき，スカラー B は λ_2 に等しくなり，Y^*AY は上三角行列となる．ゆえに命題は成立する．$m > 2$ においては帰納法を用いる．すなわち $(m-1) \times (m-1)$ 行列において結果が成り立つとき，$m \times m$ 行列の場合においてもまた結果が成立するということを示す．B は $(m-1) \times (m-1)$ であるので，$W^*BW = T_2$ となるようなユニタリ行列 W が存在すると仮定してもよい．ここで T_2 は対角要素が $\lambda_2, \ldots, \lambda_m$ の上三角行列である．$m \times m$ 行列 U を以下のように定義する．

$$U = \begin{bmatrix} 1 & \mathbf{0}' \\ \mathbf{0} & W \end{bmatrix}$$

W はユニタリ行列なので U もユニタリ行列であるということに注意しよう．ここで $X = YU$ とするならば，X もまたユニタリ行列であり以下となる．

$$\begin{aligned} X^*AX = U^*Y^*AYU &= \begin{bmatrix} 1 & \mathbf{0}' \\ \mathbf{0} & W^* \end{bmatrix} \begin{bmatrix} \lambda_1 & \boldsymbol{y}_1^* A Y_2 \\ \mathbf{0} & B \end{bmatrix} \begin{bmatrix} 1 & \mathbf{0}' \\ \mathbf{0} & W \end{bmatrix} \\ &= \begin{bmatrix} \lambda_1 & \boldsymbol{y}_1^* A Y_2 W \\ \mathbf{0} & W^*BW \end{bmatrix} \\ &= \begin{bmatrix} \lambda_1 & \boldsymbol{y}_1^* A Y_2 W \\ \mathbf{0} & T_2 \end{bmatrix} \end{aligned}$$

ここでこの最後の行列はその対角要素に $\lambda_1, \ldots, \lambda_m$ をもつ上三角行列である．したがって命題は成立する．□

もし A のすべての固有値が実数であるならば，対応する実固有ベクトルが存在する．この場合，定理 4.12 の条件を満たす実行列 X を見つけることが可能である．このため以下の結果を得る．

系 4.12.1　もし $m \times m$ 行列 A が実固有値をもつならば，$X'AX = T$ となるような $m \times m$ 直交行列 X が存在する．ここで T は上三角行列である．

例 4.10　以下のような 3×3 行列を考える．

$$A = \begin{bmatrix} 5 & -3 & 3 \\ 4 & -2 & 3 \\ 4 & -4 & 5 \end{bmatrix}$$

例 3.1 では，A の固有値は $\lambda_1 = 1$，$\lambda_2 = 2$，$\lambda_3 = 5$ であり，それに対応する固有ベクトルはそれぞれ $\boldsymbol{x}_1 = (0, 1, 1)'$，$\boldsymbol{x}_2 = (1, 1, 0)'$，$\boldsymbol{x}_3 = (1, 1, 1)'$ であるということが示された．$A = XTX'$ となるような直交行列 X と上三角行列 T を見つけよう．まずはじ

めに，その最初の列に $\boldsymbol{x}_1$ を正規化したものをもつ直交行列 Y を構成する．たとえば，以下のように設定する．

$$Y = \begin{bmatrix} 0 & 0 & 1 \\ 1/\sqrt{2} & 1/\sqrt{2} & 0 \\ 1/\sqrt{2} & -1/\sqrt{2} & 0 \end{bmatrix}$$

したがって，最初の段階は以下のようになる．

$$Y'AY = \begin{bmatrix} 1 & -7 & 4\sqrt{2} \\ 0 & 2 & 0 \\ 0 & -3\sqrt{2} & 5 \end{bmatrix}$$

2×2 行列

$$B = \begin{bmatrix} 2 & 0 \\ -3\sqrt{2} & 5 \end{bmatrix}$$

は正規固有ベクトル $(1/\sqrt{3}, \sqrt{2}/\sqrt{3})'$ をもち，ゆえに以下のような直交行列を構成することができる．

$$W = \begin{bmatrix} 1/\sqrt{3} & -\sqrt{2}/\sqrt{3} \\ \sqrt{2}/\sqrt{3} & 1/\sqrt{3} \end{bmatrix}$$

ここで

$$W'BW = \begin{bmatrix} 2 & 3\sqrt{2} \\ 0 & 5 \end{bmatrix}$$

である．以上のことをまとめると，以下を得る．

$$X = Y \begin{bmatrix} 1 & \mathbf{0}' \\ \mathbf{0} & W \end{bmatrix} = \frac{1}{\sqrt{6}} \begin{bmatrix} 0 & 2 & \sqrt{2} \\ \sqrt{3} & 1 & -\sqrt{2} \\ \sqrt{3} & -1 & \sqrt{2} \end{bmatrix}$$

$$T = X'AX = \begin{bmatrix} 1 & 1/\sqrt{3} & 22/\sqrt{6} \\ 0 & 2 & 3\sqrt{2} \\ 0 & 0 & 5 \end{bmatrix}$$

シューア分解における行列 X と T は一意ではない．すなわち，もし $A = XTX^*$ が A のシューア分解であるなら，$A = X_0T_0X_0^*$ もまたシューア分解である．ここで $X_0 = XP$ であり，P は $P^*TP = T_0$ が上三角行列である任意のユニタリ行列である．三角行列 T と T_0 の対角要素の順序は同じでなくてもよいが，同一の値でなければならない．しかしながらその他の部分は，2 つの行列 T と T_0 の間でまったく異なっていてもよい．例えば，以下の行列が行列 A のもう 1 つのシューア分解を与えていることを確認することは容易にできる．

$$X_0 = \begin{bmatrix} 1/\sqrt{3} & 2/\sqrt{6} & 0 \\ 1/\sqrt{3} & -1/\sqrt{6} & -1/\sqrt{2} \\ 1/\sqrt{3} & -1/\sqrt{6} & 1/\sqrt{2} \end{bmatrix}, \qquad T_0 = \begin{bmatrix} 5 & 8/\sqrt{2} & 20/\sqrt{6} \\ 0 & 1 & -1/\sqrt{3} \\ 0 & 0 & 2 \end{bmatrix}$$

第 3 章では $m \times m$ 行列 A の特性方程式を用いることで，A の行列式はその固有値の積と等しく，A のトレースはその固有値の和と等しくなるということを証明できた．これらの結果は，A のシューア分解を用いることでも非常に簡単に証明できる．もし A の固有値が $\lambda_1, \ldots, \lambda_m$ であり，$A = XTX^*$ が A のシューア分解であるとすると，以下のようになる．

$$|A| = |XTX^*| = |X^*X||T| = |T| = \prod_{i=1}^{m} \lambda_i$$

なぜなら X がユニタリ行列であるという事実より $|X^*X| = 1$ となるからであり，また三角行列の行列式はその対角要素の積であるからである．さらに行列のトレースの性質を用いると，以下を得る．

$$\text{tr}(A) = \text{tr}(XTX^*) = \text{tr}(X^*XT) = \text{tr}(T) = \sum_{i=1}^{m} \lambda_i$$

シューア分解はまた，ある行列における非ゼロの固有値の数がその行列の階数の下限を与えるという事実を容易に成立させる方法を提供する．これが次の定理の主題である．

定理 4.13 $m \times m$ 行列 A が r 個の非ゼロの固有値をもつと仮定する．このとき $\text{rank}(A) \geq r$ である．

証明 X をユニタリ行列，T を上三角行列とする．ただし $A = XTX^*$ とする．A の固有値は T の対角要素であるので，T は厳密に r 個の非ゼロの対角要素をもたねばならない．T の対角要素がゼロである列と行を除くことで構成された T の $r \times r$ 部分行列は，対角要素が非ゼロである上三角行列になるだろう．この部分行列は非特異行列となる．なぜなら三角行列の行列式はその対角要素の積で表されるからである．ゆえに $\text{rank}(T) \geq r$ でなければならない．しかしながら，X はユニタリ行列であるので，非特異行列となり，ゆえに以下が成立する．

$$\text{rank}(A) = \text{rank}(XTX^*) = \text{rank}(T) \geq r$$

証明終了． □

4.7 2つの対称行列の同時対角化

2つの対称行列を同時に対角化できる方法の1つは，すでに3.8節において議論した．この結果を定理4.14として再掲する．

定理 4.14 A と B を $m \times m$ 対称行列とする．B は正定値である．$B^{-1}A$ の固有値を $\lambda_1, \ldots, \lambda_m$ として，$\Lambda = \mathrm{diag}(\lambda_1, \ldots, \lambda_m)$ とする．このとき，以下を満たす非特異行列 C が存在する．

$$CAC' = \Lambda, \qquad CBC' = I_m$$

例 4.11 定理4.14で述べた同時対角化の適用例の1つは，一般に正準変量分析 (Krzanowski, 2000 または Mardia, et al. 1979 を参照のこと) として知られる多変量解析においてみられる．この分析は，例3.15で議論した多変量1要因分類モデルのデータに関わるものである．したがって，i 番目の標本を $\boldsymbol{y}_{i1}, \ldots, \boldsymbol{y}_{in_i}$ で与えられる $m \times 1$ ベクトルとして，k 個の異なるグループ，あるいは処遇からの独立ランダム標本を扱うこととなる．モデルは

$$\boldsymbol{y}_{ij} = \boldsymbol{\mu}_i + \boldsymbol{\epsilon}_{ij}$$

である．ここで，$\boldsymbol{\mu}_i$ は定数からなる $m \times 1$ ベクトルであり，$\boldsymbol{\epsilon}_{ij} \sim N_m(\mathbf{0}, \Omega)$ である．例3.15では，仮説 $H_0 : \boldsymbol{\mu}_1 = \cdots = \boldsymbol{\mu}_k$ を検定するために，以下の行列

$$B = \sum_{i=1}^{k} n_i(\bar{\boldsymbol{y}}_i - \bar{\boldsymbol{y}})(\bar{\boldsymbol{y}}_i - \bar{\boldsymbol{y}})', \qquad W = \sum_{i=1}^{k}\sum_{j=1}^{n_i}(\boldsymbol{y}_{ij} - \bar{\boldsymbol{y}}_i)(\boldsymbol{y}_{ij} - \bar{\boldsymbol{y}}_i)'$$

をどのように用いることができるかを確認した．ここで，

$$\bar{\boldsymbol{y}}_i = \sum_{j=1}^{n_i} \boldsymbol{y}_{ij}/n_i, \qquad \bar{\boldsymbol{y}} = \sum_{i=1}^{k} n_i \bar{\boldsymbol{y}}_i/n, \qquad n = \sum_{i=1}^{k} n_i$$

である．正準変量分析は，平均ベクトルにおける差の分析であり，この仮説 H_0 が棄却されたときに実行される．この分析は，ベクトル $\boldsymbol{\mu}_1, \ldots, \boldsymbol{\mu}_k$ 間の差が R^m の低次元の部分空間に限られている，あるいはほぼ限定されている状況で特に有用である．これらのベクトルが R^m の r 次元部分空間を張るならば，$\boldsymbol{\mu} = \sum n_i \boldsymbol{\mu}_i / n$ として，母集団における B である

$$\Phi = \sum_{i=1}^{k} n_i(\boldsymbol{\mu}_i - \boldsymbol{\mu})(\boldsymbol{\mu}_i - \boldsymbol{\mu})'$$

は階数 r となることに注意しよう．実際に，正の固有値に対応した Φ の固有ベクト

ルは，この r 次元部分空間を張る．したがって，この部分空間への $\boldsymbol{\mu}_1, \ldots, \boldsymbol{\mu}_k$ による射影を描画すれば，母集団平均の縮退次元図形を描くこととなる．$\Omega \neq I_m$ の場合には，残念ながらユークリッド距離が適切に機能しないため，これら平均ベクトル間の差異を解釈することは困難である．この問題は，$\Omega^{-1/2\prime}\Omega^{-1/2} = \Omega^{-1}$ とすると $\Omega^{-1/2}\boldsymbol{y}_{ij} \sim N_m(\Omega^{-1/2}\boldsymbol{\mu}_i, I_m)$ であるから，変換されたデータ $\Omega^{-1/2}\boldsymbol{y}_{ij}$ を分析することで解決可能である．したがって，r 個の正の固有値に対応した $\Omega^{-1/2}\Phi\Omega^{-1/2\prime}$ の固有ベクトルによって張られる部分空間への $\Omega^{-1/2}\boldsymbol{\mu}_1, \ldots, \Omega^{-1/2}\boldsymbol{\mu}_k$ の射影を描画すればよい．つまり，$\Omega^{-1/2}\Phi\Omega^{-1/2\prime}$ のスペクトル分解が $P_1\Lambda_1P_1'$ のように表現される場合，R^r 内に単にベクトル $P_1'\Omega^{-1/2}\boldsymbol{\mu}_1, \ldots, P_1'\Omega^{-1/2}\boldsymbol{\mu}_k$ を描画すればよいことになる．ここで，P_1 は $P_1'P_1 = I_r$ を満たす $m \times r$ 行列であり，Λ_1 は $r \times r$ の対角行列である．この r 次元空間におけるベクトル $\boldsymbol{v}_i = P_1'\Omega^{-1/2}\boldsymbol{\mu}_i$ の r 個の成分は i 番目の母集団に対する正準変数平均と呼ばれる．注意すべきことは，これら正準変数を得る際に，Φ と Ω の同時対角化が本質的に用いられている点である．というのも，$C' = (C_1', C_2')$ が

$$\begin{bmatrix} C_1 \\ C_2 \end{bmatrix} \Phi [\; C_1' \quad C_2' \;] = \begin{bmatrix} \Lambda_1 & (0) \\ (0) & (0) \end{bmatrix}$$

$$\begin{bmatrix} C_1 \\ C_2 \end{bmatrix} \Omega [\; C_1' \quad C_2' \;] = \begin{bmatrix} I_r & (0) \\ (0) & I_{m-r} \end{bmatrix}$$

を満たすならば，$C_1 = P_1'\Omega^{-1/2}$ とできるからである．$\boldsymbol{\mu}_1, \ldots, \boldsymbol{\mu}_k$ が未知の場合，正準変数平均は，標本平均 $\bar{\boldsymbol{y}}_1, \ldots, \bar{\boldsymbol{y}}_k$ と対応する B と W の同時対角化を使って計算される標本正準変数平均から推定することができる．

定理 4.14 は，より一般的な以下の定理の特別な場合である．

定理 4.15　A と B を $m \times m$ 対称行列とし，A と B の正定値であるような 1 次結合が存在するものとする．このとき，CAC' と CBC' がともに対角行列であるような非特異行列 C が存在する．

証明　$D = \alpha A + \beta B$ を D が正定値であるような A と B の 1 次結合とする．α と β がともに 0 ならば D は正定値ではないから，一般性を損なうことなく $\alpha \neq 0$ と仮定できる．この場合，$A = \alpha^{-1}(D - \beta B)$ と表現可能である．D は正定値であるから，ある非特異行列 T が存在し，$D = TT'$，あるいは同等に $T^{-1}DT^{-1\prime} = I_m$ が成立する．さらに，$T^{-1}BT^{-1\prime}$ は対称であるから，$P'T^{-1}BT^{-1\prime}P = \Delta$ が対角行列であるような正規直交行列 P が存在する．したがって，$C = P'T^{-1}$ と定義すると，$CDC' = P'P = I_m$，$CBC' = \Delta$ となる．すなわち，B は C によって対角化され，$CAC' = \alpha^{-1}(CDC' - \beta CBC') = \alpha(I_m - \beta\Delta)$ であるから，A もまた対角化される．□

定理 4.14 で示した A に関する条件を強める一方で，B に関する条件を弱めることに

よって，A と B が同時に対角化可能であるための，もう1つの十分条件を得ることができる．

定理 4.16　A と B を $m \times m$ 非不定値行列とする．このとき，CAC' と CBC' がともに対角行列であるような非特異行列 C が存在する．

証明　$r_1 = \mathrm{rank}(A)$，$r_2 = \mathrm{rank}(B)$ とし，一般性を失うことなく $r_1 \leq r_2$ と仮定する．$A = P_1\Lambda_1 P_1'$ を A のスペクトル分解とすると，$m \times r_1$ 行列 P_1 は $P_1'P_1 = I_{r_1}$ を満たし，Λ_1 は正の対角要素をもつ $r_1 \times r_1$ 対角行列である．$C_1' = [P_1\Lambda_1^{-1/2} \quad (0)]$ として $A_1 = C_1AC_1'$ ならびに $B_1 = C_1BC_1'$ を定義し，

$$A_1 = \begin{bmatrix} I_{r_1} & (0) \\ (0) & (0) \end{bmatrix}$$

に注意すると，C_1 は A を対角化することがわかる．B_1 は非負定値であるから，B_1 の後半 $m - r_1$ 対角要素のいずれかが 0 である場合，その行と列のすべての要素は 0 である (練習問題 3.47 参照)．もし，B_1 の (r_1+i, r_1+i) 要素が $b \neq 0$ で，かつ B_1 の (r_1+i, j) 要素と (j, r_1+i) 要素が a であり，

$$T = I_m - \frac{a}{b}\boldsymbol{e}_j\boldsymbol{e}_{r_1+i}'$$

を定義するならば，TB_1T' は，(r_1+i, j) 要素と (j, r_1+i) 要素がそれぞれ 0 となるように j 行に r_1+i 行の定数倍を加え，j 列に r_1+i 列の定数倍を加えた以外は B_1 と同一である行列を生成する．この手順を繰り返し用いることにより，

$$C_2B_1C_2' = \begin{bmatrix} B_* & (0) \\ (0) & D_1 \end{bmatrix}$$

となるような非特異行列 C_2 を T に与えられた形式の行列の積で得ることができる．ここで，B_* は階数 r_3 の $r_1 \times r_1$ 行列，D_1 はそれぞれが正である r_4 個の非ゼロ対角要素を配した $(m-r_1) \times (m-r_1)$ 対角行列であり，$r_3 + r_4 = r_2$ である．行列 T は，したがってまた行列 C_2 は，分割された場合に，ある $r_1 \times (m-r_1)$ 行列 E と $(m-r_1) \times (m-r_1)$ 行列 F を用いて

$$\begin{bmatrix} I_{r_1} & E \\ (0) & F \end{bmatrix}$$

という形式で表される．ここから $C_2A_1C_2' = A_1$ を得る．最後に，C_3 を

$$C_3 = \begin{bmatrix} Q' & (0) \\ (0) & I_{m-r_1} \end{bmatrix}$$

と定義する．ここで，Q は $B_* = QD_2Q'$ を満たす $r_1 \times r_1$ 直交行列であり，D_2 はそれぞれが正である r_3 個の非ゼロの対角要素を配した $r_1 \times r_1$ 対角行列である．このとき，

$C = C_3C_2C_1$ として $CAC' = \text{diag}(I_{r_1}, (0))$，かつ $CBC' = \text{diag}(D_2, D_1)$ を得る．□

定理 4.14，4.15 そして定理 4.16 において論じられた A と B を対角化する行列 C は非特異でなければならないが，直交である必要はない．さらに，2 つの対角行列の対角要素は A と B のいずれの固有値でもない．このような対角化は，第 10 章で論じられる正規確率ベクトルの 2 次形式に関する考察の際に大変便利であるので，次の定理で詳しく論じることにしよう．A と B の両方を対角化する直交行列が存在するかについて検討を試みるとき，定理 4.17 はそのような直交行列が存在するための必要十分条件を与える．

定理 4.17　A と B を $m \times m$ 対称行列とする．A と B が可換 (commute)，すなわち $AB = BA$ であるならばそのときのみ，$P'AP$ そして $P'BP$ の両方を対角行列とするような直交行列 P が存在する．

証明　まず，Λ_1 と Λ_2 を対角行列とするとき，$P'AP = \Lambda_1$, $P'BP = \Lambda_2$ を満たす直交行列 P が存在すると仮定する．Λ_1 と Λ_2 は対角行列であるから，明らかに $\Lambda_1\Lambda_2 = \Lambda_2\Lambda_1$ であり，よって，

$$\begin{aligned} AB &= P\Lambda_1P'P\Lambda_2P' = P\Lambda_1\Lambda_2P' = P\Lambda_2\Lambda_1P' \\ &= P\Lambda_2P'P\Lambda_1P' = BA \end{aligned}$$

が成り立つから，A と B は可換である．今度は逆に，$AB = BA$ を仮定し，そのような直交行列 P が存在することを示す必要がある．$\mu_1, \ldots, \mu_h$ を行列 A の互いに異なる固有値とし，重複度 $r_1, \ldots, r_h$ がそれぞれ対応するものとしよう．A は対称行列であるから，

$$Q'AQ = \Lambda_1 = \text{diag}(\mu_1 I_{r_1}, \ldots, \mu_h I_{r_h})$$

を満たす直交行列 Q が存在する．B についても同様の変換を行い，結果として得られた行列を $Q'AQ$ と同様に分割することで，

$$C = Q'BQ = \begin{bmatrix} C_{11} & C_{12} & \cdots & C_{1h} \\ C_{21} & C_{22} & \cdots & C_{2h} \\ \vdots & \vdots & & \vdots \\ C_{h1} & C_{h2} & \cdots & C_{hh} \end{bmatrix}$$

を得る．ここで C_{ij} のサイズは $r_i \times r_j$ である．$AB = BA$ なので，

$$\begin{aligned} \Lambda_1 C &= Q'AQQ'BQ = Q'ABQ = Q'BAQ \\ &= Q'BQQ'AQ = C\Lambda_1 \end{aligned}$$

が成立しなければならないことに注意されたい．$\Lambda_1 C$ の (i, j) 要素の部分行列と，$C\Lambda_1$ の (i, j) 要素の部分行列を対応させると，恒等式 $\mu_i C_{ij} = \mu_j C_{ij}$ が成り立つ．$i \neq j$ な

らば $\mu_i \neq \mu_j$ なので，$i \neq j$ のとき $C_{ij} = (0)$ でなければならない．すなわち，行列 $C = \mathrm{diag}(C_{11}, \ldots, C_{hh})$ はブロック対角行列である．C は対称行列であり，各 i について C_{ii} も対称であるから，

$$X_i' C_{ii} X_i = \Delta_i$$

を満たす $r_i \times r_i$ 直交行列 X_i を求めることができる．ただし Δ_i は対角行列である．X をブロック対角行列 $X = \mathrm{diag}(X_1, \ldots, X_h)$ とし，$P = QX$ が成り立つとしよう．また

$$\begin{aligned} P'P &= X'Q'QX = X'X \\ &= \mathrm{diag}(X_1'X_1, \ldots, X_h'X_h) \\ &= \mathrm{diag}(I_{r_1}, \ldots, I_{r_h}) = I_m \end{aligned}$$

であるから，P は直交行列であることに注意する．最後に行列 $\Delta = \mathrm{diag}(\Delta_1, \ldots, \Delta_h)$ は対角であり，

$$\begin{aligned} P'AP &= X'Q'AQX = X'\Lambda_1 X \\ &= \mathrm{diag}(X_1', \ldots, X_h')\mathrm{diag}(\mu_1 I_{r_1}, \ldots, \mu_h I_{r_h})\mathrm{diag}(X_1, \ldots, X_h) \\ &= \mathrm{diag}(\mu_1 X_1'X_1, \ldots, \mu_h X_h'X_h) \\ &= \mathrm{diag}(\mu_1 I_{r_1}, \ldots, \mu_h I_{r_h}) = \Lambda_1 \end{aligned}$$

かつ

$$\begin{aligned} P'BP &= X'Q'BQX = X'CX \\ &= \mathrm{diag}(X_1', \ldots, X_h')\mathrm{diag}(C_{11}, \ldots, C_{hh})\mathrm{diag}(X_1, \ldots, X_h) \\ &= \mathrm{diag}(X_1'C_{11}X_1, \ldots, X_h'C_{hh}X_h) \\ &= \mathrm{diag}(\Delta_1, \ldots, \Delta_h) = \Delta \end{aligned}$$

が成り立つ．したがって題意が得られた． □

行列 P の列は B ばかりでなく A の固有ベクトルでもある．すなわち A と B は 2 つの行列が共通した固有ベクトルをもつならばそのときのみ可換である．また，A と B は対称行列なので，$(AB)' = B'A' = BA$ であり，したがって，AB が対称ならばそのときのみ，$AB = BA$ が成り立つ．定理 4.17 は対称行列の集まりについて容易に一般化することができる．

定理 4.18 $A_1, \ldots, A_k$ を $m \times m$ 対称行列とする．このとき (i, j) のすべての組について $A_iA_j = A_jA_i$ であるならばそのときのみ，各 i について，$P'A_iP = \Lambda_i$ を対角とするような直交行列 P が存在する．

対称行列を含んだ先の 2 つの定理は，対角化可能な行列に関するより一般的な定理の

特別な場合である．例えば，定理 4.18 は以下に示す定理の特別な場合である．その証明は定理 4.17 で与えられたものと類似しているのだが，これは章末の練習問題として読者に委ねたい．

定理 4.19 $m \times m$ 行列 $A_1, \ldots, A_k$ のそれぞれは対角化可能であると仮定する．(i, j) のすべての組について $A_iA_j = A_jA_i$ であるならばそのときのみ，各 i について $X^{-1}A_iX = \Lambda_i$ を対角とする非特異行列 X が存在する．

4.8 行列ノルム

第 2 章において，ベクトルの大きさを測るためにはベクトルノルムが利用できることを示した．同様に，ある $m \times m$ 行列 A の大きさを測ったり，別の $m \times m$ 行列 B と A との近さを測ったりしたい場面が考えられる．こういった場合に利用可能なのが，行列ノルム (matrix norm) である．なお後の章では，本章で示す行列ノルムの性質のいくつかを，複素行列である可能性をもつ行列に適用しなければならない．したがって本節においても，扱う行列を実行列に限定せずに議論を進めていく．

定義 4.3 すべての $m \times m$ 行列 A (実行列でも複素行列でも構わない) に対して定義される関数 $||A||$ は，すべての $m \times m$ 行列 A, B について以下の条件を満たすとき，行列ノルムと呼ばれる．

(a) $||A|| \geq 0$
(b) $A = (0)$ のとき，かつそのときに限り，$||A|| = 0$
(c) 任意の複素スカラー c に対して，$||cA|| = |c| \; ||A||$
(d) $||A + B|| \leq ||A|| + ||B||$
(e) $||AB|| \leq ||A|| \; ||B||$

行列 A の列を次々と縦方向につなげて作成した $m^2 \times 1$ ベクトルに対して定義される任意のベクトルノルムは，その定義の性質上，上に示した行列ノルムの条件のうち (a)〜(d) を満たす．ただし，行列 A, B と行列 AB との大きさの関連を示す条件 (e) については，すべてのベクトルノルムが満たすとは限らない．したがって，ベクトルノルムのすべてが行列ノルムとして利用できるわけではない．

以下では，一般的によく用いられている行列ノルムの例をいくつか示す．ただし，これらの関数が本当に定義 4.3 の条件を満たしているかどうかの確認は，読者に委ねることにする．ユークリッド行列ノルム (Euclidean matrix norm) は，行列 A の列を積み重ねたものに対して，単にユークリッドベクトルノルムを計算するものである．したがってその定義は，以下のとおりとなる．

$$||A||_E = \left(\sum_{i=1}^{m} \sum_{j=1}^{m} |a_{ij}|^2 \right)^{1/2} = \{\mathrm{tr}(A^* A)\}^{1/2}$$

最大列和行列ノルム (maximum column sum matrix norm) は，以下のように定義される．

$$||A||_1 = \max_{1 \le j \le m} \sum_{i=1}^{m} |a_{ij}|$$

これに対して最大行和行列ノルム (maximum row sum matrix norm) の定義は，次のとおりである．

$$||A||_\infty = \max_{1 \le i \le m} \sum_{j=1}^{m} |a_{ij}|$$

スペクトルノルム (spectral norm) は，A^*A の固有値を利用するノルムである．A^*A の固有値が $\mu_1, \ldots, \mu_m$ であるとき，スペクトルノルムは以下によって求められる．

$$||A||_2 = \max_{1 \le i \le m} \sqrt{\mu_i}$$

次に示す定理は，非常に有用なものである．しかしその証明は，単に定義 4.3 の条件が成り立っているかどうかを確認するだけなので，練習問題として読者に委ねることにする．

定理 4.20　$||A||$ は，$m \times m$ 行列に対して定義された任意の行列ノルムであるとする．このとき，$m \times m$ の非特異行列 C を用いて定義される関数

$$||A||_C = ||C^{-1}AC||$$

もまた，行列ノルムとなる．

行列 A の行列ノルムについて考える際に重要な役割を果たすのが，A の固有値である．中でも固有値の集合の最大モジュラスが，特に大きな意味をもっている．

定義 4.4　$m \times m$ 行列 A の固有値を，$\lambda_1, \ldots, \lambda_m$ とする．このとき以下によって定義される $\rho(A)$ を，A のスペクトル半径 (spectral radius) と呼ぶ．

$$\rho(A) = \max_{1 \le i \le m} |\lambda_i|$$

$\rho(A)$ も A の大きさに関するある種の情報を与えてくれるが，それ自体は行列ノルムではない．このことを確認するために，$m = 2$ かつ

$$A = \begin{bmatrix} 0 & 1 \\ 0 & 0 \end{bmatrix}$$

のときを考えてみよう．A の固有値は両方とも 0 であるから，A がゼロ行列ではないにもかかわらず，$\rho(A) = 0$ となってしまう．これは定義 4.3 の条件 (b) に反している．実

は，$\rho(A)$ は A に対する任意の行列ノルムの下限として機能することが，次に述べる定理 4.21 で示される．

定理 4.21 任意の $m\times m$ 行列 A に対する任意の行列ノルム $||A||$ について，$\rho(A) \leq ||A||$ である．

証明 A の固有値のうち，$|\lambda| = \rho(A)$ であるものを λ とする．また，この固有値に対応する固有ベクトルを $\boldsymbol{x}$ とする．したがって，$A\boldsymbol{x} = \lambda\boldsymbol{x}$ である．このとき $\boldsymbol{x}\mathbf{1}_m'$ は，$A\boldsymbol{x}\mathbf{1}_m' = \lambda\boldsymbol{x}\mathbf{1}_m'$ を満たす $m\times m$ の行列となる．よって行列ノルムの条件の (c) と (e) を用いることで，以下を得る．

$$\rho(A)||\boldsymbol{x}\mathbf{1}_m'|| = |\lambda|\ ||\boldsymbol{x}\mathbf{1}_m'|| = ||\lambda\boldsymbol{x}\mathbf{1}_m'|| = ||A\boldsymbol{x}\mathbf{1}_m'|| \leq ||A||\ ||\boldsymbol{x}\mathbf{1}_m'||$$

上式の両辺を $||\boldsymbol{x}\mathbf{1}_m'||$ で除することで，求める結果を得る． □

A のスペクトル半径は A のすべてのノルムと同じかまたは小さいが，次の結果は，$||A||$ が $\rho(A)$ と任意の近さをもつような行列ノルムを常に見つけることが可能であることを示している．

定理 4.22 任意の $m\times m$ 行列 A と任意のスカラー $\epsilon > 0$ について，次のような行列ノルム $||A||_{A,\epsilon}$ が存在する．

$$||A||_{A,\epsilon} - \rho(A) < \epsilon$$

証明 $A = XTX^*$ を A のシューア分解とする．したがって，X はユニタリ行列である．また，T は上三角行列であり，その対角要素には A の固有値 $\lambda_1,\ldots,\lambda_m$ が配されている．任意のスカラー $c > 0$ について，行列 $D_c = \mathrm{diag}(c, c^2, \ldots, c^m)$ を定義し，上三角行列 $D_cTD_c^{-1}$ の対角要素もまた $\lambda_1,\ldots,\lambda_m$ であることに注意する．さらに，$D_cTD_c^{-1}$ の i 番目の列和は

$$\lambda_i + \sum_{j=1}^{i-1} c^{-(i-j)}t_{ji}$$

で与えられる．明らかに，十分に大きな c を選ぶことで，各 i について以下が保証される．

$$\sum_{j=1}^{i-1} |c^{-(i-j)}t_{ij}| < \epsilon$$

この場合は，$|\lambda_i| \leq \rho(A)$ であるから，以下でなければならない．

$$||D_cTD_c^{-1}||_1 < \rho(A) + \epsilon$$

ここで，$||A||_1$ は前に定義した最大列和行列ノルムである．任意の $m\times m$ 行列 B につ

いて，$||B||_{A,\epsilon}$ を以下のように定義する．

$$||B||_{A,\epsilon} = ||(XD_c^{-1})^{-1}B(XD_c^{-1})||_1$$

このとき，

$$||A||_{A,\epsilon} = ||(XD_c^{-1})^{-1}A(XD_c^{-1})||_1 = ||D_cTD_c^{-1}||_1$$

であるから，定理 4.20 より証明は完了する．□

ベクトルの系列の極限や行列の系列の極限はしばしば興味の対象となる．各 j について，$\boldsymbol{x}_k$ の j 番目の要素が，$k \to \infty$ となるにしたがって，$\boldsymbol{x}$ の j 番目の要素に収束するならば，つまり，各 j について $k \to \infty$ となるにしたがって $|x_{jk} - x_j| \to 0$ となるならば，$m \times 1$ ベクトルの系列 $\boldsymbol{x}_1, \boldsymbol{x}_2, \ldots$ は，$\boldsymbol{x}$ の j 番目の要素に収束する．同様に，$k \to \infty$ となるにしたがって，A_k の各要素が対応する A の要素に収束するならば，$m \times m$ 行列の系列 $A_1, A_2, \ldots$ は，$m \times m$ 行列 A に収束する．一方，系列の収束の概念は，特定のノルムの視点からとらえることが可能である．したがって，ベクトルノルム $||\boldsymbol{x}||$ の視点からとらえた場合には，$k \to \infty$ となるにしたがって $||\boldsymbol{x}_k - \boldsymbol{x}|| \to 0$ となるならば，ベクトルの系列 $\boldsymbol{x}_1, \boldsymbol{x}_2, \ldots$ は，$\boldsymbol{x}$ に収束する．定理 4.23 は，実際にどのようなノルムを選択するのかは重要ではないことを示している．この結果の証明については Horn and Johnson(1985) を参照のこと．

定理 4.23　$||\boldsymbol{x}||_a$ と $||\boldsymbol{x}||_b$ を任意の $m \times 1$ ベクトル $\boldsymbol{x}$ について定義された任意の 2 つのベクトルノルムとする．$\boldsymbol{x}_1, \boldsymbol{x}_2, \ldots$ を $m \times 1$ ベクトルの系列とすると，$k \to \infty$ となるにしたがって，$||\boldsymbol{x}||_b$ に関して $\boldsymbol{x}_k$ が $\boldsymbol{x}$ に収束するときかつそのときに限り，$k \to \infty$ となるにしたがって，$||\boldsymbol{x}||_a$ に関して $\boldsymbol{x}_k$ が $\boldsymbol{x}$ に収束する．

行列ノルムのはじめの 4 つの条件はベクトルノルムの条件でもあるから，定理 4.23 からただちに以下を得る．

系 4.23.1　$||A||_a$ と $||A||_b$ を任意の $m \times m$ 行列 A について定義された任意の 2 つの行列ノルムとする．$A_1, A_2, \ldots$ を $m \times m$ 行列の系列とすると，$k \to \infty$ となるにしたがって，$||A||_b$ に関して A_k が A に収束するときかつそのときに限り，$k \to \infty$ となるにしたがって，$||A||_a$ に関して A_k が A に収束する．

しばしば興味の対象となる行列の系列は，固定された $m \times m$ 行列 A から作られた $A, A^2, A^3, \ldots$ である．この行列の系列がゼロ行列に収束するための十分条件が次で与えられる．

定理 4.24　A を $m \times m$ 行列とし，ある行列ノルムについて $||A|| < 1$ とする．すると，$k \to \infty$ となるにしたがって，$\lim A^k = (0)$ となる．

証明 行列ノルムの条件 (e) を繰り返し用いることで，$||A^k|| \leq ||A||^k$ であることがわかるため，$k \to \infty$ となるにしたがって，$||A^k|| \to 0$ となる．なぜなら $||A|| < 1$ だからである．したがって，ノルム $||A||$ に関して A^k は (0) に収束する．しかし，系 4.23.1 から，A^k は以下の行列ノルムに関してもまた (0) に収束する (練習問題 4.46 参照)．

$$||A||_* = m \left(\max_{1 \leq i,j \leq m} |a_{ij}| \right)$$

しかしこれは，$k \to \infty$ となるにしたがって，各 (i, j) について $|a_{ij}^k| \to 0$ であることを示している．よって証明は完了する． □

次の結果は，A^k の (0) への収束と，A のスペクトル半径の大きさの関連についての話題である．

定理 4.25 A を $m \times m$ 行列とする．このとき，$\rho(A) < 1$ のときかつそのときに限り，$k \to \infty$ となるにしたがって，A^k は (0) に収束する．

証明 $A^k \to (0)$ とする．このとき，任意の $m \times 1$ ベクトル $\boldsymbol{x}$ に対して $A^k\boldsymbol{x} \to \boldsymbol{0}$ である．いま，固有値 λ に対応する A の固有ベクトルを $\boldsymbol{x}$ とすると，$\lambda^k\boldsymbol{x} \to \boldsymbol{0}$ も成立しなければならない．なぜなら，$A^k\boldsymbol{x} = \lambda^k\boldsymbol{x}$ だからである．これは $|\lambda| < 1$ のときにのみ起こるので，$\rho(A) < 1$ である．なぜなら，λ は A の任意の固有値であったからである．逆に，$\rho(A) < 1$ であるならば，定理 4.22 から，$||A|| < 1$ を満たす行列ノルムが存在することがわかっている．したがって，定理 4.24 から，$A^k \to (0)$ である． □

定理 4.26 は，A のスペクトル半径は任意の行列ノルムから計算されるある系列の極限であることを示している．

定理 4.26 A を $m \times m$ の行列とする．すると，任意の行列ノルム $||A||$ に対して以下が成り立つ．

$$\lim_{k \to \infty} ||A^k||^{1/k} = \rho(A)$$

証明 λ が A の固有値であるときかつそのときのみ，λ^k は A^k の固有値である．さらに，$|\lambda|^k = |\lambda^k|$ であるから，$\rho(A)^k = \rho(A^k)$ である．これを定理 4.21 とあわせて考えると，$\rho(A)^k \leq ||A^k||$ あるいは同等に，$\rho(A) \leq ||A^k||^{1/k}$ となる．したがって，任意の $\epsilon > 0$ に対して，すべての $k > N_\epsilon$ に対して $||A^k||^{1/k} < \rho(A) + \epsilon$ となるような整数 N_ϵ の存在を証明することができれば，この証明も完了する．これは，すべての $k > N_\epsilon$ に対して $||A^k|| < \{\rho(A) + \epsilon\}^k$ あるいは同等に，

$$||B^k|| < 1 \tag{4.13}$$

となるような整数 N_ϵ の存在を証明することと同じである．ここで，$B = \{\rho(A) + \epsilon\}^{-1} A$

である．しかし，

$$\rho(B) = \frac{\rho(A)}{\rho(A) + \epsilon} < 1$$

であるから，定理 4.25 から (4.13) 式はただちに成立する． □

練習問題

4.1　以下の行列について特異値分解を得よ．

$$A = \begin{bmatrix} 1 & 2 & 2 & 1 \\ 1 & 1 & 1 & -1 \end{bmatrix}$$

4.2　A を $m \times n$ 行列であるとする．

(a) A の特異値は A' の特異値と等しいことを示せ．
(b) F と G を直交行列としたとき，A の特異値は FAG の特異値と等しいことを示せ．
(c) $\alpha \neq 0$ をスカラーとしたとき，αA の特異値は A の特異値とどのような関係にあるかを示せ．

4.3　A は $m \times m$ 行列であるとする．A の特異値が m 個より少ないならばそのときのみ A は 0 の固有値をもつことを示せ．

4.4　A を $m \times n$ 行列，B を $n \times m$ 行列とする．第 7 章で，AB の非ゼロの固有値は BA の非ゼロの固有値と等しいということをみるだろう．これは特異値においては必ずしも真ではない．AB の特異値が BA の特異値と同じにはならない行列 A と B の例を与えよ．

4.5　A を $m \times n$ 行列とし，その階数を r，特異値を $\mu_1, \ldots, \mu_r$ とする．このとき，$(m+n) \times (m+n)$ 行列

$$B = \begin{bmatrix} (0) & A \\ A' & (0) \end{bmatrix}$$

は $\mu_1, \ldots, \mu_r, -\mu_1, \ldots, -\mu_r$ と残りはすべて 0 の固有値をもつことを証明せよ．

4.6　ベクトル $\boldsymbol{x} = (1, 5, 7, 5)'$ を特異値分解せよ．

4.7　$\boldsymbol{x}$ を $m \times 1$ の非ゼロベクトル，$\boldsymbol{y}$ を $n \times 1$ の非ゼロベクトルとする．$\boldsymbol{xy}'$ の特異値分解を $\boldsymbol{x}$ と $\boldsymbol{y}$ の関数として求めよ．

4.8　$m \leq n$ であるような $m \times n$ 行列 A に対する極分解 (polar decomposition) は，$\mathrm{rank}(B) = \mathrm{rank}(A)$ を満たす $m \times m$ の非負定値行列 B と，$RR' = I_m$ を満たす $m \times n$ 行列 R を用いて，

$$A = BR$$

と表現される．特異値分解を利用して，このような極分解が存在することを示せ．

4.9　A を $m \times n$ 行列とし，$A = P_1 \Delta Q_1'$ を系 4.1.1 から与えられた分解とする．$n \times m$ 行列 B を $B = Q_1 \Delta^{-1} P_1'$ と定義する．ABA と BAB を可能な限り簡略化せよ．

4.10　A と B を $m \times n$ 行列とする．定理 1.8 から，もし C と D が非特異行列であり，$B = CAD$ であるならば，$\text{rank}(B) = \text{rank}(A)$ であることが既知である．その逆を証明せよ．つまり，もし $\text{rank}(B) = \text{rank}(A)$ であるならば，$B = CAD$ となるような非特異行列 C と D が存在することを示せ．

4.11　t が θ の推定量ならば，そのとき t の平均 2 乗誤差 (mean squared error, MSE) は以下のように定義される．

$$\text{MSE}(t) = E[(t-\theta)^2] = \text{var}(t) + \{E(t) - \theta\}^2$$

Z_1 の特異値 r が他に対して非常に小さな値であった例 4.4 の多重共線性の問題を考える．$k \times 1$ ベクトル $\boldsymbol{z}$ で与えられる標準化された説明変数をもつある観測値に対する応答変数を推定したいとする．$\hat{y} = \bar{y} + \boldsymbol{z}'(Z_1'Z_1)^{-1}Z_1'\boldsymbol{y}$ を通常の最小 2 乗回帰によって得られた推定値とし，$\tilde{y} = \bar{y} + \boldsymbol{z}'U_1D_1^{-1}V_1'\boldsymbol{y}$ を主成分回帰によって得られた推定値であるとする．$\boldsymbol{\epsilon} \sim N_N(\boldsymbol{0}, \sigma^2 I_N)$ として推定を行う．

(a) $\boldsymbol{z}' = \boldsymbol{v}'DU'$ を満たすベクトル $\boldsymbol{v}$ が $\boldsymbol{v} = (v_1, \ldots, v_N)'$ であるならば，以下となることを示せ．

$$\text{MSE}(\hat{y}) = \sigma^2\Bigl(N^{-1} + \sum_{i=1}^{k} v_i^2\Bigr)$$

(b) d_i を D の i 番目の対角要素とするとき，以下を示せ．

$$\text{MSE}(\tilde{y}) = \sigma^2\left(N^{-1} + \sum_{i=1}^{k-r} v_i^2\right) + \left(\sum_{i=k-r+1}^{k} d_i v_i \alpha_i\right)^2$$

(c) $r = 1$ のとき，$\text{MSE}(\tilde{y}) < \text{MSE}(\hat{y})$ は成り立つか．

4.12　ある過程において，2 つの説明変数と 1 つの応答変数についての結果が，以下のデータのように得られている 10 個の観測対象を想定する．

(a) モデル $\boldsymbol{y} = \delta_0 \boldsymbol{1}_N + Z_1 \boldsymbol{\delta}_1 + \boldsymbol{\epsilon}$ の標準化された説明変数 Z_1 を求めよ．また，最小 2 乗法を使って母数を推定せよ．そして，推定値 $\hat{\boldsymbol{y}} = \hat{\delta}_0 \boldsymbol{1}_N + Z_1 \hat{\boldsymbol{\delta}}_1$ を求めよ．

(b) Z_1 の特異値分解を計算せよ．主成分回帰を用いることで別の推定値のベクトルを得よ．

x_1	x_2	y
−2.49	6.49	28.80
0.85	4.73	21.18
−0.78	4.24	24.73
−0.75	5.54	25.34
1.16	4.74	28.50
−1.52	5.86	27.19
−0.51	5.65	26.22
−0.05	4.50	20.71
−1.01	5.75	25.47
0.13	5.69	29.83

(c) (a) と (b)，両方のモデルを用いて，$x_1 = -2, x_2 = 4$ である観測対象の応答変数を推定せよ．

4.13 以下で与えられる 3×3 対称行列を考える．

$$A = \begin{bmatrix} 3 & 1 & -1 \\ 1 & 3 & 1 \\ -1 & 1 & 3 \end{bmatrix}$$

(a) A のスペクトル分解を見つけよ．
(b) A の対称平方根行列を見つけよ．
(c) A の非対称な平方根行列を見つけよ．

4.14 スペクトル分解定理を利用して定理 4.5 を証明せよ．

4.15 行列 A を以下のように定義する．

$$A = \begin{bmatrix} 5 & 4 & 0 \\ 4 & 5 & 3 \\ 0 & 3 & 5 \end{bmatrix}$$

このとき，$TT' = A$ となるような 3×2 行列 T を求めよ．

4.16 $\boldsymbol{x} \sim N_3(\mathbf{0}, \Omega)$ と仮定する．ここで，

$$\Omega = \begin{bmatrix} 2 & 1 & 1 \\ 1 & 2 & 1 \\ 1 & 1 & 2 \end{bmatrix}$$

である．$\boldsymbol{z} = A\boldsymbol{x}$ の成分が独立に分布するような 3×3 行列 A を見つけよ．

4.17 行列 A, B, C を以下によって与えられるとする．

$$A = \begin{bmatrix} 1 & 2 & 5 \\ 2 & 1 & 4 \\ -1 & 1 & 1 \end{bmatrix}, \quad B = \begin{bmatrix} 1 & 1 & -1 \\ -2 & 2 & 2 \\ -1 & 3 & 1 \end{bmatrix}, \quad C = \begin{bmatrix} 2 & 1 & -1 \\ 2 & 5 & 3 \\ -2 & -1 & 1 \end{bmatrix}$$

(a) これらの行列のうち，どれが対角化可能か．
(b) これらの行列のうち，非ゼロの固有値の数と等しい階数をもつものはどれか．

4.18　A と B を $m \times m$ 行列とし，どちらか 1 つを非特異行列と仮定する．もし AB が対角化可能であるならば，BA も同様に対角化可能であることを証明せよ．また A,B がともに特異である場合に，この性質は必ずしも成り立つわけではないことを例示せよ．

4.19　A を $m \times m$ 正定値行列とし，B を $m \times m$ 対称行列とする．AB が対角化可能な行列であることを示し，正，負，ゼロの固有値の数が B と同じであることを示せ．

4.20　A を $m \times m$ 行列，B を $n \times n$ 行列とする．このとき，

$$C = \begin{bmatrix} A & (0) \\ (0) & B \end{bmatrix}$$

は A と B が対角化可能なとき，かつそのときに限り対角化可能であることを証明せよ．$\mathrm{diag}(A_1, \ldots, A_k)$ が対角化可能なとき，かつそのときに限り正方行列 $A_1, \ldots, A_k$ が対角化可能なことを数学的帰納法を用いて証明せよ．

4.21　以下の条件を満たし，重複度 3 の固有値 0 と重複度 1 の固有値 1 をもつような 4×4 行列 A を求めよ．

(a) A の階数が 1
(b) A の階数が 2
(c) A の階数が 3

4.22　例 4.9 を 5×5 行列で繰り返せ．つまり，ジョルダン標準形における 5×5 行列の集合を求めよ．重複度 5 の固有値 λ をもつすべての 5×5 行列は，この集合内に含まれる行列の 1 つに対して相似な行列である．

4.23　以下の 6×6 行列を考える．

$$J = \begin{bmatrix} 2 & 1 & 0 & 0 & 0 & 0 \\ 0 & 2 & 0 & 0 & 0 & 0 \\ 0 & 0 & 2 & 1 & 0 & 0 \\ 0 & 0 & 0 & 2 & 0 & 0 \\ 0 & 0 & 0 & 0 & 3 & 1 \\ 0 & 0 & 0 & 0 & 0 & 3 \end{bmatrix}$$

これはジョルダン標準形である．

(a) J の固有値と重複度を見つけよ．
(b) J の固有空間を見つけよ．

4.24　$m \times m$ 行列 B はある正の整数 k に対して $B^k = (0)$ となる場合，ベキゼロ (nilpotent) と呼ばれる．

(a) B_h がベキゼロであるとき，$J_h(\lambda) = \lambda I_h + B_h$ であることを示せ．また特に，$B_h^h = (0)$ であることを示せ．
(b) J を $J = \text{diag}(J_{h_1}(\lambda_1), \ldots, J_{h_r}(\lambda_r))$ のジョルダンの標準型とする．D が対角行列で B がベキゼロである場合，J は $J = D+B$ と表されることを示せ．$B^h = (0)$ となるような最小の h は何か示せ．
(c) A を (b) における J と同じものとするとき，F が対角化可能で G がベキゼロの場合，A は $A = F + G$ と表されることを示せ．

4.25　A を重複度 5 の固有値 λ をもつ 5×5 行列とする．$(A - \lambda I_5)^2 = (0)$ のとき，A についてありうるジョルダン標準形は何か．

4.26　$J_h(\lambda)$ が $h \times h$ ジョルダンブロック行列の場合，$\{J_h(\lambda)\}^2$ の固有値を見つけよ．もし，$\lambda \neq 0$ ならば，$\{J_h(\lambda)\}^2$ は線形独立な固有ベクトルをいくつもつだろうか．また，この情報を用いて，$m \times m$ 非特異行列 A がジョルダン分解 $A = B^{-1}JB$ をもつならば，そのとき A^2 が $A^2 = B_*^{-1}J_*B_*$ によって与えられるジョルダン分解をもつことを示せ．ただし，$J = \text{diag}(J_{h_1}(\lambda_1), \ldots, J_{h_r}(\lambda_r))$ であり，$J_* = \text{diag}(J_{h_1}(\lambda_1^2), \ldots, J_{h_r}(\lambda_r^2))$ である．

4.27　A を $m \times m$ ゼロベキ等行列とする．練習問題 3.36 において，A のすべての固有値は 0 であることが示された．このことおよび A のジョルダン標準形を利用して，$A^h = (0)$ を満たすような正の整数 $h \leq m$ が存在することを示せ．

4.28　A を $m \times m$ 行列とする．$\text{rank}(A^2) = \text{rank}(A)$ が成り立つとき，そのときに限り，A の階数は A の非ゼロの固有値の数に等しいということを示せ．

4.29　λ は A に関する重複度 r の固有値であると仮定する．$\text{rank}(A - \lambda I_m) = \text{rank}\{(A - \lambda I_m)^2\}$ であるならばそのときのみ，λ に対応する r 本の線形独立な A の固有ベクトルがあることを示せ．

4.30　A と B を $m \times m$ 行列とする．X^*AX および X^*BX が両方とも上三角行列であるような，$m \times m$ ユニタリ行列 X が存在すると仮定する．$AB - BA$ の固有値がすべて 0 と等しくなるということを示せ．

4.31　T と U を $m \times m$ の上三角行列とする．付け加えて，ある正整数 $r < m$ について，$1 \leq i \leq r,\ 1 \leq j \leq r$ について $t_{ij} = 0$ かつ $u_{r+1,r+1} = 0$ とする．このとき，上三角行列 $V = TU$ は $1 \leq i \leq r+1,\ 1 \leq j \leq r+1$ について $v_{ij} = 0$ と表現できることを

証明せよ.

4.32 行列 A のシューア分解と，前問の結果を用いて，定理 3.8 で与えられたケーリー–ハミルトンの定理を証明せよ．すなわち，$\lambda_1, \ldots, \lambda_m$ を A の固有値とするとき，以下を示せ.

$$(A - \lambda_1 I_m)(A - \lambda_2 I_m) \cdots (A - \lambda_m I_m) = (0)$$

4.33 練習問題 4.17 で与えられた行列 C のシューア分解を求めよ.

4.34 練習問題 4.33 をもう一度繰り返し，C の異なるシューア分解を求めよ.

4.35 A を $m \times m$ 行列とし，定理 4.12 で与えられたシューア分解を考える．行列 T は一意に定まらないとしても，数 $\sum_{i<j} |t_{ij}|^2$ は一意に定まることを示せ.

4.36 A を $m \times n$ 行列とする．ただし，$m \leq n$ である．$HH' = I_m$ および $A = BH$ となるような $m \times m$ 非負定値行列 B と $m \times n$ 行列 H が存在することを示せ.

4.37 A, B は $m \times m$ 行列で対角化可能であるとする．双方が対角化可能である場合にのみ A, B が可換 $(AB = BA)$ であることを示せ．言い換えるならばこれは，$X^{-1}AX, X^{-1}BX$ が対角行列となるような非特異行列 X が存在する場合にのみ $AB = BA$ となることを示すこととなる．これは $k = 2$ の場合の定理 4.19 の証明となる.

4.38 以下のような行列 A, B を考える.

$$A = \begin{bmatrix} 1 & 0 \\ 0 & 1 \end{bmatrix}, \qquad B = \begin{bmatrix} 0 & 1 \\ 0 & 0 \end{bmatrix}$$

(a) $AB = BA$ を示せ.
(b) AB が対角化可能ではないことを示せ.
(c) (a),(b) が練習問題 4.37 の結果と矛盾していないのはなぜか.

4.39 $m \times m$ 行列 A，B は対角化可能であり，$AB = BA$ とする．A の固有値を $\lambda_1, \ldots, \lambda_m$，B の固有値を $\mu_1, \ldots, \mu_m$ と表記する．もし，$A + B$ の固有値を $\gamma_1, \ldots, \gamma_m$ とすると，$k = 1, \ldots, m$ に対して，

$$\gamma_k = \lambda_{i_k} + \mu_{j_k}$$

となることを示せ．ただし，$(i_1, \ldots, i_m)$ と $(j_1, \ldots, j_m)$ は $(1, \ldots, m)$ の組み合わせである.

4.40 A および B は $m \times m$ 行列とし，両者は可換であると仮定する.

(a) もし A と B が非特異ならば，A^{-1} と B^{-1} が可換であることを示せ．
(b) もし i と j が正の整数ならば，A^i と B^j が可換であることを示せ．

4.41　定理 4.15 と定理 4.16 の条件を満たさないが，CAC' と CBC' が対角行列となるような非特異行列 C が存在する 2×2 行列 A および B を見つけよ．

4.42　A を $m \times m$ 非負定値行列であるとし，B を $m \times m$ 正定値行列であるとする．このとき

$$|A+B| \geq |B|$$

であり，$A=(0)$ ならばそのときのみ等号が成立することを示せ．

4.43　A と B が $m \times m$ 正定値行列であると仮定する．$B^{-1}-A^{-1}$ が正定値である場合かつその場合に限り，$A-B$ が正定値になるということを示せ．

4.44　A と B は $m \times m$ の対称行列であり B は正定値行列であるとする．AB^{-1} のすべての固有値が -1 よりも大きいとき，かつそのときに限り，$A-B$ は正定値であることを証明せよ．

4.45　4.8 節で与えられた関数 $||A||_E$，$||A||_1$，$||A||_\infty$，$||A||_2$ が実際に行列ノルムであることを示せ．

4.46　A を $m \times m$ 行列として，以下の関数について考える．

$$||A||_* = m\left(\max_{1\leq i,j\leq m} |a_{ij}|\right)$$

$||A||_*$ が行列ノルムであることを証明せよ．

4.47　定理 4.20 を証明せよ．

4.48　$m \times m$ 行列に定義された，任意の行列ノルムについて，以下を示せ．

(a) $||I_m|| \geq 1$
(b) もし A が $m \times m$ 非特異行列ならば，$||A^{-1}|| \geq ||A||^{-1}$

4.49　A を，特異値 $\delta_1,\ldots,\delta_r$ をもつ $m \times m$ 実行列とする．このとき以下を示せ．

$$||A||_E = \left(\sum_{i=1}^{r} \delta_i^2\right)^{1/2}$$

4.50　A を特異値 $\delta_1 \geq \cdots \geq \delta_r$ をもつ $m \times m$ 実数行列とし，B を $\mathrm{rank}(B)=s<r$ となる別の $m \times m$ 実数行列とする．このとき，以下を示せ．

$$||B - A||_E^2 \geq \sum_{i=s+1}^{r} \delta_i^2$$

4.51 ある行列ノルムについて $\|I_m - A\| < 1$ であるならば，A は非特異行列であることを示せ.

4.52 以下を満たすような 2×2 の行列 A と B の例を見つけよ.

(a) $\rho(A + B) > \rho(A) + \rho(B)$

(b) $\rho(AB) > \rho(A)\rho(B)$

4.53 以下で与えられる 2×2 行列を考える.

$$A = \begin{bmatrix} a & 1 \\ 0 & a \end{bmatrix}$$

(a) 一般的な正の整数 k に対して A^k を決定せよ.

(b) $\rho(A)$ と $\rho(A^k)$ を求めよ.

(c) $k \to \infty$ となるにしたがって A^k が (0) に収束するのは，a がどのような値のときであるか示せ．また，この場合，いかにして $||A|| < 1$ となるようにノルムを構成するかについて示せ.

4.54 A を $m \times m$ 行列とする．ある行列ノルムについて $||A|| < 1$ であるならば，行列 $I_m - A$ は逆行列をもち，以下が成り立つことを示せ.

$$(I_m - A)^{-1} = I_m + \sum_{k=1}^{\infty} A^k$$

4.55 この問題においては，$m \times m$ 行列 A の $A = LU$ の形式への分解について考える．ここで，L は $m \times m$ 下三角行列であり，U は $m \times m$ 上三角行列である.

(a) A_j を A の最初の j 行 j 列からなる，A の $j \times j$ 部分行列であるとする．$r = \mathrm{rank}(A)$ であり，$|A_j| \neq 0, j = 1, \ldots, r$ であるならば，L_* を $r \times r$ 非特異下三角行列，U_* を $r \times r$ 非特異上三角行列として，A_r が $A_r = L_* U_*$ と分解されることを証明せよ．そして，この結果を利用して A が $A = LU$ と分解されることを示せ．ここで，L は $m \times m$ 下三角行列であり，U は $m \times m$ 上三角行列である.

(b) LU 分解することができない 2×2 行列を見つけることにより，すべての $m \times m$ 行列がこの形式へ分解できるわけではないことを示せ.

(c) 連立方程式 $A\boldsymbol{x} = \boldsymbol{c}$ の解 $\boldsymbol{x}$ の計算を単純化するために A の LU 分解をどのように利用できるかを示せ.

4.56　A が $m \times m$ 行列であると仮定する．$A = PLUQ$ となるような，$m \times m$ 下三角行列 L，$m \times m$ 上三角行列 U，$m \times m$ 置換行列 P と Q が存在するということを示せ．

4.57　A は $m \times m$ 行列であり，$j = 1, \ldots, m$ について $|A_j| \neq= 0$ が成り立つものと仮定する．A_j は A の $j \times j$ 部分行列を意味しており，その行列は A の最初の j 行，j 列から構成されている．

(a) その対角要素が 1 であり $A = LDM'$ が成り立つような対角行列 D をもつ $m \times m$ 下三角行列 L と M の存在を示せ．

(b) A も対称行列であるならば，$M = L$ であり，$A = LDL'$ であることを証明せよ．

5 一般逆行列

5.1 導　　入

逆行列はすべての非特異の正方行列について定義されている．しかし矩形行列や正方特異行列を扱う場合でも，逆行列と同様な働きをする別の行列が必要な場合がある．統計学や他の応用分野でも頻繁に遭遇するこのような状況は，連立方程式の解の発見を伴っている．連立方程式は行列において以下のような形式で記述される．

$$A\boldsymbol{x} = \boldsymbol{c}$$

ここで A は $m \times n$ 定数行列，$\boldsymbol{c}$ は $m \times 1$ 定数ベクトルであり，そして $\boldsymbol{x}$ は解を見つける必要のある $n \times 1$ ベクトルである．もし $m = n$ かつ A が非特異であるならば A^{-1} は存在し，そしてそれゆえ A^{-1} を上記の連立方程式に前から掛けることで，$\boldsymbol{x} = A^{-1}\boldsymbol{c}$ のときにのみ方程式が満たされることがわかる．つまりこのとき対象の方程式は解をもち，その解は一意に定まり，$\boldsymbol{x} = A^{-1}\boldsymbol{c}$ によって解が与えられる．一方 A^{-1} が存在しない場合は，連立方程式に解があるのかどうかをどのように決めればよいのだろうか．またもし解が存在するならば，何個の解がそこにあり，そしてそれをどのように探し出せばよいだろうか．第 6 章では以上のすべての疑問に対する答えが，本章で議論される一般逆行列 (generalized inverse) の観点から簡便な形で示される．

これに続く一般逆行列の統計学における応用としては，2 次形式や χ^2 分布に関する話題があげられる．まず平均ベクトル $\mathbf{0}$，共分散行列 Ω をもつ m 次の確率ベクトル $\boldsymbol{x}$ を考える．ある状況下でよく有益な変換となるものに $\boldsymbol{x}$ を，共分散行列として単位行列をもつような別の確率ベクトル $\boldsymbol{z}$ に変換するものがある．例えば第 10 章では，$\boldsymbol{z}$ が正規分布に従うならば $\boldsymbol{z}$ の成分の 2 乗和，すなわち $\boldsymbol{z}'\boldsymbol{z}$ が χ^2 分布に従うということを確認することになる．例 4.5 では，もし T が $\Omega^{-1} = TT'$ を満たすような任意の $m \times m$ 行列であるならば，$\boldsymbol{z} = T'\boldsymbol{x}$ がその共分散行列として I_m をもつということを確認した．そして $\boldsymbol{z}'\boldsymbol{z}$ は以下を満たす．

$$\boldsymbol{z}'\boldsymbol{z} = \boldsymbol{x}'(T')'T'\boldsymbol{x} = \boldsymbol{x}'(TT')\boldsymbol{x} = \boldsymbol{x}'\Omega^{-1}\boldsymbol{x}$$

もちろんこれは Ω が正定値であるときのみ成り立つ．もし Ω が階数 r の半正定値行列であるならば $\boldsymbol{z}$ を $\boldsymbol{z}=\beta'\boldsymbol{x}$ と定めたときに，

$$\mathrm{var}(\boldsymbol{z})=\begin{bmatrix} I_r & (0) \\ (0) & (0) \end{bmatrix}$$

かつ $\boldsymbol{z}'\boldsymbol{z}=\boldsymbol{x}'A\boldsymbol{x}$ となり，$A=BB'$ が成り立つような $m\times m$ 行列 A と B を見つけることができるだろう．後の節では，A が Ω の一般逆行列であり，$\boldsymbol{z}$ が正規分布に従うなら $\boldsymbol{z}'\boldsymbol{z}$ はこの場合でも χ^2 分布に従うということを確認することになる．

5.2 ムーア–ペンローズ形一般逆行列

統計学の応用において有用な一般逆行列の 1 つが Moore(1920, 1935) と Penrose(1955) によって開発された．この逆行列は正方非特異行列の逆行列のもつ 4 つの性質を有するように定義されている．

定義 5.1 $m\times n$ 行列 A におけるムーア–ペンローズ形逆行列 (Moore-Penrose inverse) は $n\times m$ 行列であり，A^+ と表記され，以下の 4 つの条件を満たす．

$$AA^+A=A \tag{5.1}$$

$$A^+AA^+=A^+ \tag{5.2}$$

$$(AA^+)'=AA^+ \tag{5.3}$$

$$(A^+A)'=A^+A \tag{5.4}$$

ムーア–ペンローズ形逆行列について最も重要な特徴の 1 つで本章で議論される他の一般逆行列から区別される点は，一意に定義される点である．ムーア–ペンローズ形逆行列の存在とともに，この事実が次の定理 5.1 において確立される．

定理 5.1 各々の $m\times n$ 行列 A に対応し，条件 (5.1)〜(5.4) を満たすような $n\times m$ 行列 A^+ が 1 つ，そしてただ 1 つだけ存在する．

証明 まずはじめに A^+ の存在を証明する．もし A が $m\times n$ ゼロ行列であるならば，$n\times m$ ゼロ行列である $A^+=(0)$ が定義 5.1 における 4 つの条件を満たすことが簡単に確認される．もし $A\neq(0)$ ならば $\mathrm{rank}(A)=r>0$ であり，系 4.1.1 から $P'P=Q'Q=I_r$，かつ以下となるような，それぞれ $m\times r, n\times r$ 行列 P, Q が存在することがわかる．

$$A=P\Delta Q'$$

ただし Δ は正の対角要素をもつ対角行列である．もし $A^+=Q\Delta^{-1}P'$ と定義するならば，以下のようになることに注意する．

$$AA^+A=P\Delta Q'Q\Delta^{-1}P'P\Delta Q'=P\Delta\Delta^{-1}\Delta Q'$$

$$
\begin{aligned}
&= P\Delta Q' = A \\
A^+AA^+ &= Q\Delta^{-1}P'P\Delta Q'Q\Delta^{-1}P' = Q\Delta^{-1}\Delta\Delta^{-1}P' \\
&= Q\Delta^{-1}P' = A^+ \\
AA^+ &= P\Delta Q'Q\Delta^{-1}P' = PP' \quad (\text{対称行列}) \\
A^+A &= Q\Delta^{-1}P'P\Delta Q' = QQ' \quad (\text{対称行列})
\end{aligned}
$$

よって $A^+ = Q\Delta^{-1}P'$ は A のムーア–ペンローズ形逆行列であり，それゆえにこの逆行列の存在は確立された．次に B, C を A^+ のための条件 (5.1) から条件 (5.4) を満たすような任意の 2 つの行列とする．そしてその 4 つの条件を利用することで以下を得る．

$$
\begin{aligned}
AB &= (AB)' = B'A' = B'(ACA)' = B'A'(AC)' \\
&= (AB)'AC = ABAC = AC
\end{aligned}
$$

$$
\begin{aligned}
BA &= (BA)' = A'B' = (ACA)'B' = (CA)'A'B' \\
&= CA(BA)' = CABA = CA
\end{aligned}
$$

ここで，これら 2 つの恒等式と (5.2) 式を用いると，次のようになる．

$$
B = BAB = BAC = CAC = C
$$

B と C は同一であるため，ムーア–ペンローズ形逆行列は一意である． □

定理 5.1 の証明において行列 A のムーア–ペンローズ形逆行列は A の特異値分解と明確に関係していることがうかがえる．つまり単にこの逆行列は A の特異値分解を構成する成分の行列の単純な関数である．

定義 5.1 は Penrose(1955) によって与えられた一般逆行列の定義である．いくつかの場面で有益な次の代替的な定義は，Moore(1935) によってはじめてなされたものである．この定義は第 2 章で議論された射影行列に関する概念を利用している．もし S が R^m のベクトル部分空間であり P_S がその射影行列であるならば，任意の $\boldsymbol{x} \in R^m$ に対して $P_S\boldsymbol{x}$ が S 上への $\boldsymbol{x}$ の直交射影を与え，$\boldsymbol{x} - P_S\boldsymbol{x}$ は S に直交する $\boldsymbol{x}$ の要素であったことを思い出そう．さらに，一意な行列 P_S は $\boldsymbol{x}_1\boldsymbol{x}_1' + \cdots + \boldsymbol{x}_r\boldsymbol{x}_r'$ で与えられるのであった．ここで $\{\boldsymbol{x}_1, \ldots, \boldsymbol{x}_r\}$ は S に対する任意の正規直交基底である．

定義 5.2 A を $m \times n$ 行列とする．そのとき A のムーア–ペンローズ形逆行列は以下を満たす一意な $n \times m$ 行列 A^+ である．

(a) $AA^+ = P_{R(A)}$
(b) $A^+A = P_{R(A^+)}$

ここで $P_{R(A)}$ と $P_{R(A^+)}$ はそれぞれ A と A^+ の列空間の射影行列である．

定義 5.1 と定義 5.2 の等価性はただちには明らかでない．よってそれを定理 5.2 によって確立する．

定理 5.2 定義 5.2 は定義 5.1 と等価である．

証明 はじめに，定義 5.2 を満たす行列 A^+ がまた必ず定義 5.1 をも満たさなければならないことを示す．定義から射影行列は対称であるので，それによって条件 (5.3) と (5.4) はただちに成立する．次に A の列は $R(A)$ 内にあり，そのため以下が示唆される．

$$AA^+A = P_{R(A)}A = A$$

また A^+ の列も $R(A^+)$ 内にあるので，次が示唆される．

$$A^+AA^+ = P_{R(A^+)}A^+ = A^+$$

よって条件 (5.1) と (5.2) も成立する．反対にいま，A^+ が定義 5.1 を満たしていると仮定する．A を (5.2) 式に前から掛けることによって (5.3) 式から次を得る．

$$AA^+AA^+ = (AA^+)^2 = AA^+$$

この式について AA^+ はベキ等かつ対称であり，そしてそれゆえに定理 2.20 によって AA^+ は射影行列となることを示している．AA^+ が A の列空間の射影行列であることを示すには，BC が定義されるような任意の行列 B, C について $R(BC) \subseteq R(B)$ となることに注意する．これを (5.1) 式とともに 2 回利用すると，以下を得ることができる．

$$R(A) = R(AA^+A) \subseteq R(AA^+) \subseteq R(A)$$

このため $R(AA^+) = R(A)$ となる．これは $P_{R(A)} = AA^+$ であることをも証明している．$P_{R(A^+)} = A^+A$ の証明については (5.1) 式と (5.4) 式を用いて同じように得ることができる． □

5.3 ムーア–ペンローズ形逆行列の基本的な性質

本節では，ムーア–ペンローズ形逆行列の基本的な性質を確立しよう．より専門化した結果については後の節で扱うことにする．まず，定理 5.3 がある．

定理 5.3 A を $m \times n$ 行列とすると以下が成り立つ．

(a) $\alpha \neq 0$ がスカラーならば，$(\alpha A)^+ = \alpha^{-1}A^+$ である．
(b) $(A')^+ = (A^+)'$
(c) $(A^+)^+ = A$

(d) A が非特異の正方行列ならば，$A^+ = A^{-1}$ である．
(e) $(A'A)^+ = A^+A^{+\prime}$ および $(AA')^+ = A^{+\prime}A^+$
(f) $(AA^+)^+ = AA^+$ および $(A^+A)^+ = A^+A$
(g) $A^+ = (A'A)^+A' = A'(AA')^+$
(h) $\text{rank}(A) = n$ ならば，$A^+ = (A'A)^{-1}A'$ および $A^+A = I_n$ である．
(i) $\text{rank}(A) = m$ ならば，$A^+ = A'(AA')^{-1}$ および $AA^+ = I_m$ である．
(j) A の列が直交している，すなわち $A'A = I_n$ ならば，$A^+ = A'$ である．

証明 各定理は，定められた逆行列が条件 (5.1) から (5.4) を満たすかどうか確かめることで簡単に証明される．ここでは (e) で与えられる $(A'A)^+ = A^+A^{+\prime}$ のみを証明し，残りの証明は読者に委ねる．A^+ がムーア–ペンローズ形逆行列の 4 つの条件式を満たしていることから，以下の変形が成り立つ．

$$\begin{aligned}
A'A(A'A)^+A'A &= A'AA^+A^{+\prime}A'A = A'AA^+(AA^+)'A \\
&= A'AA^+AA^+A = A'AA^+A = A'A \\
(A'A)^+A'A(A'A)^+ &= A^+A^{+\prime}A'AA^+A^{+\prime} = A^+(AA^+)'AA^+A^{+\prime} \\
&= A^+AA^+AA^+A^{+\prime} = A^+AA^+A^{+\prime} \\
&= A^+A^{+\prime} = (A'A)^+
\end{aligned}$$

これより，$(A'A)^+ = A^+A^{+\prime}$ がムーア–ペンローズ形逆行列 $(A'A)^+$ の条件のうち (5.1) と (5.2) を満たしていることがわかる．さらに，定義より A^+A は対称となることに注目すると，以下の変形を導ける．

$$\begin{aligned}
A'A(A'A)^+ &= A'AA^+A^{+\prime} = A'(A^+(AA^+)')' \\
&= A'(A^+AA^+)' = A'A^{+\prime} \\
&= (A^+A)'
\end{aligned}$$

したがって，$(A'A)^+ = A^+A^{+\prime}$ が条件 (5.3) を満たしていることがわかる．条件 (5.4) も同様に，

$$\begin{aligned}
(A'A)^+A'A &= A^+A^{+\prime}A'A = A^+(AA^+)'A \\
&= A^+AA^+A = A^+A
\end{aligned}$$

から満たされる．これより $(A'A)^+ = A^+A^{+\prime}$ が証明される． □

例 5.1 定理 5.3 の性質 (h), (i) は，最大列階数や最大行階数をもつムーア–ペンローズ形逆行列の計算に役立つ．次の 2 つの行列

$$\boldsymbol{a} = \begin{bmatrix} 1 \\ 1 \end{bmatrix} \quad \text{and} \quad A = \begin{bmatrix} 1 & 2 & 1 \\ 2 & 1 & 0 \end{bmatrix}$$

のムーア–ペンローズ形逆行列を見つけ出すことで実演してみよう．性質 (h) より，$\boldsymbol{a}^+$ は任意のベクトル $\boldsymbol{a} \neq \boldsymbol{0}$ に対して，$(\boldsymbol{a}'\boldsymbol{a})^{-1}\boldsymbol{a}'$ で与えられる．よって

$$\boldsymbol{a}^+ = [\ 0.5 \quad 0.5\ ]$$

である．A に対しては，$\mathrm{rank}(A) = 2$ であることから，性質 (i) を利用することができる．AA' と $(AA')^{-1}$ を計算すると，

$$AA' = \begin{bmatrix} 6 & 4 \\ 4 & 5 \end{bmatrix}, \qquad (AA')^{-1} = \frac{1}{14}\begin{bmatrix} 5 & -4 \\ -4 & 6 \end{bmatrix}$$

となる．よって，以下である．

$$A^+ = A'(AA')^{-1} = \frac{1}{14}\begin{bmatrix} 1 & 2 \\ 2 & 1 \\ 1 & 0 \end{bmatrix}\begin{bmatrix} 5 & -4 \\ -4 & 6 \end{bmatrix}$$
$$= \frac{1}{14}\begin{bmatrix} -3 & 8 \\ 6 & -2 \\ 5 & -4 \end{bmatrix}$$

定理 5.4 では，行列の階数とムーア–ペンローズ形逆行列の階数の関係を確立する．

定理 5.4　任意の $m \times n$ 行列 A に対して以下が成り立つ．

$$\mathrm{rank}(A) = \mathrm{rank}(A^+) = \mathrm{rank}(AA^+) = \mathrm{rank}(A^+A)$$

証明　条件 (5.1) と，行列の積の階数は積に含まれるどの行列の階数も超えることはないという事実を用いると，

$$\mathrm{rank}(A) = \mathrm{rank}(AA^+A) \leq \mathrm{rank}(AA^+) \leq \mathrm{rank}(A^+) \tag{5.5}$$

を得る．同様に条件 (5.2) を用いると，

$$\mathrm{rank}(A^+) = \mathrm{rank}(A^+AA^+) \leq \mathrm{rank}(A^+A) \leq \mathrm{rank}(A) \tag{5.6}$$

を得る．(5.5) 式と (5.6) 式からただちに題意が導かれる．□

定義 5.2 と定理 5.2 を通して，A^+A は A^+ のレンジの射影行列であることがわかる．この行列はまた，$\mathrm{rank}(B) = \mathrm{rank}(A^+)$ と $A^+AB = B$ を満たす任意の行列 B のレンジの射影行列でもある．例えば，定理 5.4 から $\mathrm{rank}(A') = \mathrm{rank}(A^+)$ および

$$A^+AA' = (A^+A)'A' = A'A^{+\prime}A' = A'$$

が得られる．よって A^+A は A' のレンジの射影行列でもあり，つまり $P_{R(A')} = A^+A$

である．

定理 5.5 は対称行列のムーア–ペンローズ形逆行列が有する特別な性質のいくつかをまとめたものである．

定理 5.5　A を $m \times m$ の対称行列とすると以下が成り立つ．

(a) A^+ もまた対称行列である．
(b) $AA^+ = A^+A$
(c) A がベキ等行列ならば，$A^+ = A$ である．

証明　定理 5.3(b) と $A = A'$ という事実を用いると，以下が得られる．

$$A^+ = (A')^+ = (A^+)'$$

これより (a) は証明される．(b) を証明するためには，ムーア–ペンローズ形逆行列の条件 (5.3) に，A と A^+ 双方の対称性を加えると，

$$AA^+ = (AA^+)' = A^{+\prime}A' = A^+A$$

が導かれることに着目すればよい．そして (c) は，$A^2 = A$ であるときの $A^+ = A$ についてムーア–ペンローズ形逆行列の 4 条件を確かめることにより，証明される．例えば条件 (5.1), (5.2) はともに，

$$AAA = A^2A = AA = A^2 = A$$

より成り立つ．また，

$$(AA)' = A'A' = AA$$

ということに着目すると，条件 (5.3) と (5.4) も成り立つ．□

定理 5.1 の証明において，任意の行列のムーア–ペンローズ形逆行列が，元の行列の特異値分解に含まれる成分の観点から簡便に表現されうることがわかった．さらに，対称行列という特別な場合には，元の行列のスペクトル分解の成分の観点，すなわち固有値と固有ベクトルの観点からムーア–ペンローズ形逆行列を表現することができる．この関係を特定する前に，対角行列のムーア–ペンローズ形逆行列についてまず考えておこう．次の定理の証明は，単に条件 (5.1)〜(5.4) を確認するものであり，読者に委ねておく．

定理 5.6　Λ を $m \times m$ 対角行列 $\mathrm{diag}(\lambda_1, \ldots, \lambda_m)$ とする．このとき Λ のムーア–ペンローズ形逆行列 Λ^+ は，以下を満たす対角行列 $\mathrm{diag}(\phi_1, \ldots, \phi_m)$ である．

$$\phi_i = \begin{cases} \lambda_i^{-1} & \lambda_i \neq 0 \text{ の場合} \\ 0 & \lambda_i = 0 \text{ の場合} \end{cases}$$

定理 5.7　$\boldsymbol{x}_1, \ldots, \boldsymbol{x}_m$ を $m \times m$ 対称行列 A の固有値 $\lambda_1, \ldots, \lambda_m$ に対応する正規直交固有ベクトルの集合とする．$\Lambda = \mathrm{diag}(\lambda_1, \ldots, \lambda_m)$，$X = (\boldsymbol{x}_1, \ldots, \boldsymbol{x}_m)$ を定義すると，以下となる．

$$A^+ = X\Lambda^+ X'$$

証明　$r = \mathrm{rank}(A)$ とし，λ_i を値の大きい順に並べたとする．よって，$\lambda_{r+1} = \cdots = \lambda_m = 0$ である．X_1 が $m \times r$ 行列となるよう X を $X = [X_1 \quad X_2]$ と分割し，Λ を $\Lambda = \mathrm{diag}(\Lambda_1, (0))$ のようなブロック対角形式に分割する．ただし，$\Lambda_1 = \mathrm{diag}(\lambda_1, \ldots, \lambda_r)$ である．このとき，A のスペクトル分解は以下によって与えられる．

$$A = \begin{bmatrix} X_1 & X_2 \end{bmatrix} \begin{bmatrix} \Lambda_1 & (0) \\ (0) & (0) \end{bmatrix} \begin{bmatrix} X_1' \\ X_2' \end{bmatrix} = X_1\Lambda_1 X_1'$$

同様に，A^+ を上式のような形で表現することで，$A^+ = X_1\Lambda_1^{-1}X_1'$ が導かれる．したがって，$X_1'X_1 = I_r$ であるから，以下が得られる．

$$AA^+ = X_1\Lambda_1X_1'X_1\Lambda_1^{-1}X_1' = X_1\Lambda_1\Lambda_1^{-1}X_1' = X_1X_1'$$

これは，明らかに対称であり，ゆえに条件 (5.3) は満たされる．同様に，$A^+A = X_1X_1'$ であり，条件 (5.4) も成り立つ．また，

$$\begin{aligned} AA^+A &= (AA^+)A = X_1X_1'X_1\Lambda_1X_1' \\ &= X_1\Lambda_1X_1' = A \\ A^+AA^+ &= A^+(AA^+) = X_1\Lambda_1^{-1}X_1'X_1X_1' \\ &= X_1\Lambda_1^{-1}X_1' = A^+ \end{aligned}$$

であるから，条件 (5.1) と (5.2) が成り立つ．よって，証明を完了する．　□

例 5.2　以下の対称行列を考える．

$$A = \begin{bmatrix} 32 & 16 & 16 \\ 16 & 14 & 2 \\ 16 & 2 & 14 \end{bmatrix}$$

この行列が，以下のように表現されうることを A の固有解析によって明らかにすることは，容易に確認できる．

$$A = \begin{bmatrix} 2/\sqrt{6} & 0 \\ 1/\sqrt{6} & -1/\sqrt{2} \\ 1/\sqrt{6} & 1/\sqrt{2} \end{bmatrix} \begin{bmatrix} 48 & 0 \\ 0 & 12 \end{bmatrix} \begin{bmatrix} 2/\sqrt{6} & 1/\sqrt{6} & 1/\sqrt{6} \\ 0 & -1/\sqrt{2} & 1/\sqrt{2} \end{bmatrix}$$

したがって，定理 5.7 より，以下を得る．

$$A^+ = \begin{bmatrix} 2/\sqrt{6} & 0 \\ 1/\sqrt{6} & -1/\sqrt{2} \\ 1/\sqrt{6} & 1/\sqrt{2} \end{bmatrix} \begin{bmatrix} 1/48 & 0 \\ 0 & 1/12 \end{bmatrix} \begin{bmatrix} 2/\sqrt{6} & 1/\sqrt{6} & 1/\sqrt{6} \\ 0 & -1/\sqrt{2} & 1/\sqrt{2} \end{bmatrix}$$

$$= \frac{1}{288} \begin{bmatrix} 4 & 2 & 2 \\ 2 & 13 & -11 \\ 2 & -11 & 13 \end{bmatrix}$$

2.7 節において，$m \times r$ 行列 X の列がベクトル空間 S における基底を形成しているならば，S の射影行列は $X(X'X)^{-1}X'$ によって与えられることを確認した．つまり，

$$P_{R(X)} = X(X'X)^{-1}X'$$

である．定義 5.2 は，X が最大列階数でない状況において，これがどのように一般化されうるかを示している．したがって，定義 5.2 と定理 5.3(g) により，X の列によって張られた空間の射影行列は以下で得られる．

$$P_{R(X)} = XX^+ = X(X'X)^+X' \tag{5.7}$$

例 5.3　以下に示す行列のレンジの射影行列を得るために，(5.7) 式を用いる．

$$X = \begin{bmatrix} 4 & 1 & 3 \\ -4 & -3 & -1 \\ 0 & -2 & 2 \end{bmatrix}$$

前例において，

$$X'X = \begin{bmatrix} 32 & 16 & 16 \\ 16 & 14 & 2 \\ 16 & 2 & 14 \end{bmatrix}$$

のムーア–ペンローズ形逆行列は得られており，それを用いることで，

$$\begin{aligned} P_{R(X)} &= X(X'X)^+X' \\ &= \frac{1}{288} \begin{bmatrix} 4 & 1 & 3 \\ -4 & -3 & -1 \\ 0 & -2 & 2 \end{bmatrix} \begin{bmatrix} 4 & 2 & 2 \\ 2 & 13 & -11 \\ 2 & -11 & 13 \end{bmatrix} \begin{bmatrix} 4 & -4 & 0 \\ 1 & -3 & -2 \\ 3 & -1 & 2 \end{bmatrix} \\ &= \frac{1}{3} \begin{bmatrix} 2 & -1 & 1 \\ -1 & 2 & 1 \\ 1 & 1 & 2 \end{bmatrix} \end{aligned}$$

を得る．これが，(5.7) 式の利用法である．実際には，$P_{R(X)}$ は XX' の正の固有値に対

応する固有射影の和であるため，公式を用いてムーア–ペンローズ形逆行列を計算しなくとも，$P_{R(X)}$ は計算されうる．ここで，

$$XX' = \begin{bmatrix} 26 & -22 & 4 \\ -22 & 26 & 4 \\ 4 & 4 & 8 \end{bmatrix}$$

は，正の 2 つの固有値に対応する正規固有ベクトルとして，$\boldsymbol{z}_1 = (1/\sqrt{2}, -1/\sqrt{2}, 0)'$ と $\boldsymbol{z}_2 = (1/\sqrt{6}, 1/\sqrt{6}, 2/\sqrt{6})'$ をもつ．ゆえに，$Z = (\boldsymbol{z}_1, \boldsymbol{z}_2)$ とするならば，そのとき，以下を得る．

$$P_{R(X)} = ZZ' = \frac{1}{3}\begin{bmatrix} 2 & -1 & 1 \\ -1 & 2 & 1 \\ 1 & 1 & 2 \end{bmatrix}$$

例 5.4　ムーア–ペンローズ形逆行列は，正規確率ベクトルの 2 次形式の構成において有用であり，2 次形式は χ^2 分布に従う．これは第 10 章においてより詳細に吟味される話題であるが，ここでは簡単な例を概観する．標本統計量 $\boldsymbol{t} \sim N_m(\boldsymbol{\theta}, \Omega)$ が得られたときに，$m \times 1$ 母数ベクトル $\boldsymbol{\theta} = \boldsymbol{0}$ であるか否かを決定すべき状況は，推測統計学においてよく遭遇する．正式には，帰無仮説 $H_0 : \boldsymbol{\theta} = \boldsymbol{0}$ と対立仮説 $H_1 : \boldsymbol{\theta} \neq \boldsymbol{0}$ の検定を行いたい場合である．もし Ω が正定値ならば，この問題への 1 つの対処法は，以下の統計量に基づいて H_0 か H_1 かを決定することである．

$$v_1 = \boldsymbol{t}'\Omega^{-1}\boldsymbol{t}$$

いま，T が $TT' = \Omega$ を満たす任意の $m \times m$ 行列であり，$\boldsymbol{u} = T^{-1}\boldsymbol{t}$ と定義すると，そのとき，$E(\boldsymbol{u}) = T^{-1}\boldsymbol{\theta}$,

$$\mathrm{var}(\boldsymbol{u}) = T^{-1}\{\mathrm{var}(\boldsymbol{t})\}T^{-1\prime} = T^{-1}(TT')T^{-1\prime} = I_m$$

であるから，$\boldsymbol{u} \sim N_m(T^{-1}\boldsymbol{\theta}, I_m)$ である．したがって，$u_1, \ldots, u_m$ は正規分布に従う互いに独立な確率変数であり，その結果，

$$v_1 = \boldsymbol{t}'\Omega^{-1}\boldsymbol{t} = \boldsymbol{u}'\boldsymbol{u} = \sum_{i=1}^{m} u_i^2$$

は，自由度 m の χ^2 分布に従う．この χ^2 分布は，$\boldsymbol{\theta} = \boldsymbol{0}$ ならば，中心 χ^2 分布となり，$\boldsymbol{\theta} \neq \boldsymbol{0}$ ならば，非心 χ^2 分布となる．したがって，v_1 が十分に大きければ，H_0 よりも H_1 を選択する．Ω が半正定値である場合には，Ω のムーア–ペンローズ形逆行列を用いることで，上述の v_1 の構成が一般化されうる．この場合，もし，$\mathrm{rank}(\Omega) = r$ であり，$\Omega = X_1\Lambda_1X_1'$，$\Omega^+ = X_1\Lambda_1^{-1}X_1'$ とすると，

$$\mathrm{var}(\boldsymbol{w}) = \Lambda_1^{-1/2}X_1'\{\mathrm{var}(\boldsymbol{t})\}X_1\Lambda_1^{-1/2}$$

$$= \Lambda_1^{-1/2} X_1'(X_1 \Lambda_1 X_1') X_1 \Lambda_1^{-1/2}$$
$$= I_r$$

であるため，$\boldsymbol{w} = \Lambda_1^{-1/2} X_1' \boldsymbol{t} \sim N_r(\Lambda_1^{1/2} X_1' \boldsymbol{\theta}, I_r)$ である．ただし，$m \times r$ 行列 X_1 と $r \times r$ 対角行列 Λ_1 は，定理 5.7 の証明において定義されたものである．したがって，w_i は正規分布に従う互いに独立な確率変数であるため，

$$v_2 = \boldsymbol{t}'\Omega^+ \boldsymbol{t} = \boldsymbol{w}'\boldsymbol{w} = \sum_{i=1}^{r} w_i^2$$

は，χ^2 分布に従い，$\Lambda_1^{-1/2} X_1' \boldsymbol{\theta} = \boldsymbol{0}$ ならば，これは自由度 r の中心 χ^2 分布である．

5.4 行列積のムーア–ペンローズ形逆行列

もし A と B がそれぞれ $m \times m$ の非特異行列ならば，$(AB)^{-1} = B^{-1}A^{-1}$ が成り立つ．逆行列に関するこの性質は，ムーア–ペンローズ形逆行列にただちに一般化されるわけではない．すなわち，A が $m \times p$ で B が $p \times n$ であるとき，一般に $(AB)^+ = B^+A^+$ を保証することはできない．本節では，このような行列積のムーア–ペンローズ形逆行列の分解について，いくつかの結果に注目する．

例 5.5 ここでまず，分解が成り立たない状況を説明するために，Greville(1966) による非常に簡単な例をみてみよう．次の 2×1 ベクトルを定義する．

$$\boldsymbol{a} = \begin{bmatrix} 1 \\ 0 \end{bmatrix}, \qquad \boldsymbol{b} = \begin{bmatrix} 1 \\ 1 \end{bmatrix}$$

つまり，

$$\boldsymbol{a}^+ = (\boldsymbol{a}'\boldsymbol{a})^{-1}\boldsymbol{a}' = [1 \quad 0] \qquad \boldsymbol{b}^+ = (\boldsymbol{b}'\boldsymbol{b})^{-1}\boldsymbol{b}' = [0.5 \quad 0.5]$$

であり，よって以下を得る．

$$(\boldsymbol{a}'\boldsymbol{b})^+ = (1)^+ = 1 \neq \boldsymbol{b}^+\boldsymbol{a}^{+\prime} = 0.5$$

実際，恒等式 $(AB)^+ = B^+A^+$ が成立するいくつかの状況は前節ですでに与えられている．例えば，定理 5.3 における

$$(A'A)^+ = A^+A^{+\prime} = A^+A'^+$$
$$(AA^+)^+ = AA^+ = (A^+)^+A^+$$

である．定理 5.8 では，恒等式 $(AB)^+ = B^+A^+$ が成立するようなもう 1 つの状況を与える．

定理 5.8　A を $m \times n$ 行列とし，P と Q はそれぞれ $P'P = I_m$ および $QQ' = I_n$ を満たすような $h \times m$，$n \times p$ の行列であるとする．このとき以下が成り立つ．

$$(PAQ)^+ = Q^+A^+P^+ = Q'A^+P'$$

定理 5.8 の証明は読者に委ねるが，その証明は単に条件 (5.1)〜(5.4) の検証を要するのみである．対称行列のムーア–ペンローズ形逆行列に関する定理 5.7 は定理 5.8 の特別な場合であることに留意されたい．

次に示す結果は，行列 A および B に関して $(AB)^+ = B^+A^+$ を保証するための十分条件を与える．

定理 5.9　A および B をそれぞれ次数 $m \times p$，$p \times n$ の行列であるとする．もし $\text{rank}(A) = \text{rank}(B) = p$ ならば $(AB)^+ = B^+A^+$ である．

証明　A は最大列階数，B は最大行階数なので，定理 5.3 より $A^+ = (A'A)^{-1}A'$，そして $B^+ = B'(BB')^{-1}$ であることがわかる．結果として，

$$\begin{aligned} ABB^+A^+AB &= ABB'(BB')^{-1}(A'A)^{-1}A'AB = AB \\ B^+A^+ABB^+A^+ &= B'(BB')^{-1}(A'A)^{-1}A'ABB'(BB')^{-1}(A'A)^{-1}A' \\ &= B'(BB')^{-1}(A'A)^{-1}A' = B^+A^+ \end{aligned}$$

となり，条件 (5.1) と (5.2) が満たされる．さらに，以下の 2 つの行列は対称である．

$$\begin{aligned} ABB^+A^+ &= ABB'(BB')^{-1}(A'A)^{-1}A' \\ &= A(A'A)^{-1}A' \\ B^+A^+AB &= B'(BB')^{-1}(A'A)^{-1}A'AB \\ &= B'(BB')^{-1}B \end{aligned}$$

よって，B^+A^+ は AB のムーア–ペンローズ形逆行列である．　□

定理 5.9 は有用ではあるが，その主な欠点は $(AB)^+$ の分解のための十分条件しか与えてくれないという点である．Greville(1966) による以下の結果は，この分解が成立するための必要十分条件のいくつかを与える．

定理 5.10　A を $m \times p$ 行列とし，B を $p \times n$ 行列とする．このとき，以下のそれぞれが $(AB)^+ = B^+A^+$ のための必要十分条件である．

(a) $A^+ABB'A' = BB'A'$ および $BB^+A'AB = A'AB$
(b) A^+ABB' と $A'ABB^+$ が対称行列である．
(c) $A^+ABB'A'ABB^+ = BB'A'A$
(d) $A^+AB = B(AB)^+AB$ および $BB^+A' = A'AB(AB)^+$

証明 ここでは条件 (a) が必要十分であることを証明し，条件 (b)〜(d) の証明については練習問題として読者に残しておく．はじめに，条件 (a) が成り立っていると仮定する．最初の恒等式に B^+ を前から掛け，$(AB)'^+$ を後ろから掛けることによって

$$B^+A^+AB(AB)'(AB)'^+ = B^+BB'A'(AB)'^+ \tag{5.8}$$

となる．また，任意の行列 C について以下が成り立つ．

$$\begin{aligned} C^+CC' &= (C^+C)'C' = C'C^{+\prime}C' \\ &= C'C'^+C' = C' \end{aligned} \tag{5.9}$$

(5.8) 式の右辺については $C = B$ としてこの恒等式を利用し，左辺については $C = AB$ としてこの恒等式の転置を利用すると，

$$B^+A^+AB = (AB)'(AB)'^+$$

となり，条件 (5.4) よりこれは以下と同義である．

$$B^+A^+AB = (AB)^+(AB) = P_{R((AB)^+)} \tag{5.10}$$

(5.10) 式の最右辺は，定義 5.2 で与えられた射影行列に関するムーア–ペンローズ形逆行列の定義から得られる．同様の方法で，(a) の 2 番目の恒等式の転置が得られたとすれば，

$$B'A'ABB^+ = B'A'A$$

となる．この式に前から $(AB)'^+$ を，後ろから A^+ を掛け，$C = (AB)'$ として (5.9) 式を左辺に利用し，$C = A'$ として (5.9) 式の転置を右辺に利用して簡略化すると，次の式を得る．

$$ABB^+A^+ = (AB)(AB)^+ = P_{R(AB)} \tag{5.11}$$

しかしながら，定義5.2 より，$(AB)^+$ は (5.10) 式と (5.11) 式の両方を満たす唯一の行列である．結果として，$(AB)^+ = B^+A^+$ でなくてはならない．反対に，いま $(AB)^+ = B^+A^+$ と仮定する．$C = AB$ として (5.9) 式をこの式に適用すると，

$$(AB)' = B^+A^+(AB)(AB)'$$

となる．この式に前から $ABB'B$ を掛けると，

$$ABB'BB'A' = ABB'BB^+A^+ABB'A'$$

を得る．$C = B'$ として (5.9) 式の転置を利用し，配列し直すと，以下のように簡略化される．

$$ABB'(I_p - A^+A)BB'A' = (0)$$

$D = (I_p - A^+A)$ が対称でかつベキ等なので，上式は $E'D'DE = (0)$ という形式で表される．ただし $E = BB'A'$ である．そしてこのことは $DE = (0)$ を意味する．つまり

$$(I_p - A^+A)BB'A' = (0)$$

である．これは (a) の最初の恒等式と同義である．同様の方法で，(5.9) 式で $C = (AB)'$ として $(AB)^+ = B^+A^+$ を用いると，

$$AB = A^{+\prime}B^{+\prime}B'A'AB$$

となる．前から $B'A'AA'$ を掛けると，これは (a) の 2 番目の恒等式と同義の式に簡略化される．□

次なるステップは，積 AB が定義できるすべての A と B について成り立つような $(AB)^+$ の一般表現を求めることである．$AB = A_1B_1$，$(A_1B_1)^+ = B_1^+A_1^+$ となるように，A および B をそれぞれ行列 A_1 と B_1 に変換するという方法を用いる．Cline(1964a) による結果が定理 5.11 で与えられる．

定理 5.11　A を $m \times p$ 行列とし，B を $p \times n$ 行列とする．もし $B_1 = A^+AB$ かつ $A_1 = AB_1B_1^+$ ならば，$AB = A_1B_1$ かつ $(AB)^+ = B_1^+A_1^+$ である．

証明

$$AB = AA^+AB = AB_1 = AB_1B_1^+B_1 = A_1B_1$$

なので，1 つ目の結果は成立する．2 つ目の結果を証明するために，A_1 と B_1 に対して定理 5.10(a) で与えられた 2 つの条件が満たされていることを示さなくてはならない．まず，

$$\begin{aligned} A^+A_1 &= A^+AB_1B_1^+ = A^+A(A^+AB)B_1^+ \\ &= A^+ABB_1^+ = B_1B_1^+ \end{aligned} \tag{5.12}$$

$$\begin{aligned} A_1^+A_1 &= A_1^+AB_1B_1^+ = A_1^+A(B_1B_1^+B_1)B_1^+ \\ &= A_1^+A_1B_1B_1^+ \end{aligned} \tag{5.13}$$

であることに注目する．(5.13) 式の転置をとり，条件 (5.3) と (5.4) とともに (5.12) 式を利用すると，

$$A_1^+A_1 = B_1B_1^+A_1^+A_1 = A^+A_1A_1^+A_1 = A^+A_1 = B_1B_1^+$$

であり，よって

$$A_1^+A_1B_1B_1'A_1' = B_1B_1^+B_1B_1'A_1' = B_1B_1'A_1'$$

となる．これは定理 5.10(a) の 1 つ目の恒等式である．2 つ目の恒等式は

$$\begin{aligned} A_1' &= (AB_1B_1^+)' = (AB_1B_1^+B_1B_1^+)' \\ &= (A_1B_1B_1^+)' = B_1B_1^+A_1' \end{aligned}$$

に注目し，この式に A_1B_1 を後ろから掛けることによって得られる．□

定理 5.11 において，B は，A^+ の列空間の射影行列によって B_1 に変換されたのに対して，A は，B ではなく B_1 の列空間の射影行列によって A_1 に変換されたということに注意が必要である．次の結果は，もし $AB = A_1B_1$ にこだわらないならば，B の列空間は B_1 の列空間の代わりに利用されうるということを示している．この結果の証明は，Campbell and Meyer (1979) にみることができる．

定理 5.12　A を $m \times p$ 行列とし，B を $p \times n$ の行列とする．$B_1 = A^+AB$ および $A_1 = ABB^+$ を定義すると，$(AB)^+ = B_1^+A_1^+$ である．

5.5　分割行列のムーア–ペンローズ形逆行列

$m \times n$ 行列 A は $A = [U \quad V]$ と分割されており，U は $m \times n_1$，V は $m \times n_2$ であるとする．場合によっては，部分行列 U と V の観点から A^+ を表現することが役に立つ．U と V については仮定をおかないという一般的な場合から始めよう．

定理 5.13　$m \times n$ 行列 A は $A = [U \quad V]$ と分割されており，U は $m \times n_1$，V は $m \times n_2$，$n = n_1 + n_2$ とする．このとき以下が成り立つ．

$$A^+ = \begin{bmatrix} U^+ - U^+V(C^+ + W) \\ C^+ + W \end{bmatrix}$$

ここで，$C = (I_m - UU^+)V$, $M = \{I_{n_2} + (I_{n_2} - C^+C)V'U^{+\prime}U^+V(I_{n_2} - C^+C)\}^{-1}$, $W = (I_{n_2} - C^+C)MV'U^{+\prime}U^+(I_m - VC^+)$ である．

証明　A^+ を

$$A^+ = \begin{bmatrix} X \\ Y \end{bmatrix}$$

と分割すると，

$$AA^+ = UX + VY \tag{5.14}$$

$$A^+A = \begin{bmatrix} XU & XV \\ YU & YV \end{bmatrix} \tag{5.15}$$

となる．$AA^+A = A$ であるから，以下が成り立つ．

$$AA^+U = U \tag{5.16}$$

$$AA^+V = V \tag{5.17}$$

(5.16) 式を転置し，$(U'U)^+$ を前から掛けることによって，以下を得る．

$$U^+AA^+ = U^+ \tag{5.18}$$

ここでは定理 5.3(g) より $(U'U)^+U' = U^+$ となることを用いている．また，定理 5.3(e) および (g) より，$A^+ = A'A^{+\prime}A^+$ であるから，

$$X = U'X'X + U'Y'Y$$

となるので，以下が成り立つ．

$$\begin{aligned} U^+UX &= U^+UU'X'X + U^+UU'Y'Y \\ &= U'X'X + U'Y'Y \\ &= X \end{aligned}$$

したがって，(5.14) 式に U^+ を前から掛け，(5.18) 式を用いることによって，$U^+ = X + U^+VY$ であることがわかる．このことは以下を意味する．

$$A^+ = \begin{bmatrix} U^+ - U^+VY \\ Y \end{bmatrix} \tag{5.19}$$

結果として $Y = C^+ + W$ を示せば証明は完了する．$U^+C = (0)$ であるため，以下を得る (練習問題 5.14)．

$$C^+U = (0) \tag{5.20}$$

また，(5.16) 式および (5.17) 式を用いて，$AA^+C = C$ あるいは同等に $C' = C'AA^+$ である．この最後の恒等式において，$(C'C)^+$ を前から掛けたとき，$C^+ = C^+AA^+$ となる．したがって，(5.19) 式を用いると以下を得る．

$$AA^+ = UU^+ + (I_m - UU^+)VY = UU^+ + CY$$

また，この恒等式は C^+ を前から掛けたとき，$C^+ = C^+CY$ となるため，

$$CY = CC^+ \tag{5.21}$$

である．また，$C = CC^+C = CC^+(V - UU^+V) = CC^+V$ は以下を意味する．

$$C^+V = C^+C \tag{5.22}$$

したがって，$CYV = CC^+V = CC^+C = C$ であり，(5.15) 式から YV は対称であることがわかっているので，$YVC' = C'$ もしくは，この最後の恒等式に $(CC')^+$ を後ろから掛けたとき，以下となる．

$$YVC^+ = C^+ \tag{5.23}$$

(5.19) 式で与えられた A^+ の式と恒等式 $A^+AA^+ = A^+$ を用いると，

$$YUU^+ + YCY = Y$$

であることがわかる．あるいは (5.21) 式から以下となる．

$$YUU^+ + YCC^+ = Y \tag{5.24}$$

対称条件 $(A^+A)' = A^+A$ によって以下の等式が成立する．

$$U^+VYU = (U^+VYU)' \tag{5.25}$$

$$(YU)' = U^+V(I_{n_2} - YV) \tag{5.26}$$

いま，(5.26) 式および C の定義から，

$$\begin{aligned}(YU)' &= U^+V\{I_{n_2} - Y(UU^+V + C)\}\\ &= U^+V - U^+VYUU^+V - U^+VYC\end{aligned}$$

であり，(5.20) 式および (5.21) 式から

$$(I_{n_2} - C^+C)YU = YU - C^+CYU = YU - C^+CC^+U = YU$$

となるため，以下が成立する．

$$\begin{aligned}(YU)' &= \{(I_{n_2} - C^+C)YU\}' = (YU)'(I_{n_2} - C^+C)\\ &= (U^+V - U^+VYUU^+V - U^+VYC)(I_{n_2} - C^+C)\\ &= (U^+V - U^+VYUU^+V)(I_{n_2} - C^+C)\end{aligned}$$

この最後の方程式を転置し (5.25) 式を用いると，以下を得る．

$$\begin{aligned}YU &= (I_{n_2} - C^+C)V'U^{+\prime} - (I_{n_2} - C^+C)V'U^{+\prime}U^+VYU\\ &= (I_{n_2} - C^+C)V'U^{+\prime} - (I_{n_2} - C^+C)V'U^{+\prime}U^+V(I_{n_2} - C^+C)YU\end{aligned}$$

したがって，以下が成立する．

$$BYU = (I_{n_2} - C^+C)V'U^{+\prime} \tag{5.27}$$

ここで，$B = I_{n_2} + (I_{n_2} - C^+C)V'U^{+\prime}U^+V(I_{n_2} - C^+C)$ である．(5.27) 式に

$U^+(I_m - VC^+)$ を後ろから掛け，(5.22) 式，(5.23) 式，(5.24) 式を用いれば，

$$B(Y - C^+) = (I_{n_2} - C^+C)V'U^{+\prime}U^+(I_m - VC^+)$$

となる．B は I_{n_2} と非負定値行列との和であるから，正定値でなければならず，したがって非特異である．つまり，先の方程式は以下のように再表現することができる．

$$\begin{aligned} Y &= C^+ + B^{-1}(I_{n_2} - C^+C)V'U^{+\prime}U^+(I_m - VC^+) \\ &= C^+ + (I_{n_2} - C^+C)B^{-1}V'U^{+\prime}U^+(I_m - VC^+) \\ &= C^+ + W \end{aligned}$$

ここでは，B と $(I_{n_2} - C^+C)$ は可換であるから B^{-1} と $(I_{n_2} - C^+C)$ は可換であるということ，および $B^{-1} = M$ という事実を用いた．これで証明は完了する．　□

以下に示す系 5.13.1 の証明は，Cline(1964b), Boullion and Odell(1971), Pringle and Rayner(1971) にみることができる．

系 5.13.1　行列 A および C を定理 5.13 と同様のものとし，$K = (I_{n_2} + V'U^{+\prime}U^+V)^{-1}$ とする．このとき，以下が成り立つ．

(a) $C^+CV'U^{+\prime}U^+V = (0)$ のときかつそのときに限り，

$$A^+ = \begin{bmatrix} U^+ - U^+VKV'U^{+\prime}U^+ \\ C^+ + KV'U^{+\prime}U^+ \end{bmatrix}$$

(b) $C = (0)$ のときかつそのときに限り，

$$A^+ = \begin{bmatrix} U^+ - U^+VKV'U^{+\prime}U^+ \\ KV'U^{+\prime}U^+ \end{bmatrix}$$

(c) $C^+CV'U^{+\prime}U^+V = V'U^{+\prime}U^+V$ のときかつそのときに限り，

$$A^+ = \begin{bmatrix} U^+ - U^+VC^+ \\ C^+ \end{bmatrix}$$

(d) $U'V = (0)$ のときかつそのときに限り，

$$A^+ = \begin{bmatrix} U^+ \\ V^+ \end{bmatrix}$$

最後に示す定理は，ブロック対角の形をもつ分割行列のムーア–ペンローズ形逆行列に関するものである．この結果は，単にムーア–ペンローズ形逆行列の条件が満たされることを確認すれば容易に証明される．

定理 5.14 $m \times n$ 行列 A は以下のように与えられているとする．

$$A = \begin{bmatrix} A_{11} & (0) & \cdots & (0) \\ (0) & A_{22} & \cdots & (0) \\ \vdots & \vdots & & \vdots \\ (0) & (0) & \cdots & A_{rr} \end{bmatrix}$$

ここで，A_{ii} は $m_i \times n_i, m_1 + \cdots + m_r = m, n_1 + \cdots + n_r = n$ である．このとき，以下が成り立つ．

$$A^+ = \begin{bmatrix} A_{11}^+ & (0) & \cdots & (0) \\ (0) & A_{22}^+ & \cdots & (0) \\ \vdots & \vdots & & \vdots \\ (0) & (0) & \cdots & A_{rr}^+ \end{bmatrix}$$

5.6 和に関するムーア–ペンローズ形逆行列

定理 1.7 では行列 $A, B, A + CBD$ がすべて正方かつ非特異な行列であるときの $(A + CBD)^{-1}$ の表現が与えられた．その公式をムーア–ペンローズ形逆行列の場合へと一般化することはできないが，行列の和に関するムーア–ペンローズ形逆行列について特化した結果がある．本節においてそれらの結果のいくつかを示す．本節での最初の 2 つの結果に関する証明においては，前節で示した分割行列に関する結果を利用する．それらの証明は Cline(1965) や Boullion and Odell(1971) にみることができる．

定理 5.15 U を $m \times n_1$ 行列，V を $m \times n_2$ 行列とする．このとき，

$$(UU' + VV')^+ = (I_m - C^{+\prime}V')U^{+\prime}KU^+(I_m - VC^+) + (CC')^+$$

が成立する．ここで，$K = I_{n_1} - U^+V(I_{n_2} - C^+C)M(U^+V)'$ であり，C と M は定理 5.13 のように定義される．

定理 5.16 U と V はともに $m \times n$ 行列であると仮定する．$UV' = (0)$ であるならば，

$$(U + V)^+ = U^+ + (I_n - U^+V)(C^+ + W)$$

となる．ここで，C と W は定理 5.13 のように定義される．

定理 5.16 は U の行が V の行に直交するときに成立する，$(U + V)^+$ の表現を与えるものである．加えて，U の列が V の列に直交する場合，その表現は非常に単純化される．この特別な場合を定理 5.17 としてまとめる．

定理 5.17　U と V が $UV' = (0)$ と $U'V = (0)$ をともに満たす $m \times n$ 行列ならば，以下が成立する．

$$(U + V)^+ = U^+ + V^+$$

証明　定理 5.3(g) を用いると，以下が成り立つことがわかる．

$$U^+V = (U'U)^+U'V = (0)$$

$$VU^+ = VU'(UU')^+ = \{(UU')^{+\prime}UV'\}' = (0)$$

同様にして，$V^+U = (0)$ と $UV^+ = (0)$ を得る．結果として

$$(U + V)(U^+ + V^+) = UU^+ + VV^+ \tag{5.28}$$

$$(U^+ + V^+)(U + V) = U^+U + V^+V \tag{5.29}$$

となる．上記の行列はどちらも対称であり，条件 (5.3) と (5.4) を満たす．(5.28) 式に $(U + V)$ を後ろから乗じ，(5.29) 式に $(U^+ + V^+)$ を後ろから乗じることで，条件 (5.1) と (5.2) が成立し，求める結果が導かれる．□

定理 5.17 は 2 つ以上の行列へと容易に一般化することができる．

系 5.17.1　$U_1, \ldots, U_k$ をすべての $i \neq j$ について $U_iU_j' = (0)$ と $U_i'U_j = (0)$ を満たす $m \times n$ 行列であるとする．このとき，以下が成立する．

$$(U_1 + \cdots + U_k)^+ = U_1^+ + \cdots + U_k^+$$

系 1.7.2 においては，A と $A + \boldsymbol{c}\boldsymbol{d}'$ が非特異行列である場合に

$$(A + \boldsymbol{c}\boldsymbol{d}')^{-1} = A^{-1} - \frac{A^{-1}\boldsymbol{c}\boldsymbol{d}'A^{-1}}{1 + \boldsymbol{d}'A^{-1}\boldsymbol{c}}$$

が成立することを確認した．本節における最後の定理として，上記の結果を $A + \boldsymbol{c}\boldsymbol{d}'$ が特異であり，A が対称である場合へと一般化する．

定理 5.18　A を $m \times m$ 非特異対称行列，$\boldsymbol{c}$ と $\boldsymbol{d}$ を $m \times 1$ ベクトルであるとする．このとき，$1 + \boldsymbol{d}'A^{-1}\boldsymbol{c} = 0$ ならばそのときのみ $A + \boldsymbol{c}\boldsymbol{d}'$ は特異であり，$A + \boldsymbol{c}\boldsymbol{d}'$ が特異ならば以下が成り立つ．

$$(A + \boldsymbol{c}\boldsymbol{d}')^+ = (I_m - \boldsymbol{y}\boldsymbol{y}^+)A^{-1}(I_m - \boldsymbol{x}\boldsymbol{x}^+)$$

ここで $\boldsymbol{x} = A^{-1}\boldsymbol{d}$ および $\boldsymbol{y} = A^{-1}\boldsymbol{c}$ である．

証明　この証明は Trenkler(2000) の証明に従っている．定理 3.6 より，$|A + \boldsymbol{c}\boldsymbol{d}'| =$

$|A|(1+\boldsymbol{d}'A^{-1}\boldsymbol{c})$ であり，したがって $A+\boldsymbol{c}\boldsymbol{d}'$ が特異であるための前述の必要十分条件が導かれる．ここでもし，$1+\boldsymbol{d}'A^{-1}\boldsymbol{c}=0$ ならば，$(A+\boldsymbol{c}\boldsymbol{d}')\boldsymbol{y}=\boldsymbol{c}+\boldsymbol{c}(\boldsymbol{d}'A^{-1}\boldsymbol{c})=\boldsymbol{c}-\boldsymbol{c}=\boldsymbol{0}$ が導かれ，それによって $(A+\boldsymbol{c}\boldsymbol{d}')\boldsymbol{y}\boldsymbol{y}^{+}=(0)$，もしくは同等に

$$(A+\boldsymbol{c}\boldsymbol{d}')(I_m-\boldsymbol{y}\boldsymbol{y}^{+})=A+\boldsymbol{c}\boldsymbol{d}' \tag{5.30}$$

が成立する．同様の手順を踏むと，A は対称であるから

$$(I_m-\boldsymbol{x}\boldsymbol{x}^{+})(A+\boldsymbol{c}\boldsymbol{d}')=A+\boldsymbol{c}\boldsymbol{d}' \tag{5.31}$$

を示すことができる．そして (5.31) 式を利用すると

$$\begin{aligned}(I_m-\boldsymbol{y}\boldsymbol{y}^{+})A^{-1}(I_m-\boldsymbol{x}\boldsymbol{x}^{+})(A+\boldsymbol{c}\boldsymbol{d}')&=(I_m-\boldsymbol{y}\boldsymbol{y}^{+})A^{-1}(A+\boldsymbol{c}\boldsymbol{d}')\\&=(I_m-\boldsymbol{y}\boldsymbol{y}^{+})(I_m+\boldsymbol{y}\boldsymbol{d}')\\&=(I_m-\boldsymbol{y}\boldsymbol{y}^{+})\end{aligned} \tag{5.32}$$

を得る．一方，(5.30) 式を利用すると

$$\begin{aligned}(A+\boldsymbol{c}\boldsymbol{d}')(I_m-\boldsymbol{y}\boldsymbol{y}^{+})A^{-1}(I_m-\boldsymbol{x}\boldsymbol{x}^{+})&=(A+\boldsymbol{c}\boldsymbol{d}')A^{-1}(I_m-\boldsymbol{x}\boldsymbol{x}^{+})\\&=(I_m+\boldsymbol{c}\boldsymbol{x}')(I_m-\boldsymbol{x}\boldsymbol{x}^{+})\\&=(I_m-\boldsymbol{x}\boldsymbol{x}^{+})\end{aligned} \tag{5.33}$$

を得る．これにより，ムーア–ペンローズ形逆行列に関する条件 (5.3) と (5.4) が満たされる．条件 (5.1) は (5.32) 式に前から $(A+\boldsymbol{c}\boldsymbol{d}')$ を乗じ，(5.30) 式の関係を適用することで成立する．一方，条件 (5.2) は (5.33) 式に後ろから $(A+\boldsymbol{c}\boldsymbol{d}')$ を乗じ，(5.31) 式の関係を適用することで成立する．これにより証明は完了する． □

5.7 ムーア–ペンローズ形逆行列の連続性

連続関数は多くのよい性質を有するので，ある関数の連続性を証明することは非常に有用である．本節では，A^{+} の要素が A の要素の連続関数になるための条件を与えるつもりである．しかしながらその前に，最初に正方行列 A の行列式と非特異行列 A の逆行列を考える．$m\times m$ 行列 A の行列式は項の和の形で表すことができたということを思い出そう．ここで各項は A の m 個の要素の積を -1 倍あるいは $+1$ 倍したものである．したがって，和の連続性とスカラー積の連続性により，ただちに以下が成り立つ．

定理 5.19 A を $m\times m$ 行列とする．このとき A の行列式 $|A|$ は A の要素の連続関数である．

A を $m\times m$ 非特異行列，すなわち $|A|\neq 0$ とする．A の逆行列は以下のように表現

できることを思い出そう.

$$A^{-1} = |A|^{-1} A_{\#} \tag{5.34}$$

ここで, $A_{\#}$ は A の随伴行列である. もし $A_1, A_2, \ldots$ が $i \to \infty$ のときに $A_i \to A$ となるような行列の系列ならば, 行列式関数の連続性より, $|A_i| \to |A|$ であり, ゆえにすべての $i > N$ において $|A_i| \neq 0$ となるような N が存在しなければならない. 随伴行列の各要素は行列式の $+1$ 倍あるいは -1 倍であるので, 行列式関数の連続性より, $A_{i\#}$ が A_i の随伴行列である場合, $i \to \infty$ のとき $A_{i\#} \to A_{\#}$ になるということもまた導かれる. 結果として (5.34) 式より以下が成り立つ.

定理 5.20 A を $m \times m$ 非特異行列とする. このとき A の逆行列 A^{-1} は A の要素の連続関数である.

ムーア–ペンローズ形逆行列の連続性は非特異行列の逆行列の連続性ほど容易ではない. A を $m \times n$ 行列, $A_1, A_2, \ldots$ が $i \to \infty$ のときに $A_i \to A$ を満たすような $m \times n$ 行列の任意の系列である場合, $A_i^+ \to A^+$ ということは保証されない. 単純な例で, その隠れた問題を説明しよう.

例 5.6 2×2 行列の系列 $A_1, A_2, \ldots$ を考える. ここで,

$$A_i = \begin{bmatrix} 1/i & 0 \\ 0 & 1 \end{bmatrix}$$

である. 明らかに $A_i \to A$ である. ここで,

$$A = \begin{bmatrix} 0 & 0 \\ 0 & 1 \end{bmatrix}$$

である. しかしながらすべての i において, $\mathrm{rank}(A_i) = 2$ に対して $\mathrm{rank}(A) = 1$ ということに注意しよう. このため $A_i^+ \to A^+$ にはならないのである. 実際,

$$A_i^+ = \begin{bmatrix} i & 0 \\ 0 & 1 \end{bmatrix}$$

は, その $(1, 1)$ 番目の要素 i が ∞ となるので決して収束しない. 一方,

$$A^+ = \begin{bmatrix} 0 & 0 \\ 0 & 1 \end{bmatrix}$$

である.

もし行列の系列 $A_1, A_2, \ldots$ が, たとえば N のようなある整数よりも大きいすべての i において $\mathrm{rank}(A_i) = \mathrm{rank}(A)$ となるならば, 例 5.6 で取り上げた困難な問題には遭

遇しないだろう．この場合，A_i が A に近づくにつれて，A_i^+ は A^+ に近づくだろう．この A^+ の連続性は定理 5.21 に集約される．この重要な結果の証明は Penrose (1955) や Campbell and Meyer (1979) にみることができる．

定理 5.21　A を $m \times n$ 行列，$A_1, A_2, \ldots$ を $i \to \infty$ のときに $A_i \to A$ となるような $m \times n$ 行列の系列とする．このとき

$$\mathrm{rank}(A_i) = \mathrm{rank}(A) \qquad \text{for all } i > N$$

となるような整数 N が存在する場合かつその場合に限り以下となる．

$$A_i^+ \to A^+ \qquad \text{as } i \to \infty$$

例 5.7　ムーア–ペンローズ形逆行列の連続性における条件は，推定や仮説検定の問題において重要な意味合いをもつ．特に本例では，一致性 (consistency) といういくつかの推定量が有している性質について議論する．サイズ n の標本から計算された推定量 t は，もしこの t が母数 θ に確率収束する，すなわち任意の $\epsilon > 0$ において，

$$\lim_{n \to \infty} P(|t - \theta| \geq \epsilon) = 0$$

となるなら，θ の一致推定量 (consistent estimator) であるといわれる．一致性に関連する重要な結果として，一致推定量の連続関数も一致推定量になるということがあげられる．つまり，もし t が θ の一致推定量であり，$g(t)$ が t の連続関数である場合，$g(t)$ は $g(\theta)$ の一致推定量になるということである．ここで，これらの考えを母数行列のムーア–ペンローズ形逆行列の推定を含む状況へ適用してみよう．例えば，Ω を階数 $r < m$ の $m \times m$ 非負定値共分散行列とする．また行列 Ω の要素は未知であり，ゆえに推定しなければならないとする．さらに，$\hat{\Omega}$ で表記される Ω の標本推定値は確率 1 で $\mathrm{rank}(\hat{\Omega}) = m$ であるので，確率 1 で正定値であり，$\hat{\Omega}$ は Ω の一致推定量であるとする．すなわち，$\hat{\Omega}$ の各要素は Ω の対応する要素の一致推定量であると仮定する．しかしながら $\mathrm{rank}(\Omega) = r < m$ なので，$\hat{\Omega}^+$ は Ω^+ の一致推定量ではない．ここでの問題は直感的に明らかである．もし $\hat{\Omega} = X\Lambda X'$ が $\hat{\Omega}^+ = \hat{\Omega}^{-1} = X\Lambda^{-1}X'$ であるような $\hat{\Omega}$ のスペクトル分解であるならば，$\hat{\Omega}$ の一致性は n が増加するにつれて Λ における小さい方から $m - r$ 個目までの対角要素がゼロに収束していき，Λ^{-1} における大きい方から $m - r$ 個目までの対角要素が限りなく増加していくということを暗に意味している．ここでの困難性は r の値が既知であるなら容易に回避できる．この場合，$\hat{\Omega}$ は階数 r をもつ Ω の推定量を生成するように調整可能である．例えば，もし $\hat{\Omega}$ が固有値 $\lambda_1 \geq \lambda_2 \geq \cdots \geq \lambda_m$ とそれに対応する正規固有ベクトル $\boldsymbol{x}_1, \ldots, \boldsymbol{x}_m$ をもち，P_r を固有射影

$$P_r = \sum_{i=1}^{r} \boldsymbol{x}_i \boldsymbol{x}_i'$$

であるとすると，

$$\hat{\Omega}_* = P_r \hat{\Omega} P_r = \sum_{i=1}^{r} \lambda_i \boldsymbol{x}_i \boldsymbol{x}_i'$$

は階数 r の Ω の推定量になる．このとき固有射影の連続性により，$\hat{\Omega}_*$ は Ω の一致推定量でもある．さらに重要なことに，$\mathrm{rank}(\hat{\Omega}_*) = \mathrm{rank}(\Omega) = r$ より，定理 5.21 は $\hat{\Omega}_*^+$ が Ω^+ の一致推定量であるということを保証する．

5.8 その他の一般逆行列

ムーア–ペンローズ形逆行列は，近年発展してきた多くの一般逆行列の 1 つにすぎない．本節では，統計学で応用される他の逆行列を 2 つ短く紹介する．これら逆行列の双方とも，今後は簡単のため 1〜4 と表記するムーア–ペンローズ形逆行列の条件 (5.1)〜(5.4) の 4 つの条件のうち，いくつかを適用することによって定義することができる．実際，逆行列が満たすべき 1〜4 の条件の異なる部分集合のそれぞれに対応した，異なる逆行列のクラスを定義することが可能である．

定義 5.3　任意の $m \times n$ 行列 A に対して，$A^{(i_1,\ldots,i_r)}$ と表される $n \times m$ 行列を，1〜4 の 4 つの条件からなる条件群 $i_1, \ldots, i_r$ を満たす任意の行列とする．すなわち，$A^{(i_1,\ldots,i_r)}$ を A の $\{i_1, \ldots, i_r\}$ 逆行列と呼ぶこととする．

したがって，A のムーア–ペンローズ形逆行列は，$\{1, 2, 3, 4\}$ 逆行列である．つまり，$A^+ = A^{(1,2,3,4)}$ である．$\{1, 2, 3, 4\}$ の任意の適切な部分集合 $\{i_1, \ldots, i_r\}$ に対して，A^+ は A の $\{i_1, \ldots, i_r\}$ 逆行列でもあるが，A の $\{i_1, \ldots, i_r\}$ 逆行列は 1 つとは限らないことに注意しよう．多くの場合，A の異なる $\{i_1, \ldots, i_r\}$ 逆行列が多数存在するため，ムーア–ペンローズ形逆行列を計算するよりも A の $\{i_1, \ldots, i_r\}$ 逆行列を計算した方が簡単である可能性がある．本節の残りは，A の $\{1\}$ 逆行列と A の $\{1, 3\}$ 逆行列に充てることとする．これらは特別な応用がなされるが，それについては第 6 章で論じる．その他の有用な $\{i_1, \ldots, i_r\}$ 逆行列に関する議論は，Ben-Israel and Greville (1974) や Campbell and Meyer (1979)，Rao and Mitra (1971) などにみることができる．

第 6 章において，連立方程式を解く際に，4 つのムーア–ペンローズ条件のうち最初の条件を満たす逆行列のみが必要となることが確認される．今後は，このような A の $\{1\}$ 逆行列のすべてを単に A の一般逆行列と呼び，より一般的な表記法である A^- を用いて表す．すなわち，$A^{(1)} = A^-$ である．行列 A の一般逆行列を表現する 1 つの有用な方法は，A の特異値分解を用いたものである．以下の結果は，最大階数より少ない階数の行列 A について述べられたものであるが，最大行階数あるいは最大列階数の行列に対して容易に修正できる．

定理 5.22　$m \times n$ 行列 A は階数 $r > 0$ であり，

$$A = P \begin{bmatrix} \Delta & (0) \\ (0) & (0) \end{bmatrix} Q'$$

のように特異値分解されるものとする．ここで，P と Q はそれぞれ $m \times m$，$n \times n$ 直交行列であり，Δ は $r \times r$ 非特異対角行列である．E を $r \times (m-r)$，F を $(n-r) \times r$，G を $(n-r) \times (m-r)$ として

$$B = Q \begin{bmatrix} \Delta^{-1} & E \\ F & G \end{bmatrix} P'$$

とする．このとき，E，F，G の選択にかかわらず，B は A の一般逆行列であり，A の任意の一般逆行列は，ある E，F，G に対して B の形式で表現可能である．

証明

$$\begin{aligned} ABA &= P \begin{bmatrix} \Delta & (0) \\ (0) & (0) \end{bmatrix} Q'Q \begin{bmatrix} \Delta^{-1} & E \\ F & G \end{bmatrix} P'P \begin{bmatrix} \Delta & (0) \\ (0) & (0) \end{bmatrix} Q' \\ &= P \begin{bmatrix} \Delta\Delta^{-1}\Delta & (0) \\ (0) & (0) \end{bmatrix} Q' \\ &= P \begin{bmatrix} \Delta & (0) \\ (0) & (0) \end{bmatrix} Q' = A \end{aligned}$$

であることに注意すると，行列 B は E，F，G の選択とは無関係に A の一般逆行列であることがわかる．一方，Q_1 を $n \times r$，P を $m \times r$ として $Q = [Q_1 \quad Q_2]$，$P = [P_1 \quad P_2]$ と書くと，$PP' = I_m$，$QQ' = I_n$ であるから，A の任意の一般逆行列 B は

$$\begin{aligned} B = QQ'BPP' &= Q \begin{bmatrix} Q_1' \\ Q_2' \end{bmatrix} B[\ P_1 \quad P_2\ ]P' \\ &= Q \begin{bmatrix} Q_1'BP_1 & Q_1'BP_2 \\ Q_2'BP_1 & Q_2'BP_2 \end{bmatrix} P' \end{aligned}$$

と表現可能である．もし $Q_1'BP_1 = \Delta^{-1}$ を示すことができれば，これは求める形式である．B は A の一般逆行列であるから，$ABA = A$，あるいは同等に

$$(P'AQ)(Q'BP)(P'AQ) = P'AQ$$

である．この最後の等式を分割された形式で表し，両辺の $(1,1)$ 要素の部分行列を等式で結べば，以下が得られる．

$$\Delta Q_1'BP_1\Delta = \Delta$$

ここからただちに $Q_1'BP_1 = \Delta^{-1}$ が導かれるので，証明は完結する．　□

A が $m \times m$ 非特異行列であるとき，定理 5.22 の行列 B は $B = Q\Delta^{-1}P'$ と簡略化される．ここでの Δ，P，Q は，すべて $m \times m$ 行列である．換言すれば，定理 5.22 からただちに得られる知見とは，A^{-1} は A が正方で非特異であるときの A の唯一の一般逆行列であるということである．

例 **5.8**　4×3 行列

$$A = \begin{bmatrix} 1 & 0 & 0.5 \\ 1 & 0 & 0.5 \\ 0 & -1 & -0.5 \\ 0 & -1 & -0.5 \end{bmatrix}$$

は階数 $r = 2$ であり，

$$P = \frac{1}{2}\begin{bmatrix} 1 & 1 & 1 & -1 \\ 1 & 1 & -1 & 1 \\ 1 & -1 & 1 & 1 \\ 1 & -1 & -1 & -1 \end{bmatrix}, \qquad Q' = \begin{bmatrix} 1/\sqrt{2} & -1/\sqrt{2} & 0 \\ 1/\sqrt{3} & 1/\sqrt{3} & 1/\sqrt{3} \\ 1/\sqrt{6} & 1/\sqrt{6} & -2/\sqrt{6} \end{bmatrix}$$

ならびに

$$\Delta = \begin{bmatrix} \sqrt{2} & 0 \\ 0 & \sqrt{3} \end{bmatrix}$$

によって特異値分解される．E，F，G をゼロ行列として，定理 5.22 において示された B についての等式を用いると，A の一般逆行列として以下の行列を得る．

$$\frac{1}{12}\begin{bmatrix} 5 & 5 & 1 & 1 \\ -1 & -1 & -5 & -5 \\ 2 & 2 & -2 & -2 \end{bmatrix}$$

実際に，定理 5.1 の証明から，上記の行列はムーア–ペンローズ形逆行列であることがわかる．A の異なる一般逆行列は，異なる E，F，G を選ぶことで構成されうる．例えば，E と F を再びゼロ行列とし，今度は

$$G = \begin{bmatrix} 1/\sqrt{6} & 0 \end{bmatrix}$$

を用いると，一般逆行列として

$$\frac{1}{6}\begin{bmatrix} 3 & 2 & 1 & 0 \\ 0 & -1 & -2 & -3 \\ 0 & 2 & -2 & 0 \end{bmatrix}$$

を得る．ムーア–ペンローズ形逆行列の階数が A の階数と同じ 2 であるのに対して，こ

の行列の階数は 3 であることに注意しよう.

$\{1\}$ 逆行列の基本性質のいくつかを定理 5.23 にまとめて示す.

定理 5.23　A を $m \times n$ 行列とし，A^- を A の一般逆行列とする．このとき，以下が成り立つ.

(a) $A^{-\prime}$ は A' の一般逆行列である.
(b) α を非ゼロのスカラーとすると，$\alpha^{-1}A^-$ は αA の一般逆行列である.
(c) A が正方かつ非特異ならば，一意に $A^- = A^{-1}$ である.
(d) B と C を非特異とすると，$C^{-1}A^-B^{-1}$ は BAC の一般逆行列である.
(e) $\text{rank}(A) = \text{rank}(AA^-) = \text{rank}(A^-A) \leq \text{rank}(A^-)$
(f) $AA^- = I_m$ であるとき，かつそのときに限り $\text{rank}(A) = m$
(g) $A^-A = I_n$ であるとき，かつそのときに限り $\text{rank}(A) = n$

証明　(a)〜(d) の性質は，一般逆行列の 1 つの条件が成り立つことを素朴に確認すれば容易に証明される．(e) を証明するためには，次の事実に注目すればよい．すなわち，$A = AA^-A$ であるから定理 2.11 を用いて

$$\text{rank}(A) = \text{rank}(AA^-A) \leq \text{rank}(AA^-) \leq \text{rank}(A)$$

ならびに,

$$\text{rank}(A) = \text{rank}(AA^-A) \leq \text{rank}(A^-A) \leq \text{rank}(A)$$

が得られ，したがって，$\text{rank}(A) = \text{rank}(AA^-) = \text{rank}(A^-A)$ である．加えて,

$$\text{rank}(A) = \text{rank}(AA^-A) \leq \text{rank}(A^-A) \leq \text{rank}(A^-)$$

であるので，結果を得る．(e) から，AA^- が非特異であるとき，かつそのときに限り $\text{rank}(A) = m$ であることがわかる．等式

$$(AA^-)^2 = (AA^-A)A^- = AA^-$$

に $(AA^-)^{-1}$ を前から乗じることによって (f) を得る．同様に，A^-A が非特異であるとき，かつそのときに限り $\text{rank}(A) = n$ であるため,

$$(A^-A)^2 = A^-(AA^-A) = A^-A$$

に $(A^-A)^{-1}$ を前から乗じることで (g) を得る.　□

例 5.9　ムーア–ペンローズ形逆行列がもつ性質のいくつかは $\{1\}$ 逆行列には引き継がれない．例えば，A が A^+ のムーア–ペンローズ形逆行列であることは既述した．すなわち，$(A^+)^+ = A$ である．しかしながら，A^- を A の任意の一般逆行列とすると，一般には A

が A^- の一般逆行列であることは保証できない．例えば，対角行列 $A = \mathrm{diag}(0, 2, 4)$ を考えよう．A の一般逆行列を 1 つ選ぶと $A^- = \mathrm{diag}(1, 0.5, 0.25)$ となる．ここでの A^- は非特異であるから，1 つの一般逆行列のみ存在する．すなわち $(A^-)^{-1} = \mathrm{diag}(1, 2, 4)$ であり，したがって，A は $A^- = \mathrm{diag}(1, 0.5, 0.25)$ の一般逆行列ではない．

行列 A のすべての一般逆行列は，任意のある 1 つの特定の一般逆行列によって表現することができる．この関係を以下に示す．

定理 5.24　A^- を $m \times n$ 行列 A の任意の一般逆行列とする．このとき，任意の $n \times m$ 行列 C に対して

$$A^- + C - A^-ACAA^-$$

は A の一般逆行列であり，A の各一般逆行列は，何らかの C についてこの形式で表現することができる．

証明　$AA^-A = A$ であるから

$$\begin{aligned} A(A^- + C - A^-ACAA^-)A &= AA^-A + ACA - AA^-ACAA^-A \\ &= A + ACA - ACA = A \end{aligned}$$

であり，したがって，$A^- + C - A^-ACAA^-$ は A^- と C の選択にかかわらず A の一般逆行列である．いま，B を A の任意の一般逆行列とし，$C = B - A^-$ と定義する．ここで，A^- は A のある特定の一般逆行列である．このとき，$ABA = A$ であるから

$$\begin{aligned} A^- + C - A^-ACAA^- &= A^- + (B - A^-) - A^-A(B - A^-)AA^- \\ &= B - A^-ABAA^- + A^-AA^-AA^- \\ &= B - A^-AA^- + A^-AA^- = B \end{aligned}$$

であり，証明は完結する．　□

定義 5.2 より，A^+A はベクトルを $R(A')$ 上へ直交射影する行列であるのに対して，AA^+ は $R(A)$ 上へ直交射影することが既知である．定理 5.25 では行列 AA^-, A^-A についてこの性質を考慮する．

定理 5.25　A を $m \times n$ 行列，B を $m \times p$ 行列，そして C を $q \times n$ 行列とする．このとき次が成り立つ．

(a) $R(B) \subset R(A)$ ならばそのときのみ $AA^-B = B$
(b) $R(C') \subset R(A')$ ならばそのときのみ $CA^-A = C$

証明　$AA^-B = B$ ならば，B の列は A の列の線形結合であることは明らかである．し

たがって $R(B) \subset R(A)$ である．逆に，$R(B) \subset R(A)$ であるならば，$B = AD$ であるような $n \times p$ 行列 D が存在し，この関係と恒等式 $AA^- A = A$ を利用することで，

$$B = AD = AA^- AD = AA^- B$$

が成立することから (a) が証明された．また (b) も同様の方法で証明される．　□

AA^+ と $A^+ A$ の場合と同様に，行列 AA^- と $A^- A$ はベクトル空間 $R(A)$ と $R(A')$ 上にそれぞれベクトルを射影する．例えば，定理 5.25 より，任意の $\boldsymbol{x} \in R(A)$ について $\boldsymbol{x} = AA^- \boldsymbol{x}$ であり，かつ $\boldsymbol{x} \notin R(A)$ ならば, $\boldsymbol{y}$ は A の列の線形結合であることは明らかであるから，$\boldsymbol{y} = AA^- \boldsymbol{x} \in R(A)$ であることを確認できる．しかし，AA^+ と $A^+ A$ は $R(A)$ と $R(A')$ 上にベクトルを直交射影するけれども，AA^- と $A^- A$ で定義される射影は，AA^- と $A^- A$ が対称な射影行列でない限り直交射影とはならないことを示すことが可能である．

次に示す定理は後の章にて有用である．

定理 5.26　A, B そして C を，それぞれサイズ $p \times m, m \times n$ そして $n \times q$ の行列とする．もし $\mathrm{rank}(ABC) = \mathrm{rank}(B)$ ならば，$C(ABC)^- A$ は B の一般逆行列である．

証明　本証明は Srivastava and Khatri(1979) より帰結するものである．定理 2.11 を利用することで，

$$\mathrm{rank}(B) = \mathrm{rank}(ABC) \leq \mathrm{rank}(AB) \leq \mathrm{rank}(B)$$

かつ，

$$\mathrm{rank}(B) = \mathrm{rank}(ABC) \leq \mathrm{rank}(BC) \leq \mathrm{rank}(B)$$

であることから，

$$\mathrm{rank}(AB) = \mathrm{rank}(BC) = \mathrm{rank}(B) = \mathrm{rank}(ABC) \tag{5.35}$$

が成り立つのは明白である．定理 2.13 を恒等式，

$$A(BC)\{I_q - (ABC)^- ABC\} = (0)$$

に適用することで，

$$\mathrm{rank}(ABC) + \mathrm{rank}(BC\{I_q - (ABC)^- ABC\}) - \mathrm{rank}(BC) \leq \mathrm{rank}\{(0)\} = 0$$

となることを確認でき，したがって

$$\mathrm{rank}(BC\{I_q - (ABC)^- ABC\}) \leq \mathrm{rank}(BC) - \mathrm{rank}(ABC) = 0$$

が成り立つ．またこの等式は (5.35) 式から導かれる．しかしこの関係は

$$BC\{I_q-(ABC)^- ABC\}=\{I_q-BC(ABC)^- A\}B(C)=(0)$$

が成り立つときのみ真である．次に上式の 2 番目の式に対して，再び定理 2.13 を適用すると，

$$\text{rank}(\{I_q-BC(ABC)^- A\}B)+\text{rank}(BC)-\text{rank}(B)\leq\text{rank}\{(0)\}=0$$

あるいは同等に

$$\text{rank}(\{I_q-BC(ABC)^- A\}B)\leq\text{rank}(B)-\text{rank}(BC)=0$$

を得る．またこの等式も (5.35) 式から導かれる．そしてこの関係は

$$\{I_q-BC(ABC)^- A\}B=B-B\{C(ABC)^- A\}B=(0)$$

が成立することを意味し，したがって題意が得られる． □

$A'A$ の一般逆行列に関するいくつかの性質が定理 5.27 で与えられる．

定理 5.27　$(A'A)^-$ を $A'A$ の任意の一般逆行列とする．ここで A は $m\times n$ 行列である．このとき次が成り立つ．

(a) $(A'A)^{-\prime}$ は $A'A$ の一般逆行列である．
(b) 行列 $A(A'A)^- A'$ は一般逆行列 $(A'A)^-$ の選択に依存しない．
(c) たとえ $(A'A)^-$ が対称行列でなくとも $A(A'A)^- A'$ は対称行列である．

証明　式 $A'A(A'A)^- A'A=A'A$ を転置することで，

$$A'A(A'A)^{-\prime}A'A=A'A$$

となるから (a) が証明される．(b) と (c) を証明するためには, 最初に次が成り立つことを注目する．

$$\begin{aligned}A(A'A)^- A'A&=AA^+A(A'A)^- A'A=(AA^+)'A(A'A)^- A'A\\&=A^{+\prime}A'A(A'A)^- A'A=A^{+\prime}A'A\\&=(AA^+)'A=AA^+A=A\end{aligned}$$

したがって，

$$\begin{aligned}A(A'A)^- A'&=A(A'A)^- A'A^{+\prime}A'=A(A'A)^- A'(AA^+)'\\&=A(A'A)^- A'AA^+=AA^+\end{aligned}\tag{5.36}$$

が成り立つ．最後の等式では，直前で証明された恒等式 $A(A'A)^- A'A=A$ が用いられている．以上から，A^+ したがって AA^+ もまた一意であるから, (5.36) 式より (b) が証

明される．また $A(A'A)^-A'$ の対称性は，AA^+ の対称性に起因する．□

S が $m \times r$ 行列 X_1 の列によって張られるベクトル空間であるなら，その射影行列は，

$$P_S = X_1(X_1'X_1)^+X_1' \tag{5.37}$$

で与えられる．定理 5.27 からただちに導かれる結果は，(5.37) 式におけるムーア–ペンローズ形逆行列は，任意の $X_1'X_1$ の一般逆行列によって置き換えが可能ということである．すなわち，$(X_1'X_1)^-$ の選択にかかわらず次を得る．

$$P_S = X_1(X_1'X_1)^-X_1'$$

第 6 章では $\{1, 3\}$ 逆行列が不能な連立線形方程式の最小 2 乗解を求めるのに有益であることを考察する．この逆行列は最小 2 乗逆行列 (least squares inverse) として一般的に呼ばれることが多い．A の $\{1, 3\}$ 逆行列を A^L と表記する．すなわち，$A^{(1,3)} = A^L$ である．A の最小 2 乗逆行列は A の $\{1\}$ 逆行列でもあるから，定理 5.23 で与えられた性質は A^L についても適用できる．最小 2 乗逆行列に関するいくつかの付加的性質を以下に与える．

定理 5.28　A を $m \times n$ 行列とする．このとき以下の性質が成り立つ．

(a) A に対する任意の最小 2 乗逆行列 A^L について $AA^L = AA^+$ である．
(b) $A'A$ の任意の一般逆行列 $(A'A)^-$ について，$(A'A)^-A'$ は A の最小 2 乗逆行列である．

証明　$AA^LA = A$, そして $(AA^L)' = AA^L$ であるから，

$$\begin{aligned} AA^L &= AA^+AA^L = (AA^+)'(AA^L)' = A^{+\prime}A'A^{L\prime}A' \\ &= A^{+\prime}(AA^LA)' = A^{+\prime}A' = (AA^+)' = AA^+ \end{aligned}$$

となり，したがって (a) が成り立つ．また (b) は定理 5.27 から導かれる．なぜなら

$$A(A'A)^-A'A = A$$

であるから，この等式は最小 2 乗逆行列の最初の条件を与え，かつ，

$$A(A'A)^-A' = AA^+$$

であるから，$A(A'A)^-A'$ の対称性は AA^+ の対称性に起因するためである．□

5.9　一般逆行列の算出

本節では，各種の一般逆行列を求めるための計算方法のいくつかを解説する．ただしここでは，コンピュータを用いた数値計算によって一般逆行列を求めるのに最適な方法を取

り上げるわけではない．例えば，ムーア–ペンローズ形逆行列を求める最も一般的な方法は，元の行列の特異値分解の計算を利用するものである．具体的には，もし $A = P_1 \Delta Q_1'$ が系 4.1.1 で与えられた A の特異値分解であるならば，$A^+ = Q_1 \Delta^{-1} P_1'$ によって簡単に A^+ を求めることができる．しかし本節や問題において示される逆行列の計算法は，このようなものではない．小さなサイズの行列の逆行列を求める際に有用となるものもあるが，基本的には，理論的な目的において重要な役割を果たすような手法を紹介していく．

Greville (1960) は，$[B \quad \boldsymbol{c}]$ という形で分割された行列のムーア–ペンローズ形逆行列の式を導いた．もちろんここで，行列 B とベクトル $\boldsymbol{c}$ の行の数は等しい．この式を再帰的に適用すれば，任意の $m \times n$ 行列 A のムーア–ペンローズ形逆行列を求めることが可能になる．これを確認するために，$\boldsymbol{a}_j$ が A の j 番目の列を表し，$A_j = (\boldsymbol{a}_1, \ldots, \boldsymbol{a}_j)$ であるものとする．すなわち，A_j は A の最初の j 列のみを含む，サイズ $m \times j$ の行列である．このとき Greville は，$A_j = [A_{j-1} \quad \boldsymbol{a}_j]$ とするならば，

$$A_j^+ = \begin{bmatrix} A_{j-1}^+ - \boldsymbol{d}_j \boldsymbol{b}_j' \\ \boldsymbol{b}_j' \end{bmatrix} \tag{5.38}$$

となることを示した．ただし，$\boldsymbol{d}_j = A_{j-1}^+ \boldsymbol{a}_j$，

$$\boldsymbol{b}_j' = \begin{cases} (\boldsymbol{c}_j' \boldsymbol{c}_j)^{-1} \boldsymbol{c}_j' & \text{if } \boldsymbol{c}_j \neq \boldsymbol{0} \\ (1 + \boldsymbol{d}_j' \boldsymbol{d}_j)^{-1} \boldsymbol{d}_j' A_{j-1}^+ & \text{if } \boldsymbol{c}_j = \boldsymbol{0} \end{cases}$$

かつ，$\boldsymbol{c}_j = \boldsymbol{a}_j - A_{j-1} \boldsymbol{d}_j$ である．したがって，順々に $A_2^+, A_3^+, \ldots, A_n^+$ と求めていくことで，$A^+ = A_n^+$ を算出することができる．

例 5.10 上で紹介した方法を利用して，以下の行列のムーア–ペンローズ形逆行列を求める．

$$A = \begin{bmatrix} 1 & 1 & 2 & 3 \\ 1 & -1 & 0 & 1 \\ 1 & 1 & 2 & 3 \end{bmatrix}$$

まずは $A_2 = [\boldsymbol{a}_1 \quad \boldsymbol{a}_2] = [A_1 \quad \boldsymbol{a}_2]$ の逆行列を計算する．

$$A_1^+ = (\boldsymbol{a}_1' \boldsymbol{a}_1)^{-1} \boldsymbol{a}_1' = \frac{1}{3} \begin{bmatrix} 1 & 1 & 1 \end{bmatrix}$$

$$d_2 = A_1^+ \boldsymbol{a}_2 = \frac{1}{3}$$

$$\boldsymbol{c}_2 = \boldsymbol{a}_2 - A_1 d_2 = \boldsymbol{a}_2 - \frac{1}{3} \boldsymbol{a}_1 = \frac{1}{3} \begin{bmatrix} 2 \\ -4 \\ 2 \end{bmatrix}$$

であり，$\boldsymbol{c}_2 \neq \boldsymbol{0}$ より

$$\boldsymbol{b}_2' = \boldsymbol{c}_2^+ = (\boldsymbol{c}_2'\boldsymbol{c}_2)^{-1}\boldsymbol{c}_2' = \frac{1}{4}\begin{bmatrix} 1 & -2 & 1 \end{bmatrix}$$

となるから，

$$A_2^+ = \begin{bmatrix} A_1^+ - d_2\boldsymbol{b}_2' \\ \boldsymbol{b}_2' \end{bmatrix} = \frac{1}{4}\begin{bmatrix} 1 & 2 & 1 \\ 1 & -2 & 1 \end{bmatrix}$$

を得る．この A_2^+ を用いれば，$A_3 = [A_2 \quad \boldsymbol{a}_3]$ の逆行列を計算することができる．

$$\boldsymbol{d}_3 = A_2^+\boldsymbol{a}_3 = \begin{bmatrix} 1 \\ 1 \end{bmatrix}$$

$$\boldsymbol{c}_3 = \boldsymbol{a}_3 - A_2\boldsymbol{d}_3 = \begin{bmatrix} 2 \\ 0 \\ 2 \end{bmatrix} - \begin{bmatrix} 2 \\ 0 \\ 2 \end{bmatrix} = \boldsymbol{0}$$

より $\boldsymbol{c}_3 = \boldsymbol{0}$ なので，

$$\begin{aligned} \boldsymbol{b}_3' &= (1 + \boldsymbol{d}_3'\boldsymbol{d}_3)^{-1}\boldsymbol{d}_3'A_2^+ = (1+2)^{-1}\begin{bmatrix} 1 & 1 \end{bmatrix}\frac{1}{4}\begin{bmatrix} 1 & 2 & 1 \\ 1 & -2 & 1 \end{bmatrix} \\ &= \frac{1}{6}\begin{bmatrix} 1 & 0 & 1 \end{bmatrix} \end{aligned}$$

となるから，

$$A_3^+ = \begin{bmatrix} A_2^+ - \boldsymbol{d}_3\boldsymbol{b}_3' \\ \boldsymbol{b}_3' \end{bmatrix} = \frac{1}{12}\begin{bmatrix} 1 & 6 & 1 \\ 1 & -6 & 1 \\ 2 & 0 & 2 \end{bmatrix}$$

と求められる．よって最終的に，$A = A_4$ のムーア–ペンローズ形逆行列は，

$$\boldsymbol{d}_4 = A_3^+\boldsymbol{a}_4 = \begin{bmatrix} 1 \\ 0 \\ 1 \end{bmatrix}$$

$$\boldsymbol{c}_4 = \boldsymbol{a}_4 - A_3\boldsymbol{d}_4 = \begin{bmatrix} 3 \\ 1 \\ 3 \end{bmatrix} - \begin{bmatrix} 3 \\ 1 \\ 3 \end{bmatrix} = \boldsymbol{0}$$

$$\boldsymbol{b}_4' = (1 + \boldsymbol{d}_4'\boldsymbol{d}_4)^{-1}\boldsymbol{d}_4'A_3^+ = \frac{1}{12}\begin{bmatrix} 1 & 2 & 1 \end{bmatrix}$$

を求めることにより，以下のように導かれる．

$$A_4^+ = \begin{bmatrix} A_3^+ - \boldsymbol{d}_4\boldsymbol{b}_4' \\ \boldsymbol{b}_4' \end{bmatrix} = \frac{1}{12}\begin{bmatrix} 0 & 4 & 0 \\ 1 & -6 & 1 \\ 1 & -2 & 1 \\ 1 & 2 & 1 \end{bmatrix}$$

一般逆行列，すなわち $\{1\}$ 逆行列を求めるよく知られた方法としては，行列の行を縮約してエルミート形式 (Hermite form) に変形する手続きを利用するものがある．

定義 5.4 $m \times m$ 行列 H は，以下の 4 つの条件を満たすとき，エルミート形式であると呼ばれる．

(a) H が上三角行列である．
(b) h_{ii} は各 i について 0 か 1 である．
(c) もし $h_{ii} = 0$ であるなら，すべての j について $h_{ij} = 0$ である．
(d) もし $h_{ii} = 1$ であるなら，すべての $j \neq i$ について $h_{ji} = 0$ である．

このエルミート形式の概念を一般逆行列の算出に利用する前に，エルミート形式である行列の性質に関するいくつかの結果が必要となる．最初の 2 つの定理は，非特異な行列を前から乗じることで，任意の正方行列をエルミート形式に変形することが可能であることを示している．次の定理の証明の詳細は，Rao (1973) を参照されたい．

定理 5.29 行列 A が $m \times m$ であるとする．このとき，$CA = H$ となるような非特異な $m \times m$ 行列 C が存在する．ただし，H はエルミート形式の行列である．

次に示す定理 5.30 の証明は，練習問題として読者に委ねる．

定理 5.30 $m \times m$ 行列 H がエルミート形式であると仮定する．このとき，H はベキ等である．すなわち $H^2 = H$ である．

続く定理で，正方行列 A の一般逆行列と，エルミート形式である行列との関係を明らかにする．この結果から，定理 5.29 の条件を満たす任意の行列 C が A の一般逆行列となることがわかる．

定理 5.31 A は $m \times m$ 行列，C は $CA = H$ を満たすような $m \times m$ の非特異行列であるとする．ただし，H はエルミート形式の行列である．このとき，行列 C は A の一般逆行列である．

証明 $ACA = A$ であることを示せばよい．定理 5.30 より，H はベキ等である．したがって

$$CACA = H^2 = H = CA$$

が成立する．この等式に前から C^{-1} を乗じることで，求める結果を得る． □

行列 C は，A を行基本変形によってエルミート形式の行列に変換することで得られる．この過程は以下の例で示される．

例 5.11　次の 3×3 行列の一般逆行列を得ることを目的とする.

$$A = \begin{bmatrix} 2 & 2 & 4 \\ 4 & -2 & 2 \\ 2 & -4 & -2 \end{bmatrix}$$

はじめに，対角要素の 1 つ目が 1 であり，1 列目の残りの要素のすべてが 0 となる行列を得るために，A に対して行変換を行う．それは行列方程式 $C_1 A = A_1$ を使って達成される．ここで,

$$C_1 = \begin{bmatrix} 1/2 & 0 & 0 \\ -2 & 1 & 0 \\ -1 & 0 & 1 \end{bmatrix}, \quad A_1 = \begin{bmatrix} 1 & 1 & 2 \\ 0 & -6 & -6 \\ 0 & -6 & -6 \end{bmatrix}$$

である．次に，対角要素の 2 つ目が 1 であり，2 列目の残りの要素のすべてが 0 となる行列を得るために，A_1 に対して行変換を行う．それには $C_2 A_1 = A_2$ とすればよい．ここで,

$$C_2 = \begin{bmatrix} 1 & 1/6 & 0 \\ 0 & -1/6 & 0 \\ 0 & -1 & 1 \end{bmatrix}, \quad A_2 = \begin{bmatrix} 1 & 0 & 1 \\ 0 & 1 & 1 \\ 0 & 0 & 0 \end{bmatrix}$$

である．行列 A_2 は定義 5.4 の条件を満たすので，これはエルミート形式である．したがって，$C_2 A_1 = C_2 C_1 A = A_2$ であり，定理 5.31 によって A の一般逆行列は次で与えられる.

$$C = C_2 C_1 = \frac{1}{6} \begin{bmatrix} 1 & 1 & 0 \\ 2 & -1 & 0 \\ 6 & -6 & 6 \end{bmatrix}$$

一般逆行列は必ずしも一意ではないのみならず，一般逆行列を求めるためのこの特別な方法は，一般に一意な行列を与えない．例えば，上で与えられた 2 回目の変形 $C_2 A_1 = A_2$ において,

$$C_2 = \begin{bmatrix} 1 & 0 & 1/6 \\ 0 & -1/6 & 0 \\ 0 & -2 & 2 \end{bmatrix}$$

を選ぶことも可能であった．その場合には，次の一般逆行列が得られた.

$$C = C_2 C_1 = \frac{1}{6} \begin{bmatrix} 2 & 0 & 0 \\ 2 & -1 & 0 \\ 12 & -12 & 12 \end{bmatrix}$$

エルミート形式の行列へ変形することで一般逆行列を見つける方法は，正方行列に対する方法から矩形行列に対する方法へと容易に拡張可能である．定理 5.32 ではこの拡張がどのようにして可能となるのかを示している．

定理 5.32 A を $m \times n$ 行列とする．ここで，$m < n$ である．行列 A_* を

$$A_* = \begin{bmatrix} A \\ (0) \end{bmatrix}$$

とする．ここで，A_* は $n \times n$ である．また，C を CA_* がエルミート形式となる任意の $n \times n$ 非特異行列とする．C を $C = [C_1 \quad C_2]$ と分割すると，C_1 は行列 A の一般逆行列となる．ここで，C_1 は $n \times m$ である．

証明 定理 5.31 から，C は A_* の一般逆行列であることはわかっている．したがって，$A_*CA_* = A_*$ である．この恒等式の左辺を簡単な形で表すと，

$$\begin{aligned} A_*CA_* &= \begin{bmatrix} A \\ (0) \end{bmatrix} \begin{bmatrix} C_1 & C_2 \end{bmatrix} \begin{bmatrix} A \\ (0) \end{bmatrix} \\ &= \begin{bmatrix} AC_1 & AC_2 \\ (0) & (0) \end{bmatrix} \begin{bmatrix} A \\ (0) \end{bmatrix} \\ &= \begin{bmatrix} AC_1A \\ (0) \end{bmatrix} \end{aligned}$$

となる．これは A_* であるから，$AC_1A = A$ となる．これにより証明は完了する． □

明らかに，同様の結果は $m > n$ の場合にも成立する．

例 5.12 以下の行列の一般逆行列を求めたいとする．

$$A = \begin{bmatrix} 1 & 1 & 2 \\ 1 & 0 & 1 \\ 1 & 1 & 2 \\ 2 & 0 & 2 \end{bmatrix}$$

このとき，以下の拡大行列を考える．

$$A_* = \begin{bmatrix} A & \mathbf{0} \end{bmatrix} = \begin{bmatrix} 1 & 1 & 2 & 0 \\ 1 & 0 & 1 & 0 \\ 1 & 1 & 2 & 0 \\ 2 & 0 & 2 & 0 \end{bmatrix}$$

前の例のように進めれば，非特異行列 C を得る．すると，CA_* はエルミート形式となる．このような行列の 1 つは，

$$C = \begin{bmatrix} 0 & 1 & 0 & 0 \\ 1 & -1 & 0 & 0 \\ -1 & 0 & 1 & 0 \\ 0 & -2 & 0 & 1 \end{bmatrix}$$

である．したがって，この行列を分割すると，

$$C = \begin{bmatrix} C_1 \\ C_2 \end{bmatrix}$$

となり，A の一般逆行列は以下で与えられる．

$$C_1 = \begin{bmatrix} 0 & 1 & 0 & 0 \\ 1 & -1 & 0 & 0 \\ -1 & 0 & 1 & 0 \end{bmatrix}$$

行列 A の最小 2 乗一般逆行列 (least squares generalized inverse) は，はじめに $A'A$ の一般逆行列を計算して，次に定理 5.28(b) で与えられた $A^L = (A'A)^- A'$ という関係を利用すれば求まる．

例 5.13　例 5.12 で与えられた行列 A の最小 2 乗一般逆行列を見つけるためには，はじめに以下を計算する．

$$A'A = \begin{bmatrix} 7 & 2 & 9 \\ 2 & 2 & 4 \\ 9 & 4 & 13 \end{bmatrix}$$

この行列をエルミート形式に変形することで，$A'A$ の一般逆行列は，

$$(A'A)^- = \frac{1}{10} \begin{bmatrix} 2 & -2 & 0 \\ -2 & 7 & 0 \\ -10 & -10 & 10 \end{bmatrix}$$

となる．したがって，行列 A の最小 2 乗一般逆行列は以下となる．

$$A^L = (A'A)^- A' = \frac{1}{10} \begin{bmatrix} 0 & 2 & 0 & 4 \\ 5 & -2 & 5 & -4 \\ 0 & 0 & 0 & 0 \end{bmatrix}$$

練習問題

5.1　定理 5.3 の (a)〜(d) を証明せよ．

5.2　定理 5.3(h) を使って，以下の行列のムーア–ペンローズ形一般逆行列を求めよ．

$$A = \begin{bmatrix} 1 & 1 & 1 \\ 0 & 1 & 0 \\ 0 & 1 & 1 \\ 2 & 0 & 1 \end{bmatrix}$$

5.3 次のベクトルのムーア–ペンローズ形逆行列を求めよ.

$$\boldsymbol{a} = \begin{bmatrix} 2 \\ 1 \\ 3 \\ 2 \end{bmatrix}$$

5.4 定理 5.3 の (f)〜(j) を証明せよ.

5.5 定理 5.6 を証明せよ.

5.6 以下の行列 A のスペクトル分解を用いて, A のムーア–ペンローズ形逆行列を見つけよ.

$$A = \begin{bmatrix} 2 & 0 & 1 \\ 0 & 2 & 3 \\ 1 & 3 & 5 \end{bmatrix}$$

5.7 以下の行列を考える.

$$A = \begin{bmatrix} 0 & -1 & 2 \\ 0 & -1 & 2 \\ 3 & 2 & -1 \end{bmatrix}$$

(a) AA' のムーア–ペンローズ形逆行列を求めよ. また, 定理 5.3(g) を用いて A^+ を求めよ.

(b) A^+ を用いて, A の範囲の射影行列と A の行空間の射影行列を求めよ.

5.8 定理 5.5(c) の逆は成り立たないことを示せ. つまり, $A^+ = A$ であるが, A はベキ等でない対称行列 A の例を与えよ.

5.9 A を $\text{rank}(A) = 1$ の $m \times m$ 行列とする. $c = \text{tr}(A'A)$ として $A^+ = c^{-1}A'$ を示せ.

5.10 $\boldsymbol{x}$ および $\boldsymbol{y}$ を $m \times 1$ ベクトル, $\boldsymbol{1}_m$ を各要素が 1 に等しい $m \times 1$ ベクトルであるとする. このとき, 以下をムーア–ペンローズ形逆行列で表せ.

(a) $\mathbf{1}_m\mathbf{1}_m'$
(b) $I_m - m^{-1}\mathbf{1}_m\mathbf{1}_m'$
(c) $\boldsymbol{x}\boldsymbol{x}'$
(d) $\boldsymbol{x}\boldsymbol{y}'$

5.11 A を $m \times n$ 行列であるとする．$AA^+, A^+A, (I_m - AA^+), (I_n - A^+A)$ の各行列がベキ等行列であることを示せ．

5.12 A を $m \times n$ 行列とする．以下の恒等式が正しいことを示せ．

(a) $A'AA^+ = A^+AA' = A'$
(b) $A'A^{+\prime}A^+ = A^+A^{+\prime}A' = A^+$
(c) $A(A'A)^+A'A = AA'(AA')^+A = A$

5.13 A を $m \times n$ 行列，B を $n \times n$ 正定値行列とするとき，次式が成り立つことを証明せよ．

$$ABA'(ABA')^+A = A$$

5.14 A を $m \times n$ 行列とする．以下を示せ．

(a) B を $n \times p$ 行列とするとき，$AB = (0)$ と $B^+A^+ = (0)$ は同値である．
(b) B を $m \times p$ 行列とするとき，$A^+B = (0)$ と $A'B = (0)$ は同値である．

5.15 A を階数 r の $m \times m$ 対称行列とする．もし A が非ゼロの固有値 λ を重複度 r でもつならば，$A^+ = \lambda^{-2}A$ となることを証明せよ．

5.16 $m \times n$ 行列 A と $n \times p$ 行列 B について，B が最大行階数であれば以下が成り立つことを示せ．

$$AB(AB)^+ = AA^+$$

5.17 A を $m \times m$ 対称行列とする．以下を示せ．

(a) A を非負定値行列としたとき，A^+ も非負定値である．
(b) あるベクトル $\boldsymbol{x}$ に対して $A\boldsymbol{x} = \mathbf{0}$ ならば，$A^+\boldsymbol{x} = \mathbf{0}$ もまた成り立つ．

5.18 A を $\text{rank}(A) = r$ である $m \times m$ 対称行列であるとする．A のスペクトル分解を用いて，もし B が，$AB = (0)$ となるような，$\text{rank}(B) = m - r$ である任意の $m \times m$ 対称行列であるならば，$A^+A + B^+B = I_m$ となることを示せ．

5.19 A, B を $m \times m$ 非負定値行列とし，$A - B$ もまた非負定値であるとする．このとき $\text{rank}(A) = \text{rank}(B)$ であるばらばそのときのみ $B^+ - A^+$ が非負定値であることを示せ.

5.20 A を $m \times n$ 行列，B を $n \times m$ 行列とする．このとき，$\mathrm{rank}(A) = \mathrm{rank}(B)$ かつ $A'A$ の正の固有値に対応する固有ベクトルによって張られる空間が BB' の正の固有値に対応する固有ベクトルによって張られる空間と等しければ，$(AB)^+ = B^+A^+$ であることを示せ.

5.21 定理 5.8 を証明せよ.

5.22 定理 5.10 の (b)～(d) を証明せよ.

5.23 以下のそれぞれの場合について，定理 5.10 を用いて $(AB)^+ = B^+A^+$ となるか否かを決定せよ.

$$\text{(a)}\ A = \begin{bmatrix} 0 & 0 & 0 \\ 1 & 0 & 0 \\ 0 & 1 & 0 \end{bmatrix}, \qquad B = \begin{bmatrix} 1 & 0 & 0 \\ 0 & 0 & 0 \\ 0 & 0 & 2 \end{bmatrix}$$

$$\text{(b)}\ A = \begin{bmatrix} 1 & 1 & 0 \\ 0 & 1 & 0 \\ 0 & 0 & 0 \end{bmatrix}, \qquad B = \begin{bmatrix} 0 & 0 & 0 \\ 0 & 1 & 1 \\ 0 & 1 & 0 \end{bmatrix}$$

5.24 A を $m \times n$ 行列，B を $n \times m$ 行列であるとする．$A'ABB' = BB'A'A$ であるならば，$(AB)^+ = B^+A^+$ となることを示せ.

5.25 定理 5.14 を証明せよ.

5.26 次の行列のムーア–ペンローズ形逆行列を求めよ.

$$A = \begin{bmatrix} 2 & 1 & 0 & 0 & 0 \\ 1 & 1 & 0 & 0 & 0 \\ 0 & 0 & 1 & 2 & 0 \\ 0 & 0 & 1 & 2 & 0 \\ 0 & 0 & 0 & 0 & 4 \end{bmatrix}$$

5.27 系 5.13.1(d) を用いて，行列 $A = [U \quad V]$ のムーア–ペンローズ形逆行列を求めよ．ここで，以下である.

$$U = \begin{bmatrix} 1 & 1 & 1 \\ 1 & 1 & 1 \\ 1 & 1 & 1 \end{bmatrix}, \qquad V = \begin{bmatrix} 1 & -2 \\ -1 & 1 \\ 0 & 1 \end{bmatrix}$$

5.28 系 5.13.1 を使って，行列 $A = [U \quad V]$ のムーア–ペンローズ形一般逆行列を求めよ.

$$U = \begin{bmatrix} 1 & 1 \\ 0 & -1 \\ 1 & 0 \\ 1 & 0 \\ 0 & 0 \end{bmatrix}, \quad V = \begin{bmatrix} 2 & 2 \\ 2 & 0 \\ -1 & 0 \\ 1 & -2 \\ 0 & 1 \end{bmatrix}$$

5.29　ベクトル $\boldsymbol{w}, \boldsymbol{x}, \boldsymbol{y}, \boldsymbol{z}$ を，以下のように定める．

$$\boldsymbol{w} = \begin{bmatrix} 1 \\ 1 \\ 1 \\ 1 \end{bmatrix}, \quad \boldsymbol{x} = \begin{bmatrix} 1 \\ 1 \\ -2 \\ 0 \end{bmatrix}, \quad \boldsymbol{y} = \begin{bmatrix} 1 \\ -1 \\ 0 \\ 0 \end{bmatrix}, \quad \boldsymbol{z} = \begin{bmatrix} 1 \\ 1 \\ 1 \\ 3 \end{bmatrix}$$

定理 5.17 を用いて，行列 $A = \boldsymbol{w}\boldsymbol{x}' + \boldsymbol{y}\boldsymbol{z}'$ のムーア–ペンローズ形逆行列を求めよ．

5.30　もし $m \times 1$ 確率ベクトル $\boldsymbol{x}$ が，多項分布をもち (Johnson, et al. 1997 参照)，そのときに $\mathrm{var}(x_i) = np_i(1 - p_i)$ と $\mathrm{cov}(x_i, x_j) = -np_ip_j$ for $i \neq j$ で，n は正の整数であり，$0 < p_i < 1$，$p_1 + \cdots + p_m = 1$ とする．もし，Ω が $\boldsymbol{x}$ の共分散行列ならば，定理 5.18 を用いて Ω が特異であることと，

$$\Omega^+ = n^{-1}(I_m - m^{-1}\mathbf{1}_m\mathbf{1}_m')D^{-1}(I_m - m^{-1}\mathbf{1}_m\mathbf{1}_m')$$

であることを示せ．ここで $D = \mathrm{diag}(p_1, \ldots, p_m)$ である．

5.31　A を $m \times m$ の非特異な対称行列とし，$\boldsymbol{c}$ と $\boldsymbol{d}$ を $m \times 1$ ベクトルであるとする．もし $A + \boldsymbol{c}\boldsymbol{d}'$ が特異ならば，それは A^{-1} を一般逆行列としてもつことを示せ．

5.32　A を $m \times m$ 対称行列とし，$\boldsymbol{c}, \boldsymbol{d}$ は A の列空間にあるような $m \times 1$ ベクトルとする．ここでもし $1 + \boldsymbol{d}'A^+\boldsymbol{c} \neq 0$ ならば，以下が成り立つことを示せ．

$$(A + \boldsymbol{c}\boldsymbol{d}')^+ = A^+ - \frac{A^+\boldsymbol{c}\boldsymbol{d}'A^+}{1 + \boldsymbol{d}'A^+\boldsymbol{c}}$$

5.33　練習問題 5.3 で与えられたベクトルに関して，ムーア–ペンローズ形逆行列とは異なる一般逆行列を求めよ．

5.34　対角行列 $A = \mathrm{diag}(0, 2, 3)$ を考える．

(a) 階数が 2 である A の一般逆行列を見つけよ．
(b) 階数が 3 で，対角な A の一般逆行列を見つけよ．
(c) 対角でない A の一般逆行列を見つけよ．

5.35　A は次のように分割された $m \times m$ 行列とする．

$$A = \begin{bmatrix} A_{11} & A_{12} \\ A_{21} & A_{22} \end{bmatrix}$$

ここで A_{11} は $r \times r$ である．もし $\text{rank}(A) = \text{rank}(A_{11}) = r$ ならば，以下の行列が A の一般逆行列の 1 つであることを示せ．

$$\begin{bmatrix} A_{11}^{-1} & (0) \\ (0) & (0) \end{bmatrix}$$

5.36　A を $m \times n$ 行列，B を $n \times p$ 行列であるとする．$\text{rank}(B) = n$ であるならば，任意の A^- と B^- の選択に対し B^-A^- は AB の一般逆行列となることを示せ．

5.37　A を $m \times n$ 行列，B を $n \times p$ 行列であるとする．A^-ABB^- がベキ等ならばそのときのみ，A^- と B^- 両方の任意の選択に関して B^-A^- は AB の一般逆行列となることを示せ．

5.38　AB がベキ等であり，$\text{rank}(A) = \text{rank}(AB)$ である場合かつその場合に限り，行列 B が行列 A の一般逆行列であるということを示せ．

5.39　A,P,Q をそれぞれ $m \times n$, $p \times m$, $n \times q$ 行列とする．P が最大列階数をもち，かつ Q が最大行階数をもつならば,$Q^-A^-P^-$ は PAQ の一般化逆行列であることを証明せよ．

5.40　行列 AA^- が対称である場合，かつその場合に限り直交射影となることを示せ．すなわち，すべての $\boldsymbol{x}$ に対して，AA^- が対称である場合，かつその場合に限って以下が成り立つことを示せ．

$$(\boldsymbol{x} - AA^-\boldsymbol{x})'AA^-\boldsymbol{x} = 0$$

5.41　ムーア–ペンローズ形一般逆行列の最初の 2 つの条件を満たすとき，行列 B は A の反射形一般逆行列 (reflexive generalized inverse) と呼ばれる．つまり，$ABA = A$ そして $BAB = B$ のとき，B は A の反射形一般逆行列である．以下を証明せよ．

(a) 行列 A の一般逆行列 B は $\text{rank}(B) = \text{rank}(A)$ のとき，かつそのときに限り反射形である．

(b) 任意の行列 E と F に対して，

$$B = Q \begin{bmatrix} \Delta^{-1} & E \\ F & F\Delta E \end{bmatrix} P'$$

は A の反射形一般逆行列である．ここで，A に対しては以下のような特異値分解が可能である．

$$A = P \begin{bmatrix} \Delta & (0) \\ (0) & (0) \end{bmatrix} Q'$$

5.42 $m \times n$ 行列 A が $A = [A_1 \ A_2]$ と分割されており，A_1 はサイズが $m \times r$ かつ $\mathrm{rank}(A) = \mathrm{rank}(A_1) = r$ であるとする．このとき，$A(A'A)^- A' = A_1(A_1'A_1)^- A_1'$ が成り立つことを示せ．

5.43 以下の行列のムーア–ペンローズ形逆行列を得るために 5.9 節で言及された再帰的な処理法を使用せよ．

$$A = \begin{bmatrix} 1 & -1 & -1 \\ -1 & 1 & 1 \\ 2 & -1 & 1 \end{bmatrix}$$

5.44 前の問題の行列 A をエルミート形式に変換する非特異な行列を見つけることによって，A の一般逆行列を見つけよ．

5.45 以下の行列 A の一般逆行列を見つけよ．

$$A = \begin{bmatrix} 1 & -1 & -2 & 1 \\ -2 & 4 & 3 & -2 \\ 1 & 1 & -3 & 1 \end{bmatrix}$$

5.46 直前の問題で与えられた行列 A の最小 2 乗逆行列を求めよ．

5.47 A を $m \times n$ 行列，B を $n \times m$ 行列とする．B が A の最小 2 乗逆行列であり，かつ A が B の最小 2 乗逆行列であるならばそのときのみ，B が A のムーア–ペンローズ形逆行列であることを示せ．

5.48 A を $m \times n$ 行列とし，$(AA')^-$ と $(A'A)^-$ がそれぞれ AA' と $A'A$ の任意の一般逆行列であるとする．このとき以下を示せ．

$$A^+ = A'(AA')^- A(A'A)^- A'$$

5.49 定理 5.31 では，$m \times m$ 行列 A の一般逆行列は，A をエルミート形式に縮約する行をもつ非特異行列を求めることによって得られることが示された．エルミート形式への列の縮約に関しても同様の結果が得られることを示せ，つまり $AC = H$ となるような非特異行列 C とエルミート形式である H を用いて，C は A の一般逆行列であることを示せ．

5.50 定理 5.30 を証明せよ．

5.51 Penrose (1956) は $m \times n$ 行列 A のムーア–ペンローズ形一般逆行列を計算するために，次のような再帰的手法を考案した．それは

$$B_{i+1} = i^{-1}\mathrm{tr}(B_i A'A) I_n - B_i A'A$$

かつ B_1 を $n \times n$ 単位行列であると定義し，連続的に $B_2, B_3, \ldots$ を計算していくというものである．$\mathrm{rank}(A) = r$ ならば $B_{r+1}A'A = (0)$ であり，かつ

$$A^+ = r \left\{ \mathrm{tr}(B_r A'A) \right\}^{-1} B_r A'$$

である．この方法を用いて，例 5.10 の行列 A におけるムーア–ペンローズ形逆行列を計算せよ．

5.52 λ を AA' の最大固有値とする．ここで A は $m \times n$ 行列である．α を $0 < \alpha < 2/\lambda$ を満たす任意の定数とし，$X_1 = \alpha A'$ と定義する．Ben-Israel(1966) は，$i = 1, 2, \ldots$ について，

$$X_{i+1} = X_i(2I_m - AX_i)$$

と定義すると，$i \to \infty$ とするとき $X_i \to A^+$ となることを証明している．この反復的手続きを用いて例 5.10 に登場した行列 A のムーア–ペンローズ形逆行列を計算機にて算出せよ．アルゴリズムの反復は

$$\mathrm{tr}\{(X_{i+1} - X_1)'(X_{i+1} - X_1)\}$$

が十分小さい値になったときに停止せよ．ただし

$$\frac{2}{\mathrm{tr}(AA')} < \frac{2}{\lambda}$$

が必ず成り立つから，λ を求めておく必要はないことに注意せよ．

5.53 行列 $A_j = [A_{j-1} \quad \boldsymbol{a}_j]$ のムーア–ペンローズ形逆行列を，5.5 節の結果を用いて (5.38) 式で与えられたように表せ．

6

連立線形方程式

6.1　導　　入

第 5 章のはじめに述べたように

$$Ax = c \tag{6.1}$$

という形式の連立方程式の解を求めることは，一般逆行列の応用の 1 つである．ここで，A は定数からなる $m \times n$ 行列，$\boldsymbol{c}$ は定数からなる $m \times 1$ ベクトルである．そして $\boldsymbol{x}$ は $n \times 1$ ベクトルであり，これが求める解である．本章では，(6.1) 式の解の存在や一般解 (general solution) の形式，線形独立な解の個数といった問題を議論する．また，厳密解 (exact solution) が存在しない場合に，(6.1) 式の最小 2 乗解を求めるという特別な応用についても扱う．

6.2　連立方程式の可解性

本節では，(6.1) 式を満たすベクトル $\boldsymbol{x}$ が存在するための必要十分条件が確立される．そのようなベクトルが 1 つでも存在する場合，その連立方程式は可解であると呼ばれる．そうでない場合，その連立方程式は不能であると呼ばれる．可解性 (consistency) に関する最初の必要十分条件は，ベクトル $\boldsymbol{c}$ が A の列空間内にあること，あるいは等価に，拡大行列 $[A \quad \boldsymbol{c}]$ の階数が A の階数と等しいことである．

定理 6.1　連立方程式 $A\boldsymbol{x} = \boldsymbol{c}$ は，$\mathrm{rank}([A \quad \boldsymbol{c}]) = \mathrm{rank}(A)$ ならば，そのときのみ可解である．

証明　$\boldsymbol{a}_1, \ldots, \boldsymbol{a}_n$ を A の列とすると，方程式 $A\boldsymbol{x} = \boldsymbol{c}$ は以下のように表現することができる．

$$A\boldsymbol{x} = [\ \boldsymbol{a}_1 \quad \cdots \quad \boldsymbol{a}_n\ ] \begin{bmatrix} x_1 \\ \vdots \\ x_n \end{bmatrix} = \sum_{i=1}^{n} x_i \boldsymbol{a}_i = \boldsymbol{c}$$

この方程式がある x について成り立つのは，明らかに，$\boldsymbol{c}$ が A の列の線形結合であるときのみであり，これは $\mathrm{rank}([A \quad \boldsymbol{c}]) = \mathrm{rank}(A)$ であることと同値である． □

例 6.1 $A, \boldsymbol{c}$ が以下であるような連立方程式 $A\boldsymbol{x} = \boldsymbol{c}$ を考える．

$$A = \begin{bmatrix} 1 & 2 \\ 2 & 1 \\ 1 & 0 \end{bmatrix}, \qquad \boldsymbol{c} = \begin{bmatrix} 1 \\ 5 \\ 3 \end{bmatrix}$$

A の階数は明らかに 2 であり，また，

$$\left|[\ A \quad \boldsymbol{c}\ ]\right| = \begin{vmatrix} 1 & 2 & 1 \\ 2 & 1 & 5 \\ 1 & 0 & 3 \end{vmatrix} = 0$$

より $[A \quad \boldsymbol{c}]$ の階数も 2 である．よって定理 6.1 から連立方程式 $A\boldsymbol{x} = \boldsymbol{c}$ は可解であることがわかる．

定理 6.1 は与えられた連立線形方程式 (system of linear equation) が可解であるか否かを決定するのに有用であるが，可解であるときの解の求め方を示したものではない．定理 6.2 は，A の一般逆行列 A^- を用いた，可解性のためのもう 1 つの必要十分条件である．この定理の明らかな帰結として，連立方程式 $A\boldsymbol{x} = \boldsymbol{c}$ が可解であるとき，解は $\boldsymbol{x} = A^-\boldsymbol{c}$ によって与えられることがわかる．

定理 6.2 連立方程式 $A\boldsymbol{x} = \boldsymbol{c}$ が可解であるならば，そのときのみ A のある一般逆行列 A^- について，$AA^-\boldsymbol{c} = \boldsymbol{c}$ である．

証明 まず，この連立方程式が可解であり $\boldsymbol{x}_*$ が解である，つまり $\boldsymbol{c} = A\boldsymbol{x}_*$ であるとする．A^- を A の任意の一般逆行列として，この恒等式に AA^- を前から掛けると

$$AA^-\boldsymbol{c} = AA^-A\boldsymbol{x}_* = A\boldsymbol{x}_* = \boldsymbol{c}$$

となり，求める結果を得る．逆に，$AA^-\boldsymbol{c} = \boldsymbol{c}$ を満たすような A の一般逆行列が存在するとする．$\boldsymbol{x}_* = A^-\boldsymbol{c}$ と定義すると，以下となることに注目する．

$$A\boldsymbol{x}_* = AA^-\boldsymbol{c} = \boldsymbol{c}$$

$\boldsymbol{x}_* = A^-\boldsymbol{c}$ は解であり，したがって連立方程式は可解である．よって題意が満たされた． □

A_1 と A_2 はともに A の任意の一般逆行列である，すなわち $AA_1A = AA_2A = A$ であるとする．さらに，A_1 は定理 6.2 の条件を満たす，すなわち $AA_1\boldsymbol{c} = \boldsymbol{c}$ であるとする．このとき，

$$AA_2\boldsymbol{c} = AA_2(AA_1\boldsymbol{c}) = (AA_2A)A_1\boldsymbol{c} = AA_1\boldsymbol{c} = \boldsymbol{c}$$

であるから，A_2 も A_1 と同じ条件を満たしている．したがって，定理 6.2 を適用する際には，A の一般逆行列のうち，ただ 1 つについてのみ所定の条件を満たすかどうかを確認すればよい．そして，それはどの一般逆行列であっても構わない．特に，A のムーア–ペンローズ形逆行列 A^+ をここで用いることができる．

系 6.2.1 と系 6.2.2 は行列 A に関して特別な場合についてのものである．

系 6.2.1　A が $m \times m$ 非特異行列，$\boldsymbol{c}$ が定数からなる $m \times 1$ ベクトルならば，連立方程式 $A\boldsymbol{x} = \boldsymbol{c}$ は可解である．

系 6.2.2　$m \times n$ 行列 A が m と等しい階数をもつならば，連立方程式 $A\boldsymbol{x} = \boldsymbol{c}$ は可解である．

証明　A は最大行階数をもつため，定理 5.23(f) すなわち $AA^- = I_m$ を満たす．その結果として $AA^-\boldsymbol{c} = \boldsymbol{c}$ が成り立ち，したがって定理 6.2 から，この連立方程式は可解でなければならない．□

例 6.2　$A, \boldsymbol{c}$ が以下であるような連立方程式 $A\boldsymbol{x} = \boldsymbol{c}$ を考える．

$$A = \begin{bmatrix} 1 & 1 & 1 & 2 \\ 1 & 0 & 1 & 0 \\ 2 & 1 & 2 & 2 \end{bmatrix}, \qquad \boldsymbol{c} = \begin{bmatrix} 3 \\ 2 \\ 5 \end{bmatrix}$$

例 5.12 では A の転置の一般逆行列が与えられた．ここでその逆行列を利用すると，次のようになる．

$$AA^-\boldsymbol{c} = \begin{bmatrix} 1 & 1 & 1 & 2 \\ 1 & 0 & 1 & 0 \\ 2 & 1 & 2 & 2 \end{bmatrix} \begin{bmatrix} 0 & 1 & -1 \\ 1 & -1 & 0 \\ 0 & 0 & 1 \\ 0 & 0 & 0 \end{bmatrix} \begin{bmatrix} 3 \\ 2 \\ 5 \end{bmatrix}$$
$$= \begin{bmatrix} 1 & 0 & 0 \\ 0 & 1 & 0 \\ 1 & 1 & 0 \end{bmatrix} \begin{bmatrix} 3 \\ 2 \\ 5 \end{bmatrix} = \begin{bmatrix} 3 \\ 2 \\ 5 \end{bmatrix}$$

これは $\boldsymbol{c}$ であるため連立方程式は可解であり，解の 1 つが次のように与えられる．

$$A^-\boldsymbol{c} = \begin{bmatrix} 0 & 1 & -1 \\ 1 & -1 & 0 \\ 0 & 0 & 1 \\ 0 & 0 & 0 \end{bmatrix} \begin{bmatrix} 3 \\ 2 \\ 5 \end{bmatrix} = \begin{bmatrix} -3 \\ 1 \\ 5 \\ 0 \end{bmatrix}$$

例 5.12 で与えられた一般逆行列は A に対する唯一のものではないため，別の一般逆行列を用いて問題を解くこともできた．例えば次の A^- が $AA^-A = A$ を満たすことは簡単に確認することができる．

$$A^- = \begin{bmatrix} 3 & 3 & -1 \\ 1 & -1 & 0 \\ -4 & -3 & 2 \\ 0 & 0 & 0 \end{bmatrix}$$

これを A^- として利用しても可解であるための条件が保たれていることを確認することができる．それは次の結果が得られるためである．

$$AA^-\boldsymbol{c} = \begin{bmatrix} 1 & 1 & 1 & 2 \\ 1 & 0 & 1 & 0 \\ 2 & 1 & 2 & 2 \end{bmatrix} \begin{bmatrix} 3 & 3 & -1 \\ 1 & -1 & 0 \\ -4 & -3 & 2 \\ 0 & 0 & 0 \end{bmatrix} \begin{bmatrix} 3 \\ 2 \\ 5 \end{bmatrix}$$

$$= \begin{bmatrix} 0 & -1 & 1 \\ -1 & 0 & 1 \\ -1 & -1 & 2 \end{bmatrix} \begin{bmatrix} 3 \\ 2 \\ 5 \end{bmatrix} = \begin{bmatrix} 3 \\ 2 \\ 5 \end{bmatrix}$$

しかしながらこの解は先程とは別のものとなる．

$$A^-\boldsymbol{c} = \begin{bmatrix} 3 & 3 & -1 \\ 1 & -1 & 0 \\ -4 & -3 & 2 \\ 0 & 0 & 0 \end{bmatrix} \begin{bmatrix} 3 \\ 2 \\ 5 \end{bmatrix} = \begin{bmatrix} 10 \\ 1 \\ -8 \\ 0 \end{bmatrix}$$

連立方程式 $A\boldsymbol{x} = \boldsymbol{c}$ は，$AXB = C$ で与えられるより一般的な連立線形方程式の特別な場合である．ただしここで A は $m \times n$，B は $p \times q$，C は $m \times q$，X は $n \times p$ である．この方程式を満たすような解の 1 つである行列 X が存在するための必要十分条件は，次の定理 6.3 で与えられる．

定理 6.3　A, B, C を定数の行列とし，A を $m \times n$，B を $p \times q$，C を $m \times q$ とする．このとき以下の連立線形方程式

$$AXB = C$$

は，一般逆行列 A^-, B^- について以下が成立するときのみ可解である．

$$AA^-CB^-B = C \tag{6.2}$$

証明 方程式は可解であり，行列 X_* を $C = AX_*B$ と表されるような解の1つであるとする．ここで A^- と B^- をそれぞれ A と B の任意の一般逆行列であるとすれば，C に AA^- を前から，B^-B を後ろから掛けることによって以下が成り立つことがわかる．

$$AA^-CB^-B = AA^-AX_*BB^-B = AX_*B = C$$

このため (6.2) 式は成り立つ．一方もし A^- と B^- が (6.2) 式を満たすならば，$X_* = A^-CB^-$ を定めると

$$AX_*B = AA^-CB^-B = C$$

となるので X_* が解の1つである．よって証明は完成された． □

定理 6.2 の後で与えられた同様の議論を利用して，もし A^- と B^- の任意の1つの選び方について (6.2) 式が満たされているならば，A^- と B^- のすべての選択についてこの定理 6.3 が成立することを簡単に確認することができる．したがって定理 6.3 の応用は A と B の一般逆行列の選択に依存しない．

6.3 可解な連立方程式の解

連立方程式 $A\boldsymbol{x} = \boldsymbol{c}$ が可解ならば，一般逆行列 A^- の選択にかかわらず $\boldsymbol{x} = A^-\boldsymbol{c}$ が解であるということをすでにみた．よって，もし A^- のあらゆる選択に対して $A^-\boldsymbol{c}$ が同一でないならば，その連立方程式は2つ以上の解をもつだろう．実際，$A^-\boldsymbol{c}$ が A^- の選択に依存しないとき，つまり $\boldsymbol{c} = \boldsymbol{0}$ のときでさえ，その連立方程式は多数の解をもつかもしれない．次の定理 6.4 は連立方程式のすべての解に対する一般表現を与える．

定理 6.4 $A\boldsymbol{x} = \boldsymbol{c}$ は可解な連立方程式であると仮定し，A^- を $m \times n$ 行列 A の任意の一般逆行列とする．このとき，任意の $n \times 1$ ベクトル $\boldsymbol{y}$ に対して

$$\boldsymbol{x}_{\boldsymbol{y}} = A^-\boldsymbol{c} + (I_n - A^-A)\boldsymbol{y} \tag{6.3}$$

が解であり，任意の解 $\boldsymbol{x}_*$ に対して $\boldsymbol{x}_* = \boldsymbol{x}_{\boldsymbol{y}}$ となるようなベクトル $\boldsymbol{y}$ が存在する．

証明 $A\boldsymbol{x} = \boldsymbol{c}$ は可解な連立方程式なので，定理 6.2 から $AA^-\boldsymbol{c} = \boldsymbol{c}$ であることは既知であり，$AA^-A = A$ なので

$$A\boldsymbol{x}_{\boldsymbol{y}} = AA^-\boldsymbol{c} + A(I_n - A^-A)\boldsymbol{y}$$

$$= \boldsymbol{c} + (A - AA^{-}A)\boldsymbol{y} = \boldsymbol{c}$$

である．したがって，$\boldsymbol{y}$ の選択にかかわらず $\boldsymbol{x}_{\boldsymbol{y}}$ が解である．一方で，$\boldsymbol{x}_*$ が任意の解であるならば，$A\boldsymbol{x}_* = \boldsymbol{c}$ であり，よって $A^{-}A\boldsymbol{x}_* = A^{-}\boldsymbol{c}$ となる．結果として，

$$A^{-}\boldsymbol{c} + (I_n - A^{-}A)\boldsymbol{x}_* = A^{-}\boldsymbol{c} + \boldsymbol{x}_* - A^{-}A\boldsymbol{x}_* = \boldsymbol{x}_*$$

であり，$\boldsymbol{x}_* = \boldsymbol{x}_{\boldsymbol{x}_*}$ となる．ここに証明を完了する． □

定理 6.4 で与えられた解の集合は，固定された一般逆行列 A^{-} と任意の $n \times 1$ ベクトル $\boldsymbol{y}$ の観点から表現された．もう 1 つの方法として，このすべての解の集合は A の任意の一般逆行列の観点からも表現可能である．

系 6.4.1 $A\boldsymbol{x} = \boldsymbol{c}$ は可解な連立方程式であると仮定する．ただし，$\boldsymbol{c} \neq \boldsymbol{0}$ である．もし B が A の一般逆行列ならば，$\boldsymbol{x} = B\boldsymbol{c}$ が解であり，任意の解 $\boldsymbol{x}_*$ に対して，$\boldsymbol{x}_* = B\boldsymbol{c}$ となるような一般逆行列 B が存在する．

証明 定理 6.4 は一般逆行列の選択に依存しないため，(6.3) 式において $A^{-} = B$ と $\boldsymbol{y} = \boldsymbol{0}$ を選択することにより，$\boldsymbol{x} = B\boldsymbol{c}$ が解であることが証明される．あとは，特定の A^{-} と $\boldsymbol{y}$ に対して (6.3) 式の表現が $B\boldsymbol{c}$ に等しくなるような一般逆行列 B を求めることができる，ということを示しさえすればよい．いま，$\boldsymbol{c} \neq \boldsymbol{0}$ なので，少なくとも 1 つの成分，例えば c_i は 0 ではない．$n \times m$ 行列 C を $C = c_i^{-1}\boldsymbol{y}\boldsymbol{e}_i'$ と定義すると，$C\boldsymbol{c} = \boldsymbol{y}$ である．連立方程式 $A\boldsymbol{x} = \boldsymbol{c}$ は可解なので，$AA^{-}\boldsymbol{c} = \boldsymbol{c}$ でなくてはならず，そのため

$$\begin{aligned}
\boldsymbol{x}_{\boldsymbol{y}} &= A^{-}\boldsymbol{c} + (I_n - A^{-}A)\boldsymbol{y} = A^{-}\boldsymbol{c} + (I_n - A^{-}A)C\boldsymbol{c} \\
&= A^{-}\boldsymbol{c} + C\boldsymbol{c} - A^{-}AC\boldsymbol{c} = A^{-}\boldsymbol{c} + C\boldsymbol{c} - A^{-}ACAA^{-}\boldsymbol{c} \\
&= (A^{-} + C - A^{-}ACAA^{-})\boldsymbol{c}
\end{aligned}$$

となる．しかしながら，定理 5.24 から，$n \times m$ 行列 C のいかなる選択に対しても $A^{-} + C - A^{-}ACAA^{-}$ は A の一般逆行列であり，よって題意を得る． □

次の定理は，連立方程式 $AXB = C$ に関して，定理 6.4 に類似した結果を与える．証明は，練習問題として読者に残しておく．

定理 6.5 $AXB = C$ を可解な連立方程式であるとする．ただし，A，B，C はそれぞれ，サイズ $m \times n$，$p \times q$，$m \times q$ である．このとき任意の一般逆行列 A^{-} および B^{-}，そして任意の $n \times p$ 行列 Y に対して，

$$X_Y = A^{-}CB^{-} + Y - A^{-}AYBB^{-}$$

が解であり，任意の解 X_* に対して $X_* = X_Y$ となるような行列 Y が存在する．

例 6.3 例 6.2 で議論された可解な連立方程式について，その 2 つの A^{-} のうち最初の

一般逆行列を用いると，以下のように表現される．

$$A^-A = \begin{bmatrix} 0 & 1 & -1 \\ 1 & -1 & 0 \\ 0 & 0 & 1 \\ 0 & 0 & 0 \end{bmatrix} \begin{bmatrix} 1 & 1 & 1 & 2 \\ 1 & 0 & 1 & 0 \\ 2 & 1 & 2 & 2 \end{bmatrix}$$
$$= \begin{bmatrix} -1 & -1 & -1 & -2 \\ 0 & 1 & 0 & 2 \\ 2 & 1 & 2 & 2 \\ 0 & 0 & 0 & 0 \end{bmatrix}$$

結果として，この連立方程式の一般解は

$$\boldsymbol{x_y} = A^-\boldsymbol{c} + (I_4 - A^-A)\boldsymbol{y}$$
$$= \begin{bmatrix} -3 \\ 1 \\ 5 \\ 0 \end{bmatrix} + \begin{bmatrix} 2 & 1 & 1 & 2 \\ 0 & 0 & 0 & -2 \\ -2 & -1 & -1 & -2 \\ 0 & 0 & 0 & 1 \end{bmatrix} \begin{bmatrix} y_1 \\ y_2 \\ y_3 \\ y_4 \end{bmatrix}$$
$$= \begin{bmatrix} -3 + 2y_1 + y_2 + y_3 + 2y_4 \\ 1 - 2y_4 \\ 5 - 2y_1 - y_2 - y_3 - 2y_4 \\ y_4 \end{bmatrix}$$

によって与えられる．ただし，$\boldsymbol{y}$ は任意の 4×1 ベクトルである．

いくつかの適用場面では，ある可解な連立方程式が一意な解をもつのか否か，つまり，どのような条件下で (6.3) 式が $\boldsymbol{y}$ のあらゆる選択に対して同一の解をもつのかについて知ることが重要となるだろう．

定理 6.6 $A\boldsymbol{x} = \boldsymbol{c}$ が可解な連立方程式であるとき，$A^-A = I_n$ ならばそのときに限り $\boldsymbol{x}_* = A^-\boldsymbol{c}$ が一意な解となる．ただし，A^- は $m \times n$ 行列 A の任意の一般逆行列である．

証明 $\boldsymbol{x_y}$ は (6.3) 式の定義に従うものとし，あらゆる $\boldsymbol{y}$ の選択に対して $\boldsymbol{x_y} = \boldsymbol{x}_*$ であるならばそのときのみ，$\boldsymbol{x}_* = A^-\boldsymbol{c}$ が一意な解となることに注目する．言い換えれば，すべての $\boldsymbol{y}$ に対して

$$(I_n - A^-A)\boldsymbol{y} = \boldsymbol{0}$$

ならばそのときのみ解は一意である．そしてこれは明らかに，$(I_n - A^-A) = (0)$，すなわち $A^-A = I_n$ という条件と同等である． □

定理 5.23(g) では，$A^- A = I_n$ であればそのときのみ $\mathrm{rank}(A) = n$ であることが示された．結果として，定理 6.6 の必要十分条件を系 6.6.1 として言い直すことができる．

系 6.6.1　$A\boldsymbol{x} = \boldsymbol{c}$ が可解な連立方程式であると仮定する．このとき，解 $\boldsymbol{x}_* = A^-\boldsymbol{c}$ は $\mathrm{rank}(A) = n$ であるときかつそのときに限り一意な解である．

例 6.4　例 6.1 では，連立方程式 $A\boldsymbol{x} = \boldsymbol{c}$ が可解であることが示された．ここで，

$$A = \begin{bmatrix} 1 & 2 \\ 2 & 1 \\ 1 & 0 \end{bmatrix}, \qquad \boldsymbol{c} = \begin{bmatrix} 1 \\ 5 \\ 3 \end{bmatrix}$$

である．A の転置のムーア–ペンローズ形逆行列は例 5.1 で得られた．この逆行列を用いると，以下が成り立つことがわかる．

$$A^+ A = \frac{1}{14}\begin{bmatrix} -3 & 6 & 5 \\ 8 & -2 & -4 \end{bmatrix}\begin{bmatrix} 1 & 2 \\ 2 & 1 \\ 1 & 0 \end{bmatrix} = \frac{1}{14}\begin{bmatrix} 14 & 0 \\ 0 & 14 \end{bmatrix} = I_2$$

したがって，連立方程式 $A\boldsymbol{x} = \boldsymbol{c}$ は以下によって与えられる一意な解をもつ．

$$A^+\boldsymbol{c} = \frac{1}{14}\begin{bmatrix} -3 & 6 & 5 \\ 8 & -2 & -4 \end{bmatrix}\begin{bmatrix} 1 \\ 5 \\ 3 \end{bmatrix} = \frac{1}{14}\begin{bmatrix} 42 \\ -14 \end{bmatrix} = \begin{bmatrix} 3 \\ -1 \end{bmatrix}$$

連立線形方程式が 2 つ以上の解をもつと仮定し，$\boldsymbol{x}_1$ と $\boldsymbol{x}_2$ を 2 つの異なる解であるとする．このとき，$i = 1, 2$ に対して $A\boldsymbol{x}_i = \boldsymbol{c}$ であることから，任意のスカラー α に対し以下が成り立つ．

$$A\{\alpha\boldsymbol{x}_1 + (1-\alpha)\boldsymbol{x}_2\} = \alpha A\boldsymbol{x}_1 + (1-\alpha)A\boldsymbol{x}_2 = \alpha\boldsymbol{c} + (1-\alpha)\boldsymbol{c} = \boldsymbol{c}$$

したがって，$\boldsymbol{x} = \{\alpha\boldsymbol{x}_1 + (1-\alpha)\boldsymbol{x}_2\}$ もまた解である．α は任意であるから，もし連立方程式が 2 つ以上の解をもつのであれば，無限に多くの解をもつことになる．しかしながら，$\boldsymbol{c} \neq \boldsymbol{0}$ である可解な連立方程式に対する線形独立な解の数は 1 と n の間でなければならない．つまり，すべての解が解 $\boldsymbol{x}_1, \ldots, \boldsymbol{x}_r$ の線形結合として表現することができるような線形独立な解 $\{\boldsymbol{x}_1, \ldots, \boldsymbol{x}_r\}$ が存在する．言い換えれば，任意の解 $\boldsymbol{x}$ は係数 $\alpha_1, \ldots, \alpha_r$ に関して $\boldsymbol{x} = \alpha_1\boldsymbol{x}_1 + \cdots + \alpha_r\boldsymbol{x}_r$ と書くことができる．それぞれの i に対し

$\boldsymbol{Ax}_i = \boldsymbol{c}$ であるから，

$$A\boldsymbol{x} = A\left(\sum_{i=1}^{r} \alpha_i \boldsymbol{x}_i\right) = \sum_{i=1}^{r} \alpha_i A\boldsymbol{x}_i = \sum_{i=1}^{r} \alpha_i \boldsymbol{c} = \left(\sum_{i=1}^{r} \alpha_i\right)\boldsymbol{c}$$

でなければならず，したがって $\boldsymbol{x}$ を解とすると，その係数は恒等式 $\alpha_1 + \cdots + \alpha_r = 1$ を満たさなければならないということに注意が必要である．定理 6.7 では，$\boldsymbol{c} \neq \boldsymbol{0}$ であるときに線形独立な解の数 r を決定する厳密な方法が示される．$\boldsymbol{c} = \boldsymbol{0}$ である場合についての議論は次の節で述べる．

定理 6.7　連立方程式 $A\boldsymbol{x} = \boldsymbol{c}$ が可解であるとし，A は $m \times n$，$\boldsymbol{c} \neq \boldsymbol{0}$ であるとする．このとき，それぞれの解は r 個の線形独立な解の線形結合として表現することができる．ここで $r = n - \mathrm{rank}(A) + 1$ である．

証明　特定の一般逆行列 A^+ に関して (6.3) 式を用い，$n+1$ 個の解 $\boldsymbol{x}_{\boldsymbol{0}} = A^+\boldsymbol{c}, \boldsymbol{x}_{\boldsymbol{e}_1} = A^+\boldsymbol{c} + (I_n - A^+A)\boldsymbol{e}_1, \ldots, \boldsymbol{x}_{\boldsymbol{e}_n} = A^+\boldsymbol{c} + (I_n - A^+A)\boldsymbol{e}_n$ から始める．ここで，これまでとおり $\boldsymbol{e}_i$ は i 番目に唯一の非ゼロ要素 1 をもつ $n \times 1$ ベクトルを表す．いま，すべての解はこれらの解の線形結合として表現することができる．なぜなら，任意の $\boldsymbol{y} = (y_1, \ldots, y_n)'$ に対して，

$$\boldsymbol{x}_{\boldsymbol{y}} = A^+\boldsymbol{c} + (I_n - A^+A)\boldsymbol{y} = \left(1 - \sum_{i=1}^{n} y_i\right)\boldsymbol{x}_{\boldsymbol{0}} + \sum_{i=1}^{n} y_i \boldsymbol{x}_{\boldsymbol{e}_i}$$

となるからである．したがって，$n \times (n+1)$ 行列 $X = (\boldsymbol{x}_{\boldsymbol{0}}, \boldsymbol{x}_{\boldsymbol{e}_1}, \ldots . \boldsymbol{x}_{\boldsymbol{e}_n})$ とすると，$\mathrm{rank}(X) = n - \mathrm{rank}(A) + 1$ となることを示せば証明は完了する．行列 X を $X = BC$ と表すことができる点に注目する．ここで B は $n \times (n+1)$ 行列，C は $(n+1) \times (n+1)$ 行列であり，$B = (A^+\boldsymbol{c}, I_n - A^+A)$,

$$C = \begin{bmatrix} 1 & \boldsymbol{1}_n' \\ \boldsymbol{0} & I_n \end{bmatrix}$$

である．明らかに，C は上三角行列でその対角要素の積は 1 であるから非特異である．よって，定理 1.8 から $\mathrm{rank}(X) = \mathrm{rank}(B)$ であることがわかる．また，

$$\begin{aligned}(I_n - A^+A)'A^+\boldsymbol{c} &= (I_n - A^+A)A^+\boldsymbol{c} = (A^+ - A^+AA^+)\boldsymbol{c} \\ &= (A^+ - A^+)\boldsymbol{c} = \boldsymbol{0}\end{aligned}$$

であることに注目すると，B の最初の列は残りの列に対して直交している．このことは以下を意味する．

$$\mathrm{rank}(B) = \mathrm{rank}(A^+\boldsymbol{c}) + \mathrm{rank}(I_n - A^+A) = 1 + \mathrm{rank}(I_n - A^+A)$$

なぜなら，可解性の条件 $AA^+\boldsymbol{c} = \boldsymbol{c}$ と $\boldsymbol{c} \neq \boldsymbol{0}$ は $A^+\boldsymbol{c} \neq \boldsymbol{0}$ であることを保証している

からである．あとは $\mathrm{rank}(I_n - A^+A) = n - \mathrm{rank}(A)$ であることを示せばよい．いま，A^+A は $R(A^+) = R(A')$ の射影行列であるから，$I_n - A^+A$ は $R(A')$ の直交補空間の射影行列，つまり A のゼロ空間 $N(A)$ である．$\dim\{N(A)\} = n - \mathrm{rank}(A)$ であるから，$\mathrm{rank}(I_n - A^+A) = n - \mathrm{rank}(A)$ を得る． □

$\boldsymbol{x_0} = A^+\boldsymbol{c}$ は $(I_n - A^+A)$ の列に対して直交しているので，r 個の線形独立な解の集合を構成する際に，これらの解のうち 1 つは常に $\boldsymbol{x_0}$ となり，残りの解 $\boldsymbol{x_y}$ は $\boldsymbol{y} \neq \boldsymbol{0}$ のうち $r-1$ 個の異なる選択によって与えられる．このことは，(6.3) 式における一般逆行列のように A^+ の選択に依存するものではない．なぜなら，$A^-\boldsymbol{c}$ と $(I_n - A^-A)\boldsymbol{y}$ は，$\boldsymbol{c} \neq \boldsymbol{0}, \boldsymbol{y} \neq \boldsymbol{0}$ であれば，A^- の選択にかかわらず線形独立であるからである．この線形独立の証明は問題に残しておく．

例 6.5　例 6.2 と例 6.3 の連立方程式 $A\boldsymbol{x} = \boldsymbol{c}$ は以下の形をとるすべてのベクトルからなる解の集合をもつことをみてきた．

$$\boldsymbol{x_y} = A^-\boldsymbol{c} + (I_4 - A^-A)\boldsymbol{y} = \begin{bmatrix} -3 + 2y_1 + y_2 + y_3 + 2y_4 \\ 1 - 2y_4 \\ 5 - 2y_1 - y_2 - y_3 - 2y_4 \\ y_4 \end{bmatrix}$$

3×4 行列

$$A = \begin{bmatrix} 1 & 1 & 1 & 2 \\ 1 & 0 & 1 & 0 \\ 2 & 1 & 2 & 2 \end{bmatrix}$$

の最後の行は最初の 2 行の和であるから，$\mathrm{rank}(A) = 2$ である．したがって，連立方程式は

$$n - \mathrm{rank}(A) + 1 = 4 - 2 + 1 = 3$$

個の線形独立な解をもつ．3 つの線形独立な解は $\boldsymbol{y}$ ベクトルの適切な選択によって得ることができる．例えば，$A^-\boldsymbol{c}$ と $(I_4 - A^-A)\boldsymbol{y}$ は線形独立であるから，3 つの解

$$A^-\boldsymbol{c}, \qquad A^-\boldsymbol{c} + (I_4 - A^-A)_{\cdot i}, \qquad A^-\boldsymbol{c} + (I_4 - A^-A)_{\cdot j}$$

は $(I_4 - A^-A)$ の i 番目と j 番目の列が線形独立であるならば，線形独立である．例 6.3 において与えられた行列 $(I_4 - A^-A)$ を再びみると，その最初と 4 番目の列が線形独立であることがわかる．したがって，$A\boldsymbol{x} = \boldsymbol{c}$ の 3 つの線形独立な解は以下によって与えられる．

$$A^-\boldsymbol{c} = \begin{bmatrix} -3 \\ 1 \\ 5 \\ 0 \end{bmatrix}$$

$$A^{-}\boldsymbol{c}+(I_4-A^{-}A)_{\cdot 1}=\begin{bmatrix}-3\\1\\5\\0\end{bmatrix}+\begin{bmatrix}2\\0\\-2\\0\end{bmatrix}=\begin{bmatrix}-1\\1\\3\\0\end{bmatrix}$$

$$A^{-}\boldsymbol{c}+(I_4-A^{-}A)_{\cdot 4}=\begin{bmatrix}-3\\1\\5\\0\end{bmatrix}+\begin{bmatrix}2\\-2\\-2\\1\end{bmatrix}=\begin{bmatrix}-1\\-1\\3\\1\end{bmatrix}$$

6.4 斉次連立方程式

連立方程式 $A\boldsymbol{x}=\boldsymbol{c}$ は，$\boldsymbol{c}\neq\boldsymbol{0}$ の場合に，非斉次連立方程式 (nonhomogeneous system of equations) と呼ばれる．それに対して，$A\boldsymbol{x}=\boldsymbol{0}$ は斉次連立方程式 (homogeneous system of equations) と呼ばれる．本節では，斉次連立方程式に関する結果を得る．斉次連立方程式と非斉次連立方程式の明らかな違いの 1 つは，斉次連立方程式は，常に自明な解 $\boldsymbol{x}=\boldsymbol{0}$ をもつために，必ず可解であるということである．自明な解が唯一な解であるときのみ，斉次連立方程式は一意な解をもつ．次の定理で言及する自明でない解が存在する条件は，定理 6.6 と系 6.6.1 からただちに導かれる．

定理 6.8　A を $m\times n$ 行列と仮定する．$A^{-}A\neq I_n$，または同等に $\mathrm{rank}(A)<n$ であるならばそのときのみ連立方程式 $A\boldsymbol{x}=\boldsymbol{0}$ は自明でない解をもつ．

連立方程式 $A\boldsymbol{x}=\boldsymbol{0}$ が 2 つ以上の解をもち，$\{\boldsymbol{x}_1,\ldots,\boldsymbol{x}_r\}$ を r 個の解の集合とするならば，

$$A\boldsymbol{x}=A\left(\sum_{i=1}^{r}\alpha_i\boldsymbol{x}_i\right)=\sum_{i=1}^{r}\alpha_iA\boldsymbol{x}_i=\sum_{i=1}^{r}\alpha_i\boldsymbol{0}=\boldsymbol{0}$$

であるため，$\alpha_1,\ldots,\alpha_r$ の選択にかかわらず，$\boldsymbol{x}=\alpha_1\boldsymbol{x}_1+\cdots+\alpha_r\boldsymbol{x}_r$ も解となる．実際に次のような定理がある．

定理 6.9　A が $m\times n$ 行列であるならば，このとき，連立方程式 $A\boldsymbol{x}=\boldsymbol{0}$ のすべての解の集合は $n-\mathrm{rank}(A)$ 次元の R^n のベクトル部分空間を形成する．

証明　$A\boldsymbol{x}=\boldsymbol{0}$ のすべての解の集合が A のゼロ空間であるという事実から，この結果はただちに導かれる．□

定理 6.9 とは異なり，非斉次連立方程式のすべての解の集合はベクトル部分空間を形

成しない．これは，前節においてすでに確認したとおり，非斉次連立方程式の解の線形結合は，係数の和が 1 であるときしか，他の解を生み出さないためである．さらに，非斉次連立方程式は解に $\mathbf{0}$ をもつことはできない．

定理 6.4 において与えられた解の一般形式は，斉次連立方程式と非斉次連立方程式の両方に適用される．したがって，任意の $n \times 1$ ベクトル $\boldsymbol{y}$ に対して，

$$\boldsymbol{x}_{\boldsymbol{y}} = (I_n - A^- A)\boldsymbol{y}$$

が，連立方程式 $A\boldsymbol{x} = \mathbf{0}$ の解となり，任意の解 $\boldsymbol{x}_*$ に関して，$\boldsymbol{x}_* = \boldsymbol{x}_{\boldsymbol{y}}$ となるようなベクトル $\boldsymbol{y}$ が存在する．定理 6.10 では，$A\boldsymbol{x} = \boldsymbol{c}$ の解の集合が，$A\boldsymbol{x} = \mathbf{0}$ の解の集合の観点から表現されうることを示す．

定理 6.10　連立方程式 $A\boldsymbol{x} = \boldsymbol{c}$ の任意の解を $\boldsymbol{x}_*$ とする．このとき，以下が成り立つ．

(a) もし $\boldsymbol{x}_\#$ が連立方程式 $A\boldsymbol{x} = \mathbf{0}$ のある解ならば，$\boldsymbol{x} = \boldsymbol{x}_* + \boldsymbol{x}_\#$ は $A\boldsymbol{x} = \boldsymbol{c}$ の解である．

(b) 連立方程式 $A\boldsymbol{x} = \boldsymbol{c}$ の任意の解 $\boldsymbol{x}$ に関して，$\boldsymbol{x} = \boldsymbol{x}_* + \boldsymbol{x}_\#$ となるような連立方程式 $A\boldsymbol{x} = \mathbf{0}$ の解 $\boldsymbol{x}_\#$ が存在する．

証明　もし $\boldsymbol{x}_\#$ を (a) において定義されたものとすると，このとき，

$$A(\boldsymbol{x}_* + \boldsymbol{x}_\#) = A\boldsymbol{x}_* + A\boldsymbol{x}_\# = \boldsymbol{c} + \mathbf{0} = \boldsymbol{c}$$

であり，よって $\boldsymbol{x} = \boldsymbol{x}_* + \boldsymbol{x}_\#$ は $A\boldsymbol{x} = \boldsymbol{c}$ の解である．(b) を証明するために，$\boldsymbol{x}_\# = \boldsymbol{x} - \boldsymbol{x}_*$ と定義する．したがって，$\boldsymbol{x} = \boldsymbol{x}_* + \boldsymbol{x}_\#$ である．すると，$A\boldsymbol{x} = \boldsymbol{c}$，$A\boldsymbol{x}_* = \boldsymbol{c}$ が成り立つから，以下が導かれる．

$$A\boldsymbol{x}_\# = A(\boldsymbol{x} - \boldsymbol{x}_*) = A\boldsymbol{x} - A\boldsymbol{x}_* = \boldsymbol{c} - \boldsymbol{c} = \mathbf{0}$$

ゆえに，証明を完了する．　□

斉次連立方程式がもつ線形独立な解の数に関する次の結果は，定理 6.9 よりただちに導かれる．

定理 6.11　斉次連立方程式 $A\boldsymbol{x} = \mathbf{0}$ のそれぞれの解は，線形独立な r 個の解の線形結合として表現できる．ただし，$r = n - \mathrm{rank}(A)$ である．

例 6.6　連立方程式 $A\boldsymbol{x} = \mathbf{0}$ を考える．ただし，

$$A = \begin{bmatrix} 1 & 2 \\ 2 & 1 \\ 1 & 0 \end{bmatrix}$$

である．例 6.4 において，$A^+A = I_2$ であることを確認した．したがって，連立方程式は自明な解 $\mathbf{0}$ のみをもつ．

例 6.7 例 6.5 における行列

$$A = \begin{bmatrix} 1 & 1 & 1 & 2 \\ 1 & 0 & 1 & 0 \\ 2 & 1 & 2 & 2 \end{bmatrix}$$

の階数は 2 であったため，斉次連立方程式 $A\boldsymbol{x} = \mathbf{0}$ は $r = n - \text{rank}(A) = 4 - 2 = 2$ 個の線形独立な解をもつ．行列 $(I_4 - A^- A)$ の線形独立な 2 つの列からなる任意の集合は，線形独立な解の集合となる．例えば，1 番目と 4 番目の列

$$\begin{bmatrix} 2 \\ 0 \\ -2 \\ 0 \end{bmatrix}, \quad \begin{bmatrix} 2 \\ -2 \\ -2 \\ 1 \end{bmatrix}$$

は線形独立な解である．

6.5 連立線形方程式の最小 2 乗解

不能な連立方程式 $A\boldsymbol{x} = \boldsymbol{c}$ を扱ういくつかの状況においては，その連立方程式を満たすのに最も近いベクトルやベクトルの集合を見つけることが望ましいだろう．$\boldsymbol{x}_*$ が $\boldsymbol{x}$ についての 1 つの選択であるとするならば，$A\boldsymbol{x}_* - \boldsymbol{c}$ が $\mathbf{0}$ に近いとき，$\boldsymbol{x}_*$ は連立方程式を近似的に満たすことになるだろう．$A\boldsymbol{x}_* - \boldsymbol{c}$ の $\mathbf{0}$ への近さを測るための最もよく知られた方法の 1 つは，ベクトル $A\boldsymbol{x}_* - \boldsymbol{c}$ の成分の 2 乗和の計算結果によるものである．この 2 乗和を最小とするベクトルは最小 2 乗解 (least squares solution) と称される．

定義 6.1 以下の不等式があらゆる $n \times 1$ ベクトル $\boldsymbol{x}$ について成立するとき，$n \times 1$ ベクトル $\boldsymbol{x}_*$ は連立方程式 $A\boldsymbol{x} = \boldsymbol{c}$ の最小 2 乗解であるといわれる．

$$(A\boldsymbol{x}_* - \boldsymbol{c})'(A\boldsymbol{x}_* - \boldsymbol{c}) \leq (A\boldsymbol{x} - \boldsymbol{c})'(A\boldsymbol{x} - \boldsymbol{c}) \tag{6.4}$$

もちろん，回帰分析に関する本書内の例の多くにおいて最小 2 乗解の概念をすでに用いてきた．特に，行列 X が最大列階数をもつならば，当てはめられた回帰方程式 $\hat{\boldsymbol{y}} = X\hat{\boldsymbol{\beta}}$ における $\hat{\boldsymbol{\beta}}$ の最小 2 乗解は $\hat{\boldsymbol{\beta}} = (X'X)^{-1}X'\boldsymbol{y}$ によって与えられることを確認した．第 5 章において議論した一般逆行列を用いると，X が最大階数でない場合を含めて，この問題の統一的な取り扱いが可能となる．

5.8 節では，行列 A の $\{1, 3\}$ 逆行列，すなわち，ムーア–ペンローズ形逆行列の第 1，第 3 条件を満たす任意の行列について簡単に議論した．本書では，このタイプの逆行列

を A の最小 2 乗逆行列と呼んだ．定理 6.12 ではそれに関する記述を行う．

定理 6.12　A^L を A の任意の $\{1,3\}$ 逆行列であるとする．このとき，ベクトル $\boldsymbol{x}_* = A^L\boldsymbol{c}$ は連立方程式 $A\boldsymbol{x} = \boldsymbol{c}$ の最小 2 乗解である．

証明　定理の証明のためには，$\boldsymbol{x}_* = A^L\boldsymbol{c}$ の場合に (6.4) 式が成立することを示さなくてはならない．(6.4) 式の右辺は以下のように表すことができる．

$$\begin{aligned}(A\boldsymbol{x}-\boldsymbol{c})'(A\boldsymbol{x}-\boldsymbol{c}) &= \{(A\boldsymbol{x}-AA^L\boldsymbol{c})+(AA^L\boldsymbol{c}-\boldsymbol{c})\}' \\ &\quad\times\{(A\boldsymbol{x}-AA^L\boldsymbol{c})+(AA^L\boldsymbol{c}-\boldsymbol{c})\} \\ &= (A\boldsymbol{x}-AA^L\boldsymbol{c})'(A\boldsymbol{x}-AA^L\boldsymbol{c}) \\ &\quad+(AA^L\boldsymbol{c}-\boldsymbol{c})'(AA^L\boldsymbol{c}-\boldsymbol{c}) \\ &\quad+2(A\boldsymbol{x}-AA^L\boldsymbol{c})'(AA^L\boldsymbol{c}-\boldsymbol{c}) \\ &\geq (AA^L\boldsymbol{c}-\boldsymbol{c})'(AA^L\boldsymbol{c}-\boldsymbol{c}) \\ &= (A\boldsymbol{x}_*-\boldsymbol{c})'(A\boldsymbol{x}_*-\boldsymbol{c})\end{aligned}$$

ここで，不等式は

$$(A\boldsymbol{x}-AA^L\boldsymbol{c})'(A\boldsymbol{x}-AA^L\boldsymbol{c}) \geq 0$$

および，

$$\begin{aligned}(A\boldsymbol{x}-AA^L\boldsymbol{c})'(AA^L\boldsymbol{c}-\boldsymbol{c}) &= (\boldsymbol{x}-A^L\boldsymbol{c})'A'(AA^L\boldsymbol{c}-\boldsymbol{c}) \\ &= (\boldsymbol{x}-A^L\boldsymbol{c})'A'((AA^L)'\boldsymbol{c}-\boldsymbol{c}) \\ &= (\boldsymbol{x}-A^L\boldsymbol{c})'(A'A^{L\prime}A'\boldsymbol{c}-A'\boldsymbol{c}) \\ &= (\boldsymbol{x}-A^L\boldsymbol{c})'(A'\boldsymbol{c}-A'\boldsymbol{c}) = 0 \qquad (6.5)\end{aligned}$$

の事実より導かれる．これによって証明は完了する．□

系 6.12.1　ベクトル $\boldsymbol{x}_*$ は

$$(A\boldsymbol{x}_*-\boldsymbol{c})'(A\boldsymbol{x}_*-\boldsymbol{c}) = \boldsymbol{c}'(I_m-AA^L)\boldsymbol{c}$$

であるならば，そのときのみ連立方程式 $A\boldsymbol{x} = \boldsymbol{c}$ の最小 2 乗解である．

証明　定理 6.12 より，$A^L\boldsymbol{c}$ は A^L の任意の選択に対して，$A\boldsymbol{x} = \boldsymbol{c}$ の最小 2 乗解であり，その誤差平方和は

$$\begin{aligned}(AA^L\boldsymbol{c}-\boldsymbol{c})'(AA^L\boldsymbol{c}-\boldsymbol{c}) &= \boldsymbol{c}'(AA^L-I_m)'(AA^L-I_m)\boldsymbol{c} \\ &= \boldsymbol{c}'(AA^L-I_m)^2\boldsymbol{c} \\ &= \boldsymbol{c}'(AA^LAA^L-2AA^L+I_m)\boldsymbol{c}\end{aligned}$$

$$= \boldsymbol{c}'(AA^L - 2AA^L + I_m)\boldsymbol{c}$$
$$= \boldsymbol{c}'(I_m - AA^L)\boldsymbol{c}$$

によって与えられる．すると定義より最小 2 乗解は誤差平方和を最小化し，その結果，他のどのベクトル $\boldsymbol{x}_*$ も，その誤差平方和がこの最小の 2 乗和 $\boldsymbol{c}'(I_m - AA^L)\boldsymbol{c}$ と等しいならば，そのときに限り最小 2 乗解であることになるので，結果が導かれる．　□

例 6.8　A と $\boldsymbol{c}$ を以下のものとする連立方程式 $A\boldsymbol{x} = \boldsymbol{c}$ について考える．

$$A = \begin{bmatrix} 1 & 1 & 2 \\ 1 & 0 & 1 \\ 1 & 1 & 2 \\ 2 & 0 & 2 \end{bmatrix}, \qquad \boldsymbol{c} = \begin{bmatrix} 4 \\ 1 \\ 6 \\ 5 \end{bmatrix}$$

例 5.13 において最小 2 乗逆行列

$$A^L = \frac{1}{10}\begin{bmatrix} 0 & 2 & 0 & 4 \\ 5 & -2 & 5 & -4 \\ 0 & 0 & 0 & 0 \end{bmatrix}$$

を計算した．

$$AA^L\boldsymbol{c} = \frac{1}{10}\begin{bmatrix} 5 & 0 & 5 & 0 \\ 0 & 2 & 0 & 4 \\ 5 & 0 & 5 & 0 \\ 0 & 4 & 0 & 8 \end{bmatrix}\begin{bmatrix} 4 \\ 1 \\ 6 \\ 5 \end{bmatrix} = \begin{bmatrix} 5 \\ 2.2 \\ 5 \\ 4.4 \end{bmatrix} \neq \boldsymbol{c}$$

であるから，定理 6.2 より，この連立方程式は不能である．そして，最小 2 乗解は

$$A^L\boldsymbol{c} = \frac{1}{10}\begin{bmatrix} 0 & 2 & 0 & 4 \\ 5 & -2 & 5 & -4 \\ 0 & 0 & 0 & 0 \end{bmatrix}\begin{bmatrix} 4 \\ 1 \\ 6 \\ 5 \end{bmatrix} = \begin{bmatrix} 2.2 \\ 2.8 \\ 0 \end{bmatrix}$$

によって与えられる．$(AA^L\boldsymbol{c} - \boldsymbol{c})' = (5, 2.2, 5, 4.4) - (4, 1, 6, 5) = (1, 1.2, -1, -0.6)$ であるので，最小 2 乗解に対する誤差平方和は

$$(AA^L\boldsymbol{c} - \boldsymbol{c})'(AA^L\boldsymbol{c} - \boldsymbol{c}) = 3.8$$

となる．一般に，最小 2 乗解は一意ではない．例えば，行列

$$B = \begin{bmatrix} -2 & -0.8 & -2 & -1.6 \\ -1.5 & -1.2 & -1.5 & -2.4 \\ 2 & 1 & 2 & 2 \end{bmatrix}$$

もまた，A の最小 2 乗逆行列であることを読者は容易に確認することができるだろう．結果として，

$$B\boldsymbol{c} = \begin{bmatrix} -2 & -0.8 & -2 & -1.6 \\ -1.5 & -1.2 & -1.5 & -2.4 \\ 2 & 1 & 2 & 2 \end{bmatrix} \begin{bmatrix} 4 \\ 1 \\ 6 \\ 5 \end{bmatrix} = \begin{bmatrix} -28.8 \\ -28.2 \\ 31 \end{bmatrix}$$

はもう 1 つの最小 2 乗解である．しかしながら，$(AB\boldsymbol{c} - \boldsymbol{c})' = (5, 2.2, 5, 4.4) - (4, 1, 6, 5) = (1, 1.2, -1, -0.6)$ であるので，この最小 2 乗解に対する誤差平方和は，当然のことながら，先ほどの解の誤差平方和と一致する．

以下の結果は最小 2 乗解の一般形の確立において有益だろう．この結果は，最小 2 乗解 $\boldsymbol{x}_*$ は一意ではなくともベクトル $A\boldsymbol{x}_*$ は一意であることを意味している．

定理 6.13 ベクトル $\boldsymbol{x}_*$ は以下の場合かつその場合に限り，連立方程式 $A\boldsymbol{x} = \boldsymbol{c}$ の最小 2 乗解になる．

$$A\boldsymbol{x}_* = AA^L\boldsymbol{c} \tag{6.6}$$

証明 定理 6.2 を用いると，(6.6) 式で与えられた連立方程式は，

$$AA^L(AA^L\boldsymbol{c}) = (AA^LA)A^L\boldsymbol{c} = AA^L\boldsymbol{c}$$

より可解であることがわかる．(6.6) 式を満たす任意のベクトル $\boldsymbol{x}_*$ の誤差平方和は，

$$\begin{aligned}(A\boldsymbol{x}_* - \boldsymbol{c})'(A\boldsymbol{x}_* - \boldsymbol{c}) &= (AA^L\boldsymbol{c} - \boldsymbol{c})'(AA^L\boldsymbol{c} - \boldsymbol{c}) \\ &= \boldsymbol{c}'(AA^L - I_m)^2\boldsymbol{c} \\ &= \boldsymbol{c}'(I_m - AA^L)\boldsymbol{c}\end{aligned}$$

であるので，系 6.12.1 より $\boldsymbol{x}_*$ は最小 2 乗解である．反対に，$\boldsymbol{x}_*$ を最小 2 乗解とする．このとき系 6.12.1 より，

$$\begin{aligned}(A\boldsymbol{x}_* - \boldsymbol{c})'(A\boldsymbol{x}_* - \boldsymbol{c}) &= \boldsymbol{c}'(I_m - AA^L)\boldsymbol{c} \\ &= \boldsymbol{c}'(I_m - AA^L)'(I_m - AA^L)\boldsymbol{c} \\ &= (AA^L\boldsymbol{c} - \boldsymbol{c})'(AA^L\boldsymbol{c} - \boldsymbol{c})\end{aligned} \tag{6.7}$$

でなければならない．ここでは，$(I_m - AA^L)$ が対称でありかつベキ等であるという事実を用いた．しかしながら (6.5) 式で示されたように，$(A\boldsymbol{x}_* - AA^L\boldsymbol{c})'(AA^L\boldsymbol{c} - \boldsymbol{c}) = 0$ なので，

$$(A\boldsymbol{x}_* - \boldsymbol{c})'(A\boldsymbol{x}_* - \boldsymbol{c}) = \Big\{(A\boldsymbol{x}_* - AA^L\boldsymbol{c}) + (AA^L\boldsymbol{c} - \boldsymbol{c})\Big\}'$$

$$\times \Big\{(A\boldsymbol{x}_* - AA^L\boldsymbol{c}) + (AA^L\boldsymbol{c} - \boldsymbol{c})\Big\}$$
$$= (A\boldsymbol{x}_* - AA^L\boldsymbol{c})'(A\boldsymbol{x}_* - AA^L\boldsymbol{c})$$
$$+ (AA^L\boldsymbol{c} - \boldsymbol{c})'(AA^L\boldsymbol{c} - \boldsymbol{c}) \qquad (6.8)$$

とも表せる．よって (6.7) 式と (6.8) 式より，

$$(A\boldsymbol{x}_* - AA^L\boldsymbol{c})'(A\boldsymbol{x}_* - AA^L\boldsymbol{c}) = 0$$

ということがいえ，この式は

$$(A\boldsymbol{x}_* - AA^L\boldsymbol{c}) = \boldsymbol{0}$$

の場合にのみ真となりうる．以上により (6.6) 式が証明された．□

定理 6.14 において，連立方程式の最小 2 乗解の一般表現を与える．

定理 6.14　A^L を $m \times n$ 行列 A の任意の $\{1,3\}$ 逆行列とする．また以下のようなベクトルを定義する．

$$\boldsymbol{x_y} = A^L\boldsymbol{c} + (I_n - A^L A)\boldsymbol{y}$$

ここで $\boldsymbol{y}$ は任意の $n \times 1$ ベクトルである．このとき各 $\boldsymbol{y}$ において，$\boldsymbol{x_y}$ は連立方程式 $A\boldsymbol{x} = \boldsymbol{c}$ の最小 2 乗解である．また，任意の最小 2 乗解 $\boldsymbol{x}_*$ において，$\boldsymbol{x}_* = \boldsymbol{x_y}$ となるようなベクトル $\boldsymbol{y}$ が存在する．

証明

$$A(I_n - A^L A)\boldsymbol{y} = (A - AA^L A)\boldsymbol{y} = (A - A)\boldsymbol{y} = \boldsymbol{0}$$

より $A\boldsymbol{x_y} = AA^L\boldsymbol{c}$ であり，ゆえに定理 6.13 より $\boldsymbol{x_y}$ は最小 2 乗解である．反対に，もし $\boldsymbol{x}_*$ が任意の最小 2 乗解であるなら，再度定理 6.13 により，

$$A\boldsymbol{x}_* = AA^L\boldsymbol{c}$$

となるはずである．このとき A^L を前から掛けることで以下となる．

$$\boldsymbol{0} = -A^L A(\boldsymbol{x}_* - A^L\boldsymbol{c})$$

この恒等式の両辺に $\boldsymbol{x}_*$ を加え，再整理すると以下が得られる．

$$\begin{aligned}\boldsymbol{x}_* &= \boldsymbol{x}_* - A^L A(\boldsymbol{x}_* - A^L\boldsymbol{c})\\ &= A^L\boldsymbol{c} + \boldsymbol{x}_* - A^L\boldsymbol{c} - A^L A(\boldsymbol{x}_* - A^L\boldsymbol{c})\\ &= A^L\boldsymbol{c} + (I_n - A^L A)(\boldsymbol{x}_* - A^L\boldsymbol{c})\end{aligned}$$

ここで $\boldsymbol{y} = (\boldsymbol{x}_* - A^L\boldsymbol{c})$ であり，$\boldsymbol{x}_* = \boldsymbol{x}_{\boldsymbol{y}}$ が示された．証明終了． □

例 6.8 で，最小 2 乗解が必ずしも一意ではないということをみた．定理 6.14 はその解が一意となるための必要かつ十分な条件を得るのに利用できる．

定理 6.15　A が $m \times n$ 行列であるならば，連立方程式 $A\boldsymbol{x} = \boldsymbol{c}$ は $\mathrm{rank}(A) = n$ である場合かつその場合に限り一意な最小 2 乗解をもつ．

証明　$(I_n - A^L A) = (0)$，あるいは同等に $A^L A = I_n$ の場合かつその場合に限り最小 2 乗解が一意であるということは，定理 6.14 よりただちに導かれる．定理 5.23(g) から題意が得られる． □

連立方程式における最小 2 乗解が一意でないときでさえ，最小 2 乗解の要素における特定の線形結合は一意になることもある．このことは次の定理の主題である．

定理 6.16　$\boldsymbol{x}_*$ を連立方程式 $A\boldsymbol{x} = \boldsymbol{c}$ の最小 2 乗解とする．このとき $\boldsymbol{a}$ が A の行空間の中にある場合かつその場合に限り，$\boldsymbol{a}'\boldsymbol{x}_*$ は一意である．

証明　定理 6.14 を用いると，最小 2 乗解 $\boldsymbol{x}_*$ がどのように選択されようとも $\boldsymbol{a}'\boldsymbol{x}_*$ が一意であるならば，

$$\boldsymbol{a}'\boldsymbol{x}_{\boldsymbol{y}} = \boldsymbol{a}'A^L\boldsymbol{c} + \boldsymbol{a}'(I_n - A^L A)\boldsymbol{y}$$

はいかなる $\boldsymbol{y}$ を選択する場合においても同じになる．しかしこれは

$$\boldsymbol{a}'(I_n - A^L A) = \boldsymbol{0}' \tag{6.9}$$

であることを暗に意味している．いま，(6.9) 式が成り立つならば，

$$\boldsymbol{a}' = \boldsymbol{b}'A$$

である．ここで $\boldsymbol{b}' = \boldsymbol{a}'A^L$ であり，ゆえに $\boldsymbol{a}$ は A の行空間の中にある．一方，もし $\boldsymbol{a}$ が A の行空間の中にあるならば，$\boldsymbol{a}' = \boldsymbol{b}'A$ となるようなあるベクトル $\boldsymbol{b}$ が存在する．これは，

$$\boldsymbol{a}'(I_n - A^L A) = \boldsymbol{b}'A(I_n - A^L A) = \boldsymbol{b}'(A - AA^L A) = \boldsymbol{b}'(A - A) = \boldsymbol{0}'$$

ということを意味しており，ゆえに最小 2 乗解は一意でなければならい． □

例 6.9　例 6.8 で提示された連立方程式の最小 2 乗解の一般表現を求めよう．まずはじめに，

$$A^L A = \begin{bmatrix} 1 & 0 & 1 \\ 0 & 1 & 1 \\ 0 & 0 & 0 \end{bmatrix}$$

ということに注意すると，

$$
\begin{aligned}
\boldsymbol{x_y} &= A^L\boldsymbol{c} + (I_3 - A^L A)\boldsymbol{y} \\
&= \frac{1}{10}\begin{bmatrix} 0 & 2 & 0 & 4 \\ 5 & -2 & 5 & -4 \\ 0 & 0 & 0 & 0 \end{bmatrix}\begin{bmatrix} 4 \\ 1 \\ 6 \\ 5 \end{bmatrix} + \begin{bmatrix} 0 & 0 & -1 \\ 0 & 0 & -1 \\ 0 & 0 & 1 \end{bmatrix}\begin{bmatrix} y_1 \\ y_2 \\ y_3 \end{bmatrix} \\
&= \begin{bmatrix} 2.2 - y_3 \\ 2.8 - y_3 \\ y_3 \end{bmatrix}
\end{aligned}
$$

は，いかなる y_3 を選択する場合でも最小 2 乗解になる．$\boldsymbol{a}'\boldsymbol{x_y}$ は，$\boldsymbol{a}$ が A の行空間の中にある限りにおいて，すなわち，本例の場合，$\boldsymbol{a}$ がベクトル $(-1,-1,1)'$ に直交する限りにおいて y_3 の選択に依存しない．

6.6　最大階数でないときの最小 2 乗推定

$\boldsymbol{y}$ を $N\times 1$ ベクトル，X を $N\times m$ 行列，$\boldsymbol{\beta}$ を $m\times 1$ ベクトル，$\boldsymbol{\epsilon}$ を $N\times 1$ ベクトルとするとき，

$$
\boldsymbol{y} = X\boldsymbol{\beta} + \boldsymbol{\epsilon} \tag{6.10}
$$

という形式をとるモデルの最小 2 乗推定について，これまで登場したすべての例では $\mathrm{rank}(X) = m$ を仮定していた．この場合，正規方程式

$$
X'X\hat{\boldsymbol{\beta}} = X'\boldsymbol{y} \tag{6.11}
$$

は $\boldsymbol{\beta}$ の一意な解，すなわち

$$
\hat{\boldsymbol{\beta}} = (X'X)^{-1}X'\boldsymbol{y}
$$

で定義される一意な最小 2 乗推定量を与える．しかし，多くの応用的状況において行列 X は最大階数でない．

例 6.10　例 3.15 において次式として表現された単変量 1 要因分類モデルについて検討する．

$$
y_{ij} = \mu_i + \epsilon_{ij}
$$

ここで $i = 1,\ldots,k$, $j = 1,\ldots,n_i$ である．このモデルは $\boldsymbol{\beta} = (\mu_1,\ldots,\mu_k)'$，そして

$$X = \begin{bmatrix} \mathbf{1}_{n_1} & \mathbf{0} & \cdots & \mathbf{0} \\ \mathbf{0} & \mathbf{1}_{n_2} & \cdots & \mathbf{0} \\ \vdots & \vdots & & \vdots \\ \mathbf{0} & \mathbf{0} & \cdots & \mathbf{1}_{n_k} \end{bmatrix}$$

とすることで，(6.10) 式の形式で表現することが可能である．この場合 X は最大階数であるから

$$\hat{\boldsymbol{\beta}} = (X'X)^{-1}X'\boldsymbol{y} = \bar{\boldsymbol{y}} = \left(\sum y_{1j}/n_1, \ldots, \sum y_{kj}/n_k\right)'$$

が成り立つ．次に，以下で与えられる 1 要因分類モデルの別表現について検討する．

$$y_{ij} = \mu + \tau_i + \epsilon_{ij}$$

本モデルには k 個ではなく $k+1$ 個の母数が含まれる．ここでは μ が全体的な効果 (overall effect) を表すのに対して，τ_i は処遇 i による効果を表している．処遇による平均がすべて等しい縮退モデルは，本モデルにおいて複数の母数が 0 に等しい，すなわち $\tau_1 = \cdots = \tau_k = 0$ とすることで表現できる．したがってこの縮退モデルは本モデルの単なる下位モデルとして表現できる．この点において本モデルの形式はより自然である．単変量 1 要因分類モデルに関するこの 2 番目の表現形式は，$\boldsymbol{\beta}_* = (\mu, \tau_1, \ldots, \tau_k)'$，そして，

$$X_* = \begin{bmatrix} \mathbf{1}_{n_1} & \mathbf{1}_{n_1} & \mathbf{0} & \cdots & \mathbf{0} \\ \mathbf{1}_{n_2} & \mathbf{0} & \mathbf{1}_{n_2} & \cdots & \mathbf{0} \\ \mathbf{1}_{n_3} & \mathbf{0} & \mathbf{0} & \cdots & \mathbf{0} \\ \vdots & \vdots & \vdots & & \vdots \\ \mathbf{1}_{n_k} & \mathbf{0} & \mathbf{0} & \cdots & \mathbf{1}_{n_k} \end{bmatrix}$$

とするとき，$\boldsymbol{y} = X_*\boldsymbol{\beta}_* + \boldsymbol{\epsilon}_*$ と表される．$\mathrm{rank}(X_*) = k$ であるから，この 1 要因分類モデルに関する 2 番目の母数化 (parameterization) は最大階数よりも小さい階数の計画行列 X_* を含むことになる．

本節では，(6.10) 式のモデルに含まれる母数の推定法に関して，これまでに本章で述べられた結果のいくつかを，X が最大階数でない場合に適用する．最初に，(6.11) 式で与えられた正規方程式の解法について考えてみよう．すなわち，連立方程式についてこれまでどおりの表記を用いて，$A\boldsymbol{x} = \boldsymbol{c}$ を解きたいとする．ここで，$A = X'X$, $\boldsymbol{x} = \hat{\boldsymbol{\beta}}$, $\boldsymbol{c} = X'\boldsymbol{y}$ である．まず，定理 6.2 より，(6.11) 式は可解な連立方程式であることを確認できる．なぜなら，

$$X'X(X'X)^+X'\boldsymbol{y} = X'XX^+X^{+\prime}X'\boldsymbol{y} = X'XX^+(XX^+)'\boldsymbol{y}$$

$$
\begin{aligned}
&= X'XX^+XX^+\boldsymbol{y} = X'XX^+\boldsymbol{y} \\
&= X'(XX^+)'\boldsymbol{y} = X'X^{+\prime}X'\boldsymbol{y} = X'\boldsymbol{y}
\end{aligned}
$$

が成り立つためである．したがって，定理 6.4 を利用することで，一般解 $\hat{\boldsymbol{\beta}}$ を次式として求めることができる．

$$
\hat{\boldsymbol{\beta}} = (X'X)^- X'\boldsymbol{y} + \{I_m - (X'X)^- X'X\}\boldsymbol{u} \tag{6.12}
$$

あるいは，ムーア–ペンローズ形一般逆行列を利用するならば，次式として求めることができる．

$$
\begin{aligned}
\hat{\boldsymbol{\beta}} &= (X'X)^+ X'\boldsymbol{y} + \{I_m - (X'X)^+ X'X\}\boldsymbol{u} \\
&= X^+\boldsymbol{y} + (I_m - X^+X)\boldsymbol{u}
\end{aligned}
$$

ただし $\boldsymbol{u}$ は任意の $m \times 1$ ベクトルである．また以下の連立方程式，

$$
\boldsymbol{y} = X\hat{\boldsymbol{\beta}}
$$

に対する 6.5 節の最小 2 乗法の結果を適用することで，同一の一般解を得ることも可能である．すなわち，$A = X$，$\boldsymbol{x} = \hat{\boldsymbol{\beta}}$, $\boldsymbol{c} = \boldsymbol{y}$ とし，定理 6.14 を用いることで，最小 2 乗解が

$$
\hat{\boldsymbol{\beta}} = X^L\boldsymbol{y} + (I_m - X^LX)\boldsymbol{u}
$$

で与えられる．もちろん，この式は (6.12) 式で与えられたものと同等である．

最大階数の場合と最大階数でない場合の主たる相違点は，X が最大階数である場合にのみ，その最小 2 乗解が一意になるということである．X が最大階数でないときは，モデル $\boldsymbol{y} = X\boldsymbol{\beta} + \boldsymbol{\epsilon}$ は過母数化 (overparameterized) されているため，すべての母数，あるいは母数の線形関数が一意に定義されるわけではない．そしてこのことは，$\hat{\boldsymbol{\beta}}$ に対して無数に解が存在することを許してしまう．したがって，母数の線形関数を推定する際には，一意に定義される母数の関数を推定しているかについて確認しておく必要がある．このことは，推定可能関数 (estimable function) と呼ばれる関数についての次の定義につながる．

定義 6.2　サイズ $N \times 1$ のベクトル $\boldsymbol{b}$ について，これが

$$
\boldsymbol{a}'\boldsymbol{\beta} = E(\boldsymbol{b}'\boldsymbol{y}) = \boldsymbol{b}'E(\boldsymbol{y}) = \boldsymbol{b}'X\boldsymbol{\beta}
$$

を満たすベクトルならば，そのときのみ母数ベクトル $\boldsymbol{\beta}$ による線形関数 $\boldsymbol{a}'\boldsymbol{\beta}$ は推定可能である．すなわち，$\boldsymbol{y}$ の成分の線形関数 $\boldsymbol{b}'\boldsymbol{y}$ が存在し，それが $\boldsymbol{a}'\boldsymbol{\beta}$ の不偏推定量であるならば，そのときのみ $\boldsymbol{a}'\boldsymbol{\beta}$ は推定可能である．

線形関数 $\boldsymbol{a}'\boldsymbol{\beta}$ が推定可能であるという条件は，対応する推定量 $\boldsymbol{a}'\hat{\boldsymbol{\beta}}$ が一意であると

いうことと同等である．このことを確認するために，定義 6.2 から，$\boldsymbol{a}$ が X の行空間に存在するならばそのときのみ関数 $\boldsymbol{a}'\boldsymbol{\beta}$ が推定可能であるのに対して，定理 6.16 から，$\boldsymbol{a}$ が X の行空間に存在するならばそのときのみ $\boldsymbol{a}'\hat{\boldsymbol{\beta}}$ は一意であるということに注目する．加えて，$X'(XX')^+X$ は X の行空間の射影行列だから，$\boldsymbol{a}'\boldsymbol{\beta}$ の推定可能性について，

$$X'(XX')^+X\boldsymbol{a} = \boldsymbol{a} \tag{6.13}$$

という，より実用的な条件を得ることができる．定理 5.3，定理 5.28 より

$$X'(XX')^+X = X'X^{+\prime} = X'X^{L\prime} = X'(XX')^-X$$

が成り立つので，(6.13) 式は XX' の一般逆行列の選択として，ムーア–ペンローズ形逆行列に依存しない．

最後に，予測値 $\hat{\boldsymbol{y}} = X\hat{\boldsymbol{\beta}}$ のベクトルと，その誤差平方和 $(\boldsymbol{y}-\hat{\boldsymbol{y}})'(\boldsymbol{y}-\hat{\boldsymbol{y}})$ の最小 2 乗解 $\hat{\boldsymbol{\beta}}$ の選択に対する不変性を示そう．$XX^+X = X$ であるから，

$$\begin{aligned}\hat{\boldsymbol{y}} = X\hat{\boldsymbol{\beta}} &= X\{X^+\boldsymbol{y} + (I_m - X^+X)\boldsymbol{u}\}\\ &= XX^+\boldsymbol{y} + (X - XX^+X)\boldsymbol{u} = XX^+\boldsymbol{y}\end{aligned}$$

が成り立つが，これはベクトル $\boldsymbol{u}$ に依存しない．したがって $\hat{\boldsymbol{y}}$ は一意であり，また

$$(\boldsymbol{y}-\hat{\boldsymbol{y}})'(\boldsymbol{y}-\hat{\boldsymbol{y}}) = \boldsymbol{y}'(I_m - XX^+)\boldsymbol{y}$$

の一意性は $\hat{\boldsymbol{y}}$ の一意性によって直接導かれる．

例 6.11 例 6.10 の 1 要因分類モデル，すなわち

$$\boldsymbol{y} = X_*\boldsymbol{\beta}_* + \boldsymbol{\epsilon}$$

を再考する．ここで，$\boldsymbol{\beta}_* = (\mu, \tau_1, \ldots, \tau_k)'$ であり，

$$X_* = \begin{bmatrix} \mathbf{1}_{n_1} & \mathbf{1}_{n_1} & \mathbf{0} & \cdots & \mathbf{0} \\ \mathbf{1}_{n_2} & \mathbf{0} & \mathbf{1}_{n_2} & \cdots & \mathbf{0} \\ \mathbf{1}_{n_3} & \mathbf{0} & \mathbf{0} & \cdots & \mathbf{0} \\ \vdots & \vdots & \vdots & & \vdots \\ \mathbf{1}_{n_k} & \mathbf{0} & \mathbf{0} & \cdots & \mathbf{1}_{n_k} \end{bmatrix}$$

である．$n = \sum n_i$ として $n \times (k+1)$ 行列 X_* の階数は k であるから，$\boldsymbol{\beta}_*$ の最小 2 乗解は一意でない．一般解の形式を求めるため，

$$X_*'X_* = \begin{bmatrix} n & \boldsymbol{n}' \\ \boldsymbol{n} & D_n \end{bmatrix}$$

に対して，一般逆行列が以下によって与えられることに注目する．

$$(X_*'X_*)^- = \begin{bmatrix} n^{-1} & \mathbf{0}' \\ \mathbf{0} & D_n^{-1} - n^{-1}\mathbf{1}_k\mathbf{1}_k' \end{bmatrix}$$

ここで，$\boldsymbol{n} = (n_1, \ldots, n_k)'$ であり，$D_n = \mathrm{diag}(n_1, \ldots, n_k)$ である．したがって，(6.12) 式を用いて以下の一般解を得る．

$$\begin{aligned}\hat{\boldsymbol{\beta}}_* &= \begin{bmatrix} n^{-1} & \mathbf{0}' \\ \mathbf{0} & D_n^{-1} - n^{-1}\mathbf{1}_k\mathbf{1}_k' \end{bmatrix} \begin{bmatrix} n\bar{y} \\ D_n\bar{\boldsymbol{y}} \end{bmatrix} \\ &\quad + \left\{ I_{k+1} - \begin{bmatrix} 1 & n^{-1}\boldsymbol{n}' \\ \mathbf{0} & I_k - n^{-1}\mathbf{1}_k\boldsymbol{n}' \end{bmatrix} \right\} \boldsymbol{u} \\ &= \begin{bmatrix} \bar{y} \\ \bar{\boldsymbol{y}} - \bar{y}\mathbf{1}_k \end{bmatrix} + \begin{bmatrix} 0 & -n^{-1}\boldsymbol{n}' \\ \mathbf{0} & n^{-1}\mathbf{1}_k\boldsymbol{n}' \end{bmatrix} \boldsymbol{u}\end{aligned}$$

ここで，$\bar{\boldsymbol{y}} = (\bar{y}_1, \ldots, \bar{y}_k)'$ であり，$\bar{y} = \sum n_i\bar{y}_i/n$ である．$\boldsymbol{u} = \mathbf{0}$ とすると，特別な場合として $\hat{\mu} = \bar{y}$，$i = 1, \ldots, k$ に対して $\hat{\tau}_i = \bar{y}_i - \bar{y}$ となる最小 2 乗解を得る．$\boldsymbol{a}'\boldsymbol{\beta}_*$ は，$\boldsymbol{a}$ が X の行空間内に存在する場合にのみ推定可能であるから，$i = 1, \ldots, k$ にわたる k 個の $\mu + \tau_i$ が，これらの任意の線形結合と同様に推定可能であることがわかる．特に，$\boldsymbol{a}_i = (1, \boldsymbol{e}_i')'$ として $\mu + \tau_i = \boldsymbol{a}_i'\boldsymbol{\beta}_*$ なので，その推定量は

$$\boldsymbol{a}_i'\hat{\boldsymbol{\beta}}_* = \begin{bmatrix} 1 & \boldsymbol{e}_i' \end{bmatrix} \begin{bmatrix} \bar{y} \\ \bar{\boldsymbol{y}} - \bar{y}\mathbf{1}_k \end{bmatrix} = \bar{y}_i$$

である．予測値のベクトルは

$$\hat{\boldsymbol{y}} = X_*\hat{\boldsymbol{\beta}}_* = \begin{bmatrix} \mathbf{1}_{n_1} & \mathbf{1}_{n_1} & \mathbf{0} & \cdots & \mathbf{0} \\ \mathbf{1}_{n_2} & \mathbf{0} & \mathbf{1}_{n_2} & \cdots & \mathbf{0} \\ \mathbf{1}_{n_3} & \mathbf{0} & \mathbf{0} & \cdots & \mathbf{0} \\ \vdots & \vdots & \vdots & & \vdots \\ \mathbf{1}_{n_k} & \mathbf{0} & \mathbf{0} & \cdots & \mathbf{1}_{n_k} \end{bmatrix} \begin{bmatrix} \bar{y} \\ \bar{y}_1 - \bar{y} \\ \bar{y}_2 - \bar{y} \\ \vdots \\ \bar{y}_k - \bar{y} \end{bmatrix} = \begin{bmatrix} \bar{y}_1\mathbf{1}_{n_1} \\ \bar{y}_2\mathbf{1}_{n_2} \\ \vdots \\ \bar{y}_k\mathbf{1}_{n_k} \end{bmatrix}$$

であり，対する誤差平方和は次に示すとおりである．

$$(\boldsymbol{y} - \hat{\boldsymbol{y}})'(\boldsymbol{y} - \hat{\boldsymbol{y}}) = \sum_{i=1}^{k}\sum_{j=1}^{n_i}(y_{ij} - \bar{y}_i)^2$$

6.7 連立線形方程式と特異値分解

A が正方で非特異ならば，連立方程式 $A\boldsymbol{x} = \boldsymbol{c}$ の解は，A の逆行列によって $\boldsymbol{x} = A^{-1}\boldsymbol{c}$ のように簡潔に表現することができる．このため，より一般的な場合の解は，A^{-1} の一

般化である A^+ によって表すのがいくらか自然であると考えられてきた．このアプローチこそ本章を通じて扱ってきたものである．これとは別に，特異値分解を用いて，この問題に直接取り組むことができる．このアプローチによって，より本質的な理解が得られるだろう．この場合，扱う連立方程式の形式を，より単純な次の方程式へと常に変換しうることとなる．

$$D\boldsymbol{y} = \boldsymbol{b} \tag{6.14}$$

ここで，$\boldsymbol{y}$ は $n \times 1$ 変数ベクトル，$\boldsymbol{b}$ は $m \times 1$ 定数ベクトルであり，D は $i \neq j$ のとき $d_{ij} = 0$ であるような $m \times n$ 行列である．具体的には，D は定理 4.1 で与えられたように，以下の 4 つのうち 1 つの形式をとる．

$$\text{(a)}\ \Delta \qquad \text{(b)}\ \begin{bmatrix} \Delta & (0) \end{bmatrix} \qquad \text{(c)}\ \begin{bmatrix} \Delta \\ (0) \end{bmatrix} \qquad \text{(d)}\ \begin{bmatrix} \Delta & (0) \\ (0) & (0) \end{bmatrix}$$

ここで，Δ は $r \times r$ 非特異対角行列であり，$r = \text{rank}(A)$ である．いま，D が (a) に示された形式ならば，(6.14) 式の連立方程式は $\boldsymbol{y} = \Delta^{-1}\boldsymbol{b}$ によって与えられる一意の解をもつ可解な連立方程式である．(b) の場合は，$\boldsymbol{y}_1'$ をサイズ $r \times 1$ として，$\boldsymbol{y}$ を $\boldsymbol{y} = (\boldsymbol{y}_1', \boldsymbol{y}_2')'$ と分割すれば，(6.14) 式は

$$\Delta\boldsymbol{y}_1 = \boldsymbol{b}$$

となるから，(6.14) 式は可解であり，その解は以下の形式となる．

$$\boldsymbol{y} = \begin{bmatrix} \Delta^{-1}\boldsymbol{b} \\ \boldsymbol{y}_2 \end{bmatrix}$$

ここで，$(n-r) \times 1$ ベクトル $\boldsymbol{y}_2$ は任意である．このとき，$\boldsymbol{y}_2$ に対して $n-r$ 通りの線形独立な選択があるため，線形独立な解の数は，$\boldsymbol{b} = \boldsymbol{0}$ ならば $n-r$，$\boldsymbol{b} \neq \boldsymbol{0}$ ならば $n-r+1$ である．D が (c) によって与えられる形式のときは，(6.14) 式の連立方程式は

$$\begin{bmatrix} \Delta\boldsymbol{y} \\ \boldsymbol{0} \end{bmatrix} = \begin{bmatrix} \boldsymbol{b}_1 \\ \boldsymbol{b}_2 \end{bmatrix}$$

という形式となる．ここで，$\boldsymbol{b}_1$ は $r \times 1$ であり，$\boldsymbol{b}_2$ は $(m-r) \times 1$ なので，$\boldsymbol{b}_2 = \boldsymbol{0}$ の場合にのみ方程式は可解である．その場合，方程式の一意の解は $\boldsymbol{y} = \Delta^{-1}\boldsymbol{b}_1$ となる．(d) に示された最後の形式の場合は，(6.14) 式の連立方程式は

$$\begin{bmatrix} \Delta\boldsymbol{y}_1 \\ \boldsymbol{0} \end{bmatrix} = \begin{bmatrix} \boldsymbol{b}_1 \\ \boldsymbol{b}_2 \end{bmatrix}$$

のように表される．ここで，$\boldsymbol{y}$ と $\boldsymbol{b}$ は既述した同様の形式で分割されている．形式 (c) のように，この方程式は $\boldsymbol{b}_2 = \boldsymbol{0}$ の場合のみ可解である．可解であるときは，$\boldsymbol{b} = \boldsymbol{0}$ な

らば $n-r$ の線形独立な解をもち，$\boldsymbol{b} \neq \mathbf{0}$ ならば $n-r+1$ の線形独立な解をもつ．一般解は

$$\boldsymbol{y} = \begin{bmatrix} \Delta^{-1}\boldsymbol{b}_1 \\ \boldsymbol{y}_2 \end{bmatrix}$$

によって与えられる．ここで，$(n-r) \times 1$ ベクトル $\boldsymbol{y}_2$ は任意である．

ここにおいて，定理 4.1 のように $A = PDQ'$ によって与えられる A の特異値分解を利用して，一般的な連立方程式

$$A\boldsymbol{x} = \boldsymbol{c} \tag{6.15}$$

に対して，上述したすべてをただちに適用することができる．この連立方程式に P' を前から乗じると，(6.14) 式の連立方程式となる．ここで，変数ベクトルは $\boldsymbol{y} = Q'\boldsymbol{x}$ と表され，定数ベクトルは $\boldsymbol{b} = P'\boldsymbol{c}$ によって与えられる．このため，$\boldsymbol{y}$ が (6.14) 式の解であるならば，$\boldsymbol{x} = Q\boldsymbol{y}$ は (6.15) 式の解となる．したがって，形式 (a) と (b) の場合には，(6.15) 式は一意の解をもつ可解な連立方程式であり，D の形式が (a) のときは，

$$\boldsymbol{x} = Q\boldsymbol{y} = Q\Delta^{-1}\boldsymbol{b} = Q\Delta^{-1}P'\boldsymbol{c} = A^{-1}\boldsymbol{c}$$

によって解が与えられ，対する形式 (b) については，一般解は以下となる．

$$\boldsymbol{x} = Q\boldsymbol{y} = [\begin{array}{cc} Q_1 & Q_2 \end{array}] \begin{bmatrix} \Delta^{-1}\boldsymbol{b} \\ \boldsymbol{y}_2 \end{bmatrix} = Q_1\Delta^{-1}P'\boldsymbol{c} + Q_2\boldsymbol{y}_2$$

ここで，Q_1 は $n \times r$ であり，$\boldsymbol{y}_2$ は任意の $(n-r) \times 1$ ベクトルである．$n \times (n-r)$ 行列 Q_2 の列は，A のゼロ空間に対する基底を形成するため，$Q_2\boldsymbol{y}_2$ の項は，$A\boldsymbol{x}$ の値に影響しない．形式 (c) と (d) の場合には，(6.15) 式の連立方程式が可解であるのは，$P_2\boldsymbol{b}_2 = \mathbf{0}$ となる $\boldsymbol{c} = P_1\boldsymbol{b}_1$ のときのみである．ここで，$P = (P_1, P_2)$ であり，P_1 はサイズ $m \times r$ である．すなわち，P_1 の列は A の範囲の基底を形成するため，A の列空間内に $\boldsymbol{c}$ が存在する場合には，連立方程式は可解である．したがって，$\boldsymbol{c}_1$ を $r \times 1$ として $\boldsymbol{c}$ を $\boldsymbol{c} = (\boldsymbol{c}_1', \boldsymbol{c}_2')'$ と分割すれば，形式 (c) が成り立つときには，一意の解は

$$\boldsymbol{x} = Q\boldsymbol{y} = Q\Delta^{-1}\boldsymbol{b}_1 = Q\Delta^{-1}P_1'\boldsymbol{c}$$

によって与えられる．形式 (d) の場合には，一般解は以下となる．

$$\boldsymbol{x} = Q\boldsymbol{y} = [\begin{array}{cc} Q_1 & Q_2 \end{array}] \begin{bmatrix} \Delta^{-1}\boldsymbol{b}_1 \\ \boldsymbol{y}_2 \end{bmatrix} = Q_1\Delta^{-1}P_1'\boldsymbol{c} + Q_2\boldsymbol{y}_2$$

6.8　疎な連立線形方程式

可解な連立方程式 $A\boldsymbol{x} = \boldsymbol{c}$ に対する数値計算による解あるいは，不能な連立方程式の最小 2 乗解を求めるための典型的な方法では，QR 分解，特異値分解あるいは，LU 分

解のような A に対する何らかの分解を適用する．その分解では，A を下三角行列あるいは上三角行列の積へ分解する．このような種類の方法は直接法 (direct method) と呼ばれる．直接法が適していないと思われる状況の 1 つは，連立方程式が大きく疎な場合，つまり，m と n が大きく，$m \times n$ 行列 A の比較的多くの要素が 0 の場合である．したがって，A のサイズは非常に大きいが，その計算にはそれほど大容量のコンピューターメモリは必要としない．なぜなら，非ゼロ要素の値と場所だけがわかれば計算可能だからである．しかし，A が疎な場合には，その分解に含まれる因数は疎であるとは限らず，したがって，A が十分に大きいならば，そのような分解の計算は限界以上のメモリをすぐに必要としてしまう．

もし A が何らかの構造をもった疎な行列であるならば，その構造を利用した直接法を実行することが可能である．このような場合の単純な例は，A が $m \times m$ で三重対角 (tridiagonal) なとき，つまり，A が以下の形式をもっているときである．

$$A = \begin{bmatrix} v_1 & w_1 & 0 & \cdots & 0 & 0 & 0 \\ u_2 & v_2 & w_2 & \cdots & 0 & 0 & 0 \\ \vdots & \vdots & \vdots & & \vdots & \vdots & \vdots \\ 0 & 0 & 0 & \cdots & u_{m-1} & v_{m-1} & w_{m-1} \\ 0 & 0 & 0 & \cdots & 0 & u_m & v_m \end{bmatrix}$$

この場合，以下を定義すると，

$$L = \begin{bmatrix} r_1 & 0 & \cdots & 0 & 0 \\ u_2 & r_2 & \cdots & 0 & 0 \\ \vdots & \vdots & & \vdots & \vdots \\ 0 & 0 & \cdots & r_{m-1} & 0 \\ 0 & 0 & \cdots & u_m & r_m \end{bmatrix}, \quad U = \begin{bmatrix} 1 & s_1 & \cdots & 0 & 0 \\ 0 & 1 & \cdots & 0 & 0 \\ \vdots & \vdots & & \vdots & \vdots \\ 0 & 0 & \cdots & 1 & s_{m-1} \\ 0 & 0 & \cdots & 0 & 1 \end{bmatrix}$$

各 $r_i \neq 0$ のときに限り A は $A = LU$ と分解される．ここで，$i = 2, \ldots, m$ に対して $r_1 = v_1, r_i = v_i - u_i w_{i-1}/r_{i-1}$ そして，$s_{i-1} = w_{i-1}/r_{i-1}$ である．したがって，2 つの因数 L と U もまた疎である．連立方程式 $A\boldsymbol{x} = \boldsymbol{c}$ は，はじめに連立方程式 $L\boldsymbol{y} = \boldsymbol{c}$ を解き，次に連立方程式 $U\boldsymbol{x} = \boldsymbol{y}$ を解くことで容易に解が得られる．これに関するより詳しい議論や，帯行列 (banded matrix) やブロック三重対角行列 (block tridiagonal matrix) など，他の構造をもつ行列に対する直接法の適用については，Duff, et al. (1986) と Golub and Van Loan(1996) を参照されたい．

疎な連立方程式の解を求めるための 2 番目の手法は反復法 (iterative method) を使うことである．この場合，ベクトルの系列 $\boldsymbol{x}_0, \boldsymbol{x}_1, \ldots$ は $\boldsymbol{x}_0$ を何らかの初期ベクトル，$j = 1, 2, \ldots$ に対して $\boldsymbol{x}_j$ を 1 つ前のベクトル $\boldsymbol{x}_{j-1}$ を使って計算されたベクトルとする．ここで，$\boldsymbol{x}_j$ は，$j \to \infty$ にしたがって $\boldsymbol{x}_j \to \boldsymbol{x}$ となり，$\boldsymbol{x}$ は $A\boldsymbol{x} = \boldsymbol{c}$ の真の解であるという性質をもっている．このような手法の計算にはベクトルとの積を通して A が含

まれるだけであることがよくあり，また A が疎ならば，これは容易に扱うことの可能な操作である．2 つの最も古くからある単純な反復法は，ヤコビ法 (Jacobi method) とガウス–ザイデル法 (Gauss-Seidel method) である．A が $m \times m$ で対角要素が非ゼロならば，連立方程式 $A\boldsymbol{x} = \boldsymbol{c}$ は以下のように記述される．

$$(A - D_A)\boldsymbol{x} + D_A\boldsymbol{x} = \boldsymbol{c}$$

ここから，以下の恒等式が得られる．

$$\boldsymbol{x} = D_A^{-1}\{\boldsymbol{c} - (A - D_A)\boldsymbol{x}\}$$

この恒等式を用いることで，ヤコビ法によって $\boldsymbol{x}_j$ を以下のように計算することができる．

$$\boldsymbol{x}_j = D_A^{-1}\{\boldsymbol{c} - (A - D_A)\boldsymbol{x}_{j-1}\}$$

一方，ガウス–ザイデル法では A を $A = A_1 + A_2$ と分割する．ここで，A_1 は下三角行列であり，A_2 は各対角要素がゼロである上三角行列である．この場合，$A\boldsymbol{x} = \boldsymbol{c}$ は以下のように書き直される．

$$A_1\boldsymbol{x} = \boldsymbol{c} - A_2\boldsymbol{x}$$

そして，ここから次の反復法が導かれる．

$$A_1\boldsymbol{x}_j = \boldsymbol{c} - A_2\boldsymbol{x}_{j-1}$$

この連立方程式は三角であるから，これを用いれば容易に $\boldsymbol{x}_j$ が得られる．

近年では，計算量が少なく収束に関してよりよい性質をもつ洗練された反復法が開発されている．ここでは，ランチョスアルゴリズム (Lanczos, 1950) として知られるアルゴリズムを利用した方程式の解法について簡単に紹介する．収束に関する特性を含めたこの方法についてのより詳しい情報，$m \times n$ 行列に対する一般化，そして最小 2 乗解の推定問題に対する一般化，あるいは他の反復法に関するより詳しい情報が欲しい場合には，読者は Young(1971)，Hageman and Young(1981)，Golub and Van Loan(1996) を参照のこと．

次の関数について考える．

$$f(\boldsymbol{x}) = \frac{1}{2}\boldsymbol{x}'A\boldsymbol{x} - \boldsymbol{x}'\boldsymbol{c}$$

ここで，$\boldsymbol{x}$ は $m \times 1$ ベクトルであり，A は $m \times m$ 正定値行列である．$f(\boldsymbol{x})$ の偏微分ベクトルは，

$$\nabla f(\boldsymbol{x}) = \left(\frac{\partial f}{\partial x_1}, \cdots, \frac{\partial f}{\partial x_m}\right)' = A\boldsymbol{x} - \boldsymbol{c}$$

となり，これは $f(\boldsymbol{x})$ のグラジエント (gradient) としばしば呼ばれる．この方程式がゼロ

ベクトルと等しいとすると，f を最小化するベクトル $\boldsymbol{x} = A^{-1}\boldsymbol{c}$ が，連立方程式 $A\boldsymbol{x} = \boldsymbol{c}$ の解であることもわかる．したがって，f を近似的に最小化するベクトルが，$A\boldsymbol{x} = \boldsymbol{c}$ の近似的な解でもある．最小化を与える $\boldsymbol{x}$ を求めるための反復法の1つには，$j = 1$ から始めて j を1ずつ増やしつつ，R^m の j 次元部分空間にわたって f を最小化する $\boldsymbol{x}_j$ を連続的に求めていく方法がある．特に，正規直交 $m \times 1$ ベクトル $\boldsymbol{q}_1, \ldots, \boldsymbol{q}_m$ のある集合に対して，j 番目の部分空間を $m \times j$ 行列 $Q_j = (\boldsymbol{q}_1, \ldots, \boldsymbol{q}_j)$ の列を基底としてもつ空間として定義する．したがって，ある $j \times 1$ ベクトル $\boldsymbol{y}_j$ に対して，

$$\boldsymbol{x}_j = Q_j \boldsymbol{y}_j \tag{6.16}$$

$$f(\boldsymbol{x}_j) = \min_{\boldsymbol{y} \in R^j} f(Q_j \boldsymbol{y}) = \min_{\boldsymbol{y} \in R^j} g(\boldsymbol{y}) = g(\boldsymbol{y}_j)$$

である．ここで，

$$g(\boldsymbol{y}) = \frac{1}{2}\boldsymbol{y}'(Q_j' A Q_j)\boldsymbol{y} - \boldsymbol{y}' Q_j' \boldsymbol{c}$$

である．したがって，$g(\boldsymbol{y}_j)$ のグラジエントはゼロベクトルと等しくなければならない．したがって，

$$(Q_j' A Q_j)\boldsymbol{y}_j = Q_j' \boldsymbol{c} \tag{6.17}$$

となる．$\boldsymbol{x}_j$ を得るためには，(6.17) 式を利用してまず $\boldsymbol{y}_j$ を計算し，そしてこれを (6.16) 式に代入すれば $\boldsymbol{x}_j$ が求まり，最後の $\boldsymbol{x}_j$ つまり，$\boldsymbol{x}_m$ が $A\boldsymbol{x} = \boldsymbol{c}$ の解となる．しかし，ここでの目的は $j = m$ となる前に十分に精度の高い解 $\boldsymbol{x}_j$ が得られたならば反復を止めることである．

上述したような反復法は，異なる正規直交ベクトルの集合 $\boldsymbol{q}_1, \ldots, \boldsymbol{q}_m$ に対しても正しく機能する．ただし後に示すように，うまく正規直交ベクトルの集合を選択することで，A のサイズが大きくて疎であったとしても，$\boldsymbol{x}_j$ の計算が比較的簡単なものになることが保証される場合がある．このようなベクトルの集合は，A の最小もしくは最大の固有値を求めるための反復法においても有用となる．そこで，まずは固有値問題における文脈からこのようなベクトルの集合について議論を行い，後に連立方程式 $A\boldsymbol{x} = \boldsymbol{c}$ へと話題を戻すことにする．

λ_1 と λ_m が，それぞれ A の最大および最小の固有値を表すものとする．また λ_{1j} と λ_{jj} は，$j \times j$ 行列 $Q_j' A Q_j$ の最大および最小の固有値であるとする．すると第3章でみたように，$\lambda_{1j} \leq \lambda_1$, $\lambda_{jj} \geq \lambda_m$ であり，λ_1 と λ_m はレイリー商

$$R(\boldsymbol{x}, A) = \frac{\boldsymbol{x}' A \boldsymbol{x}}{\boldsymbol{x}' \boldsymbol{x}}$$

の最大値および最小値となる．ここで j 本の列からなる Q_j に対してもう1つの列 $\boldsymbol{q}_{j+1}$ を加えて，$\lambda_{1,j+1}$ と $\lambda_{j+1,j+1}$ が λ_1 と λ_m に極力近くなるような行列 Q_{j+1} を作りたい場合について考えてみよう．もし $\boldsymbol{u}_j$ が Q_j の列が張る空間に含まれており，かつ

$R(\boldsymbol{u}_j, A) = \lambda_{1j}$ を満たすようなベクトルであるならば，グラジエント

$$\nabla R(\boldsymbol{u}_j, A) = \frac{2}{\boldsymbol{u}_j'\boldsymbol{u}_j}\{A\boldsymbol{u}_j - R(\boldsymbol{u}_j, A)\boldsymbol{u}_j\}$$

は $R(\boldsymbol{u}_j, A)$ が最も急速に増加する方向を与えるから，$\nabla R(\boldsymbol{u}_j, A)$ が Q_{j+1} の列によって張られる空間に含まれるように $\boldsymbol{q}_{j+1}$ を選ぶということになる．逆に，もし $\boldsymbol{v}_j$ が Q_j の張る空間に含まれており，かつ $R(\boldsymbol{v}_j, A) = \lambda_{jj}$ を満たすならば，$R(\boldsymbol{v}_j, A)$ は $-\nabla R(\boldsymbol{v}_j, A)$ によって与えられる方向において最も急速に減少するので，$\nabla R(\boldsymbol{v}_j, A)$ もまた Q_{j+1} の列が張る空間に含まれるようにしなければならない．

この両方の目的は，Q_j の列がベクトル $\boldsymbol{q}_1, A\boldsymbol{q}_1, \ldots, A^{j-1}\boldsymbol{q}_1$ によって張られているとしたときに，Q_{j+1} の列がベクトル $\boldsymbol{q}_1, A\boldsymbol{q}_1, \ldots, A^j\boldsymbol{q}_1$ によって張られるように $\boldsymbol{q}_{j+1}$ を選べばかなえることができる．なぜなら $\nabla R(\boldsymbol{u}_j, A)$ と $\nabla R(\boldsymbol{v}_j, A)$ は，どちらも Q_j の列が張るベクトル $\boldsymbol{x}$ を用いて，$aA\boldsymbol{x} + b\boldsymbol{x}$ という形になるからである．よって，まずは最初の単位ベクトル $\boldsymbol{q}_1$ から始めて，$j \geq 2$ については $\boldsymbol{q}_j$ がベクトル $\boldsymbol{q}_1, \ldots, \boldsymbol{q}_{j-1}$ に直交する単位ベクトルになり，Q_j の列がベクトル $\boldsymbol{q}_1, A\boldsymbol{q}_1, \ldots, A^{j-1}\boldsymbol{q}_1$ によって張られるように選ぶ．このような特別な $\boldsymbol{q}_j$ 本のベクトルの組は，ランチョスベクトル (Lanczos vectors) として知られている．

$\boldsymbol{q}_j$ の計算は，三重対角分解 (tridiagonal factorization) $A = PTP'$ を用いれば容易に行うことが可能である．ただしここで，P は直交行列，T は以下のような形の三重対角行列である．

$$T = \begin{bmatrix} \alpha_1 & \beta_1 & 0 & \cdots & 0 & 0 & 0 \\ \beta_1 & \alpha_2 & \beta_2 & \cdots & 0 & 0 & 0 \\ \vdots & \vdots & \vdots & & \vdots & \vdots & \vdots \\ 0 & 0 & 0 & \cdots & \beta_{m-2} & \alpha_{m-1} & \beta_{m-1} \\ 0 & 0 & 0 & \cdots & 0 & \beta_{m-1} & \alpha_m \end{bmatrix}$$

この分解を使うことで，$P\boldsymbol{e}_1 = \boldsymbol{q}_1$ となるような P と $\boldsymbol{q}_1$ を選べば，

$$(\boldsymbol{q}_1, A\boldsymbol{q}_1, \ldots, A^{j-1}\boldsymbol{q}_1) = P(\boldsymbol{e}_1, T\boldsymbol{e}_1, \ldots, T^{j-1}\boldsymbol{e}_1)$$

となることがわかる．このとき $(\boldsymbol{e}_1, T\boldsymbol{e}_1, \ldots, T^{j-1}\boldsymbol{e}_1)$ は上三角の構造をもっているから，P の最初の j 列が $(\boldsymbol{q}_1, A\boldsymbol{q}_1, \ldots, A^{j-1}\boldsymbol{q}_1)$ の列空間を張ることになる．よって分解 $A = PTP'$ を計算する，あるいは同等に $Q = (\boldsymbol{q}_1, \ldots, \boldsymbol{q}_m) = P$ とすることにより，$\boldsymbol{q}_j$ を求めることができる．すると，$AQ = QT$ であるから，

$$A\boldsymbol{q}_1 = \alpha_1\boldsymbol{q}_1 + \beta_1\boldsymbol{q}_2 \tag{6.18}$$

となる．また $j = 2, \ldots, m-1$ について

$$A\boldsymbol{q}_j = \beta_{j-1}\boldsymbol{q}_{j-1} + \alpha_j\boldsymbol{q}_j + \beta_j\boldsymbol{q}_{j+1} \tag{6.19}$$

も成り立つ．これらの等式と $\boldsymbol{q}_j$ 同士の正規直交性を利用すれば，すべての j について $\alpha_j = \boldsymbol{q}_j' A \boldsymbol{q}_j$ となることを示すのは容易である．また $\boldsymbol{q}_0 = \boldsymbol{0}$ と定義すれば，$\boldsymbol{p}_j = (A - \alpha_j I_m)\boldsymbol{q}_j - \beta_{j-1}\boldsymbol{q}_{j-1} \neq \boldsymbol{0}$ である限り，$j = 1, \ldots, m-1$ において $\beta_j^2 = \boldsymbol{p}_j'\boldsymbol{p}_j$ かつ $\boldsymbol{q}_{j+1} = \boldsymbol{p}_j/\beta_j$ となる．よって $\boldsymbol{p}_j = \boldsymbol{0}$ となってしまうまで，$\boldsymbol{q}_j$ の計算を続けることが可能である．

この事実が重要な意味をもっていることを示すために，最初の $j-1$ 回の繰り返し手続きが，$i = 2, \ldots, j-1$ について $\boldsymbol{p}_i \neq \boldsymbol{0}$ であったために，無事に完了したと仮定してみる．このとき，各列が $(\boldsymbol{q}_1, A\boldsymbol{q}_1, \ldots, A^{j-1}\boldsymbol{q}_1)$ の列空間の基底を構成するような行列 Q_j が得られていることになる．すると $AQ = QT$ という関係から，ただちに

$$AQ_j = Q_j T_j + \boldsymbol{p}_j \boldsymbol{e}_j'$$

が導かれることに注意してほしい．ただし T_j は，T の最初の j 行 j 列からなる $j \times j$ 部分行列である．よって $Q_j' A Q_j = T_j + Q_j' \boldsymbol{p}_j \boldsymbol{e}_j'$ という等式が成り立つ．しかし $\boldsymbol{q}_i' A \boldsymbol{q}_i = \alpha_i$ である一方で，(6.18) 式と (6.19) 式から $\boldsymbol{q}_{i+1}' A \boldsymbol{q}_i = \beta_i$, $k > i+1$ について $\boldsymbol{q}_k' A \boldsymbol{q}_i = 0$ である．したがって $Q_j' A Q_j = T_j$ であり，$Q_j' \boldsymbol{p}_j = \boldsymbol{0}$ でなければならない．ここで，もし $\boldsymbol{p}_j \neq \boldsymbol{0}$ であるならば，$\boldsymbol{q}_{j+1} = \boldsymbol{p}_j/\beta_j$ は Q_j の列に対して直交しているはずである．また，$\boldsymbol{q}_{j+1}$ が $A\boldsymbol{q}_j, \boldsymbol{q}_j, \boldsymbol{q}_{j-1}$ の線形結合であることから，$Q_{j+1} = (Q_j, \boldsymbol{q}_{j+1})$ の列は，$(\boldsymbol{q}_1, A\boldsymbol{q}_1, \ldots, A^j\boldsymbol{q}_1)$ の列空間の基底を構成していることになる．逆に，もし $\boldsymbol{p}_j = \boldsymbol{0}$ であるならば，$AQ_j = Q_j T_j$ となる．するとベクトル $A^j\boldsymbol{q}_1, \ldots, A^{m-1}\boldsymbol{q}_1$ は Q_j の列が張る空間，すなわちベクトル $\boldsymbol{q}_1, A\boldsymbol{q}_1, \ldots, A^{j-1}\boldsymbol{q}_1$ が張る空間に含まれることになる．したがって，ちょうど j 本の $\boldsymbol{q}_i$ があるときに限り，それゆえに繰り返し手続きは終了するということがわかる．

上で述べたような反復法において，T_j の最大および最小固有値は，A の最大および最小固有値の近似値として利用することができる．実際の計算においては，繰り返し手続きの終了は $\boldsymbol{p}_j = \boldsymbol{0}$ になったためではなく，A の固有値の十分に精度の高い近似値が得られたから，という理由で行われることが普通である．

それでは，連立方程式 $A\boldsymbol{x} = \boldsymbol{c}$ を，(6.17) 式の $\boldsymbol{y}_j$ および (6.16) 式の $\boldsymbol{x}_j$ の計算を元にした反復法によって解くという問題に戻ることにしよう．以下では Q_j の列としてランチョスベクトルを選ぶことで，この手続きに含まれる計算が簡単になることを示す．Q_j をこのような形になるように選ぶと，$Q_j' A Q_j = T_j$ が成立するということをすでに確認した．よって T_j が対称であるという点で (6.17) 式は本節冒頭で論じた三重対角の連立方程式の特別な場合である．結果として行列 T_j は，$D_j = \mathrm{diag}(d_1, \ldots, d_j)$ と

$$L_j = \begin{bmatrix} 1 & 0 & \cdots & 0 & 0 \\ l_1 & 1 & \cdots & 0 & 0 \\ \vdots & \vdots & & \vdots & \vdots \\ 0 & 0 & \cdots & 1 & 0 \\ 0 & 0 & \cdots & l_{j-1} & 1 \end{bmatrix}$$

を用いることで，$T_j = L_j D_j L_j'$ のように分解することができる．ただし $d_1 = \alpha_1$ であり，また $i = 2, \ldots, j$ について，$l_{i-1} = \beta_{i-1}/d_{i-1}$ かつ $d_i = \alpha_i - \beta_{i-1} l_{i-1}$ である．よって (6.17) 式の $\boldsymbol{y}_j$ の解は，まず $L_j \boldsymbol{w}_j = Q_j' \boldsymbol{c}$ を，次に $D_j \boldsymbol{z}_j = \boldsymbol{w}_j$ を，そして最後に $L_j' \boldsymbol{y}_j = \boldsymbol{z}_j$ を解くことによって，簡単に求めることができる．また，たとえ j が大きくなったとしても，D_{j-1} や L_{j-1} は D_j, L_j の部分行列であるから，j 回目の繰り返しにおいて計算しなければならないのは D_{j-1}, L_{j-1} から D_j, L_j を求めるための d_j, l_{j-1} のみであり，要求される計算量はあまり大きくはならない．

次の手続きは，(6.16) 式を用いて $\boldsymbol{y}_j$ から $\boldsymbol{x}_j$ を求めることである．この計算についても，少ない量の計算で済ませられる可能性があることを示す．もし $m \times j$ 行列 $B_j = (\boldsymbol{b}_1, \ldots, \boldsymbol{b}_j)$ を $B_j L_j' = Q_j$ となるように定義すれば，式 $T_j \boldsymbol{y}_j = Q_j' \boldsymbol{c}$ に対して $Q_j T_j^{-1}$ を前から乗じて (6.16) 式を用いることで，

$$\boldsymbol{x}_j = Q_j T_j^{-1} Q_j' \boldsymbol{c} = Q_j (L_j D_j L_j')^{-1} Q_j' \boldsymbol{c} = B_j \boldsymbol{z}_j \tag{6.20}$$

となることに注意してほしい．ただし，$\boldsymbol{z}_j$ は先に定義されたとおりのものである．この (6.20) 式から $\boldsymbol{x}_j$ を計算することは，(6.16) 式から求めるよりも簡単になる．なぜなら B_{j-1} と $\boldsymbol{z}_{j-1}$ が求められていれば，B_j, $\boldsymbol{z}_j$ の計算が楽になるからである．例えば B_j の定義から，$\boldsymbol{b}_1 = \boldsymbol{q}_1$ かつ $i > 1$ について $\boldsymbol{b}_i = \boldsymbol{q}_i - l_{i-1} \boldsymbol{b}_{i-1}$ であることがわかる．したがって，$B_j = (B_{j-1}, \boldsymbol{b}_j)$ である．$\boldsymbol{w}_j$ と $\boldsymbol{z}_j$ に関する定義の式を利用すると，

$$L_j D_j \boldsymbol{z}_j = Q_j' \boldsymbol{c} \tag{6.21}$$

を得る．ここで $\boldsymbol{z}_j$ を，$(j-1) \times 1$ ベクトル $\boldsymbol{\gamma}_{j-1}$ を用いて $\boldsymbol{z}_j = (\boldsymbol{\gamma}_{j-1}', \gamma_j)'$ と分割すると，

$$L_j = \begin{bmatrix} L_{j-1} & \boldsymbol{0} \\ l_{j-1} \boldsymbol{e}_{j-1}' & 1 \end{bmatrix}, \qquad D_j = \begin{bmatrix} D_{j-1} & \boldsymbol{0} \\ \boldsymbol{0}' & d_j \end{bmatrix}$$

であることから，(6.21) 式が $L_{j-1} D_{j-1} \boldsymbol{\gamma}_{j-1} = Q_{j-1}' \boldsymbol{c}$ を意味していることがわかる．すると結果として $\boldsymbol{\gamma}_{j-1} = \boldsymbol{z}_{j-1}$ となるから，$\boldsymbol{z}_j$ を求めるためには，以下で与えられる γ_j のみを計算すればよいということになる．

$$\gamma_j = (\boldsymbol{q}_j' \boldsymbol{c} - l_{j-1} d_{j-1} \gamma_{j-1}) / d_j$$

ただし，γ_{j-1} は $\boldsymbol{z}_{j-1}$ の最後の成分である．したがって (6.20) 式は

$$\boldsymbol{x}_j = B_j \boldsymbol{z}_j = \begin{bmatrix} B_{j-1} & \boldsymbol{b}_j \end{bmatrix} \begin{bmatrix} \boldsymbol{z}_{j-1} \\ \gamma_j \end{bmatrix}$$
$$= B_{j-1}\boldsymbol{z}_{j-1} + \gamma_j \boldsymbol{b}_j = \boldsymbol{x}_{j-1} + \gamma_j \boldsymbol{b}_j$$

となり，これで $\boldsymbol{b}_j$, γ_j と $(j-1)$ 回目の繰り返しにおける解 $\boldsymbol{x}_{j-1}$ とを用いることで，j 回目の繰り返しにおける解を計算する単純な式が求められたことになる.

練習問題

6.1　$A\boldsymbol{x} = \boldsymbol{c}$ について考える．ここで，A は練習問題 5.2 で与えられた 4×3 行列であり，$\boldsymbol{c}$ は以下である.

$$\boldsymbol{c} = \begin{bmatrix} 1 \\ 3 \\ -1 \\ 0 \end{bmatrix}$$

(a) この連立方程式が可解であることを証明せよ.
(b) この連立方程式の解を求めよ.
(c) 線形独立な解はいくつあるだろうか.

6.2　練習問題 5.45 で与えられた 3×4 行列 A と

$$\boldsymbol{c} = \begin{bmatrix} 1 \\ 1 \\ 4 \end{bmatrix}$$

による連立線形方程式 $A\boldsymbol{x} = \boldsymbol{c}$ について，以下の問いに答えよ.

(a) 連立線型方程式が可解であることを示せ.
(b) 一般解を求めよ.
(c) 線形独立な解の数 r を求めよ.
(d) r 個の線形独立な解の組を示せ.

6.3　連立方程式 $A\boldsymbol{x} = \boldsymbol{c}$ を考える．A は以下に示す行列である.

$$A = \begin{bmatrix} 5 & 2 & 1 \\ 3 & 1 & 1 \\ 2 & 1 & 0 \\ 1 & 2 & -3 \end{bmatrix}$$

各 $\boldsymbol{c}$ は以下で与えられる．どの連立方程式が可解か決定せよ.

$$(a)\ \boldsymbol{c}=\begin{bmatrix}1\\1\\1\\1\end{bmatrix}\qquad (b)\ \boldsymbol{c}=\begin{bmatrix}3\\2\\1\\-1\end{bmatrix}\qquad (c)\ \boldsymbol{c}=\begin{bmatrix}1\\-1\\1\\-1\end{bmatrix}$$

6.4 以下の連立方程式 $A\boldsymbol{x}=\boldsymbol{c}$ を考える．

$$A=\begin{bmatrix}1&1&-1&0&2\\2&1&1&1&1\end{bmatrix},\qquad \boldsymbol{c}=\begin{bmatrix}3\\1\end{bmatrix}$$

(a) 連立方程式が可解であることを示せ．
(b) 一般解を得よ．
(c) 線形独立な解の数 r を見つけよ．
(d) r 個の線形独立な解の集合を得よ．

6.5 定理 6.5 を証明せよ．

6.6 $AXB=C$ という連立方程式を考える．ここで，X は変数からなる 3×3 の行列であり A,B,C は以下である．

$$A=\begin{bmatrix}1&3&1\\3&2&1\end{bmatrix},\qquad B=\begin{bmatrix}1&-1\\1&0\\0&1\end{bmatrix},\qquad C=\begin{bmatrix}4&2\\2&1\end{bmatrix}$$

(a) この連立方程式が可解であることを示せ．
(b) この方程式系の一般解の形式を求めよ．

6.7 可解な線形方程式の一般解は定理 6.4 において $A^{-}\boldsymbol{c}+(I_n-A^{-}A)\boldsymbol{y}$ によって与えられた．$\boldsymbol{c}\neq\boldsymbol{0}$，$\boldsymbol{y}\neq\boldsymbol{0}$ であるならば，2 つのベクトル $A^{-}\boldsymbol{c}$ と $(I_n-A^{-}A)\boldsymbol{y}$ が線形独立であることを示せ．

6.8 $m\times n$ 行列 A と $m\times 1$ ベクトル $\boldsymbol{c}\neq\boldsymbol{0}$ について，いかなる A^{-} の選択においても $A^{-}\boldsymbol{c}$ が等しいと仮定する．もし $A\boldsymbol{x}=\boldsymbol{c}$ が可解な連立方程式であれば，それがただ 1 つの解をもつことを定理 5.24 を用いて示せ．

6.9 A を $m\times n$ 行列，$\boldsymbol{c}$ と $\boldsymbol{d}$ をそれぞれ $m\times 1$，$n\times 1$ ベクトルとする．

(a) $p\times m$ 行列 B が最大列階数をもつならば，$n\times 1$ ベクトル $\boldsymbol{x}$ に対して $BA\boldsymbol{x}=B\boldsymbol{c}$ は $A\boldsymbol{x}=\boldsymbol{c}$ と同じ解の集合をもつことを示せ．
(b) $\boldsymbol{x}$ に対して $A'A\boldsymbol{x}=A'A\boldsymbol{d}$ は $A\boldsymbol{x}=A\boldsymbol{d}$ と同じ解の集合をもつことを示せ．

6.10　以下の行列

$$A = \begin{bmatrix} -1 & 3 & -2 & 1 \\ 2 & -3 & 0 & -2 \end{bmatrix}$$

を用いて定められる斉次連立方程式 $A\boldsymbol{x} = \boldsymbol{0}$ について，線形独立な解の数 r を決定せよ．また，r 個の線形独立な解の集合を見つけよ．

6.11　$\boldsymbol{x}_*$ を連立方程式 $A\boldsymbol{x} = \boldsymbol{c}$ の解，$\boldsymbol{y}_*$ を連立方程式 $A'\boldsymbol{y} = \boldsymbol{d}$ の解であると仮定する．$\boldsymbol{d}'\boldsymbol{x}_* = \boldsymbol{c}'\boldsymbol{y}_*$ ということを示せ．

6.12　連立方程式 $AXB = C$ が可解であるならば，A が最大列階数，B が最大行階数をもつとき，かつそのときに限り，その解は一意となることを証明せよ．

6.13　以下の行列を考える．

$$A = \begin{bmatrix} 1 & -1 & 1 & 1 \\ 2 & 3 & 1 & -1 \end{bmatrix}, \qquad \boldsymbol{c} = \begin{bmatrix} 1 \\ 2 \end{bmatrix},$$

$$B = \begin{bmatrix} 2 & 1 & 2 & -1 \\ 0 & 1 & 1 & 1 \end{bmatrix}, \qquad \boldsymbol{d} = \begin{bmatrix} 2 \\ 4 \end{bmatrix}$$

(a) 連立方程式 $A\boldsymbol{x} = \boldsymbol{c}$ が可解であり，線形独立な 3 つの解をもつことを示せ．
(b) 連立方程式 $B\boldsymbol{x} = \boldsymbol{d}$ が可解であり，線形独立な 3 つの解をもつことを示せ．
(c) 連立方程式 $A\boldsymbol{x} = \boldsymbol{c}$ と $B\boldsymbol{x} = \boldsymbol{d}$ が共通の解をもち，その共通解が一意であることを示せ．

6.14　連立方程式 $AX = C$ と $XB = D$ について考える．ここで，A は $m \times n$，B は $p \times q$, C は $m \times p$, D は $n \times p$ である．

(a) 2 つの連立方程式が共通の解 X をもつとき，かつそのときのみ各連立方程式は可解であり $AD = CB$ であることを証明せよ
(b) 一般共通解は以下で与えられることを証明せよ．ここで Y は任意の $n \times p$ 行列である．

$$X_* = A^-C + (I_n - A^-A)DB^- + (I_n - A^-A)Y(I_p - BB^-)$$

6.15　練習問題 5.46 において求めた，次の行列の最小 2 乗逆行列を用いて，各問に答えよ．

$$A = \begin{bmatrix} 1 & -1 & -2 & 1 \\ -2 & 4 & 3 & -2 \\ 1 & 1 & -3 & 1 \end{bmatrix}$$

(a) $\boldsymbol{c}' = (2, 1, 5)$ としたとき，連立線形方程式 $A\boldsymbol{x} = \boldsymbol{c}$ が不能であることを，最小 2 乗逆行列を用いて示せ．

(b) 最小 2 乗解を求めよ．

(c) この連立線形方程式に対する最小 2 乗解の誤差平方和を求めよ．

6.16 連立方程式 $A\boldsymbol{x} = \boldsymbol{c}$ を考える．$A, \boldsymbol{c}$ は以下に示す行列とベクトルである．

$$A = \begin{bmatrix} 1 & 0 & 2 \\ 2 & -1 & 3 \\ -1 & 2 & 0 \\ -2 & 1 & -3 \end{bmatrix} \quad \boldsymbol{c} = \begin{bmatrix} 2 \\ 2 \\ 5 \\ 0 \end{bmatrix}$$

(a) A の最小 2 乗逆行列を見つけよ．

(b) 連立方程式が不能であることを示せ．

(c) 最小 2 乗解を得よ．

(d) この解は一意か．

6.17 $\boldsymbol{x}_*$ は以下のとき，かつそのときに限り，連立方程式 $A\boldsymbol{x} = \boldsymbol{c}$ の最小 2 乗解になることを示せ．

$$A'A\boldsymbol{x}_* = A'\boldsymbol{c}$$

6.18 A を $m \times n$ 行列，$\boldsymbol{x}_*, \boldsymbol{y}_*$ と $\boldsymbol{c}$ はそれぞれ $n \times 1, m \times 1, m \times 1$ ベクトルであるとする．$\boldsymbol{x}_*, \boldsymbol{y}_*$ は以下の連立方程式を満たしているとする．

$$\begin{bmatrix} I_m & A \\ A' & (0) \end{bmatrix} \begin{bmatrix} \boldsymbol{y}_* \\ \boldsymbol{x}_* \end{bmatrix} = \begin{bmatrix} \boldsymbol{c} \\ \boldsymbol{0} \end{bmatrix}$$

このとき $\boldsymbol{x}_*$ は $A\boldsymbol{x} = \boldsymbol{c}$ を解く最小 2 乗解であることを示せ．

6.19 交互作用を含んだバランスデザインの 2 要因分類モデルは以下の式で表される．

$$y_{ijk} = \mu + \tau_i + \gamma_j + \eta_{ij} + \epsilon_{ijk}$$

ここで，$i = 1, \ldots, a$，$j = 1, \ldots, b$，$k = 1, \ldots, n$ である．母数 μ は全体的な効果を表しており，τ_i は 1 つ目の要因の i 番目の水準による効果，γ_j は 2 つ目の要因の j 番目の水準による効果である．そして η_{ij} は 1,2 つ目の要因の i, j 番目の水準の交互作用であり，ϵ_{ijk} は通常どおり，$N(0, \sigma^2)$ に独立に従う誤差を表している．

(a) この 2 要因分類モデルを，行列を用いた形式 $\boldsymbol{y} = X\boldsymbol{\beta} + \boldsymbol{\epsilon}$ で表されるように，ベクトル $\boldsymbol{y}, \boldsymbol{\beta}, \boldsymbol{\epsilon}$ と行列 X を定めよ．

(b) X の階数 r を求めよ．母数 $\mu, \tau_i, \gamma_j, \eta_{ij}$ について，線形独立な r 個の推定可能関数の集合を決定せよ．

(c) 母数ベクトル $\boldsymbol{\beta}$ の最小 2 乗解を求めよ．

6.20 以下の回帰モデルを考える．

$$\boldsymbol{y} = X\boldsymbol{\beta} + \boldsymbol{\epsilon}$$

ここで，X は $N \times m$，$\boldsymbol{\epsilon} \sim N_N(\mathbf{0}, \sigma^2 C)$ であり，C は既知の正定値行列とする．例 4.6 では，X が最大列階数の場合において，以下の式を最小化する一般化最小 2 乗推定量 $\hat{\boldsymbol{\beta}} = (X'C^{-1}X)^{-1}X'C^{-1}\boldsymbol{y}$ が得られた．

$$(\boldsymbol{y} - X\hat{\boldsymbol{\beta}})'C^{-1}(\boldsymbol{y} - X\hat{\boldsymbol{\beta}}) \tag{6.22}$$

もし，X が最大列階数でない場合に，(6.22) 式を最小化する $\boldsymbol{\beta}$ の一般化最小 2 乗推定量が次式で与えられることを示せ．

$$\hat{\boldsymbol{\beta}} = (X'C^{-1}X)^{-}X'C^{-1}\boldsymbol{y} + \{I_m - (X'C^{-1}X)^{-}X'C^{-1}X\}\boldsymbol{u}$$

ただし，$\boldsymbol{u}$ は任意の $m \times 1$ ベクトルである．

6.21 制約付最小 2 乗法 (restricted least squares) は，$\hat{\boldsymbol{\beta}}$ が $B\hat{\boldsymbol{\beta}} = \boldsymbol{b}$ を満たすという制約の下で

$$(\boldsymbol{y} - X\hat{\boldsymbol{\beta}})'(\boldsymbol{y} - X\hat{\boldsymbol{\beta}})$$

を最小にするベクトル $\hat{\boldsymbol{\beta}}$ を得る．ここで B は $p \times m$，$\boldsymbol{b}$ は $p \times 1$ であり，$BB^{-}\boldsymbol{b} = \boldsymbol{b}$ が成り立っているとする．定理 6.4 を利用して可解な連立方程式 $B\hat{\boldsymbol{\beta}} = \boldsymbol{b}$ の一般解 $\hat{\boldsymbol{\beta}}_{\boldsymbol{u}}$ を求めよ．ただし，$\hat{\boldsymbol{\beta}}_{\boldsymbol{u}}$ は任意のベクトル $\boldsymbol{u}$ に依存している．さらに，$\hat{\boldsymbol{\beta}}$ のこの表現を $(\boldsymbol{y} - X\hat{\boldsymbol{\beta}})'(\boldsymbol{y} - X\hat{\boldsymbol{\beta}})$ に代入し，定理 6.14 を利用して $\boldsymbol{u}$ に関して一般化最小 2 乗解 $\boldsymbol{u}_{\boldsymbol{w}}$ を得よ．ただし，$\boldsymbol{u}_{\boldsymbol{w}}$ は任意のベクトル $\boldsymbol{w}$ に依存している．$\hat{\boldsymbol{\beta}}_{\boldsymbol{u}}$ の $\boldsymbol{u}$ に $\boldsymbol{u}_{\boldsymbol{w}}$ を代入することにより，$\boldsymbol{\beta}$ についての一般制約付最小 2 乗解 (general restricted least squares solution) が以下によって与えられることを示せ．

$$\begin{aligned}\hat{\boldsymbol{\beta}}_{\boldsymbol{w}} = B^{-}\boldsymbol{b} + (I_m - B^{-}B)\{&[X(I_m - B^{-}B)]^{L}(\boldsymbol{y} - XB^{-}\boldsymbol{b}) \\ &+ (I_m - [X(I_m - B^{-}B)]^{L}X(I_m - B^{-}B))\boldsymbol{w}\}\end{aligned}$$

6.22 練習問題 6.21 で $\hat{\boldsymbol{\beta}}_{\boldsymbol{w}}$ に対して与えられた表現において，$[X(I_m - B^{-}B)]$ に関する最小 2 乗逆行列の代わりにムーア–ペンローズ形逆行列を使用すると，以下のように簡略化されることを示せ．

$$\hat{\boldsymbol{\beta}}_{\boldsymbol{w}} = B^{-}\boldsymbol{b} + [X(I_m - B^{-}B)]^{+}(\boldsymbol{y} - XB^{-}\boldsymbol{b})$$

$$+ (I_m - B^- B)\{I_m - [X(I_m - B^- B)]^+ X(I_m - B^- B)\}\boldsymbol{w}$$

6.23 連立方程式 $A\boldsymbol{x} = \boldsymbol{c}$ を解くためのランチョスベクトルに基づいた反復手続きについて考える．初期ランチョスベクトル $\boldsymbol{q}_1$ に $(\boldsymbol{c}'\boldsymbol{c})^{-1/2}\boldsymbol{c}$ を用いると仮定する．

(a) ある j について $\boldsymbol{p}_j = (A - \alpha_j I_m)\boldsymbol{q}_j - \beta_{j-1}\boldsymbol{q}_{j-1} = \boldsymbol{0}$ ならば，$A\boldsymbol{x}_j = \boldsymbol{c}$ であることを示せ．

(b) 任意の j について

$$(A\boldsymbol{x}_j - \boldsymbol{c})'(A\boldsymbol{x}_j - \boldsymbol{c}) = \beta_j^2 y_{jj}^2$$

であるので，この反復手続きから容易に j 回目の反復解の適切さの測度を得られることを示せ．ここで，y_{jj} は (6.16) 式のベクトル $\boldsymbol{y}_j$ の j 番目の成分である．

7

分 割 行 列

7.1 導　　入

行列を分割するという概念は最初に第 1 章で紹介され，以降分割行列は本書を通して用いられてきた．しかしこれまで分割行列を扱う応用の多くが行列の加算，乗算といった簡潔な操作に限るものであった．本章では逆行列や行列式，行列の階数に対する表現を部分行列の観点より得ることにする．ただしここでは，以下の 2×2 の形式に分割されるような $m \times m$ 行列 A に限定して話を進めていく．

$$A = \begin{bmatrix} A_{11} & A_{12} \\ A_{21} & A_{22} \end{bmatrix} \tag{7.1}$$

ここで A_{11} は $m_1 \times m_1$，A_{12} は $m_1 \times m_2$，A_{21} は $m_2 \times m_1$，A_{22} は $m_2 \times m_2$ とする．A_{11} と A_{22} が正方行列でない場合の定理等については Harville(1997) にみることができるだろう．

7.2 逆　行　列

本節では A と，その対角の部分行列が少なくとも 1 つは非特異である場合の A の逆行列の表現を得る．

定理 7.1　非特異行列であり，かつ (7.1) 式のように分割される $m \times m$ 行列 A を考える．表記の簡便のため $B = A^{-1}$ とし，そして B を以下のように分割する．

$$B = \begin{bmatrix} B_{11} & B_{12} \\ B_{21} & B_{22} \end{bmatrix}$$

ただしここで B の部分行列は対応する A の部分行列と同じサイズである．そしてもし A_{11} と $A_{22} - A_{21}A_{11}^{-1}A_{12}$ が非特異であるなら，以下を得る．

(a) $B_{11} = A_{11}^{-1} + A_{11}^{-1}A_{12}B_{22}A_{21}A_{11}^{-1}$

(b) $B_{22} = (A_{22} - A_{21}A_{11}^{-1}A_{12})^{-1}$
(c) $B_{12} = -A_{11}^{-1}A_{12}B_{22}$
(d) $B_{21} = -B_{22}A_{21}A_{11}^{-1}$

一方 A_{22} と $A_{11} - A_{12}A_{22}^{-1}A_{21}$ が非特異である場合には，次を得る．

(e) $B_{11} = (A_{11} - A_{12}A_{22}^{-1}A_{21})^{-1}$
(f) $B_{22} = A_{22}^{-1} + A_{22}^{-1}A_{21}B_{11}A_{12}A_{22}^{-1}$
(g) $B_{12} = -B_{11}A_{12}A_{22}^{-1}$
(h) $B_{21} = -A_{22}^{-1}A_{21}B_{11}$

証明 $A_{11}, A_{22} - A_{21}A_{11}^{-1}A_{12}$ は非特異であるとする．このとき次の行列方程式

$$AB = \begin{bmatrix} A_{11} & A_{12} \\ A_{21} & A_{22} \end{bmatrix} \begin{bmatrix} B_{11} & B_{12} \\ B_{21} & B_{22} \end{bmatrix} = \begin{bmatrix} I_{m_1} & (0) \\ (0) & I_{m_2} \end{bmatrix} = I_m$$

から，以下の 4 つの方程式を得る．

$$A_{11}B_{11} + A_{12}B_{21} = I_{m_1} \tag{7.2}$$

$$A_{21}B_{12} + A_{22}B_{22} = I_{m_2} \tag{7.3}$$

$$A_{11}B_{12} + A_{12}B_{22} = (0) \tag{7.4}$$

$$A_{21}B_{11} + A_{22}B_{21} = (0) \tag{7.5}$$

(7.4) 式を B_{12} について解けば (c) で与えられた B_{12} の表現をただちに導くことができる．この解を (7.3) 式に代入し，B_{22} について解くと (b) における B_{22} についての表現が得られる．(7.2) 式からは，

$$B_{11} = A_{11}^{-1} - A_{11}^{-1}A_{12}B_{21} \tag{7.6}$$

が得られ，この B_{11} を (7.5) 式に代入すると，

$$A_{21}A_{11}^{-1} - A_{21}A_{11}^{-1}A_{12}B_{21} + A_{22}B_{21} = (0)$$

となり，ここから (d) の B_{21} についての表現を得ることができる．最後にこの結果を (7.6) 式にもう一度代入すると，(a) の B_{11} についての表現を得る．(e)～(h) で与えられる表現も，同様の手法で得ることができる． □

一般的に，A が非特異であるためには A_{11} と A_{22} は非特異でなくてもよい．例えば，$m_1 = m_2$，$A_{11} = A_{22} = (0)$ であり，A_{12} と A_{21} が非特異であるならば，以下となることが簡単に確認される．

$$A^{-1} = \begin{bmatrix} (0) & A_{21}^{-1} \\ A_{12}^{-1} & (0) \end{bmatrix}$$

定理 7.1 と，本章でのちに導かれる定理は，(7.1) 式で与えられる分割行列の分析において，2 つの行列 $A_{22}-A_{21}A_{11}^{-1}A_{12}$ と $A_{11}-A_{12}A_{22}^{-1}A_{21}$ が重要であることを示している．これらの行列は通常，シューアの補元 (Schur complement) と呼ばれる．特に，$A_{22}-A_{21}A_{11}^{-1}A_{12}$ は A に関する A_{11} のシューアの補元と呼ばれ，一方，$A_{11}-A_{12}A_{22}^{-1}A_{21}$ は A に関する A_{22} のシューアの補元と呼ばれる．本章に登場するシューアの補元を含む定理やさらなる定理は，Ouellette(1981) の調査論文にみることができる．

例 7.1 以下のような回帰モデルを考える．

$$\boldsymbol{y} = X\boldsymbol{\beta} + \boldsymbol{\epsilon}$$

ここで，$\boldsymbol{y}$ は $N \times 1$，X は $N \times (k+1)$，$\boldsymbol{\beta}$ は $(k+1) \times 1$，$\boldsymbol{\epsilon}$ は $N \times 1$ である．$\boldsymbol{\beta}$ と X は積 $X_1\boldsymbol{\beta}_1$ が定義されるように，それぞれ $\boldsymbol{\beta} = (\boldsymbol{\beta}_1', \boldsymbol{\beta}_2)'$，$X = (X_1, X_2)$ と分割されるものとする．そしていま，元の完全な回帰モデルと縮退した回帰モデル

$$\boldsymbol{y} = X_1\boldsymbol{\beta}_1 + \boldsymbol{\epsilon}$$

との比較に興味があるとする．もし X が最大列階数をもつのならば，2 つのモデルの最小 2 乗推定量はそれぞれ，$\hat{\boldsymbol{\beta}} = (X'X)^{-1}X'\boldsymbol{y}$，$\hat{\boldsymbol{\beta}}_1 = (X_1'X_1)^{-1}X_1'\boldsymbol{y}$ であり，2 つのモデルの誤差平方和の差は，

$$\begin{aligned}
&(\boldsymbol{y} - X_1\hat{\boldsymbol{\beta}}_1)'(\boldsymbol{y} - X_1\hat{\boldsymbol{\beta}}_1) - (\boldsymbol{y} - X\hat{\boldsymbol{\beta}})'(\boldsymbol{y} - X\hat{\boldsymbol{\beta}}) \\
&\quad = \boldsymbol{y}'(I_N - X_1(X_1'X_1)^{-1}X_1')\boldsymbol{y} - \boldsymbol{y}'(I_N - X(X'X)^{-1}X')\boldsymbol{y} \\
&\quad = \boldsymbol{y}'X(X'X)^{-1}X'\boldsymbol{y} - \boldsymbol{y}'X_1(X_1'X_1)^{-1}X_1'\boldsymbol{y} \qquad (7.7)
\end{aligned}$$

となる．これは完全なモデルにおいて，$X_2\boldsymbol{\beta}_2$ の項が含まれることに起因する誤差平方和の減少量を与えるものである．例 2.11 での最小 2 乗回帰の幾何学的な性質を用いると，この誤差平方和の減少量は，

$$\boldsymbol{y}'X_{2*}(X_{2*}'X_{2*})^{-1}X_{2*}'\boldsymbol{y}$$

に簡約される．ここで $X_{2*} = (I_N - X_1(X_1'X_1)^{-1}X_1')X_2$ である．さて，同じ結果を導くための別の方法として定理 7.1 を用いた方法を紹介しよう．今度は $X'X$ を，

$$X'X = \begin{bmatrix} X_1'X_1 & X_1'X_2 \\ X_2'X_1 & X_2'X_2 \end{bmatrix}$$

のように分割し，さらに

$$C = (X_2'X_2 - X_2'X_1(X_1'X_1)^{-1}X_1'X_2)^{-1} = (X_{2*}'X_{2*})^{-1}$$

であるとする．そして定理 7.1 を直接適用すると，以下となる．

$(X'X)^{-1} =$

$$\begin{bmatrix} (X_1'X_1)^{-1}+(X_1'X_1)^{-1}X_1'X_2CX_2'X_1(X_1'X_1)^{-1} & -(X_1'X_1)^{-1}X_1'X_2C \\ -CX_2'X_1(X_1'X_1)^{-1} & C \end{bmatrix}$$

これを (7.7) 式に代入し整理すると，求めるものである $\boldsymbol{y}'X_{2*}(X_{2*}'X_{2*})^{-1}X_{2*}'\boldsymbol{y}$ が得られる．

7.3 行　列　式

本節ではまず，部分行列 A_{11} と A_{22} の少なくともいずれか 1 つが非特異であるときに A の行列式の表現を得ることから始める．ただし，その前にいくつかの特別な場合について考える．

定理 7.2　$m\times m$ 行列 A は (7.1) 式と同様に分割されているものとする．もし $A_{22}=I_{m_2}$ が満たされ，$A_{12}=(0)$ または $A_{21}=(0)$ ならば $|A|=|A_{11}|$ である．

証明　以下の行列式

$$|A|=\begin{vmatrix} A_{11} & (0) \\ A_{21} & I_{m_2} \end{vmatrix}$$

を求めるために，はじめに，A の最終列に対して行列式を求めるための余因子展開公式を適用し，

$$|A|=\begin{vmatrix} A_{11} & (0) \\ B & I_{m_2-1} \end{vmatrix}$$

を得る．ここで，B は A_{21} から最終行を除くことによって得られる $(m_2-1)\times m_1$ 行列である．この過程をさらに (m_2-1) 回繰り返すことで $|A|=|A_{11}|$ が得られる．同様の方法で，最終行に対して繰り返し展開を行うことによって，$A_{21}=(0)$ のとき $|A|=|A_{11}|$ であることが証明される．□

明らかに，$A_{11}=I_{m_1}$ が満たされ，$A_{12}=(0)$ または $A_{21}=(0)$ のとき，定理 7.2 と類似した結果を得る．さらに，定理 7.2 は定理 7.3 として一般化することができる．

定理 7.3　$m\times m$ 行列 A は (7.1) 式と同様に分割されているものとする．もし $A_{12}=(0)$ または $A_{21}=(0)$ ならば，$|A|=|A_{11}||A_{22}|$ である．

証明　$|A|$ は以下のように表される．

$$|A|=\begin{vmatrix} A_{11} & (0) \\ A_{21} & A_{22} \end{vmatrix}=\begin{vmatrix} A_{11} & (0) \\ A_{21} & I_{m_2} \end{vmatrix}\begin{vmatrix} I_{m_1} & (0) \\ (0) & A_{22} \end{vmatrix}=|A_{11}||A_{22}|$$

ここで，最後の等式は，定理 7.2 より成立する．同様の証明で $A_{21}=(0)$ のとき

$|A| = |A_{11}||A_{22}|$ となることも導くことができる. □

以上で, A_{11} または A_{22} が非特異であることのみが既知の場合に, A の行列式の表現を得るための準備が整った.

定理 7.4　$m \times m$ 行列 A は (7.1) 式と同様に分割されているものとする. このとき以下である.

(a) A_{22} が非特異ならば, $|A| = |A_{22}||A_{11} - A_{12}A_{22}^{-1}A_{21}|$
(b) A_{11} が非特異ならば, $|A| = |A_{11}||A_{22} - A_{21}A_{11}^{-1}A_{12}|$

証明　A_{22} は非特異であると仮定する. この場合, 以下の恒等式が成り立つことに注目する.

$$\begin{bmatrix} I_{m_1} & -A_{12}A_{22}^{-1} \\ (0) & I_{m_2} \end{bmatrix} \begin{bmatrix} A_{11} & A_{12} \\ A_{21} & A_{22} \end{bmatrix} \begin{bmatrix} I_{m_1} & (0) \\ -A_{22}^{-1}A_{21} & I_{m_2} \end{bmatrix}$$
$$= \begin{bmatrix} A_{11} - A_{12}A_{22}^{-1}A_{21} & (0) \\ (0) & A_{22} \end{bmatrix}$$

この恒等式の両辺の行列式を算出し, 前述の定理 7.3 を利用すると, ただちに (a) を得る. (b) についての証明も, 同様に

$$\begin{bmatrix} I_{m_1} & (0) \\ -A_{21}A_{11}^{-1} & I_{m_2} \end{bmatrix} \begin{bmatrix} A_{11} & A_{12} \\ A_{21} & A_{22} \end{bmatrix} \begin{bmatrix} I_{m_1} & -A_{11}^{-1}A_{12} \\ (0) & I_{m_2} \end{bmatrix}$$
$$= \begin{bmatrix} A_{11} & (0) \\ (0) & A_{22} - A_{21}A_{11}^{-1}A_{12} \end{bmatrix}$$

という恒等式を用いることで得られる. □

例 7.2　以下で与えられる $2m \times 2m$ 行列 A の行列式と逆行列を求めてみよう.

$$A = \begin{bmatrix} aI_m & \mathbf{1}_m\mathbf{1}_m' \\ \mathbf{1}_m\mathbf{1}_m' & bI_m \end{bmatrix}$$

a および b は非ゼロのスカラーである. 定理 7.4(a) を用いると,

$$\begin{aligned} |A| &= |bI_m||aI_m - \mathbf{1}_m\mathbf{1}_m'(bI_m)^{-1}\mathbf{1}_m\mathbf{1}_m'| \\ &= b^m \left| aI_m - \frac{m}{b}\mathbf{1}_m\mathbf{1}_m' \right| \\ &= b^m a^{m-1}\left(a - \frac{m^2}{b}\right) \end{aligned}$$

となる. ただし, 最後の等式を導くためには, 練習問題 3.26(e) の結果を利用している. $|A| \neq 0$ または同等に

$$a \neq \frac{m^2}{b}$$

のとき，行列 A は非特異となる．この場合，定理 7.1 を用いると

$$\begin{aligned} B_{11} &= (aI_m - \mathbf{1}_m\mathbf{1}_m'(bI_m)^{-1}\mathbf{1}_m\mathbf{1}_m')^{-1} \\ &= \left(aI_m - \frac{m}{b}\mathbf{1}_m\mathbf{1}_m'\right)^{-1} \\ &= a^{-1}I_m + \left\{\frac{m}{a(ab-m^2)}\right\}\mathbf{1}_m\mathbf{1}_m' \end{aligned}$$

であることがわかる．ここで最後の表現は練習問題 3.26(d) から導かれる．同様の方法で，

$$\begin{aligned} B_{22} &= (bI_m - \mathbf{1}_m\mathbf{1}_m'(aI_m)^{-1}\mathbf{1}_m\mathbf{1}_m')^{-1} \\ &= \left(bI_m - \frac{m}{a}\mathbf{1}_m\mathbf{1}_m'\right)^{-1} \\ &= b^{-1}I_m + \left\{\frac{m}{b(ab-m^2)}\right\}\mathbf{1}_m\mathbf{1}_m' \end{aligned}$$

が確認できる．$B = A^{-1}$ の残りの部分行列は，

$$\begin{aligned} B_{12} &= -(aI_m)^{-1}\mathbf{1}_m\mathbf{1}_m'\left(b^{-1}I_m + \left\{\frac{m}{b(ab-m^2)}\right\}\mathbf{1}_m\mathbf{1}_m'\right) \\ &= -(ab-m^2)^{-1}\mathbf{1}_m\mathbf{1}_m' \end{aligned}$$

となり，A は対称行列なので，$B_{21} = B_{12}' = B_{12}$ である．以上すべてを考慮すると，

$$A^{-1} = B = \begin{bmatrix} a^{-1}(I_m + mc\mathbf{1}_m\mathbf{1}_m') & -c\mathbf{1}_m\mathbf{1}_m' \\ -c\mathbf{1}_m\mathbf{1}_m' & b^{-1}(I_m + mc\mathbf{1}_m\mathbf{1}_m') \end{bmatrix}$$

を得る．ただし，$c = (ab-m^2)^{-1}$ である．

定理 7.1 と定理 7.4 は，多変量正規分布に従う確率ベクトルから得られた条件付分布もまた多変量正規分布であるということを示すために有用である．

例 7.3　共分散行列 Ω が正定値であるとき，$\boldsymbol{x} \sim N_m(\boldsymbol{\mu}, \Omega)$ を仮定する．$\boldsymbol{x}_1$ を $m_1 \times 1$，$\boldsymbol{x}_2$ を $m_2 \times 1$ として，$\boldsymbol{x}$ を $\boldsymbol{x} = (\boldsymbol{x}_1', \boldsymbol{x}_2')'$ と分割する．$\boldsymbol{\mu}$ もまた $\boldsymbol{x}$ と同様に $\boldsymbol{\mu} = (\boldsymbol{\mu}_1', \boldsymbol{\mu}_2')'$ と分割されているものとし，Ω は

$$\Omega = \begin{bmatrix} \Omega_{11} & \Omega_{12} \\ \Omega_{12}' & \Omega_{22} \end{bmatrix}$$

とおく．ただし，Ω_{11} は $m_1 \times m_1$，Ω_{22} は $m_2 \times m_2$ である．いま，$\boldsymbol{x}_2$ が所与の下での $\boldsymbol{x}_1$ の条件付分布を決定したい．これは

$$f_{1|2}(\boldsymbol{x}_1|\boldsymbol{x}_2) = \frac{f(\boldsymbol{x})}{f_2(\boldsymbol{x}_2)}$$

によって定義される $\boldsymbol{x}_2$ が所与の下での $\boldsymbol{x}_1$ の条件付密度関数を求めることによって達成される．ここで $f(\boldsymbol{x})$ と $f_2(\boldsymbol{x}_2)$ はそれぞれ $\boldsymbol{x}$ と $\boldsymbol{x}_2$ の密度関数である．$\boldsymbol{x} \sim N_m(\boldsymbol{\mu}, \Omega)$ であり，これは $\boldsymbol{x}_2 \sim N_{m_2}(\boldsymbol{\mu}_2, \Omega_{22})$ を意味するので，ただちに

$$f(\boldsymbol{x}) = \frac{1}{(2\pi)^{m/2}|\Omega|^{1/2}} \exp\left\{-\frac{1}{2}(\boldsymbol{x}-\boldsymbol{\mu})'\Omega^{-1}(\boldsymbol{x}-\boldsymbol{\mu})\right\}$$

および

$$f_2(\boldsymbol{x}_2) = \frac{1}{(2\pi)^{m_2/2}|\Omega_{22}|^{1/2}} \exp\left\{-\frac{1}{2}(\boldsymbol{x}_2-\boldsymbol{\mu}_2)'\Omega_{22}^{-1}(\boldsymbol{x}_2-\boldsymbol{\mu}_2)\right\}$$

が導かれる．結果として，$f_{1|2}(\boldsymbol{x}_1|\boldsymbol{x}_2)$ は

$$f_{1|2}(\boldsymbol{x}_1|\boldsymbol{x}_2) = \frac{1}{(2\pi)^{m_1/2}a} e^{-b/2}$$

となる．定理 7.4(a) を用いると，

$$\begin{aligned} a &= |\Omega|^{1/2}|\Omega_{22}|^{-1/2} \\ &= |\Omega_{22}|^{1/2}|B_1|^{1/2}|\Omega_{22}|^{-1/2} = |B_1|^{1/2} \end{aligned}$$

であることがわかる．ここで，B_1 はシューアの補元 $\Omega_{11} - \Omega_{12}\Omega_{22}^{-1}\Omega_{12}'$ である．また，定理 7.1(e) から (h) より，

$$\Omega^{-1} = \begin{bmatrix} B_1^{-1} & -B_1^{-1}\Omega_{12}\Omega_{22}^{-1} \\ -\Omega_{22}^{-1}\Omega_{12}'B_1^{-1} & \Omega_{22}^{-1} + \Omega_{22}^{-1}\Omega_{12}'B_1^{-1}\Omega_{12}\Omega_{22}^{-1} \end{bmatrix}$$

であり，よって，$\boldsymbol{c} = \boldsymbol{\mu}_1 + \Omega_{12}\Omega_{22}^{-1}(\boldsymbol{x}_2 - \boldsymbol{\mu}_2)$ のとき

$$\begin{aligned} b &= (\boldsymbol{x}-\boldsymbol{\mu})'\Omega^{-1}(\boldsymbol{x}-\boldsymbol{\mu}) - (\boldsymbol{x}_2-\boldsymbol{\mu}_2)'\Omega_{22}^{-1}(\boldsymbol{x}_2-\boldsymbol{\mu}_2) \\ &= (\boldsymbol{x}_1-\boldsymbol{\mu}_1)'B_1^{-1}(\boldsymbol{x}_1-\boldsymbol{\mu}_1) + (\boldsymbol{x}_2-\boldsymbol{\mu}_2)'\Omega_{22}^{-1}\Omega_{12}'B_1^{-1}\Omega_{12}\Omega_{22}^{-1}(\boldsymbol{x}_2-\boldsymbol{\mu}_2) \\ &\quad - (\boldsymbol{x}_1-\boldsymbol{\mu}_1)'B_1^{-1}\Omega_{12}\Omega_{22}^{-1}(\boldsymbol{x}_2-\boldsymbol{\mu}_2) \\ &\quad - (\boldsymbol{x}_2-\boldsymbol{\mu}_2)'\Omega_{22}^{-1}\Omega_{12}'B_1^{-1}(\boldsymbol{x}_1-\boldsymbol{\mu}_1) \\ &= \{\boldsymbol{x}_1-\boldsymbol{\mu}_1-\Omega_{12}\Omega_{22}^{-1}(\boldsymbol{x}_2-\boldsymbol{\mu}_2)\}'B_1^{-1}\{\boldsymbol{x}_1-\boldsymbol{\mu}_1-\Omega_{12}\Omega_{22}^{-1}(\boldsymbol{x}_2-\boldsymbol{\mu}_2)\} \\ &= (\boldsymbol{x}_1-\boldsymbol{c})'B_1^{-1}(\boldsymbol{x}_1-\boldsymbol{c}) \end{aligned}$$

を得る．したがって，

$$f_{1|2}(\boldsymbol{x}_1|\boldsymbol{x}_2) = \frac{1}{(2\pi)^{m_1/2}|B_1|^{1/2}} \exp\left\{-\frac{1}{2}(\boldsymbol{x}_1-\boldsymbol{c})'B_1^{-1}(\boldsymbol{x}_1-\boldsymbol{c})\right\}$$

であり，これは $N_{m_1}(\boldsymbol{c}, B_1)$ 密度関数である．よって $\boldsymbol{x}_2$ が所与の下での $\boldsymbol{x}_1$ の条件付分布は，

$$\boldsymbol{x}_1|\boldsymbol{x}_2 \sim N_{m_1}(\boldsymbol{\mu}_1 + \Omega_{12}\Omega_{22}^{-1}(\boldsymbol{x}_2-\boldsymbol{\mu}_2), \Omega_{11} - \Omega_{12}\Omega_{22}^{-1}\Omega_{12}')$$

であることが示された.

定理 7.4 は, $m \times m$ 対称行列が正定値となるための必要十分条件を与える次の定理を証明するために利用される.

定理 7.5　A を $m \times m$ の対称行列とし, A_k をその $k \times k$ 先頭主部分行列 (leading principal submatrix) であるとする. つまり, A_k は A の最後の $m-k$ 個の行と列を除くことによって得られる行列である. このとき A は, その先頭主小行列式 (leading principal minor) $|A_1|, \ldots, |A_m|$ がすべて正であるならば, そのときのみ正定値行列である.

証明　はじめに A が正定値であり, よって $|A_m| > 0$ であると仮定する. 任意の $k \times 1$ ベクトル $\boldsymbol{x} \neq \boldsymbol{0}$ について, $k < m$ のとき, $m \times 1$ ベクトル $\boldsymbol{y} = (\boldsymbol{x}', \boldsymbol{0}')'$ を定義する. $\boldsymbol{y} \neq \boldsymbol{0}$ であり, A は正定値なので,

$$\boldsymbol{y}'A\boldsymbol{y} = \boldsymbol{x}'A_k\boldsymbol{x} > 0$$

でなくてはならない. したがって A_k は正定値であり, それゆえに $|A_k| > 0$ である. 次に, $k = 1, \ldots, m$ について $|A_k| > 0$ を仮定する. $A = A_m$ が正定値であることを証明するために帰納法を用いる. $|A_1| > 0$ で, かつ A_1 は 1×1 なので A_1 が正定値であることは自明である. もし A_k が, ある $k < m$ に対して正定値であれば, A_{k+1} もまた正定値でなくてはならないことを示すことにする. ある $k \times 1$ ベクトル $\boldsymbol{b}$ とスカラー c について, A_{k+1} は以下のように分割できる.

$$A_{k+1} = \begin{bmatrix} A_k & \boldsymbol{b} \\ \boldsymbol{b}' & c \end{bmatrix}$$

そして,

$$B'A_{k+1}B = \begin{bmatrix} A_k & \boldsymbol{0} \\ \boldsymbol{0}' & c - \boldsymbol{b}'A_k^{-1}\boldsymbol{b} \end{bmatrix}$$

であり, $B'A_{k+1}B$ が正定値であるとき, かつそのときに限り A_{k+1} は正定値であることに留意する. ただし,

$$B = \begin{bmatrix} I_k & -A_k^{-1}\boldsymbol{b} \\ \boldsymbol{0}' & 1 \end{bmatrix}$$

である. A_k が正定値なので, $c - \boldsymbol{b}'A_k^{-1}\boldsymbol{b}$ が正ならばそのときにのみ A_{k+1} は正定値である. しかしながら, $|A_k| > 0$, $|A_{k+1}| > 0$ であり, かつ定理 7.4 より

$$|A_{k+1}| = |A_k|(c - \boldsymbol{b}'A_k^{-1}\boldsymbol{b})$$

であることは既知である. よって, 求める結果を得る.　□

定理 7.6 を定めるためにも，定理 7.4 を用いる．

定理 7.6　A を $m \times n$ 行列，B を $n \times m$ 行列とする．このとき以下が成り立つ．

$$|I_m + AB| = |I_n + BA|$$

証明　以下の式が成り立つことに注目する．

$$\begin{bmatrix} I_m & A \\ -B & I_n \end{bmatrix} \begin{bmatrix} I_m & (0) \\ B & I_n \end{bmatrix} = \begin{bmatrix} I_m + AB & A \\ (0) & I_n \end{bmatrix}$$

両辺の行列式をとり，定理 7.4 を用いると，以下の恒等式を得る．

$$\begin{vmatrix} I_m & A \\ -B & I_n \end{vmatrix} = |I_m + AB| \tag{7.8}$$

同様に，

$$\begin{bmatrix} I_m & (0) \\ B & I_n \end{bmatrix} \begin{bmatrix} I_m & A \\ -B & I_n \end{bmatrix} = \begin{bmatrix} I_m & A \\ (0) & I_n + BA \end{bmatrix}$$

という式からは，以下を得る．

$$\begin{vmatrix} I_m & A \\ -B & I_n \end{vmatrix} = |I_n + BA| \tag{7.9}$$

(7.8) 式および (7.9) 式より，求める結果を得る．□

系 7.6.1 は定理 7.6 における A を $-\lambda^{-1}A$ で置き換えることにより，直接得られる．

系 7.6.1　A，B をそれぞれサイズ $m \times n$，$n \times m$ の行列とする．このとき，AB の非ゼロの固有値は BA の非ゼロの固有値に等しい．

A_{11} と A_{22} が特異であると仮定すると，定理 7.4 を A の行列式を計算するために用いることはできない．この状況においては，定理 7.4 における公式が，逆行列を一般逆行列に置き換えたときにもなお成立するか否かという疑問が生じる．一般的に，このことが当てはまらないということを簡単な例によって説明する．例えば，以下の行列を考える．

$$A = \begin{bmatrix} 0 & 1 \\ 1 & 0 \end{bmatrix}$$

このとき，$|A| = -1$ である．一方で，公式 $|a_{11}||a_{22} - a_{21}a_{11}^{-}a_{12}|$ および $|a_{22}||a_{11} - a_{12}a_{22}^{-}a_{21}|$ は両者ともに，一般逆行列 a_{11}^{-} と a_{22}^{-} の選択にかかわらず，0 である．

定理 7.4 における逆行列を，一般逆行列で置き換えることのできる条件は次の定理で与えられる．この定理における行列 $A_{22}-A_{21}A_{11}^{-}A_{12}$ および $A_{11}-A_{12}A_{22}^{-}A_{21}$ は一般的に，一般シューアの補元 (generalized Schur complement) と呼ばれる．

定理 7.7　$m \times m$ 行列 A は (7.1) 式と同様に分割されているものとし，A_{11}^{-} と A_{22}^{-} は A_{11} と A_{22} の任意の一般逆行列であるとする．このとき以下が成り立つ．

(a) $R(A_{21}) \subset R(A_{22})$ もしくは，$R(A_{12}') \subset R(A_{22}')$ ならば，
$|A| = |A_{22}||A_{11}-A_{12}A_{22}^{-}A_{21}|$

(b) $R(A_{12}) \subset R(A_{11})$ もしくは，$R(A_{21}') \subset R(A_{11}')$ ならば，
$|A| = |A_{11}||A_{22}-A_{21}A_{11}^{-}A_{12}|$

証明　定理 5.25 より，$R(A_{21}) \subset R(A_{22})$ ならば $A_{22}A_{22}^{-}A_{21}=A_{21}$ である．したがって，以下が成り立つ．

$$A=\begin{bmatrix} A_{11} & A_{12} \\ A_{21} & A_{22} \end{bmatrix} = \begin{bmatrix} I_{m_1} & A_{12} \\ (0) & A_{22} \end{bmatrix}\begin{bmatrix} A_{11}-A_{12}A_{22}^{-}A_{21} & (0) \\ A_{22}^{-}A_{21} & I_{m_2} \end{bmatrix}$$

この式の両辺の行列式をとり，定理 7.3 を適用すると，(a) における行列式の恒等式を得る．また，定理 5.25 より $R(A_{12}') \subset R(A_{22}')$ であるならば，$A_{12}A_{22}^{-}A_{22}=A_{12}$ である．この場合は以下となる．

$$A=\begin{bmatrix} A_{11} & A_{12} \\ A_{21} & A_{22} \end{bmatrix} = \begin{bmatrix} A_{11}-A_{12}A_{22}^{-}A_{21} & A_{12}A_{22}^{-} \\ (0) & I_{m_2} \end{bmatrix}\begin{bmatrix} I_{m_1} & (0) \\ A_{21} & A_{22} \end{bmatrix}$$

この式の両辺の行列式をとり，定理 7.3 を適用すると，再び (a) における行列式の恒等式を得る．したがって (a) が成り立つ．(b) も同様の方法で証明することができる．□

もし A が非負定値行列であるならば，定理 7.7 の (a) および (b) の条件が満たされることに注意しなくてはならない．このことをみるために，もし A が非負定値行列であるならば，$A=TT'$ と書くことが可能であることを思い出そう．ここで T は $m \times m$ 行列である．T を適切に分割すると，以下を得る．

$$A=\begin{bmatrix} A_{11} & A_{12} \\ A_{21} & A_{22} \end{bmatrix} = \begin{bmatrix} T_1 \\ T_2 \end{bmatrix}\begin{bmatrix} T_1' & T_2' \end{bmatrix} = \begin{bmatrix} T_1T_1' & T_1T_2' \\ T_2T_1' & T_2T_2' \end{bmatrix}$$

$A_{22}=T_2T_2'$ なので $R(A_{22})=R(T_2)$ であり，$A_{21}=T_2T_1'$ なので $R(A_{21}) \subset R(T_2)$ であるから，$R(A_{21}) \subset R(A_{22})$ である．また，明らかに $R(A_{22}')=R(A_{22})$ であり，$R(A_{12}')=R(A_{21})$ であるから，$R(A_{12}') \subset R(A_{22}')$ である．すなわち，定理 7.7(a) の条

件が成り立つ．同様に，(b) における条件も成り立つことを示すことができる．

以下では，一般シューアの補元が必然的に生じるような適用例として，正規分布を利用する．

例 7.4　$\boldsymbol{x} \sim N_m(\boldsymbol{\mu}, \Omega)$ であり，共分散行列 Ω は半正定値であるとする．Ω は特異であるから，$\boldsymbol{x}$ は密度関数をもたず，したがって例 7.3 で与えられた条件付分布の導出は，この場合当てはまらない．$\boldsymbol{x}, \boldsymbol{\mu}, \Omega$ は例 7.3 と同じように分割されており，ここでも $\boldsymbol{x}_2$ が所与の下での $\boldsymbol{x}_1$ の条件付分布を求めたい．任意の $m \times m$ 定数行列 A に対して，$A\boldsymbol{x} \sim N_m(A\boldsymbol{\mu}, A\Omega A')$ であることがわかっているので，特にもし，

$$A = \begin{bmatrix} I_{m_1} & -\Omega_{12}\Omega_{22}^- \\ (0) & I_{m_2} \end{bmatrix}$$

であれば，

$$A\boldsymbol{x} = \begin{bmatrix} \boldsymbol{x}_1 - \Omega_{12}\Omega_{22}^-\boldsymbol{x}_2 \\ \boldsymbol{x}_2 \end{bmatrix}$$

は以下の平均ベクトルをもつ多変量正規分布に従う．

$$A\boldsymbol{\mu} = \begin{bmatrix} \boldsymbol{\mu}_1 - \Omega_{12}\Omega_{22}^-\boldsymbol{\mu}_2 \\ \boldsymbol{\mu}_2 \end{bmatrix}$$

共分散行列は，以下となる．

$$\begin{aligned} A\Omega A' &= \begin{bmatrix} I_{m_1} & -\Omega_{12}\Omega_{22}^- \\ (0) & I_{m_2} \end{bmatrix} \begin{bmatrix} \Omega_{11} & \Omega_{12} \\ \Omega_{12}' & \Omega_{22} \end{bmatrix} \begin{bmatrix} I_{m_1} & (0) \\ -\Omega_{22}^{-\prime}\Omega_{12}' & I_{m_2} \end{bmatrix} \\ &= \begin{bmatrix} \Omega_{11} - \Omega_{12}\Omega_{22}^-\Omega_{12}' & (0) \\ \Omega_{12}' & \Omega_{22} \end{bmatrix} \begin{bmatrix} I_{m_1} & (0) \\ -\Omega_{22}^{-\prime}\Omega_{12}' & I_{m_2} \end{bmatrix} \\ &= \begin{bmatrix} \Omega_{11} - \Omega_{12}\Omega_{22}^-\Omega_{12}' & (0) \\ (0) & \Omega_{22} \end{bmatrix} \end{aligned} \tag{7.10}$$

$A\Omega A'$ を簡約する際に，$\Omega_{12}\Omega_{22}^-\Omega_{22} = \Omega_{12}$ と，この恒等式の転置である $\Omega_{22}\Omega_{22}^{-\prime}\Omega_{12}' = \Omega_{12}'$ という事実を用いた．(7.10) 式における相関が 0 なので，$\boldsymbol{x}_1 - \Omega_{12}\Omega_{22}^-\boldsymbol{x}_2$ は $\boldsymbol{x}_2$ とは独立に分布しており，$\boldsymbol{x}_2$ が所与の下でのその条件付分布は，条件づけられていない分布と同じである．結果として，以下を得る．

$$\boldsymbol{x}_1|\boldsymbol{x}_2 \sim N_{m_1}(\boldsymbol{\mu}_1 + \Omega_{12}\Omega_{22}^-(\boldsymbol{x}_2 - \boldsymbol{\mu}_2), \Omega_{11} - \Omega_{12}\Omega_{22}^-\Omega_{12}')$$

7.4 階　　数

本章では，(7.1) 式で与えられた部分行列の点から，A の階数の表現を見つけたい．ある特別なケースについては，定理 2.12 においてすでに与えられた．すなわち，もし

$$A = \begin{bmatrix} A_{11} & (0) \\ (0) & A_{22} \end{bmatrix}$$

であるならば，このとき $\mathrm{rank}(A) = \mathrm{rank}(A_{11}) + \mathrm{rank}(A_{22})$ である．$A_{12} \neq (0)$ または $A_{21} \neq (0)$ であるが，A_{11} または A_{22} が非特異であるときには，定理 7.8 を A の階数の決定に用いることが可能である．

定理 7.8　A を (7.1) 式で定義される行列とする．そのとき以下が成り立つ．

(a) A_{22} が非特異ならば，

$$\mathrm{rank}(A) = \mathrm{rank}(A_{22}) + \mathrm{rank}(A_{11} - A_{12}A_{22}^{-1}A_{21})$$

(b) A_{11} が非特異ならば，

$$\mathrm{rank}(A) = \mathrm{rank}(A_{11}) + \mathrm{rank}(A_{22} - A_{21}A_{11}^{-1}A_{12})$$

証明　(a) を証明するために，A_{22} は非特異であるので，A を以下の式のように書き直すことができることに注意する．

$$\begin{aligned} A &= \begin{bmatrix} A_{11} & A_{12} \\ A_{21} & A_{22} \end{bmatrix} \\ &= \begin{bmatrix} I_{m_1} & A_{12}A_{22}^{-1} \\ (0) & I_{m_2} \end{bmatrix} \begin{bmatrix} A_{11} - A_{12}A_{22}^{-1}A_{21} & (0) \\ (0) & A_{22} \end{bmatrix} \\ &\quad \times \begin{bmatrix} I_{m_1} & (0) \\ A_{22}^{-1}A_{21} & I_{m_2} \end{bmatrix} \end{aligned}$$

定理 7.4 より，以下の行列の行列式は 1 になることが導かれる．

$$\begin{bmatrix} I_{m_1} & A_{12}A_{22}^{-1} \\ (0) & I_{m_2} \end{bmatrix}$$

したがって，この行列は非特異である．同様に，行列

$$\begin{bmatrix} I_{m_1} & (0) \\ A_{22}^{-1}A_{21} & I_{m_2} \end{bmatrix}$$

は非特異である．ゆえに，定理 1.8 を適用することによって

$$\mathrm{rank}\left\{\begin{bmatrix} A_{11} & A_{12} \\ A_{21} & A_{22} \end{bmatrix}\right\} = \mathrm{rank}\left\{\begin{bmatrix} A_{11} - A_{12}A_{22}^{-1}A_{21} & (0) \\ (0) & A_{22} \end{bmatrix}\right\}$$

と導かれる．よって，定理 2.12 より，この結果が導かれる．(b) の証明も同様である．

□

定理 7.7 において与えられたものと類似しているがわずかにより強い条件の下で，A_{11} と A_{22} の両方が特異行列である状況へ，定理 7.8 の結果を一般化することが可能である．

定理 7.9 $m \times m$ 行列 A を (7.1) 式と同様に分割されているものとし，A_{11}^- と A_{22}^- を A_{11} と A_{22} の任意の一般逆行列と仮定する．

(a) $R(A_{21}) \subset R(A_{22})$，かつ $R(A'_{12}) \subset R(A'_{22})$ ならば，

$$\text{rank}(A) = \text{rank}(A_{22}) + \text{rank}(A_{11} - A_{12}A_{22}^-A_{21})$$

(b) $R(A_{12}) \subset R(A_{11})$，かつ $R(A'_{21}) \subset R(A'_{11})$ ならば，

$$\text{rank}(A) = \text{rank}(A_{11}) + \text{rank}(A_{22} - A_{21}A_{11}^-A_{12})$$

証明 (b) の証明は (a) の場合と非常に似ているため，(a) における結果の証明のみ行う．定理 5.25 より，$R(A_{21}) \subset R(A_{22})$ かつ $R(A'_{12}) \subset R(A'_{22})$ とは，$A_{22}A_{22}^-A_{21} = A_{21}$ および $A_{12}A_{22}^-A_{22} = A_{12}$ であることを意味するため，以下は簡単に確認できる．

$$C_1AC_2 = C_3 \tag{7.11}$$

ただし，

$$C_1 = \begin{bmatrix} I_{m_1} & -A_{12}A_{22}^- \\ (0) & I_{m_2} \end{bmatrix}, \quad C_2 = \begin{bmatrix} I_{m_1} & (0) \\ -A_{22}^-A_{21} & I_{m_2} \end{bmatrix}$$

また，

$$C_3 = \begin{bmatrix} A_{11} - A_{12}A_{22}^-A_{21} & (0) \\ (0) & A_{22} \end{bmatrix}$$

である．定理 7.4 を C_1 と C_2 に適用すると，$|C_1| = 1$，$|C_2| = 1$ であることがわかり，定理 1.8 より以下が導かれる．

$$\text{rank}(A) = \text{rank}(C_1AC_2) = \text{rank}(C_3)$$

求めたい結果は，定理 2.12 より得られる． □

7.5 一般逆行列

本節では，(7.1) 式のような形に分割された行列 A の一般逆行列 A^- およびムーア–ペンローズ形逆行列 A^+ に関するいくつかの結果を示す．まず一般逆行列 A^- から始める．はじめに特殊な場合について検討しよう．

定理 7.10 $m \times m$ 行列 A が (7.1) 式と同様に分割されているとする．$A_{12} = (0)$ と

$A_{21}=(0)$ および，A_{11}^- と A_{22}^- が A_{11} と A_{22} の任意の一般逆行列であるとする．このとき

$$\begin{bmatrix} A_{11}^- & (0) \\ (0) & A_{22}^- \end{bmatrix}$$

は A の一般逆行列である．

証明 上記の定理によって与えられる行列を A^- と表す．結果は，$A_{11}A_{11}^-A_{11}=A_{11}$ と $A_{22}A_{22}^-A_{22}=A_{22}$ の恒等式を用いて $AA^-A=A$ が成立することを確認することによって得られる． □

以下の定理 7.11 は，定理 7.1 に示された公式における逆行列を一般逆行列に置き換えることで A の一般逆行列を得ることが可能となる条件を示している．

定理 7.11 $m\times m$ 行列 A が (7.1) 式と同様に分割されているとする．また，A_{11}^- と A_{22}^- は A_{11} と A_{22} の任意の一般逆行列であるとする．

(a) $R(A_{21})\subset R(A_{22})$，かつ $R(A_{12}')\subset R(A_{22}')$ ならば

$$A^-=\begin{bmatrix} B_1^- & -B_1^-A_{12}A_{22}^- \\ -A_{22}^-A_{21}B_1^- & A_{22}^-+A_{22}^-A_{21}B_1^-A_{12}A_{22}^- \end{bmatrix}$$

は A の一般逆行列である．ここで，$B_1=A_{11}-A_{12}A_{22}^-A_{21}$ である．

(b) $R(A_{12})\subset R(A_{11})$，かつ $R(A_{21}')\subset R(A_{11}')$ ならば

$$A^-=\begin{bmatrix} A_{11}^-+A_{11}^-A_{12}B_2^-A_{21}A_{11}^- & -A_{11}^-A_{12}B_2^- \\ -B_2^-A_{21}A_{11}^- & B_2^- \end{bmatrix}$$

は A の一般逆行列である．ここで，$B_2=A_{22}-A_{21}A_{11}^-A_{12}$ である．

証明 (a) 内の条件が成立していると仮定する．このとき，(7.11) 式が成立し，それを

$$C_1AC_2=\begin{bmatrix} B_1 & (0) \\ (0) & A_{22} \end{bmatrix}$$

もしくは，同等に

$$A=C_1^{-1}\begin{bmatrix} B_1 & (0) \\ (0) & A_{22} \end{bmatrix}C_2^{-1}$$

と書くことができる．なぜなら，C_1 と C_2 は非特異行列であるからである．定理 5.23(d) の結果から，A の一般逆行列は

$$A^-=C_2\begin{bmatrix} B_1 & (0) \\ (0) & A_{22} \end{bmatrix}^-C_1$$

として求めることができる．ここで，定理 7.10 を用いると

$$A^- = \begin{bmatrix} I_{m_1} & (0) \\ -A_{22}^- A_{21} & I_{m_2} \end{bmatrix} \begin{bmatrix} B_1^- & (0) \\ (0) & A_{22}^- \end{bmatrix} \begin{bmatrix} I_{m_1} & -A_{12}A_{22}^- \\ (0) & I_{m_2} \end{bmatrix}$$

$$= \begin{bmatrix} B_1^- & -B_1^- A_{12} A_{22}^- \\ -A_{22}^- A_{21} B_1^- & A_{22}^- + A_{22}^- A_{21} B_1^- A_{12} A_{22}^- \end{bmatrix}$$

が得られ，これによって (a) が証明される．(b) の証明も同様である． □

Gross(2000) による次の結果は，分割行列 A が非負定値行列である場合に，そのムーア–ペンローズ形逆行列 A^+ についての表現を与える．

定理 7.12 $m \times m$ 非負定値行列 A が (7.1) 式と同様に分割されているものとする．このとき

$$A^+ = \begin{bmatrix} A_{11}^+ + A_{11}^+ A_{12} B^{\sim} A_{12}' A_{11}^+ & -A_{11}^+ A_{12} B^{\sim} \\ -B^{\sim} A_{12}' A_{11}^+ & B^{\sim} \end{bmatrix} + \begin{bmatrix} -A_{11}^+ (A_{12} Z + Z' A_{12}') A_{11}^+ & A_{11}^+ Z' \\ Z A_{11}^+ & (0) \end{bmatrix}$$

となる．ここで，以下である．

$$B^{\sim} = \begin{bmatrix} Z & I_{m_2} \end{bmatrix} \begin{bmatrix} A_{11}^+ + A_{11}^+ A_{12} B^+ A_{12}' A_{11}^+ & -A_{11}^+ A_{12} B^+ \\ -B^+ A_{12}' A_{11}^+ & B^+ \end{bmatrix} \begin{bmatrix} Z' \\ I_{m_2} \end{bmatrix}$$

$$Z = (I_{m_2} - B^+ B) A_{12}' A_{11}^+ \{ I_{m_1} + A_{11}^+ A_{12} (I_{m_2} - B^+ B) A_{12}' A_{11}^+ \}^{-1}$$

$$B = A_{22} - A_{12}' A_{11}^+ A_{12}$$

証明 A は非負定値であるから

$$A = \begin{bmatrix} A_{11} & A_{12} \\ A_{12}' & A_{22} \end{bmatrix} = \begin{bmatrix} U' \\ V' \end{bmatrix} \begin{bmatrix} U & V \end{bmatrix} = \begin{bmatrix} U'U & U'V \\ V'U & V'V \end{bmatrix}$$

のように書くことができる．ここで，U と V は $r \times m_1$ および $r \times m_2$ の行列であり，$r = \mathrm{rank}(A) \leq m$ が成立する．A のムーア–ペンローズ形逆行列を G によって表すと

$$G = \begin{bmatrix} G_{11} & G_{12} \\ G_{21} & G_{22} \end{bmatrix} = \begin{bmatrix} U & V \end{bmatrix}^+ \begin{bmatrix} U & V \end{bmatrix}^{+\prime} \tag{7.12}$$

となる．ここでは定理 5.3(e) を利用した．そして，定理 5.13 より

$$\begin{bmatrix} U & V \end{bmatrix}^+ = \begin{bmatrix} U^+ - U^+ V (C^+ + W) \\ C^+ + W \end{bmatrix} \tag{7.13}$$

が成立する．ただし

$$C = (I_r - UU^+)V, \qquad W = ZU^+(I_r - VC^+)$$

および

$$\begin{aligned} Z = (I_{m_2} - C^+C)\{I_{m_2} \\ + (I_{m_2} - C^+C)V'U^{+\prime}U^+V(I_{m_2} - C^+C)\}^{-1}V'U^{+\prime} \end{aligned}$$

である．また

$$U'C = (U' - U'UU^+)V = (U' - U'U^{+\prime}U')V = (U' - U')V = (0)$$

であるので，$C^+U^{+\prime} = (0)$ となる (練習問題 5.14)．この結果と (7.13) 式を (7.12) 式に利用すると，以下が求められる．

$$\begin{aligned} G_{11} &= (U'U)^+ + U^+VG_{22}V'U^{+\prime} \\ &\quad - U^+VWU^{+\prime} - U^+W'V'U^{+\prime} \end{aligned} \tag{7.14}$$

$$G_{12} = -U^+VG_{22} + U^+W' \tag{7.15}$$

$$G_{22} = (C^+ + W)(C^+ + W)' \tag{7.16}$$

ここで

$$\begin{aligned} C'C &= V'(I_r - UU^+)'(I_r - UU^+)V \\ &= V'(I_r - UU^+)V \\ &= V'V - V'U(U'U)^+U'V \\ &= A_{22} - A'_{12}A^+_{11}A_{12} = B \end{aligned}$$

であることに留意されたい．したがって，定理 5.3(g) を用いると

$$\begin{aligned} C^+C &= (C'C)^+C'C = B^+B \\ V'U^{+\prime} &= V'U(U'U)^+ = A'_{12}A^+_{11} \\ U^+V &= (U'U)^+U'V = A^+_{11}A_{12} \end{aligned}$$

を得る．その結果

$$\begin{aligned} Z = (I_{m_2} - B^+B)\{I_{m_2} \\ + (I_{m_2} - B^+B)A'_{12}A^+_{11}A^+_{11}A_{12}(I_{m_2} - B^+B)\}^{-1}A'_{12}A^+_{11} \end{aligned} \tag{7.17}$$

と表せる．定理 1.7 を適用すると

$$\{I_{m_2} + (I_{m_2} - B^+B)A'_{12}A^+_{11}A^+_{11}A_{12}(I_{m_2} - B^+B)\}^{-1}$$

$$= I_{m_2} - (I_{m_2} - B^+B)A'_{12}A_{11}^+\{I_{m_1} + A_{11}^+A_{12}(I_{m_2} - B^+B)A'_{12}A_{11}^+\}^{-1} \times A_{11}^+A_{12}(I_{m_2} - B^+B) \tag{7.18}$$

となる．(7.17) 式に (7.18) 式を用い，簡単にすると

$$Z = (I_{m_2} - B^+B)A'_{12}A_{11}^+\{I_{m_1} + A_{11}^+A_{12}(I_{m_2} - B^+B)A'_{12}A_{11}^+\}^{-1}$$

を得る．これは，定理の記述の中で与えられた Z についての式である．再び，$C^+U^{+\prime} = (0)$ を用いることで

$$WU^{+\prime} = ZU^+U^{+\prime} = Z(U'U)^+ = ZA_{11}^+ \tag{7.19}$$

$$WC^{+\prime} = -ZU^+V(C'C)^+ = -ZA_{11}^+A_{12}B^+ \tag{7.20}$$

$$\begin{aligned} WW' &= Z(U^+U^{+\prime} + U^+VC^+C^{+\prime}V'U^{+\prime})Z' \\ &= Z(A_{11}^+ + A_{11}^+A_{12}B^+A'_{12}A_{11}^+)Z' \end{aligned} \tag{7.21}$$

も求められる．(7.14) 式と (7.15) 式，(7.16) 式それぞれに (7.19) 式と (7.20) 式，(7.21) 式を代入して

$$\begin{aligned} G_{11} &= A_{11}^+ + A_{11}^+A_{12}G_{22}A'_{12}A_{11}^+ - A_{11}^+A_{12}ZA_{11}^+ - A_{11}^+Z'A'_{12}A_{11}^+ \\ G_{12} &= -A_{11}^+A_{12}G_{22} + A_{11}^+Z' \\ G_{22} &= (C'C)^+ + WC^{+\prime} + C^+W' + WW' \\ &= B^+ - ZA_{11}^+A_{12}B^+ - B^+A'_{12}A_{11}^+Z' \\ &\quad + Z(A_{11}^+ + A_{11}^+A_{12}B^+A'_{12}A_{11}^+)Z' \\ &= \begin{bmatrix} Z & I_{m_2} \end{bmatrix} \begin{bmatrix} A_{11}^+ + A_{11}^+A_{12}B^+A'_{12}A_{11}^+ & -A_{11}^+A_{12}B^+ \\ -B^+A'_{12}A_{11}^+ & B^+ \end{bmatrix} \begin{bmatrix} Z' \\ I_{m_2} \end{bmatrix} \\ &= B^{\sim} \end{aligned}$$

を得る．これにより，証明は完了した．　□

7.6 固　有　値

本節では，(7.1) 式で与えられたような行列 A の固有値と A_{11} および A_{22} の固有値との関係を調べる．これまでと同様に，行列 A の順序づけられた固有値を $\lambda_i(A)$ を用いて表記しよう．すなわち，もし A の固有値が実数であるならば，$\lambda_1(A) \geq \cdots \geq \lambda_m(A)$ と表現される．以下で示す最初の結果は，行列 A が非負定値であるとき，A_{11} および A_{22} の固有値を用いて A の固有値の限界を与えるというものである．

定理 7.13　$m \times m$ 非負定値行列 A が (7.1) 式と同様に分割されているとする．h と i を 1 以上 m 以下の整数とする．このとき

(a) もし $h+i \leq m+1$ ならば，$\lambda_{h+i-1}(A) \leq \lambda_h(A_{11}) + \lambda_i(A_{22})$
(b) もし $h+i \geq m+1$ ならば，$\lambda_{h+i-m}(A) \geq \lambda_h(A_{11}) + \lambda_i(A_{22})$

である．ここで $h > m_1$ の場合は $\lambda_h(A_{11}) = 0$，$i > m_2$ の場合は $\lambda_i(A_{22}) = 0$ である．

証明 $A^{1/2}$ を A の対称な平方根行列とする．また，$A^{1/2} = [F \quad G]$ のように分割する．ここで F は $m \times m_1$，G は $m \times m_2$ である．よって

$$A = \begin{bmatrix} A_{11} & A_{12} \\ A_{12}' & A_{22} \end{bmatrix} = (A^{1/2})'A^{1/2} = \begin{bmatrix} F'F & F'G \\ G'F & G'G \end{bmatrix}$$

であるので，$A_{11} = F'F$，$A_{22} = G'G$ ということがわかる．しかしながら

$$A = A^{1/2}(A^{1/2})' = FF' + GG' \tag{7.22}$$

とも表現できる．A_{11} と FF' の非ゼロ固有値は同じであり，A_{22} と GG' の非ゼロ固有値も同じであるので，定理 3.23 を (7.22) 式に適用することで結果が示される． □

定理 7.13 は A の固有値の和における限界を得るのに使用できる．例えば定理 7.13(a) より，$h = 1, \ldots, m_1$ において

$$\lambda_h(A) \leq \lambda_h(A_{11}) + \lambda_1(A_{22})$$

となる．これよりただちに $k = 1, \ldots, m_1$ において

$$\sum_{h=1}^{k} \lambda_h(A) \leq \sum_{h=1}^{k} \lambda_h(A_{11}) + k\lambda_1(A_{22})$$

が導出される．定理 7.13 を次のように拡張することで，定理 7.13 をそのまま繰り返し適用するよりも，固有値の和におけるよりよい限界が得られる．

定理 7.14 $m \times m$ 非負定値行列 A が (7.1) 式と同様に分割されているとする．また $i_1, \ldots, i_k$ を $j = 1, \ldots, k$ において $1 \leq i_j \leq m$ の範囲内にある異なる整数とする．このとき $k = 1, \ldots, m$ において以下が成り立つ．

$$\sum_{j=1}^{k} \left\{ \lambda_{i_j}(A_{11}) + \lambda_{m-k+j}(A_{22}) \right\} \leq \sum_{j=1}^{k} \lambda_{i_j}(A) \leq \sum_{j=1}^{k} \left\{ \lambda_{i_j}(A_{11}) + \lambda_j(A_{22}) \right\}$$

ここで $j > m_1$ の場合 $\lambda_j(A_{11}) = 0$，$j > m_2$ の場合 $\lambda_j(A_{22}) = 0$ である．

証明 定理 3.24 を (7.22) 式に適用することでただちに証明される． □

定理 7.13 は対称行列 A の固有値とそれに対応する A_{11}, A_{22} の固有値との差の限界を

得るのに使用することができる．これらの限界はランダム対称行列 (random symmetric matrix) の固有値の漸近分布 (asymptotic distribution) を得るのに役立つ (Eaton and Tyler, 1991).

定理 7.15　A を (7.1) 式と同様に分割された $m \times m$ 対称行列とする．もし $\lambda_{m_1}(A_{11}) > \lambda_1(A_{22})$ であるならば，$j = 1, \ldots, m_1$ において，

$$0 \leq \lambda_j(A) - \lambda_j(A_{11}) \leq \lambda_1(A_{12}A'_{12}) / \{\lambda_j(A_{11}) - \lambda_1(A_{22})\} \tag{7.23}$$

であり，$j = 1, \ldots, m_2$ において，

$$\begin{aligned} 0 &\leq \lambda_{m_2-j+1}(A_{22}) - \lambda_{m-j+1}(A) \\ &\leq \lambda_1(A_{12}A'_{12}) / \{\lambda_{m_1}(A_{11}) - \lambda_{m_2-j+1}(A_{22})\} \end{aligned} \tag{7.24}$$

である．

証明　A_{11} は A の $m_1 \times m_1$ 先頭主部分行列であるので，(7.23) 式における下限は定理 3.20 よりただちに導かれる．(7.23) 式における上限は行列 $A + \alpha I_m$ において成り立つ場合かつその場合に限り A においても成立するということに注意しよう．ここで α は任意の定数であり，$\alpha = -\lambda_1(A_{22})$ をとることができるので，一般性を損なうことなしに $\lambda_1(A_{22}) = 0$ と仮定してもよいだろう．この場合 (7.23) 式における下限は，$j = 1, \ldots, m_1$ において $\lambda_j(A) \geq \lambda_j(A_{11}) > 0$ ということを暗に意味している．$\hat{A}$ を，(7.1) 式の A_{22} をゼロ行列に置き換えることによって得られる行列とする．ゆえに

$$\hat{A}^2 = \begin{bmatrix} A_{11}^2 + A_{12}A'_{12} & A_{11}A_{12} \\ A'_{12}A_{11} & A'_{12}A_{12} \end{bmatrix} \tag{7.25}$$

である．$-A_{22}$ は非負定値行列であり，$\hat{A} = A - \mathrm{diag}((0), A_{22})$ であるので，定理 3.28 より $j = 1, \ldots, m$ において $\lambda_j(\hat{A}) \geq \lambda_j(A)$ が導かれる．いま，$\hat{A}^2$ の固有値が $\hat{A}$ の固有値の平方であるとする．しかし順序づけられた固有値が，すべての j において $\lambda_j(\hat{A}^2) = \lambda_j^2(\hat{A})$ を満たすとは保証しない．なぜなら $\hat{A}$ は必ずしも非負定値であるとは限らない，言い換えると負の固有値をもつかもしれないからである．しかしながら，いま $j = 1, \ldots, m_1$ において $\lambda_j(\hat{A}) \geq \lambda_j(A) > 0$ ということがわかっている．つまり，$j = 1, \ldots, m_1$ において

$$\lambda_j(\hat{A}^2) \geq \lambda_j^2(\hat{A}) \geq \lambda_j^2(A) \tag{7.26}$$

ということが保証されるのである．また，

$$\begin{aligned} \lambda_j(\hat{A}^2) &\leq \lambda_j(A_{11}^2 + A_{12}A'_{12}) + \lambda_1(A'_{12}A_{12}) \\ &\leq \left\{\lambda_j(A_{11}^2) + \lambda_1(A_{12}A'_{12})\right\} + \lambda_1(A'_{12}A_{12}) \\ &= \lambda_j^2(A_{11}) + 2\lambda_1(A_{12}A'_{12}) \end{aligned} \tag{7.27}$$

ということにも注意が必要である．ここで，最初の不等式では定理 7.13(a) を適用し，2 番目の不等式では定理 3.23 を適用している．それに対して最後の等式は，$A_{12}A'_{12}$ と $A'_{12}A_{12}$ の正の固有値が同等であり，$\lambda_{m_1}(A_{11}) > 0$ より $\lambda_j^2(A_{11}) = \lambda_j(A_{11}^2)$ であることから導かれる．(7.26) 式と (7.27) 式を 1 つにまとめることにより，$j = 1, \ldots, m_1$ において

$$\lambda_j^2(A) \le \lambda_j^2(A_{11}) + 2\lambda_1(A_{12}A'_{12})$$

ということがわかる．あるいは同等に

$$\begin{aligned}\{\lambda_j(A) - \lambda_j(A_{11})\}\{\lambda_j(A) + \lambda_j(A_{11})\} &= \lambda_j^2(A) - \lambda_j^2(A_{11}) \\ &\le 2\lambda_1(A_{12}A'_{12})\end{aligned}$$

である．したがって，$\lambda_j(A) \ge \lambda_j(A_{11})$ より

$$\begin{aligned}\lambda_j(A) - \lambda_j(A_{11}) &\le 2\lambda_1(A_{12}A'_{12}) / \{\lambda_j(A) + \lambda_j(A_{11})\} \\ &\le \lambda_1(A_{12}A'_{12})/\lambda_j(A_{11})\end{aligned}$$

となる．$\lambda_1(A_{22}) = 0$ を仮定しているので，これにより (7.23) 式の上限が成立する．(7.24) 式の不等式は (7.23) 式に $-A$ を適用することで得られる．□

定理 7.15 で与えられた限界は改善することが可能である．例えば Dümbgen(1995) を参照されたい．

定理 7.16 では，A の固有値の和と対応する A_{11} の固有値の和との差について定義される限界を得るために定理 7.14 を用いる．

定理 7.16　A を (7.1) 式と同様に分割された $m \times m$ 対称行列とする．$\lambda_{m_1}(A_{11}) > \lambda_1(A_{22})$ とするとき，$k = 1, \ldots, m_1$ について次が成り立つ．

$$0 \le \sum_{j=1}^{k}\{\lambda_j(A) - \lambda_j(A_{11})\} \le \sum_{j=1}^{k}\lambda_j(A_{12}A'_{12})/\{\lambda_k(A_{11}) - \lambda_1(A_{22})\} \tag{7.28}$$

証明　その下限については定理 3.20 から証明される．定理 7.15 での証明と同様に，一般性を損なうことなく $\lambda_1(A_{22}) = 0$ を仮定することができる．定理 7.14 を (7.25) 式で定義された $\hat{A}^2$ に適用することで次を得る．

$$\sum_{j=1}^{k}\lambda_j(\hat{A}^2) \le \sum_{j=1}^{k}\lambda_j(A_{11}^2 + A_{12}A'_{12}) + \sum_{j=1}^{k}\lambda_j(A'_{12}A_{12}) \tag{7.29}$$

定理 3.24 を適用することで，

$$\sum_{j=1}^{k}\lambda_j(A_{11}^2 + A_{12}A'_{12}) \le \sum_{j=1}^{k}\lambda_j(A_{11}^2) + \sum_{j=1}^{k}\lambda_j(A_{12}A'_{12})$$

が得られる．A_{11} の固有値は正であり，$A_{12}A'_{12}$ と $A'_{12}A_{12}$ の正の固有値は同じであるから，上式と (7.29) 式を併合することで

$$\sum_{j=1}^{k}\lambda_j(\hat{A}^2) \leq \sum_{j=1}^{k}\lambda_j^2(A_{11}) + 2\sum_{j=1}^{k}\lambda_j(A_{12}A'_{12})$$

を得る．いま，(7.26) 式を利用することで，

$$\sum_{j=1}^{k}\lambda_j^2(A) \leq \sum_{j=1}^{k}\lambda_j^2(A_{11}) + 2\sum_{j=1}^{k}\lambda_j(A_{12}A'_{12})$$

あるいは同等に

$$\sum_{j=1}^{k}\{\lambda_j^2(A) - \lambda_j^2(A_{11})\} \leq 2\sum_{j=1}^{k}\lambda_j(A_{12}A'_{12}) \tag{7.30}$$

を得る．しかし

$$\begin{aligned}\sum_{j=1}^{k}\{\lambda_j^2(A) - \lambda_j^2(A_{11})\} &= \sum_{j=1}^{k}\{\lambda_j(A) + \lambda_j(A_{11})\}\{\lambda_j(A) - \lambda_j(A_{11})\}\\ &\geq \{\lambda_k(A) + \lambda_k(A_{11})\}\sum_{j=1}^{k}\{\lambda_j(A) - \lambda_j(A_{11})\}\\ &\geq 2\lambda_k(A_{11})\sum_{j=1}^{k}\{\lambda_j(A) - \lambda_j(A_{11})\} \qquad (7.31)\end{aligned}$$

である．(7.30) 式と (7.31) 式を併合することで以下が導かれる．

$$\sum_{j=1}^{k}\{\lambda_j(A) - \lambda_j(A_{11})\} \leq \sum_{j=1}^{k}\lambda_j(A_{12}A'_{12})/\lambda_k(A_{11})$$

$\lambda_1(A_{22}) = 0$ を仮定していたので，上式は (7.28) 式の上限となる． □

次に示す最後の定理は，A が正定値であるとき A の固有値とシューアの補元 $A_{11} - A_{12}A_{22}^{-1}A'_{12}$ の固有値とを比較する．

定理 7.17 (7.1) 式の A が正定値であり，$B_1 = A_{11} - A_{12}A_{22}^{-1}A'_{12}$，$B_2 = A_{22} - A'_{12}A_{11}^{-1}A_{12}$，そして $C = -B_1^{-1}A_{12}A_{22}^{-1}$ と仮定する．このとき，$\lambda_1(B_1) < \lambda_{m_2}(B_2)$ であるならば，$k = 1, \ldots, m_1$ について，次が成り立つ．

$$\begin{aligned}0 &\leq \sum_{j=1}^{k}\{\lambda_{m_1-j+1}(B_1) - \lambda_{m-j+1}(A)\}\\ &\leq \frac{\lambda_{m_1-k+1}^2(B_1)}{\{\lambda_{m_1-k+1}^{-1}(B_1) - \lambda_{m_2}^{-1}(B_2)\}}\sum_{j=1}^{k}\lambda_j(CC')\end{aligned}$$

証明 定理 7.1 と A_{11}, A_{22} が両者ともに非特異であるという事実を利用することで，A の逆行列は

$$A^{-1} = \begin{bmatrix} B_1^{-1} & C \\ C' & B_2^{-1} \end{bmatrix}$$

と表現できる．A^{-1} に定理 3.20 を適用することで，$j = 1, \ldots, m_1$ について，$\lambda_j(B_1^{-1}) \leq \lambda_j(A^{-1})$ を得る．したがって $\lambda_{m_1-j+1}^{-1}(B_1) \leq \lambda_{m-j+1}^{-1}(A)$，あるいは同等に $\lambda_{m_1-j+1}(B_1) \geq \lambda_{m-j+1}(A)$ が成り立つ．そしてこれは下限を与える．$\lambda_{m_1}(B_1^{-1}) = \lambda_1^{-1}(B_1) > \lambda_{m_2}^{-1}(B_2) = \lambda_1(B_2^{-1})$ であるから，A^{-1} に対して定理 7.16 を適用することができる．そしてこれは，

$$\sum_{j=1}^{k}\{\lambda_{m-j+1}^{-1}(A) - \lambda_{m_1-j+1}^{-1}(B_1)\} \leq \sum_{j=1}^{k}\lambda_j(CC')/\{\lambda_{m_1-k+1}^{-1}(B_1) - \lambda_{m_2}^{-1}(B_2)\}$$

を導く．しかし，

$$\begin{aligned}\sum_{j=1}^{k}\{\lambda_{m-j+1}^{-1}(A) - \lambda_{m_1-j+1}^{-1}(B_1)\} &= \sum_{j=1}^{k}\frac{\lambda_{m_1-j+1}(B_1) - \lambda_{m-j+1}(A)}{\lambda_{m-j+1}(A)\lambda_{m_1-j+1}(B_1)} \\ &\geq \lambda_{m-k+1}^{-1}(A)\lambda_{m_1-k+1}^{-1}(B_1)\sum_{j=1}^{k}\{\lambda_{m_1-j+1}(B_1) - \lambda_{m-j+1}(A)\}\end{aligned}$$

であるから，

$$\begin{aligned}\sum_{j=1}^{k}\{\lambda_{m_1-j+1}(B_1) - \lambda_{m-j+1}(A)\} &\leq \frac{\lambda_{m-k+1}(A)\lambda_{m_1-k+1}(B_1)}{\{\lambda_{m_1-k+1}^{-1}(B_1) - \lambda_{m_2}^{-1}(B_2)\}}\sum_{j=1}^{k}\lambda_j(CC') \\ &\leq \frac{\lambda_{m_1-k+1}^{2}(B_1)}{\{\lambda_{m_1-k+1}^{-1}(B_1) - \lambda_{m_2}^{-1}(B_2)\}}\sum_{j=1}^{k}\lambda_j(CC')\end{aligned}$$

となり，これによって上限が与えられる． □

練習問題

7.1 以下のような $2m \times 2m$ 行列を考える．

$$A = \begin{bmatrix} aI_m & bI_m \\ cI_m & dI_m \end{bmatrix}$$

ここで a, b, c, d は非ゼロのスカラーである.

(a) A の行列式の表現を求めよ.
(b) a, b, c, d の値がどのような場合に A は非特異となるだろうか.
(c) A^{-1} の表現を見つけよ.

7.2 行列 A を次のように定義する.

$$A = \begin{bmatrix} A_{11} & A_{12} \\ A_{21} & (0) \end{bmatrix}$$

ここで各部分行列のサイズは $m \times m$ であり, かつ A_{12} と A_{21} は非特異である. このとき, (7.2)～(7.5) 式を用いて, A_{11}, A_{12}, A_{21} による A の逆行列の表現を求めよ.

7.3 a, b, c, d を非ゼロのスカラーとして以下の $2m \times 2m$ 行列の行列式と非特異行列のための条件, ならびに逆行列を求め, 例 7.2 を一般化せよ.

$$A = \begin{bmatrix} aI_m & c\mathbf{1}_m\mathbf{1}_m' \\ d\mathbf{1}_m\mathbf{1}_m' & bI_m \end{bmatrix}$$

7.4 行列 G を以下として, 行列 A, D, F は正方であり非特異とする. G の逆行列を見つけよ.

$$G = \begin{bmatrix} A & B & C \\ (0) & D & E \\ (0) & (0) & F \end{bmatrix}$$

7.5 定理 7.1 と 7.4 を利用して, 次の行列の行列式と逆行列を求めよ.

$$A = \begin{bmatrix} 4 & 0 & 0 & 1 & 2 \\ 0 & 3 & 0 & 1 & 2 \\ 0 & 0 & 2 & 2 & 3 \\ 0 & 0 & 1 & 2 & 3 \\ 1 & 1 & 0 & 1 & 2 \end{bmatrix}$$

7.6 A を以下のように分割された $m \times m$ 行列とする.

$$A = \begin{bmatrix} A_{11} & A_{12} \\ A_{21} & A_{22} \end{bmatrix}$$

A_{11} は $m_1 \times m_1$ で $\mathrm{rank}(A) = \mathrm{rank}(A_{11}) = m_1$ である.

(a) $A_{22} = A_{21}A_{11}^{-1}A_{12}$ を示せ.

(b) (a) の結果を用いて，以下は A の一般逆行列であることを示せ.

$$B = \begin{bmatrix} A_{11}^{-1} & (0) \\ (0) & (0) \end{bmatrix}$$

(c) A のムーア–ペンローズ形逆行列は以下によって与えられることを示せ.

$$A^{+} = \begin{bmatrix} A_{11}' \\ A_{12}' \end{bmatrix} C \begin{bmatrix} A_{11}' & A_{21}' \end{bmatrix}$$

ここで $C = (A_{11}A_{11}' + A_{12}A_{12}')^{-1}A_{11}(A_{11}'A_{11} + A_{21}'A_{21})^{-1}$ である.

7.7 A は (7.1) 式と同様に分割されているものとする．A が正定値であるならばそのときのみ A_{11} と $A_{22} - A_{21}A_{11}^{-1}A_{12}$ は正定値であることを示せ.

7.8 A を $m \times m$ 正定値行列，B を A の逆行列とする．A, B の分割を以下のように行う.

$$A = \begin{bmatrix} A_{11} & A_{12} \\ A_{12}' & A_{22} \end{bmatrix}, \quad B = \begin{bmatrix} B_{11} & B_{12} \\ B_{12}' & B_{22} \end{bmatrix}$$

ここで A_{11}, B_{11} は $m_1 \times m_1$ 行列である．このとき以下の行列が階数 $m - m_1$ の半正定値行列であることを示せ.

$$\begin{bmatrix} A_{11} - B_{11}^{-1} & A_{12} \\ A_{12}' & A_{22} \end{bmatrix}$$

7.9 A, B を定義 7.1 と同様に定義する．A が正定値ならば，$B_{11} - A_{11}^{-1}$ は非負定値であることを示せ.

7.10 以下の $m \times m$ 行列を考える.

$$A = \begin{bmatrix} A_{11} & \boldsymbol{a} \\ \boldsymbol{a}' & a_{mm} \end{bmatrix}$$

ただし，$(m-1) \times (m-1)$ 行列 A_{11} は正定値行列である.

(a) $|A| \leq a_{mm}|A_{11}|$ を証明せよ．また，$\boldsymbol{a} = \boldsymbol{0}$ ならばそのときのみ等式が成り立つことを証明せよ.

(b) $a_{11}, \ldots, a_{mm}$ が正定値行列 A の対角要素ならば，このとき $|A| \leq a_{11} \cdots a_{mm}$ が成り立ち，また，A が対角行列であるならばそのときのみ等式が成り立つことを証明することで，(a) の結果を一般化せよ.

7.11 A および B は非特異行列で，それぞれ $m \times m$，$n \times n$ であるとする．もし，C が $m \times n$，D が $n \times m$ で，$A + CBD$ が非特異ならば，$B^{-1} + DA^{-1}C$ の逆行列を利用した $A + CBD$ の逆行列の表現が定理 1.7 において与えられた．$B^{-1} + DA^{-1}C$ が非特異であるならばそのときのみ $A + CBD$ が非特異であることを，以下の行列に定理 7.4 を適用することにより示せ．

$$E = \begin{bmatrix} A & C \\ D & -B^{-1} \end{bmatrix}$$

7.12 行列 A は (7.1) 式で定義されたものと同様に分割されているものとし，B は $m_2 \times m_1$ 行列とする．このとき，以下を示せ．

$$\begin{vmatrix} A_{11} & A_{12} \\ A_{21} + BA_{11} & A_{22} + BA_{12} \end{vmatrix} = |A|$$

7.13 A が (7.1) 式と同様に定められているとする．ただし，ここでは $m_1 = m_2$ であり，$A_{11}A_{21} = A_{21}A_{11}$ であるとする．以下の式が成立することを示せ．

$$|A| = |A_{11}A_{22} - A_{21}A_{12}|$$

7.14 A を $m \times m$ 非特異行列，B を階数 1 の $m \times m$ 行列とする．以下の形式の行列

$$\begin{bmatrix} A & \boldsymbol{d} \\ \boldsymbol{c}' & 1 \end{bmatrix}$$

を考えることによって，

$$|A + B| = \left\{1 + \mathrm{tr}(A^{-1}B)\right\} |A|$$

ということを示せ．

7.15 A をサイズ $m \times m$ の対称行列，A_k をその $k \times k$ 首座部分行列とする．このとき，次を証明せよ．

(a) $|A_1| > 0, \ldots, |A_{m-1}| > 0$, かつ $|A_m| \geq 0$ であるとき A は非負定値であることを示せ．

(b) サイズ 2×2 対称行列で，首座小行列式の両方が非負定値であるが，自身は非負定値でない行列の例を 1 つ示せ．

7.16 定理 7.7 の (b) の証明を詳述せよ．

7.17 定理 7.7 で与えられた条件は必要条件ではないことを証明せよ．例えば，定理 7.7(a) で与えられた条件は満たさないが，行列式に関する恒等式は満たすような行列を

見つけよ．

7.18 $\boldsymbol{u}$ と $\boldsymbol{v}$ を $m\times 1$ のベクトル，A を $m\times m$ の行列とする．このとき $b\neq 0$ であるならば，$\boldsymbol{u}=A\boldsymbol{y}$, $\boldsymbol{v}=A'\boldsymbol{x}$, $b=\boldsymbol{x}'A\boldsymbol{y}$ となるようなベクトル $\boldsymbol{x}$, $\boldsymbol{y}$ が存在するとき，かつそのときに限り，

$$\mathrm{rank}(A-b^{-1}\boldsymbol{u}\boldsymbol{v}')<\mathrm{rank}(A)$$

であることを示せ．

7.19 A を (7.1) 式と同様に定義された行列とし，条件 $R(A_{21})\subset R(A_{22})$ と $R(A'_{12})\subset R(A'_{22})$ を両方満たしているものとする．$A_{11}-A_{12}A^{-}_{22}A_{21}$ は一般逆行列 A^{-}_{22} の選択に依存しないことを示せ．行列 A がこれらの条件のうち 1 つだけを満たし，シューアの補元 $A_{11}-A_{12}A^{-}_{22}A_{21}$ が A^{-}_{22} の選択に依存する例を示せ．

7.20 A を (7.1) 式と同様に定義されているものとし，$R(A_{21})\subset R(A_{22})$ かつ $R(A'_{12})\subset R(A'_{22})$ である状況を考える．A がベキ等であるならば，一般シューアの補元 $A_{11}-A_{12}A^{-}_{22}A_{21}$ もまたベキ等であることを示せ．

7.21 定理 7.11 の (b) の証明を詳細に記せ．

7.22 A を (7.1) 式のように定義し，$B_1=A_{11}-A_{12}A^{-}_{22}A_{21}$ とする．このとき行列

$$\begin{bmatrix} B_1^{-} & -B_1^{-}A_{12}A_{22}^{-} \\ -A_{22}^{-}A_{21}B_1^{-} & A_{22}^{-}+A_{22}^{-}A_{21}B_1^{-}A_{12}A_{22}^{-} \end{bmatrix}$$

は，以下が成り立つならばそのときのみ，A の一般逆行列であることを示せ．

(a) $(I_{m2}-A_{22}A^{-}_{22})A_{21}(I_{m1}-B_1^{-}B_1)=(0)$
(b) $(I_{m1}-B_1B_1^{-})A_{12}(I_{m2}-A^{-}_{22}A_{22})=(0)$
(c) $(I_{m2}-A_{22}A^{-}_{22})A_{21}B_1^{-}A_{12}(I_{m2}-A^{-}_{22}A_{22})=(0)$

7.23 A を (7.1) 式で定義された行列とし，B_2 をシューアの補元 $B_2=A_{22}-A_{21}A^{+}_{11}A_{12}$ とする．以下の行列を考える．

$$C=\begin{bmatrix} A_{11}^{+}+A_{11}^{+}A_{12}B_2^{+}A_{21}A_{11}^{+} & -A_{11}^{+}A_{12}B_2^{+} \\ -B_2^{+}A_{21}A_{11}^{+} & B_2^{+} \end{bmatrix}$$

以下の条件が両方とも成り立つならば，C が A のムーア–ペンローズ形逆行列であることを示せ．

(a) $R(A_{12})\subset R(A_{11})$ かつ $R(A'_{21})\subset R(A'_{11})$
(b) $R(A_{21})\subset R(B_2)$ かつ $R(A'_{12})\subset R(B'_2)$

7.24 以下の非負定値行列 A を考える．

$$A = \begin{bmatrix} 2 & 1 & 2 \\ 1 & 1 & 0 \\ 2 & 0 & 4 \end{bmatrix}$$

A_{11} が 2×2 になるように A を分割し，定理 7.12 を用いて A のムーア–ペンローズ形逆行列を求めよ．

7.25 定理 7.12 で与えられた行列 B および $B^{\sim}$ について，$B^{\sim}$ は B の一般逆行列であることを示せ．

7.26 以下の $m \times m$ 非負定値行列について考える．

$$A = \begin{bmatrix} A_{11} & A_{12} \\ A_{12}' & (0) \end{bmatrix}$$

ここで，A_{11} は $m_1 \times m_1$，A_{12} は $m_1 \times m_2$ である．

$$A^{+} = \begin{bmatrix} B^{+} - B^{+}A_{12}C^{+}A_{12}'B^{+} & B^{+}A_{12}C^{+} \\ C^{+}A_{12}'B^{+} & -C^{+} + CC^{+} \end{bmatrix}$$

となることを示せ．ただし，$B = A_{11} + A_{12}A_{12}'$ であり，$C = A_{12}'B^{+}A_{12}$ である．

7.27 以下のような $m \times m$ 非負定値行列を考える．

$$A = \begin{bmatrix} A_{11} & A_{12} \\ A_{12}' & (0) \end{bmatrix}$$

ここで A_{11} は $m_1 \times m_1$，A_{12} は $m_1 \times m_2$ である．もし $R(A_{12}) \subset R(A_{11})$ であるならば，

$$A^{+} = \begin{bmatrix} A_{11}^{+} - A_{11}^{+}A_{12}D^{+}A_{12}'A_{11}^{+} & A_{11}^{+}A_{12}D^{+} \\ D^{+}A_{12}'A_{11}^{+} & -D^{+} \end{bmatrix}$$

ということを示せ．ここで $D = A_{12}'A_{11}^{+}A_{12}$ である．

7.28 A を (7.1) 式のように分割された $m \times m$ 対称行列とする．$\lambda_{m_1}(A_{11}) > \lambda_1(A_{22}) > 0$ であるとき，$k = 1, \ldots, m_1$ について，次が成り立つことを証明せよ．

$$\begin{aligned} 0 &\leq \sum_{j=1}^{k} \{\lambda_j^2(A) - \lambda_j^2(A_{11})\} \\ &\leq 2\left\{1 + \frac{\lambda_k(A_{22})}{\lambda_k(A_{11}) - \lambda_k(A_{22})}\right\} \sum_{j=1}^{k} \lambda_j(A_{12}A_{12}') \end{aligned}$$

7.29 定理 7.17 の条件の下で，$k = 1, \ldots, m_1$ について以下を示せ．

$$0 \leq \sum_{j=1}^{k} \{\lambda_{m_1-j+1}^2(B_1) - \lambda_{m-j+1}^2(A)\}$$
$$\leq 2\lambda_{m_1-k+1}^4(B_1)\left\{1 + \frac{\lambda_{m_2}^{-1}(B_2)}{\lambda_{m_1-k+1}^{-1}(B_1) - \lambda_{m_2}^{-1}(B_2)}\right\}\sum_{j=1}^{k}\lambda_j(CC')$$

7.30 (7.1) 式の A は非負定値であり，A_{22} は正定値であるとする．シューアの補元 $B_1 = A_{11} - A_{12}A_{22}^{-1}A_{12}'$ を考慮して，以下を証明せよ．ただし，$h = 1, \ldots, m_1$ である．

$$\lambda_{h+m_2}(A) \leq \lambda_h(B_1) \leq \lambda_h(A)$$

7.31 (7.1) 式における A が非負定値であり，かつ A_{22} が正定値である状況を考える．ここで $B_1 = A_{11} - A_{12}A_{22}^{-1}A_{12}'$ とし，$\mathrm{rank}(B_1) = r$ と表すものとする．また Q として，$Q'Q = I_r$, $B_1 = Q\Delta Q'$ を満たすような任意の $m_1 \times r$ 行列を考える．ただし Δ は B_1 の正の固有値を対角要素にもつような対角行列である．$B_2 = A_{22} - A_{12}'Q(Q'A_{11}Q)^{-1}Q'A_{12}$, $\hat{C} = -\Delta^{-1}Q'A_{12}A_{22}^{-1}$ としたとき，もし $\lambda_1(B_1) < \lambda_{m2}(B_2)$ であるならば，$k = 1, \ldots, r$ について以下が成り立つことを示せ．

$$0 \leq \sum_{j=1}^{m_1-r+k} \{\lambda_{m_1-j+1}(B_1) - \lambda_{m-j+1}(A)\}$$
$$\leq \frac{\lambda_{r-k+1}^2(B_1)}{\{\lambda_{r-k+1}^{-1}(B_1) - \lambda_{m_2}^{-1}(B_2)\}}\sum_{j=1}^{k}\lambda_j(\hat{C}\hat{C}')$$

8 特別な行列と行列の演算

8.1 導　　入

本章ではいくつかの特別な行列演算子の性質の紹介と展開を行っていく．特にここでは通常の 2 つの行列間の積とは異なる概念をもった 2 種類の行列積に注目する．そのうち 1 つはアダマール積 (Hadamard product) として知られるもので，この演算は単に行列の要素ごとの掛け算を行うものである．もう 1 つはクロネッカー積 (Kronecker product) と呼ばれるもので，これは行列を分割してみたときに，それぞれの部分行列がその形式において 1 番目の行列の要素に 2 番目の行列を掛けてできた要素となっているような行列を生成する行列積である．クロネッカー積と密接に関係しているのがベック作用素 (vec operator) であり，これは行列の列をその底部に次々と連ねていくことでベクトルに変換するものである．

多くの場合これらの行列演算子を応用することで，一見複雑にみえるような行列表現を非常に簡潔に記述することができる．加えて本章ではこれまでの議論に上がっておらず，かつ統計的な応用場面でしばしば重要となるような，いくつかの特別な構造をもった行列をみていく．

8.2 クロネッカー積

行列には一般にクロネッカー積といわれる，2 つの異なる行列の積で表現される特別な構造をもつものがある．A が $m \times n$ 行列であり，B が $p \times q$ 行列であるならば A と B のクロネッカー積は $A \otimes B$ と表記され，以下の $mp \times nq$ 行列となる．

$$\begin{bmatrix} a_{11}B & a_{12}B & \cdots & a_{1n}B \\ a_{21}B & a_{22}B & \cdots & a_{2n}B \\ \vdots & \vdots & & \vdots \\ a_{m1}B & a_{m2}B & \cdots & a_{mn}B \end{bmatrix} \tag{8.1}$$

このクロネッカー積は，より正確には右クロネッカー積 (right Kronecker product) として知られるもので，これは文献中にみられる最も一般的なクロネッカー積の定義である．しかしながら例えば Graybill(1983) 等の他の著者の中には，(8.1) 式で与えられる行列を $B \otimes A$ として，左クロネッカー積 (left Kronecker product) と定義しているものもある．このテキストを通しては，いずれのクロネッカー積に関しても右クロネッカー積として言及する．(8.1) 式で与えられるような行列の特別な構造は，逆行列や，行列式，固有値の計算について簡潔化された公式を導く．また，本節ではこれらの公式だけでなくクロネッカー積のより基本的な性質についても展開していく．

通常の行列の掛け算とは違いクロネッカー積 $A \otimes B$ は A, B のサイズを問わずに定義される．しかしながら通常の行列の掛け算と同様にクロネッカー積も一般的には可換ではないことを以下の例において明示する．

例 8.1　A を 1×3，B を 2×2 の，以下で与えられるような行列であるとする．

$$A = \begin{bmatrix} 0 & 1 & 2 \end{bmatrix}, \qquad B = \begin{bmatrix} 1 & 2 \\ 3 & 4 \end{bmatrix}$$

このとき，$A \otimes B$ は以下のようになる．

$$A \otimes B = \begin{bmatrix} 0B & 1B & 2B \end{bmatrix} = \begin{bmatrix} 0 & 0 & 1 & 2 & 2 & 4 \\ 0 & 0 & 3 & 4 & 6 & 8 \end{bmatrix}$$

一方 $B \otimes A$ は以下のような結果となる．

$$B \otimes A = \begin{bmatrix} 1A & 2A \\ 3A & 4A \end{bmatrix} = \begin{bmatrix} 0 & 1 & 2 & 0 & 2 & 4 \\ 0 & 3 & 6 & 0 & 4 & 8 \end{bmatrix}$$

クロネッカー積の基本的な性質のうち，その定義から簡単に証明できるものを定理 8.1 に集約する．証明は練習問題として読者に委ねる．

定理 8.1　A, B, C を任意の行列とし，$\boldsymbol{a}, \boldsymbol{b}$ を 2 つの任意のベクトルとすると，このとき以下が成り立つ．

(a) 任意のスカラー α に対して，$\alpha \otimes A = A \otimes \alpha = \alpha A$
(b) 任意のスカラー α, β に対して，$(\alpha A) \otimes (\beta B) = \alpha\beta(A \otimes B)$
(c) $(A \otimes B) \otimes C = A \otimes (B \otimes C)$
(d) A と B が同じサイズならば，$(A + B) \otimes C = (A \otimes C) + (B \otimes C)$
(e) B と C が同じサイズならば，$A \otimes (B + C) = (A \otimes B) + (A \otimes C)$
(f) $(A \otimes B)' = A' \otimes B'$
(g) $\boldsymbol{a}\boldsymbol{b}' = \boldsymbol{a} \otimes \boldsymbol{b}' = \boldsymbol{b}' \otimes \boldsymbol{a}$

すでに指摘したとおり $A \otimes B = B \otimes A$ は一般的に成り立たないが，定理 8.1 の (g) から A と B' がベクトルである場合はこの可換的な性質が成り立つことがわかる．

続く定理 8.2 ではクロネッカー積と通常の行列の掛け算に関する有用な性質について扱う.

定理 8.2　A を $m \times h$, B を $p \times k$, C を $h \times n$, D を $k \times q$ の行列であるとすると，以下が成り立つ.

$$(A \otimes B)(C \otimes D) = AC \otimes BD \tag{8.2}$$

証明　(8.2) 式の左辺は次のように表される.

$$\begin{bmatrix} a_{11}B & \cdots & a_{1h}B \\ \vdots & & \vdots \\ a_{m1}B & \cdots & a_{mh}B \end{bmatrix} \begin{bmatrix} c_{11}D & \cdots & c_{1n}D \\ \vdots & & \vdots \\ c_{h1}D & \cdots & c_{hn}D \end{bmatrix} = \begin{bmatrix} F_{11} & \cdots & F_{1n} \\ \vdots & & \vdots \\ F_{m1} & \cdots & F_{mn} \end{bmatrix}$$

ただしこのとき F_{ij} は以下のように表されるものとする.

$$F_{ij} = \sum_{l=1}^{h} a_{il}c_{lj}BD = (A)_{i\cdot}(C)_{\cdot j}BD = (AC)_{ij}BD$$

(8.2) 式の右辺は次のように表すことができる.

$$AC \otimes BD = \begin{bmatrix} (AC)_{11}BD & \cdots & (AC)_{1n}BD \\ \vdots & & \vdots \\ (AC)_{m1}BD & \cdots & (AC)_{mn}BD \end{bmatrix}$$

よってこの定理は成立する.　□

次の定理はクロネッカー積 $A \otimes B$ のトレースが，A, B が正方行列であるときに，各々の行列のトレースを用いて表現可能であることを示している.

定理 8.3　A を $m \times m$, B を $p \times p$ の行列であるとすると，このとき以下が成り立つ.

$$\mathrm{tr}(A \otimes B) = \mathrm{tr}(A)\mathrm{tr}(B)$$

証明　$n = m$ であるとき，(8.1) 式を利用して以下を得る.

$$\mathrm{tr}(A \otimes B) = \sum_{i=1}^{m} a_{ii}\mathrm{tr}(B) = \left(\sum_{i=1}^{m} a_{ii}\right)\mathrm{tr}(B) = \mathrm{tr}(A)\mathrm{tr}(B)$$

このため定理は成立する.　□

定理 8.3 はクロネッカー積のトレースに対して簡潔化された表現を与えている．またクロネッカー積の行列式に対する性質もこれに類似している．しかしながらまず A と B が正方行列である場合の $A \otimes B$ の逆行列と $A \otimes B$ の固有値について考える．

定理 8.4　A を $m \times n$，B を $p \times q$ の行列であるとすると，このとき以下が成り立つ．

(a) $m = n, p = q$，かつ $A \otimes B$ が非特異であるならば，$(A \otimes B)^{-1} = A^{-1} \otimes B^{-1}$
(b) $(A \otimes B)^{+} = A^{+} \otimes B^{+}$
(c) A, B の任意の一般逆行列 A^{-}, B^{-} に対して，$(A \otimes B)^{-} = A^{-} \otimes B^{-}$

証明　定理 8.2 を利用して次を得る．

$$(A^{-1} \otimes B^{-1})(A \otimes B) = (A^{-1}A \otimes B^{-1}B) = I_m \otimes I_p = I_{mp}$$

このため (a) は成立する．(b),(c) の証明については練習問題として読者に残しておくことにする．　□

定理 8.5　$\lambda_1, \ldots, \lambda_m$ を $m \times m$ 行列 A の固有値であるとし，そして $\theta_1, \ldots, \theta_p$ を $p \times p$ 行列 B の固有値であるとする．このとき $A \otimes B$ の mp 個の固有値の集合は $\{\lambda_i \theta_j : i = 1, \ldots, m; j = 1, \ldots, p\}$ で与えられる．

証明　定理 4.12 から以下のように表すことのできる非特異行列 P, Q が存在する．

$$P^{-1}AP = T_1, \quad Q^{-1}BQ = T_2$$

ここで T_1 と T_2 は各々A と B の固有値をその対角要素にもつ上三角行列である．T_1, T_2 は上三角行列であるため $T_1 \otimes T_2$ も上三角行列となるはずであり，$A \otimes B$ の固有値は以下のように $T_1 \otimes T_2$ の直積の固有値と同じになる．

$$\begin{aligned}(P \otimes Q)^{-1}(A \otimes B)(P \otimes Q) &= (P^{-1} \otimes Q^{-1})(A \otimes B)(P \otimes Q) \\ &= P^{-1}AP \otimes Q^{-1}BQ = T_1 \otimes T_2\end{aligned}$$

$T_1 \otimes T_2$ の固有値はその対角要素となっており，これは明らかに $\{\lambda_i \theta_j : i = 1, \ldots, m; j = 1, \ldots, p\}$ で与えられるため，この定理は成り立つ．　□

A と B が正方行列であるときの $A \otimes B$ の行列式を簡略化した表現は，行列式はその行列の固有値の積によって与えられるという事実を用いると，最も簡単に得ることができる．

定理 8.6　A を $m \times m$ 行列，B を $p \times p$ 行列とすると，以下である．

$$|A \otimes B| = |A|^p |B|^m$$

証明　$\lambda_1, \ldots, \lambda_m$ を A の固有値，$\theta_1, \ldots, \theta_p$ を B の固有値とすると，

$$|A| = \prod_{i=1}^{m} \lambda_i, \qquad |B| = \prod_{j=1}^{p} \theta_j$$

である．そして定理 8.5 から

$$|A \otimes B| = \prod_{j=1}^{p}\prod_{i=1}^{m} \lambda_i\theta_j = \prod_{j=1}^{p} \theta_j^m \left(\prod_{i=1}^{m} \lambda_i\right) = \prod_{j=1}^{p} \theta_j^m |A|$$
$$= |A|^p \left(\prod_{j=1}^{p} \theta_j\right)^m = |A|^p|B|^m$$

となる．よって題意が満たされた． □

クロネッカー積に関する最後の定理は，$\mathrm{rank}(A \otimes B)$ と $\mathrm{rank}(A), \mathrm{rank}(B)$ の関係を特定するものである．

定理 8.7　A を $m \times n$ 行列，B を $p \times q$ 行列とすると，以下である．

$$\mathrm{rank}(A \otimes B) = \mathrm{rank}(A)\mathrm{rank}(B)$$

証明　本証明では，対称行列の階数はその行列の非ゼロの固有値の数と等しいことを示した定理 3.12 を用いる．所与の行列 $A \otimes B$ は必ずしも対称行列ではないが，行列 $(A \otimes B)(A \otimes B)'$ は AA' や BB' と同様に対称行列である．よって定理 2.11 から，

$$\mathrm{rank}(A \otimes B) = \mathrm{rank}\{(A \otimes B)(A \otimes B)'\} = \mathrm{rank}(AA' \otimes BB')$$

を得る．$AA' \otimes BB'$ は対称であるため，その階数は非ゼロの固有値の数によって与えられる．ここで，$\lambda_1, \ldots, \lambda_m$ は AA' の固有値，$\theta_1, \ldots, \theta_p$ は BB' の固有値であるとすると，定理 8.5 より $AA' \otimes BB'$ の固有値は $\{\lambda_i\theta_j : i = 1, \ldots, m; j = 1, \ldots, p\}$ によって与えられる．明らかに，この集合に含まれる非ゼロの値の個数は，非ゼロの λ_i の個数と非ゼロの θ_j の個数の積である．そして，AA' と BB' は対称であるから，非ゼロの λ_i の個数は $\mathrm{rank}(AA') = \mathrm{rank}(A)$ で，非ゼロの θ_j の個数は $\mathrm{rank}(BB') = \mathrm{rank}(B)$ で与えられる．よって題意が満たされた． □

例 8.2　分散分析の計算においては，クロネッカー積を利用することが特に適している場合がある．例として，例 3.15 や例 6.10，例 6.11 で議論した単変量の 1 要因分類モデル

$$y_{ij} = \mu + \tau_i + \epsilon_{ij}$$

を考えてみよう．ここでは，各 i について $j = 1, \ldots, n$ となるように，k 個の処遇ごとに等しい数の観測対象が得られているとする．その場合，モデルは以下のように書き表されるだろう．

$$\boldsymbol{y} = X\boldsymbol{\beta} + \boldsymbol{\epsilon}$$

ここで，$X = (\mathbf{1}_k \otimes \mathbf{1}_n, I_k \otimes \mathbf{1}_n)$，$\boldsymbol{\beta} = (\mu, \tau_1, \ldots, \tau_k)'$，$\boldsymbol{y} = (\boldsymbol{y}_1', \ \ldots, \boldsymbol{y}_k')'$，$\boldsymbol{y}_i = (y_{i1}, \ldots, y_{in})'$ である．これより，$\boldsymbol{\beta}$ の最小 2 乗解は，以下のように簡単に計算される．

$$\begin{aligned}
\hat{\boldsymbol{\beta}} = (X'X)^{-}X'\boldsymbol{y} &= \left\{ \begin{bmatrix} \mathbf{1}_k' \otimes \mathbf{1}_n' \\ I_k \otimes \mathbf{1}_n' \end{bmatrix} \begin{bmatrix} \mathbf{1}_k \otimes \mathbf{1}_n & I_k \otimes \mathbf{1}_n \end{bmatrix} \right\}^{-} \\
&\quad \times \begin{bmatrix} \mathbf{1}_k' \otimes \mathbf{1}_n' \\ I_k \otimes \mathbf{1}_n' \end{bmatrix} \boldsymbol{y} \\
&= \begin{bmatrix} nk & n\mathbf{1}_k' \\ n\mathbf{1}_k & nI_k \end{bmatrix}^{-} \begin{bmatrix} \mathbf{1}_k' \otimes \mathbf{1}_n' \\ I_k \otimes \mathbf{1}_n' \end{bmatrix} \boldsymbol{y} \\
&= \begin{bmatrix} (nk)^{-1} & \mathbf{0}' \\ \mathbf{0} & n^{-1}(I_k - k^{-1}\mathbf{1}_k\mathbf{1}_k') \end{bmatrix} \begin{bmatrix} \mathbf{1}_k' \otimes \mathbf{1}_n' \\ I_k \otimes \mathbf{1}_n' \end{bmatrix} \boldsymbol{y} \\
&= \begin{bmatrix} (nk)^{-1}(\mathbf{1}_k' \otimes \mathbf{1}_n') \\ n^{-1}(I_k \otimes \mathbf{1}_n') - (nk)^{-1}(\mathbf{1}_k\mathbf{1}_k' \otimes \mathbf{1}_n') \end{bmatrix} \boldsymbol{y}
\end{aligned}$$

よって，

$$\bar{y} = \frac{1}{nk}\sum_{i=1}^{k}\sum_{j=1}^{n} y_{ij}, \qquad \bar{y}_i = \frac{1}{n}\sum_{j=1}^{n} y_{ij}$$

とすると，$\hat{\mu} = \bar{y}$ と $\hat{\tau}_i = \bar{y}_i - \bar{y}$ である．ただし，X は最大階数をもたないため，この解は一意ではないことに注意されたい．またしたがって，$X'X$ の一般逆行列の選択に解が依存する．しかし，各 i について，$\mu + \tau_i$ を推定することが可能であり，その推定値は $\hat{\mu} + \hat{\tau}_i = \bar{y}_i$ によって与えられる．なお，以下の式で与えられるこのモデルの誤差平方和は，常に一意となる．

$$\begin{aligned}
(\boldsymbol{y} - X\hat{\boldsymbol{\beta}})'(\boldsymbol{y} - X\hat{\boldsymbol{\beta}}) &= \boldsymbol{y}'(I_{nk} - X(X'X)^{-}X')\boldsymbol{y} \\
&= \boldsymbol{y}'(I_{nk} - n^{-1}(I_k \otimes \mathbf{1}_n\mathbf{1}_n'))\boldsymbol{y} \\
&= \sum_{i=1}^{k} \boldsymbol{y}_i'(I_n - n^{-1}\mathbf{1}_n\mathbf{1}_n')\boldsymbol{y}_i \\
&= \sum_{i=1}^{k}\sum_{j=1}^{n}(y_{ij} - \bar{y}_i)^2
\end{aligned}$$

$\{(\mathbf{1}_k \otimes \mathbf{1}_n)'(\mathbf{1}_k \otimes \mathbf{1}_n)\}^{-1}(\mathbf{1}_k \otimes \mathbf{1}_n)'\boldsymbol{y} = \bar{y}$ であるから，縮退したモデル

$$y_{ij} = \mu + \epsilon_{ij}$$

の最小 2 乗推定量は $\hat{\mu} = \bar{y}$ であり，また，この場合の誤差平方和は

$$\{\boldsymbol{y}-\bar{y}(\mathbf{1}_k\otimes\mathbf{1}_n)\}'\{\boldsymbol{y}-\bar{y}(\mathbf{1}_k\otimes\mathbf{1}_n)\}=\sum_{i=1}^{k}\sum_{j=1}^{n}(y_{ij}-\bar{y})^2$$

である．これら 2 つのモデルの誤差平方和の差は処理平方和 (sum of squares for treatments, SST) と呼ばれており，以下である．

$$\begin{aligned}\mathrm{SST}&=\sum_{i=1}^{k}\sum_{j=1}^{n}(y_{ij}-\bar{y})^2-\sum_{i=1}^{k}\sum_{j=1}^{n}(y_{ij}-\bar{y}_i)^2\\&=\sum_{i=1}^{k}n(\bar{y}_i-\bar{y})^2\end{aligned}$$

例 8.3 この例では，以下の形式で表される交互作用 (interaction) を含んだ 2 要因分類モデル (two-way classification model) の分析における計算を説明する．

$$y_{ijk}=\mu+\tau_i+\gamma_j+\eta_{ij}+\epsilon_{ijk}$$

ここで，$i=1,\ldots,a,j=1,\ \ldots,b,k=1,\ \ldots,n$ である (練習問題 6.19 参照)．いま，μ は全体的な効果 (overall effect) とみなされており，一方，τ_i は要因 A の i 番目の水準 (level) による効果，γ_j は要因 B の j 番目の水準による効果，η_{ij} は要因 A, B の i,j 番目の水準による交互作用の効果を表している．母数ベクトル (parameter vector) を $\boldsymbol{\beta}=(\mu,\tau_1,\ldots,\tau_a,\gamma_1,\ldots,\gamma_b,\eta_{11},\eta_{12},\ldots,\eta_{ab-1},\eta_{ab})'$，応答ベクトル (response vector) を $\boldsymbol{y}=(y_{111},\ldots,y_{11n},y_{121},\ldots,y_{1bn},y_{211},\ldots,y_{abn})'$ と定義すると，上記のモデルは，

$$\boldsymbol{y}=X\boldsymbol{\beta}+\boldsymbol{\epsilon}$$

と表現することが可能である．ここで，

$$X=(\mathbf{1}_a\otimes\mathbf{1}_b\otimes\mathbf{1}_n,I_a\otimes\mathbf{1}_b\otimes\mathbf{1}_n,\mathbf{1}_a\otimes I_b\otimes\mathbf{1}_n,I_a\otimes I_b\otimes\mathbf{1}_n)$$

である．ところで，行列

$$X'X=\begin{bmatrix}abn & bn\mathbf{1}_a' & an\mathbf{1}_b' & n\mathbf{1}_a'\otimes\mathbf{1}_b'\\ bn\mathbf{1}_a & bnI_a & n\mathbf{1}_a\otimes\mathbf{1}_b' & nI_a\otimes\mathbf{1}_b'\\ an\mathbf{1}_b & n\mathbf{1}_a'\otimes\mathbf{1}_b & anI_b & n\mathbf{1}_a'\otimes I_b\\ n\mathbf{1}_a\otimes\mathbf{1}_b & nI_a\otimes\mathbf{1}_b & n\mathbf{1}_a\otimes I_b & nI_a\otimes I_b\end{bmatrix}$$

が一般逆行列として，

$$\mathrm{diag}((abn)^{-1},(bn)^{-1}(I_a-a^{-1}\mathbf{1}_a\mathbf{1}_a'),(an)^{-1}(I_b-b^{-1}\mathbf{1}_b\mathbf{1}_b'),C)$$

をもつことを確かめるのは容易である．ここで，

$$C = n^{-1} I_a \otimes I_b - (bn)^{-1} I_a \otimes \mathbf{1}_b \mathbf{1}_b' - (an)^{-1} \mathbf{1}_a \mathbf{1}_a' \otimes I_b + (abn)^{-1} \mathbf{1}_a \mathbf{1}_a' \otimes \mathbf{1}_b \mathbf{1}_b'$$

である．この一般逆行列を用いると，$\boldsymbol{\beta}$ の最小 2 乗解は

$$\hat{\boldsymbol{\beta}} = (X'X)^- X'\boldsymbol{y} = \begin{bmatrix} \bar{y}_{\cdot\cdot} \\ \bar{y}_{1\cdot} - \bar{y}_{\cdot\cdot} \\ \vdots \\ \bar{y}_{a\cdot} - \bar{y}_{\cdot\cdot} \\ \bar{y}_{\cdot 1} - \bar{y}_{\cdot\cdot} \\ \vdots \\ \bar{y}_{\cdot b} - \bar{y}_{\cdot\cdot} \\ \bar{y}_{11} - \bar{y}_{1\cdot} - \bar{y}_{\cdot 1} + \bar{y}_{\cdot\cdot} \\ \vdots \\ \bar{y}_{ab} - \bar{y}_{a\cdot} - \bar{y}_{\cdot b} + \bar{y}_{\cdot\cdot} \end{bmatrix}$$

によって与えられることがわかる．ここで，

$$\bar{y}_{\cdot\cdot} = (abn)^{-1} \sum_{i=1}^{a} \sum_{j=1}^{b} \sum_{k=1}^{n} y_{ijk}, \qquad \bar{y}_{i\cdot} = (bn)^{-1} \sum_{j=1}^{b} \sum_{k=1}^{n} y_{ijk},$$
$$\bar{y}_{\cdot j} = (an)^{-1} \sum_{i=1}^{a} \sum_{k=1}^{n} y_{ijk}, \qquad \bar{y}_{ij} = n^{-1} \sum_{k=1}^{n} y_{ijk}$$

である．明らかに，$\mu + \tau_i + \gamma_j + \eta_{ij}$ は推定可能であり，その推定値，つまり y_{ijk} の当てはめられた値は $\hat{\mu} + \hat{\tau}_i + \hat{\gamma}_j + \hat{\eta}_{ij} = \bar{y}_{ij}$ である．このモデルの分析における諸々の平方和の計算に関しては，練習問題として読者に委ねておこう．

8.3 直　　和

直和 (direct sum) は，いくつかの正方行列を 1 つのブロック対角行列に変換する行列作用素である．それらの正方行列は，対角に沿って部分行列として出現する．ブロック対角行列が以下の形式であることを思い出そう．

$$\mathrm{diag}(A_1, \ldots, A_r) = \begin{bmatrix} A_1 & (0) & \cdots & (0) \\ (0) & A_2 & \cdots & (0) \\ \vdots & \vdots & & \vdots \\ (0) & (0) & \cdots & A_r \end{bmatrix}$$

ここで，A_i は $m_i \times m_i$ 行列である．このブロック対角行列は，行列 $A_1, \ldots, A_r$ の直和と呼ばれ，以下のように表現されることがある．

$$\mathrm{diag}(A_1, \ldots, A_r) = A_1 \oplus \cdots \oplus A_r$$

明らかに，直和に対して交換則は成り立たない．なぜなら，例えば，

$$A_1 \oplus A_2 = \begin{bmatrix} A_1 & (0) \\ (0) & A_2 \end{bmatrix} \neq \begin{bmatrix} A_2 & (0) \\ (0) & A_1 \end{bmatrix} = A_2 \oplus A_1$$

となるためである．ただし，$A_1 = A_2$ の場合を除く．自身との直和は，クロネッカー積として表現されうる．つまり，もし $A_1 = \cdots = A_r = A$ ならば，このとき以下となる．

$$A_1 \oplus \cdots \oplus A_r = A \oplus \cdots \oplus A = I_r \otimes A$$

直和に関するいくつかの基本的な性質を，以下の定理にまとめる．証明は，ごく簡単であり，読者に残しておく．

定理 8.8　$A_1 \ldots, A_r$ を行列とする．ただし，A_i は $m_i \times m_i$ である．このとき，以下が成り立つ．

(a) $\mathrm{tr}(A_1 \oplus \cdots \oplus A_r) = \mathrm{tr}(A_1) + \cdots + \mathrm{tr}(A_r)$

(b) $|A_1 \oplus \cdots \oplus A_r| = |A_1| \cdots |A_r|$

(c) A_i がそれぞれ非特異であるならば，$A = A_1 \oplus \cdots \oplus A_r$ も非特異であり，$A^{-1} = A_1^{-1} \oplus \cdots \oplus A_r^{-1}$ となる．

(d) $\mathrm{rank}(A_1 \oplus \cdots \oplus A_r) = \mathrm{rank}(A_1) + \cdots + \mathrm{rank}(A_r)$

(e) A_i の固有値が $\lambda_{i,1}, \ldots, \lambda_{i,m_i}$ で表されるとすると，$A_1 \oplus \cdots \oplus A_r$ の固有値は $\{\lambda_{i,j} : i = 1, \ldots, r; j = 1, \ldots, m_i\}$ によって与えられる．

8.4　ベック作用素

行列の要素がベクトルの要素となるように，行列をベクトルに変換することが有益となる状況がある．統計学におけるそのような状況として，標本共分散行列 S の分布に関する検討場面がある．同時に分布する確率変数の密度関数や積率を，これらの確率変数を成分にもつベクトルを利用して表現することは，分布理論において，数学的により都合のよい場合が多い．したがって，確率行列 S の分布は，S の列を次々と下に連ねて形成されるベクトルとして与えられる．

行列をベクトルに変換する作用素は，ベック作用素として知られている．もし，$m \times n$ 行列 A が i 列目に $\boldsymbol{a}_i$ をもつならば，このとき，$\mathrm{vec}(A)$ は，以下で与えられる $mn \times 1$ ベクトルである．

$$\text{vec}(A) = \begin{bmatrix} \boldsymbol{a}_1 \\ \boldsymbol{a}_2 \\ \vdots \\ \boldsymbol{a}_n \end{bmatrix}$$

例 8.4 A を以下の 2×3 行列とする.

$$A = \begin{bmatrix} 2 & 0 & 5 \\ 8 & 1 & 3 \end{bmatrix}$$

このとき，vec(A) は，以下で与えられる 6×1 ベクトルである.

$$\text{vec}(A) = \begin{bmatrix} 2 \\ 8 \\ 0 \\ 1 \\ 5 \\ 3 \end{bmatrix}$$

本節では，この作用素に関するいくつかの基本的な代数について論じる．例えば，もし $\boldsymbol{a}$ が $m \times 1$，$\boldsymbol{b}$ が $n \times 1$ であるならば，このとき，$\boldsymbol{a}\boldsymbol{b}'$ は $m \times n$ であり，以下が成り立つ.

$$\text{vec}(\boldsymbol{a}\boldsymbol{b}') = \text{vec}([b_1\boldsymbol{a}, b_2\boldsymbol{a}, \ldots, b_n\boldsymbol{a}]) = \begin{bmatrix} b_1\boldsymbol{a} \\ b_2\boldsymbol{a} \\ \vdots \\ b_n\boldsymbol{a} \end{bmatrix} = \boldsymbol{b} \otimes \boldsymbol{a}$$

定理 8.9 では，この結果とベック作用素の定義から直接導かれるいくつかの他の結果が与えられる.

定理 8.9 $\boldsymbol{a}$ と $\boldsymbol{b}$ を任意のベクトルとし，一方 A と B を同じサイズの行列とする．このとき以下が成り立つ.

(a) $\text{vec}(\boldsymbol{a}) = \text{vec}(\boldsymbol{a}') = \boldsymbol{a}$

(b) $\text{vec}(\boldsymbol{a}\boldsymbol{b}') = \boldsymbol{b} \otimes \boldsymbol{a}$

(c) $\text{vec}(\alpha A + \beta B) = \alpha\ \text{vec}(A) + \beta\ \text{vec}(B)$　ただし α と β はスカラーである.

2 つの行列の積のトレースは，これらの 2 つの行列のベック作用素を用いて表現されうる．この結果は定理 8.10 で与えられる.

定理 8.10 行列 A と B をともに $m \times n$ 行列とする．このとき，以下が成り立つ．

$$\mathrm{tr}(A'B) = \{\mathrm{vec}(A)\}'\mathrm{vec}(B)$$

証明 これまでどおり，$\boldsymbol{a}_1, \ldots, \boldsymbol{a}_n$ が A の列を，$\boldsymbol{b}_1, \ldots, \boldsymbol{b}_n$ が B の列を表すとする．このとき，

$$\begin{aligned}\mathrm{tr}(A'B) &= \sum_{i=1}^{n}(A'B)_{ii} = \sum_{i=1}^{n}\boldsymbol{a}_i'\boldsymbol{b}_i = [\boldsymbol{a}_1', \ldots, \boldsymbol{a}_n']\begin{bmatrix}\boldsymbol{b}_1\\ \vdots\\ \boldsymbol{b}_n\end{bmatrix}\\ &= \{\mathrm{vec}(A)\}'\mathrm{vec}(B)\end{aligned}$$

となり，結果が示された． □

3 つの行列の積のベック作用素を扱う場合への定理 8.9(b) の一般化を，定理 8.11 で与える．

定理 8.11 A，B，ならびに C を，それぞれサイズ $m \times n$，$n \times p$，および $p \times q$ 行列とする．このとき以下が成り立つ．

$$\mathrm{vec}(ABC) = (C' \otimes A)\mathrm{vec}(B)$$

証明 $\boldsymbol{b}_1, \ldots, \boldsymbol{b}_p$ を B の列とすると，このとき B は，

$$B = \sum_{i=1}^{p}\boldsymbol{b}_i\boldsymbol{e}_i'$$

と書き表せる．ただし，$\boldsymbol{e}_i$ は I_p の i 列目である．したがって，

$$\begin{aligned}\mathrm{vec}(ABC) &= \mathrm{vec}\left\{A\left(\sum_{i=1}^{p}\boldsymbol{b}_i\boldsymbol{e}_i'\right)C\right\} = \sum_{i=1}^{p}\mathrm{vec}(A\boldsymbol{b}_i\boldsymbol{e}_i'C)\\ &= \sum_{i=1}^{p}\mathrm{vec}\{(A\boldsymbol{b}_i)(C'\boldsymbol{e}_i)'\} = \sum_{i=1}^{p}C'\boldsymbol{e}_i \otimes A\boldsymbol{b}_i\\ &= (C' \otimes A)\sum_{i=1}^{p}(\boldsymbol{e}_i \otimes \boldsymbol{b}_i)\end{aligned}$$

となる．最後から 2 番目の等式は，定理 8.9(b) から導かれる．再度定理 8.9(b) を用いることで，

$$\sum_{i=1}^{p}(\boldsymbol{e}_i \otimes \boldsymbol{b}_i) = \sum_{i=1}^{p}\mathrm{vec}(\boldsymbol{b}_i\boldsymbol{e}_i') = \mathrm{vec}\left(\sum_{i=1}^{p}\boldsymbol{b}_i\boldsymbol{e}_i'\right) = \mathrm{vec}(B)$$

が得られ，よって，結果が導かれる． □

例 8.5 第 6 章において，$A\boldsymbol{x} = \boldsymbol{c}$ という形式の連立方程式および，$AXB = C$ という形式の線形方程式系について議論した．ベック作用素と定理 8.11 を用いることで，この 2 番目の連立方程式は，同等に以下のように表現される．

$$\text{vec}(AXB) = (B' \otimes A)\text{vec}(X) = \text{vec}(C)$$

つまり，これは，形式 $A\boldsymbol{x} = \boldsymbol{c}$ と同等である．ただし，A，$\boldsymbol{x}$，および $\boldsymbol{c}$ の位置には，$(B' \otimes A)$，$\text{vec}(X)$，および $\text{vec}(C)$ が対応する．結果として，$A\boldsymbol{x} = \boldsymbol{c}$ の解に関する一般形式を与えた定理 6.4 は，$AXB = C$ の解に関する一般形式を与えた定理 6.5 を証明するのに用いられる．この証明の詳細については読者に委ねる．

定理 8.10 も同様に，3 つ以上の行列の積に関する結果へと一般化することが可能である．

定理 8.12 A，B，C，ならびに D を，それぞれサイズ $m \times n$，$n \times p$，$p \times q$，および $q \times m$ 行列とする．このとき以下が成り立つ．

$$\text{tr}(ABCD) = \{\text{vec}(A')\}'(D' \otimes B)\text{vec}(C)$$

証明 定理 8.10 を用いることで，以下が導かれる．

$$\text{tr}(ABCD) = \text{tr}\{A(BCD)\} = \{\text{vec}(A')\}'\text{vec}(BCD)$$

また，定理 8.11 より，$\text{vec}(BCD) = (D' \otimes B)\text{vec}(C)$ がわかっており，ゆえに，証明を完了する． □

以下に示す定理 8.12 の系に関する証明は，練習問題として読者に残されている．

系 8.12.1 A，C をそれぞれサイズ $m \times n$，$n \times m$ 行列とし，B と D を，$n \times n$ 行列とする．このとき以下が成り立つ．

(a) $\text{tr}(ABC) = \{\text{vec}(A')\}'(I_m \otimes B)\text{vec}(C)$
(b) $\text{tr}(AD'BDC) = \{\text{vec}(D)\}'(A'C' \otimes B)\text{vec}(D)$

行列 A がある特別な構造をもつときに，行列 A をベクトルに換える他の変換が有用な場合がある．$m \times m$ 行列に対するそのような変換の 1 つは，$\text{v}(A)$ と表されるものである．これは，$\text{vec}(A)$ から A の対角要素より上側にあるすべての要素を削除することによって得られる $m(m+1)/2 \times 1$ ベクトルを作り出すために定められている．したがって，もし A が下三角行列ならば，$\text{v}(A)$ は A の上三角部分におけるゼロを除いて，A のすべての要素を含む．

これに対して，$m\times m$ 行列 A のベクトルへの他の変換は，$\tilde{\mathrm{v}}(A)$ によって表され，$\mathrm{v}(A)$ から A のすべての対角要素を削除することで形成される $m(m-1)/2\times 1$ ベクトルを生成する．したがって，$\tilde{\mathrm{v}}(A)$ は A の列の対角要素よりも下の部分のみを次々と連ねることによって得られるベクトルである．もし A が歪対称行列ならば，このとき A は $\tilde{\mathrm{v}}(A)$ から再構成されうる．なぜなら，A の対角要素はゼロのはずであるのに対して，$i\neq j$ ならば $a_{ji}=-a_{ij}$ となるためである．

ここで用いる $\mathrm{v}(A)$ と $\tilde{\mathrm{v}}(A)$ という表記は，Magnus(1988) の記法に対応している．他にも，$\mathrm{vech}(A)$ や $\mathrm{veck}(A)$ という表記が使用されている (例えば，Henderson and Searle, 1979 などを参照のこと)．8.7 節では，v や $\tilde{\mathrm{v}}$ 作用素をベック作用素に関連づけるいくつかの変換について論じる．

例 8.6 v や $\tilde{\mathrm{v}}$ 操作は，特に共分散や相関行列を扱う際に有用である．例えば，3 つの異なる変数によって観測された標本から計算された標本共分散行列の分布または，標本相関行列の分布に興味があると想定しよう．結果として得られる標本共分散行列と標本相関行列は，

$$S=\begin{bmatrix} s_{11} & s_{12} & s_{13}\\ s_{12} & s_{22} & s_{23}\\ s_{13} & s_{23} & s_{33}\end{bmatrix},\quad R=\begin{bmatrix} 1 & r_{12} & r_{13}\\ r_{12} & 1 & r_{23}\\ r_{13} & r_{23} & 1\end{bmatrix}$$

という形式になり，したがって以下となる．

$$\mathrm{vec}(S)=(s_{11},s_{12},s_{13},s_{12},s_{22},s_{23},s_{13},s_{23},s_{33})'$$
$$\mathrm{vec}(R)=(1,r_{12},r_{13},r_{12},1,r_{23},r_{13},r_{23},1)'$$

S と R はともに対称であるため，$\mathrm{vec}(S)$ と $\mathrm{vec}(R)$ には重複した要素が含まれる．これらの要素を削除することで，$\mathrm{v}(S)$ と $\mathrm{v}(R)$ は，

$$\mathrm{v}(S)=(s_{11},s_{12},s_{13},s_{22},s_{23},s_{33})'$$
$$\mathrm{v}(R)=(1,r_{12},r_{13},1,r_{23},1)'$$

という結果になる．最後に，$\mathrm{vec}(R)$ から非確率変数である 1 を削除することによって，以下を得る．

$$\tilde{\mathrm{v}}(R)=(r_{12},r_{13},r_{23})'$$

これは，R におけるすべての確率変数を含んでいる．

8.5 アダマール積

本書で紹介する他の行列演算子に比べるとあまりよく知られていないものの，統計学において適用場面が増えつつある行列演算子として，アダマール積がある．$\odot$ という記

号で表されるこの演算子は，単純に 2 つの行列の要素ごとに掛け算を行うというものである．つまり，もし A と B がそれぞれ $m \times n$ 行列であるとすると

$$A \odot B = \begin{bmatrix} a_{11}b_{11} & \cdots & a_{1n}b_{1n} \\ \vdots & & \vdots \\ a_{m1}b_{m1} & \cdots & a_{mn}b_{mn} \end{bmatrix}$$

である．この演算は明らかに，2 つの行列のサイズが同じ場合にのみ定義される．

例 8.7 もし A と B が以下のような 2×3 行列であるとすると，

$$A = \begin{bmatrix} 1 & 4 & 2 \\ 0 & 2 & 3 \end{bmatrix}, \qquad B = \begin{bmatrix} 3 & 1 & 3 \\ 6 & 5 & 1 \end{bmatrix}$$

アダマール積は次のように計算される．

$$A \odot B = \begin{bmatrix} 3 & 4 & 6 \\ 0 & 10 & 3 \end{bmatrix}$$

統計学におけるアダマール積の応用場面の 1 つは，標本共分散行列や標本相関行列の特定の関数に関する共分散構造の表現である．この例は，後の 10.7 節でみる．本節ではアダマール積の演算子に関する性質のいくつかを吟味することにする．統計学におけるいくつかの他の応用例を含む，この演算子に関わるより完全な議論については Styan(1973) や Horn and Johnson(1991) を参照されたい．まずはじめに，アダマール積の定義から直接導かれる基本的な性質を紹介する．

定理 8.13 A，B そして C を $m \times n$ 行列とする．このとき以下が成り立つ．

(a) $A \odot B = B \odot A$
(b) $(A \odot B) \odot C = A \odot (B \odot C)$
(c) $(A + B) \odot C = A \odot C + B \odot C$
(d) $(A \odot B)' = A' \odot B'$
(e) $A \odot (0) = (0)$
(f) $A \odot \mathbf{1}_m \mathbf{1}_n' = A$
(g) $m = n$ ならば $A \odot I_m = D_A = \mathrm{diag}(a_{11}, \ldots, a_{mm})$
(h) D が $m \times m$ 対角行列で，E が $n \times n$ 対角行列ならば，$D(A \odot B) = (DA) \odot B = A \odot (DB)$ かつ $(A \odot B)E = (AE) \odot B = A \odot (BE)$
(i) $\boldsymbol{a}$ と $\boldsymbol{c}$ が $m \times 1$ ベクトルであり $\boldsymbol{b}$ と $\boldsymbol{d}$が$n \times 1$ ベクトルであるとき，$\boldsymbol{a}\boldsymbol{b}' \odot \boldsymbol{c}\boldsymbol{d}' = (\boldsymbol{a} \odot \boldsymbol{c})(\boldsymbol{b} \odot \boldsymbol{d})'$

ここで，$A \odot B$ がクロネッカー積 $A \otimes B$ とどのように関連しているかを示す．具体

的にいうと，$A \odot B$ は $A \otimes B$ の部分行列である．このことを確認するために，$m \times m^2$ 行列 Ψ_m を以下のように定義する．

$$\Psi_m = \sum_{i=1}^{m} \boldsymbol{e}_{i,m}(\boldsymbol{e}_{i,m} \otimes \boldsymbol{e}_{i,m})'$$

$\boldsymbol{e}_{i,m}$ は単位行列 I_m の i 番目の列である．もし A と B が $m \times n$ ならば，$\Psi_m(A \otimes B)\Psi'_n$ は $m^2 \times n^2$ 行列 $A \otimes B$ の $m \times n$ 部分行列を構成することに注意されたい．そしてその部分行列は行 $1, m+2, 2m+3, \ldots, m^2$ および列 $1, n+2, 2n+3, \ldots, n^2$ からなる．この部分行列をさらによく観察すると，以下のようになることがわかる．

$$\begin{aligned}
\Psi_m(A \otimes B)\Psi'_n &= \sum_{i=1}^{m}\sum_{j=1}^{n} \boldsymbol{e}_{i,m}(\boldsymbol{e}_{i,m} \otimes \boldsymbol{e}_{i,m})'(A \otimes B)(\boldsymbol{e}_{j,n} \otimes \boldsymbol{e}_{j,n})\boldsymbol{e}'_{j,n} \\
&= \sum_{i=1}^{m}\sum_{j=1}^{n} \boldsymbol{e}_{i,m}(\boldsymbol{e}'_{i,m}A\boldsymbol{e}_{j,n} \otimes \boldsymbol{e}'_{i,m}B\boldsymbol{e}_{j,n})\boldsymbol{e}'_{j,n} \\
&= \sum_{i=1}^{m}\sum_{j=1}^{n} a_{ij}b_{ij}\boldsymbol{e}_{i,m}\boldsymbol{e}'_{j,n} = A \odot B
\end{aligned}$$

一般的に，$A \odot B$ の階数は決定されていないが，A および B の階数から次のような限界が得られる．

定理 8.14　A および B を $m \times n$ 行列であるとすると，以下が成り立つ．

$$\text{rank}(A \odot B) \leq \text{rank}(A)\text{rank}(B)$$

証明　恒等式 $\Psi_m(A \otimes B)\Psi'_n = A \odot B$ を用いて，定理 2.11(a) および定理 8.7 を利用すると，以下を得る．

$$\begin{aligned}
\text{rank}(A \odot B) &= \text{rank}(\Psi_m(A \otimes B)\Psi'_n) \leq \text{rank}(A \otimes B) \\
&= \text{rank}(A)\text{rank}(B)
\end{aligned}$$

よって証明は完了した．□

例 8.8　定理 8.14 では，rank(A) および rank(B) の観点から rank$(A \odot B)$ の上限を導いたが，下限については何も言及されていない．言い換えれば，$A \odot B$ の階数が 0 に等しくても，A と B の双方が最大階数をもつということがありうるということである．例えば，

$$A = \begin{bmatrix} 0 & 1 & 0 \\ 1 & 0 & 0 \\ 0 & 0 & 1 \end{bmatrix}, \qquad B = \begin{bmatrix} 1 & 0 & 0 \\ 0 & 0 & 1 \\ 0 & 1 & 0 \end{bmatrix}$$

は，明らかにそれぞれ階数 3 である．しかし $A \odot B = (0)$ となるため $A \odot B$ の階数は 0 である．

定理 8.15 は，2 つの行列のアダマール積における双線形形式はトレースとして表現可能であることを示している．

定理 8.15 A と B を $m \times n$ 行列とし，$\boldsymbol{x}$ と $\boldsymbol{y}$ をそれぞれ $m \times 1$ および $n \times 1$ ベクトルとする．このとき以下が成り立つ．

(a) $\mathbf{1}'_m(A \odot B)\mathbf{1}_n = \mathrm{tr}(AB')$

(b) $D_{\boldsymbol{x}} = \mathrm{diag}(x_1, \ldots, x_m)$ そして $D_{\boldsymbol{y}} = \mathrm{diag}(y_1, \ldots, y_n)$ のとき，$\boldsymbol{x}'(A \odot B)\boldsymbol{y} = \mathrm{tr}(D_{\boldsymbol{x}} A D_{\boldsymbol{y}} B')$

証明 (a) は，

$$\begin{aligned}\mathbf{1}'_m(A \odot B)\mathbf{1}_n &= \sum_{i=1}^{m}\sum_{j=1}^{n}(A \odot B)_{ij} = \sum_{i=1}^{m}\sum_{j=1}^{n} a_{ij}b_{ij} \\ &= \sum_{i=1}^{m}(A)_{i\cdot}(B')_{\cdot i} = \sum_{i=1}^{m}(AB')_{ii} = \mathrm{tr}(AB')\end{aligned}$$

により成立する．さらに $\boldsymbol{x} = D_{\boldsymbol{x}}\mathbf{1}_m$ と $\boldsymbol{y} = D_{\boldsymbol{y}}\mathbf{1}_n$ に留意すると，上述の (a) と定理 8.13(h) を用いることで

$$\begin{aligned}\boldsymbol{x}'(A \odot B)\boldsymbol{y} &= \mathbf{1}'_m D_{\boldsymbol{x}}(A \odot B)D_{\boldsymbol{y}}\mathbf{1}_n = \mathbf{1}'_m(D_{\boldsymbol{x}}A \odot BD_{\boldsymbol{y}})\mathbf{1}_n \\ &= \mathrm{tr}(D_{\boldsymbol{x}} A D_{\boldsymbol{y}} B')\end{aligned}$$

となる．これにより (b) が証明された． □

例 8.9 相関行列は，対角要素がすべて 1 の非負定値行列である．例 3.10 では，相関行列の対角要素に対するこの制約が，相関行列の固有値と固有ベクトルの可能な選択にどのような影響を与えるかについてみた．

P を $m \times m$ 相関行列とし，$P = QDQ'$ をそのスペクトル分解とする．つまり，Q はその列として P の正規直交固有ベクトルをもつ $m \times m$ 直交行列であり，D は P の非負の固有値 $d_1, \ldots, d_m$ をその対角要素としてもつ対角行列である．特定の直交行列 Q が与えられているとき，QDQ' が相関行列構造をもつように D の対角要素の可能な選択を決定したいという状況を考える．P の対角要素に対する制約は，$i = 1, \ldots, m$ について以下のように表される．

$$p_{ii} = (QDQ')_{ii} = (Q)_{i\cdot}D(Q')_{\cdot i} = \sum_{j=1}^{m} d_j q_{ij}^2 = 1$$

これらの m 個の方程式は 1 つの行列方程式として表現することができる．

$$(Q \odot Q)\boldsymbol{d} = \mathbf{1}_m$$

ここで $\boldsymbol{d} = (d_1, \ldots, d_m)'$ である．第 6 章の定理を利用して，この行列方程式を解くと

$$\boldsymbol{d} = \mathbf{1}_m + A\boldsymbol{b} \tag{8.3}$$

を得る．$\boldsymbol{b}$ は任意の $r \times 1$ ベクトル，r は $Q \odot Q$ のゼロ空間の次元であり，A はその列が $Q \odot Q$ のゼロ空間の基底を構成するような任意の $m \times r$ 行列である．

各 i について $d_i \geq 0$ である限りにおいて $P = QDQ'$ に適用されるとき，(8.3) 式から得られる任意の $\boldsymbol{d}$ は相関行列を導くであろう．そして，Q の列を正規直交固有ベクトルとしてもつ任意の相関行列は，その固有値のベクトルを (8.3) 式の解としてもつこととなる．

ただし，Q の選択にかかわらず $\mathbf{1}_m$ は (8.3) 式の 1 つの解であることに注意が必要である．$\boldsymbol{d} = \mathbf{1}_m$ より $P = I_m$ となり，Q が任意の $m \times m$ 直交行列となりうる場合に I_m がそのスペクトル分解 $I_m = QQ'$ をもつことを考慮すると，このことは決して驚くべきことではない．さらに，$\boldsymbol{d} = \mathbf{1}_m$ は，$Q \odot Q$ が非特異である場合にのみ $(Q \odot Q)\boldsymbol{d} = \mathbf{1}_m$ に対する一意な解をもつ．言い換えると，もし相関行列 $P = QDQ' \neq I_m$ ならば，$Q \odot Q$ は特異であるに違いない．

次に示す結果は，2 つの対称行列のアダマール積が非負定値であるか正定値であるかを決定する際に有用となるだろう．

定理 8.16 A と B をそれぞれ $m \times m$ 対称行列とする．このとき以下が成り立つ．

(a) A と B がいずれも非負定値であるならば，$A \odot B$ は非負定値である．
(b) A と B がいずれも正定値であるならば，$A \odot B$ は正定値である．

証明 A と B が対称行列ならば，明らかに，$A \odot B$ もまた対称行列である．$B = X\Lambda X'$ が B のスペクトル分解であり，$b_{ij} = \sum \lambda_k x_{ik} x_{jk}$ であるとする．ただし，B は非負定値なのですべての k に対して $\lambda_k \geq 0$ である．このとき，任意の $m \times 1$ ベクトル $\boldsymbol{y}$ について

$$\begin{aligned}\boldsymbol{y}'(A \odot B)\boldsymbol{y} &= \sum_{i=1}^{m}\sum_{j=1}^{m} a_{ij}b_{ij}y_i y_j = \sum_{k=1}^{m}\left(\sum_{i=1}^{m}\sum_{j=1}^{m} \lambda_k (y_i x_{ik}) a_{ij} (y_j x_{jk})\right) \\ &= \sum_{k=1}^{m} \lambda_k (\boldsymbol{y} \odot \boldsymbol{x}_k)' A (\boldsymbol{y} \odot \boldsymbol{x}_k)\end{aligned} \tag{8.4}$$

であることがわかる．ただし $\boldsymbol{x}_k$ は X の k 番目の列を表している．A は非負定値なので，(8.4) 式の和も非負であり，ゆえに $A \odot B$ もまた非負定値となる．よって (a) が証明された．

いま，もし A が正定値ならば，$\lambda_k > 0$ となるような少なくとも 1 つの k に対して

$\boldsymbol{y} \odot \boldsymbol{x}_k \neq \mathbf{0}$ を満たすような任意の $\boldsymbol{y} \neq \mathbf{0}$ について，(8.4) 式は正となるだろう．しかしながら，もし A だけではなく B もまた正定値ならば，すべての k について $\lambda_k > 0$ である．そして，もし $\boldsymbol{y}$ がその h 番目の成分 $y_h \neq 0$ をもつならば，X の h 番目の行がすべて 0 である場合にのみすべての k について $\boldsymbol{y} \odot \boldsymbol{x}_k = \mathbf{0}$ となるが，X が非特異であるためにこのようなことはありえない．結果として，(8.4) 式が 0 となるような $\boldsymbol{y} \neq \mathbf{0}$ は存在しないので (b) も成立する． □

定理 8.16(b) は，$A \odot B$ が正定値となるための十分条件を与えた．例 8.10 では，この条件が必要条件ではないことを示す．

例 8.10　次のような 2×2 行列を考える．

$$A = \begin{bmatrix} 1 & 1 \\ 1 & 1 \end{bmatrix}, \qquad B = \begin{bmatrix} 4 & 2 \\ 2 & 2 \end{bmatrix}$$

行列 B は，例えば

$$V = \begin{bmatrix} 2 & 0 \\ 1 & 1 \end{bmatrix}$$

として，$B = VV'$ であり，$\text{rank}(V) = 2$ であるので，正定値である．$A \odot B = B$ なので，明らかに $A \odot B$ もまた正定値である．しかしながら，$\text{rank}(A) = 1$ なので A は正定値ではない．

定理 8.17 では，$A \odot B$ が正定値となるための定理 8.16(b) よりも弱い十分条件が与えられる．

定理 8.17　A と B をそれぞれ $m \times m$ 対称行列とする．もし B が正定値であり，A が正の対角要素をもつ非負定値であるならば，$A \odot B$ は正定値である．

証明　任意の $\boldsymbol{x} \neq \mathbf{0}$ について $\boldsymbol{x}'(A \odot B)\boldsymbol{x} > 0$ を示す必要がある．B が正定値なので，$B = TT'$ となるような非特異行列 T が存在する．このとき定理 8.15(b) より

$$\begin{aligned} \boldsymbol{x}'(A \odot B)\boldsymbol{x} &= \text{tr}(D_{\boldsymbol{x}} A D_{\boldsymbol{x}} B') = \text{tr}(D_{\boldsymbol{x}} A D_{\boldsymbol{x}} TT') \\ &= \text{tr}(T' D_{\boldsymbol{x}} A D_{\boldsymbol{x}} T) \end{aligned} \tag{8.5}$$

となる．A が非負定値なので，$D_{\boldsymbol{x}} A D_{\boldsymbol{x}}$ もまた非負定値である．さらに，もし $\boldsymbol{x} \neq \mathbf{0}$ であり A が対角要素に 0 を 1 つももたないならば，$D_{\boldsymbol{x}} A D_{\boldsymbol{x}} \neq (0)$ である．つまり $D_{\boldsymbol{x}} A D_{\boldsymbol{x}}$ の階数は少なくとも 1 となり，よって $D_{\boldsymbol{x}} A D_{\boldsymbol{x}}$ は少なくとも 1 つの正の固有値をもつ．T が非特異であるため，$\text{rank}(D_{\boldsymbol{x}} A D_{\boldsymbol{x}}) = \text{rank}(T' D_{\boldsymbol{x}} A D_{\boldsymbol{x}} T)$ であり，よって $T' D_{\boldsymbol{x}} A D_{\boldsymbol{x}} T$ もまた少なくとも 1 つの正の固有値をもつ非負定値である．(8.5) 式より $\boldsymbol{x}'(A \odot B)\boldsymbol{x}$ は $T' D_{\boldsymbol{x}} A D_{\boldsymbol{x}} T$ の固有値の和であるということを示しているため，求め

る結果を得る. □

以下に示す結果は，正定値行列の行列式とその対角要素との関係を与えるものであり，一般にアダマールの不等式 (Hadamard's inequality) として知られている.

定理 8.18　A を $m \times m$ の正定値行列とする．このとき，

$$|A| \leq \prod_{i=1}^{m} a_{ii}$$

であり，等号は A が対角行列であるとき，かつそのときに限り成り立つ.

証明　証明には帰納法を用いる．$m = 2$ であるとすると，

$$|A| = a_{11}a_{22} - a_{12}^2 \leq a_{11}a_{22}$$

となる．等号は $a_{12} = 0$ であるとき，かつそのときに限り成立するため，この結果は明らかに $m = 2$ のときに成り立つ．一般的な m に関しては，A の行列式に対する余因子展開の公式を用いて，以下を得る.

$$\begin{aligned}|A| &= a_{11}\begin{vmatrix} a_{22} & a_{23} & \cdots & a_{2m} \\ a_{32} & a_{33} & \cdots & a_{3m} \\ \vdots & \vdots & & \vdots \\ a_{m2} & a_{m3} & \cdots & a_{mm} \end{vmatrix} + \begin{vmatrix} 0 & a_{12} & \cdots & a_{1m} \\ a_{21} & a_{22} & \cdots & a_{2m} \\ \vdots & \vdots & & \vdots \\ a_{m1} & a_{m2} & \cdots & a_{mm} \end{vmatrix} \\ &= a_{11}|A_1| + \begin{vmatrix} 0 & \boldsymbol{a}' \\ \boldsymbol{a} & A_1 \end{vmatrix} \end{aligned} \tag{8.6}$$

ここで，A_1 は A の最初の行と列を除いた $(m-1) \times (m-1)$ 部分行列である．また $\boldsymbol{a}' = (a_{12}, \ldots, a_{1m})$ である．A は正定値であるから，A_1 もまた正定値であるはずである．結果として，定理 7.4(a) を用いて (8.6) 式の右辺第 2 項を簡単にすると，以下の等式を得る.

$$|A| = a_{11}|A_1| - \boldsymbol{a}'A_1^{-1}\boldsymbol{a}|A_1|$$

A_1 と A_1^{-1} は正定値であるから，以下が成り立つ.

$$|A| \leq a_{11}|A_1|$$

等号は $\boldsymbol{a} = \boldsymbol{0}$ であるとき，かつそのときに限り成り立つ．したがって，$(m-1) \times (m-1)$ 行列 A_1 に対してこの定理が成立するのであれば，$m \times m$ 行列 A に対しても成立し，帰納法による証明は完了する. □

系 8.18.1　B を $m \times m$ 非特異行列であるとする．このとき以下が成立する.

$$|B|^2 \leq \prod_{i=1}^{m} \left(\sum_{j=1}^{m} b_{ij}^2 \right)$$

等号は B の行が直交しているとき，かつそのときに限り成り立つ．

証明 B は非特異であるから，行列 $A = BB'$ は正定値である．以下の 2 つの等式が成り立つことに注目する．

$$|A| = |BB'| = |B||B'| = |B|^2$$

$$a_{ii} = (BB')_{ii} = (B)_{i\cdot}(B')_{\cdot i} = (B)_{i\cdot}(B)'_{i\cdot} = \sum_{j=1}^{m} b_{ij}^2$$

定理 8.18 より結果はただちに導かれる． □

定理 8.18 は半正定値行列に対しても成り立つ．ただし，この場合は A は等号に対して対角行列である必要はない．なぜなら，その対角要素の 1 つ以上が 0 である可能性があるためである．同様に，系 8.18.1 は等号に関する記述を除いて特異行列に対して成り立つ．

定理 8.18 において与えられたアダマールの不等式は，以下のようにアダマール積を用いて表すことができる．

$$|A|\left(\prod_{i=1}^{m} 1\right) \leq |A \odot I_m| \tag{8.7}$$

ここで，$(\prod 1)$ は I_m の対角要素の積に相当する．定理 8.20 では，(8.7) 式の不等式が単位行列だけでなく他の行列に対しても成り立つことを示す．しかし，その前にまず定理 8.19 が必要となる．

定理 8.19 A を $m \times m$ 正定値行列とし，以下を定義する．

$$A_\alpha = A - \alpha \boldsymbol{e}_1 \boldsymbol{e}_1'$$

ここで，$\alpha = |A|/|A_1|$ であり，A_1 は A の最初の行と列を除いた $(m-1) \times (m-1)$ 部分行列である．このとき，A_α は非負定値である．

証明 A は以下のように分割されているとする．

$$A = \begin{bmatrix} a_{11} & \boldsymbol{a}' \\ \boldsymbol{a} & A_1 \end{bmatrix}$$

A は正定値なので，A_1 もまた正定値であることに注目する．したがって，定理 7.4 を用いると以下を得る．

$$|A| = \begin{vmatrix} a_{11} & \boldsymbol{a}' \\ \boldsymbol{a} & A_1 \end{vmatrix} = |A_1|(a_{11} - \boldsymbol{a}' A_1^{-1} \boldsymbol{a})$$

ゆえに，$\alpha = |A|/|A_1| = (a_{11} - \boldsymbol{a}' A_1^{-1} \boldsymbol{a})$ である．結果として，A_α は以下のように表

すことができる.

$$A_\alpha = \begin{bmatrix} a_{11} & \boldsymbol{a}' \\ \boldsymbol{a} & A_1 \end{bmatrix} - \begin{bmatrix} a_{11} - \boldsymbol{a}'A_1^{-1}\boldsymbol{a} & \boldsymbol{0}' \\ \boldsymbol{0} & (0) \end{bmatrix}$$
$$= \begin{bmatrix} \boldsymbol{a}'A_1^{-1}\boldsymbol{a} & \boldsymbol{a}' \\ \boldsymbol{a} & A_1 \end{bmatrix}$$
$$= \begin{bmatrix} \boldsymbol{a}'A_1^{-1} \\ I_{m-1} \end{bmatrix} A_1 [\ A_1^{-1}\boldsymbol{a} \quad I_{m-1}\ ]$$

A_1 は正定値であるから, $A_1 = TT'$ となるような $(m-1) \times (m-1)$ 行列 T が存在する. $U' = T'[A_1^{-1}\boldsymbol{a} \quad I_{m-1}]$ とすると, $A_\alpha = UU'$ であり, したがって A_α は非負定値である. □

定理 8.20 A および B を $m \times m$ 非負定値行列であるとする. このとき以下が成り立つ.

$$|A| \prod_{i=1}^{m} b_{ii} \leq |A \odot B|$$

証明 A が特異行列であるならば $|A| = 0$ となる一方で, $|A \odot B| \geq 0$ であることが定理 8.16 によって保証されていることから結果はただちに導かれる. A が正定値である場合に対しては, 帰納法を用いて証明する. $m = 2$ であるとき, この定理は成り立つ. なぜならこの場合, 以下となるからである.

$$|A \odot B| = \begin{vmatrix} a_{11}b_{11} & a_{12}b_{12} \\ a_{12}b_{12} & a_{22}b_{22} \end{vmatrix} = a_{11}a_{22}b_{11}b_{22} - (a_{12}b_{12})^2$$
$$= (a_{11}a_{22} - a_{12}^2)b_{11}b_{22} + a_{12}^2(b_{11}b_{22} - b_{12}^2)$$
$$= |A|b_{11}b_{22} + a_{12}^2|B| \geq |A|b_{11}b_{22}$$

一般的な m に関して証明を行うために, $m-1$ に対してこの定理が成り立つと仮定すると, 以下となる.

$$|A_1| \prod_{i=2}^{m} b_{ii} \leq |A_1 \odot B_1| \tag{8.8}$$

ここで, A_1 および B_1 は A と B それぞれの最初の行と列を除いた部分行列である. 定理 8.19 から, $\alpha = |A|/|A_1|$ としたとき, $(A - \alpha\boldsymbol{e}_1\boldsymbol{e}_1')$ は非負定値であることがわかっている. したがって, 定理 8.16(a), 定理 8.13(c), 行列式に対する展開の公式を用いて以下を得る.

$$0 \leq |(A - \alpha\boldsymbol{e}_1\boldsymbol{e}_1') \odot B| = |A \odot B - \alpha\boldsymbol{e}_1\boldsymbol{e}_1' \odot B|$$

$$= |A \odot B - \alpha b_{11}\boldsymbol{e}_1\boldsymbol{e}_1'|$$
$$= |A \odot B| - \alpha b_{11}|(A \odot B)_1|$$

ここで，$(A \odot B)_1$ は $A \odot B$ の最初の行と列を除いて得られる $(m-1) \times (m-1)$ 部分行列である．しかしながら，$(A \odot B)_1 = A_1 \odot B_1$ であるから，(8.8) 式および恒等式 $\alpha|A_1| = |A|$ とあわせて，上記の不等式は以下のように表すことができる．

$$|A \odot B| \geq \alpha b_{11}|A_1 \odot B_1| \geq \alpha b_{11}\left(|A_1|\prod_{i=2}^{m} b_{ii}\right) = |A|\prod_{i=1}^{m} b_{ii}$$

したがって証明は完了する． □

アダマール積に関する最後の結果は，固有値に関するものである．まず A と B が対称行列である場合の行列 $A \odot B$ のそれぞれの固有値に対する限界を得る．

定理 8.21 A と B を $m \times m$ 対称行列であるとする．A と B が非負定値であるならば，i 番目に大きな $A \odot B$ の固有値は以下を満たす．

$$\lambda_m(A)\left\{\min_{1\leq i\leq m} b_{ii}\right\} \leq \lambda_i(A \odot B) \leq \lambda_1(A)\left\{\max_{1\leq i\leq m} b_{ii}\right\}$$

証明 B は非負定値であるから，$B = TT'$ となるような $m \times m$ 行列 T が存在する．T の第 j 列を $\boldsymbol{t}_j$，T の (i,j) 要素を t_{ij} とすると，任意の $m \times 1$ ベクトル $\boldsymbol{x} \neq \boldsymbol{0}$ に対して以下を得る．

$$\begin{aligned}
\boldsymbol{x}'(A \odot B)\boldsymbol{x} &= \sum_{i=1}^{m}\sum_{j=1}^{m} a_{ij}b_{ij}x_ix_j = \sum_{i=1}^{m}\sum_{j=1}^{m} a_{ij}\left(\sum_{h=1}^{m} t_{ih}t_{jh}\right)x_ix_j \\
&= \sum_{h=1}^{m}\left(\sum_{i=1}^{m}\sum_{j=1}^{m}(x_it_{ih})a_{ij}(x_jt_{jh})\right) = \sum_{h=1}^{m}(\boldsymbol{x} \odot \boldsymbol{t}_h)'A(\boldsymbol{x} \odot \boldsymbol{t}_h) \\
&\leq \lambda_1(A)\sum_{h=1}^{m}(\boldsymbol{x} \odot \boldsymbol{t}_h)'(\boldsymbol{x} \odot \boldsymbol{t}_h) = \lambda_1(A)\sum_{h=1}^{m}\sum_{j=1}^{m} x_j^2t_{jh}^2 \\
&= \lambda_1(A)\sum_{j=1}^{m} x_j^2\left(\sum_{h=1}^{m} t_{jh}^2\right) = \lambda_1(A)\sum_{j=1}^{m} x_j^2b_{jj} \\
&\leq \lambda_1(A)\left\{\max_{1\leq i\leq m} b_{ii}\right\}\boldsymbol{x}'\boldsymbol{x}
\end{aligned} \tag{8.9}$$

ここで，最初の不等式は定理 3.16 で与えられる以下の関係から生じるものである．

$$\lambda_1(A) = \max_{\boldsymbol{y}\neq\boldsymbol{0}} \frac{\boldsymbol{y}'A\boldsymbol{y}}{\boldsymbol{y}'\boldsymbol{y}}$$

最後の不等式は，$\lambda_1(A)$ が非負であることから導かれる．(8.9) 式とともに，$A \odot B$ に適用された定理 3.16 での同様の結果を用いると，任意の $i, 1 \leq i \leq m$ に対して以下が成り立つことがわかる．

$$\lambda_i(A \odot B) \leq \lambda_1(A \odot B) = \max_{\boldsymbol{x} \neq \mathbf{0}} \frac{\boldsymbol{x}'(A \odot B)\boldsymbol{x}}{\boldsymbol{x}'\boldsymbol{x}} \leq \lambda_1(A) \left\{ \max_{1 \leq i \leq m} b_{ii} \right\}$$

これが $\lambda_i(A \odot B)$ の求められる上限である．恒等式，

$$\lambda_m(A) = \min_{\boldsymbol{y} \neq \mathbf{0}} \frac{\boldsymbol{y}'A\boldsymbol{y}}{\boldsymbol{y}'\boldsymbol{y}}$$

を用いれば，同様の方法で下限を得ることができる．□

定理 8.21 で与えられた限界は改良することが可能である．つまり，より狭い限界が Im (1997) で得られている．最後の結果では $(A \odot B)$ の固有値に対する別の下限を与える．この限界の導出には以下の結果を利用することになる．

定理 8.22　A を $m \times m$ 正定値行列とする．このとき行列 $(A \odot A^{-1}) - I_m$ は非負定値である．

証明　A のスペクトル分解を，

$$\sum_{i=1}^{m} \lambda_i \boldsymbol{x}_i \boldsymbol{x}_i'$$

とする．つまりここで，

$$A^{-1} = \sum_{i=1}^{m} \lambda_i^{-1} \boldsymbol{x}_i \boldsymbol{x}_i'$$

が成り立っている．このとき以下となる．

$$\begin{aligned}
(A \odot A^{-1}) - I_m &= (A \odot A^{-1}) - I_m \odot I_m \\
&= \left(\sum_{i=1}^{m} \lambda_i \boldsymbol{x}_i \boldsymbol{x}_i' \odot \sum_{j=1}^{m} \lambda_j^{-1} \boldsymbol{x}_j \boldsymbol{x}_j' \right) \\
&\quad - \left(\sum_{i=1}^{m} \boldsymbol{x}_i \boldsymbol{x}_i' \odot \sum_{j=1}^{m} \boldsymbol{x}_j \boldsymbol{x}_j' \right) \\
&= \sum_{i=1}^{m} \sum_{j=1}^{m} (\lambda_i \lambda_j^{-1} - 1)(\boldsymbol{x}_i \boldsymbol{x}_i' \odot \boldsymbol{x}_j \boldsymbol{x}_j') \\
&= \sum_{i \neq j} (\lambda_i \lambda_j^{-1} - 1)(\boldsymbol{x}_i \boldsymbol{x}_i' \odot \boldsymbol{x}_j \boldsymbol{x}_j') \\
&= \sum_{i < j} (\lambda_i \lambda_j^{-1} + \lambda_j \lambda_i^{-1} - 2)(\boldsymbol{x}_i \odot \boldsymbol{x}_j)(\boldsymbol{x}_i \odot \boldsymbol{x}_j)'
\end{aligned}$$

$$= XDX'$$

ここで，X はその列として $(\boldsymbol{x}_i \odot \boldsymbol{x}_j), i < j$ をもつ $m \times m(m-1)/2$ 行列であり，一方で，D は $(\lambda_i\lambda_j^{-1} + \lambda_j\lambda_i^{-1} - 2), i < j$ で与えられる対角要素をもつ対角行列である．A は正定値であるから，すべての i に対して $\lambda_i > 0$ であり，以下が成り立つ．

$$(\lambda_i\lambda_j^{-1} + \lambda_j\lambda_i^{-1} - 2) = \lambda_i^{-1}\lambda_j^{-1}(\lambda_i - \lambda_j)^2 \geq 0$$

したがって，D は非負定値であり，結果として XDX' も非負定値である．　□

定理 8.23　A と B は $m \times m$ 非負定値行列であるとする．このとき以下が成り立つ．

$$\lambda_m(A \odot B) \geq \lambda_m(AB)$$

証明　定理 8.16 の結果から，$A \odot B$ は非負定値であり，A か B のどちらかが特異であるならば不等式が成り立つことは明らかである．なぜなら，この場合 AB は 0 の固有値をもつからである．A と B が正定値であると仮定し，T を $TT' = B$ となるような任意の行列であるとする．i 番目に大きな固有値は $\lambda_i(TAT') - \lambda_m(AB)$ であり，$\lambda_m(AB) = \lambda_m(TAT')$ であることから，$TAT' - \lambda_m(AB)I_m$ は非負定値であることに注目する．結果として，以下もまた非負定値となる．

$$T^{-1\prime}(T'AT - \lambda_m(AB)I_m)T^{-1} = A - \lambda_m(AB)B^{-1}$$

したがって，$(A - \lambda_m(AB)B^{-1}) \odot B$ は定理 8.16 より非負定値である．一方で，$\lambda_m(AB)\{(B^{-1} \odot B) - I_m\}$ は定理 8.22 より非負定値である．すなわち，これら 2 つの行列の和，

$$\begin{aligned}
&\{(A - \lambda_m(AB)B^{-1}) \odot B\} + \lambda_m(AB)\{(B^{-1} \odot B) - I_m\} \\
&= A \odot B - \lambda_m(AB)(B^{-1} \odot B) + \lambda_m(AB)(B^{-1} \odot B) - \lambda_m(AB)I_m \\
&= A \odot B - \lambda_m(AB)I_m
\end{aligned}$$

もまた非負定値である．その結果，任意の $\boldsymbol{x}$ に対して，

$$\boldsymbol{x}'(A \odot B)\boldsymbol{x} \geq \lambda_m(AB)\boldsymbol{x}'\boldsymbol{x}$$

であり，定理 3.16 より結果が得られる．　□

8.6 交 換 行 列

$m \times m$ 置換行列は I_m の列を置換することによって得られる任意の行列であると 1.10 節において定義した．本節においては，置換行列のうちの特別な種類である，交換行

列 (commutation matrix) について議論する．交換行列は，多変量正規分布やその関連分布における積率を計算する際に非常に役に立つ．ここでは，交換行列の基本的な性質のいくつかを確立する．この話題に関してより詳しく扱った内容は Magnus and Neudecker(1979) および Magnus(1988) にみられる．

定義 8.1　H_{ij} を i 行 j 列に唯一の非ゼロ要素として 1 をもつ $m \times n$ 行列であるとする．このとき，K_{mn} によって表記される $mn \times mn$ 交換行列は以下によって与えられる．

$$K_{mn} = \sum_{i=1}^{m} \sum_{j=1}^{n} (H_{ij} \otimes H'_{ij}) \tag{8.10}$$

行列 H_{ij} は単位行列 I_m と I_n の列の点から簡単に表現されうる．$\boldsymbol{e}_{i,m}$ が I_m の i 番目の列であり，$\boldsymbol{e}_{j,n}$ が I_n の j 番目の列であるならば $H_{ij} = \boldsymbol{e}_{i,m}\boldsymbol{e}'_{j,n}$ である．

一般に，次数 mn の交換行列は複数あることに気をつけてほしい．例えば，$mn = 6$ については 4 つの交換行列 $K_{16}, K_{23}, K_{32}, K_{61}$ がある．(8.10) 式を用いると，$K_{16} = K_{61} = I_6$ であることを簡単に確認することができる．それに対して，残りの 2 つは以下のようになる．

$$K_{23} = \begin{bmatrix} 1 & 0 & 0 & 0 & 0 & 0 \\ 0 & 0 & 1 & 0 & 0 & 0 \\ 0 & 0 & 0 & 0 & 1 & 0 \\ 0 & 1 & 0 & 0 & 0 & 0 \\ 0 & 0 & 0 & 1 & 0 & 0 \\ 0 & 0 & 0 & 0 & 0 & 1 \end{bmatrix}$$

$$K_{32} = \begin{bmatrix} 1 & 0 & 0 & 0 & 0 & 0 \\ 0 & 0 & 0 & 1 & 0 & 0 \\ 0 & 1 & 0 & 0 & 0 & 0 \\ 0 & 0 & 0 & 0 & 1 & 0 \\ 0 & 0 & 1 & 0 & 0 & 0 \\ 0 & 0 & 0 & 0 & 0 & 1 \end{bmatrix}$$

$K_{32} = K'_{23}$ という事実は，K_{mn} の定義から成り立つ一般的な性質であり，偶然の一致というわけではない．

定理 8.24　交換行列は以下の性質を満たす．

(a) $K_{m1} = K_{1m} = I_m$
(b) $K'_{mn} = K_{nm}$
(c) $K_{mn}^{-1} = K_{nm}$

証明　H_{ij} が $m \times 1$ であるとき，$H_{ij} = \boldsymbol{e}_{i,m}$ である．その結果

$$K_{m1}=\sum_{i=1}^{m}(\boldsymbol{e}_{i,m}\otimes\boldsymbol{e}'_{i,m})=I_m=\sum_{i=1}^{m}(\boldsymbol{e}'_{i,m}\otimes\boldsymbol{e}_{i,m})=K_{1m}$$

となり，(a) が証明される．(b) の証明のためには

$$K'_{mn}=\sum_{i=1}^{m}\sum_{j=1}^{n}(H_{ij}\otimes H'_{ij})'=\sum_{i=1}^{m}\sum_{j=1}^{n}(H'_{ij}\otimes H_{ij})=K_{nm}$$

の関係に注意すればよい．最後に (c) は

$$H_{ij}H'_{kl}=\boldsymbol{e}_{i,m}\boldsymbol{e}'_{j,n}\boldsymbol{e}_{l,n}\boldsymbol{e}'_{k,m}=\begin{cases}\boldsymbol{e}_{i,m}\boldsymbol{e}'_{k,m} & \text{if} \quad j=l\\ (0) & \text{if} \quad j\neq l\end{cases}$$

$$H'_{ij}H_{kl}=\boldsymbol{e}_{j,n}\boldsymbol{e}'_{i,m}\boldsymbol{e}_{k,m}\boldsymbol{e}'_{l,n}=\begin{cases}\boldsymbol{e}_{j,n}\boldsymbol{e}'_{l,n} & \text{if} \quad i=k\\ (0) & \text{if} \quad i\neq k\end{cases}$$

であり，したがって

$$\begin{aligned}K_{mn}K_{nm}=K_{mn}K'_{mn}&=\left\{\sum_{i=1}^{m}\sum_{j=1}^{n}(H_{ij}\otimes H'_{ij})\right\}\left\{\sum_{k=1}^{m}\sum_{l=1}^{n}(H_{kl}\otimes H'_{kl})'\right\}\\&=\sum_{i=1}^{m}\sum_{j=1}^{n}\sum_{k=1}^{m}\sum_{l=1}^{n}(H_{ij}H'_{kl}\otimes H'_{ij}H_{kl})\\&=\sum_{i=1}^{m}\sum_{j=1}^{n}(\boldsymbol{e}_{i,m}\boldsymbol{e}'_{i,m}\otimes\boldsymbol{e}_{j,n}\boldsymbol{e}'_{j,n})\\&=\left(\sum_{i=1}^{m}\boldsymbol{e}_{i,m}\boldsymbol{e}'_{i,m}\right)\otimes\left(\sum_{j=1}^{n}\boldsymbol{e}_{j,n}\boldsymbol{e}'_{j,n}\right)\\&=I_m\otimes I_n=I_{mn}\end{aligned}$$

の関係が成り立つことから証明される． □

交換行列はベック作用素やクロネッカー積と重要な関係がある．$m\times n$ 行列 A に関して，$\mathrm{vec}(A)$ と $\mathrm{vec}(A')$ は異なった順で配置された同じ要素を含んでいるという点で関連がある．つまり，$\mathrm{vec}(A)$ の要素を適切に並べ替えることで $\mathrm{vec}(A')$ となる．そして，交換行列 K_{mn} は $\mathrm{vec}(A)$ を $\mathrm{vec}(A')$ に変形する行列乗数なのである．

定理 8.25　任意の $m\times n$ 行列 A について以下が成立する．

$$K_{mn}\mathrm{vec}(A)=\mathrm{vec}(A')$$

証明　$a_{ij}H'_{ij}$ は，その唯一の非ゼロ要素 a_{ij} を j 行 i 列にもつ $n\times m$ 行列であるので，

明らかに

$$A' = \sum_{i=1}^{m}\sum_{j=1}^{n} a_{ij}H'_{ij} = \sum_{i=1}^{m}\sum_{j=1}^{n}(\boldsymbol{e}'_{i,m}A\boldsymbol{e}_{j,n})\boldsymbol{e}_{j,n}\boldsymbol{e}'_{i,m}$$
$$= \sum_{i=1}^{m}\sum_{j=1}^{n} \boldsymbol{e}_{j,n}(\boldsymbol{e}'_{i,m}A\boldsymbol{e}_{j,n})\boldsymbol{e}'_{i,m} = \sum_{i=1}^{m}\sum_{j=1}^{n}(\boldsymbol{e}_{j,n}\boldsymbol{e}'_{i,m})A(\boldsymbol{e}_{j,n}\boldsymbol{e}'_{i,m})$$
$$= \sum_{i=1}^{m}\sum_{j=1}^{n} H'_{ij}AH'_{ij}$$

となる．両辺についてベック作用素を適用し，定理 8.11 を用いると

$$\mathrm{vec}(A') = \mathrm{vec}\left(\sum_{i=1}^{m}\sum_{j=1}^{n} H'_{ij}AH'_{ij}\right) = \sum_{i=1}^{m}\sum_{j=1}^{n}\mathrm{vec}(H'_{ij}AH'_{ij})$$
$$= \sum_{i=1}^{m}\sum_{j=1}^{n}(H_{ij}\otimes H'_{ij})\mathrm{vec}(A) = K_{mn}\mathrm{vec}(A)$$

が得られ，定理が導かれる．　□

交換という表現は，交換行列がクロネッカー積の交換を可能にする因子を与えるという事実に由来している．この性質を定理 8.26 にまとめる．

定理 8.26　A を $m\times n$ 行列，B を $p\times q$ 行列，$\boldsymbol{x}$ を $m\times 1$ ベクトル，$\boldsymbol{y}$ を $p\times 1$ ベクトルとする．このとき，以下が成り立つ．

(a) $K_{pm}(A\otimes B) = (B\otimes A)K_{qn}$
(b) $K_{pm}(A\otimes B)K_{nq} = B\otimes A$
(c) $K_{pm}(A\otimes \boldsymbol{y}) = \boldsymbol{y}\otimes A$
(d) $K_{mp}(\boldsymbol{y}\otimes A) = A\otimes \boldsymbol{y}$
(e) $K_{pm}(\boldsymbol{x}\otimes \boldsymbol{y}) = \boldsymbol{y}\otimes \boldsymbol{x}$
(f) $p=n$ かつ $q=m$ ならば，$\mathrm{tr}\{(B\otimes A)K_{mn}\} = \mathrm{tr}(BA)$

証明　X が $q\times n$ 行列ならば，定理 8.11 と定理 8.25 を用いることで，

$$K_{pm}(A\otimes B)\mathrm{vec}(X) = K_{pm}\mathrm{vec}(BXA') = \mathrm{vec}\{(BXA')'\}$$
$$= \mathrm{vec}(AX'B') = (B\otimes A)\mathrm{vec}(X')$$
$$= (B\otimes A)K_{qn}\mathrm{vec}(X)$$

であることがわかる．したがって，$\mathrm{vec}(X)$ が I_{qn} の i 番目の列と同じになるように X を選べば，$K_{pm}(A\otimes B)$ の i 番目の列は $(B\otimes A)K_{qn}$ の i 番目の列と同じにならなくてはならないということがわかり，これにより (a) が成立する．(a) の等式に後ろから

K_{nq} を乗じ，定理 8.24(c) を適用することで (b) が導かれる．また性質 (c) から (e) は，性質 (a) と定理 8.24(a) から導かれる．なぜならば，

$$K_{pm}(A \otimes \boldsymbol{y}) = (\boldsymbol{y} \otimes A)K_{1n} = \boldsymbol{y} \otimes A$$
$$K_{mp}(\boldsymbol{y} \otimes A) = (A \otimes \boldsymbol{y})K_{n1} = A \otimes \boldsymbol{y}$$
$$K_{pm}(\boldsymbol{x} \otimes \boldsymbol{y}) = (\boldsymbol{y} \otimes \boldsymbol{x})K_{11} = \boldsymbol{y} \otimes \boldsymbol{x}$$

となるからである．最後に，交換行列の定義を用いると

$$\begin{aligned}\mathrm{tr}\{(B \otimes A)K_{mn}\} &= \sum_{i=1}^{m}\sum_{j=1}^{n} \mathrm{tr}\{(B \otimes A)(H_{ij} \otimes H'_{ij})\} \\ &= \sum_{i=1}^{m}\sum_{j=1}^{n} \{\mathrm{tr}(BH_{ij})\}\{\mathrm{tr}(AH'_{ij})\} \\ &= \sum_{i=1}^{m}\sum_{j=1}^{n} (\boldsymbol{e}'_{j,n}B\boldsymbol{e}_{i,m})(\boldsymbol{e}'_{i,m}A\boldsymbol{e}_{j,n}) = \sum_{i=1}^{m}\sum_{j=1}^{n} b_{ji}a_{ij} \\ &= \sum_{j=1}^{n} (B)_{j\cdot}(A)_{\cdot j} = \sum_{j=1}^{n} (BA)_{jj} = \mathrm{tr}(BA)\end{aligned}$$

が得られ，(f) が証明される． □

交換行列は，クロネッカー積にベック作用素を適用した結果とベック作用素を適用した結果のクロネッカー積との関係を得るためにも利用することが可能である．

定理 8.27 A を $m \times n$ 行列とし，B を $p \times q$ 行列とする．このとき，以下の関係が成り立つ．

$$\mathrm{vec}(A \otimes B) = (I_n \otimes K_{qm} \otimes I_p)\{\mathrm{vec}(A) \otimes \mathrm{vec}(B)\}$$

証明 この証明は Magnus(1988) によって与えられたものによる．$\boldsymbol{a}_1, \ldots, \boldsymbol{a}_n$ を A の列，$\boldsymbol{b}_1, \ldots, \boldsymbol{b}_q$ を B の列とする．このとき，A および B を

$$A = \sum_{i=1}^{n} \boldsymbol{a}_i \boldsymbol{e}'_{i,n}, \qquad B = \sum_{j=1}^{q} \boldsymbol{b}_j \boldsymbol{e}'_{j,q}$$

と表すことが可能であるので，

$$\begin{aligned}\mathrm{vec}(A \otimes B) &= \sum_{i=1}^{n}\sum_{j=1}^{q} \mathrm{vec}(\boldsymbol{a}_i\boldsymbol{e}'_{i,n} \otimes \boldsymbol{b}_j\boldsymbol{e}'_{j,q}) \\ &= \sum_{i=1}^{n}\sum_{j=1}^{q} \mathrm{vec}\{(\boldsymbol{a}_i \otimes \boldsymbol{b}_j)(\boldsymbol{e}'_{i,n} \otimes \boldsymbol{e}'_{j,q})\}\end{aligned}$$

$$
\begin{aligned}
&= \sum_{i=1}^{n}\sum_{j=1}^{q}\{(\boldsymbol{e}_{i,n}\otimes\boldsymbol{e}_{j,q})\otimes(\boldsymbol{a}_i\otimes\boldsymbol{b}_j)\}\\
&= \sum_{i=1}^{n}\sum_{j=1}^{q}\{\boldsymbol{e}_{i,n}\otimes K_{qm}(\boldsymbol{a}_i\otimes\boldsymbol{e}_{j,q})\otimes\boldsymbol{b}_j\}\\
&= \sum_{i=1}^{n}\sum_{j=1}^{q}(I_n\otimes K_{qm}\otimes I_p)(\boldsymbol{e}_{i,n}\otimes\boldsymbol{a}_i\otimes\boldsymbol{e}_{j,q}\otimes\boldsymbol{b}_j)\\
&= (I_n\otimes K_{qm}\otimes I_p)\left\{\sum_{i=1}^{n}(\boldsymbol{e}_{i,n}\otimes\boldsymbol{a}_i)\otimes\sum_{j=1}^{q}(\boldsymbol{e}_{j,q}\otimes\boldsymbol{b}_j)\right\}\\
&= (I_n\otimes K_{qm}\otimes I_p)\left\{\sum_{i=1}^{n}\mathrm{vec}(\boldsymbol{a}_i\boldsymbol{e}'_{i,n})\otimes\sum_{j=1}^{q}\mathrm{vec}(\boldsymbol{b}_j\boldsymbol{e}'_{j,q})\right\}\\
&= (I_n\otimes K_{qm}\otimes I_p)\{\mathrm{vec}(A)\otimes\mathrm{vec}(B)\}
\end{aligned}
$$

を得る．以上より証明は完了した． □

次の定理では特別な交換行列 K_{mm} に関するいくつかの結果を確立する．一般の交換行列 K_{mn} についての関連した結果は Magnus and Neudecker(1979) および Magnus(1988) にみられる．

定理 8.28　交換行列 K_{mm} は重複度 $\frac{1}{2}m(m+1)$ の固有値 $+1$ と重複度 $\frac{1}{2}m(m-1)$ の固有値 -1 をもつ．加えて以下が成り立つ．

$$
\mathrm{tr}(K_{mm}) = m, \qquad |K_{mm}| = (-1)^{m(m-1)/2}
$$

証明　K_{mm} は実行列かつ対称行列であるので，定理 3.9 よりその固有値も実数であることがわかる．さらに，K_{mm} は直交行列であるので各固有値の 2 乗は 1 にならなくてはならず，それゆえ固有値として $+1$ と -1 のみをもつ．-1 である固有値の数を p とすると，これは $+1$ である固有値の数が m^2-p であることを意味する．そして，トレースは固有値の和と等しいから，$\mathrm{tr}(K_{mm}) = p(-1)+(m^2-p)(1) = m^2-2p$ とならなくてはならない．しかしながら，トレースの基本的な性質を用いると

$$
\begin{aligned}
\mathrm{tr}(K_{mm}) &= \mathrm{tr}\left\{\sum_{i=1}^{m}\sum_{j=1}^{m}(\boldsymbol{e}_i\boldsymbol{e}'_j\otimes\boldsymbol{e}_j\boldsymbol{e}'_i)\right\} = \sum_{i=1}^{m}\sum_{j=1}^{m}\mathrm{tr}(\boldsymbol{e}_i\boldsymbol{e}'_j\otimes\boldsymbol{e}_j\boldsymbol{e}'_i)\\
&= \sum_{i=1}^{m}\sum_{j=1}^{m}\{\mathrm{tr}(\boldsymbol{e}_i\boldsymbol{e}'_j)\}\{\mathrm{tr}(\boldsymbol{e}_j\boldsymbol{e}'_i)\} = \sum_{i=1}^{m}\sum_{j=1}^{m}(\boldsymbol{e}'_i\boldsymbol{e}_j)^2\\
&= \sum_{i=1}^{m} 1 = m
\end{aligned}
$$

も成り立つことがわかる．明らかに，$m^2-2p=m$ となり，求めるべき $p=\frac{1}{2}m(m-1)$ を得る．最後に，行列式に関する式は，行列式は固有値の積と等しいという事実からただちに導かれる． □

交換行列は 3 つ以上の行列のクロネッカー積の順番を入れ換えるためにも利用される．例えば，A を $m\times n$，B を $p\times q$，C を $r\times s$ であるとする．このとき，$K_{r,mp}$ が $h=mp$ であるような交換行列 K_{rh} を表すならば，定理 8.26(b) から

$$K_{r,mp}(A\otimes B\otimes C)K_{nq,s}=(C\otimes A\otimes B)$$

がただちに導かれる．定理 8.29 は $K_{r,mp}$ のような次数の大きい交換行列が K_{rm} や K_{rp} のようなより次数の小さい交換行列とどのような関係にあるのかを示している．

定理 8.29　任意の正の整数 m,n,p について以下の関係が成り立つ．

$$K_{np,m}=(I_n\otimes K_{pm})(K_{nm}\otimes I_p)=(I_p\otimes K_{nm})(K_{pm}\otimes I_n)$$

証明　$\boldsymbol{a},\boldsymbol{b},\boldsymbol{c}$ はそれぞれ任意の $m\times 1, n\times 1, p\times 1$ ベクトルであるとする．このとき，定理 8.26(e) を利用すると

$$\begin{aligned}K_{np,m}(\boldsymbol{a}\otimes\boldsymbol{b}\otimes\boldsymbol{c})&=\boldsymbol{b}\otimes\boldsymbol{c}\otimes\boldsymbol{a}=\boldsymbol{b}\otimes K_{pm}(\boldsymbol{a}\otimes\boldsymbol{c})\\&=(I_n\otimes K_{pm})(\boldsymbol{b}\otimes\boldsymbol{a}\otimes\boldsymbol{c})\\&=(I_n\otimes K_{pm})\{K_{nm}(\boldsymbol{a}\otimes\boldsymbol{b})\otimes\boldsymbol{c}\}\\&=(I_n\otimes K_{pm})(K_{nm}\otimes I_p)(\boldsymbol{a}\otimes\boldsymbol{b}\otimes\boldsymbol{c})\end{aligned}$$

であることがわかる．$\boldsymbol{a},\boldsymbol{b},\boldsymbol{c}$ は任意のベクトルであるので，このことは $K_{np,m}=(I_n\otimes K_{pm})(K_{nm}\otimes I_p)$ を示している．また，明らかに $K_{np,m}=K_{pn,m}$ が成立し

$$\begin{aligned}K_{pn,m}(\boldsymbol{a}\otimes\boldsymbol{c}\otimes\boldsymbol{b})&=\boldsymbol{c}\otimes\boldsymbol{b}\otimes\boldsymbol{a}=\boldsymbol{c}\otimes K_{nm}(\boldsymbol{a}\otimes\boldsymbol{b})\\&=(I_p\otimes K_{nm})(\boldsymbol{c}\otimes\boldsymbol{a}\otimes\boldsymbol{b})\\&=(I_p\otimes K_{nm})\{K_{pm}(\boldsymbol{a}\otimes\boldsymbol{c})\otimes\boldsymbol{b}\}\\&=(I_p\otimes K_{nm})(K_{pm}\otimes I_n)(\boldsymbol{a}\otimes\boldsymbol{c}\otimes\boldsymbol{b})\end{aligned}$$

であることから，同様の手順によって定理の 2 つ目の等式が証明される． □

行列を用いて積率を表現する重要な公式の中において，$N_m=\frac{1}{2}(I_{m^2}+K_{mm})$ の形を通じて交換行列 K_{mm} が出てくることを後に確認することになる．そこで，N_m に関する基本的性質のいくつかについて確立しておく．

定理 8.30　$N_m=\frac{1}{2}(I_{m^2}+K_{mm})$ とし，A と B を $m\times m$ 行列であるとする．このとき，以下が成り立つ．

(a) $N_m = N'_m = N_m^2$
(b) $N_m K_{mm} = N_m = K_{mm} N_m$
(c) $N_m \mathrm{vec}(A) = \frac{1}{2}\mathrm{vec}(A + A')$
(d) $N_m(A \otimes B)N_m = N_m(B \otimes A)N_m$

証明　N_m が対称であることは，I_{m^2} と K_{mm} が対称であることから導かれる．また，

$$\begin{aligned} N_m^2 &= \frac{1}{4}(I_{m^2} + K_{mm})^2 = \frac{1}{4}(I_{m^2} + 2K_{mm} + K_{mm}^2) \\ &= \frac{1}{2}(I_{m^2} + K_{mm}) = N_m \end{aligned}$$

は $K_{mm}^{-1} = K_{mm}$ の事実から $K_{mm}^2 = I_{m^2}$ となることによって成り立つ．同様に，(b) は $K_{mm}^2 = I_{m^2}$ の事実から導かれる．(c) は以下の結果からただちに成立する．

$$I_{m^2}\mathrm{vec}(A) = \mathrm{vec}(A), \qquad K_{mm}\mathrm{vec}(A) = \mathrm{vec}(A')$$

最後に，(b) と定理 8.26(b) を用いることで

$$N_m(A \otimes B)N_m = N_m K_{mm}(B \otimes A)K_{mm}N_m = N_m(B \otimes A)N_m$$

となり，(d) が証明される．　□

本節における最後の結果の証明は問題として読者に委ねる．

定理 8.31　A と B を $A = BB'$ となるような $m \times m$ 行列であるとする．このとき，以下が成り立つ．

(a) $N_m(B \otimes B)N_m = (B \otimes B)N_m = N_m(B \otimes B)$
(b) $(B \otimes B)N_m(B' \otimes B') = N_m(A \otimes A)$

8.7　ベック作用素に関連するその他の行列

本節では，交換行列のようなベック作用素と関連の深いいくつかの行列を紹介する．しかしここで議論する各行列は，行列 A が正方であり，かつ何らかの特定の構造を有するとき，$\mathrm{vec}(A)$ を作用させる際に有用になる．これらに関連する話題のより詳細な議論は Magnus (1988) にみることができる．

$m \times m$ 行列 A が対称であるとき，$i \neq j$ では $a_{ij} = a_{ji}$ であるので，$\mathrm{vec}(A)$ は冗長な要素を含んでいる．このため先に，A の下三角部分の列を積み重ねることで形成した $m(m+1)/2 \times 1$ ベクトルを $\mathrm{v}(A)$ として定義した．$\mathrm{v}(A)$ を $\mathrm{vec}(A)$ に変換する行列は重複行列 (duplication matrix) と呼ばれる．すなわち，もしこの重複行列を D_m として表記するならば，任意の $m \times m$ 対称行列 A において，

$$D_m \mathrm{v}(A) = \mathrm{vec}(A) \tag{8.11}$$

となる．例えば，重複行列 D_3 は以下によって与えられる．

$$D_3 = \begin{bmatrix} 1 & 0 & 0 & 0 & 0 & 0 \\ 0 & 1 & 0 & 0 & 0 & 0 \\ 0 & 0 & 1 & 0 & 0 & 0 \\ 0 & 1 & 0 & 0 & 0 & 0 \\ 0 & 0 & 0 & 1 & 0 & 0 \\ 0 & 0 & 0 & 0 & 1 & 0 \\ 0 & 0 & 1 & 0 & 0 & 0 \\ 0 & 0 & 0 & 0 & 1 & 0 \\ 0 & 0 & 0 & 0 & 0 & 1 \end{bmatrix}$$

$m^2 \times m(m+1)/2$ 重複行列 D_m の明示的な表現は，Magnus (1988) や練習問題 8.61 で言及されている．

重複行列とそのムーア–ペンローズ形逆行列のいくつかの性質は定理 8.32 に要約される．

定理 8.32 D_m を $m^2 \times m(m+1)/2$ 重複行列とし，D_m^+ をそのムーア–ペンローズ形逆行列とする．このとき，以下となる．

(a) $\mathrm{rank}(D_m) = m(m+1)/2$
(b) $D_m^+ = (D_m' D_m)^{-1} D_m'$
(c) $D_m^+ D_m = I_{m(m+1)/2}$
(d) すべての $m \times m$ 対称行列 A において，$D_m^+ \mathrm{vec}(A) = \mathrm{v}(A)$

証明 明らかに任意の $m(m+1)/2 \times 1$ ベクトル $\boldsymbol{x}$ において，$\boldsymbol{x} = \mathrm{v}(A)$ であるような $m \times m$ 対称行列 A が存在する．しかしながら，もしある対称行列 A において $D_m \mathrm{v}(A) = \mathbf{0}$ であるならば，D_m の定義より，$\mathrm{vec}(A) = \mathbf{0}$ である．これは $\mathrm{v}(A) = \mathbf{0}$ ということを暗に意味している．したがって，$\boldsymbol{x} = \mathbf{0}$ の場合のみ $D_m \boldsymbol{x} = \mathbf{0}$ であり，ゆえに D_m は最大列階数をもつ．性質 (b) と性質 (c) は (a) と定理 5.3 からただちに導かれる．一方，(d) は (8.11) 式に D_m^+ を前から掛け，(c) を適用することで得られる． □

重複行列とそのムーア–ペンローズ形逆行列は K_{mm} および N_m といくつかの重要な関係がある．

定理 8.33 D_m を $m^2 \times m(m+1)/2$ 重複行列とし，D_m^+ をそのムーア–ペンローズ形逆行列とする．このとき以下となる．

(a) $K_{mm} D_m = N_m D_m = D_m$

(b) $D_m^+ K_{mm} = D_m^+ N_m = D_m^+$

(c) $D_m D_m^+ = N_m$

証明 任意の $m \times m$ 対称行列 A において，以下を導出する．

$$K_{mm} D_m \mathrm{v}(A) = K_{mm} \mathrm{vec}(A) = \mathrm{vec}(A')$$
$$= \mathrm{vec}(A) = D_m \mathrm{v}(A) \tag{8.12}$$

同様に，

$$N_m D_m \mathrm{v}(A) = N_m \mathrm{vec}(A) = \frac{1}{2}\mathrm{vec}(A + A')$$
$$= \mathrm{vec}(A) = D_m \mathrm{v}(A) \tag{8.13}$$

である．$\{\mathrm{v}(A) : A$ は $m \times m$ であり，$A' = A\}$ は $m(m+1)/2$ 次元空間全体であるので，(8.12) 式と (8.13) 式より (a) が成立する．(b) を証明するためには，(a) の転置を求めてから 3 つの式すべてに前から $(D_m' D_m)^{-1}$ を掛け，定理 8.32(b) を適用する．(c) に関しては，任意の $m \times m$ 行列 A において，

$$D_m D_m^+ \mathrm{vec}(A) = N_m \mathrm{vec}(A)$$

ということを示すことで証明する．$A_* = \frac{1}{2}(A + A')$ のように定義すると，A_* は対称行列であり，

$$N_m \mathrm{vec}(A) = \frac{1}{2}(I_{m^2} + K_{mm})\mathrm{vec}(A) = \frac{1}{2}\{\mathrm{vec}(A) + \mathrm{vec}(A')\}$$
$$= \mathrm{vec}(A_*)$$

である．この結果と (b) を用いることで，

$$D_m D_m^+ \mathrm{vec}(A) = D_m D_m^+ N_m \mathrm{vec}(A) = D_m D_m^+ \mathrm{vec}(A_*)$$
$$= D_m \mathrm{v}(A_*) = \mathrm{vec}(A_*) = N_m \mathrm{vec}(A)$$

ということがわかる．証明終了． □

A が $m \times m$ 対称行列の場合，$D_m^+ \mathrm{vec}(A) = \mathrm{v}(A)$ ということが定理 8.32 よりわかる．いま，A が対称行列ではないと仮定する．このとき $D_m^+ \mathrm{vec}(A)$ はどうなるだろうか．$A_* = \frac{1}{2}(A + A')$ とすると，A_* は対称行列となるので，

$$D_m^+ \mathrm{vec}(A_*) = \mathrm{v}(A_*) = \frac{1}{2}\mathrm{v}(A + A')$$

となるはずであるということに注意しよう．しかしながら，

$$D_m^+ \mathrm{vec}(A) - D_m^+ \mathrm{vec}(A_*) = D_m^+ \mathrm{vec}(A - A_*) = D_m^+ \mathrm{vec}\left\{\frac{1}{2}(A - A')\right\}$$

$$
\begin{aligned}
&= \frac{1}{2}D_m^+\{\text{vec}(A) - \text{vec}(A')\} \\
&= \frac{1}{2}D_m^+(I_{m^2} - K_{mm})\text{vec}(A) \\
&= \frac{1}{2}(D_m^+ - D_m^+)\text{vec}(A) = \mathbf{0}
\end{aligned}
$$

である．ここで，2 番目から最後のステップにかけては定理 8.33(b) を用いた．したがって $D_m^+\text{vec}(A)$ は $D_m^+\text{vec}(A_*)$ と同じである．この結果と導出を練習問題として残してある類似の表現 $D_m\text{v}(A)$ は定理 8.34 に要約される．

定理 8.34　A を $m \times m$ 行列とする．このとき以下である．

(a) $D_m^+\text{vec}(A) = \frac{1}{2}\text{v}(A + A')$
(b) $D_m\text{v}(A) = \text{vec}(A_L + A_L' - D_A)$

ここで A_L は行列 A の $i < j$ において a_{ij} を 0 に置き換えることで得られる下三角行列である．また D_A は行列 A と同じ対角要素をもつ対角行列である．

第 9 章において以下の定理 8.35 が必要になる．

定理 8.35　もし A が $m \times m$ 非特異行列であるならば，$D_m'(A \otimes A)D_m$ は非特異であり，かつその逆行列は $D_m^+(A^{-1} \otimes A^{-1})D_m^{+\prime}$ によって与えられる．

証明　この結果を証明するには，単に定理 8.35 で与えられている 2 つの行列の積が $I_{m(m+1)/2}$ となることを示すだけでよい．定理 8.31(a)，定理 8.32(c)，定理 8.33 の (a) と (c) を用いると，

$$
\begin{aligned}
&D_m'(A \otimes A)D_mD_m^+(A^{-1} \otimes A^{-1})D_m^{+\prime} \\
&\quad = D_m'(A \otimes A)N_m(A^{-1} \otimes A^{-1})D_m^{+\prime} \\
&\quad = D_m'N_m(A \otimes A)(A^{-1} \otimes A^{-1})D_m^{+\prime} = D_m'N_mD_m^{+\prime} \\
&\quad = (N_mD_m)'D_m^{+\prime} = D_m'D_m^{+\prime} = (D_m^+D_m)' = I_{m(m+1)/2}
\end{aligned}
$$

が導かれる．ゆえに題意が得られる．　□

次に $m \times m$ 行列 A が下三角行列であるような状況を考える．この場合，$\text{vec}(A)$ がいくつか余分にゼロを含んでいるということを除いて，$\text{vec}(A)$ の要素は $\text{v}(A)$ の要素と同一になる．$\text{v}(A)$ を $\text{vec}(A)$ に変換する $m^2 \times m(m+1)/2$ 行列を L_m' と表記しよう．すなわち L_m' は以下を満たす．

$$
L_m'\text{v}(A) = \text{vec}(A) \tag{8.14}
$$

したがって，例えば $m = 3$ においては

$$L_3' = \begin{bmatrix} 1 & 0 & 0 & 0 & 0 & 0 \\ 0 & 1 & 0 & 0 & 0 & 0 \\ 0 & 0 & 1 & 0 & 0 & 0 \\ 0 & 0 & 0 & 0 & 0 & 0 \\ 0 & 0 & 0 & 1 & 0 & 0 \\ 0 & 0 & 0 & 0 & 1 & 0 \\ 0 & 0 & 0 & 0 & 0 & 0 \\ 0 & 0 & 0 & 0 & 0 & 0 \\ 0 & 0 & 0 & 0 & 0 & 1 \end{bmatrix}$$

である．L_m' は D_m からその $m(m-1)/2$ 個の行をゼロ行ベクトルに置き換えることで得られるということに注意しよう．定理 8.36 における行列 L_m の性質は (8.14) 式で与えられた定義より直接証明できる．

定理 8.36 $m(m+1)/2 \times m^2$ 行列 L_m は以下を満たす．

(a) $\mathrm{rank}(L_m) = m(m+1)/2$
(b) $L_m L_m' = I_{m(m+1)/2}$
(c) $L_m^+ = L_m'$
(d) すべての $m \times m$ 行列 A において，$L_m \mathrm{vec}(A) = \mathrm{v}(A)$

証明 もし A が下三角行列であるならば，$\mathrm{vec}(A)'\mathrm{vec}(A) = \mathrm{v}(A)'\mathrm{v}(A)$ であり，ゆえにすべての下三角行列 A において，(8.14) 式は

$$\mathrm{v}(A)' L_m L_m' \mathrm{v}(A) - \mathrm{v}(A)'\mathrm{v}(A) = \mathrm{v}(A)'(L_m L_m' - I_{m(m+1)/2})\mathrm{v}(A) = 0$$

を意味しているということに注意しよう．しかしこれは，$\{\mathrm{v}(A) : A$ は $m \times m$ であり，下三角行列$\} = R^{m(m+1)/2}$ なので (b) が成立する場合のみ真となりうる．性質 (a) は (b) よりただちに導かれ，$L_m^+ = L_m'(L_m L_m')^{-1}$ なので (c) も同様に導かれる．(d) を証明するために，すべての行列 A が $A = A_L + A_U$ のように表記できるということに注意しよう．ここで A_L は下三角行列，A_U は各対角要素がゼロである上三角行列である．明らかに，

$$0 = \mathrm{vec}(A_L)'\mathrm{vec}(A_U) = \mathrm{v}(A_L)' L_m \mathrm{vec}(A_U)$$

であり，固定された A_U において，下三角行列 A_L の選択にかかわらず成立するはずなので

$$L_m \mathrm{vec}(A_U) = \mathbf{0}$$

が導かれる．したがってこれを用い，(8.14) 式，(b)，$\mathrm{v}(A_L) = \mathrm{v}(A)$ の順に利用して，

$$\begin{aligned} L_m \text{vec}(A) &= L_m \text{vec}(A_L + A_U) = L_m \text{vec}(A_L) \\ &= L_m L_m' \text{v}(A_L) = \text{v}(A_L) = \text{v}(A) \end{aligned}$$

が得られる．証明終了． □

L_m は $\text{v}(A)$ を作るために A の上三角部分に由来する $\text{vec}(A)$ のゼロを取り除く行列であるということが定理 8.36 の (d) よりわかる．このため L_m は消去行列 (elimination matrix) と呼ばれることもある．定理 8.37 は L_m と行列 D_m および N_m の間にいくつかの関係を与える．これらの結果の証明は読者に練習問題として残しておく．

定理 8.37　消去行列 L_m は以下を満たす.

(a) $L_m D_m = I_{m(m+1)/2}$
(b) $D_m L_m N_m = N_m$
(c) $D_m^+ = L_m N_m$

本節で議論する $\text{vec}(A)$ に関連する最後の行列は，消去行列のもう 1 つの種類である．いま，$m \times m$ 行列 A が狭義の下三角行列であると仮定する．すなわち，すべての対角要素がゼロであるような下三角行列である．この場合，$\tilde{\text{v}}(A)$ は A のすべての関連要素を含んでいる．ここでは $\tilde{\text{v}}(A)$ を $\text{vec}(A)$ に変換する $m^2 \times m(m-1)/2$ 行列を $\tilde{L}_m'$ と表記する．すなわち

$$\tilde{L}_m' \tilde{\text{v}}(A) = \text{vec}(A)$$

である．したがって $m = 3$ において，

$$\tilde{L}_3 = \begin{bmatrix} 0 & 1 & 0 & 0 & 0 & 0 & 0 & 0 & 0 \\ 0 & 0 & 1 & 0 & 0 & 0 & 0 & 0 & 0 \\ 0 & 0 & 0 & 0 & 0 & 1 & 0 & 0 & 0 \end{bmatrix}$$

となる．$\tilde{L}_m$ は L_m に類似しているので，その基本的な性質のいくつかは L_m のそれと似ている．例えば，定理 8.38 は定理 8.36 とほとんど同じである．この定理の証明は定理 8.36 の場合とほとんど同じなので割愛する．

定理 8.38　$m(m-1)/2 \times m^2$ 行列 $\tilde{L}_m$ は以下を満たす.

(a) $\text{rank}(\tilde{L}_m) = m(m-1)/2$
(b) $\tilde{L}_m \tilde{L}_m' = I_{m(m-1)/2}$
(c) $\tilde{L}_m^+ = \tilde{L}_m'$
(d) すべての $m \times m$ 行列 A において，$\tilde{L}_m \text{vec}(A) = \tilde{\text{v}}(A)$

定理 8.39 は $\tilde{L}_m, L_m, D_m, K_{mm}, N_m$ の間にいくつかの関係性を与える．証明は練習問題として読者に残しておく．

定理 8.39　$m(m-1)/2 \times m^2$ 行列 $\tilde{L}_m$ は以下を満たす.

(a) $\tilde{L}_m K_{mm} \tilde{L}'_m = (0)$
(b) $\tilde{L}_m K_{mm} L'_m = (0)$
(c) $\tilde{L}_m D_m = \tilde{L}_m L'_m$
(d) $L'_m L_m \tilde{L}'_m = \tilde{L}'_m$
(e) $D_m L_m \tilde{L}'_m = 2N_m \tilde{L}'_m$
(f) $\tilde{L}_m L'_m L_m \tilde{L}'_m = I_{m(m-1)/2}$

8.8　非　負　行　列

本節の話題は非負行列 (nonnegative matrix) と正行列 (positive matrix) である．これまでに様々な機会において議論してきた非負定値行列，正定値行列と混同してはならない．$m \times m$ 行列 A について，その各要素が非負であるならばこれを非負行列と呼び，$A \geq (0)$ と表現する．同様に A についてその各要素が正であるならばこれを正行列と呼び $A > (0)$ と表現する．今後，$A - B \geq (0)$ と $A - B > (0)$ をそれぞれ $A \geq B$ と $A > B$ によって表現する．任意の行列 A について，その要素を自身の絶対値に置き換えることで非負行列に変換することが可能である．そして変換後の行列を $\mathrm{abs}(A)$ と表現する．したがって A が $m \times n$ 行列であるとき $\mathrm{abs}(A)$ もまた $m \times n$ 行列であり，その (i, j) 要素は $|a_{ij}|$ で与えられる．

以降では，非負正方行列 (nonnegative square matrix) に関するいくつかの性質について詳述するほか，確率過程 (stochastic process) への応用について示すことにしよう．この話題に関する詳細かつ包括的な議論については，Berman and Plemmons(1994), Minc(1988), Seneta(1973) による非負行列についてのテキストや，Gantmacher(1959), Horn and Johnson(1985) を参照されたい．ここで示される証明の大部分は，Horn and Johnson(1985) による行列ノルムに基づく導出に沿った形で記述されている．

非負行列と正行列のスペクトル半径に関するいくつかの定理から議論を始めることにしよう．

定理 8.40　A を $m \times m$ 行列，$\boldsymbol{x}$ を $m \times 1$ ベクトルとする．このとき $A \geq (0)$ かつ $\boldsymbol{x} > \mathbf{0}$ ならば，

$$\min_{1 \leq i \leq m} \sum_{j=1}^{m} a_{ij} \leq \rho(A) \leq \max_{1 \leq i \leq m} \sum_{j=1}^{m} a_{ij} \tag{8.15}$$

$$\min_{1 \leq i \leq m} x_i^{-1} \sum_{j=1}^{m} a_{ij} x_j \leq \rho(A) \leq \max_{1 \leq i \leq m} x_i^{-1} \sum_{j=1}^{m} a_{ij} x_j \tag{8.16}$$

が成り立つ．また行ではなく列を最小化，最大化する場合にも同様の不等式が成り立つ．

証明　α を次のように定義する．

$$\alpha = \min_{1\leq i\leq m} \sum_{j=1}^{m} a_{ij}$$

次に $\alpha > 0$ のとき自身の (i,h) 要素に

$$b_{ih} = \alpha a_{ih} \left(\sum_{j=1}^{m} a_{ij} \right)^{-1}$$

をもち，$\alpha = 0$ のときは $b_{ih} = 0$ である $m \times m$ 行列 B を定義する．$\|B\|_\infty = \alpha$ そして $b_{ih} \leq a_{ih}$ だから $A \geq B$ であることに注意すると，任意の正整数 k について $A^k \geq B^k$ が成り立つが，このことは $\|A^k\|_\infty \geq \|B^k\|_\infty$，あるいは同等に，

$$\left\{ \|A^k\|_\infty \right\}^{1/k} \geq \left\{ \|B^k\|_\infty \right\}^{1/k}$$

を意味するのは明らかである．そして $k \to \infty$ と極限をとることで定理 4.26 から $\rho(A) \geq \rho(B)$ が導かれる．この関係を利用することで (8.15) 式における下限が証明される．というのも

$$B\mathbf{1}_m = \alpha\mathbf{1}_m$$

であるから，$\rho(B) \leq \|B\|_\infty = \alpha$ であり，定理 4.21 により $\rho(B) \geq \alpha$ という事実は $\rho(B) = \alpha$ を意味しているからである．上限についても次式を用いることで同様に証明できる．

$$\alpha = \max_{1\leq i\leq m} \sum_{j=1}^{m} a_{ij}$$

(8.16) 式における限界は (8.15) 式における限界によって直接与えられる．なぜなら，$C = D_{\boldsymbol{x}}^{-1} A D_{\boldsymbol{x}}$ と定義するならば，$C \geq (0), \rho(C) = \rho(A)$，そして $c_{ij} = a_{ij} x_i^{-1} x_j$ が成り立つからである．　□

定理 8.41　A を $m \times m$ 正行列とする．このとき $\rho(A)$ は行列 A の正の固有値である．それに加え，固有値 $\rho(A)$ に対応する正の固有ベクトルが存在する．

証明　定理 8.40 より A は正行列だからただちに $\rho(A) > 0$ が証明される．$\rho(A)$ の定義により，$|\lambda| = \rho(A)$ を満たす A の固有値 λ が存在する．次に，$A\boldsymbol{x} = \lambda\boldsymbol{x}$ を満たすような，固有値 λ に対応する行列 A の固有ベクトルを $\boldsymbol{x}$ とする．ここで

$$\begin{aligned}\rho(A)\mathrm{abs}(\boldsymbol{x}) &= |\lambda|\mathrm{abs}(\boldsymbol{x}) = \mathrm{abs}(\lambda\boldsymbol{x}) = \mathrm{abs}(A\boldsymbol{x}) \\ &\leq \mathrm{abs}(A)\mathrm{abs}(\boldsymbol{x}) = A\mathrm{abs}(\boldsymbol{x})\end{aligned}$$

であることに注意する．この不等式は各 i について定義される以下の関係から明らかである．

$$\left|\sum_{j=1}^{m} a_{ij}x_j\right| \leq \sum_{j=1}^{m} |a_{ij}||x_j|$$

したがってベクトル $\boldsymbol{y} = A\mathrm{abs}(\boldsymbol{x}) - \rho(A)\mathrm{abs}(\boldsymbol{x})$ は非負である．A が正行列なのでベクトル $\boldsymbol{z} = A\mathrm{abs}(\boldsymbol{x})$ は正となる．また固有ベクトル $\boldsymbol{x}$ は必ず非ゼロベクトルとなる．いま，$\boldsymbol{y}$ を正と仮定する．先ほどと同様に A は正行列であるから，

$$0 < A\boldsymbol{y} = A\boldsymbol{z} - \rho(A)\boldsymbol{z}$$

を得る．あるいは簡潔に $A\boldsymbol{z} > \rho(A)\boldsymbol{z}$ を得る．この不等式に前から $D_{\boldsymbol{z}}^{-1}$ を乗じると，

$$D_{\boldsymbol{z}}^{-1}A\boldsymbol{z} > \rho(A)\mathbf{1}_m$$

となる．別の表現を用いるならば，各 i について

$$z_i^{-1}\sum_{j=1}^{m} a_{ij}z_j > \rho(A)$$

が成り立っている．しかし，定理 8.40 を用いると上式の関係は $\rho(A) > \rho(A)$ を意味する．それゆえに $\boldsymbol{y}$ は正でありえず，かつ先に非負であることを証明しているので必ず $\boldsymbol{y} = \mathbf{0}$ となる必要がある．これによって $A\mathrm{abs}(\boldsymbol{x}) = \rho(A)\mathrm{abs}(\boldsymbol{x})$ となるから，$\mathrm{abs}(\boldsymbol{x})$ は $\rho(A)$ に対応する固有ベクトルとなる．そしてこのことから $\mathrm{abs}(\boldsymbol{x}) = \rho(A)^{-1}A\mathrm{abs}(\boldsymbol{x})$ が成り立つが，これは $\rho(A) > 0$ と $A\mathrm{abs}(\boldsymbol{x}) > \mathbf{0}$ であるため $\mathrm{abs}(\boldsymbol{x})$ が正であることを証明する．これにより証明は完了する．□

定理 8.41 の証明からただちに導かれる結果を次の系 8.41.1 に示す．

系 8.41.1　A を $m \times m$ 正行列，λ を $|\lambda| = \rho(A)$ を満たす A の固有値とそれぞれ仮定する．$\boldsymbol{x}$ が λ に対応する任意の固有ベクトルであるならば次式が成り立つ．

$$A\mathrm{abs}(\boldsymbol{x}) = \rho(A)\mathrm{abs}(\boldsymbol{x})$$

固有値 $\rho(A)$ に関連する固有空間の次元を決定する際には，次に示す定理 8.42 が必要となる．

定理 8.42　$m \times m$ 正行列 A の固有値 λ に対応する固有ベクトルを $\boldsymbol{x}$ とする．$|\lambda| = \rho(A)$ であるならば，$e^{-i\theta}\boldsymbol{x} > \mathbf{0}$ となるようなある角度 θ が存在する．

証明　まず，

$$\mathrm{abs}(A\boldsymbol{x}) = \mathrm{abs}(\lambda\boldsymbol{x}) = \rho(A)\mathrm{abs}(\boldsymbol{x}) \tag{8.17}$$

であることに注意する．一方で系 8.41.1 より

$$A\mathrm{abs}(\boldsymbol{x}) = \rho(A)\mathrm{abs}(\boldsymbol{x}) \tag{8.18}$$

である．ここで (8.17) 式，(8.18) 式を利用することで，各 j について次が成り立つ．

$$\begin{aligned}\rho(A)|x_j| = |\lambda||x_j| = |\lambda x_j| = \left|\sum_{k=1}^m a_{jk}x_k\right| &\leq \sum_{k=1}^m |a_{jk}||x_k| \\ = \sum_{k=1}^m a_{jk}|x_k| = \rho(A)|x_j|\end{aligned}$$

明らかに，

$$\left|\sum_{k=1}^m a_{jk}x_k\right| = \sum_{k=1}^m |a_{jk}||x_k|$$

であるが，これは $k = 1, \ldots, m$ について複素数を含む数，$a_{jk}x_k = r_k e^{i\theta_k} = r_k(\cos\theta_k + i\sin\theta_k)$ が同じ角度をもっているときにのみ成立する．すなわち，$k = 1, \ldots, m$ についてそれぞれ $a_{jk}x_k$ が $a_{jk}x_k = r_k e^{i\theta} = r_k(\cos\theta + i\sin\theta)$ という形式で表現できるような，ある角度 θ が存在するときにのみ成立する．この場合では，$e^{-i\theta}a_{jk}x_k = r_k > 0$ である．そしてこれは $a_{jk} > 0$ なので $e^{-i\theta}x_k > 0$ が成り立つことを意味する． □

定理 8.43 は $\rho(A)$ に対応する固有空間の次元が 1 であるということを示すばかりでなく，$\rho(A)$ が $\rho(A)$ に等しいモジュラスをもつ唯一の A の固有値であることも示している．

定理 8.43　A が $m \times m$ 正行列であるなら固有値 $\rho(A)$ に対応する固有空間の次元は 1 である．さらに，λ が A の固有値であり $\lambda \neq \rho(A)$ であるならば $|\lambda| < \rho(A)$ である．

証明　最初の性質については，$\boldsymbol{u}$ と $\boldsymbol{v}$ が $A\boldsymbol{u} = \rho(A)\boldsymbol{u}$ そして $A\boldsymbol{v} = \rho(A)\boldsymbol{v}$ を満たす非ゼロベクトルであるならば，$\boldsymbol{v} = c\boldsymbol{u}$ を満たすようなあるスカラー c が存在することを示すことによって証明される．定理 8.42 から，$\boldsymbol{s} = e^{-i\theta_1}\boldsymbol{u} > \boldsymbol{0}$ そして $\boldsymbol{t} = e^{-i\theta_2}\boldsymbol{v} > \boldsymbol{0}$ を満たすような角度 θ_1, θ_2 が存在することが既知である．$\boldsymbol{w} = \boldsymbol{t} - d\boldsymbol{s}$ と定義する．ここで

$$d = \min_{1\leq j\leq m} s_j^{-1}t_j$$

である．したがって $\boldsymbol{w}$ は非負であり少なくとも 1 つの要素は 0 に等しい．$\boldsymbol{w} \neq \boldsymbol{0}$ であるならば，A が正なので明らかに $A\boldsymbol{w} > \boldsymbol{0}$ である．しかしこのとき，

$$A\boldsymbol{w} = A\boldsymbol{t} - dA\boldsymbol{s} = \rho(A)\boldsymbol{t} - \rho(A)d\boldsymbol{s} = \rho(A)\boldsymbol{w}$$

が成立し，これは $\boldsymbol{w} > \boldsymbol{0}$ を意味するから矛盾が生じている．したがって $\boldsymbol{w} = \boldsymbol{0}$ である必要があり，そのため $\boldsymbol{t} = d\boldsymbol{s}$，$\boldsymbol{v} = c\boldsymbol{u}$ である．ここで $c = de^{i(\theta_2 - \theta_1)}$ である．2 番目の性質を証明するために，スペクトル半径の定義より行列 A の任意の固有値 λ について $|\lambda| \le \rho(A)$ が成り立つことにまず最初に注目しよう．$\boldsymbol{x}$ が λ に対応する固有ベクトルであり $|\lambda| = \rho(A)$ が成り立つならば，定理 8.42 より $\boldsymbol{u} = e^{-i\theta}\boldsymbol{x} > \boldsymbol{0}$ であるような角度 θ が存在する．そして明らかに $A\boldsymbol{u} = \lambda\boldsymbol{u}$ が成り立つ．この恒等式に前から $D_{\boldsymbol{u}}^{-1}$ を乗じることにより，

$$D_{\boldsymbol{u}}^{-1}A\boldsymbol{u} = \lambda\boldsymbol{1}_m$$

を得る．したがって，各 i について

$$u_i^{-1}\sum_{j=1}^{m} a_{ij}u_j = \lambda$$

が成り立つ．ここで定理 8.40 を適用することで $\lambda = \rho(A)$ を得る．□

定理 8.43 における最初の性質は，$\rho(A)$ が A の単一固有値でなければならないというより強い仮定と置き換えることが実際に可能である．しかしまず最初に次に示す定理について議論する．特に最後の性質は A についての有用な極限操作に関するものである．

定理 8.44　A を $m \times m$ の正行列，$\boldsymbol{x}$ と $\boldsymbol{y}$ を $A\boldsymbol{x} = \rho(A)\boldsymbol{x}$，$A'\boldsymbol{y} = \rho(A)\boldsymbol{y}$ そして $\boldsymbol{x}'\boldsymbol{y} = 1$ を満たす正のベクトルとする．このとき以下の性質が成り立つ．

(a) $k = 1, 2, \ldots$ について $(A - \rho(A)\boldsymbol{x}\boldsymbol{y}')^k = A^k - \rho(A)^k\boldsymbol{x}\boldsymbol{y}'$
(b) $A - \rho(A)\boldsymbol{x}\boldsymbol{y}'$ の非ゼロ固有値はそれぞれ A の固有値である．
(c) $\rho(A)$ は $A - \rho(A)\boldsymbol{x}\boldsymbol{y}'$ の固有値ではない．
(d) $\rho(A - \rho(A)\boldsymbol{x}\boldsymbol{y}') < \rho(A)$
(e) $\lim_{k\to\infty}\left\{\rho(A)^{-1}A\right\}^k = \boldsymbol{x}\boldsymbol{y}'$

証明　(a) は帰納法により容易に証明することができる．なぜなら，$k = 1$ のとき (a) は明らかに成り立つ．$k = j - 1$ のとき (a) が成り立つと仮定すると，

$$\begin{aligned}
(A - \rho(A)\boldsymbol{x}\boldsymbol{y}')^j &= (A - \rho(A)\boldsymbol{x}\boldsymbol{y}')^{j-1}(A - \rho(A)\boldsymbol{x}\boldsymbol{y}') \\
&= (A^{j-1} - \rho(A)^{j-1}\boldsymbol{x}\boldsymbol{y}')(A - \rho(A)\boldsymbol{x}\boldsymbol{y}') \\
&= A^j - \rho(A)A^{j-1}\boldsymbol{x}\boldsymbol{y}' - \rho(A)^{j-1}\boldsymbol{x}\boldsymbol{y}'A + \rho(A)^j\boldsymbol{x}\boldsymbol{y}'\boldsymbol{x}\boldsymbol{y}' \\
&= A^j - \rho(A)^j\boldsymbol{x}\boldsymbol{y}' - \rho(A)^j\boldsymbol{x}\boldsymbol{y}' + \rho(A)^j\boldsymbol{x}\boldsymbol{y}' \\
&= A^j - \rho(A)^j\boldsymbol{x}\boldsymbol{y}'
\end{aligned}$$

が導かれる．次に，$\lambda \neq 0$ と $\boldsymbol{u}$ をそれぞれ $(A - \rho(A)\boldsymbol{x}\boldsymbol{y}')$ の固有値と固有ベクトルと

仮定する．したがって

$$(A - \rho(A)\boldsymbol{x}\boldsymbol{y}')\boldsymbol{u} = \lambda\boldsymbol{u}$$

である．本式に前から $\boldsymbol{x}\boldsymbol{y}'$ を乗じ，$\boldsymbol{x}\boldsymbol{y}'(A - \rho(A)\boldsymbol{x}\boldsymbol{y}') = \boldsymbol{0}$ を確認すると，$\boldsymbol{x}\boldsymbol{y}'\boldsymbol{u} = \boldsymbol{0}$ でなくてはならないことがわかる．よって，

$$A\boldsymbol{u} = (A - \rho(A)\boldsymbol{x}\boldsymbol{y}')\boldsymbol{u} = \lambda\boldsymbol{u}$$

であり，(b) で求められているように λ は A の固有値でもある．(c) を証明するために，$\lambda = \rho(A)$ を対応する固有ベクトル $\boldsymbol{u}$ を伴う $A - \rho(A)\boldsymbol{x}\boldsymbol{y}'$ の固有値と仮定する．しかしこの仮定が，$\boldsymbol{u}$ が行列 A の固有値 $\rho(A)$ に対応する固有ベクトルであることを意味することを確認したばかりである．したがって，定理 8.43 からあるスカラー c について $\boldsymbol{u} = c\boldsymbol{x}$ であり，

$$\begin{aligned}\rho(A)\boldsymbol{u} &= (A - \rho(A)\boldsymbol{x}\boldsymbol{y}')\boldsymbol{u} = (A - \rho(A)\boldsymbol{x}\boldsymbol{y}')c\boldsymbol{x} \\ &= \rho(A)c\boldsymbol{x} - \rho(A)c\boldsymbol{x} = \boldsymbol{0}\end{aligned}$$

となる．$\rho(A) > 0$ そして $\boldsymbol{u} \neq \boldsymbol{0}$ であるからこの式は成立しえない．したがって (c) が証明された．(d) は (b) と (c)，そして定理 8.43 から直接証明できる．最後に (e) を証明するためには，まず (a) で与えられた式の両辺を $\rho(A)^k$ によって割ることを考える．そしてこれを整理することで，

$$\left\{\rho(A)^{-1}A\right\}^k = \boldsymbol{x}\boldsymbol{y}' + \left\{\rho(A)^{-1}A - \boldsymbol{x}\boldsymbol{y}'\right\}^k$$

を得る．この式の両辺について $k \to \infty$ のように極限をとり，(d) より

$$\rho\left\{\rho(A)^{-1}A - \boldsymbol{x}\boldsymbol{y}'\right\} = \frac{\rho\left\{A - \rho(A)\boldsymbol{x}\boldsymbol{y}'\right\}}{\rho(A)} < 1$$

となることがわかる．その結果，定理 4.25 より

$$\lim_{k\to\infty}\left\{\rho(A)^{-1}A - \boldsymbol{x}\boldsymbol{y}'\right\}^k = (0)$$

が成り立つことから (e) が証明される． □

定理 8.45　A を $m \times m$ 正行列とする．このとき固有値 $\rho(A)$ は A の単一固有値である．

証明　$A = XTX^*$ を A のシューア分解とする．よって X はユニタリ行列であり T は自身の対角要素に A の固有値をもつ上三角行列である．$T = T_1 + T_2$ と表現する．ここで T_1 は対角行列，T_2 はその対角要素がそれぞれ 0 の上三角行列とする．T_1 の対角要素が $T_1 = \mathrm{diag}(\rho(A), \ldots, \rho(A), \lambda_{r+1}, \ldots, \lambda_m)$ のように順序づけられるように X を選んだとする．ただし r は固有値 $\rho(A)$ の重複度であり，また定理 8.43 から $j = r+1, \ldots, m$

について $|\lambda_j| < \rho(A)$ である．ここで $r=1$ であることを示す必要がある．その i 番目の対角要素が u_{ii} である任意の上三角行列 U について，U^k もまた上三角行列であり，i 番目の対角要素が u_{ii}^k であるということに注意しよう．これを用いることで次が導かれる．

$$\begin{aligned}\lim_{k\to\infty}\left\{\rho(A)^{-1}A\right\}^k &= X\left\{\lim_{k\to\infty}\left\{\rho(A)^{-1}(T_1+T_2)\right\}^k\right\}X^* \\ &= X\left\{\lim_{k\to\infty}\mathrm{diag}\left(1,\ldots,1,\left\{\frac{\lambda_{r+1}}{\rho(A)}\right\}^k,\ldots,\right.\right. \\ &\qquad \left.\left.\left\{\frac{\lambda_m}{\rho(A)}\right\}^k\right)+T_3\right\}X^* \\ &= X\left\{\mathrm{diag}(1,\ldots,1,0,\ldots,0)+T_3\right\}X^*\end{aligned}$$

ここで最後の対角行列は r 個の 1 をもち，かつ T_3 は対角要素のそれぞれが 0 に等しい上三角行列である．この極限行列は少なくとも r の階数をもつことは明らかである．しかし，定理 8.44(e) よりこの極限行列 (limiting matrix) の階数は 1 でなければならないことを確認している．そしてこれが求める結果である． □

以上の議論では正行列に焦点が当てられていた．次に，これまでに得られた結果のいくつかを非負行列に拡張する．これらの結果の多くが縮退不能な非負行列のクラスに一般化できることを確認する．

定義 8.2 $m \geq 2$ の $m \times m$ 行列 A は，もし $1 \leq r \leq m-1$ である整数 r と，以下のような $m \times m$ の置換行列 P が存在するとき，縮退可能な行列 (reducible matrix) と呼ばれる．

$$PAP' = \begin{bmatrix} B & C \\ (0) & D \end{bmatrix}$$

ここで，B は $r \times r$，C は $r \times (m-r)$，D は $(m-r) \times (m-r)$ である．もし A が縮退可能でないならば，縮退不能な行列 (irreducible matrix) と呼ばれる．

今後，縮退不能な非負行列に関する定理 8.46 が必要となる．

定理 8.46 $m \times m$ 非負行列 A は $(I_m + A)^{m-1} > (0)$ であるとき，かつそのときのみ縮退不能である．

証明 はじめに，A が縮退不能であると仮定する．$\boldsymbol{x}$ を r 個の正の成分をもつ $m \times 1$ 非負ベクトルであるとする．ただし，$1 \leq r \leq m-1$ である．このとき，$(I_m + A)\boldsymbol{x}$ は少なくとも $r+1$ 個の正の成分をもつことをこれから示す．この結果を繰り返し用いると，$(I_m + A)^{m-1} > (0)$ であることが示される．なぜなら，A は縮退不能であるから，$I_m + A$ の各列は少なくとも 2 つの正の成分をもつからである．$A \geq (0)$ であるから，$(I_m + A)\boldsymbol{x} = \boldsymbol{x} + A\boldsymbol{x}$ は少なくとも r 個の正の成分をもたなければならない．もしちょうど r 個の正の成分をもつならば，$A\boldsymbol{x}$ の j 番目の成分は，$x_j = 0$ となるすべての j に対して 0 となるに違いない．同様に，任意の置換行列 P に対して，$PA\boldsymbol{x}$ の j 番目の成分は，$P\boldsymbol{x}$ の j 番目の成分が 0 となるすべての j に対して 0 でなければならない．もし $\boldsymbol{y} = P\boldsymbol{x}$ がその $m-r$ 個の 0 を最後の $m-r$ 個の位置にもつような置換行列を選択すれば，$PA\boldsymbol{x} = PAP'\boldsymbol{y}$ の j 番目の成分は $j = r+1, \ldots, m$ に対して 0 でなければならないことがわかる．$PAP' \geq (0)$ であり，$\boldsymbol{y}$ のはじめの r 個の成分は正であるから，PAP' は以下のような形をもつであろう．

$$PAP' = \begin{bmatrix} B & C \\ (0) & D \end{bmatrix}$$

この結果は，A が縮退不能であるという事実と矛盾するから，ベクトル $(I_m + A)\boldsymbol{x}$ に含まれる正の成分数は r を超えなければならない．逆に，いま $(I_m + A)^{m-1} > (0)$ であると仮定すると，明らかに $(I_m + A)^{m-1}$ は縮退不能である．いま A は縮退可能であるはずがない．なぜなら，もしある置換行列 P に対して，

$$PAP' = \begin{bmatrix} B & C \\ (0) & D \end{bmatrix}$$

であるとすると，

$$\begin{aligned} P(I_m + A)^{m-1}P' &= \{P(I_m + A)P'\}^{m-1} = (I_m + PAP')^{m-1} \\ &= \begin{bmatrix} I_r + B & C \\ (0) & I_{m-r} + D \end{bmatrix}^{m-1} \end{aligned}$$

となり，そして最後の式の右辺の行列は定義 8.2 で与えられたような上三角の形をもつ． □

次に，A が縮退不能な非負行列であるときには $\rho(A)$ が正であり，A の固有値であり，正の固有ベクトルをもつことを示すことによって，定理 8.41 の結果を一般化していく．しかしながら，まずは定理 8.47 が必要となる．

定理 8.47 A を $m \times m$ の縮退不能な非負行列とし，$\boldsymbol{x}$ を $m \times 1$ 非負ベクトルとして，以下の関数を定義する．

$$f(\boldsymbol{x}) = \min_{x_i \neq 0} x_i^{-1}(A)_{i\cdot}\boldsymbol{x} = \min_{x_i \neq 0} x_i^{-1} \sum_{j=1}^{m} a_{ij}x_j$$

すると，$\boldsymbol{b}'\boldsymbol{1}_m = 1$ そして $f(\boldsymbol{b}) \geq f(\boldsymbol{x})$ が任意の非負 $\boldsymbol{x}$ に対して成立するような $m \times 1$ 非負ベクトル $\boldsymbol{b}$ が存在する．

証明 次の集合を定義する．

$$S = \{\boldsymbol{y} : \boldsymbol{y} = (I_m + A)^{m-1}\boldsymbol{x}_*, \boldsymbol{x}_* \in R^m, \boldsymbol{x}_* \geq \boldsymbol{0}, \boldsymbol{x}_*'\boldsymbol{1}_m = 1\}$$

S は閉集合でありかつ，有界集合でもあり，そしてもし $\boldsymbol{y} \in S$ であるなら，$\boldsymbol{y} > \boldsymbol{0}$ という事実から f は S 上の連続関数であるから，すべての $\boldsymbol{y} \in S$ に対して $f(\boldsymbol{c}) \geq f(\boldsymbol{y})$ となるような $\boldsymbol{c} \in S$ が存在する．$\boldsymbol{b} = \boldsymbol{c}/(\boldsymbol{c}'\boldsymbol{1}_m)$ を定義する．そして，f は尺度変換の影響を受けないことに注意すれば，$f(\boldsymbol{b}) = f(\boldsymbol{c})$ が導かれる．$\boldsymbol{x}$ を任意の非負ベクトルとし，$\boldsymbol{x}_* = \boldsymbol{x}/(\boldsymbol{x}'\boldsymbol{1}_m)$ そして $\boldsymbol{y} = (I_m + A)^{m-1}\boldsymbol{x}_*$ を定義する．いま，f の定義から，

$$A\boldsymbol{x}_* - f(\boldsymbol{x}_*)\boldsymbol{x}_* \geq \boldsymbol{0}$$

となる．この式に前から $(I_m + A)^{m-1}$ を掛け，$(I_m + A)^{m-1}A = A(I_m + A)^{m-1}$ という事実を用いると，以下が得られる．

$$A\boldsymbol{y} - f(\boldsymbol{x}_*)\boldsymbol{y} \geq \boldsymbol{0}$$

しかしながら，$A\boldsymbol{y} - f(\boldsymbol{y})\boldsymbol{y}$ の少なくとも 1 つの成分は 0 である．つまり，ある k に対して，$f(\boldsymbol{y}) = y_k^{-1}(A)_{k\cdot}\boldsymbol{y}$ であり，またしたがって，$A\boldsymbol{y} - f(\boldsymbol{y})\boldsymbol{y}$ の k 番目の成分は 0 であるから，$\alpha = f(\boldsymbol{y})$ は $A\boldsymbol{y} - \alpha\boldsymbol{y} \geq \boldsymbol{0}$ となる最大の値である．したがって，$f(\boldsymbol{y}) \geq f(\boldsymbol{x}_*) = f(\boldsymbol{x})$ が示された．結果は，$f(\boldsymbol{y}) \leq f(\boldsymbol{c}) = f(\boldsymbol{b})$ という事実から成立する． □

定理 8.48 A を $m \times m$ の縮退不能な非負行列とする．すると，A は正の固有値 $\rho(A)$ とそれにに対応する正の固有ベクトル $\boldsymbol{x}$ をもつ．

証明 はじめに，$f(\boldsymbol{b})$ が A の正の固有値であることを証明する．ここで，$f(\boldsymbol{b})$ は定理 8.47 で定義されたとおりであり，$\boldsymbol{b}$ は $\boldsymbol{b}'\boldsymbol{1}_m = 1$ を満たす非負ベクトルであり，また，f を最大化する．$\boldsymbol{b}$ はすべての非負 $\boldsymbol{x}$ にわたって $f(\boldsymbol{x})$ を最大化するため，また，A は非負で縮退不能であるから，以下を得る．

$$\begin{aligned} f(\boldsymbol{b}) \geq f(m^{-1}\boldsymbol{1}_m) &= \min_{1 \leq i \leq m} (1/m)^{-1}(A)_{i\cdot}(m^{-1}\boldsymbol{1}_m) \\ &= \min_{1 \leq i \leq m} \sum_{j=1}^{m} a_{ij} > 0 \end{aligned}$$

$f(\boldsymbol{b})$ が A の固有値であることを証明するために，f の定義から，$A\boldsymbol{b} - f(\boldsymbol{b})\boldsymbol{b} \geq \boldsymbol{0}$ であることを思い出そう．もし $A\boldsymbol{b} - f(\boldsymbol{b})\boldsymbol{b}$ が少なくとも 1 つの正の成分をもつならば，$(I_m + A)^{m-1} > (0)$ であるから，以下でなければならない．

$$(I_m + A)^{m-1}(A\boldsymbol{b} - f(\boldsymbol{b})\boldsymbol{b}) = A\boldsymbol{y} - f(\boldsymbol{b})\boldsymbol{y} > \boldsymbol{0}$$

ここで，$\boldsymbol{y} = (I_m + A)^{m-1}\boldsymbol{b}$ である．しかしながら，$\alpha = f(\boldsymbol{y})$ は $A\boldsymbol{y} - \alpha\boldsymbol{y} \geq \boldsymbol{0}$ となる最大値を与えるから，$f(\boldsymbol{y}) > f(\boldsymbol{b})$ を得るが，すべての $\boldsymbol{y} \geq \boldsymbol{0}$ に対して $\boldsymbol{b}$ は $f(\boldsymbol{y})$ を最大化するから，これは真ではない．したがって $A\boldsymbol{b} - f(\boldsymbol{b})\boldsymbol{b} = \boldsymbol{0}$ であり，$f(\boldsymbol{b})$ は A

の固有値であり，$\boldsymbol{b}$ は対応する固有ベクトルである．次に，$f(\boldsymbol{b}) \geq |\lambda_i|$ を示すことで，$f(\boldsymbol{b}) = \rho(A)$ を証明する．ここで，λ_i は A の任意の固有値である．いま，$\boldsymbol{u}$ を λ_i に対応する A の固有ベクトルとすると，$A\boldsymbol{u} = \lambda_i \boldsymbol{u}$ または，$h = 1, \ldots, m$ に対して，

$$\lambda_i u_h = \sum_{j=1}^{m} a_{hj} u_j$$

となる．したがって，$h = 1, \ldots, m$ に対して，

$$|\lambda_i||u_h| \leq \sum_{j=1}^{m} a_{hj} |u_j|$$

となる．または，簡単にすれば，

$$A\mathrm{abs}(\boldsymbol{u}) - |\lambda_i|\mathrm{abs}(\boldsymbol{u}) \geq \boldsymbol{0}$$

となり，これは，$|\lambda_i| \leq f(\mathrm{abs}(\boldsymbol{u})) \leq f(\boldsymbol{b})$ を意味する．最後に，固有値 $\rho(A) = f(\boldsymbol{b})$ に対応する正の固有ベクトルを見つけなければならない．非負固有ベクトル $\boldsymbol{b}$ はすでに見つけた．$A\boldsymbol{b} = f(\boldsymbol{b})\boldsymbol{b}$ は $(I_m + A)^{m-1}\boldsymbol{b} = \{1 + f(\boldsymbol{b})\}^{m-1}\boldsymbol{b}$ を意味することに注意してほしい．したがって，

$$\boldsymbol{b} = \frac{(I_m + A)^{m-1}\boldsymbol{b}}{\{1 + f(\boldsymbol{b})\}^{m-1}}$$

となる．ゆえに，定理 8.46 を使えば，$\boldsymbol{b}$ が正であることが示される． □

定理 8.49 の証明は練習問題として読者に残しておく．

定理 8.49 A を $m \times m$ の縮退不能な非負行列とすると，$\rho(A)$ は A の単一固有値となる．

$\rho(A)$ は縮退不能な非負行列 A の単一固有値であるが，A には絶対値が $\rho(A)$ となる他の固有値も存在するかもしれない．したがって，定理 8.44(e) はただちに縮退不能な非負行列へは拡張されない．ここから，次の定義が導かれる．

定義 8.3 $m \times m$ 非負行列 A はもし縮退不能であり，また，$|\lambda_i| = \rho(A)$ を満たす唯一の固有値をもつならば，原始行列 (primitive matrix) と呼ばれる．

明らかに，定理 8.44(e) の結果は原始行列へ拡張される．そして，このことは定理 8.50 に要約されている．

定理 8.50 A を $m \times m$ の非負原始行列とする．そして，$m \times 1$ ベクトル $\boldsymbol{x}$ と $\boldsymbol{y}$ は，$A\boldsymbol{x} = \rho(A)\boldsymbol{x}$，$A'\boldsymbol{y} = \rho(A)\boldsymbol{y}$，$\boldsymbol{x} > \boldsymbol{0}$，$\boldsymbol{y} > \boldsymbol{0}$ そして，$\boldsymbol{x}'\boldsymbol{y} = 1$ を満たすとする．すると，以下となる．

$$\lim_{k\to\infty}\{\rho(A)^{-1}A\}^k = \boldsymbol{x}\boldsymbol{y}'$$

本節の最後の定理はすべての縮退不能な非負行列に対して成立する結果に関する一般的な極限を与える．この結果の証明は Horn and Johnson(1985) で行われている．

定理 8.51 A を $m\times m$ の縮退不能な非負行列とする．そして，$m\times 1$ ベクトル $\boldsymbol{x}$ と $\boldsymbol{y}$ は $A\boldsymbol{x}=\rho(A)\boldsymbol{x}$，$A'\boldsymbol{y}=\rho(A)\boldsymbol{y}$，そして，$\boldsymbol{x}'\boldsymbol{y}=1$ を満たすとする．すると，以下となる．

$$\lim_{N\to\infty}\left(N^{-1}\sum_{k=1}^{N}\{\rho(A)^{-1}A\}^k\right) = \boldsymbol{x}\boldsymbol{y}'$$

非負行列は確率過程の研究において重要な役割を担っている．ここでは，マルコフ連鎖 (Markov chain) と呼ばれる特別な種類の確率過程に対する非負行列のいくつかの応用例を示す．マルコフ連鎖に関するさらなる情報や確率過程一般については，Bhattacharya and Waymire(1990)，Medhi(1994)，Taylor and Karlin(1998) などのテキストを参照のこと．

例 8.11 ある確率現象を継時的に観測しているとする．そして，観測時間内の任意の時点において，観測値は m 個の値のうちのいずれかをとるとする．これはしばしば状態 $1,\ldots,m$ と表される．言い換えると，時点 $t=0,1,\ldots$ に対して確率変数 X_t の数列があり，各確率変数は $1,\ldots,m$ のいずれかの数と等しいとする．X_t が状態 i である確率が X_{t-1} の状態のみに依存し，それより前の時点の状態には依存しないとき，この過程をマルコフ連鎖と呼ぶ．この確率が t の値にも依存しないとき，このマルコフ過程は一様 (homogeneous) であるといわれる．この場合，任意の時点における状態確率は初期状態確率と推移確率 (transition probability) として知られるものから計算される．初期状態確率ベクトルを $\boldsymbol{p}^{(0)}=(p_1^{(0)},\ldots,p_m^{(0)})'$ と書く．ここで，$p_i^{(0)}$ は時点 0 において状態 i で過程が始まる確率を表す．推移確率行列は $m\times m$ 行列 P であり，その (i,j) 成分 p_{ij} は X_{t-1} が状態 j のときに，X_t が状態 i をとる確率である．したがって，もし $\boldsymbol{p}^{(t)}=(p_1^{(t)},\ldots,p_m^{(t)})'$ であり，$p_i^{(t)}$ はその系が時点 t において状態 i をとる確率であるとすると，明らかに，

$$\boldsymbol{p}^{(1)} = P\boldsymbol{p}^{(0)}$$
$$\boldsymbol{p}^{(2)} = P\boldsymbol{p}^{(1)} = PP\boldsymbol{p}^{(0)} = P^2\boldsymbol{p}^{(0)}$$

または，一般的な t について以下となる．

$$\boldsymbol{p}^{(t)} = P^t\boldsymbol{p}^{(0)}$$

もしこの確率過程に従っている大規模な個人の集団があるならば，$p_i^{(t)}$ は，時点 t に

おいて状態 i である個人の割合を表している．一方，$p_i^{(0)}$ は状態 i から始まる個人の割合を表している．ここで自然に思いつく疑問は，t が増加すると何が起こるだろうかということである．つまり，$\boldsymbol{p}^{(t)}$ の極限における挙動を決めることができるだろうかという疑問である．これに対する答えは，P^t の極限における挙動に依存し，ここで P は各要素が確率であるから非負の行列であることに注意してほしい．したがって，P が原始行列であるならば，定理 8.50 を適用することが可能である．いま，P の j 番目の列は時点 $t-1$ において状態 j であるときに，時点 t で様々な状態にいる確率であるから，列和は 1 でなければならない．つまり，$\mathbf{1}_m'P = \mathbf{1}_m'$ または，$P'\mathbf{1}_m = \mathbf{1}_m$ でなければならない．したがって P は固有値 1 をもつ．さらに，定理 8.40 の単純な応用によって，$\rho(P) \leq 1$ となる．したがって，$\rho(P) = 1$ でなければならない．結局，P が原始行列であり，$\boldsymbol{\pi}$ が $P\boldsymbol{\pi} = \boldsymbol{\pi}$ と $\boldsymbol{\pi}'\mathbf{1}_m = 1$ を満たす $m \times 1$ の正のベクトルとすると，

$$\lim_{t\to\infty}\{\rho(P)^{-1}P\}^t = \lim_{t\to\infty} P^t = \boldsymbol{\pi}\mathbf{1}_m'$$

となる．これを使えば，

$$\lim_{t\to\infty}\boldsymbol{p}^{(t)} = \lim_{t\to\infty} P^t\boldsymbol{p}^{(0)} = \boldsymbol{\pi}\mathbf{1}_m'\boldsymbol{p}^{(0)} = \boldsymbol{\pi}$$

であることがわかる．ここで，最後の等式は $\mathbf{1}_m'\boldsymbol{p}^{(0)} = 1$ であることから成立する．したがって，様々な状態に対する割合が $\boldsymbol{\pi}$ の要素で与えられるような平衡点にこの系は近づく．そして，これらの確率は時点ごとに変化しない．さらに，この極限における挙動は $\boldsymbol{p}^{(0)}$ に含まれる初期の割合に依存しない．

具体例として，家族の世代交代の際に起こる社会階層間の移動にまつわる社会流動性の問題を考えてみよう．各個人は，職業によって，上流層，中流層，そして下流層に分類されると仮定する．これらには，状態 1,2,3 がそれぞれ付与される．息子の階層と父親の階層を結びつける推移確率は以下で与えられると仮定する．

$$P = \begin{bmatrix} 0.45 & 0.05 & 0.05 \\ 0.45 & 0.70 & 0.50 \\ 0.10 & 0.25 & 0.45 \end{bmatrix}$$

したがって，例えば，父親が上流層の職業に就いている場合に，その息子が上流層，中流層，そして下流層の職業に就く確率は P のはじめの列の成分として与えられる．P は正であるから，前に議論した極限における結果を当てはめることができる．行列 P に対する単純な固有値解析から，$P\boldsymbol{\pi} = \boldsymbol{\pi}$ と $\boldsymbol{\pi}'\mathbf{1}_m = 1$ を満たす正のベクトル $\boldsymbol{\pi}$ は，$\boldsymbol{\pi} = (0.083, 0.620, 0.297)'$ と与えられる．したがって，この確率過程が一様マルコフ連鎖の条件を満たすならば，多くの世代を経た後には，男性の集団は，8.3%の上流層と 62%の中流層と 29.7%の下流層で構成されることになる．

8.9 巡回行列とトープリッツ行列

本節では，確率過程や時系列解析で適用される構造化された行列について簡潔に論じる．これらの行列の前者について，より包括的な議論は Davis(1979) を参照されたい．

$m \times m$ 行列 A は，A の各行が前の行の要素を循環状に交代させせることで得られる場合，巡回行列 (circulant matrix) と呼ばれる．すなわち，第 i 行について，最後の列の要素を最初の列に移動させ，各要素を 1 列ずつずらすことで第 $(i+1)$ 行を構成し，第 1 行と一致する $i=m$ になる前まで繰り返す場合である．したがって，A の最初の行について，その要素を $a_1, a_2, \ldots, a_m$ とすると，巡回行列は以下の形式となる．

$$A = \begin{bmatrix} a_1 & a_2 & a_3 & \cdots & a_{m-1} & a_m \\ a_m & a_1 & a_2 & \cdots & a_{m-2} & a_{m-1} \\ a_{m-1} & a_m & a_1 & \cdots & a_{m-3} & a_{m-2} \\ \vdots & \vdots & \vdots & & \vdots & \vdots \\ a_3 & a_4 & a_5 & \cdots & a_1 & a_2 \\ a_2 & a_3 & a_4 & \cdots & a_m & a_1 \end{bmatrix} \tag{8.19}$$

今後しばしば (8.19) 式の巡回行列を指して，$A = \mathrm{circ}(a_1, \ldots, a_m)$ という記法を使う場合がある．1 つの特別な巡回行列は，$\mathrm{circ}(0, 1, 0, \ldots, 0)$ である．ここでは Π_m と表す．この行列は，

$$\Pi_m = (\boldsymbol{e}_m, \boldsymbol{e}_1, \ldots, \boldsymbol{e}_{m-1}) = \begin{bmatrix} \boldsymbol{e}_2' \\ \boldsymbol{e}_3' \\ \vdots \\ \boldsymbol{e}_m' \\ \boldsymbol{e}_1' \end{bmatrix}$$

のようにも表すことができる置換行列であり，したがって $\Pi_m^{-1} = \Pi_m'$ である．注目すべきは以下の点である．すなわち，任意の $m \times m$ 行列 A の列を表すのに $\boldsymbol{a}_1, \ldots, \boldsymbol{a}_m$ を用い，行を表すのに $\boldsymbol{b}_1', \ldots, \boldsymbol{b}_m'$ を用いると，

$$\begin{aligned} A\Pi_m &= (\boldsymbol{a}_1, \boldsymbol{a}_2, \ldots, \boldsymbol{a}_m)(\boldsymbol{e}_m, \boldsymbol{e}_1, \ldots, \boldsymbol{e}_{m-1}) \\ &= (\boldsymbol{a}_m, \boldsymbol{a}_1, \ldots, \boldsymbol{a}_{m-1}) \end{aligned} \tag{8.20}$$

$$\Pi_m A = \begin{bmatrix} \boldsymbol{e}_2' \\ \boldsymbol{e}_3' \\ \vdots \\ \boldsymbol{e}_m' \\ \boldsymbol{e}_1' \end{bmatrix} \begin{bmatrix} \boldsymbol{b}_1' \\ \boldsymbol{b}_2' \\ \vdots \\ \boldsymbol{b}_{m-1}' \\ \boldsymbol{b}_m' \end{bmatrix} = \begin{bmatrix} \boldsymbol{b}_2' \\ \boldsymbol{b}_3' \\ \vdots \\ \boldsymbol{b}_m' \\ \boldsymbol{b}_1' \end{bmatrix} \tag{8.21}$$

が成り立ち，(8.20) 式と (8.21) 式が等しいことと A が (8.19) 式で与えられた形式であることは同値となる．以上を定理 8.52 として示す．

定理 8.52 $m \times m$ 行列 A は，

$$A = \Pi_m A \Pi_m'$$

が成り立つ場合，かつその場合に限り，巡回行列である．

定理 8.53 において，m 個の行列の和による $m \times m$ 巡回行列の表現が与えられる．

定理 8.53 巡回行列 $A = \text{circ}(a_1, \ldots, a_m)$ は，以下のように表すことができる．

$$A = a_1 I_m + a_2 \Pi_m + a_3 \Pi_m^2 + \cdots + a_m \Pi_m^{m-1}$$

証明 以下の関係が (8.19) 式を用いて導かれる．

$$\begin{aligned} A = a_1 I_m &+ a_2(\boldsymbol{e}_m, \boldsymbol{e}_1, \ldots, \boldsymbol{e}_{m-1}) + a_3(\boldsymbol{e}_{m-1}, \boldsymbol{e}_m, \boldsymbol{e}_1 \ldots, \boldsymbol{e}_{m-2}) + \cdots \\ &+ a_m(\boldsymbol{e}_2, \boldsymbol{e}_3, \ldots, \boldsymbol{e}_m, \boldsymbol{e}_1) \end{aligned}$$

任意の $m \times m$ 行列に後ろから Π_m を乗じると，その行列の列が右に 1 つ移動するから，

$$\begin{aligned} \Pi_m^2 &= (\boldsymbol{e}_{m-1}, \boldsymbol{e}_m, \ldots, \boldsymbol{e}_{m-2}) \\ &\vdots \\ \Pi_m^{m-1} &= (\boldsymbol{e}_2, \boldsymbol{e}_3, \ldots, \boldsymbol{e}_m, \boldsymbol{e}_1) \end{aligned}$$

となる．したがって，定理を得る． □

巡回行列に対するある種の演算は，別の巡回行列を生成する．これらのいくつかを定理 8.54 に示す．

定理 8.54 A と B を $m \times m$ 巡回行列とする．このとき以下が成り立つ．

(a) A' は巡回行列
(b) 任意のスカラー α と β に対して，$\alpha A + \beta B$ は巡回行列
(c) 任意の正の整数 r に対して，A^r は巡回行列
(d) A が非特異ならば，A^{-1} は巡回行列
(e) AB は巡回行列

証明 いま，$A = \text{circ}(a_1, \ldots, a_m)$ とし，$B = \text{circ}(b_1, \ldots, b_m)$ とすると，$A' = \text{circ}(a_1, a_m, a_{m-1}, \ldots, a_2)$，ならびに

$$\alpha A + \beta B = \text{circ}(\alpha a_1 + \beta b_1, \ldots, \alpha a_m + \beta b_m)$$

が (8.19) 式から直接導かれる．また，A は巡回行列であるから，$A = \Pi_m A \Pi_m'$ でなければならない．しかしながら，Π_m は直交行列であるので，

$$A^r = (\Pi_m A \Pi_m')^r = \Pi_m A^r \Pi_m'$$

であり，結果的に定理 8.52 から，A^r もまた巡回行列であることが導かれる．同様にして，A がもし非特異ならば，

$$A^{-1} = (\Pi_m A \Pi_m')^{-1} = \Pi_m'^{-1} A^{-1} \Pi_m^{-1} = \Pi_m A^{-1} \Pi_m'$$

であるから，A^{-1} は巡回行列である．最後に，(e) を証明するためには次の事実に着目すればよい．すなわち，$A = \Pi_m A \Pi_m'$ と $B = \Pi_m B \Pi_m'$ は両方とも成立しなければならないが，このことは

$$AB = (\Pi_m A \Pi_m')(\Pi_m B \Pi_m') = \Pi_m AB \Pi_m'$$

を示す．したがって，証明は完了する． □

定理 8.53 で与えられた巡回行列の別表現によって，定理 8.55 の簡潔な証明方法が与えられる．

定理 8.55 A と B を $m \times m$ 巡回行列とする．このとき，それらの積は可換である．つまり，$AB = BA$ が成り立つ．

証明 $A = \mathrm{circ}(a_1, \ldots, a_m)$，$B = \mathrm{circ}(b_1, \ldots, b_m)$ とすると，定理 8.53 から

$$A = \sum_{i=1}^{m} a_i \Pi_m^{i-1}, \qquad B = \sum_{j=1}^{m} b_j \Pi_m^{j-1}$$

が成り立つ．ここで，$\Pi_m^0 = I_m$ である．結果として，

$$\begin{aligned} AB &= \left(\sum_{i=1}^{m} a_i \Pi_m^{i-1}\right)\left(\sum_{j=1}^{m} b_j \Pi_m^{j-1}\right) = \sum_{i=1}^{m}\sum_{j=1}^{m}(a_i \Pi_m^{i-1})(b_j \Pi_m^{j-1}) \\ &= \sum_{i=1}^{m}\sum_{j=1}^{m} a_i b_j \Pi_m^{i+j-2} = \sum_{i=1}^{m}\sum_{j=1}^{m}(b_j \Pi_m^{j-1})(a_i \Pi_m^{i-1}) \\ &= \left(\sum_{j=1}^{m} b_j \Pi_m^{j-1}\right)\left(\sum_{i=1}^{m} a_i \Pi_m^{i-1}\right) = BA \end{aligned}$$

となり，定理は証明された． □

すべての巡回行列は対角化可能である．このことを巡回行列の固有値と固有ベクトルを決定することから示そう．ただし，まず最初に特別な巡回行列 Π_m の固有値と固有ベクトルを得ることから始める．

定理 8.56 $\lambda_1, \ldots, \lambda_m$ を多項方程式 $\lambda^m - 1 = 0$ の m 個の解とする．すなわち，$i = \sqrt{-1}$，$\theta = \exp(2\pi i/m) = \cos(2\pi/m) + i\sin(2\pi/m)$ として，$\lambda_j = \theta^{j-1}$ である．Λ を対角行列 $\mathrm{diag}(1, \theta, \ldots, \theta^{m-1})$ とし，以下の行列を考える．

$$F = \frac{1}{\sqrt{m}} \begin{bmatrix} 1 & 1 & 1 & \cdots & 1 \\ 1 & \theta & \theta^2 & \cdots & \theta^{m-1} \\ 1 & \theta^2 & \theta^4 & \cdots & \theta^{2(m-1)} \\ \vdots & \vdots & \vdots & & \vdots \\ 1 & \theta^{m-1} & \theta^{2(m-1)} & \cdots & \theta^{(m-1)(m-1)} \end{bmatrix}$$

このとき，Π_m は，$\Pi_m = F\Lambda F^*$ のように対角化される．ここで，F^* は F の共役転置である．すなわち，Λ の対角要素は Π_m の固有値であり，一方，F の列は対応する固有ベクトルである．

証明 固有値・固有ベクトル方程式，すなわち $\Pi_m \boldsymbol{x} = \lambda \boldsymbol{x}$ によって，$j = 1, \ldots, m-1$ について

$$x_{j+1} = \lambda x_j$$

が成り立つ．また

$$x_1 = \lambda x_m$$

である．繰り返し代入することで，任意の j について $x_j = \lambda^m x_j$ を得る．したがって，$\lambda^m = 1$ であるから，Π_m の固有値は $1, \theta, \ldots, \theta^{m-1}$ である．固有値 θ^{j-1} と $x_1 = m^{-1/2}$ を上式に代入すると，固有値 θ^{j-1} に対応する固有ベクトルが $\boldsymbol{x} = m^{-1/2}(1, \theta^{j-1}, \ldots, \theta^{(m-1)(j-1)})'$ によって与えられることがわかる．以上から，Λ の対角要素が Π_m の固有値であること，ならびに，F の列が対応する固有ベクトルであることが示された．残りの証明は，単に $F^{-1} = F^*$ を示すことに関わるものであり，読者への練習問題とする． □

定理 8.56 で与えられた行列 F は次数 m のフーリエ行列と呼ばれることもある．定理 8.53 と定理 8.56 から直接導かれる任意の巡回行列の対角化については，定理 8.57 として示す．

定理 8.57 A を $m \times m$ 巡回行列 $\mathrm{circ}(a_1, \ldots, a_m)$ とする．このとき，

$$A = F\Delta F^*$$

が成り立つ．ここで，$\Delta = \mathrm{diag}(\delta_1, \ldots, \delta_m)$ であり，$\delta_j = a_1 + a_2\lambda_j^1 + \cdots + a_m\lambda_j^{m-1}$ である．また，λ_j と F は定理 8.56 で定義されたとおりである．

証明 $\Pi_m = F\Lambda F^*$ であり，$FF^* = I_m$ であるから，$j = 2, \ldots, m-1$ について，

$\Pi_m^j = F\Lambda^j F^*$ である．定理 8.53 を用いると，

$$\begin{aligned} A &= a_1 I_m + a_2 \Pi_m + a_3 \Pi_m^2 + \cdots + a_m \Pi_m^{m-1} \\ &= a_1 F F^* + a_2 F \Lambda^1 F^* + a_3 F \Lambda^2 F^* + \cdots + a_m F \Lambda^{m-1} F^* \\ &= F(a_1 I_m + a_2 \Lambda^1 + a_3 \Lambda^2 + \cdots + a_m \Lambda^{m-1}) F^* \\ &= F \Delta F^* \end{aligned}$$

となるため，証明は完了する．□

巡回行列の集合は，トープリッツ行列 (Toeplitz matrix) として知られるより大きな行列の集合の下位集合である．$m \times m$ トープリッツ行列 A の要素について，スカラー $a_{-m+1}, a_{-m+2}, \ldots, a_{m-1}$ に対して $a_{ij} = a_{j-i}$ が成り立つ．すなわち，A は以下の形式となる．

$$A = \begin{bmatrix} a_0 & a_1 & a_2 & \cdots & a_{m-2} & a_{m-1} \\ a_{-1} & a_0 & a_1 & \cdots & a_{m-3} & a_{m-2} \\ a_{-2} & a_{-1} & a_0 & \cdots & a_{m-4} & a_{m-3} \\ \vdots & \vdots & \vdots & & \vdots & \vdots \\ a_{-m+2} & a_{-m+3} & a_{-m+4} & \cdots & a_0 & a_1 \\ a_{-m+1} & a_{-m+2} & a_{-m+3} & \cdots & a_{-1} & a_0 \end{bmatrix}$$

もし，$j = 1, \ldots, m-1$ に対して $a_j = a_{-j}$ ならば，行列 A は対称トープリッツ行列である．重要で単純な対称トープリッツ行列 (symmetric Toeplitz matrix) の 1 つは，$j = 2, \ldots, m-1$ に対して $a_j = a_{-j} = 0$ となる行列，すなわち以下のような行列である．

$$A = \begin{bmatrix} a_0 & a_1 & 0 & \cdots & 0 & 0 \\ a_1 & a_0 & a_1 & \cdots & 0 & 0 \\ 0 & a_1 & a_0 & \cdots & 0 & 0 \\ \vdots & \vdots & \vdots & & \vdots & \vdots \\ 0 & 0 & 0 & \cdots & a_0 & a_1 \\ 0 & 0 & 0 & \cdots & a_1 & a_0 \end{bmatrix} \tag{8.22}$$

トープリッツ行列の固有値や逆行列の計算のための公式といった特殊な定理は，Grenander and Szego(1984) や Heinig and Rost(1984) などにみることができる．

8.10 アダマール行列とバンデルモンド行列

本節では，実験計画法と応答曲面法の分野において応用されているいくつかの行列について論じる．まず最初に取り上げるのは，アダマール行列 (Hadamard matrix) と分

類される一群の行列である．サイズ $m \times m$ の行列 H は，その各要素が $+1$ か -1 のどちらかであり，かつ

$$H'H = HH' = mI_m \tag{8.23}$$

を満たすとき，すなわち H の行と列がそれぞれ直交なベクトルの組を形成しているときに，アダマール行列と呼ばれる．例えば，2×2 アダマール行列は

$$H = \begin{bmatrix} 1 & 1 \\ 1 & -1 \end{bmatrix}$$

となる．また 4×4 アダマール行列は，以下のような形をとる．

$$H = \begin{bmatrix} 1 & 1 & 1 & 1 \\ -1 & -1 & 1 & 1 \\ 1 & -1 & 1 & -1 \\ 1 & -1 & -1 & 1 \end{bmatrix}$$

定理 8.58 として，アダマール行列の基本的な性質を示す．

定理 8.58　任意の $m \times m$ アダマール行列を H_m によって表す．このとき，以下が成り立つ．

(a) $m^{-1/2}H_m$ は $m \times m$ 直交行列である．
(b) $|H_m| = \pm m^{m/2}$
(c) $H_m \otimes H_n$ は $mn \times mn$ アダマール行列となる．

証明　定理のうち (a) は，(8.23) 式からただちに明らかである．また同じ式から，

$$|H_m' H_m| = |mI_m| = m^m$$

であることがわかる．しかし一方で

$$|H_m' H_m| = |H_m'||H_m| = |H_m|^2$$

でもあることから，(b) が導かれる．最後に，$H_m \otimes H_n$ の各要素は H_m の要素と H_n の要素の積であることから，すべてが $+1$ か -1 になる．加えて

$$\begin{aligned}(H_m \otimes H_n)'(H_m \otimes H_n) &= H_m' H_m \otimes H_n' H_n \\ &= mI_m \otimes nI_n = mnI_{mn}\end{aligned}$$

となるため，(c) が成り立つ．□

アダマール行列の中でも最初の行の要素すべてが $+1$ になっているものは，正規アダ

マール行列 (normalized Hadamard matrix) と呼ばれる．次に示す定理では，このような行列が存在するかどうかを問題として取り上げる．

定理 8.59 もし $m \times m$ アダマール行列が存在するならば，$m \times m$ 正規アダマール行列も存在する．

証明 H が $m \times m$ アダマール行列であると仮定する．加えて，H の最初の行の要素を対角要素に配した対角行列を D で表すことにする．すなわち，$D = \mathrm{diag}(h_{11}, \ldots, h_{1m})$ である．このとき D の各対角要素は $+1$ か -1 であるから，$D^2 = I_m$ となる．ここで，$m \times m$ 行列 $H_* = HD$ を考える．H_* の各列は対応する H の列に $+1$ か -1 を乗じたものになるから，H_* の各要素も明らかに $+1$ か -1 である．また，H_* の最初の行に含まれる j 番目の要素は $h_{1j}^2 = 1$ を満たすため，H_* の最初の行の要素はすべて $+1$ になる．さらに

$$\begin{aligned} H_*' H_* &= (HD)' HD = D' H' HD \\ &= D(mI_m)D = mD^2 = mI_m \end{aligned}$$

であるから，H_* は $m \times m$ 正規アダマール行列である．よって題意を得る． □

サイズ $m \times m$ のアダマール行列は，任意の m すべてに対して存在しているわけではない．すでに示した 2×2 アダマール行列を定理 8.58(c) において繰り返し用いれば，任意の $n \geq 2$ である整数 n について，$2^n \times 2^n$ アダマール行列を求めることが可能である．しかし $m \neq 2^n$ の場合，$m \times m$ アダマール行列は一部の値に対してしか存在しない．定理 8.60 は，次数 m のアダマール行列が存在するような m に関する必要条件を与える．

定理 8.60 もし H が $m > 2$ の場合における $m \times m$ アダマール行列であるならば，m は 4 の倍数である．

証明 この定理は，H の任意の 3 つの行が互いに直交しているという事実を用いれば証明することができる．そこでここでは，H の最初の 3 行に着目する．また定理 8.59 より，H は正規アダマール行列であると仮定しても構わないはずである．よって H の最初の行は，すべての要素が $+1$ であると考える．すると H の 2, 3 行目は 1 行目と直交しているから，$r = m/2$ としたとき，これらの行はそれぞれ r 個の $+1$ と r 個の -1 とを含んでいなければならない．したがって，明らかに

$$m = 2r \tag{8.24}$$

である．すなわち，m は 2 の倍数である．また，n_{+-} によって，2 行目の要素は $+1$ だが 3 行目の要素は -1 であるような列の本数を表すものとする．同様にして，n_{-+}, n_{++}, n_{--} も定義する．すると $n_{++} + n_{+-} = r$, $n_{++} + n_{-+} = r$, $n_{--} + n_{-+} = r$, $n_{--} + n_{+-} = r$ より，各 n のうちどれか 1 つの値を決めるだけで，他の n の値も

決まってしまうことになる．例えば，もし $n_{++} = s$ であるならば，$n_{+-} = (r-s)$, $n_{-+} = (r-s)$, $n_{--} = s$ である．しかし 2 行目と 3 行目が直交することが保証されるのは，$n_{++} + n_{--} = n_{-+} + n_{+-}$ であり，

$$2s = 2(r-s)$$

が満たされている場合に限られる．よって $r = 2s$ であり，これと (8.24) 式を利用することで $m = 4s$ を得る．以上で証明は完了となる．□

アダマール行列に関してさらなる情報を知りたい場合には，Hedayat and Wallis (1978), Agaian (1985), Xian (2001) が参考になる．

以下に示すような構造をもつ $m \times m$ 行列 A は，バンデルモンド行列 (Vandermonde matrix) と呼ばれる．

$$A = \begin{bmatrix} 1 & 1 & 1 & \cdots & 1 \\ a_1 & a_2 & a_3 & \cdots & a_m \\ a_1^2 & a_2^2 & a_3^2 & \cdots & a_m^2 \\ \vdots & \vdots & \vdots & & \vdots \\ a_1^{m-1} & a_2^{m-1} & a_3^{m-1} & \cdots & a_m^{m-1} \end{bmatrix} \tag{8.25}$$

例えば F が 8.9 節で論じたフーリエ行列であるとき，$A = m^{1/2}F$ は，$i = 1, \ldots, m$ について $a_i = \theta^{i-1}$ であるようなバンデルモンド行列となる．本章の最後の結果はバンデルモンド行列の行列式の表現を与える．

定理 8.61　A が (8.25) 式で与えられたような $m \times m$ バンデルモンド行列であるとする．このとき，A の行列式は以下によって与えられる．

$$|A| = \prod_{1 \le i < j \le m} (a_j - a_i) \tag{8.26}$$

証明　ここでは帰納法によって証明を行う．まず $m = 2$ の場合，

$$|A| = \begin{vmatrix} 1 & 1 \\ a_1 & a_2 \end{vmatrix} = a_2 - a_1$$

であるから，2×2 の A については (8.26) 式が成立していることがわかる．続いて，次数 $m-1$ のバンデルモンド行列において (8.26) 式が成り立っていると仮定したときに，同式が次数 m においても成立することを示す．仮に A から最後の行と最初の列を削除して求めた $(m-1) \times (m-1)$ の行列を B とすると，B は次数 $m-1$ のバンデルモンド行列であるから，以下が成り立っているはずである．

$$|B| = \prod_{2 \le i < j \le m} (a_j - a_i)$$

ここで，以下のような $m \times m$ 行列を定義する．

$$C = \begin{bmatrix} 1 & 0 & 0 & \cdots & 0 & 0 \\ -a_1 & 1 & 0 & \cdots & 0 & 0 \\ 0 & -a_1 & 1 & \cdots & 0 & 0 \\ \vdots & \vdots & \vdots & & \vdots & \vdots \\ 0 & 0 & 0 & \cdots & 1 & 0 \\ 0 & 0 & 0 & \cdots & -a_1 & 1 \end{bmatrix}$$

この行列の最初の行に余因子展開の公式を繰り返し適用すると，$|C| = 1$ であることがわかる．したがって，$|A| = |CA|$ である．しかし

$$E = \begin{bmatrix} 1 & \mathbf{1}'_{m-1} \\ \mathbf{0} & BD \end{bmatrix}$$

としたとき，$CA = E$ であることが容易に確認できる．ただし，$D = \mathrm{diag}((a_2-a_1), (a_3-a_1), \ldots, (a_m - a_1))$ である．したがって，以下を得る．

$$\begin{aligned} |A| &= |CA| = |E| = |BD| = |B||D| \\ &= \left\{ \prod_{2 \le i < j \le m} (a_j - a_i) \right\} \left\{ \prod_{2 \le j \le m} (a_j - a_1) \right\} \\ &= \prod_{1 \le i < j \le m} (a_j - a_i) \end{aligned}$$

ここで 3 つ目の等式は，定理 7.3 を用いることで導かれるものである．以上より題意を得る． □

練習問題

8.1 2×2 行列 A と B を以下で与えられる行列とする．

$$A = \begin{bmatrix} 2 & 3 \\ 1 & 2 \end{bmatrix}, \quad B = \begin{bmatrix} 5 & 3 \\ 3 & 2 \end{bmatrix}$$

(a) $A \otimes B$ と $B \otimes A$ を計算せよ．

(b) $\mathrm{tr}(A \otimes B)$ を得よ．

(c) $|A \otimes B|$ を計算せよ．

(d) $A \otimes B$ の固有値を与えよ．

(e) $(A \otimes B)^{-1}$ を得よ．

8.2 $I_m \otimes I_n$ の簡潔な表現を得よ．

8.3 定理 8.1 を証明せよ.

8.4 A を $m \times n$ 行列, B を $p \times q$ 行列, $\boldsymbol{c}$ を $r \times 1$ ベクトルとする. このとき以下を示せ.

(a) $A(I_n \otimes \boldsymbol{c}') = A \otimes \boldsymbol{c}'$
(b) $(\boldsymbol{c} \otimes I_p)B = \boldsymbol{c} \otimes B$

8.5 $\boldsymbol{a}$ を $m \times 1$ ベクトル, B を $p \times q$ 行列とする. B が $B = [B_1 \cdots B_k]$ のように分割されるとする. そのとき, 以下となることを示せ.

$$\boldsymbol{a} \otimes B = \begin{bmatrix} \boldsymbol{a} \otimes B_1 & \cdots & \boldsymbol{a} \otimes B_k \end{bmatrix}$$

8.6 定理 8.4 の (b) と (c) を証明せよ.

8.7 もし A および B が対称行列であるならば, $A \otimes B$ もまた対称であることを示せ.

8.8 A と B が非特異ならば, そのときのみ $A \otimes B$ が非特異であることを示せ.

8.9 A を $m \times m$ 行列, B を $n \times n$ 行列とする. ある $c > 0$ において, cA と $c^{-1}B$ が直交行列である場合かつその場合に限り, $A \otimes B$ が直交行列であるということを示せ.

8.10 行列 A, B を次のように定義するとき, $A \otimes B$ の階数を求めよ.

$$A = \begin{bmatrix} 2 & 6 \\ 1 & 4 \\ 3 & 1 \end{bmatrix}, \quad B = \begin{bmatrix} 5 & 2 & 4 \\ 2 & 1 & 1 \\ 1 & 0 & 2 \end{bmatrix}$$

8.11 任意のサイズの行列 A と B に対して, $A = (0)$ または $B = (0)$ の場合, かつその場合に限り $A \otimes B = (0)$ であることを示せ.

8.12 $\boldsymbol{x}_i$ を固有値 λ_i に対応する $m \times m$ 行列 A の固有ベクトルとする. また, $\boldsymbol{y}_j$ を固有値 θ_j に対応する $p \times p$ 行列 B の固有ベクトルとする.

(a) $\boldsymbol{x}_i \otimes \boldsymbol{y}_j$ は $A \otimes B$ の固有値ベクトルであることを証明せよ.
(b) $A \otimes B$ の固有ベクトルが A の固有ベクトルと B の固有ベクトルのクロネッカー積にならないような行列 A と B の具体例をあげよ.

8.13 $m \times n$ 行列 A と $n \times m$ 行列 B について, $n > m$ であるものとする. このとき $A \otimes B$ は, 重複度が最低でも $(n-m)m$ である固有値 0 をもつことを示せ.

8.14 もし A と B が正定値行列なら, $A \otimes B$ もまた正定値であることを示せ.

8.15 定理 8.3 および定理 8.6 より, もし A と B が正方行列であるならば, $\mathrm{tr}(A \otimes B) =$

$\mathrm{tr}(B \otimes A)$ かつ $|A \otimes B| = |B \otimes A|$ である．A と B が正方行列ではなくかつ $A \otimes B$ が正方行列であるとき，これら 2 つの恒等式のうち最初のものは必ずしも成立しないのに対して 2 つ目のものは成立することを示せ．すなわち，A を $m \times n$ 行列であり B を $n \times m$ 行列であると仮定せよ．

(a) $\mathrm{tr}(A \otimes B) \neq \mathrm{tr}(B \otimes A)$ の例を与えよ．
(b) $|A \otimes B| = |B \otimes A|$ を証明せよ．

8.16　$\boldsymbol{x}$ は $m \times 1$ ベクトル，$\boldsymbol{y}$ は $n \times 1$ ベクトルとする．このとき $\boldsymbol{x}\,\boldsymbol{y}'$, $\boldsymbol{y}' \otimes \boldsymbol{x}$ と $\boldsymbol{x} \otimes \boldsymbol{y}'$ が同じであることを示せ．

8.17　例 8.3 で議論した交互作用を伴った 2 要因分類モデルにおける，誤差平方和 $\mathrm{SSE} = (\boldsymbol{y} - \hat{\boldsymbol{y}})'(\boldsymbol{y} - \hat{\boldsymbol{y}})$ を計算せよ．

8.18　以下で与えられる交互作用のない 2 要因分類モデルを考える．ただし，$i = 1, \ldots, a$，$j = 1, \ldots, b$，$k = 1, \ldots, n$ である．

$$y_{ijk} = \mu + \tau_i + \gamma_j + \epsilon_{ijk}$$

(a) $\boldsymbol{\beta} = (\mu, \tau_1, \ldots, \tau_a, \gamma_1, \ldots, \gamma_b)'$ の最小 2 乗解を見つけよ．また，これを用いて，当てはめられた値のベクトルとこのモデルに対する誤差平方和を得よ．
(b) 縮退したモデルに対する誤差平方和を計算し，この結果と (a) で計算された SSE を用いて，因子 A の平方和が以下であることを示せ．

$$SSA = nb \sum_{i=1}^{a} (\bar{y}_{i\cdot} - \bar{y}_{\cdot\cdot})^2$$

(c) 同様の方法で，因子 B の平方和が以下で得られることを示せ．

$$SSB = na \sum_{j=1}^{b} (\bar{y}_{\cdot j} - \bar{y}_{\cdot\cdot})^2$$

(d) できるだけ多くの μ,τ_i,γ_j の線形独立な推定可能関数を見つけよ．
(e) (a) で計算された誤差の平方和と練習問題 8.17 で計算された誤差の平方和を用いて，練習問題 8.17 のモデルにおける交互作用の平方和が以下で得られることを示せ．

$$SSAB = n \sum_{i=1}^{a} \sum_{j=1}^{b} (\bar{y}_{ij} - \bar{y}_{i\cdot} - \bar{y}_{\cdot j} + \bar{y}_{\cdot\cdot})^2$$

8.19　定理 8.8 を証明せよ．

8.20　A_1, A_2, A_3, A_4 は正方行列であるとする．これらの行列に対し適切な演算が定義されるとき，以下が成り立つことを示せ．

(a) $(A_1 \oplus A_2) + (A_3 \oplus A_4) = (A_1 + A_3) \oplus (A_2 + A_4)$
(b) $(A_1 \oplus A_2)(A_3 \oplus A_4) = A_1A_3 \oplus A_2A_4$
(c) $(A_1 \oplus A_2) \otimes A_3 = (A_1 \otimes A_3) \oplus (A_2 \otimes A_3)$

8.21 一般に以下となることを一例をあげて示せ.

$$A_1 \otimes (A_2 \oplus A_3) \neq (A_1 \otimes A_2) \oplus (A_1 \otimes A_3)$$

8.22 例 8.5 の詳細を完成せよ．すなわち，定理 6.4 と定理 8.11 を用いて，定理 6.5 を証明せよ.

8.23 連立方程式 $AX - XB = C$ を考える．ここで X は $m \times n$ の変数行列であり，A, B, C はそれぞれ定数行列である．A と B が共通の固有値を 1 つももたないとき，かつそのときに限り，この連立方程式は X について唯一の解をもつことを証明せよ.

8.24 系 8.12.1 を証明せよ.

8.25 A と B をそれぞれ $m \times n$, $n \times p$ 行列とする．一方，$\boldsymbol{c}$ と $\boldsymbol{d}$ をそれぞれ $p \times 1$, $n \times 1$ ベクトルとする．このとき以下を証明せよ.

(a) $AB\boldsymbol{c} = (\boldsymbol{c}' \otimes A)\mathrm{vec}(B) = (A \otimes \boldsymbol{c}')\mathrm{vec}(B')$
(b) $\boldsymbol{d}'B\boldsymbol{c} = (\boldsymbol{c}' \otimes \boldsymbol{d}')\mathrm{vec}(B)$

8.26 A, B, C がサイズ $m \times m$ の行列であるとする．このとき，C が対称であれば以下が成り立つことを示せ.

$$\{\mathrm{vec}(C)\}'(A \otimes B)\,\mathrm{vec}(C) = \{\mathrm{vec}(C)\}'(B \otimes A)\,\mathrm{vec}(C)$$

8.27 任意の行列 A と任意のベクトル $\boldsymbol{b}$ について，以下を示せ.

$$\mathrm{vec}(A \otimes \boldsymbol{b}) = \mathrm{vec}(A) \otimes \boldsymbol{b}$$

8.28 A を $m \times n$ 行列であり B を $n \times p$ 行列であるとする．以下を示せ.

$$\begin{aligned}\mathrm{vec}(AB) &= (I_p \otimes A)\mathrm{vec}(B) = (B' \otimes I_m)\mathrm{vec}(A)\\ &= (B' \otimes A)\mathrm{vec}(I_n)\end{aligned}$$

8.29 A は $m \times m$，B は $n \times n$，C は $m \times n$ 行列とする．このとき以下を証明せよ.

$$\mathrm{vec}(AC + CB) = \{(I_n \otimes A) + (B' \otimes I_m)\}\mathrm{vec}(C)$$

8.30 A と B を $m \times n$ 行列とする．このとき，一方の行列がもう一方の行列のスカ

ラー倍であるならばそのときのみ

$$\{\mathrm{tr}(A'B)\}^2 \leq \{\mathrm{tr}(A'A)\}\{\mathrm{tr}(B'B)\}$$

の等号が成立することを示せ.

8.31　A を $m \times m$ 対称行列とし，$f(A) = \mathrm{tr}(A^2) - m^{-1}\{\mathrm{tr}(A)\}^2$ により定義される A の関数を考える．$f(A)$ が以下の式で表現できることを示せ.

$$f(A) = \{\mathrm{vec}(A)\}'\{I_{m^2} - m^{-1}\mathrm{vec}(I_m)\mathrm{vec}(I_m)'\}\mathrm{vec}(A)$$

8.32　$\boldsymbol{e}_i$ が単位行列 I_m の i 番目の列ならば，以下が成り立つことを検証せよ.

$$\mathrm{vec}(I_m) = \sum_{i=1}^{m}(\boldsymbol{e}_i \otimes \boldsymbol{e}_i)$$

8.33　定理 8.13 の性質 (h) を証明せよ.

8.34　2×2 行列 A, B を以下に与えられるものとする.

$$A = \begin{bmatrix} 1 & 2 \\ 2 & 4 \end{bmatrix}, \qquad B = \begin{bmatrix} 4 & 1 \\ 1 & 3 \end{bmatrix}$$

(a) $A \odot B$ を計算せよ.

(b) 行列 $A, B, A \odot B$ は正定値と半正定値のどちらか．このことは定理 8.17 とどう関係しているか.

8.35　行列 A と行列 B の両方が非負定値ではないが，$A \odot B$ は正定値となるような A と B の例を与えよ.

8.36　A, B, C を $m \times n$ 行列とする．このとき次式が成り立つことを証明せよ.

$$\mathrm{tr}\{(A' \odot B')C\} = \mathrm{tr}\{A'(B \odot C)\}$$

8.37　$m \times m$ 行列 A が対角化可能であるとする．すなわち，$A = X\Lambda X^{-1}$ となる非特異行列 X と対角行列 $\Lambda = \mathrm{diag}(\lambda_1, \ldots, \lambda_m)$ が存在する．A の対角要素からなるベクトルを $\boldsymbol{a} = (a_{11}, \ldots, a_{mm})'$，$A$ の固有値ベクトルを $\boldsymbol{\lambda} = (\lambda_1, \ldots, \lambda_m)'$ と定義するとき，

$$(X \odot X^{-1\prime})\boldsymbol{\lambda} = \boldsymbol{a}$$

であり，かつ以下であることを示せ.

$$(X \odot X^{-1\prime})\mathbf{1}_m = (X \odot X^{-1\prime})'\mathbf{1}_m = \mathbf{1}_m$$

8.38　A と B を $m \times m$ 非負定値行列とする．このとき以下を証明せよ.

(a) $|A \odot B| \geq |A||B|$

(b) もし A が正定値ならば，$|A \odot A^{-1}| \geq 1$

8.39 以下に示す 2 つの 2×2 行列の組み合わせのアダマール積について，その最小固有値 $\lambda_2(A \odot B)$ を求めよ．また，定理 8.21 と定理 8.23 を用いて固有値の下限を求め，どちらの定理による結果の方が本当の最小固有値に近いかを確認せよ．

(a) $A = \begin{bmatrix} 4 & 0 \\ 0 & 1 \end{bmatrix}, \quad B = \begin{bmatrix} 2 & 0 \\ 0 & 3 \end{bmatrix}$

(b) $A = \begin{bmatrix} 1 & 0 \\ 0 & 1 \end{bmatrix}, \quad B = \begin{bmatrix} 2 & \sqrt{2} \\ \sqrt{2} & 3 \end{bmatrix}$

8.40 A を $m \times m$ 正定値行列とする．定理 8.19 を用い，もし $B = A^{-1}$ なら $a_{11}b_{11} \geq 1$ であることを示せ．またこの結果がどのように $i = 1, \ldots, m$ における $a_{ii}b_{ii} \geq 1$ について一般化されるか示せ．

8.41 A および B を $m \times m$ 正定値行列であるとし，以下の不等式を考える．

$$|A \odot B| + |A||B| \geq |A| \prod_{i=1}^{m} b_{ii} + |B| \prod_{i=1}^{m} a_{ii}$$

(a) この不等式は以下と等価であることを示せ．

$$|R_A \odot R_B| + |R_A||R_B| \geq |R_A| + |R_B|$$

ここで R_A と R_B は A と B から計算された相関行列を表している．

(b) $|R_A \odot C|$ に定理 8.20 を用いて (a) で与えられた不等式を確立させよ．ここで $C = R_B - (\boldsymbol{e}_1' R_B^{-1} \boldsymbol{e}_1)^{-1} \boldsymbol{e}_1 \boldsymbol{e}_1'$ である．

8.42 A, B は $m \times m$ 正定値行列とする．このとき，もし A, B がともに対角行列であるならそのときのみ $A \odot B = AB$ であることを証明せよ．

8.43 A を $m \times m$ 正定値行列，B を厳密に r 個の正の対角要素をもつ $m \times m$ 半正定値行列とする．$\mathrm{rank}(A \odot B) = r$ を示せ．

8.44 A と B が 2×2 特異行列であるならば，$A \odot B$ もまた特異行列であることを示せ．

8.45 R は $m \times m$ の正定値相関行列であり，その最小固有値として λ をもつものとする．もし τ が $R \odot R$ の最小固有値であり，$R \neq I_m$ ならば，$\tau > \lambda$ であることを示せ．

8.46 以下の行列について考える．

$$\Psi_m = \sum_{i=1}^{m} \boldsymbol{e}_{i,m}(\boldsymbol{e}_{i,m} \otimes \boldsymbol{e}_{i,m})'$$

これは，任意の $m \times m$ 行列 A, B に対し，$\Psi_m(A \otimes B)\Psi'_m = A \odot B$ を満たすことがわかっている．$\mathrm{w}(A)$ を A の対角要素をもつ $m \times 1$ ベクトル，$\mathrm{w}(A) = (a_{11}, \ldots, a_{mm})'$ と定義する．また，Λ_m を以下によって与えられる $m^2 \times m^2$ 行列とする．

$$\Lambda_m = \sum_{i=1}^{m}(E_{ii} \otimes E_{ii}) = \sum_{i=1}^{m}(\boldsymbol{e}_{i.m}\boldsymbol{e}'_{i.m} \otimes \boldsymbol{e}_{i.m}\boldsymbol{e}'_{i.m})$$

このとき，以下を示せ．

(a) すべての対角行列 A に対し，$\Psi'_m \mathrm{w}(A) = \mathrm{vec}(A)$
(b) すべての行列 A に対し，$\Psi_m \mathrm{vec}(A) = \mathrm{w}(A)$
(c) $\Psi_m \Psi'_m = I_m$ したがって，$\Psi^+_m = \Psi'_m$
(d) $\Psi'_m \Psi_m = \Lambda_m$
(e) $\Lambda_m N_m = N_m \Lambda_m = \Lambda_m$
(f) $\{\mathrm{vec}(A)\}'\Lambda_m(B \otimes B)\Lambda_m \mathrm{vec}(A) = \{\mathrm{w}(A)\}'(B \odot B)\mathrm{w}(A)$

Ψ_m に関するこのほかの性質については Magnus(1988) を参照のこと．

8.47 A と B を $m \times m$ 正定値行列であるとする．$\Psi_m(A \otimes B)\Psi'_m = A \odot B$ であり，$\Psi_m \Psi'_m = I_m$ であるので，$P(A \otimes B)P'$ が (7.1) 式の 2×2 形式へと分割されてその (1,1) の部分行列が $A \odot B$ によって与えられるような $m^2 \times m^2$ 直交行列 P が存在するということになる．この結果と練習問題 7.9 の結果を利用し，以下のことを示せ．

(a) $A^{-1} \odot B^{-1} - (A \odot B)^{-1}$ は非負定値である．
(b) $A^{-1} \odot A^{-1} - (A \odot A)^{-1}$ は非負定値である．
(c) $A^{-1} \odot A - (A^{-1} \odot A)^{-1}$ は非負定値である．

8.48 交換行列 K_{mn} は置換行列であるということを確認せよ．すなわち，K_{mn} の各列は I_{mn} のある列であり，I_{mn} の各列は K_{mn} のある列であるということを示せ．

8.49 交換行列 K_{22}, K_{24} を示せ．

8.50 K_{mm} の固有値は定理 8.28 で与えられた．対応する固有ベクトルが $\boldsymbol{e}_l \otimes \boldsymbol{e}_l$, $(\boldsymbol{e}_l \otimes \boldsymbol{e}_k) + (\boldsymbol{e}_k \otimes \boldsymbol{e}_l)$，$(\boldsymbol{e}_l \otimes \boldsymbol{e}_k) - (\boldsymbol{e}_k \otimes \boldsymbol{e}_l)$ という形式のベクトルで表されることを示せ．

8.51 交換行列 K_{mn} が以下のように表されることを証明せよ．

$$K_{mn} = \sum_{i=1}^{m}(\boldsymbol{e}_i \otimes I_n \otimes \boldsymbol{e}'_i)$$

ここで $\boldsymbol{e}_i$ は I_m の i 列目である．これを使い，A が $n \times m$, $\boldsymbol{x}$ が $m \times 1$, $\boldsymbol{y}$ が任意のベクトルのとき，以下となることを証明せよ．

$$K'_{mn}(\boldsymbol{x} \otimes A \otimes \boldsymbol{y}') = A \otimes \boldsymbol{x}\boldsymbol{y}'$$

8.52 以下を証明せよ．

(a) $K_{np,m} = K_{n,pm}K_{p,nm} = K_{p,nm}K_{n,pm}$
(b) $K_{np,m}K_{pm,n}K_{mn,p} = I_{mnp}$

8.53　A を rank r の $m \times n$ 行列とし，$\lambda_1, \ldots, \lambda_r$ を $A'A$ の非ゼロの固有値とする．ここで

$$P = K_{mn}(A' \otimes A)$$

を定義したとき，以下を示せ．

(a) P は対称である．
(b) $\mathrm{rank}(P) = r^2$
(c) $\mathrm{tr}(P) = \mathrm{tr}(A'A)$
(d) $P^2 = (AA') \otimes (A'A)$
(e) P の非ゼロの固有値は $\lambda_1, \ldots, \lambda_r$ と，すべての $i < j$ について $\pm(\lambda_i\lambda_j)^{1/2}$ である．

8.54　A を $m \times n$ 行列であり B を $p \times q$ 行列であるとする．以下を示せ．

(a) $\mathrm{vec}(A' \otimes B) = (K_{mq,n} \otimes I_p)\{\mathrm{vec}(A) \otimes \mathrm{vec}(B)\}$
(b) $\mathrm{vec}(A \otimes B') = (I_n \otimes K_{p,mq})\{\mathrm{vec}(A) \otimes \mathrm{vec}(B)\}$

8.55　A は $m \times n$，B は $mp = nq$ を満たす $p \times q$ の行列とする．このとき以下を示せ．

$$\mathrm{tr}(A \otimes B) = \{\mathrm{vec}(I_n) \otimes \mathrm{vec}(I_q)\}'\{\mathrm{vec}(A) \otimes \mathrm{vec}(B')\}$$

8.56　以下を示せ．

(a) $K_{mnp,q} = (I_{mn} \otimes K_{pq})(I_m \otimes K_{nq} \otimes I_p)(K_{mq} \otimes I_{np})$
(b) $K_{mn,pq} = (I_m \otimes K_{np} \otimes I_q)(K_{mp} \otimes K_{nq})(I_p \otimes K_{mq} \otimes I_n)$

8.57　定理 8.31 の結果を証明せよ．

8.58　もし A と B が $m \times m$ 行列ならば，以下が成り立つことを示せ．

$$\begin{aligned} N_m(A \otimes B + B \otimes A)N_m &= (A \otimes B + B \otimes A)N_m \\ &= N_m(A \otimes B + B \otimes A) \\ &= 2N_m(A \otimes B)N_m \end{aligned}$$

8.59　行列 $N_m = \frac{1}{2}(I_{m^2} + K_{mm})$ について考える．

(a) N_m は以下のように表されることを示せ．

$$N_m = \frac{1}{2}\sum_{i=1}^{m}\sum_{j=1}^{m}(\boldsymbol{e}_i\boldsymbol{e}_i' \otimes \boldsymbol{e}_j\boldsymbol{e}_j' + \boldsymbol{e}_i\boldsymbol{e}_j' \otimes \boldsymbol{e}_j\boldsymbol{e}_i')$$

(b) 任意の $m \times 1$ ベクトル $\boldsymbol{a}$ および $\boldsymbol{b}$ に対して，以下が成り立つことを示せ．

$$N_m(\boldsymbol{a} \otimes \boldsymbol{b}) = \frac{1}{2}(\boldsymbol{a} \otimes \boldsymbol{b} + \boldsymbol{b} \otimes \boldsymbol{a})$$

(c) (b) によって説明された性質を 3 つのベクトルのクロネッカー積 $\boldsymbol{a} \otimes \boldsymbol{b} \otimes \boldsymbol{c}$ に一般化した行列を Δ とする．つまり，Δ は以下を満たすものとする．

$$\Delta(\boldsymbol{a} \otimes \boldsymbol{b} \otimes \boldsymbol{c}) = \frac{1}{6}(\boldsymbol{a} \otimes \boldsymbol{b} \otimes \boldsymbol{c} + \boldsymbol{a} \otimes \boldsymbol{c} \otimes \boldsymbol{b} + \boldsymbol{b} \otimes \boldsymbol{a} \otimes \boldsymbol{c} + \boldsymbol{b} \otimes \boldsymbol{c} \otimes \boldsymbol{a} + \boldsymbol{c} \otimes \boldsymbol{a} \otimes \boldsymbol{b} + \boldsymbol{c} \otimes \boldsymbol{b} \otimes \boldsymbol{a})$$

このとき，Δ は以下のように表されることを示せ．

$$\begin{aligned}\Delta = \frac{1}{6} \sum_{h=1}^{m} \sum_{i=1}^{m} \sum_{j=1}^{m} (&\boldsymbol{e}_h \boldsymbol{e}_h' \otimes \boldsymbol{e}_i \boldsymbol{e}_i' \otimes \boldsymbol{e}_j \boldsymbol{e}_j' + \boldsymbol{e}_h \boldsymbol{e}_h' \otimes \boldsymbol{e}_i \boldsymbol{e}_j' \otimes \boldsymbol{e}_j \boldsymbol{e}_i' \\ &+ \boldsymbol{e}_h \boldsymbol{e}_i' \otimes \boldsymbol{e}_i \boldsymbol{e}_h' \otimes \boldsymbol{e}_j \boldsymbol{e}_j' + \boldsymbol{e}_h \boldsymbol{e}_i' \otimes \boldsymbol{e}_i \boldsymbol{e}_j' \otimes \boldsymbol{e}_j \boldsymbol{e}_h' \\ &+ \boldsymbol{e}_h \boldsymbol{e}_j' \otimes \boldsymbol{e}_i \boldsymbol{e}_h' \otimes \boldsymbol{e}_j \boldsymbol{e}_i' + \boldsymbol{e}_h \boldsymbol{e}_j' \otimes \boldsymbol{e}_i \boldsymbol{e}_i' \otimes \boldsymbol{e}_j \boldsymbol{e}_h')\end{aligned}$$

8.60 行列 N_2 と N_3 を書き出せ．

8.61 $i = 1, \ldots, m, j = 1, \ldots, i$ において，$m(m+1)/2 \times 1$ ベクトル $\boldsymbol{u}_{ij}$ を $\{(j-1)m + i - j(j-1)/2\}$ 番目の位置に 1 が，そしてそれ以外の位置には 0 が配置されるベクトルとして定義する．これらのベクトルが次数 $m(m+1)/2$ の単位行列の列になるということ，すなわち

$$I_{m(m+1)/2} = (\boldsymbol{u}_{11}, \boldsymbol{u}_{21}, \ldots, \boldsymbol{u}_{m1}, \boldsymbol{u}_{22}, \ldots, \boldsymbol{u}_{m2}, \boldsymbol{u}_{33}, \ldots, \boldsymbol{u}_{mm})$$

ということを確認するのは容易である．いま E_{ij} を，非ゼロの要素が (i,j) 番目の位置のみ 1 である $m \times m$ 行列とし，

$$T_{ij} = \begin{cases} E_{ij} + E_{ji}, & \text{if} \quad i \neq j \\ E_{ii}, & \text{if} \quad i = j \end{cases}$$

と定義する．$D_m = \sum_{i \geq j} \{\text{vec}(T_{ij})\} \boldsymbol{u}_{ij}'$ ということを示せ．すなわち，

$$\sum_{i \geq j} \{\text{vec}(T_{ij})\} \boldsymbol{u}_{ij}' \text{v}(A) = \text{vec}(A)$$

ということを確認せよ．ここで A は任意の $m \times m$ 対称行列である．

8.62 練習問題 8.61 の D_m の表現を用いて定理 8.34(b) を証明せよ．

8.63 $i = 1, \ldots, m,\ j = 1, \ldots, i$ について $\boldsymbol{u}_{ij}$ を練習問題 8.61 で定義された $m(m+1)/2 \times 1$ ベクトルとする．このとき以下を示せ．

(a) $D_m' D_m = 2I_{m(m+1)/2} - \sum_{i=1}^{m} \boldsymbol{u}_{ii} \boldsymbol{u}_{ii}'$
(b) $|D_m' D_m| = 2^{m(m-1)/2}$

8.64 定理 8.37 を証明せよ.

8.65 任意の $m \times m$ 行列 A について, 以下が成り立つことを証明せよ.

(a) $D_m D_m^+ (A \otimes A) D_m = (A \otimes A) D_m$
(b) 任意の正の整数 i について, $\left\{D_m^+ (A \otimes A) D_m\right\}^i = D_m^+ (A^i \otimes A^i) D_m$

8.66 A を $m \times m$ 非特異対称行列とし, α をスカラーとする. 以下を示せ.

$$(D_m'\{A \otimes A + \alpha \mathrm{vec}(A)\mathrm{vec}(A)'\}D_m)^{-1}$$
$$= D_m^+\{A^{-1} \otimes A^{-1} - \beta \mathrm{vec}(A^{-1})\mathrm{vec}(A^{-1})'\}D_m^{+\prime}$$

ここで $\beta = \alpha/(1 + m\alpha)$ である.

8.67 $\boldsymbol{u}_{ij}$ と E_{ij} は練習問題 8.61 で定義されたものであるとき, 以下を示せ.

$$L_m' = \sum_{i \geq j} \{\mathrm{vec}(E_{ij})\}\, \boldsymbol{u}_{ij}'$$

すなわち, 以下を確認せよ.

$$\sum_{i \geq j} \{\mathrm{vec}(E_{ij})\}\, \boldsymbol{u}_{ij}' \mathrm{v}(A) = \mathrm{vec}(A)$$

ここで A は任意の $m \times m$ 下三角行列であるとする.

8.68 以下の性質を証明せよ.

(a) $L_m' L_m = \sum_{i \geq j} (E_{jj} \otimes E_{ii})$, ここで E_{ii} は練習問題 8.61 で定義された行列とする.
(b) もし A, B が $m \times m$ 下三角行列ならば, 以下が成り立つ.

$$L_m' L_m (A' \otimes B) L_m' = (A' \otimes B) L_m'$$

(c) もし A が $m \times m$ 非特異下三角行列であり, α がスカラー, $\beta = \alpha/(1 + m\alpha)$ ならば, 以下が成り立つ.

$$(L_m\{A' \otimes A + \alpha \mathrm{vec}(A)\mathrm{vec}(A')'\}L_m')^{-1}$$
$$= L_m\{A^{-1\prime} \otimes A^{-1} - \beta \mathrm{vec}(A^{-1})\mathrm{vec}(A^{-1\prime})'\}L_m'$$

8.69 定理 8.38 を証明せよ.

8.70 $i = 2, \ldots, m$,$j = 1, \ldots, i-1$ において, $m(m-1)/2 \times 1$ ベクトル $\boldsymbol{u}_{ij}$ を $\{(j-1)m + i - j(j+1)/2\}$ 番目の位置に 1 が, そしてそれ以外の位置には 0 が配置さ

れるベクトルとして定義する．これらのベクトルが次数 $m(m-1)/2$ の単位行列の列になるということ，すなわち，

$$I_{m(m-1)/2} = (\tilde{\boldsymbol{u}}_{21}, \ldots, \tilde{\boldsymbol{u}}_{m1}, \tilde{\boldsymbol{u}}_{32}, \ldots, \tilde{\boldsymbol{u}}_{m2}, \tilde{\boldsymbol{u}}_{43}, \ldots, \tilde{\boldsymbol{u}}_{m,m-1})$$

ということを確認することは容易である．$\tilde{L}'_m = \sum_{i>j}\{\text{vec}(E_{ij})\}\tilde{\boldsymbol{u}}'_{ij}$ ということを示せ．すなわち，

$$\sum_{i>j}\{\text{vec}(E_{ij})\}\tilde{\boldsymbol{u}}'_{ij}\tilde{\text{v}}(A) = \text{vec}(A)$$

ということを確認せよ．ここで，A は任意の狭義の $m \times m$ 下三角行列である．

8.71　定理 8.39 の結果を証明せよ．

8.72　スペクトル半径は 1 に等しいが，A^k は $k \to \infty$ にしたがってどの値にも収束しない 2×2 非負行列 A を見つけよ．

8.73　非特異正行列の逆行列は非負になりえないことを示せ．非特異非負行列 A が各列にちょうど 1 つの非ゼロ要素をもつときに限り，A の逆行列が非負になりうることを示せ．

8.74　もし A が非負行列であり，ある正の整数 k において，A^k が正行列であるならば，$\rho(A) > 0$ ということを示せ．

8.75　A が $m \times m$ の非負行列であるならば，A の固有値 $\rho(A)$ とそれに対応する非負固有ベクトル $\boldsymbol{x}$ が存在することを証明できる (例えば，Horn and Johnson(1985) を参照されたい)．この結果は縮退不能な非負行列で成り立ったとしても，縮退可能な行列において成り立つとは限らない．以下の各条件について，それが成り立つような 2×2 の縮退可能な非ゼロ行列 A をあげよ．

(a) $\rho(A) = 0$
(b) $A\boldsymbol{x} = \rho(A)\boldsymbol{x}$ を満たすすべての $\boldsymbol{x}$ が正でない．
(c) $\rho(A)$ は重複する固有値である．

8.76　次の縮退不能な 2×2 行列の固有値の各絶対値が $\rho(A)$ に等しいことを確認せよ．

$$A = \begin{bmatrix} 0 & 1 \\ 1 & 0 \end{bmatrix}$$

8.77　A を $m \times m$ の縮退不能な非負行列とする．

(a) $\rho(I_m + A) = 1 + \rho(A)$ を証明せよ．
(b) ある正の整数 k に対して $A^k > (0)$ ならば，$\rho(A)$ は A の単一固有値であることを証明せよ．

(c) 行列 $(I_m + A)$ に (b) を適用することで定理 8.49 を証明せよ．つまり，任意の縮退不能な非負行列 A に対して，$\rho(A)$ が唯一の固有値でなければならないことを証明せよ．

8.78 3 つの状態をもち，以下の行列で与えられるような遷移確率に従う一様なマルコフ連鎖について，次の問いに答えよ．

$$P = \begin{bmatrix} 0.50 & 0.25 & 0 \\ 0.50 & 0.50 & 0.25 \\ 0 & 0.25 & 0.75 \end{bmatrix}$$

(a) P が原始行列であることを示せ．
(b) このマルコフ連鎖の定常分布を定めよ．すなわち，$\lim_{t\to\infty} \boldsymbol{P}^{(t)} = \boldsymbol{\pi}$ となるようなベクトル $\boldsymbol{\pi}$ を求めよ．

8.79 $m \times m$ 行列 A は，もし $r \leq m$ であるような $m \times r$ 非負行列 B について $A = BB'$ と表現できるなら，完全に正 (completely positive)(例えば，Berman and Shaked-Monderer(2003) を参照せよ) と呼ばれる．明らかにすべての完全に正である行列は非負定値行列かつ非負行列でなければならない．2×2 行列の場合もまた，これらの条件が十分条件であることを示せ．つまり，非負定値かつ非負である 2×2 行列 A が完全に正になることを示せ．

8.80 A を $m \times m$ 巡回行列 $\mathrm{circ}(a_1, \ldots, a_m)$ とする．

(a) A のトレースを見つけよ．
(b) A の行列式を見つけよ．

8.81 定理 8.56 で示された行列 F の共役転置行列が以下であることを示せ．

$$F^* = \frac{1}{\sqrt{m}} \begin{bmatrix} 1 & 1 & 1 & \cdots & 1 \\ 1 & \theta^{-1} & \theta^{-2} & \cdots & \theta^{-(m-1)} \\ 1 & \theta^{-2} & \theta^{-4} & \cdots & \theta^{-2(m-1)} \\ \vdots & \vdots & \vdots & & \vdots \\ 1 & \theta^{-(m-1)} & \theta^{-2(m-1)} & \cdots & \theta^{-(m-1)(m-1)} \end{bmatrix}$$

そして以下の等比数列の和の公式 (geometric series partial sum formula) を用いて $F^{-1} = F^*$ であることを証明せよ．

$$\sum_{j=0}^{n} r^j = \frac{1 - r^{n+1}}{1 - r}$$

8.82 F を定理 8.56 と同様に定義し，$\Gamma = (\boldsymbol{e}_1, \boldsymbol{e}_m, \boldsymbol{e}_{m-1}, \ldots, \boldsymbol{e}_2)$ とする．このとき以下を示せ．

(a) $F^2 = \Gamma$
(b) $F^4 = I_m$
(c) $F^3 = F^*$

8.83 Π_m を 8.9 節において定義された巡回行列とする．このとき，以下を示せ.

(a) $\Pi_m^{m-1} = \Pi_m^{-1}$
(b) $\Pi_m^m = I_m$
(c) 任意の整数 n と r に対して，$\Pi_m^{mn+r} = \Pi_m^r$

8.84 $A = \mathrm{circ}(a_1, \ldots, a_m)$，$B = \mathrm{circ}(b_1, \ldots, b_m)$ のとき，$A + B$ および AB の固有値を求めよ.

8.85 定理 8.57 を利用して巡回行列 $A = \mathrm{circ}(1, \ldots, 1)$ の固有値を求めよ.

8.86 A が特異な巡回行列であるならば，ムーア–ペンローズ形逆行列 A^+ もまた巡回行列であることを示せ.

8.87 A と B は巡回行列ではないが，これらの積 AB は巡回行列となるような同じ次数の正方行列 A と B を見つけよ.

8.88 B を $m \times m$ ジョルダンブロック行列 $J_m(0)$ とする．$m \times m$ 行列 A が次のように表現できるとき，かつそのときに限り,A はトープリッツ行列であることを証明せよ.

$$A = a_0 I_m + \sum_{j=1}^{m-1} (a_j B^j + a_{-j} B_j')$$

8.89 $m \times m$ トープリッツ行列

$$A = \begin{bmatrix} 1 & b & b^2 & \cdots & b^{m-1} \\ a & 1 & b & \cdots & b^{m-2} \\ a^2 & a & 1 & \cdots & b^{m-3} \\ \vdots & \vdots & \vdots & & \vdots \\ a^{m-1} & a^{m-2} & a^{m-3} & \cdots & 1 \end{bmatrix}$$

を考える．ここで $ab \neq 1$ である．$c = (1 - ab)^{-1}$ として A の逆行列が

$$A^{-1} = \begin{bmatrix} c & -bc & 0 & \cdots & 0 & 0 \\ -ac & (ab+1)c & -bc & \cdots & 0 & 0 \\ 0 & -ac & (ab+1)c & \cdots & 0 & 0 \\ \vdots & \vdots & \vdots & & \vdots & \vdots \\ 0 & 0 & 0 & \cdots & (ab+1)c & -bc \\ 0 & 0 & 0 & \cdots & -ac & c \end{bmatrix}$$

であることを積を計算して確認せよ．また，$ab = 1$ ならば A は特異行列であることを証明せよ．

8.90 $z_1, \ldots, z_{m+1}$ をそれぞれが平均 0，分散 1 をもつ独立な確率変数とする．$\boldsymbol{x}$ をその i 番目の要素が以下となる $m \times 1$ 確率ベクトルとする．

$$x_i = z_{i+1} - \rho z_i$$

ここで ρ は定数である．$\boldsymbol{x}$ の共分散行列が (8.22) 式の形で与えられたトープリッツ行列であることを示し，a_0 と a_1 の値を見つけよ．

8.91 以下のような対称トープリッツ行列を考える．ただし，$0 < \rho < 1$ とする．

$$A = \begin{bmatrix} 1 & \rho & \rho^2 & \cdots & \rho^{m-1} \\ \rho & 1 & \rho & \cdots & \rho^{m-2} \\ \rho^2 & \rho & 1 & \cdots & \rho^{m-3} \\ \vdots & \vdots & \vdots & & \vdots \\ \rho^{m-1} & \rho^{m-2} & \rho^{m-3} & \cdots & 1 \end{bmatrix}$$

この A が正定値であることを，定理 7.5 を用いて証明せよ．

8.92 次数 8 のアダマール行列を得よ．

8.93 次数 12 のアダマール行列を得よ．これによって次数 m のアダマール行列の存在を示せ．ここですべての正の整数 n について $m \neq 2^n$ である．

8.94 アダマール行列の行列式によって系 8.18.1 で与えられたアダマールの不等式の上限が与えられることを示せ．

8.95 A, B, C, D を，全要素が -1 か 1 で成り立っている $m \times m$ 行列とする．そして H を

$$H = \begin{bmatrix} A & B & C & D \\ -B & A & -D & C \\ -C & D & A & -B \\ -D & -C & B & A \end{bmatrix}$$

とし，A, B, C, D から選ばれうるすべての行列の組み合わせを X, Y とする．このとき，以下の 2 つの式

$$AA' + BB' + CC' + DD' = 4mI_m$$

$$XY' = YX'$$

が成り立っているならば，H は次数 $4m$ のアダマール行列であることを示せ．

8.96 H と E を次数がそれぞれ $4m$，$4n$ であるアダマール行列とする．これらの行列を以下のように分割する．

$$H = \begin{bmatrix} P & Q \\ R & S \end{bmatrix}, \quad E = \begin{bmatrix} K & L \\ M & N \end{bmatrix}$$

ここで，H の各部分行列は $2m \times 2m$ であり，E の各部分行列は $2n \times 2n$ である．もし，F が以下で定義される行列ならば，

$$\begin{bmatrix} (P+Q)\otimes K + (P-Q)\otimes M & (P+Q)\otimes L + (P-Q)\otimes N \\ (R+S)\otimes K + (R-S)\otimes M & (R+S)\otimes L + (R-S)\otimes N \end{bmatrix}$$

$\frac{1}{2}F$ が次数 $8mn$ のアダマール行列であることを示せ．

8.97 (8.25) 式で示されたバンデルモンド行列 A は，もし 2 行目の m 個の要素がそれぞれ異なるならばそのときのみ非特異であることを示せ．

8.98 A を (8.25) 式で与えられたバンデルモンド行列であるとする．集合 $\{a_1, \ldots, a_m\}$ において異なる r 個の値があるならば，$\mathrm{rank}(A) = r$ であることを証明せよ．

8.99 P を $m \times m$ 直交行列 $(\boldsymbol{e}_m, \boldsymbol{e}_{m-1}, \ldots, \boldsymbol{e}_1)$ であるとする．A が $m \times m$ バンデルモンド行列であるならば，PAA' と $AA'P$ がトープリッツ行列となることを示せ．

9

行列の微分と関連事項

9.1　導　　入

統計学において微分は広く応用されている．例えば最尤法や最小 2 乗法のような推定手法では導関数の最適化の性質が用いられる．その一方で確率変数から構成される関数の漸近分布を得るための，いわゆるデルタ法 (delta method) と呼ばれる手法を用いる場合にも，1 次のテイラー級数の近似 (first-order Taylor series approximation) を得るために 1 次導関数が利用される．微分の計算に関するこれらやその他の応用の中には，しばしばベクトルや行列が含まれている．本章では最もよく遭遇する行列の微分のうちのいくつかについて扱うことにする．

9.2　多 変 量 微 分

まず基本的な表記，概念と単変量，多変量微分の性質の簡単な確認から始める．本節では全般にわたって議論する関数について微分可能性 (differentiability)，または多変量微分可能性 (multiple differentiability) を仮定する．微分可能性に関するより詳細な条件については Magnus and Neudecker(1999) を参照されたい．もし f がある変数 x の実数値関数であるならば，x における導関数が存在する場合，それは以下によって与えられる．

$$f^{(1)}(x) = f'(x) = \frac{d}{dx}f(x) \lim_{u\to 0} \frac{f(x+u) - f(x)}{u}$$

同様に，$f'(x)$ は $f(x+u)$ に対する 1 次のテイラー公式 (first-order Taylor formula) を与える量である．つまり次が成り立つ．

$$f(x+u) = f(x) + uf'(x) + r_1(u,x) \tag{9.1}$$

ここで剰余項 (remainder) の $r_1(u,x)$ は以下を満たすような u と x の関数である．

$$\lim_{u\to 0} \frac{r_1(u,x)}{u} = 0$$

(9.1) 式で出てきた以下の量

$$d_u f(x) = uf'(x) \tag{9.2}$$

は，x の増分 u における f の 1 次微分 (first differential) と呼ばれる．この増分 u が x の微分である．u が x の微分であるという事実を強調するため，この後で u の代わりに dx を使用する．つまり，$f(x+u)$ の代わりに $f(x+dx)$ のように書き表す．表記の簡便のために，これからはしばしば (9.2) 式で与えられた微分を単に df と表すことにする．(9.1) 式の一般化はさらに高次の微分を用いることによって得ることができる．つまり x における f の i 次の導関数が

$$f^{(i)}(x) = \frac{d^i}{dx^i} f(x) = \lim_{u \to 0} \frac{f^{(i-1)}(x+u) - f^{(i-1)}(x)}{u}$$

のように定義され，k 次のテイラー公式は次のようになる．

$$\begin{aligned} f(x+u) &= f(x) + \sum_{i=1}^{k} \frac{u^i f^{(i)}(x)}{i!} + r_k(u,x) \\ &= f(x) + \sum_{i=1}^{k} \frac{d_u^i f(x)}{i!} + r_k(u,x) \end{aligned}$$

ここで剰余項 $r_k(u,x)$ は u と x の関数であり，以下を満たす．

$$\lim_{u \to 0} \frac{r_k(u,x)}{u^k} = 0$$

また，

$$d_u^i f(x) = u^i f^{(i)}(x)$$

もしくは単純に，$d^i f$ は x の増分 u における f の i 次微分である．

鎖律 (chain rule) は合成関数の導関数の計算に対して便利な公式である．もし y, g, f が $y(x) = g(f(x))$ と表されるような関数であれば，そのとき以下が成立する．

$$y'(x) = g'(f(x))f'(x) \tag{9.3}$$

f が $n \times 1$ ベクトル $\boldsymbol{x} = (x_1, \ldots, x_n)'$ についての実数値関数であるとする．このとき $\boldsymbol{x}$ についての導導関数は，存在するならば，$1 \times n$ の行ベクトル

$$\frac{\partial}{\partial \boldsymbol{x}'} f(\boldsymbol{x}) = \left[\ \tfrac{\partial}{\partial x_1} f(\boldsymbol{x}) \quad \cdots \quad \tfrac{\partial}{\partial x_n} f(\boldsymbol{x}) \right]$$

によって与えられる．なお，

$$\frac{\partial}{\partial x_i} f(\boldsymbol{x}) = \lim_{u_i \to 0} \frac{f(\boldsymbol{x} + u_i \boldsymbol{e}_i) - f(\boldsymbol{x})}{u_i}$$

は f の x_i についての偏導関数 (partial derivative) であり，$\boldsymbol{e}_i$ は I_n の i 列目である．

(9.1) 式と同形の 1 次のテイラー公式は

$$f(\boldsymbol{x}+\boldsymbol{u}) = f(\boldsymbol{x}) + \left(\frac{\partial}{\partial \boldsymbol{x}'} f(\boldsymbol{x})\right)\boldsymbol{u} + r_1(\boldsymbol{u},\boldsymbol{x}) \tag{9.4}$$

によって与えられる．ここで，剰余項 $r_1(\boldsymbol{u},\boldsymbol{x})$ は，

$$\lim_{\boldsymbol{u}\to\boldsymbol{0}} \frac{r_1(\boldsymbol{u},\boldsymbol{x})}{(\boldsymbol{u}'\boldsymbol{u})^{1/2}} = 0$$

を満たす．(9.4) 式の右辺第 2 項は，増分ベクトル $\boldsymbol{u}$ の $\boldsymbol{x}$ での f の 1 次微分であり，つまり

$$df = d_{\boldsymbol{u}} f(\boldsymbol{x}) = \left(\frac{\partial}{\partial \boldsymbol{x}'} f(\boldsymbol{x})\right)\boldsymbol{u} = \sum_{i=1}^{n} u_i \frac{\partial}{\partial x_i} f(\boldsymbol{x})$$

である．$\boldsymbol{u}$ の $\boldsymbol{x}$ での f の 1 次微分は，$\boldsymbol{u}$ の $\boldsymbol{x}$ での f の 1 次導関数と $\boldsymbol{u}$ の積であるという，1 次微分と 1 次導関数の関係性に気づいておくことは重要である．ベクトル $\boldsymbol{u}$ の $\boldsymbol{x}$ での f の高次の微分は

$$d^i f = d^i_{\boldsymbol{u}} f(\boldsymbol{x}) = \sum_{j_1=1}^{n} \cdots \sum_{j_i=1}^{n} u_{j_1} \cdots u_{j_i} \frac{\partial^i}{\partial x_{j_1} \cdots \partial x_{j_i}} f(\boldsymbol{x})$$

によって与えられる．この微分は k 次のテイラー公式中で，以下のように用いられている．

$$f(\boldsymbol{x}+\boldsymbol{u}) = f(\boldsymbol{x}) + \sum_{i=1}^{k} \frac{d^i f}{i!} + r_k(\boldsymbol{u},\boldsymbol{x})$$

ここで，剰余項 $r_k(\boldsymbol{u},\boldsymbol{x})$ は，

$$\lim_{\boldsymbol{u}\to\boldsymbol{0}} \frac{r_k(\boldsymbol{u},\boldsymbol{x})}{(\boldsymbol{u}'\boldsymbol{u})^{k/2}} = 0$$

を満たす．2 次微分 $d^2 f$ は，ベクトル $\boldsymbol{u}$ を用いた 2 次形式で以下のように書き表せる．

$$d^2 f = \boldsymbol{u}' H_f \boldsymbol{u}$$

この H_f はヘッセ行列 (Hessian matrix) と呼ばれており，以下で与えられる 2 次偏導関数 (second-order partial derivative) からなる行列である．

$$H_f = \begin{bmatrix} \frac{\partial^2}{\partial x_1^2} f(\boldsymbol{x}) & \frac{\partial^2}{\partial x_1 \partial x_2} f(\boldsymbol{x}) & \cdots & \frac{\partial^2}{\partial x_1 \partial x_n} f(\boldsymbol{x}) \\ \frac{\partial^2}{\partial x_2 \partial x_1} f(\boldsymbol{x}) & \frac{\partial^2}{\partial x_2^2} f(\boldsymbol{x}) & \cdots & \frac{\partial^2}{\partial x_2 \partial x_n} f(\boldsymbol{x}) \\ \vdots & \vdots & & \vdots \\ \frac{\partial^2}{\partial x_n \partial x_1} f(\boldsymbol{x}) & \frac{\partial^2}{\partial x_n \partial x_2} f(\boldsymbol{x}) & \cdots & \frac{\partial^2}{\partial x_n^2} f(\boldsymbol{x}) \end{bmatrix}$$

9.3 ベクトル関数と行列関数

いま，$f_1, \ldots, f_m$ がそれぞれ同じ $n \times 1$ ベクトル $\boldsymbol{x} = (x_1, \ldots, x_n)'$ の関数であると仮定する．これらの m 個の関数をベクトル関数の成分として便宜的に

$$\boldsymbol{f}(\boldsymbol{x}) = \begin{bmatrix} f_1(\boldsymbol{x}) \\ \vdots \\ f_m(\boldsymbol{x}) \end{bmatrix}$$

と表現することができる．成分である関数 f_i それぞれが $\boldsymbol{x}$ で微分可能であるならばそのときのみ，関数 $\boldsymbol{f}$ は $\boldsymbol{x}$ で微分可能である．前節におけるテイラー公式は $\boldsymbol{f}$ の成分ごとに適用可能である．たとえば，1 次のテイラー公式は，

$$\begin{aligned}\boldsymbol{f}(\boldsymbol{x}+\boldsymbol{u}) &= \boldsymbol{f}(\boldsymbol{x}) + \left(\frac{\partial}{\partial \boldsymbol{x}'}\boldsymbol{f}(\boldsymbol{x})\right)\boldsymbol{u} + \boldsymbol{r}_1(\boldsymbol{u}, \boldsymbol{x}) \\ &= \boldsymbol{f}(\boldsymbol{x}) + d\boldsymbol{f}(\boldsymbol{x}) + \boldsymbol{r}_1(\boldsymbol{u}, \boldsymbol{x})\end{aligned}$$

によって与えられる．ここで，ベクトル形式の剰余項 $\boldsymbol{r}_1(\boldsymbol{u}, \boldsymbol{x})$ は，

$$\lim_{\boldsymbol{u}\to\boldsymbol{0}} \frac{\boldsymbol{r}_1(\boldsymbol{u}, \boldsymbol{x})}{(\boldsymbol{u}'\boldsymbol{u})^{1/2}} = \boldsymbol{0}$$

を満たし，$\boldsymbol{x}$ での $\boldsymbol{f}$ の 1 次導関数は以下で与えられる $m \times n$ 行列である．

$$\frac{\partial}{\partial \boldsymbol{x}'}\boldsymbol{f}(\boldsymbol{x}) = \begin{bmatrix} \frac{\partial}{\partial x_1}f_1(\boldsymbol{x}) & \frac{\partial}{\partial x_2}f_1(\boldsymbol{x}) & \cdots & \frac{\partial}{\partial x_n}f_1(\boldsymbol{x}) \\ \frac{\partial}{\partial x_1}f_2(\boldsymbol{x}) & \frac{\partial}{\partial x_2}f_2(\boldsymbol{x}) & \cdots & \frac{\partial}{\partial x_n}f_2(\boldsymbol{x}) \\ \vdots & \vdots & & \vdots \\ \frac{\partial}{\partial x_1}f_m(\boldsymbol{x}) & \frac{\partial}{\partial x_2}f_m(\boldsymbol{x}) & \cdots & \frac{\partial}{\partial x_n}f_m(\boldsymbol{x}) \end{bmatrix}$$

偏導関数からなるこの行列はしばしば $\boldsymbol{x}$ での $\boldsymbol{f}$ のヤコビ行列 (Jacobian matrix) と呼ばれる．ここでも，1 次微分と 1 次導関数の関係を理解することは重要である．$\boldsymbol{u}$ を伴う $\boldsymbol{x}$ での $\boldsymbol{f}$ の 1 次微分が得られ，これを，

$$d\boldsymbol{f} = B\boldsymbol{u}$$

という形式で書き表すならば，このとき，$m \times n$ 行列 B は $\boldsymbol{x}$ での $\boldsymbol{f}$ の導関数でなければならない．

もし，y と g が $y(\boldsymbol{x}) = g(\boldsymbol{f}(\boldsymbol{x}))$ を満たす実数値関数ならば，(9.3) 式で与えられた鎖律の一般化は，$i = 1, \ldots, n$ に対して，

$$\frac{\partial}{\partial x_i}y(\boldsymbol{x}) = \sum_{j=1}^{m}\left(\frac{\partial}{\partial f_j}g(\boldsymbol{f})\right)\left(\frac{\partial}{\partial x_i}f_j(\boldsymbol{x})\right)$$

$$= \left(\frac{\partial}{\partial \boldsymbol{f}'} g(\boldsymbol{f})\right)\left(\frac{\partial}{\partial x_i} \boldsymbol{f}(\boldsymbol{x})\right)$$

となる．もしくは単純に，以下のように表される．

$$\frac{\partial}{\partial \boldsymbol{x}'} y(\boldsymbol{x}) = \left(\frac{\partial}{\partial \boldsymbol{f}'} g(\boldsymbol{f})\right)\left(\frac{\partial}{\partial \boldsymbol{x}'} \boldsymbol{f}(\boldsymbol{x}')\right)$$

いくつかの応用においては，f_j もしくは x_i の関数が，ベクトルではなく，行列の形式に配される．つまり，最も一般的な場合は，$m \times n$ 行列 X に関する $p \times q$ 行列関数

$$F(X) = \begin{bmatrix} f_{11}(X) & f_{12}(X) & \cdots & f_{1q}(X) \\ f_{21}(X) & f_{22}(X) & \cdots & f_{2q}(X) \\ \vdots & \vdots & & \vdots \\ f_{p1}(X) & f_{p2}(X) & \cdots & f_{pq}(X) \end{bmatrix}$$

を扱う．ベクトル関数 $\boldsymbol{f}(\boldsymbol{x})$ に対する結果は，ベック作用素を用いることで，容易に行列関数 $F(X)$ へ拡張することができる．つまり，$\boldsymbol{f}$ を $\boldsymbol{f}(\mathrm{vec}(X)) = \mathrm{vec}(F(X))$ のような $pq \times 1$ のベクトル関数とする．このとき，例えば，X での F のヤコビ行列は $pq \times mn$ 行列

$$\frac{\partial}{\partial \mathrm{vec}(X)'} \boldsymbol{f}(\mathrm{vec}(X)) = \frac{\partial}{\partial \mathrm{vec}(X)'} \mathrm{vec}(F(X))$$

により与えられる．この行列は，$\mathrm{vec}(X)$ の j 番目の要素に関する $\mathrm{vec}(F(X))$ の i 番目の要素の偏導関数を (i,j) 要素にもつ．そして，これを $\mathrm{vec}(F(X+U))$ の 1 次のテイラー公式を得るために利用することができる．行列 $F(X)$ の微分は以下の方程式によって定義される．

$$\mathrm{vec}(d^i F) = \mathrm{vec}(d^i_U F(X)) = d^i \boldsymbol{f} = d^i_{\mathrm{vec}(U)} \boldsymbol{f}(\mathrm{vec}(X))$$

つまり，増分行列 U を伴う X での F の i 次微分 $d^i F$ は，増分ベクトル $\mathrm{vec}(U)$ を伴う $\mathrm{vec}(X)$ での $\boldsymbol{f}$ の i 次微分を組み直すことによって得られる $p \times q$ 行列である．

ベクトル微分と行列微分の基本的な性質は，ごく簡単な方法で，対応するスカラー微分の性質から得られる．ここでは，それらの性質のいくつかをまとめる．x と y が関数で，α が定数とするとき，微分演算子 d は以下を満たす．

(a) $d\alpha = 0$
(b) $d(\alpha x) = \alpha dx$
(c) $d(x+y) = dx + dy$
(d) $d(xy) = (dx)y + x(dy)$
(e) $dx^\alpha = \alpha x^{\alpha-1} dx$
(f) $de^x = e^x dx$
(g) $d\log(x) = x^{-1} dx$

例えば，性質 (d) を示すためには，

$$(x+dx)(y+dy) = xy + x(dy) + (dx)y + (dx)(dy)$$

ということに留意する．すると，$d(xy)$ は dx と dy の 1 次の項によって得られ，これは期待されるように $(dx)y + x(dy)$ となる．これらの性質と行列微分の定義を利用すると，X と Y を行列関数とし，A を定数行列とするならば，以下が成り立つことは簡単に示せる．

(h) $dA = (0)$
(i) $d(\alpha X) = \alpha dX$
(j) $d(X') = (dX)'$
(k) $d(X+Y) = dX + dY$
(l) $d(XY) = (dX)Y + X(dY)$
(m) $d\,\mathrm{tr}(X) = \mathrm{tr}(dX)$
(n) $d\,\mathrm{vec}(X) = \mathrm{vec}(dX)$
(o) $d(X \otimes Y) = (dX) \otimes Y + X \otimes (dY)$
(p) $d(X \odot Y) = (dX) \odot Y + X \odot (dY)$

性質 (l) を確認しよう．したがって，方程式の左辺における行列の (i, j) 要素 $(d(XY))_{ij}$ が右辺の (i, j) 要素 $(dX)_{i\cdot}(Y)_{\cdot j} + (X)_{i\cdot}(dY)_{\cdot j}$ と等しいことを示さなければならない．ただし，X は $m \times n$，Y は $n \times m$ とする．性質 (c) と (d) を利用することで，

$$\begin{aligned}
(d(XY))_{ij} &= d\{(X)_{i\cdot}(Y)_{\cdot j}\} = d\left\{\sum_{k=1}^{n} x_{ik}y_{kj}\right\} \\
&= \sum_{k=1}^{n} d(x_{ik}y_{kj}) = \sum_{k=1}^{n}\{(dx_{ik})y_{kj} + x_{ik}dy_{kj}\} \\
&= \sum_{k=1}^{n}(dx_{ik})y_{kj} + \sum_{k=1}^{n} x_{ik}dy_{kj} \\
&= (dX)_{i\cdot}(Y)_{\cdot j} + (X)_{i\cdot}(dY)_{\cdot j}
\end{aligned}$$

が得られ，ゆえに性質 (l) が証明される．

まず，ベクトル $\boldsymbol{x}$ のいくつかの単純なスカラー関数に関する導関数を求め，次に，行列 X のいくつかの単純な行列関数に関する導関数を求めることによって，これらの性質の応用について例示する．

例 9.1 $\boldsymbol{x}$ を互いに関連のない変数の $m \times 1$ ベクトルとし，

$$f(\boldsymbol{x}) = \boldsymbol{a}'\boldsymbol{x}$$

および

$$g(\boldsymbol{x}) = \boldsymbol{x}'A\boldsymbol{x}$$

という関数を定義する．ただし，$\boldsymbol{a}$ は $m \times 1$ 定数ベクトルであり，A は定数の $m \times m$ 対称行列である．$1 \times m$ の行ベクトル $\partial f/\partial \boldsymbol{x}'$ の第 h 成分は $\partial f/\partial x_h$ で表し，

$$\frac{\partial}{\partial x_h} f = \frac{\partial}{\partial x_h} \sum_{i=1}^{m} a_i x_i = \sum_{i=1}^{m} a_i \left(\frac{\partial}{\partial x_h} x_i \right) = a_h$$

となる．なぜなら，

$$\frac{\partial}{\partial x_h} x_i = \begin{cases} 1 & \text{if } i = h \\ 0 & \text{if } i \neq h \end{cases}$$

だからである．そしてこのことは

$$\frac{\partial}{\partial \boldsymbol{x}'} f = \boldsymbol{a}'$$

を意味する．同様の方法で，$1 \times m$ の行ベクトル $\partial g/\partial \boldsymbol{x}'$ の第 h 成分は以下のように計算することができる．

$$\begin{aligned}
\frac{\partial}{\partial x_h} g &= \frac{\partial}{\partial x_h} \sum_{i=1}^{m} \sum_{j=1}^{m} a_{ij} x_i x_j = \sum_{i=1}^{m} \sum_{j=1}^{m} a_{ij} \left(\frac{\partial}{\partial x_h} x_i x_j \right) \\
&= \sum_{i=1}^{m} \sum_{j=1}^{m} a_{ij} \left\{ \left(\frac{\partial}{\partial x_h} x_i \right) x_j + x_i \left(\frac{\partial}{\partial x_h} x_j \right) \right\} \\
&= \sum_{j=1}^{m} a_{hi} x_j + \sum_{i=1}^{m} a_{ih} x_i \\
&= \sum_{j=1}^{m} a_{jh} x_j + \sum_{i=1}^{m} a_{ih} x_i = 2 \sum_{i=1}^{m} a_{ih} x_i
\end{aligned}$$

これは $a_{jh} = a_{hj}$ より成り立つ．この導関数が $2\boldsymbol{x}'(A)_{\cdot h}$ と書き表すことができるという点に注意すると，以下となる．

$$\frac{\partial}{\partial \boldsymbol{x}'} g = 2\boldsymbol{x}'A$$

これらの導関数を計算するためのもう 1 つの方法は，これ以後ほとんどの例において用いられることとなるが，直接微分を計算するというものである．これにより副次的に導関数を導く．例えば最初の関数の微分は

$$df = d(\boldsymbol{a}'\boldsymbol{x}) = \boldsymbol{a}'d\boldsymbol{x}$$

となる．この微分と導関数とは

$$df = \left(\frac{\partial}{\partial \boldsymbol{x}'} f \right) d\boldsymbol{x}$$

という等式を通して関連しているため，ただちに導関数は以下となることがわかる．

$$\frac{\partial}{\partial \boldsymbol{x}'} f = \boldsymbol{a}'$$

2 番目の関数の微分は

$$\begin{aligned} dg &= d(\boldsymbol{x}'A\boldsymbol{x}) = d(\boldsymbol{x}')A\boldsymbol{x} + \boldsymbol{x}'d(A\boldsymbol{x}) = (d\boldsymbol{x})'A\boldsymbol{x} + \boldsymbol{x}'Ad\boldsymbol{x} \\ &= \{(d\boldsymbol{x})'A\boldsymbol{x}\}' + \boldsymbol{x}'Ad\boldsymbol{x} = \boldsymbol{x}'A'd\boldsymbol{x} + \boldsymbol{x}'Ad\boldsymbol{x} = 2\boldsymbol{x}'Ad\boldsymbol{x} \end{aligned}$$

によって与えられる．ここで再び微分と導関数との関係を利用することで，以下を得る．

$$\frac{\partial}{\partial \boldsymbol{x}'} g = 2\boldsymbol{x}'A$$

例 9.2　X を互いに関連のない変数の $m \times n$ 行列であるとし，以下の 2 つの関数を定義する．

$$F(X) = AX$$

$$G(X) = (X - C)'B(X - C)$$

ここで，A は $p \times m$ 定数行列であり，B は定数の $m \times m$ 対称行列，C は $m \times n$ 定数行列である．はじめにこれらの関数の微分を得ることにより，ヤコビ行列を求める．例えばもし

$$d\,\mathrm{vec}(F) = W d\,\mathrm{vec}(X)$$

が得られたとしたら，行列 W は $\mathrm{vec}(X)$ に関する $\mathrm{vec}(F(X))$ の導関数なので，求めた微分から導関数を導くことができる．最初の関数については，

$$dF = d(AX) = AdX$$

であることがわかり，よって定理 8.11 を用いることで

$$\begin{aligned} d\,\mathrm{vec}(F) &= \mathrm{vec}(dF) = \mathrm{vec}(AdX) = (I_n \otimes A)\mathrm{vec}(dX) \\ &= (I_n \otimes A)d\,\mathrm{vec}(X) \end{aligned}$$

となる．ゆえに，

$$\frac{\partial}{\partial\,\mathrm{vec}(X)'}\mathrm{vec}(F) = I_n \otimes A$$

となる．2 番目の関数の微分は

$$\begin{aligned} dG &= d\{(X - C)'B(X - C)\} \\ &= \{d(X' - C')\}B(X - C) + (X - C)'B\{d(X - C)\} \end{aligned}$$

$$= (dX)'B(X-C) + (X-C)'BdX$$

となり，ここから

$$\begin{aligned} d\,\mathrm{vec}(G) &= \{(X-C)'B \otimes I_n\}\mathrm{vec}(dX') + \{I_n \otimes (X-C)'B\}\mathrm{vec}(dX) \\ &= \{(X-C)'B \otimes I_n\}K_{mn}\mathrm{vec}(dX) + \{I_n \otimes (X-C)'B\}\mathrm{vec}(dX) \\ &= K_{nn}\{I_n \otimes (X-C)'B\}\mathrm{vec}(dX) + \{I_n \otimes (X-C)'B\}\mathrm{vec}(dX) \\ &= (I_{n^2} + K_{nn})\{I_n \otimes (X-C)'B\}\mathrm{vec}(dX) \\ &= 2N_n\{I_n \otimes (X-C)'B\}d\,\mathrm{vec}(X) \end{aligned}$$

を得る．ただし上式では，第 8 章で扱ったベック作用素と交換行列の性質を利用している．結果として，以下を得る．

$$\frac{\partial}{\partial\,\mathrm{vec}(X)'}\mathrm{vec}(G) = 2N_n\{I_n \otimes (X-C)'B\}$$

例 9.3 では，(1.13) 式で与えられた多変量正規密度関数を求めるために，単純な変換 $\boldsymbol{z} = \boldsymbol{c} + A\boldsymbol{x}$ のヤコビ行列がどのように用いられるのかについて示す.

例 9.3　$\boldsymbol{z}$ は，すべての $\boldsymbol{z} \in S_1 \subseteq R^m$ について正であるような密度関数 $f_1(\boldsymbol{z})$ をもつ $m \times 1$ 確率ベクトルであると仮定する．$m \times 1$ ベクトル $\boldsymbol{x} = \boldsymbol{x}(\boldsymbol{z})$ が，S_1 の $S_2 \subseteq R^m$ への 1 対 1 変換を表現しているとする．よって，逆変換 $\boldsymbol{z} = \boldsymbol{z}(\boldsymbol{x}), \boldsymbol{x} \in S_2$ は一意である．$\boldsymbol{x}$ による $\boldsymbol{z}$ のヤコビ行列を次のように定義する.

$$J = \frac{\partial}{\partial \boldsymbol{x}'}\boldsymbol{z}(\boldsymbol{x})$$

もし，J における偏導関数が存在し，それらが集合 S_2 において連続的な関数であるならば，$\boldsymbol{x}$ の密度関数は以下によって与えられる.

$$f_2(\boldsymbol{x}) = f_1(\boldsymbol{z}(\boldsymbol{x}))|J|$$

標準正規密度関数から (1.13) 式で与えられた多変量正規密度関数を得るために，上記の式を利用する．まず，$\boldsymbol{x}$ が $\boldsymbol{x} = \boldsymbol{\mu} + T\boldsymbol{z}$ と表現できるならば，定義より $\boldsymbol{x} \sim N_m(\boldsymbol{\mu}, \Omega)$ であることを思い出そう．ここで，$TT' = \Omega$ であり，$\boldsymbol{z}$ の成分 $z_1, \ldots, z_m$ はそれぞれ独立に $N(0,1)$ に従っているものとする．したがって，$\boldsymbol{z}$ の密度関数は

$$f_1(\boldsymbol{z}) = \prod_{i=1}^{m} \frac{1}{\sqrt{2\pi}} \exp\left(-\frac{1}{2}z_i^2\right) = \frac{1}{(2\pi)^{m/2}} \exp\left(-\frac{1}{2}\boldsymbol{z}'\boldsymbol{z}\right)$$

となる．逆変換 $\boldsymbol{z} = T^{-1}(\boldsymbol{x} - \boldsymbol{\mu})$ の微分は $d\boldsymbol{z} = T^{-1}d\boldsymbol{x}$ であり，よって必要なヤコビ行列は $J = T^{-1}$ である．結果として，$\boldsymbol{x}$ の密度関数は

$$f_2(\boldsymbol{x}) = \frac{1}{(2\pi)^{m/2}} \exp\left(-\frac{1}{2}\{T^{-1}(\boldsymbol{x} - \boldsymbol{\mu})\}'T^{-1}(\boldsymbol{x} - \boldsymbol{\mu})\right)|T^{-1}|$$

$$= \frac{1}{(2\pi)^{m/2}|T|} \exp\left(-\frac{1}{2}(\boldsymbol{x}-\boldsymbol{\mu})'T^{-1\prime}T^{-1}(\boldsymbol{x}-\boldsymbol{\mu})\right)$$
$$= \frac{1}{(2\pi)^{m/2}|\Omega|^{1/2}} \exp\left(-\frac{1}{2}(\boldsymbol{x}-\boldsymbol{\mu})'\Omega^{-1}(\boldsymbol{x}-\boldsymbol{\mu})\right)$$

となる．なぜなら，

$$\Omega^{-1} = (TT')^{-1} = T^{-1\prime}T^{-1}$$

および

$$|\Omega|^{1/2} = |TT'|^{1/2} = |T|^{1/2}|T'|^{1/2} = |T|^{1/2}|T|^{1/2} = |T|$$

だからである．

9.4 いくつかの有益な行列の微分

本節では，いくつかの重要な行列のスカラー関数と行列関数の微分とそれに対応する導関数を得る．$f(X)$ や $F(X)$ という形の関数を扱う際には，本節を通して，$m \times n$ 行列 X は mn 個の互いに関連のない変数からなると仮定する．つまり，X は対称行列や三角行列などといった特定の構造をもたないと仮定する．最初に X のスカラー関数について示す．

定理 9.1 X を $m \times m$ 行列，$X_{\#}$ を X の随伴行列とする．このとき以下が成り立つ．

(a) $d\{\mathrm{tr}(X)\} = \mathrm{vec}(I_m)'d\,\mathrm{vec}(X)$; $\quad \dfrac{\partial}{\partial\,\mathrm{vec}(X)'}\mathrm{tr}(X) = \mathrm{vec}(I_m)'$

(b) $d|X| = \mathrm{tr}(X_{\#}dX)$; $\quad \dfrac{\partial}{\partial\,\mathrm{vec}(X)'}|X| = \mathrm{vec}(X_{\#}')'$

(c) X が非特異である場合，
$d|X| = |X|\mathrm{tr}(X^{-1}dX)$; $\quad \dfrac{\partial}{\partial\,\mathrm{vec}(X)'}|X| = |X|\mathrm{vec}(X^{-1\prime})'$

証明 性質 (a) は以下の事実からただちに得られる．

$$d\,\mathrm{tr}(X) = \mathrm{tr}(dX) = \mathrm{tr}(I_m\,dX) = \mathrm{vec}(I_m)'\,\mathrm{vec}(dX)$$
$$= \mathrm{vec}(I_m)'d\,\mathrm{vec}(X)$$

3 つ目の等式は定理 8.10 から導かれる．$X_{\#}$ は X の余因子行列の転置であるから，(b) における導関数を得るには単に以下を示せばよい．

$$\frac{\partial}{\partial x_{ij}}|X| = X_{ij}$$

ここで，X_{ij} は x_{ij} の余因子である．X の i 番目の行に対する余因子展開の公式を用いることによって，X の行列式は以下のように表すことができる．

$$|X| = \sum_{k=1}^{m} x_{ik} X_{ik}$$

それぞれの k に対して，X_{ik} は X の i 番目の行を除いた後で計算された行列式であり，したがって X_{ik} の計算には要素 x_{ij} は含まれていないということに注意が必要である．結果として，以下を得る．

$$\frac{\partial}{\partial x_{ij}}|X| = \frac{\partial}{\partial x_{ij}} \sum_{k=1}^{m} x_{ik} X_{ik} = \sum_{k=1}^{m} \left(\frac{\partial}{\partial x_{ij}} x_{ik} \right) X_{ik} = X_{ij}$$

1 次微分と 1 次導関数の関係を用いると，求める結果である，

$$d|X| = \{\mathrm{vec}(X'_{\#})\}' \,\mathrm{vec}(dX) = \mathrm{tr}(X_{\#} dX)$$

を得る．(c) は (b) からただちに得られる．これは，もし X が非特異であるならば $X^{-1} = |X|^{-1} X_{\#}$ となるためである． □

系 9.1.1 は定理 9.1(c) からただちに得られる結果である．

系 9.1.1　X を $m \times m$ の非特異行列であるとすると，以下が成り立つ．

$$d\{\log(|X|)\} = \mathrm{tr}(X^{-1} dX); \quad \frac{\partial}{\partial\, \mathrm{vec}(X)'} \log(|X|) = \mathrm{vec}(X^{-1\prime})'$$

定理 9.2 では，非特異行列の逆行列に関する微分と導関数を与える．

定理 9.2　X が $m \times m$ 非特異行列であるならば，以下が成り立つ．

$$dX^{-1} = -X^{-1}(dX)X^{-1}; \quad \frac{\partial}{\partial\, \mathrm{vec}(X)'} \mathrm{vec}(X^{-1}) = -(X^{-1\prime} \otimes X^{-1})$$

証明　等式 $I_m = XX^{-1}$ の両辺を微分すると，

$$(0) = dI_m = d(XX^{-1}) = (dX)X^{-1} + X(dX^{-1})$$

であることがわかる．この等式に X^{-1} を前から掛け，dX^{-1} に関して解くと，

$$dX^{-1} = -X^{-1}(dX)X^{-1}$$

となり，以下を導く．

$$\begin{aligned} d\,\mathrm{vec}(X^{-1}) &= \mathrm{vec}(dX^{-1}) = -\mathrm{vec}(X^{-1}(dX)X^{-1}) \\ &= -(X^{-1\prime} \otimes X^{-1})\,\mathrm{vec}(dX) \\ &= -(X^{-1\prime} \otimes X^{-1})d\,\mathrm{vec}(X) \end{aligned}$$

これで証明は完了する. □

定理 9.2 の当然の一般化として, 行列のムーア–ペンローズ形逆行列の微分と導関数を導くことがあげられる. 定理 9.3 ではこれらがある行列 X において存在するときに, その形を与えるものである.

定理 9.3　X が $m \times n$ 行列であり, X^+ がそのムーア–ペンローズ形逆行列であるとすると, 以下が成り立つ.

$$dX^+ = (I_n - X^+X)(dX')X^{+\prime}X^+ + X^+X^{+\prime}(dX')(I_m - XX^+) - X^+(dX)X^+$$

$$\begin{aligned}\frac{\partial}{\partial\,\mathrm{vec}(X)'}\mathrm{vec}(X^+) = &\{X^{+\prime}X^+ \otimes (I_n - X^+X) + (I_m - XX^+) \otimes X^+X^{+\prime}\} \\ &\times K_{mn} - (X^{+\prime} \otimes X^+)\end{aligned}$$

証明　以下の関係に注目する.

$$d(XX^+) = (dX)X^+ + XdX^+$$

すると以下を得る.

$$XdX^+ = d(XX^+) - (dX)X^+ \tag{9.5}$$

$X^+ = X^+XX^+$ であるから, 以下もまた成り立つ.

$$\begin{aligned}dX^+ &= d(X^+XX^+) = d(X^+X)X^+ + X^+XdX^+ \\ &= d(X^+X)X^+ + X^+d(XX^+) - X^+(dX)X^+\end{aligned} \tag{9.6}$$

ここで, 最後の段階では (9.5) 式を用いた. したがって, もし dX に関して $d(X^+X)$ および $d(XX^+)$ の式を得れば, dX^+ を導くことができる. $d(XX^+)$ を導くためには, XX^+ が対称かつベキ等であるという事実を用いて,

$$\begin{aligned}d(XX^+) &= d(XX^+XX^+) = d(XX^+)XX^+ + XX^+d(XX^+) \\ &= d(XX^+)XX^+ + (d(XX^+)XX^+)'\end{aligned} \tag{9.7}$$

となる. これは, $d(XX^+)' = d((XX^+)') = d(XX^+)$ となるためである. しかしながら, 以下が成り立つ.

$$d(XX^+)X = dX - XX^+dX = (I_m - XX^+)dX \tag{9.8}$$

これは $X = XX^+X$ が,

$$dX = d(XX^+X) = d(XX^+)X + XX^+dX$$

となることを示しているからである．いま (9.7) 式に (9.8) 式を代入すると，

$$\begin{aligned} d(XX^+) &= (I_m - XX^+)(dX)X^+ + \{(I_m - XX^+)(dX)X^+\}' \\ &= (I_m - XX^+)(dX)X^+ + X^{+\prime}(dX')(I_m - XX^+) \end{aligned} \tag{9.9}$$

となる．X^+X は対称でありベキ等であるという事実を用いると，同様に以下が示される．

$$d(X^+X) = X^+(dX)(I_n - X^+X) + (I_n - X^+X)(dX')X^{+\prime} \tag{9.10}$$

(9.6) 式に (9.9) 式と (9.10) 式を代入し，$(I_n - X^+X)X^+ = (0)$ かつ $X^+(I_m - XX^+) = (0)$ となることに注目すると，

$$dX^+ = (I_n - X^+X)(dX')X^{+\prime}X^+ + X^+X^{+\prime}(dX')(I_m - XX^+) - X^+(dX)X^+$$

となり，これが求める結果である．上式の両辺にベック作用素を適用すると，

$$\begin{aligned} d\,\mathrm{vec}(X^+) &= \{X^{+\prime}X^+ \otimes (I_n - X^+X)\}\,\mathrm{vec}(dX') \\ &\quad + \{(I_m - XX^+) \otimes X^+X^{+\prime}\}\,\mathrm{vec}(dX') \\ &\quad - (X^{+\prime} \otimes X^+)\mathrm{vec}(dX) \\ &= \{X^{+\prime}X^+ \otimes (I_n - X^+X) \\ &\quad + (I_m - XX^+) \otimes X^+X^{+\prime}\}K_{mn}d\,\mathrm{vec}(X) \\ &\quad - (X^{+\prime} \otimes X^+)d\,\mathrm{vec}(X) \end{aligned}$$

となり，これが導関数に関して求める結果を導く．　□

9.5　パターンをもった行列の関数の微分

本節では，$m \times n$ 行列 X の変数のいくつかが互いに関連がある場合に X の関数の導関数を計算することについて考える．特に，X が正方かつ対称である状況に注目する．パターンをもった行列の関数の導関数に関する，より一般的な話題を扱ったものについては，Nel(1980) を参照のこと．

X が変数からなる $m \times m$ 対称行列であるとき，対称性からその行列は数学的に独立な変数を $m(m+1)/2$ 個しか含んでいない．これらの変数はまさにベクトル $\mathrm{v}(X)$ に含まれる変数である．$\boldsymbol{f}(X)$ が行列 X に関するあるベクトル関数ならば，$\boldsymbol{f}$ の導関数は行列

$$\frac{\partial}{\partial \mathrm{v}(X)'}\boldsymbol{f}(X)$$

によって与えられる．上記の導関数は，一般的な非対称行列 X についての導関数

$$\frac{\partial}{\partial\,\mathrm{vec}(X)'}\boldsymbol{f}(X)$$

を鎖律とあわせて用いることで計算できる．すなわち，鎖律から以下の式を得る．

$$\frac{\partial}{\partial \mathrm{v}(X)'}\boldsymbol{f}(X) = \left(\frac{\partial}{\partial \operatorname{vec}(X)'}\boldsymbol{f}(X)\right)\left(\frac{\partial}{\partial \mathrm{v}(X)'}\operatorname{vec}(X)\right)$$

上式の右辺にある 2 つの導関数のうちの 1 つ目が X の対称性を無視して計算されていることは強調されるべきである．これらの 2 つの導関数のうち 2 つ目は重複行列 D_m を利用するとうまく表現することができる．$D_m\mathrm{v}(X) = \operatorname{vec}(X)$ であるので，ただちに $D_m d\,\mathrm{v}(X) = d\operatorname{vec}(X)$ が得られ，その結果以下の関係が成り立つ．

$$\frac{\partial}{\partial \mathrm{v}(X)'}\boldsymbol{f}(X) = \left(\frac{\partial}{\partial \operatorname{vec}(X)'}\boldsymbol{f}(X)\right) D_m$$

この結果を用いると，定理 9.1，定理 9.2，定理 9.3 から以下の結果が直接導かれる．

定理 9.4　X を変数からなる $m \times m$ 対称行列とする．このとき以下が成り立つ．

(a) $\dfrac{\partial}{\partial \mathrm{v}(X)'}|X| = \operatorname{vec}(X'_{\#})'D_m$

(b) X が非特異ならば，$\dfrac{\partial}{\partial \mathrm{v}(X)'}\operatorname{vec}(X^{-1}) = -(X^{-1} \otimes X^{-1})D_m$

(c) $$\frac{\partial}{\partial \mathrm{v}(X)'}\operatorname{vec}(X^{+}) = (\{X^{+}X^{+} \otimes (I_m - X^{+}X) \\ +(I_m - XX^{+}) \otimes X^{+}X^{+}\}K_{mm} - (X^{+} \otimes X^{+}))D_m$$

定理 9.4 の (b) と (c) で与えられた導関数は，X^{-1} および X^{+} が対称であるから，まだいくつかの重複する要素を有している．一般に，X が変数からなる $m \times m$ 対称行列であり，$m \times m$ の行列関数 $F(X)$ も対称であるならば，X の要素についての $F(X)$ の要素の導関数はすべて行列導関数

$$\frac{\partial}{\partial \mathrm{v}(X)'}\mathrm{v}\{F(X)\}$$

に含まれることになる．この行列導関数は，$\operatorname{vec}(F) = D_m\mathrm{v}(F)$ の関係を用いると，導関数

$$A = \frac{\partial}{\partial \mathrm{v}(X)'}\operatorname{vec}\{F(X)\} \tag{9.11}$$

から簡単に計算することができる．したがって，(9.11) 式は $d\operatorname{vec}(F) = A d\,\mathrm{v}(X)$ を暗に示しているので

$$D_m d\,\mathrm{v}(F) = A d\,\mathrm{v}(X)$$

もしくは，定理 8.32 より $D_m^{+}D_m = I_{m(m+1)/2}$ なので

$$D_m^{+}D_m d\,\mathrm{v}(F) = d\,\mathrm{v}(F) = D_m^{+}A d\,\mathrm{v}(X)$$

を得る．この結果を用いると系 9.4.1 の導関数を得る．

系 9.4.1　X を変数からなる $m \times m$ の対称行列とする．このとき以下が成り立つ．

(a) X が非特異ならば，$\dfrac{\partial}{\partial \mathrm{v}(X)'}\mathrm{v}(X^{-1}) = -D_m^+(X^{-1} \otimes X^{-1})D_m$

(b) $$\frac{\partial}{\partial \mathrm{v}(X)'}\mathrm{v}(X^+) = D_m^+(\{X^+X^+ \otimes (I_m - X^+X) + (I_m - XX^+) \otimes X^+X^+\}K_{mm} - (X^+ \otimes X^+))D_m$$

9.6 摂　動　法

摂動法 (perturbation method) は，テイラー展開 (Taylor expansion) 公式における逐次項を見つけるための手法であり，微分演算子を用いた方法と密接に関係している．本節ではいくつかの重要な行列関数のテイラー公式を得るためにこの手法を用いる．この話題に関してより厳密に扱った内容は Hinch(1991)，Kato(1982)，Nayfeh(1981) のような教科書にみられる．

dX の要素は小さいものと仮定する．そして，そのことを強調して $dX = \epsilon Y$ と書くことにする．ここで，ϵ は小さなスカラーであり，Y は $m \times n$ 行列である．このとき $X + \epsilon Y$ は $m \times n$ 行列 X の小さな摂動を表している．すると，X のベクトル関数 $\boldsymbol{f}$ のテイラー公式は

$$\boldsymbol{f}(X + \epsilon Y) = \boldsymbol{f}(X) + \sum_{i=1}^{\infty} \epsilon^i \boldsymbol{g}_i(X, Y)$$

の形をとる．ここで，$\boldsymbol{g}_i(X, Y)$ は 2 つの行列 X と Y に関するあるベクトル関数を表している．同様に，行列関数 F があるならばテイラー展開は

$$F(X + \epsilon Y) = F(X) + \sum_{i=1}^{\infty} \epsilon^i G_i(X, Y) \tag{9.12}$$

の形をとる．ここでの目的は上で与えられた総和における最初のいくつかの項を決定することである．すると，ϵ が小さい場合にはそれらを $\boldsymbol{f}(X + \epsilon Y)$ や $F(X + \epsilon Y)$ の近似値に用いることができる．例えば，$m = n$ で関数は行列逆関数，つまり $F(X) = X^{-1}$ であると仮定する．表記を簡単にするために $G_i(X, Y) = G_i$ と書き，$m \times m$ 行列 X と $(X + \epsilon Y)$ は非特異であるとする．このとき (9.12) 式を

$$(X + \epsilon Y)^{-1} = X^{-1} + \epsilon G_1 + \epsilon^2 G_2 + \epsilon^3 G_3 + \cdots$$

と書くことができる．しかしながら，

$$\begin{aligned}
I_m &= (X + \epsilon Y)(X + \epsilon Y)^{-1} \\
&= (X + \epsilon Y)(X^{-1} + \epsilon G_1 + \epsilon^2 G_2 + \epsilon^3 G_3 + \cdots) \\
&= I_m + \epsilon(YX^{-1} + XG_1) + \epsilon^2(YG_1 + XG_2) \\
&\quad + \epsilon^3(YG_2 + XG_3) + \cdots
\end{aligned}$$

とならなくてはならない．この結果がすべての ϵ について成り立つならば，$(YX^{-1} + XG_1) = (0)$，もしくは同等に

$$G_1 = -X^{-1}YX^{-1}$$

を得るはずである．同様に $(YG_1 + XG_2) = (0)$，その結果

$$G_2 = -X^{-1}YG_1 = X^{-1}YX^{-1}YX^{-1}$$

を得なくてはならない．実際に

$$G_h = -X^{-1}YG_{h-1}$$

のような再帰的な関係を得るのは明らかである．結果として

$$\begin{aligned}(X + \epsilon Y)^{-1} = X^{-1} - \epsilon X^{-1}YX^{-1} + \epsilon^2 X^{-1}YX^{-1}YX^{-1} \\ - \epsilon^3 X^{-1}YX^{-1}YX^{-1}YX^{-1} + \cdots\end{aligned}$$

もしくは，$dX = \epsilon Y$ の表記に戻せば以下の式を得る．

$$\begin{aligned}(X + dX)^{-1} = X^{-1} - X^{-1}(dX)X^{-1} + X^{-1}(dX)X^{-1}(dX)X^{-1} \\ - X^{-1}(dX)X^{-1}(dX)X^{-1}(dX)X^{-1} + \cdots\end{aligned}$$

次に，対称行列の固有値のテイラー級数展開における最初のいくつかの項を決定するために摂動法を用いる．非摂動行列 X の対応する固有値が相異なるときのみ，そのような展開は可能となる．まずは，X が対角行列である特別な場合から考えよう．

定理 9.5　$X = \mathrm{diag}(x_1, \ldots, x_m)$ と仮定する．ここで，$x_1 \geq \cdots \geq x_{l-1} > x_l > x_{l+1} \geq \cdots \geq x_m$ であり，したがって l 番目の対角要素 x_l は X の他の対角要素とは異なっている．U を $m \times m$ 対称行列とし，$X + U$ に関する l 番目に大きな固有値とそれに対応する正規固有ベクトルをそれぞれ $\lambda_l(X + U)$ および $\boldsymbol{\gamma}_l(X + U)$ によって表記する．このとき

$$\begin{aligned}\lambda_l(X + U) \approx x_l + u_{ll} - \sum_{i \neq l} \frac{u_{il}^2}{(x_i - x_l)} - \sum_{i \neq l} \frac{u_{ll}u_{il}^2}{(x_i - x_l)^2} \\ + \sum_{i \neq l} \sum_{j \neq l} \frac{u_{il}u_{jl}u_{ij}}{(x_i - x_l)(x_j - x_l)}\end{aligned}$$

$$\begin{aligned}\gamma_{ll}(X + U) \approx 1 - \frac{1}{2} \sum_{i \neq l} \frac{u_{il}^2}{(x_i - x_l)^2} - \sum_{i \neq l} \frac{u_{ll}u_{il}^2}{(x_i - x_l)^3} \\ + \sum_{i \neq l} \sum_{j \neq l} \frac{u_{il}u_{jl}u_{ij}}{(x_i - x_l)^2(x_j - x_l)}\end{aligned}$$

となる．また $h \neq l$ に関しては

$$\begin{aligned}\gamma_{hl}(X+U) \approx & -\frac{u_{hl}}{(x_h - x_l)} - \frac{u_{ll}u_{hl}}{(x_h - x_l)^2} \\ & + \sum_{i \neq l} \frac{u_{il}u_{hi}}{(x_h - x_l)(x_i - x_l)} - \frac{u_{ll}^2 u_{hl}}{(x_h - x_l)^3} \\ & + \sum_{i \neq l} \frac{u_{ll}u_{hi}u_{il}}{(x_h - x_l)^2(x_i - x_l)} + \sum_{i \neq l} \frac{u_{hl}u_{il}^2}{(x_h - x_l)^2(x_i - x_l)} \\ & + \sum_{i \neq l} \frac{u_{ll}u_{hi}u_{il}}{(x_h - x_l)(x_i - x_l)^2} \\ & - \sum_{i \neq l} \sum_{j \neq l} \frac{u_{hi}u_{ij}u_{jl}}{(x_h - x_l)(x_i - x_l)(x_j - x_l)} \\ & + \frac{1}{2} \sum_{i \neq l} \frac{u_{hl}u_{il}^2}{(x_h - x_l)(x_i - x_l)^2}\end{aligned}$$

となる．ここで，$\gamma_{hl}(X+U)$ は $\boldsymbol{\gamma}_l(X+U)$ の h 番目の要素を示しており，これらの近似値は u における 3 次の項まで正確である．

証明　ここでの U は摂動行列であり，$\lambda_l = \lambda_l(X+U)$ と $\boldsymbol{\gamma}_l = \boldsymbol{\gamma}_l(X+U)$ を以下の形式で表記しよう．

$$\lambda_l = x_l + a_1 + a_2 + a_3 + \cdots \tag{9.13}$$

$$\boldsymbol{\gamma}_l = \boldsymbol{e}_l + \boldsymbol{b}_1 + \boldsymbol{b}_2 + \boldsymbol{b}_3 + \cdots \tag{9.14}$$

ここで a_i と $\boldsymbol{b}_i$ には，U の要素で構成された i 次の項のみを含ませる．これらの表現を定義している方程式 $(X+U)\boldsymbol{\gamma}_l = \lambda_l \boldsymbol{\gamma}_l$ に代入し，この方程式の左辺における U の要素で構成された i 次の項を右辺のそれと同等とみなすことで以下を得る．

$$X\boldsymbol{e}_l = x_l \boldsymbol{e}_l \tag{9.15}$$

$$X\boldsymbol{b}_1 + U\boldsymbol{e}_l = x_l \boldsymbol{b}_1 + a_1 \boldsymbol{e}_l \tag{9.16}$$

$$X\boldsymbol{b}_2 + U\boldsymbol{b}_1 = x_l \boldsymbol{b}_2 + a_1 \boldsymbol{b}_1 + a_2 \boldsymbol{e}_l \tag{9.17}$$

$$X\boldsymbol{b}_3 + U\boldsymbol{b}_2 = x_l \boldsymbol{b}_3 + a_1 \boldsymbol{b}_2 + a_2 \boldsymbol{b}_1 + a_3 \boldsymbol{e}_l \tag{9.18}$$

同じ方法で，正規方程式 $\boldsymbol{\gamma}_l' \boldsymbol{\gamma}_l = 1$ により以下の恒等式を導出する．

$$\boldsymbol{e}_l' \boldsymbol{e}_l = 1 \tag{9.19}$$

$$\boldsymbol{e}_l' \boldsymbol{b}_1 + \boldsymbol{b}_1' \boldsymbol{e}_l = 0 \tag{9.20}$$

$$\boldsymbol{e}_l' \boldsymbol{b}_2 + \boldsymbol{b}_1' \boldsymbol{b}_1 + \boldsymbol{b}_2' \boldsymbol{e}_l = 0 \tag{9.21}$$

$$\boldsymbol{e}_l' \boldsymbol{b}_3 + \boldsymbol{b}_1' \boldsymbol{b}_2 + \boldsymbol{b}_2' \boldsymbol{b}_1 + \boldsymbol{b}_3' \boldsymbol{e}_l = 0 \tag{9.22}$$

(9.15) 式と (9.19) 式は明らかに真であり，対して (9.16) 式と (9.20) 式は a_1 と $\boldsymbol{b}_1$ を求めるのに使用される．(9.16) 式に $\boldsymbol{e}_l'$ を前から掛け，a_1 について解くと，

$$a_1 = \boldsymbol{e}_l' U \boldsymbol{e}_l = u_{ll} \tag{9.23}$$

となることがわかる．なぜなら (9.15) 式より，$\boldsymbol{e}_l' X \boldsymbol{b}_1 = x_l \boldsymbol{e}_l' \boldsymbol{b}_1$ だからである．このとき (9.16) 式は線形連立方程式

$$(X - x_l I_m)\boldsymbol{b}_1 = -(U - u_{ll} I_m)\boldsymbol{e}_l$$

のように再表記でき，$\boldsymbol{b}_1$ は以下によって与えられる一般解をもつ．

$$\boldsymbol{b}_1 = -(X - x_l I_m)^+ (U - u_{ll} I_m)\boldsymbol{e}_l + c_1 \boldsymbol{e}_l$$

ここで c_1 は任意の定数である．$(X - x_l I_m)^+ \boldsymbol{e}_l = \boldsymbol{0}$ であり，(9.20) 式は $\boldsymbol{e}_l' \boldsymbol{b}_1 = 0$ ということを意味しているから，$c_1 = 0$ となるので，上式は以下のように表せる．

$$\boldsymbol{b}_1 = -(X - x_l I_m)^+ U \boldsymbol{e}_l \tag{9.24}$$

次に (9.17) 式と (9.21) 式を利用して，a_2 と $\boldsymbol{b}_2$ を求めよう．(9.17) 式の前から $\boldsymbol{e}_l'$ を掛け，a_2 について解くと，再度 $\boldsymbol{e}_l' \boldsymbol{b}_1 = 0$ という事実を利用して，

$$a_2 = \boldsymbol{e}_l' U \boldsymbol{b}_1 = -\boldsymbol{e}_l' U (X - x_l I_m)^+ U \boldsymbol{e}_l \tag{9.25}$$

となる．(9.17) 式を以下のように $\boldsymbol{b}_2$ に関する連立方程式として再表記する．

$$(X - x_l I_m)\boldsymbol{b}_2 = a_2 \boldsymbol{e}_l - (U - a_1 I_m)\boldsymbol{b}_1$$

このとき，以下のように任意のスカラー c_2 について以下を解としてもつ．

$$\boldsymbol{b}_2 = (X - x_l I_m)^+ \{a_2 \boldsymbol{e}_l - (U - a_1 I_m)\boldsymbol{b}_1\} + c_2 \boldsymbol{e}_l$$

いま，$(X - x_l I_m)^+ \boldsymbol{e}_l = \boldsymbol{0}$ であり，(9.21) 式より $\boldsymbol{e}_l' \boldsymbol{b}_2 = -\frac{1}{2}\boldsymbol{b}_1' \boldsymbol{b}_1$ なので以下を得る．

$$c_2 = -\frac{1}{2}\boldsymbol{b}_1' \boldsymbol{b}_1 = -\frac{1}{2}\boldsymbol{e}_l' U \{(X - x_l I_m)^+\}^2 U \boldsymbol{e}_l = -\frac{1}{2}\sum_{i \neq l} \frac{u_{il}^2}{(x_i - x_l)^2}$$

ゆえに，c_2 がこの値であると，$\boldsymbol{b}_2$ の解は以下によって与えられる．

$$\boldsymbol{b}_2 = (X - x_l I_m)^+ (U - u_{ll} I_m)(X - x_l I_m)^+ U \boldsymbol{e}_l + c_2 \boldsymbol{e}_l \tag{9.26}$$

a_3 を求めるためには (9.18) 式に前から $\boldsymbol{e}_l'$ を掛け，a_3 について解いてから $\boldsymbol{e}_l' \boldsymbol{b}_1 = 0$ を用いて以下を得る．

$$\begin{aligned} a_3 &= \boldsymbol{e}_l' (U - a_1 I_m)\boldsymbol{b}_2 \\ &= \boldsymbol{e}_l' (U - u_{ll} I_m)\{(X - x_l I_m)^+ (U - u_{ll} I_m)(X - x_l I_m)^+ U \boldsymbol{e}_l + c_2 \boldsymbol{e}_l\} \end{aligned}$$

$$= \boldsymbol{e}_l' U (X - x_l I_m)^+ (U - u_{ll} I_m)(X - x_i I_m)^+ U \boldsymbol{e}_l \tag{9.27}$$

方程式 (9.18) は

$$(X - x_l I_m)\boldsymbol{b}_3 = a_3 \boldsymbol{e}_l + a_2 \boldsymbol{b}_1 - (U - a_1 I_m)\boldsymbol{b}_2$$

のように表現できる．ゆえに $\boldsymbol{b}_3$ の解は

$$\begin{aligned} \boldsymbol{b}_3 &= (X - x_l I_m)^+ \{a_3 \boldsymbol{e}_l + a_2 \boldsymbol{b}_1 - (U - a_1 I_m)\boldsymbol{b}_2\} + c_3 \boldsymbol{e}_l \\ &= (X - x_l I_m)^+ \{a_2 \boldsymbol{b}_1 - (U - a_1 I_m)\boldsymbol{b}_2\} + c_3 \boldsymbol{e}_l \end{aligned} \tag{9.28}$$

となるだろう．ここで c_3 は任意の定数である．上式に前から $\boldsymbol{e}_l'$ を掛け，(9.22) 式よりわかる $\boldsymbol{e}_l'\boldsymbol{b}_3 = -\boldsymbol{b}_1'\boldsymbol{b}_2$ という事実を利用することで以下を得る．

$$\begin{aligned} c_3 = -\boldsymbol{b}_1'\boldsymbol{b}_2 &= \boldsymbol{e}_l' U \{(X - x_l I_m)^+\}^2 (U - u_{ll} I_m)(X - x_l I_m)^+ U \boldsymbol{e}_l \\ &= -\sum_{i \neq l} \frac{u_{ll} u_{il}^2}{(x_i - x_l)^3} + \sum_{i \neq l} \sum_{j \neq l} \frac{u_{il} u_{jl} u_{ij}}{(x_i - x_l)^2 (x_j - x_l)} \end{aligned}$$

(9.23) 式，(9.25) 式，(9.27) 式を (9.13) 式に，(9.24) 式，(9.26) 式，(9.28) 式を (9.14) 式に代入することで題意を得る．□

定理 9.5 を用いて，一般対称行列の展開公式を得ることができる．つまり，もし Z が $m \times m$ 対称行列であり，W がそれに関係する対称な摂動行列であるとすると，$\lambda_l(Z+W)$ と $\boldsymbol{\gamma}_l(Z+W)$ の展開公式を得ることができる．$Z = QXQ'$ を Z のスペクトル分解とする．このとき $X = \mathrm{diag}(x_1, \ldots, x_m)$ であり，Q の l 番目の列である固有ベクトル $\boldsymbol{q}_l$ に対応する Z の固有値 x_l をもつ．定理 9.5 と同様に，x_l を互いに区別された固有値であると仮定している．もし $U = Q'WQ$ とするならば，固有値・固有ベクトル方程式

$$(Z + W)\boldsymbol{\gamma}_l(Z + W) = \lambda_l(Z + W)\boldsymbol{\gamma}_l(Z + W)$$

は，以下の表現と同等になる．

$$(X + U)Q'\boldsymbol{\gamma}_l(Z + W) = \lambda_l(Z + W)Q'\boldsymbol{\gamma}_l(Z + W)$$

すなわち U は X の摂動行列であり，$\lambda_l(Z+W)$ は固有ベクトル $Q'\boldsymbol{\gamma}_l(Z+W)$ に対応する $(X+U)$ の固有値である．

したがって，もし定理 9.5 の公式において U の各要素に $U = QWQ'$ の要素を用いたなら，$\lambda_l(Z+W)$ と $Q'\boldsymbol{\gamma}_l(Z+W)$ の展開公式が得られる．例えば $\lambda_l(Z+W)$ と $\boldsymbol{\gamma}_l(Z+W)$ の 1 次近似は以下によって与えられる．

$$\begin{aligned} \lambda_l(Z + W) &\approx x_l + \boldsymbol{q}_l' W \boldsymbol{q}_l \\ \boldsymbol{\gamma}_l(Z + W) &\approx Q\{\boldsymbol{e}_l - (X - x_l I_m)^+ (Q'WQ)\boldsymbol{e}_l\} \end{aligned}$$

$$= \boldsymbol{q}_l - (Z - x_l I_m)^+ W \boldsymbol{q}_l$$

定理 9.6 の結果は 1 次のテイラー展開よりただちに得られる.

定理 9.6　$\lambda_l(Z)$ を $m \times m$ 対称行列 Z で定義された固有値関数とし，$\boldsymbol{\gamma}_l(Z)$ をそれに対応する正規固有ベクトルとする．行列 Z において，もしその固有値 $\lambda_l(Z)$ が互いに区別されているならば，その行列 Z による微分および導関数は以下によって与えられる.

$$d\lambda_l = \boldsymbol{\gamma}_l'(dZ)\boldsymbol{\gamma}_l, \qquad \frac{\partial}{\partial \mathrm{v}(Z)'}\lambda_l(Z) = (\boldsymbol{\gamma}_l' \otimes \boldsymbol{\gamma}_l')D_m$$

$$d\boldsymbol{\gamma}_l = -(Z - \lambda_l I_m)^+(dZ)\boldsymbol{\gamma}_l$$

$$\frac{\partial}{\partial \mathrm{v}(Z)'}\boldsymbol{\gamma}_l(Z) = -\{\boldsymbol{\gamma}_l' \otimes (Z - \lambda_l I_m)^+\}D_m$$

固有値 x_l が互いに区別されていないとき，定理 9.5 およびそのすぐ後で与えられる展開公式は成立しない．例えば，$x_1 \geq \cdots \geq x_m$ を再度仮定する．しかしこのとき $x_l = x_{l+1} = \cdots = x_{l+r-1}$，すなわち値 x_l が重複度 r をもつ $Z = QXQ'$ の固有値であるとする．この場合，$\overline{\lambda}_{l,l+r-1}(Z+W)$，つまり摂動固有値 $\lambda_l(Z+W), \ldots, \lambda_{l+r-1}(Z+W)$ の平均，およびこの固有値の集まりに関する総固有射影 Φ_l における展開公式を得ることができる．つまり，もし $P_{Z+W}\{\lambda_{l+i-1}(Z+W)\}$ が固有値 $\lambda_{l+i-1}(Z+W)$ に関する $Z+W$ の固有射影を表しているとするならば，この総固有射影は

$$\Phi_l = \sum_{i=1}^{r} P_{Z+W}\{\lambda_{l+i-1}(Z+W)\}$$

$$= \sum_{i=1}^{r} \boldsymbol{\gamma}_{l+i-1}(Z+W)\boldsymbol{\gamma}_{l+i-1}'(Z+W)$$

によって与えられる．これらの展開公式は定理 9.7 に要約される．証明は定理 9.5 と同様なので読者に委ねる.

定理 9.7　Z を固有値 $x_1 \geq \cdots \geq x_{l-1} > x_l = x_{l+1} = \cdots = x_{l+r-1} > x_{l+r} \geq \cdots \geq x_m$ をもつ $m \times m$ 対称行列とする．したがって x_l は重複度 r の固有値である．また W を $m \times m$ 対称行列であると仮定し，$\lambda_1 \geq \lambda_2 \geq \cdots \geq \lambda_m$ を $Z+W$ の固有値であるとする．一方，$\overline{\lambda}_{l,l+r-1} = r^{-1}(\lambda_l + \cdots + \lambda_{l+r-1})$ とする．重複固有値 x_l に対応する Z の固有射影を P_l で，また固有値の集まり $\lambda_l, \ldots, \lambda_{l+r-1}$ に対応する $Z+W$ の総固有射影を Φ_l で表記する．さらに $Y = (Z - x_l I_m)^+$ と表記する．このとき 3 次のテイラー近似

$$\bar{\lambda}_{l,l+r-1} \approx x_l + a_1 + a_2 + a_3$$

$$\Phi_l \approx P_l + B_1 + B_2 + B_3$$

は以下となる.

$$
\begin{aligned}
a_1 &= \frac{1}{r}\mathrm{tr}(WP_l)\\
a_2 &= -\frac{1}{r}\mathrm{tr}(WYWP_l)\\
a_3 &= \frac{1}{r}\{\mathrm{tr}(YWYWP_lW) - \mathrm{tr}(Y^2WP_lWP_lW)\}\\
B_1 &= -YWP_l - P_lWY\\
B_2 &= YWP_lWY + YWYWP_l - Y^2WP_lWP_l + P_lWYWY\\
&\quad - P_lWP_lWY^2 - P_lWY^2WP_l\\
B_3 &= Y^2WP_lWYWP_l + P_lWYWP_lWY^2 + Y^2WP_lWP_lWY\\
&\quad + YWP_lWP_lWY^2 + Y^2WYWP_lWP_l + P_lWP_lWYWY^2\\
&\quad + YWY^2WP_lWP_l + P_lWP_lWY^2WY - Y^3WP_lWP_lWP_l\\
&\quad - P_lWP_lWP_lWY^3 - YWYWP_lWY - YWP_lWYWY\\
&\quad - YWYWYWP_l - P_lWYWYWY + YWP_lWY^2WP_l\\
&\quad + P_lWY^2WP_lWY + P_lWY^2WYWP_l + P_lWYWY^2WP_l\\
&\quad - P_lWY^3WP_lWP_l - P_lWP_lWY^3WP_l
\end{aligned}
$$

例 9.4　Ω を $m\times m$ 共分散行列とし，その最小の固有値 λ が重複度 r をもつと仮定する．また S を 1.13 節で定義された標本共分散行列とし，$A = S - \Omega$，すなわち $S = \Omega + A$ と表記する．定理 9.7 を用いて，A の項で S の関数の近似式を得ることができる．例えば，$\hat{P}(S - \hat{\lambda}I_m)\hat{P}$ の 1 次近似を例として考えよう．ここで $\hat{\lambda}$ は S に関する r 個の最小固有値の平均であり，$\hat{P}$ はこれら r 個の固有値に対応する S の総固有射影である．いま，定理 9.7 より，近似式 $\hat{\lambda} \approx \lambda + r^{-1}\mathrm{tr}(AP)$ と $\hat{P} \approx P + B_1$ をもつ．ここで P はその最小固有値に対応する Ω の固有射影であり，B_1 の式は定理 9.7 より得られる．A に関して 2 次の項を無視すると，これらの近似式を用いて

$$
\begin{aligned}
\hat{P}(S - \hat{\lambda}I_m)\hat{P} &\approx (P + B_1)\left((\Omega + A) - \{\lambda + r^{-1}\mathrm{tr}(AP)\}I_m\right)(P + B_1)\\
&= (P + B_1)\left((\Omega - \lambda I_m) + \{A - r^{-1}\mathrm{tr}(AP)I_m\}\right)(P + B_1)\\
&= P(\Omega - \lambda I_m)P + B_1(\Omega - \lambda I_m)P + P(\Omega - \lambda I_m)B_1\\
&\quad + P\{A - r^{-1}\mathrm{tr}(AP)I_m\}P\\
&= P\{A - r^{-1}\mathrm{tr}(AP)I_m\}P
\end{aligned}
$$

となる．ここで最後の等式には $P(\Omega - \lambda I_m) = (\Omega - \lambda I_m)P = (0)$ という事実を用いた．

9.7 最大値と最小値

導関数の最も重要な適用場面の 1 つは，関数の最大値や最小値の探索に関わるものである．関数 f が $n \times 1$ の点 $\boldsymbol{a}$ において，もし，ある $\delta > 0$ について，$\boldsymbol{x}'\boldsymbol{x} < \delta$ であるとき常に $f(\boldsymbol{a}) \geq f(\boldsymbol{a}+\boldsymbol{x})$ ならば，f は局所最大値 (local maximum) をもつ．f が定義されるすべての $\boldsymbol{x}$ に対して $f(\boldsymbol{a}) \geq f(\boldsymbol{x})$ ならば，この関数は絶対最大値 (absolute maximum) をもつ．局所最小値 (local minimum)，ならびに絶対最小値 (absolute minimum) についても同様に定義される．実際に，f が点 $\boldsymbol{a}$ において局所最小値をもつならば，$-f$ は $\boldsymbol{a}$ において局所最大値をもつ．また，f が $\boldsymbol{a}$ において絶対最小値をもつならば，$-f$ は $\boldsymbol{a}$ で絶対最大値をもつ．このため，今後しばしば議論を最大値の場合のみに限ることがある．本節，ならびに次節では，局所最大値と局所最小値を見つける上で有用ないくつかの定理を述べる．これらの定理の証明は，Khuri(2003) または Magnus and Neudecker(1999) を参照されたい．最初の定理は，関数 f が $\boldsymbol{a}$ において局所最大値をもつための必要条件を与える．

定理 9.8　関数 $f(\boldsymbol{x})$ が $n \times 1$ ベクトル $\boldsymbol{x} \in S$ のすべてに対して定義されているものとする．ここで，S は R^n のある部分集合である．$\boldsymbol{a}$ を S の内点とする．すなわち，すべての $\boldsymbol{u}'\boldsymbol{u} < \delta$ に対して $\boldsymbol{a}+\boldsymbol{u} \in S$ となるような，ある $\delta > 0$ が存在する．f が $\boldsymbol{a}$ において局所最大値をもち，かつ $\boldsymbol{a}$ において f が微分可能ならば，以下が成り立つ．

$$\frac{\partial}{\partial \boldsymbol{a}'} f(\boldsymbol{a}) = \boldsymbol{0}' \tag{9.29}$$

(9.29) 式を満たす任意の点 $\boldsymbol{a}$ は，f の停留点 (stationary point) と呼ばれる．定理 9.8 は局所最大値あるいは局所最小値をとる任意の点は停留点であることを保証するが，その逆は成立しない．局所最大値または局所最小値に対応しない停留点は鞍点 (saddle point) と呼ばれる．定理 9.9 は，関数 f が 2 次微分可能である状況で，特定の停留点が局所最大値または局所最小値であるかどうかを判断するのに有用である．

定理 9.9　S を R^n のある部分集合として，関数 $f(\boldsymbol{x})$ がすべての $n \times 1$ ベクトル $\boldsymbol{x} \in S$ に対して定義されているものとする．f はまた，S の内点 $\boldsymbol{a}$ において 2 次微分可能であるとする．$\boldsymbol{a}$ が f の停留点で，H_f が $\boldsymbol{a}$ での f のヘッセ行列であるとき，以下が成り立つ．

(a) H_f が正定値ならば，f は $\boldsymbol{a}$ で局所最小値をとる．
(b) H_f が負定値ならば，f は $\boldsymbol{a}$ で局所最大値をとる．
(c) H_f が非特異で，正定値でも負定値でもないならば，f は $\boldsymbol{a}$ で鞍点をとる．
(d) H_f が特異ならば，f は $\boldsymbol{a}$ で局所最小値，または局所最大値，または鞍点をとりうる．

例 9.5 これまでいくつかの機会で，不能な連立方程式

$$\boldsymbol{y} = X\boldsymbol{\beta}$$

に対する最小 2 乗解 $\hat{\boldsymbol{\beta}}$ を見つける問題を論じてきた．ここで，$\boldsymbol{y}$ は $N \times 1$ 定数ベクトルであり，X は $N \times (k+1)$ 定数行列，$\boldsymbol{\beta}$ は $(k+1) \times 1$ 変数ベクトルである．第 2 章において，解は最小 2 乗回帰の幾何学的性質を用いて得られた．一方，第 6 章では最小 2 乗一般逆行列に関して導かれた定理を利用した．本例では，本節の方法が解を得るのにどのように用いられるかを示す．まず，$\text{rank}(X) = k+1$ を仮定する．つまり，行列 X は最大列階数をもつと仮定する．確認となるが，最小 2 乗解 $\hat{\boldsymbol{\beta}}$ は，以下によって与えられる誤差平方和を最小化する任意のベクトルである．

$$f(\hat{\boldsymbol{\beta}}) = (\boldsymbol{y} - X\hat{\boldsymbol{\beta}})'(\boldsymbol{y} - X\hat{\boldsymbol{\beta}})$$

$f(\hat{\boldsymbol{\beta}})$ を微分すると

$$\begin{aligned} df &= \{d(\boldsymbol{y} - X\hat{\boldsymbol{\beta}})'\}(\boldsymbol{y} - X\hat{\boldsymbol{\beta}}) + (\boldsymbol{y} - X\hat{\boldsymbol{\beta}})'d(\boldsymbol{y} - X\hat{\boldsymbol{\beta}}) \\ &= -(d\hat{\boldsymbol{\beta}})'X'(\boldsymbol{y} - X\hat{\boldsymbol{\beta}}) - (\boldsymbol{y} - X\hat{\boldsymbol{\beta}})'Xd\hat{\boldsymbol{\beta}} \\ &= -2(\boldsymbol{y} - X\hat{\boldsymbol{\beta}})'Xd\hat{\boldsymbol{\beta}} \end{aligned}$$

となり，したがって以下を得る．

$$\frac{\partial}{\partial\hat{\boldsymbol{\beta}}'}f(\hat{\boldsymbol{\beta}}) = -2(\boldsymbol{y} - X\hat{\boldsymbol{\beta}})'X$$

以上から，この 1 次導関数を $\mathbf{0}'$ とおき，整理すると，停留値 (stationary value) が連立方程式

$$X'X\hat{\boldsymbol{\beta}} = X'\boldsymbol{y} \tag{9.30}$$

の解 $\hat{\boldsymbol{\beta}}$ によって与えられることがわかる．X は最大列階数をもつから，$X'X$ は非特異であり，(9.30) 式に対する一意の解は

$$\hat{\boldsymbol{\beta}} = (X'X)^{-1}X'\boldsymbol{y} \tag{9.31}$$

である．この解が誤差平方和を最小にするか確かめるためには，ヘッセ行列 H_f を得る必要がある．$f(\hat{\boldsymbol{\beta}})$ の 2 次導関数は

$$\begin{aligned} d^2f = d(df) &= -d\{2(\boldsymbol{y} - X\hat{\boldsymbol{\beta}})'Xd\hat{\boldsymbol{\beta}}\} \\ &= -2\{d(\boldsymbol{y} - X\hat{\boldsymbol{\beta}})\}'Xd\hat{\boldsymbol{\beta}} \\ &= 2(d\hat{\boldsymbol{\beta}})'X'Xd\hat{\boldsymbol{\beta}} \end{aligned}$$

となるため，

$$H_f = 2X'X$$

が導かれる．この行列は正定値であるから，定理 9.9 によって (9.31) 式で与えられた解は $f(\hat{\boldsymbol{\beta}})$ を最小化することがわかる．

例 9.6 未知母数の推定量を得る最も一般的な方法の 1 つは，最尤推定法として知られる方法である．$\boldsymbol{\theta}$ を母数ベクトルとして，密度関数 $f(\boldsymbol{x};\boldsymbol{\theta})$ に従う母集団からベクトル $\boldsymbol{x}_1,\dots,\boldsymbol{x}_n$ という無作為標本が得られるとき，$\boldsymbol{\theta}$ の尤度関数は，$\boldsymbol{x}_1,\dots,\boldsymbol{x}_n$ の同時密度関数を $\boldsymbol{\theta}$ の関数とみたものとして定義される．すなわち，この尤度関数は，

$$L(\boldsymbol{\theta}) = \prod_{i=1}^{n} f(\boldsymbol{x}_i;\boldsymbol{\theta})$$

によって与えられる．最尤推定法では，$L(\boldsymbol{\theta})$ を最大化するベクトル $\hat{\boldsymbol{\theta}}$ によって $\boldsymbol{\theta}$ を推定する．本例では，標本が正規分布 $N_m(\boldsymbol{\mu},\Omega)$ から得られるときの $\boldsymbol{\mu}$ と Ω の推定値を得るために，この方法を用いる．ここで，$\boldsymbol{\mu}$ は $m\times 1$ ベクトル，Ω は $m\times m$ 正定値行列であり，対象の密度関数 $f(\boldsymbol{x};\boldsymbol{\mu},\Omega)$ は (1.13) 式で与えられたものである．推定値 $\hat{\boldsymbol{\mu}}$ と $\hat{\Omega}$ を導く際に，関数 $\log(L(\boldsymbol{\mu},\Omega))$ を最大化する方が，わずかばかり容易である．この関数は，当然，$L(\boldsymbol{\mu},\Omega)$ と同じ解において最大化される．$\boldsymbol{\mu}$ と Ω に関わらない項を $\log(L(\boldsymbol{\mu},\Omega))$ から除くと，最大化すべき関数が

$$g(\boldsymbol{\mu},\Omega) = -\frac{1}{2}n\log|\Omega| - \frac{1}{2}\,\mathrm{tr}(\Omega^{-1}U)$$

であることがわかる．ここで，

$$U = \sum_{i=1}^{n}(\boldsymbol{x}_i-\boldsymbol{\mu})(\boldsymbol{x}_i-\boldsymbol{\mu})'$$

である．g の 1 次微分は以下によって与えられる．

$$\begin{aligned}
dg &= -\frac{1}{2}n\,d(\log|\Omega|) - \frac{1}{2}\,\mathrm{tr}\{(d\Omega^{-1})U\} - \frac{1}{2}\,\mathrm{tr}(\Omega^{-1}dU)\\
&= -\frac{1}{2}n\ \mathrm{tr}(\Omega^{-1}d\Omega) + \frac{1}{2}\,\mathrm{tr}\{\Omega^{-1}(d\Omega)\Omega^{-1}U\}\\
&\quad + \frac{1}{2}\,\mathrm{tr}\left(\Omega^{-1}\left\{(d\boldsymbol{\mu})\sum_{i=1}^{n}(\boldsymbol{x}_i-\boldsymbol{\mu})' + \sum_{i=1}^{n}(\boldsymbol{x}_i-\boldsymbol{\mu})d\boldsymbol{\mu}'\right\}\right)\\
&= \frac{1}{2}\,\mathrm{tr}\{(d\Omega)\Omega^{-1}(U-n\Omega)\Omega^{-1}\}\\
&\quad + \frac{1}{2}\,\mathrm{tr}(\Omega^{-1}\{n(d\boldsymbol{\mu})(\bar{\boldsymbol{x}}-\boldsymbol{\mu})' + n(\bar{\boldsymbol{x}}-\boldsymbol{\mu})d\boldsymbol{\mu}'\})\\
&= \frac{1}{2}\,\mathrm{tr}\{(d\Omega)\Omega^{-1}(U-n\Omega)\Omega^{-1}\} + n(\bar{\boldsymbol{x}}-\boldsymbol{\mu})'\Omega^{-1}d\boldsymbol{\mu}\\
&= \frac{1}{2}\,\mathrm{vec}(d\Omega)'(\Omega^{-1}\otimes\Omega^{-1})\,\mathrm{vec}(U-n\Omega) + n(\bar{\boldsymbol{x}}-\boldsymbol{\mu})'\Omega^{-1}d\boldsymbol{\mu}
\end{aligned}$$

なお，2 番目の等式には系 9.1.1 と定理 9.2 を適用し，5 番目の等式には定理 8.12 を適用した．Ω は対称なので，$\mathrm{vec}(d\Omega) = d\,\mathrm{vec}(\Omega) = D_m d\,\mathrm{v}(\Omega)$ であり，したがって，微分は

$$dg = \frac{1}{2}\{d\,\mathrm{v}(\Omega)\}' D_m' (\Omega^{-1} \otimes \Omega^{-1})\,\mathrm{vec}(U - n\Omega) + n(\bar{\boldsymbol{x}} - \boldsymbol{\mu})'\Omega^{-1} d\boldsymbol{\mu} \tag{9.32}$$

と再表現可能である．以上から

$$\frac{\partial}{\partial \boldsymbol{\mu}'} g = n(\bar{\boldsymbol{x}} - \boldsymbol{\mu})'\Omega^{-1}$$
$$\frac{\partial}{\partial\,\mathrm{v}(\Omega)'} g = \frac{1}{2}\{\mathrm{vec}(U - n\Omega)\}'(\Omega^{-1} \otimes \Omega^{-1}) D_m$$

を得る．これら 1 次導関数をゼロベクトルとおくと，以下の方程式が導かれる．

$$n\Omega^{-1}(\bar{\boldsymbol{x}} - \boldsymbol{\mu}) = \mathbf{0}$$
$$D_m'(\Omega^{-1} \otimes \Omega^{-1})\,\mathrm{vec}(U - n\Omega) = \mathbf{0}$$

この 2 つの方程式の 1 番目から，$\boldsymbol{\mu}$ に対する解として $\hat{\boldsymbol{\mu}} = \bar{\boldsymbol{x}}$ を得る．一方，2 番目の方程式は，$(U - n\Omega)$ の対称性から $\mathrm{vec}(U - n\Omega) = D_m\,\mathrm{v}(U - n\Omega)$ が示されるため

$$D_m'(\Omega^{-1} \otimes \Omega^{-1}) D_m\,\mathrm{v}(U - n\Omega) = \mathbf{0}$$

と表すことができる．この方程式に前から $D_m^{+}(\Omega \otimes \Omega) D_m^{+\prime}$ を乗じ，定理 8.35 を用いると

$$\mathrm{v}(U - n\Omega) = \mathbf{0}$$

であることがわかる．$(U - n\Omega)$ は対称であるから，これは $(U - n\Omega) = (0)$ を示しており，したがって Ω に対する解は $\hat{\Omega} = n^{-1}U$ である．後は，解 $(\hat{\boldsymbol{\mu}}, \hat{\Omega})$ において最大値をとることを示せばよい．(9.32) 式を微分すると

$$\begin{aligned} d^2 g = &\frac{1}{2}\{d\,\mathrm{v}(\Omega)\}' D_m'\{d(\Omega^{-1} \otimes \Omega^{-1})\}\,\mathrm{vec}(U - n\Omega) \\ &+ \frac{1}{2}\{d\,\mathrm{v}(\Omega)\}' D_m'(\Omega^{-1} \otimes \Omega^{-1})\,\mathrm{vec}(dU - n d\Omega) \\ &- n(d\boldsymbol{\mu})'\Omega^{-1} d\boldsymbol{\mu} + n(\bar{\boldsymbol{x}} - \boldsymbol{\mu})'(d\Omega^{-1}) d\boldsymbol{\mu} \end{aligned}$$

となる．これを $\boldsymbol{\mu} = \bar{\boldsymbol{x}}$，$\Omega = n^{-1}U$ で評価すると，上式右辺の最初と 4 番目の項が消えることがわかる．さらに，$\boldsymbol{\mu} = \bar{\boldsymbol{x}}$ で評価したとき

$$dU = n(d\boldsymbol{\mu})(\bar{\boldsymbol{x}} - \boldsymbol{\mu})' + n(\bar{\boldsymbol{x}} - \boldsymbol{\mu}) d\boldsymbol{\mu}'$$

も消えることに注意しよう．以上から，$\boldsymbol{\mu} = \bar{\boldsymbol{x}}$，$\Omega = n^{-1}U$ において

$$d^2 g = -\frac{n}{2}\{d\,\mathrm{v}(\Omega)\}' D_m'(\Omega^{-1} \otimes \Omega^{-1}) D_m d\,\mathrm{v}(\Omega) - n(d\boldsymbol{\mu})'\Omega^{-1} d\boldsymbol{\mu}$$

$$= [\ d\boldsymbol{\mu}' \quad \{d\,\mathrm{v}(\Omega)\}'\ ]H_g \begin{bmatrix} d\boldsymbol{\mu} \\ d\,\mathrm{v}(\Omega) \end{bmatrix}$$

となる．ここで

$$H_g = \begin{bmatrix} -n\Omega^{-1} & (0) \\ (0) & -\frac{n}{2}D_m'(\Omega^{-1}\otimes\Omega^{-1})D_m \end{bmatrix}$$

である．Ω^{-1} と $D_m'(\Omega^{-1}\otimes\Omega^{-1})D_m$ は正定値行列であるから，H_g は明らかに負定値である．このことから，解 $(\hat{\boldsymbol{\mu}},\hat{\Omega}) = (\bar{\boldsymbol{x}}, n^{-1}U)$ において最大値をとることが確証された．

9.8　凸関数と凹関数

2.10 節では凸集合について議論した．本節では凸性の概念を関数に拡張し，この関数のクラスに適用されるいくつかの特殊な定理を得る．

定義 9.1　$f(\boldsymbol{x})$ をすべての $\boldsymbol{x}\in S$ において定義される実数値関数とする．ここで S は R^m の凸部分集合である．このとき，すべての $\boldsymbol{x}_1\in S$, $\boldsymbol{x}_2\in S$ そして，$0\le c\le 1$ について，

$$f(c\boldsymbol{x}_1 + (1-c)\boldsymbol{x}_2) \le cf(\boldsymbol{x}_1) + (1-c)f(\boldsymbol{x}_2)$$

が成り立つならば，$f(\boldsymbol{x})$ は S 上の凸関数 (convex function) である．また $-f(\boldsymbol{x})$ が凸関数であるとき $f(\boldsymbol{x})$ は凹関数 (concave function) と呼ばれる．

$f(\boldsymbol{x})$ が凸関数であるとき，

$$T = \{\boldsymbol{z} = (\boldsymbol{x}', y)' : \boldsymbol{x}\in S, y \ge f(\boldsymbol{x})\}$$

で定義される集合が R^{m+1} の凸部分集合であることを確認するのは容易である．例えば，$m=1$ のとき T は R^2 の凸部分集合となる．この場合，任意の $a\in S$ について，点 $(a, f(a))$ は集合 T の限界点となる．定理 2.28 の支持超平面定理から，点 $(a, f(a))$ を通過し，$f(x)$ が決して下回ることがない直線が存在することが既知である．この直線は点 $(a, f(a))$ を通るので $g(x) = f(a) + t(x-a)$ という形式で表現することが可能である．ここで t は直線の傾きであり，したがって，すべての $x\in S$ について，

$$f(x) \ge f(a) + t(x-a) \tag{9.33}$$

が成り立つ．任意の m についてこの結果を一般化したものが次の定理である．

定理 9.10　$f(\boldsymbol{x})$ をすべての $\boldsymbol{x}\in S$ において定義される実数値凸関数とする．ここで S は R^m の凸部分集合である．このとき，各内点 $\boldsymbol{a}\in S$ に対応して，すべての $\boldsymbol{x}\in S$ について

$$f(\boldsymbol{x}) \geq f(\boldsymbol{a}) + \boldsymbol{t}'(\boldsymbol{x} - \boldsymbol{a}) \tag{9.34}$$

となるような $m \times 1$ ベクトル $\boldsymbol{t}$ が存在する．

証明　任意の $\boldsymbol{a} \in S$ について，点 $\boldsymbol{z}_* = (\boldsymbol{a}', f(\boldsymbol{a}))'$ は先ほど定義した凸集合 T の限界点である．したがって，定理 2.28 より, すべての $\boldsymbol{z} \in T$ について $\boldsymbol{b}'\boldsymbol{z} \geq \boldsymbol{b}'\boldsymbol{z}_*$ を満たす $(m+1) \times 1$ ベクトル $\boldsymbol{b} = (\boldsymbol{b}_1', b_{m+1})' \neq \boldsymbol{0}$ が存在する．任意の $\boldsymbol{z} = (\boldsymbol{x}', y)' \in T$ について y の値を意図的に増やすことができ，T 内の別の点を得ることが可能であることは明らかである．このため，b_{m+1} は負であってはならないことが理解できる．なぜなら b_{m+1} が負であるならば $\boldsymbol{b}'\boldsymbol{z}$ を意図的に小さく，特に $\boldsymbol{b}'\boldsymbol{z}_*$ よりも小さくすることが可能になるからである．それゆえに，b_{m+1} は正もしくは 0 のどちらかとなる．任意の $\boldsymbol{x} \in S$ について $(\boldsymbol{x}', f(\boldsymbol{x}))' \in T$ とし，これを不等式 $\boldsymbol{b}'\boldsymbol{z} \geq \boldsymbol{b}'\boldsymbol{z}_*$ における $\boldsymbol{z}$ として選択することで

$$\boldsymbol{b}_1'\boldsymbol{x} + b_{m+1}f(\boldsymbol{x}) \geq \boldsymbol{b}_1'\boldsymbol{a} + b_{m+1}f(\boldsymbol{a})$$

を得る．もし b_{m+1} が正であるならば，上の不等式は，$\boldsymbol{t} = -b_{m+1}^{-1}\boldsymbol{b}_1$ であるときの (9.34) 式で与えられた表現に再整理できる．一方で，$b_{m+1} = 0$ ならば $\boldsymbol{b}'\boldsymbol{z} \geq \boldsymbol{b}'\boldsymbol{z}_*$ は,

$$\boldsymbol{b}_1'\boldsymbol{x} \geq \boldsymbol{b}_1'\boldsymbol{a}$$

まで縮退する．この式は $\boldsymbol{a}$ が S の限界点であることを意味している．したがって証明は完了する． □

f が微分可能な関数であるとき，(9.34) 式右辺に表現されている超平面は $\boldsymbol{x} = \boldsymbol{a}$ における $f(\boldsymbol{x})$ の超接平面 (tangent hyperplane) によって与えられる．

定理 9.11　$f(\boldsymbol{x})$ をすべての $\boldsymbol{x} \in S$ において定義される実数値凸関数とする．ここで S は R^m の開凸部分集合 (open convex subset) である．$f(\boldsymbol{x})$ が微分可能であり，かつ $\boldsymbol{a} \in S$ であるとき，すべての $\boldsymbol{x} \in S$ について次式が成り立つ．

$$f(\boldsymbol{x}) \geq f(\boldsymbol{a}) + \left(\frac{\partial}{\partial \boldsymbol{a}'} f(\boldsymbol{a})\right)(\boldsymbol{x} - \boldsymbol{a})$$

証明　$\boldsymbol{x} \in S$ そして $\boldsymbol{a} \in S$ を仮定する．また $\boldsymbol{y} = \boldsymbol{x} - \boldsymbol{a}$ とする．したがって，$\boldsymbol{x} = \boldsymbol{a} + \boldsymbol{y}$ である．S は凸集合であるから，$0 \leq c \leq 1$ について，点

$$c\boldsymbol{x} + (1-c)\boldsymbol{a} = c(\boldsymbol{a} + \boldsymbol{y}) + (1-c)\boldsymbol{a} = \boldsymbol{a} + c\boldsymbol{y}$$

は S に含まれる．したがって，f の凸性より,

$$f(\boldsymbol{a} + c\boldsymbol{y}) \leq cf(\boldsymbol{a} + \boldsymbol{y}) + (1-c)f(\boldsymbol{a}) = f(\boldsymbol{a}) + c\{f(\boldsymbol{a} + \boldsymbol{y}) - f(\boldsymbol{a})\}$$

あるいは同等に,

$$f(\boldsymbol{a}+\boldsymbol{y}) \geq f(\boldsymbol{a})+c^{-1}\{f(\boldsymbol{a}+c\boldsymbol{y})-f(\boldsymbol{a})\} \tag{9.35}$$

が成り立つ．次に f は微分可能であるから，テイラーの公式

$$f(\boldsymbol{a}+c\boldsymbol{y})=f(\boldsymbol{a})+\left(\frac{\partial}{\partial \boldsymbol{a}'}f(\boldsymbol{a})\right)c\boldsymbol{y}+r_1(c\boldsymbol{y},\boldsymbol{a}) \tag{9.36}$$

を得る．ただし剰余項については $c\to 0$ のとき $\lim c^{-1}r_1(c\boldsymbol{y},\boldsymbol{a})=0$ が成り立つ．(9.36) 式を (9.35) 式中で用いることにより，

$$f(\boldsymbol{a}+\boldsymbol{y}) \geq f(\boldsymbol{a})+\left(\frac{\partial}{\partial \boldsymbol{a}'}f(\boldsymbol{a})\right)\boldsymbol{y}+c^{-1}r_1(c\boldsymbol{y},\boldsymbol{a})$$

を得る．したがって，$c\to 0$ とすることで証明が完成する． □

凸関数の停留点が実際には絶対最小値であることを示すために，定理 9.11 をそのまま利用できる．同様に，凹関数の停留点はその関数の絶対最大値である．

定理 9.12 $f(\boldsymbol{x})$ をすべての $\boldsymbol{x}\in S$ において定義される実数値凸関数とする．ここで S は R^m の開凸部分集合である．$f(\boldsymbol{x})$ が微分可能であり，かつ $\boldsymbol{a}\in S$ が f の停留点であるならば, f は $\boldsymbol{a}$ において絶対最小値をもつ.

証明 $\boldsymbol{a}$ が f の停留点であるならば,

$$\frac{\partial}{\partial \boldsymbol{a}'}f(\boldsymbol{a})=\mathbf{0}'$$

が成り立つ．定理 9.11 の不等式にこの性質を利用すると，すべての $\boldsymbol{x}\in S$ について $f(\boldsymbol{x})\geq f(\boldsymbol{a})$ が成り立つ．そしてこれより証明が完了する． □

(9.34) 式で与えれら得た不等式は，確率ベクトル $\boldsymbol{y}$ の積率を含んだ便利な不等式を証明するために利用することができる．この不等式はジェンセンの不等式 (Jensen's inequality) として知られている．しかし，この結果を証明するにあたっては，次に示す定理 9.13 が必要となる.

定理 9.13 S を R^m の凸部分集合，$\boldsymbol{y}$ を有限な 1 次積率をもつ $m\times 1$ 確率ベクトルと仮定する．このとき $P(\boldsymbol{y}\in S)=1$ ならば，$E(\boldsymbol{y})\in S$ が成り立つ.

証明 この証明には帰納法を利用する．$m=1$ のとき，S は区間であり, かつ特定の定数 a と b について $P(a\leq y\leq b)=1$ を満たす確率変数 y が $a\leq E(y)\leq b$ を成立させることは容易に証明できる．したがって，定理 9.13 の結果は明らかに成立する．次に $m-1$ 次元について定理 9.13 の結果が成り立つと仮定し，これが m 次元についても成立することを証明する必要がある．凸集合 $S_*=\{\boldsymbol{x}:\boldsymbol{x}=\boldsymbol{u}-E(\boldsymbol{y}),\boldsymbol{u}\in S\}$ を定義する．したがって，$\mathbf{0}\in S_*$ を示せば証明は完了する．$\mathbf{0}\notin S_*$ であるならば，定理 2.28 より，すべての $\boldsymbol{x}\in S_*$ について $\boldsymbol{a}'\boldsymbol{x}\geq 0$ であるような $m\times 1$ ベクトル $\boldsymbol{a}\neq\mathbf{0}$ が存在

する．結果として，$P(\boldsymbol{y} \in S) = P(\boldsymbol{w} \in S_*) = 1$ であるから，確率 1 で $\boldsymbol{a}'\boldsymbol{w} \geq 0$ を得る．ここで確率ベクトル $\boldsymbol{w}$ は $\boldsymbol{w} = \boldsymbol{y} - E(\boldsymbol{y})$ で定義される．$\boldsymbol{a}'\boldsymbol{w} = 0$ のときのみ，$E(\boldsymbol{a}'\boldsymbol{w}) = 0$ が成り立つが，この場合，$\boldsymbol{w}$ は $\{\boldsymbol{x} : \boldsymbol{a}'\boldsymbol{x} = 0\}$ で定義される超平面上に確率 1 で存在する．しかしまた $P(\boldsymbol{w} \in S_*) = 1$ であるから，$P(\boldsymbol{w} \in S_0) = 1$ でなくてはならない．ここで $S_0 = S_* \cap \{\boldsymbol{x} : \boldsymbol{a}'\boldsymbol{x} = 0\}$ である．定理 2.24 から S_0 は凸集合であり，$\{\boldsymbol{x} : \boldsymbol{a}'\boldsymbol{x} = 0\}$ は $(m-1)$ 次元のベクトル空間なので，S_0 は $(m-1)$ 次元のベクトル空間に含まれることになる．したがって，$(m-1)$ 次元の空間について定理が成り立つので，$E(\boldsymbol{w}) = \boldsymbol{0} \in S_0$ である必要がある．$S_0 \subseteq S_*$ であるから，これは $\boldsymbol{0} \in S_*$ という矛盾を導く．これにより証明が完了する．□

次に定理 9.14 のジェンセンの不等式を証明する．

定理 9.14　$f(\boldsymbol{x})$ をすべての $\boldsymbol{x} \in S$ について定義される実数値凸関数とする．ここで S は R^m の凸部分集合である．もし $\boldsymbol{y}$ が有限の一次積率をもつ $m \times 1$ 確率ベクトルであり，$P(\boldsymbol{y} \in S) = 1$ を満たすのならば，次が成り立つ．

$$E(f(\boldsymbol{y})) \geq f(E(\boldsymbol{y}))$$

証明　定理 9.13 は $E(\boldsymbol{y}) \in S$ を保証する．最初に $m = 1$ の場合について証明を行う．$E(y)$ が S の内点ならば，$x = y$, $a = E(y)$ として，(9.33) 式の両辺の期待値をとることで証明が可能である．$m = 1$ のとき，S は区間であるから，S が閉区間であり，かつ $P(y = c) = 1$ であるときのみ $E(y)$ は S の限界点になりうる．ここで c はその区間の端点である．この場合，上述した不等式の両辺の項は等しくその証明は容易である．この結果が $m-1$ のとき成り立つと仮定して，m についても必ず成り立つことを示すことで証明は完了する．$m \times 1$ ベクトル $E(\boldsymbol{y})$ が S の内点であるならば，$\boldsymbol{x} = \boldsymbol{y}$, $\boldsymbol{a} = E(\boldsymbol{y})$ として (9.34) 式の両辺の期待値をとることで証明が可能である．$E(\boldsymbol{y})$ が S の限界点であるならば，支持超平面定理から，確率 1 で $w = \boldsymbol{b}'\boldsymbol{y} \geq \boldsymbol{b}'E(\boldsymbol{y}) = \mu$ を満たすような $m \times 1$ 単位ベクトル $\boldsymbol{b}$ が存在することが既知である．しかし，$E(w) = \boldsymbol{b}'E(\boldsymbol{y}) = \mu$ も同時に成り立つので，確率 1 で $\boldsymbol{b}'\boldsymbol{y} = \mu$ が成り立つ．P を $m \times m$ 直交行列とする．その最後の列を $\boldsymbol{b}$ で表現するとき，ベクトル $\boldsymbol{u} = P'\boldsymbol{y}$ は $\boldsymbol{u} = (\boldsymbol{u}_1', \mu)'$ と表現できる．ここで，$\boldsymbol{u}_1$ は $(m-1) \times 1$ ベクトルである．すべての $\boldsymbol{u}_1 \in S_* = \{\boldsymbol{x} : \boldsymbol{x} = P_1'\boldsymbol{y}, \boldsymbol{y} \in S\}$ について，関数 $g(\boldsymbol{u}_1)$ を

$$g(\boldsymbol{u}_1) = f\left(P\begin{bmatrix} \boldsymbol{u}_1 \\ \mu \end{bmatrix}\right) = f(\boldsymbol{y})$$

と定義する．ここで P_1 は P の最終列を削除することで得られる行列である．S_* と g の凸性は S と f の凸性に起因する．したがって，$\boldsymbol{u}_1$ は $(m-1) \times 1$ であるから $g(\boldsymbol{u}_1)$ にこの結果を適用する．ゆえに，

$$E(f(\boldsymbol{y})) = E(g(\boldsymbol{u}_1)) \geq g(E(\boldsymbol{u}_1))$$
$$= f\left(P\begin{bmatrix} E(\boldsymbol{u}_1) \\ \mu \end{bmatrix}\right) = f(E(\boldsymbol{y}))$$

が得られ，証明が完了する. □

9.9 ラグランジュの未定乗数法

すべての $\boldsymbol{x} \in S$ に対して定義される関数 $f(\boldsymbol{x})$ があったときに，$\boldsymbol{x}$ が S の部分集合 T に含まれる範囲でこれを最大化したい，すなわち $f(\boldsymbol{x})$ の局所最大値を知りたいという場合がある．ラグランジュの未定乗数法 (method of Lagrange multipliers) は集合 T がいくつかの等式制約の形で表現可能である，すなわち

$$T = \{\boldsymbol{x} : \boldsymbol{x} \in R^n, \boldsymbol{g}(\boldsymbol{x}) = \boldsymbol{0}\}$$

を満たすような関数 $g_1, \ldots, g_m$ が存在するとき，この課題を解くための有用な方法となる．ただし $\boldsymbol{g}(\boldsymbol{x})$ は，$(g_1(\boldsymbol{x}), \ldots, g_m(\boldsymbol{x}))'$ によって与えられる $m \times 1$ のベクトル関数である．

ラグランジュの未定乗数法の手続きには，以下のようなラグランジュ関数 (Lagrange function) の最大化が含まれている．

$$L(\boldsymbol{x}, \boldsymbol{\lambda}) = f(\boldsymbol{x}) - \boldsymbol{\lambda}'\boldsymbol{g}(\boldsymbol{x})$$

ここで $m \times 1$ ベクトル $\boldsymbol{\lambda}$ に含まれる要素 $\lambda_1, \ldots, \lambda_m$ が，ラグランジュ乗数 (Lagrange multiplier) と呼ばれるものである．$L(\boldsymbol{x}, \boldsymbol{\lambda})$ の停留値は，下を満たすような解 $(\boldsymbol{x}, \boldsymbol{\lambda})$ となる．

$$\frac{\partial}{\partial \boldsymbol{x}'} L(\boldsymbol{x}, \boldsymbol{\lambda}) = \frac{\partial}{\partial \boldsymbol{x}'} f(\boldsymbol{x}) - \boldsymbol{\lambda}'\left(\frac{\partial}{\partial \boldsymbol{x}'}\boldsymbol{g}(\boldsymbol{x})\right) = \boldsymbol{0}' \tag{9.37}$$
$$\frac{\partial}{\partial \boldsymbol{\lambda}'} L(\boldsymbol{x}, \boldsymbol{\lambda}) = -\boldsymbol{g}(\boldsymbol{x})' = \boldsymbol{0}'$$

これらのうち下の式は，単に

$$\boldsymbol{g}(\boldsymbol{x}) = \boldsymbol{0} \tag{9.38}$$

という集合 T を規定するための等式制約を表しているにすぎない．このとき一定の条件の下では，関数 $f(\boldsymbol{x})$ の $\boldsymbol{x} \in T$ における局所最大値が，ある $\boldsymbol{\lambda}$ に対して (9.37) 式と (9.38) 式の条件を満たすようなベクトル $\boldsymbol{x}$ によって与えられることになる．以下では，ある解ベクトル $\boldsymbol{x}$ が局所最大点であるかどうかを確認する方法について論じていく．この手続きは次の定理に基づくものであり，詳しい証明については Magnus and Neudecker (1999) を参照されたい．

定理 9.15　関数 $f(\boldsymbol{x})$ が，$\boldsymbol{x} \in S$ であるすべての $n \times 1$ ベクトル $\boldsymbol{x}$ に対して定義されているものと仮定する．ここで S は，R^n の任意の部分集合である．また $\boldsymbol{g}(\boldsymbol{x})$ は $m \times 1$ のベクトル関数であり，すべての $\boldsymbol{x} \in S$ に対して定義されているものとする．ただし $m < n$ である．ここで S の内点 $\boldsymbol{a}$ が，以下の条件を満たすものと仮定する．

(a) f と $\boldsymbol{g}$ は $\boldsymbol{a}$ において 2 次微分が可能である．
(b) $\boldsymbol{a}$ における $\boldsymbol{g}$ の 1 次導関数 $(\partial/\partial\boldsymbol{a}')\boldsymbol{g}(\boldsymbol{a})$ は，最大階数 m をもつ．
(c) $\boldsymbol{g}(\boldsymbol{a}) = \boldsymbol{0}$
(d) $m \times 1$ ベクトル $\boldsymbol{\lambda}$ を用いて $L(\boldsymbol{x}, \boldsymbol{\lambda}) = f(\boldsymbol{x}) - \boldsymbol{\lambda}'\boldsymbol{g}(\boldsymbol{x})$ であるとき，$(\partial/\partial\boldsymbol{a}')L(\boldsymbol{a}, \boldsymbol{\lambda}) = \boldsymbol{0}'$

さらに $\boldsymbol{x} = \boldsymbol{a}$ において評価した関数 $f(\boldsymbol{x})$ と $g_i(\boldsymbol{x})$ のヘッセ行列を H_f と H_{g_i} によって表し，以下を定義する．

$$A = H_f - \sum_{i=1}^{m} \lambda_i H_{g_i}$$
$$B = \frac{\partial}{\partial \boldsymbol{a}'}\boldsymbol{g}(\boldsymbol{a})$$

このとき，もし $B\boldsymbol{x} = \boldsymbol{0}$ を満たすすべての $\boldsymbol{x} \neq \boldsymbol{0}$ について

$$\boldsymbol{x}'A\boldsymbol{x} < 0$$

であるならば，$\boldsymbol{g}(\boldsymbol{x}) = \boldsymbol{0}$ という条件の下で $f(\boldsymbol{x})$ が $\boldsymbol{x} = \boldsymbol{a}$ において局所最大値をとる．

なお，不等式 $\boldsymbol{x}'A\boldsymbol{x} < 0$ を $\boldsymbol{x}'A\boldsymbol{x} > 0$ に置き換えれば，局所最小値についても同様の結果を得ることが可能である．さらに定理 9.16 では，$B\boldsymbol{x} = \boldsymbol{0}$ を満たすすべての $\boldsymbol{x} \neq \boldsymbol{0}$ について，$\boldsymbol{x}'A\boldsymbol{x} < 0$ または $\boldsymbol{x}'A\boldsymbol{x} > 0$ が成立しているかどうかを判定する方法を示す．こちらについても，詳しい証明は Magnus and Neudecker (1999) で確認できる．

定理 9.16　A は $n \times n$ 対称行列，B は $m \times n$ 行列であると仮定する．また $r = 1, \ldots, n$ を用いて定義される A_{rr} によって，A から最後の $n-r$ 本の行と列を取り除いて得られる行列を，B_r によって B から最後の $n-r$ 本の列を取り除いて得られる $m \times r$ の行列を，それぞれ表すものとする．ここで $r = 1, \ldots, n$ について，以下のような $(m+r) \times (m+r)$ 行列 Δ_r を定義する．

$$\Delta_r = \begin{bmatrix} (0) & B_r \\ B_r' & A_{rr} \end{bmatrix}$$

このとき B_m が非特異であるならば，$r = m+1, \ldots, n$ について

$$(-1)^m |\Delta_r| > 0$$

であるとき，かつそのときに限り，$B\boldsymbol{x} = \boldsymbol{0}$ を満たすすべての $\boldsymbol{x} \neq \boldsymbol{0}$ について $\boldsymbol{x}'A\boldsymbol{x} > 0$

が成立する．また $r = m+1, \ldots, n$ について

$$(-1)^r |\Delta_r| > 0$$

であるとき，かつそのときに限り，$B\boldsymbol{x} = \boldsymbol{0}$ を満たすすべての $\boldsymbol{x} \neq \boldsymbol{0}$ について $\boldsymbol{x}'A\boldsymbol{x} < 0$ が成立する．

例 9.7 次のような関数

$$f(\boldsymbol{x}) = x_1 + x_2 + x_3$$

を，条件

$$x_1^2 + x_2^2 = 1 \tag{9.39}$$

$$x_3 - x_1 - x_2 = 1 \tag{9.40}$$

の下で最大化および最小化するような解 $\boldsymbol{x} = (x_1, x_2, x_3)'$ を求めたいとする．ラグランジュ関数

$$L(\boldsymbol{x}, \boldsymbol{\lambda}) = x_1 + x_2 + x_3 - \lambda_1(x_1^2 + x_2^2 - 1) - \lambda_2(x_3 - x_1 - x_2 - 1)$$

の $\boldsymbol{x}$ に関する 1 次導関数が $\boldsymbol{0}'$ に等しいとおくことで，以下のような等式が導かれる．

$$1 - 2\lambda_1 x_1 + \lambda_2 = 0$$
$$1 - 2\lambda_1 x_2 + \lambda_2 = 0$$
$$1 - \lambda_2 = 0$$

これらのうち 3 番目の等式から $\lambda_2 = 1$ が得られ，さらにこれを最初の 2 本の式に代入すれば，

$$x_1 = x_2 = \frac{1}{\lambda_1}$$

でなくてはならないことがわかる．これを (9.39) 式に用いることで $\lambda_1 = \pm\sqrt{2}$ であることが導かれるので，次に示す 2 つの停留点を得る．

$$\lambda_1 = \sqrt{2}\text{であるとき，}(x_1, x_2, x_3) = \left(\frac{1}{\sqrt{2}}, \frac{1}{\sqrt{2}}, 1+\sqrt{2}\right)$$
$$\lambda_1 = -\sqrt{2}\text{であるとき，}(x_1, x_2, x_3) = \left(-\frac{1}{\sqrt{2}}, -\frac{1}{\sqrt{2}}, 1-\sqrt{2}\right)$$

これらの解がそれぞれ最大値と最小値のうちどちらかを与えるかどうかを決めるためには，定理 9.15 と 9.16 を利用する．この場合 $m = 2$ かつ $n = 3$ であるから，以下の行列の行列式についてのみ考えればよい．

$$\Delta_3 = \begin{bmatrix} 0 & 0 & 2x_1 & 2x_2 & 0 \\ 0 & 0 & -1 & -1 & 1 \\ 2x_1 & -1 & -2\lambda_1 & 0 & 0 \\ 2x_2 & -1 & 0 & -2\lambda_1 & 0 \\ 0 & 1 & 0 & 0 & 0 \end{bmatrix}$$

行列式に関する余因子展開公式を用いれば，

$$|\Delta_3| = -8\lambda_1(x_1^2 + x_2^2)$$

であることがただちに明らかである．よって，$(x_1,\ x_2,\ x_3,\ \lambda_1,\ \lambda_2) = (1/\sqrt{2},\ 1/\sqrt{2},\ 1+\sqrt{2},\ \sqrt{2},\ 1)$ であるとき

$$(-1)^r|\Delta_r| = (-1)^3|\Delta_3| = 8\sqrt{2} > 0$$

であるから，解 $(x_1, x_2, x_3) = (1/\sqrt{2}, 1/\sqrt{2}, 1+\sqrt{2})$ は制約付最大値を与えることがわかる．逆に $(x_1, x_2, x_3, \lambda_1, \lambda_2) = (-1/\sqrt{2}, -1/\sqrt{2}, 1-\sqrt{2}, -\sqrt{2}, 1)$ であるとき

$$(-1)^m|\Delta_r| = (-1)^2|\Delta_3| = 8\sqrt{2} > 0$$

であるから，解 $(x_1, x_2, x_3) = (-1/\sqrt{2}, -1/\sqrt{2}, 1-\sqrt{2})$ は制約付最小値を与えることがわかる．

場合によっては，関数 $L(\boldsymbol{x}, \boldsymbol{\lambda})$ の停留値を求める過程で，どの解が最大値や最小値を与えるのかが明らかとなることもある．このようなときには，もちろん行列 Δ_r を計算する必要はない．

例 9.8 A を $m \times m$ 対称行列，$\boldsymbol{x}$ を $m \times 1$ 非ゼロベクトルとする．3.6 節において，

$$\frac{\boldsymbol{x}'A\boldsymbol{x}}{\boldsymbol{x}'\boldsymbol{x}} \tag{9.41}$$

は最大値 $\lambda_1(A)$，最小値 $\lambda_m(A)$ をとることを確認した．ここで，$\lambda_1(A) \geq \cdots \geq \lambda_m(A)$ は A の固有値である．この結果はここでも示されることになるが，今回はラグランジュ法を使うことでこの結果を示す．$\boldsymbol{z} = (\boldsymbol{x}'\boldsymbol{x})^{-1/2}\boldsymbol{x}$ は単位ベクトルであるから，すべての $\boldsymbol{x} \neq \boldsymbol{0}$ の範囲で (9.41) 式を最大化あるは最小化することは，次の関数

$$f(\boldsymbol{z}) = \boldsymbol{z}'A\boldsymbol{z}$$

を，以下の制約

$$\boldsymbol{z}'\boldsymbol{z} = 1 \tag{9.42}$$

の下で最大化あるは最小化することと同等である．したがって，ラグランジュ関数は，

$$L(\boldsymbol{z}, \lambda) = \boldsymbol{z}'A\boldsymbol{z} - \lambda(\boldsymbol{z}'\boldsymbol{z} - 1)$$

となる．この関数の $\boldsymbol{z}$ に関する 1 次導関数を $\mathbf{0}'$ とおくと，以下の方程式が得られる．

$$2A\boldsymbol{z} - 2\lambda\boldsymbol{z} = \mathbf{0}$$

これは以下と同等であり，

$$A\boldsymbol{z} = \lambda\boldsymbol{z} \tag{9.43}$$

A の固有値・固有ベクトル方程式である．したがって，ラグランジュ乗数 λ は A の固有値である．さらに，(9.43) 式に $\boldsymbol{z}'$ を前から掛け，(9.42) 式を用いると，以下となることがわかる．

$$\lambda = \boldsymbol{z}'A\boldsymbol{z}$$

つまり，もし $(\boldsymbol{z}', \lambda)'$ が $L(\boldsymbol{z}, \lambda)$ の定留点ならば，$\lambda = \boldsymbol{z}'A\boldsymbol{z}$ は A の固有値でなければならない．したがって，$\boldsymbol{z}'\boldsymbol{z} = 1$ という制約の下での $\boldsymbol{z}'A\boldsymbol{z}$ の最大値は $\lambda_1(A)$ であり，これは $\boldsymbol{z}$ が $\lambda_1(A)$ に対応する任意の単位固有ベクトルと等しいときに得られる．同様に，$\boldsymbol{z}'\boldsymbol{z} = 1$ という制約の下での $\boldsymbol{z}'A\boldsymbol{z}$ の最小値は $\lambda_m(A)$ であり，これは $\boldsymbol{z}$ が $\lambda_m(A)$ に対応する任意の単位固有ベクトルと等しいときに得られる．

例 9.9 では，σ^2 の最良 2 乗不偏推定量 (best quadratic unbiased estimator) が通常の最小 2 乗回帰モデルによって得られる．

例 9.9 重回帰モデル $\boldsymbol{y} = X\boldsymbol{\beta} + \boldsymbol{\epsilon}$，$\boldsymbol{\epsilon} \sim N_N(\mathbf{0}, \sigma^2 I)$ について考えてみる．σ^2 の 2 乗推定量は，$\hat{\sigma}^2 = \boldsymbol{y}'A\boldsymbol{y}$ の形式をとる任意の推定量 $\hat{\sigma}^2$ である．ここで，A は定数を要素としてもつ対称行列である．すべての A の選択に関して $\mathrm{var}(\hat{\sigma}^2)$ が最小となるような A を選択することが目的である．ただし，$\hat{\sigma}^2$ は不偏である．いま，$E(\boldsymbol{\epsilon}) = \mathbf{0}$ そして $E(\boldsymbol{\epsilon}\boldsymbol{\epsilon}') = \sigma^2 I$ であるから，以下を得る．

$$\begin{aligned}
E(\boldsymbol{y}'A\boldsymbol{y}) &= E\left\{(X\boldsymbol{\beta} + \boldsymbol{\epsilon})'A(X\boldsymbol{\beta} + \boldsymbol{\epsilon})\right\} \\
&= E\left\{\boldsymbol{\beta}'X'AX\boldsymbol{\beta} + 2\boldsymbol{\beta}'X'A\boldsymbol{\epsilon} + \boldsymbol{\epsilon}'A\boldsymbol{\epsilon}\right\} \\
&= \boldsymbol{\beta}'X'AX\boldsymbol{\beta} + \mathrm{tr}\left\{AE(\boldsymbol{\epsilon}\boldsymbol{\epsilon}')\right\} \\
&= \boldsymbol{\beta}'X'AX\boldsymbol{\beta} + \sigma^2\mathrm{tr}(A)
\end{aligned}$$

したがって，

$$X'AX = (0) \tag{9.44}$$

そして，

$$\mathrm{tr}(A) = 1 \tag{9.45}$$

でありさえすれば，$\hat{\sigma}^2 = \boldsymbol{y}'A\boldsymbol{y}$ は $\boldsymbol{\beta}$ の値によらず不偏である．$\boldsymbol{\epsilon}$ の成分は互いに独立に

分布し，各成分のはじめの 4 つの積率は 0,1,0,3 であることを利用すれば，次が容易に示される.

$$\mathrm{var}(\boldsymbol{y}'A\boldsymbol{y}) = 2\sigma^4 \mathrm{tr}(A^2) + 4\sigma^2 \boldsymbol{\beta}'X'A^2X\boldsymbol{\beta}$$

したがって，求めるラグランジュ関数は,

$$L(A,\lambda,\Lambda) = 2\sigma^4 \mathrm{tr}(A^2) + 4\sigma^2 \boldsymbol{\beta}'X'A^2X\boldsymbol{\beta} - \mathrm{tr}(\Lambda X'AX) - \lambda\{\mathrm{tr}(A) - 1\}$$

である．ここで，ラグランジュ乗数は λ と行列 Λ の成分で与えられる．なお，$X'AX$ が対称であるから，Λ も対称である．A に関して微分を行うと以下となる.

$$\begin{aligned} dL &= 2\sigma^4 \mathrm{tr}\{(dA)A + AdA\} + 4\sigma^2 \boldsymbol{\beta}'X'\{(dA)A + AdA\}X\boldsymbol{\beta} \\ &\quad - \mathrm{tr}\left\{\Lambda X'(dA)X\right\} - \lambda \mathrm{tr}(dA) \\ &= \mathrm{tr}\left(\left\{4\sigma^4 A + 4\sigma^2(AX\boldsymbol{\beta}\boldsymbol{\beta}'X' + X\boldsymbol{\beta}\boldsymbol{\beta}'X'A) - X\Lambda X' - \lambda I_N\right\} dA\right) \end{aligned}$$

したがって，A を求めるためには,

$$4\sigma^4 A + 4\sigma^2(AX\boldsymbol{\beta}\boldsymbol{\beta}'X' + X\boldsymbol{\beta}\boldsymbol{\beta}'X'A) - X\Lambda X' - \lambda I_N = (0) \tag{9.46}$$

を (9.44) 式と (9.45) 式とともに使わなければならない．(9.46) 式に前と後ろから XX^+ を掛けて，(9.44) 式と $X^+ = (X'X)^+X'$ という結果を用いると以下となる.

$$X\Lambda X' = -\lambda XX^+$$

この結果を (9.46) 式に代入して戻すと以下を得る.

$$A = \frac{1}{4}\sigma^{-4}\lambda(I_N - XX^+) - \sigma^{-2}H \tag{9.47}$$

ここで，$H = A\boldsymbol{\gamma}\boldsymbol{\gamma}' + \boldsymbol{\gamma}\boldsymbol{\gamma}'A$ であり，$\boldsymbol{\gamma} = X\boldsymbol{\beta}$ である．(9.47) 式を (9.46) 式に戻して簡略化すると，以下を得る.

$$H = -\sigma^{-2}(H\boldsymbol{\gamma}\boldsymbol{\gamma}' + \boldsymbol{\gamma}\boldsymbol{\gamma}'H) \tag{9.48}$$

(9.48) 式に後ろから γ を掛けることで，γ は H の固有ベクトルでなければならないことがわかる．このことは，(9.48) 式から考えてみると，あるスカラー c に対して H が $H = c\gamma\gamma'$ の形をもっているときに限り正しい．さらに，(9.48) 式で $H = c\gamma\gamma'$ とおくと，$c = 0$ でなければならないことがわかる．したがって，$H = (0)$ である．加えて，(9.47) 式の両辺のトレースをとり，(9.45) 式を使えば，以下となる.

$$\lambda = \frac{4\sigma^4}{\mathrm{tr}(I_N - XX^+)} = \frac{4\sigma^4}{N-r}$$

ここで，r は X の階数である．したがって，(9.47) 式は以下のように簡略化されることが示された.

$$A = (N-r)^{-1}(I_N - XX^+) \tag{9.49}$$

結果として得られる $\hat{\sigma}^2 = \boldsymbol{y}'A\boldsymbol{y} = \mathrm{SSE}/(N-r)$ はよく知られた残差分散の推定値である．(9.49) 式が絶対最小値を与えることは，(9.44) 式と (9.45) 式を満たす任意の対称行列を $A_* = A + B$ と書くことで容易にわかる．ここで，B は $\mathrm{tr}(B) = 0$，そして $X'BX = (0)$ を満たす．すると，$\mathrm{tr}(AB) = 0$，そして $AX = (0)$ であるから以下を得る.

$$\begin{aligned}
\mathrm{var}(\boldsymbol{y}'A_*\boldsymbol{y}) &= 2\sigma^4\mathrm{tr}(A_*^2) + 4\sigma^2\boldsymbol{\beta}'X'A_*^2X\boldsymbol{\beta} \\
&= 2\sigma^4\left\{\mathrm{tr}(A^2) + \mathrm{tr}(B^2) + 2\mathrm{tr}(AB)\right\} + 4\sigma^2\boldsymbol{\beta}'X' \\
&\quad \times (A^2 + B^2 + AB + BA)X\boldsymbol{\beta} \\
&= 2\sigma^4\left\{\mathrm{tr}(A^2) + \mathrm{tr}(B^2)\right\} + 4\sigma^2\boldsymbol{\beta}'X'B^2X\boldsymbol{\beta} \\
&\geq 2\sigma^4\mathrm{tr}(A^2) = \mathrm{var}(\boldsymbol{y}'A\boldsymbol{y})
\end{aligned}$$

練習問題

9.1 自然対数関数 $f(x) = \log(x)$ を考える.

(a) u の指数において，$f(1+u)$ の k 次のテイラー公式を求めよ.

(b) $k = 5$ の場合の上問 (a) の公式を用いて，$\log(1.1)$ の近似値を求めよ.

9.2 2×1 ベクトル $\boldsymbol{x}$ の関数 f を

$$f(\boldsymbol{x}) = \frac{(x_2-1)^2}{(x_1+1)^3}$$

と定義する．このとき $f(\boldsymbol{0}+\boldsymbol{u})$ における 2 次のテイラー展開を u_1,u_2 とした上で求めよ.

9.3 3×1 ベクトル$\boldsymbol{x}$の関数である 2×1 の f が

$$f(\boldsymbol{x}) = \begin{bmatrix} x_1^2 + x_2^2 + x_3^2 \\ 2x_1 - x_2 - x_3 \end{bmatrix}$$

で与えられ，2×1 ベクトル $\boldsymbol{z}$ の関数である 2×1 の g が以下で与えられているものとする.

$$g(\boldsymbol{z}) = \begin{bmatrix} z_2/z_1 \\ z_1 z_2 \end{bmatrix}$$

鎖律を用いて以下を計算せよ.

$$\frac{\partial}{\partial \boldsymbol{x}'}\boldsymbol{y}(\boldsymbol{x})$$

ただし，$\boldsymbol{y}(\boldsymbol{x})$ は $\boldsymbol{y}(\boldsymbol{x}) = g(f(\boldsymbol{x}))$ で定義される合成関数である.

9.4 A と B を定数からなる $m \times m$ 対称行列，$\boldsymbol{x}$ を変数からなる $m \times 1$ ベクトルとする．以下の関数の微分と偏導関数を求めよ．

$$f(\boldsymbol{x}) = \frac{\boldsymbol{x}' A \boldsymbol{x}}{\boldsymbol{x}' B \boldsymbol{x}}$$

9.5 $\boldsymbol{x}$ を $m \times 1$ 確率変数ベクトルとする．このとき $\boldsymbol{x}\boldsymbol{x}'$ の微分と導関数を求めよ．

9.6 A と B を $m \times n$ 定数行列とし，X を $n \times m$ 変数行列とする．以下の導関数と微分を得よ．

(a) $\mathrm{tr}(AX)$
(b) $\mathrm{tr}(AXBX)$

9.7 X を $m \times m$ 非特異行列，A を $m \times m$ 定数行列，$\boldsymbol{a}$ を $m \times 1$ 定数ベクトルとする．以下の微分と導関数を見つけよ．

(a) $|X^2|$
(b) $\mathrm{tr}(AX^{-1})$
(c) $\boldsymbol{a}' X^{-1} \boldsymbol{a}$

9.8 X を $\mathrm{rank}(x) = n$ をもつ $m \times n$ 行列とする．このとき以下を示せ．

$$\frac{\partial}{\partial\, \mathrm{vec}(X)'} |X'X| = 2|X'X|(\mathrm{vec}\{X(X'X)^{-1}\})'$$

9.9 X を $m \times m$ 行列，n を正の整数とする．以下を示せ．

$$\frac{\partial}{\partial\, \mathrm{vec}(X)'} \mathrm{vec}(X^n) = \sum_{i=1}^{n} \{(X^{n-i})' \otimes X^{i-1}\}$$

9.10 A と B をそれぞれ $n \times m$ と $m \times n$ の定数行列とする．X が $m \times m$ の非特異行列であるとき，以下の導関数を見つけよ．

(a) $\mathrm{vec}(AXB)$
(b) $\mathrm{vec}(AX^{-1}B)$

9.11 もし X が $m \times m$ 非特異行列であり，$X_{\#}$ がその随伴行列であるならば，以下が成り立つことを示せ．

$$\frac{\partial}{\partial\, \mathrm{vec}(X)'} \mathrm{vec}(X_{\#}) = |X|\{\mathrm{vec}(X^{-1})\mathrm{vec}(X^{-1\prime})' - (X^{-1\prime} \otimes X^{-1})\}$$

9.12 系 9.1.1 を証明せよ．

9.13　X を変数からなる $m \times m$ 対称行列であるとする．以下に示すそれぞれの関数について，ヤコビ行列

$$\frac{\partial}{\partial\, \mathrm{v}(X)'}\mathrm{vec}(F)$$

を求めよ．

(a) $F(X) = AXA'$，ここで A は定数からなる $m \times m$ 行列である．
(b) $F(X) = XBX$，ここで B は定数からなる $m \times m$ 対称行列である．

9.14　X を $m \times n$ 行列とする．以下を示せ．

(a) もし $F(X) = X \otimes X$ ならば，

$$\frac{\partial}{\partial\, \mathrm{vec}(X)'}\mathrm{vec}(F) = (I_n \otimes K_{nm} \otimes I_m)\{I_{mn} \otimes \mathrm{vec}(X) + \mathrm{vec}(X) \otimes I_{mn}\}$$

(b) もし $F(X) = X \odot X$ ならば，

$$\frac{\partial}{\partial\, \mathrm{vec}(X)'}\mathrm{vec}(F) = 2D_{\mathrm{vec}(X)}$$

9.15　次に示すヘッセ行列を示せ．

(a) $f(X) = \mathrm{tr}(X'X)$ のとき $H_f = 2I_{mn}$，ただし X は $m \times n$ 行列．
(b) $f(X) = \mathrm{tr}(X^2)$ のとき $H_f = 2K_{mn}$，ただし X は $m \times m$ 行列．
(c) $f(X) = \log|X|$ のとき $H_f = -K_{mn}(X^{-1\prime} \otimes X^{-1})$，ただし X は $m \times m$ 非特異行列．

9.16　X を $m \times n$ の非特異行列とする．以下を示せ．

$$d^n X^{-1} = (-1)^n n!(X^{-1}dX)^n X^{-1}$$

9.17　X を相関構造をもつ $m \times m$ 行列とする．つまり，X は 1 に等しい対角要素以外は変数から構成される対称行列である．X が非特異のとき，以下となることを証明せよ．

$$\frac{\partial}{\partial \tilde{\mathrm{v}}(X)'}\tilde{\mathrm{v}}(X^{-1}) = -2\tilde{\mathrm{L}}_m(X^{-1} \otimes X^{-1})\tilde{\mathrm{L}}_m'$$

9.18　Y は $m \times m$ の対称行列であるとする．また，$(I_m + \epsilon Y)^{-1}$ が存在するようなスカラー ϵ を仮定する．このとき $(I_m + \epsilon Y)^{-1}$ の対称平方根 $(I_m + \epsilon Y)^{-1/2}$ を考える．すなわち，

$$(I_m + \epsilon Y)^{-1} = (I_m + \epsilon Y)^{-1/2}(I_m + \epsilon Y)^{-1/2}$$

である．摂動法を用いて，以下が成り立つことを示せ．

$$(I_m + \epsilon Y)^{-1/2} = I_m + \sum_{i=1}^{\infty} \epsilon^i B_i$$

ただし，

$$B_1 = -\frac{1}{2}Y, \quad B_2 = \frac{3}{8}Y^2, \quad B_3 = -\frac{5}{16}Y^3, \quad B_4 = \frac{35}{128}Y^4$$

であるものとする．

9.19 X を $m \times n$ 最大列階数をもつ行列としたとき，$X^+ = (X'X)^{-1}X'$ である．Y を $m \times n$ 行列とし，ϵ をスカラーとしたとき，$X + \epsilon Y$ もまた最大列階数をもつとする．以下を示せ．

$$(X + \epsilon Y)^+ = X^+ + \sum_{i=1}^{\infty} \epsilon^i B_i$$

ここで，$B_1 = (X'X)^{-1}Y'(I_m - XX^+) - X^+YX^+$ である．

9.20 S を $m \times m$ 標本共分散行列とし，Ω を各対角要素が 1 である，対応する共分散行列であると仮定する．A をこれら 2 つの行列の差であると定義する．つまり $A = S - \Omega$，すなわち $S = \Omega + A$ である．相関行列もまた Ω であり，一方で標本相関行列は $R = D_S^{-1/2} S D_S^{-1/2}$ であることに注意されたい．ここで $D_S^{-1/2} = \mathrm{diag}(s_{11}^{-1/2}, \ldots, s_{mm}^{-1/2})$ である．A の要素で構成された 3 次の項まで正確である，近似 $R = \Omega + C_1 + C_2 + C_3$ が，以下によって与えられることを示せ．ここで $D_A = \mathrm{diag}(a_{11}, \ldots, a_{mm})$ である．

$$C_1 = A - \frac{1}{2}(\Omega D_A + D_A \Omega)$$
$$C_2 = \frac{3}{8}(D_A^2 \Omega + \Omega D_A^2) + \frac{1}{4} D_A \Omega D_A - \frac{1}{2}(A D_A + D_A A)$$
$$C_3 = \frac{3}{8}(D_A^2 A + A D_A^2) + \frac{1}{4} D_A A D_A - \frac{3}{16}(D_A^2 \Omega D_A + D_A \Omega D_A^2) - \frac{5}{16}(D_A^3 \Omega + \Omega D_A^3)$$

9.21 定理 9.7 で与えられた結果を微分せよ．まず B_1, B_2, B_3 を 3 つの方程式 $(Z + W)\Phi_l = \Phi_l(Z + W), \Phi_l^2 = \Phi_l, \Phi_l' = \Phi_l$ を用いて表現せよ．そして a_1, a_2, a_3 を $\bar{\lambda}_{l,l+r-1} = r^{-1}\mathrm{tr}\{(Z + W)\Phi_l\}$ であることを利用して表現せよ．

9.22 $x_1 \geq \cdots \geq x_m$，$X = \mathrm{diag}(x_1, \ldots, x_m)$ として，l 番目の対角要素が特定できる状況を考える．したがって $i \neq l$ であるならば，$x_l \neq x_i$ である．$(I_m + V)^{-1}(X + U)$ の固有値を $\lambda_1 \geq \cdots \geq \lambda_m$ とし，それに対応する固有ベクトルを $\boldsymbol{\gamma}_1, \ldots, \boldsymbol{\gamma}_m$ とする．ここで U と V は $m \times m$ 対称行列であり，つまり各々の i について

$$(X + U)\gamma_i = \lambda_i (I_m + V)\gamma_i$$

である．$\boldsymbol{e}_l$ は I_m の l 番目の列として，この練習問題の目的は $\lambda_l = x_l + a_1$ と $\boldsymbol{\gamma}_l = c\boldsymbol{e}_l + \boldsymbol{b}_1$

の 1 次の近似式を得ることにある．高次の場合の近似式は Sugiura(1976) にみられるが，これらの近似式は，$\boldsymbol{\gamma}_l$ について適切なスケールに制限された上で与えられる固有値・固有ベクトル方程式を用いることで，求めることができる．

(a) $a_1 = u_{ll} - x_l v_{ll}$ を示せ．

(b) もし $c = 1$ かつ $\boldsymbol{\gamma}_l'\boldsymbol{\gamma}_l = 1$ ならば，すべての $i \neq l$ について以下が成り立つことを示せ．

$$b_{l1} = 0, \qquad b_{i1} = -\frac{u_{li} - x_l v_{li}}{x_i - x_l}$$

(c) もし $c = 1$ かつ $\boldsymbol{\gamma}_l'(I_m + V)\boldsymbol{\gamma}_l = 1$ ならば，すべての $i \neq l$ について以下が成り立つことを示せ．

$$b_{l1} = -\frac{1}{2}v_{ll}, \qquad b_{i1} = -\frac{u_{li} - x_l v_{li}}{x_i - x_l}$$

(d) もし $c = x_l^{1/2}$ かつ $\boldsymbol{\gamma}_l'\boldsymbol{\gamma}_l = \lambda_l$ ならば，すべての $i \neq l$ について以下が成り立つことを示せ．

$$b_{l1} = \frac{u_{ll} - x_l v_{ll}}{2x_l^{1/2}}, \qquad b_{i1} = -\frac{x_l^{1/2}(u_{li} - x_l v_{li})}{x_i - x_l}$$

9.23 Ω と S を例 9.4 で定義された行列とし，以下の量を考える．

$$U = \frac{r^{-1}\sum_{i=m-r+1}^{m} \lambda_i^2(S)}{\{r^{-1}\sum_{i=m-r+1}^{m} \lambda_i(S)\}^2} - 1$$

ただし，$\lambda_1(S) \geq \cdots \geq \lambda_m(S)$ は S の固有値である．ここで，

$$\sum_{i=m-r+1}^{m} \lambda_i^2(S) = \mathrm{tr}(S^2\hat{P})$$

であり，$\hat{P}$ は r 個の最小固有値に対応する S の総固有射影である．$S = \Omega + A$ となるように $A = S - \Omega$ とするとき，U の 2 次の近似式が以下で与えられることを示せ．

$$U \approx r^{-1}(\mathrm{tr}(APAP) - r^{-1}\{\mathrm{tr}(AP)\}^2)$$

9.24 次のような 2×1 ベクトル $\boldsymbol{x}$ の関数 f を考える．

$$f(\boldsymbol{x}) = 2x_1^3 + x_2^3 - 6x_1 - 27x_2$$

(a) f の停留点を決定せよ．

(b) (a) における各点が，最大値または最小値，あるいは鞍点のいずれであるかを確認せよ．

9.25　以下のそれぞれの関数について，局所最大値もしくは局所最小値を求めよ．

(a) $x_1^2 + \frac{1}{2}x_2^2 - 2x_1x_2 + x_1 - 2x_2 + 1$
(b) $x_1^3 + \frac{3}{2}x_1^2 + x_2^2 - 6x_1 - 2x_2$
(c) $x_2^3 + 2x_1^2 + x_3^2 + 2x_1x_3 - 3x_2 - x_3$

9.26　$\boldsymbol{a}$ を $m \times 1$ ベクトル，B を $m \times m$ 対称行列とし，それぞれは定数を含んでいるとする．また，$\boldsymbol{x}$ を変数からなる $m \times 1$ ベクトルであるとする．

(a) 関数

$$f(\boldsymbol{x}) = \boldsymbol{x}'B\boldsymbol{x} + \boldsymbol{a}'\boldsymbol{x}$$

が以下によって与えられる停留解をもつことを示せ．ただし，$\boldsymbol{y}$ は任意の $m \times 1$ ベクトルである．

$$\boldsymbol{x} = -\frac{1}{2}B^{+}\boldsymbol{a} + (I_m - B^{+}B)\boldsymbol{y}$$

(b) B が非特異であるならば，ただ 1 つの停留解が存在することを示せ．この解はどのようなときに最大値もしくは最小値を生み出すか．

9.27　もし関数 f のヘッセ行列 H_f がある停留点 $\boldsymbol{x}$ において特異であるならば，その点が最大値，最小値，あるいは鞍点であるかどうかを決定するために，点 $\boldsymbol{x}$ の近傍において，この関数の振る舞いを厳密に調べなければならない．以下に示す各関数において，$\mathbf{0}$ が停留点であるということと，ヘッセ行列が $\mathbf{0}$ において特異であるということを示せ．また各場合において，$\mathbf{0}$ で最大値，最小値，あるいは鞍点のどれになるのかを決定せよ．

(a) $x_1^4 + x_2^4$
(b) $x_1^2x_2^2 - x_1^4 - x_2^4$
(c) $x_1^3 - x_2^3$

9.28　i 個の K 次元多変量正規分布 $N_m(\boldsymbol{\mu}_i, \Omega)$ からそれぞれ独立な無作為標本が得られているものとする．これらの分布は平均は異なりうるが共分散行列は等しい．i 番目の標本を $\boldsymbol{x}_i, \ldots, \boldsymbol{x}_{in_i}$ と表すとき，$\boldsymbol{\mu}_i, \Omega$ の最尤推定量が次で与えられることを示せ．ただし，$n = n_1 + \cdots + n_k$ とする．

$$\hat{\boldsymbol{\mu}}_i = \bar{\boldsymbol{x}}_i = \sum_{j=1}^{n_i} \frac{\boldsymbol{x}_{ij}}{n_i}, \quad \hat{\Omega} = \sum_{i=1}^{k}\sum_{j=1}^{n_i} \frac{(\boldsymbol{x}_{ij} - \bar{\boldsymbol{x}}_i)(\boldsymbol{x}_{ij} - \bar{\boldsymbol{x}}_i)'}{n}$$

9.29　重回帰モデル

$$\boldsymbol{y} = X\boldsymbol{\beta} + \boldsymbol{\epsilon}$$

を考える．ここで，$\boldsymbol{y}$ は $N \times 1$，X は $N \times m$ であり，$\boldsymbol{\beta}$ は $m \times 1$，$\boldsymbol{\epsilon}$ は $N \times 1$ である．$\mathrm{rank}(X) = m$ を仮定し，$\boldsymbol{\epsilon} \sim N_N(\mathbf{0}, \sigma^2 I_N)$ とする．したがって，$\boldsymbol{y} \sim N_N(X\boldsymbol{\beta}, \sigma^2 I_N)$ である．$\boldsymbol{\beta}$ と σ^2 の最尤推定値を求めよ．

9.30 $f(\boldsymbol{x})$ をすべての $\boldsymbol{x} \in S$ で定義される実数値凸関数とする．ここで，S は R^m の凸部分集合である．$T = \{\boldsymbol{z} = (\boldsymbol{x}', y)' : \boldsymbol{x} \in S, y \geq f(\boldsymbol{x})\}$ が凸集合であることを証明せよ．

9.31 関数 $f(\boldsymbol{x})$, $g(\boldsymbol{x})$ が，凸集合 $S \subseteq R^m$ 上で定義される凸関数であると仮定する．このとき関数 $af(\boldsymbol{x}) + bg(\boldsymbol{x})$ は，もし a, b が非負のスカラーであれば凸関数となることを示せ．

9.32 定理 9.11 の逆を証明せよ．つまり，もし開凸集合 S について $f(\boldsymbol{x})$ が定義され，かつ微分可能であり，すべての $\boldsymbol{x} \in S$ と $\boldsymbol{a} \in S$ について

$$f(\boldsymbol{x}) \geq f(\boldsymbol{a}) + \left(\frac{\partial}{\partial \boldsymbol{a}'}\right)(\boldsymbol{x} - \boldsymbol{a})$$

が成り立つとき，$f(\boldsymbol{x})$ は凸関数である．

9.33 $f(\boldsymbol{x})$ をすべての $\boldsymbol{x} \in S$ において定義される実数値関数とする．ここで S は R^m の開凸部分集合である．また $f(\boldsymbol{x})$ を S において 2 次微分可能な関数であると仮定する．$f(\boldsymbol{x})$ が凸関数であるとき，かつそのときに限り，ヘッセ行列 H_f は任意の $\boldsymbol{x} \in S$ について非負定値であることを示せ．

9.34 $\boldsymbol{x}$ を 2×1 ベクトルとし，すべての $\boldsymbol{x} \in S$ に対して関数 $f(\boldsymbol{x}) = x_1^c x_2^{1-c}$ について考える．ただしここで $0 < c < 1$，$S = \{\boldsymbol{x} : x_1 > 0, x_2 > 0\}$ である．

(a) $f(\boldsymbol{x})$ が凹関数であることを前問を利用して示せ．

(b) $\boldsymbol{y}$ が有限な 1 次のモーメントをもち，$P(\boldsymbol{y} \in S) = 1$ を満たす 2×1 ランダムベクトルならば，以下が成り立つことを示せ．

$$E(y_1^{\alpha} y_2^{1-\alpha}) \leq \{E(y_1)\}^{\alpha} \{E(y_2)\}^{1-\alpha}$$

9.35 $\boldsymbol{x}$ を 3×1 ベクトルとし，以下のように関数 $f(\boldsymbol{x})$ を定義する．

$$f(\boldsymbol{x}) = x_1 + x_2 - x_3$$

このとき，$\boldsymbol{x}'\boldsymbol{x} = 1$ という制約の下で $f(\boldsymbol{x})$ の最大値と最小値を求めよ．

9.36 原点と以下で与えられる表面上の点の間の最短距離を見つけよ．

$$x_1^2 + x_2^2 + x_3^2 + 4x_1 - 6x_3 = 2$$

9.37 A は $m \times m$ 正定値行列とし，$\boldsymbol{x}$ は $m \times 1$ ベクトルとする．このとき，$\boldsymbol{x}'A\boldsymbol{x} = 1$ という制約の下で以下の関数の最大値および最小値を求めよ．

$$f(\boldsymbol{x}) = \boldsymbol{x}'\boldsymbol{x}$$

9.38 $x_1^2 + x_2^2 = 1$ かつ $x_1x_3 + x_2 = 2$ という条件の下で，関数

$$f(\boldsymbol{x}) = x_1(x_2 + x_3)$$

の最大値および最小値を求めよ．

9.39 3×1 ベクトル $\boldsymbol{x}$ について，制約 $x_1 + x_2 + x_3 = a$ の下で関数

$$f(\boldsymbol{x}) = x_1x_2x_3$$

を最大化せよ．ここで，a はある正数である．これを用いて，すべての正の実数 x_1, x_2, x_3 について不等式

$$(x_1x_2x_3)^{1/3} \leq \frac{1}{3}(x_1 + x_2 + x_3)$$

が成り立つことを証明せよ．この結果を m 変数の場合へと一般化せよ．すなわち，$\boldsymbol{x}$ が $m \times 1$ のとき

$$(x_1x_2 \cdots x_m)^{1/m} \leq \frac{1}{m}(x_1 + \cdots + x_m)$$

がすべての正の実数 $x_1, \ldots, x_m$ について成立することを示せ．

9.40 A を固有値 $\lambda_1 \geq \cdots \geq \lambda_m$ とそれに対応する正規直交固有ベクトル $\boldsymbol{y}_1, \ldots, \boldsymbol{y}_m$ をもつ $m \times m$ 正定値行列とする．以下の関数

$$f(X) = \mathrm{tr}\left\{(A - X)^2\right\}$$

を考える．ここで X は階数 r の $m \times m$ 半正定値行列である．f は

$$X = \sum_{i=1}^{r} \lambda_i \boldsymbol{y}_i \boldsymbol{y}_i'$$

のときに最小化されるということを示せ．

9.41 A,B は $m \times m$ 行列であり，A は非負定値行列，B は正定値行列とする．例 9.8 の方法に従い，$\boldsymbol{x} \neq \boldsymbol{0}$ という条件の下，

$$f(\boldsymbol{x}) = \frac{\boldsymbol{x}'A\boldsymbol{x}}{\boldsymbol{x}'B\boldsymbol{x}}$$

の最大値，最小値をラグランジュ法を用いて求めよ．

9.42 $\boldsymbol{a}$ を $m \times 1$ の非ゼロなベクトル，B を $m \times m$ の正定値行列とする．練習問題 9.41 の結果を用いて，$\boldsymbol{x} \neq \boldsymbol{0}$ に対し

$$f(\boldsymbol{x}) = \frac{(\boldsymbol{a}'\boldsymbol{x})^2}{\boldsymbol{x}'B\boldsymbol{x}}$$

が最大値

$$\boldsymbol{a}'B^{-1}\boldsymbol{a}$$

をもつことを示せ．

この結果は，$\boldsymbol{\mu}$ を $m \times 1$ 母平均ベクトル，$\boldsymbol{\mu}_0$ を $m \times 1$ 定数ベクトルとして，多変量仮説 $H_0 : \boldsymbol{\mu} = \boldsymbol{\mu}_0$ と $H_1 : \boldsymbol{\mu} \neq \boldsymbol{\mu}_0$ の結び・交わり検定 (例 3.15 を参照) を得るのに用いることができる．この母集団からのサイズ n の標本によって計算された標本平均ベクトルと標本共分散行列を，それぞれ $\bar{\boldsymbol{x}}$ と S で表す．$H_0 : \mu = \mu_0$ を検定する単変量の結び・交わり法が t 統計量

$$t = \frac{(\bar{x} - \mu_0)}{s/\sqrt{n}}$$

に基づくならば，結び・交わり検定が $T^2 = n(\bar{\boldsymbol{x}} - \boldsymbol{\mu}_0)'S^{-1}(\bar{\boldsymbol{x}} - \boldsymbol{\mu}_0)$ に基づいて可能であることを示せ．

9.43 $x_1, \ldots, x_n$ を平均 μ，分散 σ^2 の独立同分布に従う確率変数とする．μ の線形推定量について考える．これは $\hat{\mu} = \sum a_i x_i$ の形式をしている．ここで，$a_1, \ldots, a_n$ は定数である．

(a) $\hat{\mu}$ が μ の不偏推定量となるような $a_1, \ldots, a_n$ はどのような値だろうか．

(b) ラグランジュの未定乗数法を使い，標本平均 $\bar{x}$ が μ の最良不偏推定量となることを証明せよ．つまり，μ の不偏線形推定量すべての中で $\bar{x}$ が最小の分散をもつことを証明せよ．

9.44 n 回の独立した試行の各回において，k 通りの結果のうちどれか 1 つが得られるような確率過程を考える．また，試行によって結果 i を得る確率を p_i で表すものとする．すなわち $p_1 + \cdots + p_k = 1$ である．ここで，n 回の試行全体の中で結果 i が出現する回数を，確率変数 $x_i(x_1, \ldots, x_k)$ と定義すると，確率ベクトル $\boldsymbol{x} = (x_1, \ldots, x_k)'$ は，以下に示すような確率関数で表される多項分布に従う．

$$P(x_1 = n_1, \ldots, x_k = n_k) = \frac{n!}{n_1! \cdots n_k!} p_1^{n_1} \cdots p_k^{n_k}$$

ただし $n_1, \ldots, n_k$ は，$n_1 + \cdots + n_k = n$ を満たすような，非負の整数である．このとき，$\boldsymbol{p} = (p_1, \ldots, p_k)'$ の最尤推定量を求めよ．

9.45 $m \times m$ 正定値共分散行列 Ω は以下の形式

$$\Omega = \begin{bmatrix} \Omega_{11} & \Omega_{12} \\ \Omega_{12}' & \Omega_{22} \end{bmatrix}$$

に分割されるものとする．ここで Ω_{11} は $m_1 \times m_1$，Ω_{22} は $m_2 \times m_2$ であり，$m_1 + m_2 = m$ である．また，$m \times 1$ 確率ベクトル $\boldsymbol{x}$ は共分散行列 Ω をもち，$\boldsymbol{x} = (\boldsymbol{x}_1', \boldsymbol{x}_2')'$ のように分割されるとする．$\boldsymbol{x}_1$ は $m_1 \times 1$ であり $\boldsymbol{x}_2$ は $m_2 \times 1$ である．もし $m_1 \times 1$ ベクトル $\boldsymbol{a}$ と $m_2 \times 1$ ベクトル $\boldsymbol{b}$ が定数ベクトルであるなら，確率変数 $u = \boldsymbol{a}'\boldsymbol{x}_1$ と $v = \boldsymbol{b}'\boldsymbol{x}_2$ の間の相関の 2 乗は以下の式で与えられる．

$$f(\boldsymbol{a}, \boldsymbol{b}) = \frac{(\boldsymbol{a}'\Omega_{12}\boldsymbol{b})^2}{\boldsymbol{a}'\Omega_{11}\boldsymbol{a}\boldsymbol{b}'\Omega_{22}\boldsymbol{b}}$$

$f(\boldsymbol{x})$ の最大値を示せ．つまり，

$$\boldsymbol{a}'\Omega_{11}\boldsymbol{a} = 1, \quad \boldsymbol{b}'\Omega_{22}\boldsymbol{b} = 1$$

という制約を条件とした u と v 間の 2 乗された相関の最大値は $\Omega_{11}^{-1}\Omega_{12}\Omega_{22}^{-1}\Omega_{12}'$ の最大固有値か，同等に，$\Omega_{22}^{-1}\Omega_{12}'\Omega_{11}^{-1}\Omega_{12}$ の最大固有値である．どのようなベクトル $\boldsymbol{a}$ と $\boldsymbol{b}$ がこの最大値を導出するだろうか．

9.46 関数 $f(P) = \mathrm{tr}(PXP'D)$ を考える．ここで P は $m \times m$ 正則行列であり，X と D の両方が $m \times m$ 正定値行列であるとする．さらに，D は区別され，減少する，正の対角要素をもつ対角行列であると仮定する．つまり，$d_1 > \cdots > d_m > 0$ について $D = \mathrm{diag}(d_1, \ldots, d_m)$ である．

(a) ラグランジュ関数

$$L(P, \Lambda) = \mathrm{tr}(PXP'D) + \mathrm{tr}\left\{\Lambda(PP' - I_m)\right\}$$

を扱うことにより，$f(P)$ の定留点は PXP' が対角行列であるとき見出されることを示せ．ここで Λ はラグランジュ乗数の対称行列である．

(b) (a) を用いて以下を示せ．

$$\max_{P:PP'=I_m} f(P) = \sum_{i=1}^{m} d_i \lambda_i(X)$$

また

$$\min_{P:PP'=I_m} f(P) = \sum_{i=1}^{m} d_{m+1-i} \lambda_i(X)$$

ここで $\lambda_1(X) \geq \cdots \geq \lambda_m(X) > 0$ は X の固有値である．

10

2次形式と統計学の関わり

10.1 導　　入

これまでにみてきたように，A が $m \times m$ 対称行列であり，かつ $\boldsymbol{x}$ が $m \times 1$ ベクトルであるならば，そのとき $\boldsymbol{x}$ の関数 $\boldsymbol{x}'A\boldsymbol{x}$ は $\boldsymbol{x}$ の 2 次形式と呼ばれる．統計学的な応用場面においては $\boldsymbol{x}$ が確率変数である一方で，A は定数行列である場合は少なくない．その最も典型的な状況としては $\boldsymbol{x}$ が従う分布，または漸近分布が多変量正規分布である場合があげられる．本章ではこのような状況における $\boldsymbol{x}'A\boldsymbol{x}$ の分布に関する性質を吟味する．特に $\boldsymbol{x}'A\boldsymbol{x}$ が χ^2 分布に従う条件の決定に注目する．

10.2 ベキ等行列のいくつかの性質

もし $A^2 = A$ であるならば，$m \times m$ 行列 A はベキ等であると前述した．次の 10.3 節では正規変量 (normal variate) の 2 次形式が χ^2 分布に従う条件について議論する場合に，ベキ等行列が主要な役割を担うことがわかるだろう．よって本節ではベキ等行列に関するいくつかの基本的な性質を明らかにしておく．

定理 10.1　A を $m \times m$ ベキ等行列とすると，そのとき以下が成り立つ．

(a) $I_m - A$ もまたベキ等である．
(b) A の固有値はそれぞれ 0 か 1 である．
(c) A は対角化可能である．
(d) $\mathrm{rank}(A) = \mathrm{tr}(A)$

証明　$A^2 = A$ であるため，次を得る．

$$(I_m - A)^2 = I_m - 2A + A^2 = I_m - A$$

このため (a) は成り立つ．λ を固有ベクトル $\boldsymbol{x}$ に対応する A の固有値であるとすると，$A\boldsymbol{x} = \lambda\boldsymbol{x}$ となる．すると $A^2 = A$ であるため，以下を得る．

$$\lambda \boldsymbol{x} = A\boldsymbol{x} = A^2\boldsymbol{x} = A(A\boldsymbol{x}) = A(\lambda\boldsymbol{x}) = \lambda A\boldsymbol{x} = \lambda^2\boldsymbol{x}$$

この結果は次を意味している.

$$\lambda(\lambda - 1)\boldsymbol{x} = \mathbf{0}$$

固有ベクトルは非ゼロのベクトルであるため，$\lambda(\lambda-1) = 0$ でなければならず，よって (b) は成り立つ．r を A の固有値のうち 1 と等しいものの数とすると，$m - r$ は A の固有値のうち 0 と等しいものの数となる．よって $A - I_m$ は r 個の固有値 0 と $m - r$ 個の固有値 -1 をもたなければならない．もし以下となることが示せれば，定理 4.8 によって (c) が成り立つことになる．

$$\operatorname{rank}(A) = r, \qquad \operatorname{rank}(A - I_m) = m - r \tag{10.1}$$

定理 4.10 から任意の正方行列の階数が少なくともその行列の非ゼロの固有値の数と同じ大きさをもつことはわかっているので，以下が成り立つはずである．

$$\operatorname{rank}(A) \geq r, \qquad \operatorname{rank}(A - I_m) \geq m - r \tag{10.2}$$

しかしながら，系 2.13.1 は次の式を与える．

$$\begin{aligned}\operatorname{rank}(A) + \operatorname{rank}(I_m - A) &\leq \operatorname{rank}\{A(I_m - A)\} + m \\ &= \operatorname{rank}\{(0)\} + m = m\end{aligned}$$

これと (10.2) 式を用いると (10.1) 式が導かれるので，(c) が証明される．最後に (d) は (b) と (c) の結果よりただちに導かれる． □

固有値 0 を少なくとも 1 つもつ行列は特異行列であるため，非特異ベキ等行列 (nonsingular idempotent matrix) はすべての固有値が 1 となるようなベキ等行列である．しかしながらすべての固有値が 1 である対角化可能な行列は単位行列のみであるので，したがって唯一の $m \times m$ 非特異ベキ等行列は I_m となる．

もし A が対角行列，すなわち A が $\operatorname{diag}(a_1, \ldots, a_m)$ という形式をとるならば，そのとき $A^2 = \operatorname{diag}(a_1^2, \ldots, a_m^2)$ となる．A と A^2 が等しいのは，それぞれの対角要素が 0 か 1 で構成される場合のみであることがわかる．これはまた定理 10.1(b) の直接の帰結であり，このときのみ対角行列はベキ等行列となる．

例 10.1 ベキ等行列の固有値はそれぞれ 1 か 0 であるものの，その逆は真ではない．つまり，固有値に 1 と 0 しかもたない行列はベキ等行列であるとは限らない．例えば以下の行列

$$A = \begin{bmatrix} 0 & 1 & 0 \\ 0 & 0 & 0 \\ 0 & 0 & 1 \end{bmatrix}$$

は重複度 2 の固有値 0 と重複度 1 の固有値 1 をもつ．しかしながら，

$$A^2 = \begin{bmatrix} 0 & 0 & 0 \\ 0 & 0 & 0 \\ 0 & 0 & 1 \end{bmatrix}$$

であるために A はベキ等行列でない．

対角化可能ではないので例 10.1 における行列 A はベキ等行列ではない．つまりそれぞれの固有値が 0 か 1 で構成され，かつ対角化可能である場合のみに $m \times m$ 行列 A はベキ等行列である．定理 10.2 ではベキ等となる特別な場合について触れる．

定理 10.2 A を $m \times m$ 対称行列とする．A の固有値がそれぞれ 0 か 1 である場合のみ，A はベキ等行列である．

証明 $A = X\Lambda X'$ を A のスペクトル分解であるとすると，X は直交行列となり，Λ は対角行列となる．よって，

$$A^2 = (X\Lambda X')^2 = X\Lambda X' X\Lambda X' = X\Lambda^2 X'$$

となり，もし Λ のそれぞれの対角要素，すなわち A のそれぞれの固有値が 0 か 1 であるならば，そのときのみこれは A と等しいことが明らかである． □

定理 10.2 は系 10.2.1 のように一般化される．

系 10.2.1 A を $m \times m$ 対称行列，B を $m \times m$ 正定値行列とする．AB の固有値の各々が 0 あるいは 1 をとるならばそのときのみ，AB はベキ等行列である．

証明 B は正定値行列であるから，T を $m \times m$ 非特異行列とすると，$B = TT'$ と表現可能である．ここで方程式

$$ABAB = AB \tag{10.3}$$

に，前から T' を，後ろから $T^{-1\prime}$ を掛けると，次が得られる．

$$T'ATT'AT = T'AT \tag{10.4}$$

逆に，(10.4) 式に前から $T^{-1\prime}$ を，後ろから T' を掛けることで，(10.3) 式が得られる．すなわち，$T'AT$ がベキ等であるならばそのときのみ，AB はベキ等である．そして，定理 3.2(d) より AB と $T'AT$ は等しい固有値をもつので，定理 10.2 からただちに題意は満たされる． □

定理 10.3 は，2 つのベキ等行列の和あるいは積がベキ等となるための条件を与えるものである．

定理 10.3 A と B を $m \times m$ ベキ等行列とすると，以下である．

(a) $AB = BA = (0)$ ならばそのときのみ，$A + B$ はベキ等である．
(b) $AB = BA$ ならば，AB はベキ等である．

証明　A と B はベキ等であることから，

$$(A + B)^2 = A^2 + B^2 + AB + BA = A + B + AB + BA$$

となる．これより，

$$AB = -BA \tag{10.5}$$

であるならばそのときのみ，$A + B$ はベキ等である．ここで A と B はベキ等であるから，(10.5) 式に前から B を，後ろから A を掛けることで，恒等式

$$(BA)^2 = -BA \tag{10.6}$$

を得られる．また同様に，(10.5) 式に前から A を，後ろから B を掛けることで

$$(AB)^2 = -AB \tag{10.7}$$

を得られる．したがって，(10.6) 式と (10.7) 式より $-BA$ と $-AB$ の両方がベキ等行列であり，ゆえに (10.5) 式より AB もベキ等行列であることがわかる．以上より (a) は満たされる．なぜなら，ゼロ行列は負のときもベキ等である唯一の行列だからである．(b) を証明するためには，乗算に関して，A と B が可換であることに注目する．つまり，

$$(AB)^2 = ABAB = A(BA)B = A(AB)B = A^2B^2 = AB$$

である．よって題意が満たされた．□

例 10.2　定理 10.3 では $(A + B)$ がベキ等であるための必要十分条件が与えられた．一方，AB についてはベキ等であるための十分条件しか与えられていない．後者が必要十分条件ではないことは，簡単な例を通して説明することができる．いま，A と B が次のように定義されているとする．

$$A = \begin{bmatrix} 1 & 1 \\ 0 & 0 \end{bmatrix}, \qquad B = \begin{bmatrix} 0 & 0 \\ 1 & 1 \end{bmatrix}$$

$A^2 = A, B^2 = B$ となることより，A と B はどちらもベキ等である．さらに，$AB = A$ であることから AB もまたベキ等である．しかしながら，$BA = B$ より，$AB \neq BA$ である．

統計的な応用においてベキ等行列を扱うときは，対称ベキ等行列 (symmetric idempotent matrix) を用いることがほとんどである．よって，この特殊な行列に関するいくつかの定理を以て本節を終えよう．定理 10.4 は対称ベキ等行列の要素に対して限界を与えるものである．

定理 10.4　A を $m \times m$ 対称ベキ等行列とすると，以下が成り立つ．

(a) $i = 1, \ldots, m$ に対して，$a_{ii} \geq 0$ である．
(b) $i = 1, \ldots, m$ に対して，$a_{ii} \leq 1$ である．
(c) $a_{ii} = 0$ あるいは $a_{ii} = 1$ であるならば，すべての $j \neq i$ に対して，$a_{ij} = a_{ji} = 0$ である．

証明 A は対称ベキ等行列であるから，次を満たす．

$$
\begin{aligned}
a_{ii} &= (A)_{ii} = (A^2)_{ii} = (A'A)_{ii} \\
&= (A')_{i.}(A)_{.i} = \sum_{j=1}^{m} a_{ji}^2
\end{aligned} \tag{10.8}
$$

これは明らかに非負でなければならない．さらに，(10.8) 式より，

$$
a_{ii} = a_{ii}^2 + \sum_{j \neq i} a_{ji}^2
$$

となるので，これより $a_{ii} \geq a_{ii}^2$ または $a_{ii}(1 - a_{ii}) \geq 0$ である．しかしここで，a_{ii} は非負であることから $(1 - a_{ii}) \geq 0$ が導かれる．よって (b) が成り立たなければならない．$a_{ii} = 0$ あるいは $a_{ii} = 1$ であるならば，$a_{ii} = a_{ii}^2$ となり，ここで再び (10.8) 式を用いると，以下とならなければならない．

$$
\sum_{j \neq i} a_{ji}^2 = 0
$$

これに A の対称性を加味すると，(c) が成り立つ． □

定理 10.5 は，$A^3 = A^2$ のような恒等式の成立が恒等式 $A^2 = A$ の成立よりも簡単に確かめられるような状況で有用である．

定理 10.5 ある正の整数 i について，$m \times m$ 対称行列 A が $A^{i+1} = A^i$ を満たすとする．そのとき，A はベキ等行列である．

証明 $\lambda_1, \ldots, \lambda_m$ を A の固有値とすると，$\lambda_1^{i+1}, \ldots, \lambda_m^{i+1}$ と $\lambda_1^i, \ldots, \lambda_m^i$ はそれぞれ，A^{i+1} と A^i の固有値である．また，$j = 1, \ldots, m$ について，恒等式 $A^{i+1} = A^i$ は $\lambda_j^{i+1} = \lambda_j^i$ を意味しており，したがって λ_j の各々は 0 あるいは 1 でなければならない．よって定理 10.2 から題意が満たされる． □

10.3 コクランの定理

しばしばコクランの定理 (Cochran, 1934) と呼ばれる定理 10.6 は，同じ正規変数におけるいくつかの異なる 2 次形式の独立性を確立する際に有用である．

定理 10.6 $m \times m$ 行列 $A_1, \ldots, A_k$ をそれぞれ対称ベキ等行列とし，$A_1 + \cdots + A_k = I_m$

と仮定する．このとき，いかなる $i \neq j$ に関しても，$A_iA_j = (0)$ が成り立つ．

証明　行列の 1 つを任意に選択して，例えば A_h とし，その階数を r で表す．A_h は対称行列かつベキ等行列であるため，

$$P'A_hP = \mathrm{diag}(I_r, (0))$$

となるような直交行列 P が存在する．$j \neq h$ に関して，$B_j = P'A_jP$ と表記し，また，

$$\begin{aligned} I_m = P'I_mP = P'\left(\sum_{j=1}^{k} A_j\right)P = \left(\sum_{j=1}^{k} P'A_jP\right) \\ = \mathrm{diag}(I_r, (0)) + \sum_{j\neq h} B_j \end{aligned}$$

同等に，

$$\sum_{j\neq h} B_j = \mathrm{diag}((0), I_{m-r})$$

であることに注意する．特に，$l = 1, \ldots, r$ に関して，

$$\sum_{j\neq h}(B_j)_{ll} = 0$$

である．しかしながら，A_j は対称ベキ等行列であるから，B_j が対称ベキ等行列であることは明らかである．なお，定理 10.4(a) より，その対角要素は非負である．したがって，$l = 1, \ldots, r$ に関して $(B_j)_{ll} = 0$ でなければならないことは，定理 10.4(c) より，B_j が，

$$B_j = \mathrm{diag}((0), C_j)$$

という形式でなければならないことを含意する．ただし，C_j は $(m-r) \times (m-r)$ 対称ベキ等行列である．ここで，任意の $j \neq h$ に関して，

$$\begin{aligned} P'A_hA_jP &= (P'A_hP)(P'A_jP) \\ &= \begin{bmatrix} I_r & (0) \\ (0) & (0) \end{bmatrix} \begin{bmatrix} (0) & (0) \\ (0) & C_j \end{bmatrix} = (0) \end{aligned}$$

となり，P は非特異であるため，これは $A_hA_j = (0)$ のときにのみ真である．h は任意であったため，証明は完了する．□

次の結果は，コクランの定理の拡張である．

定理 10.7　$A_1, \ldots, A_k$ を $m \times m$ 対称行列とし，$A = A_1 + \cdots + A_k$ と定義する．以下の状況を考える．

(a) $i = 1, \ldots, k$ に関して，A_i がベキ等行列である．
(b) A がベキ等行列である．
(c) すべての $i \neq j$ に関して，$A_i A_j = (0)$ である．

これらの条件のうち，任意の 2 つが成り立つならば，3 つ目の条件も成り立たなければならない．

証明 はじめに，(a) と (b) から (c) が成り立つことを示す．A は対称ベキ等行列であるから，以下を満たす直交行列 P が存在する．

$$P'AP = P'(A_1 + \cdots + A_k)P = \mathrm{diag}(I_r, (0)) \tag{10.9}$$

ただし，$r = \mathrm{rank}(A)$ である．$i = 1, \ldots, k$ に関して，$B_i = P'A_iP$ とし，B_i が対称ベキ等行列であることに留意する．したがって，(10.9) 式と定理 10.4 より，B_i が $\mathrm{diag}(C_i, (0))$ という形式でなければならないことが導かれる．ここで，$r \times r$ 行列 C_i もまた，対称ベキ等行列である．なお，(10.9) 式は，

$$C_1 + \cdots + C_k = I_r$$

であることを意味する．つまり，$C_1, \ldots, C_k$ は定理 10.6 の条件を満たし，ゆえに，すべての $i \neq j$ に関して $C_iC_j = (0)$ が成り立つ．この結果より，$B_iB_j = (0)$ が得られ，したがって，すべての $i \neq j$ に関して $A_iA_j = (0)$ が成り立ち，求める結果が得られる．次に，

$$\begin{aligned} A^2 &= \left(\sum_{i=1}^{k} A_i\right)^2 = \sum_{i=1}^{k}\sum_{j=1}^{k} A_iA_j = \sum_{i=1}^{k} A_i^2 + \sum\sum_{i\neq j} A_iA_j \\ &= \sum_{i=1}^{k} A_i = A \end{aligned}$$

であるため，(a) と (c) から (b) が成り立つことは，ただちに導かれる．最後に，(b) と (c) から (a) が成り立つことを証明する．(c) が成り立つならば，このとき，すべての $i \neq j$ に関して $A_iA_j = A_jA_i$ となり，定理 4.18 より，行列 $A_1, \ldots, A_k$ は同時に対角化が可能である．つまり，

$$Q'A_iQ = D_i$$

となるような直交行列 Q が存在する．ここで，行列 $D_1, \ldots, D_k$ は，それぞれ対角行列である．さらに，すべての $i \neq j$ に関して

$$D_iD_j = Q'A_iQQ'A_jQ = Q'A_iA_jQ = Q'(0)Q = (0) \tag{10.10}$$

である．いま，A は対称ベキ等行列であるから，対角行列

$$Q'AQ = D_i + \cdots + D_k$$

もまた，対称ベキ等行列である．結果として，$Q'AQ$ の対角要素は，それぞれ 0 もしくは 1 とならなければならない．また，(10.10) 式より，$D_1, \ldots, D_k$ の対角要素についても同じことがいえる．ゆえに，各 i に関して，D_i は対称ベキ等行列であり，したがって，$A_i = QD_iQ'$ も対称ベキ等行列である．よって，証明を完了する． □

定理 10.7 で与えられた 3 つの条件が成り立っている場合を考えよう．このとき，(a) は $\mathrm{tr}(A_i) = \mathrm{rank}(A_i)$ を意味し，(b) は，

$$\mathrm{rank}(A) = \mathrm{tr}(A) = \mathrm{tr}\left(\sum_{i=1}^{k} A_i\right) = \sum_{i=1}^{k} \mathrm{tr}(A_i) = \sum_{i=1}^{k} \mathrm{rank}(A_i)$$

であることを意味する．つまり，定理 10.7 で与えられた条件は，以下に示す 4 つ目の条件を含意する．

(d) $\mathrm{rank}(A) = \sum_{i=1}^{k} \mathrm{rank}(A_i)$

今度は，条件 (b) と (d) が成り立っている状況を想定しよう．以下では，これらの条件より，条件 (a) と (c) が成り立つことを示す．$H = \mathrm{diag}(A_1, \ldots, A_k)$ とし，$A = F'HF$ となるように $F = \mathbf{1}_m \otimes I_m$ とする．ここで (d) は，$\mathrm{rank}(F'HF) = \mathrm{rank}(H)$ と書き表すことができ，定理 5.26 より，$F'HF$ の任意の一般逆行列 $(F'HF)^-$ に関して，$F(F'HF)^-F'$ が H の一般逆行列であることが導かれる．しかしながら，A はベキ等行列であるから，$AI_mA = A$ であり，つまり I_m は $A = F'HF$ の一般逆行列である．ゆえに，FF' は H の一般逆行列であり，方程式

$$HFF'H = H$$

が成り立つ．また，これを分割行列の形式で表すと，以下のようになる．

$$\begin{bmatrix} A_1^2 & A_1A_2 & \cdots & A_1A_k \\ A_2A_1 & A_2^2 & \cdots & A_2A_k \\ \vdots & \vdots & & \vdots \\ A_kA_1 & A_kA_2 & \cdots & A_k^2 \end{bmatrix} = \begin{bmatrix} A_1 & (0) & \cdots & (0) \\ (0) & A_2 & \cdots & (0) \\ \vdots & \vdots & & \vdots \\ (0) & (0) & \cdots & A_k \end{bmatrix}$$

この方程式によって，ただちに，条件 (a) と (c) が与えられる．これら 4 つの条件の関係について，系 10.7.1 にまとめる．

系 10.7.1 $A_1, \ldots, A_k$ を $m \times m$ 対称行列とし，$A = A_1 + \cdots + A_k$ と定義する．以下の状況を考える．

(a) $i = 1, \ldots, k$ に関して，A_i がベキ等行列である．

(b) A がベキ等行列である.

(c) すべての $i \neq j$ に関して，$A_iA_j = (0)$ である.

(d) $\mathrm{rank}(A) = \sum_{i=1}^{k} \mathrm{rank}(A_i)$

(a)，(b)，および (c) のうち任意の 2 つが成り立つか，もしくは (b) と (d) が成り立つならば，4 つのすべての条件が成り立つ.

10.4 正規変量における 2 次形式の分布

正規分布と χ^2 分布の関係は正規確率変数における 2 次形式の分布を得る際の基礎となる．$z_1, \ldots, z_r$ がそれぞれの i について $z_i \sim N(0,1)$ となるような独立な確率変数であるならば，

$$\sum_{i=1}^{r} z_i^2 \sim \chi_r^2$$

となることを思い出そう．これを利用して定理 10.8 では，$\boldsymbol{x}$ の成分が独立にそれぞれ $N(0,1)$ に従うとき，2 次形式 $\boldsymbol{x}'A\boldsymbol{x}$ が χ^2 分布に従う条件を与える.

定理 10.8　$\boldsymbol{x} \sim N_m(\boldsymbol{0}, I_m)$ とし，A は $m \times m$ 対称ベキ等行列であり階数 r をもつと仮定する．このとき $\boldsymbol{x}'A\boldsymbol{x} \sim \chi_r^2$ となる.

証明　A は対称ベキ等行列であるため，以下の式を満たす直交行列 P が存在する.

$$A = PDP'$$

ここで $D = \mathrm{diag}(I_r, (0))$ である．$\boldsymbol{z} = P'\boldsymbol{x}$ とし，$\boldsymbol{x} \sim N_m(\boldsymbol{0}, I_m)$ より，

$$E(\boldsymbol{z}) = E(P'\boldsymbol{x}) = P'E(\boldsymbol{x}) = P'\boldsymbol{0} = \boldsymbol{0}$$
$$\mathrm{var}(\boldsymbol{z}) = \mathrm{var}(P'\boldsymbol{x}) = P'\{\mathrm{var}(\boldsymbol{x})\}P = P'I_mP = P'P = I_m$$

となることから，$\boldsymbol{z} \sim N_m(\boldsymbol{0}, I_m)$ となることに注目する．つまり，$\boldsymbol{z}$ の成分は，$\boldsymbol{x}$ の成分のように独立な標準正規確率変数である．いま D の形式から，

$$\boldsymbol{x}'A\boldsymbol{x} = \boldsymbol{x}'PDP'\boldsymbol{x} = \boldsymbol{z}'D\boldsymbol{z} = \sum_{i=1}^{r} z_i^2$$

であることがわかるため，結果が導かれる.　□

定理 10.8 は定理 10.9 の特別な場合であり，定理 10.9 では多変量正規分布は一般的な非特異共分散行列をもつ.

定理 10.9　$\boldsymbol{x} \sim N_m(\boldsymbol{0}, \Omega)$ とする．ここで，Ω は正定値行列であり，A は $m \times m$ 対

称行列であるとする．$A\Omega$ がベキ等であり $\mathrm{rank}(A\Omega) = r$ であるならば，$\boldsymbol{x}'A\boldsymbol{x} \sim \chi_r^2$ である．

証明　Ω は正定値であるから，$\Omega = TT'$ を満たす非特異行列 T が存在する．$\boldsymbol{z} = T^{-1}\boldsymbol{x}$ とすると，$E(\boldsymbol{z}) = T^{-1}E(\boldsymbol{x}) = \boldsymbol{0}$ であり，

$$\begin{aligned}\mathrm{var}(\boldsymbol{z}) &= \mathrm{var}(T^{-1}\boldsymbol{x}) = T^{-1}\{\mathrm{var}(\boldsymbol{x})\}T^{-1\prime} \\ &= T^{-1}(TT')T^{-1\prime} = I_m\end{aligned}$$

となるので $\boldsymbol{z} \sim N_m(\boldsymbol{0}, I_m)$ である．2 次形式 $\boldsymbol{x}'A\boldsymbol{x}$ は，

$$\boldsymbol{x}'A\boldsymbol{x} = \boldsymbol{x}'T^{-1\prime}T'ATT^{-1}\boldsymbol{x} = \boldsymbol{z}'T'AT\boldsymbol{z}$$

となり，$\boldsymbol{z}$ を用いて表すことができる．あとは $T'AT$ が定理 10.8 の条件を満たすことを示せばよい．明らかに，A がそうであるため $T'AT$ は対称であり，かつ

$$(T'AT)^2 = T'ATT'AT = T'A\Omega AT = T'AT$$

となるからベキ等である．最後の等式は，$A\Omega$ がベキ等であり Ω が非特異であるということから恒等式 $A\Omega A = A$ が成り立つため導かれる．最後に，$T'AT$ および $A\Omega$ はベキ等であるから，

$$\begin{aligned}\mathrm{rank}(T'AT) &= \mathrm{tr}(T'AT) = \mathrm{tr}(ATT') \\ &= \mathrm{tr}(A\Omega) = \mathrm{rank}(A\Omega) = r\end{aligned}$$

となる．これで証明は完了する．□

特異多変量正規分布に従うあるベクトルの 2 次形式を扱うことは珍しいことではない．次の定理では定理 10.9 をこの状況へ一般化する．

定理 10.10　$\boldsymbol{x} \sim N_m(\boldsymbol{0}, \Omega)$ とする．Ω は半正定値であり，A は $m \times m$ 対称行列であるとする．このとき $\Omega A\Omega A\Omega = \Omega A\Omega$ かつ $\mathrm{tr}(A\Omega) = r$ ならば，$\boldsymbol{x}'A\boldsymbol{x} \sim \chi_r^2$ である．

証明　$n = \mathrm{rank}(\Omega)$ とする．ここで $n < m$ である．以下が成り立つような $m \times m$ 直交行列 $P = [P_1 \quad P_2]$ が存在する．

$$\Omega = [\ P_1 \quad P_2\ ]\begin{bmatrix}\Lambda & (0) \\ (0) & (0)\end{bmatrix}\begin{bmatrix}P_1' \\ P_2'\end{bmatrix} = P_1\Lambda P_1'$$

ここで，P_1 は $m \times n$，Λ は $n \times n$ 非特異対角行列である．また，

$$\boldsymbol{z} = \begin{bmatrix}\boldsymbol{z}_1 \\ \boldsymbol{z}_2\end{bmatrix} = \begin{bmatrix}P_1'\boldsymbol{x} \\ P_2'\boldsymbol{x}\end{bmatrix} = P'\boldsymbol{x}$$

を定義し，$P'\boldsymbol{0} = \boldsymbol{0}$ であり $P'\Omega P = \mathrm{diag}(\Lambda, (0))$ であることから $\boldsymbol{z} \sim$

$N_m(\mathbf{0}, \mathrm{diag}(\Lambda, (0)))$ であることに注目する．これは $\boldsymbol{z} = (\boldsymbol{z}_1', \mathbf{0}')'$ であることを意味し，$\boldsymbol{z}_1$ は非特異分布 $N_n(\mathbf{0}, \Lambda)$ に従う．いま，

$$\boldsymbol{x}'A\boldsymbol{x} = \boldsymbol{x}'PP'APP'\boldsymbol{x} = \boldsymbol{z}'P'AP\boldsymbol{z} = \boldsymbol{z}_1'P_1'AP_1\boldsymbol{z}_1$$

であり，したがって対称行列 $P_1'AP_1$ が先の定理の条件を満たす，つまり $P_1'AP_1\Lambda$ はベキ等であり $\mathrm{rank}(P_1'AP_1\Lambda) = r$ であることを示せば，証明は完了する．$\Omega A\Omega A\Omega = \Omega A\Omega$ であるから，

$$\begin{aligned}(\Lambda^{1/2}P_1'AP_1\Lambda^{1/2})^3 &= \Lambda^{1/2}P_1'A(P_1\Lambda P_1')A(P_1\Lambda P_1')AP_1\Lambda^{1/2} \\ &= \Lambda^{1/2}P_1'A\Omega A\Omega AP_1\Lambda^{1/2} = \Lambda^{1/2}P_1'A\Omega AP_1\Lambda^{1/2} \\ &= \Lambda^{1/2}P_1'A(P_1\Lambda P_1')AP_1\Lambda^{1/2} = (\Lambda^{1/2}P_1'AP_1\Lambda^{1/2})^2\end{aligned}$$

となり，定理 10.5 から $\Lambda^{1/2}P_1'AP_1\Lambda^{1/2}$ がベキ等であることが導かれる．また一方で，Λ は非特異であるから，このことは $P_1'AP_1\Lambda$ がベキ等であることもまた成立させる．

$$\mathrm{rank}(P_1'AP_1\Lambda) = \mathrm{tr}(P_1'AP_1\Lambda) = \mathrm{tr}(AP_1\Lambda P_1') = \mathrm{tr}(A\Omega) = r$$

となるから，この階数は r であり，したがって結果が示された． □

これまでの定理では平均ベクトルがゼロベクトルである正規分布について扱ってきた．いくつかの応用場面においては，仮説検定における対立分布の決定のように，非ゼロの平均をもつ正規確率ベクトルにおける 2 次形式に遭遇することがある．次の 2 つの定理はそのような 2 次形式が χ^2 分布に従うかどうかを決定する際に有用なものである．これら 2 つの定理のうち 1 つ目の証明は，定理 10.9 における証明と類似しているため読者に委ねる．その証明では，正規分布と非心 χ^2 分布の関係を利用する．つまり $y_1, \ldots, y_r$ が独立に分布し $y_i \sim N(\mu_i, 1)$ であるとき，

$$\sum_{i=1}^{r} y_i^2 \sim \chi_r^2(\lambda)$$

であり，この非心 χ^2 分布の非心母数は以下で与えられるということを用いる．

$$\lambda = \frac{1}{2}\sum_{i=1}^{r}\mu_i^2$$

定理 10.11 $\boldsymbol{x} \sim N_m(\boldsymbol{\mu}, \Omega)$ とする．Ω は正定値行列であり，A は $m \times m$ 対称行列であるとする．このとき，$A\Omega$ がベキ等で $\mathrm{rank}(A\Omega) = r$ ならば，$\boldsymbol{x}'A\boldsymbol{x} \sim \chi_r^2(\lambda)$ である．ここで $\lambda = \frac{1}{2}\boldsymbol{\mu}'A\boldsymbol{\mu}$ である．

定理 10.12 $\boldsymbol{x} \sim N_m(\boldsymbol{\mu}, \Omega)$ とし，A は $m \times m$ 対称行列であると仮定する．ただし，Ω は階数 n の半正定値行列である．このとき $\lambda = \frac{1}{2}\boldsymbol{\mu}'A\boldsymbol{\mu}$ として，以下を満たすならば $\boldsymbol{x}'A\boldsymbol{x} \sim \chi_r^2(\lambda)$ が成り立つ．

(a) $\Omega A \Omega A \Omega = \Omega A \Omega$
(b) $\boldsymbol{\mu}' A \Omega A \Omega = \boldsymbol{\mu}' A \Omega$
(c) $\boldsymbol{\mu}' A \Omega A \boldsymbol{\mu} = \boldsymbol{\mu}' A \boldsymbol{\mu}$
(d) $\mathrm{tr}(A\Omega) = r$

証明　P_1，P_2 および Λ は定理 10.10 の証明と同様に定義されているものとし，よって $\Omega = P_1 \Lambda P_1'$ である．$C = [P_1 \Lambda^{-1/2} \quad P_2]$ とおき，以下であることに注目する．

$$\boldsymbol{z} = \begin{bmatrix} \boldsymbol{z}_1 \\ \boldsymbol{z}_2 \end{bmatrix} = \begin{bmatrix} \Lambda^{-1/2} P_1' \boldsymbol{x} \\ P_2' \boldsymbol{x} \end{bmatrix}$$
$$= C' \boldsymbol{x} \sim N_m \left(\begin{bmatrix} \Lambda^{-1/2} P_1' \boldsymbol{\mu} \\ P_2' \boldsymbol{\mu} \end{bmatrix}, \begin{bmatrix} I_n & (0) \\ (0) & (0) \end{bmatrix} \right)$$

換言すると，

$$\boldsymbol{z} = \begin{bmatrix} \boldsymbol{z}_1 \\ P_2' \boldsymbol{\mu} \end{bmatrix}$$

である．ただし，$\boldsymbol{z}_1 \sim N_n(\Lambda^{-1/2} P_1' \boldsymbol{\mu}, I_n)$ である．ここで，$C^{-1\prime} = [P_1 \Lambda^{1/2} \quad P_2]$ より，

$$\begin{aligned} \boldsymbol{x}' A \boldsymbol{x} &= \boldsymbol{x}' C C^{-1} A C^{-1\prime} C' \boldsymbol{x} = \boldsymbol{z}' C^{-1} A C^{-1\prime} \boldsymbol{z} \\ &= \begin{bmatrix} \boldsymbol{z}_1' & \boldsymbol{\mu}' P_2 \end{bmatrix} \begin{bmatrix} \Lambda^{1/2} P_1' A P_1 \Lambda^{1/2} & \Lambda^{1/2} P_1' A P_2 \\ P_2' A P_1 \Lambda^{1/2} & P_2' A P_2 \end{bmatrix} \begin{bmatrix} \boldsymbol{z}_1 \\ P_2' \boldsymbol{\mu} \end{bmatrix} \\ &= \boldsymbol{z}_1' \Lambda^{1/2} P_1' A P_1 \Lambda^{1/2} \boldsymbol{z}_1 + \boldsymbol{\mu}' P_2 P_2' A P_2 P_2' \boldsymbol{\mu} \\ &\quad + 2 \boldsymbol{\mu}' P_2 P_2' A P_1 \Lambda^{1/2} \boldsymbol{z}_1 \end{aligned} \tag{10.11}$$

であることがわかる．

しかしながら，条件 (a)〜(c) により次の恒等式が示される．

(i) $P_1' A \Omega A P_1 = P_1' A P_1$
(ii) $\boldsymbol{\mu}' P_2 P_2' A \Omega A P_1 = \boldsymbol{\mu}' P_2 P_2' A P_1$
(iii) $\boldsymbol{\mu}' P_2 P_2' A \Omega A \Omega A P_2 P_2' \boldsymbol{\mu} = \boldsymbol{\mu}' P_2 P_2' A \Omega A P_2 P_2' \boldsymbol{\mu} = \boldsymbol{\mu}' P_2 P_2' A P_2 P_2' \boldsymbol{\mu}$

特に，(a) は (i) を，(b) と (i) は (ii) を意味し，(b)，(c)，(i)，そして (ii) から (iii) が導かれる．(10.11) 式にこれらの恒等式を適用することで

$$\begin{aligned} \boldsymbol{x}' A \boldsymbol{x} &= \boldsymbol{z}_1' \Lambda^{1/2} P_1' A P_1 \Lambda^{1/2} \boldsymbol{z}_1 + \boldsymbol{\mu}' P_2 P_2' A \Omega A \Omega A P_2 P_2' \boldsymbol{\mu} \\ &\quad + 2 \boldsymbol{\mu}' P_2 P_2' A \Omega A P_1 \Lambda^{1/2} \boldsymbol{z}_1 \\ &= (\boldsymbol{z}_1 + \Lambda^{1/2} P_1' A P_2 P_2' \boldsymbol{\mu})' \Lambda^{1/2} P_1' A P_1 \Lambda^{1/2} (\boldsymbol{z}_1 + \Lambda^{1/2} P_1' A P_2 P_2' \boldsymbol{\mu}) \\ &= \boldsymbol{w}' A_* \boldsymbol{w} \end{aligned}$$

が得られる．いま

$$\boldsymbol{\theta} = \Lambda^{-1/2}P_1'\boldsymbol{\mu} + \Lambda^{1/2}P_1'AP_2P_2'\boldsymbol{\mu}$$

として $\boldsymbol{w} = (\boldsymbol{z}_1 + \Lambda^{1/2}P_1'AP_2P_2'\boldsymbol{\mu}) \sim N_n(\boldsymbol{\theta}, I_n)$ であり，また，$A_* = \Lambda^{1/2}P_1'AP_1\Lambda^{1/2}$ がベキ等であり，(i) の結果とあわせて定理 10.11 を適用すると，$\boldsymbol{w}'A_*\boldsymbol{w} \sim \chi_r^2(\lambda)$ である．ただし，

$$\begin{aligned}
r &= \mathrm{tr}(A_*I_n) = \mathrm{tr}(\Lambda^{1/2}P_1'AP_1\Lambda^{1/2}) = \mathrm{tr}(AP_1\Lambda P_1') = \mathrm{tr}(A\Omega) \\
\lambda &= \frac{1}{2}\boldsymbol{\theta}'A_*\boldsymbol{\theta} = \frac{1}{2}(\Lambda^{-1/2}P_1'\boldsymbol{\mu} + \Lambda^{1/2}P_1'AP_2P_2'\boldsymbol{\mu})' \\
&\quad \times \Lambda^{1/2}P_1'AP_1\Lambda^{1/2}(\Lambda^{-1/2}P_1'\boldsymbol{\mu} + \Lambda^{1/2}P_1'AP_2P_2'\boldsymbol{\mu}) \\
&= \frac{1}{2}(\boldsymbol{\mu}'P_1P_1'AP_1P_1'\boldsymbol{\mu} + \boldsymbol{\mu}'P_2P_2'A\Omega A\Omega AP_2P_2'\boldsymbol{\mu} + 2\boldsymbol{\mu}'P_1P_1'A\Omega AP_2P_2'\boldsymbol{\mu}) \\
&= \frac{1}{2}(\boldsymbol{\mu}'P_1P_1'AP_1P_1'\boldsymbol{\mu} + \boldsymbol{\mu}'P_2P_2'AP_2P_2'\boldsymbol{\mu} + 2\boldsymbol{\mu}'P_1P_1'AP_2P_2'\boldsymbol{\mu}) \\
&= \frac{1}{2}\boldsymbol{\mu}'(P_1P_1' + P_2P_2')A(P_1P_1' + P_2P_2')\boldsymbol{\mu} = \frac{1}{2}\boldsymbol{\mu}'A\boldsymbol{\mu}
\end{aligned}$$

である．よって題意を得る．　□

定理 10.12 における条件 (a)，(b)，および (c) を満たしている行列 A は Ω^+，すなわち Ω のムーア–ペンローズ形逆行列である．つまり，もし $\boldsymbol{x} \sim N_m(\boldsymbol{\mu}, \Omega)$ ならば，$\boldsymbol{x}'\Omega^+\boldsymbol{x}$ は χ^2 分布に従うだろう．なぜなら，恒等式 $\Omega^+\Omega\Omega^+ = \Omega^+$ が条件 (a)，(b)，および (c) の成立を保証するからである．このとき，$\mathrm{rank}(\Omega^+\Omega) = \mathrm{rank}(\Omega)$ なので，自由度 $r = \mathrm{rank}(\Omega)$ である．

本節で示したすべての定理は，2 次形式が χ^2 分布に従うための十分条件を与える．実際，それぞれの場合において，既述の条件は必要条件でもあるが，このことは積率母関数を用いることでほとんど容易に証明される．詳細については，Mathai and Provost (1992) または Searle (1971) を参照されたい．

例 10.3　$x_1, \ldots, x_n$ は平均 μ，分散 σ^2 の正規分布からのランダム標本であるとする．すなわち，x_i は互いに独立な確率変数であり，それぞれ $N(\mu, \sigma^2)$ に従っている．標本分散 s^2 は，

$$s^2 = \frac{1}{(n-1)}\sum_{i=1}^{n}(x_i - \bar{x})^2$$

によって与えられる．以下を示すために，本節における結果を利用する．

$$t = \frac{(n-1)s^2}{\sigma^2} = \sum_{i=1}^{n}\frac{(x_i - \bar{x})^2}{\sigma^2} \sim \chi_{n-1}^2$$

$n \times 1$ ベクトル $\boldsymbol{x} = (x_1, \ldots, x_n)'$ を定義すると，$\boldsymbol{x} \sim N_n(\mu\mathbf{1}_n, \sigma^2 I_n)$ となる．もし

$n \times n$ 行列 $A = (I_n - n^{-1}\mathbf{1}_n\mathbf{1}_n')/\sigma^2$ ならば，

$$\boldsymbol{x}'A\boldsymbol{x} = \frac{\{\boldsymbol{x}'\boldsymbol{x} - n^{-1}(\mathbf{1}_n'\boldsymbol{x})^2\}}{\sigma^2} = \sigma^{-2}\left\{\sum_{i=1}^{n} x_i^2 - n^{-1}\left(\sum_{i=1}^{n} x_i\right)^2\right\}$$
$$= \sum_{i=1}^{n}\frac{(x_i - \bar{x})^2}{\sigma^2} = \frac{(n-1)s^2}{\sigma^2} = t$$

であり，よって t が確率ベクトル $\boldsymbol{x}$ における 2 次形式であるということに留意されたい．行列 $A(\sigma^2 I_n) = \sigma^2 A$ は，

$$(\sigma^2 A)^2 = (I_n - n^{-1}\mathbf{1}_n\mathbf{1}_n')^2 = I_n - 2n^{-1}\mathbf{1}_n\mathbf{1}_n' + n^{-2}\mathbf{1}_n\mathbf{1}_n'\mathbf{1}_n\mathbf{1}_n'$$
$$= I_n - n^{-1}\mathbf{1}_n\mathbf{1}_n' = \sigma^2 A$$

よりベキ等であり，よって定理 10.11 より t は χ^2 分布に従う．また，

$$\mathrm{tr}(\sigma^2 A) = \mathrm{tr}(I_n - n^{-1}\mathbf{1}_n\mathbf{1}_n') = \mathrm{tr}(I_n) - n^{-1}\,\mathrm{tr}(\mathbf{1}_n\mathbf{1}_n')$$
$$= n - n^{-1}\mathbf{1}_n'\mathbf{1}_n = n - 1$$

より，この χ^2 分布は自由度 $n-1$ をもつ．非心母数は

$$\lambda = \frac{1}{2}\boldsymbol{\mu}'A\boldsymbol{\mu} = \frac{1}{2}\frac{\mu^2}{\sigma^2}\mathbf{1}_n'(I_n - n^{-1}\mathbf{1}_n\mathbf{1}_n')\mathbf{1}_n$$
$$= \frac{1}{2}\frac{\mu^2}{\sigma^2}(\mathbf{1}_n'\mathbf{1}_n - n^{-1}\mathbf{1}_n'\mathbf{1}_n\mathbf{1}_n'\mathbf{1}_n)$$
$$= \frac{1}{2}\frac{\mu^2}{\sigma^2}(n - n) = 0$$

によって与えられる．したがって，$t \sim \chi^2_{n-1}$ が示された．

10.5　2 次形式の独立性

いくつかの異なった 2 次形式があり，それぞれが同じ多変量正規ベクトルの関数であるという状況を考えよう．これらの 2 次形式が互いに独立に分布しているかどうかを決定できることが重要な場合がある．2 次形式の独立に関する決定は例えば，χ^2 確率変数の分割や F 分布に従う比の構成に役立つ．

同じ正規ベクトルに基づく 2 つの 2 次形式の統計的独立に関する以下の基本的な結果から始める．

定理 10.13　$\boldsymbol{x} \sim N_m(\boldsymbol{\mu}, \Omega)$ であるとする．ここで，Ω は正定値であり，A と B は $m \times m$ 対称行列であると仮定する．$A\Omega B = (0)$ ならば，$\boldsymbol{x}'A\boldsymbol{x}$ と $\boldsymbol{x}'B\boldsymbol{x}$ は独立に分布する．

証明　Ω は正定値なので，$\Omega = TT'$ となるような非特異行列 T が存在する．$G = T'AT$ と $H = T'BT$ を定義し，$A\Omega B = (0)$ であれば

$$GH = (T'AT)(T'BT) = T'A\Omega BT = T'(0)T = (0) \tag{10.12}$$

となることに注意する．G と H が対称であるので結果的に

$$(0) = (0)' = (GH)' = H'G' = HG$$

も得られ，$GH = HG$ であることが示された．定理 4.17 から G と H を同時に対角化する直交行列 P が存在することがわかっている．すなわち，ある対角行列 C と D に関して以下が成り立つ．

$$P'GP = P'T'ATP = C, \qquad P'HP = P'T'BTP = D \tag{10.13}$$

しかしながら，(10.12) 式と (10.13) 式を利用すると

$$(0) = GH = PCP'PDP' = PCDP'$$

であることがわかり，これは $CD = (0)$ のときに限り成り立つ．C と D は対角行列であるので，このことは 2 つのうちの一方の行列の i 番目の対角要素が非ゼロであるならば，もう一方の行列の i 番目の対角要素はゼロでなくてはならないことを意味する．結果として，P を適切に選ぶことによって，ある整数 m_1 について C と D を $C = \mathrm{diag}(c_1, \ldots, c_{m_1}, 0, \ldots, 0)$ と $D = \mathrm{diag}(0, \ldots, 0, d_{m_1+1}, \ldots, d_m)$ の形で得られる．$\boldsymbol{y} = P'T^{-1}\boldsymbol{x}$ とするならば，2 つの 2 次形式は以下のように簡略化される．

$$\boldsymbol{x}'A\boldsymbol{x} = \boldsymbol{x}'T^{-1\prime}PP'T'ATPP'T^{-1}\boldsymbol{x} = \boldsymbol{y}'C\boldsymbol{y} = \sum_{i=1}^{m_1} c_i y_i^2$$

$$\boldsymbol{x}'B\boldsymbol{x} = \boldsymbol{x}'T^{-1\prime}PP'T'BTPP'T^{-1}\boldsymbol{x} = \boldsymbol{y}'D\boldsymbol{y} = \sum_{i=m_1+1}^{m} d_i y_i^2$$

つまり，1 つめの 2 次形式は $y_1, \ldots, y_{m_1}$ のみの関数であり，2 つめの 2 次形式は $y_{m_1+1}, \ldots, y_m$ の関数である．そして

$$\mathrm{var}(\boldsymbol{y}) = \mathrm{var}(P'T^{-1}\boldsymbol{x}) = P'T^{-1}\Omega T^{-1\prime}P = I_m$$

となるので，$y_1, \ldots, y_m$ の独立性より結果が導かれる．なお，$y_1, \ldots, y_m$ の独立性は $\boldsymbol{y}$ が正規分布に従うという事実から得られる結果である．　□

例 10.4　$\boldsymbol{x}_1, \ldots, \boldsymbol{x}_k$ は各 i について $\boldsymbol{x}_i = (x_{i1}, \ldots, x_{in})' \sim N_n(\mu\mathbf{1}_n, \sigma^2 I_n)$ であり，独立に分布していると仮定する．そして，t_1 と t_2 を以下によって定義される確率的な量であるとする．

$$t_1 = n\sum_{i=1}^{k}(\bar{x}_i - \bar{x})^2, \qquad t_2 = \sum_{i=1}^{k}\sum_{j=1}^{n}(x_{ij} - \bar{x}_i)^2$$

ここで，

$$\bar{x}_i = \sum_{j=1}^{n}\frac{x_{ij}}{n}, \qquad \bar{x} = \sum_{i=1}^{k}\frac{\bar{x}_i}{k}$$

である．t_1 と t_2 が釣り合い型の 1 要因分類モデル (例 8.2) における処理平方和と誤差平方和の式であることに注意してほしい．いま，t_1 は

$$t_1 = n\left\{\sum_{i=1}^{k}\bar{x}_i^2 - k^{-1}\left(\sum_{i=1}^{k}\bar{x}_i\right)^2\right\} = n\bar{\boldsymbol{x}}'(I_k - k^{-1}\mathbf{1}_k\mathbf{1}_k')\bar{\boldsymbol{x}}$$

と表現されうる．ここで，$\bar{\boldsymbol{x}} = (\bar{x}_1, \ldots, \bar{x}_k)'$ である．$\boldsymbol{x}$ を $\boldsymbol{x} = (\boldsymbol{x}_1', \ldots, \boldsymbol{x}_k')'$ と定義すると，$\boldsymbol{\mu} = \mathbf{1}_k \otimes \mu\mathbf{1}_n = \mu\mathbf{1}_{kn}$ と $\Omega = I_k \otimes \sigma^2 I_n = \sigma^2 I_{kn}$ とを伴って $\boldsymbol{x} \sim N_{kn}(\boldsymbol{\mu}, \Omega)$ となる．また，$\bar{\boldsymbol{x}} = n^{-1}(I_k \otimes \mathbf{1}_n')\boldsymbol{x}$ であり，したがって以下が成り立つ．

$$\begin{aligned} t_1 &= n^{-1}\boldsymbol{x}'(I_k \otimes \mathbf{1}_n)(I_k - k^{-1}\mathbf{1}_k\mathbf{1}_k')(I_k \otimes \mathbf{1}_n')\boldsymbol{x} \\ &= n^{-1}\boldsymbol{x}'\{(I_k - k^{-1}\mathbf{1}_k\mathbf{1}_k') \otimes \mathbf{1}_n\mathbf{1}_n'\}\boldsymbol{x} = \boldsymbol{x}'A_1\boldsymbol{x} \end{aligned}$$

ここで，$A_1 = n^{-1}\{(I_k - k^{-1}\mathbf{1}_k\mathbf{1}_k') \otimes \mathbf{1}_n\mathbf{1}_n'\}$ である．$(\mathbf{1}_n\mathbf{1}_n')^2 = n\mathbf{1}_n\mathbf{1}_n'$ および $(I_k - k^{-1}\mathbf{1}_k\mathbf{1}_k')^2 = (I_k - k^{-1}\mathbf{1}_k\mathbf{1}_k')$ であるから A_1 はベキ等であることがわかり，したがって $(A_1/\sigma^2)\Omega$ もベキ等である．ゆえに，定理 10.11 より，$\boldsymbol{x}'(A_1/\sigma^2)\boldsymbol{x} = t_1/\sigma^2$ は χ^2 分布に従う．この分布は $\lambda = \frac{1}{2}\boldsymbol{\mu}'A_1\boldsymbol{\mu}/\sigma^2 = 0$ であるから中心 χ^2 分布である．なお，λ に関する関係式は

$$\begin{aligned} \{(I_k - k^{-1}\mathbf{1}_k\mathbf{1}_k') \otimes \mathbf{1}_n\mathbf{1}_n'\}(\mathbf{1}_k \otimes \mu\mathbf{1}_n) &= n\mu\{(I_k - k^{-1}\mathbf{1}_k\mathbf{1}_k')\mathbf{1}_k \otimes \mathbf{1}_n\} \\ &= n\mu\{(\mathbf{1}_k - \mathbf{1}_k) \otimes \mathbf{1}_n\} = \mathbf{0} \end{aligned}$$

の事実から導かれる．そして，自由度は以下によって与えられる．

$$\begin{aligned} r_1 &= \operatorname{tr}\{(A_1/\sigma^2)\Omega\} = \operatorname{tr}(A_1) = n^{-1}\operatorname{tr}\{(I_k - k^{-1}\mathbf{1}_k\mathbf{1}_k' \otimes \mathbf{1}_n\mathbf{1}_n'\} \\ &= n^{-1}\operatorname{tr}(I_k - k^{-1}\mathbf{1}_k\mathbf{1}_k')\operatorname{tr}(\mathbf{1}_n\mathbf{1}_n') = n^{-1}(k-1)n = k-1 \end{aligned}$$

t_2 に目を向けると，t_2 は

$$\begin{aligned} t_2 &= \sum_{i=1}^{k}\left\{\sum_{j=1}^{n}x_{ij}^2 - n^{-1}\left(\sum_{j=1}^{n}x_{ij}\right)^2\right\} = \sum_{i=1}^{k}\boldsymbol{x}_i'(I_n - n^{-1}\mathbf{1}_n\mathbf{1}_n')\boldsymbol{x}_i \\ &= \boldsymbol{x}'\{I_k \otimes (I_n - n^{-1}\mathbf{1}_n\mathbf{1}_n')\}\boldsymbol{x} = \boldsymbol{x}'A_2\boldsymbol{x} \end{aligned}$$

のように書けることがわかる．ここで，$A_2 = I_k \otimes (I_n - n^{-1}\mathbf{1}_n\mathbf{1}_n')$ である．$(I_n -$

$n^{-1}\mathbf{1}_n\mathbf{1}_n')$ がベキ等であるから，明らかに A_2 はベキ等である．したがって，$(A_2/\sigma^2)\Omega$ がベキ等であり，$\boldsymbol{x}'(A_2/\sigma^2)\boldsymbol{x} = t_2/\sigma^2$ も χ^2 分布に従う．とりわけ，$t_2/\sigma^2 \sim \chi^2_{k(n-1)}$ である．なぜならば

$$\begin{aligned}\operatorname{tr}\{(A_2/\sigma^2)\Omega\} &= \operatorname{tr}(A_2) = \operatorname{tr}\{I_k \otimes (I_n - n^{-1}\mathbf{1}_n\mathbf{1}_n')\} \\ &= \operatorname{tr}(I_k)\operatorname{tr}(I_n - n^{-1}\mathbf{1}_n\mathbf{1}_n') = k(n-1)\end{aligned}$$

であり，

$$\begin{aligned}A_2\boldsymbol{\mu} &= \{I_k \otimes (I_n - n^{-1}\mathbf{1}_n\mathbf{1}_n')\}(\mathbf{1}_k \otimes \mu\mathbf{1}_n) \\ &= \mathbf{1}_k \otimes \mu(I_n - n^{-1}\mathbf{1}_n\mathbf{1}_n')\mathbf{1}_n = \mathbf{1}_k \otimes \mu(\mathbf{1}_n - \mathbf{1}_n) = \mathbf{0}\end{aligned}$$

によって $\frac{1}{2}\boldsymbol{\mu}'A_2\boldsymbol{\mu}/\sigma^2 = 0$ が保証されるからである．最後に，定理 10.13 を利用することによって t_1 と t_2 が独立であることを実際に確かめる．それには単に $(A_1/\sigma^2)\Omega(A_2/\sigma^2) = A_1A_2/\sigma^2 = (0)$ を確認すればよい．これは，

$$\mathbf{1}_n\mathbf{1}_n'(I_n - n^{-1}\mathbf{1}_n\mathbf{1}_n') = (0)$$

という事実からただちに得られる結果である．

例 10.5　一般回帰モデル

$$\boldsymbol{y} = X\boldsymbol{\beta} + \boldsymbol{\epsilon}$$

に話を戻そう．ここで $\boldsymbol{y}$ と $\boldsymbol{\epsilon}$ は $N \times 1$，X は $N \times m$，$\boldsymbol{\beta}$ は $m \times 1$ である．$\boldsymbol{\beta}$ と X はそれぞれ $\boldsymbol{\beta} = (\boldsymbol{\beta}_1' \quad \boldsymbol{\beta}_2')'$ と $X = (X_1 \quad X_2)$ に分割されていると仮定する．ここで $\boldsymbol{\beta}_1$ は $m_1 \times 1$，$\boldsymbol{\beta}_2$ は $m_2 \times 1$ であり，$\boldsymbol{\beta}_2 = \mathbf{0}$ という仮説を検定したいとする．また $\boldsymbol{\beta}_2$ の各成分は推定可能であると仮定しよう．なぜならこの検定はそうでないなら意味がないからである．このとき X_2 が最大列階数をもち，$\operatorname{rank}(X_1) = r - m_2$ であるということを示すのは容易である．ここで $r = \operatorname{rank}(X)$ である．$\boldsymbol{\beta}_2 = \mathbf{0}$ の検定は，縮退モデル $\boldsymbol{y} = X_1\boldsymbol{\beta}_1 + \boldsymbol{\epsilon}$ における誤差平方和

$$t_1 = (\boldsymbol{y} - X_1\hat{\boldsymbol{\beta}}_1)'(\boldsymbol{y} - X_1\hat{\boldsymbol{\beta}}_1) = \boldsymbol{y}'(I_N - X_1(X_1'X_1)^-X_1')\boldsymbol{y}$$

と完全モデルにおける誤差平方和

$$t_2 = (\boldsymbol{y} - X\hat{\boldsymbol{\beta}})'(\boldsymbol{y} - X\hat{\boldsymbol{\beta}}) = \boldsymbol{y}'(I_N - X(X'X)^-X')\boldsymbol{y}$$

の比較によって構成される．

いま，$\boldsymbol{\epsilon} \sim N_N(\mathbf{0}, \sigma^2 I_N)$ ならば $\boldsymbol{y} \sim N_N(X\boldsymbol{\beta}, \sigma^2 I_N)$ である．したがって定理 10.11 を適用し，$X(X'X)^-X'X_1 = X_1$ という事実を使用することによって，

$$\left\{\frac{X(X'X)^-X' - X_1(X_1'X_1)^-X_1'}{\sigma^2}\right\}(\sigma^2 I_N)\left\{\frac{X(X'X)^-X' - X_1(X_1'X_1)^-X_1'}{\sigma^2}\right\}$$

$$= \left\{ \frac{X(X'X)^- X' - X_1(X_1'X_1)^- X_1'}{\sigma^2} \right\}$$

ということにより，$(t_1 - t_2)/\sigma^2$ は χ^2 分布に従うということがわかる．特に，もし $\boldsymbol{\beta}_2 = \mathbf{0}$ ならば，$(t_1 - t_2)/\sigma^2 \sim \chi^2_{m_2}$ である．なぜなら

$$\begin{aligned} &\mathrm{tr}\{X(X'X)^- X' - X_1(X_1'X_1)^- X_1'\} \\ &\quad = \mathrm{tr}\{X(X'X)^- X'\} - \mathrm{tr}\{X_1(X_1'X_1)^- X_1'\} \\ &\quad = r - (r - m_2) = m_2 \end{aligned}$$

であり，

$$\begin{aligned} &\boldsymbol{\beta}_1' X_1' \left\{ \frac{X(X'X)^- X' - X_1(X_1'X_1)^- X_1'}{\sigma^2} \right\} X_1 \boldsymbol{\beta}_1 \\ &\quad = \frac{\boldsymbol{\beta}_1' X_1' X_1 \boldsymbol{\beta}_1 - \boldsymbol{\beta}_1' X_1' X_1 \boldsymbol{\beta}_1}{\sigma^2} = 0 \end{aligned}$$

だからである．

定理 10.11 を同様に適用することで，$t_2/\sigma^2 \sim \chi^2_{N-r}$ であることがわかる．さらに，

$$\left\{ \frac{X(X'X)^- X' - X_1(X_1'X_1)^- X_1'}{\sigma^2} \right\} (\sigma^2 I_N) \left\{ \frac{I_N - X(X'X)^- X'}{\sigma^2} \right\} = 0$$

なので，定理 10.13 より $(t_1 - t_2)/\sigma^2$ と t_2/σ^2 は独立に分布するということがいえる．このときこれは，$\boldsymbol{\beta}_2 = \mathbf{0}$ の検定において F 統計量の構成を可能にする．すなわち，もし $\boldsymbol{\beta}_2 = \mathbf{0}$ ならば，統計量

$$F = \frac{(t_1 - t_2)/m_2}{t_2/(N - r)}$$

は自由度が m_2 と $N - r$ の F 分布に従う．

定理 10.14 の証明は定理 10.13 の証明と同様なので，練習問題として読者に残しておく．

定理 10.14　$\boldsymbol{x} \sim N_m(\boldsymbol{\mu}, \Omega)$ とする．ここで Ω は正定値である．また A を $m \times m$ 対称行列とし，B を $n \times m$ 行列とする．もし $B\Omega A = (0)$ とするならば，$\boldsymbol{x}'A\boldsymbol{x}$ と $B\boldsymbol{x}$ は独立に分布している．

例 10.6　平均 μ，分散 σ^2 の正規分布からランダム標本 $x_1, \ldots, x_n$ を抽出する．例 10.3 において，$(n-1)s^2/\sigma^2 \sim \chi^2_{n-1}$ ということが示された．ここで標本分散 s^2 は

$$s^2 = \frac{1}{(n-1)} \sum_{i=1}^{n} (x_i - \bar{x})^2$$

によって与えられる．いま，定理 10.14 を用いて，標本平均

$$\bar{x} = \frac{1}{n}\sum_{i=1}^{n} x_i$$

が s^2 と独立に分布しているということを示そう．例 10.3 で，s^2 は 2 次形式

$$\boldsymbol{x}'(I_n - n^{-1}\mathbf{1}_n\mathbf{1}_n')\boldsymbol{x}$$

のスカラー倍であるということをみた．ここで $\boldsymbol{x} = (x_1, \ldots, x_n)' \sim N_n(\mu\mathbf{1}_n, \sigma^2 I_n)$ である．一方 $\bar{x}$ は

$$\bar{x} = n^{-1}\mathbf{1}_n'\boldsymbol{x}$$

のように表現できる．結果として，$\bar{x}$ と s^2 の独立性は以下の事実から導かれる．

$$\begin{aligned}\mathbf{1}_n'(\sigma^2 I_n)(I_n - n^{-1}\mathbf{1}_n\mathbf{1}_n') &= \sigma^2(\mathbf{1}_n' - n^{-1}\mathbf{1}_n'\mathbf{1}_n\mathbf{1}_n') \\ &= \sigma^2(\mathbf{1}_n' - \mathbf{1}_n') = \mathbf{0}'\end{aligned}$$

Ω が半正定値のときでも，定理 10.13 で与えられた条件 $A\Omega B = (0)$ が，2 つの 2 次形式 $\boldsymbol{x}'A\boldsymbol{x}$ と $\boldsymbol{x}'B\boldsymbol{x}$ が独立に分布しているということを保証する．同様に Ω が半正定値のときでも，定理 10.14 で与えられた条件 $B\Omega A = (0)$ が，$\boldsymbol{x}'A\boldsymbol{x}$ と $B\boldsymbol{x}$ が独立に分布しているということを保証する．しかしこれらの状況において，より弱い条件で独立性が保証される．これらの条件は定理 10.15 と定理 10.16 において与えられる．証明に関しては練習問題として残しておく．

定理 10.15　$\boldsymbol{x} \sim N_m(\boldsymbol{\mu}, \Omega)$ とする．ここで Ω は半正定値である．また A と B は $m \times m$ 対称行列であると仮定する．このとき，もし以下の条件であれば，$\boldsymbol{x}'A\boldsymbol{x}$ と $\boldsymbol{x}'B\boldsymbol{x}$ は独立に分布する．

(a) $\Omega A \Omega B \Omega = (0)$
(b) $\Omega A \Omega B \boldsymbol{\mu} = \mathbf{0}$
(c) $\Omega B \Omega A \boldsymbol{\mu} = \mathbf{0}$
(d) $\boldsymbol{\mu}' A \Omega B \boldsymbol{\mu} = 0$

定理 10.16　$\boldsymbol{x} \sim N_m(\boldsymbol{\mu}, \Omega)$ とする．ここで Ω は半正定値である．また A は $m \times m$ 対称行列であり，B は $n \times m$ 行列であると仮定する．もし $B\Omega A\Omega = (0)$ および $B\Omega A\boldsymbol{\mu} = \mathbf{0}$ であるならば，$\boldsymbol{x}'A\boldsymbol{x}$ と $B\boldsymbol{x}$ は独立に分布する．

最後の定理は，同じ正規確率ベクトルにおける複数の 2 次形式のそれぞれが，χ^2 分布に独立に従っているということを確立するのに役立てることができる．

定理 10.17　$\boldsymbol{x} \sim N_m(\boldsymbol{\mu}, \Omega)$ とする．ここで Ω は正定値である．$i = 1, \ldots, k$ において，A_i は階数 r_i の $m \times m$ 対称行列であり，$A = A_1 + \cdots + A_k$ の階数は r であると仮定する．このとき以下の条件

(a) $A_i\Omega$ は各 i においてベキ等である．
(b) $A\Omega$ はベキ等である．
(c) すべての $i \neq j$ において，$A_i\Omega A_j = (0)$
(d) $r = \sum_{i=1}^{k} r_i$

を考える．もし (a)，(b)，(c) のうち任意の 2 つが成立するならば，あるいは (b) と (d) が成立するならば，以下となる．

(i) $\boldsymbol{x}'A_i\boldsymbol{x} \sim \chi^2_{r_i}(\frac{1}{2}\boldsymbol{\mu}'A_i\boldsymbol{\mu})$
(ii) $\boldsymbol{x}'A\boldsymbol{x} \sim \chi^2_{r}(\frac{1}{2}\boldsymbol{\mu}'A\boldsymbol{\mu})$
(iii) $\boldsymbol{x}'A_1\boldsymbol{x}, \ldots, \boldsymbol{x}'A_k\boldsymbol{x}$ は独立に分布している．

証明　Ω は正定値であるので，$\Omega = TT'$ を満たす非特異行列 T が存在する．また条件 (a)〜(d) は以下のように表現することができる．

(a) $T'A_iT$ は各 i においてベキ等である．
(b) $T'AT$ はベキ等である．
(c) すべての $i \neq j$ において，$(T'A_iT)(T'A_jT) = (0)$
(d) $\text{rank}(T'AT) = \sum_{i=1}^{k} \text{rank}(T'A_iT)$

$T'A_1T, \ldots, T'A_kT$ と $T'AT$ は系 10.7.1 の条件を満たすので，もし (a)，(b)，(c) のうち任意の 2 つが成立するならば，あるいは (b) と (d) が成立するならば，4 つの条件 (a)〜(d) のすべてが成立することが保証される．いま，定理 10.11 を用いることで，(a) は (i) を，(b) は (ii) を意味する．一方 (c) とともに定理 10.13 を用いることで，(iii) の成立が保証される．□

10.6　2 次形式の期待値

2 次形式が 10.4 節の定理における諸条件を満たすのならば，その積率を適切な χ^2 分布によって直接求めることができる．本節では，積率が適切な χ^2 分布から直接求めることができない場合について，2 次形式の平均，分散，共分散に関する公式を導出する．ここでは，確率ベクトル $\boldsymbol{y}$ が任意の分布に従うという最も一般的な状況から議論を始める．求める公式は $\boldsymbol{x}$ の 2 次の積率行列 $E(\boldsymbol{x}\boldsymbol{x}')$，そして 4 次の積率行列 $E(\boldsymbol{x}\boldsymbol{x}' \otimes \boldsymbol{x}\boldsymbol{x}')$ を含んでいる．

定理 10.18　$\boldsymbol{x}$ を有限な 4 次の積率をもつ $m \times 1$ の確率ベクトルとする．したがって，$E(\boldsymbol{x}\boldsymbol{x}')$ と $E(\boldsymbol{x}\boldsymbol{x}' \otimes \boldsymbol{x}\boldsymbol{x}')$ の両方が存在する．$\boldsymbol{x}$ の平均ベクトルと共分散行列を $\boldsymbol{\mu}$ と Ω で表現する．もし A と B が $m \times m$ 対称行列であるならば次が成り立つ．

(a) $E(\boldsymbol{x}'A\boldsymbol{x}) = \text{tr}\{AE(\boldsymbol{x}\boldsymbol{x}')\} = \text{tr}(A\Omega) + \boldsymbol{\mu}'A\boldsymbol{\mu}$

(b) $\mathrm{var}(\boldsymbol{x}'A\boldsymbol{x}) = \mathrm{tr}\{(A \otimes A)E(\boldsymbol{x}\boldsymbol{x}' \otimes \boldsymbol{x}\boldsymbol{x}')\} - \{\mathrm{tr}(A\Omega) + \boldsymbol{\mu}'A\boldsymbol{\mu}\}^2$

(c) $\mathrm{cov}(\boldsymbol{x}'A\boldsymbol{x}, \boldsymbol{x}'B\boldsymbol{x}) = \mathrm{tr}\{(A \otimes B)E(\boldsymbol{x}\boldsymbol{x}' \otimes \boldsymbol{x}\boldsymbol{x}')\} - \{\mathrm{tr}(A\Omega) + \boldsymbol{\mu}'A\boldsymbol{\mu}\}\{\mathrm{tr}(B\Omega) + \boldsymbol{\mu}'B\boldsymbol{\mu}\}$

証明 共分散行列 Ω は

$$\Omega = E\{(\boldsymbol{x} - \boldsymbol{\mu})(\boldsymbol{x} - \boldsymbol{\mu})'\} = E(\boldsymbol{x}\boldsymbol{x}') - \boldsymbol{\mu}\boldsymbol{\mu}'$$

で定義される．したがって $E(\boldsymbol{x}\boldsymbol{x}') = \Omega + \boldsymbol{\mu}\boldsymbol{\mu}'$ である．$\boldsymbol{x}'A\boldsymbol{x}$ はスカラーであるから，

$$\begin{aligned} E(\boldsymbol{x}'A\boldsymbol{x}) &= E\{\mathrm{tr}(\boldsymbol{x}'A\boldsymbol{x})\} = E\{\mathrm{tr}(A\boldsymbol{x}\boldsymbol{x}')\} = \mathrm{tr}\{AE(\boldsymbol{x}\boldsymbol{x}')\} \\ &= \mathrm{tr}\{A(\Omega + \boldsymbol{\mu}\boldsymbol{\mu}')\} = \mathrm{tr}(A\Omega) + \mathrm{tr}(A\boldsymbol{\mu}\boldsymbol{\mu}') \\ &= \mathrm{tr}(A\Omega) + \boldsymbol{\mu}'A\boldsymbol{\mu} \end{aligned}$$

である．したがって (a) が成り立つ．条件 (b) は $B = A$ とすることで (c) を用いて証明することができる．(c) の証明にあたっては次の関係に注意する．

$$\begin{aligned} E(\boldsymbol{x}'A\boldsymbol{x}\boldsymbol{x}'B\boldsymbol{x}) &= E[\mathrm{tr}\{(\boldsymbol{x}' \otimes \boldsymbol{x}')(A \otimes B)(\boldsymbol{x} \otimes \boldsymbol{x})\}] \\ &= E[\mathrm{tr}\{(A \otimes B)(\boldsymbol{x} \otimes \boldsymbol{x})(\boldsymbol{x}' \otimes \boldsymbol{x}')\}] \\ &= \mathrm{tr}\{(A \otimes B)E(\boldsymbol{x}\boldsymbol{x}' \otimes \boldsymbol{x}\boldsymbol{x}')\} \end{aligned}$$

この結果と (a) を

$$\mathrm{cov}(\boldsymbol{x}'A\boldsymbol{x}, \boldsymbol{x}'B\boldsymbol{x}) = E(\boldsymbol{x}'A\boldsymbol{x}\boldsymbol{x}'B\boldsymbol{x}) - E(\boldsymbol{x}'A\boldsymbol{x})E(\boldsymbol{x}'B\boldsymbol{x})$$

に適用することで証明が完了する． □

$\boldsymbol{x}$ が多変量正規分布に従うとき，高次積率だけでなく分散と共分散の表現もいくらか単純化できる．これは多変量正規分布の積率が特別な構造をしているためである．第 8 章で議論した交換行列 K_{mm} はこれらの行列表現のいくつかを得るにあたって重要な役割を果たす．以下では

$$T_{ij} = E_{ij} + E_{ji} = \boldsymbol{e}_i\boldsymbol{e}_j' + \boldsymbol{e}_j\boldsymbol{e}_i'$$

で定義される $m \times m$ 行列 T_{ij} も利用する．すなわち，$i = j$ の場合を除き，(i, j) 要素と (j, i) 要素が 1 であるほかは，T_{ij} の要素は 0 である．$i = j$ の場合には唯一の非ゼロ要素が (i, i) 要素のみとなり，その値は 2 となる．正規変量に関する 2 次形式の分散と共分散の表現を得るためには，次の定理 10.19 が必要となる．

定理 10.19 $\boldsymbol{z} \sim N_m(\boldsymbol{0}, I_m)$ であり，かつ $\boldsymbol{c}$ が定数のベクトルであるなら，次が成り立つ．

(a) $E(\boldsymbol{z} \otimes \boldsymbol{z}) = \mathrm{vec}(I_m)$

(b) $E(\boldsymbol{c}\boldsymbol{z}' \otimes \boldsymbol{z}\boldsymbol{z}') = (0)$, $E(\boldsymbol{z}\boldsymbol{c}' \otimes \boldsymbol{z}\boldsymbol{z}') = (0)$, $E(\boldsymbol{z}\boldsymbol{z}' \otimes \boldsymbol{c}\boldsymbol{z}') = (0)$, $E(\boldsymbol{z}\boldsymbol{z}' \otimes \boldsymbol{z}\boldsymbol{c}') = (0)$

(c) $E(\boldsymbol{z}\boldsymbol{z}' \otimes \boldsymbol{z}\boldsymbol{z}') = 2N_m + \mathrm{vec}(I_m)\{\mathrm{vec}(I_m)\}'$

(d) $\mathrm{var}(\boldsymbol{z} \otimes \boldsymbol{z}) = 2N_m$

証明　$E(\boldsymbol{z}) = \mathbf{0}$ であるから，$I_m = \mathrm{var}(\boldsymbol{z}) = E(\boldsymbol{z}\boldsymbol{z}')$ そして，以下が成り立つ．

$$E(\boldsymbol{z} \otimes \boldsymbol{z}) = E\{\mathrm{vec}(\boldsymbol{z}\boldsymbol{z}')\} = \mathrm{vec}\{E(\boldsymbol{z}\boldsymbol{z}')\} = \mathrm{vec}(I_m)$$

標準正規積率母関数を利用することで，次式が成り立つことは容易に確認できる．

$$E(z_i^3) = 0,\ E(z_i^4) = 3$$

(b) の期待値行列の各要素は $c_i E(z_j z_k z_l)$ という形状となる．$\boldsymbol{z}$ の成分は独立であるから，3 つの添え字が異なる場合には，

$$E(z_j z_k z_l) = E(z_j)E(z_k)E(z_l) = 0$$

が成り立ち，$j = k \neq l$ の場合には，

$$E(z_j z_k z_l) = E(z_j^2)E(z_l) = (1)(0) = 0$$

が成り立つ．上式は $j = l \neq k$ そして $l = k \neq j$ の場合にも同様に成り立つ．また $j = k = l$ の場合には，

$$E(z_j z_k z_l) = E(z_j^3) = 0$$

が成り立つ．これにより (b) が証明される．次に，$E(z_i z_j z_k z_l)$ の項について考察する．これらの項は $i = j \neq l = k$ か, $i = k \neq j = l$ か，$i = l \neq j = k$ であるならば 1 であり，$i = j = k = l$ ならば 3 になる．それ以外では 0 となる．このことは，

$$E(z_i z_j \boldsymbol{z}\boldsymbol{z}') = T_{ij} + \delta_{ij} I_m$$

を導く．ここで δ_{ij} は I_m の (i, j) 要素である．したがって以下が成り立つ．

$$\begin{aligned}
E(\boldsymbol{z}\boldsymbol{z}' \otimes \boldsymbol{z}\boldsymbol{z}') &= E\left\{\left(\sum_{i=1}^m \sum_{j=1}^m E_{ij} z_i z_j\right) \otimes \boldsymbol{z}\boldsymbol{z}'\right\} \\
&= \sum_{i=1}^m \sum_{j=1}^m \{E_{ij} \otimes E(z_i z_j \boldsymbol{z}\boldsymbol{z}')\} \\
&= \sum_{i=1}^m \sum_{j=1}^m \{E_{ij} \otimes (T_{ij} + \delta_{ij} I_m)\} \\
&= \sum_{i=1}^m \sum_{j=1}^m (E_{ij} \otimes T_{ij}) + \sum_{i=1}^m \sum_{j=1}^m (\delta_{ij} E_{ij} \otimes I_m)
\end{aligned}$$

(c) については,

$$\begin{aligned}\sum_{i=1}^{m}\sum_{j=1}^{m}(E_{ij}\otimes T_{ij}) &= \sum_{i=1}^{m}\sum_{j=1}^{m}(E_{ij}\otimes E_{ji})+\sum_{i=1}^{m}\sum_{j=1}^{m}(E_{ij}\otimes E_{ij})\\ &= K_{mm}+\left\{\sum_{i=1}^{m}(\boldsymbol{e}_i\otimes\boldsymbol{e}_i)\right\}\left\{\sum_{j=1}^{m}(\boldsymbol{e}_j'\otimes\boldsymbol{e}_j')\right\}\\ &= K_{mm}+\left\{\sum_{i=1}^{m}\mathrm{vec}(\boldsymbol{e}_i\boldsymbol{e}_i')\right\}\left\{\sum_{j=1}^{m}\{\mathrm{vec}(\boldsymbol{e}_j\boldsymbol{e}_j')\}'\right\}\\ &= K_{mm}+\mathrm{vec}(I_m)\{\mathrm{vec}(I_m)\}',\end{aligned}$$

$$\sum_{i=1}^{m}\sum_{j=1}^{m}(\delta_{ij}E_{ij}\otimes I_m)=\left(\sum_{i=1}^{m}E_{ii}\right)\otimes I_m=I_m\otimes I_m=I_{m^2}$$

であり，かつ $I_{m^2}+K_{mm}=2N_m$ であることから証明される．最後に (d) は (a) と (c) の結果からただちに導かれる． □

定理 10.20 では一般的な正定値共分散行列をもつ多変量正規分布に対して，定理 10.19 が一般化されている．

定理 10.20　$\boldsymbol{x}\sim N_m(\mathbf{0},\Omega)$ とする．ここで Ω は正定値であり，$\boldsymbol{c}$ は $m\times 1$ の定数のベクトルである．このとき次が成り立つ．

(a) $E(\boldsymbol{x}\otimes\boldsymbol{x})=\mathrm{vec}(\Omega)$
(b) $E(\boldsymbol{c}\boldsymbol{x}'\otimes\boldsymbol{x}\boldsymbol{x}')=(0)$, $E(\boldsymbol{x}\boldsymbol{c}'\otimes\boldsymbol{x}\boldsymbol{x}')=(0), E(\boldsymbol{x}\boldsymbol{x}'\otimes\boldsymbol{c}\boldsymbol{x}')=(0)$,
$E(\boldsymbol{x}\boldsymbol{x}'\otimes\boldsymbol{x}\boldsymbol{c}')=(0)$
(c) $E(\boldsymbol{x}\boldsymbol{x}'\otimes\boldsymbol{x}\boldsymbol{x}')=2N_m(\Omega\otimes\Omega)+\mathrm{vec}(\Omega)\{\mathrm{vec}(\Omega)\}'$
(d) $\mathrm{var}(\boldsymbol{x}\otimes\boldsymbol{x})=2N_m(\Omega\otimes\Omega)$

証明　T は $\Omega=TT'$ を満たす任意の非特異行列とする．よって $\boldsymbol{z}=T^{-1}\boldsymbol{x}$ そして $\boldsymbol{x}=T\boldsymbol{z}$ である．ここで $\boldsymbol{z}\sim N_m(\mathbf{0},I_m)$ である．このとき，定理 10.20 の結果は, 定理 10.19 の結果より導くことができる．なぜなら

$$\begin{aligned}E(\boldsymbol{x}\otimes\boldsymbol{x}) &= (T\otimes T)E(\boldsymbol{z}\otimes\boldsymbol{z})=(T\otimes T)\mathrm{vec}(I_m)\\ &= \mathrm{vec}(TT')=\mathrm{vec}(\Omega),\\ E(\boldsymbol{c}\boldsymbol{x}'\otimes\boldsymbol{x}\boldsymbol{x}') &= (I_m\otimes T)E(\boldsymbol{c}\boldsymbol{z}'\otimes\boldsymbol{z}\boldsymbol{z}')(T'\otimes T')\\ &= (I_m\otimes T)(0)(T'\otimes T')=(0)\end{aligned}$$

そして,

$$E(\boldsymbol{x}\boldsymbol{x}'\otimes\boldsymbol{x}\boldsymbol{x}')=(T\otimes T)E(\boldsymbol{z}\boldsymbol{z}'\otimes\boldsymbol{z}\boldsymbol{z}')(T'\otimes T')$$

$$
\begin{aligned}
&= (T \otimes T)(2N_m + \mathrm{vec}(I_m)\{\mathrm{vec}(I_m)\}')(T' \otimes T') \\
&= 2(T \otimes T)N_m(T' \otimes T') \\
&\quad + (T \otimes T)\mathrm{vec}(I_m)\{\mathrm{vec}(I_m)\}'(T' \otimes T') \\
&= 2N_m(T \otimes T)(T' \otimes T') + \mathrm{vec}(TT')\{\mathrm{vec}(TT')\}' \\
&= 2N_m(\Omega \otimes \Omega) + \mathrm{vec}(\Omega)\{\mathrm{vec}(\Omega)\}'
\end{aligned}
$$

が成り立つからである. □

以上から，正規変量の 2 次形式の分散と共分散を簡潔に表現する準備が整った.

定理 10.21　A と B を $m \times m$ 対称行列とし，$\boldsymbol{x} \sim N_m(\mathbf{0}, \Omega)$ とする．ここで，Ω は正定値である．このとき以下が成り立つ.

(a) $E(\boldsymbol{x}'A\boldsymbol{x}\boldsymbol{x}'B\boldsymbol{x}) = \mathrm{tr}(A\Omega)\,\mathrm{tr}(B\Omega) + 2\,\mathrm{tr}(A\Omega B\Omega)$
(b) $\mathrm{cov}(\boldsymbol{x}'A\boldsymbol{x}, \boldsymbol{x}'B\boldsymbol{x}) = 2\,\mathrm{tr}(A\Omega B\Omega)$
(c) $\mathrm{var}(\boldsymbol{x}'A\boldsymbol{x}) = 2\,\mathrm{tr}\{(A\Omega)^2\}$

証明　(c) は (b) において $B = A$ とした特別な場合であるから，(a) と (b) のみ証明すればよい．定理 10.20 を利用することで以下が導かれる.

$$
\begin{aligned}
E(\boldsymbol{x}'A\boldsymbol{x}\boldsymbol{x}'B\boldsymbol{x}) &= E\{(\boldsymbol{x}' \otimes \boldsymbol{x}')(A \otimes B)(\boldsymbol{x} \otimes \boldsymbol{x})\} \\
&= E[\mathrm{tr}\{(A \otimes B)(\boldsymbol{x}\boldsymbol{x}' \otimes \boldsymbol{x}\boldsymbol{x}')\}] \\
&= \mathrm{tr}\{(A \otimes B)E(\boldsymbol{x}\boldsymbol{x}' \otimes \boldsymbol{x}\boldsymbol{x}')\} \\
&= \mathrm{tr}\{(A \otimes B)(2N_m(\Omega \otimes \Omega) + \mathrm{vec}(\Omega)\{\mathrm{vec}(\Omega)\}')\} \\
&= \mathrm{tr}\{(A \otimes B)((I_{m^2} + K_{mm})(\Omega \otimes \Omega) + \mathrm{vec}(\Omega)\{\mathrm{vec}(\Omega)\}')\} \\
&= \mathrm{tr}\{(A \otimes B)(\Omega \otimes \Omega)\} + \mathrm{tr}\{(A \otimes B)K_{mm}(\Omega \otimes \Omega)\} \\
&\quad + \mathrm{tr}((A \otimes B)\,\mathrm{vec}(\Omega)\{\mathrm{vec}(\Omega)\}')
\end{aligned}
$$

定理 8.3 から

$$
\mathrm{tr}\{(A \otimes B)(\Omega \otimes \Omega)\} = \mathrm{tr}(A\Omega \otimes B\Omega) = \mathrm{tr}(A\Omega)\,\mathrm{tr}(B\Omega)
$$

が直接に導かれる．一方で，定理 8.26 から以下が得られる.

$$
\mathrm{tr}\{(A \otimes B)K_{mm}(\Omega \otimes \Omega)\} = \mathrm{tr}\{(A\Omega \otimes B\Omega)K_{mm}\} = \mathrm{tr}(A\Omega B\Omega)
$$

定理 8.10 と定理 8.11 を考慮し，A，Ω の対称性を利用すると，$E\{\boldsymbol{x}'A\boldsymbol{x}\boldsymbol{x}'B\boldsymbol{x}\}$ における最後の項を

$$
\mathrm{tr}((A \otimes B)\,\mathrm{vec}(\Omega)\{\mathrm{vec}(\Omega)\}') = \{\mathrm{vec}(\Omega)\}'(A \otimes B)\,\mathrm{vec}(\Omega)
$$

$$= \{\text{vec}(\Omega)\}' \,\text{vec}(B\Omega A) = \text{tr}(A\Omega B\Omega)$$

のように簡素化できる．これによって (a) が証明される．共分散の定義と定理 10.18(a) を使うと

$$\begin{aligned}\text{cov}(\boldsymbol{x}'A\boldsymbol{x}, \boldsymbol{x}'B\boldsymbol{x}) &= E(\boldsymbol{x}'A\boldsymbol{x}\boldsymbol{x}'B\boldsymbol{x}) - E(\boldsymbol{x}'A\boldsymbol{x})E(\boldsymbol{x}'B\boldsymbol{x}) \\ &= 2\,\text{tr}(A\Omega B\Omega)\end{aligned}$$

も導かれる．これによって (b) が証明される． □

ゼロでない平均ベクトルをもつ正規分布の場合，定理 10.21 で与えられる公式は，より複雑なものとなる．これらの公式を定理 10.22 として示す．

定理 10.22 A と B を $m \times m$ 対称行列とし，$\boldsymbol{x} \sim N_m(\boldsymbol{\mu}, \Omega)$ とする．ここで，Ω は正定値である．このとき以下が成り立つ．

(a) $E(\boldsymbol{x}'A\boldsymbol{x}\boldsymbol{x}'B\boldsymbol{x}) = \text{tr}(A\Omega)\,\text{tr}(B\Omega) + 2\,\text{tr}(A\Omega B\Omega) + \text{tr}(A\Omega)\boldsymbol{\mu}'B\boldsymbol{\mu}$
$+4\boldsymbol{\mu}'A\Omega B\boldsymbol{\mu} + \boldsymbol{\mu}'A\boldsymbol{\mu}\,\text{tr}(B\Omega) + \boldsymbol{\mu}'A\boldsymbol{\mu}\boldsymbol{\mu}'B\boldsymbol{\mu}$

(b) $\text{cov}(\boldsymbol{x}'A\boldsymbol{x}, \boldsymbol{x}'B\boldsymbol{x}) = 2\,\text{tr}(A\Omega B\Omega) + 4\boldsymbol{\mu}'A\Omega B\boldsymbol{\mu}$

(c) $\text{var}(\boldsymbol{x}'A\boldsymbol{x}) = 2\,\text{tr}\{(A\Omega)^2\} + 4\boldsymbol{\mu}'A\Omega A\boldsymbol{\mu}$

証明 先述したのと同様に，(c) は (b) の特別な場合であるので，証明する必要があるのは (a) と (b) のみである．$\boldsymbol{y} \sim N_m(\boldsymbol{0}, \Omega)$ として $\boldsymbol{x} = \boldsymbol{y} + \boldsymbol{\mu}$ と表せるから，結果として以下を得る．

$$\begin{aligned}E(\boldsymbol{x}'A\boldsymbol{x}\boldsymbol{x}'B\boldsymbol{x}) &= E\{(\boldsymbol{y}+\boldsymbol{\mu})'A(\boldsymbol{y}+\boldsymbol{\mu})(\boldsymbol{y}+\boldsymbol{\mu})'B(\boldsymbol{y}+\boldsymbol{\mu})\} \\ &= E\{(\boldsymbol{y}'A\boldsymbol{y} + 2\boldsymbol{\mu}'A\boldsymbol{y} + \boldsymbol{\mu}'A\boldsymbol{\mu})(\boldsymbol{y}'B\boldsymbol{y} + 2\boldsymbol{\mu}'B\boldsymbol{y} + \boldsymbol{\mu}'B\boldsymbol{\mu})\} \\ &= E(\boldsymbol{y}'A\boldsymbol{y}\boldsymbol{y}'B\boldsymbol{y}) + 2E(\boldsymbol{y}'A\boldsymbol{y}\boldsymbol{\mu}'B\boldsymbol{y}) + E(\boldsymbol{y}'A\boldsymbol{y})\boldsymbol{\mu}'B\boldsymbol{\mu} \\ &\quad + 2E(\boldsymbol{\mu}'A\boldsymbol{y}\boldsymbol{y}'B\boldsymbol{y}) + 4E(\boldsymbol{\mu}'A\boldsymbol{y}\boldsymbol{\mu}'B\boldsymbol{y}) \\ &\quad + 2E(\boldsymbol{\mu}'A\boldsymbol{y})\boldsymbol{\mu}'B\boldsymbol{\mu} + \boldsymbol{\mu}'A\boldsymbol{\mu}E(\boldsymbol{y}'B\boldsymbol{y}) \\ &\quad + 2\boldsymbol{\mu}'A\boldsymbol{\mu}E(\boldsymbol{\mu}'B\boldsymbol{y}) + \boldsymbol{\mu}'A\boldsymbol{\mu}\boldsymbol{\mu}'B\boldsymbol{\mu}\end{aligned}$$

$E(\boldsymbol{y}) = \boldsymbol{0}$ であるから，最後の式の 6 番目と 8 番目の項は 0 であり，定理 10.20(b) から第 2 項と第 4 項が 0 であることもわかる．5 番目の項を簡略化するため，

$$\begin{aligned}E(\boldsymbol{\mu}'A\boldsymbol{y}\boldsymbol{\mu}'B\boldsymbol{y}) &= E\{(\boldsymbol{\mu}'A \otimes \boldsymbol{\mu}'B)(\boldsymbol{y} \otimes \boldsymbol{y})\} = (A\boldsymbol{\mu} \otimes B\boldsymbol{\mu})'E\{(\boldsymbol{y} \otimes \boldsymbol{y})\} \\ &= \{\text{vec}(B\boldsymbol{\mu}\boldsymbol{\mu}'A)\}' \,\text{vec}(\Omega) = \text{tr}\{(B\boldsymbol{\mu}\boldsymbol{\mu}'A)'\Omega\} \\ &= \text{tr}(A\boldsymbol{\mu}\boldsymbol{\mu}'B\Omega) = \boldsymbol{\mu}'A\Omega B\boldsymbol{\mu}\end{aligned}$$

という事実に着目する．この結果と定理 10.18(a)，定理 10.21(a) を用いると，

$$E(\boldsymbol{x}'A\boldsymbol{x}\boldsymbol{x}'B\boldsymbol{x}) = \operatorname{tr}(A\Omega)\operatorname{tr}(B\Omega) + 2\operatorname{tr}(A\Omega B\Omega) + \operatorname{tr}(A\Omega)\boldsymbol{\mu}'B\boldsymbol{\mu}$$
$$+ 4\boldsymbol{\mu}'A\Omega B\boldsymbol{\mu} + \boldsymbol{\mu}'A\boldsymbol{\mu}\operatorname{tr}(B\Omega) + \boldsymbol{\mu}'A\boldsymbol{\mu}\boldsymbol{\mu}'B\boldsymbol{\mu}$$

が導かれ，(a) が証明される．このとき，(b) は共分散の定義と定理 10.18(a) からただちに導かれる． □

例 10.7 例 10.4 の主題に戻ろう．そこでは

$$A_1 = n^{-1}\{(I_k - k^{-1}\mathbf{1}_k\mathbf{1}_k') \otimes \mathbf{1}_n\mathbf{1}_n'\}$$

を定義し，また以下を定義した．

$$A_2 = I_k \otimes (I_n - n^{-1}\mathbf{1}_n\mathbf{1}_n')$$

$\boldsymbol{\mu} = \mathbf{1}_k \otimes \mu\mathbf{1}_n$，$\Omega = I_k \otimes \sigma^2 I_n$ として，$\boldsymbol{x} = (\boldsymbol{x}_1', \ldots, \boldsymbol{x}_k')' \sim N_{kn}(\boldsymbol{\mu}, \Omega)$ ならば，それぞれ独立に，$t_1/\sigma^2 = \boldsymbol{x}'(A_1/\sigma^2)\boldsymbol{x} \sim \chi^2_{k-1}$ であり，$t_2/\sigma^2 = \boldsymbol{x}'(A_2/\sigma^2)\boldsymbol{x} \sim \chi^2_{k(n-1)}$ であることが示された．χ^2 確率変数の平均はその自由度に等しく，分散は自由度の 2 倍に等しいから，本節の定理を用いることなく t_1 と t_2 の平均，ならびに分散を簡単に計算することができる．具体的には，以下のとおりである．

$$E(t_1) = \sigma^2(k-1), \qquad \operatorname{var}(t_1) = 2\sigma^4(k-1)$$
$$E(t_2) = \sigma^2 k(n-1), \qquad \operatorname{var}(t_2) = 2\sigma^4 k(n-1)$$

いま，$\Omega = \operatorname{var}(\boldsymbol{x}) = D \otimes I_n$ となるように $\boldsymbol{x}_i \sim N_n(\mu\mathbf{1}_n, \sigma_i^2 I_n)$ を仮定する．ここで，$D = \operatorname{diag}(\sigma_1^2, \ldots, \sigma_k^2)$ である．この場合，t_1/σ^2 と t_2/σ^2 は，χ^2 分布の性質に対する定理 10.11 の条件をもはや満たさないが，それでもそれぞれ独立に分布することは容易に確かめられる．t_1 と t_2 の平均と分散は，定理 10.18 と定理 10.22 を用いて計算可能である．例えば，t_2 の平均は以下で与えられる．

$$\begin{aligned}
E(t_2) &= E(\boldsymbol{x}'A_2\boldsymbol{x}) = \operatorname{tr}(A_2\Omega) + \boldsymbol{\mu}'A_2\boldsymbol{\mu} \\
&= \operatorname{tr}(\{I_k \otimes (I_n - n^{-1}\mathbf{1}_n\mathbf{1}_n')\}(D \otimes I_n)) \\
&\quad + \mu^2(\mathbf{1}_k' \otimes \mathbf{1}_n')\{I_k \otimes (I_n - n^{-1}\mathbf{1}_n\mathbf{1}_n')\}(\mathbf{1}_k \otimes \mathbf{1}_n) \\
&= \operatorname{tr}(D)\operatorname{tr}(I_n - n^{-1}\mathbf{1}_n\mathbf{1}_n') + \mu^2(\mathbf{1}_k'\mathbf{1}_k)\{\mathbf{1}_n'(I_n - n^{-1}\mathbf{1}_n\mathbf{1}_n')\mathbf{1}_n\} \\
&= (n-1)\sum_{i=1}^{k}\sigma_i^2
\end{aligned}$$

一方，その分散は

$$\begin{aligned}
\operatorname{var}(t_2) &= \operatorname{var}(\boldsymbol{x}'A_2\boldsymbol{x}) = 2\operatorname{tr}\{(A_2\Omega)^2\} + 4\boldsymbol{\mu}'A_2\Omega A_2\boldsymbol{\mu} \\
&= 2\operatorname{tr}\{D^2 \otimes (I_n - n^{-1}\mathbf{1}_n\mathbf{1}_n')\}
\end{aligned}$$

$$
\begin{aligned}
&\quad + 4\mu^2(\mathbf{1}_k' \otimes \mathbf{1}_n')\{D \otimes (I_n - n^{-1}\mathbf{1}_n\mathbf{1}_n')\}(\mathbf{1}_k \otimes \mathbf{1}_n) \\
&= 2\,\mathrm{tr}(D^2)\,\mathrm{tr}\{(I_n - n^{-1}\mathbf{1}_n\mathbf{1}_n')\} \\
&\quad + 4\mu^2(\mathbf{1}_k' D\mathbf{1}_k)\{\mathbf{1}_n'(I_n - n^{-1}\mathbf{1}_n\mathbf{1}_n')\mathbf{1}_n\} \\
&= 2(n-1)\sum_{i-1}^{k}\sigma_i^4
\end{aligned}
$$

となる．以下の確認は読者に任せることとする．

$$
E(t_1) = (1-k^{-1})\sum_{i=1}^{k}\sigma_i^2
$$

$$
\mathrm{var}(t_1) = 2\left\{(1-2k^{-1})\sum_{i=1}^{k}\sigma_i^4 + k^{-2}\left(\sum_{i=1}^{k}\sigma_i^2\right)^2\right\}
$$

ここまで 2 次形式の期待値だけでなく，2 つの 2 次形式の積の期待値についても考察してきた．より一般的な状況は，n 個の 2 次形式の積に関する期待値が必要となる場面である．この期待値は，n が大きくなるのにしたがって計算がより煩雑になる．例えば，A，B，C を $m \times m$ 対称行列，$\boldsymbol{x} \sim N_m(\mathbf{0}, \Omega)$ とすると，$E(\boldsymbol{x}'A\boldsymbol{x}\boldsymbol{x}'B\boldsymbol{x}\boldsymbol{x}'C\boldsymbol{x})$ の期待値は，はじめに $E(\boldsymbol{x}\boldsymbol{x}' \otimes \boldsymbol{x}\boldsymbol{x}' \otimes \boldsymbol{x}\boldsymbol{x}')$ を計算し，この結果を

$$
E(\boldsymbol{x}'A\boldsymbol{x}\boldsymbol{x}'B\boldsymbol{x}\boldsymbol{x}'C\boldsymbol{x}) = \mathrm{tr}\{(A \otimes B \otimes C)E(\boldsymbol{x}\boldsymbol{x}' \otimes \boldsymbol{x}\boldsymbol{x}' \otimes \boldsymbol{x}\boldsymbol{x}')\}
$$

に適用することで得られる．この導出の詳細は練習問題とする．Magnus(1978) では，分布のキュムラント，ならびにキュムラントと分布の積率との関係を利用して任意の数の 2 次形式の積の期待値を得る別の方法が用いられている．3 つと 4 つの 2 次形式の積に対する結果は定理 10.23 にまとめて示す．

定理 10.23 A，B，C，ならびに D を $m \times m$ 対称行列とし，$\boldsymbol{x} \sim N_m(\mathbf{0}, I_m)$ とする．このとき以下が成り立つ．

(a)

$$
\begin{aligned}
E(\boldsymbol{x}'A\boldsymbol{x}\boldsymbol{x}'B\boldsymbol{x}\boldsymbol{x}'C\boldsymbol{x}) &= \mathrm{tr}(A)\,\mathrm{tr}(B)\,\mathrm{tr}(C) + 2\{\mathrm{tr}(A)\,\mathrm{tr}(BC) \\
&\quad + \mathrm{tr}(B)\,\mathrm{tr}(AC) + \mathrm{tr}(C)\,\mathrm{tr}(AB)\} \\
&\quad + 8\,\mathrm{tr}(ABC)
\end{aligned}
$$

(b)

$$
\begin{aligned}
&E(\boldsymbol{x}'A\boldsymbol{x}\boldsymbol{x}'B\boldsymbol{x}\boldsymbol{x}'C\boldsymbol{x}\boldsymbol{x}'D\boldsymbol{x}) \\
&\quad = \mathrm{tr}(A)\,\mathrm{tr}(B)\,\mathrm{tr}(C)\,\mathrm{tr}(D) + 8\{\mathrm{tr}(A)\,\mathrm{tr}(BCD)
\end{aligned}
$$

$$
\begin{aligned}
&+\operatorname{tr}(B)\operatorname{tr}(ACD)+\operatorname{tr}(C)\operatorname{tr}(ABD)\\
&+\operatorname{tr}(D)\operatorname{tr}(ABC)\}+4\{\operatorname{tr}(AB)\operatorname{tr}(CD)\\
&+\operatorname{tr}(AC)\operatorname{tr}(BD)+\operatorname{tr}(AD)\operatorname{tr}(BC)\}+2\{\operatorname{tr}(A)\operatorname{tr}(B)\operatorname{tr}(CD)\\
&+\operatorname{tr}(A)\operatorname{tr}(C)\operatorname{tr}(BD)+\operatorname{tr}(A)\operatorname{tr}(D)\operatorname{tr}(BC)\\
&+\operatorname{tr}(B)\operatorname{tr}(C)\operatorname{tr}(AD)+\operatorname{tr}(B)\operatorname{tr}(D)\operatorname{tr}(AC)\\
&+\operatorname{tr}(C)\operatorname{tr}(D)\operatorname{tr}(AB)\}+16\{\operatorname{tr}(ABCD)\\
&+\operatorname{tr}(ABDC)+\operatorname{tr}(ACBD)\}
\end{aligned}
$$

Ω を正定値として $\boldsymbol{x} \sim N_m(\mathbf{0}, \Omega)$ の場合には，定理 10.23 の式の右辺に現れる A，B，C，D を，それぞれ $A\Omega$，$B\Omega$，$C\Omega$，$D\Omega$ に置き換える．

2 次形式の積率を計算する別の手法は，テンソル法 (tensor method) を用いるものである．これは，高次の積率が必要とされる状況や，確率ベクトル $\boldsymbol{x}$ が多変量正規分布に従わない状況などで特に有用である．これらテンソル法に関する詳細な議論は McCullagh(1987) にみることができる．

10.7　ウィッシャート分布

$x_1, \ldots, x_n$ がすべての i について独立に $x_i \sim N(0, \sigma^2)$ ならば以下が成り立つ．

$$\boldsymbol{x}'\boldsymbol{x} = \sum_{i=1}^{n} x_i^2 \sim \sigma^2 \chi_n^2$$

ここで，$\boldsymbol{x}' = (x_1, \ldots, x_n)$ である．つまり，$\boldsymbol{x}'\boldsymbol{x}/\sigma^2$ は自由度 n の χ^2 分布に従う．これを行列への自然な拡張を行うと，それは多変量解析における重要な応用的意味をもち，それは

$$X'X = \sum_{i=1}^{n} \boldsymbol{x}_i \boldsymbol{x}_i'$$

の分布を考えることとなる．ここで，$X' = (\boldsymbol{x}_1, \ldots, \boldsymbol{x}_n)$ は $m \times n$ 行列であり，$\boldsymbol{x}_1$，...，$\boldsymbol{x}_n$ は各 i について独立に $\boldsymbol{x}_i \sim N_m(\mathbf{0}, \Omega)$ である．したがって，X の j 列目の成分は $N(0, \sigma_{jj})$ に従って独立に分布する．ここで，σ_{jj} は Ω の j 番目の対角要素であるから，$X'X$ の j 番目の対角要素は $\sigma_{jj}\chi_n^2$ に従う．$m \times m$ 行列 $X'X$ のすべての要素の同時分布は尺度行列 (scale matrix) Ω，自由度 n のウィッシャート分布 (Wishart distribution) と呼ばれ，$W_m(\Omega, n)$ と表記される．このウィッシャート分布は χ_n^2 分布と同じように，非心度 0 である．より一般的に，$\boldsymbol{x}_1$，...，$\boldsymbol{x}_n$ が独立に $\boldsymbol{x}_i \sim N_m(\boldsymbol{\mu}_i, \Omega)$ であるならば，$X'X$ は非心度行列 $\Phi = \frac{1}{2}M'M$ の非心ウィッシャート分布に従う．ここで，M' は $M' = (\boldsymbol{\mu}_1, \ldots, \boldsymbol{\mu}_n)$ で与えられる $m \times n$ 行列である．この非心ウィッシャート分布を

$W_m(\Omega, n, \Phi)$ と表す．密度関数の形など，ウィッシャート分布に関するより詳しい情報については，Srivastava and Khatri(1979) や Muirhead(1982) などの多変量解析の書物を参照のこと．

A を $n \times n$ 対称行列，X' を $m \times n$ 行列とすると，行列 $X'AX$ はしばしば一般化 2 次形式 (generalized quadratic form) と呼ばれる．定理 10.24 は 10.4 節と 10.5 節で得られた 2 次形式に関する結果を一般化 2 次形式に拡張する．

定理 10.24 X' を $m \times n$ 行列とする．ここで，各列は独立に分布しており，また i 列目は $N_m(\boldsymbol{\mu}_i, \Omega)$ に従って分布しており，Ω は正定値とする．A と B は $n \times n$ 対称行列であり，C は $k \times n$ とする．$M' = (\boldsymbol{\mu}_1, \ldots, \boldsymbol{\mu}_n)$, $\Phi = \frac{1}{2}M'AM$, そして $r = \text{rank}(A)$ とする．このとき，以下が成立する．

(a) A がベキ等ならば，$X'AX \sim W_m(\Omega, r, \Phi)$
(b) $AB = (0)$ ならば，$X'AX$ と $X'BX$ は独立に分布する．
(c) $CA = (0)$ ならば，$X'AX$ と CX は独立に分布する．

証明 (a) の証明は，$X'AX = Y'Y$ となる $m \times r$ 行列 Y' の存在を示すことができれば完了する．ただし，Y' の列は独立に分布しており，それぞれは同じ共分散行列 Ω をもつ正規分布に従っており，$\frac{1}{2}E(Y')E(Y) = \Phi$ である．X' の列は独立に分布しているから，

$$\text{vec}(X') \sim N_{nm}(\text{vec}(M'), I_n \otimes \Omega)$$

となる．A は対称かつベキ等であり，階数は r であるから，$A = PP'$ と $P'P = I_r$ を満たす $n \times r$ 行列 P が存在しなければならない．したがって，$X'AX = Y'Y$ となり，ここで $m \times r$ 行列 $Y' = X'P$ である．したがって，

$$\begin{aligned}
\text{vec}(Y') &= \text{vec}(X'P) = (P' \otimes I_m)\text{vec}(X') \\
&\sim N_{mr}((P' \otimes I_m)\text{vec}(M'), (P' \otimes I_m)(I_n \otimes \Omega)(P \otimes I_m)) \\
&\sim N_{mr}(\text{vec}(M'P), (I_r \otimes \Omega))
\end{aligned}$$

となる．これは，Y' の列が独立にそれぞれが共分散行列 Ω をもつ正規分布に従っていることを意味している．さらに，

$$\frac{1}{2}E(Y')E(Y) = \frac{1}{2}M'PP'M = \frac{1}{2}M'AM = \Phi$$

となる．したがって (a) が成立する．(b) を証明するためには，A と B は対称であるから，$AB = (0)$ は $AB = BA$ を意味することに注意する．したがって，A と B は同じ直交行列によって対角化される．つまり，$Q'AQ = C$ そして $Q'BQ = D$ となる対角行列 C, D と直交行列 Q が存在する．さらに，$AB = (0)$ は $CD = (0)$ も意味する．したがって，Q を適切に選ぶことで $C = \text{diag}(c_1, \ldots, c_h, 0, \ldots, 0)$ そして，

$D = \mathrm{diag}(0, \ldots, 0, d_{h+1}, \ldots, d_n)$ がある h について成立する．したがって，$U = Q'X$ とおけば

$$X'AX = U'CU = \sum_{i=1}^{h} c_i \boldsymbol{u}_i \boldsymbol{u}_i', \quad X'BX = U'DU = \sum_{i=h+1}^{n} d_i \boldsymbol{u}_i \boldsymbol{u}_i'$$

となる．ここで，$\boldsymbol{u}_i$ は U' の i 列目である．$\mathrm{vec}(U') \sim N_{nm}(\mathrm{vec}(M'Q), (I_n \otimes \Omega))$ であるから，これらの列は独立に分布している．したがって，(b) が成立する．(c) の証明は (b) の証明と同様に行えばよい．□

次の定理の応用は，ウィッシャート行列の主部分行列もまたウィッシャート分布に従うことを表している．

定理 10.25　$V \sim W_m(\Omega, n, \Phi)$ であり，A は $\mathrm{rank}(A) = p$ の $p \times m$ 定数行列とする．このとき，$AVA' \sim W_p(A\Omega A', n, A\Phi A')$ となる．

証明　$V \sim W_m(\Omega, n, \Phi)$ であるから，$V = X'X$ と書くことができる．ここで，X' は列がそれぞれ独立に分布しており，i 列目は $\boldsymbol{x}_i \sim N_m(\boldsymbol{\mu}_i, \Omega)$ である．また，行列 M' は i 列目に $\boldsymbol{\mu}_i$ を配しており，$\frac{1}{2}M'M = \Phi$ を満たす．$Y' = AX'$ とする．すると，Y' の各列もまた独立であり，i 列目は $\boldsymbol{y}_i = A\boldsymbol{x}_i \sim N_p(A\boldsymbol{\mu}_i, A\Omega A')$ である．定理 10.24 から，$AVA' = AX'XA' = Y'Y$ は分布 $W_p(A\Omega A', n, \Phi_*)$ に従う．行列 Φ_* は

$$\Phi_* = \frac{1}{2}E(Y')E(Y) = \frac{1}{2}AE(X')E(X)A' = \frac{1}{2}AM'MA' = A\Phi A'$$

を満たす．これにより証明は完了する．□

ウィッシャート分布に従う行列 V が以下の形に分割されるとする．

$$V = \begin{bmatrix} V_{11} & V_{12} \\ V_{12}' & V_{22} \end{bmatrix}$$

ここで，V_{11} と V_{22} は正方行列である．このとき，V_{11} と V_{22} はウィッシャート分布に従うことが定理 10.25 からただちに導かれる．定理 10.26 は V に含まれる V_{11} のシューアの補元もまたウィッシャート分布に従うことを示している．

定理 10.26　$V \sim W_m(\Omega, n)$ とする．ここで，Ω は正定値である．V と Ω を以下のように分割する．

$$V = \begin{bmatrix} V_{11} & V_{12} \\ V_{12}' & V_{22} \end{bmatrix} \quad \Omega = \begin{bmatrix} \Omega_{11} & \Omega_{12} \\ \Omega_{12}' & \Omega_{22} \end{bmatrix}$$

ここで，V_{11} と Ω_{11} は $m_1 \times m_1$ であり，V_{22} と Ω_{22} は $m_2 \times m_2$ とする．このとき，$V_{11} - V_{12}V_{22}^{-1}V_{12}' \sim W_{m_1}(\Omega_{11} - \Omega_{12}\Omega_{22}^{-1}\Omega_{12}', n - m_2)$ である．

証明 $V \sim W_m(\Omega, n)$ であるから，$V = X'X$ と表される．ここで，X' の列は独立に分布し，それぞれは $N_m(\mathbf{0}, \Omega)$ に従う．$n \times m$ 行列 X を，X_1 を $n \times m_1$ として $X = (X_1, X_2)$ と分割すると，$V_{11} = X_1'X_1$, $V_{22} = X_2'X_2$, $V_{12} = X_1'X_2$ となる．したがって，

$$\begin{aligned} V_{11} - V_{12}V_{22}^{-1}V_{12}' &= X_1'X_1 - X_1'X_2(X_2'X_2)^{-1}X_2'X_1 \\ &= X_1'\{I_n - X_2(X_2'X_2)^{-1}X_2'\}X_1 = X_1'AX_1 \end{aligned}$$

となる．ここで，$A = I_n - X_2(X_2'X_2)^{-1}X_2$ である．いま，例 7.3 から，X_2 が与えられたとき，X_1' の列は共分散行列 $\Omega_{11} - \Omega_{12}\Omega_{22}^{-1}\Omega_{12}'$ の正規分布に従い，$E(X_1'|X_2) = \Omega_{12}\Omega_{22}^{-1}X_2'$ であることがわかっている．A は階数 $n - m_2$ の対称ベキ等行列であるから，定理 10.24 から，X_2 が与えられたとき，$X_1'AX_1 = V_{11} - V_{12}V_{22}^{-1}V_{12}' \sim W_{m_1}(\Omega_{11} - \Omega_{12}\Omega_{22}^{-1}\Omega_{12}', n - m_2)$ となる．このウィッシャート分布は以下となるために非心分布ではない．

$$\begin{aligned} E(X_1'|X_2)AE(X_1|X_2) &= \Omega_{12}\Omega_{22}^{-1}X_2'\{I_n - X_2(X_2'X_2)^{-1}X_2'\}X_2\Omega_{22}^{-1}\Omega_{12}' \\ &= \Omega_{12}\Omega_{22}^{-1}\{X_2'X_2 - X_2'X_2\}\Omega_{22}^{-1}\Omega_{12}' \\ &= (0) \end{aligned}$$

$X_1'AX_1$ の条件付分布が X_2 に依存しないことから題意を得る． □

$m \times n$ 行列 X' の各列がそれぞれ独立に同一の分布 $N_m(\mathbf{0}, \Omega)$ に従っているとし，M' を $m \times n$ 定数行列とすると，$V = (X + M)'(X + M)$ はウィッシャート分布 $W_m(\Omega, n, \frac{1}{2}M'M)$ に従う．より一般的な状況は，X' の各列がそれぞれ独立に平均ゼロベクトルの何らかの同一な非正規多変量分布に従っている場合である．この場合には，$V = (X + M)'(X + M)$ の分布は複雑であるが，ある非正規分布に依存する．特に，V の積率は X' の各列の積率に直接関係している．次の定理において，$M = (0)$ の場合の V のはじめの 2 つの積率が表される．V は行列であり，同時分布はベクトル形式の方が扱いやすいため，V をベクトル化する．つまり，例えば，V の要素の分散や共分散は行列 $\mathrm{var}\{\mathrm{vec}(V)\}$ から得られる．

定理 10.27 $m \times n$ 行列 $X' = (\boldsymbol{x}_1, \ldots, \boldsymbol{x}_n)$ の各列は $E(\boldsymbol{x}_i) = \mathbf{0}$, $\mathrm{var}(\boldsymbol{x}_i) = \Omega$, $E(\boldsymbol{x}_i\boldsymbol{x}_i' \otimes \boldsymbol{x}_i\boldsymbol{x}_i') = \Psi$ をもった同一の分布に独立に従っているとする．もし $V = X'X$ ならば以下が成立する．

(a) $E(V) = n\Omega$
(b) $\mathrm{var}\{\mathrm{vec}(V)\} = n\{\Psi - \mathrm{vec}(\Omega)\mathrm{vec}(\Omega)'\}$

証明 $E(\boldsymbol{x}_i) = \mathbf{0}$ であるから，$\Omega = E(\boldsymbol{x}_i\boldsymbol{x}_i')$ となる．したがって，

$$E(V) = E(X'X) = \sum_{i=1}^{n} E(\boldsymbol{x}_i\boldsymbol{x}_i') = \sum_{i=1}^{n} \Omega = n\Omega$$

となる．さらに，$\boldsymbol{x}_1, \ldots, \boldsymbol{x}_n$ は独立であるから，

$$\begin{aligned}\mathrm{var}\{\mathrm{vec}(V)\} &= \mathrm{var}\left\{\mathrm{vec}\left(\sum_{i=1}^{n}\boldsymbol{x}_i\boldsymbol{x}_i'\right)\right\} = \mathrm{var}\left\{\sum_{i=1}^{n}\mathrm{vec}(\boldsymbol{x}_i\boldsymbol{x}_i')\right\}\\ &= \sum_{i=1}^{n}\mathrm{var}\{\mathrm{vec}(\boldsymbol{x}_i\boldsymbol{x}_i')\} = \sum_{i=1}^{n}\mathrm{var}(\boldsymbol{x}_i\otimes\boldsymbol{x}_i)\\ &= \sum_{i=1}^{n}\{E(\boldsymbol{x}_i\boldsymbol{x}_i'\otimes\boldsymbol{x}_i\boldsymbol{x}_i') - E(\boldsymbol{x}_i\otimes\boldsymbol{x}_i)E(\boldsymbol{x}_i'\otimes\boldsymbol{x}_i')\}\\ &= \sum_{i=1}^{n}\{\Psi - \mathrm{vec}(\Omega)\mathrm{vec}(\Omega)'\} = n\{\Psi - \mathrm{vec}(\Omega)\mathrm{vec}(\Omega)'\}\end{aligned}$$

となり，証明は完了する．□

$\mathrm{var}\{\mathrm{vec}(V)\}$ の表現は V がウィッシャート分布に従うならば，正規分布の 4 次の積率の特別な構造のおかげで簡略化される．簡略化された表現は定理 10.28 で与えられる．この定理は正規分布に従う列についてのものであるが，はじめの結果は一般的な状況についても当てはまる．

定理 10.28　$m \times n$ 行列 X' の各列は独立に同一の分布 $N_m(\mathbf{0}, \Omega)$ に従うとする．また，$V = (X+M)'(X+M)$ とする．ここで，$M' = (\boldsymbol{\mu}_1, \ldots, \boldsymbol{\mu}_n)$ は $m \times n$ 定数行列である．したがって，$V \sim W_m(\Omega, n, \frac{1}{2}M'M)$ となる．すると以下が成立する．

(a) $E(V) = n\Omega + M'M$
(b) $\mathrm{var}\{\mathrm{vec}(V)\} = 2N_m\{n(\Omega\otimes\Omega) + \Omega\otimes M'M + M'M\otimes\Omega\}$

証明　$E(X) = (0)$ そして定理 10.27 から $E(X'X) = n\Omega$ であるから，

$$\begin{aligned}E(V) &= E(X'X + X'M + M'X + M'M)\\ &= E(X'X) + M'M = n\Omega + M'M\end{aligned}$$

となる．定理 10.27 で行われた証明と同様に進めれば，

$$\mathrm{var}\{\mathrm{vec}(V)\} = \sum_{i=1}^{n}\mathrm{var}\{(\boldsymbol{x}_i+\boldsymbol{\mu}_i)\otimes(\boldsymbol{x}_i+\boldsymbol{\mu}_i)\} \tag{10.14}$$

となる．しかしながら，以下となる．

$$\begin{aligned}(\boldsymbol{x}_i+\boldsymbol{\mu}_i)\otimes(\boldsymbol{x}_i+\boldsymbol{\mu}_i) &= \boldsymbol{x}_i\otimes\boldsymbol{x}_i + \boldsymbol{x}_i\otimes\boldsymbol{\mu}_i + \boldsymbol{\mu}_i\otimes\boldsymbol{x}_i + \boldsymbol{\mu}_i\otimes\boldsymbol{\mu}_i\\ &= \boldsymbol{x}_i\otimes\boldsymbol{x}_i + (I_{m^2} + K_{mm})(\boldsymbol{x}_i\otimes\boldsymbol{\mu}_i) + \boldsymbol{\mu}_i\otimes\boldsymbol{\mu}_i\end{aligned}$$

$$= \boldsymbol{x}_i \otimes \boldsymbol{x}_i + 2N_m(I_m \otimes \boldsymbol{\mu}_i)\boldsymbol{x}_i + \boldsymbol{\mu}_i \otimes \boldsymbol{\mu}_i$$

$\boldsymbol{x}_i$ のすべての 1 次と 3 次の積率は 0 であるから，$\boldsymbol{x}_i \otimes \boldsymbol{x}_i$ と $\boldsymbol{x}_i$ は無相関であり，したがって定理 10.20 と練習問題 8.58 を使えば，

$$\begin{aligned}
\mathrm{var}\{(\boldsymbol{x}_i + \boldsymbol{\mu}_i) \otimes (\boldsymbol{x}_i + \boldsymbol{\mu}_i)\} &= \mathrm{var}(\boldsymbol{x}_i \otimes \boldsymbol{x}_i) + \mathrm{var}\{2N_m(I_m \otimes \boldsymbol{\mu}_i)\boldsymbol{x}_i\} \\
&= 2N_m(\Omega \otimes \Omega) \\
&\quad + 4N_m(I_m \otimes \boldsymbol{\mu}_i)\Omega(I_m \otimes \boldsymbol{\mu}_i')N_m \\
&= 2N_m(\Omega \otimes \Omega) + 4N_m(\Omega \otimes \boldsymbol{\mu}_i\boldsymbol{\mu}_i')N_m \\
&= 2N_m(\Omega \otimes \Omega + \Omega \otimes \boldsymbol{\mu}_i\boldsymbol{\mu}_i' \\
&\quad + \boldsymbol{\mu}_i\boldsymbol{\mu}_i' \otimes \Omega) \qquad (10.15)
\end{aligned}$$

となる．(10.15) 式を (10.14) 式に代入して整理すれば (b) が得られる． □

例 10.8 例 10.3 と例 10.6 では，正規分布から標本抽出を行えば，標本分散 s^2 の定数倍は χ^2 分布に従い，標本平均 $\bar{x}$ とは独立に分布することが示された．本例ではこの問題を多変量で扱い，$\bar{\boldsymbol{x}}$ と S について考察する．つまり，$\boldsymbol{x}_1, \ldots, \boldsymbol{x}_n$ が各 i について独立に $\boldsymbol{x}_i \sim N_m(\boldsymbol{\mu}, \Omega)$ であると仮定し，X' を $m \times n$ 行列 $(\boldsymbol{x}_1, \ldots, \boldsymbol{x}_n)$ とする．このとき，標本平均ベクトルと標本共分散行列は以下で表される．

$$\bar{\boldsymbol{x}} = \frac{1}{n}\sum_{i=1}^{n} \boldsymbol{x}_i = \frac{1}{n}X'\mathbf{1}_n$$

$$\begin{aligned}
S &= \frac{1}{n-1}\sum_{i=1}^{n}(\boldsymbol{x}_i - \bar{\boldsymbol{x}})(\boldsymbol{x}_i - \bar{\boldsymbol{x}})' = \frac{1}{n-1}\left(\sum_{i=1}^{n} \boldsymbol{x}_i\boldsymbol{x}_i' - n\bar{\boldsymbol{x}}\bar{\boldsymbol{x}}'\right) \\
&= \frac{1}{n-1}(X'X - n^{-1}X'\mathbf{1}_n\mathbf{1}_n'X) = \frac{1}{n-1}X'(I_n - n^{-1}\mathbf{1}_n\mathbf{1}_n')X
\end{aligned}$$

$A = (I_n - n^{-1}\mathbf{1}_n\mathbf{1}_n')$ はベキ等かつ $\mathrm{rank}(A) = \mathrm{tr}(A) = n-1$ であるから，定理 10.24(a) とあわせて考えれば $(n-1)S$ はウィッシャート分布に従う．その非心度行列を求めるために，$M' = (\boldsymbol{\mu}, \ldots, \boldsymbol{\mu}) = \boldsymbol{\mu}\mathbf{1}_n'$ に注意すれば，

$$M'AM = \boldsymbol{\mu}\mathbf{1}_n'(I_n - n^{-1}\mathbf{1}_n\mathbf{1}_n')\mathbf{1}_n\boldsymbol{\mu}' = \boldsymbol{\mu}(n-n)\boldsymbol{\mu}' = (0)$$

となる．したがって，$(n-1)S$ は中心ウィッシャート分布 $W_m(\Omega, n-1)$ に従う．さらに，定理 10.24(c) を使うと，S と $\bar{\boldsymbol{x}}$ は独立に分布する．なぜなら，

$$\mathbf{1}_n'(I_n - n^{-1}\mathbf{1}_n\mathbf{1}_n') = (\mathbf{1}_n' - \mathbf{1}_n') = \mathbf{0}'$$

だからである．さらに，定理 10.27 から以下となる．

$$E(S) = \Omega, \quad \mathrm{var}\{\mathrm{vec}(S)\} = \frac{2}{n-1}N_m(\Omega \otimes \Omega) = \frac{2}{n-1}N_m(\Omega \otimes \Omega)N_m$$

vec(S) の冗長な要素は v(S) によって除外される．D_m を 8.7 節で扱った重複行列とするとき，$\mathrm{v}(S) = D_m^+ \mathrm{vec}(S)$ であるから，

$$\mathrm{var}\{\mathrm{v}(S)\} = \frac{2}{n-1} D_m^+ N_m(\Omega \otimes \Omega) N_m D_m^{+\prime}$$

となる．状況によっては，標本分散にのみ興味があり，標本共分散には興味がない場合がある．つまり，そのとき興味のある確率ベクトルは，$m \times 1$ ベクトル $\boldsymbol{s} = (s_{11}, \ldots, s_{mm})'$ である．$\boldsymbol{s}$ の平均ベクトルと共分散行列の表現は，上の式から容易に得られる．なぜなら，練習問題 8.46 でみたように，$\boldsymbol{s} = \mathrm{w}(S) = \Psi_m \mathrm{vec}(S)$ となるからである．ここで，

$$\Psi_m = \sum_{i=1}^{m} \boldsymbol{e}_{i,m}(\boldsymbol{e}_{i,m} \otimes \boldsymbol{e}_{i,m})'$$

である．したがって，練習問題 8.46 で得られた Ψ_m に関する性質を利用すると，以下となることがわかる．

$$\begin{aligned}
E(\boldsymbol{s}) &= \Psi_m \mathrm{vec}\{E(S)\} = \Psi_m \mathrm{vec}(\Omega) = \mathrm{w}(\Omega) \\
\mathrm{var}(\boldsymbol{s}) &= \Psi_m \mathrm{var}\{\mathrm{vec}(S)\}\Psi_m' = \Psi_m \left\{ \frac{2}{n-1} N_m(\Omega \otimes \Omega) N_m \right\} \Psi_m' \\
&= \frac{2}{n-1} \Psi_m(\Omega \otimes \Omega)\Psi_m' = \frac{2}{n-1}(\Omega \odot \Omega)
\end{aligned}$$

ここで $\odot$ はアダマール積である．

例 10.9　ウィッシャート分布に従う行列の固有値，もしくは固有ベクトルの漸近分布を求めるために，9.6 節で論じた対称行列の固有値，固有ベクトルのための摂動法の式を利用することができる．この方法による漸近分布を用いた統計学における重要な応用の 1 つに，主成分分析がある．この分析は，$m \times m$ 標本共分散行列 S の固有値や固有ベクトルを扱う手法である．S の固有値，固有ベクトルの正確な分布は非常に複雑だが，その漸近分布は S の漸近分布の性質を受け継ぐため，かなり単純なものとなる．まず中心極限定理 (central limit theorem; 詳しくは Muirhead, 1982 を参照) を用いると，$\sqrt{n-1}\,\mathrm{vec}(S)$ が漸近正規分布に従うことがわかる．さらに例 10.8 の結果を利用すれば，漸近的に

$$\sqrt{n-1}\,\{\mathrm{vec}(S) - \mathrm{vec}(\Omega)\} \sim N_{m^2}(\mathbf{0}, 2N_m(\Omega \otimes \Omega))$$

となることが導かれる．ただし，Ω は母共分散行列である．よって $W = S - \Omega$, $W_* = \sqrt{n-1}W$ と表すなら，vec(W_*) が上で示した漸近正規分布に従うことになる．ここで $\boldsymbol{\gamma}_i$ が，$S = \Omega + W$ の i 番目に大きな固有値 λ_i に対応する正規固有ベクトルであると仮定する．また $\boldsymbol{q}_j$ が，i 番目に大きな Ω の固有値 x_i に対応する正規固有ベクトルであると仮定する．すると，もし x_i が Ω の重複していない固有値であるならば，9.6 節の結果から，以下の 1 次の近似式を導くことができる．

$$\begin{aligned}\lambda_i &= x_i + \boldsymbol{q}_i' W \boldsymbol{q}_i = x_i + (\boldsymbol{q}_i' \otimes \boldsymbol{q}_i') \operatorname{vec}(W) \\ \boldsymbol{\gamma}_i &= \boldsymbol{q}_i - (\Omega - x_i I_m)^+ W \boldsymbol{q}_i \\ &= \boldsymbol{q}_i - \left\{\boldsymbol{q}_i' \otimes (\Omega - x_i I_m)^+\right\} \operatorname{vec}(W) \end{aligned} \tag{10.16}$$

よって $\operatorname{vec}(W_*)$ の漸近正規性から，$a_i = \sqrt{n-1}(\lambda_i - x_i)$ の漸近正規性が導かれる．さらに漸近的に，以下が成り立つ．

$$\begin{aligned} E(a_i) &= (\boldsymbol{q}_i' \otimes \boldsymbol{q}_i') E\left\{\operatorname{vec}(W_*)\right\} = (\boldsymbol{q}_i' \otimes \boldsymbol{q}_i')\mathbf{0} = \mathbf{0} \\ \operatorname{var}(a_i) &= (\boldsymbol{q}_i' \otimes \boldsymbol{q}_i')(\operatorname{var}\{\operatorname{vec}(W_*)\})(\boldsymbol{q}_i \otimes \boldsymbol{q}_i) \\ &= (\boldsymbol{q}_i' \otimes \boldsymbol{q}_i')(2N_m(\Omega \otimes \Omega))(\boldsymbol{q}_i \otimes \boldsymbol{q}_i) \\ &= 2(\boldsymbol{q}_i'\Omega\boldsymbol{q}_i \otimes \boldsymbol{q}_i'\Omega\boldsymbol{q}_i) = 2x_i^2 \end{aligned}$$

これは n が大きいとき，漸近的に $\lambda_i \sim N(x_i, 2x_i^2/(n-1))$ であることを意味している．同様にして $\boldsymbol{b}_i = \sqrt{n-1}(\boldsymbol{\gamma}_i - \boldsymbol{q}_i)$ も漸近正規分布に従い，かつ

$$\begin{aligned} E(\boldsymbol{b}_i) &= -\left\{\boldsymbol{q}_i' \otimes (\Omega - x_i I_m)^+\right\} E\left\{\operatorname{vec}(W_*)\right\} \\ &= -\left\{\boldsymbol{q}_i' \otimes (\Omega - x_i I_m)^+\right\} \mathbf{0} = \mathbf{0} \\ \Xi = \operatorname{var}(\boldsymbol{b}_i) &= \left\{\boldsymbol{q}_i' \otimes (\Omega - x_i I_m)^+\right\} \left\{\operatorname{var}\{\operatorname{vec}(W_*)\}\right\} \\ &\quad \times \left\{\boldsymbol{q}_i' \otimes (\Omega - x_i I_m)^+\right\}' \\ &= \left\{\boldsymbol{q}_i' \otimes (\Omega - x_i I_m)^+\right\} \left\{2N_m(\Omega \otimes \Omega)\right\} \left\{\boldsymbol{q}_i \otimes (\Omega - x_i I_m)^+\right\} \\ &= \left\{(\Omega - x_i I_m)^+ \otimes \boldsymbol{q}_i' + \boldsymbol{q}_i' \otimes (\Omega - x_i I_m)^+\right\} (\Omega \otimes \Omega) \\ &\quad \times \left\{\boldsymbol{q}_i \otimes (\Omega - x_i I_m)^+\right\} \\ &= \boldsymbol{q}_i'\Omega\boldsymbol{q}_i \otimes (\Omega - x_i I_m)^+ \Omega (\Omega - x_i I_m)^+ \\ &= x_i \left\{ \sum_{j \neq i} \frac{x_j}{(x_j - x_i)^2} \boldsymbol{q}_j \boldsymbol{q}_j' \right\} \end{aligned}$$

である．よって n が大きいとき，漸近的に $\boldsymbol{\gamma}_i \sim N_m(\boldsymbol{q}_i, (n-1)^{-1}\Xi)$ となる．(10.16) 式に示された 1 次の近似式の代わりに定理 9.5 で与えられたような高次の近似式を用いて，漸近分布の精度をより向上させることも可能である．この種の試みの中で最もよく知られている，漸近 χ^2 分布を利用した方法の基本的な考え方をみてみよう．λ_i は漸近正規分布に従うので，統計量

$$t = \frac{(n-1)(\lambda_i - x_i)^2}{2x_i^2}$$

は自由度が 1 の漸近 χ^2 分布に従うことになる．この χ^2 分布の平均は 1 であるが，t の期待値を厳密な形で表すならば，

$$E(t) = 1 + \sum_{j=1}^{\infty} \frac{c_j}{(n-1)^{(j+1)/2}}$$

となる．ただし各 c_j は定数である．ここで λ_i の高次の近似式を用いれば，最初の定数 c_1 を決定することができる．そしてこれを元に，統計量を以下のように修正することが考えられる．

$$t_* = \left\{1 - \frac{c_1}{(n-1)}\right\} t$$

すると修正された統計量の期待値は，次のようになる．

$$\begin{aligned} E(t_*) &= \left\{1 - \frac{c_1}{(n-1)}\right\} E(t) \\ &= \left\{1 - \frac{c_1}{(n-1)}\right\} \left(1 + \sum_{j=1}^{\infty} \frac{c_j}{(n-1)^{(j+1)/2}}\right) \\ &= 1 + \sum_{j=2}^{\infty} \frac{d_j}{(n-1)^{(j+1)/2}} \end{aligned}$$

ただし d_j は，c_j の関数となっているような定数である．ここで特徴的なのは，$E(t)$ よりも t_* の平均の方が，より速いペースで 1 に収束するということである．このため自由度が 1 の χ^2 分布は，t の分布よりも修正された統計量の分布の方を，よりよく近似するはずである．この種の漸近的に χ^2 分布に従う統計量に対する修正は，一般にバートレット修正 (Bartlett adjustment; Bartlett, 1937, 1947) と呼ばれている．バートレット修正に関するより詳細な議論については，Barndorff-Nielsen and Cox (1994) を参照のこと．

第 3 章で論じた固有値に関する不等式のいくつかは，ウィッシャート行列の関数の固有値の分布に関する応用において重要な役割を果たしている．例 10.10 ではこうした応用例の 1 つを紹介する．

例 10.10 例 3.15 で論じた多変量 1 要因分類モデルのような多変数の分散を扱う分析では，BW^{-1} の固有値を利用する．ただし B と W は $m \times m$ 行列であり，それぞれ独立に $B \sim W_m(I_m, b, \Phi)$, $W \sim W_m(I_m, w)$ である (練習問題 10.45 参照)．ここでは，もし非心度行列 Φ の階数が $r < m$ であり，かつ V_1 と V_2 が互いに独立に $V_1 \sim W_{m-r}(I_{m-r}, b-r)$, $V_2 \sim W_{m-r}(I_{m-r}, w)$ であるならば，$i = 1, \ldots, m-r$ において

$$P\{\lambda_{r+i}(BW^{-1}) > c\} \leq P\{\lambda_i(V_1 V_2^{-1}) > c\}$$

であることを示す．ただし，c は任意の定数である．この結果は，正準変数分析 (詳しくは Schott, 1984 を参照) における次元の決定において非常に有用である．まず $\text{rank}(\Phi) = r$

であるから，$\frac{1}{2}T'T = \Phi$ となるような $r \times m$ 行列 T が存在している．ここで $m \times b$ 行列 $M' = (T' \quad (0))$ を定義すると，$\frac{1}{2}M'M = \Phi$ かつ $B \sim W_m(I_m, b, \Phi)$ であるから，$\text{vec}(X') \sim N_{bm}(\text{vec}(M'), I_b \otimes I_m)$ であるような $m \times b$ 行列 X' を用いて，$B = X'X$ と表すことができる．さらに X' を X_1' が $m \times r$ となるようにして $X' = (X_1' \quad X_2')$ と分割すると，

$$B = X_1'X_1 + X_2'X_2 = B_1 + B_2$$

が導かれる．ただし

$$\text{vec}(X_1') \sim N_{rm}(\text{vec}(T'), I_r \otimes I_m)$$
$$\text{vec}(X_2') \sim N_{(b-r)m}(\text{vec}\{(0)\}, I_{b-r} \otimes I_m)$$

であるため，$B_1 = X_1'X_1 \sim W_m(I_m, r, \Phi)$, $B_2 = X_2'X_2 \sim W_m(I_m, b-r)$ となっている．ここで，ある固定された B_1 に対して $F'B_1F = (0)$, $F'F = I_{m-r}$ を満たすような任意の $m \times (m-r)$ 行列 F を考え，以下の集合を定義する．

$$S_1(B_1) = \{B_2, W : \lambda_{r+i}(BW^{-1}) > c\}$$
$$S_2(B_1) = \{B_2, W : \lambda_i\{(F'B_2F)(F'WF)^{-1}\} > c\}$$

すると練習問題 3.43(a) より

$$\lambda_i\{(F'BF)(F'WF)^{-1}\} = \lambda_i\{(F'B_2F)(F'WF)^{-1}\} \geq \lambda_{r+i}(BW^{-1})$$

であるから，すべての固定された B_1 について $S_1(B_1) \subseteq S_2(B_1)$ となる．また定理 10.25 より，$V_1 = F'B_2F \sim W_{m-r}(I_{m-r}, b-r)$, $V_2 = F'WF \sim W_{m-r}(I_{m-r}, w)$ である．したがって $g(W), f_1(B_1), f_2(B_2)$ を，それぞれ W, B_1, B_2 の密度関数とするならば，以下が成立する．

$$\begin{aligned}\int_{S_1(B_1)} g(W)f_2(B_2)dWdB_2 &\leq \int_{S_2(B_1)} g(W)f_2(B_2)dWdB_2\\ &= P\{\lambda_i(V_1V_2^{-1}) > c\}\end{aligned}$$

また集合

$$C_1 = \{B_1, B_2, W : \lambda_{r+i}(BW^{-1}) > c\}$$
$$C_2 = \{B_1 : B_1\text{が正定値である }\}$$

を定義すれば，以下より求める結果が得られる．

$$\begin{aligned}P\{\lambda_{r+i}(BW^{-1}) > c\} &= \int_{C_1} g(W)f_1(B_1)f_2(B_2)dWdB_1dB_2\\ &= \int_{C_2}\left\{\int_{S_1(B_1)} g(W)f_2(B_2)dWdB_2\right\} f_1(B_1)dB_1\end{aligned}$$

$$\le \int_{C_2} P\{\lambda_i(V_1V_2^{-1}) > c\} f_1(B_1)dB_1$$
$$= P\{\lambda_i(V_1V_2^{-1}) > c\}$$

標本相関行列と標本共分散行列の関係と，例 10.8 で導いた $\mathrm{var}\{\mathrm{vec}(S)\}$ の表現を用いることで，$\mathrm{vec}(R)$ の漸近共分散行列の表現を得ることができる．これが，本書最後の例で扱う内容となる．

例 10.11　例 10.8 と同様に，$\boldsymbol{x}_1, \ldots, \boldsymbol{x}_n$ が各 i について独立に $\boldsymbol{x}_i \sim N_m(\boldsymbol{\mu}, \Omega)$ となっており，この標本から計算される標本相関行列と標本共分散行列を，それぞれ S と R とする．ここで $m \times m$ 行列 X を用いて $D_X^a = \mathrm{diag}(x_{11}^a, \ldots, x_{mm}^a)$ と表すと，標本相関行列は以下のとおりとなる．

$$R = D_S^{-1/2} S D_S^{-1/2}$$

これに対して母相関行列は

$$P = D_\Omega^{-1/2} \Omega D_\Omega^{-1/2}$$

である．いま，もし $\boldsymbol{y}_i = D_\Omega^{-1/2}\boldsymbol{x}_i$ と定義するならば，$\boldsymbol{y}_1, \ldots, \boldsymbol{y}_n$ は各々が独立に $\boldsymbol{y}_i \sim N_m(D_\Omega^{-1/2}\boldsymbol{\mu}, P)$ となることに着目する．$\boldsymbol{y}_i$ から求められる標本共分散行列を S_* によって表すと，$S_* = D_\Omega^{-1/2} S D_\Omega^{-1/2}$，$D_{S_*}^{-1/2} = D_S^{-1/2} D_\Omega^{1/2} = D_\Omega^{1/2} D_S^{-1/2}$ であるから，

$$\begin{aligned} D_{S_*}^{-1/2} S_* D_{S_*}^{-1/2} &= D_S^{-1/2} D_\Omega^{1/2} (D_\Omega^{-1/2} S D_\Omega^{-1/2}) D_\Omega^{1/2} D_S^{-1/2} \\ &= D_S^{-1/2} S D_S^{-1/2} = R \end{aligned}$$

となる．すなわち $\boldsymbol{y}_i$ から計算される標本相関行列は，$\boldsymbol{x}_i$ から得られるそれと同じだということである．ここで，もし $A = S_* - P$ であるとすると，R の 1 次の近似式は以下のとおりとなる (練習問題 9.20 参照)．

$$R = P + A - \frac{1}{2}(PD_A + D_AP)$$

よって

$$\begin{aligned} \mathrm{vec}(R) &= \mathrm{vec}(P) + \mathrm{vec}(A) - \frac{1}{2}\{\mathrm{vec}(PD_A) + \mathrm{vec}(D_AP)\} \\ &= \mathrm{vec}(P) + \mathrm{vec}(A) - \frac{1}{2}\{(I_m \otimes P) + (P \otimes I_m)\}\mathrm{vec}(D_A) \\ &= \mathrm{vec}(P) + \Big(I_m^2 - \frac{1}{2}\{(I_m \otimes P) \\ &\quad + (P \otimes I_m)\}\Lambda_m\Big)\mathrm{vec}(A) \end{aligned} \tag{10.17}$$

を得る．ただし，

$$\Lambda_m = \sum_{i=1}^{m} (E_{ii} \otimes E_{ii})$$

である．したがって

$$\mathrm{var}\{\mathrm{vec}(A)\} = \mathrm{var}\{\mathrm{vec}(S_*)\} = \frac{2}{n-1} N_m(P \otimes P) N_m$$

より，次のような 1 次の近似式を導くことができる．

$$\mathrm{var}\{\mathrm{vec}(R)\} = \frac{2}{n-1} H N_m(P \otimes P) N_m H'$$

ここで行列 H は，(10.17) 式の最後の表現において $\mathrm{vec}(A)$ に前から乗じられている部分である．さらに

$$\Theta = \{I_{m^2} - (I_m \otimes P)\Lambda_m\}(P \otimes P)\{I_{m^2} - \Lambda_m(I_m \otimes P)\}$$

を利用して整理することで，以下を得る (練習問題 10.49 参照)．

$$\mathrm{var}\{\mathrm{vec}(R)\} = \frac{2}{n-1} N_m \Theta N_m \tag{10.18}$$

R は各対角成分が 1 となっている対称行列であるため，$\tilde{\mathrm{v}}(R)$ によって冗長かつ非確率変数である要素を取り除くことが可能である．8.7 節で扱った行列 $\tilde{L}_m$ を利用すると $\tilde{\mathrm{v}}(R) = \tilde{L}_m \mathrm{vec}(R)$ となるから，$\tilde{\mathrm{v}}(R)$ の漸近共分散行列は

$$\mathrm{var}\{\tilde{\mathrm{v}}(R)\} = \frac{2}{n-1} \tilde{L}_m N_m \Theta N_m \tilde{L}_m'$$

と導かれる．ここで，アダマール積とそれに関する性質が，Θ の演算を含むような分析においては有用となることに着目したい．

$$\begin{aligned}\Theta = P \otimes P &- (I_m \otimes P)\Lambda_m(P \otimes P) - (P \otimes P)\Lambda_m(I_m \otimes P) \\ &+ (I_m \otimes P)\Lambda_m(P \otimes P)\Lambda_m(I_m \otimes P)\end{aligned}$$

が成り立つが，この式の右辺最終項は，以下のように表すこともできる．

$$(I_m \otimes P)\Lambda_m(P \otimes P)\Lambda_m(I_m \otimes P) = (I_m \otimes P)\Psi_m'(P \odot P)\Psi_m(I_m \otimes P)$$

練習問題

10.1 定理 10.1 の証明では，もし A が $m \times m$ ベキ等行列ならば，$\mathrm{rank}(A) + \mathrm{rank}(I_m - A) = m$ であることを確認した．この逆を証明せよ．すなわち，もし A が $\mathrm{rank}(A) + \mathrm{rank}(I_m - A) = m$ を満たす $m \times m$ 行列ならば，A が $m \times m$ ベキ等行列であることを示せ．

10.2 A を $m \times m$ ベキ等行列とする．以下のそれぞれの行列もベキ等であることを示せ．

(a) A'
(b) B を $m \times m$ 非特異行列として，BAB^{-1}
(c) n を正の整数として，A^n

10.3　A を $m \times m$ 行列とする．以下に示す行列がベキ等行列であることを示せ．

(a) AA^-
(b) A^-A
(c) $A(A'A)^-A'$

10.4　A と B を $m \times m$ 対称ベキ等行列とする．もし，A と B の列空間が同じであれば，$A = B$ となることを示せ．

10.5　$\boldsymbol{x}\boldsymbol{x}'$ がベキ等であるとき，$m \times 1$ ベクトルの集合 $\{\boldsymbol{x}\}$ を決定せよ．

10.6　以下に示す各行列がベキ等であるようなスカラー a, b, c の値を決定せよ．

(a) $a\mathbf{1}_m\mathbf{1}_m'$
(b) $bI_m + c\mathbf{1}_m\mathbf{1}_m'$

10.7　A を $\text{rank}(A) = m$ の $m \times n$ 行列とする．$A'(AA')^{-1}A$ が対称でありかつベキ等であることを示せ．またそのときの階数を求めよ．

10.8　A,B を $m \times m$ 行列とする．もし B が非特異行列でありかつ AB がベキ等であるならば，BA もベキ等であることを証明せよ．

10.9　A が $m \times m$ 行列で，あるスカラー c に対して $A^2 = cA$ であるとする．このとき以下を示せ．

$$\text{tr}(A) = c\,\text{rank}(A)$$

10.10　A を $m \times m$ 対称ベキ等行列，B を $m \times m$ 非負定値行列とする．$I_m - A - B$ が非負定値ならば，$AB = BA = (0)$ であることを証明せよ．

10.11　A を $m \times m$ の対称ベキ等行列，B を $m \times m$ 行列とするとき，以下の問いに答えよ．

(a) もし $AB = B$ であるならば，$A - BB^+$ が，階数 $\text{rank}(A) - \text{rank}(B)$ の対称ベキ等行列になることを示せ．
(b) $AB = (0)$ かつ $\text{rank}(A) + \text{rank}(B) = m$ であるならば，$A = I_m - BB^+$ となることを示せ．

10.12　系 10.7.1 の条件 (a) と (d) を満たすが，条件 (b) と (c) は満たさないような行列 $A_1, \ldots, A_k$ の例を得よ．同様に，条件 (c) と (d) は満たすが，条件 (a) と (b) は満たさないような行列の例を得よ．

10.13　定理 10.11 を証明せよ.

10.14　Ω を正定値として, $\boldsymbol{x} \sim N_m(\boldsymbol{\mu}, \Omega)$, A は $m \times m$ 対称行列とする.

(a) $y = \boldsymbol{x}'A\boldsymbol{x}$ の積率母関数が以下のように表せることを示せ.

$$m_y(t) = |I_m - 2tA\Omega|^{-1/2} \exp\left\{-\frac{1}{2}\boldsymbol{\mu}'[I_m - (I_m - 2tA\Omega)^{-1}]\Omega^{-1}\boldsymbol{\mu}\right\}$$

(b) もし $w \sim \chi_r^2(\frac{1}{2}\boldsymbol{\mu}'A\boldsymbol{\mu})$ ならば, これは以下のように表せる.

$$m_w(t) = (1-2t)^{-r/2} \exp\left\{-\frac{1}{2}\boldsymbol{\mu}'A\boldsymbol{\mu}[1 - (1-2t)^{-1}]\right\}$$

この結果と (a) で得られた積率母関数を利用して, 定理 10.11 で与えられた十分条件が必要条件でもあることを示せ. これは 2 つの $\boldsymbol{\mu} = \boldsymbol{0}$ における積率母関数の等価性と $A\Omega$ が階数 r のベキ等でなければならないことを示した等式の性質を利用することによって得られる.

10.15　A を階数 $r = \text{rank}(A)$ をもつ $m \times m$ 対称行列とし, $\boldsymbol{x} \sim N_m(\boldsymbol{0}, I_m)$ とする. $\boldsymbol{x}'A\boldsymbol{x}$ の分布が, それぞれ自由度が 1 である r 個の χ^2 確率変数の線形結合で表現されうることを示せ. また, A がベキ等であるための十分条件は何か.

10.16　練習問題 10.15 の結果を $\boldsymbol{x} \sim N_m(\boldsymbol{0}, \Omega)$ の場合に拡張せよ. ここで, Ω は非負定値行列である. つまり, A が対称行列であるとき $\boldsymbol{x}'A\boldsymbol{x}$ が独立な自由度 1 の χ^2 確率変数の線形結合として表現されることを示せ. 線形結合の中に, いくつの χ^2 確率変数が含まれるか.

10.17　$x_1, \ldots, x_n$ を, 平均 μ, 分散 σ^2 の正規分布からのランダム標本とし, $\bar{x}$ はその標本平均とする. $\boldsymbol{x} = (x_1, \ldots, x_n)'$ のときベクトル $(\boldsymbol{x} - \mu\boldsymbol{1}_n)$ における 2 次形式として

$$t = \frac{n(\bar{x} - \mu)^2}{\sigma^2}$$

と表現する. このとき t の分布は何か.

10.18　$\boldsymbol{x} \sim N_m(\boldsymbol{\mu}, \Omega)$ とする. ここで Ω は正定値であり, A および B は $m \times m$ 対称行列であるとする. 定理 10.13 で与えられた十分条件は, 必要条件でもあることを示せ. つまり, もし $\boldsymbol{x}'A\boldsymbol{x}$ と $\boldsymbol{x}'B\boldsymbol{x}$ が独立に分布しているならば, $A\Omega B = (0)$ であることを示せ.

10.19　$\boldsymbol{x} \sim N_n(\boldsymbol{\mu}, \Omega)$ であると仮定する. ここで, Ω は正定値である. $\boldsymbol{x}, \boldsymbol{\mu}, \Omega$ を以下のように分割する.

$$\boldsymbol{x} = \begin{bmatrix} \boldsymbol{x}_1 \\ \boldsymbol{x}_2 \end{bmatrix}, \qquad \boldsymbol{\mu} = \begin{bmatrix} \boldsymbol{\mu}_1 \\ \boldsymbol{\mu}_2 \end{bmatrix}, \qquad \Omega = \begin{bmatrix} \Omega_{11} & \Omega_{12} \\ \Omega_{12}' & \Omega_{22} \end{bmatrix}$$

ここで，$\boldsymbol{x}_1$ は $r\times 1$ であり，$\boldsymbol{x}_2$ は $(n-r)\times 1$ である．以下を証明せよ．

(a) $t_1=(\boldsymbol{x}_1-\boldsymbol{\mu}_1)'\Omega_{11}^{-1}(\boldsymbol{x}_1-\boldsymbol{\mu}_1)\sim\chi_r^2$
(b) $t_2=(\boldsymbol{x}-\boldsymbol{\mu})'\Omega^{-1}(\boldsymbol{x}-\boldsymbol{\mu})-(\boldsymbol{x}_1-\boldsymbol{\mu}_1)'\Omega_{11}^{-1}(\boldsymbol{x}_1-\boldsymbol{\mu}_1)\sim\chi_{n-r}^2$
(c) t_1 と t_2 は独立に分布する．

10.20　$\boldsymbol{x}\sim N_m(\boldsymbol{\mu},\Omega)$，$m\times m$ 行列 A_1,A_2 が，独立に $t_1=\boldsymbol{x}'A_1\boldsymbol{x}\sim\chi_{d_1}^2$，$t_2=\boldsymbol{x}'A_2\boldsymbol{x}\sim\chi_{d_2}^2$ であるような行列と仮定する．結果的に $t=(t_1/d_1)/(t_2/d_2)$ は自由度 d_1,d_2 の F 分布に従う．もし $\boldsymbol{y}$ が平均ベクトル $\boldsymbol{\mu}$，共分散行列 Ω をもつ楕円分布に従うならば，$w=(w_1/d_1)/(w_2/d_2)$ は同じ F 分布に従うということを示せ．ここで $w_1=\boldsymbol{y}'A_1\boldsymbol{y}$，$w_2=\boldsymbol{y}'A_2\boldsymbol{y}$ である．

10.21　定理 10.14 を証明せよ．

10.22　ピアソンの χ^2 統計量は以下によって与えられる．

$$t=\sum_{i=1}^{m}\frac{(nx_i-n\mu_i)^2}{n\mu_i}$$

ここで，n は正の整数であり，各 x_i は確率変数，各 μ_i は $\mu_1+\cdots+\mu_m=1$ を満たす非負の定数である．$\boldsymbol{x}=(x_1,\ldots,x_m)'$，$\boldsymbol{\mu}=(\mu_1,\ldots,\mu_m)'$ とし，$D=\mathrm{diag}(\mu_1,\ldots,\mu_m)$ として $\Omega=D-\boldsymbol{\mu}\boldsymbol{\mu}'$ とする．

(a) Ω が特異行列であることを示せ．
(b) $\sqrt{n}(\boldsymbol{x}-\boldsymbol{\mu})\sim N_m(\boldsymbol{0},\Omega)$ ならば，$t\sim\chi_{m-1}^2$ であることを示せ．

10.23　$\boldsymbol{x}\sim N_4(\boldsymbol{0},I_4)$ として，$\boldsymbol{x}$ の要素で作られている 3 つの関数について考える．

$$\begin{aligned}t_1&=\frac{1}{4}(x_1+x_2+x_3+x_4)^2+\frac{1}{2}(x_1-x_2)^2\\t_2&=\frac{1}{12}(x_1+x_2+x_3-3x_4)^2\\t_3&=(x_1+x_2-2x_3)^2+(x_3-x_4)^2\end{aligned}$$

(a) t_1,t_2,t_3 を $\boldsymbol{x}$ の 2 次形式として表せ．
(b) これらの統計量のどれが χ^2 分布に従うだろうか．
(c) これらの統計量のペア，t_1 と t_2，t_1 と t_3，t_2 と t_3 のどれが独立に分布しているだろうか．

10.24　$\boldsymbol{x}\sim N_4(\boldsymbol{\mu},\Omega)$ と仮定する．ただし，$\boldsymbol{\mu}=(1,-1,1,-1)'$, $\Omega=I_4+\mathbf{1}_4\mathbf{1}_4'$ である．下のように定義したとき，以下の問いに答えよ．

$$t_1=\frac{1}{2}(x_1-x_2)^2+\frac{1}{2}(x_3-x_4)^2$$

$$t_2 = \frac{1}{2}(x_1 + x_2)^2 + \frac{1}{2}(x_3 + x_4)^2$$

(a) t_1 もしくは t_2 が，χ^2 分布に従うかどうかを調べよ．また，もし従うならば，その母数を求めよ．

(b) t_1 と t_2 が独立に分布するかどうかを調べよ．

10.25　定理 10.15 を証明せよ．

10.26　定理 10.16 を証明せよ．

10.27　この問題の目的は，例 10.5 の結果を仮説 $H\boldsymbol{\beta} = \boldsymbol{c}$ の検定に一般化することにある．ここで H は階数 m_2 の $m_2 \times m$ 行列であり，$\boldsymbol{c}$ は $m_2 \times 1$ ベクトルである．すなわち例 10.5 はこの問題の $H = ((0) \quad I_{m_2})$, かつ $\boldsymbol{c} = \boldsymbol{0}$ という特殊な場合を扱ったものであった．G を階数 $m - m_2$ の $(m - m_2) \times m$ 行列とし，$HG' = (0)$ を満たすとする．退化したモデルが以下となることを示せ．

$$\boldsymbol{y}_* = X_* \boldsymbol{\beta}_* + \boldsymbol{\epsilon}$$

ただしここで $\boldsymbol{y}_* = \boldsymbol{y} - XH'(HH')^{-1}, X_* = XG'(GG')^{-1}, \boldsymbol{\beta}_* = G\boldsymbol{\beta}$ である．この退化モデルの平方誤差の和と完全なモデルの平方誤差を用いて適切な F 統計量を構成せよ．

10.28　$r = \mathrm{rank}(\Omega) < m$ として，$\boldsymbol{x} \sim N_m(\boldsymbol{0}, \Omega)$ を考える．T が $TT' = \Omega$ を満たす任意の $m \times r$ 行列であり，$\boldsymbol{z} \sim N_r(\boldsymbol{0}, I_r)$ であるならば，$\boldsymbol{x}$ は $T\boldsymbol{z}$ と同様に分布する．このことを用いて，定理 10.21 で正定値行列 Ω に与えられた公式は，非負定値行列 Ω に対しても成り立つことを示せ．

10.29　$\boldsymbol{z} \sim N_m(\boldsymbol{0}, I_m)$ とする．標準正規分布のはじめの 6 つの積率が，0,1,0,3,0,15 ということを利用して，以下を示せ．

$$\begin{aligned} E(\boldsymbol{z}\boldsymbol{z}' \otimes \boldsymbol{z}\boldsymbol{z}' \otimes \boldsymbol{z}\boldsymbol{z}') = I_{m^3} &+ \frac{1}{2}\sum_{i=1}^{m}\sum_{j=1}^{m}(I_m \otimes T_{ij} \otimes T_{ij} \\ &+ T_{ij} \otimes I_m \otimes T_{ij} + T_{ij} \otimes T_{ij} \otimes I_m) \\ &+ \sum_{i=1}^{m}\sum_{j=1}^{m}\sum_{k=1}^{m}(T_{ij} \otimes T_{ik} \otimes T_{jk}) \end{aligned}$$

ただし，$T_{ij} = E_{ij} + E_{ji}$ である．

10.30　$\boldsymbol{z} \sim N_m(\boldsymbol{0}, I_m)$ と仮定する．

(a) 以下が成り立つことを示せ．

$$E(\boldsymbol{z}\boldsymbol{z}' \otimes \boldsymbol{z}\boldsymbol{z}') = N_m\{2I_{m^2} + \mathrm{vec}(I_m)\mathrm{vec}(I_m)'\}N_m$$

(b) Δ を練習問題 8.59 で定義された行列とする．練習問題 10.29 で与えられた 6 次の積率はより簡潔に次のように表現できることを示せ．

$$E(\boldsymbol{z}\boldsymbol{z}' \otimes \boldsymbol{z}\boldsymbol{z}' \otimes \boldsymbol{z}\boldsymbol{z}') = \Delta\{6I_{m^3} + 9I_m \otimes \mathrm{vec}(I_m)\mathrm{vec}(I_m)'\}\Delta$$

ただし，$E(\boldsymbol{z}\boldsymbol{z}' \otimes \boldsymbol{z}\boldsymbol{z}' \otimes \boldsymbol{z}\boldsymbol{z}' \otimes \boldsymbol{z}\boldsymbol{z}')$ のような $\boldsymbol{z}$ の高次積率行列の表現は Schott (2003) にみられる．

10.31　$\boldsymbol{y}$ は平均ベクトル $\mathbf{0}$，共分散行列 Ω の楕円分布に従い，有限な 4 次の積率をもつとする．

(a) ある定数 c に対して以下が成り立つことを示せ．

$$E(\boldsymbol{y}\boldsymbol{y}' \otimes \boldsymbol{y}\boldsymbol{y}') = c\{2N_m(\Omega \otimes \Omega) + \mathrm{vec}(\Omega)\mathrm{vec}(\Omega)'\}$$

(b) (a) で与えられた表現を用いて，i の選択にかかわらず以下が成り立つことを示せ．

$$c = \frac{E(y_i^4)}{3\{E(y_i^2)\}^2}$$

(c) S をこの楕円分布から得られるサイズ n のランダム標本から計算される標本共分散行列であるとする．このとき，大きな n に対して以下となることを示せ．

$$\mathrm{var}\{\mathrm{vec}(S)\} \approx \frac{1}{n-1}\{2cN_m(\Omega \otimes \Omega) + (c-1)\mathrm{vec}(\Omega)\mathrm{vec}(\Omega)'\}$$

(d) R を標本相関行列であるとするとき，1 次の近似

$$\mathrm{var}\{\mathrm{vec}(R)\} \approx \frac{2c}{n-1}N_m\Theta N_m$$

が成り立つことを示せ．ここで，Θ は例 10.11 で定義されたものと同義である．

10.32　$\boldsymbol{u}$ が m 次元の単位球面状で一様に分布していると仮定する．

(a) 以下を証明せよ．

$$E(\boldsymbol{u} \otimes \boldsymbol{u}) = m^{-1}\mathrm{vec}(I_m)$$

(b) 以下を証明せよ．

$$E(\boldsymbol{u}\boldsymbol{u}' \otimes \boldsymbol{u}\boldsymbol{u}') = \{m(m+2)\}^{-1}\{2N_m + \mathrm{vec}(I_m)\mathrm{vec}(I_m)'\}$$

10.33　A, B, C を $m \times m$ 対称行列とし，$\boldsymbol{x} \sim N_m(\mathbf{0}, I_m)$ と仮定する．

(a) 以下を示せ．

$$E(\boldsymbol{x}'A\boldsymbol{x}\boldsymbol{x}'B\boldsymbol{x}\boldsymbol{x}'C\boldsymbol{x}) = \mathrm{tr}\left\{(A \otimes B \otimes C)E(\boldsymbol{x}\boldsymbol{x}' \otimes \boldsymbol{x}\boldsymbol{x}' \otimes \boldsymbol{x}\boldsymbol{x}')\right\}$$

(b) 上問 (a) と練習問題 10.29 の結果を用いて，定理 10.23 で与えられた

$$E(\boldsymbol{x}'A\boldsymbol{x}\boldsymbol{x}'B\boldsymbol{x}\boldsymbol{x}'C\boldsymbol{x})$$

の公式を導け．

10.34 $\boldsymbol{x} \sim N_m(\boldsymbol{\mu}, \Omega)$ とする．Ω は正定値行列である．

(a) 定理 10.20 を用いて $\mathrm{var}(\boldsymbol{x} \otimes \boldsymbol{x}) = 2N_m(\Omega \otimes \Omega + \Omega \otimes \boldsymbol{\mu}\boldsymbol{\mu}' + \boldsymbol{\mu}\boldsymbol{\mu}' \otimes \Omega)$ であることを証明せよ．

(b) 行列 $(\Omega \otimes \Omega + \Omega \otimes \boldsymbol{\mu}\boldsymbol{\mu}' + \boldsymbol{\mu}\boldsymbol{\mu}' \otimes \Omega)$ が非特異であることを証明せよ．

(c) N_m の固有値を求めよ．そしてその結果を (b) の結果とともに用いて $\mathrm{rank}\{\mathrm{var}(\boldsymbol{x} \otimes \boldsymbol{x})\} = m(m+1)/2$ を証明せよ．

10.35 $m \times 1$ ベクトル $\boldsymbol{x}$ と $n \times 1$ ベクトル $\boldsymbol{y}$ が，$E(\boldsymbol{x}) = \boldsymbol{\mu}_1$ と $E(\boldsymbol{y}) = \boldsymbol{\mu}_2$，ならびに $E(\boldsymbol{x}\boldsymbol{x}') = V_1$ と $E(\boldsymbol{y}\boldsymbol{y}') = V_2$ であるような独立の分布に従っているものとする．このとき以下を示せ．

(a) $E(\boldsymbol{x}\boldsymbol{y}' \otimes \boldsymbol{x}\boldsymbol{y}') = \mathrm{vec}(V_1)\{\mathrm{vec}(V_2)\}'$

(b) $E(\boldsymbol{x}\boldsymbol{y}' \otimes \boldsymbol{y}\boldsymbol{x}') = (V_1 \otimes V_2)K_{mn} = K_{mn}(V_2 \otimes V_1)$

(c) $E(\boldsymbol{x} \otimes \boldsymbol{x} \otimes \boldsymbol{y} \otimes \boldsymbol{y}) = \mathrm{vec}(V_1) \otimes \mathrm{vec}(V_2)$

(d) $E(\boldsymbol{x} \otimes \boldsymbol{y} \otimes \boldsymbol{x} \otimes \boldsymbol{y}) = (I_m \otimes K_{nm} \otimes I_n)\{\mathrm{vec}(V_1) \otimes \mathrm{vec}(V_2)\}$

(e) $\mathrm{var}(\boldsymbol{x} \otimes \boldsymbol{y}) = V_1 \otimes V_2 - \boldsymbol{\mu}_1\boldsymbol{\mu}_1' \otimes \boldsymbol{\mu}_2\boldsymbol{\mu}_2'$

10.36 A, B, C を $m \times m$ 対称行列とし，$\boldsymbol{a}$ と $\boldsymbol{b}$ を $m \times 1$ 定数ベクトルとする．$\boldsymbol{x} \sim N_m(\boldsymbol{0}, \Omega)$ のとき以下を証明せよ．

(a) $E(\boldsymbol{x}'A\boldsymbol{a}\boldsymbol{x}'B\boldsymbol{b}) = \boldsymbol{a}'A\Omega B\boldsymbol{b}$

(b) $E(\boldsymbol{x}'A\boldsymbol{a}\boldsymbol{x}'B\boldsymbol{b}\boldsymbol{x}'C\boldsymbol{x}) = \boldsymbol{a}'A\Omega B\boldsymbol{b}\mathrm{tr}(\Omega C) + 2\boldsymbol{a}'A\Omega C\Omega B\boldsymbol{b}$

10.37 $\boldsymbol{x} \sim N_4(\boldsymbol{\mu}, \Omega)$ と仮定する．ただし，$\boldsymbol{\mu} = \boldsymbol{1}_4$, $\Omega = 4I_4 + \boldsymbol{1}_4\boldsymbol{1}_4'$ である．また，確率変数 t_1, t_2 を

$$t_1 = (x_1 + x_2 - 2x_3)^2 + (x_3 - x_4)^2$$
$$t_2 = (x_1 - x_2 - x_3)^2 + (x_1 + x_2 - x_4)^2$$

と定義する．このとき定理 10.22 を用いて，以下を求めよ．

(a) $\mathrm{var}(t_1)$

(b) $\mathrm{var}(t_2)$

(c) $\mathrm{cov}(t_1, t_2)$

10.38 例 10.7 の終わりで与えられた $E(t_1)$ と $\mathrm{var}(t_1)$ についての数式を確認せよ.

10.39 $V_1 \sim W_m(\Omega, n_1)$ と $V_2 \sim W_m(\Omega, n_2)$ が独立に分布していると仮定する. $V_1 + V_2 \sim W_m(\Omega, n_1 + n_2)$ となることを示せ.

10.40 $V \sim W_m(\Omega, n, \Phi)$ とする. ここで $\boldsymbol{a}$ は非ゼロな $m \times 1$ 定数行列とする. $\boldsymbol{a}'V\boldsymbol{a}/\boldsymbol{a}'\Omega\boldsymbol{a} \sim \chi_n^2(\lambda)$ であることを示せ. ただし $\lambda = \boldsymbol{a}'\Phi\boldsymbol{a}/\boldsymbol{a}'\Omega\boldsymbol{a}$ とする.

10.41 Ω は正定値行列であり, $V \sim W_m(\Omega, n)$ とする. また, V_k と Ω_k はそれぞれ, V と Ω の $k \times k$ 先頭主部分行列であるとする. つまり V_k は V から, Ω_k は Ω から最後の $m-k$ 行を消去することで得られる. もし $|V_0| = 1$ かつ $|\Omega_0| = 1$ と定義するならば, $k = 1, \ldots, m$ に対して以下であることを示せ.

$$\frac{|V_k|}{|V_{k-1}|}\frac{|\Omega_{k-1}|}{|\Omega_k|} \sim \chi^2_{n-k+1}$$

10.42 $\boldsymbol{x} \sim N_m(\boldsymbol{\mu}, \Omega)$ と仮定する. ここで, Ω は正定値行列である. $\boldsymbol{x}$ を $\boldsymbol{x} = (\boldsymbol{x}_1', \boldsymbol{x}_2')'$ のように分割する. ただし, $\boldsymbol{x}_1$ は $m_1 \times 1$, $\boldsymbol{x}_2$ は $m_2 \times 1$ とする. 同様に, $\boldsymbol{\mu}$ と Ω を以下のように分割する.

$$\boldsymbol{\mu} = \begin{bmatrix} \boldsymbol{\mu}_1 \\ \boldsymbol{\mu}_2 \end{bmatrix}, \quad \Omega = \begin{bmatrix} \Omega_{11} & \Omega_{12} \\ \Omega_{12}' & \Omega_{22} \end{bmatrix}$$

(a) $E(\boldsymbol{x}_1 \otimes \boldsymbol{x}_2) = \mathrm{vec}(\Omega_{12}') + \boldsymbol{\mu}_1 \otimes \boldsymbol{\mu}_2$ を示せ.
(b) 以下となることを示せ.

$$\begin{aligned}\mathrm{var}(\boldsymbol{x}_1 \otimes \boldsymbol{x}_2) = {} & \Omega_{11} \otimes \Omega_{22} + \Omega_{11} \otimes \boldsymbol{\mu}_2\boldsymbol{\mu}_2' + \boldsymbol{\mu}_1\boldsymbol{\mu}_1' \otimes \Omega_{22} \\ & + K_{m_1m_2}(\Omega_{12}' \otimes \Omega_{12} + \Omega_{12}' \otimes \boldsymbol{\mu}_1\boldsymbol{\mu}_2' \\ & + \boldsymbol{\mu}_2\boldsymbol{\mu}_1' \otimes \Omega_{12})\end{aligned}$$

10.43 $m \times n$ 行列 X' の列は互いに独立に同一の分布 $N_m(\mathbf{0}, \Omega)$ に従っているとする. $n \times m$ 行列 M と $n \times n$ 行列 A は定数を含むと仮定して, $V = (X+M)'A(X+M)$ を定義する. このとき以下が成り立つことを示せ.

$$\begin{aligned}\mathrm{var}\{\mathrm{vec}(\mathrm{V})\} = {} & \{\mathrm{tr}(A'A)\}(\Omega \otimes \Omega) + \{\mathrm{tr}(A^2)\}K_{mm}(\Omega \otimes \Omega) \\ & + M'A'AM \otimes \Omega + \Omega \otimes M'AA'M \\ & + K_{mm}(M'A^2M \otimes \Omega) + K_{mm}(\Omega \otimes M'A^2M)'\end{aligned}$$

10.44 A および B を $m \times n$ 定数行列であるとする. ここで, $\boldsymbol{x} \sim N_n(\boldsymbol{\mu}, \Omega)$ である. Ψ_m を 8.5 節で定義された行列であるとするとき, $(A\boldsymbol{x} \odot B\boldsymbol{x}) = \Psi_m(A\boldsymbol{x} \otimes B\boldsymbol{x})$ が成り立つことに注目する.

(a) 以下が成り立つことを示せ.

$$E(A\boldsymbol{x} \odot B\boldsymbol{x}) = D_{B\Omega A'}\mathbf{1}_m + A\boldsymbol{\mu} \odot B\boldsymbol{\mu}$$

ここで, $D_{B\Omega A'}$ は対角要素が $B\Omega A'$ の対角要素に等しい対角行列である.

(b) 以下が成り立つことを示せ.

$$\begin{aligned}\mathrm{var}(A\boldsymbol{x} \odot B\boldsymbol{x}) = & A(\Omega + \boldsymbol{\mu}\boldsymbol{\mu}')A' \odot B(\Omega + \boldsymbol{\mu}\boldsymbol{\mu}')B' \\ & + B(\Omega + \boldsymbol{\mu}\boldsymbol{\mu}')A' \odot A(\Omega + \boldsymbol{\mu}\boldsymbol{\mu}')B' \\ & - A\boldsymbol{\mu}\boldsymbol{\mu}'A' \odot B\boldsymbol{\mu}\boldsymbol{\mu}'B' - A\boldsymbol{\mu}\boldsymbol{\mu}'B' \odot B\boldsymbol{\mu}\boldsymbol{\mu}'A'\end{aligned}$$

これらの結果の一般化および応用については, Hyndman and Wand (1997), Neudecker and Liu (2001), Neudecker, et al. (1995a), Neudecker, et al. (1995b) を参照せよ.

10.45　$m \times 1$ ベクトル $\{\boldsymbol{y}_{ij}, 1 \le i \le k, 1 \le j \le n_i\}$ は $\boldsymbol{y}_{ij} \sim N_m(\boldsymbol{\mu}_i, \Omega)$ として独立に分布していると仮定する. 多変量分散分析では以下の行列を利用する (例 3.15 参照).

$$B = \sum_{i=1}^{k} n_i(\bar{\boldsymbol{y}}_i - \bar{\boldsymbol{y}})(\bar{\boldsymbol{y}}_i - \bar{\boldsymbol{y}})', \qquad W = \sum_{i=1}^{k}\sum_{j=1}^{n_i}(\boldsymbol{y}_{ij} - \bar{\boldsymbol{y}}_i)(\boldsymbol{y}_{ij} - \bar{\boldsymbol{y}}_i)'$$

ここで,

$$\bar{\boldsymbol{y}}_i = \sum_{j=1}^{n_i}\frac{\boldsymbol{y}_{ij}}{n_i}, \qquad \bar{\boldsymbol{y}} = \sum_{i=1}^{k}\frac{n_i\bar{\boldsymbol{y}}_i}{n}, \qquad n = \sum_{i=1}^{k} n_i$$

である. 定理 10.24 を用いて W と B が独立に分布し, $W \sim W_m(\Omega, w)$ と $B \sim W_m(\Omega, b, \Phi)$ であることを示せ. ただし, $w = n - k, b = k - 1$ であり, また

$$\Phi = \frac{1}{2}\sum_{i=1}^{k} n_i(\boldsymbol{\mu}_i - \bar{\boldsymbol{\mu}})(\boldsymbol{\mu}_i - \bar{\boldsymbol{\mu}})', \qquad \bar{\boldsymbol{\mu}} = \sum_{i=1}^{k}\frac{n_i\boldsymbol{\mu}_i}{n}$$

である.

10.46　$X' = (\boldsymbol{x}_1, \ldots, \boldsymbol{x}_n)$ を $m \times n$ 行列とする. ここで $\boldsymbol{x}_1, \ldots, \boldsymbol{x}_n$ は独立であり, 各 i において $\boldsymbol{x}_i \sim N_m(\mathbf{0}, \Omega)$ である. 以下を示せ.

$$\begin{aligned}E(X \otimes X \otimes X \otimes X) = & \{\mathrm{vec}(I_n) \otimes \mathrm{vec}(I_n)\}\{\mathrm{vec}(\Omega) \otimes \mathrm{vec}(\Omega)\}' \\ & + \mathrm{vec}(I_n \otimes I_n)\{\mathrm{vec}(\Omega \otimes \Omega)\}' + \mathrm{vec}(K_{nn}) \\ & \times [\mathrm{vec}\{K_{mm}(\Omega \otimes \Omega)\}]'\end{aligned}$$

10.47　$X' = (\boldsymbol{x}_1, \ldots, \boldsymbol{x}_n)$ の列が $\boldsymbol{x}_i \sim N_m(\boldsymbol{\mu}_i, \Omega)$ として独立に分布していると仮定する. A を $m \times m$ 対称行列とし, $M' = (\boldsymbol{\mu}_{1s}, \ldots, \boldsymbol{\mu}_n)$ とする. このとき A のスペクトル分解を用いて, 次を証明せよ.

(a) $E(X'AX) = \mathrm{tr}(A)\Omega + M'AM$

(b) $\mathrm{var}\{\mathrm{vec}(X'AX)\} = 2N_m\{\mathrm{tr}(A^2)(\Omega \otimes \Omega) - \Omega \otimes M'A^2M + M'A^2M \otimes \Omega\}$

10.48　$m \times m$ 共分散行列 Ω の最小固有値が重複度 r であり，この最小固有値に対応する Ω の固有射影を P で表すものとする．サイズ n のランダム標本から計算された標本共分散行列を S とし，$A = S - \Omega$ と定義する．このとき，$\lambda_1(S) \geq \cdots \geq \lambda_m(S)$ を S の固有値とすると

$$U = \frac{r^{-1}\sum_{i=m-r+1}^{m}\lambda_i^2(S)}{\{r^{-1}\sum_{i=m-r+1}^{m}\lambda_i(S)\}^2} - 1$$

には A を用いた 2 次の近似公式 (練習問題 9.23 参照)

$$U \approx r^{-1}(\mathrm{tr}(APAP) - r^{-1}\{\mathrm{tr}(AP)\}^2)$$

を適用できる．正規母集団から抽出が行われるとき，この近似を用いて $nrU/2$ が自由度 $r(r+1)/2 - 1$ の χ^2 分布によって近似可能であることを示せ．

10.49　練習問題 8.46(e) と練習問題 8.58 の結果を用いて以下を証明せよ．これによって，(10.18) 式で与えられたように $\mathrm{var}\{\mathrm{vec}(R)\}$ の公式が簡略化できることを示せ．

$$\left(I_{m^2} - \frac{1}{2}\{(I_m \otimes P) + (P \otimes I_m)\}\Lambda_m\right)N_m = N_m\{I_{m^2} - (I_m \otimes P)\Lambda_m\}$$

10.50　$m \times m$ 行列 S を，共分散行列が Ω であり有限な 4 次の積率をもつ正規母集団から抽出された，サイズ n の標本の標本共分散行列であるとする．また，Ω の固有値と正規固有ベクトルを，それぞれ $x_1 \geq \cdots \geq x_m$，$\boldsymbol{q}_1, \ldots, \boldsymbol{q}_m$ で表すことにする．同様にして S の固有値と正規固有ベクトルを，$\lambda_1 \geq \cdots \geq \lambda_m$ および $\boldsymbol{\gamma}_1, \ldots, \boldsymbol{\gamma}_m$ とする．ここで，固有値 $x_1 \geq \cdots \geq x_m$ に対応した固有射影 $P = \sum_{i=1}^{k}\boldsymbol{q}_i\boldsymbol{q}_i'$ について考える．この固有射影の推定値は，$\hat{P} = \sum_{i=1}^{k}\boldsymbol{\gamma}_i\boldsymbol{\gamma}_i'$ によって求めることが可能である．このとき定理 9.7 と，例 10.9 で論じた大標本下での S の性質から，n が大きい場合には，漸近的に $\mathrm{vec}(\hat{P}) \sim N_{m^2}(\mathrm{vec}(P), 2N_m\Psi/(n-1))$ となることを示せ．ただし Ψ は，以下に示す行列である．

$$\Psi = \sum_{i=1}^{k}\sum_{j=k+1}^{m}\frac{x_ix_j}{(x_i - x_j)^2}(\boldsymbol{q}_i\boldsymbol{q}_i' \otimes \boldsymbol{q}_j\boldsymbol{q}_j' + \boldsymbol{q}_j\boldsymbol{q}_j' \otimes \boldsymbol{q}_i\boldsymbol{q}_i')$$

文　　献

1. Agaian, S. S. (1985). *Hadamard Matrices and Their Applications.* Springer-Verlag, Berlin.
2. Anderson, T. W. (1955). The integral of a symmetric unimodal function over a symmetric convex set and some probability inequalities. *Proceedings of the American Mathematical Society*, **6**, 170-176.
3. Anderson, T. W. (1996). Some inequalities for symmetric convex sets with applications. *Annals of Statistics*, **24**, 753-762.
4. Anderson, T. W. and Das Gupta, S. (1963). Some inequalities on characteristic roots of matrices. *Biometrika*, **50**, 522-524.
5. Barndorff-Nielsen, O. E. and Cox, D. R. (1994). *Inferences and Asymptotics.* Chapman and Hall, London.
6. Bartlett, M. S. (1937). Properties of sufficiency and statistical tests. *Proceedings of the Royal Society of London, Ser. A*, **160**, 268-282.
7. Bartlett, M. S. (1947). Multivariate analysis. *Journal of the Royal Statistical Society Supplement, Ser. B*, **9**, 176-197.
8. Basilevsky, A. (1983). *Applied Matrix Algebra in the Statistical Sciences.* North-Holland, New York.
9. Bellman, R. (1970). *Introduction to Matrix Analysis.* McGraw-Hill, New York.
10. Ben-Israel, A. (1966). A note on an iterative method for generalized inversion of matrices. *Mathematics of Computation*, **20**, 439-440.
11. Ben-Israel, A. and Greville, T. N. E. (1974). *Generalized Inverses: Theory and Applications.* John Wiley, New York.
12. Berovitz, L. D. (2002). *Convexity and Optimization in Rn.* John Wiley, New York.
13. Berman, A. and Plemmons, R. J. (1994). *Nonnegative Matrices in the Mathematical Sciences.* Society for Industrial and Applied Mathematics, Singapore.
14. Berman, A. and Shaked-Monderer, N. (2003). *Completely Positive Matrices.* World Scientific, Singapore.
15. Bhattacharya, R. N. and Waymire, E. C. (1990). *Stochastic Processes and Applications.* John Wiley, New York.
16. Boullion, T. L. and Odell, P. L. (1971). *Generalized Inverse Matrices.* John Wiley, New York.
17. Campbell, S. L. and Meyer, C. D. (1979). *Generalized Inverses of Linear Transformations.* Pitman, London.
18. Casella, G. and Berger, R. L. (2002). *Statistical Inference.* Duxbury, Pacific Grove, CA.
19. Cline, R. E. (1964a). Note on the generalized inverse of the product of matrices. *SIAM Review*, **6**, 57-58.
20. Cline, R. E. (1964b). Representations for the generalized inverse of a partitioned matrix. *SIAM Journal of Applied Mathematics*, **12**, 588-600.
21. Cline, R. E. (1965). Representations for the generalized inverse of sums of matrices. *SIAM*

Journal of Numerical Analysis, **2**, 99-114.

22. Cochran, W. G. (1934). The distribution of quadratic forms in a normal system with applications to the analysis of variance. *Proceedings of the Cambridge Philosophical Society*, **30**, 178-191.
23. Davis, P. J. (1979). *Circulant Matrices.* John Wiley, New York.
24. Duff, I. S., Erisman, A. M., and Reid, J. K. (1986). *Direct Methods for Sparse Matrices*, Oxford University Press, Oxford.
25. Dümbgen, L. (1995). A simple proof and refinement of Wielandt's eigenvalue inequality. *Statistics & Probability Letters*, **25**, 113-115.
26. Eaton, M. L. and Tyler, D. E. (1991). On Wielandt's inequality and its application to the asymptotic distribution of the eigenvalues of a random symmetric matrix. *Annals of Statistics*, **19**, 260-271.
27. Elsner, L. (1982). On the variation of the spectra of matrices. *Linear Algebra and Its Applications*, **47**, 127-138.
28. Eubank, R. L. and Webster, J. T. (1985). The singular-value decomposition as a tool for solving estimability problems. *American Statistician*, **39**, 64-66.
29. Fan, K. (1949). On a theorem of Weyl concerning eigenvalues of linear transformations, I. *Proceedings of the National Academy of Sciences of the USA*, **35**, 652-655.
30. Fang, K. T., Kotz, S., and Ng, K. W. (1990). *Symmetric Multivariate and Related Distributions.* Chapman and Hall, London.
31. Ferguson, T. S. (1967). *Mathematical Statistics: A Decision Theoretic Approach.* Academic Press, New York.
32. Gantmacher, F. R. (1959). *The Theory of Matrices*, Volumes I and II. Chelsea, New York.
33. Golub, G. H. and Van Loan, C. F. (1996). *Matrix Computations*, 3rd ed. Johns Hopkins University Press, Baltimore.
34. Graybill, F. A. (1983). *Matrices with Applications in Statistics*, 2nd ed. Wadsworth, Belmont, CA.
35. Grenander, U. and Szego, G. (1984). *Toeplitz Forms and Their Applications.* Chelsea, New York.
36. Greville, T. N. E. (1960). Some applications of the pseudoinverse of a matrix. *SIAM Review*, **2**, 15-22.
37. Greville, T. N. E. (1966). Note on the generalized inverse of a matrix product. *SIAM Review*, **8**, 518-521.
38. Gross, J. (2000). The Moore-Penrose inverse of a partitioned nonnegative definite matrix. *Linear Algebra and its Applications*, **321**, 113-121.
39. Hageman, L. A. and Young, D. M. (1981). *Applied Iterative Methods.* Academic Press, New York.
40. Hammarling, S. J. (1970). *Latent Roots and Latent Vectors.* University of Toronto Press, Toronto.
41. Harville, D. A. (1997). *Matrix Algebra from a Statistician's Perspective.* Springer, New York.
42. Healy, M. J. R. (1986). *Matrices for Statistics.* Clarendon Press, Oxford.
43. Hedayat, A. and Wallis, W. D. (1978). Hadamard matrices and their applications. *Annals of Statistics*, **6**, 1184-1238.
44. Heinig, G. and Rost, K. (1984). *Algebraic Methods for Toeplitz-like Matrices and Operators.* Birkhäuser, Basel.
45. Henderson, H. V. and Searle, S. R. (1979). Vec and vech operators for matrices with some uses in Jacobians and multivariate statistics. *Canadian Journal of Statistics*, **7**, 65-81.
46. Hinch, E. J. (1991). *Perturbation Methods.* Cambridge University Press, Cambridge.

47. Horn, R. A. and Johnson, C. R. (1985). *Matrix Analysis*. Cambridge University Press, Cambridge.
48. Horn, R. A. and Johnson, C. R. (1991). *Topics in Matrix Analysis*. Cambridge University Press, Cambridge.
49. Hotelling, H. (1933). Analysis of a complex of statistical variables into principal components. *Journal of Educational Psychology*, **24**, 417-441, 498-520.
50. Huberty, C. J. (1994). *Applied Discriminant Analysis*. John Wiley, New York.
51. Hyndman, R. J. and Wand, M. P. (1997). Nonparametric autocovariance function estimation. *Australian Journal of Statistics*, **39**, 313-324.
52. Im, E. I. (1997). Narrower eigenbounds for Hadamard products. *Linear Algebra and Its Applications*, **254**, 141-144.
53. Jackson, J. E. (1991). *A User's Guide to Principal Components*. John Wiley, New York.
54. Jolliffe, I. T. (2002). *Principal Component Analysis*, 2nd ed. Springer-Verlag, New York.
55. Johnson, N. L., Kotz, S., and Balakrishnan, N. (1997). *Discrete Multivariate Distributions*. John Wiley, New York.
56. Kato, T. (1982). *A Short Introduction to Perturbation Theory for Linear Operators*. Springer-Verlag, New York.
57. Kelly, P. J. and Weiss, M. L. (1979). *Geometry and Convexity*. John Wiley, New York.
58. Khuri, A. (2003). *Advanced Calculus with Applications in Statistics*, 2nd ed. John Wiley, New York.
59. Krzanowski, W. J. (2000). *Principles of Multivariate Analysis: A User's Perspective*, Revised ed. Clarendon Press, Oxford.
60. Lanczos, C. (1950). An iteration method for the solution of the eigenvalue problem of linear differential and integral operators. *Journal of Research of the National Bureau of Standards*, **45**, 255-282.
61. Lay, S. R. (1982). *Convex Sets and Their Applications*. John Wiley, New York.
62. Lidskiĭ, V. (1950). The proper values of the sum and product of symmetric matrices. *Dokl. Akad. Nauk. SSSR*, **75**, 769-772 (in Russian). (Translated by C. D. Benster, U. S. Department of Commerce, National Bureau of Standards, Washington, D.C., N.B.S. Rep. 2248, 1953).
63. Lindgren, B. W. (1993). *Statistical Theory*, 4th ed. Chapman and Hall, New York.
64. Magnus, J. R. (1978). The moments of products of quadratic forms in normal variables. *Statistica Neerlandica*, **32**, 201-210.
65. Magnus, J. R. (1988). *Linear Structures*. Charles Griffin, London.
66. Magnus, J. R. and Neudecker, H. (1979). The commutation matrix: Some properties and applications. *Annals of Statistics*, **7**, 381-394.
67. Magnus, J. R. and Neudecker, H. (1988). *Matrix Differential Calculus with Applications in Statistics and Econometrics*. John Wiley, New York.
68. Magnus, J. R. and Neudecker, H. (1999). *Matrix Differential Calculus with Applications in Statistics and Econometrics*, Revised ed. John Wiley, New York.
69. Mandel, J. (1982). Use of the singular value decomposition in regression analysis. *American Statistician*, **36**, 15-24.
70. Mardia, K. V., Kent, J. T., and Bibby, J. M. (1979). *Multivariate Analysis*. Academic Press, New York.
71. Marshall, A. W. and Olkin, I. (1979). *Inequalities: Theory of Majorization and Its Applications*. Academic Press, New York.
72. Mathai, A. M. and Provost, S. B. (1992). *Quadratic Forms in Random Variables*. Marcel Dekker, New York.
73. McCullagh, P. (1987). *Tensor Methods in Statistics*. Chapman and Hall, London.

74. McLachlan, G. J. (1992). *Discriminant Analysis and Statistical Pattern Recognition.* John Wiley, New York.
75. Medhi, J. (1994). *Stochastic Processes.* John Wiley, New York.
76. Miller, R. G., Jr. (1981). *Simultaneous Statistical Inference*, 2nd ed. Springer-Verlag, New York.
77. Minc, H. (1988). *Nonnegative Matrices.* John Wiley, New York.
78. Moore, E. H. (1920). On the reciprocal of the general algebraic matrix (Abstract). *Bulletin of the American Mathematical Society*, **26**, 394-395.
79. Moore, E. H. (1935). General analysis. *Memoirs of the American Philosophical Society*, **1**, 147-209.
80. Morrison, D. F. (2005). *Multivariate Statistical Methods*, 4th ed. McGraw-Hill, New York.
81. Muirhead, R. J. (1982). *Aspects of Multivariate Statistical Theory.* John Wiley, New York.
82. Nayfeh, A. H. (1981). *Introduction to Perturbation Techniques.* John Wiley, New York.
83. Nel, D. G. (1980). On matrix differentiation in statistics. *South African Statistical Journal*, **14**, 137-193.
84. Nelder, J. A. (1985). An alternative interpretation of the singular-value decomposition in regression. *American Statistician*, **39**, 63-64.
85. Neter, J., Wasserman, W., and Kutner, M. H. (1990). *Applied Linear Statistical Models: Regression, Analysis of Variance, and Experimental Design*, 3rd ed. Irwin, Homewood, IL.
86. Neudecker, H. and Liu, S. (2001). Statistical properties of the Hadamard product of random vectors. *Statistical Papers*, **42**, 529-533.
87. Neudecker, H., Liu, S., and Polasek, W. (1995a). The Hadamard product and some of its applications in statistics. *Statistics*, **26**, 365-373.
88. Neudecker, H., Polasek, W., and Liu, S. (1995b). The heteroskedastic linear regression model and the Hadamard product: A note. *Journal of Econometrics,* **68**, 361-366.
89. Olkin, I. and Tomsky, J. L. (1981). A new class of multivariate tests based on the union-intersection principle. *Annals of Statistics*, **9**, 792-802.
90. Ostrowski, A. M. (1973). *Solutions of Equations in Euclidean and Banach Spaces. Academic Press*, New York.
91. Ouellette, D. V. (1981). Schur complements and statistics. *Linear Algebra and its Applications*, **36**, 187-295.
92. Penrose, R. (1955). A generalized inverse for matrices. *Proceedings of the Cambridge Philosophical Society*, **51**, 406-413.
93. Penrose, R. (1956). On best approximate solutions of linear matrix equations. *Proceedings of the Cambridge Philosophical Society*, **52**,17-19.
94. Perlman, M. D. (1990). T. W. Anderson's theorem on the integral of a symmetric unimodal function over a symmetric convex set and its applications in probability and statistics. In *The Collected Papers of T. W. Anderson, 1943-1985* (George P. H. Styan, ed.), **2**, 1627-1641. John Wiley, New York.
95. Poincaré, H. (1890). Sur les équations aux dériées partielles de la physique mathématique. *American Journal of Mathematics*, **12**, 211-294.
96. Press, W. H., Flannery, B. P., Teukolsky, S. A., and Vetterline, W. T. (1992). *Numerical Recipes in FORTRAN: The Art of Scientific Computing.* Cambridge University Press, Cambridge.
97. Pringle, R. M. and Rayner, A. A. (1971). *Generalized Inverse Matrices with Applications to Statistics.* Charles Griffin, London.
98. Rao, C. R. (1973). *Linear Statistical Inference and Its Applications*, 2nd ed. John Wiley, New York.

99. Rao, C. R. and Mitra, S. K. (1971). *Generalized Inverse of Matrices and Its Applications.* John Wiley, New York.
100. Rencher, A. C. (1999). *Linear Models in Statistics.* John Wiley, New York.
101. Rockafellar, R. T. (1970). *Convex Analysis.* Princeton University Press, Princeton.
102. Scheffé, H. (1953). A method for judging all contrasts in the analysis of variance. *Biometrika*, **40**, 87-104.
103. Schott, J. R. (1984). Optimal bounds for the distribution of some test criteria for tests of dimensionality. *Biometrika*, **71**, 561-567.
104. Schott, J. R. (2003). Kronecker product permutation matrices and their application to moment matrices of the normal distribution. *Journal of Multivariate Analysis*, **87**, 177-190.
105. Searle, S. R. (1971). *Linear Models.* John Wiley, New York.
106. Searle, S. R. (1982). *Matrix Algebra Useful for Statistics.* John Wiley, New York.
107. Sen, A. K. and Srivastava, M. S. (1990). *Regression Analysis: Theory, Methods, and Applications.* Springer-Verlag, New York.
108. Seneta, E. (1973). *Non-negative Matrices: An Introduction to Theory and Applications.* John Wiley, New York.
109. Srivastava, M. S. and Khatri, C. G. (1979). *An Introduction to Multivariate Analysis.* North-Holland, New York.
110. Stewart, G. W. (1998). *Matrix Algorithms I: Basic Decompositions.* SIAM, Philadelphia.
111. Stewart, G. W. (2001). *Matrix Algorithms II: Eigensystems.* SIAM, Philadelphia.
112. Styan, G. P. H. (1973). Hadamard products and multivariate statistical analysis. *Linear Algebra and Its Applications*, **6**, 217-240.
113. Sugiura, N. (1976). Asymptotic expansions of the distributions of the latent roots and latent vector of the Wishart and multivariate F matrices. *Journal of Multivariate Analysis*, **6**, 500-525.
114. Taylor, H. M. and Karlin, S. (1998). *An Introduction to Stochastic Modeling*, 3rd ed. Academic Press, San Diego.
115. Trenkler, G. (2000). On a generalization of the covariance matrix of the multinomial distribution. In *Innovations in Multivariate Statistical Analysis*, R.D.H. Heijmans, D.S.G. Pollock, and A. Santorra, Eds., pp. 67-73. Kluwer, Boston.
116. Wielandt, H. (1955). An extremum property of sums of eigenvalues. *Proceedings of the American Mathematical Society*, **6**, 106-110.
117. Xian, Y. Y. (2001). *Theory and Applications of Higher-Dimensional Hadamard Matrices.* Kluwer, Boston.
118. Young, D. M. (1971). *Iterative Solution of Large Linear Systems.* Academic Press, New York.

練習問題略解

第1章

1.1 (a) $(I_m - A)^2 = I_m^2 - 2A + A^2 = I_m - 2A + A = I_m - A$. (b) $(BAB^{-1})(BAB^{-1}) = BAB^{-1}BAB^{-1} = BAI_mAB^{-1} = BA^2B^{-1} = BAB^{-1}$.

1.2 AB は対称行列なので，$AB = (AB)'$，定理 1.2(d) より，$(AB)' = B'A'$，B と A は対称行列なので，$B'A' = BA$ また，$AB = BA$ ならば，$AB = BA = B'A' = (AB)'$ となる．よって AB は対称行列である．

1.3

$$\mathrm{tr}(A'A) = \sum_{j=1}^{m}(A)'_{j\cdot}(A)_{\cdot j} = \sum_{j=1}^{n}\sum_{i=1}^{m} a_{ij}^2$$

ここで $a_{ij}^2 = 0$ のとき，$a_{ij} = 0$ が成り立つことは自明である．よって $A = (0)$.

1.4

$$\mathrm{tr}(\boldsymbol{x}\boldsymbol{y}') = \sum_{i=1}^{m} x_i y_i = \boldsymbol{x}'\boldsymbol{y}$$

であり，$\mathrm{tr}(BAB^{-1})$ は定理 1.3(d) より，$\mathrm{tr}(B^{-1}BA) = \mathrm{tr}(I_mA) = \mathrm{tr}(A)$.

1.5 定理 1.3 より，以下が成り立つ．

$$\mathrm{tr}(ABC) = \mathrm{tr}(CAB) = \mathrm{tr}[(CAB)'] = \mathrm{tr}(B'A'C') = \mathrm{tr}(A'C'B') = \mathrm{tr}(ACB)$$

1.6 問題 (d)〜(h) については，行の場合についてのみ証明するが，列の場合についても同様である．(a) A' の (i, j) 要素を a_{ji} とする．A' の第 j 行についての展開は

$$|A'| = \sum_{j=1}^{m} a_{ji}A_{ji}$$

となり，これは (1.2) 式と等しい．よって $|A'| = |A|$

(b)

$$\begin{aligned}|\alpha A| &= \sum(-1)^{f(i_1,\ldots,i_m)}\alpha a_{1i_1}\alpha a_{2i_2}\cdots\alpha a_{mi_m}\\ &= \alpha^m\sum(-1)^{f(i_1,\ldots,i_m)}a_{1i_1}a_{2i_2}\cdots a_{mi_m}\\ &= \alpha^m|A|\end{aligned}$$

(c) A の (i,j) 要素を a_{ij} とする．$i \neq j$ のとき，$a_{ij} = 0$ となるため，

$$|A| = (-1)^0 a_{11}\cdots a_{mm} + 0 + \cdots + 0 - 0 - \cdots - 0 = a_{11}\cdots a_{mm} = \prod_{i=1}^{m} a_{ii}$$

(d) A の第 i 行におけるすべての要素が 0 であるとする．A の行列式は

$$|A| = \sum_{j=1}^{m} 0A_{ij} = 0$$

となり，題意を得る．

(e) (f) と (g) から (e) が成り立つことを証明する．まず，A の 2 つの行が他方と等しい場合について考える．A の第 i 行と第 k 行が同一であるとし，この等しい 2 つの行を交換したものを B とする．したがって $|B| = |A|$ である．また，(f) より $|B| = -|A|$ である．よって $|A| = |B| = -|A|$ となり，したがって $|A| = 0$ である．次に，A の 2 つの行が他方と比の関係にある場合について考える．A の第 i 行が第 k 行の α 倍と等しいとする．このとき，$a_{ij} = \alpha a_{kj}$ である．A の第 i 行におけるすべての要素に $\frac{1}{\alpha}$ を乗じたものを C とすると，(g) より $|C| = \frac{1}{\alpha}|A|$ である．よって $c_{ij} = c_{kj}$ より $|C| = 0$ となり，題意を得る．

(f) A の第 j 行と第 k 行を交換するとし，$(j < k)$ とする．このとき，m 個の行を $(1,\ldots,j-1,k,j+1,\ldots,k-1,j,k+1,\ldots,m)$ の順におくと仮定すると，これを $(1,\ldots,m)$ に変換するために必要な，隣り合った行の入れ替えの回数は $2(k-j)-1$ 回である．したがって，A の第 j 行と第 k 行を交換したものを B とすると，

$$|B| = (-1)^{2(k-j)-1}|A| = -|A|$$

(g) A の第 i 行におけるすべての要素に α を乗じたものを B とする．B の行列式は

$$|B| = \sum_{j=1}^{m}\alpha a_{ij}A_{ij} = \alpha\sum_{j=1}^{m}a_{ij}A_{ij} = \alpha|A|$$

(h) A の第 i 行に第 k 行の α 倍を加算したものを B とする．したがって，B の (i,j) 要素は $a_{ij} + \alpha a_{kj}$ である．B の行列式は

$$|B| = \sum_{j=1}^{m} (a_{ij} + \alpha a_{kj}) A_{ij} = \sum_{j=1}^{m} a_{ij} A_{ij} + \sum_{j=1}^{m} \alpha a_{kj} A_{ij}$$

(e) より，$\sum_{j=1}^{m} \alpha a_{kj} A_{ij} = 0$ となり，したがって $|B| = |A|$ である．

1.7 任意の正方行列 A において，以下が成り立つ．

$$(A + A')' = A' + (A')' = A' + A = A + A'$$
$$(A - A')' = A' - (A')' = A' - A = -(A - A')$$

したがって，$A + A'$ と $A - A'$ はそれぞれ対称行列と歪対称行列である．ここで A は

$$A = \frac{A + A'}{2} + \frac{A - A'}{2}$$

と表現できるので，題意を得る．

1.8 $(AB - BA)' = -(AB - BA)$ となることを示せばよい．

$$\begin{aligned}(AB - BA)' &= (AB)' - (BA)' = B'A' - A'B' = BA - AB \\ &= -(AB - BA)\end{aligned}$$

1.9 $-A^2 = -AA = (-A)(-A)' = AA'$ より．

1.10 $|B| + |C|$ を 1 行目について余因子展開したものと，$|A|$ を 1 行目について余因子展開したものが同じになることを確かめる．

1.11 (a) $(\alpha A)\alpha^{-1}A^{-1} = \alpha\alpha^{-1}AA^{-1} = I_m$. (b) $A'A'^{-1} = (AA^{-1})' = I' = I_m$. (c) $A^{-1}A = I_m$. (d) $|A||A|^{-1} = |AA^{-1}| = |I_m|$. (e) $AA^{-1} = \mathrm{diag}(a_{11}, \ldots, a_{mm})\mathrm{diag}(a_{11}^{-1}, \ldots, a_{mm}^{-1}) = \mathrm{diag}(a_{11}a_{11}^{-1}, \ldots, a_{mm}a_{mm}^{-1}) = I_m$. (f) $A(A^{-1})' = A'(A^{-1})' = (AA^{-1})' = I' = I_m$. (g) $(AB)B^{-1}A^{-1} = A(BB^{-1})A^{-1} = AA^{-1} = I_m$.

1.12 A, B が非特異行列であるならば，$AA^{-1} = I_m, BB^{-1} = I_m$ となる逆行列 A^{-1}, B^{-1} が存在するはずである．しかし，$A^{-1}AB = (0)$ であり，$ABB^{-1} = (0)$ である．A, B はどちらも非ゼロでなければならず，このため逆行列は存在しないので A, B は特異行列でなければならない．

1.13 $|A| = 2$.

1.14 $\sum_{j=1}^{m} a_{ij}A_{kj} = \sum_{j=1}^{4} a_{1j}A_{2j} = m_{21} + 2(-1)m_{22} + m_{23} + (-1)m_{24} = 0$,

$\sum_{j=1}^{m} a_{ji}A_{jk} = \sum_{j=1}^{4} a_{j1}A_{j2} = m_{12} + m_{32} = 0$ より (1.3) 式は成り立つ.

1.15 $|A - \lambda I_m|$ は行列式の定義より，m 個のスカラー $\alpha_0, \cdots, \alpha_{m-1}$ に関して，$(-\lambda)^m + \alpha_{m-1}(-\lambda)^{m-1} + \cdots + \alpha_1(-\lambda) + \alpha_0$ と表現されるので，λ の m 次多項式である.

1.16

$$A_{\#} = \begin{bmatrix} -7 & -5 & 9 & -1 \\ 4 & 2 & -4 & 0 \\ -2 & 0 & 2 & 0 \\ 3 & 1 & -3 & 1 \end{bmatrix}$$

$$A^{-1} = \frac{1}{2}\begin{bmatrix} -7 & -5 & 9 & -1 \\ 4 & 2 & -4 & 0 \\ -2 & 0 & 2 & 0 \\ 3 & 1 & -3 & 1 \end{bmatrix}$$

1.17

$$B = \begin{bmatrix} 1 & 0 & 0 & 0 \\ 0 & 1 & 0 & 0 \\ -1 & 0 & 1 & 0 \\ 1.5 & 0.5 & -1.5 & 0.5 \end{bmatrix} \quad C = \begin{bmatrix} 1 & -2 & 3 & -1 \\ 0 & 1 & -2 & 0 \\ 0 & 0 & 1 & 0 \\ 0 & 0 & 0 & 1 \end{bmatrix}$$

$$A^{-1} = CI_4B = CB = \begin{bmatrix} -3.5 & -2.5 & 4.5 & -0.5 \\ 2.0 & 1.0 & -2.0 & 0.0 \\ -1.0 & 0.0 & 1.0 & 0.0 \\ 1.5 & 0.5 & -1.5 & 0.5 \end{bmatrix}$$

1.18 系 1.7.2 を利用する．(a)$I - (m+1)^{-1}\mathbf{1}_m\mathbf{1}_m'$. (b)$I - (2)^{-1}\boldsymbol{e}_1\mathbf{1}_m'$.

1.19 m 次正方行列 A から第 i 行と第 j 列を取り除いた $(m-1)$ 次正方行列を $A_{(ij)}$ とする．a_{ij} に対応する余因子 $A_{ij} = (-1)^{i+j}|A_{(ij)}|$ を用いて，A の行列式は，第 i 行についての展開 $|A| = \sum_{j=1}^{m} a_{ij}A_{ij}$ となる．まず，下三角行列 A の行列式を求める．第 1 行について展開すると，$a_{12} = a_{13} = \cdots = a_{1m} = 0$ より，$|A| = a_{11}A_{11} = a_{11}(-1)^{1+1}|A_{(11)}| = a_{11}|A_{(11)}|$. $B = A_{(11)}$ とおいて，同様に，第 1 行について展開すると，$b_{12} = b_{13} = \cdots = b_{1(m-1)} = 0$ より，$|B| = b_{11}B_{11} =$

$b_{11}(-1)^{1+1}|B_{(11)}| = b_{11}|B_{(11)}|$. $b_{11} = a_{22}$ であり，$B_{(11)}$ は A から第 1・2 行と第 1・2 列を取り除いた $(m-2)$ 次下三角行列である．以上の第 1 行に関する余因子展開を $m-1$ 回繰り返すと，$|A| = \prod_{j=1}^{m} a_{ii}$ となる．上三角行列については，第 1 列に関する余因子展開を繰り返すことで得られる．

A の逆行列は，A の余因子行列を転置した随伴行列 $A_{\#}$ を用いて表され，$A_{\#}$ の (i,j) 要素は a_{ji} の余因子 A_{ji} である．$A_{ij} = (-1)^{i+j}|A_{(ij)}|$ であり，行列 A の対角要素を含まない下三角要素 $(j < i)$ に関して $A_{(ij)}$ を求めると，$(m-1)$ 次正方行列 $A_{(ij)}$ は，対角要素のうち，a_{jj} から $a_{(i-1)(i-1)}$ が 0 となる下三角行列である．よって，$j < i$ に関して $|A_{(ij)}| = 0$ であり，その要素の余因子 A_{ij} も，$A_{ij} = (-1)^{i+j}|A_{(ij)}| = 0$ となる．ゆえに，随伴行列 $A_{\#}$ の上三角要素はすべて 0 となり，A^{-1} は下三角行列となる．

1.20 略.

1.21 (a) $|A||A_{\#}| = |AA_{\#}| = ||A|I_m| = |A|^m|I_m| = |A|^m = |A||A|^{m-1}$. もし A が非特異ならば，$|A| \neq 0$ であり，$|A_{\#}| = |A|^{m-1}$ が成り立つ．一方，もし A が特異ならば $A_{\#}$ もまた特異であり，$|A_{\#}| = 0 = |A|^{m-1}$ となる．(b) $(\alpha A)_{\#} = |\alpha A|(\alpha A)^{-1} = \alpha^m|A|\alpha^{-1}A^{-1} = \alpha^{m-1}|A|A^{-1} = \alpha^{m-1}A_{\#}$.

1.22 A_{11} および A_{22} が非特異であるとき，行列 A は $\begin{bmatrix} A_{11} & (0) \\ A_{21} & A_{22} \end{bmatrix} = \begin{bmatrix} I_{m_1} & (0) \\ (0) & A_{22} \end{bmatrix} \begin{bmatrix} I_{m_1} & (0) \\ A_{22}^{-1}A_{21}A_{11}^{-1} & I_{m_2} \end{bmatrix} \begin{bmatrix} A_{11} & (0) \\ (0) & I_{m_2} \end{bmatrix}$ と表すことができる．このとき，右辺の 3 つの行列はそれぞれ正方行列であり，かつ最大階数をもつ，すなわち $\mathrm{rank}(A) = m_1 + m_2$ であるので非特異である．さらに，任意の k 個の $m \times m$ 非特異行列 $A_1, A_2, \ldots, A_k$ に対して $\mathrm{rank}(A_1A_2\cdots A_k) = m$ となることから左辺もまた非特異である．定理 1.6(g) および $\begin{bmatrix} T & (0) \\ (0) & W \end{bmatrix}^{-1} = \begin{bmatrix} T^{-1} & (0) \\ (0) & W^{-1} \end{bmatrix}$, $\begin{bmatrix} I_m & (0) \\ V & I_n \end{bmatrix}^{-1} = \begin{bmatrix} I_m & (0) \\ -V & I_n \end{bmatrix}$ という結果により以下が成り立つ.

$$\begin{aligned} A^{-1} &= \begin{bmatrix} A_{11} & (0) \\ (0) & I_{m_2} \end{bmatrix}^{-1} \begin{bmatrix} I_{m_1} & (0) \\ A_{22}^{-1}A_{21}A_{11}^{-1} & I_{m_2} \end{bmatrix}^{-1} \begin{bmatrix} I_{m_1} & (0) \\ (0) & A_{22} \end{bmatrix}^{-1} \\ &= \begin{bmatrix} A_{11}^{-1} & (0) \\ (0) & I_{m_2} \end{bmatrix} \begin{bmatrix} I_{m_1} & (0) \\ -A_{22}^{-1}A_{21}A_{11}^{-1} & I_{m_2} \end{bmatrix} \begin{bmatrix} I_{m_1} & (0) \\ (0) & A_{22}^{-1} \end{bmatrix} \end{aligned}$$

$$= \begin{bmatrix} A_{11}^{-1} & (0) \\ -A_{22}^{-1}A_{21}A_{11}^{-1} & A_{22}^{-1} \end{bmatrix}$$

1.23 $m_1 + m_2 = m$ とおくと，A は $m \times m$ 行列であり，A_{11} はその第 m_1 列までおよび第 m_1 行までを残した部分行列とみなすことができる．この部分行列は I_m の第 m_1 列までからなる $m \times m_1$ 行列 P を用いて $A_{11} = P'AP$ と表すことができる．このとき $\mathrm{rank}(P) = m_1$ である．$P\boldsymbol{x} = \boldsymbol{y}$ とおくと，A が正定値なので正定値の定義より，あらゆる $\boldsymbol{y} \neq \boldsymbol{0}$ に対して，$\boldsymbol{y}'A\boldsymbol{y} > 0$ であり，$\boldsymbol{y} = \boldsymbol{0}$ のときのみ $\boldsymbol{y}'A\boldsymbol{y} = 0$ が成立する．さらに，いま A は正定値で $\mathrm{rank}(P) = m_1 \neq 0$ なので，$\boldsymbol{y} = P\boldsymbol{x} = \boldsymbol{0}$ となるのは $\boldsymbol{x} = \boldsymbol{0}$ のときだけである．すなわち，あらゆる $\boldsymbol{x} \neq \boldsymbol{0}$ に対して $(P\boldsymbol{x})'AP\boldsymbol{x} = \boldsymbol{x}'(P'AP)\boldsymbol{x} = \boldsymbol{x}'A_{11}\boldsymbol{x} > 0$ となるため，A_{11} は正定値である．A_{22} については，I_m の残りの $m \times m_2$ 行列 Q を用いて $A_{22} = Q'AQ$, $Q\boldsymbol{x} = \boldsymbol{z}$ と表すことで，A_{11} の場合とまったく同様に考えることができる．

1.24 $\mathrm{rank}(A) = 3$.

1.25 例えば，

$$B = \begin{bmatrix} 1 & 0 & 0 & 0 \\ 0 & 1 & 0 & 0 \\ 0 & 0 & 0 & 1 \\ -1 & -1 & 1 & 1 \end{bmatrix}, \quad C = \begin{bmatrix} 1 & 0 & 0 & -1 \\ 0 & -1 & 0 & 1 \\ 0 & 0 & -1/2 & 1 \\ 1 & 0 & -1/2 & -1 \end{bmatrix}$$

1.26 (b) $|P'AP| = |P'||A||P| = |P|^2|A| = 1 \cdot |A| = |A|$. (c) $(PQ)'(PQ) = Q'P'PQ = Q'I_mQ = I_m$.

1.27

$$\begin{bmatrix} 1 & 0 & 0 \\ 0 & 1 & 0 \\ 0 & 0 & 1 \end{bmatrix}, \quad \begin{bmatrix} 1 & 0 & 0 \\ 0 & 0 & 1 \\ 0 & 1 & 0 \end{bmatrix}, \quad \begin{bmatrix} 0 & 1 & 0 \\ 1 & 0 & 0 \\ 0 & 0 & 1 \end{bmatrix}$$

$$\begin{bmatrix} 0 & 0 & 1 \\ 1 & 0 & 0 \\ 0 & 1 & 0 \end{bmatrix}, \quad \begin{bmatrix} 0 & 1 & 0 \\ 0 & 0 & 1 \\ 1 & 0 & 0 \end{bmatrix}, \quad \begin{bmatrix} 0 & 0 & 1 \\ 0 & 1 & 0 \\ 1 & 0 & 0 \end{bmatrix}$$

1.28 $p_{31} = 1$, $p_{32} = 1$, $p_{33} = -2$ もしくは，$p_{31} = -1$, $p_{32} = -1$, $p_{33} = 2$. 一意でない．

1.29 $P'P = [\ P_1 \quad P_2\ ]'[\ P_1 \quad P_2\ ]$ と I_m との比較より，$P_1'P_1 = I_{m_1}$，$P_2'P_2 = I_{m_2}$ が成立する．$PP' = [\ P_1 \quad P_2\ ][\ P_1 \quad P_2\ ]'$ と I_m との比較より，$P_1P_1' + P_2P_2' = I_m$ が成立する．

1.30 (a)$A = (0)$ の両辺に後ろから $\boldsymbol{x}$ を掛けると $A\boldsymbol{x} = (0)\boldsymbol{x} = \boldsymbol{0}$ となる．一方，$A\boldsymbol{x} = \boldsymbol{0}$ は $x_1\boldsymbol{a}_1 + x_2\boldsymbol{a}_2 + \cdots + x_n\boldsymbol{a}_n = \boldsymbol{0}$ のように表せる．よって $\boldsymbol{x}$ のすべての場合において，左辺がゼロベクトルとなるのは $\boldsymbol{a}_1, \ldots, \boldsymbol{a}_n$ のそれぞれがゼロベクトルとなるとき，すなわち $A = (0)$ のときのみである．(b)A がゼロ行列の場合は自明である．一方，A がゼロ行列でない場合，$A\boldsymbol{x} = \boldsymbol{y}$ とおくと $A'A\boldsymbol{x} = \boldsymbol{0}$ は $A'\boldsymbol{y} = [(A')_{\cdot 1}, \ldots, (A')_{\cdot m}]\boldsymbol{y} = y_1(A')_{\cdot 1} + y_2(A')_{\cdot 2} + \cdots + y_m(A')_{\cdot m} = \boldsymbol{0}$ のように表せる．よって $\boldsymbol{y} = \boldsymbol{0}$ すなわち $A\boldsymbol{x} = \boldsymbol{0}$ である．一方，$A\boldsymbol{x} = \boldsymbol{0}$ の両辺に前から A' を掛けると $A'A\boldsymbol{x} = \boldsymbol{0}$ となる．(c)$A'A = (0)$ の両辺にサイズ $n \times 1$ のベクトル $\boldsymbol{x}$ を右から掛けると $A'A\boldsymbol{x} = \boldsymbol{0}$ となる．よって (b) より $A\boldsymbol{x} = \boldsymbol{0}$ であり，$\boldsymbol{x}$ のすべての場合において (a) より $A = (0)$ である．(d)$A'AB = (0)$ は $A'A[\boldsymbol{b}_1, \ldots, \boldsymbol{b}_p] = [A'A\boldsymbol{b}_1, \ldots, A'A\boldsymbol{b}_p] = (0) = [\boldsymbol{0}, \ldots, \boldsymbol{0}]$ と表せる．よって $i = 1, \ldots, p$ において $A'A\boldsymbol{b}_i = \boldsymbol{0}$ である．ここで (b) を用いると，$A'A\boldsymbol{b}_i = \boldsymbol{0}$ より $A\boldsymbol{b}_i = \boldsymbol{0}$ となる．ゆえに $[A\boldsymbol{b}_1, \ldots, A\boldsymbol{b}_p] = [\boldsymbol{0}, \ldots, \boldsymbol{0}]$ となるので $AB = (0)$ である．一方，$AB = (0)$ の両辺に前から A' を掛けると $A'AB = (0)$ となる．(e)$C' = -C$ より $\boldsymbol{x}'C'\boldsymbol{x} = -\boldsymbol{x}'C\boldsymbol{x}$ とできる．2 次形式はスカラーなので，左辺だけ転置できる．ゆえに $(\boldsymbol{x}'C'\boldsymbol{x})' = \boldsymbol{x}'C\boldsymbol{x} = -\boldsymbol{x}'C\boldsymbol{x}$ なので $\boldsymbol{x}'C\boldsymbol{x} = 0$ となる．一方，$\boldsymbol{x}'C\boldsymbol{x} = 0$ の両辺を転置すると $\boldsymbol{x}'C'\boldsymbol{x} = 0$ となる．また，$\boldsymbol{x}'C\boldsymbol{x} = 0$ の両辺に -1 を掛けると $-\boldsymbol{x}'C\boldsymbol{x} = \boldsymbol{x}'(-C)\boldsymbol{x} = 0$ となる．ゆえに $C' = -C$ である．

1.31 (a) $\boldsymbol{x}'A\boldsymbol{x} = x_1^2 + 2x_2^2 - x_3^2 + 2(2x_1x_2 - 3x_1x_3 + 4x_2x_3)$

$$A = \begin{pmatrix} 1 & 2 & -3 \\ 2 & 2 & 4 \\ -3 & 4 & -1 \end{pmatrix}$$

(b) $\boldsymbol{x}'A\boldsymbol{x} = 3x_1^2 + 5x_2^2 + 2x_3^2 + 2(1x_1x_2 + 1x_1x_3 + 2x_2x_3)$

$$A = \begin{pmatrix} 3 & 1 & 1 \\ 1 & 5 & 2 \\ 1 & 2 & 2 \end{pmatrix}$$

(c) $\boldsymbol{x}'A\boldsymbol{x} = 0x_1^2 + 0x_2^2 + 0x_3^2 + 2(1x_1x_2 + 1x_1x_3 + 1x_2x_3)$

$$A = \begin{pmatrix} 0 & 1 & 1 \\ 1 & 0 & 1 \\ 1 & 1 & 0 \end{pmatrix}$$

1.32 $\boldsymbol{x}'A_1\boldsymbol{x} = x_1^2+x_2^2+5x_3^2+x_4^2+2(x_1x_2-2x_1x_3+0x_1x_4-2x_2x_3+0x_2x_4-x_3x_4)$

$$A_1 = \begin{pmatrix} 1 & 1 & -2 & 0 \\ 1 & 1 & -2 & 0 \\ -2 & -2 & 5 & -1 \\ 0 & 0 & -1 & 1 \end{pmatrix}$$

$$\boldsymbol{x}'A_2\boldsymbol{x} = 2x_1^2 + 2x_2^2 + x_3^2 + x_4^2 + 2(0x_1x_2 - x_1x_3 - x_1x_4 + x_2x_3 - x_2x_4 + 0x_3x_4)$$

$$A_2 = \begin{pmatrix} 2 & 0 & -1 & -1 \\ 0 & 2 & 1 & -1 \\ -1 & 1 & 1 & 0 \\ -1 & -1 & 0 & 1 \end{pmatrix}$$

1.33 $m \times m$ 恒等行列を I_m とするとき，$T'I_mT = A$ である．$m \times 1$ ベクトル $\boldsymbol{x}$ を用いて，$\boldsymbol{y} = T\boldsymbol{x}$ と定義するとき，$\boldsymbol{y}'I_m\boldsymbol{y} \leq 0$ が成り立つ．ここで，$T'T = A$ という前提から，$\boldsymbol{x}'T'I_mT\boldsymbol{x} = \boldsymbol{x}'A\boldsymbol{x} \leq 0$ であり題意を得る．

1.34 対角要素が負である正方行列は，非負定値行列でないことを証明する．$m \times m$ 正方行列を A，その転置行列を A' と定義する．A の対角要素は負である．次に，対称行列 B を $B = \frac{1}{2}(A + A')$ で定義する．B の負値対角要素を抽出するための $m \times 1$ ベクトル $\boldsymbol{q}$ を定義する．具体的には $\boldsymbol{q}'B\boldsymbol{q}$ として，特定の対角要素を抽出する．$\boldsymbol{q}$ は要素が 1 と 0 で構成された $m \times 1$ ベクトルであり，抽出したい対角要素の行番号と等しい次元に唯一の 1 をもつ．スカラー x を用いて，$m \times 1$ ベクトル $\boldsymbol{y} = \boldsymbol{q}x$ を定義する．B の対角要素は負であるから $\boldsymbol{y} = \boldsymbol{q}x$ について，任意の x において $\boldsymbol{y}'B\boldsymbol{y} \leq 0$ が成り立つ．B を展開して $\frac{1}{2}(\boldsymbol{y}'A\boldsymbol{y} + \boldsymbol{y}'A'\boldsymbol{y}) \leq 0$ さらに，$\frac{1}{2}(x\boldsymbol{q}'A\boldsymbol{q}x + x\boldsymbol{q}'A'\boldsymbol{q}x) \leq 0$ と表現する．上式の $x\boldsymbol{q}'A\boldsymbol{q}x$, $x\boldsymbol{q}'A\boldsymbol{q}x$ は，A の対角要素が負であれば必ず 0 以下になる．この性質は対称行列 A と A' の対角要素すべてについて成立しているので，B は非負定値行列ではない．以上で 1 つ目の証明が完成した．2 つ目の証明については省略する．

1.35 $\boldsymbol{x}$ を $n \times 1$ ベクトルとし，$\boldsymbol{y} = B'\boldsymbol{x}$ を $m \times 1$ ベクトルとする．A は非負定値行列であるから，$\boldsymbol{y} = B'\boldsymbol{x}$ について，任意の $\boldsymbol{x}$ において $\boldsymbol{y}'A\boldsymbol{y} \geq 0$ であり，さらに，$\boldsymbol{x}'BAB'\boldsymbol{x} \geq 0$ と表現できる．

1.36 例えば，$B = \begin{bmatrix} \sqrt{19}/2 & 1/2 \\ 0 & 2 \end{bmatrix}$.

1.37 次の各微分を $t = 0$ で評価する．$\frac{d}{dt}e^{t^2/2} = e^{t^2/2}\cdot t$. $\frac{d^2}{dt^2}e^{t^2/2} = e^{t^2/2}\cdot t\cdot t + e^{t^2/2}$. $\frac{d^3}{dt^3}e^{t^2/2} = e^{t^2/2}\cdot t^3 + 2e^{t^2/2}\cdot t + e^{t^2/2}\cdot t$. $\frac{d^4}{dt^4}e^{t^2/2} = e^{t^2/2}\cdot t^4 + 3e^{t^2/2}\cdot t^2 + 2e^{t^2/2} +$

$2e^{t^2/2} \cdot t^2 + e^{t^2/2} \cdot t^2 + e^{t^2/2}$. 5 次微分はすべての項に t を含む．6 次微分で $t = 0$ のとき 0 とならない項は $6e^{t^2/2}$ と $2e^{t^2/2}$，$4e^{t^2/2}$，$2e^{t^2/2}$，ならびに $e^{t^2/2}$．したがって，$6 + 2 + 4 + 2 + 1 = 15$.

1.38　期待値の線形性と共分散の定義に即して式展開することで示される．

1.39　$A = I - \frac{1}{n}J$.

1.40　$\Omega = GG'$ となる行列 G の逆行列 G^{-1} によって，$G^{-1}(\boldsymbol{x} - \boldsymbol{\mu})$ が互いに無相関な確率変数ベクトルを生成することから導かれる．

1.41　(a)

$$P = \begin{bmatrix} 1 & 1/2 & -1/\sqrt(6) \\ 1/2 & 1 & 1/\sqrt(6) \\ -1/\sqrt(6) & 1/\sqrt(6) & 1 \end{bmatrix}$$

(b) $N_1(6, 9)$(c)$N_3(A\mu, A\Omega A')$ ただし，$A\mu = (9, -2, -1)'$,

$$A\Omega A' = \begin{bmatrix} 27 & 2 & 4 \\ 2 & 7 & 4 \\ 4 & 4 & 3 \end{bmatrix}$$

(d) $N_5(C\mu, C\Omega C')$ ただし，$C\mu = (9, -2, -1, 6, 1)'$,

$$C\Omega C' = \begin{bmatrix} 27 & 2 & 4 & 15 & 2 \\ 2 & 7 & 4 & -1 & -3 \\ 4 & 4 & 3 & 1 & -1 \\ 15 & -1 & 1 & 9 & 2 \\ 2 & -3 & -12 & 2 & \end{bmatrix}$$

(e) 特異なものは (d).

1.42　(a) $A(\boldsymbol{\mu} + \boldsymbol{c})$. (b) $A\Omega A'$.

1.43　1.13 節の定義より s と $\boldsymbol{z}$ は独立であり，かつ $E[\boldsymbol{z}] = \boldsymbol{0}$ から，期待値は $E[\boldsymbol{x}] = E[s\boldsymbol{z}] = E[s]E[\boldsymbol{z}] = \boldsymbol{0}$ となる．また χ^2 分布の性質から，$t \sim \chi^2_r$ について $E[t^k] = \frac{2^k \Gamma(\frac{r}{2}+k)}{\Gamma(\frac{r}{2})}$，$\frac{r}{2} + k > 0$ となるので，$z^2 \sim \chi^2_1$ である z^2 の期待値は $E[z^2] = 1$ である．加えて $\boldsymbol{z}$ の共分散行列は I_m であるから，$E[\boldsymbol{z}^2] = I_m$ を得る．以上を利用して，分散は以下のとおりである．$\mathrm{var}[\boldsymbol{x}] = \mathrm{var}[s\boldsymbol{z}] = E[s^2\boldsymbol{z}^2] - (E[s\boldsymbol{z}])^2 = E[s^2]I_m - \boldsymbol{0} = \{1 + p(\sigma^2 - 1)\}I_m$

1.44 期待値については，$\boldsymbol{z}$ と v^2 が独立であることと $E[\boldsymbol{z}] = \boldsymbol{0}$ から，$E[\boldsymbol{x}] = E[n^{1/2}\frac{\boldsymbol{z}}{v}] = n^{1/2}E[\boldsymbol{z}]E[v^{-1}] = \boldsymbol{0}$ となる．また分散については，χ^2 分布の性質から $t \sim \chi_r^2$ について $E[t^k] = \frac{2^k\Gamma(\frac{r}{2}+k)}{\Gamma(\frac{r}{2})}$，$\frac{r}{2}+k > 0$ となることを利用して，$z^2 \sim \chi_1^2$ である z^2 の期待値が $E[z^2] = 1$，$v^2 \sim \chi_n^2$ の逆数の期待値が $E[(v^2)^{-1}] = \frac{1}{n-2}$ となることより，$\mathrm{var}(\boldsymbol{x}) = E[\boldsymbol{x}^2 - (E[\boldsymbol{x}])^2] = E[\boldsymbol{x}^2] = nE[\boldsymbol{z}^2]E[(v^2)^{-1}] = \frac{n}{n-2}I_m$ と導かれる．また，$E[t^k]$ の制約条件において $k = -1$ とすることで，$n > 2$ を得る．

第 2 章

2.1 (a) ベクトル空間ではない．(b) ベクトル空間である．(c) ベクトル空間ではない．

2.2 (a) と (c)．

2.3 $\boldsymbol{x}$ について，$a = 1, b = -1, a + b = 1$ を満たす a, b は存在しないため，S に含まれない． $\boldsymbol{y}$ について，$a = 4, b = -3$ であり，$a + b = 4 - 3 = 1$ となる．よって S に含まれる．

2.4 W はベクトル部分空間 $V = \{\boldsymbol{x}_1, \ldots, \boldsymbol{x}_r, \boldsymbol{x}_{r+1}, \ldots, \boldsymbol{x}_n\}$ の部分集合である．W が V のベクトル部分空間であることを示すために，W に含まれる任意のベクトル $\boldsymbol{y}$ と $\boldsymbol{z}$，スカラー α と β について，$\alpha\boldsymbol{y} + \beta\boldsymbol{z}$ が W に含まれることを示す．いま，$\boldsymbol{y}$ と $\boldsymbol{z}$ は W に含まれ，かつ W の定義からスカラー $c_1, \ldots, c_r$ と $d_1, \ldots, d_r$ が，$\boldsymbol{y} = \sum_{i=1}^r c_i\boldsymbol{x}_i$，$\boldsymbol{z} = \sum_{i=1}^r d_i\boldsymbol{x}_i$ のように存在するとする．このとき，$\alpha\boldsymbol{y} + \beta\boldsymbol{z} = \sum_{i=1}^r(\alpha c_i + \beta d_i)\boldsymbol{x}_i$ を得る．よって $\alpha\boldsymbol{y} + \beta\boldsymbol{z}$ は $\{\boldsymbol{x}_1, \ldots, \boldsymbol{x}_r\}$ の線形結合であり，$\alpha\boldsymbol{y} + \beta\boldsymbol{z} \in W$ である．以上より，W は V のベクトル部分空間である．これは任意の V について成り立つため，題意を満たす．

2.5 $\boldsymbol{x}_1$ のとき 2，$\boldsymbol{x}_2$ のとき $2/\sqrt{3}$ であるため，$\boldsymbol{x}_2$ の方が平均に近い．

2.6 左辺を 2 乗すると，$(\boldsymbol{x}+\boldsymbol{y})'(\boldsymbol{x}+\boldsymbol{y}) = \boldsymbol{x}'\boldsymbol{x}+2(\boldsymbol{x}'\boldsymbol{y})+\boldsymbol{y}'\boldsymbol{y}$ となる．ここでコーシー–シュワルツの不等式を使用すると，$\boldsymbol{x}'\boldsymbol{x}+2(\boldsymbol{x}'\boldsymbol{y})+\boldsymbol{y}'\boldsymbol{y} \leq \boldsymbol{x}'\boldsymbol{x}+2\{(\boldsymbol{x}'\boldsymbol{x})^{1/2}(\boldsymbol{y}'\boldsymbol{y})^{1/2}\}+\boldsymbol{y}'\boldsymbol{y} = \{(\boldsymbol{x}'\boldsymbol{x})^{1/2}+(\boldsymbol{y}'\boldsymbol{y})^{1/2}\}^2$ となり，題意を得る．

2.7 定義 2.4 において，任意の $\boldsymbol{x}$ に対して $\|\boldsymbol{x}\|_p = \left\{\sum_{i=1}^m |x_i|^p\right\}^{1/p} \geq 0$ であり，$\|\boldsymbol{x}\|_p = 0$ ならばそのときのみ $\boldsymbol{x} = \boldsymbol{0}$ であるので，(a) および (b) が成り立つ．また，$\|c\boldsymbol{x}\|_p = \left\{\sum_{i=1}^m |cx_i|^p\right\}^{1/p} = \left\{|c|^p\sum_{i=1}^m |x_i|^p\right\}^{1/p} = |c|\left\{\sum_{i=1}^m |x_i|^p\right\}^{1/p} = |c|\|\boldsymbol{x}\|_p$ となり，(c) が成り立つ．$\|\boldsymbol{x}+\boldsymbol{y}\|_p$ および $\|\boldsymbol{x}\|_p + \|\boldsymbol{y}\|_p$ に対して三角不等式より (d) が成り立つので，$\|\boldsymbol{x}\|_p$ はベクトルノルムである．$p \to \infty$ としたとき，

$\|\boldsymbol{x}\|_\infty = \max_{1\le i\le m}|x_i|\left\{\sum_{i=1}^m |x_i/\max_{1\le i\le m}|x_i||^p\right\}^{1/p}$ より，無限大ノルムの場合についても同様に題意を得る.

2.8　略.

2.9　(a) ならびに (c) が線形独立である.

2.10　ベクトルの集合 $\{\boldsymbol{x}_1 = (1,2,2,2)', \boldsymbol{x}_2 = (1,2,1,2)', \boldsymbol{x}_3 = (1,1,1,1)'\}$ に対する連立方程式 $\alpha_1\boldsymbol{x}_1 + \alpha_2\boldsymbol{x}_2 + \alpha_3\boldsymbol{x}_3 = \boldsymbol{0}$，または同等に，式 $\alpha_1 + \alpha_2 + \alpha_3 = 0,\quad 2\alpha_1 + 2\alpha_2 + \alpha_3 = 0,\quad 2\alpha_1 + \alpha_2 + \alpha_3 = 0,\quad 2\alpha_1 + 2\alpha_2 + \alpha_3 = 0$ を解く．この解は $\alpha_1 = \alpha_2 = \alpha_3 = 0$ によってのみ与えられるので，このベクトルの集合は線形独立である.

2.11　(a) $(2,1,4,3)' = \boldsymbol{a}, (4,2,8,6)' = \boldsymbol{d}$ とすると，$\boldsymbol{a} = 2\boldsymbol{d}$ より $\boldsymbol{a}, \boldsymbol{d}$ は線形従属となる．よって 4 つの行列は線形従属となる．(b)$(3,0,5,2)'$ と $(0,3,2,5)'$ の組.

2.12　(a) もたない．(b) もつ．(c) もたない．(d) もたない.

2.13　例えば $(5,0,1)'$.

2.14　(a) $(1,-2,1)' = \boldsymbol{x}_1, (2,1,1)' = \boldsymbol{x}_2, (8,-1,5)' = \boldsymbol{x}_3$ とすると，$\boldsymbol{x}_3 = 3\boldsymbol{x}_2 + 2\boldsymbol{x}_1$ となるためこの 3 つの行列については線形従属となる．また，$\boldsymbol{x}_1, \boldsymbol{x}_2$ については $c_1\boldsymbol{x}_1 + c_2\boldsymbol{x}_2 = 0$ を満たす c_1, c_2 が $c_1 = c_2 = 0$ 以外に存在したいため線形独立となる．よって S の次元は 2 となる．基底 $\{\boldsymbol{z}_1, \boldsymbol{z}_2\}$ はそれぞれ $\{(1,-2,1)', (2,1,1)'\}$ である．(b) $\alpha_1 = -1, \alpha_2 = 1$ (c) $\alpha_1 = 1, \alpha_2 = 4, \alpha_3 = -1$.

2.15　$\{\boldsymbol{x}_1, \ldots, \boldsymbol{x}_r\}$ は基底であるため，$\boldsymbol{x} \in S$ のいかなるベクトルも線形独立となる．このため，集合が r の数を超えるベクトルを有する場合，定理 2.6 より必ず線形従属とならなければならない．よって題意を得る.

2.16　(b)$\{\boldsymbol{x}_1, \ldots, \boldsymbol{x}_n\}$ を $m\times 1$ のベクトルの集合とする．(i)$m \le n$ の場合　任意の $m\times 1$ ベクトル $\boldsymbol{x}_{n+1}$ を加えた集合 $\{\boldsymbol{x}_1, \ldots, \boldsymbol{x}_{n+1}\}$ を考えると，定理 2.6 よりこの集合は線形従属である．よって $\boldsymbol{x}_{n+1}$ は $\boldsymbol{x}_1, \ldots, \boldsymbol{x}_n$ の線形結合で表現可能である．つまり，$\{\boldsymbol{x}, \ldots, \boldsymbol{x}_n\}$ はベクトル空間 S を張るので，線形独立なベクトルの集合 $\{\boldsymbol{x}_1, \ldots, \boldsymbol{x}_n\}$ は S の基底である．(ii)$m > n$ の場合　任意の $r(1, \ldots, r; n+r < m)$ 本の $m\times 1$ ベクトル $\boldsymbol{x}_{n+1}, \ldots, \boldsymbol{x}_{n+r}$ を加えた集合 $\{\boldsymbol{x}_1, \ldots, \boldsymbol{x}_n, \boldsymbol{x}_{n+1}, \ldots \boldsymbol{x}_{n+r-1}, \boldsymbol{x}_{n+r}\}$ を考える．もし，$\boldsymbol{x}_{n+1} \ldots \boldsymbol{x}_{n+r-1}$ を加えた集合が線形独立であり，$\boldsymbol{x}_{n+r}$ を加えたときに線形従属になるならば，$\{\boldsymbol{x}_1, \ldots, \boldsymbol{x}_{n+r-1}\}$ はベクトル空間 S を張るので $\{\boldsymbol{x}_1, \ldots, \boldsymbol{x}_{n+r-1}\}$ は S の基底である．しかしそのとき次元数は $n+r-1$ となり，次元数 n という所与の条

件に矛盾する．したがって所与の条件を満たすためには $m \times 1$ ベクトル $\boldsymbol{x}_{n+1}$ を 1 本だけ加えた集合が線形従属でなければならず，つまり $\{\boldsymbol{x}_1, \ldots, \boldsymbol{x}_n\}$ が S の基底である．(i),(ii) より (b) は証明される．(c) 集合 $\{\boldsymbol{x}_1, \ldots, \boldsymbol{x}_n\}$ はベクトル空間 S を張るので，i 番目の要素が 1, それ以外がすべて 0 である任意の n 次元ベクトル $\boldsymbol{e}_i \in S$ に対して，

$$\boldsymbol{e}_i = \sum_{i=1}^{n} \alpha_i \boldsymbol{x}_i = [\boldsymbol{x}_1 \quad \cdots \quad \boldsymbol{x}_n] \begin{bmatrix} \alpha_1 \\ \vdots \\ \alpha_n \end{bmatrix}$$

となるスカラー $\alpha_1, \ldots, \alpha_n$ が存在する．ここで，$\boldsymbol{e}_1, \ldots, \boldsymbol{e}_n \in S$ を考えると

$$[\boldsymbol{x}_1 \quad \cdots \quad \boldsymbol{x}_n] \begin{bmatrix} \alpha_{11} & \cdots & \alpha_{1n} \\ \vdots & \ddots & \vdots \\ \alpha_{n1} & \cdots & \alpha_{nn} \end{bmatrix} = [\boldsymbol{e}_1 \quad \cdots \quad \boldsymbol{e}_n] = I_n$$

と表せる．これより $(\boldsymbol{x}_1, \ldots, \boldsymbol{x}_n)$ は非特異である．したがって定理 2.5 より，ベクトル $\boldsymbol{x}_1, \ldots, \boldsymbol{x}_n$ は線形独立であるから，集合 $\{\boldsymbol{x}_1, \ldots, \boldsymbol{x}_n\}$ は S の基底である．(d) 線形独立なベクトルの集合 $\{\boldsymbol{x}_{r+1}, \ldots, \boldsymbol{x}_n\} \in S$ を考えると，定理 2.9(b) より，集合 $\{\boldsymbol{x}_1, \ldots, \boldsymbol{x}_r, \boldsymbol{x}_{r+1}, \ldots, \boldsymbol{x}_n\}$ は S の基底である．そしてこの集合は，$\{\boldsymbol{x}_1, \ldots, \boldsymbol{x}_r\}$ を部分集合として含む．

2.17　空集合である場合，空集合の定義より題意は満たされる．空集合でない場合，ゼロベクトルを含まない直交ベクトルの集合を $\{\boldsymbol{x}_1, \ldots, \boldsymbol{x}_r\}$ とする．ここで，$\alpha_1, \ldots, \alpha_r$ を $\sum_{i=1}^{r} \alpha_r \boldsymbol{x}_r = \boldsymbol{0}$ を満たす任意のスカラーとすると，$i = 1, \ldots, r$ に対して，$0 = \boldsymbol{0}\boldsymbol{x}_i = (\alpha_1 \boldsymbol{x}_1 + \cdots + \alpha_r \boldsymbol{x}_r)\boldsymbol{x}_i = \alpha_1(\boldsymbol{x}_1\boldsymbol{x}_i) + \cdots + \alpha_r(\boldsymbol{x}_r\boldsymbol{x}_i) = \alpha_i(\boldsymbol{x}_i\boldsymbol{x}_i)$ となる．$\boldsymbol{x}_i \neq 0$ より，$\alpha_1 = \cdots = \alpha_r = 0$ であり，したがって集合 $\{\boldsymbol{x}_1, \ldots, \boldsymbol{x}_r\}$ は線形独立である．

2.18　任意のスカラー α_1, α_2 について $\alpha_1 \boldsymbol{y}_1 + \alpha_2 \boldsymbol{y}_2 = \alpha_1(a\boldsymbol{x}_1 + b\boldsymbol{x}_2) + \alpha_2(c\boldsymbol{x}_1 + d\boldsymbol{x}_2) = (\alpha_1 a + \alpha_2 c)\boldsymbol{x}_1 + (\alpha_1 b + \alpha_2 d)\boldsymbol{x}_2$ である．いま $\boldsymbol{x}_1$ と $\boldsymbol{x}_2$ は線形独立であるから $\alpha_1 a + \alpha_2 c = \alpha_1 b + \alpha_2 d = 0$ である．これより $a \neq 0$ かつ $b \neq 0$ の場合 $\alpha_1(ad - bc) = 0$ が導かれる．よって $ad = bc$ か $\alpha_1 = \alpha_2 = 0$ である．a, b の一方が 0 の場合，$ab \neq bc$ ならば，$c \neq 0$ より $\alpha_1 = \alpha_2 = 0$ である．a, b の双方が 0 の場合，$ad = bc$ である．したがって $ad \neq bc$ ならばそのときのみ $\boldsymbol{y}_1$ と $\boldsymbol{y}_2$ は線形独立である．

2.19　任意のベクトル $\boldsymbol{x} \in S$ は，a と b の線形結合 $\boldsymbol{x} = a(1,1,1,0)' + b(0,1,1,-1)'$ で表せる．ここで $(1,1,1,0)'$ と $(0,1,1,-1)'$ は線形独立であるから，$\{(1,1,1,0)', (0,1,1,-1)'\}$ は S の 1 組の基底であり，S の次元数は 2 である．例え

ば同様に，$\boldsymbol{x} = ((a+b)/2)(1,2,2,-1)' + ((a-b)/2)(1,0,0,1)'$ という線形結合を考えると，$(1,2,2,-1)'$ と $(1,0,0,1)'$ は線形独立であるから，$\{(1,2,2,-1)', (1,0,0,1)'\}$ もまた，S の 1 組の基底である．

2.20 $\sum_{i=1}^{m} \alpha_i \boldsymbol{\gamma}_i = (\alpha_1\boldsymbol{\gamma}_1,\ \ldots,\ \alpha_m\boldsymbol{\gamma}_m)'$ は $\alpha_1 = \cdots = \alpha_m = 0$ のときのみ $\mathbf{0}$ となる．よってベクトル $\boldsymbol{\gamma}_1, \ldots, \boldsymbol{\gamma}_r$ は線形独立である．さらに，$\boldsymbol{x} = (x_1, \ldots, x_m)'$ が R^m の中の任意のベクトルであるならば，$\boldsymbol{x} = (1/m)\sum_{i=1}^{m} x_1\boldsymbol{\gamma}_i + (1/m-1)\sum_{i=1}^{m} x_2\boldsymbol{\gamma}_i + \cdots + (1/2)\sum_{i=1}^{m} x_{m-1}\boldsymbol{\gamma}_i + \sum_{i=1}^{m} x_m\boldsymbol{\gamma}_i$ より，$\{\boldsymbol{\gamma}_1, \ldots, \boldsymbol{\gamma}_m\}$ は R^m を張る．よって $\{\boldsymbol{\gamma}_1, \ldots, \boldsymbol{\gamma}_m\}$ は R^m の基底である．

2.21 (a)AB の列空間の要素 $\boldsymbol{y}$ を，任意のスカラー $y_1, y_2, \cdots, y_p$ と AB の列 $(AB)_{\cdot i}$ を用いて，$\boldsymbol{y} = y_1(AB)_{\cdot 1} + y_2(AB)_{\cdot 2} + \cdots + y_p(AB)_{\cdot p}$ と表現する．A が $m \times n$ 行列，B が $n \times p$ 行列より，AB の列 $(AB)_{\cdot i}$ は，$(AB)_{\cdot i} = \sum_{j=1}^{n} b_{ji}(A)_{\cdot j}$ のように A の列の線形結合として表現できる．2 つの式をまとめると，AB の列空間の要素 $\boldsymbol{y}$ は，A の列の線形結合として表現できるため，$R(AB) \subseteq R(A)$．(b)(a) より，$R(AB) \subseteq R(A)$ である．$\mathrm{rank}(AB) = \mathrm{rank}(A)$ であるため，$R(AB)$ と $R(A)$ の次元は一致する．よって，$R(AB)$ の基底は $R(A)$ の基底でもあり，$R(AB) = R(A)$ となる．

2.22 $\boldsymbol{b}_1, \boldsymbol{b}_2, \ldots, \boldsymbol{b}_n$ を B の列とする．もし $R(B) \subseteq R(A)$ ならば，$\boldsymbol{b}_i = A\boldsymbol{c}_i (i = i, 2, \ldots, n)$ を満たす n 個の列ベクトルが存在する．ゆえに，$AC = B$ を満たす $n \times n$ 行列 C が存在する．一方，$B = AC$ を満たす行列 C が存在するならば，C の列を $\boldsymbol{c}_1, \boldsymbol{c}_2, \ldots, \boldsymbol{c}_n$ とすると，$\boldsymbol{b}_i = A\boldsymbol{c}_i$ と表すことができ，したがって，$R(B) \subseteq R(A)$ が成り立つ．

2.23 不等式を示すために，A と B はいずれも (0) でないと仮定する．A^* を列が $R(A)$ の基底となる $m \times r$ 行列，B^* を列が $R(B)$ の基底となる $m \times s$ 行列とする．このとき，$R(A^*) = R(A)$，$R(B^*) = R(B)$ が成り立ち，分割行列 $[A\ B]$ は，最大で $r+s$ 個の線形独立な列をもつ．よって，$\mathrm{rank}([A\ B]) = \mathrm{rank}([A^*\ B^*]) \leq r+s = \mathrm{rank}(A) + \mathrm{rank}(B)$ が成り立つ．

2.24 (a) 分割行列 $[A\ \ B]$ に関して，$R(A) \subseteq R([A\ \ B])$ が成り立つ．A^* を列が $R(A)$ の基底となる $m \times r$ 行列とすると，分割行列 $[A\ \ B]$ は最低でも r 個の線形独立な列をもつ．同様に，$R(B) \subseteq R([A\ \ B])$ が成り立ち，B^* を列が $R(B)$ の基底となる $m \times s$ 行列とすると，分割行列 $[A\ \ B]$ は最低でも s 個の線形独立な列をもつ．ゆえに，分割行列 $[A\ \ B]$ には，最低でも r と s の大きい値の個数は，線形独立な列が存在する．なお，$R(A) = R([A\ \ B])$ もしくは $R(B) = R([A\ \ B])$ の場合に等号が成り立つ．(b) A^* を列が $R(A)$ の基底となる $m \times r$ 行列，B^* を列が $R(B)$

の規定となる $m \times s$ 行列とする．このとき，$R(A^*) = R(A)$，$R(B^*) = R(B)$ が成り立つ．練習問題 2.22 より，適当な行列 K, L に対して $A^* = AK, B^* = BL$ が成り立ち，したがって，$\begin{pmatrix} A^* & (0) \\ (0) & B^* \end{pmatrix} = \begin{pmatrix} A & (0) \\ (0) & B \end{pmatrix}\begin{pmatrix} K & (0) \\ (0) & L \end{pmatrix}$ である．さらに，$\begin{pmatrix} A^* & (0) \\ (0) & B^* \end{pmatrix}\begin{pmatrix} \boldsymbol{c} \\ \boldsymbol{d} \end{pmatrix} = \begin{pmatrix} \boldsymbol{0} \\ \boldsymbol{0} \end{pmatrix}$ を満たす任意の r 次元列ベクトル $\boldsymbol{c}$ と s 次元列ベクトル $\boldsymbol{d}$ に対して，$A^*\boldsymbol{c} = \boldsymbol{0}, B^*\boldsymbol{d} = \boldsymbol{0}$ が成り立つことが得られる．ここで，A^* および B^* の列が線形独立であるので，$\boldsymbol{c} = \boldsymbol{0}, \boldsymbol{d} = \boldsymbol{0}$ である．以上より，$\mathrm{diag}(A^*, B^*)$ の列が線形独立であることが得られる．よって，$\mathrm{rank}\begin{pmatrix} A & (0) \\ (0) & B \end{pmatrix} \geq \mathrm{rank}\begin{pmatrix} A^* & (0) \\ (0) & B^* \end{pmatrix} = r + s = \mathrm{rank}(A) + \mathrm{rank}(B)$ である．さらに，定理 2.12(a) より，$\mathrm{rank}\begin{pmatrix} A & (0) \\ (0) & B \end{pmatrix} \leq \mathrm{rank}\begin{pmatrix} A \\ (0) \end{pmatrix} + \mathrm{rank}\begin{pmatrix} (0) \\ B \end{pmatrix} = \mathrm{rank}(A) + \mathrm{rank}(B)$ である．上述の 2 つの不等式を満たすのは，等号のときのみである．もう 1 つの分割行列に関しても同様の手順で証明することができる．

2.25　定理 2.11(a)$\mathrm{rank}(AB) \leq \min\{\mathrm{rank}(A), \mathrm{rank}(B)\}$ に関して，$A = \boldsymbol{x}$，$B = \boldsymbol{y}'$ とおくと，$\mathrm{rank}(\boldsymbol{x}) = \mathrm{rank}(\boldsymbol{y}') = 1$ より，$\boldsymbol{x}\boldsymbol{y}'$ の階数は 1 となる．

2.26　定理 2.21(c) より，この行列の階数の下限は $\mathrm{rank}(A) + \mathrm{rank}(B)$ である．いま，$C = FA + BG$ より，$\begin{bmatrix} C & B \\ A & (0) \end{bmatrix} = \begin{bmatrix} FA & (0) \\ A & (0) \end{bmatrix} + \begin{bmatrix} BG & B \\ (0) & (0) \end{bmatrix}$ と表せる．ここで定理 2.11(b) より，上限については $\mathrm{rank}\left(\begin{bmatrix} FA & (0) \\ A & (0) \end{bmatrix} + \begin{bmatrix} BG & B \\ (0) & (0) \end{bmatrix}\right) \leq \mathrm{rank}\left(\begin{bmatrix} FA & (0) \\ A & (0) \end{bmatrix}\right) + \mathrm{rank}\left(\begin{bmatrix} BG & B \\ (0) & (0) \end{bmatrix}\right)$ が成り立つ．FA は A の行に関しての線形結合であり，BG は B の列に関しての線形結合なので，$\mathrm{rank}\left(\begin{bmatrix} FA & (0) \\ A & (0) \end{bmatrix}\right) = \mathrm{rank}(A)$, $\mathrm{rank}\left(\begin{bmatrix} BG & B \\ (0) & (0) \end{bmatrix}\right) = \mathrm{rank}(B)$ であり，上限と下限が等しいことから題意を得る．

2.27 行列 B は最大行階数をもつので，前から掛けて単位行列となるような逆行列 B^{-1} が存在する．このとき A の列空間に注目すると，$R(A) = R(AI) = R(ABB^{-1}) \subset R(AB)$ である．すなわち $R(AB) = R(A)$ であり，よって $\mathrm{rank}(A) = \mathrm{rank}(AB)$ が成り立つ．

2.28 例えば $A = \begin{bmatrix} 1 & 0 \\ 2 & 0 \end{bmatrix}$, $B = \begin{bmatrix} 0 & 0 \\ 0 & 3 \end{bmatrix}$ のとき $\mathrm{rank}(AB) = 0, \mathrm{rank}(BA) = 1$.
例えば

$$A = \begin{bmatrix} 1 & 0 & 0 \\ 1 & 0 & 0 \\ 1 & 0 & 0 \end{bmatrix}, \quad B = \begin{bmatrix} 2 & -1 & -1 \\ -1 & 4 & -3 \\ 3 & -1 & -2 \end{bmatrix}$$

のとき $\mathrm{rank}(AB) = 1, \mathrm{rank}(BA) = 0$.

2.29

$$A = \begin{bmatrix} 1/2 & 1/6 & -2/3 \\ 0 & 1/3 & -1/3 \\ 0 & 0 & 1/2 \end{bmatrix}, \qquad AA' = 1/36 \begin{bmatrix} 26 & 10 & -12 \\ 10 & 8 & -6 \\ -12 & -6 & 9 \end{bmatrix}$$

は例 2.10 の $(X_1'X_1)^{-1}$ に一致する．

2.30 (a)$\{\boldsymbol{x}_2, \boldsymbol{x}_3, \boldsymbol{x}_4\}$,$\{\boldsymbol{x}_1, \boldsymbol{x}_3, \boldsymbol{x}_4\}$,$\{\boldsymbol{x}_1, \boldsymbol{x}_2, \boldsymbol{x}_4\}$,$\{\boldsymbol{x}_1, \boldsymbol{x}_2, \boldsymbol{x}_3\}$.(b) 例えば $\{\boldsymbol{x}_2, \boldsymbol{x}_3, \boldsymbol{x}_4\}$ を基底として選択した場合，$\boldsymbol{z}_1 = (2/\sqrt{18},\ 3/\sqrt{18},\ 1/\sqrt{18},\ 2/\sqrt{18})'$, $\boldsymbol{z}_2 = (20/\sqrt{3222},\ 21/\sqrt{3222},\ -35/\sqrt{3222},\ -34/\sqrt{3222})'$, $\boldsymbol{z}_3 = (17/\sqrt{716},\ -9/\sqrt{716},\ 15/\sqrt{716},\ -11/\sqrt{716})'$. (c)$\boldsymbol{u} = (1/2, 1/2, 1/2, 1/2)'$. (d)$\boldsymbol{v} = (1/2, -1/2, -1/2, 1/2)'$.

2.31

$$P_S = X(X'X)^{-1}X' = \frac{1}{4} \begin{bmatrix} 3 & 1 & 1 & -1 \\ 1 & 3 & -1 & 1 \\ 1 & -1 & 3 & 1 \\ -1 & 1 & 1 & 3 \end{bmatrix}$$

S に対する $\boldsymbol{x} = (1, 0, 0, 1)'$ の直交射影は $P_S\boldsymbol{x} = (0.5,\ 0.5,\ 0.5,\ 0.5)'$.

2.32 $1/21(16, 25, 20)'$.

2.33 $Z = (\boldsymbol{z}_1, \ldots, \boldsymbol{z}_r)$ と表すと，$\boldsymbol{x} \in S$ であるため，$\boldsymbol{x}$ は $\boldsymbol{x} = Z\boldsymbol{\alpha} = \alpha_1\boldsymbol{z}_1 + \cdots + \alpha_r\boldsymbol{z}_r$ の形で一意に表現される．$\boldsymbol{\alpha} = (\alpha_1, \ldots, \alpha_r)'$ とすると，$Z'Z = I$ および $\alpha_i = \boldsymbol{x}'\boldsymbol{z}_i$ であることから，$\boldsymbol{x}'\boldsymbol{x} = (Z\boldsymbol{\alpha})'(Z\boldsymbol{\alpha}) = \boldsymbol{\alpha}'Z'Z\boldsymbol{\alpha} = \boldsymbol{\alpha}'\boldsymbol{\alpha} = \alpha_1^2 + \cdots + \alpha_r^2 = (\boldsymbol{x}'\boldsymbol{z}_1)^2 + \cdots + (\boldsymbol{x}'\boldsymbol{z}_r)^2$.

2.34 (a)$\dim(P_S)=$ 3. (b) 例えば，$1/10(6,-2,-2,4)'$，$1/10(-2,9,-1,-2)'$，$1/10(-2,-1,9,-2)'$.

2.35 (a)P_1, P_2 は射影行列であるため，定理 2.20 より $P_1^2 = P_1, P_2^2 = P_2$ が成り立つ．このとき $P_1P_2 = P_2P_1 = (0)$ でありかつそのときに限り，$(P_1 + P_2)^2 = P_1^2 + 2P_1P_2 + P_2^2 = P_1 + P_2$ となり，$P_1 + P_2$ もベキ等行列となる．また対称行列同士の和は対称行列であるので，$P_1 + P_2$ は射影行列である．(b)$P_1P_2 = P_2P_1 = P_2$ でありかつそのときに限り，$(P_1 - P_2)^2 = P_1^2 - 2P_1P_2 + P_2^2 = P_1 - 2P_2 + P_2 = P_1 - P_2$ となり，$P_1 - P_2$ もベキ等行列となる．また対称行列同士の和は対称行列であるので，$P_1 - P_2$ は射影行列である．

2.36 (a)S の次元は 2. S の基底は，例えば $(1,1,1,1)',(1,2,3,0)'$. (b)$N(A)$ の次元は 2. $N(A)$ の基底は，例えば $(-1,1,1,-1)',(4,-2,-1,0)'$. (c) 含まれない．(d) 含まれない．

2.37 まず，$\boldsymbol{u}(\boldsymbol{x})$ は $n\times 1$ ベクトル $\boldsymbol{e}_1,\ldots,\boldsymbol{e}_n$ をそれぞれ，$m\times 1$ ベクトル $\boldsymbol{u}(\boldsymbol{e}_1) = \boldsymbol{a}_1,\ldots,\boldsymbol{u}(\boldsymbol{e}_n) = \boldsymbol{a}_n$ へ写すと考えることが可能である．そして，$\boldsymbol{x} = x_1\boldsymbol{e}_1 + \cdots + x_n\boldsymbol{e}_n$ について $\boldsymbol{u}(\boldsymbol{x})$ の線形性から $\boldsymbol{u}(\boldsymbol{x}) = x_1\boldsymbol{u}(\boldsymbol{e}_1) + \cdots + x_n\boldsymbol{u}(\boldsymbol{e}_n) = [\boldsymbol{a}_1,\ldots,\boldsymbol{a}_n]\boldsymbol{x}$ が導かれ，$[\boldsymbol{a}_1,\ldots,\boldsymbol{a}_n] = A$ とすれば題意を得る．

2.38 T を張る $n\times 1$ ベクトルの集合を $\boldsymbol{y}_1,\ldots,\boldsymbol{y}_n$ とする．$i = 1,\ldots,n$ について，$\boldsymbol{y}_i \in R^n$ であるから $\boldsymbol{x} = \alpha_1(y_{11}\boldsymbol{e}_1 + \cdots + y_{n1}\boldsymbol{e}_n) + \cdots + \alpha_n(y_{1n}\boldsymbol{e}_1 + \cdots + y_{nn}\boldsymbol{e}_n)$ となる．ところで，$\boldsymbol{u}(\boldsymbol{x})$ は $n\times 1$ ベクトル $\boldsymbol{e}_1,\ldots,\boldsymbol{e}_n$ を $m\times 1$ ベクトル $\boldsymbol{u}(\boldsymbol{e}_1) = \boldsymbol{a}_1,\ldots,\boldsymbol{u}(\boldsymbol{e}_n) = \boldsymbol{a}_n$ へ写すと考えることが可能であり，このことと $\boldsymbol{u}(\boldsymbol{x})$ の線形性を利用すると $\boldsymbol{u}(\boldsymbol{x}) = \{\alpha_1y_{11}\boldsymbol{u}(\boldsymbol{e}_1) + \cdots + \alpha_1y_{n1}\boldsymbol{u}(\boldsymbol{e}_n)\} + \cdots + \{y_{1n}\alpha_n\boldsymbol{u}(\boldsymbol{e}_1) + \cdots + \alpha_ny_{nn}\boldsymbol{u}(\boldsymbol{e}_n)\} = [\boldsymbol{a}_1,\ldots,\boldsymbol{a}_n]\boldsymbol{x}$ が導かれ，$[\boldsymbol{a}_1,\ldots,\boldsymbol{a}_n] = A$ とすれば題意を得る．

2.39 例えば以下．

$$A = \begin{bmatrix} 1 & 1 & 1 \\ 2 & 1 & 4 \\ 0 & 1 & 2 \end{bmatrix}$$

2.40 A のレンジの次元は $m-1$. A のゼロ空間の次元は 1.

2.41 (a)$\hat{\boldsymbol{\beta}} = (5.822, 0.417, 0.253, 0.634)$. (b)$\hat{\boldsymbol{\beta}} = (22.526, 0.726, 0.365)$. (c)1443.826.

2.42 (a)$i = 1,\ldots,k$ において，i 番目の処遇の観測値の縦ベクトルを $\boldsymbol{y}_i$ とする．こ

のとき $\boldsymbol{y}_i$ のサイズは $n_i \times 1$ である．同様に $i = 1, \ldots, k$ において，i 番目の処遇の誤差の縦ベクトルを $\boldsymbol{\epsilon}_i$ とする．このとき $\boldsymbol{\epsilon}_i$ のサイズは $n_i \times 1$ である．次に $i = 1, \ldots, k$ において，X_i を i 番目の列がすべて 1 であり，それ以外は 0 の，サイズ $n_i \times k$ の行列とする．したがって，$\boldsymbol{y}, X, \boldsymbol{\epsilon}$ を以下のような分割行列で定義することで題意を得られる．$\boldsymbol{y} = (\boldsymbol{y}_1, \boldsymbol{y}_2, \vdots, \boldsymbol{y}_i, \vdots, \boldsymbol{y}_k)'$，$X = X_1, X_2, \vdots, X_i, \vdots, X_k)$，$\boldsymbol{\epsilon} = (\boldsymbol{\epsilon}_1, \boldsymbol{\epsilon}_2, \vdots, \boldsymbol{\epsilon}_i, \vdots, \boldsymbol{\epsilon}_k)$ ここで $n = n_1 + n_2 + \cdots + n_k$ とすると，$\boldsymbol{y}$ のサイズは $n \times 1$，X のサイズは $n \times k$，$\boldsymbol{\epsilon}$ のサイズは $n \times 1$ である．

(b)

$$
\begin{aligned}
\hat{\boldsymbol{\beta}} &= (X'X)^{-1}X'\boldsymbol{y} \\
&= \begin{pmatrix} \frac{1}{n_1} & & & \mathbf{0} \\ & \frac{1}{n_2} & & \\ & & \ddots & \\ \mathbf{0} & & & \frac{1}{n_k} \end{pmatrix} \begin{pmatrix} \sum_{j=1}^{n_1} y_{ij} \\ \sum_{j=1}^{n_2} y_{ij} \\ \vdots \\ \sum_{j=1}^{n_k} y_{ij} \end{pmatrix} = \begin{pmatrix} \frac{1}{n_1}\sum_{j=1}^{n_1} y_{ij} \\ \frac{1}{n_2}\sum_{j=1}^{n_2} y_{ij} \\ \vdots \\ \frac{1}{n_k}\sum_{j=1}^{n_k} y_{ij} \end{pmatrix} = \begin{pmatrix} \bar{y}_1 \\ \bar{y}_2 \\ \vdots \\ \bar{y}_k \end{pmatrix}
\end{aligned}
$$

$$
\begin{aligned}
\mathrm{SSE}_1 &= (\boldsymbol{y} - X\hat{\boldsymbol{\beta}})'(\boldsymbol{y} - X\hat{\boldsymbol{\beta}}) \\
&= \left[\begin{pmatrix} \boldsymbol{y}_1 \\ \boldsymbol{y}_2 \\ \vdots \\ \boldsymbol{y}_k \end{pmatrix} - X \begin{pmatrix} \bar{y}_1 \\ \bar{y}_2 \\ \vdots \\ \bar{y}_k \end{pmatrix}\right]' \left[\begin{pmatrix} \boldsymbol{y}_1 \\ \boldsymbol{y}_2 \\ \vdots \\ \boldsymbol{y}_k \end{pmatrix} - X \begin{pmatrix} \bar{y}_1 \\ \bar{y}_2 \\ \vdots \\ \bar{y}_k \end{pmatrix}\right] \\
&= \left[\begin{pmatrix} \boldsymbol{y}_1 \\ \boldsymbol{y}_2 \\ \vdots \\ \boldsymbol{y}_k \end{pmatrix} - \begin{pmatrix} \bar{\boldsymbol{y}}_1 \\ \bar{\boldsymbol{y}}_2 \\ \vdots \\ \bar{\boldsymbol{y}}_k \end{pmatrix}\right]' \left[\begin{pmatrix} \boldsymbol{y}_1 \\ \boldsymbol{y}_2 \\ \vdots \\ \boldsymbol{y}_k \end{pmatrix} - \begin{pmatrix} \bar{\boldsymbol{y}}_1 \\ \bar{\boldsymbol{y}}_2 \\ \vdots \\ \bar{\boldsymbol{y}}_k \end{pmatrix}\right]
\end{aligned}
$$

ここで $i = 1, \ldots, k$ において，$\bar{\boldsymbol{y}}_i$ はすべての要素が $\bar{y}_i$ であるような，サイズ $n_i \times 1$ のベクトルである．上式をさらに以下のように展開して題意を得る．

$$
\mathrm{SSE}_1 = \sum_{i=1}^{k} (\boldsymbol{y}_i - \bar{\boldsymbol{y}}_i)'(\boldsymbol{y}_i - \bar{\boldsymbol{y}}_i) = \sum_{i=1}^{k}\sum_{j=1}^{n_i} (y_{ij} - \bar{y}_i)^2
$$

(c) $\boldsymbol{\beta}_2 = (\mu, \mu, \ldots, \mu)'$ とすると，モデルは $\boldsymbol{y} = \mathbf{1}_n\mu + \boldsymbol{\epsilon}$ のように表せる (ただし，$\boldsymbol{\beta}_2$ のサイズは $k \times 1$)．よって，最小 2 乗推定量は $\hat{\mu} = (\mathbf{1}_n'\mathbf{1}_n)^{-1}\mathbf{1}_n'\boldsymbol{y} = \frac{1}{n}\sum_{i=1}^{k}\sum_{j=1}^{n_i} y_{ij} = \frac{1}{n}\sum_{i=1}^{k} n_i\bar{y}_i = \bar{y}$ となる．また誤差平方和 SSE_2 は $\mathrm{SSE}_2 = (\boldsymbol{y} - \mathbf{1}_n\hat{\mu})'(\boldsymbol{y} - \mathbf{1}_n\hat{\mu}) =$

$(\boldsymbol{y}-\bar{\boldsymbol{y}})'(\boldsymbol{y}-\bar{\boldsymbol{y}}) = \sum_{i=1}^{k}\sum_{j=1}^{n_i}(y_{ij}-\bar{y})^2$ となる．ここで $\bar{\boldsymbol{y}}$ はすべての要素が $\bar{y}$ である，サイズ $n\times 1$ のベクトルを意味している．したがって $\mathrm{SST}=\mathrm{SSE}_2-\mathrm{SSE}_1$ は $\mathrm{SST}=\sum_{i=1}^{k}\sum_{j=1}^{n_i}(y_{ij}-\bar{y})^2-\sum_{i=1}^{k}\sum_{j=1}^{n_i}(y_{ij}-\bar{y}_i)^2=\sum_{i=1}^{k}\sum_{j=1}^{n_i}(y_{ij}^2-2y_{ij}\bar{y}+\bar{y}^2)-\sum_{i=1}^{k}\sum_{j=1}^{n_i}(y_{ij}^2-2y_{ij}\bar{y}_i+\bar{y}_i^2)=\sum_{i=1}^{k}\sum_{j=1}^{n_i}(-2y_{ij}\bar{y}+2y_{ij}\bar{y}_i+\bar{y}^2-\bar{y}_i^2)=\sum_{i=1}^{k}(-2n_i\bar{y}_i\bar{y}+2n_i\bar{y}_i\bar{y}_i+n_i\bar{y}^2-n_i\bar{y}_i^2)=\sum_{i=1}^{k}n_i(\bar{y}^2-2\bar{y}_i\bar{y}+\bar{y}_i^2)=\sum_{i=1}^{k}n_i(\bar{y}_i-\bar{y})^2$ のようになる．(d) X の列空間の次元は k であるので，SSE_1 は $n-k$ 個の直交方向での偏差平方和である．また縮退モデルにおいて，X の本質的な列空間の次元は 1 であるので，SSE_2 は $n-1$ 個の直交方向での偏差平方和である．したがって SST 自体は $(n-1)-(n-k)=k-1$ 個の直交方向での偏差平方和となる．ゆえに題意を得る．

2.43 (a) 例 2.11 より $\hat{\boldsymbol{\beta}}=(X'X)^{-1}X'\boldsymbol{y}$ なので，$A\hat{\boldsymbol{\beta}}=A(X'X)^{-1}X'\boldsymbol{y}$ となる．よって S は $S=\{\boldsymbol{y}:A(X'X)^{-1}X'\boldsymbol{y}=\boldsymbol{0}\}$ のように再表現できる．任意の $\boldsymbol{y}_1,\boldsymbol{y}_2\in S$ およびスカラー α_1,α_2 において $A(X'X)^{-1}X'(\alpha_1\boldsymbol{y}_1+\alpha_2\boldsymbol{y}_2)=\alpha_1A(X'X)^{-1}X'\boldsymbol{y}_1+\alpha_2A(X'X)^{-1}X'\boldsymbol{y}_2=\alpha_1\boldsymbol{0}+\alpha_2\boldsymbol{0}=\boldsymbol{0}$ だから S はベクトル空間である．(b) 制約のない最小 2 乗推定量を $\hat{\boldsymbol{\beta}}_*$ とする．これが $A\hat{\boldsymbol{\beta}}_*=\boldsymbol{0}$ になるということは $C(C'C)^{-1}C'=I-A'(AA')^{-1}A$ より $\hat{\boldsymbol{\beta}}_*$ を C の列が張る空間の上へと射影するということである．すなわち $\hat{\boldsymbol{\beta}}=C\hat{\boldsymbol{\beta}}_*$ であり，$(\boldsymbol{y}-XC\hat{\boldsymbol{\beta}}_*)'(\boldsymbol{y}-XC\hat{\boldsymbol{\beta}}_*)$ を最小化する．ゆえに $X_*=XC$ とすると，最小 2 乗推定量の幾何学的性質より

$$\begin{aligned}X_*\hat{\boldsymbol{\beta}}_*&=X_*(X_*'X_*)^{-1}X_*'\boldsymbol{y}\\XC\hat{\boldsymbol{\beta}}_*&=XC(C'X'XC)^{-1}C'X'\boldsymbol{y}\\X\hat{\boldsymbol{\beta}}&=XC(C'X'XC)^{-1}C'X'\boldsymbol{y}\\\hat{\boldsymbol{\beta}}&=C(C'X'XC)^{-1}C'X'\boldsymbol{y}\end{aligned}$$

2.44 $\boldsymbol{x}_1,\boldsymbol{x}_2\in S_1$，$\boldsymbol{y}_1,\boldsymbol{y}_2\in S_2$ とする．$\boldsymbol{x},\boldsymbol{y}\in S_1+S_2$ とすると，$\boldsymbol{x}=\boldsymbol{x}_1+\boldsymbol{y}_1,\boldsymbol{y}=\boldsymbol{x}_2+\boldsymbol{y}_2$ と表せる．これより $\boldsymbol{x}+\boldsymbol{y}=(\boldsymbol{x}_1+\boldsymbol{y}_1)+(\boldsymbol{x}_2+\boldsymbol{y}_2)=(\boldsymbol{x}_1+\boldsymbol{x}_2)+(\boldsymbol{y}_1+\boldsymbol{y}_2)\in S_1+S_2$，$\alpha\boldsymbol{x}=\alpha(\boldsymbol{x}_1+\boldsymbol{y}_1)=\alpha\boldsymbol{x}_1+\alpha\boldsymbol{y}_1\in S_1+S_2$ である．ゆえに S_1+S_2 は R^m のベクトル部分空間である．

2.45 S_1+S_2 は集合 $\{\boldsymbol{x}_1,\boldsymbol{x}_2,\boldsymbol{x}_3,\boldsymbol{y}_1,\boldsymbol{y}_2,\boldsymbol{y}_3\}$ によって張られている．ただし，$\boldsymbol{x}_3=\boldsymbol{x}_1-\boldsymbol{x}_2+\boldsymbol{y}_2-\boldsymbol{y}_3,\boldsymbol{y}_1=2\boldsymbol{x}_2-\boldsymbol{y}_2+\boldsymbol{y}_3$ であり，$\alpha_1\boldsymbol{x}_1+\alpha_2\boldsymbol{x}_2+\alpha_3\boldsymbol{y}_2+\alpha_4\boldsymbol{y}_3=\boldsymbol{0}$ を満たすような定数 $\alpha_1,\alpha_2,\alpha_3,\alpha_4$ は $\alpha_1=\alpha_2=\alpha_3=\alpha_4=0$ 以外に存在しないことが容易に確認できる．したがって S_1+S_2 の基底は $\{\boldsymbol{x}_1,\boldsymbol{x}_2,\boldsymbol{y}_2,\boldsymbol{y}_3\}$ であり，$\dim(S_1+S_2)=4$ となる．よって定理 2.23 から $\dim(S_1\cap S_2)=3+3-4=2$ と導かれるので，$S_1\cap S_2$ の任意の基底は 2 つのベクトルによって表される．ゆえに例 2.18 と同様に，$\alpha_1\boldsymbol{x}_1+\alpha_2\boldsymbol{x}_2+\alpha_3\boldsymbol{x}_3=\beta_1\boldsymbol{y}_1+\beta_2\boldsymbol{y}_2+\beta_3\boldsymbol{y}_3$ を満たすような $\alpha_1,\alpha_2,\alpha_3,\beta_1,\beta_2,\beta_3$

がわかればよい．ここで $-\boldsymbol{x}_1+\boldsymbol{x}_2+\boldsymbol{x}_3=\boldsymbol{y}_2-\boldsymbol{y}_3, 2\boldsymbol{x}_2=\boldsymbol{y}_1+\boldsymbol{y}_2-\boldsymbol{y}_3$ であるから $\boldsymbol{y}_2-\boldsymbol{y}_3=(1,1,-1,-1)'$ と $2\boldsymbol{x}_2=(2,4,4,4)$ が $S_1\cap S_2$ の基底の 1 組である．

2.46　ベクトル空間 T について $S_1\cup S_2\subseteq T$ が成立しているならば，$S_1\subseteq S_2$ または $S_1\supseteq S_2$ である．ここで $S_1\cap S_2=S_1$ のとき，$\dim(S_1\cap S_2)=\dim(S_1)$ が成り立つから，定理 2.23 より $\dim(S_1+S_2)=\dim(S_1)+\dim(S_2)-\dim(S_1)=\dim(S_2)$ である．同様に $S_1\supseteq S_2$ のとき，$\dim(S_1+S_2)=\dim(S_1)+\dim(S_2)-\dim(S_2)=\dim(S_1)$ が成り立つ．すなわち $S_1\cup S_2\subseteq T$ のとき，$S_1+S_2\subseteq T$ は，S_1 あるいは S_2 どちらか一方の基底で構成されているから，明らかに T の部分集合であり，その次元は最小である．したがって，S_1+S_2 は，$S_1\cup S_2$ を含む最小次元のベクトル空間を充足する．

2.47　$\dim(S_1)=I$,$\dim(S_2)=J$,$\dim(S_1\cap S_2)=K$ とする．証明は S_1+S_2 基底の次元が $I+J-K$ であることを示せばよい．$S_1\cap S_2$ の基底を $\{\boldsymbol{z}_1,\ldots,\boldsymbol{z}_K\}$ とする．次元は K である．$S_1\cap S_2\subset S_1$ そして $S_1\cap S_2\subset S_2$ であるから，この集合の和は，重複部分 $S_1\cap S_2$ を減ずることで $\{\boldsymbol{z}_1,\ldots.\boldsymbol{z}_K,\boldsymbol{x}_1,\ldots,\boldsymbol{x}_{I-K},\boldsymbol{y}_1,\ldots,\boldsymbol{y}_{J-K}\}$ と求められる．この集合が S_1+S_2 を張り，かつ線形独立であることを示せばよい．

2.48　S_1 と S_2 を張るベクトル集合の可能な線形結合の集合を W とする．この集合について $S_1+S_2\subset W$ かつ，$W\subset S_1+S_2$ が成り立つことを示せばよい．

2.49　略．

2.50　(a) 最小値 0．$m>2(r_1+r_2)$ のとき最大値 $m-(r_1+r_2)$．$m\leq 2(r_1+r_2)$ のとき最大値 r_1+r_2．(b) 最小値 0．最大値 m．

2.51　S_1 は $(1,0,1)'$ を基底とするベクトル空間．S_2 は $(1,0,-1)'$ を基底とするベクトル空間．

2.52　S_1 と S_2 をそれぞれ張るベクトルをあわせると，S_1+S_2 の基底となるので，$R^4=S_1+S_2$ である．また，$\dim(S_1\cap S_2)=2+2-4=0$ より $S_1\cap S_2=\{\mathbf{0}\}$ なので，$R^4=S_1\oplus S_2$ である．内積の計算から S_1 と S_2 は直交ベクトル空間ではない．

2.53　定理 2.23 を利用する．また，練習問題 2.48 の結果を利用して S_1 と S_2 の基底をあわせたベクトル空間が S_1+S_2 の基底であることを示し題意を得る．

2.54　(a) Q が射影行列であるとき，$Q\boldsymbol{x}=\boldsymbol{x}$ となるので，$QQ\boldsymbol{x}=Q\boldsymbol{x}$ が任意の $\boldsymbol{x}\in S$ に対して成立する．したがって Q はベキ等行列である．

2.55　(a) と (c) が凸集合である．

2.56 (a)$S_1 \cap S_2$ は S_1 に含まれ，S_1 は凸集合であるから，その部分集合 $S_1 \cap S_2$ もまた凸集合である．(b)$\boldsymbol{x}_{11} \in S_1$, $\boldsymbol{x}_{12} \in S_1$, $\boldsymbol{x}_{21} \in S_2$, $\boldsymbol{x}_{22} \in S_2$ として，$S_1 + S_2$ 内の 2 点を $\boldsymbol{x}_{11} + \boldsymbol{x}_{21}$, $\boldsymbol{x}_{12} + \boldsymbol{x}_{22}$ とする．S_1, S_2 がともに凸集合であることを利用すれば証明される．

2.57 例えば $S_1 \cap S_2$ が空集合のときには必ずしも凸ではない．

2.58 B_n に含まれる任意の 2 つのベクトル $\boldsymbol{x}, \boldsymbol{y}$ について，$\{c\boldsymbol{x} + (1-c)\boldsymbol{y}\}'\{c\boldsymbol{x} + (1-c)\boldsymbol{y}\} = c^2 \sum_{i=1}^k x_i^2 + 2c(1-c)\sum_{i=1}^k x_i y_i + (1-c)^2 \sum_{i=1}^k y_i^2 \leq \frac{1}{n}$ を示す．B_n の定義と，コーシー–シュワルツの不等式にユークリッド内積を当てはめて得られる関係 (定義 2.4 直上の式) を利用する．

2.59 任意の $k \geq 2$ 個のベクトル $\boldsymbol{u}_i$ による任意の凸結合を $\mathrm{conv}(\boldsymbol{u}_1, \ldots, \boldsymbol{u}_k)$，任意の集合 X に含まれる任意の $k \geq 2$ 個のベクトル $\boldsymbol{u}_i$ による任意の凸結合のすべてを含む集合を，$\mathrm{conv}(X) = \bigcup_{\boldsymbol{u}_1,\ldots,\boldsymbol{u}_k \in X} \mathrm{conv}(\boldsymbol{u}_1, \ldots, \boldsymbol{u}_k)$ とする．任意の集合 $S \subseteq R^m$ に含まれる任意の点を $\boldsymbol{x}_i$，S を含む任意の凸集合を X_i とすると，凸集合の定義より，$\bigcup_{\boldsymbol{x}_1,\boldsymbol{x}_2 \in S} \mathrm{conv}(\boldsymbol{x}_1, \boldsymbol{x}_2) = X_i$ が成り立っている．ここで任意の凸集合に含まれる任意の k 個のベクトル $\boldsymbol{v}_i$ による任意の凸結合を考えると，どれか 1 つの $\boldsymbol{v}_i$ を別の 2 つの $\boldsymbol{v}_i$ による任意の凸結合に分解することが可能であり，そのときの全体もまた凸結合となる．この手続きを再帰的に用いれば，任意の凸集合に含まれる任意の $k \geq 2$ 個のベクトルによる任意の凸結合は，任意の k 個より多い数のベクトルによる任意の凸結合として再表現することが可能である．これにより任意の $k \geq 2$ について，$\bigcup_{\boldsymbol{x}_1,\boldsymbol{x}_2 \in S} \mathrm{conv}(\boldsymbol{x}_1, \boldsymbol{x}_2) = \bigcup_{\substack{k \geq 2 \\ \boldsymbol{x}_1,\ldots,\boldsymbol{x}_k \in S}} \mathrm{conv}(\boldsymbol{x}_1, \ldots, \boldsymbol{x}_k) = \mathrm{conv}(S) = X_i$ を得る．よって $\bigcap_{i=1}^{\infty} X_i = \bigcap_{i=1}^{\infty} \mathrm{conv}(S) = \mathrm{conv}(S)$ であり，この最左辺が凸包 $C(S)$ の定義そのものであることから，題意を得る．

2.60 練習問題 2.59 の証明において示したように，任意の凸集合に含まれる任意の 2 つのベクトルの凸結合は，その凸集合に含まれる任意の 2 つ以上のベクトルの凸結合として再表現可能である．よって $C(S)$ に含まれる任意の $\boldsymbol{x}$ は，$\boldsymbol{x} = \sum_{i=1}^k \lambda_i \boldsymbol{x}_i$ と表すことができる．ただし，$\lambda_i \geq 0$ かつ $\sum_{i=1}^k \lambda_i = 1$ である．ここで $k \leq m+1$ ならば証明は必要ないので，$k > m+1$ の場合のみを考える．このとき，ベクトル $\boldsymbol{x_2} - \boldsymbol{x_1}, \boldsymbol{x_3} - \boldsymbol{x_1}, \ldots, \boldsymbol{x_k} - \boldsymbol{x_1}$ は最低でも $m+1$ 本存在するため線形従属な関係になる．したがって，$\sum_{i=2}^k \alpha_i(\boldsymbol{x}_i - \boldsymbol{x}_1) = \boldsymbol{0}$ を満たすような，すべてがゼロではないようなスカラーの組 $\alpha_2, \ldots, \alpha_k$ が存在するはずである．これらを用いて，$\alpha_1 = -\sum_{i=2}^k \alpha_i$ と定義すると，$\boldsymbol{0} = \sum_{i=1}^k \alpha_i \boldsymbol{x}_i$ を得る．これを利用すると，$\boldsymbol{x} = \sum_{i=1}^k \lambda_i \boldsymbol{x}_i + c\boldsymbol{0} = \sum_{i=1}^k \lambda_i \boldsymbol{x}_i + c\sum_{i=1}^k \alpha_i \boldsymbol{x}_i = \sum_{i=1}^k (\lambda_i + c\alpha_i)\boldsymbol{x}_i$ が導かれる．ここで α_i は $\sum_{i=1}^k \alpha_i = 0$ であり，かつすべての α_i が 0 ではないので，少なくとも 1 つの α_i は負であるはずである．したがって，$1 \leq i \leq k$ のうち少なくと

も 1 つの i において，$\lambda_i + c\alpha_i = 0$ となるような c を選ぶことが可能である．そこで $c = \max_{1 \le i \le k}\left(-\frac{\lambda_i}{\alpha_i} : \alpha_i < 0\right)$ と定める．このとき c を調整して $\lambda_i + c\alpha_i = 0$ となった以外のすべての $1 \le i \le k$ において，$\lambda_i + c\alpha_i > 0$ が成り立つ．また c の選択には依存せずに，$\sum_{i=1}^{k}(\lambda_i - c\alpha_i) = 1$ である．したがって $\sum_{i=1}^{k}(\lambda_i + c\alpha_i)\boldsymbol{x}_i$ は $C(S)$ に含まれる任意の k 個のベクトル $\boldsymbol{x}_i$ の凸結合であり，かつ少なくとも 1 つの $1 \le i \le k$ においては結合の重み $(\lambda_i - c\alpha_i)$ が 0 となっている．このような項は取り除いても計算結果は変化せず，かつ $k-1$ 個のベクトル $\boldsymbol{x}_i$ の重みはすべて 0 より大きく総和が 1 に保たれたままであるため，凸結合であることも変わらない．したがって，結合の重みが 0 である項を削除すれば，任意の $k-1$ 個のベクトル $\boldsymbol{x}_i$ の凸結合として再表現することが可能である．この操作を複数回繰り返すことで，凸結合を構成する $\boldsymbol{x}_i$ の数を少なくとも $k = m + 1$ まで減らすことが可能であるため，題意を得る．

2.61 (a) $0 \le \lambda \le 1$ を用いた凸結合について，$\lambda S + (1-\lambda)S + c\boldsymbol{y} = S + c\boldsymbol{y}$ が成り立つ．また $\alpha = \frac{1+c}{2}$ とすると，$\lambda(S+\boldsymbol{y}) + (1-\lambda)(S-\boldsymbol{y}) = S + (1+c-1)\boldsymbol{y} = S + c\boldsymbol{y}$ も成り立つ．よって $K_\alpha = \{\boldsymbol{x} : f(\boldsymbol{x}) \ge \alpha\}$ とすると，これは凸集合より，$V[(S+c\boldsymbol{y}) \cap K_\alpha] \ge V\left[\lambda\{(S+\boldsymbol{y}) \cap K_\alpha\} + (1-\lambda)\{(S-\boldsymbol{y}) \cap K_\alpha\}\right]$ が成り立つ．ただし $V[\ ]$ は集合の大きさ (volume) を表す記号である．ここでブラウ–ミンコウスキーの定理と $\boldsymbol{S}$ の対称性から $\lambda V[\{(S+\boldsymbol{y}) \cap K_\alpha\}] + (1-\lambda)V[\{(S-\boldsymbol{y}) \cap K_\alpha\}] \ge V[\{(S+\boldsymbol{y}) \cap K_\alpha\}]$ より題意を得る．(b) $\boldsymbol{y}$ の累積分布関数を $G(\boldsymbol{y})$ とすると，x と y の独立性より，$P(\boldsymbol{x} + c\boldsymbol{y} \in S) = \int_R \int_{S-c\boldsymbol{y}} f(\boldsymbol{x})d\boldsymbol{x}dG(\boldsymbol{y})$ を得る．ここで外側の積分だけを評価すれば，$\boldsymbol{y}$ が確率変数ではなくなるので，(a) を適用することが可能になる．$P(\boldsymbol{x}+\boldsymbol{y} \in S)$ についても同様．(c) 原点に関する対称性は自明．また多変量正規分布は log-concave な分布属に含まれ， $f(\boldsymbol{x})$ は凹関数である．したがって任意の $0 < c < 1$ について，$cf(\boldsymbol{x}_1) + (1-c)f(\boldsymbol{x}_2) \le f(c\boldsymbol{x}_1 + (1-c)\boldsymbol{x}_2)$ が成り立つので，もし $\boldsymbol{x}_1, \boldsymbol{x}_2$ が $a > 0$ における $\{\boldsymbol{x} : f(\boldsymbol{x}) \ge a\}$ に含まれる任意の点であるならば，$a \le f(c\boldsymbol{x}_1 + (1-c)\boldsymbol{x}_2)$ が導かれる．したがって $\{\boldsymbol{x} : f(\boldsymbol{x}) \ge a\}$ に含まれる任意の点の任意の凸結合もまた元の集合に含まれるため，正規 pdf $f(\boldsymbol{x})$ における集合 $\{\boldsymbol{x} : f(\boldsymbol{x}) \ge a\}$ は凸集合である．(d) 条件より $\Omega_1 - \Omega_2$ が非負定値であるため，$\boldsymbol{z} \sim N_m(\boldsymbol{0}, \Omega_1 - \Omega_2)$ という正規分布に従う確率変数を考えることができる．このとき，第 1 章において示された正規分布の性質より，$\boldsymbol{x} = \boldsymbol{y} + \boldsymbol{z}$ である．したがって 2 つの独立な確率変数 $\boldsymbol{y}, \boldsymbol{z}$ について $P(\boldsymbol{y} + \boldsymbol{z} \in S) \le P(\boldsymbol{y} \in S)$ を示せばよいが，これは (b) で証明した状況において $c = 0$ とおいたものに等しい．

第 3 章

3.1 (a)$1, 2, -1$. (b)$(1/\sqrt{3}, 1/\sqrt{3}, 1/\sqrt{3})', (1/\sqrt{6}, 2/\sqrt{6}, 1/\sqrt{6})', (1/\sqrt{5}, 0, 2/\sqrt{5})'$. (c)1024.

3.2 $|A' - \lambda I_3| = -(\lambda+1)(\lambda-1)(\lambda-2) = 0$ より A' の固有値は $-1, 1, 2$ である．また，各固有値に対応する固有空間は，それぞれ $S_A(-1) = \{(a, -\frac{1}{2}a, -\frac{1}{2}a)' : -\infty < a < \infty\}$, $S_A(1) = \{(a, 0, -a)' : -\infty < a < \infty\}$, $S_A(2) = \{(a, -\frac{1}{4}a, -\frac{1}{2}a)' : -\infty < a < \infty\}$ によって与えられる．

3.3 (a) $\lambda = 3, 2$(重解). (b) $\lambda = 3$ のとき，任意の c_1 について，$c_1(1, 1, 0)'$, $\lambda = 2$ のとき，任意の c_2, c_3 について，$c_2(0, 0, 0)' + c_3(-2, 1, 0)'$.
(c)

$$\begin{bmatrix} 1 & 0 & -2 \\ 1 & 0 & 1 \\ 0 & 0 & 0 \end{bmatrix}$$

3.4 $\lambda = 1, -1, -2$(1 は重複度 2), $S_A(1) = \{(2a_1, 3a_2, a_1, a_2)' : -\infty < a_1, a_2 < \infty\}, S_A(-1) = \{(0, 0, 0, a_3)' : -\infty < a_3 < \infty\}, S_A(-2) = \{(a_4, 0, a_4, 0)' : -\infty < a_4 < \infty\}$.

3.5 行列 $(A + \gamma I_m)$ の固有値を μ とすると，特性方程式は $|(A + \gamma I_m) - \mu I_m| = |A - (\mu - \gamma)I_m| = 0$ となる．ここで，$\lambda = \mu - \gamma$ とおくと，行列 A の特性方程式に一致する．よって，行列 $(A + \gamma I_m)$ の固有値は，$\mu_i = \lambda_i + \gamma$ となる．また，行列 A の固有値 λ に対応する固有ベクトル $\boldsymbol{x}$ を行列 $(A + \gamma I_m)$ の右から掛けると，$(A+\gamma I_m)\boldsymbol{x} = A\boldsymbol{x} + \gamma\boldsymbol{x} = \lambda\boldsymbol{x} + \gamma\boldsymbol{x} = (\lambda+\gamma)\boldsymbol{x} = \mu\boldsymbol{x}$ となる．ゆえに，行列 $(A+\gamma I_m)$ は，固有値 $\lambda_1 + \gamma, \ldots, \lambda_m + \gamma$ とそれに対応する固有ベクトル $\boldsymbol{x}_1 \ldots, \boldsymbol{x}_m$ をもつ．

3.6 略.

3.7 (a) 例 3.7 より $\boldsymbol{\delta}_1 = U_1\hat{\boldsymbol{\delta}}_{1*}$ という関係から，主成分回帰推定量 $\hat{\boldsymbol{\delta}}_{1*}$ の期待値は，$E[\hat{\boldsymbol{\delta}}_{1*}] = U_1'E[\hat{\boldsymbol{\delta}}_1] = U_1'(Z_1'Z_1)^{-1}Z_1'Z_1\boldsymbol{\delta}_1 = U_1'\boldsymbol{\delta}_1$ また，練習問題 3.6 よりリッジ回帰推定量 $\hat{\boldsymbol{\delta}}_{1\gamma}$ の期待値は，$E[\hat{\boldsymbol{\delta}}_{1\gamma}] = E[(Z_1'Z_1 + \gamma I_k)^{-1}Z_1'\boldsymbol{y}] = (Z_1'Z_1 + \gamma I_k)^{-1}Z_1'Z_1\boldsymbol{\delta}_1$. よって，$\hat{\boldsymbol{\delta}}_{1*}$ および $\hat{\boldsymbol{\delta}}_{1\gamma}$ は $\boldsymbol{\delta}_1$ の不偏推定量ではない．(b)$\hat{\boldsymbol{\delta}}_{1*}$ の共分散行列は，例 3.7 より $\mathrm{var}(\hat{\boldsymbol{\delta}}_{1*}) = \sigma^2(W_{11}'W_{11})^{-1} = \sigma^2\Lambda_1^{-1}$. (c)$\hat{\boldsymbol{\delta}}_{1\gamma}$ の共分散行列は，$\hat{\boldsymbol{\delta}}_1$ の共分散行列を利用して，$\mathrm{var}(\hat{\boldsymbol{\delta}}_{1\gamma}) = (Z_1'Z_1 + \gamma I_k)^{-1}Z_1'Z_1\mathrm{var}(\hat{\boldsymbol{\delta}}_1)\{(Z_1'Z_1 + \gamma I_k)^{-1}Z_1'Z_1\}' = (Z_1'Z_1 + \gamma I_k)^{-1}Z_1'Z_1\sigma^2(Z_1'Z_1)^{-1}\{(Z_1'Z_1 + \gamma I_k)^{-1}Z_1'Z_1\}' = \sigma^2(Z_1'Z_1 + \gamma I_k)^{-1}Z_1'Z_1(Z_1'Z_1 + \gamma I_k)^{-1}$.

3.8　A が非特異のとき，定理 3.2(d) より A^{-1} と $(A^{-1})^{-1} = A$ を用いて，$i = 1, \ldots, m$ について $\lambda_i(AB) = \lambda_i(A^{-1}ABA) = \lambda_i(BA)$．$B$ が非特異のとき，B と B^{-1} を用いて同様に示される．A, B が非特異のとき，A か B のどちらかについて同様に考えればよい．

3.9　固有値 λ に対応する固有ベクトルを $\boldsymbol{x} = \boldsymbol{y} + i\boldsymbol{z}$ と仮定する．ただし $\boldsymbol{z} \neq \boldsymbol{0}$ とする．固有方程式 $A\boldsymbol{x} = \lambda\boldsymbol{x}$ に代入して，$A(\boldsymbol{y} + i\boldsymbol{z}) = \lambda(\boldsymbol{y} + i\boldsymbol{z})$ となる．ここで前から $(\boldsymbol{y} - i\boldsymbol{z})'$ を掛けて

$$
\begin{aligned}
(\boldsymbol{y} - i\boldsymbol{z})'A(\boldsymbol{y} + i\boldsymbol{z}) &= \lambda(\boldsymbol{y} - i\boldsymbol{z})'(\boldsymbol{y} + i\boldsymbol{z}) \\
\lambda = \frac{(\boldsymbol{y} - i\boldsymbol{z})'A(\boldsymbol{y} + i\boldsymbol{z})}{(\boldsymbol{y} - i\boldsymbol{z})'(\boldsymbol{y} + i\boldsymbol{z})} &= \frac{\boldsymbol{y}'A\boldsymbol{y} + i\boldsymbol{y}'A\boldsymbol{z} - i\boldsymbol{z}'A\boldsymbol{y} + \boldsymbol{z}'A\boldsymbol{z}}{\boldsymbol{y}'\boldsymbol{y} + i\boldsymbol{y}'\boldsymbol{z} - i\boldsymbol{z}'\boldsymbol{y} + \boldsymbol{z}'\boldsymbol{z}} \\
&= \frac{(\boldsymbol{y}'A\boldsymbol{y} + \boldsymbol{z}'A\boldsymbol{z}) + i(\boldsymbol{y}'A\boldsymbol{z} - \boldsymbol{z}'A\boldsymbol{y})}{(\boldsymbol{y}'\boldsymbol{y} + \boldsymbol{z}'\boldsymbol{z}) + i(\boldsymbol{y}'\boldsymbol{z} - \boldsymbol{z}'\boldsymbol{y})}
\end{aligned}
$$

いま，$\boldsymbol{x} \neq \boldsymbol{0}$ なので $\boldsymbol{y}'\boldsymbol{y} + \boldsymbol{z}'\boldsymbol{z} > 0$ であり，条件より λ は実数なので $\boldsymbol{y}'A\boldsymbol{z} - \boldsymbol{z}'A\boldsymbol{y} = 0, \boldsymbol{y}'\boldsymbol{z} - \boldsymbol{z}'\boldsymbol{y} = 0$ のようにならなければならない．よって $\boldsymbol{z}'A'\boldsymbol{y} = \boldsymbol{z}'A\boldsymbol{y}, \boldsymbol{y}'\boldsymbol{z} = \boldsymbol{z}'\boldsymbol{y}$ となる．したがって固有値 λ が実数となるためには $A' = A$，すなわち A が対称行列でなければならず，任意の実行列では成立しない．これは前提に矛盾する．よって $\boldsymbol{y} \neq 0$ の場合に，固有値 λ に対応する A の実固有ベクトルが存在する．

3.10　略．

3.11　(a) 定理 1.4(a) より $|A - \lambda I_m| = |(A - \lambda I_m)'| = |A' - \lambda I_m|$．(b) $A\boldsymbol{x}\boldsymbol{x}' = \lambda\boldsymbol{x}\boldsymbol{x}'$ の両辺の行列式を考える．$|A| = 0$ なので定理 1.5 ならびに定理 1.4(b) より $0 = \lambda^m|\boldsymbol{x}\boldsymbol{x}'|$．一方，$\lambda = 0$ のとき $|A - \lambda I_m| = |A| = 0$．(c) 三角行列 $A - \lambda I_m$ の行列式は，その対角要素の積．したがって固有値は A の対角要素．(d) 定理 1.5 より $|BAB^{-1} - \lambda I_m| = |B(A - \lambda I_m)B^{-1}| = |B||A - \lambda I_m||B^{-1}| = 0$ B は非特異であるから，BAB^{-1} と A の固有値は等しい．(e)$\boldsymbol{x}'\boldsymbol{x} = \boldsymbol{x}'AA'\boldsymbol{x} = \boldsymbol{x}'A'A\boldsymbol{x} = \lambda\boldsymbol{x}'\lambda\boldsymbol{x}$ より $\lambda^2 = 1$ であり，$|\lambda| = 1$．

3.12　例えば，以下のような A と C は同じ固有値 (重複度 2 の固有値 1) をもっているが，次の B に対して $C = BAB^{-1}$ を満たさない．

$$
A = \begin{bmatrix} 1 & 0 \\ 0 & 1 \end{bmatrix} \qquad C = \begin{bmatrix} 1 & 1 \\ 0 & 1 \end{bmatrix} \qquad B = \begin{bmatrix} a & b \\ c & d \end{bmatrix}
$$

3.13　A の m 個の固有値を $\lambda_1, \ldots, \lambda_m$，$B = A - \lambda I_m$ の固有値を $\gamma_1, \ldots, \gamma_m$ とする．このとき B の特性方程式から $|A - (\lambda + \gamma_i)I_m| = 0$ を得る．これは $(\lambda + \gamma_i)$ が A の固有値であることを意味しており，したがって，$\gamma_i = \lambda_i - \lambda$ が導かれる．ここ

で条件より λ は A の単一固有値であるから，γ_i のうちどれか 1 つだけについてのみ，$\gamma_i = \lambda_i - \lambda = 0$ となる．よって B は単一固有値 0 をもつ．したがって B は特異行列より，$\mathrm{rank}(B) \leq m-1$．一方で B の固有値のうち $m-1$ 個は非ゼロの値でもある．よって定理 4.13 より，$\mathrm{rank}(B) \geq m-1$ でもある．したがって $\mathrm{rank}(B) = m-1$ が成立する．

3.14　$\mathrm{rank}(A - \lambda I_m) = m - 1$ であり，変形すると $m - \mathrm{rank}(A - \lambda I_m) = 1$ である．定理 2.22 より $\mathrm{rank}(A) = n - \dim\{N(A)\} = n - \mathrm{rank}(A) = \dim\{N(A)\}$ であるので，$\dim\{S_A(\lambda)\} = m - \mathrm{rank}(A - \lambda I_m)$ である．よって，$\dim\{(A - \lambda I_m)\} = 1$ なので，行列 A の幾何学的重複度は 1 である．ここで，定理 3.3 から，$m \times m$ 行列 A の固有値 λ の重複度を r とすると，次の不等式 $1 \leq \dim\{S_A(\lambda)\} \leq r$ が成り立つ．よって題意を満たす．

3.15　(a) $\lambda_1 \geq \cdots \geq \lambda_m$ を非負定値行列 A の固有値であるとする．定理 3.4(a) より，A^2 の固有値は $\lambda_1^2 \geq \cdots \geq \lambda_m^2$ となる．定義より，$i = 1, \ldots, m$ について $\lambda_i \geq 0$ であるので，$\lambda_i^2 \geq 0$ である．よって，A^2 は非負定値行列である．(b) $\lambda_1 \geq \cdots \geq \lambda_m$ を正定値行列 A の固有値であるとする．定理 3.4(b)，定理 3.25(a) より，A^{-1} の固有値は $\lambda_1^{-1} \geq \cdots \geq \lambda_m^{-1}$ となる．定義より，$i = 1, \ldots, m$ について $\lambda_i > 0$ であるので，$\lambda_i^{-1} > 0$ である．よって，A^{-1} は正定値行列である．

3.16　固有値 λ は r 個の重解をもつ 1, 固有ベクトルは $r \times r$ の $\boldsymbol{O}$.

3.17　(a) 固有値は 0 (重複度 $m-1$) と $\sum_{i=1}^m x_i y_i = \boldsymbol{x}'\boldsymbol{y}$ である．$m \times 1$ 固有ベクトル $\boldsymbol{z} \neq \boldsymbol{0}$ は，0 に対応するのは $\sum_{i=1}^m y_i z_i = 0$ を満たす任意の $z_1, \ldots, z_m$ によって構成される m 次元ベクトルであり，$\sum_{i=1}^m x_i y_i$ に対応するのは $\boldsymbol{x}$ である．(b) 固有値の性質より $|\boldsymbol{x}\boldsymbol{y}' - \lambda I_m| = 0$ なので，$|I_m + \boldsymbol{x}\boldsymbol{y}'|$ が逆行列をもつ，すなわち $|I_m + \boldsymbol{x}\boldsymbol{y}'| = 0$ を満たすためには $\lambda = -1$ でなければならない．しかし (a) の結果より $c = 1 + \boldsymbol{x}'\boldsymbol{y} = 1 + \lambda \neq 0$ から $|I_m + \boldsymbol{x}'\boldsymbol{y}| \neq 0$．よって $I_m + \boldsymbol{x}'\boldsymbol{y}$ は非特異であり逆行列をもつ．$(I_m + \boldsymbol{x}\boldsymbol{y}')^{-1} = I_m - c^{-1}\boldsymbol{x}\boldsymbol{y}'$ は系 1.7.2 よりただちに示される．

3.18　(a) 練習問題 3.5 の $\gamma = 1$ とおくと，行列 $(I_m + A)$ は，固有値 $\lambda_1 + 1, \ldots, \lambda_m + 1$ とそれに対応する固有ベクトル $\boldsymbol{x}_1 \ldots, \boldsymbol{x}_m$ をもつ．行列 $(I_m + A)$ は非特異行列であり，定理 3.4(b) を用いると，行列 $(I_m + A)^{-1}$ は，固有値 $(\lambda_1 + 1)^{-1}, \ldots, (\lambda_m + 1)^{-1}$ とそれに対応する固有ベクトル $\boldsymbol{x}_1 \ldots, \boldsymbol{x}_m$ をもつ．(b)A の固有方程式は $A\boldsymbol{x} = \lambda\boldsymbol{x}$ であり，A^{-1} の固有方程式は $A^{-1}\boldsymbol{x} = \lambda^{-1}\boldsymbol{x}$ である．両式の和をとると，$(A + A^{-1})\boldsymbol{x} = (\lambda + \lambda^{-1})\boldsymbol{x}$ となる．したがって，行列 $(A + A^{-1})$ は，固有値 $\lambda_1 + \lambda_1^{-1}, \ldots, \lambda_m + \lambda_m^{-1}$ とそれに対応する固有ベクトル $\boldsymbol{x}_1 \ldots, \boldsymbol{x}_m$ をもつ．(c) 定理 3.4 より，行列 A^{-1} は，固有値 $\lambda_1^{-1}, \ldots, \lambda_m^{-1}$

とそれに対応する固有ベクトル $\boldsymbol{x}_1 \ldots, \boldsymbol{x}_m$ をもつ．練習問題3.5の $\gamma = 1$ とおくと，行列 $(I_m + A^{-1})$ は，固有値 $\lambda_1^{-1} + 1, \ldots, \lambda_m^{-1} + 1$ とそれに対応する固有ベクトル $\boldsymbol{x}_1 \ldots, \boldsymbol{x}_m$ をもつ．

3.19 A の各行の行和が1であることは，$A\mathbf{1}_m = \mathbf{1}_m$ と表現できる．この等式の両辺に前から A^{-1} を掛けると，$\mathbf{1}_m = A^{-1}\mathbf{1}_m$ となり，A^{-1} の各行の行和もまた1であることが示された．

3.20 (a)A および $I_m + A$ は非特異行列であるから，定理3.4より，$A^{-1}\boldsymbol{x} = \lambda^{-1}\boldsymbol{x}$ および $(I_m + A)^{-1}\boldsymbol{x} = (I_m + \lambda I_m)^{-1}\boldsymbol{x}$ が成り立つことを利用して，$A\boldsymbol{x} = \lambda\boldsymbol{x}$ の A を B になるように順次変形していくと，$\{(I_m + A)^{-1} + (I_m + A^{-1})^{-1}\}\boldsymbol{x} = \{(I_m + \lambda I_m)^{-1} + (I_m + \lambda^{-1} I_m)^{-1}\}\boldsymbol{x}$ 左辺の中括弧は B であり，右辺の中括弧に定理1.7を用いると $(I_m + \lambda I_m)^{-1} + (I_m + \lambda^{-1} I_m)^{-1} = I_m - (\lambda^{-1} I_m + I_m)^{-1} + (I_m + \lambda^{-1} I_m)^{-1} = I_m$ となり題意を得る．(b)B の第1項に対して定理1.7を用いると，$B = (I_m + A)^{-1} + (I_m + A^{-1})^{-1} = I_m - (A^{-1} + I_m)^{-1} + (I_m + A^{-1})^{-1} = I_m$.

3.21 (a) $\lambda^2 - 9\lambda + 14 = 0$. (b) $A^2 - 9A + 14I_2 = \begin{bmatrix} 22 & 18 \\ 27 & 31 \end{bmatrix} - \begin{bmatrix} 36 & 18 \\ 27 & 45 \end{bmatrix} + \begin{bmatrix} 14 & 0 \\ 0 & 14 \end{bmatrix} = (0)$. (c) $A^2 = 9A - 14I_2$. (d)$A^3 = 67A - 126I_2$, $A^{-1} = -(1/14)A + (9/14)I_2$.

3.22 (a)$|A - \lambda I_2| = \lambda^2 - (a_{11} + a_{22})\lambda + a_{11}a_{22} - a_{12}a_{21}$.
(b)$\lambda = \frac{(a_{11}+a_{22}) \pm \sqrt{(a_{11}+a_{22})^2 - 4(a_{11}a_{22} - a_{12}a_{21})}}{2}$.
(c) 行列式の4倍が対角和の2乗以下となるとき固有値は実数となる．

3.23 次の内積 $(A\boldsymbol{x}, \boldsymbol{y}) = (\lambda\boldsymbol{x}, \boldsymbol{y}) = \lambda(\boldsymbol{x}, \boldsymbol{y})$, $(\boldsymbol{x}, \boldsymbol{y}'A) = (\boldsymbol{x}, \mu\boldsymbol{y}') = \mu(\boldsymbol{x}, \boldsymbol{y})$ を考慮する．$A'\boldsymbol{y}$ と $\boldsymbol{y}'A$ の要素は等しいことを考慮すると $(\boldsymbol{x}, A'\boldsymbol{y}) = (\boldsymbol{x}, \mu\boldsymbol{y}) = \mu(\boldsymbol{x}, \boldsymbol{y})$ と表現できる．$(A\boldsymbol{x}, \boldsymbol{y}) = (A\boldsymbol{x})'\boldsymbol{y} = \boldsymbol{x}'A'\boldsymbol{y}$ $(\boldsymbol{x}, A'\boldsymbol{y}) = \boldsymbol{x}'A'\boldsymbol{y}$. したがって，$(A\boldsymbol{x}, \boldsymbol{y}) - (\boldsymbol{x}, A'\boldsymbol{y}) = 0$ が成り立っており，さらに $\lambda(\boldsymbol{x}, \boldsymbol{y}) - \mu(\boldsymbol{x}, \boldsymbol{y}) = 0$ であるから題意を得る．

3.24 固有値 m^2. 固有ベクトルは，$\mathbf{1}_m\mathbf{1}_m' = (\boldsymbol{x}_1, \cdots, \boldsymbol{x}_m)$ として $\boldsymbol{x}_1 = \cdots = \boldsymbol{x}_m$ を満たす任意のベクトル．

3.25

$$A=\begin{bmatrix} -14 & 8 & 7 \\ -10 & 7 & 4 \\ -24 & 12 & 13 \end{bmatrix}$$

3.26 (a) (e) の行列式より，固有値は α (重複度 $m-1$) と $\alpha+m\beta$ (重複度 1)．固有値 α に対応した固有ベクトルは，$\beta x_1+\beta x_2+\beta x_3+\cdots+\beta x_m=0$ を満たし，かつすべての $x_i=0$ でなければよい．例えば，$\boldsymbol{x}=[1,-1,0,\cdots,0]$．また固有値 $\alpha+m\beta$ に対応した固有ベクトルは，x_1 から x_{m-1} までが等しく，かつ x_m は任意の値で構わない．例えば $\mathbf{1}_m$．(b) (a) であげた固有ベクトルを元に計算すると，固有値 $\alpha+m\beta$ に対応する固有空間は $\boldsymbol{x}=\frac{1}{\sqrt{m}}\mathbf{1}_m$ のベクトル空間であり，固有射影は $P_A(\alpha+m\beta)=\frac{1}{m}\mathbf{1}_m\mathbf{1}_m'$ となる．また固有値 α に対応する固有空間は，

$$H=\begin{bmatrix} \frac{1}{\sqrt{2}} & -\frac{1}{\sqrt{2}} & 0 & \cdots & 0 \\ \frac{1}{\sqrt{6}} & \frac{1}{\sqrt{6}} & -\frac{2}{\sqrt{6}} & \cdots & 0 \\ \vdots & \vdots & \vdots & \vdots & \vdots \\ \frac{1}{\sqrt{m(m-1)}} & \frac{1}{\sqrt{m(m-1)}} & \frac{1}{\sqrt{m(m-1)}} & \cdots & -\frac{m-1}{\sqrt{m(m-1)}} \end{bmatrix}$$

の行が張る空間となる．これに対応した固有射影は，ヘルマート行列 (Helmart matrix) の性質より H の各行が直交しているので，HH' で求められる．(c) (e) の行列式が 0 になればよいので，$\alpha\neq 0$ かつ $\alpha\neq -m\beta$．(d) A が非特異であれば，(c) より $A^*=\alpha^{-1}I_m-\frac{\beta}{\alpha(\alpha+m\beta)}\mathbf{1}_m\mathbf{1}_m'$ が定義できる．このとき $AA^*=A^*A=I_m$ より，題意を得る．(e) A の各行から 1 つ下の行を引き，さらに各列を 1 つ右の下に足して導かれる下三角行列 A^{**} の行列式より，$|A|=|A^*|=|A^{**}|=\alpha^{m-1}(\alpha+m\beta)$.

3.27 (a)$A\boldsymbol{c}=\alpha\boldsymbol{c}+\beta\boldsymbol{c}\boldsymbol{c}'\boldsymbol{c}=\alpha\boldsymbol{c}+c\beta\boldsymbol{c}=(\alpha+c\beta)\boldsymbol{c}$ より，固有値は $(\alpha+c\beta)$，固有ベクトルは $\boldsymbol{c}$．(b)$|A|=\prod_{i=1}^m\lambda_i$ から，$|A|=\prod_{i=1}^m(\alpha+c_i\beta)$．(c)$-1/\prod_{i=1}^m(\alpha+c_i\beta)\{(\alpha+c_1\beta)I+(\alpha+c_2\beta)A+(\alpha+c_3\beta)A^2+\cdots+(\alpha+c_n\beta)A^{n-1}\}$.

3.28 (a) A の固有値は $0,2,3$ である．また，各固有値に関連する正規化された固有ベクトルは，それぞれ $(1/\sqrt{6},2/\sqrt{6},-1/\sqrt{6})'$，$(1/\sqrt{2},0,1/\sqrt{2})'$，$(1/\sqrt{3},-1/\sqrt{3},-1/\sqrt{3})'$ となる．(b) 定理 3.12 より，$\mathrm{rank}(A)=2$．(c) A の固有値 $0,2,3$ に対応する固有空間は，それぞれ $S_A(0)=\{(a,2a,-a)':-\infty<a<\infty\}$，　$S_A(2)=\{(a,0,a)':-\infty<a<\infty\}$，　$S_A(3)=\{(a,-a,-a)':-\infty<a<\infty\}$ によって与えられる．また，各固有値に関連した固有射影は，それぞれ

$$P_A(0) = \frac{1}{6}\begin{bmatrix} 1 & 2 & -1 \\ 2 & 4 & -2 \\ -1 & -2 & 1 \end{bmatrix}, \quad P_A(2) = \frac{1}{2}\begin{bmatrix} 1 & 0 & 1 \\ 0 & 0 & 0 \\ 1 & 0 & 1 \end{bmatrix},$$

$$P_A(3) = \frac{1}{3}\begin{bmatrix} 1 & -1 & -1 \\ -1 & 1 & 1 \\ -1 & 1 & 1 \end{bmatrix}$$

となる．(d) 定理 3.4(a)，定理 3.5(a) より，$\mathrm{tr}(A^4) = \sum_{i=1}^{3} \lambda_i^4 = 97$.

3.29 例えば

$$\begin{bmatrix} 21 & 1 & -2 \\ 1 & 25 & -4 \\ -2 & -4 & 21 \end{bmatrix}$$

3.30 A は $m \times m$ 対称行列より，$\mathrm{tr}(AA') = \sum_{i=1}^{m} (AA')_{ii} = \sum_{i=1}^{m} (A)_{i\cdot}(A')_{\cdot i} = \sum_{i=1}^{m} \sum_{j=1}^{m} a_{ij}a'_{ji} = \sum_{i=1}^{m} \sum_{j=1}^{m} a_{ij}^2$ である．また定理 3.5(a) から $\mathrm{tr}(AA') = \sum_{i=1}^{m} \lambda_i^2$ である．よって $\sum_{i=1}^{m} \sum_{j=1}^{m} a_{ij}^2 = \sum_{i=1}^{m} \lambda_i^2$.

3.31 行列 $A = (1-\rho)I_m + \rho \mathbf{1}_m \mathbf{1}'_m$ の右からベクトル $\mathbf{1}_m$ を掛けると，$A\mathbf{1}_m = (1-\rho)I_m\mathbf{1}_m + \rho\mathbf{1}_m\mathbf{1}'_m\mathbf{1}_m = ((1-\rho)+m\rho)\mathbf{1}_m$ となり，$\mathbf{1}_m$ は固有値 $((1-\rho)+m\rho)$ に対応する A の固有ベクトルである．ここで，もし $\boldsymbol{x}$ が $\mathbf{1}_m$ と直交する任意の $m \times 1$ ベクトルであるならば，$A\boldsymbol{x} = (1-\rho)I_m\boldsymbol{x} + \rho\mathbf{1}_m\mathbf{1}'_m\boldsymbol{x} = (1-\rho)\boldsymbol{x}$ であり，$\boldsymbol{x}$ は固有値 $(1-\rho)$ に対応する行列 A の固有ベクトルである．なお，$\mathbf{1}_m$ に対して $m-1$ 個の線形独立なベクトルがあるのでの重複度は $m-1$ である．したがって，行列 A は 2 つの異なる固有値 $((1-\rho)+m\rho)$ と $(1-\rho)$ をもつ．

ここで，もし行列 A が正定値ならば，固有値 $((1-\rho)+m\rho)$ と $(1-\rho)$ は正の値となるので，$(1-\rho)+m\rho > 0$ かつ $1-\rho > 0$ であり，これを整理すると，$-(m-1)^{-1} < \rho < 1$ となる．逆に，$-(m-1)^{-1} < \rho < 1$ ならば，$((1-\rho)+m\rho)$ と $(1-\rho)$ は正の値となるので，行列 A は正定値である．ゆえに，$-(m-1)^{-1} < \rho < 1$ ならばそのときのみ，行列 $A = (1-\rho)I_m + \rho\mathbf{1}_m\mathbf{1}'_m$ が正定値である．

3.32 A が対称行列なので，定理 3.11 より，A の m 個の固有ベクトルの集合からなる $m \times m$ 行列を $X = (\boldsymbol{x}_1, \ldots, \boldsymbol{x}_m)$ とし，$\Lambda = \mathrm{diag}(\lambda_1, \ldots, \lambda_m)$ とすると，固有値固有ベクトル方程式は $AX = X\Lambda$ と表される．この固有値固有ベクトル方程式はすなわち $(A\boldsymbol{x}_1, \ldots, A\boldsymbol{x}_m) = (\lambda_1\boldsymbol{x}_1, \ldots, \lambda_m\boldsymbol{x}_m)$ である．いま A の対角要素はその固有値であるため，固有値固有ベクトル方程式が成立するためには，A の非対角要素はすべて 0

でなくてはならず，かつ $X = (\boldsymbol{x}_1, \ldots, \boldsymbol{x}_m) = (\boldsymbol{e}_1, \ldots, \boldsymbol{e}_m) = I_m$ でなくてはならない．

3.33 例えば，$A = \begin{bmatrix} 2 & -1 \\ -1 & 2 \end{bmatrix}, B = \begin{bmatrix} 2 & 1 \\ 1 & 0 \end{bmatrix}$.

3.34 $\mathrm{rank}(A) = r < n$ である $m \times n$ 行列 A に関して，$n \times n$ 対称行列 $A'A$ のスペクトル分解を $Z\Lambda Z'$ と表す．ここで，定理 2.11(c) より $\mathrm{rank}(A'A) = r$ であり，対角行列 Λ は $(1,1)$ 要素から (r,r) 要素まで r 個の非ゼロ要素をもつとする．また，定理 3.11 より Z は各固有値に対応した n 本の正規固有ベクトルからなる．次に $Z\Lambda Z'$ を分割行列を用いて $A'A = Z\Lambda Z' = \begin{bmatrix} Z_1 & Z_2 \end{bmatrix} \begin{bmatrix} \Lambda_1 & (0) \\ (0) & (0) \end{bmatrix} \begin{bmatrix} Z_1' \\ Z_2' \end{bmatrix}$ と表す．ここで，Λ_1 は r 個の固有値を対角要素にもつ $r \times r$ 対角行列，Z_1 は r 個の固有値に対応する正規固有ベクトルを集めた $n \times r$ 行列，Z_2 は固有値 0 に対応する正規固有ベクトルを集めた $n \times (n-r)$ 行列である．このとき，$X = Z_2$ とおき，$Z_2'Z_1 = (0), Z_1'Z_2 = (0), X'X = Z_2'Z_2 = I_{n-r}$ に注意すると $X'A'AX = (0)$ が導かれる．最後に $X'A'AX = (AX)'AX = (0)$ より $AX = (0)$ となる．Y については，AA' において同じような手順を踏めばよい．

3.35 略.

3.36 (a) A^k の特性方程式は $f_{A^k}(\lambda) = (-1)^m \lambda^m = 0$ となる．$-\lambda^m = 0$ を満たす λ は 0 のみである．したがって $\lambda = 0$ の重複度は m である．$m \times m$ 行列は m 個の固有値をもつので，この場合すべての固有値は 0 となる．ケーリー–ハミルトンの定理より，すべての k について $f_{A^k}(\lambda) = 0$ が成り立つことから，題意が満たされる．(b) 列ベクトル $\boldsymbol{x}_1 = (0,0), \boldsymbol{x}_2 = (1,0)$ で構成される 2×2 行列.

3.37 略.

3.38 定理 3.18 において，$\boldsymbol{x} = \boldsymbol{x}_1$ のとき，(3.9) 式の左辺は λ_1 となる．よって，系 3.18.2 のはじめの式において，$k = 1$ のとき $\boldsymbol{x}_1'A\boldsymbol{x}_1/\boldsymbol{x}_1'\boldsymbol{x}_1$ の min max は λ_{i_1} となる．同様にして，$k = 2$ のとき，$\boldsymbol{x}_2'A\boldsymbol{x}_2/\boldsymbol{x}_2'\boldsymbol{x}_2$ の min max は λ_{i_2} となる．また $\boldsymbol{x}_1$ と $\boldsymbol{x}_2$ はともに正規直交固有ベクトルであるから，$\boldsymbol{x}_1'\boldsymbol{x}_2 = 0$ である．これを $j = k$ まで繰り返して，すべてを足せば証明が完了する．2 つ目の式も同様にして証明される．

3.39 例えば，

$$A = \begin{bmatrix} 1 & -3 \\ 0 & 2 \end{bmatrix}, \quad B = \begin{bmatrix} -3 & 0 \\ -3 & 1 \end{bmatrix}$$

3.40 A を $m \times m$ 対称行列とし，A_k を $k \times k$ 主部分行列とする．つまり，A_k は A

の後ろ $m-k$ 行および列を除いて得られる行列であるとする．ここで，$m\times k$ 行列であり，

$$G=\begin{bmatrix} I_k \\ (0) \end{bmatrix}$$

であるような行列 G を考える．このとき，$G'G=I_k$ であり，$G'AG$ は A の $k\times k$ 主部分行列 A_k となる．定理 3.19 のポアンカレの分離定理より，題意を得る．

3.41 $C_h'C_h=I_{m-h}$ を満たすような任意の $m\times(m-h)$ 行列 C_h を考える．このとき，以下の関係が成立する．$\min_{\substack{C_h'\boldsymbol{x}=\boldsymbol{0}\\ \boldsymbol{x}\neq\boldsymbol{0}}}\frac{\boldsymbol{x}'(A+B)\boldsymbol{x}}{\boldsymbol{x}'\boldsymbol{x}}=\min_{\substack{C_h'\boldsymbol{x}=\boldsymbol{0}\\ \boldsymbol{x}\neq\boldsymbol{0}}}\left(\frac{\boldsymbol{x}'A\boldsymbol{x}}{\boldsymbol{x}'\boldsymbol{x}}+\frac{\boldsymbol{x}'B\boldsymbol{x}}{\boldsymbol{x}'\boldsymbol{x}}\right)\geq \min_{\substack{C_h'\boldsymbol{x}=\boldsymbol{0}\\ \boldsymbol{x}\neq\boldsymbol{0}}}\frac{\boldsymbol{x}'A\boldsymbol{x}}{\boldsymbol{x}'\boldsymbol{x}}+\min_{\substack{C_h'\boldsymbol{x}=\boldsymbol{0}\\ \boldsymbol{x}\neq\boldsymbol{0}}}\frac{\boldsymbol{x}'B\boldsymbol{x}}{\boldsymbol{x}'\boldsymbol{x}}\geq\min_{\substack{C_h'\boldsymbol{x}=\boldsymbol{0}\\ \boldsymbol{x}\neq\boldsymbol{0}}}\frac{\boldsymbol{x}'A\boldsymbol{x}}{\boldsymbol{x}'\boldsymbol{x}}+\min_{\boldsymbol{x}\neq\boldsymbol{0}}\frac{\boldsymbol{x}'B\boldsymbol{x}}{\boldsymbol{x}'\boldsymbol{x}}=\min_{\substack{C_h'\boldsymbol{x}=\boldsymbol{0}\\ \boldsymbol{x}\neq\boldsymbol{0}}}\frac{\boldsymbol{x}'A\boldsymbol{x}}{\boldsymbol{x}'\boldsymbol{x}}+\lambda_m(B)\geq\min_{\substack{C_h'\boldsymbol{x}=\boldsymbol{0}\\ \boldsymbol{x}\neq\boldsymbol{0}}}\frac{\boldsymbol{x}'A\boldsymbol{x}}{\boldsymbol{x}'\boldsymbol{x}}$ ここで上式の両辺を $C_h'C_h=I_{m-h}$ を満たすような C_h について最大化し，定理 3.18 の (3.10) 式を適用すると，$\lambda_h(A+B)=\max_{C_h}\min_{\substack{C_h'\boldsymbol{x}=\boldsymbol{0}\\ \boldsymbol{x}\neq\boldsymbol{0}}}\frac{\boldsymbol{x}'(A+B)\boldsymbol{x}}{\boldsymbol{x}'\boldsymbol{x}}\geq\max_{C_h}\min_{\substack{C_h'\boldsymbol{x}=\boldsymbol{0}\\ \boldsymbol{x}\neq\boldsymbol{0}}}\frac{\boldsymbol{x}'A\boldsymbol{x}}{\boldsymbol{x}'\boldsymbol{x}}=\lambda_h(A)$ となり，題意を得る．

3.42 3.6 式より，$\frac{\boldsymbol{x}'A\boldsymbol{x}}{\boldsymbol{x}'\boldsymbol{x}}\leq\lambda_1$ という関係が成り立つ．ここで λ_1 は 1 番大きな値であり，設問の条件より $\boldsymbol{x}'A\boldsymbol{x}=1$ であるため，$\max_{\boldsymbol{x}'A\boldsymbol{x}=1}\frac{1}{\boldsymbol{x}'\boldsymbol{x}}=\lambda_1$ となる．よって題意を得る．

3.43 (a) 定理 3.29 の証明の前半部と同じ要領で $\lambda(B^{-1}A)=\lambda(T^{-1}AT^{-1})$ が示される (以後の記号の表記も同じものを用いる)．添え字の h で $h\times h$ 主部分行列を，$m-h$ で残りの部分の行列を表すと，$(F'BF)^{-1}(F'AF)=(F'TTF)^{-1}(F'AF)=(F_h'T_hT_hF_h)^{-1}(F_h'A_hF_h)=F_h^{-1}B_h^{-1}A_hF_h$ である．ここで F_h は $h\times h$ 非特異行列より定理 3.2(d) から $\lambda(F_hB_h^{-1}A_hF_h)=\lambda(B_h^{-1}A_h)=\lambda(T_h^{-1}A_hT_h^{-1})$ となる．そして定理 3.20 より $\lambda_{h-i+1}(T_h^{-1}A_hT_h^{-1})\geq\lambda_{m-i+1}(T^{-1}AT)$ であるから題意が得られる．(b), (c) 定理 3.31 の証明と同じ要領でなされる．

3.44 行列 A の固有値 λ_i に対応する固有ベクトルを $\boldsymbol{x}_i$ とし，$\boldsymbol{z}=(\boldsymbol{x}_i',\boldsymbol{0}')'$ とすると，

$$C\boldsymbol{z}=\begin{bmatrix} A & (0) \\ (0) & B \end{bmatrix}\begin{bmatrix} \boldsymbol{x}_i \\ \boldsymbol{0} \end{bmatrix}=\begin{bmatrix} A\boldsymbol{x}_i \\ \boldsymbol{0} \end{bmatrix}=\begin{bmatrix} \lambda_i\boldsymbol{x}_i \\ \boldsymbol{0} \end{bmatrix}=\lambda_i\boldsymbol{z}$$

となる．よって，行列 A の固有値 λ は行列 C の固有値でもあり，$\boldsymbol{z}=(\boldsymbol{x}',\boldsymbol{0}')'$ はそれに対応する固有ベクトルである．また，行列 B の固有値 γ_j に対応する固有ベクトルを $\boldsymbol{y}_j$ とし，$\boldsymbol{z}^*=(\boldsymbol{0}',\boldsymbol{y}_j')'$ とすると，同様に，行列 B の固有値 γ が行列 C の固有値でもあり，$\boldsymbol{z}^*=(\boldsymbol{0}',\boldsymbol{y}')'$ がそれに対応する固有ベクトルである．ゆえに，行列 C は固有値

$\lambda_1, \ldots, \lambda_m, \gamma_1, \ldots, \gamma_n$ とそれに対応する固有ベクトル $\boldsymbol{z}_i = (\boldsymbol{x}_i', \boldsymbol{0}')', \boldsymbol{z}_j^* = (\boldsymbol{0}', \boldsymbol{y}_j')'$ をもつ．ただし，$1 \leq i \leq m$，$1 \leq j \leq n$ である．

以上の結果より，それぞれの次数が $n_1, \ldots, n_r$ である正方行列 $C_1, \ldots, C_r$ をもつ任意の $n \times n$ ブロック対角行列 C に関して，次のことが成り立つ．n_i 次元ベクトル $\boldsymbol{x}^*$ が固有値 λ に対応する行列 C_i の固有ベクトルとすると，n 次元ベクトル $\boldsymbol{x} = (\boldsymbol{0}', \ldots, \boldsymbol{0}', \boldsymbol{x}^{*\prime}, \boldsymbol{0}', \ldots, \boldsymbol{0}')'$ は，λ に対応する行列 C の固有ベクトルである．つまり，λ は $C_i (1 \leq i \leq r)$ だけでなく C の固有値でもある．ただし，ベクトル $\boldsymbol{x}$ は，第 $(1 + \sum_{k=1}^{i-1} n_k), \ldots, (\sum_{k=1}^{i} n_k)$ 要素がそれぞれ $\boldsymbol{x}^*$ 要素と等しく，そのほかの要素がすべて 0 であるベクトルである．

3.45 (a) 固有値は 3 と 9．$\lambda = 3$ に対応する固有ベクトルは例えば $(1, -1)'$．$\lambda = 9$ に対応する固有ベクトルは例えば $(1, 1)'$．(b) 固有値は 0 と 3 と 9．$\lambda = 0$ に対応する固有ベクトルは例えば $(-1, 1, 1)'$．$\lambda = 3$ に対応する固有ベクトルは例えば $(-1, -2, 1)'$．$\lambda = 9$ に対応する固有ベクトルは例えば $(1, 0, 1)'$．

3.46 $X = (\boldsymbol{x}_1, \ldots, \boldsymbol{x}_m)$ の列が，A の固有値 $\lambda_1, \ldots, \lambda_m$ に対応する正規直交固有ベクトルの集合であるとする．もし A^{2k} が非負定値であるならば，すべての $\boldsymbol{x} \neq \boldsymbol{0}$ に対して $\boldsymbol{x}' A \boldsymbol{x} \geq 0$ となるはずである．$k = 1$ のとき，定理 3.4 より，$\boldsymbol{x}_i' A^2 \boldsymbol{x}_i = \boldsymbol{x}_i' (\lambda_i^2 \boldsymbol{x}_i) = \lambda_i^2 \boldsymbol{x}_i' \boldsymbol{x}_i = \lambda_i^2 \geq 0$ となり，明らかに成り立つ．$k-1$ に対しても成り立つと仮定すると，$\boldsymbol{x}_i' A^{2(k-1)} \boldsymbol{x}_i = \lambda_i^{2(k-1)} \geq 0$ となるから，以下が成り立つ．$\boldsymbol{x}_i' A^{2k} \boldsymbol{x}_i = \boldsymbol{x}_i' A^2 (A^{2(k-1)} \boldsymbol{x}_i) = \boldsymbol{x}_i' A^2 (\lambda_i^{2(k-1)} \boldsymbol{x}_i) = \lambda_i^{2(k-1)} \boldsymbol{x}_i' A^2 \boldsymbol{x}_i = \lambda_i^{2(k-1)} \lambda_i^2 = \lambda_i^{2k} \geq 0$.

3.47 $m \times m$ 行列 $A = (a_{ij})$ の 2 次形式について考えるにあたり，$m \times 1$ ベクトル $\boldsymbol{x}$ を $\boldsymbol{x} = (\boldsymbol{0}', x_i, \boldsymbol{0}', x_j, \boldsymbol{0}')'$ のように定める．ここで，x_i は $x_i < -a_{jj}$ を満たす数であり，$x_j = a_{ij} + a_{ji}$ である．このとき $\boldsymbol{x}' A \boldsymbol{x} = a_{ii} x_i^2 + (a_{ij} + a_{ji})^2 (x_i + a_{jj})$ が成立する．$a_{ii} = 0$ を仮定し，$x_i < -a_{jj}$ を用いると，$a_{ii} x_i^2 + (a_{ij} + a_{ji})^2 (x_i + a_{jj}) = (a_{ij} + a_{ji})^2 (x_i + a_{jj}) \leq 0$ となる．しかし，A が非負定値であるならば，すべての $\boldsymbol{x}$ について $\boldsymbol{x}' A \boldsymbol{x} \geq 0$ であるから等号成立を意味し，そのとき $a_{ij} = -a_{ji}$ が成り立つ．A は対称行列でもあり，$a_{ij} = a_{ji}$ であるから $a_{ij} = a_{ji} = 0$ が成立する．

3.48 (a) スペクトル分解により，$A + B$ の固有値 Λ^{A+B} は $\Lambda^{A+B} = X'(A + B)X = X'AX + X'BX = \Lambda^A + \Lambda^B$ のように表せる．ここで最後の等式に関して，$X' = X^{-1}$ および定理 3.2(d) を利用している．いま，A は正定値行列，B は非負定値行列なので，$i = 1, \ldots, m$ において $\lambda_i(A) > 0$，$\lambda_i(B) \geq 0$ である．したがって $\lambda_i(A + B) \geq \lambda_i(A) > 0$ である．ゆえに $\prod_{i=1}^m \lambda_i(A + B) \geq \prod_{i=1}^m \lambda_i(A)$ となるので，定理 3.5(b) よ $|A + B| \geq |A|$ のようになる．ここで $B = (0)$ ならば等式が成り立つのは自明である．一方，$|A + B| = |A|$ とすると定理 3.5(b) および (1) 式より

$\prod_{i=1}^{m}\lambda_i(A+B)=\prod_{i=1}^{m}(\lambda_i(A)+\lambda_i(B))=\prod_{i=1}^{m}\lambda_i(A)$ となる．したがって $\Lambda^B=(0)$ であり，ゆえに $B=(0)$ である．以上より $B=(0)$ の場合かつその場合に限り等式が成立する．(b) スペクトル分解を用いて $\Lambda^{A-B}=X'(A-B)X=X'AX-X'BX=\Lambda^A-\Lambda^B$ のように表せる．ただし，Λ^A と Λ^B は順序づけられているとする．条件より $A-B$ は非負定値であるので，$i=1,\ldots,m$ において $\lambda_i(A)-\lambda_i(B)\geq 0$ である．いま，A，B ともに正定値であるので，$i=1,\ldots,m$ において $\lambda_i(A)\geq\lambda_i(B)>0$ となる．よって $\prod_{i=1}^{m}\lambda_i(A)\geq\prod_{i=1}^{m}\lambda_i(B)$ であり，定理 3.5(b) より $|A|\geq|B|$ である．ここで $A=B$ ならば等式が成り立つのは自明である．一方，$|A|=|B|$ とすると定理 3.5(b) より $\prod_{i=1}^{m}\lambda_i(A)=\prod_{i=1}^{m}\lambda_i(B)$ となる．いま，$i=1,\ldots,m$ において，$\lambda_i(A)\geq\lambda_i(B)>0$ なので，固有値の積の値が両辺で等しくなるのは $\lambda_i(A)=\lambda_i(B)$ の場合，すなわち $\Lambda^A=\Lambda^B$ の場合だけである．よって

$$\begin{aligned}\Lambda^A&=\Lambda^B\\ \Lambda^A-\Lambda^B&=(0)\\ \Lambda^{A-B}&=(0)\\ X'(A-B)X&=(0)\\ A&=B\end{aligned}$$

以上より $A=B$ の場合かつその場合に限り等式が成立する．

3.49〜50　略.

3.51　$A=\lambda I_m$ が導かれるので A はすべての対角要素が λ である対角行列となる．よって $\lambda_k=\cdots\lambda_m=\lambda$ が成立する．逆に $\lambda_k=\cdots\lambda_m=\lambda$ が成立するときには，$A=\sum_{i=1}^{m}\lambda_i\boldsymbol{x}_i\boldsymbol{x}_i'$ であるから $P(A-\lambda I_m)P=\sum_{i=k}^{m}\boldsymbol{x}_i\boldsymbol{x}_i'\left(\sum_{i=1}^{k-1}\lambda_i\boldsymbol{x}_i\boldsymbol{x}_i'\right)\sum_{i=k}^{m}\boldsymbol{x}_i\boldsymbol{x}_i'+\sum_{i=k}^{m}\boldsymbol{x}_i\boldsymbol{x}_i'\left(\sum_{i=k}^{m}\lambda\boldsymbol{x}_i\boldsymbol{x}_i'-\lambda I_m\right)\sum_{i=k}^{m}\boldsymbol{x}_i\boldsymbol{x}_i'$ となり，$\boldsymbol{x}_i$ が正規直交固有ベクトルであるから，これは (0) となる．

3.52　A_i の固有値を λ_{ij}，対応する固有ベクトルを $\boldsymbol{x}_{ij}$ $(j=1,\ldots,m)$ とすると，条件より $A_i=\tau_iP+\sum_{j=r+1}^{m}\lambda_{ij}\boldsymbol{x}_{ij}\boldsymbol{x}_{ij}'$ を得る．よって $\sum_{i=1}^{k}(A_i-\tau_iI_m)^2=\sum_{i=1}^{k}(Y_i+Z_i)^2$ となる．ただし，$Y_i=\tau_i(P-I_m)$，$Z_i=\sum_{j=r+1}^{m}\lambda_{ij}\boldsymbol{x}_{ij}\boldsymbol{x}_{ij}'$ である．以上より $P\left\{\sum_{i=1}^{k}(A_i-\tau_iI_m)^2\right\}P=\sum_{i=1}^{k}\left(PY_i^2P+PY_iZ_iP+PZ_iY_iP+PZ_i^2P\right)$ を得る．ここで $Z_iP=\sum_{j=r+1}^{m}\lambda_{ij}\boldsymbol{x}_{ij}\boldsymbol{x}_{ij}'\sum_{j=1}^{r}\boldsymbol{x}_j\boldsymbol{x}_j'$ より，Z_i と P の積は，正規直交である m 本の固有ベクトルのうち，別々の $m-r$ 本と r 本の中から 1 本ずつを組にしたものの積を含むことになる．したがって $Z_iP=PZ_i=(0)$ となるので，これを含む項は (0) となる．また，P は固有値 τ_i に対応した固有射影であるから，射影行列のベキ等性を利用して，$PY_i^2P=(2\tau_i^2-2\tau_i^2)P=(0)$ となる．よって題意を得る．

3.53 (a)$B'AB$ の r 個の固有値を $\mu_1 \geq \mu_2 \geq \cdots \geq \mu_r$ とする．定理 3.19 より次式，$\sum_{i=1}^{r} \lambda_{m-i+1} \leq \sum_{i=1}^{r} \mu_i \leq \sum_{i=1}^{r} \lambda_i$ が成立する．定理 3.5(a) より $\sum_{i=1}^{r} \mu_i = \mathrm{tr}(B'AB)$ であり，適切な B を選択することで題意を得る． (b) (a) において $B = (I_r, (0))'$ とすることで題意を得る．

3.54 (a) $\mu_1 \geq \cdots \geq \mu_r$ を $B'AB$ の固有値であるとする．定理 3.5(b)，定理 3.19 より $\prod_{i=1}^{r} \lambda_{m-i+1} \leq \prod_{i=1}^{r} \mu_i \leq \prod_{i=1}^{r} \lambda_i$ が成り立つ．適切な B を選択することによって，題意を得る．(b) 定理 3.2(d) より，上式において $B = (I_r, (0))'$ とすることにより，題意を得る．

3.55 (a) $\lambda_i(AB) \leq \lambda_j(A) \cdot \lambda_k(B) = \lambda_{j+k-1}(AC^{-1}CB) = \max \frac{\boldsymbol{x}'AC^{-1}\boldsymbol{x}}{\boldsymbol{x}'CB^{-1}\boldsymbol{x}} = \max \frac{\boldsymbol{x}'AC\boldsymbol{x}}{\boldsymbol{x}'\boldsymbol{x}} \frac{\boldsymbol{x}'\boldsymbol{x}}{\boldsymbol{x}'CB^{-1}\boldsymbol{x}} = \lambda_j(AC^{-1})\lambda_k(CB)$．(b) $\lambda_i(A) \leq \lambda_j(AB) \cdot \lambda_k(B^{-1})$ から，$\lambda_j(AB) \geq \lambda_i(AC^{-1}) \cdot \lambda_{m-k+1}(CB)$ となり，$\lambda_{m-i+1}(AB) \geq \lambda_{m-j+1}(AC^{-1}) \cdot \lambda_{m-k+1}(CB)$ となる．

3.56 定理 3.33 において $k=1, i_1 = i$ とすると $i = 1, \ldots, m$ について，$\lambda_i(AB) \leq \lambda_i(A)\lambda_1(B)$ と $\lambda_i(BA) \leq \lambda_i(B)\lambda_1(A)$ が成り立つ．ここで A, B はともに $m \times m$ の非特異行列であるから練習問題 3.8 の結果から $\lambda_i(AB) = \lambda_i(BA)$ である．よって $\lambda_i^2(AB) \leq \lambda_1(A)\lambda_1(B)\lambda_i(A)\lambda_i(B)$．したがって $(\lambda_i^2(AB))/(\lambda_1(A)\lambda_1(B)) \leq \lambda_i(A)\lambda_i(B)$．次に，$\lambda_i(A)\lambda_i(B) < \lambda_i(AB)$ の場合，$\lambda_i(A)\lambda_i(B) < (\lambda_i^2(AB))/(\lambda_m(A)\lambda_m(B))$ は自明である．$\lambda_i(A)\lambda_i(B) \geq \lambda_i(AB)$ の場合，定理 3.32 よりこれは $i = 1$ のときに限られる．そして定理 3.35 において $k = 1$ とすると，$\lambda_1(AB) \geq \lambda_1(A)\lambda_m(B)$ と $\lambda_1(BA) \geq \lambda_1(B)\lambda_m(A)$ が得られる．先と同様に練習問題 3.8 の結果から $\lambda_1(A)\lambda_1(B) \leq (\lambda_1^2(AB))/(\lambda_m(A)\lambda_m(B))$ が導かれる．よって題意が得られる．

3.57 略．

第 4 章

4.1

$$\begin{bmatrix} 2/\sqrt{5} & 1/\sqrt{5} \\ 1/\sqrt{5} & -2/\sqrt{5} \end{bmatrix} \begin{bmatrix} \sqrt{12} & 0 \\ 0 & \sqrt{2} \end{bmatrix} \begin{bmatrix} 3/\sqrt{60} & 5/\sqrt{60} & 5/\sqrt{60} & 1/\sqrt{60} \\ -1/\sqrt{10} & 0 & 0 & -3/\sqrt{10} \end{bmatrix}$$

4.2 (a) 定理 3.2(a) の A' より明らかである．(b) $FAG = B$ とおくと，$B'B = (FAG)'(FAG) = G'A'F'FAG = G'A'AG$ となり，$B'B$ の特性方程式は，任意のスカラー λ に対して，$|G'A'AG - \lambda I| = |G'(A'A - \lambda I)G| = |A'A - \lambda I|$ となる．(c) $(\alpha A)'(\alpha A) = \alpha^2 A'A$ より，$A'A$ の固有値を λ としたとき，$\alpha^2 A'A$ の固有値は $\alpha^2\lambda$ と

なるので，αA の特異値は A の特異値の $|\alpha|$ 倍になる．

4.3 $m \times m$ 行列 A の特異値が m 個よりも少ないと仮定すると，A の特異値分解は $A = P \begin{bmatrix} \Delta & (0) \\ (0) & (0) \end{bmatrix} Q'$ となる．P と Q はどちらも非特異行列であり，$\mathrm{rank}(A) = r < m$ となる．これより，$|A| = 0$ が成立して A は 0 の固有値をもつ．今度は $|A| = 0$ を仮定すると，$\mathrm{rank}(A) = \mathrm{rank}(A'A) = r < m$ であるから $A'A$ のスペクトル分解は $A'A = Q \begin{bmatrix} \Delta^2 & (0) \\ (0) & (0) \end{bmatrix} Q'$ となる．A の特異値は $A'A$ の非ゼロ固有値の正の平方根であるので，その数は $r < m$ となる．

4.4 例えば

$$A = \begin{bmatrix} 2,1 \\ 0,1 \\ 1,0 \end{bmatrix}, \qquad B = \begin{bmatrix} 1,0,1 \\ 3,2,0 \end{bmatrix}$$

4.5 略．

4.6 $\boldsymbol{x} = P\boldsymbol{d}q$ において，$q = 1$，$d = (10, 0, 0, 0)'$，P は $1/10(1, 5, 7, 5)'$ を第 1 列とし，それに直交する列ベクトルからなる 4×4 行列．

4.7 特異値分解は，系 4.1.1 の形式 $(P_1 \Delta Q_1')$ をとると，$P_1 = \boldsymbol{x}\boldsymbol{y}'\boldsymbol{y}\frac{1}{\sqrt{\boldsymbol{x}'\boldsymbol{x}\boldsymbol{y}'\boldsymbol{y}}}$, $\Delta = \sqrt{\boldsymbol{x}'\boldsymbol{x}\boldsymbol{y}'\boldsymbol{y}}$, $Q_1' = \boldsymbol{y}'$ となる．

4.8 $\mathrm{rank}(A) = 0$ の場合，$A = B = (0)$ となり，任意の $m \times n$ 行列 R について $A = BR = (0)$ が成立する．$\mathrm{rank}(A) > 0$ の場合，行列 A の特異値分解より $A = PDQ' = P\Delta Q_1' = P\Delta P'PQ_1'$ を得る．ただし各行列は定理 4.1 に準じる．ここで $P\Delta P' = B$, $PQ_1' = R$ とすると，B は $m \times m$ 行列であり，Δ が A の特異値を対角要素にもつ対角行列であることと P が直交行列であることから，$0 < \mathrm{rank}(A) = \mathrm{rank}(\Delta) = \mathrm{rank}(B)$ が成り立つ．また R は $m \times n$ 行列であり，$RR' = PQ_1'Q_1P' = I$ を満たす．

4.9 $BAB = Q_1\Delta^{-1}P_1'P_1\Delta Q_1'Q_1\Delta^{-1}P_1' = Q_1\Delta^{-1}\Delta\Delta^{-1}P_1' = Q_1\Delta^{-1}P_1' = B$, $ABA = P_1\Delta Q_1'Q_1\Delta^{-1}P_1'P_1\Delta Q_1' = P_1\Delta\Delta^{-1}\Delta Q_1' = P_1\Delta Q_1' = A$.

4.10 定理 1.9 より，A が $\mathrm{rank}(A) = r$ の $m \times n$ 行列であるならば，$H = FAG$ かつ $A = F^{-1}HG^{-1}$ となる非特異行列 F と G が存在する．また同様に，B が $\mathrm{rank}(B) = \mathrm{rank}(A) = r$ の $m \times n$ 行列であるならば，$H = RBS$ かつ $B = R^{-1}HS^{-1}$

となる非特異行列 R と S が存在する．ここで H は定理 1.9 で定義された対角行列である．よって，A と B は同じ対角行列に変形することができる．したがって，$B = R^{-1}HS^{-1} = CF^{-1}HG^{-1}D = CAD$ となるような非特異行列 C と D が存在する．

4.11

(a)

$$\begin{aligned}\mathrm{MSE}(\hat{y}) &= E[(\hat{y}-\theta)^2] = \mathrm{var}(\hat{y}) + \{E(\hat{y})-\theta\}^2\\ &= \mathrm{var}(\bar{y}) + \mathrm{var}(\boldsymbol{z}'(Z_1'Z_1)^{-1}Z_1'\boldsymbol{y}) + \{E(\hat{y})-\theta\}^2\\ &= \sigma^2N^{-1} + (\boldsymbol{z}'(Z_1'Z_1)^{-1}Z_1')'\{\sigma^2 I\}(\boldsymbol{z}'(Z_1'Z_1)^{-1}Z_1')\\ &\quad + E[\hat{y}]^2 - 2E[\hat{y}]\theta + \theta^2\\ &= \sigma^2N^{-1} + \sigma^2\sum v_i^2 + 0 = \sigma^2\left(N^{-1} + \sum_{i=1}^{k} v_i^2\right)\end{aligned}$$

(b)

$$\begin{aligned}\tilde{y} &= \mathrm{var}(\tilde{y}) + \{E(\tilde{y})-\theta\}^2\\ &= \mathrm{var}(\bar{y}) + (\boldsymbol{z}'U_1D^{-1}V_1')'\{\sigma^2 I\}(\boldsymbol{z}'U_1D^{-1}V_1') + E[\tilde{y}]^2 - 2E[\tilde{y}]\theta + \theta^2\\ &= \sigma^2\left(N^{-1} + \sum_{i=1}^{k-r} v_i^2\right) + \left(\sum_{i=k-r+1}^{k} d_i v_i \alpha_i\right)^2\end{aligned}$$

(c) $\tilde{y}$ と $\hat{y}$ の違いは v_k の係数 $d_k^2\alpha_k^2$ と σ^2 である．この比較により $\mathrm{MSE}(\tilde{y}) < \mathrm{MSE}(\hat{y})$ は成り立つ．

4.12 略.

4.13 (a)$A = X\Lambda X$ と分解されるとすると，X と Λ は以下となる．

$$X = \begin{bmatrix} \sqrt{6}/3 & 0 & \sqrt{3}/3 \\ \sqrt{6}/6 & \sqrt{2}/2 & -\sqrt{3}/3 \\ -\sqrt{6}/6 & \sqrt{2}/2 & \sqrt{3}/3 \end{bmatrix}, \quad \Lambda = \begin{bmatrix} 4 & 0 & 0 \\ 0 & 4 & 0 \\ 0 & 0 & 1 \end{bmatrix}$$

(b)$A^{1/2}$ は $A^{1/2} = X\Lambda^{1/2}X$ によって求められる．

$$A^{1/2} = \begin{bmatrix} 5/3 & 1/3 & -1/3 \\ 1/3 & 5/3 & 1/3 \\ -1/3 & 1/3 & 5/3 \end{bmatrix}$$

(c)A のコレスキー分解を利用して，$A = A^{1/2}A^{1/2}$ となる非対称な平方根行列を見つける．R の関数を用いると，$A^{1/2}$ は以下となる．

$$A^{1/2} = \begin{bmatrix} \sqrt{3} & 0 & 0 \\ \sqrt{3}/3 & 2\sqrt{6}/3 & 0 \\ -\sqrt{3}/3 & \sqrt{6}/3 & \sqrt{2} \end{bmatrix}$$

4.14 rank$(A) = r$ なので，A は非ゼロの固有値を r 個，0 という固有値を $m - r$ 個もつ．A のスペクトル分解 $A = X\Lambda X'$ において，$X'AX = \Lambda$ であり，A の非ゼロの固有値を要素としてもつ Λ の $r \times r$ 部分行列を Λ_r とする．この対角行列 Λ_r に対応するように $X = [X_1\ X_2]$ を構成すると，$AX = X\Lambda$ より $AX_1 = X_1\Lambda_r$ および $AX_2 = (0)$ を得る．対角行列 $\Lambda_r^{1/2}$ を用いて $B = X_1\Lambda_r^{1/2}$ とすると，$A = X_1\Lambda_r X_1' = BB'$ と表される．

4.15

$$T = \frac{\sqrt{5}}{5} \begin{bmatrix} 4 & 5 & 3 \\ 3 & 0 & 4 \end{bmatrix}'$$

4.16 $\Omega = X\Lambda X'$ のようにスペクトル分解して $A = X'$ とする．統計ソフト R を利用すると，例えば以下．

$$A = \begin{bmatrix} -0.5773503 & -0.5773503 & -0.5773503 \\ 0.8164966 & -0.4082483 & -0.4082483 \\ 0.0000000 & -0.7071068 & 0.7071068 \end{bmatrix}$$

4.17 (a) すべて対角化不可能．(b) 行列 C．

4.18 略．

4.19 $A^{-1/2}ABA^{1/2} = A^{1/2}BA^{1/2}$ の関係から AB と $A^{1/2}BA^{1/2}$ が相似な行列である事実を使い，$A^{1/2}BA^{1/2}$ と B が同じ数の正と負，ならびにゼロの固有値をもつことを利用する．

4.20 diag$(A_1, \ldots, A_l, \ldots, A_k)$ が対角化可能なとき，$A_1, \ldots, A_k$ が対角化可能であることは，diag$(A_1, \ldots, A_k) =$ diag(C, A_k) が対角化可能であることを利用して，数学的帰納法によって証明される．逆の証明に関しては，$A_1, \ldots, A_k$ が対角化可能ならば，$X_1^{-1}A_1X_1, \ldots, X_k^{-1}A_kX_k$ がすべて対角行列となるような非特異行列 $X_1, \ldots, X_k$ が存在することを利用すればよい．

4.21 (a) $a_{11} = 1$，それ以外の要素は 0．(b) $a_{11} = a_{23} = 1$，それ以外の要素は 0．

(c) $a_{11} = a_{23} = a_{34} = 1$, それ以外の要素は 0.

4.22 次の 7 つのジョルダン標準形の形式に基づいて，それぞれ行列を構成すればよい．$\mathrm{diag}(J_1(\lambda), J_1(\lambda), J_1(\lambda), J_1(\lambda), J_1(\lambda))$，$\mathrm{diag}(J_2(\lambda), J_1(\lambda), J_1(\lambda), J_1(\lambda))$，$\mathrm{diag}(J_2(\lambda), J_2(\lambda), J_1(\lambda))$，$\mathrm{diag}(J_3(\lambda), J_1(\lambda), J_1(\lambda))$，$\mathrm{diag}(J_3(\lambda), J_2(\lambda))$，$\mathrm{diag}(J_4(\lambda), J_1(\lambda))$，$J_5(\lambda)$

4.23 (a) J の固有値は，重複度 4 の重解 2 と重複度 2 の重解 3 である．(b) 各固有値に対応する固有空間は，それぞれ $S_J(2) = \{(a_1, 0, 0, 0, 0, 0)', (0, 0, a_2, 0, 0, 0)' : -\infty < a_1, a_2 < \infty\}$，$S_J(3) = \{(0, 0, 0, 0, a_3, 0)' : -\infty < a_3 < \infty\}$ によって与えられる．

4.24 (a)λI_h と B_h の和が $J_h(\lambda)$ と等しくなることを確認する．そして $B_h^h = (0)$ については $h = 1$ のときこの関係が成り立ち，$h = k - 1$ のときも成り立つことを確認して，数学的帰納法より証明する．(b) 任意の行列はジョルダン標準形にすることができるため，任意の階数 r をもつ対角行列 D について $J = D + B$ と表すことができる．このとき $B^h = (0)$ となる最小の h は $h = r$ である．(c) F が対角化可能であるため，(a),(b) の結果より $A = F + G$ と表される．

4.25 $\mathrm{diag}(J_1(\lambda),\ J_1(\lambda),\ J_1(\lambda),\ J_1(\lambda),\ J_1(\lambda))$，$\mathrm{diag}(J_2(\lambda),\ J_1(\lambda),\ J_1(\lambda),\ J_1(\lambda))$，$\mathrm{diag}(J_2(\lambda),\ J_2(\lambda),\ J_1(\lambda))$ のいずれかに相似な行列.

4.26 $J_h(\lambda)$ は上三角行列のため，$\{J_h(\lambda)\}^2$ も上三角行列となり，対角要素はすべて，λ^2 となる．定理 3.2(c) より $\{J_h(\lambda)\}^2$ は重複度 h の 1 つの固有値 λ^2 をもつ．$\mathrm{rank}(\{J_h(\lambda)\}^2 - \lambda^2 I_h) = h - 1$ であり，$(\{J_h(\lambda)\}^2 - \lambda^2 I)\boldsymbol{x} = \boldsymbol{0}$ の等式を満たす線形独立なベクトルは，$h - (h - 1) = 1$ 個だけ得られる．つまり，固有値 λ^2 に対応する線形独立な固有ベクトルは 1 個である．ジョルダンブロック行列 $J_h(\lambda)$ の固有ベクトルに関して，$J_h(\lambda)$ はただ 1 つの線形独立な固有ベクトル $\boldsymbol{x} = (x_1, 0, \ldots, 0)'$ をもつ．ただし，x_1 は任意な値である．ここで，$J_h(\lambda)\boldsymbol{x} = \lambda\boldsymbol{x}$ の両辺に，前から $J_h(\lambda)$ を掛けてまとめると，$J_h(\lambda)J_h(\lambda)\boldsymbol{x} = \{J_h(\lambda)\}^2\boldsymbol{x} = \lambda J_h(\lambda)\boldsymbol{x} = \lambda^2\boldsymbol{x}$ となる．よって，$\{J_h(\lambda)\}^2$ のただ 1 つの線形独立は固有ベクトルは，$\boldsymbol{x} = (x_1, 0, \ldots, 0)'$ である．ただし，x_1 は任意な値である．$m \times m$ 非特異行列 A がジョルダン分解 $A = B^{-1}JB$ をもち，$J = \mathrm{diag}(J_{h_1}(\lambda_1), \ldots, J_{h_r}(\lambda_r))$ であるため，A の固有値は $\lambda_1, \ldots, \lambda_r$ である．定理 3.4(a) より，A^2 の固有値は，$\lambda_1^2, \ldots, \lambda_r^2$ となる．よって，定理 4.11 より $A^2 = B_*^{-1}J_*B_*$ となる非特異行列 B が存在し，かつ，$J_* = \mathrm{diag}(J_{h_1}(\lambda_1^2), \ldots, J_{h_r}(\lambda_r^2))$ である．

4.27 $A^k = (BJB^{-1})^k = BJ^nB^{-1}$ となり，正の整数 k について A^k はジョルダン標準形の n 乗によって表される．よって，$h \leq m$ において $J^h = (0)$ となることを示せばよい．ゼロベキ等行列の固有値はすべて 0 であることから，J の対角要素は常に 0 である．したがって，J は $\max(h_r)$ 乗することによりゼロ行列になる．よって，$A^h = (0)$ を満たすような正の整数 $h \leq m$ が存在することが示された．

4.28　A^2 の固有値 0 に対応する固有ベクトルの重複度とゼロ空間の次元数が A の固有値 0 に対応する固有ベクトルの重複度と等しいときに $\text{rank}(A^2) = \text{rank}(A)$ となり，そのときかつそのときに限り系 4.10.1 より A の階数はAの非ゼロの固有値の数に等しくなる．

4.29　$\text{rank}(A - \lambda I_m) = \text{rank}\{(A - \lambda I_m)^2\}$ が成り立つと仮定すると，$A - \lambda I_m$ の非ゼロ固有値の数が $A - \lambda I_m$ の階数に等しいことがいえる．$A - \lambda I_m$ の非ゼロの固有値の数は $m - r$ 個であり，$\text{rank}(A - \lambda I_m) = m - r$ が成り立つから λ に対応する r 本の線形独立な A の固有ベクトルがあることになる．λ に対応する r 本の線形独立な A の固有ベクトルがあると仮定すると，$\text{rank}(A - \lambda I_m) = m - r$ が成立する．$A - \lambda I_m$ の非ゼロ固有値の個数も $m - r$ となり $\text{rank}(A - \lambda I_m) = \text{rank}\{(A - \lambda I_m)^2\}$ が成り立つ．

4.30　$X^*AXX^*BX = X^*ABX$ とすると，X^*ABX は上三角行列であり，$i = 1, \ldots, m$ において $\lambda_i(AB) = \lambda_i(X^*ABX)$ なので，その対角要素には行列 AB の固有値 $\lambda_1(A)\lambda_1(B), \ldots, \lambda_m(A)\lambda_m(B)$ が配される．AB の非ゼロの固有値と BA の非ゼロの固有値は等しいので，$i = 1, \ldots, m$ において $\lambda_i(AB) - \lambda_i(BA) = 0$ である．ゆえに $X^*ABX - X^*BAX$ の対角要素はすべて 0，すなわち $X^*(AB - BA)X$ のすべての固有値は 0 になる．したがって $i = 1, \ldots, m$ において $\lambda_i(AB - BA) = \lambda_i(X^*(AB - BA)X)$ より，$AB - BA$ のすべての固有値は 0 になる．

4.31　略．

4.32　$X^*(A - \lambda_1 I_m)(A - \lambda_2 I_m) \cdots (A - \lambda_m I_m)X = (T - \lambda_1 I_m)(T - \lambda_2 I_m) \cdots (T - \lambda_m I_m) = (0)$.

4.33

$$T = X'CX = \begin{bmatrix} 4 & \sqrt{2} & 8/\sqrt{6} \\ 0 & 0 & -4/\sqrt{3} \\ 0 & 0 & 4 \end{bmatrix}$$

4.34

$$Y = \begin{bmatrix} -1/\sqrt{3} & 0 & \sqrt{2}/\sqrt{3} \\ 1/\sqrt{3} & 1/\sqrt{2} & 1/\sqrt{6} \\ -1/\sqrt{3} & 1/\sqrt{2} & -1/\sqrt{6} \end{bmatrix}$$

から導出を行うと，以下の結果を得る．

$$X = \begin{bmatrix} -1/\sqrt{3} & \sqrt{2}/\sqrt{3} & 0 \\ 1/\sqrt{3} & 1/\sqrt{6} & 1/\sqrt{2} \\ -1/\sqrt{3} & -1/\sqrt{6} & 1/\sqrt{2} \end{bmatrix}, \quad T = \begin{bmatrix} 0 & 2/\sqrt{2} & 8/\sqrt{6} \\ 0 & 4 & 4/\sqrt{3} \\ 0 & 0 & 4 \end{bmatrix}$$

4.35 シューア分解におけるユニタリ行列 X が一意に定まらなくとも，定理 4.20 より，$||A||_{X_i} = ||X_i^* A X_i|| = ||T_i||_{X_i}$ となる．行列 T_i はシューア分解により得られた行列なので，その対角要素に A の固有値を有し，さらに下三角要素はいずれの X_i についても 0 である．ここで，$\mathrm{tr}(A) = \sum_{i=1}^m a_{ii} = \sum_{i=1}^m t_{ii}$ である．$\sum_{i=1}^m |t_{ii}|^2$ を $||T_i||$ から引くことで，$\sum_{i<j} |t_{ij}|^2$ は一意であることを示せる．

4.36 X を $n \times m$ 行列とする．ただし，$m \leq n$ である．定理 4.4 より，$X = HB$ となるような，$m \times m$ 上三角行列 B と，$H'H = HH' = I_m$ を満たす $n \times m$ 行列 H が存在する．ここで $H^{-1}X = B$ となるような B は非負の対角要素をもつ上三角行列であり，定理 3.2(d) より，B は非負定値行列である．また，$H^{-1}XH = BH$ であり，$H^{-1}XH = A$ とおくことによって，題意を得る．

4.37 まず，Λ_1, Λ_2 を対角行列とするとき，$X^{-1}AX = \Lambda_1, X^{-1}BX = \Lambda_2$ となる X が存在する．よって $\Lambda_1\Lambda_2 = \Lambda_2\Lambda_1$ であるから，$AB = X\Lambda_1X^{-1}X\Lambda_2X^{-1} = X\Lambda_1\Lambda_2X^{-1} = X\Lambda_2\Lambda_1X^{-1} = X\Lambda_2X^{-1}X\Lambda_1X^{-1} = BA$ となり，可換である．逆に $AB = BA$ が成り立っているとすると，$AB = X\Lambda_1X^{-1}XX\Lambda_2X^{-1}X = X\Lambda_1\Lambda_2X^{-1}, BA = X\Lambda_2X^{-1}XX\Lambda_1X^{-1}X = X\Lambda_2\Lambda_1X^{-1}$ より，$\Lambda_1\Lambda_2 = \Lambda_2\Lambda_1$ が成り立たなければならない．よって Λ_1 と Λ_2 が対角行列である必要がある．

4.38 (a) $AB = BA = \begin{bmatrix} 0 & 1 \\ 0 & 0 \end{bmatrix}$. (b) 任意の 2×2 行列 $X = \begin{bmatrix} a & b \\ c & d \end{bmatrix}$ を考えると，$X^{-1}ABX = \frac{1}{ad-bc}\begin{bmatrix} -cd & -d^2 \\ bc & bd \end{bmatrix}$ であり，これが対角行列であるためには $-d^2 = 0$ と $bc = 0$ が満たされなければならない．その場合，$ad - bc = 0$ より X は特異行列となる．したがって AB を対角化する非特異行列は存在せず，AB は対角化不可能である．(c) 練習問題 4.37 の結果では A, B がともに対角化可能であることが条件であるが，練習問題 4.38 では B が対角化可能ではなく，それに反している．よって練習問題 4.37 の結果と矛盾は生じていない．

4.39 定理 4.19 より，A と B について $X^{-1}AX = \Lambda_1$ と $X^{-1}BX = \Lambda_2$ を対角とする非特異行列 X が存在する．ここで，$A = X\Lambda_1X^{-1}$，$B = X\Lambda_2X^{-1}$ とおくと，

$A+B=X\Lambda_1X^{-1}+X\Lambda_2X^{-1}=X(\Lambda_1+\Lambda_2)X^{-1}=X\Lambda_*X^{-1}$ となる．ただし，Λ_1 は行列 A の固有値 λ_{i_k} を対角要素に配した対角行列で，X の第 k 列 $\boldsymbol{x}_k$ が固有値 λ_{i_k} に対応する．同様に，Λ_2 は行列 B の固有値 μ_{j_k} を対角要素に配した対角行列で，X の第 k 列 $\boldsymbol{x}_k$ が固有値 μ_{j_k} に対応する．上式より，行列 $(A+B)$ も非特異行列 X によって対角化可能であり，対角行列 Λ_* は行列 $A+B$ の固有値 γ_k を対角要素に配した行列で，X の第 k 列 $\boldsymbol{x}_k$ が固有値 γ_k に対応する．また，対角行列 Λ_* は，Λ_1 と Λ_2 の和によって求められ，各要素 γ_k は，$\gamma_k=\lambda_{i_k}+\mu_{j_k}$ によって求められる．ゆえに，行列 $A+B$ の固有値 γ_k は，$k=1,\ldots,m$ に対して，$\gamma_k=\lambda_{i_k}+\mu_{j_k}$ となる．ただし，$(i_1,\ldots,i_m)$ と $(j_1,\ldots,j_m)$ は $(1,\ldots,m)$ の組み合わせであり，非特異行列 X を構成する固有ベクトル $\boldsymbol{x}_k$ の並びによって決定される．

4.40　(a)$(AB)^{-1}=(BA)^{-1}=A^{-1}B^{-1}=B^{-1}A^{-1}$．(b) 数学的帰納法を用いる．

4.41　略．

4.42　$A+B=X\Lambda^{1/2}(\Lambda^{-1/2}X'AX\Lambda^{1/2}+I_m)\Lambda^{1/2}X'$ と表し，両辺の行列式をとると $|A+B|=|\Lambda^{-1/2}X'AX\Lambda^{1/2}+I_m||B|$ となる．$A=(0)$ のとき $|A+B|=|B|$ となり，$|A+B|=|B|$ ならば $\Lambda^{-1/2}X'\neq(0)$ だから $A=(0)$ でなくてはならない．$A\neq(0)$ のときについて検討すると，$\Lambda^{-1/2}X'AX\Lambda^{1/2}$ が非負定値行列であることに注意すると $|\Lambda^{-1/2}X'AX\Lambda^{1/2}+I_m|>1$ がいえ，$|A+B|>|B|$ が導かれる．

4.43　$A-B$ が正定値であるとする．この場合，$(A-B)^{-1}$ が存在し，系 1.7.1 より $(A-B)^{-1}=A^{-1}+A^{-1}(B^{-1}-A^{-1})^{-1}A^{-1}$ となる．ゆえに $(B^{-1}-A^{-1})^{-1}$ が存在するので，正則，すなわち正定値である．一方，$B^{-1}-A^{-1}$ が正定値であるとする．このとき $(B^{-1}-A^{-1})^{-1}$ が存在し，系 1.7.1 より $(B^{-1}-A^{-1})^{-1}=B+B(A-B)^{-1}B$ となる．ゆえに $(A-B)^{-1}$ が存在するので，正則，すなわち正定値である．

4.44　略．

4.45　(a)〜(c) は直接的に証明できる．(d) と (e) はそれぞれ三角不等式とコーシー–シュワルツの不等式による．

4.46　(a), (b) に関しては自明である．(c) $c=d+ei$ として $||cA||_*$ と $|c|||A||_*$ が等しいことを示せばよい．(d) $a_{ij}=c+di$ と $b_{ij}=e+fi$ がそれぞれ最大の絶対値を与え，かつ c と e, d と f に関して同じ符号をもつときに限り等号が成立する．(e) $AB=\sum_{k=1}^{m}a_{ik}b_{kj}$ であり，$a_{il}b_{lj}$ が最大の絶対値をもつとすると，$||AB||_*\leq m^2|a_{il}b_{lj}|$ となることを利用すればよい．

4.47　定義 4.3 の各条件について証明を行う．(a) 定義より自明である．(b) もし

$A = (0)$ なら $||A||_C = ||(0)|| = 0$, 逆に $||A||_C = 0$ なら $C^{-1}AC = (0)$ であり, C^{-1} が存在するためには $A = (0)$. (c) $||cA||_C = ||cC^{-1}AC|| = |c|\ ||A||_C$. (d) $||A+B||_C = ||C^{-1}AC + C^{-1}BC|| \leq ||C^{-1}AC|| + ||C^{-1}BC|| = ||A||_C + ||B||_C$. (e) $||AB||_C = ||C^{-1}ABC|| = ||(C^{-1}AC)(C^{-1}BC)|| \leq ||C^{-1}AC||\ ||C^{-1}BC|| = ||A||_C\ ||B||_C$.

4.48 (a) 定義 4.4 から I_m のスペクトル半径は $\rho(I_m) = 1$ である. よって定理 4.21 より, $||I_m|| \geq 1$ となり, 題意を得る. (b) 定義 4.3(e) を任意の回数, 用いることで, $||A^k|| \leq ||A||^k (k \geq 0)$ を得る. A が非特異行列なので $k = -1$ のとき, $||A^{-1}||$ が存在する. この場合には不等号が逆転し, $||A^{-1}|| \geq ||A||^{-1}$ となる.

4.49 $||A||_E = \{\mathrm{tr}(A^*A)\}^{1/2}$. ここで, A は実行列であるので, $\{\mathrm{tr}(A^*A)\}^{1/2} = \{\mathrm{tr}(A'A)\}^{1/2} = \{\mathrm{tr}(AA')\}^{1/2}$ となる. 定理 4.1 より,

$$\{\mathrm{tr}(AA')\}^{1/2} = \{\mathrm{tr}(PDQ'QD'P')\}^{1/2} = \{\mathrm{tr}(DD')\}^{1/2} = \left(\sum_{i=1}^{r} \delta_i^2\right)^{1/2}$$

となる.

4.50 s 以下の階数の行列 B について, U を正規直交行列をもつ任意の $m \times s$ 行列, L を任意の $k \times m$ 行列とする. すると適当な L に対して $B = UL$ を満たす行列が存在する. ここで, $||UL - A||^2 = \mathrm{tr}[(UL-A)'(UL-A)] = \mathrm{tr}(L'L - A'UL - L'U'A) + \mathrm{tr}(A'A)$ であり, $(L'L - A'UL - L'U'A) + A'UU'A = (L - U'A)'(L - U'A)$ を考えると, $\mathrm{tr}(L'L - A'UL - L'U'A) + \mathrm{tr}(A'UU'A) \geq 0, \mathrm{tr}(L'L - A'UL - L'U'A) \geq -\mathrm{tr}(A'UU'A)$ となる. よって, $||UL - A||^2 \geq \mathrm{tr}(A'A) - \mathrm{tr}(A'UU'A) = \sum_{i=1}^{r} d_i^2 - \sum_{i=1}^{s} d_i^2 = \sum_{i=s+1}^{r} d_i^2$ となり題意を得る.

4.51 $||I_m - A|| < 1$ より, 定理 4.24 から系列 $\sum_{k=0}^{\infty}(I_m - A)^k$ はある行列 C に収束する. そして $N \to \infty$ のとき, $A\sum_{k=0}^{N}(I_m - A)^k = [I_m - (I_m - A)]\sum_{k=0}^{N}(I_m - A)^k = I_m - (I_m - A)^{N+1} \to I_m$ が成り立つので, C は A^{-1} にほかならない. よって題意が満たされる.

4.52 (a) 例えば以下.

$$A = \begin{bmatrix} 0 & 1 \\ 0 & 0 \end{bmatrix} \quad B = \begin{bmatrix} 1 & 0 \\ 1 & 1 \end{bmatrix}$$

(b) 例えば以下.

$$A = \begin{bmatrix} \sqrt{2} & 1 \\ 0 & \sqrt{2} \end{bmatrix} \quad B = \begin{bmatrix} \sqrt{2} & 0 \\ 1 & \sqrt{2} \end{bmatrix}$$

4.53 (a)$A^k = \begin{bmatrix} a^k & ka^{k-1} \\ 0 & a^k \end{bmatrix}$. (b) $\rho(A) = a, \rho(A^k) = a^k$. (c) 定理 4.25 より $a < 1$ のとき.

4.54 定理 4.24 より, $||A|| < 1$ のとき $\lim_{k\to\infty} A^k = (0)$ が成り立つことがわかっている. また, $(I + A + A^2 + \cdots + A^k)(I - A) = I - A^{k+1}$ および, $\lim_{k\to\infty}(I - A^{k+1}) = I - \lim_{k\to\infty} A^{k+1} = I - (0) = I$ が確認できる. このとき, $(I - A)\boldsymbol{x} = (0)$ を満たす任意の $n \times 1$ ベクトル $\boldsymbol{x}$ に対して, $(I - A^{k+1})\boldsymbol{x} = (I + A + A^2 + \cdots + A^k)(I - A)\boldsymbol{x} = (0), k = 0, 1, 2, \ldots$ したがって, $\boldsymbol{x} = I\boldsymbol{x} = [\lim_{k\to\infty}(I - A^{k+1})\boldsymbol{x} = \lim_{k\to\infty}(I - A^{k+1})\boldsymbol{x} = \lim_{k\to\infty}(0) = (0)$ となる. よって, $I_m - A$ は非特異である. また, $I + (I + A + A^2 + \cdots + A^k) = (I - A^{k+1})(I - A)^{-1}$ を得る. したがって, $\sum_{k=0}^{\infty} A^k = I_m + \sum_{k=1}^{\infty} A^k = \lim_{k\to\infty}(I - A^{k+1})(I - A)^{-1} = I(I - A)^{-1} = (I_m - A)^{-1}$.

4.55 (a) ある行の定数倍をそれより下の別の行に加えるという行基本変形を繰り返し利用すると A_r を上三角行列 A_r^* へと変形できる. 行基本変形は 1 つの下三角行列 T で表すことができ, $TA_r = A_r^*$ となる. T^{-1} が存在するから, $A_r = T^{-1}A_r^*$ が導かれる. 下三角行列の逆行列は下三角行列であり, $T^{-1} = L_*, A_r^* = U_*$ と置き換えると $A_r = L_*U_*$ となる. 続いて, $m\times m$ 行列 A について $\mathrm{rank}(A) = r$ かつ $|A_r| \neq 0$ ならば, 行基本変形行列としての下三角行列 S を用いて $SA = \begin{bmatrix} L_*U_* & A_{12} \\ (0) & (0) \end{bmatrix} = \begin{bmatrix} L_* & (0) \\ (0) & (0) \end{bmatrix} \begin{bmatrix} U_* & L_*^{-1}A_{12} \\ (0) & (0) \end{bmatrix}$ と表せる. S^{-1} が存在するので上式から $A = S^{-1} \begin{bmatrix} L_* & (0) \\ (0) & (0) \end{bmatrix} \begin{bmatrix} U_* & L_*^{-1}A_{12} \\ (0) & (0) \end{bmatrix}$ が導かれる. 右辺の 1, 2 番目の行列の積を L, 3 番目の行列を U とすれば A は LU の形式へ分解される. (b) 例えば, $A = \begin{bmatrix} 0 & 1 \\ 1 & 1 \end{bmatrix}$. (c)$A$ の LU 分解を用いて, $A\boldsymbol{x} = \boldsymbol{c}$ を $LU\boldsymbol{x} = \boldsymbol{c}$ と表現する. まず $U\boldsymbol{x} = \boldsymbol{y}$ として $\boldsymbol{y}$ を求める. L は下三角行列であり, $\boldsymbol{y}$ は簡単に得ることができる. その後 $U\boldsymbol{x} = \boldsymbol{y}$ について解く. U は上三角行列であり, $\boldsymbol{x}$ についても簡単に解を得ることができる.

4.56 もし $\mathrm{rank}(A) = r$ なら, A は行と列の置換によって, 左上三角部分に $k \times k$ 非特異行列 A_r をもつ以下のような分割行列に置き換えることが可能である.

$$P'AQ' = \begin{bmatrix} A_r & A_{12} \\ A_{21} & A_{22} \end{bmatrix}$$

ゆえに練習問題 4.55 より, $P'AQ' = LU$ と分解でき, かつ置換行列 P', Q' は直交行列の特別な場合であったので $A = PLUQ$ とできる.

4.57　略.

第 5 章

5.1　略.

5.2

$$A^+ = \frac{1}{7}\begin{bmatrix} 1 & 3 & -4 & 3 \\ 2 & 6 & -1 & -1 \\ 0 & -7 & 7 & 0 \end{bmatrix}$$

5.3　$\frac{1}{18}[2 \quad 1 \quad 3 \quad 2]'$.

5.4　(f)(1)$AA^+(AA^+)^+AA^+ = AA^+(A^+)^+A^+AA^+ = AA^+$,　(2)$(AA^+)^+AA^+(AA^+)^+ = AA^+AA^+AA^+ = AA^+$,　(3)$(AA^+(AA^+)^+)' = (AA^+AA^+)' = (AA^+)' = AA^+$,　(4)$((AA^+)^+AA^+)' = (AA^+AA^+)' = (AA^+)'$,　$(A^+A)^+ = A^+A$ の場合も同様の手順で確認できる.

(g)(1)$A^{+\prime}A'AA^+A^{+\prime}A'A^{+\prime}A'A = (AA^+)'AA^+(AA^+)'(AA^+)'A = (AA^+)'A = ((A'A)^{+\prime}A')^+ = A$,　(2)$A^+A^{+\prime}A'A^{+\prime}A'AA^+A^{+\prime}A' = A^+(AA^+)'(AA^+)'AA^+(AA^+)' = A^+(AA^+)' = A^+A^{+\prime}AA^+ = A^+$,　(3)$(A(A'A)^+A')' = (AA^+A^{+\prime}A')' = (AA^+(AA^+)')' = AA^+$,　(4)$((A'A)^+A'A)' = (A^+A^{+\prime}A'A)' = (A^+(AA^+)'A)' = (A^+AA^+A)' = (A^+A)' = A^+A$,　$A'(AA')^+$ の場合も同様の手順で確認できる.

(h)$\mathrm{rank}(A) = n$ ならば,(1)$((A'A)^{-1}A')^+(A'A)^{-1}A'((A'A)^{-1}A')^+ = A(A'A)^{-1}(A'A) = A$,　(2)$(A'A)^{-1}A'A(A'A)^{-1}A' = I_n(A'A)^{-1}A' = A^+$,　(3)$(A(A'A)^{-1}A')' = A(A(A'A)^{-1})' = A(A'A)^{-1}A' = AA^+$,　(4)$((A'A)^{-1}A'A)' = I_n$.

(i)$\mathrm{rank}(A) = m$ ならば,(1)$AA'(AA')^{-1}A = A$,　(2)$A'(AA')^{-1}AA'(AA')^{-1} = A'(AA')^{-1}$,　(3)$(AA'(AA')^{-1})' = I_m$,　(4)$(A'(AA')^{-1}A)' = A'(A'(AA')^{-1})' = A'(AA')^{-1}A = A^+A$.

(j)(1)$AA'A = A$,　(2) $A'AA' = A'$,　(3)$(AA')' = AA'$,　(4)$(A'A)' = A'A$.

5.5　$\Lambda\Lambda^{-1} = \Lambda^{-1}\Lambda$ の対角要素は

$$\lambda_i\phi_i = \phi_i\lambda_i = \begin{cases} 1 & \lambda_i \neq 0 \text{ の場合} \\ 0 & \lambda_i = 0 \text{ の場合} \end{cases}$$

となり,明らかに,$\Lambda^+ = \Lambda^{-1}$ は定義 5.1 における 4 つの条件を満たす.

5.6

$$\frac{1}{49}\begin{bmatrix} 89/28 & -27/4 & 1 \\ -27/4 & 17/4 & 3 \\ 1 & 3 & 5 \end{bmatrix}$$

5.7

$$(AA')^+ = \frac{37}{999}\begin{bmatrix} 7/4 & 7/4 & 1 \\ 7/4 & 7/4 & 1 \\ 1 & 1 & 5/2 \end{bmatrix}$$

$$A^+ = \frac{1}{9}\begin{bmatrix} 1 & 1 & 5/2 \\ -1/2 & 1/2 & 1 \\ 1 & 1 & 1/2 \end{bmatrix}$$

$$P_{R(X)} = \begin{bmatrix} 1/2 & 1/2 & 0 \\ 1/2 & 1/2 & 0 \\ 0 & 0 & 1 \end{bmatrix}$$

$$P_{C(X)} = \frac{1}{3}\begin{bmatrix} 5/2 & 1 & 1/2 \\ 1 & 1 & -1 \\ 1/2 & -1 & 5/2 \end{bmatrix}$$

5.8　例えば以下．

$$A = \begin{bmatrix} 0 & 1 \\ 1 & 0 \end{bmatrix}$$

5.9　定理 5.3(g) および (e) より $A^+ = A^+A^{+\prime}A'$ であり，A の特異値分解 $A = P\Delta Q'$ を用いると $A^+ = Q\Delta^{-1}\Delta^{-1\prime}\Delta'P'$ となる．ここで，$\mathrm{rank}(A) = 1$ なので，Δ は 1×1 すなわちスカラーであり，$\Delta = \delta$ とすると，左辺について $A^+ = 1/\delta \times QP'$ である．一方 A の特異値分解を用いて $A'A$ を表すと $A'A = Q\Delta'\Delta Q'$ となり，先程と同様に $\Delta = \delta$ とすると $A'A = \delta^2 QQ'$ となる．よって，$c = \mathrm{tr}(A'A) = \mathrm{tr}(\delta^2 QQ')$ であり，$c^{-1}A' = \{1/\delta\ \mathrm{tr}(QQ')\} \times QP'$ となる．いま，Q は $m \times 1$ の列ベクトルなので，$\mathrm{tr}(QQ') = 1$ である．よって右辺も $c^{-1}A' = 1/\delta \times QP'$ となる．

5.10 (a) $m^{-2}\mathbf{1}_m\mathbf{1}'_m$. (b) $I_m - m^{-1}\mathbf{1}_m\mathbf{1}'$. (c) $\boldsymbol{x}(\boldsymbol{x}'\boldsymbol{x})^{-2}\boldsymbol{x}'$. (d) $\boldsymbol{y}(\boldsymbol{y}'\boldsymbol{y})^{-1}(\boldsymbol{x}'\boldsymbol{x})^{-1}\boldsymbol{x}'$.

5.11 $(AA^+)^2 = AA^+, (A^+A)^2 = A^+A, (I_m - AA^+)^2 = I_m - AA^+, (I_n - A^+A)^2 = I_n - A^+A$ が各恒等式における左辺の式展開から順に確認される.

5.12 (a)(5.1) 式，(5.3) 式，(5.4) 式を用いる．(b)(5.2) 式，(5.3) 式，(5.4) 式を用いる．(c)(5.1) 式と定理 5.3(g) を用いる.

5.13〜14 略.

5.15 A に対してスペクトル分解を行うことで，$A = X\Lambda X' = X\lambda I_r X' = \lambda I_m$ となる．$AA^+A = A$ の左辺にこれを代入することで $A^+ = \lambda^{-2}A$ が導かれる.

5.16 練習問題 5.12(a) と定理 5.3(i) を利用して，$AB(AB)^+ = (AB)^{+\prime}(AB)' = (AB)^{+\prime}B'A' = (AB)^{+\prime}B'A'AA^+ = (AB)^{+\prime}(AB)'AA^+ = (AB)(AB)^+AA^+ = (AB)(AB)^+ABB^+A^+ = ABB^+A^+ = AA^+$.

5.17 (a) 定理 5.5(a) より A^+ も対称である．定理 5.4 を利用し $\text{rank}(A) = \text{rank}(A^+)$ を得る，定理 3.25 より，もし A が半正定値ならば A は特異，正定値ならば非特異である．定理 5.7，定理 5.6，および定理 3.25 を利用することで，A が半正定値ならば A^+ も半正定値，A が正定値ならば A^+ も正定値である． (b)$A^+\boldsymbol{x} = A^+AA^+\boldsymbol{x}$ となり，A は対称なので $A^+\boldsymbol{x} = A^+A^+A\boldsymbol{x}$ とできる．$A\boldsymbol{x} = \mathbf{0}$ なので，$A^+\boldsymbol{x} = \mathbf{0}$ となる.

5.18 定理 5.7 より，$A^+A = X_1X_1' = C$ とする．また同様に，$B^+B = Y_2Y_2' = D$ とする．ここで $CD = (0)$ であり，$\text{rank}(C) + \text{rank}(D) = m$ である．$F = I_m - C$ とすると，$C^2 = C$ より，C，F は $m \times m$ 対称ベキ等行列である．ここから $F = B^+B$ を示すことによって，証明を完了する．ここで $FB = B$ であり，$\text{rank}(F) = m - \text{rank}(C) = \text{rank}(B)$ である．$G = F - BB^+$ とすると，$GB = (0)$ であり，また G は $m \times m$ 対称ベキ等行列である．その階数は $\text{rank}(G) = \text{rank}(F) - \text{rank}(BB^+) = \text{rank}(F) - \text{rank}(B)$ となる．$\text{rank}(F) = \text{rank}(B)$ より，$G = (0)$ であり，$F = BB^+ = B^+B$ となる．よって題意は満たされた.

5.19〜20 略.

5.21 $Q^+A^+P^+$ および $Q'A^+P'$ が 4 つの条件を満たすことを示せば十分である．行列 Q に関して，$QQ' = I_n$ であり，ペンローズの 4 つの条件を満たすため，$Q^+ = Q'$ である．また，定理 5.3(j) より $P^+ = P'$ である．したがって，$(PAQ)^+ = Q'A^+P'$ のみ示せばよい．(1) $(PAQ)(Q'A^+P')(PAQ) = PAA^+AQ = PAQ$, (2) $(Q'A^+P')(PAQ)(Q'A^+P') = Q'A^+AA^+P' = Q'A^+P'$, (3) $(PAQQ'A^+P')' =$

$(PAA^+P')' = P(AA^+)'P' = PAA^+P' = PAQQ'A^+P' = PAQ(Q'A^+P')$, (4) $(Q'A^+P'PAQ)' = (Q'A^+AQ)' = Q'(A^+A)'Q = Q'A^+AQ = Q'A^+P'PAQ = Q'A^+P'(PAQ)$. ゆえに，題意を満たす.

5.22 略.

5.23 (a) $(AB)^+ = B^+A^+$. (b) $(AB)^+ \neq B^+A^+$.

5.24 $A'ABB' = BB'A'A$ の両辺に前から BB^+ を後ろから A^+A を掛けて整理し，$BB'AA$ の対称性を利用すると定理 5.10(c) が導かれ，題意を得る.

5.25 定義 5.1 の 4 条件を順番に確認していけばよい.

5.26

$$A^+ = \begin{bmatrix} 1 & -1 & 0 & 0 & 0 \\ -1 & 2 & 0 & 0 & 0 \\ 0 & 0 & 0.1 & 0.1 & 0 \\ 0 & 0 & 0.2 & 0.2 & 0 \\ 0 & 0 & 0 & 0 & 0.25 \end{bmatrix}$$

5.27 略.

5.28

$$A^+ = \frac{1}{830}\begin{bmatrix} 150 & 150 & 820 & 220 & 140 \\ 380 & -810 & -620 & 240 & -280 \\ 180 & 180 & -325 & 147 & 70 \\ 140 & 140 & 210 & 350 & 210 \end{bmatrix}$$

5.29 $\boldsymbol{w}\boldsymbol{x}' = \boldsymbol{y}\boldsymbol{z}' = (0)$ より定理 5.17 を利用して，

$$A^+ = \frac{1}{24}\begin{bmatrix} 2 & 0 & 1 & 1 \\ 2 & 0 & 1 & 1 \\ -1 & -3 & -2 & -2 \\ -3 & 3 & 0 & 0 \end{bmatrix}$$

5.30 略.

5.31 定理 5.18 より，$(A + \boldsymbol{c}\boldsymbol{d}')^+ = (I_m - \boldsymbol{y}\boldsymbol{y}^+)A^{-1}(I_m - \boldsymbol{x}\boldsymbol{x}^+)$ が成り立つ. 式の両辺に左右から $(A + \boldsymbol{c}\boldsymbol{d}')$ を掛けると，$(A + \boldsymbol{c}\boldsymbol{d}') = (A + \boldsymbol{c}\boldsymbol{d}')A^{-1}(A + \boldsymbol{c}\boldsymbol{d}')$ となり，

題意を得る.

5.32 略.

5.33 例えば, $(1/18)(20, 37, 3, -34)'$.

5.34 行列 A を特異値分解し, 定理 5.22 を適用する. (a) 定理 5.22 において $E = (0\,0)'$, $F = (0\,0)$, $G = 0$ とおくと, $B = \begin{bmatrix} 0 & 0 & 0 \\ 0 & 1/2 & 0 \\ 0 & 0 & 1/3 \end{bmatrix}$ となる. 行列 B は階数が 2 であり, 条件を満たす一般逆行列である. (b)$E = (0\ 0)'$, $F = (0\ 0)$, $G = 1$ とおくと, $B = \begin{bmatrix} 1 & 0 & 0 \\ 0 & 1/2 & 0 \\ 0 & 0 & 1/3 \end{bmatrix}$ となる. 行列 B は階数が 3 で対角行列であり, 条件を満たす一般逆行列である. (c)$E = (1\,1)'$, $F = (0\,0)$, $G = 1$ とおくと, $B = \begin{bmatrix} 1 & 0 & 0 \\ 1 & 1/2 & 0 \\ 1 & 0 & 1/3 \end{bmatrix}$ となる. 行列 B は対角行列でないため, 条件を満たす一般逆行列である.

5.35 $\text{rank}A_{11} = r$, すなわち A_{11} が非特異なので, $\text{rank}A = r + \text{rank}(A_{22} - A_{21}A_{11}^{-1}A_{12})$ であり, $\text{rank}A = \text{rank}A_{11} = r$ を考慮すると, $\text{rank}(A_{22} - A_{21}A_{11}^{-1}A_{12}) = 0$ でなくてはならない. したがって, $A_{22} - A_{21}A_{11}^{-1}A_{12} = (0)$, すなわち $A_{22} = A_{21}A_{11}^{-1}A_{12}$ と表される. よって, $A = [A_{11}\ A_{12}]'A_{11}^{-1}[A_{11}\ A_{12}]$ である. ここで, 定義によって, $AA^{-}A = A$ なので,

$$\begin{aligned} &\begin{bmatrix} A_{11} & A_{12} \end{bmatrix}' A_{11}^{-1} \begin{bmatrix} A_{11} & A_{12} \end{bmatrix} A^{-} \begin{bmatrix} A_{11} & A_{12} \end{bmatrix}' A_{11}^{-1} \begin{bmatrix} A_{11} & A_{12} \end{bmatrix} \\ &\quad = \begin{bmatrix} A_{11} & A_{12} \end{bmatrix}' A_{11}^{-1} \begin{bmatrix} A_{11} & A_{12} \end{bmatrix} \end{aligned}$$

のとき, かつそのときに限って A^{-} は A の一般逆行列である. このとき $\text{rank}\left(\begin{bmatrix} A_{11} & A_{12} \end{bmatrix}'\right) = \text{rank}\left(\begin{bmatrix} A_{11} & A_{12} \end{bmatrix}\right) = r$ であり,

$$\begin{aligned} A_{11}^{-1} &= A_{11}^{-1} \begin{bmatrix} A_{11} & A_{12} \end{bmatrix} \begin{bmatrix} A_{11}^{-} & A_{12}^{-} \\ A_{21}^{-} & A_{22}^{-} \end{bmatrix} \begin{bmatrix} A_{11} \\ A_{21} \end{bmatrix} A_{11}^{-1} \\ &= A_{11}^{-} + A_{11}^{-1}A_{12}A_{21}^{-} + A_{12}^{-}A_{21}A_{11}^{-1} + A_{11}^{-1}A_{12}A_{22}^{-}A_{21}A_{11}^{-1} \\ A_{11}^{-} &= A_{11}^{-1} - A_{11}^{-1}A_{12}A_{21}^{-} - A_{12}^{-}A_{21}A_{11}^{-1} - A_{11}^{-1}A_{12}A_{22}^{-}A_{21}A_{11}^{-1} \end{aligned}$$

のときかつそのときに限って A^{-} は A の一般逆行列としての条件を満たす. よって, A

の一般逆行列 A^- は以下のように表すことができる．

$$A^- = \begin{bmatrix} A_{11}^{-1} - A_{11}^{-1}A_{12}Y - XA_{21}A_{11}^{-1} - A_{11}^{-1}A_{12}ZA_{21}A_{11}^{-1} & A_{12}^- \\ A_{21}^- & A_{22}^- \end{bmatrix}$$

適切な次元の行列 $A_{12}^-, A_{21}^-, A_{22}^-$ について，それぞれゼロ行列を選択すればよい．

5.36 略.

5.37 $A^-ABB^-A^-ABB^- = A^-ABB^-$ の両辺に前から A，後ろから B を掛け，$AA^-A = A$ を利用すると，B^-A^- が AB の一般逆行列であることが示される．$ABB^-A^-AB = AB$ の両辺に前から A^-，後ろから B^- を掛けると，A^-ABB^- がベキ等行列であることが示される．

5.38 AB がベキ等であり，$\mathrm{rank}(A) = \mathrm{rank}(AB)$ であるとする．このとき $ABA - ABA = 0$ とおき，AB がベキ等であることや定理 2.13，定理 2.11(a) などを利用して式変形を繰り返すと $A = ABA$ がいえる．よって，ムーア–ペンローズ形逆行列の第 1 条件より $B = A^-$，すなわち B は A の一般逆行列となる．

一方，$B = A^-$ とする．定理 5.23(e) より，$\mathrm{rank}(A) = \mathrm{rank}(AB)$ となる．また $A = ABA$ であり，右から B をかけて $AB = ABAB = (AB)^2$ となる．ゆえに AB はベキ等である．

5.39～40 略.

5.41 (a) 定理 2.11 と定理 2.13 を適用することで示される．(b)P と Q が直交行列であることを利用すれば $ABA = A$ および $BAB = B$ が示される．

5.42 (5.36) 式より証明すべき条件は $AA^+ = A_1A_1^+$ と等しく，これに右から A_1 を乗じることで $AA^+A_1 = A_1$ と変形される．ところで条件から $A_1 = AC$ となる C が存在するはずであり，この式の両辺に左から AA^+ を乗じて整理することで題意が得られる．

5.43

$$A^+ = \begin{bmatrix} 1/14 & -1/14 & 2/7 \\ -1/7 & 1/7 & -1/14 \\ -2/7 & 2/7 & 5/14 \end{bmatrix}$$

5.44

$$H = \begin{bmatrix} 1 & 0 & 2 \\ 0 & 1 & 3 \\ 0 & 0 & 0 \end{bmatrix}, \quad C = \begin{bmatrix} 0 & 1 & 1 \\ -1 & 1 & 1 \\ 0 & 0 & 0 \end{bmatrix}$$

5.45

$$\frac{1}{77}\begin{bmatrix} 2 & -3 & 3 \\ 4/5 & 71/5 & 83/5 \\ -27/5 & 2/5 & -79/5 \\ 2 & -3 & 3 \end{bmatrix}$$

5.46

$$A^L = (A'A)^- A' = \begin{bmatrix} 0 & -1 & -1 \\ 0 & 0 & 0 \\ -1/11 & -4/11 & -7/11 \\ 0 & 0 & 0 \end{bmatrix}$$

5.47　定義より，B が A の最小 2 乗逆行列であるならば，$ABA = A$，$(AB)' = AB$ を満たし，また，A が B の最小 2 乗逆行列であるならば，$BAB = B$，$(BA)' = BA$ を満たす．よって，B が A の最小 2 乗逆行列であり，A が B の最小 2 乗逆行列であるならば，B は，ムーア–ペンローズ形逆行列の 4 つの条件を満たすため，A のムーア–ペンローズ形逆行列である．また，B が A のムーア–ペンローズ形逆行列であるならば，$ABA = A$ かつ，$(AB)' = AB$ であり，B は A の最小 2 乗逆行列である．同様に，$BAB = B$，$(BA)' = BA$ を満たすため，A が B の最小 2 乗逆行列である．したがって，B が A の最小 2 乗逆行列であり，A が B の最小 2 乗逆行列であるならばそのときのみ，B が A のムーア–ペンローズ形逆行列である．

5.48　(5.36) 式と定理 5.3(g) より右辺は $A'(AA')^- A(A'A)^- A' = A'(AA')^- AA^+ = A'(AA')^- AA'(AA')^+$ となり，さらに前から A を掛けると題意を得る．

5.49　定理 5.30 より $ACAC = H^2 = H = AC$ が成立する．この等式に後ろから C^{-1} を掛けることで $ACA = A$ となる．

5.50　H を $m \times m$ のエルミート形式の行列とし，H と H^2 の i 行目をそれぞれ $(H)_{i\cdot}, (H^2)_{i\cdot}$ と表記する．$h_{ii} = 0$ のとき，$(H^2)_{i\cdot} = (H)_{i\cdot} = \mathbf{0}'$ となる．$h_{ii} = 1$ のとき，$(H^2)_{i\cdot} = (H)_{i\cdot} H = (H)_{i\cdot} + \sum_{i<j\leq m} h_{ij}(H)_{j\cdot}$ と表せるが，$\sum_{i<j\leq m} h_{ij}(H)_{j\cdot} = \mathbf{0}'$

となるから，$(H^2)_{i\cdot} = (H)_{i\cdot}$ である．すべての i について $(H^2)_{i\cdot} = (H)_{i\cdot}$ が成立し，$H^2 = H$ が示される．

5.51　$\mathrm{rank}(A) = 2$ なので，B_2 を求め，$A^+ = 2\left\{\mathrm{tr}(B_2A'A)\right\}^{-1} B_2A'$ に代入して計算すればよい．

5.52

$$A^+ = \begin{bmatrix} 4.297350e-16 & 0.3333333 & -3.826932e-16 \\ 8.333333e-02 & -0.5000000 & 8.333333e-02 \\ 8.333333e-02 & -0.1666667 & 8.333333e-02 \\ 8.333333e-02 & 0.1666667 & 8.333333e-02 \end{bmatrix}$$

5.53　略．

第 6 章

6.1　(a)$\mathrm{rank}([A\quad \boldsymbol{c}]) = \mathrm{rank}(\boldsymbol{c})$ となるので，定理 6.1 より可解である．(b)$(2,3,-4)'$．(c) 定理 6.7 から $r = n - \mathrm{rank}(A) + 1 = 1$ となるため，線形独立な解は 1 つである．

6.2　(a) $AA^-\boldsymbol{c} = \boldsymbol{c}$ を確認する．(b) $[\frac{5}{2}y_1 - y_2 + \frac{5}{2} \quad \frac{1}{2}y_1 + \frac{3}{2} \quad y_1 \quad y_2]'$．(c) 3．(d) $[\frac{5}{2} \quad \frac{3}{2} \quad 0 \quad 0]'$, $[5 \quad 2 \quad 1 \quad 0]'$, $[\frac{3}{2} \quad \frac{3}{2} \quad 0 \quad 1]'$．

6.3　(b)．

6.4　(a) $AA^-\boldsymbol{c} = \boldsymbol{c}$ となるため，連立方程式は可解である．
(b)

$$\boldsymbol{x_y} = \begin{bmatrix} -2 - 2y_3 - y_4 + y_5 \\ 5 + 3y_3 + y_4 - 3y_5 \\ y_3 \\ y_4 \\ y_5 \end{bmatrix}$$

ただし，$\boldsymbol{y}$ は任意の 5×1 ベクトルである．(c) 4．(d)$A^-\boldsymbol{c} = (-2,5,0,0,0)'$, $A^-\boldsymbol{c} + (I_5 - A^-A)_{\cdot 3} = (-4,8,1,0,0)'$,　$A^-\boldsymbol{c} + (I_5 - A^-A)_{\cdot 4} = (-3,6,0,1,0)'$, $A^-\boldsymbol{c} + (I_5 - A^-A)_{\cdot 5} = (-1,2,0,0,1)'$．

6.5 $AXB=C$ は可解な連立方程式と仮定しているため，定理 6.3 より $AA^-CB^-B=C$ であり，$AA^-A=A$ より，$AX_YB=AA^-CB^-B+AYB-AA^-AYBB^-B=C+AYB-AYB=C$ となり，したがって Y の選択にかかわらず X_Y が解である．また X_* が任意の解ならば $AX_*B=C$ であり，$A^-AX_*BB^-=A^-CB^-$ となる．よって $A^-CB^-+X_*-A^-AX_*BB^-=A^-CB^-+X_*-A^-CB^-=X_*$ であり，$X_*=X_{X_*}$ となる．

6.6 (a)$AA^-CB^-B=C$ より可解である．(b) 例えば $Z_{11}=7y_{11}-14(-2y_{12}-3y_{13})-2(y_{31}-2y_{32}-3y_{33})+14$，$Z_{12}=-28y_{12}-7(y_{11}+6y_{13})-(y_{31}+7y_{32}+6y_{33})-20$，$Z_{13}=42y_{13}+7(y_{11}+4y_{12})+(y_{31}+4y_{32}+3y_{33})+11$，$Z_{21}=7y_{21}-14(-2y_{22}-3y_{23})-4(y_{31}-2y_{32}-3y_{33})-70$，$Z_{22}=-28y_{22}-7(y_{21}+6y_{23})-2(y_{31}+7y_{32}+6y_{33})+100$，$Z_{23}=42y_{23}+7(y_{21}+4y_{22})+2(y_{31}+4y_{32}+3y_{33})-55$ として，

$$X_Y=\frac{1}{21}\begin{bmatrix} Z_{11} & Z_{12} & Z_{13} \\ Z_{21} & Z_{22} & Z_{23} \\ 21y_{31} & 21y_{32} & 21y_{33} \end{bmatrix}$$

6.7 2 つのベクトルが線形独立であるためには，$\alpha_1A^-\boldsymbol{c}+\alpha_2(I_n-A^-A)\boldsymbol{y}=\boldsymbol{0}$ の解が，$\alpha_1=\alpha_2=0$ のみであることを示せばよい．両辺に A を掛けると，

$$\alpha_1AA^-\boldsymbol{c}+\alpha_2A(I_n-A^-A)\boldsymbol{y}=\boldsymbol{0}$$
$$\alpha_1\boldsymbol{c}+\alpha_2(A-AA^-A)\boldsymbol{y}=\boldsymbol{0}$$
$$\alpha_1\boldsymbol{c}=\boldsymbol{0}$$

となる．$\boldsymbol{c}\neq\boldsymbol{0}$ であるから，$\alpha_1=0$ である．また，$\alpha_1=0$ より，$\alpha_2(I_n-A^-A)\boldsymbol{y}=\boldsymbol{0}$ であり，$\boldsymbol{y}\neq\boldsymbol{0}$ を満たすのは，$\alpha_2=0$ のみである．よって，2 つのベクトル $A^-\boldsymbol{c}$ と $(I_n-A^-A)\boldsymbol{y}$ が線形独立である．

6.8 $\boldsymbol{x_y}=(A^-+C-A^-ACAA^-)\boldsymbol{c}$ において，定理 5.24 から，$n\times m$ 行列 C のいかなる選択に対しても $A^-+C-A^-ACAA^-$ は A の一般逆行列であり，解は $\boldsymbol{x_y}=A^-\boldsymbol{c}$ である．いま，いかなる A^- の選択においても $A^-\boldsymbol{c}$ が等しいので，$\boldsymbol{y}$ の選択にかかわらず $\boldsymbol{x_y}=\boldsymbol{y}_*$ であり，解はただ 1 つとなる．

6.9 (a) B が最大列階数をもつので，定理 5.23(g) より $B^-B=I_m$ が成り立つ．よって $BA\boldsymbol{x}=B\boldsymbol{c}$ を用いると，$A\boldsymbol{x}=I_mA\boldsymbol{x}=B^-BA\boldsymbol{x}=B^-B\boldsymbol{c}=\boldsymbol{c}$ となる．(b) $A\boldsymbol{x}=A\boldsymbol{d}$ ならば，$A'A\boldsymbol{x}=A'A\boldsymbol{d}$ が成り立つことは明らかである．逆にもし，$A'A\boldsymbol{x}=A'A\boldsymbol{d}$ ならば，$(A\boldsymbol{x}-A\boldsymbol{d})'(A\boldsymbol{x}-A\boldsymbol{d})=\{A(\boldsymbol{x}-\boldsymbol{d})\}'(A\boldsymbol{x}-A\boldsymbol{d})=(\boldsymbol{x}'-\boldsymbol{d}')A'(A\boldsymbol{x}-A\boldsymbol{d})=(\boldsymbol{x}'-\boldsymbol{d}')(A'A\boldsymbol{x}-A'A\boldsymbol{d})=(0)$ となる．定理 1.3(e) より，$A'A=(0)$ ならばそのとき

のみ $A = (0)$ であるから，$A\boldsymbol{x} = A\boldsymbol{d}$ が成り立つ.

6.10 $r = 2$. 線形独立な解の集合は例えば，$(2, 4/3, 1, 0)', (1, 0, 0, 1)'$.

6.11 $\boldsymbol{y}_*$ を与えられた連立方程式に代入し，$A'\boldsymbol{y}_* = \boldsymbol{d}$ を得る．この両辺を転置すると $\boldsymbol{d}' = \boldsymbol{y}_*'A$ となる．よって $\boldsymbol{d}'\boldsymbol{x}_* = \boldsymbol{y}_*'A\boldsymbol{x}_*$ となるが，$A\boldsymbol{x}_* = \boldsymbol{c}$ なので $\boldsymbol{d}'\boldsymbol{x}_* = \boldsymbol{y}_*'\boldsymbol{c}$ となる．両辺はスカラーであるので右辺だけ転置することができ，$\boldsymbol{d}'\boldsymbol{x}_* = \boldsymbol{c}'\boldsymbol{y}_*$ を得る.

6.12 略.

6.13 (a) $\text{rank}(A) = 2$ なので系 6.2.2 より可解である．$4 - 2 + 1 = 3$ なので定理 6.7 より示される．(b) B のムーア–ペンローズ形逆行列 B^+ を用いて $BB^+\boldsymbol{d} = \boldsymbol{d}$ なので，定理 6.2 から可解である．$\text{rank}(B) = 2$ と定理 6.7 より示される．(c) A と B の転置の一般逆行列を用いて，それぞれ $A^+A = I_2$，$B^+B = I_2$．定理 6.6 より示される.

6.14 (a)$AX = C$ に後ろから B を掛け，$XB = D$ に前から A を掛けた結果を利用すれば必要十分条件が示される．(b)$AXB = CB$, $AX = C$, $XB = D$ に定理 6.5 を適用し，$AD = CB$ を利用すればよい.

6.15 (a) $AA^L\boldsymbol{c} \neq \boldsymbol{c}$ を確認する．(b) $[-6 \quad 0 \quad -\frac{41}{11} \quad 0]'$. (c) $\frac{4}{11}$.

6.16

(a)$1/4\begin{bmatrix} 1 & 1 & 1 & -1 \\ 1 & 1/3 & 7/3 & -1/3 \\ 0 & 0 & 0 & 0 \end{bmatrix}$. (b)$\text{rank}(A) = 2$, $\text{rank}([A \quad \boldsymbol{c}]) = 3$.

(c)$1/4\begin{bmatrix} 9 \\ 43/3 \\ 0 \end{bmatrix}$. (d) 一意でない.

6.17 式の両辺に，A と $A'A$ の任意の一般逆行列 $(A'A)^-$ との積 $A(A'A)^-$ を前から掛けることにより，定理 6.13 より題意を得る.

6.18 与えられた式を展開すると，$\boldsymbol{y}_* + A\boldsymbol{x}_* = \boldsymbol{c}, A'\boldsymbol{y}_* = \boldsymbol{0}$ となり，最初の式に左から A' を掛けて，2 番目の式を代入すると， $A'\boldsymbol{y}_* = \boldsymbol{0}$ なので，$A'\boldsymbol{y}_* + A'A\boldsymbol{x}_* = A'\boldsymbol{c}, A'A\boldsymbol{x}_* = A'\boldsymbol{c}, A^{L\prime}A'A\boldsymbol{x}_* = A^{L\prime}A'\boldsymbol{c}$ となる．ここで A^L は $\{1, 3\}$ 逆行列であり，$(AA^L)' = AA^L$ が成り立つので，$(AA^L)'A\boldsymbol{x}_* = (AA^L)'\boldsymbol{c}, AA^LA\boldsymbol{x}_* = AA^L\boldsymbol{c}, A\boldsymbol{x}_* = AA^L\boldsymbol{c}, \boldsymbol{x}_* = A^L\boldsymbol{c}$ となり，よって定理 6.13 より $\boldsymbol{x}_*$ は最小 2 乗解となる.

6.19 (a) 例 8.3 を参照．(b)$r = ab$，$\mu + \tau_i + \gamma_j + \eta_{ij}$ の線形独立な ab 個の推定可能関数の集合は $\boldsymbol{\alpha} = (1, \boldsymbol{e}_i, \boldsymbol{e}_j, \boldsymbol{e}_{ij})'$，$\hat{\boldsymbol{\beta}}$ を $\boldsymbol{\beta}$ の一般解としたときのすべての $\alpha'\hat{\boldsymbol{\beta}}$. (c) 例

8.3 を参照.

6.20 C は正定値行列より，$T'T = C$ あるいは同等に $T^{-1\prime}T^{-1} = C^{-1}$ となるような行列 T が存在する．ここで，T を用いて回帰モデルを $\boldsymbol{y}_* = X_*\boldsymbol{\beta} + \boldsymbol{\epsilon}_*$ に変換する．ただし，$\boldsymbol{y}_* = T^{-1}\boldsymbol{y}$，$X_* = T^{-1}X$，$\boldsymbol{\epsilon}_* = T^{-1}\boldsymbol{\epsilon}$ である．また，$E(\boldsymbol{\epsilon}_*) = \boldsymbol{0}$，$\mathrm{var}(\boldsymbol{\epsilon}_*) = \sigma^2 I_N$ となる．よって，モデル $\boldsymbol{y} = X\boldsymbol{\beta} + \boldsymbol{\epsilon}$ における $\boldsymbol{\beta}$ の一般化最小 2 乗推定量は，モデル $\boldsymbol{y}_* = X_*\boldsymbol{\beta} + \boldsymbol{\epsilon}_*$ における $\boldsymbol{\beta}$ の通常の最小 2 乗推定量によって与えられる．(6.12) 式における $\boldsymbol{y}$ と X を $\boldsymbol{y}_*$ と X_* に置き換えると，$\hat{\boldsymbol{\beta}} = (X_*'X_*)^- X_*'\boldsymbol{y}_* + \{I_m - (X_*'X_*)^- X_*'X_*\}\boldsymbol{u}$ となる．さらに，変換前のモデル式と照らし合わせると，$T^{-1\prime}T^{-1} = C^{-1}$ より，$\hat{\boldsymbol{\beta}} = (X'T^{-1\prime}T^{-1}X)^- X'T^{-1\prime}T^{-1}\boldsymbol{y} + \{I_m - (X'T^{-1\prime}T^{-1}X)^- X'T^{-1\prime}T^{-1}X\}\boldsymbol{u} = (X'C^{-1}X)^- X'C^{-1}\boldsymbol{y} + \{I_m - (X'C^{-1}X)^- X'C^{-1}X\}\boldsymbol{u}$ となる．

6.21 $B\hat{\boldsymbol{\beta}} = \boldsymbol{b}$ に定理 6.4 を適用すると $\hat{\boldsymbol{\beta}}_{\boldsymbol{u}} = B^-\boldsymbol{b} + (I_m - B^-B)\boldsymbol{u}$，$\boldsymbol{u}_{\boldsymbol{w}} = [X(I_m - B^-B)]^L(\boldsymbol{y} - XB^-\boldsymbol{b}) + (I_m - [X(I_m - B^-B)]^L X(I_m - B^-B))\boldsymbol{w}$ であり，$\hat{\boldsymbol{\beta}}_{\boldsymbol{u}} = B^-\boldsymbol{b} + (I_m - B^-B)\boldsymbol{u}$ の $\boldsymbol{u}$ に $\boldsymbol{u}_{\boldsymbol{w}}$ を代入することで，題意を得る．

6.22 $I_m - B^-B$ は対称かつベキ等であるから，$(I_m - B^-B)[X(I_m - B^-B)]^+(\boldsymbol{y} - XB^-\boldsymbol{b}) = [X(I_m - B^-B)]^+(\boldsymbol{y} - XB^-\boldsymbol{b})$ となることを利用する．

6.23 略.

第 7 章

7.1 (a)dI_m は非特異なので，定理 7.4(a) より $|A| = |dI_m||aI_m - bI_m(dI_m)^{-1}cI_m| = d^m(a - \frac{bc}{d})^m$ である．(b) 問 (a) の結果より，$a - \frac{bc}{d} \neq 0$ すなわち $ad - bc \neq 0$ のとき A は非特異となる．(c)A^{-1} を $A^{-1} = \begin{bmatrix} B_{11} & B_{12} \\ B_{21} & B_{22} \end{bmatrix}$ とする．このとき定理 7.1 より $B_{11} = \left(a - \frac{bc}{d}\right)^{-1} I_m$，$B_{22} = \left(d - \frac{bc}{a}\right)^{-1} I_m$，$B_{12} = -\frac{b}{a}\left(d - \frac{bc}{a}\right)^{-1} I_m$，$B_{21} = -\frac{c}{a}\left(d - \frac{bc}{a}\right)^{-1} I_m$ となる．

7.2 略.

7.3 $|A| = b^m a^{m-1}\left(a - \frac{m^2cd}{b}\right)$．非特異行列である条件は $a \neq \frac{m^2cd}{b}$．逆行列は，$e = (ab - m^2cd)^{-1}$ として $A^{-1} = \begin{bmatrix} a^{-1}(I_m + mcde\mathbf{1}_m\mathbf{1}_m') & -ce\mathbf{1}_m\mathbf{1}_m' \\ -de\mathbf{1}_m\mathbf{1}_m' & b^{-1}(I_m + mcde\mathbf{1}_m\mathbf{1}_m') \end{bmatrix}$.

7.4

$$G^{-1} = H = \begin{bmatrix} H_{11} & H_{12} \\ H_{21} & H_{22} \end{bmatrix} \text{ただし, } H_{11} = \begin{bmatrix} A^{-1} & -A^{-1}BD^{-1} \\ (0) & D^{-1} \end{bmatrix}$$

$$H_{22} = F^{-1}, \qquad H_{12} = -\begin{bmatrix} A^{-1} & -A^{-1}BD^{-1} \\ (0) & D^{-1} \end{bmatrix} \begin{bmatrix} C \\ E \end{bmatrix} F^{-1}, \qquad H_{21} = (0)$$

7.5 A_{11} が 3×3,A_{12} が 2×3, A_{11} が 3×2, A_{22} が 2×2 となるように A を分割し, 定理を用いる. 行列式は $|A| = 5$, 逆行列は

$$A^{-1} = \begin{bmatrix} 2/5 & 1/5 & 0 & 0 & -3/5 \\ 1/5 & 3/5 & 0 & 0 & -4/5 \\ 0 & 0 & 1 & -1 & 0 \\ 9/5 & 12/5 & -2 & 4 & -36/5 \\ -6/5 & -8/5 & 1 & -2 & 24/5 \end{bmatrix}$$

7.6 (a) $\mathrm{rank}(A) = \mathrm{rank}(A_{11})$ なので, もし A_{11} が非特異なら定理 7.8(b) の関係から $\mathrm{rank}(A_{22} - A_{21}A_{11}^{-1}A_{12}) = 0$ となる. つまり, $A_{22} - A_{21}A_{11}^{-1}A_{12} = (0)$ であり, $A_{22} = A_{21}A_{11}^{-1}A_{12}$ となる.

(b)

$$ABA = \begin{bmatrix} A_{11}A_{11}^{-1}A_{11} & A_{11}A_{11}^{-1}A_{12} \\ A_{21}A_{11}^{-1}A_{11} & A_{21}A_{11}^{-1}A_{12} \end{bmatrix} = \begin{bmatrix} A_{11} & A_{12} \\ A_{21} & A_{21}A_{11}^{-1}A_{12} \end{bmatrix} = A$$

(c) $\mathrm{rank}(A) = \mathrm{rank}(C) = \mathrm{rank}(A11) = m_1$ である. (a) より行列 A を以下のように書き直し, ムーア–ペンローズ形逆行列の条件を確認することで題意を得る.

$$A = \begin{bmatrix} A_{11} & A_{12} \\ A_{21} & A_{21}A_{11}^{-1}A_{12} \end{bmatrix}, \quad A^{+} = \begin{bmatrix} A'_{11}CA'_{11} & A'_{11}CA'_{21} \\ A'_{12}CA'_{11} & A'_{12}CA'_{21} \end{bmatrix}$$

7.7 A が正定値であると仮定すると, A_{11} は正定値である. 以下の恒等式が成り立つ.

$$\begin{bmatrix} I_{m_1} & (0) \\ -A_{21}A_{11}^{-1} & I_{m_2} \end{bmatrix} \begin{bmatrix} A_{11} & A_{12} \\ A_{21} & A_{22} \end{bmatrix} \begin{bmatrix} I_{m_1} & -A_{11}^{-1}A_{12} \\ (0) & I_{m_2} \end{bmatrix}$$
$$= \begin{bmatrix} A_{11} & (0) \\ (0) & A_{22} - A_{21}A_{11}^{-1}A_{12} \end{bmatrix}$$

ここで恒等式の右辺の行列もまた正定値行列となるので, $A_{22} - A_{21}A_{11}^{-1}A_{12}$ は正定値

である．逆に，A_{11} と $A_{22}-A_{21}A_{11}^{-1}A_{12}$ が正定値であるとすると，上記の恒等式より，A もまた正定値である．

7.8 A_{22} は正定値行列であるため，したがって非特異である．設問で与えられた行列を C とすると定理 7.8(a) を利用して，$\mathrm{rank}(C) = \mathrm{rank}(A_{22}) + \mathrm{rank}(A_{11} - B_{11}^{-1} - A_{12}A_{22}^{-1}A_{21}) = \mathrm{rank}(A_{22}) + \mathrm{rank}(A_{11} - A_{12}A_{22}^{-1}A_{21}) - \mathrm{rank}(-B_{11}^{-1}) = \mathrm{rank}(A) - \mathrm{rank}(A_{11}) = m - m_{11}$ となり，$A_{11} - B_{11}^{-1} = 0$ からこの行列は半正定値行列となる．

7.9 最大階数の $m_2 \times m_2$ 行列 C と，$m_2 \times m_1$ 行列 $T = CA_{12}'A_{11}^{-1}$ を用いると，$B_{11} - A_{11}^{-1} = A_{11}^{-1}A_{12}B_{22}A_{21}A_{11}^{-1} = (A_{11}^{-1}A_{12}C')(CA_{21}A_{11}^{-1}) = (A_{11}^{-1\prime}A_{12}C')(CA_{12}'A_{11}^{-1}) = T'T$ となる．そして定理 1.8 から $\mathrm{rank}(T) = \mathrm{rank}(A_{12}')$ であり，定理 3.26 から，$\mathrm{rank}(A_{12}') = m_1$ のとき $T'T$ は正定値，$\mathrm{rank}(A_{12}') < m_1$ のとき，$T'T$ は半正定値となるから，$B_{11} - A_{11}^{-1}$ は非負定値．

7.10 (a)$(m-1)\times(m-1)$ 行列 A_{11} は正定値行列であるため，定理 7.4(b) より，$|A| = |A_{11}||a_{mm} - \boldsymbol{a}'A_{11}^{-1}\boldsymbol{a}| = |A_{11}|(a_{mm} - \boldsymbol{a}'A_{11}^{-1}\boldsymbol{a})$ となる．ここで，A_{11}^{-1} も正定値行列となるため，$\boldsymbol{a}'A_{11}^{-1}\boldsymbol{a} > 0$ である．よって，上式を展開してまとめると，$a_{mm}|A_{11}| - |A| = |A_{11}|(\boldsymbol{a}'A_{11}^{-1}\boldsymbol{a}) > 0$ となるため，$a_{mm}|A_{11}| > |A|$ となる．また，$\boldsymbol{a} = \boldsymbol{0}$ の場合，$\boldsymbol{a}'A_{11}^{-1}\boldsymbol{a} = 0$ となるため，$|A_{11}|a_{mm} = |A|$ となる．ゆえに，題意が満たされる．(b)A が正定値行列ならば対角要素はすべて正なので，$a_{11},\ldots,a_{mm} > 0$ である．A_k を行列の先頭主部分行列とすると，定理 7.5 より，A が正定値行列であるとき先頭小行列式 $|A_1|,\ldots,|A_m|$ はすべて正である．(a) と同様に，A_{m-1} が正定値行列であることを利用して，定理 7.4(b) より，$|A| = |A_{m-1}||a_{mm} - \boldsymbol{a}'A_{m-1}^{-1}\boldsymbol{a}| = |A_{m-1}|(a_{mm} - \boldsymbol{a}'A_{m-1}^{-1}\boldsymbol{a})$ となり，$|A| < a_{mm}|A_{m-1}|$ が成り立つ．同様に，A_{m-2} が正定値行列であることを利用すると，$|A_{m-1}| < a_{m-1m-1}|A_{m-2}|$ となる．これらの結果と，a_{mm}, a_{m-1m-1} が正であることを考慮すると，$|A| < a_{mm}|A_{m-1}| < a_{mm}a_{m-1m-1}|A_{m-2}|$ が満たされる．これを，順に繰り返すことで，$|A| < a_{mm}a_{m-1m-1}\cdots a_{11}$ となることがわかる．また，定理 1.4 より，A が対角行列ならば，$|A| = a_{11}\cdots a_{mm} = \prod_{i=1}^{m} a_{ii}$ となることがわかっているので，A が対角行列であるならばそのときのみ，等式が成り立つ．ゆえに，題意が満たされる．

7.11 略．

7.12 定理 7.3 を利用すると以下となる．

$$\begin{vmatrix} A_{11} & A_{12} \\ A_{21} + BA_{11} & A_{22} + BA_{12} \end{vmatrix} = \begin{vmatrix} I_{m_1} & (0) \\ B & I_{m_2} \end{vmatrix} \begin{vmatrix} A_{11} & A_{12} \\ A_{21} & A_{22} \end{vmatrix} = |A|$$

7.13 $A_{11}A_{21} = A_{21}A_{11}$ を利用して導かれる $\begin{bmatrix} I_m & (0) \\ A_{21} & -A_{11} \end{bmatrix}\begin{bmatrix} A_{11} & A_{12} \\ A_{21} & A_{22} \end{bmatrix} = \begin{bmatrix} A_{11} & A_{12} \\ (0) & A_{21}A_{12} - A_{11}A_{22} \end{bmatrix}$ について両辺の行列式をとり，定理 7.3 を適用すると $|A| = |A_{11}A_{22} - A_{21}A_{12}|$ を得る．

7.14 定理 7.4(b) より，$\begin{vmatrix} A & \boldsymbol{d} \\ \boldsymbol{c}' & 1 \end{vmatrix} = |A||1 - \boldsymbol{c}'A^{-1}\boldsymbol{d}| = \{1 - \boldsymbol{c}'A^{-1}\boldsymbol{d}\}|A| = \{1 + \mathrm{tr}\,(A^{-1}[-\boldsymbol{d}\boldsymbol{c}'])\}|A| = \{1 + \mathrm{tr}\,(A^{-1}B)\}|A|$ のように変形できる．ここで $-\boldsymbol{d}\boldsymbol{c}'$ の階数は 1 であるので，これを B とおいた．次に定理 7.4(a) を用いて，$\begin{vmatrix} A & \boldsymbol{d} \\ \boldsymbol{c}' & 1 \end{vmatrix} = |1||A - \boldsymbol{d}\boldsymbol{c}'| = |A + B|$ のように変形できる．以上により題意を得る．

7.15 略.

7.16 定理 5.25 から，$R(A_{12}) \subset R(A_{11})$ ならば $A_{11}A_{11}^{-}A_{12} = A_{12}$．定理 7.3 より $|A| = |A_{11}| \cdot |I_{m_2}| \cdot |I_{m_1}| \cdot |A_{22} - A_{21}A_{11}^{-}A_{12}| = |A_{11}||A_{22} - A_{21}A_{11}^{-}A_{12}|$．一方，$R(A'_{21}) \subset R(A'_{11})$ ならば $A_{21}A_{11}^{-}A_{11} = A_{21}$ である．A の分割行列表現を利用して定理 7.3 より $|A| = |A_{22} - A_{21}A_{11}^{-}A_{12}||A_{11}|$.

7.17

$$A_{11} = A_{22} = \begin{bmatrix} 1 & 2 \\ 3 & 6 \end{bmatrix}, \quad A_{12} = (0),\ A_{21} = \begin{bmatrix} 1 & 0 \\ 0 & 1 \end{bmatrix}$$

7.18 略.

7.19 $m_1 \times m_1$ 行列 A_{11}，$m_1 \times m$ 行列 A_{12}，$m_2 \times m_1$ 行列 A_{21}，$m_2 \times m_2$ 行列 A_{22} において，定理 5.25 より $R(A_{21}) \subset R(A_{22})$ なら $A_{21} = A_{22}D$ であるような $m_2 \times m_1$ 行列 D が存在し，$R(A'_{12}) \subset R(A'_{22})$ ならば $A_{12} = EA_{22}$ となるような $m_1 \times m_2$ 行列 E が存在する．これより $A_{12}A_{22}^{-}A_{21} = EA_{22}A_{22}^{-}A_{22}D = EAD$ となる．よって A_{22}^{-} の選択に依存しない.

7.20 $A = A^2$ であるならばそのときのみ，$A_{11} = A_{11}^2 + A_{12}A_{21}, A_{12} = A_{11}A_{12} + A_{12}A_{22}, A_{21} = A_{21}A_{11} + A_{22}A_{21}, A_{22} = A_{21}A_{12} + A_{22}^2$ が成り立つ．一般シューアの補元 $A_{11} - A_{12}A_{22}^{-}A_{21}$ を S とすると，$S^2 = A_{11}^2 - A_{11}A_{12}A_{22}^{-}A_{21} - A_{12}A_{22}^{-}A_{21}A_{11} + A_{12}A_{22}^{-}A_{21}A_{12}A_{22}^{-}A_{21} = A_{11} - A_{12}A_{21} - (A_{12} - A_{12}A_{22})A_{22}^{-}A_{21} - A_{12}A_{22}^{-}(A_{21} - A_{22}A_{21}) + A_{12}A_{22}^{-}(A_{22} - A_{22}^2)A_{22}^{-}A_{21} = S - A_{12}(I_{m_2} - A_{22}^{-}A_{22})(I_{m_2} - A_{22}A_{22}^{-})A_{21} + A_{12}(A_{22}^{-}A_{22}A_{22}^{-} - A_{22}^{-})A_{21} = S$ となる．最後の等式は，定理 7.9(a)，定理 5.23 より

成り立つ.

7.21 定理 7.11 (b) で与えられた条件が成立していると仮定する．このとき (7.11) 式，定理 5.23(d)，定理 7.10 を利用して，以下が成り立つことを確認する．

$$A^- = \begin{bmatrix} I & -A_{11}^- A_{12} \\ (0) & I \end{bmatrix} \begin{bmatrix} A_{11}^- & (0) \\ (0) & B_2^- \end{bmatrix} \begin{bmatrix} I & (0) \\ -A_{21}A_{11}^- & I \end{bmatrix}$$
$$= \begin{bmatrix} A_{11}^- & -A_{11}^- A_{12} B_2^- \\ (0) & B_2^- \end{bmatrix} \begin{bmatrix} I & (0) \\ -A_{21}A_{11}^- & I \end{bmatrix}$$
$$= \begin{bmatrix} A_{11}^- + A_{11}^- A_{12} B_2^- A_{21} A_{11}^- & -A_{11}^- A_{12} B_2^- \\ -B_2^- A_{21} A_{11}^- & B_2^- \end{bmatrix}$$

7.22 $\begin{bmatrix} A_{11} & A_{12} \\ A_{21} & A_{22} \end{bmatrix} \begin{bmatrix} B_1^- & -B_1^- A_{12} A_{22}^- \\ -A_{22}^- A_{21} B_1^- & A_{22}^- + A_{22}^- A_{21} B_1^- A_{12} A_{22}^- \end{bmatrix} \begin{bmatrix} A_{11} & A_{12} \\ A_{21} & A_{22} \end{bmatrix}$ は，$A_{11} = B_1 + A_{12}A_{22}^- A_{21}$ を用いながら展開すれば，所与の条件のもとでのみ，$\begin{bmatrix} A_{11} & A_{12} \\ A_{21} & A_{22} \end{bmatrix}$ と等しくなることが確認される．

7.23 略.

7.24

$$A^+ = 1/81 \begin{bmatrix} 17 & 19 & -4 \\ 19 & 26 & -14 \\ -4 & -14 & 20 \end{bmatrix}$$

7.25〜31 略.

第 8 章

8.1

(a)

$$A \otimes B = \begin{bmatrix} 10 & 6 & 15 & 9 \\ 6 & 4 & 9 & 6 \\ 5 & 3 & 10 & 6 \\ 3 & 2 & 6 & 4 \end{bmatrix}, \quad B \otimes A = \begin{bmatrix} 10 & 15 & 6 & 9 \\ 5 & 10 & 3 & 6 \\ 6 & 9 & 4 & 6 \\ 3 & 6 & 2 & 4 \end{bmatrix}$$

(b)28. (c)1. (d) $(7+3\sqrt{5}+7\sqrt{3}/2+3\sqrt{15}/2),(7-3\sqrt{5}+7\sqrt{3}/2-3\sqrt{15}/2),(7+3\sqrt{5}-7\sqrt{3}/2-3\sqrt{15}/2),(7-3\sqrt{5}-7\sqrt{3}/2+3\sqrt{15}/2)$.

(e)

$$\begin{bmatrix} 4 & -6 & -6 & 9 \\ -6 & 10 & 9 & -15 \\ -2 & 3 & 4 & -6 \\ 3 & -5 & -6 & 10 \end{bmatrix}$$

8.2　I_{mn}.

8.3　各項を展開し，等号が成り立つことを確認する.

8.4　(a) は定理 8.2 において，A を $m \times n$ 行列 A，B を 1，C を $n \times n$ 単位行列 I_n，D を $1 \times r$ ベクトル $\boldsymbol{c}'$ とすれば得られる．(b) も同様に，A を $r \times 1$ ベクトル $\boldsymbol{c}$，B を $p \times p$ 単位行列 I_p，C を 1，D を $p \times q$ 行列 B とすれば得られる.

8.5

$$\boldsymbol{a} \otimes B = \begin{bmatrix} a_1 B \\ a_2 B \\ \vdots \\ a_m B \end{bmatrix} = \begin{bmatrix} a_1 B_1 & a_1 B_2 & \cdots & a_1 B_k \\ a_2 B_1 & a_2 B_2 & \cdots & a_2 B_k \\ \vdots & \vdots & & \vdots \\ a_m B_1 & a_m B_2 & \cdots & a_m B_k \end{bmatrix}$$
$$= \begin{bmatrix} \boldsymbol{a} \otimes B_1 & \cdots & \boldsymbol{a} \otimes B_k \end{bmatrix}$$

8.6　(b) 定理 8.2 を利用して展開し，定義 5.1 の 4 つの条件が成り立っていることを確認すればよい．(c) 定理 (8.2) を用いて展開し，(5.1) 式を満たしていることを確認すればよい.

8.7　定理 8.1(f) より成り立つ.

8.8　$m \times m$ 行列 A と $n \times n$ 行列 B が非特異であると仮定すると $\text{rank}(A) = m, \text{rank}(B) = n$ である．$mn \times mn$ 行列 $A \otimes B$ について，定理 8.7 より $\text{rank}(A \otimes B) = mn$ となるからこの行列は非特異である．$A \otimes B$ が非特異であると仮定すると $\text{rank}(A \otimes B) = mn$ が成り立つ．定理 8.7 より $\text{rank}(A)\text{rank}(B) = mn$ となるが，これは $m \times m$ 行列 A と $n \times n$ 行列 B がともに非特異でない限り成り立たない．以上より題意を得る.

8.9　cA と $c^{-1}B$ がそれぞれ直交行列であるとする．つまり $(cA)(cA)' = c^2AA' =$

$I_m, (c^{-1}B)(c^{-1}B)' = c^{-2}BB' = I_n$ ということである．よって，定理 8.1(f)，定理 8.2，定理 8.1(b) より $(A \otimes B)(A \otimes B)' = c^2AA' \otimes c^{-2}BB' = I_m \otimes I_n = I_{mn}$ と変形できる．転置積を左から掛けたときもまた同様である．一方，$A \otimes B$ が直交行列であるとする．つまり $(A \otimes B)(A \otimes B)' = I_{mn}$ であるので，定理 8.1(f) と定理 8.2 を用いて $(A \otimes B)(A \otimes B)' = AA' \otimes BB' = I_{mn}$ となる．ここでこの式が成立するのは AA' と BB' のそれぞれが対角行列であり，かつそれぞれの対角要素がすべて等しい場合に限定される．これより $ab = 1$ であることがわかる．これを考慮し，$\frac{c^2}{c^2}(AA' \otimes BB') = (cA)(cA)' \otimes (c^{-1}B)(c^{-1}B)' = I_{mn}$ のようにすると，$c = \sqrt{b}$ のとき，$(\sqrt{b}A)(\sqrt{b}A)' = I_m, (\frac{1}{\sqrt{b}}B)(\frac{1}{\sqrt{b}}B)' = I_n$ となり，cA と $c^{-1}B$ のそれぞれが，ある c において直交行列になることがわかる．これは転置積を左から掛けたときも同様である．以上により題意を得る．

8.10 階数は 4.

8.11 略.

8.12 (a)$A\boldsymbol{x}_i = \lambda_i \boldsymbol{x}_i$ と $B\boldsymbol{y}_i = \theta_j \boldsymbol{y}_j$ の両辺どうしのクロネッカー積を求めればよい．
(b)

$$A = \begin{bmatrix} 1 & 0 \\ 0 & 0 \end{bmatrix},\ B = \begin{bmatrix} 0 & 1 \\ 1 & 0 \end{bmatrix}$$

8.13 A, B のいずれかがゼロ行列の場合は自明である．双方がゼロ行列ではない場合，条件より A を構成する列のうち，最低でも $(n-m)$ 本が線形従属となる．この $(n-m)$ 本の線形従属な列が，$A \otimes B$ では B に含まれる m 本の各列と掛け合わされ，$(n-m)m$ 本の線形従属な列を構成する．よって題意を得る．

8.14 もし A と B が正定値なら，A の固有値 λ_i と B の固有値 θ_j はすべて正の値である．したがって $A \otimes B$ のすべての固有値 $\lambda_i\theta_j$ もまた正の値となるため，題意を得る．

8.15 (a) 例えば，

$$A = \begin{bmatrix} 1 & 3 & 5 \\ 2 & 4 & 0 \end{bmatrix}, \quad B = \begin{bmatrix} 0 & 4 \\ 2 & 5 \\ 3 & 6 \end{bmatrix}$$

(b) 定理 8.2 ならびに定理 8.1(f) より，$|AA' \otimes BB'| = |BB' \otimes AA'| = |(A \otimes B)(A' \otimes B')| = |(B \otimes A)(B' \otimes A')| = |(A \otimes B)(A \otimes B)'| = |(B \otimes A)(B \otimes A)'| = |A \otimes B|^2 = |B \otimes A|^2$ となる．また，$A \otimes B$ の 2 つの行および列を偶数回交換することにより $B \otimes A$

が得られるため，$|A \otimes B| = |B \otimes A|$ となり題意を得る．

8.16 各項を展開し，等号が成り立つことを確認する．

8.17 $\sum_{i=1}^{a}\sum_{j=1}^{b}\sum_{k=1}^{n}(y_{ijk} - \bar{y}_{ij\cdot})^2$.

8.18 略.

8.19 (a) 直積およびトレースの定義から明白である．(b) 定理 7.3 を繰り返し用いることで導かれる．(c)$(A_1^{-1}\oplus\cdots\oplus A_r^{-1})(A_1\oplus\cdots\oplus A_r) = (A_1\oplus\cdots\oplus A_r)(A_1^{-1}\oplus\cdots\oplus A_r^{-1}) = I_m$ となることを確認する．ただし，$\sum_{i=1}^{r} m_i = m$ である．(d) 定理 2.12(b) を繰り返し用いることで導かれる．(e)(a) と (b) および定理 3.5 より明らかである．

8.20 (a) 左辺 $= \begin{bmatrix} A_1 & (0) \\ (0) & A_2 \end{bmatrix} + \begin{bmatrix} A_3 & (0) \\ (0) & A_4 \end{bmatrix} = \begin{bmatrix} A_1 + A_3 & (0) \\ (0) & A_2 + A_4 \end{bmatrix} =$ 右辺

(b) 左辺 $= \begin{bmatrix} A_1 & (0) \\ (0) & A_2 \end{bmatrix}\begin{bmatrix} A_3 & (0) \\ (0) & A_4 \end{bmatrix} = \begin{bmatrix} A_1A_3 & (0) \\ (0) & A_2A_4 \end{bmatrix} =$ 右辺

(c)A_1 を $m \times m$ 行列，A_2 を $n \times n$ 行列とする．

$$
\begin{aligned}
\text{左辺} &= \begin{bmatrix} A_1 & (0) \\ (0) & A_2 \end{bmatrix} \otimes A_3 \\
&= \begin{bmatrix}
(A_1)_{11}A_3 & \cdots & (A_1)_{1m}A_3 & & & \\
\vdots & & \vdots & & (0) & \\
(A_1)_{m1}A_3 & \cdots & (A_1)_{mm}A_3 & & & \\
& & & (A_2)_{11}A_3 & \cdots & (A_2)_{1n}A_3 \\
& (0) & & \vdots & & \vdots \\
& & & (A_2)_{n1}A_3 & \cdots & (A_2)_{nn}A_3
\end{bmatrix} = \text{右辺}
\end{aligned}
$$

8.21 例えば，$A_1 = \begin{bmatrix} 0 & 1 \\ 2 & 3 \end{bmatrix}$，$A_2 = \begin{bmatrix} 4 & 5 \\ 6 & 7 \end{bmatrix}$，$A_3 = \begin{bmatrix} 8 & 9 \\ 1 & 0 \end{bmatrix}$ とし，与式の左辺と右辺を計算すればよい．

8.22 定理 8.11 より $\mathrm{vec}(AXB) = (B' \otimes A)\mathrm{vec}(X) = \mathrm{vec}(C)$ である．ここで定理 6.4 の「A に $B' \otimes A$，$\boldsymbol{x}$ に $\mathrm{vec}(X)$，$\boldsymbol{c}$ に $\mathrm{vec}(C)$，$\boldsymbol{x}_{\boldsymbol{y}}$ に $\mathrm{vec}(X)$，$\boldsymbol{y}$ に $\mathrm{vec}(Y)$」を当てはめると，定理 6.4 の解は $\mathrm{vec}(X_Y) = (B' \otimes A)^-\mathrm{vec}(C) + (I_n - (B' \otimes A)^-(B' \otimes A))\mathrm{vec}(Y)$ のように表現できる．よって定理 8.4(c)，定理 8.2，定理 8.11，定理 8.9(c) を用いて式を変形していくと，最終的に $X_Y = A^-CB^- + Y - A^-AYBB^-$ となり，定理 6.5 の

解が得られる.

8.23 B が対角化可能な場合：固有値を要素にもつ対角行列 Λ と，正則行列 Q によって，行列 B を $B = Q^{-1}\Lambda Q$ と対角化する．ここで，$XQ^{-1} = Y, CQ^{-1} = Z$ とすることで $AY - Y\Lambda = Z$ と表現できる．またここから $A\boldsymbol{y}_i - \lambda_i \boldsymbol{y}_i = \boldsymbol{z}_i$ が成り立つ．正方係数行列 $(A - \lambda_i I)$ が非特異であり逆行列が存在するならば，$\boldsymbol{y}_i = (A - \lambda_i I)^{-1}\boldsymbol{z}_i$ を得る．定理 6.6 から，正方 (係数) 行列 $(A - \lambda_i I)$ に逆行列が存在するならば，$\boldsymbol{y}_i$ は一意．もし λ_i が 行列 B の固有値であり，行列 A の固有値と共通の値をとらないのであれば，$\det(A - \lambda_i I) \neq \mathbf{0}$ であり，逆行列が存在するので，連立方程式には一意な解 $\boldsymbol{y}_i$ が存在する．B が対角化不可能な場合：B が対角化できないのでジョルダン標準形 J を利用する.

8.24 略.

8.25 (a)$AB\boldsymbol{c}$, $(AB\boldsymbol{c})'$ がベクトルであることと，定理 8.9(a), 定理 8.11 を利用すればよい．(b)$\boldsymbol{d}'B\boldsymbol{c}$ がスカラーであることと，定理 8.11 を利用すればよい.

8.26 定理 8.12 より，証明すべき式は $\mathrm{tr}\,(CBCA') = \mathrm{tr}\,(CACB')$ と変形できるので，トレースの性質より題意を得る.

8.27

$$
\begin{aligned}
\mathrm{vec}(A \otimes \boldsymbol{b}) &= (a_{11}\boldsymbol{b} \cdots a_{m1}\boldsymbol{b} \cdots a_{1n}\boldsymbol{b} \cdots a_{mm}\boldsymbol{b})' \\
&= (a_{11} \cdots a_{m1} \cdots a_{1n} \cdots a_{mm})' \otimes \boldsymbol{b} = \mathrm{vec}(A) \otimes \boldsymbol{b}
\end{aligned}
$$

8.28 定理 8.11 より，X，Y，ならびに Z を，それぞれサイズ $h \times k$，$k \times l$，および $l \times q$ 行列とすると，$\mathrm{vec}(XYZ) = (Z' \otimes X)\mathrm{vec}(Y)$ が成り立つ．上式の X，Y，ならびに Z に適宜 A,B,I_p,I_m および I_n を代入することによって，題意を得る.

8.29

$$
\begin{aligned}
\mathrm{vec}(AC + CB) &= \mathrm{vec}(AC) + \mathrm{vec}(CB) \\
&= \mathrm{vec}(ACI_n) + \mathrm{vec}(I_m CB) \\
&= (I_n \otimes A)\mathrm{vec}(C) + (B' \otimes I_m)\mathrm{vec}(C) \\
&= \{(I_n \otimes A) + (B' \otimes I_m)\}\mathrm{vec}(C)
\end{aligned}
$$

8.30 $B = nA$ もしくは同等に $A = nB$ の場合は直接代入して等号が示せる．逆は式展開より，$\{\mathrm{vec}(A)\}'\,(\mathrm{vec}\,(\mathrm{tr}(B'B)A - \mathrm{tr}(A'B)B)) = 0$ を導けることから，$\mathrm{vec}(A) \neq \mathbf{0}$

ならば $B=(\mathrm{tr}(B'B))/(\mathrm{tr}(A'B))A$ が成り立つ．$\mathrm{vec}(A)=\mathbf{0}$ ならば自明である．

8.31 A は対称行列であり，系 8.12.1 を用いると $\mathrm{tr}(A^2)=\mathrm{tr}(AI_mA)=\{\mathrm{vec}(A)\}'I_{m^2}\mathrm{vec}(A)$ となる．また定理 8.10 より $\mathrm{tr}(A)=\mathrm{tr}(AI_m)=\{\mathrm{vec}(A)\}'\mathrm{vec}(I_m)=\mathrm{tr}(I_mA)=\{\mathrm{vec}(I_m)\}'\mathrm{vec}(A)$ となるため，$\{\mathrm{tr}(A)\}^2=\mathrm{tr}(AI_m)\mathrm{tr}(I_mA)=\{\mathrm{vec}(A)\}'\mathrm{vec}(I_m)\{\mathrm{vec}(I_m)\}'\mathrm{vec}(A)$ となる．ゆえに，以下が導かれる．

$$\begin{aligned}f(A)&=\mathrm{tr}(A^2)-m^{-1}\{\mathrm{tr}(A)\}^2\\&=\{\mathrm{vec}(A)\}'I_{m^2}\mathrm{vec}(A)-m^{-1}\{\mathrm{vec}(A)\}'\mathrm{vec}(I_m)\{\mathrm{vec}(I_m)\}'\mathrm{vec}(A)\\&=\{\mathrm{vec}(A)\}'\{I_{m^2}-m^{-1}\mathrm{vec}(I_m)\mathrm{vec}(I_m)'\}\mathrm{vec}(A)\end{aligned}$$

8.32 定理 8.9(b) より，$\mathrm{vec}(I_m)=\sum_{i=1}^m\{\mathrm{vec}(\boldsymbol{e}_1\boldsymbol{e}_1')\}=\sum_{i=1}^m(\boldsymbol{e}_i\otimes\boldsymbol{e}_i)$.

8.33 $D=diag(d_1.\dots,d_m)$ とすると，$D(A\odot B)=d_i[(A)_{ij}(B)_{ij}]=[d_i(A)_{ij}](B)_{ij}=(DA)_{ij}(B)_{ij}=(DA)\odot B=(A)_{ij}d_i(B)_{ij}=(A)_{ij}(DB)_{ij}=A\odot(DB)$ また，$E=diag(e_1.\dots,e_m)$ とすると，$(A\odot B)E=[(A)_{ij}(B)_{ij}]e_j=[(A)_{ij}e_j](B)_{ij}=(AE)_{ij}(B)_{ij}=(AE)\odot B=(A)_{ij}(B)_{ij}e_j=(A)_{ij}(BE)_{ij}=A\odot(BE)$.

8.34 (a) $\begin{bmatrix}4&2\\2&12\end{bmatrix}$. (b)$A$ は半正定値，B は正定値，$A\odot B$ は正定値．この結果は定理 8.17 に含まれる．

8.35 例えば $A=\begin{bmatrix}-1&1\\1&-2\end{bmatrix}$，$B=\begin{bmatrix}-2&1\\1&-1\end{bmatrix}$.

8.36

$$\begin{aligned}\mathrm{tr}\{(A'\odot B')C\}&=\sum_{j=1}^n\{(A'\odot B')C\}_{jj}=\sum_{j=1}^n(A'\odot B')_{j.}C_{.j}\\&=\sum_{j=1}^n\sum_{i=1}^m a_{ji}b_{ji}c_{ji}=\sum_{j=1}^n(A')_{j.}(B\odot C)_{.j}\\&=\sum_{j=1}^n\{A'(B\odot C)\}_{jj}=\mathrm{tr}\{A'(B\odot C)\}\end{aligned}$$

8.37 X^{-1} の (i,j) 要素を x_{ij}^* と表すと，$a_{ii}=(X)_{i\cdot}\Lambda(X^{-1})_{\cdot i}=x_{i1}x_{1i}^*\lambda_1+x_{i2}x_{2i}^*\lambda_2+\cdots+x_{im}x_{mi}^*\lambda_m=\sum_{j=1}^m x_{ij}x_{ji}^*\lambda_j$. したがって，$\boldsymbol{a}=(X\odot X^{-1\prime})\boldsymbol{\lambda}$. また，$A$ を I_m に置き換え，定理 8.13(a) を用いる．

8.38 (a)B が正定値行列のときと，特異行列のときに分類して，定理 8.16, 8.18, 8.20 を適用すればよい．(b)A が正定値行列ならば A^{-1} も正定値行列であるから，$|A \odot A^{-1}|$ に定理 8.20 を適用する．さらに，定理 1.6(d) を適用すればよい．

8.39 (a) 定理 8.21 の下限は 2，定理 8.23 の下限は 3．真の最小固有値は 3．(b) 定理 8.21 の下限は 2，定理 8.23 の下限は 1．真の最小固有値は 2.

8.40 行列 A，B はそれぞれ以下のように分割されているとする．

$$A = \begin{bmatrix} a_{11} & \boldsymbol{a}' \\ \boldsymbol{a} & A_{22} \end{bmatrix}, \quad A^{-1} = B = \begin{bmatrix} b_{11} & \boldsymbol{b}' \\ \boldsymbol{b} & B_{22} \end{bmatrix}$$

ここで，$b_{11}^{-1} = a_{11} - \boldsymbol{a}' A_{22}^{-1} \boldsymbol{a}$ である．A_{22} と A_{22}^{-1} は正定値行列であるので，$\boldsymbol{a}' A_{22}^{-1} \boldsymbol{a} \geq 0$，$b_{11}^{-1} \leq a_{11}$ となる．よって $a_{11} b11 \geq 1$ である．A の行と列に関して，a_{ii} を対角要素の最初のものと交換していくことで，任意の i について一般化される．

8.41 (a) R_A と R_B は，対角要素がすべて 1 の非負定値行列である．R_A と R_B をそれぞれ，与えられた不等式の A および B に代入すると，$|R_A \odot R_B| + |R_A||R_B| \geq |R_A| + |R_B|$ となる．定理 8.13(a)，定理 8.16(a) および定理 8.20 より，上式は成立する．(b) $(\boldsymbol{e}_1' R_B^{-1} \boldsymbol{e}_1)^{-1} = (\boldsymbol{e}_1' R_{B\#} \boldsymbol{e}_1 / |R_B|)^{-1} = (|R_{B1}|/|R_B|)^{-1} = |R_B|/|R_{B1}|$ したがって，定理 8.19 より C は非負定値であり，定理 8.20 より $|R_A| \prod_{i=1}^{m} c_{ii} \leq |R_A \odot C|$ が成り立つ．以上のことから，(a) で与えられた不等式は確立された．

8.42 まず，A,B が対角行列として $A \odot B = AB$ となることを確認する．次に $A \odot B = AB$ が成り立つためには，A,B の対角要素以外が 0 にならなければならないことを確認する．

8.43 A の固有値を $\lambda_1, \ldots, \lambda_m$ とすると，スペクトル分解と定理 8.13(h) より $\mathrm{rank}(A \odot B) = \mathrm{rank}(\mathrm{diag}(\lambda_1 b_{11}, \lambda_2 b_{22}, \ldots, \lambda_m b_{mm}))$ であり，定理 8.16(a) から D_B は非負定値であることから，$\mathrm{diag}(\lambda_1 b_{11}, \lambda_2 b_{22}, \ldots, \lambda_m b_{mm})$ は r 個の正数と $m - r$ 個の 0 で成り立つ．よって題意が満たされる．

8.44 2×2 行列 A と B を $A = \begin{bmatrix} a_{11} & a_{12} \\ a_{21} & a_{22} \end{bmatrix}$，$B = \begin{bmatrix} b_{11} & b_{12} \\ b_{21} & b_{22} \end{bmatrix}$ と定義する．A と B は特異行列なので，$a_{11}a_{22} - a_{12}a_{21} = 0$，$b_{11}b_{22} - b_{12}b_{21} = 0$ であり，$a_{11}a_{22} = a_{12}a_{21}$,$b_{11}b_{22} = b_{12}b_{21}$ となる．ここで，行列 $A \odot B = \begin{bmatrix} a_{11}b_{11} & a_{12}b_{12} \\ a_{21}b_{21} & a_{22}b_{22} \end{bmatrix}$ より，行列式を計算すると，$a_{11}b_{11}a_{22}b_{22} - a_{12}b_{12}a_{21}b_{21} = a_{11}a_{22}b_{11}b_{22} - a_{12}a_{21}b_{12}b_{21} = a_{11}a_{22}b_{11}b_{22} - a_{11}a_{22}b_{11}b_{22} = 0$ となる．よって，行列 $A \odot B$ もまた特異行列である．

8.45 R の対角要素がすべて 1 であることに注意して，定理 8.21 の下限を利用する．もし $R = I_m$ ならば等号が成立するが，いま $R \neq I_m$ が与えられているので $\lambda < \tau$.

8.46 (a) $\Psi_m' \mathrm{w}(A) = \sum_{i=1}^m (\boldsymbol{e}_i \otimes \boldsymbol{e}_i)\boldsymbol{e}_i' \mathrm{w}(A) = \sum_{i=1}^m (\boldsymbol{e}_i \otimes \boldsymbol{e}_i) a_{ii} = \sum_{i=1}^m (\boldsymbol{e}_i \otimes a_{ii}\boldsymbol{e}_i) = \mathrm{vec}(A)$. (b) $\Psi_m \mathrm{vec}(A) = \sum_{i=1}^m \boldsymbol{e}_i(\boldsymbol{e}_i \otimes \boldsymbol{e}_i)' \mathrm{vec}(A) = \sum_{i=1}^m \boldsymbol{e}_i(\boldsymbol{e}_i \otimes \boldsymbol{e}_i)'(\boldsymbol{e}_i \otimes a_{ii}\boldsymbol{e}_i) = \sum_{i=1}^m \boldsymbol{e}_i(\boldsymbol{e}_i'\boldsymbol{e}_i \otimes a_{ii}\boldsymbol{e}_i'\boldsymbol{e}_i) = \sum_{i=1}^m a_{ii}\boldsymbol{e}_i = \mathrm{w}(A)$. (c) $\Psi_m \Psi_m' = \sum_{i=1}^m \boldsymbol{e}_i(\boldsymbol{e}_i \otimes \boldsymbol{e}_i)'(\boldsymbol{e}_i \otimes \boldsymbol{e}_i)\boldsymbol{e}_i' = \sum_{i=1}^m \boldsymbol{e}_i(\boldsymbol{e}_i'\boldsymbol{e}_i \otimes \boldsymbol{e}_i'\boldsymbol{e}_i)\boldsymbol{e}_i' = \sum_{i=1}^m \boldsymbol{e}_i\boldsymbol{e}_i' = I_m$. (d) $\Psi_m'\Psi_m = \sum_{i=1}^m (\boldsymbol{e}_i \otimes \boldsymbol{e}_i)\boldsymbol{e}_i'\boldsymbol{e}_i(\boldsymbol{e}_i \otimes \boldsymbol{e}_i)' = \sum_{i=1}^m (\boldsymbol{e}_i\boldsymbol{e}_i' \otimes \boldsymbol{e}_i\boldsymbol{e}_i') = \Lambda_m$. (e) 略. (f) $\{\mathrm{vec}(A)\}'\Lambda_m(B \otimes B)\Lambda_m \mathrm{vec}(A) = \{\Psi_m'\mathrm{w}(A)\}'\Psi_m'\Psi_m(B \otimes B)\Psi_m'\Psi_m\{\Psi_m'\mathrm{w}(A)\} = \{\mathrm{w}(A)\}'\Psi_m\Psi_m'\Psi_m(B \otimes B)\Psi_m'\Psi_m\Psi_m'\mathrm{w}(A) = \{\mathrm{w}(A)\}'\Psi_m(B \otimes B)\Psi_m'\mathrm{w}(A) = \{\mathrm{w}(A)\}'(B \odot B)\mathrm{w}(A)$.

8.47 (a)A, B がともに正定値であるので，練習問題 8.14 の結果と定理 3.2(d) より $P(A \otimes B)P'$ も正定値であることがわかる．このことと $P(A \otimes B)P'$ の逆行列 $P(A^{-1} \otimes B^{-1})P'$ の $(1,1)$ の部分行列が $A^{-1} \odot B^{-1}$ となることを利用すると，練習問題 7.9 の結果より $A^{-1} \odot B^{-1} - (A \odot B)^{-1}$ は非負定値であることが示される. (b) 前出の (a) における B を A に変更することで同様に証明される. (c) 前出の (a) における B を A^{-1} に変更し，$A^{-1} \odot A = A \odot A^{-1}$ に注意することで同様に証明される.

8.48 略.

8.49

$$K_{22} = \begin{bmatrix} 1 & 0 & 0 & 0 \\ 0 & 0 & 1 & 0 \\ 0 & 1 & 0 & 0 \\ 0 & 0 & 0 & 1 \end{bmatrix}$$

$$K_{24} = \begin{bmatrix} 1 & 0 & 0 & 0 & 0 & 0 & 0 & 0 \\ 0 & 0 & 1 & 0 & 0 & 0 & 0 & 0 \\ 0 & 0 & 0 & 0 & 1 & 0 & 0 & 0 \\ 0 & 0 & 0 & 0 & 0 & 0 & 1 & 0 \\ 0 & 1 & 0 & 0 & 0 & 0 & 0 & 0 \\ 0 & 0 & 0 & 1 & 0 & 0 & 0 & 0 \\ 0 & 0 & 0 & 0 & 0 & 1 & 0 & 0 \\ 0 & 0 & 0 & 0 & 0 & 0 & 0 & 1 \end{bmatrix}$$

8.50 略.

8.51 (a) 定理 8.2 を利用しつつ．(8.10) 式を展開すればよい．(b)$\boldsymbol{e}_i'\boldsymbol{x}$ と $\boldsymbol{e}_i\boldsymbol{y}'$ がスカラーとなることに注意しつつ，$K_{mn}'(\boldsymbol{x}\otimes A\otimes \boldsymbol{y}')$ を展開すればよい．

8.52 (a) 練習問題 8.51 と同様の手順により示される $K_{mn}=\sum_{j=1}^{n}(\boldsymbol{e}_j'\otimes I_m\otimes \boldsymbol{e}_j)$ と，定理 8.26(b) を用いると，$K_{np,m}=\sum_{j=1}^{m}K_{n,pm}(I_p\otimes \boldsymbol{e}_{j,m}\otimes \boldsymbol{e}_{j,m}'\otimes I_n)K_{p,nm}=K_{n,pm}K_{p,nm}$ を得る．また $K_{np,m}=K_{pn,m}$ が成り立つので，n と p を交換することで，$K_{np,m}=K_{pn,m}=K_{p,nm}K_{n,pm}$ も導かれる．(b) (a) の最左辺と最右辺が等しいとした式の両辺に後ろから $K_{m,np}$ を乗じ，さらに両辺を転置して変形することで題意を得る．

8.53 (a)$\{K_{mn}(A'\otimes A)\}'=(A'\otimes A)'K_{mn}'=(A\otimes A')K_{mn}'=(A\otimes A')K_{nm}=K_{mn}(A'\otimes A)$．(b)$A$ は階数 r の対称行列である．定理 8.7 より $\mathrm{rank}(P)=\mathrm{rank}(A'\otimes A)=\mathrm{rank}(A')\mathrm{rank}(A)=r^2$．(c)$A'=B$ とおく．$\mathrm{tr}\{K_{mn}(B\otimes A)\}=\sum_{i=1}^{m}\sum_{j=1}^{n}\mathrm{tr}(H_{ij}B\otimes H_{ij}'A)=\sum_{i=1}^{m}\sum_{j=1}^{n}(\mathrm{tr}(\boldsymbol{e}_{i,m}\boldsymbol{e}_{j,n}'B))(\mathrm{tr}(\boldsymbol{e}_{j,n}\boldsymbol{e}_{i,m}'A))=\sum_{i=1}^{m}\sum_{j=1}^{n}(\boldsymbol{e}_{j,n}'B\boldsymbol{e}_{i,m})(\boldsymbol{e}_{i,m}'Ae_{j,n})=\sum_{i=1}^{m}\sum_{j=1}^{n}b_{ji}a_{ij}=\mathrm{tr}(A'A)$．(d) 定理 8.26(a)，定理 8.24 の結果，定理 8.2 を用いることで次のように変形できる．$P^2=K_{mn}(A'\otimes A)K_{mn}(A'\otimes A)=(A\otimes A')K_{nm}K_{mn}(A'\otimes A)=(A\otimes A')I_{nm}(A'\otimes A)=(AA')\otimes(A'A)$．(e) 問題文および (d) より，$P^2$ の r^2 個の非ゼロの固有値は $\lambda_i\lambda_j\ (i,j=1,\ldots,r)$ である．よって P の非ゼロの各固有値は $\pm(\lambda_i\lambda_j)^{1/2}$ となる．(c) の結果から，これら r^2 個の固有値の合計値は $\mathrm{tr}(P)=\mathrm{tr}(A'A)=\sum_{i=1}^{r}\lambda_i$ である．よって P の非ゼロの固有値は $\lambda_i\ (i=1,\ldots,r)$ と $\pm(\lambda_i\lambda_j)^{1/2}\ (i<j)$ である．

8.54 略.

8.55 左右の辺を展開し，等号が成り立つことを確認する.

8.56 定理 8.29 の証明と同様になされる.

8.57 (a)$(B\otimes B)N_m=N_m(B\otimes B)$ を示す．定理 8.26 の証明にならい，定理 8.11，定理 8.25，定理 8.26(a)，定理 8.30(c) を用いることで，

$$\begin{aligned}N_m(B\otimes B)\mathrm{vec}(X)&=N_m\mathrm{vec}(BXB')\\&=\frac{1}{2}\mathrm{vec}(BXB'+(BXB')')\\&=\frac{1}{2}\mathrm{vec}(BXB')+\frac{1}{2}K_{mm}\mathrm{vec}(BXB')\\&=\frac{1}{2}(B\otimes B)\mathrm{vec}(X)+\frac{1}{2}(B\otimes B)K_{mm}\mathrm{vec}(X)\\&=(B\otimes B)\frac{1}{2}(I_{m^2}+K_{mm})\mathrm{vec}(X)\end{aligned}$$

$$= (B \otimes B)N_m \mathrm{vec}(X)$$

であることがわかる．よって，$(B \otimes B)N_m = N_m(B \otimes B)$ が成り立つ．また，この結果を用いると，1 番目と 2 番目の等式に関して $N_m(B \otimes B)N_m = (B \otimes B)N_m N_m = (B \otimes B)N_m^2 = (B \otimes B)N_m$ が成り立ち，この結果は，1 番目と 3 番目の等式に関しても成り立つ．(b)(a) の結果と定理 8.2，および $A = BB'$ という関係を用いると，$(B \otimes B)N_m(B' \otimes B') = N_m(B \otimes B)(B' \otimes B') = N_m(BB' \otimes BB') = N_m(A \otimes A)$ となる．

8.58 左辺の前から掛けた N_m に $1/2(I_{m^2} + K_{mm})$ を代入し，定理 8.26(a) と定理 8.30(b) を利用することで 1 つ目の等式が得られる．左辺の後ろから掛けた N_m に $1/2(I_{m^2} + K_{mm})$ を代入し，定理 8.26(a) と定理 8.30(b) を利用することで 2 つ目の等式が得られる．$N_m(A \otimes B + B \otimes A)N_m = N_m(A \otimes B)N_m + N_m(B \otimes A)N_m$ とし，この第 2 項に定理 8.30(d) を適用することで 3 つ目の等式が得られる．

8.59 (a) $N_m = \frac{1}{2}\left\{(\sum_{i=1}^m \sum_{j=1}^m \boldsymbol{e}_i\boldsymbol{e}_i' \otimes \boldsymbol{e}_j\boldsymbol{e}_j') + (\sum_{i=1}^m \sum_{j=1}^m \boldsymbol{e}_i\boldsymbol{e}_j' \otimes \boldsymbol{e}_j\boldsymbol{e}_i')\right\} = \frac{1}{2}\sum_{i=1}^m \sum_{j=1}^m(\boldsymbol{e}_i\boldsymbol{e}_i' \otimes \boldsymbol{e}_j\boldsymbol{e}_j' + \boldsymbol{e}_i\boldsymbol{e}_j' \otimes \boldsymbol{e}_j\boldsymbol{e}_i')$．(b) 定理 8.30 を用いて以下となる．$N_m(\boldsymbol{a} \otimes \boldsymbol{b}) = N_m \mathrm{vec}(\boldsymbol{b}\boldsymbol{a}') = \frac{1}{2}\mathrm{vec}(\boldsymbol{b}\boldsymbol{a}' + \boldsymbol{a}\boldsymbol{b}') = \frac{1}{2}\{\mathrm{vec}(\boldsymbol{b}\boldsymbol{a}') + \mathrm{vec}(\boldsymbol{a}\boldsymbol{b}')\} = \frac{1}{2}(\boldsymbol{a} \otimes \boldsymbol{b} + \boldsymbol{b} \otimes \boldsymbol{a})$.

8.60

$$N_2 = \begin{bmatrix} 1 & 0 & 0 & 0 \\ 0 & 1/2 & 1/2 & 0 \\ 0 & 1/2 & 1/2 & 0 \\ 0 & 0 & 0 & 1 \end{bmatrix}$$

$$N_3 = \begin{bmatrix} 1 & 0 & 0 & 0 & 0 & 0 & 0 & 0 & 0 \\ 0 & 1/2 & 0 & 1/2 & 0 & 0 & 0 & 0 & 0 \\ 0 & 0 & 1/2 & 0 & 0 & 0 & 1/2 & 0 & 0 \\ 0 & 1/2 & 0 & 1/2 & 0 & 0 & 0 & 0 & 0 \\ 0 & 0 & 0 & 0 & 1 & 0 & 0 & 0 & 0 \\ 0 & 0 & 0 & 0 & 0 & 1/2 & 0 & 1/2 & 0 \\ 0 & 0 & 1/2 & 0 & 0 & 0 & 1/2 & 0 & 0 \\ 0 & 0 & 0 & 0 & 0 & 1/2 & 0 & 1/2 & 0 \\ 0 & 0 & 0 & 0 & 0 & 0 & 0 & 0 & 1 \end{bmatrix}$$

8.61 A は任意の $m \times m$ 対称行列であるので，$A = \sum_{ij} a_{ij}E_{ij} = \sum_{i \geq j} a_{ij}T_{ij}$ と表せる．この式の両辺を vec 操作し，$i \geq j$ において $a_{ij} = \boldsymbol{u}_{ij}'\mathrm{v}(A)$ という事実を用いて，

$\mathrm{vec}(A)=\sum_{i\geq j}\{\mathrm{vec}(T_{ij})\}a_{ij}=\sum_{i\geq j}\{\mathrm{vec}(T_{ij})\}\boldsymbol{u}'_{ij}\mathrm{v}(A)$ となる.

8.62 A_L を A に関する下三角行列であるとするとき，$D_m\mathrm{v}(A_L)=D_m\mathrm{v}(A_L)+D_m\mathrm{v}(A'_L)-D_m\mathrm{v}(D_A)=D_m\mathrm{v}(A_L+A'_L)-D_m\mathrm{v}(D_A)$ が成り立つ．$A_L+A'_L$ は対称行列であることと，D_A は対角行列であることを考慮すると，$D_m\mathrm{v}(A_L+A'_L)-D_m\mathrm{v}(D_A)=\mathrm{vec}(A_L+A'_L)-\mathrm{vec}(D_A)$ と表現できる．さらに定理 8.9 の (c) を利用すれば $\mathrm{vec}(A_L+A'_L)-\mathrm{vec}(D_A)=\mathrm{vec}(A_L+A'_L-D_A)$ が成り立つ．以上で題意が満たされる.

8.63 略.

8.64 (a) 両辺に後ろから $\mathrm{v}(A)$ を掛けて，定理 8.34 を使えばよい．(b) 両辺に後ろから $\mathrm{vec}(A)$ を掛けて，定理 8.30 を使えばよい．(c) 両辺に後ろから $\mathrm{vec}(A)$ を掛けて，定理 8.34 を使えばよい.

8.65 (a) 定理 8.33 と 8.31 を利用して，$D_mD_m^+(A\otimes A)D_m=N_m(A\otimes A)D_m=(A\otimes A)N_mD_m=(A\otimes A)D_m$．(b) 定理 8.33 と 8.31 より，$\left\{D_m^+(A\otimes A)D_m\right\}^2=(A^2\otimes A^2)D_m$ となる．これを繰り返し適用すれば題意を得る.

8.66 $D'_m\{A\otimes A+\alpha\mathrm{vec}(A)\mathrm{vec}(A)'\}D_mD_m^+\{A^{-1}\otimes A^{-1}-\beta\mathrm{vec}(A^{-1})\mathrm{vec}(A^{-1})'\}D_m^{+}{}'$ について $\mathrm{vec}(A)=(A'\otimes A)\mathrm{vec}(A^{-1})$，$\mathrm{vec}(A^{-1})=(A^{-1\prime}\otimes A^{-1})\mathrm{vec}(A)$，$\gamma=\mathrm{vec}(A)'\mathrm{vec}(A^{-1})=\mathrm{tr}(A'A^{-1})=m$ に留意すると，$D'_mN_m\{I_{m^2}+[\alpha-\beta-\alpha\beta\gamma]\mathrm{vec}(A)\mathrm{vec}(A^{-1})'\}D_m^{+}{}'$ と変形できる．$\alpha-\beta-\alpha\beta m=0$ であり，$D'_mN_mI_{m^2}D_m^{+}{}'=D'_mN_mK_{mm}^2D_m^{+}{}'=(N_mD_m)'D_m^{+}{}'=I_{m(m+1)/2}$ となる.

8.67 $\mathrm{v}(A)=\displaystyle\sum_{i\geq j}a_{ij}\boldsymbol{u}_{ij}=\sum_{i\geq j}\boldsymbol{u}_{ij}(\boldsymbol{e}'_iA\boldsymbol{e}_j)=\sum_{i\geq j}\boldsymbol{u}_{ij}\mathrm{tr}(\boldsymbol{e}_j\boldsymbol{e}'_iA)=\sum_{i\geq j}\boldsymbol{u}_{ij}\mathrm{tr}(E'_{ij}A)=\sum_{i\geq j}\boldsymbol{u}_{ij}\{\mathrm{vec}(E_{ij})\}'\mathrm{vec}(A)$ したがって $L_m=\displaystyle\sum_{i\geq j}\boldsymbol{u}_{ij}\{\mathrm{vec}(E_{ij})\}'$ であり，定理 1.2(d) より，$L'_m=\displaystyle\sum_{i\geq j}\{\mathrm{vec}(E_{ij})\}\boldsymbol{u}'_{ij}$ となる.

8.68 (a) $L=\sum_{i\geq j}u_{ij}(\mathrm{vec}E_{ij})'=\sum_{i\geq j}(u_{ij}\otimes e'_je'_i)$ という関係を利用して，$L'L=\sum_{i\geq j}(u'_{ij}\otimes e_j\otimes e_i)\sum_{h\geq k}(u_{hk}\otimes e'_k\otimes e'_h)=\sum_{i\geq j}\sum_{h\geq k}(u'_{ij}u_{hk}\otimes e_je'_k\otimes e_ie'_h)=\sum_{i\geq j}(e_je'_j\otimes e_ie'_i)=\sum_{i\geq j}E_{jj}\otimes E_{ii}$．(b) 適当な $\mathrm{v}(C)$ について定理 8.11 より，$L'L(A'\otimes B)L'\mathrm{v}(C)=L'L(A'\otimes B)\mathrm{vec}C=L'L\mathrm{vec}BCA=\mathrm{vec}BCA=(A'\otimes B)L'\mathrm{v}(C)$．(c) $(L_m\{A'\otimes A+\alpha\mathrm{vec}(A)\mathrm{vec}(A')'\}L'_m)^{-1}=L_m(A^{-1\prime}\otimes A^{-1})L'\left[I-\beta L\mathrm{vec}A(\mathrm{vec}A^{-1\prime})'L'_m\right]=L_m\left[A^{-1\prime}\otimes A^{-1}-\beta(A^{-1\prime}\otimes A^{-1})L'_mL_m\mathrm{vec}A(\mathrm{vec}A^{-1\prime})'\right]L'_m=L_m\left\{A^{-1\prime}\otimes A^{-1}-\beta\mathrm{vec}(A^{-1})\mathrm{vec}(A^{-1\prime})'\right\}L'_m$.

8.69 定理 8.36 の証明と同様になされる.

8.70 A は, 任意の狭義の $m \times m$ 下三角行列であるので, 下三角行列の対角要素がすべて 0 である行列である. ここで, E_{ij} を (i,j) 要素のみ 1 がたち, その他の要素が 0 となる行列とする. この行列 E_{ij} を用いて, 行列 A は, $A = \sum_{ij} a_{ij}E_{ij} = \sum_{i>j} a_{ij}E_{ij}$ と表すことができる. また, $i > j$ に関して, $a_{ij} = \tilde{\boldsymbol{u}}'_{ij}\tilde{\mathrm{v}}(A)$ という関係がある. よって, 上式の両辺を vec 操作すると, $\mathrm{vec}(A) = \mathrm{vec}(\sum_{i>j} a_{ij}E_{ij}) = \sum_{i>j}\{\mathrm{vec}(E_{ij})\}a_{ij} = \sum_{i>j}\{\mathrm{vec}(E_{ij})\}\tilde{\boldsymbol{u}}'_{ij}\tilde{\mathrm{v}}(A)$ となる.

8.71 (a)$\tilde{L}_m K_{mm} \tilde{L}'_m \tilde{\mathrm{v}}(A) = \tilde{L}_m K_{mm}\mathrm{vec}(A) = \tilde{L}_m \mathrm{vec}(A') = \mathbf{0}$. (b)$\tilde{L}_m K_{mm} L'_m \mathrm{v}(A) = \tilde{L}_m K_{mm}\mathrm{vec}(A) = \tilde{L}_m \mathrm{vec}(A') = \mathbf{0}$. (c)左辺 $= \tilde{L}_m D_m \mathrm{v}(A) = \tilde{L}_m \mathrm{vec}(A)$, 右辺 $= \tilde{L}_m L'_m \mathrm{v}(A) = \tilde{L}_m \mathrm{vec}(A)$. (d)左辺 $= L_m L'_m L_m \tilde{L}'_m = I_{m(m+1)/2} L_m \tilde{L}'_m = L_m \tilde{L}'_m$, 右辺 $= L_m \tilde{L}'_m$. (e)左辺 $= \tilde{L}_m D_m L_m \tilde{L}'_m = \tilde{L}_m L'_m L_m \tilde{L}'_m = \tilde{L}_m \tilde{L}'_m = I_{m(m-1)/2}$, 右辺 $= \tilde{L}_m 2N_m \tilde{L}'_m = \tilde{L}_m(I_{m^2} + K_{mm})\tilde{L}'_m = \tilde{L}_m I_{m^2}\tilde{L}'_m + \tilde{L}_m K_{mm}\tilde{L}'_m = \tilde{L}_m \tilde{L}'_m = I_{m(m-1)/2}$. (f)$\tilde{L}_m L'_m L_m \tilde{L}'_m = \tilde{L}_m \tilde{L}'_m = I_{m(m-1)/2}$.

8.72 例えば, $\begin{bmatrix} 1 & 0 \\ 2 & 1 \end{bmatrix}$.

8.73 非特異非負行列 A の逆行列が非負であるならば, A が各列にちょうど 1 つの非ゼロ要素をもつことを示せばよい. $m \times m$ 非負非特異行列 A の非負逆行列を B と表すと, $AB = I_m$ が満たされる. すなわち $i \neq k$ の場合, $\sum_{j=1}^m a_{ij}b_{jk} = 0$, $i = k$ の場合, $\sum_{j=1}^m a_{ij}b_{jk} = 1$ が各 i, k について成り立つ. ここで, $1 \leq i, k \leq m$ である. すると, $a_{ik} \neq 0$ であり, かつ $l \neq i, 1 \leq l \leq m$ について $a_{lk} = 0$ となるようなある k がそれぞれの i について存在する. 以上より, A の k 番目の列はちょうど 1 つの非ゼロ要素をもち, それは i 番目の行にあることになる. このことから, 非特異非負行列 A が各列にちょうど 1 つの非ゼロ要素をもつときに限り, A の逆行列が非負になりうる, したがって非特異正行列の逆行列は非負にはなりえないことが示された.

8.74 $\rho(A)$ はスペクトル半径であるので必ず 0 以上である. したがってこの問題は $\rho(A) \neq 0$ であることを示せばよい. まず定理 8.41 より, A^k が正行列であるならば, $\rho(A^k)$ は A^k の正の固有値である. よって A^k の固有値がすべて 0 になることはない. この事実および定理 3.4 (a) より $\{\rho(A)\}^k \neq 0$ と表現できる. いま, k は正の整数, すなわち $k \geq 1$ なので, $\rho(A) \neq 0$ であり, 題意を得る.

8.75 置換行列 P は任意でよいので, ここでは $P = I$ とした場合に縮退可能である非ゼロ行列を考える.

$$\text{条件 }(a): A = \begin{bmatrix} 0 & 1 \\ 0 & 0 \end{bmatrix} \text{の固有値は} \rho(A) = [0\ 0]$$

$$\text{条件 }(b,c): A = \begin{bmatrix} 1 & 0 \\ 0 & 1 \end{bmatrix}$$

固有値 :$\rho(A) = [1\ 1]$, 固有ベクトル :$\boldsymbol{x}_1 = [1\ 0]$, $\boldsymbol{x}_2 = [-1\ 0]$

8.76 $|A - \lambda I| = \lambda^2 - 1 = (\lambda+1)(\lambda-1) = 0$ から A の固有値は 1 と -1. $\rho(A) = 1$ なので題意を得る.

8.77 (a)$|A - \rho(A)I_m| = 0$ と $|I_m + A - \rho(I_m + A)I_m| = 0$ を比べればよい. (b) 略. (c)$\rho(A)$ が A の固有値であることは問題の指示によって容易に証明できる. 単一固有値であることは, A が $\rho(A)$ 以外の固有値をもつと仮定して, それが矛盾を起こすことを示せばよい.

8.78 (a) $(I_3 + P)^2 > (0)$ より, 定理 8.46 から P は縮退不能な行列である. また定理 8.40 より $\rho(P) = 1$ となるが, これは P の固有値の 1 つである. よって定義 8.3 より題意を得る. (b) $\boldsymbol{\pi} = (0.2, 0.4, 0.4)$.

8.79 $a_{12} = a_{21} = b$ であるような非負定値, かつ非負な 2×2 行列 $A = \begin{bmatrix} a_{11} & b \\ b & a_{22} \end{bmatrix}$ を考える. このとき, $a_{22} = 0$ なら, $B = \begin{bmatrix} \sqrt{a_{11}} & 0 \\ 0 & 0 \end{bmatrix}$, もし $a_{22} > 0$ なら $B = \begin{bmatrix} \sqrt{a_{11} - b^2/c} & b/\sqrt{c} \\ 0 & \sqrt{c} \end{bmatrix}$ とおくことにより $A = BB'$ を示すことができる.

8.80 (a) $\mathrm{tr}(A) = \sum_{i=1}^m a_1$. (b) $|A| = \prod_{i=1}^m (a_1 + a_2\lambda_j^1 + \cdots + a_m\lambda_j^{m-1})$.

8.81 共役転置行列は複素共役であり, かつ F は対称行列であるため, F の各要素 f_{ij} について $\bar{f}_{ij} = \bar{f}_{ji}$ となる. また, オイラー公式から $c = r\cos(X) + i\sin(X)$ のとき $c = re^{iX}$ であるため, $\theta = \cos(X) + i\sin(X) = 1^2e^X$ と $c^{-1} = r^{-1}e^{-iX}$ の関係を利用して, $\bar{c} = r^2c^{-1} = re^{-iX}$ である関係を利用して, F の共役転置行列を考えると与えられた式と一致する. 次に $m = 1$ のとき $FF^* = I$ は成り立つ. $m \neq 1$ の場合は, $\theta^n - 1 = (\theta - 1)(1 + \theta + \theta^2 + \cdots + \theta^{n-1})$ であることから, $1 + \theta + \theta^2 + \cdots + \theta^{n-1}$ は θ が 1 でないならば 0 でなければならない. よって $m \neq 1$ のとき $1 + \theta + \theta^2 + \cdots + \theta^{n-1} = \sum_{j=0}^m \theta^j = \frac{1-\theta^m}{1-\theta} = 0$ より,

$$FF^* = \frac{1}{\sqrt{m}}\frac{1}{\sqrt{m}}\begin{bmatrix} m & \frac{1-\theta^{-m}}{1-\theta^{-1}} & \frac{1-\theta^{-2m}}{1-\theta^{-2}} & \cdots & \frac{1-\theta^{-(m-1)}}{1-\theta^{-m(m-1)}} \\ \frac{1-\theta^{m}}{1-\theta} & m & \frac{1-\theta^{-m}}{1-\theta^{-1}} & \cdots & \vdots \\ \frac{1-\theta^{2m}}{1-\theta^{2}} & \frac{1-\theta^{m}}{1-\theta} & m & & \vdots \\ \vdots & & & \ddots & \vdots \\ \frac{1-\theta^{(m-1)}}{1-\theta^{m(m-1)}} & \cdots & \cdots & \cdots & m \end{bmatrix} = I_m$$

F, F^* は正方行列であるため，よって $F^* = F^{-1}$ である．同様に F^*F の場合も $F^*F = I$ が成り立つ．

8.82　(a)F^2 の (i,j) 要素 f_{ij}^2 は等比数列の性質より $\sum_{r=0}^{m-1}\theta^{r(i+j-2)} = (1-\theta^{m(i+j-2)})/(1-\theta^{i+j-2})$ であり，これは $\theta^{i+j-2} = 1$ つまり $i+j=2$ あるいは $i+j=m+2$ のときには m を，それ以外のときには 0 をとることより成り立つ．(b)$F^4 = \Gamma^2 = I_m$．(c)$F^3 = F^4F^{-1} = \Gamma^2F^* = F^*$．

8.83　(a)$\Pi_m\Pi_m^{m-1} = I_m$，$\Pi_m^{m-1}\Pi_m = I_m$ となるため，Π_m の逆行列は Π_m^{m-1} である．(b) 行列 Π_m に後ろから Π_m を乗じると，その行列の列が右に 1 つ移動するので，$m-1$ 回 Π_m を後ろから乗じると $\Pi_m^m = (\boldsymbol{e}_1, \boldsymbol{e}_2, \ldots, \boldsymbol{e}_m) = I_m$ となる．(c)(b) の結果を利用すると，以下が成り立つ．$\Pi_m^{mn+r} = \Pi_m^{mn}\Pi_m^r = (\Pi_m^m)^n\Pi_m^r = (I_m)^n\Pi_m^r = \Pi_m^r$．

8.84　$A+B$ の固有値は $(a_1+b_1)+(a_2+b_2)\lambda_j^1+\cdots+(a_m+b_m)\lambda_j^{m-1}$．$AB$ の固有値は $(\boldsymbol{a}_1'\boldsymbol{b}_1)+(\boldsymbol{a}_2'\boldsymbol{b}_2)\lambda_j^1+\cdots+(\boldsymbol{a}_m'\boldsymbol{b}_m)\lambda_j^{m-1}$．

8.85　略．

8.86　A が巡回行列であるから定理 8.52 より $A = \Pi_m A\Pi_m'$ が成り立つ．$\Pi_m'\Pi_m = \Pi_m\Pi_m' = I_m$ なので定理 5.8 より $A^+ = (\Pi_m A\Pi_m')^+ = (\Pi_m')'A^+\Pi_m' = \Pi_m A^+\Pi_m'$ となる．

8.87　例えば $A = \begin{bmatrix} 1 & 0 & 0 \\ 0.5 & 1 & 0 \\ 0.75 & -0.1 & 1 \end{bmatrix}$，　$B = \begin{bmatrix} 4 & 3 & 2 \\ 0 & 2.5 & 2 \\ 0 & 0 & 2.7 \end{bmatrix}$．

8.88　トープリッツ行列に登場する全要素は，トープリッツ行列の定義から，1 行目の行ベクトルと，1 列目の列ベクトルにすべて登場するから，仮に，行列 A がトープリッツ行列でないのならば，その行列内には，1 行目と 1 列目のベクトルに含まれない要素も存在する．このとき，右辺の結果が A に一致しないのは自明である．したがって本式が成り立つのは行列 A がトープリッツ行列であるときのみであり，逆にこの式を成り立たせる行列 A は必ずトープリッツ行列である．

8.89　$ab=1$ の場合は $b=a^{-1}$ であり，A の 1 列目は 2 列目の a 倍と表せるので特異行列である.

8.90　$a_0 = 1 + \rho^2,\ a_1 = -\rho$

8.91　A の 1 行目から $m-1$ 行目までについて，その 1 つ下の行に ρ を掛けたものを引く基本変形を行い，さらに得られた行列の 1 列目から $m-1$ 列目までについて，1 つ右の行に ρ を掛けたものを引く基本変形を行って，行列 C を導く．すると C の任意の先頭主部分行列の行列式が $\left(1-\rho^2\right)^i > 0$ より，定理 7.5 から C が正定値行列となるので題意を得る.

8.92

$$H_8 = \begin{bmatrix} 1 & 1 & 1 & 1 & 1 & 1 & 1 & 1 \\ -1 & 1 & -1 & 1 & -1 & 1 & -1 & 1 \\ -1 & -1 & 1 & 1 & -1 & -1 & 1 & 1 \\ 1 & -1 & -1 & 1 & 1 & -1 & -1 & 1 \\ -1 & -1 & -1 & -1 & 1 & 1 & 1 & 1 \\ 1 & -1 & 1 & -1 & -1 & 1 & -1 & 1 \\ 1 & 1 & -1 & -1 & -1 & -1 & 1 & 1 \\ -1 & 1 & 1 & -1 & 1 & -1 & -1 & 1 \end{bmatrix}$$

8.93　例えば,

$$H = \begin{bmatrix} 1 & 1 & 1 & 1 & -1 & -1 & 1 & -1 & -1 & 1 & -1 & -1 \\ 1 & 1 & 1 & -1 & 1 & -1 & -1 & 1 & -1 & -1 & 1 & -1 \\ 1 & 1 & 1 & -1 & -1 & 1 & -1 & -1 & 1 & -1 & -1 & 1 \\ -1 & 1 & 1 & 1 & 1 & 1 & -1 & 1 & 1 & 1 & -1 & -1 \\ 1 & -1 & 1 & 1 & 1 & 1 & 1 & -1 & 1 & -1 & 1 & -1 \\ 1 & 1 & -1 & 1 & 1 & 1 & 1 & 1 & -1 & -1 & -1 & 1 \\ -1 & 1 & 1 & 1 & -1 & -1 & 1 & 1 & 1 & -1 & 1 & 1 \\ 1 & -1 & 1 & -1 & 1 & -1 & 1 & 1 & 1 & 1 & -1 & 1 \\ 1 & 1 & -1 & -1 & -1 & 1 & 1 & 1 & 1 & 1 & 1 & -1 \\ -1 & 1 & 1 & -1 & 1 & 1 & -1 & -1 & 1 & 1 & 1 & 1 \\ 1 & -1 & 1 & 1 & -1 & 1 & -1 & 1 & -1 & 1 & 1 & 1 \\ 1 & 1 & -1 & 1 & 1 & -1 & -1 & -1 & 1 & 1 & 1 & 1 \end{bmatrix}$$

8.94　定理 8.18, (8.7) 式より $\prod_{i=1}^m a_{ii} = |A \odot I_m|$ となる．また,$a_{ii} = (BB')_{ii}, (B)_{i\cdot}(B')_{\cdot i} = (B)_{i\cdot}(B)'_{i\cdot} = \sum_{j=1}^m b_{ij}^2$ より，$a_{ii} = \sum_{j=1}^m b_{ij}^2$ である．よって系 8.18 は $|A| = |BB'| = |B||B'| = |B|^2$ より，$|B|^2 \le \prod_{i=1}^m (\sum_{j=1}^m b_{ij}^2) = \prod_{i=1}^m a_{ii} = |A \odot I_m| = |B^2 \odot I_m|$ となる.

8.95 $H'H$ と HH' を計算すると，問題文の条件より $H'H = HH' = 4mI_{4m}$ が確認される．

8.96 行列 $2^{-1}F$ に関して，その各要素が $+1$ か -1 で構成され，かつ，$2^{-1}F'2^{-1}F = 2^{-1}F2^{-1}F' = 8mnI_{8mn}$ を満たすことを示せばよい．まず，行列 $2^{-1}F$ の各要素が $+1$ か -1 で構成されていることを示すために，行列 F の $(P{+}Q){\otimes}K{+}(P{-}Q){\otimes}M$ に注目する．行列 P と Q はアダマール行列の部分行列なので，各要素は $+1$ か -1 で構成されており，$(P{+}Q)_{ij}$ および $(P{-}Q)_{ij}$ は $+2, 0, -2$ のいずれかで構成される．ただし，$(P{+}Q)_{ij}$ が非ゼロ $(+2, -2)$ ならば $(P{-}Q)_{ij}$ は 0 となり，逆に $(P{+}Q)_{ij}$ が 0 ならば $(P{-}Q)_{ij}$ は非ゼロ $(+2, -2)$ となる．行列 K と M もアダマール行列の部分行列なので，各要素は $+1$ か -1 で構成されているため，$(P{+}Q){\otimes}K$ および $(P{-}Q){\otimes}M$ の各要素は，$+2, 0{-}2$ で構成される．よって，行列 $(P{+}Q){\otimes}K{+}(P{-}Q){\otimes}M$ の各要素は，$+2$ か -2 のみで構成される行列となる．行列 $(P{+}Q){\otimes}L{+}(P{-}Q){\otimes}N, (R{+}S){\otimes}K{+}(R{-}S){\otimes}M, (R{+}S){\otimes}L{+}(R{-}S){\otimes}N$ に関しても同様のことが示せるため，これらで構成される行列 F の各要素も $+2$ か -2 のみで構成されることになる．ゆえに，行列 $2^{-1}F$ は，その各要素が $+1$ か -1 で構成される行列である．

次に，$FF' = 4 \times 8mnI_{8mn} = 32mnI_{8mn}$ を示すことで，$2^{-1}F2^{-1}F' = 8mnI_{8mn}$ を確認する H はアダマール行列であるから，

$$HH' = \begin{bmatrix} P & Q \\ R & S \end{bmatrix} \begin{bmatrix} P & R \\ Q & S \end{bmatrix} = \begin{bmatrix} P^2 + Q^2 & PR + QS \\ RP + SQ & R^2 + S^2 \end{bmatrix} = 4mI_{4m}$$

が成り立つため，$P^2{+}Q^2 = 4mI_{2m}, PR{+}QS = (0), RP{+}SQ = (0), R^2{+}S^2 = 4mI_{2m}$ を満たす．同様に，$EE' = 4nI_{4n}$ より，$K^2 + L^2 = 4nI_{2n}, KM + LN = (0), MK + NL = (0), M^2 + N^2 = 4nI_{2n}$ が成り立つ．ここで，行列 F を $F = \begin{bmatrix} F_{11} & F_{12} \\ F_{21} & F_{22} \end{bmatrix}$ のような分割行列とみなすと，

$$FF' = \begin{bmatrix} F_{11} & F_{12} \\ F_{21} & F_{22} \end{bmatrix} \begin{bmatrix} F_{11} & F_{21} \\ F_{12} & F_{22} \end{bmatrix} = \begin{bmatrix} F_{11}F_{11} + F_{12}F_{12} & F_{11}F_{21} + F_{12}F_{22} \\ F_{21}F_{11} + F_{22}F_{12} & F_{21}F_{21} + F_{22}F_{22} \end{bmatrix}$$

となる．先ほどの HH' と EE' の計算結果を利用して，行列の要素ごとに計算を行っていく．$F_{11}F_{11} + F_{12}F_{12} = \{(P+Q) \otimes K + (P-Q) \otimes M\}^2 + \{(P+Q) \otimes L + (P-Q) \otimes N\}^2 = 32mnI_{4mn}$，$F_{11}F_{21} + F_{12}F_{22} = \{(P+Q) \otimes K + (P-Q) \otimes M\}\{(R+S) \otimes K + (R-S) \otimes M\} = (0)$，$F_{21}F_{11} + F_{22}F_{12} = \{(R+S) \otimes K + (R-S) \otimes M\}\{(P+Q) \otimes K + (P-Q) \otimes M\} = (0)$，$F_{21}F_{21} + F_{22}F_{22} = \{(R+S) \otimes K + (R-S) \otimes M\}^2 + \{(R+S) \otimes L + (R-S) \otimes N\}^2 = 32mnI_{4mn}$ 以上の結果をまとめると，$FF' = \begin{bmatrix} 32mnI_{4mn} & (0) \\ (0) & 32mnI_{4mn} \end{bmatrix} = 32mnI_{8mn}$ となるため，$2^{-1}F2^{-1}F' = 8mnI_{8mn}$ となる．$F'F$ の計算も同様の過程を経ることで得る事が

出来る．よって，$2^{-1}F$ は次数 $8mn$ のアダマール行列である．

8.97 定理 8.61$|A|=\prod_{1\le i<j\le m}(a_j-a_i)$ より，バンデルモンド行列 A の固有値は，2 行目の要素の差の積で表されている．そのため，1 つでも重複する要素があるとその時点で $|A|=0$ となり特異な行列となる．よって，2 行目の m 個の要素がそれぞれ異なるならばそのときに限り $|A|\neq 0$ が成り立ち，バンデルモンド行列 A は非特異である．

8.98 r 個の正の整数 $i_1,i_2,\ldots,i_r(i_1<i_2<\cdots<i_r)$ を $a_{i_1},a_{i_2},\ldots,a_{i_r}$ が互いに異なるようにとると，A の第 $i_1,\ldots,i_r$ 列は S_A を張る．よって $\mathrm{rank}(A)=\dim(S_A)\le r$ である．さらに，A の最初の r 個の行の第 $i_1,\ldots,i_r$ 列からなる A の $r\times r$ 部分行列はバンデルモンド行列である．これは $(a_{i_1},\ldots,a_{i_r}$ が互いに異なるので$)$ 非特異である．よって，$\mathrm{rank}(A)\ge r$ である．したがって $\mathrm{rank}(A)=r$ となる．

8.99 $\sum$ が $\sum_{i=1}^m$ を表すとすると，$PAA',AA'P$ は以下のようなトープリッツ行列になる．

$$PAA'=\begin{bmatrix}\sum a_i^{m-1} & \sum a_i^m & \sum a_i^{m+1} & \cdots & \sum a_i^{2m-3} & \sum a_i^{2m-2}\\ \sum a_i^{m-2} & \sum a_i^{m-1} & \sum a_i^m & \cdots & \sum a_i^{2m-4} & \sum a_i^{2m-3}\\ \vdots & \vdots & \vdots & & \vdots & \vdots\\ \sum a_i & \sum a_i^2 & \sum a_i^3 & \cdots & \sum a_i^{m-1} & \sum a_i^m\\ m & \sum a_i & \sum a_i^2 & \cdots & \sum a_i^{m-2} & \sum a_i^{m-1}\end{bmatrix}$$

$$AA'P=\begin{bmatrix}\sum a_i^{m-1} & \sum a_i^{m-2} & \sum a_i^{m-3} & \cdots & \sum a_i & m\\ \sum a_i^m & \sum a_i^{m-1} & \sum a_i^{m-2} & \cdots & \sum a_i^2 & \sum a_i\\ \vdots & \vdots & \vdots & & \vdots & \vdots\\ \sum a_i^{2m-3} & \sum a_i^{2m-4} & \sum a_i^{2m-5} & \cdots & \sum a_i^{m-1} & \sum a_i^{m-2}\\ \sum a_i^{2m-2} & \sum a_i^{2m-3} & \sum a_i^{2m-4} & \cdots & \sum a_i^m & \sum a_i^{m-1}\end{bmatrix}$$

第 9 章

9.1 (a)$f^{(1)}(x)=x^{-1},f^{(2)}(x)=-x^{-2},f^{(3)}(x)=2x^{-3},f^{(4)}(x)=-3\cdot 2x^{-4},\cdots$ であるので，$f^{(k)}(x)=(-1)^{k-1}(k-1)!x^{-k}$ と表せる．よって $f(x+u)=f(x)+\sum_{i=1}^k\frac{u^if^{(i)}(x)}{i!}+r_k(u,x)=\log(x)+\sum_{i=1}^k(-1)^{i-1}i^{-1}u^ix^{-i}+r_k(u,x)$ となる．ここで $x=1$ を代入して $f(1+u)=\sum_{i=1}^k(-1)^{i-1}i^{-1}u^i+r_k(u,1)$ を得る．(b)$u=0.1$ を代入して $f(1.1)=0.1-\frac{1}{2}(0.1)^2+\frac{1}{3}(0.1)^3-\frac{1}{4}(0.1)^4+\frac{1}{5}(0.1)^5=0.0953$ を得る．

9.2 $f(\mathbf{0}+\boldsymbol{u})=1-6u_1-2u_2+2u_1^2-6u_1u_2+u_2^2.$

9.3

$$\frac{\partial}{\partial \boldsymbol{x}'}\boldsymbol{y}(\boldsymbol{x}) = \begin{bmatrix} a_{11} & a_{12} & a_{13} \\ a_{21} & a_{22} & a_{23} \end{bmatrix}$$

ここで，$a_{11} = \frac{-2x_1^2+2x_2^2+2x_3^2+2x_1x_2+2x_2x_3}{(x_1^2+x_2^2+x_3^2)^2}, a_{12} = \frac{-x_1^2-x_2^2-x_3^2-4x_1x_2+2x_2x_3}{(x_1^2+x_2^2+x_3^2)^2}, a_{13} = \frac{-x_1^2-x_2^2-x_3^2-4x_1x_3+2x_2x_3}{(x_1^2+x_2^2+x_3^2)^2}, a_{21} = 6x_1^2+2x_2^2+2x_3^2-2x_1x_2-2x_1x_3, a_{22} = -x_1^2-3x_2^2-x_3^2+4x_1x_2-2x_2x_3, a_{23} = -x_1^2-x_2^2-3x_3^2+42x_1x_3-2x_2x_3.$

9.4 微分は $\frac{2\boldsymbol{x}'A(\boldsymbol{x}'B)-2\boldsymbol{x}'B(\boldsymbol{x}'A)}{(\boldsymbol{x}'B\boldsymbol{x})^2}d\boldsymbol{x}$，1 次導関数は $\frac{2\boldsymbol{x}'A(\boldsymbol{x}'B\boldsymbol{x})-2\boldsymbol{x}'B(\boldsymbol{x}'A\boldsymbol{x})}{(\boldsymbol{x}'B\boldsymbol{x})^2}$.

9.5 微分は $2\boldsymbol{x}'d\boldsymbol{x}$，導関数は $2\boldsymbol{x}'$.

9.6 (a) 定理 8.10，および定理 9.1(a) より，$d\{\mathrm{tr}(AX)\} = \{\mathrm{vec}(A)'\}'d\mathrm{vec}(X)$; $\frac{\partial}{\partial \mathrm{vec}(X)'}\mathrm{tr}(AX) = \{\mathrm{vec}(A)'\}'$ となる．これより，微分 $\mathrm{tr}(AdX)$，導関数 $\{\mathrm{vec}(A)'\}'$ を得る． (b) 微分は $\mathrm{tr}\{A(dX)BX\}+\mathrm{tr}\{AXB(dX)\} = \mathrm{tr}(BXA+AXB)dX$，導関数は $\{\mathrm{vec}(BXA+AXB)'\}'$

9.7 (a) $d|X^2| = 2|X|^2\mathrm{tr}(X^{-1}dX)$, $\frac{\partial}{\partial \mathrm{vec}(X)'}|X^2| = 2|X|^2\mathrm{vec}(X^{-1\prime})'$. (b) $d\mathrm{tr}(AX^{-1}) = -\mathrm{tr}X^{-1}AX^{-1}dX$, $\frac{\partial}{\partial \mathrm{vec}(X)'}\mathrm{tr}(AX^{-1}) = -(\mathrm{vec}(\mathrm{tr}X^{-1}AX^{-1})')'$. (c) $d\boldsymbol{a}'X^{-1}\boldsymbol{a} = -(\boldsymbol{a}'X^{-1\prime}\otimes\boldsymbol{a}'X^{-1})'d\mathrm{vec}(X)$, $\frac{\partial}{\partial \mathrm{vec}(X)'}\boldsymbol{a}'X^{-1}\boldsymbol{a} = -(\boldsymbol{a}'X^{-1\prime}\otimes \boldsymbol{a}'X^{-1})'$.

9.8 $|XX'|$ の導関数については $\mathrm{d}|X'X| = |X'X|\mathrm{tr}(X'X)^{-1}\mathrm{d}(X'X) = 2|X'X|\mathrm{tr}(X'X)^{-1}X'\mathrm{d}X$ となる．ここで定理 8.10 を利用して

$$2|X'X|(\mathrm{vec}[\{(X'X)^{-1}X'\}'])'\mathrm{vec}(dx) = 2|X'X|(\mathrm{vec}\{X(X'X)^{-1}\})'d\mathrm{vec}(X)$$

となる．よって，$\frac{\partial}{\partial \mathrm{vec}(X)'}|X'X| = 2|X'X|(\mathrm{vec}\{X(X'X)^{-1}\})'$

9.9 微分演算子の性質 (l) を繰り返し適用することで $d(X^n) = \sum_{i-1}^n X^{i-1}(dX)X^{n-i}$ を導けば，例 9.2 と同様に示される．

9.10 (a) 定理 8.11 より，$\mathrm{vec}(AXB) = B'\otimes A\mathrm{vec}(X)$ であり，$\frac{\partial}{\partial \mathrm{vec}(X)'}\mathrm{vec}(AXB) = \frac{\partial}{\partial \mathrm{vec}(X)'}B'\otimes A\mathrm{vec}(X) = B'\otimes A$ となる．(b) 定理 8.11，定理 9.2，定理 8.2 を用いることで，$\frac{\partial}{\partial \mathrm{vec}(X)'}\mathrm{vec}(AX^{-1}B) = \frac{\partial}{\partial \mathrm{vec}(X)'}B'\otimes A\mathrm{vec}(X^{-1}) = -(B'\otimes A)(X^{-1\prime}\otimes X^{-1}) = -B'X^{-1\prime}\otimes AX^{-1} = -(X^{-1}B)'\otimes AX^{-1}$ となる．

9.11 X が非特異行列ならば $X_\# = |X|X^{-1}$ が成り立つことを利用して，第 1 項と第 2 項にそれぞれ定理 9.2 と定理 9.1(c) を適用する．

$$\begin{aligned}\frac{\partial}{\partial\,\mathrm{vec}(X)'}\mathrm{vec}(X_\#) &= \frac{\partial}{\partial\,\mathrm{vec}(X)'}\mathrm{vec}(|X|X^{-1}) = \frac{\partial}{\partial\,\mathrm{vec}(X)'}|X|\mathrm{vec}(X^{-1}) \\ &= |X|\frac{\partial}{\partial\,\mathrm{vec}(X)'}\mathrm{vec}(X^{-1}) + \mathrm{vec}(X^{-1})\frac{\partial}{\partial\,\mathrm{vec}(X)'}|X|\end{aligned}$$

$$= |X|\{-(X^{-1\prime} \otimes X^{-1})\} + \mathrm{vec}(X^{-1})|X|\mathrm{vec}(X^{-1\prime})'$$
$$= |X|\{\mathrm{vec}(X^{-1})\mathrm{vec}(X^{-1\prime})' - (X^{-1\prime} \otimes X^{-1})\}$$

9.12 定理 9.1(c) より，$d|X| = |X|\mathrm{tr}(X^{-1}dX)$ を代入すると，$d\{\log(|X|)\} = |X|^{-1}d|X| = |X|^{-1}|X|\mathrm{tr}(X^{-1}dX) = \mathrm{tr}(X^{-1}dX)$.

9.13 (a)$(A \otimes A)D_m$. (b)$\{(XB \otimes I_m) + (I_m \otimes XB)\}D_m$.

9.14 (a) 定理 8.27 より $\mathrm{vec}(X \otimes X) = (I_n \otimes K_{nm} \otimes I_m)\{\mathrm{vec}(X) \otimes \mathrm{vec}(X)\}$ である．よって行列微分の性質 (i), (n), (o) および定理 8.9(b), 定理 8.11 より $d\mathrm{vec}(F) = (I_n \otimes K_{nm} \otimes I_m)\{d\mathrm{vec}(X) \otimes \mathrm{vec}(X) + \mathrm{vec}(X) \otimes d\mathrm{vec}(X)\} = (I_n \otimes K_{nm} \otimes I_m)\{\mathrm{vec}[\mathrm{vec}(X)d\mathrm{vec}(X)'] + \mathrm{vec}[d\mathrm{vec}(X)\mathrm{vec}(X)']\} = (I_n \otimes K_{nm} \otimes I_m)\{\mathrm{vec}[\mathrm{vec}(X)d\mathrm{vec}(X)'I_{mn}] + \mathrm{vec}[I_{mn}d\mathrm{vec}(X)\mathrm{vec}(X)']\} = (I_n \otimes K_{nm} \otimes I_m)\{[I_{mn}\otimes \mathrm{vec}(X)]\mathrm{vec}[d\mathrm{vec}(X)'] + [\mathrm{vec}(X) \otimes I_{mn}]\mathrm{vec}[d\mathrm{vec}(X)]\} = (I_n \otimes K_{nm} \otimes I_m)\{[I_{mn}\otimes \mathrm{vec}(X)]d\mathrm{vec}(X) + (\mathrm{vec}(X) \otimes I_{mn})\,d\mathrm{vec}(X)\} = (I_n \otimes K_{nm} \otimes I_m)\{I_{mn} \otimes \mathrm{vec}(X) + \mathrm{vec}(X) \otimes I_{mn}\}\,d\mathrm{vec}(X)$ となる．ゆえに題意を得る．(b) 行列微分の性質 (p) より $dF(X) = (dX) \odot X + X \odot (dX)$ である．よって定理 8.13(a) と (c) より $dF(X) = X \odot (dX) + X \odot (dX) = (X + X) \odot (dX) = 2X \odot (dX)$ となる．この両辺をベック操作して $d\mathrm{vec}(F) = \mathrm{vec}\{2X \odot (dX)\} = 2\mathrm{vec}(X) \odot d\mathrm{vec}(X) = 2D_{\mathrm{vec}(X)}d\mathrm{vec}(X)$ を得る．ゆえに題意が得られる．

9.15 略.

9.16 $d^2X^{-1} = 2(X^{-1}dX)^2X^{-1}$ に注意し帰納法により示される.

9.17 略.

9.18 $f(X) = X^{-1/2}$ として摂動法を利用すると，$f(I_m + \epsilon Y) = I_m^{-1/2} + \sum_{i=1}^{\infty} \epsilon^i B_i(Y)$ を得る．これを利用して $(I_m + \epsilon Y)^{-1} = (I_m + \epsilon Y)^{-1/2}(I_m + \epsilon Y)^{-1/2}$ を書き下したものと，9.6 節の G_h の導出において $X = I_m$ とおいたものの各項の係数を比較することで，題意を得る.

9.19～21 略.

9.22 (a) 定理 9.5 の証明の前半部分と同様に，$(X + U)\boldsymbol{\gamma}_l = \lambda_l(I_m + V)\boldsymbol{\gamma}_l$ の 0 次と 1 次の式から導かれる．(b)～(d)b_{l1} についてはそれぞれ与えられた条件式より (a) と同様に示される．b_{i1} については，(a) で用いた 1 次の式に $a_1 = u_{ll} - x_l v_{ll}$ とそれぞれの c を代入することで題意を得られる.

9.23 略.

9.24 (a)$\boldsymbol{a} = (1,3)', (-1,-3)', (1,-3)', (-1,3)'$. (b)$\boldsymbol{a} = (1,3)'$ は最小値，$\boldsymbol{a} = (-1,-3)'$ は最大値を与える．$\boldsymbol{a} = (1,-3)'$ および $\boldsymbol{a} = (-1,3)'$ は鞍点.

9.25 (a) 鞍点 17/8. (b) 局所最小値 $-9/2$. (c) 局所最小値 $-5/2$.

9.26 (a)$f(\boldsymbol{x})$ の $\boldsymbol{x}$ に関する導関数が $\mathbf{0}'$ という等式から $B\boldsymbol{x} = -(1/2)\boldsymbol{a}$ が導かれる．$\boldsymbol{x}$ の最小 2 乗解の一般解において B^L を B^+ に置き換えることで題意を得る．(b) 定理 5.3(d) より $B^+ = B^{-1}$ が成り立つので $\boldsymbol{x} = -(1/2)B^{-1}\boldsymbol{a}$ のように一意な停留解となる．$H_f = 2B$ となるので，スカラー倍を無視すると，定理 9.9 より B が正定値ならばこの点で最小値，負定値ならば最大値をとる.

9.27 (a)$f(\boldsymbol{x}) = x_1^4 + x_2^4$ とすると $\frac{\partial}{\partial \boldsymbol{x}'}f(\boldsymbol{x}) = (4x_1^3, 4x_2^3)$ である．$\boldsymbol{x}$ に $\mathbf{0}$ を代入すると $\frac{\partial}{\partial \boldsymbol{x}'}f(\boldsymbol{x}) = \mathbf{0}'$ となるので，定理 9.8 より点 $\mathbf{0}$ は f の停留点である．ここで $H_f = \begin{bmatrix} 12x_1^2 & 0 \\ 0 & 12x_2^2 \end{bmatrix}$ である．ゆえに $\boldsymbol{x} = \mathbf{0}$ のとき H_f は特異である．また $f(\mathbf{0}) \leq f(\mathbf{0} + \boldsymbol{x})$ なので $\mathbf{0}$ で最小値となる．(b)$f(\boldsymbol{x}) = x_1^2x_2^2 - x_1^4 - x_2^4$ とすると $\frac{\partial}{\partial \boldsymbol{x}'}f(\boldsymbol{x}) = (2x_1x_2^2 - 4x_1^3, 2x_1^2x_2 - 4x_2^3)$ である．$\boldsymbol{x}$ に $\mathbf{0}$ を代入すると $\frac{\partial}{\partial \boldsymbol{x}'}f(\boldsymbol{x}) = \mathbf{0}'$ となるので，定理 9.8 より点 $\mathbf{0}$ は f の停留点である．ここで $H_f = \begin{bmatrix} 2x_2^2 - 12x_1^2 & 4x_1x_2 \\ 4x_1x_2 & 2x_1^2 - 12x_2^2 \end{bmatrix}$ である．ゆえに $\boldsymbol{x} = \mathbf{0}$ のとき H_f は特異である．また $f(\boldsymbol{x}) = -(x_1^2 - \frac{1}{2}x_2^2)^2 - \frac{3}{4}x_2^4$ なので $f(\mathbf{0}) \geq f(\mathbf{0} + \boldsymbol{x})$ となり $\mathbf{0}$ で最大値となる．(c)$f(\boldsymbol{x}) = x_1^3 - x_2^3$ とすると $\frac{\partial}{\partial \boldsymbol{x}'}f(\boldsymbol{x}) = (3x_1^2, -3x_2^2)$ である．$\boldsymbol{x}$ に $\mathbf{0}$ を代入すると $\frac{\partial}{\partial \boldsymbol{x}'}f(\boldsymbol{x}) = \mathbf{0}'$ となるので，定理 9.8 より点 $\mathbf{0}$ は f の停留点である．ここで $H_f = \begin{bmatrix} 6x_1 & 0 \\ 0 & -6x_2 \end{bmatrix}$ である．ゆえに $\boldsymbol{x} = \mathbf{0}$ のとき H_f は特異である．また $x_1^3 - x_2^3$ は $\boldsymbol{x}$ の値によって正にも負にもなりうるので最大値と最小値にはなりえない．したがって $\mathbf{0}$ で鞍点となる.

9.28 略.

9.29 $\hat{\beta}_{\mathrm{ML}} = (X'X)^{-1}X'\boldsymbol{y}$. $\widehat{\sigma^2}_{\mathrm{ML}} = \frac{1}{n}(\boldsymbol{y} - X\boldsymbol{\beta})'(\boldsymbol{y} - X\boldsymbol{\beta})$

9.30 略.

9.31 凸関数の定義より，$f(c\boldsymbol{x}_1 + (1-c)\boldsymbol{x}_2) \leq cf(\boldsymbol{x}_1) + (1-c)f(\boldsymbol{x}_2)$ が成り立つ．同様の式を $g(\boldsymbol{x})$ についても求め，両者の両辺を足すことで題意を得る.

9.32 問題における式が成り立っていると仮定する．x と y は S における 2 点とし，$0 \leq c \leq 1$ について，$\boldsymbol{z} = c\boldsymbol{x} + (1-c)\boldsymbol{a}$ とする．仮定より，次式 $f(\boldsymbol{x}) - f(\boldsymbol{z}) \geq \left(\frac{\partial}{\partial \boldsymbol{z}'}f(\boldsymbol{z})\right)(\boldsymbol{x} - \boldsymbol{z})$, $\quad f(\boldsymbol{a}) - f(\boldsymbol{z}) \geq \left(\frac{\partial}{\partial \boldsymbol{z}'}f(\boldsymbol{z})\right)(\boldsymbol{a} - \boldsymbol{z})$ を得る．最初の式に c を，2 番目の

式に $(1-c)$ をそれぞれ掛け，不等式を合わせ，$c(\boldsymbol{x}-\boldsymbol{z})+(1-c)(\boldsymbol{a}-\boldsymbol{z})=0$ に留意することで以下の式 $c[f(\boldsymbol{x})-\boldsymbol{z})]+(1-c)[f(\boldsymbol{a})-f(\boldsymbol{z})] \geq \left(\frac{\partial}{\partial \boldsymbol{z}'}f(\boldsymbol{z})\right)(c(\boldsymbol{x}-\boldsymbol{z})+(1-c)(\boldsymbol{a}-\boldsymbol{z}))=0$ を得る．この式は $f(c\boldsymbol{x}+(1-c)\boldsymbol{a}) \leq cf(\boldsymbol{x})+(1-c)f(\boldsymbol{a})$ と簡素化できる．定義 9.1 より，題意を得る．

9.33 略.

9.34 (a) 前問の結果から，2 回微分を行ったヘッセ行列が非負定値となった場合が凸関数であった．そこで，今回与えられた $f(\boldsymbol{x})$ のヘッセ行列を計算すると，

$$H = \begin{bmatrix} c(c-1)x_1^{c-2}x_2^{1-c} & 0 \\ 0 & -c(1-c)x_1^c x_2^{-(c+1)} \end{bmatrix}$$

となり，これは $-H$ の時非負定値となるため，$f(\boldsymbol{x})$ は凹関数である．(b) $f(\boldsymbol{y})$ が (a) より凹関数であるならば，定理 9.14 の不等号が逆になる．よって $f(\boldsymbol{y})=y_1^{\alpha}y_2^{1-\alpha}$ と考えると，$E(f(\boldsymbol{y})) \leq f(E(f(\boldsymbol{y}))), E(y_1^{\alpha}y_2^{1-\alpha}) \leq E\{y_1\}^{\alpha}E\{y_2\}^{1-\alpha}$ が成り立つ．

9.35 ラグランジュの未定乗数法より，$(x_1,x_2,x_3)=(\sqrt{1/3},\sqrt{1/3},-\sqrt{1/3})$ で最大値 $\sqrt{3}$ を，$(x_1,x_2,x_3)=(-\sqrt{1/3},-\sqrt{1/3},\sqrt{1/3})$ で最小値 $-\sqrt{3}$ をとることがわかる．

9.36 原点と与えられた表面上の点との間の最短距離は，原点から表面へ下ろした垂線の長さである．原点から平面上の点 (x_1,x_2,x_3) までの距離は，$\sqrt{x_1^2+x_2^2+x_3^2}$ であるから，関数 $f(\boldsymbol{x})=x_1^2+x_2^2+x_3^2$ を，制約条件 $x_1^2+x_2^2+x_3^2+4x_1-6x_3=2$ の下で最小化するような解 $\boldsymbol{x}=(x_1,x_2,x_3)'$ を求める．ラグランジュ関数 $L(\boldsymbol{x},\lambda)=x_1^2+x_2^2+x_3^2-\lambda(x_1^2+x_2^2+x_3^2+4x_1-6x_3-2)$ の $\boldsymbol{x}$ に関する 1 次導関数が $\boldsymbol{0}'$ に等しいとおき，$\lambda \neq 1$ であることに注意すると，$x_1=(2\lambda)/(1-\lambda), x_2=0, x_3=(-3\lambda)(1-\lambda)$ が導かれる．制約条件の式を変形し，x_1,x_2,x_3 を代入してまとめると，$(1-\lambda)^2-\frac{13}{15}=0$ となるため，$\lambda=1\pm\sqrt{13}/\sqrt{15}$ となる．また，$\lambda=1-\sqrt{13}/\sqrt{15}$ のときに，関数は最小の値をとるので，$x_1=-2+(2\sqrt{195})/13, x_2=0, x_3=3-(3\sqrt{195})/13$ となる．なお，最短距離は，$\sqrt{28-2\sqrt{195}}$ である．

9.37 $\lambda_m(A)$ を A の最小固有値，$\lambda_1(A)$ を A の最大固有値とすると，最大値は $1/\lambda_m(A)$，最小値は $1/\lambda_1(A)$ である．

9.38 略.

9.39 x_1,x_2,x_3 が正数であるとし，制約条件を $x_3=a-x_1-x_2$ と表して $f(x_1,x_2)=ax_1x_2-x_1^2x_2-x_1x_2^2$ について考えると，停留解として $x_1=a/3, x_2=a/3, x_3=a/3$ が求まる．H_f は負定値であるので，最大値として $f(a/3,a/3)=(a/3)^3$ を得る．$x_1x_2x_3 \leq (a/3)^3$ が成立し，制約条件を代入して両辺を 1/3 乗することで題意を得る．一般式の証明には 3 変数の場合の式を利用する．変数の数 m が 1 のときは明らかに成立する．$m=3^t, t=1,2,\ldots$ とすると，$t=1$ のとき成立する．$t=2$ の

ときは 3 変数の場合の不等式 $(x_1x_2x_3)^{1/3} \le (1/3)(x_1+x_2+x_3), (x_4x_5x_6)^{1/3} \le (1/3)(x_4+x_5+x_6), (x_7x_8x_9)^{1/3} \le (1/3)(x_7+x_8+x_9)$ を $(a_1a_2a_3)^{1/3} \le \frac{1}{3}(a_1+a_2+a_3)$ で適用すると成立することが示される．$t=3,4,\ldots$ のときはこの方法を繰り返し用いると成立するので，$m=3^t, t=1,2,\ldots$ のとき不等式は成立する．変数の数 m が $3^{t-1} < m < 3^t, t=1,2,\ldots$ のときを考える．$3^t = u$ としたとき，先の結果から，任意の u 個の正数について $(x_1x_2\cdots x_u)^{1/u} \le (1/u)(x_1+x_2+\cdots+x_u)$ が成り立つ．$n=(x_1+x_2+\cdots+x_m)/m$ と定め，$x_{m+1}=x_{m+2}=\cdots=x_u=n$ として代入し，$x_1+x_2+\cdots+x_m = mn$ と表せることに注意すると，この不等式は $x_1x_2\cdots x_m \le n^m$ となる．両辺に関して正の m 乗根をとり，n に再び代入し直すことで，m が $3^{t-1} < m < 3^t, t=1,2,\ldots$ のときも成立する．以上より題意を得る．

9.40〜42　略.

9.43　(a)$\sum a_i = 1$(b) ラグランジュの未定乗数法により，$f(\boldsymbol{a}) = \sigma^2 \sum a_i^2$ を不偏であるための条件 $\sum a_i = 1$ の下で最小化する解 $\boldsymbol{a}$ を求めればよい.

9.44　ラグランジュの未定乗数法を利用し，ラグランジュ関数 $L(\boldsymbol{n},\boldsymbol{p},\lambda) = \sum_{i=1}^k n_i \log p_i - \lambda\bigl(1-\sum_{i=1}^k p_i\bigr)$ の 1 次導関数を考える．$\hat{\boldsymbol{p}} = \bigl(\frac{n_1}{n}, \frac{n_2}{n}, \ldots, \frac{n_k}{n}\bigr)'$.

9.45〜46　略.

第 10 章

10.1　題意より $\mathrm{rank}(A) + \mathrm{rank}(I_m - A) = m$ が満たされているため，r を 0 でない固有値の重複度かつ $\mathrm{rank}(A)$ の階数とすると，定理 4.8 から $\mathrm{rank}(I_m - A) = m - r$ となる．ここで $T'AT = \Lambda, T'T = I$ となるような A のスペクトル分解を考えると，$T'(A+I-A)T = \Lambda + (I-\Lambda)$ となる．$\mathrm{rank}A = r$ を考慮すると，$\lambda_{r+1} = \lambda_{r+2} = \cdots = \lambda_m = 0$ としても一般性を損なわず，また $\mathrm{rank}(I_m - A) = m - r$ であるから，$1-\lambda_{r+1} = 1-\lambda_{r+2} = \cdots = 1-\lambda_m = 0$ でなければならない．したがって $\lambda_1 = \lambda_2 = \cdots = \lambda_r = 1$ である．よって固有値は 0 か 1 であり，これは $A^2 = A$ を意味する.

10.2　各々，与式の 2 乗と等しくなることが単純な式変形によって示される.

10.3　(a)$(AA^-)^2 = AA^-(AA^-) = AA^-$. (b)$(A^-A)^2 = A^-A(A^-A) = A^-A$. (c)$(A(A'A)^-A')^2 = A(A'A)^-A'A(A'A)^-A' = A(A'A)^-A'$.

10.4　任意の $m \times n$ 行列 A と $m \times p$ 行列 B に対して，$B = AF$ を満たす $n \times p$ 行列 F が存在するときかつそのときに限って $R(B) \subset R(A)$ である，という補助定理を利用する．A と B の列空間が同じということは，$A = BF$ かつ $B = AG$ となるような

$n \times n$ 行列 F と G が存在する．$B = B' = (AG)' = G'A' = G'A, A = BF = BBF = BA = G'AA = G'A = B$ より題意を得る．

10.5 略．

10.6 (a)$a = 0, 1/m$. (b)$(b, c) = (0, 0), (0, 1/m), (1, 0), (1, -1/m)$.

10.7 $(A'(AA')^{-1}A)' = A'(AA')^{-1\prime}A = A'(AA')^{-1}A$, $A'(AA')^{-1}AA'(AA')^{-1}A = A'(AA')^{-1}A$ より，対称でありかつベキ等である．また $A'(AA')^{-1}$ は定義 5.1 のムーア–ペンローズ形逆行列の 4 条件を満たすので，$A^+ = A'(AA')^{-1}$ とおける．よって定理 5.4 を利用して $\mathrm{rank}(A) = \mathrm{rank}(A^+A) = \mathrm{rank}(A'(AA')^{-1}A) = m$ となる．

10.8 問題の定義より B は非特異行列であるから逆行列 B^- が存在し $A = ABB^-$ が成り立つ．また，定義より行列 AB はベキ等行列であるから，行列 B は $ABA = ABABB^- = A$ に表現されるように，行列 A の一般化逆行列である．したがって，$ABA = B^-BABA = A$ も成り立たなければならず，これは BA がベキ等のとき，かつそのときのみである．

10.9 定理 10.1 の証明と同様にして A の各固有値が 0 または c，A が対角化可能であることがわかるので，$\mathrm{tr}(A) = c\,\mathrm{rank}(A)$.

10.10 $-ABA = A(I - A - B)A$ を示し，ABA が非正定値かつ非負定値であることを導けばよい．

10.11 (a) 対称性は自明である．$BB^+A = (BB^+)'A' = (ABB^+)' = BB^+$ を利用して，$(A - BB^+)^2 = A - BB^+$ よりベキ等性も導かれる．以上を用いて，階数について $\mathrm{rank}(A - BB^+) = \mathrm{tr}(A - BB^+) = \mathrm{rank}(A) - \mathrm{rank}(B)$. (b) 行列 $I_m - A$ は $(I_m - A)B = B$ を満たす対称ベキ等行列なので，(a) より $(I_m - A) - BB^+$ は階数 $\mathrm{rank}(I_m - A) - \mathrm{rank}(B) = m - \mathrm{rank}(A) - \mathrm{rank}(B) = 0$ のゼロ行列となる．よって $(I_m - A) - BB^+ = (0)$ を変形して題意を得る．

10.12 条件 (a)，(d) のみが成立する行列は，例えば

$$A_1 = \begin{bmatrix} 0 & 0 & 0 \\ 0 & 1 & 0 \\ 0 & 0 & 0 \end{bmatrix}, \quad A_2 = \begin{bmatrix} 0 & 0 & 0 \\ 0 & 1/2 & 1/2 \\ 0 & 1/2 & 1/2 \end{bmatrix}$$

条件 (c)，(d) のみが成立する行列は例えば

$$A_1 = \begin{bmatrix} 1 & 1/2 \\ 1/2 & 1 \end{bmatrix}, \quad A_2 = \begin{bmatrix} 0 & 0 \\ 0 & 0 \end{bmatrix}$$

10.13 Ω は非特異であるので，$\mathrm{rank}(A\Omega) = \mathrm{rank}(A) = r$ が成り立つ．したがって

A は階数 r をもつ $m \times m$ 対称行列であるため，式 $A = PDP'$ を満たす $m \times r$ 準直交行列 P が存在する．ここで D は $r \times r$ 対角行列である．$A\Omega A = A$ が成り立ち，$PDP'\Omega PDP' = PDP'$ より $P'\Omega P = D^{-1}$ が成り立つ．$\boldsymbol{z} = D^{1/2}P'\boldsymbol{x}$ とすると，$E(\boldsymbol{z}) = D^{1/2}P'\boldsymbol{\mu}$ であり，$\mathrm{var}(\boldsymbol{z}) = I_r$ となるので $\boldsymbol{z} \sim N_r(D^{1/2}P'\boldsymbol{\mu}, I_r)$ である．このとき，$\boldsymbol{x}'A\boldsymbol{x} = \boldsymbol{x}'PDP'\boldsymbol{x} = \boldsymbol{z}'\boldsymbol{z} = \sum_{i=1}^r z_i^2 \sim \chi_r^2(\lambda)$ であり，非心母数は $\lambda = \frac{1}{2}\boldsymbol{\mu}'A\boldsymbol{\mu}$ である．

10.14 (a) $M_{\boldsymbol{x}'A\boldsymbol{x}}(t) = (2\pi)^{-\frac{1}{2}n}|\Omega|^{-\frac{1}{2}} \int_{-\infty}^{\infty} \cdots \int_{-\infty}^{\infty} \exp[t\boldsymbol{x}'A\boldsymbol{x} - \frac{1}{2}(\boldsymbol{x}-\boldsymbol{\mu})'\Omega^{-1}(\boldsymbol{x}-\boldsymbol{\mu})]dx_1 \cdots dx_n$ を整理して，$\frac{e^{-\frac{1}{2}\boldsymbol{\mu}'\Omega^{-1}\boldsymbol{\mu}}}{(2\pi)^{-\frac{1}{2}n}|\Omega|^{\frac{1}{2}}} \int_{-\infty}^{\infty} \cdots \int_{-\infty}^{\infty} \exp[-\frac{1}{2}\boldsymbol{x}'(I - 2tA\Omega)\Omega^{-1}\boldsymbol{x} + \boldsymbol{\mu}'\Omega^{-1}\boldsymbol{x}]dx_1 \cdots dx_n$ とし，$e^{-\frac{1}{2}\boldsymbol{\mu}'\Omega^{-1}\boldsymbol{\mu}}|\Omega|^{-\frac{1}{2}}|\Omega(I - 2tAV)^{-1}|^{\frac{1}{2}}\exp[\frac{1}{2}\boldsymbol{\mu}'\Omega^{-1}\Omega(I - 2tAV)^{-1}V^{-1}\boldsymbol{\mu}]$ を整理すると与えられた式となる．(b) $\boldsymbol{\mu} = \boldsymbol{0}$ のとき，(a) で与えられた正規分布に従う変数の 2 次形式の mgf と (b) で与えられた χ^2 分布に従う変数の 2 次形式の mgf が一致する．$\boldsymbol{\mu} = \boldsymbol{0}$ を両 mgf に代入すると，$(1-2t)^{-\frac{r}{2}} = |I - 2tA\Omega|^{-\frac{1}{2}}$ という関係が得られる．表記の簡便のため $2t$ を u とおき，整理すると $(1-u)^r = |I - uA\Omega|$ という関係になる．次に $\lambda_1, \lambda_2, \ldots, \lambda_n$ を $A\Omega$ の潜在的な根とすると $(1-u)^r = \prod_{i=1}^n (1 - u\lambda_i)$ となり，これは u が r を超える累乗をもたない場合と同一の状況を意味している．よって少なくとも 1 つの λ_i はゼロである．この議論を繰り返していくと $(n-r)$ 個の λ_i がゼロであり，それゆえに関係は $(1-u)^r = \prod_{i=1}^r (1 - u\lambda_i)$ となり，両辺の対数をとり方程式を解くと，すべての λ_i の累乗の合計は r となる．すなわちこれはすべての $i = 1, 2, \ldots, r$ について $\lambda_i = 1$ が解であることを意味する．このため $A\Omega$ の $n - r$ 個の潜在的な根は 0 と，すべて 1 である．よって $A\Omega$ はベキ等で，rank$= r$ でなければならない．

10.15 A にスペクトル分解を適用すれば，定理 10.8 の証明と同様になされる．十分条件は，定理 10.2 と定理 3.12 より r 個の固有値がすべて 1 であるときである．

10.16 Ω は非負定値行列であるから，$\Omega = TT'$ を満たす $m \times m$ 行列 T が存在する．ここで，$\boldsymbol{z} \sim N_m(\boldsymbol{0}, I)$ とし，$\boldsymbol{x} = T\boldsymbol{z}$ とおくと，$E(\boldsymbol{x}) = E(T\boldsymbol{z}) = \boldsymbol{0}$,$\mathrm{var}(\boldsymbol{x}) = \mathrm{var}(T\boldsymbol{z}) = T\mathrm{var}(\boldsymbol{z})T' = TI_mT' = TT' = \Omega$ となる．ここで，2 次形式 $\boldsymbol{x}'A\boldsymbol{x}$ は，$\boldsymbol{z}$ を用いて，$\boldsymbol{x}'A\boldsymbol{x} = \boldsymbol{z}'T'AT\boldsymbol{z}$ と表すことができる．ここで，行列 $T'AT$ は，$(T'AT)' = T'A'T'' = T'AT$ となるため，対称行列である．よって，練習問題 10.15 を適用すると，2 次形式は独立な自由度 1 の χ^2 確率変数の線形結合として表現される．また，線形結合の中に含まれる χ^2 確率変数の数は，$T'AT$ の階数に一致する．

10.17 $t \sim \chi_1^2(\frac{n\mu^2}{2\sigma^2})$.

10.18 $\boldsymbol{x}'A\boldsymbol{x}$ と $\boldsymbol{x}'B\boldsymbol{x}$ が独立に分布しているならば，定理 10.22(b) で表される $\mathrm{cov}(\boldsymbol{x}'A\boldsymbol{x}, \boldsymbol{x}'A\boldsymbol{x})$ が 0 となることを示せばよい．

10.19 (a)$(\boldsymbol{x}_1-\boldsymbol{\mu}_1)\sim N_r(\boldsymbol{0},\Omega_{11})$ であり，練習問題 1.23 より Ω_{11} は正定値である．また，$\Omega_{11}^{-1}\Omega_{11}$ はベキ等であり，$\mathrm{rank}(\Omega_{11}^{-1}\Omega_{11})=\mathrm{rank}(I_r)=r$ である．定理 10.9 より $t_1\sim\chi_r^2$ となる．(b)$(\boldsymbol{x}_1-\boldsymbol{\mu}_1)=[I_r\ \ (0)](\boldsymbol{x}-\boldsymbol{\mu})$ に注意すると $t_2=(\boldsymbol{x}-\boldsymbol{\mu})'A(\boldsymbol{x}-\boldsymbol{\mu})$ と表せる．ここで $A=\Omega^{-1}-\begin{bmatrix}\Omega_{11}^{-1} & (0)\\ (0) & (0)\end{bmatrix}$ である．計算より，$A\Omega$ がベキ等であることがわかり，定理 10.1(d) より $\mathrm{rank}(A\Omega)=\mathrm{tr}(A\Omega)=n-r$ であるので，定理 10.9 より $t_2\sim\chi_{n-r}^2$ となる．(c) $B=\begin{bmatrix}\Omega_{11}^{-1} & (0)\\ (0) & (0)\end{bmatrix}$ として，$t_1=(\boldsymbol{x}-\boldsymbol{\mu})'B(\boldsymbol{x}-\boldsymbol{\mu})$ と表せる．計算より $A\Omega B=(0)$ となるので，定理 10.13 から t_1 と t_2 は独立に分布する．

10.20〜21 略.

10.22 (a) Ω の第 1 列は第 2 列から第 m 列までの線形結合で表せるので，Ω は特異行列である．(b) t を 2 次形式 $\sqrt{n}(\boldsymbol{x}-\boldsymbol{\mu})D^{-1}\sqrt{n}(\boldsymbol{x}-\boldsymbol{\mu})$ で表す．$D^{-1}\Omega$ はベキ等であり，$\mathrm{rank}(I_m-D^{-1}\boldsymbol{\mu}\boldsymbol{\mu}')=\mathrm{tr}(I_m)-\mathrm{tr}(\boldsymbol{1}_m\boldsymbol{\mu}')=m-\sum_{i=1}^m\mu_i=m-1$ から題意を得る．

10.23 (a) 以下の A,B,C によっては $t_1=\boldsymbol{x}'A\boldsymbol{x}$, $t_2=\boldsymbol{x}'B\boldsymbol{x}$, $t_3=\boldsymbol{x}'C\boldsymbol{x}$ と表現される．

$$A=\frac{1}{4}\begin{bmatrix}3 & -1 & 1 & 1\\ -1 & 3 & 1 & 1\\ 1 & 1 & 1 & 1\\ 1 & 1 & 1 & 1\end{bmatrix},\quad B=\frac{1}{12}\begin{bmatrix}1 & 1 & 1 & -3\\ 1 & 3 & 1 & -3\\ 1 & 1 & 1 & -3\\ -3 & -3 & -3 & 9\end{bmatrix},$$

$$C=\begin{bmatrix}1 & 1 & -2 & 0\\ 1 & 3 & -2 & 0\\ -2 & -2 & 5 & -1\\ 0 & 0 & -1 & 1\end{bmatrix}$$

(b)t_1 および t_2(c)t_1 と t_2 のペア.

10.24 (a) $t_1\sim\chi_2^2(2)$, t_2 は χ^2 分布に従わない．(b) 独立に分布する

10.25〜27 略.

10.28 (a)$r\times r$ 行列 D,F を用いて，$\boldsymbol{x}'A\boldsymbol{x}=\boldsymbol{z}'D\boldsymbol{z}$,$\boldsymbol{x}'B\boldsymbol{x}=\boldsymbol{z}'F\boldsymbol{z}$ として，定理 8.3, 定理 8.26(f) などを用いて式変形することから得られる．定理 10.18 や定理 10.19 の証明部分が参考になるだろう．(b)(a) の結果と定理 10.18(a) を共分散の定義式に適用すればよい．(c)(b) において $B=A$ とすればただちに証明される．

10.29 略.

10.30 (a) 定理 10.19(c) において，単位行列 I_m は対称なので，重複行列 D_m を用いることで $\mathrm{vec}(I_m) = D_m\mathrm{v}(I_m)$ と書き換える．さらに定理 8.33(a) および，定理 8.30(a) を適用する．$E(\boldsymbol{zz}' \otimes \boldsymbol{zz}') = 2N_m + D_m\mathrm{v}(I_m)\{D_m\mathrm{v}(I_m)\}' = 2N_m + N_mD_m\mathrm{v}(I_m)\{N_mD_m\mathrm{v}(I_m)\}' = 2N_m^2 + N_m\mathrm{vec}(I_m)\{\mathrm{vec}(I_m)\}'N_m = N_m\{2I_{m^2} + \mathrm{vec}(I_m)\mathrm{vec}(I_m)'\}N_m$. (b)Schott(2003) による定義は次のとおり．$E(\otimes_{i=1}^k \boldsymbol{zz}') = \Delta_{m,k}\left\{\sum_{l=1}^{[(k/2)+1]} a_l I_{k-2(l-1),l-1}\right\}\Delta_{m,k}$ ここで $[(k/2)+1]$ は $(k/2)+1$ 以下の最も大きな整数を表し，$a_l = k!^2/\{k-2(l-1)\}!\{(l-1)!\}^2 2^{2(l-1)}$，$I_{r,s} = I_{m^r} \otimes_{i=1}^s \{\mathrm{vec}(I_m)\mathrm{vec}(I_m)'\}$ である．$k=3$ のとき，$\Delta_{m,3}$ は練習問題 8.59 で定義された Δ であり，$[(k/2)+1]$ は 2 なので $l=1,2$ について中括弧の中を計算する．

10.31 略.

10.32 1.13 節の内容より，$\boldsymbol{z} \sim N_m(\boldsymbol{0}, I_m)$ は $\boldsymbol{z} = v\boldsymbol{u}$ と表せる．ここで v は $v^2 \sim \chi_m$ となる確率変数であり，$\boldsymbol{u}$ とは独立に分布する．(a) 定理 10.19(a) を利用すると $E(\boldsymbol{u} \otimes \boldsymbol{u}) = \{E(v^2)\}^{-1}\mathrm{vec}(I_m)$ が導かれる．$E(v^2) = m$ となるから，これを代入して題意が満たされる．(b) 定理 10.19(c) を利用すると $E(\boldsymbol{uu}' \otimes \boldsymbol{uu}') = \{E(v^4)\}^{-1}\{2N_m + \mathrm{vec}(I_m)\mathrm{vec}(I_m)'\}$ が導かれる．$\mathrm{var}(v^2) = 2m$ となることを利用すると，$E(v^4) = \mathrm{var}(v^2) + \{E(v^2)\}^2 = m(m+2)$ となるから，これを代入して題意が満たされる．

10.33 (a) 定理 8.2 を利用して $E(\boldsymbol{x}'A\boldsymbol{xx}'B\boldsymbol{xx}'C\boldsymbol{x}) = E(\mathrm{tr}(\boldsymbol{x}'A\boldsymbol{xx}'B\boldsymbol{xx}'C\boldsymbol{x})) = E[\mathrm{tr}\{(\boldsymbol{x}' \otimes \boldsymbol{x}' \otimes \boldsymbol{x}')(A \otimes B \otimes C)(\boldsymbol{x} \otimes \boldsymbol{x} \otimes \boldsymbol{x})\}] = E[\mathrm{tr}\{(A \otimes B \otimes C)(\boldsymbol{x} \otimes \boldsymbol{x} \otimes \boldsymbol{x})(\boldsymbol{x}' \otimes \boldsymbol{x}' \otimes \boldsymbol{x}')\}] = \mathrm{tr}\{(A \otimes B \otimes C)E(\boldsymbol{xx}' \otimes \boldsymbol{xx}' \otimes \boldsymbol{xx}')\}$.
(b)$\mathrm{tr}[(A \otimes B \otimes C)\{I_{m^3} + \frac{1}{2}\sum_{i=1}^m\sum_{j=1}^m(I_m \otimes T_{ij} \otimes T_{ij} + T_{ij} \otimes I_m \otimes T_{ij} + T_{ij} \otimes T_{ij} \otimes I_m) + \sum_{i=1}^m\sum_{j=1}^m\sum_{k=1}^m(T_{ij} \otimes T_{ik} \otimes T_{jk})\}]$ この式において，$(A \otimes B \otimes C)$ を分配した後の第 1 項目に関して，定理 8.3 より $\mathrm{tr}(A \otimes B \otimes C) = \mathrm{tr}(A)\mathrm{tr}(B)\mathrm{tr}(C)$，第 2 項目に関して $\mathrm{tr}[\sum_{i=1}^m\sum_{j=1}^m(A \otimes B \otimes C)(I_m \otimes T_{ij} \otimes T_{ij})] = \mathrm{tr}(A)\sum_{i=1}^m\sum_{j=1}^m \mathrm{tr}\{(B \otimes C)(T_{ij} \otimes T_{ij})\} = \mathrm{tr}(A)\sum_{i=1}^m\sum_{j=1}^m \mathrm{tr}(BT_{ij} \otimes CT_{ij}) = 4\mathrm{tr}(A)\mathrm{tr}(BC)$，同様にして $\mathrm{tr}[\sum_{i=1}^m\sum_{j=1}^m(A \otimes B \otimes C)(T_{ij} \otimes I_m \otimes T_{ij})] = 4\mathrm{tr}(B)\mathrm{tr}(AC)$，$\mathrm{tr}[\sum_{i=1}^m\sum_{j=1}^m(A \otimes B \otimes C)(T_{ij} \otimes T_{ij} \otimes I_m)] = 4\mathrm{tr}(C)\mathrm{tr}(AB)$，第 3 項目に関して $\mathrm{tr}[\sum_{i=1}^m\sum_{j=1}^m\sum_{k=1}^m(A \otimes B \otimes C)(T_{ij} \otimes T_{ik} \otimes T_{jk})] = \sum_{i=1}^m\sum_{j=1}^m\sum_{k=1}^m \mathrm{tr}(AT_{ij} \otimes BT_{ik} \otimes CT_{jk}) = 8\mathrm{tr}(ABC)$ これらを元の式に代入して題意を得る．

10.34 略.

10.35 (a) $E(\boldsymbol{xy}' \otimes \boldsymbol{xy}') = \mathrm{vec}\{E(\boldsymbol{xx}')\}[\mathrm{vec}\{E(\boldsymbol{yy}')\}]' = \mathrm{vec}(V_1)\{\mathrm{vec}(V_2)\}'$. (b) 定理 8.26 より $E(\boldsymbol{xy}' \otimes \boldsymbol{yx}') = E\{K_{mn}(\boldsymbol{y} \otimes \boldsymbol{x})(\boldsymbol{y}' \otimes \boldsymbol{x}')\} = K_{mn}E(\boldsymbol{yy}') \otimes E(\boldsymbol{xx}') = K_{mn}(V_2 \otimes V_1)$．また，$E(\boldsymbol{xy}' \otimes \boldsymbol{yx}') = E\{(\boldsymbol{x} \otimes \boldsymbol{y})(\boldsymbol{y} \otimes \boldsymbol{x})'\} = E[(\boldsymbol{x} \otimes \boldsymbol{y})\{K_{nm}(\boldsymbol{x} \otimes \boldsymbol{y})\}'] = E\{(\boldsymbol{xx}' \otimes \boldsymbol{yy}')K_{mn}\} = \{E(\boldsymbol{xx}') \otimes E(\boldsymbol{yy}')\}K_{mn} = (V_1 \otimes V_2)K_{mn}$. (c)

$E(\boldsymbol{x}\otimes\boldsymbol{x}\otimes\boldsymbol{y}\otimes\boldsymbol{y}) = E\{\mathrm{vec}(\boldsymbol{x}\boldsymbol{x}')\otimes\mathrm{vec}(\boldsymbol{y}\boldsymbol{y}')\} = \mathrm{vec}\{E(\boldsymbol{x}\boldsymbol{x}')\}\otimes\mathrm{vec}\{E(\boldsymbol{y}\boldsymbol{y}')\} = \mathrm{vec}(V_1)\otimes\mathrm{vec}(V_2)$. (d) 定理 8.27 より $E(\boldsymbol{x}\otimes\boldsymbol{y}\otimes\boldsymbol{x}\otimes\boldsymbol{y}) = E[\mathrm{vec}\{(\boldsymbol{x}\otimes\boldsymbol{y})(\boldsymbol{x}\otimes\boldsymbol{y})'\}] = E[\mathrm{vec}\{(\boldsymbol{x}\otimes\boldsymbol{y})(\boldsymbol{x}'\otimes\boldsymbol{y}')\}] = E\{\mathrm{vec}(\boldsymbol{x}\boldsymbol{x}'\otimes\boldsymbol{y}\boldsymbol{y}')\} = \mathrm{vec}\{E(\boldsymbol{x}\boldsymbol{x}')\otimes E(\boldsymbol{y}\boldsymbol{y}')\} = \mathrm{vec}(V_1\otimes V_2) = (I_m\otimes K_{nm}\otimes I_n)\{\mathrm{vec}(V_1)\otimes\mathrm{vec}(V_2)\}$. (e) $\mathrm{var}(\boldsymbol{x}\otimes\boldsymbol{y}) = E\{(\boldsymbol{x}\otimes\boldsymbol{y})(\boldsymbol{x}\otimes\boldsymbol{y})'\} - E(\boldsymbol{x}\otimes\boldsymbol{y})E(\boldsymbol{x}'\otimes\boldsymbol{y}') = E(\boldsymbol{x}\boldsymbol{x}')\otimes E(\boldsymbol{y}\boldsymbol{y}') - (\boldsymbol{\mu}_1\otimes\boldsymbol{\mu}_2)(\boldsymbol{\mu}_1'\otimes\boldsymbol{\mu}_2') = V_1\otimes V_2 - \boldsymbol{\mu}_1\boldsymbol{\mu}_1'\otimes\boldsymbol{\mu}_2\boldsymbol{\mu}_2'$.

10.36 (a)$\boldsymbol{x}'A\boldsymbol{a}\boldsymbol{x}'B\boldsymbol{b}$ や $\boldsymbol{b}'B\Omega A\boldsymbol{a}$ がスカラーであることと，定理 8.11 と定理 10.20(a) を利用すればよい．

10.37 (a) 1536. (b) 792. (c) 320.

10.38〜40 略.

10.41 $k = 1$ のときは，X の 1 列目の対角要素である x_{11} が $N(0,\sigma_{ii})$ に従うことから示される．$k \geq 2$ のときは余因子展開公式より $|V_k|/|V_{k-1}| = \sum_{i=1}^{n-k+1} x_{ik}^2$ であり，Ω が下三角行列 T を用いて $|\Omega| = |TT'| = \sum t_{ii}^2 = \sum \sigma_{ii}$ と表せることより $|\Omega_{k-1}|/|\Omega_k| = 1/\sigma_{kk}$ であり，X の k 列目の成分 $\boldsymbol{x}_k \sim N(0,\sigma_{kk})$ から示される．

10.42 T は $\Omega = TT'$ を満たす任意の非特異行列とする．また，$\boldsymbol{z} \sim N_m(\boldsymbol{0}, I_m)$ とする．$\boldsymbol{z} = T^{-1}(\boldsymbol{x}-\boldsymbol{\mu})$ とおくと，$\boldsymbol{x} = T\boldsymbol{z}+\boldsymbol{\mu}$ となる．ここで，$\boldsymbol{x}_1 = \begin{bmatrix} I_{m_1} & (0) \end{bmatrix}\boldsymbol{x} = W_1\boldsymbol{x}$，$\boldsymbol{x}_2 = \begin{bmatrix} (0) & I_{m_2} \end{bmatrix}\boldsymbol{x} = W_2\boldsymbol{x}$ のように，分割行列を利用して $\boldsymbol{x}$ から $\boldsymbol{x}_1$ と $\boldsymbol{x}_2$ を取り出すとする．(a) まず，定理 10.20 を参考に，$E(\boldsymbol{x}\otimes\boldsymbol{x})$ を算出すると，$E(\boldsymbol{x}\otimes\boldsymbol{x}) = E[(T\boldsymbol{z}+\boldsymbol{\mu})\otimes(T\boldsymbol{z}+\boldsymbol{\mu})] = \mathrm{vec}(\Omega)+\boldsymbol{\mu}\otimes\boldsymbol{\mu}$ となる．よって $E(\boldsymbol{x}_1\otimes\boldsymbol{x}_2) = E(W_1\boldsymbol{x}\otimes W_2\boldsymbol{x}) = (W_1\otimes W_2)E(\boldsymbol{x}\otimes\boldsymbol{x}) = \mathrm{vec}(\Omega_{12}') + \boldsymbol{\mu}_1\otimes\boldsymbol{\mu}_2$. (b)$\mathrm{var}(\boldsymbol{x}_1\otimes\boldsymbol{x}_2) = (W_1\otimes W_2)\mathrm{var}(\boldsymbol{x}\otimes\boldsymbol{x})(W_1'\otimes W_2')$ より，練習問題 10.34(a) と定理 8.26(a) を用いると，

$$
\begin{aligned}
\mathrm{var}(\boldsymbol{x}_1\otimes\boldsymbol{x}_2) &= (W_1\otimes W_2)\mathrm{var}(\boldsymbol{x}\otimes\boldsymbol{x})(W_1'\otimes W_2')\\
&= (W_1\otimes W_2)2N_m(\Omega\otimes\Omega+\Omega\otimes\boldsymbol{\mu}\boldsymbol{\mu}'+\boldsymbol{\mu}\boldsymbol{\mu}'\otimes\Omega)(W_1'\otimes W_2')\\
&= (W_1\otimes W_2)(I_{m^2}+K_{mm})(\Omega\otimes\Omega+\Omega\otimes\boldsymbol{\mu}\boldsymbol{\mu}'+\boldsymbol{\mu}\boldsymbol{\mu}'\otimes\Omega)(W_1'\otimes W_2')\\
&= \Omega_{11}\otimes\Omega_{22}+\Omega_{11}\otimes\boldsymbol{\mu}_2\boldsymbol{\mu}_2'+\boldsymbol{\mu}_1\boldsymbol{\mu}_1'\otimes\Omega_{22}\\
&\quad + K_{m_1m_2}(\Omega_{12}'\otimes\Omega_{12}+\Omega_{12}'\otimes\boldsymbol{\mu}_1\boldsymbol{\mu}_2'+\boldsymbol{\mu}_2\boldsymbol{\mu}_1'\otimes\Omega_{12})
\end{aligned}
$$

と示すことができる．

10.43〜44 略.

10.45 W の式を展開し，$n_i\bar{\boldsymbol{y}}_i = \sum_{j=1}^{n_i}\boldsymbol{y}_{ij}$ を代入して整理すると $W = \sum_{i=1}^{k}(\sum_{j=1}^{n_i}\boldsymbol{y}_{ij}\boldsymbol{y}_{ij}' - n_i\bar{\boldsymbol{y}}_i\bar{\boldsymbol{y}}_i')$ を得る． 行列 $Y_i' = [\boldsymbol{y}_{i1},\ldots,\boldsymbol{y}_{in_i}]$ を定義し，$\bar{\boldsymbol{y}}_i = n_i^{-1}Y_i'\boldsymbol{1}_{n_i}$ に注意すると，$W = \sum_{i=1}^{k} Y_i'\left(I_{n_i} - n_i^{-1}\boldsymbol{1}_{n_i}\boldsymbol{1}_{n_i}'\right)Y_i$ が導かれる．さらに，行列 $Y' = [Y_1',\ldots,Y_k']$ を定義すると最終的に $W = Y'A_1Y$ となる．ここで

$A = \mathrm{diag}(I_{n_1} - n_1^{-1}\mathbf{1}_{n_1}\mathbf{1}'_{n_1}, \ldots, I_{n_k} - n_k^{-1}\mathbf{1}_{n_k}\mathbf{1}'_{n_k})$ である．Y' の各列は Ω をもつ多変量正規分布に従っており，A_1 の対角に配された $(I_{n_i} - n_i^{-1}\mathbf{1}_{n_i}\mathbf{1}'_{n_i})$ が各々ベキ等なので A_1 もベキ等であるから，定理 10.24(a) より W はウィッシャート分布に従う．そして，共通な列 $\boldsymbol{\mu}_i$ をもつ $m \times n_i$ 行列 M'_i と行列 $M' = [M'_1, \ldots, M'_k] = [[\boldsymbol{\mu}_1, \ldots, \boldsymbol{\mu}_1], \ldots, [\boldsymbol{\mu}_k, \ldots, \boldsymbol{\mu}_k]]$ を定義する．$M'A_1M = \sum_{i=1}^k \left(M'_iM_i - n_i^{-1}M'_i\mathbf{1}_{n_i}\mathbf{1}'_{n_i}M_i\right)$ となり，$M'_i = \boldsymbol{\mu}_i\mathbf{1}'_{n_i}$ を代入すると $M'A_1M = (0)$ が導かれ，$\Phi = (0)$ となる．定理 10.1(d) より $\mathrm{rank}(A_1) = \mathrm{tr}(A_1) = n - k$ となるので $W \sim W_m(\Omega, w)$ が示される．

B の式を展開し，$n\bar{\boldsymbol{y}} = \sum_{i=1}^k n_i\bar{\boldsymbol{y}}_i$ を代入して整理すると，$B = \sum_{i=1}^k n_i\bar{\boldsymbol{y}}_i\bar{\boldsymbol{y}}'_i - n^{-1}(\sum_{i=1}^k n_i\bar{\boldsymbol{y}}_i)(\sum_{i=1}^k n_i\bar{\boldsymbol{y}}_i)'$ を得る．ここで，行列 $\bar{Y}' = [\bar{\boldsymbol{y}}_1, \ldots, \bar{\boldsymbol{y}}_k]$，ベクトル $\boldsymbol{n} = (n_1, \ldots, n_k)'$，$D_{\boldsymbol{n}} = \mathrm{diag}(n_1, \ldots, n_k)$ を定めると，$B = \bar{Y}'(D_{\boldsymbol{n}} - n^{-1}\boldsymbol{n}\boldsymbol{n}')\bar{Y}$ と表される．$\bar{Y}'$ は先に定めた Y' と

$$N = \begin{bmatrix} n_1^{-1}\mathbf{1}_{n_1} & & \\ \mathbf{0} & \ddots & \mathbf{0} \\ & & n_k^{-1}\mathbf{1}_{n_k} \end{bmatrix}$$

を用いて，$\bar{Y}' = Y'N$ と表現できるので，これを代入して最終的に $B = Y'A_2Y$ を得る．ただし，$A_2 = N(D_{\boldsymbol{n}} - n^{-1}\boldsymbol{n}\boldsymbol{n}')N'$ である．$(D_{\boldsymbol{n}} - n^{-1}\boldsymbol{n}\boldsymbol{n}')N'N(D_{\boldsymbol{n}} - n^{-1}\boldsymbol{n}\boldsymbol{n}') = (D_{\boldsymbol{n}} - n^{-1}\boldsymbol{n}\boldsymbol{n}')$ が確認でき，A_2^2 の計算に利用すると A_2 がベキ等であることがわかる．よって B はウィッシャート分布に従う．先ほどと同様に M' を用いると $M'A_2M = \sum_{i=1}^k n_i\boldsymbol{\mu}_i\boldsymbol{\mu}'_i - n^{-1}(\sum_{i=1}^k n_i\boldsymbol{\mu}_i)(\sum_{i=1}^k n_i\boldsymbol{\mu}_i)'$ と表せる．$n\bar{\boldsymbol{\mu}} = \sum_{i=1}^k n_i\boldsymbol{\mu}_i$ を代入して式変形を行った結果を利用すると，$\Phi = (1/2)M'A_2M = (1/2)\sum_{i=1}^k n_i(\boldsymbol{\mu}_i - \bar{\boldsymbol{\mu}})(\boldsymbol{\mu}_i - \bar{\boldsymbol{\mu}})'$ が得られる．また，A_2 がベキ等であることから $\mathrm{rank}(A_2) = \mathrm{tr}(A_2) = k - 1$ となり，$B \sim W_m(\Omega, b, \Phi)$ が示される．W と B の独立性は $A_1A_2 = A_1N(D_{\boldsymbol{n}} - n^{-1}\boldsymbol{n}\boldsymbol{n}')N'$ において，$A_1N = (0)$ が確認できるので $A_1A_2 = (0)$ が成立し，定理 10.24(b) より W と B は独立に分布する．

10.46〜48　略.

10.49　$\left(I_{m^2} - \frac{1}{2}\{(I_m \otimes P) + (P \otimes I_m)\}\Lambda_m\right)N_m = N_m - \frac{1}{2}\{(I_m \otimes P) + (P \otimes I_m)\}\Lambda_mN_m = N_m - N_m(I_m \otimes P)\Lambda_m = N_m\{I_{m^2} - (I_m \otimes P)\Lambda_m\}$ $\mathrm{var}\{\mathrm{vec}(R)\} = \frac{2}{n-1}HN_m(P \otimes P)N_mH'$ を展開すれば (10.18) 式が得られる．

10.50　略.

和文索引

ア　行

アダマール行列 (Hadamard matrix)　350
アダマール積 (Hadamard product)　298
アダマールの不等式 (Hadamard's inequality)　316
r 次行列多項式 (rth-degree matrix polynominal)　102
鞍点 (saddle point)　390

1 次のテイラー級数の近似 (first-order Taylor series approximation)　369
1 次のテイラー公式 (first-order Taylor formula)　369
1 次微分 (first differential)　370
1 対 1 変換 (one-to-one transformation)　67
一様 (homogeneous)　344
1 要因分類モデル (one-way classification model)　132
一様分布 (uniform distribution)　26
一致推定量 (consistent estimator)　211
一致性 (consistency)　211
一般解 (general solution)　233
一般化最小 2 乗回帰 (generalized least squares regression)　158
一般化最小 2 乗推定量 (generalized least squares estimator)　158
一般化 2 次形式 (generalized quadratic form)　442
一般逆行列 (generalized inverse)　189
一般シューアの補元 (generalized Schur complement)　279
一般制約付最小 2 乗解 (general restricted least squares solution)　268

ウィッシャート分布 (Wishart distribution)　441
ウェイルの定理 (Weyl's Theorem)　119
上三角行列 (upper triangular matrix)　2
後ろからの乗法 (postmultiplication)　3

S の張る集合 (spanning set of S)　36
F 分布 (F distribution)　21
エルミート行列 (Hermitian matrix)　19
エルミート形式 (Hermite form)　222

凹関数 (concave function)　394
応答ベクトル (response vector)　304
大きさ (volume)　487
帯行列 (banded matrix)　258
重み付最小 2 乗回帰 (weighted least squares regression)　71
重み付最小 2 乗推定量 (weighted least squares estimator)　71

カ　行

回帰超平面 (regression hyperplane)　153
回帰分析 (regression analysis)　27
回転 (rotation)　68
開凸部分集合 (open convex subset)　395
χ^2 分布 (chi-squared distribution)　21
開部分集合 (open subset)　78
ガウス–ザイデル法 (Gauss-Seidel method)　259
可解系 (consistent system)　72

可解性 (consistency) 233
可換 (commute) 173
確率過程 (stochastic process) 334
確率関数 (probability function) 19
確率ベクトル (random vector) 22
確率変数 (random variable) 19
可算的な集合 (countable set) 19
合併 (union) 73
過母数化 (overparameterized) 253
完全に正 (completely positive) 365
ガンマ関数 (gamma function) 21

幾何学的重複度 (geometoric multiplicity) 94
基準座標系 (standard coordinate system) 67
基準座標軸 (standard coordinate axis) 67
期待値 (expected value, expectation) 19
基底 (basis) 45
基本変形 (elementary transformation) 14
帰無仮説 (null hypothesis) 133
逆行列 (inverse matrix) 8
QR 分解 (QR factorization) 157
球形分布 (spherical distribution) 26
狭義の上三角行列 (strictly upper triangular matrix) 2
行空間 (row space) 48
共通部分 (intersection) 73
共分散 (covariance) 22
行ベクトル (row vector) 2
共役転置 (conjugate transpose) 19
行列 (matrix) 1
行列式 (determinant) 5
行列ノルム (matrix norm) 175
行列変換 (matrix transformation) 65
虚行列 (imaginary matrix) 18
極限行列 (limiting matrix) 340
極限点 (limit point) 76
局所最小値 (local minimum) 390
局所最大値 (local maximum) 390
極分解 (polar decomposition) 180
虚軸 (imaginary axis) 17
虚数 (imaginary number) 17
虚部 (imaginary part) 17
距離関数 (distance function) 39

偶置換 (even permutation) 98
矩形行列 (rectangular matrix) 1
グラム–シュミットの正規直交化法 (Gram-Schmidt orthonormalization) 52
クーラン–フィッシャーのミニマックス定理 (Courant-Fischer min-max theorem) 116
クロネッカー積 (Kronecker product) 298

ケーリー–ハミルトンの定理 (Cayley-Hamilton theorem) 101
原始行列 (primitive matrix) 343
厳密解 (exact solution) 233

交換行列 (commutation matrix) 322
合計ノルム (sum norm) 41
交互作用 (interaction) 304
互換 (transposition) 5
コーシー–シュワルツの不等式 (Cauchy-Schwarz inequality) 38
固有解析 (eigenanalysis) 104
固有空間 (eigenspace) 94
固有射影 (eigenprojection) 106
固有値 (eigenvalue) 91
固有値・固有ベクトル方程式 (eigenvalue-eigenvector equation) 91
固有ベクトル (eigenvector) 91
コレスキー分解 (Cholesky decomposition) 156
混入正規分布 (contaminated normal distribution) 27

サ 行

最小 2 乗一般逆行列 (least squares generalized inverse) 225
最小 2 乗解 (least squares solution) 245
最小 2 乗回帰 (ordinary least squares regression) 27, 71
最小 2 乗逆行列 (least squares inverse)

219
最小 2 乗法 (method of least squares) 28
最大階数 (full rank) 13
最大行階数 (full row rank) 14
最大行和行列ノルム (maximum row sum matrix norm) 176
最大下界 (infimum, greatest lower bound) 77
最大値ノルム (max norm) 42
最大列階数 (full column rank) 14
最大列和行列ノルム (maximum column sum matrix norm) 176
最良線形不偏推定量 (best linear unbiased estimator) 125
最良 2 乗不偏推定量 (best quadratic unbiased estimator) 402
座標軸 (coordinate axis) 52
鎖律 (chain rule) 370
三角行列 (triangular matrix) 2
三角不等式 (triangle inequality) 18, 39
三角分解 (triangular factorization) 157
三重対角 (tridiagonal) 258
三重対角分解 (tridiagonal factorization) 261

シェッフェの方法 (Scheffé's method) 134
ジェンセンの不等式 (Jensen's inequality) 396
次元 (dimension) 45
支持超平面定理 (supporting hyperplane theorem) 78
次数 (order) 1
下三角行列 (lower triangular matrix) 2
実行列 (real matrix) 18
実軸 (real axis) 17
実数 (real number) 17
実数根 (real root) 38
実数値関数 (real-value function) 19
実数の重根 (repeated real root) 38
実対称行列 (real symmetric matrix) 101
実部 (real part) 17
実変数 (real variable) 17
射影行列 (projection matrix) 59
尺度行列 (scale matrix) 441
シューアの補元 (Schur complement) 272
シューア分解 (Schur decomposition) 166
集積点 (accumulation point) 76
収束部分列 (convergent subsequence) 79
自由度 (degrees of freedom) 21
重複行列 (duplication matrix) 328
周辺確率関数 (marginal probability function) 22
周辺密度関数 (marginal density function) 22
縮退可能な行列 (reducible matrix) 340
縮退不能な行列 (irreducible matrix) 340
主成分 (principal component) 115
主成分回帰 (principal component regression) 105
主成分分析 (principal components analysis) 114
巡回行列 (circulant matrix) 346
準直交行列 (semiorthogonal matrix) 15
小行列式 (minor) 6
消去行列 (elimination matrix) 333
剰余項 (remainder) 369
処理平方和 (sum of squares for treatments, SST) 304
ジョルダン標準形 (Jordan canonical form) 165
ジョルダンブロック行列 (Jordan block matrix) 164
ジョルダン分解定理 (Jordan decomposition theorem) 164

推移確率 (transition probability) 344
水準 (level) 304
推定可能関数 (estimable function) 253
随伴行列 (adjoint) 9
スペクトル集合 (spectral set) 106
スペクトル値 (spectral value) 155
スペクトルノルム (spectral norm) 176
スペクトル半径 (spectral radius) 176
スペクトル分解 (spectral decomposition) 104

正規化ベクトル (normalized vector) 14
正規直交 (orthonormal) 15
正規直交基底 (orthonormal basis) 52
正規アダマール行列 (normalized Hadamard matrix) 352
正規分布 (normal distribution) 20
正規変量 (normal variate) 414
正行列 (positive matrix) 334
正準変量分析 (canonical variate analysis) 114, 170
斉次連立方程式 (homogeneous system of equations) 243
生成する (generate) 36
正定値 (positive definite) 16
正方行列 (square matrix) 1
制約付最小 2 乗法 (restricted least squares) 268
積率 (moment) 20
積率母関数 (moment generating function) 20
絶対最小値 (absolute minimum) 390
絶対最大値 (absolute maximum) 390
絶対値 (absolute value) 18
摂動法 (perturbation method) 383
説明変数 (explanatory variables) 27
ゼロ行列 (null matrix) 2
ゼロ空間 (null space) 66
ゼロベクトル (null vector) 2
漸近分布 (asymptotic distribution) 288
線形空間 (linear space) 36
線形結合 (linear combination) 8, 36
線形従属 (linear dependence) 42
線形独立 (linear independence) 42
線形変換 (linear transformation) 65
潜在的な根 (latent root) 91
潜在的なベクトル (latent vector) 91
全体的な効果 (overall effect) 252, 304
先頭主小行列式 (leading principal minor) 277
先頭主部分行列 (leading principal submatrix) 277

相関係数 (correlation coefficient) 24
相関行列 (correlation matrix) 24
相似な行列 (similar matrix) 160
双線形形式 (bilinear form) 16

タ 行

対角化可能 (diagonalizable) 99
対角行列 (diagonal matrix) 2
対角要素 (diagonal elements) 2
対称行列 (symmetric matrix) 4
対称トープリッツ行列 (symmetric Toeplitz matrix) 350
対称平方根 (symmetric square root) 17
対称ベキ等行列 (symmetric idempotent matrix) 417
代数的重複度 (algebraic multiplicity) 93
対立仮説 (alternative hypothesis) 133
楕円分布 (elliptical distribution) 26
多重共線性 (multicollinearity) 104
多変量確率関数 (joint or multivariate probability function) 22
多変量正規分布 (multivariate normal distribution) 25
多変量 t 分布 (multivariate t distribution) 27
多変量微分可能性 (multiple differentiability) 369
多変量標準正規分布 (standard multivariate normal distribution) 25
多変量密度関数 (multivariate density function) 22
単位行列 (identity matrix) 2
単一固有値 (simple eigenvalue, distinct eigenvalue) 93
単位ベクトル (unit vector) 14

置換 (permutation) 97
置換行列 (permutation matrix) 15
中心 χ^2 分布 (central chi-squared distribution) 21
中心極限定理 (central limit theorem) 447
超接平面 (tangent hyperplane) 395
重複固有値 (multiple eigenvalue) 93
直接法 (direct method) 258

直和 (direct sum) 74, 305
直交 (orthogonal) 14
直交基底 (orthogonal basis) 52
直交行列 (orthogonal matrix) 15
直交射影 (orthogonal projection) 54
直交変換 (orthogonal transformation) 68
直交補空間 (orthogonal complement) 57

テイラー展開 (Taylor expansion) 383
停留値 (stationary value) 391
停留点 (stationary point) 390
デルタ法 (delta method) 369
テンソル法 (tensor method) 441
転置 (transpose) 4

同次系 (homogeneous system) 72
同時信頼区間 (simultaneous confidence interval) 134
等比数列の和の公式 (geometric series partial sum formula) 365
特異行列 (singular matrix) 8
特異正規分布 (singular normal distribution) 26
特異値分解 (singular value decomposition) 104, 147
特性根 (characteristic root) 91
特性ベクトル (characteristic vector) 91
特性方程式 (characteristic equation) 91
独立である (independent) 22
独立に同一の分布に従っている (independent and identically distributed) 133
凸関数 (convex function) 394
凸結合 (convex combination) 75
凸集合 (convex set) 75
凸包 (convex hull) 76
トープリッツ行列 (Toeplitz matrix) 350
トレース (trace) 4

ナ 行

内積 (inner product) 37
内点 (interior point) 77

2 次形式 (quadratic form) 16
2 次偏導関数 (second-order partial derivative) 371
2 要因分類モデル (two-way classification model) 304

ハ 行

バートレット修正 (Bartlett adjustment) 449
張る (span) 36
範囲 (range) 19
反射形一般逆行列 (reflexive generalized inverse) 230
半正定値 (positive semidefinite) 16
バンデルモンド行列 (Vandermonde matrix) 353
反応変数 (response variable) 27
反復法 (iterative method) 258
半負定値 (negative semidefinite) 16

非心 χ^2 分布 (noncentral chi-squared distribution) 21
非心母数 (noncentrality parameter) 21
非斉次連立方程式 (nonhomogeneous system of equations) 243
左クロネッカー積 (left Kronecker product) 299
左固有ベクトル (left eigenvector) 140
非直交変換 (nonorthogonal transformation) 68
非同次系 (nonhomogeneous system) 72
非特異行列 (nonsingular matrix) 8
非特異ベキ等行列 (nonsingular idempotent matrix) 415
非特異変換 (nonsingular transformation) 68
非負行列 (nonnegative matrix) 334
非負正方行列 (nonnegative square matrix) 334
非負定値 (nonnegative definite) 17
微分可能性 (differentiability) 369
非ユークリッド距離関数 (non-Euclidean distance function) 40
標準化 (standardizing transformation) 21

標準正規分布 (standard normal distribution) 21
標本分散 (sample variance) 24
標本平均 (sample mean) 24

複素共役 (complex conjugate) 17
複素行列 (complex matrix) 18
複素軸 (complex axis) 17
複素数 (complex number) 17
複素平面 (complex plane) 17
不定値 (indefinite) 16
負定値 (negative definite) 16
不能方程式系 (inconsistent system of equations) 72
部分行列 (submatrix) 11
部分和 (partial sum) 136
ブロック三重対角行列 (block tridiagonal matrix) 258
ブロック対角 (block diagonal) 12
分位値 (quantile) 133
分解 (decomposition) 17
分割行列 (partitioned matrix) 11
分散 (variance) 20
分散共分散行列 (variance-covariance matrix) 23
分散分析 (analysis of variance) 133
分離超平面定理 (separating hyperplane theorem) 76

平均 (mean) 20
平均 2 乗誤差 (mean squared error, MSE) 154, 181
平均ベクトル (mean vector) 22
閉包 (closure) 76
平方根 (square root) 17
平方根行列 (square root matrix) 60, 155
平方和積和行列 (sum of squares and cross products matrix) 114
ベキゼロ (nilpotent) 184
ベキ等行列 (idempotent matrix) 3
ベクトル (vector) 2
ベクトル空間 (vector space) 35
ベクトルノルム (vector norm) 39
ベクトル部分空間 (vector subspace) 35
ベック作用素 (vec operator) 298
ヘッセ行列 (Hessian matrix) 371
ヘルマート行列 (Helmart matrix) 492
偏導関数 (partial derivative) 370

ポアンカレの分離定理 (Poincaré separation theorem) 118
母数化 (parameterization) 252
母数ベクトル (parameter vector) 304

マ 行

前からの乗法 (premultiplication) 3
マハラノビス距離 (Mahalanobis distance) 40
マルコフ連鎖 (Markov chain) 344

右クロネッカー積 (right Kronecker product) 299
右固有ベクトル (right eigenvector) 140
密度関数 (density function) 19
ミニマックス恒等式 (min-max identity) 124

ムーア–ペンローズ形逆行列 (Moore-Penrose inverse) 190
無限集合 (infinite set) 19
無限大ノルム (infinity norm) 42
結び・交わり法 (union-intersection procedure) 133

モジュラス (modulus) 18

ヤ 行

ヤコビ行列 (Jacobian matrix) 372
ヤコビ法 (Jacobi method) 259

有界数列 (bounded sequence) 79
ユークリッド m 次元空間 (Euclidean m-dimensional space) 40
ユークリッド行列ノルム (Euclidean matrix norm) 175
ユークリッド距離関数 (Euclidean distance

function) 39
ユークリッド内積 (Euclidean inner product) 38
ユークリッドノルム (Euclidean norm) 39
ユニタリ行列 (unitary matrix) 19

余因子 (cofactor) 6
余因子展開 (cofactor expansion) 6
余弦定理 (law of cosines) 41

ラ 行

ラグランジュ関数 (Lagrange function) 398
ラグランジュ乗数 (Lagrange multiplier) 398
ラグランジュの未定乗数法 (method of Lagrange multipliers) 398
ランダム誤差 (random error) 27
ランダム対称行列 (random symmetric matrix) 288
ランダム標本 (random sample) 24
ランチョスベクトル (Lanczos vectors) 261

離散型確率変数 (discrete random variable) 19
リッジ回帰 (ridge regression) 137
領域 (region) 22

レイリー商 (Rayleigh quotient) 112
列空間 (column space) 48
列ベクトル (column vector) 2
レンジ (range) 48
連続型確率変数 (continuous random variable) 19
連立線形方程式 (system of linear equation) 234

ワ 行

和 (sum) 73
歪対称行列 (skew-symmetric matrix) 4

欧文索引

A

absolute maximum (絶対最大値)　390
absolute minimum (絶対最小値)　390
absolute value (絶対値)　18
accumulation point (集積点)　76
adjoint (随伴行列)　9
algebraic multiplicity (代数的重複度)　93
alternative hypothesis (対立仮説)　133
analysis of variance (分散分析)　133
asymptotic distribution (漸近分布)　288

B

banded matrix (帯行列)　258
Bartlett adjustment (バートレット修正) 449
basis (基底)　45
best linear unbiased estimator (最良線形不偏推定量)　125
best quadratic unbiased estimator (最良 2 乗不偏推定量)　402
bilinear form (双線形形式)　16
block diagonal (ブロック対角)　12
block tridiagonal matrix (ブロック三重対角行列)　258
bounded sequence (有界数列)　79

C

canonical variate analysis (正準変量分析) 114, 170
Cauchy-Schwarz inequality (コーシー–シュワルツの不等式)　38
Cayley-Hamilton theorem (ケーリー–ハミルトンの定理)　101
central chi-squared distribution (中心 χ^2 分布)　21
central limit theorem (中心極限定理)　447
chain rule (鎖律)　370
characteristic equation (特性方程式)　91
characteristic root (特性根)　91
characteristic vector (特性ベクトル)　91
chi-squared distribution (χ^2 分布)　21
Cholesky decomposition (コレスキー分解) 156
circulant matrix (巡回行列)　346
closure (閉包)　76
cofactor (余因子)　6
cofactor expansion (余因子展開)　6
column space (列空間)　48
column vector (列ベクトル)　2
commutation matrix (交換行列)　322
commute (可換)　173
completely positive (完全に正)　365
complex axis (複素軸)　17
complex conjugate (複素共役)　17
complex matrix (複素行列)　18
complex number (複素数)　17
complex plane (複素平面)　17
concave function (凹関数)　394
conjugate transpose (共役転置)　19
consistency (一致性)　211
consistency (可解性)　233
consistent estimator (一致推定量)　211
consistent system (可解系)　72
contaminated normal distribution (混入正規分布)　27

continuous random variable (連続型確率変数) 19
convergent subsequence (収束部分列) 79
convex combination (凸結合) 75
convex function (凸関数) 394
convex hull (凸包) 76
convex set (凸集合) 75
coordinate axis (座標軸) 52
correlation coefficient (相関係数) 24
correlation matrix (相関行列) 24
countable set (可算的な集合) 19
Courant-Fischer min-max theorem (クーラン–フィッシャーのミニマックス定理) 116
covariance (共分散) 22

D

decomposition (分解) 17
degrees of freedom (自由度) 21
delta method (デルタ法) 369
density function (密度関数) 19
determinant (行列式) 5
diagonal elements (対角要素) 2
diagonal matrix (対角行列) 2
diagonalizable (対角化可能) 99
differentiability (微分可能性) 369
dimension (次元) 45
direct method (直接法) 258
direct sum (直和) 74, 305
discrete (離散型) 19
distance function (距離関数) 39
distinct eigenvalue (単一固有値) 93
duplication matrix (重複行列) 328

E

eigenanalysis (固有解析) 104
eigenprojection (固有射影) 106
eigenspace (固有空間) 94
eigenvalue (固有値) 91
eigenvalue-eigenvector equation (固有値・固有ベクトル方程式) 91
eigenvector (固有ベクトル) 91
elementary transformation (基本変形) 14
elimination matrix (消去行列) 333
elliptical distribution (楕円分布) 26
estimable function (推定可能関数) 253
Euclidean distance function (ユークリッド距離関数) 39
Euclidean inner product (ユークリッド内積) 38
Euclidean matrix norm (ユークリッド行列ノルム) 175
Euclidean m-dimensional space (ユークリッド m 次元空間) 40
Euclidean norm (ユークリッドノルム) 39
even permutation (偶置換) 98
exact solution (厳密解) 233
expectation (期待値) 19
expected value (期待値) 19
explanatory variables (説明変数) 27

F

F distribution (F 分布) 21
first differential (1 次微分) 370
first-order Taylor formula (1 次のテイラー公式) 369
first-order Taylor series approximation (1 次のテイラー級数の近似) 369
full column rank (最大列階数) 14
full rank (最大階数) 13
full row rank (最大行階数) 14

G

gamma function (ガンマ関数) 21
Gauss-Seidel method (ガウス–ザイデル法) 259
general restricted least squares solution (一般制約付最小 2 乗解) 268
general solution (一般解) 233
generalized inverse (一般逆行列) 189
generalized least squares estimator (一般化最小 2 乗推定量) 158
generalized least squares regression (一般化最小 2 乗回帰) 158
generalized quadratic form (一般化 2 次形式) 442
generalized Schur complement (一般シュー

アの補元) 279
generate (生成する) 36
geometoric multiplicity (幾何学的重複度) 94
geometric series partial sum formula (等比数列の和の公式) 365
Gram-Schmidt orthonormalization (グラム–シュミットの正規直交化法) 52
greatest lower bound (最大下界) 77

H

Hadamard matrix (アダマール行列) 350
Hadamard product (アダマール積) 298
Hadamard's inequality (アダマールの不等式) 316
Helmart matrix (ヘルマート行列) 492
Hermite form (エルミート形式) 222
Hermitian matrix (エルミート行列) 19
Hessian matrix (ヘッセ行列) 371
homogeneous (一様) 344
homogeneous system (同次系) 72
homogeneous system of equations (斉次連立方程式) 243

I

idempotent matrix (ベキ等行列) 3
identity matrix (単位行列) 2
imaginary axis (虚軸) 17
imaginary matrix (虚行列) 18
imaginary number (虚数) 17
imaginary part (虚部) 17
inconsistent system of equations (不能方程式系) 72
indefinite (不定値) 16
independent (独立である) 22
independent and identically distributed (独立に同一の分布に従っている) 133
infimum (最大下界) 77
infinite set (無限集合) 19
infinity norm (無限大ノルム) 42
inner product (内積) 37
interaction (交互作用) 304
interior point (内点) 77
intersection (共通部分) 73
inverse matrix (逆行列) 8
irreducible matrix (縮退不能な行列) 340
iterative method (反復法) 258

J

Jacobi method (ヤコビ法) 259
Jacobian matrix (ヤコビ行列) 372
Jensen's inequality (ジェンセンの不等式) 396
joint or multivariate probability function (多変量確率関数) 22
Jordan block matrix (ジョルダンブロック行列) 164
Jordan canonical form (ジョルダン標準形) 165
Jordan decomposition theorem (ジョルダン分解定理) 164

K

Kronecker product (クロネッカー積) 298

L

Lagrange function (ラグランジュ関数) 398
Lagrange multiplier (ラグランジュ乗数) 398
Lanczos vectors (ランチョスベクトル) 261
latent root (潜在的な根) 91
latent vector (潜在的なベクトル) 91
law of cosines (余弦定理) 41
leading principal minor (先頭主小行列式) 277
leading principal submatrix (先頭主部分行列) 277
least squares generalized inverse (最小 2 乗一般逆行列) 225
least squares inverse (最小 2 乗逆行列) 219
least squares solution (最小 2 乗解) 245
left eigenvector (左固有ベクトル) 140
left Kronecker product (左クロネッカー積) 299
level (水準) 304

limit point (極限点) 76
limiting matrix (極限行列) 340
linear combination (線形結合) 8, 36
linear dependence (線形従属) 42
linear independence (線形独立) 42
linear space (線形空間) 36
linear transformation (線形変換) 65
local maximum (局所最大値) 390
local minimum (局所最小値) 390
lower triangular matrix (下三角行列) 2

M

Mahalanobis distance (マハラノビス距離) 40
marginal density function (周辺密度関数) 22
marginal probability function (周辺確率関数) 22
Markov chain (マルコフ連鎖) 344
matrix (行列) 1
matrix norm (行列ノルム) 175
matrix transformation (行列変換) 65
max norm (最大値ノルム) 42
maximum column sum matrix norm (最大列和行列ノルム) 176
maximum row sum matrix norm (最大行和行列ノルム) 176
mean (平均) 20
mean squared error, MSE (平均 2 乗誤差) 154, 181
mean vector (平均ベクトル) 22
method of Lagrange multipliers (ラグランジュの未定乗数法) 398
method of least squares (最小 2 乗法) 28
min-max identity (ミニマックス恒等式) 124
minor (小行列式) 6
modulus (モジュラス) 18
moment (積率) 20
moment generating function (積率母関数) 20
Moore-Penrose inverse (ムーア–ペンローズ形逆行列) 190
multicollinearity (多重共線性) 104
multiple differentiability (多変量微分可能性) 369
multiple eigenvalue (重複固有値) 93
multivariate density function (多変量密度関数) 22
multivariate normal distribution (多変量正規分布) 25
multivariate t distribution (多変量 t 分布) 27

N

negative definite (負定値) 16
negative semidefinite (半負定値) 16
nilpotent (ベキゼロ) 184
noncentral chi-squared distribution (非心 χ^2 分布) 21
noncentrality parameter (非心母数) 21
non-Euclidean distance function (非ユークリッド距離関数) 40
nonhomogeneous system (非同次系) 72
nonhomogeneous system of equations (非斉次連立方程式) 243
nonnegative definite (非負定値) 17
nonnegative matrix (非負行列) 334
nonnegative square matrix (非負正方行列) 334
nonorthogonal transformation (非直交変換) 68
nonsingular idempotent matrix (非特異ベキ等行列) 415
nonsingular matrix (非特異行列) 8
nonsingular transformation (非特異変換) 68
normal distribution (正規分布) 20
normal variate (正規変量) 414
normalized Hadamard matrix (正規アダマール行列) 352
normalized vector (正規化ベクトル) 14
null hypothesis (帰無仮説) 133
null matrix (ゼロ行列) 2
null space (ゼロ空間) 66
null vector (ゼロベクトル) 2

O

one-to-one transformation (1 対 1 変換) 67
one-way classification model (1 要因分類モデル) 132
open convex subset (開凸部分集合) 395
open subset (開部分集合) 78
order (次数) 1
ordinary least squares regression (最小 2 乗回帰) 27, 71
orthogonal (直交) 14
orthogonal basis (直交基底) 52
orthogonal complement (直交補空間) 57
orthogonal matrix (直交行列) 15
orthogonal projection (直交射影) 54
orthogonal transformation (直交変換) 68
orthonormal (正規直交) 15
orthonormal basis (正規直交基底) 52
overall effect (全体的な効果) 252, 304
overparameterized (過母数化) 253

P

parameter vector (母数ベクトル) 304
parameterization (母数化) 252
partial derivative (偏導関数) 370
partial sum (部分和) 136
partitioned matrix (分割行列) 11
permutation (置換) 97
permutation matrix (置換行列) 15
perturbation method (摂動法) 383
Poincaré separation theorem (ポアンカレの分離定理) 118
polar decomposition (極分解) 180
positive definite (正定値) 16
positive matrix (正行列) 334
positive semidefinite (半正定値) 16
postmultiplication (後ろからの乗法) 3
premultiplication (前からの乗法) 3
primitive matrix (原始行列) 343
principal component (主成分) 115
principal component regression (主成分回帰) 105
principal components analysis (主成分分析) 114
probability function (確率関数) 19
projection matrix (射影行列) 59

Q

QR factorization (QR 分解) 157
quadratic form (2 次形式) 16
quantile (分位値) 133

R

random error (ランダム誤差) 27
random sample (ランダム標本) 24
random symmetric matrix (ランダム対称行列) 288
random variable (確率変数) 19
random vector (確率ベクトル) 22
range (レンジ) 48
range (範囲) 19
Rayleigh quotient (レイリー商) 112
real axis (実軸) 17
real matrix (実行列) 18
real number (実数) 17
real part (実部) 17
real root (実数根) 38
real symmetric matrix (実対称行列) 101
real-value function (実数値関数) 19
real variable (実変数) 17
rectangular matrix (矩形行列) 1
reducible matrix (縮退可能な行列) 340
reflexive generalized inverse (反射形一般逆行列) 230
region (領域) 22
regression analysis (回帰分析) 27
regression hyperplane (回帰超平面) 153
remainder (剰余項) 369
repeated real root (実数の重根) 38
response variable (反応変数) 27
response vector (応答ベクトル) 304
restricted least squares (制約付最小 2 乗法) 268
ridge regression (リッジ回帰) 137
right eigenvector (右固有ベクトル) 140

right Kronecker product (右クロネッカー積) 299
rotation (回転) 68
row space (行空間) 48
row vector (行ベクトル) 2
rth-degree matrix polynominal (r 次行列多項式) 102

S

saddle point (鞍点) 390
sample mean (標本平均) 24
sample variance (標本分散) 24
scale matrix (尺度行列) 441
Scheffé's method (シェッフェの方法) 134
Schur complement (シューアの補元) 272
Schur decomposition (シューア分解) 166
second-order partial derivative (2 次偏導関数) 371
semiorthogonal matrix (準直交行列) 15
separating hyperplane theorem (分離超平面定理) 76
similar matrix (相似な行列) 160
simple eigenvalue (単一固有値) 93
simultaneous confidence interval (同時信頼区間) 134
singular matrix (特異行列) 8
singular normal distribution (特異正規分布) 26
singular value decomposition (特異値分解) 104, 147
skew-symmetric matrix (歪対称行列) 4
span (張る) 36
spanning set of S (S の張る集合) 36
spectral decomposition (スペクトル分解) 104
spectral norm (スペクトルノルム) 176
spectral radius (スペクトル半径) 176
spectral set (スペクトル集合) 106
spectral value (スペクトル値) 155
spherical distribution (球形分布) 26
square matrix (正方行列) 1
square root (平方根) 17
square root matrix (平方根行列) 60, 155
standard coordinate axis (基準座標軸) 67
standard coordinate system (基準座標系) 67
standard multivariate normal distribution (多変量標準正規分布) 25
standard normal distribution (標準正規分布) 21
standardizing transformation (標準化) 21
stationary point (停留点) 390
stationary value (停留値) 391
stochastic process (確率過程) 334
strictly upper triangular matrix (狭義の上三角行列) 2
submatrix (部分行列) 11
sum (和) 73
sum norm (合計ノルム) 41
sum of squares and cross products matrix (平方和積和行列) 114
sum of squares for treatments, SST (処理平方和) 304
supporting hyperplane theorem (支持超平面定理) 78
symmetric idempotent matrix (対称ベキ等行列) 417
symmetric matrix (対称行列) 4
symmetric square root (対称平方根) 17
symmetric Toeplitz matrix (対称トープリッツ行列) 350
system of linear equation (連立線形方程式) 234

T

tangent hyperplane (超接平面) 395
Taylor expansion (テイラー展開) 383
tensor method (テンソル法) 441
Toeplitz matrix (トープリッツ行列) 350
trace (トレース) 4
transition probability (推移確率) 344
transpose (転置) 4
transposition (互換) 5
triangle inequality (三角不等式) 18, 39
triangular factorization (三角分解) 157
triangular matrix (三角行列) 2

tridiagonal (三重対角) 258
tridiagonal factorization (三重対角分解) 261
two-way classification model (2 要因分類モデル) 304

U

uniform distribution (一様分布) 26
union (合併) 73
union-intersection procedure (結び・交わり法) 133
unit vector (単位ベクトル) 14
unitary matrix (ユニタリ行列) 19
upper triangular matrix (上三角行列) 2

V

Vandermonde matrix (バンデルモンド行列) 353
variance (分散) 20
variance-covariance matrix (分散共分散行列) 23
vec operator (ベック作用素) 298
vector (ベクトル) 2
vector norm (ベクトルノルム) 39
vector space (ベクトル空間) 35
vector subspace (ベクトル部分空間) 35
volume (大きさ) 487

W

weighted least squares estimator (重み付最小 2 乗推定量) 71
weighted least squares regression (重み付最小 2 乗回帰) 71
Weyl's Theorem (ウェイルの定理) 119
Wishart distribution (ウィッシャート分布) 441

編訳者略歴

豊田秀樹（とよだひでき）

1961年　東京都に生まれる
1989年　東京大学大学院教育学研究科博士課程修了
現　在　早稲田大学文学学術院教授
　　　　教育学博士

統計学のための線形代数　　定価はカバーに表示

2011年9月20日　初版第1刷
2013年4月30日　　　第2刷

編訳者　豊　田　秀　樹
発行者　朝　倉　邦　造
発行所　株式会社　朝　倉　書　店
東京都新宿区新小川町6-29
郵便番号　162-8707
電　話　03(3260)0141
FAX　03(3260)0180
http://www.asakura.co.jp

〈検印省略〉

中央印刷・渡辺製本

ISBN 978-4-254-12187-2　C 3041　　Printed in Japan